i+ Interactif

Activez le plein potentiel de votre livre !

Accédez au matériel en ligne :

- Livre numérique
- Activités interactives
- Animations et simulations
- Tableau périodique des éléments, liste des éléments, facteur de conversion et relations, équations clés

Plus qu'un livre, une expérience d'apprentissage complète !

iplusinteractif.com

ERPI Soutien technique : 1 877 471-0002

(PRJ009558) ISBN 978-2-7661-5734-1

TROISIÈME ÉDITION

CHIMIE
GÉNÉRALE

Une approche moléculaire

VOS RESSOURCES NUMÉRIQUES

Animations et simulations interactives offertes sur la plateforme *i+* Interactif

			Page du manuel
CHAPITRE 1	Atomes et molécules	Animation	4
CHAPITRE 2	Construire un atome	Simulation interactive PhET	52
	Particules subatomiques et symboles des isotopes	Animation	53
	Isotopes et masses atomiques	Simulation interactive PhET	53
CHAPITRE 3	Types de radioactivité	Animation	99
	Diffusion de Rutherford	Simulation interactive PhET	99
	Effet photoélectrique	Simulation interactive PhET	104
	Produire de la lumière	Simulation interactive PhET	109
	Dualité onde-particule	Animation	114
	Modèle quantique	Animation	120
	Modèles atomiques	Simulation interactive PhET	133
CHAPITRE 4	Règles de remplissage des orbitales	Animation	142
	Charge nucléaire effective	Animation	152
	Rayons ioniques : NaCl	Simulation interactive	164
CHAPITRE 5	Diagrammes de Lewis	Animation	186
	Réactions endothermiques et exothermiques	Animation	200
	Résonance et charges formelles	Animation	209
CHAPITRE 6	Théorie RPEV	Animation	239
	Théorie RPEV et forme moléculaire	Simulation interactive PhET	240
	Influence des doublets libres	Animation	244
	Polarité des molécules	Simulation interactive PhET	253
	Orbitales moléculaires et géométrie du CO_2	Simulation interactive	255
	Interactions atomiques	Simulation interactive PhET	255
	Orbitales moléculaires	Animation	258
	Orbitales moléculaires du NH_3	Simulation interactive	260
	Orbitales moléculaires du CH_2O	Simulation interactive	262
	Orbitales moléculaires du C_2H_2	Simulation interactive	265
	Orbitales moléculaires du AsF_5	Simulation interactive	266
	Orbitales moléculaires du SF_6	Simulation interactive	267
	Forces intermoléculaires	Animation	271

Animations et simulations interactives offertes sur la plateforme (i+) Interactif (*suite*)

			Page du manuel
CHAPITRE 7	Changements d'état	Simulation interactive PhET	294
CHAPITRE 8	Loi d'Avogadro : volume et quantité (en moles)	Animation	356
	Pression et température	Animation	357
	Lois des gaz parfaits	Animation	357
CHAPITRE 9	Équilibrer les équations chimiques	Simulation interactive PhET	370
	Stœchiométrie des réactions	Animation	376
	Calculs de stœchiométrie avec réactif limitant	Animation	380
	Réactifs, produits et restes	Simulation interactive PhET	381
	Réaction de précipitation	Animation	400

Documents complémentaires pour les étudiants et les professeurs offerts sur la plateforme (i+) Interactif

		Liens avec le manuel
La microscopie à effet tunnel	Ancienne section 2.1 présente dans la 1re et la 2e édition expliquant comment les scientifiques peuvent voir et manipuler les atomes.	chap. 2, p. 48, fig. 2.1
Orbitales liantes et anti-liantes	La *théorie de la liaison de valence* permet d'expliquer plusieurs aspects de la liaison chimique. Elle reste cependant une théorie simplifiée que l'on complète avec la théorie de l'hybridation. Dans la *théorie des orbitales moléculaires*, une théorie plus élaborée qui explique mathématiquement la formation des liaisons chimiques, ces variations d'énergie se manifestent par la formation d'orbitales liantes (de plus basse énergie) et anti-liantes (de plus haute énergie).	chap. 6, p. 255
L'extension de la valence	Méthode qui peut remplacer celle des structures de Lewis en vue de former des molécules par l'utilisation d'un état transitoire excité de l'atome permettant de créer des structures plus stables que celles que la valence fondamentale autorise.	chap. 6, p. 256

SCIENCES

NIVALDO J. **TRO**

ADAPTATION FRANÇAISE
JULIE **VÉZINA**
Cégep de Lanaudière à L'Assomption

TROISIÈME ÉDITION

CHIMIE
GÉNÉRALE

Une approche moléculaire

ERPI

Développement éditorial
Yasmine Mazani

Gestion de projet
Sylvain Bournival et Elise Leblanc

Traduction
Brigitte Turmel

Révision linguistique
Jean-Pierre Regnault

Correction des épreuves
Jean-Pierre Regnault

Recherche iconographique et libération de droits
Evaline Leitich

Index
Monique Dumont

Direction artistique et conception graphique
Carla Da Silva Flor

Gestion des réalisations graphiques
Estelle Cuillerier

Conception de la couverture
Benoit Pitre

Réalisation graphique
Marquis Interscript inc.

© ÉDITIONS DU RENOUVEAU PÉDAGOGIQUE INC. (ERPI), 2024

1611, boulevard Crémazie Est, 10e étage
Montréal (Québec) H2M 2P2
Canada
Téléphone : 514 334-2690
Télécopieur : 514 334-4720
information@erpi.com
erpi.com

Dépôt légal – Bibliothèque et Archives nationales du Québec, 2024
Dépôt légal – Bibliothèque et Archives Canada, 2024

Imprimé au Canada
ISBN 978-2-7661-5734-1   1234567890   ITIB   27 26 25 24
(82072435)

Catalogage avant publication de Bibliothèque et Archives nationales du Québec et Bibliothèque et Archives Canada

Titre : Chimie générale / Nivaldo J. Tro ; adaptation, Julie Vézina.
Autres titres : Principles of chemistry. Français
Noms : Tro, Nivaldo J., auteur. | Vézina, Julie, éditeur intellectuel.
Description : 3e édition. | Traduction de : Principles of chemistry : a molecular approach. | Comprend des références bibliographiques et un index.
Identifiants : Canadiana 20230081991 | ISBN 9782766157341
Vedettes-matière : RVM : Chimie physique et théorique – Manuels d'enseignement supérieur. | RVMGF : Manuels d'enseignement supérieur.
Classification : LCC QD453.3.T76314 2024 | CDD 541–dc23

MIXTE
Papier | Pour une gestion forestière responsable
FSC® C011825
www.fsc.org

NIVALDO TRO est professeur de chimie au Westmont College à Santa Barbara en Californie, où il est membre du personnel enseignant depuis 1990. Il a obtenu un doctorat en chimie à l'Université Stanford pour son travail sur la mise au point et l'utilisation de techniques optiques dans l'étude de l'adsorption et de la désorption de molécules sur des surfaces sous ultravide. Puis, il a poursuivi des recherches postdoctorales à l'Université de Californie à Berkeley sur la cinétique de réactions ultrarapides en solution. Depuis son arrivée au Westmont College, le professeur Tro a obtenu des subventions du Fonds de recherche sur le pétrole de l'American Chemical Society, de la Research Corporation et de la Fondation nationale des sciences pour l'étude de la cinétique de divers processus qui se produisent dans les couches minces adsorbées sur des surfaces diélectriques. À trois reprises, il a été honoré du titre de professeur exceptionnel de l'année et il a également reçu le prix du chercheur exceptionnel de l'année au collège. Le professeur Tro vit à Santa Barbara avec son épouse, Ann, et leurs quatre enfants, Michael, Ali, Kyle et Kaden. Dans ses loisirs, le professeur Tro pratique le surf, le vélo, la randonnée en nature avec sa famille et aime faire la lecture de bons livres à ses enfants.

Adaptation française

Julie Vézina est enseignante en chimie au Cégep de Lanaudière à L'Assomption depuis 2008. Bachelière en biochimie et diplômée de l'Université Laval, elle a aussi obtenu un doctorat en biologie de l'INRS-Institut Armand-Frappier pour ses travaux sur la dégradation des biphényles polychlorés par les bactéries du sol et une maîtrise en biologie moléculaire de l'Université Laval pour son mémoire sur l'expression de l'α-fétoprotéine chez les cellules cancéreuses hépatiques. Dans le domaine de la vulgarisation scientifique, elle a collaboré durant ses études aux programmes *Les têtes chercheuses* (Merck-Frosst) et *Les petits débrouillards* (CLS) ainsi qu'avec le Musée Armand-Frappier afin d'aider à la promotion des sciences auprès des jeunes.

AVANT-PROPOS

À l'étudiant

Dès le départ, je vous invite à réfléchir aux raisons qui vous incitent à vous inscrire à ce cours. Pourquoi suivez-vous un cours de chimie ? Plus généralement, pourquoi avez-vous entrepris des études collégiales ? Si vous êtes comme la plupart des étudiants au collégial inscrits à un cours de chimie, vous répondrez probablement que ce cours est une exigence de votre diplôme et que vous avez entrepris une formation collégiale dans le but de décrocher plus tard un bon emploi. Bien que cette motivation soit bonne, j'aimerais vous en suggérer une meilleure. Je crois que la principale motivation de votre formation est de vous préparer à *mieux vivre votre vie*. Vous devez comprendre la chimie non pas pour ce que cela peut vous *apporter*, mais pour ce que cela peut *faire* pour vous. Comprendre la chimie, je pense, est une source importante de bonheur et d'épanouissement. Je m'explique.

Acquérir des connaissances en chimie vous aide à vivre pleinement votre vie pour deux raisons fondamentales. La première est *intrinsèque* : une connaissance de la chimie vous ouvre la porte à l'extraordinaire richesse du monde. La deuxième raison est *extrinsèque* : comprendre la chimie fait de vous un citoyen mieux informé, vous permet de traiter de nombreux enjeux de notre temps. Autrement dit, la connaissance de la chimie fait de *vous* une personne plus riche et plus sage, et du coup votre pays et le monde deviennent un meilleur endroit pour vivre. Ces idéaux ont été au fondement de l'éducation depuis les débuts de la civilisation.

Comment la chimie vous prédispose-t-elle à une vie riche et à une citoyenneté éclairée ? Je vous l'explique à l'aide de deux exemples. Le premier découle de la question suivante : «Selon vous, quelle serait l'idée la plus importante de tout le savoir scientifique ?» Et ma réponse à cette question est : **le comportement de la matière est déterminé par les propriétés des molécules et des atomes.** Cet énoncé simple est la raison pour laquelle j'aime la chimie. Nous, les humains, nous avons été capables d'étudier les substances qui composent le monde autour de nous et d'expliquer leur comportement en faisant appel à des particules tellement petites que nous pouvons à peine les imaginer. Si vous n'avez jamais pris conscience de la remarquable dépendance du monde visible par rapport au monde invisible, vous êtes passé à côté d'une vérité fondamentale de notre univers. Ignorer cette vérité, c'est comme n'avoir jamais lu une pièce de Shakespeare ou vu une sculpture de Michel-Ange – ou, en fait, comme n'avoir jamais découvert que la Terre est ronde. Cela vous prive d'une connaissance extraordinaire et inoubliable du monde et de la capacité à le comprendre.

Mon deuxième exemple montre comment la culture scientifique vous aide à être un meilleur citoyen. Bien que je sois largement acquis au mouvement environnementaliste, un manque de culture scientifique dans certains secteurs de ce mouvement et l'opposition anti-environnementale qui en résulte créent une confusion qui entrave le progrès réel et ouvre la porte à des politiques mal informées. Par exemple, j'ai entendu des experts conservateurs affirmer que les volcans émettent plus de dioxyde de carbone – le plus important gaz à effet de serre – que la combustion du pétrole. J'ai également entendu un environnementaliste libéral affirmer qu'il fallait cesser d'utiliser du fixatif pour les cheveux en aérosol parce qu'il cause des trous dans la couche d'ozone qui entraînent un réchauffement climatique. Eh bien, en ce qui concerne l'allégation selon laquelle les volcans émettent plus de dioxyde de carbone que la combustion du pétrole, elle peut être réfutée à l'aide des outils de base que vous apprendrez à utiliser dans cet ouvrage (chapitre 9). Nous pouvons facilement démontrer que les volcans n'émettent que $1/50^e$ du dioxyde de carbone émis par la combustion du pétrole. Quant au fixatif qui appauvrit la couche d'ozone et conduit ainsi au réchauffement climatique, il faut savoir que les chlorofluorocarbones qui appauvrissent la couche d'ozone ont été bannis des fixatifs pour cheveux depuis 1978 et que, de toute façon, la diminution de la couche d'ozone n'a rien à voir avec le réchauffement climatique. Les personnes qui ont des intérêts particuliers ou personnels peuvent aisément déformer la vérité devant un public mal informé, ce qui démontre que tous ont intérêt à être bien renseignés.

Voilà pourquoi je pense que vous devriez suivre ce cours. Non seulement pour satisfaire aux exigences de votre diplôme ou pour obtenir un bon emploi, mais pour vous aider à mener une vie mieux remplie et pour rendre le monde un peu meilleur pour tous. Je vous souhaite le meilleur des succès dans cette aventure qui vous permettra de comprendre le monde autour de vous au niveau moléculaire. Les résultats en valent largement la peine.

Au professeur

Enseigner la chimie serait beaucoup plus facile si tous les étudiants avaient le même niveau de préparation et de compétences. Mais, hélas, ce n'est pas le cas. Bien que j'enseigne dans un établissement relativement sélectif, mes cours sont suivis par des étudiants dont la formation et les habiletés en chimie sont variables. Le défi d'un enseignement couronné de succès, selon moi, consiste par conséquent à imaginer une façon d'enseigner aux meilleurs étudiants sans pour autant perdre ceux dont la préparation et les compétences sont inférieures. Ma stratégie a toujours consisté à placer la barre relativement haute, tout en fournissant la motivation et le soutien nécessaires pour atteindre ce niveau. C'est exactement la philosophie du présent manuel : *présenter un traitement rigoureux, accessible et pertinent de la chimie.* Il ne faut pas compromettre la rigueur dans le but de rendre accessible la chimie à nos étudiants. Dans ce livre, j'ai mis beaucoup d'efforts pour réussir à combiner rigueur et accessibilité, pour créer un ouvrage qui ne dilue pas le contenu, mais qui peut à la fois être utilisé et compris par tout étudiant prêt à fournir l'effort nécessaire. Dans ce qui suit, je présente les cinq caractéristiques essentielles qui démarquent ce manuel.

1. *Chimie générale / Une approche moléculaire* est d'abord et avant tout **un manuel centré sur l'étudiant**. Mon principal objectif est de motiver les étudiants et les inciter à atteindre le niveau le plus élevé possible. On le sait tous, de nombreux étudiants choisissent de suivre le cours de chimie parce que c'est obligatoire ; ils ne voient pas le lien entre la chimie et leur vie ou leur future carrière. Dans ce manuel, ces rapports sont établis systématiquement et avec efficacité. Contrairement à d'autres livres qui enseignent souvent la chimie comme une activité réservée aux laboratoires ou à l'industrie, cet ouvrage enseigne la chimie de manière à faire ressortir sa pertinence pour les étudiants ; il leur montre pourquoi la chimie est importante pour eux, pour leur future carrière et pour leur monde.

2. *Chimie générale / Une approche moléculaire* est **un manuel axé sur la pédagogie**. L'application d'une approche cohérente et systématique dans les exemples (les étapes « trier », « établir une stratégie », « résoudre » et « vérifier ») vise à développer des habiletés relatives à la résolution de problèmes. Dans le format à deux colonnes, celle de gauche montre aux élèves comment analyser le problème et concevoir une stratégie de résolution. Elle énumère les étapes de la solution accompagnées de leur raisonnement, tandis que la colonne de droite illustre à l'aide d'un exemple l'élaboration de chacune de ces étapes. Dans la présentation en trois colonnes, celle de gauche expose une méthode générale de résolution d'une catégorie importante de problèmes qui est alors appliquée à deux exemples côte à côte. Cette stratégie permet aux étudiants de voir à la fois le modèle général et des façons légèrement différentes d'utiliser la méthode dans des contextes différents. Le but consiste à aider les étudiants à comprendre à la fois le *concept du problème* (au moyen de la formulation d'un plan conceptuel explicite pour chaque problème) et la *résolution du problème*.

3. *Chimie générale / Une approche moléculaire* est **un livre qui privilégie une approche visuelle**. Chaque fois que c'est possible, des images sont utilisées pour permettre à l'étudiant d'approfondir sa compréhension de la chimie. Pour faciliter la découverte de liens entre les phénomènes de tous les jours visibles à l'œil nu et ce qui se passe réellement au niveau atomique et moléculaire, des images en plusieurs segments accompagnent la présentation des principes de chimie. Beaucoup de ces images se déclinent en trois parties : macroscopique, moléculaire et symbolique. Cette combinaison aide les étudiants à voir les relations entre les formules qu'ils écrivent sur papier (symbolique), le monde qu'ils perçoivent autour d'eux (macroscopique) et les atomes et molécules qui constituent ce monde (moléculaire). En outre, la plupart des figures ont été conçues d'abord pour enseigner, pas simplement pour illustrer. Elles sont enrichies d'annotations dans l'intention d'aider l'étudiant à saisir les processus les plus importants et les principes qui les sous-tendent. Les images qui en résultent contiennent beaucoup d'information, mais elles sont également claires et rapidement comprises.

4. *Chimie générale / Une approche moléculaire* est **un ouvrage qui offre un «tableau d'ensemble»**. Au début de chaque chapitre, un court paragraphe aide les étudiants à voir les relations clés entre les différents sujets qui sont étudiés, et cela sous l'angle d'enjeux environnementaux. Au moyen d'un texte narratif ciblé et concis, je m'efforce de rendre claires pour les étudiants les idées de base de chaque chapitre. Des résumés provisoires sont fournis à des endroits choisis dans le texte, ce qui rend plus faciles à saisir (et à réviser) les points principaux des exposés importants. Et pour s'assurer que les étudiants ne perdent jamais de vue l'ensemble caché par les détails, chaque chapitre inclut plusieurs rubriques «Liens conceptuels» qui leur demandent de réfléchir aux concepts et de résoudre des problèmes sans faire de calculs. Je veux que les étudiants apprennent les concepts et ne se limitent pas seulement à insérer les nombres dans des équations pour obtenir la bonne réponse.

5. *Chimie générale / Une approche moléculaire* est **un manuel qui livre le cœur du programme de chimie standard, sans sacrifier l'étendue de la couverture**. Grâce à nos recherches, nous avons cerné les sujets que la plupart des professeurs n'enseignent pas et nous les avons éliminés ; mais nous n'avons pas réduit de façon sensible les sujets qu'ils enseignent. Quand on rédige un livre peu volumineux, la tentation est grande d'éliminer des sections qui illustrent l'intérêt et la pertinence de la chimie ; *nous ne l'avons pas fait*. Nous avons plutôt écarté les sujets pointus, qui sont souvent mis dans les livres simplement pour satisfaire une petite minorité du marché. Nous avons également supprimé les renseignements superflus qui ne semblent pas essentiels aux explications. Le résultat est un livre de proportions raisonnables qui couvre l'essentiel des sujets en profondeur, tout en démontrant leur pertinence et leur intérêt.

J'espère que ce manuel pourra inspirer et seconder votre vocation d'enseignant de la chimie. Je suis de plus en plus convaincu de l'importance de notre tâche.

Nivaldo J. Tro

Présentation de l'adaptation française

La chimie générale constituant un domaine vaste et diversifié, nous nous sommes efforcés de la présenter selon une suite logique qui épouse le fil conducteur de l'*approche moléculaire*. La *première séquence* remet en scène, en les approfondissant, des notions de base normalement couvertes au secondaire : classification de la matière, changements physiques et chimiques, unités de mesure (chapitre 1) ; éléments et composés, formules et nomenclature (chapitre 2). La *deuxième séquence* est consacrée à l'étude de l'atome lui-même, son modèle et ses propriétés. Le chapitre 3 décrit l'atome, des premiers modèles à celui de la mécanique quantique, et le chapitre 4 démontre comment utiliser ce dernier (configuration électronique, charge nucléaire effective et loi de Coulomb) pour expliquer les propriétés chimiques et physiques de l'atome. Nous combinons ensuite ces atomes afin de créer des substances : la *troisième séquence* permet d'étudier les propriétés des substances en discutant des théories de la liaison chimique (chapitre 5 : liaison ionique, liaison covalente et liaison métallique). Ces modèles permettent ensuite d'apprendre, dans les chapitres 6 (propriétés des molécules et forces intermoléculaires) et 7 (propriétés des gaz, des liquides et des solides) comment décrire et expliquer les propriétés des différentes substances. Finalement, la *quatrième séquence* traite de l'aspect quantitatif de la combinaison des substances : mole, masse atomique, composition chimique (chapitre 8) et stoechiométrie des réactions (chapitre 9), sans manquer d'y intégrer des calculs faisant appel aux lois des gaz. Ainsi placée à la fin, la stoechiométrie permettra aux étudiants de terminer la session avec des notions déjà abordées en partie au secondaire et de les avoir plus présentes à l'esprit au moment d'aborder le cours de chimie générale.

Remerciements

L'éditeur tient à remercier toutes les personnes qui ont contribué à élaborer la troisième édition de cet ouvrage.

Ses remerciements s'adressent en premier lieu à l'adaptatrice, Julie Vézina (Cégep régional de Lanaudière à L'Assomption), pour sa rigueur scientifique, et au consultant scientifique, Pierre Côté (Cégep Garneau), pour son travail de révision exceptionnel. Il tient aussi à souligner les travaux remarquables de direction scientifique de Jean-Marie Gagnon au cours de la première édition et de Denise Laberge au cours de la 2e édition, qui se reflètent toujours dans cette nouvelle édition.

Il remercie également les consultants et collaborateurs aux compléments numériques : François Arseneault-Hubert (Cégep André-Laurendeau), Benjamin Tardif (Collège de Maisonneuve) et François Plourde (Collège Jean-de-Brébeuf), pour leur collaboration extraordinaire aux animations ; Stéphane Roberge (Cégep de Sherbrooke).

Il est aussi particulièrement redevable au comité d'experts constitué pour cette nouvelle édition, dont les suggestions et commentaires ont été essentiels à la mise au point d'un ouvrage d'une grande qualité. Ce comité était formé des personnes suivantes :

- Judith Bouchard, du Cégep du Vieux Montréal.
- Véronique Leblanc-Boily du Collège Bois-de-Boulogne.
- Kevin Pépin, du Cégep de Thetford.

Nous remercions aussi les enseignants qui ont participé aux éditions précédentes à titre de consultants scientifiques :

- France Demers et Carl Ouellet, du Cégep Édouard-Montpetit.
- Pierre Côté, du Cégep Garneau.
- Eve Bélisle, Chantal Lavoie, Natalie Desrosiers, Marie-Hélène Fortier et Michel Allard, du Collège Ahuntsic.
- Denis Perron et Marie-Michelle Cournoyer, du Cégep de l'Outaouais.
- Arnaud Courti, du Campus Notre-Dame-de-Foy (CNDF).
- Lucie Parenteau, du Collège de Rosemont.
- Judith Bouchard, du Cégep du Vieux Montréal.

UN MANUEL POUR FACILITER VOTRE APPRENTISSAGE DE LA CHIMIE

L'ENSEIGNEMENT DE LA CHIMIE EST UNE VÉRITABLE PASSION POUR **NIVALDO TRO**.

Chaque jour, il s'efforce d'innover dans la façon de présenter les concepts de chimie à ses étudiants.

Chimie générale a été écrit à partir de son expérience d'enseignement et de son souci d'aider les étudiants à surmonter les difficultés auxquelles ils font face. Son approche pédagogique, à la fois rigoureuse et accessible, vise sans cesse à démontrer *la pertinence de la chimie dans la vie quotidienne.*

Dans cet ouvrage, la chimie est rendue plus vivante et compréhensible grâce à des figures qui exploitent l'imagerie graphique de façon sophistiquée afin de rendre palpables les correspondances entre la représentation symbolique (formules), le monde visible et la réalité au niveau moléculaire.

Ce guide visuel présente les caractéristiques pédagogiques principales du manuel :

Pertinence et approche concrète
La chimie prend tout son sens et devient compréhensible.
Voir à la page XIII.

Imagerie avant-gardiste
Des images attrayantes qui aident à saisir les concepts.
Voir aux pages XIV et XV.

Résolution de problèmes
Des stratégies éprouvées qui favorisent le développement d'aptitudes à résoudre des problèmes. *Voir aux pages XVI et XVII.*

Matériel de fin de chapitre
Des aides à l'apprentissage qui renforcent la compréhension des concepts.
Voir aux pages XVIII et XIX.

PERTINENCE ET APPROCHE CONCRÈTE

L a chimie a un rapport avec tout ce qui se déroule autour de nous, chaque seconde. Ce livre vous aide à comprendre ce lien au moyen d'exemples marquants qui racontent la chimie. Chaque chapitre débute par une brève introduction qui montre comment la chimie et les enjeux environnementaux sont interreliés, à tout moment.

Les plastiques ont révolutionné notre mode de vie, mais quel est leur impact sur les êtres vivants ? Voir le chapitre 2 pour apprendre comment la chimie seconde la biologie pour faire face à la présence grandissante de nanoparticules de plastique dans notre environnement.

Pourquoi les terres rares ont-elles autant d'importance ? Voir le chapitre 4 pour constater que notre développement technologique doit s'accompagner d'un meilleur recyclage de certains métaux, processus dans lequel la chimie est essentielle.

Imperméabilisant, engrais, agents de conservation, comment des molécules de notre quotidien peuvent-elles influencer notre équilibre hormonal ? Voir le chapitre 6 pour comprendre pourquoi les effets biologiques de ces perturbateurs endocriniens sont liés à leur structure tridimensionnelle.

Ces exemples rendent la matière plus accessible en contextualisant la chimie et en l'ancrant dans le monde dans lequel nous vivons.

UNE IMAGERIE AVANT-GARDISTE QUI ILLUSTRE CLAIREMENT LES CONCEPTS

La molécule dévoilée

Une bonne partie des figures dans ce livre comportent trois segments : une image à l'échelle macroscopique (ce que vous pouvez voir avec vos yeux), une image à l'échelle moléculaire (ce que font les molécules) et une représentation symbolique (la manière dont les chimistes représentent les processus au moyen de symboles et d'équations).

Il s'agit pour vous de faire le lien entre, d'une part, ce que vous voyez et expérimentez (le monde macroscopique) et, d'autre part, les molécules au fondement de ce monde et les façons dont les chimistes les représentent. C'est là, après tout, exactement en quoi consiste la chimie.

Représentation symbolique

Image à l'échelle moléculaire

Image à l'échelle macroscopique

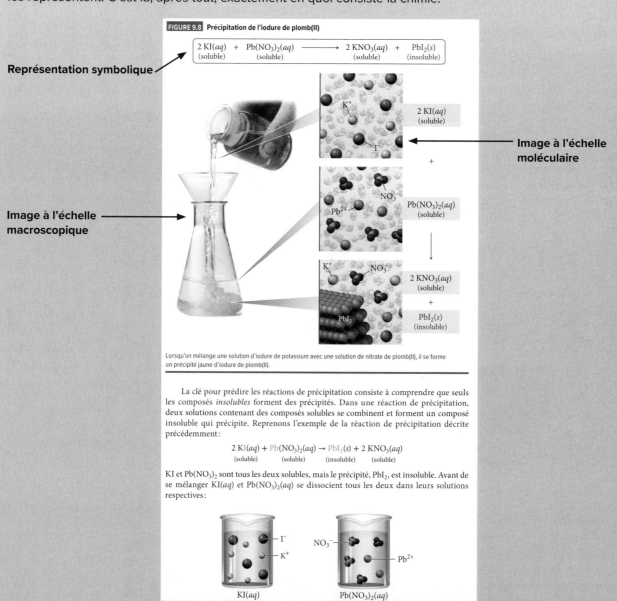

FIGURE 9.8 Précipitation de l'iodure de plomb(II)

Lorsqu'on mélange une solution d'iodure de potassium avec une solution de nitrate de plomb(II), il se forme un précipité jaune d'iodure de plomb(II).

La clé pour prédire les réactions de précipitation consiste à comprendre que seuls les composés *insolubles* forment des précipités. Dans une réaction de précipitation, deux solutions contenant des composés solubles se combinent et forment un composé insoluble qui précipite. Reprenons l'exemple de la réaction de précipitation décrite précédemment :

$$2\,KI(aq) + Pb(NO_3)_2(aq) \rightarrow PbI_2(s) + 2\,KNO_3(aq)$$

KI et $Pb(NO_3)_2$ sont tous les deux solubles, mais le précipité, PbI_2, est insoluble. Avant de se mélanger $KI(aq)$ et $Pb(NO_3)_2(aq)$ se dissocient tous les deux dans leurs solutions respectives :

Des images en plusieurs segments

Des images en plusieurs segments créent des liens entre les représentations graphiques, les processus moléculaires et le monde macroscopique.

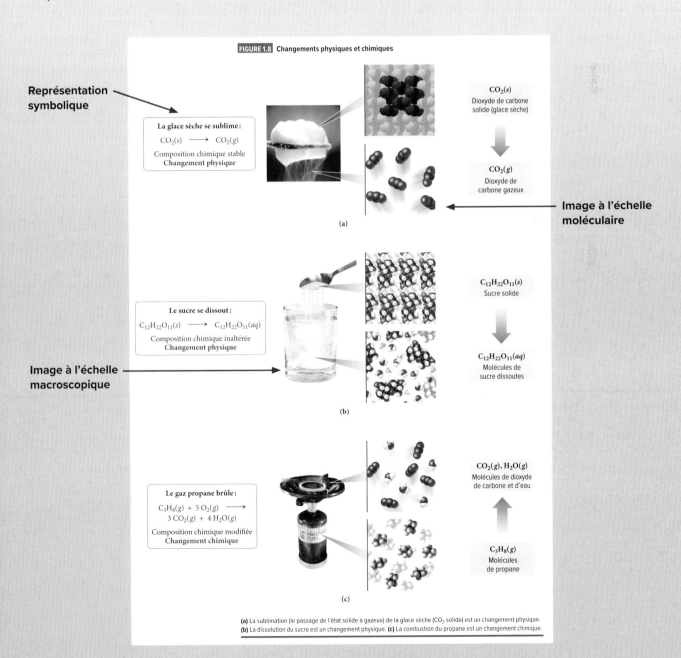

FIGURE 1.8 Changements physiques et chimiques

(a) La sublimation (le passage de l'état solide à gazeux) de la glace sèche (CO₂ solide) est un changement physique.
(b) La dissolution du sucre est un changement physique. **(c)** La combustion du propane est un changement chimique.

DES STRATÉGIES COHÉRENTES QUI FACILITENT LA RÉSOLUTION DE PROBLÈMES

Une méthode rigoureuse de résolution de problèmes est utilisée systématiquement dans tout le manuel.

Exemple en deux colonnes

La **colonne de gauche** explique comment le problème est résolu.

La **colonne de droite** montre l'élaboration des étapes expliquées dans la colonne de gauche.

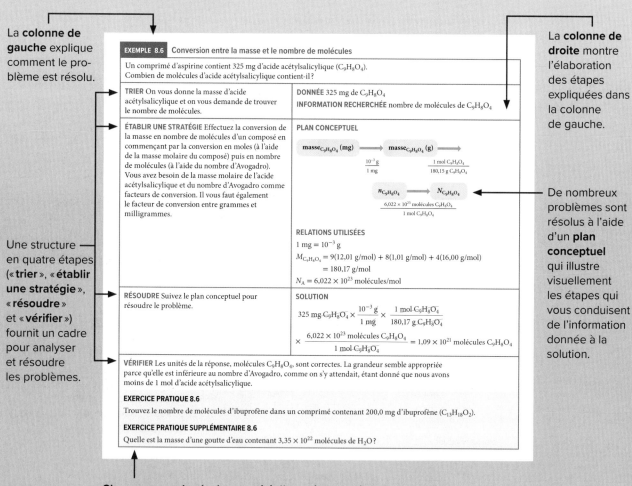

EXEMPLE 8.6 Conversion entre la masse et le nombre de molécules

Un comprimé d'aspirine contient 325 mg d'acide acétylsalicylique ($C_9H_8O_4$).
Combien de molécules d'acide acétylsalicylique contient-il ?

TRIER On vous donne la masse d'acide acétylsalicylique et on vous demande de trouver le nombre de molécules.

DONNÉE 325 mg de $C_9H_8O_4$
INFORMATION RECHERCHÉE nombre de molécules de $C_9H_8O_4$

ÉTABLIR UNE STRATÉGIE Effectuez la conversion de la masse en nombre de molécules d'un composé en commençant par la conversion en moles (à l'aide de la masse molaire du composé) puis en nombre de molécules (à l'aide du nombre d'Avogadro). Vous avez besoin de la masse molaire de l'acide acétylsalicylique et du nombre d'Avogadro comme facteurs de conversion. Il vous faut également le facteur de conversion entre grammes et milligrammes.

PLAN CONCEPTUEL

$$\text{masse}_{C_9H_8O_4}\,(\text{mg}) \longrightarrow \text{masse}_{C_9H_8O_4}\,(\text{g})$$
$$\frac{10^{-3}\ \text{g}}{1\ \text{mg}} \qquad \frac{1\ \text{mol}\ C_9H_8O_4}{180{,}15\ \text{g}\ C_9H_8O_4}$$
$$n_{C_9H_8O_4} \longrightarrow N_{C_9H_8O_4}$$
$$\frac{6{,}022 \times 10^{23}\ \text{molécules}\ C_9H_8O_4}{1\ \text{mol}\ C_9H_8O_4}$$

RELATIONS UTILISÉES
$$1\ \text{mg} = 10^{-3}\ \text{g}$$
$$M_{C_9H_8O_4} = 9(12{,}01\ \text{g/mol}) + 8(1{,}01\ \text{g/mol}) + 4(16{,}00\ \text{g/mol})$$
$$= 180{,}17\ \text{g/mol}$$
$$N_A = 6{,}022 \times 10^{23}\ \text{molécules/mol}$$

RÉSOUDRE Suivez le plan conceptuel pour résoudre le problème.

SOLUTION
$$325\ \text{mg}\ C_9H_8O_4 \times \frac{10^{-3}\ \text{g}}{1\ \text{mg}} \times \frac{1\ \text{mol}\ C_9H_8O_4}{180{,}17\ \text{g}\ C_9H_8O_4}$$
$$\times\ \frac{6{,}022 \times 10^{23}\ \text{molécules}\ C_9H_8O_4}{1\ \text{mol}\ C_9H_8O_4} = 1{,}09 \times 10^{21}\ \text{molécules}\ C_9H_8O_4$$

VÉRIFIER Les unités de la réponse, molécules $C_9H_8O_4$, sont correctes. La grandeur semble appropriée parce qu'elle est inférieure au nombre d'Avogadro, comme on s'y attendait, étant donné que nous avons moins de 1 mol d'acide acétylsalicylique.

EXERCICE PRATIQUE 8.6
Trouvez le nombre de molécules d'ibuprofène dans un comprimé contenant 200,0 mg d'ibuprofène ($C_{13}H_{18}O_2$).

EXERCICE PRATIQUE SUPPLÉMENTAIRE 8.6
Quelle est la masse d'une goutte d'eau contenant $3{,}35 \times 10^{22}$ molécules de H_2O ?

Une structure en quatre étapes (« **trier** », « **établir une stratégie** », « **résoudre** » et « **vérifier** ») fournit un cadre pour analyser et résoudre les problèmes.

De nombreux problèmes sont résolus à l'aide d'un **plan conceptuel** qui illustre visuellement les étapes qui vous conduisent de l'information donnée à la solution.

Chaque exemple résolu est suivi d'exercices pratiques que vous pouvez essayer de résoudre par vous-même. Les réponses aux exercices pratiques sont données dans l'annexe III.

Exemple en trois colonnes

Dans le cas de catégories importantes de problèmes, des encadrés de méthodes de résolution en trois colonnes vous permettent de voir comment une même méthode s'applique à différents problèmes.

La **méthode générale** est illustrée dans la colonne de gauche.

Deux exemples résolus, côte à côte, permettent de voir facilement comment les différences sont prises en compte.

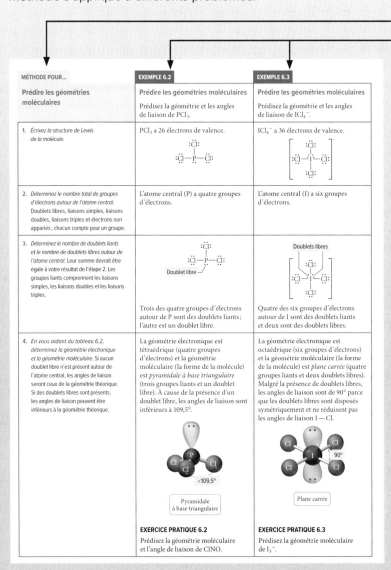

MÉTHODE POUR...	EXEMPLE 6.2	EXEMPLE 6.3
Prédire les géométries moléculaires	Prédire les géométries moléculaires	Prédire les géométries moléculaires
	Prédisez la géométrie et les angles de liaison de PCl_3.	Prédisez la géométrie et les angles de liaison de ICl_4^-.
1. *Écrivez la structure de Lewis de la molécule.*	PCl_3 a 26 électrons de valence.	ICl_4^- a 36 électrons de valence.
2. *Déterminez le nombre total de groupes d'électrons autour de l'atome central. Doublets libres, liaisons simples, liaisons doubles, liaisons triples et électrons non appariés ; chacun compte pour un groupe.*	L'atome central (P) a quatre groupes d'électrons.	L'atome central (I) a six groupes d'électrons.
3. *Déterminez le nombre de doublets liants et le nombre de doublets libres autour de l'atome central. Leur somme devrait être égale à votre résultat de l'étape 2. Les groupes liants comprennent les liaisons simples, les liaisons doubles et les liaisons triples.*	Trois des quatre groupes d'électrons autour de P sont des doublets liants ; l'autre est un doublet libre.	Quatre des six groupes d'électrons autour de I sont des doublets liants et deux sont des doublets libres.
4. *En vous aidant du tableau 6.2, déterminez la géométrie électronique et la géométrie moléculaire. Si aucun doublet libre n'est présent autour de l'atome central, les angles de liaison seront ceux de la géométrie théorique. Si des doublets libres sont présents, les angles de liaison peuvent être inférieurs à la géométrie théorique.*	La géométrie électronique est tétraédrique (quatre groupes d'électrons) et la géométrie moléculaire (la forme de la molécule) est *pyramidale à base triangulaire* (trois groupes liants et un doublet libre). À cause de la présence d'un doublet libre, les angles de liaison sont inférieurs à 109,5°.	La géométrie électronique est octaédrique (six groupes d'électrons) et la géométrie moléculaire (la forme de la molécule) est *plane carrée* (quatre groupes liants et deux doublets libres). Malgré la présence de doublets libres, les angles de liaison sont de 90° parce que les doublets libres sont disposés symétriquement et ne réduisent pas les angles de liaison I — Cl.

EXERCICE PRATIQUE 6.2
Prédisez la géométrie moléculaire et l'angle de liaison de ClNO.

EXERCICE PRATIQUE 6.3
Prédisez la géométrie moléculaire de I_3^-.

Des **liens conceptuels** sont placés de façon stratégique pour aider à renforcer la compréhension des concepts les plus complexes. Les réponses se trouvent dans l'annexe IV. À intervalles réguliers, un **encadré** énumère les exercices de fin de chapitre que vous devriez être en mesure de faire à cette étape.

Lien conceptuel 6.4 Qu'est-ce qu'une liaison chimique ?

La façon de répondre à la question *Qu'est-ce qu'une liaison chimique ?* dépend du modèle de liaison. Répondez aux questions suivantes.

(a) Qu'est-ce qu'une liaison chimique covalente selon le modèle de Lewis ?

(b) Qu'est-ce qu'une liaison chimique covalente selon la théorie de la liaison de valence ?

(c) Pourquoi les réponses sont-elles différentes ?

MATÉRIEL DE FIN DE CHAPITRE

La section « Résumé du chapitre » vous aide à revoir systématiquement les concepts et techniques en vue de la préparation des examens.

Section « Résumé du chapitre »

Termes clés (voir le glossaire)

Amorphe (p. 8)
Analyse dimensionnelle (p. 30)
Atome (p. 4)
Changement chimique (p. 11)
Changement physique (p. 10)

État (p. 7)
Exactitude (p. 29)
Expérience (p. 5)
Facteur de conversion (p. 30)
Fiabilité (p. 29)

Mélange homogène (p. 9)
Méthode scientifique (p. 6)
Mètre (m) (p. 14)
Millilitre (mL) (p. 18)
Molalité (b ou m) (p. 22)

Propriété physique (p. 11)
Rapport par masse (m/m) (p. 22)
Rapport par volume (v/v ou m/v) (p. 22)

La liste des « **Termes clés** » énumère en ordre alphabétique tous les termes en caractères gras et en couleur du chapitre, avec les références aux pages. Leurs définitions figurent dans le glossaire.

La section « **Concepts clés** » résume les idées les plus importantes du chapitre.

Concepts clés

L'eau potable (8.1)

→ L'eau, dont la composition n'est connue que depuis le début du 19e siècle, est une substance qui recouvre 70 % de la surface terrestre. Solvant efficace, elle est essentielle au développement du vivant.

→ Moins de 3 % de l'eau sur Terre est de l'eau douce, et l'eau propre à la consommation humaine représente une fraction de ce pourcentage. Pour rendre l'eau potable, on doit la traiter au moyen de divers processus chimiques et physiques (tamisage, floculation, décantation, filtration, assainissement chimique).

→ L'eau est un enjeu d'avenir. La science doit mettre à profit le développement des connaissances afin de protéger cette ressource et d'assurer un accès en eau de qualité au plus grand nombre possible de gens.

Masse atomique et concept de mole pour les éléments (8.2)

→ Une mole d'un élément est la quantité de cet élément qui contient le nombre d'Avogadro ($6,022 \times 10^{23}$ atomes).

→ Tout échantillon d'un élément dont la masse (en grammes) égale sa masse atomique contient 1 mol de l'élément, sa masse molaire. Par exemple, la masse atomique du carbone est de 12,01 u, par conséquent, 12,01 g de carbone contiennent 1 mol d'atomes de carbone.

Masse formulaire et concept de mole pour les composés (8.3)

→ La masse formulaire d'un composé est la somme des masses atomiques de tous les atomes dans sa formule chimique. Comme les masses atomiques des éléments, la masse formulaire caractérise la masse moyenne d'une molécule (ou d'une entité formulaire).

→ La masse de 1 mol d'un composé (en grammes) est la masse molaire et est numériquement égale à sa masse formulaire (en unités de masse atomique, u).

Composition et formule chimique des substances (8.4 et 8.5)

→ La composition en pourcentage massique d'un composé est le pourcentage par rapport à la masse totale du composé. La composition en pourcentage massique peut être déterminée à partir de la formule chimique d'un composé et des masses molaires de ses éléments.

→ La formule chimique d'un composé indique le nombre relatif d'atomes (ou moles) de chaque élément dans ce composé et on peut donc l'utiliser pour déterminer les rapports stœchiométriques entre les moles du composé et les moles de ses éléments constituants.

→ Si la composition en pourcentage massique et la masse molaire d'un composé sont connues, on peut déterminer ses formules empirique et moléculaire.

Calculs en milieu gazeux (8.6)

→ Les lois simples des gaz expriment les relations entre des paires de variables lorsque les autres variables sont constantes.

→ La loi de Boyle-Mariotte stipule que le volume d'un gaz est inversement proportionnel à sa pression.

→ La loi de Charles stipule que le volume d'un gaz est directement proportionnel à sa température.

→ La loi d'Avogadro stipule que le volume d'un gaz est directement proportionnel à la quantité (en moles).

→ La loi des gaz parfaits, $PV = nRT$, donne la relation entre les quatre variables des gaz et englobe les lois simples des gaz. La loi des gaz parfaits peut être utilisée pour trouver une des quatre variables connaissant les trois autres.

Équations et relations clés

Nombre d'Avogadro (8.2)

$$1 \text{ mol} = 6{,}022\ 142\ 1 \times 10^{23} \text{ particules}$$

Constante d'Avogadro (8.2)

$$N_A = 6{,}022 \times 10^{23} \text{ particules/mol de particules}$$

Masse formulaire (8.3)

$$\left(\begin{array}{c} \text{Nbre d'atomes du} \\ 1^{er} \text{ élément dans} \\ \text{la formule chimique} \end{array} \times \begin{array}{c} \text{masse atomique} \\ \text{du } 1^{er} \text{ élément} \end{array} \right)$$

$$+ \left(\begin{array}{c} \text{Nbre d'atomes du} \\ 2^e \text{ élément dans} \\ \text{la formule chimique} \end{array} \times \begin{array}{c} \text{masse atomique} \\ \text{du } 2^e \text{ élément} \end{array} \right) + \ldots$$

Composition en pourcentage massique (8.4)

$$\%_{m/m}\ (X) = \frac{\text{masse de X dans 1 mol de composé}}{\text{masse de 1 mol de composé}} \times 100\ \%$$

Formule empirique et formule moléculaire (8.5)

$$\text{Formule moléculaire} = \text{formule empirique} \times n, \text{ où } n = 1, 2, 3, \ldots$$

$$n = \frac{\text{masse molaire}}{\text{masse molaire de la formule empirique}}$$

Loi de Boyle-Mariotte : relation entre la pression (P) et le volume (V) (8.6)

$$V \propto \frac{1}{P} \ (T \text{ et } n \text{ constantes})$$

$$P_1 V_1 = P_2 V_2$$

Loi de Charles : relation entre le volume (V) et la température (T) (8.6)

$$V \propto T \ (P \text{ et } n \text{ constantes}, T \text{ en kelvins})$$

$$\frac{V_1}{T_1} = \frac{V_2}{T_2}$$

Loi d'Avogadro : relation entre le volume (V) et la quantité (n) (8.6)

$$V \propto n \ (T \text{ et } P \text{ constantes})$$

$$\frac{V_1}{n_1} = \frac{V_2}{n_2}$$

Loi des gaz parfaits : relation entre le volume (V), la pression (P), la température (T) et la quantité (n) (8.6)

$$PV = nRT$$

$$R = 0{,}082\ 06 \ \frac{\text{L} \cdot \text{atm}}{\text{mol} \cdot \text{K}} \ \text{ou} \ 8{,}314 \ \frac{\text{L} \cdot \text{kPa}}{\text{mol} \cdot \text{K}}$$

Loi de Dalton (loi des pressions partielles) (8.6)

$$P_{\text{totale}} = P_A + P_B + P_C + \ldots$$

La section « **Équations et relations clés** » dresse la liste de chacune des équations clés et des relations quantitatives importantes qui apparaissent dans le chapitre.

Exercices de fin de chapitre

F *facile* **M** *moyen* **D** *difficile*

Problèmes par sujet

Gaz (7.3)

F **1.** Soit un échantillon d'hélium gazeux de 1,0 L et un échantillon d'argon gazeux de 1,0 L, tous les deux à température ambiante et à pression atmosphérique.
(a) Les atomes dans l'échantillon d'hélium ont-ils la même *énergie cinétique moyenne* que les atomes dans l'échantillon d'argon?
(b) Les atomes dans l'échantillon d'hélium ont-ils la même *vitesse moyenne* que celle des atomes dans l'échantillon d'argon?
(c) Les atomes d'argon exercent-ils une plus grande pression sur les parois du contenant étant donné qu'ils ont une masse plus grande? Expliquez votre réponse.

F **2.** Un ballon à température ambiante contient des quantités parfaitement égales d'azote et de xénon (en moles).
(a) Quel gaz exerce la plus grande pression partielle?
(b) Dans lequel de ces deux gaz les molécules ou les atomes possèdent-ils la plus grande vitesse moyenne?

M **6.** L'eau (**a**) «mouille» certaines surfaces et perle sur d'autres. Le mercure (**b**), au contraire, perle sur presque toutes les surfaces. Expliquez cette différence.

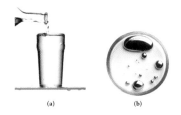

(a)   (b)

Les **problèmes par sujet** sont appariés aux différentes sections du chapitre. Les réponses apparaissent dans l'annexe II.

Les **problèmes conceptuels** vous permettent d'évaluer votre compréhension des concepts clés du chapitre, souvent par un raisonnement qui fait intervenir peu ou pas de calculs.

Problèmes conceptuels

F **92.** Un liquide volatil (qui s'évapore facilement) est placé dans un bocal qui est ensuite scellé. La masse du bocal scellé et de son contenu change-t-elle lorsque le liquide s'évapore?

F **93.** Le diagramme suivant représente du dioxyde de carbone solide, également appelé glace sèche.

Quel diagramme représente le mieux la glace sèche après sa sublimation en gaz?

F **95.** Dans chaque encadré, examinez les blocs attachés aux balances. En vous basant sur leurs positions et leurs tailles respectives, déterminez quel bloc est le plus dense (le bloc de couleur foncée ou celui de couleur pâle), ou si les masses volumiques relatives ne peuvent pas être déterminées. (Examinez attentivement les informations fournies par les illustrations.)

(a)   (b)

Problèmes récapitulatifs

M **53.** La réaction de $Fe_2O_3(s)$ avec $Al(s)$ pour former $Al_2O_3(s)$ et $Fe(s)$ est appelée réaction thermite et est très exothermique. Quel rôle l'énergie de réseau joue-t-elle dans le caractère exothermique de la réaction?

D **54.** NaCl a une énergie de réseau de -787 kJ/mol. Considérez un sel hypothétique XY. X^{3+} a le même rayon que Na^+ et Y^{3-} a le même rayon que Cl^-. Estimez l'énergie de réseau de XY.

M **55.** Faites la liste des paires d'ions en phase gazeuse selon la quantité d'énergie libérée lorsqu'elles se forment à partir d'ions séparés en phase gazeuse. Commencez par la paire qui libère le moins d'énergie.
Na^+F^- $Mg^{2+}F^-$ Na^+O^{2-} $Mg^{2+}O^{2-}$ $Al^{3+}O^{2-}$

D **58.** Calculez $\Delta H°_f$ de la réaction $H_2(g) + Br_2(g) \rightarrow 2\ HBr(g)$ à l'aide des valeurs d'énergie de liaison. La valeur obtenue expérimentalement est toutefois beaucoup plus faible. Expliquez cette différence.

M **59.** Dessinez une structure de Lewis appropriée pour chaque espèce chimique. Assurez-vous de bien faire la distinction entre les composés ioniques et les composés (éléments) covalents.
(a) Al_2O_3.
(b) NF_3.
(c) ClF.
(d) K_2S.
(e) MgI_2.

Les **problèmes récapitulatifs** combinent de la matière de différentes parties du chapitre, et souvent de chapitres antérieurs également, ce qui vous permet de savoir si vous maîtrisez l'intégration de la matière du cours.

Problèmes défis

D **87.** En 1999, les scientifiques ont découvert un nouveau type de trous noirs dont la masse serait de 100 à 10 000 fois supérieure à celle du Soleil, mais qui occupent moins d'espace que notre Lune. Supposons que la masse d'un de ces trous noirs soit équivalente à celle de 1×10^3 soleils et que son rayon soit égal à la moitié de celui de la Lune. Quelle est la masse volumique du trou noir en grammes par centimètre cube? Le rayon du Soleil est de $7,0 \times 10^5$ km et il possède une masse volumique moyenne de $1,4 \times 10^3$ kg/m^3. Le diamètre de la Lune est de $2,16 \times 10^3$ mi.

Les **problèmes défis** sont conçus pour mettre au défi les étudiants les plus forts.

SOMMAIRE

À propos des auteurs VII

Avant-propos VIII

CHAPITRE 1
INTRODUCTION   1

CHAPITRE 2
ATOMES, ÉLÉMENTS ET COMPOSÉS   47

CHAPITRE 3
CONCEPTION MODERNE DE L'ATOME ET MÉCANIQUE QUANTIQUE   93

CHAPITRE 4
PROPRIÉTÉS DE L'ATOME ET MODÈLE ATOMIQUE MODERNE   139

CHAPITRE 5
LIAISONS CHIMIQUES   181

CHAPITRE 6
MOLÉCULES ET FORCES INTERMOLÉCULAIRES   235

CHAPITRE 7
GAZ, LIQUIDES ET SOLIDES   289

CHAPITRE 8
STŒCHIOMÉTRIE I : LES SUBSTANCES   329

CHAPITRE 9
STŒCHIOMÉTRIE II : LES RÉACTIONS CHIMIQUES   367

Annexe I   Opérations mathématiques courantes en chimie 419

Annexe II   Réponses aux exercices de fin de chapitre 422

Annexe III   Réponses aux exercices pratiques des exemples 464

Annexe IV   Réponses aux liens conceptuels 470

Glossaire 475

Index 487

Sources des photos et des illustrations 499

Facteurs de conversion et relations 501

Équations clés 503

Tableau périodique 504

TABLE DES MATIÈRES

À propos des auteurs VII

Avant-propos VIII

CHAPITRE 1
INTRODUCTION

1.1 Chimie et environnement 2

1.2 Approche scientifique de la connaissance 5

1.3 Classification de la matière 7
    États de la matière : solide, liquide et gaz 7
    Classification de la matière selon sa composition :
    éléments, composés et mélanges 9

1.4 Propriétés de la matière 10

1.5 Unités de mesure 14
    Unités standard 14
    Mesure de longueur : le mètre 14
    Mesure de masse : le kilogramme 14
    Mesure de temps : la seconde 15
    Mesure de température : le kelvin 15
    Préfixes multiplicateurs 17
    Unités dérivées : volume et masse volumique 18
    Calcul de la masse volumique 19
    Unités dérivées : composition d'une solution 20

1.6 Fiabilité d'une mesure 23
    Comment compter les chiffres significatifs ? 25
    Nombres exacts 26
    Chiffres significatifs dans les calculs 27
    Fiabilité, exactitude et précision 29

1.7 Résolution de problèmes en chimie 30
    Conversion d'une unité en une autre 30
    Stratégie générale de résolution de problèmes . . . 31
    Unités élevées à une puissance 33
    Problèmes comportant des équations 35

Résumé du chapitre 37

Exercices 38

CHAPITRE 2
ATOMES, ÉLÉMENTS ET COMPOSÉS

2.1 Nanoparticules et environnement 48

2.2 Atomes et éléments 50
    Particules subatomiques 50
    Les éléments : définis par le nombre de protons . . 51
    Les isotopes : lorsque le nombre de neutrons varie . . 53

    Les ions : perte et gain d'électrons 54

2.3 Classer les éléments : le tableau périodique 55
    Ions et tableau périodique 58
    Métaux de transition et état d'oxydation 60

2.4 Masse atomique 62

2.5 Combiner les atomes : les liaisons chimiques . . . 64
    Hydrogène + oxygène = eau ! 64
    Liaisons entre les atomes 65

2.6 Éléments et composés 67

2.7 Représenter les composés : formules chimiques
    et modèles moléculaires 71
    Types de formules chimiques 71
    Modèles moléculaires 73

2.8 Formules et nomenclature des composés
    ioniques 74
    Écriture des formules de composés ioniques 74
    Nomenclature des composés ioniques 75
    Nomenclature des composés ioniques binaires contenant
    un métal qui ne forme qu'un seul type de cation . . . 76
    Nomenclature des composés ioniques binaires contenant
    un métal formant plus d'une sorte de cation 77
    Nomenclature des composés ioniques contenant
    des ions polyatomiques 79
    Nomenclature des composés ioniques hydratés . . . 81

2.9 Formules et nomenclature des composés
    moléculaires 81
    Nomenclature des composés moléculaires 82
    Nomenclature des acides 83
    Nomenclature des hydracides 84
    Nomenclature des oxacides 84

Résumé du chapitre 85

Exercices 87

CHAPITRE 3
CONCEPTION MODERNE DE L'ATOME
ET MÉCANIQUE QUANTIQUE

3.1 Le nucléaire : l'énergie au cœur de l'atome 94

3.2 D'Aristote à Bohr : un rappel de l'évolution
    du modèle atomique 95
    Les philosophes et la théorie atomiste 96
    John Dalton et les lois à l'origine du modèle atomique
    moderne 96
    Joseph John Thomson et la découverte de l'électron . . . 98

Ernest Rutherford et le modèle nucléaire de l'atome 98

Niels Bohr et la quantification de l'énergie dans l'atome . . 100

3.3 Mécanique quantique et atome : au-delà du modèle de Bohr 111

Interférence et diffraction 111

Nature ondulatoire de l'électron : la longueur d'onde de De Broglie 113

Principe d'incertitude 116

3.4 Équation de Schrödinger : une vision quantique de l'atome 117

Principe d'indétermination 117

Équation de Schrödinger 119

Orbitales atomiques : les solutions de l'équation de Schrödinger pour l'atome d'hydrogène 120

3.5 Niveaux et sous-niveaux d'énergie 124

Niveau principal d'énergie et périodicité 125

Sous-niveaux électroniques et énergie d'ionisation 127

3.6 Nombres quantiques 129

Nombre quantique principal (n) 130

Nombre quantique de moment angulaire (l) 130

Nombre quantique magnétique (m_l) 131

Nombre quantique de spin (m_s) 131

Résumé du chapitre 133

Exercices 135

CHAPITRE 4
PROPRIÉTÉS DE L'ATOME
ET MODÈLE ATOMIQUE MODERNE

4.1 Exploitation minière des terres rares 140

4.2 Configurations électroniques : placer les électrons dans les orbitales du modèle quantique 141

Principe de minimisation de l'énergie potentielle . . . 142

Principe de minimisation de l'énergie potentielle et tableau périodique 142

Éléments de transition 144

Principe d'exclusion de Pauli et règle de Hund 146

Configurations électroniques des ions 148

4.3 Pouvoir de prédiction du modèle de la mécanique quantique 150

Électrons de valence et électrons de cœur 151

Effet d'écran 152

Charge nucléaire effective 152

Loi de Coulomb 154

4.4 Propriétés chimiques des éléments 155

Caractère métallique 156

4.5 Propriétés physiques des éléments 159

Rayon atomique des éléments des groupes principaux . 159

Rayon atomique des éléments de transition 163

Rayon atomique des ions 164

Énergie d'ionisation 166

Variations de l'énergie de première ionisation 167

Exceptions concernant les variations de l'énergie de première ionisation 170

Variations entre les ionisations successives 173

Électronégativité des éléments des groupes principaux . . 175

Résumé du chapitre 177

Exercices 178

CHAPITRE 5
LIAISONS CHIMIQUES

5.1 Recyclables, biodégradables, oxybiodégradables, compostables ou polluants éternels ? 182

5.2 Former des liaisons 184

5.3 Modèle de Lewis 186

5.4 Liaison ionique et modèle du réseau 187

Liaison ionique et transfert d'électrons 187

Énergie de réseau : la suite de l'histoire 188

Variations de l'énergie de réseau : charge des ions 189

Variations de l'énergie de réseau : taille des ions 190

Liaison ionique : modèles et réalité 191

5.5 Liaison covalente et modèle de Lewis 192

Le partage d'électrons 192

Liaison covalente : modèles et réalité 193

5.6 Polarité des liaisons covalentes 195

Moment dipolaire et pourcentage de caractère ionique . . 197

5.7 Énergies et longueurs des liaisons covalentes . . . 199

Utilisation des énergies de liaison moyennes pour estimer les variations d'enthalpie des réactions 200

Longueurs de liaison 203

5.8 Structures de Lewis des composés moléculaires et des ions polyatomiques 204

Charge formelle 204

Écriture des structures de Lewis des composés moléculaires et des ions polyatomiques 206

Résonance 209

Composés organiques 211

5.9 Exceptions à la règle de l'octet : espèces à nombre impair d'électrons, octets incomplets et octets étendus 213

Espèces à nombre impair d'électrons 213

Octets incomplets 213

Octets étendus 214

5.10 Polymères 216

Les réactions de polymérisation 221

Les matières plastiques 222

5.11 Liaison métallique et modèle de la mer d'électrons 225

Résumé du chapitre 226

Exercices 228

CHAPITRE 6
MOLÉCULES ET FORCES INTERMOLÉCULAIRES

6.1 Perturbateurs endocriniens 236

6.2 Géométrie des molécules : théorie RPEV 239

Formes de base des molécules. 239

Influence des doublets libres 243

Prédire la géométrie moléculaire. 247

Prédire la forme de molécules plus volumineuses 250

6.3 Polarité des molécules 251

6.4 Théorie de la liaison de valence : liaison chimique
par recouvrement d'orbitales 254

6.5 Théorie de la liaison de valence : hybridation
des orbitales atomiques 257

Hybridation sp^3 259

Hybridation sp^2 et liaisons doubles 260

Hybridation sp et liaisons triples 264

Hybridation sp^3d et sp^3d^2. 266

Représentation des schémas d'hybridation et de liaison . 267

6.6 Forces intermoléculaires 271

Forces de dispersion 272

Forces dipôle-dipôle. 274

Pont hydrogène 276

Forces dipôle-dipôle induit 279

Forces ion-dipôle 280

Résumé du chapitre 281

Exercices 282

CHAPITRE 7
GAZ, LIQUIDES ET SOLIDES

7.1 Dégel du pergélisol 290

7.2 Solides, liquides et gaz : une comparaison
à l'échelle moléculaire 292

Changements d'état : une introduction 294

7.3 Gaz. 295

Gaz parfaits et théorie cinétique moléculaire 295

7.4 Liquides : tension superficielle, viscosité
et capillarité 298

Tension superficielle. 298

Viscosité 300

Capillarité 301

7.5 Liquides : vaporisation et pression de vapeur . . . 301

Processus de vaporisation 302

Énergétique de la vaporisation 303

Pression de vapeur et équilibre dynamique 304

7.6 Solides 307

Solides moléculaires 307

Solides ioniques 308

Solides atomiques 309

7.7 L'eau, une substance extraordinaire 313

7.8 Changements d'état. 315

Ébullition et condensation 315

Fusion et congélation 316

Sublimation et déposition. 316

Point critique : transition vers
un état inhabituel de la matière 318

Courbe de chauffage de l'eau 318

7.9 Diagrammes de phases 319

Principales caractéristiques d'un diagramme
de phases 320

Interprétation d'un diagramme de phases. 321

Résumé du chapitre 323

Exercices 324

CHAPITRE 8
STŒCHIOMÉTRIE I : LES SUBSTANCES

8.1 L'eau potable 330

Purification de l'eau 331

8.2 Masse atomique et concept de mole
pour les éléments 332

La mole : la « douzaine » du chimiste 332

Conversion entre la quantité de substance (n)
et le nombre d'atomes (N) 333

Conversion entre la masse et la quantité de substance
en moles (n) 334

8.3 Masse formulaire et concept de mole
pour les composés. 338

Masse molaire d'un composé. 338

Utilisation de la masse molaire pour compter
les molécules en les pesant. 338

8.4 Rapports de masse et de quantité
de substance 340

Rapports stœchiométriques 342

8.5 Détermination d'une formule chimique
à partir de données expérimentales 344

Calcul des formules moléculaires des composés 346

Analyse par combustion. 347

8.6 Calculs en milieu gazeux. 349

Loi de Boyle-Mariotte : volume et pression 349

Loi de Charles : volume et température 353

Loi d'Avogadro : volume et quantité (en moles) 356

Loi des gaz parfaits 357

Loi de Dalton (loi des pressions partielles). 360

Résumé du chapitre 360

Exercices 362

CHAPITRE 9
STŒCHIOMÉTRIE II : LES RÉACTIONS CHIMIQUES

9.1 Changements climatiques et utilisation
des combustibles fossiles 368

9.2 Écrire et équilibrer des équations chimiques 370

Écriture des équations chimiques équilibrées 371

9.3 Stœchiométrie des réactions : quelle quantité
de dioxyde de carbone ? 376

Faire une pizza : relations entre les ingrédients 376

Faire des molécules : convertir des moles en moles 376

Faire des molécules : conversions des masses
en masses 377

9.4 Réactif limitant, rendement théorique
et pourcentage de rendement 380

Réactif limitant, rendement théorique et pourcentage
de rendement à partir des masses initiales de réactif . . . 382

9.5 Stœchiométrie des réactions qui mettent
en jeu des gaz 386

Volume molaire et stœchiométrie 387

9.6 Stœchiométrie des réactions
d'oxydoréduction 389

États d'oxydation 390

Reconnaître les réactions d'oxydoréduction 392

Équilibrer des réactions d'oxydoréduction 394

9.7 Stœchiométrie d'autres réactions
particulières 397

Réactions de dissociation en milieu aqueux 397

Réactions de précipitation 400

Réactions acide-base 404

Réactions de dégagement gazeux 406

Réactions de combustion 408

Résumé du chapitre 409

Exercices 411

Annexe I Opérations mathématiques
courantes en chimie 419

Annexe II Réponses aux exercices de fin
de chapitre 422

Annexe III Réponses aux exercices pratiques
des exemples 464

Annexe IV Réponses aux liens conceptuels 470

Glossaire 475

Index 487

Sources des photos et des illustrations 499

Facteurs de conversion et relations 501

Équations clés 503

Tableau périodique 504

CHAPITRE

La chimie peut-elle être respectueuse de l'environnement? Oui et non. Souvent de façon imprévue, la chimie (et l'être humain en premier lieu) est à l'origine de problèmes environnementaux importants. L'industrie chimique à elle seule fabrique des milliers de composés. En grande quantité, ils présentent, nous le savons maintenant, une toxicité plus ou moins grande pour les organismes et les milieux naturels. Cependant, la chimie demeure plus que jamais essentielle à la compréhension de la matière qui nous entoure. La chimie, c'est aujourd'hui la recherche et le développement de nouveaux matériaux, de nouvelles sources d'énergie et de nouveaux procédés plus verts que connaîtront nos sociétés.

Introduction

Ce qui est incompréhensible, c'est que le monde soit compréhensible.

Albert Einstein
(1879-1955)

1.1 Chimie et environnement **2**

1.2 Approche scientifique de la connaissance **5**

1.3 Classification de la matière **7**

1.4 Propriétés de la matière **10**

1.5 Unités de mesure **14**

1.6 Fiabilité d'une mesure **23**

1.7 Résolution de problèmes en chimie **30**

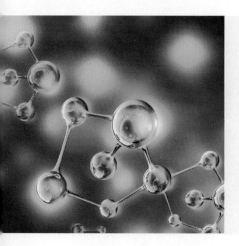

Selon vous, quelle serait l'idée la plus importante de tout le savoir humain ? Évidemment, il y a de nombreuses réponses à cette question – certaines sont pratiques, certaines, philosophiques et d'autres sont scientifiques. Si l'on s'en tient aux réponses scientifiques, voici la mienne : **les propriétés de la matière sont déterminées par les propriétés des molécules et des atomes**. Les atomes et les molécules déterminent le comportement de la matière – s'ils étaient différents, la matière serait différente. Les propriétés des molécules d'eau, par exemple, déterminent le comportement de l'eau ; les propriétés des molécules de sucre déterminent celui du sucre et les molécules qui composent notre corps déterminent celui de notre corps. La compréhension de la matière à l'échelle moléculaire assure une maîtrise sans précédent sur cette matière. La révolution survenue en chimie et en biologie au cours des cent dernières années a été rendue possible grâce à notre compréhension approfondie des molécules qui composent les organismes vivants et les milieux qui nous entourent.

1.1 Chimie et environnement

Au Québec, le développement durable s'entend [...] d'un développement qui répond aux besoins du présent sans compromettre la capacité des générations futures à répondre aux leurs. Le développement durable s'appuie sur une vision à long terme qui prend en compte le caractère indissociable des dimensions environnementale, sociale et économique des activités de développement.

Le symbole des matériaux recyclables, le cercle de Möbius (aussi appelé boucle, anneau ou ruban), a été créé par le graphiste Gary Anderson lors d'un concours associé au premier Jour de la Terre en avril 1970.

Ministère de l'Environnement et de la Lutte contre les changements climatiques, 2022.

Traitements des eaux usées, recyclage des matériaux, fabrication de plastiques biodégradables, on pense souvent que le respect de l'environnement est une idée moderne. Bien que le concept de restauration des milieux soit assez récent, l'homme s'intéresse à la nature depuis des siècles. Cet intérêt varie géographiquement, selon les époques et les cultures. Jusqu'au 19ᵉ siècle, le souci environnemental est surtout associé aux croyances religieuses ou animistes : à travers la nature, on cherche plus à honorer un esprit, une force vitale, des dieux, ou communiquer avec eux, qu'à préserver les milieux naturels. En Occident, ce désir de glorifier et de respecter la nature évolue au 19ᵉ siècle grâce notamment aux artistes et à l'expansion du commerce. En réaction au développement du monde agricole et industriel, le courant artistique – dit du romantisme – vante la beauté des paysages sauvages pour en préserver l'esthétisme. En 1861, la forêt de Fontainebleau, en France, devient l'un des premiers sites naturels protégés. Mais c'est dès 1769 que les premières mesures de préservation sont mises en place. Après la déforestation et l'extermination de certaines populations animales à la suite de l'exploitation des forêts et des mines, des gouvernements européens légiférèrent dans le but de maintenir l'accès aux ressources naturelles dans leurs différentes colonies.

La fin du 18ᵉ siècle voit la naissance de la chimie moderne et l'avancée des connaissances dans le domaine des sciences naturelles. Des chimistes comme Lavoisier, de Saussure, Priestley et Davy étudient notamment le cycle de l'azote et du carbone dès 1776. Apparu en 1866, le terme *écologie* marque un début de mariage entre la science moderne et l'environnement. Le biologiste allemand Ernst Haeckel propose ce mot associant les notions d'« habitat » et de « connaissance » dans une perspective unifiée de la nature et des sociétés humaines.

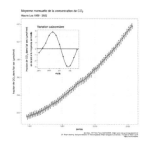

La courbe de Keeling, basée sur des mesures faites en continu depuis 1958 au *Mauna Loa Observatory* (Hawaï, États-Unis), permet de suivre l'évolution du CO_2 atmosphérique et de corréler les variations observées avec des facteurs humains ou naturels.

En 1896, le physicochimiste Svante Arrhenius publie un article intitulé *De l'influence de l'acide carbonique dans l'air sur la température du sol* dans *The London, Edimburgh and Dublin Philosophical Magazine and Journal of Science*. Ses travaux s'inscrivent dans les premières théories sur l'environnement et sont suivis par de nombreuses recherches portant sur les différents facteurs qui affectent les équilibres naturels. En 1960, Charles David Keeling démontre que le dioxyde de carbone produit par l'activité humaine, entre autres par la combustion des énergies fossiles, affecte les niveaux de CO_2 dans l'atmosphère. La courbe de Keeling (en marge) est encore utilisée de nos jours pour évaluer les variations du CO_2 atmosphérique.

À partir des années 1960 à 1970, on assiste à une prise de conscience écologiste quant à l'importance de préserver l'environnement et les écosystèmes afin d'assurer leur pérennité et le futur des générations humaines. En 1970, le Québec nomme pour la première fois un ministre responsable de l'environnement. Une loi sur l'environnement est votée en 1972 et en novembre 1979, le ministère de l'Environnement voit officiellement le jour. Un véritable tournant mondial s'opère dans les années 1990 avec le Sommet de la Terre de Rio de Janeiro. Depuis, l'opinion publique exige de plus en plus que les industries et les gouvernements mettent en place des mesures concrètes pour protéger l'environnement. On ne pourra comprendre tous les impacts et les enjeux relatifs à la préservation et à l'équilibre d'un environnement hospitalier favorable à la survie de l'être humain si l'on ne dispose pas d'une vue d'ensemble sur le plus de phénomènes possibles et si l'on ne peut élucider les interactions entre les divers systèmes. Tout cela exigera la contribution de nombreuses disciplines scientifiques, des sciences sociales et des forces politiques. On pense naturellement à l'importance de la biologie pour comprendre les écosystèmes, à l'océanographie ou la climatologie pour saisir la nature des changements climatiques, à la microbiologie pour comprendre l'impact des microorganismes bienfaiteurs (microbiote) ou nuisibles (bactéries et virus pathogènes), mais la chimie est la science qui se trouve inévitablement à l'interface de toutes les autres parce qu'elle permet de comprendre le comportement de la matière, que celle-ci soit vivante ou non.

FIGURE 1.1 Chimie et traitement des déchets

Biométhanisation, biogaz, déchets énergétiques : une des avenues de recherche de la chimie verte repose sur l'utilisation des déchets provenant de l'activité humaine afin de les transformer en carburant ou en énergie thermique et électrique.

La chimie est essentielle à la compréhension des enjeux environnementaux actuels : traitement des déchets (**figure 1.1**), développement de nouvelles stratégies de synthèse chimique, élimination des contaminants, développement des énergies vertes, compréhension de l'effet des polluants et des changements climatiques sur les populations animales et végétales, etc. Les champs de recherche comme la chimie organique, la chimie des minéraux, la chimie analytique, la chimie du plasma, le génie chimique, la biochimie, l'écotoxicologie ne sont que quelques-unes des disciplines nécessaires pour s'attaquer aux problématiques contemporaines et construire le monde de demain. Cette compréhension passe par de grands principes chimiques tels que la conservation de la matière et la transformation de l'énergie, mais aussi par l'analyse d'éléments plus spécifiques tels que l'effet de certaines molécules. Prenons par exemple deux composés très similaires qui ont un effet environnemental important : le monoxyde de carbone et le dioxyde de carbone. Tous deux sont, entre autres, produits dans les gaz d'échappement des voitures et des camions. Ces molécules semblables sont formées des mêmes atomes, mais en proportions différentes. Or, elles présentent des propriétés physiques et chimiques radicalement

Molécule de monoxyde de carbone
CO

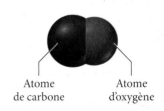

Atome de carbone   Atome d'oxygène

Molécule de dioxyde de carbone
CO$_2$

Atome d'oxygène   Atome d'oxygène

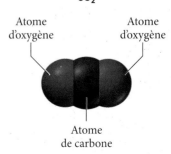

Atome de carbone

distinctes. Le premier est un gaz mortel s'il est respiré. Le second est inoffensif pour nous, essentiel à la photosynthèse des plantes, mais il constitue un gaz à effet de serre important à l'échelle de la planète.

Animation

Atomes et molécules

codeqrcu.page.link/YYVv

Les propriétés de ces gaz dépendent des **atomes** et des **molécules** qui les composent. Par exemple, la toxicité du monoxyde de carbone provient de la propriété qu'ont ses molécules de se lier à l'hémoglobine, une protéine présente dans les globules rouges du sang et nécessaire au transport de l'oxygène. Ces molécules ont la taille, la forme et les propriétés chimiques qui leur permettent de se fixer à la perfection au site actif de l'hémoglobine. Le monoxyde de carbone diminue par conséquent la capacité de transport d'oxygène dans le sang (**figure 1.2**). Respirer de l'air contenant trop de monoxyde de carbone (plus de 0,04 % en volume) peut provoquer des pertes de conscience, voire la mort, parce que le cerveau ne reçoit pas assez d'oxygène. Cependant, nous respirons beaucoup plus de dioxyde de carbone – qui constitue 0,04 % de l'air et qui est un produit de notre propre respiration – que de monoxyde de carbone, et pourtant, nous n'en mourons pas. La présence du second atome d'oxygène empêche le dioxyde de carbone de se lier efficacement au site de transport de l'oxygène dans l'hémoglobine, ce qui le rend beaucoup moins toxique. Bien que des niveaux élevés de dioxyde de carbone (supérieurs à 10 % de l'air) puissent être toxiques pour d'autres raisons, la circulation sanguine peut en renfermer des niveaux plus faibles sans conséquences fâcheuses. Le monde des molécules est ainsi fait. Tout changement dans une molécule – comme l'ajout d'un atome d'oxygène au monoxyde de carbone – modifiera vraisemblablement les propriétés de la substance constituée de cette molécule.

FIGURE 1.2   **Liaison du monoxyde de carbone à l'hémoglobine**

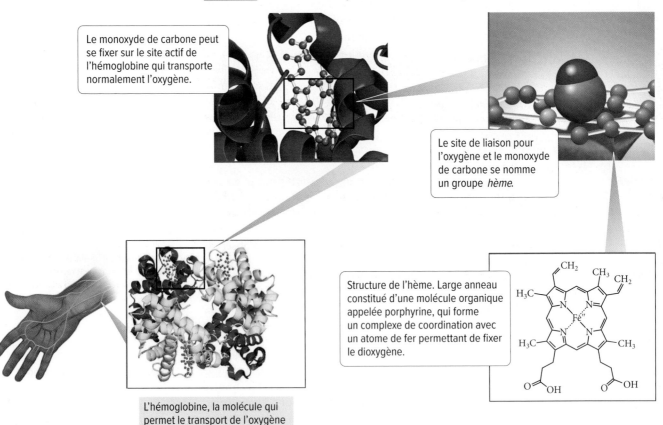

Le monoxyde de carbone peut se fixer sur le site actif de l'hémoglobine qui transporte normalement l'oxygène.

Le site de liaison pour l'oxygène et le monoxyde de carbone se nomme un groupe *hème*.

Structure de l'hème. Large anneau constitué d'une molécule organique appelée porphyrine, qui forme un complexe de coordination avec un atome de fer permettant de fixer le dioxygène.

L'hémoglobine, la molécule qui permet le transport de l'oxygène dans les globules rouges

L'hémoglobine, une grosse molécule protéique, transporte l'oxygène dans les globules rouges du sang. Normalement, chaque sous-unité de la molécule d'hémoglobine contient un groupe hème dont le centre est occupé par un atome de fer auquel se lie l'oxygène. Les molécules de monoxyde de carbone peuvent elles aussi se lier à l'atome de fer et prendre la place de l'oxygène, ce qui réduit la quantité d'oxygène pouvant atteindre les tissus de l'organisme.

Les propriétés d'une substance (point de fusion, point d'ébullition, apparence physique, etc.) sont déterminées par les liaisons et les interactions entre les atomes et les molécules qui la composent. Sont-elles polaires? Quelle est leur géométrie? Leur force? Est-ce un lien physique ou une attraction entre des charges? Les atomes sont-ils placés les uns par rapport aux autres selon une séquence précise? Si nous voulons comprendre les substances qui nous entourent, nous devons comprendre les atomes et les molécules qui les composent – voilà l'objectif premier de la chimie. On peut donc définir la chimie de la façon suivante:

> La **chimie** est la science qui cherche à comprendre le comportement de la matière en étudiant le comportement des atomes et des molécules.

1.2 Approche scientifique de la connaissance

La connaissance scientifique est empirique – elle est basée sur l'*observation* et l'*expérimentation*. Les scientifiques observent et effectuent des expériences sur le monde physique pour mieux le connaître. Certaines observations et expériences sont qualitatives (noter et décrire comment un processus se produit), mais bon nombre sont quantitatives (mesurer et quantifier des données concernant le processus). Par exemple, Antoine Lavoisier (1743-1794), un chimiste français qui a étudié la combustion, a effectué des mesures minutieuses de la masse d'objets avant et après les avoir brûlés dans des contenants fermés. Il a remarqué que la masse totale de la matière dans le contenant au cours de la combustion ne subissait aucun changement. Lavoisier a effectué une *observation* importante sur le monde physique.

Les observations amènent souvent un scientifique à formuler une **hypothèse**, c'est-à-dire une tentative d'interprétation ou d'explication des observations qu'il est en train d'effectuer. Par exemple, Lavoisier a expliqué ses observations sur la combustion en faisant l'hypothèse que lorsqu'une substance brûle, elle se combine avec une composante de l'air. Une bonne hypothèse est *réfutable*, ce qui signifie qu'elle prédit des faits que d'autres observations peuvent confirmer ou infirmer. La validité des hypothèses est mise à l'épreuve par des **expériences**, des procédures extrêmement précises et soigneusement conçues pour générer des observations susceptibles de confirmer ou d'infirmer une hypothèse. Les résultats d'une expérience peuvent appuyer une hypothèse ou prouver qu'elle est erronée. S'il est prouvé qu'elle est fausse, l'hypothèse doit être modifiée ou rejetée.

Dans certains cas, un ensemble d'observations similaires peut conduire à la formulation d'une **loi scientifique**, un énoncé concis qui résume les observations passées et prédit les futures. Par exemple, Lavoisier a résumé ses observations sur la combustion avec la **loi de la conservation de la masse**, qui stipule que, au cours d'une réaction chimique, la matière ne peut être ni créée ni détruite. Cette loi a résumé les observations de Lavoisier sur les réactions chimiques et a permis de prédire les résultats d'observations futures sur les réactions. Les lois, comme les hypothèses, sont également soumises à des expériences qui peuvent les appuyer ou prouver qu'elles sont fausses.

Une ou plusieurs hypothèses bien établies peuvent former le fondement d'une **théorie** scientifique. Une théorie scientifique est un modèle pour la compréhension de la nature en proposant une explication de ce que fait la nature et de la façon dont elle le fait. Les théories scientifiques bien établies constituent donc le point culminant de la connaissance scientifique, prédisant souvent un comportement qui dépasse largement les observations ou les lois à partir desquelles elles ont été créées. La **théorie atomique** proposée par le chimiste anglais John Dalton (1766-1844) en est un bon exemple. Dalton a expliqué la loi de la conservation de la masse, de même que d'autres lois et observations de l'époque, en affirmant que la matière est composée de petites particules indestructibles

Tableau représentant le chimiste français Antoine Lavoisier, célèbre notamment pour sa loi de la conservation de la matière et son *Traité élémentaire de chimie* (1789), l'un des premiers jalons de la chimie moderne. Ses travaux sur les gaz et sur le rôle de l'oxygène lors de la combustion ont aussi permis d'invalider la théorie du phlogistique*, largement répandue à cette époque. Il est représenté ici en compagnie de son épouse, Marie-Anne, qui l'a soutenu en illustrant ses travaux de recherche et en traduisant pour lui des articles scientifiques de l'anglais.

---

* À la fin du 17ᵉ siècle, J.J. Becher affirme que tous les matériaux inflammables contiennent du «phlogiston» (du grec *phlogistos*, «inflammable»), une substance incolore et inodore qui se dégage lors du processus de combustion. Il attribue à ce fluide imaginaire la perte de masse observée lorsqu'une substance brûle.

À l'époque de Dalton, on pensait que les atomes étaient indivisibles. Aujourd'hui, avec les réactions nucléaires, on sait que les atomes peuvent être brisés en composantes plus petites.

appelées atomes. Étant donné que ces particules ne font que se réarranger au cours des changements chimiques (et ne se forment pas ou ne disparaissent pas), la quantité totale de masse demeure la même. La théorie de Dalton est un modèle du monde physique – elle nous éclaire sur la façon dont la nature fonctionne, et par conséquent elle *explique* nos lois et nos observations.

Enfin, l'approche scientifique retourne aux observations, habituellement sous la forme d'expériences, pour mettre les théories à l'épreuve. Par exemple, les scientifiques peuvent vérifier la théorie atomique en essayant d'isoler un seul atome ou en essayant de les voir (en fait, ces deux vérifications ont déjà été réalisées). Les théories sont validées par des expériences comme celles-ci, mais il est impossible de les prouver de façon définitive parce qu'une observation ou une expérience nouvelle a toujours le potentiel de révéler une faille. Remarquez que l'approche scientifique commence par l'observation et se termine avec l'observation, parce qu'une expérience est tout simplement une procédure soigneusement contrôlée pour générer des observations critiques destinées à vérifier une théorie ou une hypothèse. Chaque nouvel ensemble d'observations a le potentiel de raffiner le modèle original. Cette approche, souvent appelée la **méthode scientifique**, est résumée à la **figure 1.3**. Les lois scientifiques, les hypothèses et les théories sont toutes sujettes à une expérimentation continue. Si une expérience prouve qu'une loi, une hypothèse ou une théorie sont erronées, il faut les réviser et concevoir de nouvelles expériences pour les mettre à l'épreuve. Avec le temps, les théories et les lois erronées sont éliminées ou corrigées, tandis que les théories et les lois exactes – celles qui sont conformes aux résultats expérimentaux – demeurent.

FIGURE 1.3 **Schéma illustrant la méthode scientifique**

Méthode scientifique

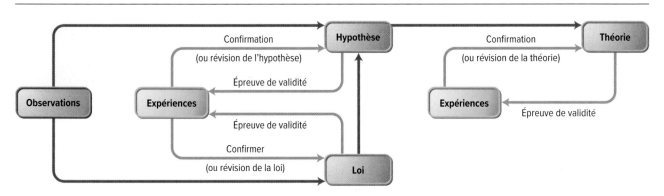

Les théories établies avec une solide évidence sont les éléments les plus puissants de la connaissance scientifique. Vous avez peut-être entendu la phrase : « Ce n'est qu'une théorie », qui laisse entendre que les théories sont facilement réfutables. Un tel énoncé traduit une profonde incompréhension de la nature d'une théorie scientifique. Les théories bien établies pourraient presque mériter de porter le nom de vérité en science. L'idée que toute matière est composée d'atomes n'est « qu'une théorie », mais elle s'appuie sur 200 ans de preuves expérimentales. C'est un élément puissant de la connaissance scientifique à partir duquel de nombreuses autres idées scientifiques ont été construites.

Un dernier mot au sujet de la méthode scientifique : certaines personnes imaginent à tort que la science est un ensemble strict de règles et de procédures qui conduisent automatiquement à des faits objectifs indiscutables. Or, ce n'est pas le cas. Même notre diagramme de la méthode scientifique n'est qu'une représentation idéale théorique de la vraie science, mais il nous aide à saisir les distinctions importantes. Faire de la vraie science exige beaucoup de travail, de minutie, de créativité et même un peu de chance. En effet, les théories scientifiques ne viennent pas uniquement des données recueillies ; elles sont élaborées par des hommes et des femmes de grand génie et d'une remarquable créativité. Une grande théorie n'est pas différente d'un tableau de maître et nombreux sont ceux qui y perçoivent une beauté comparable.

Vous trouverez les réponses aux liens conceptuels dans l'annexe IV.

Lien conceptuel 1.1 Lois et théories

Quel énoncé explique le mieux la différence entre une loi et une théorie ?

(a) Une loi est la vérité alors qu'une théorie n'est que pures spéculations.

(b) Une loi résume une série d'observations apparentées, alors qu'une théorie en donne les raisons fondamentales.

(c) Une théorie décrit ce que fait la nature ; une loi décrit pourquoi elle le fait.

1.3 Classification de la matière

La **matière** est tout ce qui occupe un espace et possède une masse. Ce livre, votre pupitre, votre chaise et même votre corps sont tous composés de matière. De façon moins évidente, l'air qui nous entoure est également de la matière – il occupe lui aussi un espace et possède une masse. On appelle souvent **substance** un type de matière, comme l'air, l'eau ou le sable. Et on classe la matière selon son état – solide, liquide ou gazeux – et selon sa composition.

États de la matière : solide, liquide et gaz

La matière peut exister dans trois **états** différents principalement : **solide**, **liquide** et **gaz**. Dans la *matière solide*, les atomes ou les molécules sont très proches les uns des autres et occupent des positions fixes. Bien que les atomes et les molécules vibrent, ils ne se déplacent pas dans l'espace, ni les uns par rapport aux autres. Par conséquent, un solide occupe un volume fixe et possède une forme plus ou moins rigide. La glace, l'aluminium

C'est l'augmentation de la température qui fait passer la matière de l'état solide à l'état liquide, puis à l'état gazeux. Lorsqu'un gaz est exposé à un fort courant électrique, il peut se former un état supplémentaire, l'état plasma.

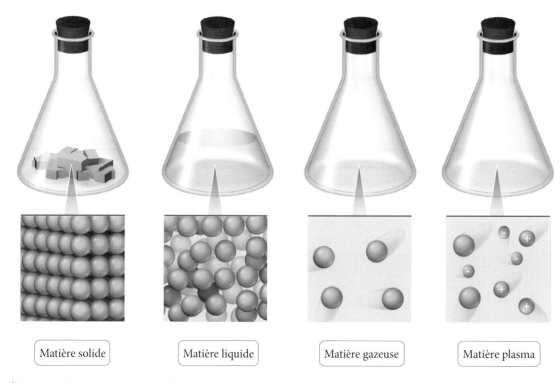

| Matière solide | Matière liquide | Matière gazeuse | Matière plasma |

Dans un solide, les atomes ou les molécules ne se déplacent pas dans l'espace et ne peuvent que vibrer. Dans un liquide, bien que les atomes et les molécules soient très proches, ils peuvent glisser les uns par rapport aux autres, ce qui permet au liquide de s'écouler et de prendre la forme de son contenant (fluidité). Dans un gaz, les atomes ou les molécules sont très espacés et bougent à grande vitesse dans toutes les directions. L'espace important entre les particules rend ce gaz compressible. Par ailleurs, l'ionisation d'un gaz crée un quatrième état, appelé l'état plasma, dans lequel les charges formées sont attirées les unes par les autres sans toutefois s'immobiliser.

FIGURE 1.4 **Solides cristallins**

Cristal :
structure régulière
tridimensionnelle

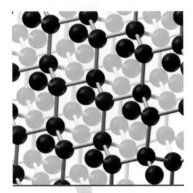

Diamant
C (diamant)

Le diamant est un solide cristallin composé
d'atomes de carbone disposés selon une
structure régulière répétitive.

et le diamant sont des exemples de solides. La matière solide est **cristalline** lorsque ses atomes et ses molécules sont disposés selon une structure répétitive étendue (**figure 1.4**). Elle peut aussi être **amorphe** lorsqu'elle est composée d'atomes ou de molécules qui ne sont pas réunis par un assemblage régulier étendu. Le sel de table et le diamant sont des exemples de solides cristallins ; les formes géométriques bien ordonnées des cristaux de sel et de diamant correspondent à l'arrangement géométrique régulier de leurs atomes. Le verre et le plastique sont des exemples de solides *amorphes*.

Dans la *matière liquide*, les atomes et les molécules sont presque aussi tassés les uns contre les autres que dans la matière solide, mais ils sont libres de se déplacer, ce qui donne aux liquides un volume fixe, mais une forme indéterminée. Les liquides prennent la forme de leur contenant. L'eau, l'alcool et l'essence sont tous des substances liquides à température ambiante.

Dans la *matière gazeuse*, il y a beaucoup d'espace entre les atomes et les molécules et ceux-ci sont libres de se déplacer les uns par rapport aux autres ; c'est pourquoi les gaz sont *compressibles* (**figure 1.5**). Quand vous comprimez un ballon ou que vous vous assoyez sur un matelas gonflé, vous obligez les atomes et les molécules à occuper un espace plus petit, de sorte qu'ils se rapprochent les uns des autres. Les gaz prennent toujours la forme *et* le volume de leur contenant. L'hélium, l'azote (le principal constituant de l'air) et le dioxyde de carbone sont des substances gazeuses à température ambiante.

FIGURE 1.5 **Compressibilité des gaz**

Solide – non compressible

Gaz – compressible

Il est possible de comprimer les gaz, c'est-à-dire de les forcer à occuper un volume plus petit, parce que, à l'état gazeux, il y a beaucoup d'espace vide entre les atomes et les molécules.

Souvent considéré comme le quatrième état de la matière bien qu'il nécessite une transformation chimique, l'état plasma est produit lorsqu'un gaz est soumis à un puissant champ électrique ou électromagnétique ou encore à une température très élevée. Toujours compressible contrairement à l'état liquide, il se distingue d'un gaz par la présence de cations et d'électrons libres en grande quantité, ce qui le rend conducteur et crée une cohésion entre les particules. Cette cohésion permet au plasma d'acquérir certaines propriétés des fluides. On estime que 99 % de la matière visible de l'Univers se trouve à l'état de plasma. Une étoile, par exemple, est une masse de plasma. Bien que sur Terre, les conditions ne soient pas favorables à la formation du plasma, on retrouve ce gaz ionisé dans quelques objets de la vie quotidienne, tels les téléviseurs à écran plasma ou les tubes fluorescents. Il se forme aussi naturellement lors de l'apparition d'éclairs et on en trouve une grande quantité dans l'ionosphère[*].

---

[*] L'ionosphère est une partie de l'atmosphère qui s'ionise sous l'effet des rayons ultraviolets du Soleil. Elle est essentielle à la transmission des ondes radio.

La lumière perçue lors d'un éclair est causée par un plasma. Lorsqu'un éclair se crée, le puissant courant électrique formé surchauffe les gaz présents dans l'atmosphère et les transforme en plasma. Les atomes présents dans ce milieu très énergétique sont excités et émettent alors de la lumière (voir la section 3.2). C'est un phénomène identique qui permet aux « néons » des enseignes lumineuses d'émettre de la lumière.

Classification de la matière selon sa composition : éléments, composés et mélanges

En plus de classer la matière selon son état, on peut la classer selon sa **composition**, c'est-à-dire, selon les types et les quantités de substances qui la composent. Le diagramme de la page suivante illustre comment on peut classifier la matière selon sa composition.

Dans la classification de la matière, la première division repose sur la possibilité que la composition de la matière varie ou non d'un échantillon à un autre. Par exemple, la composition de l'eau pure ne varie jamais. C'est toujours de l'eau à 100 %, et, par conséquent, une **substance pure**, c'est-à-dire une substance composée uniquement d'un seul type d'atomes ou de molécules. À l'opposé, la composition du thé sucré peut varier considérablement d'un échantillon à un autre, selon, par exemple, la force du thé ou la quantité de sucre ajouté. Le thé sucré est un exemple d'un **mélange**, une substance composée de deux ou plusieurs types différents d'atomes ou de molécules que l'on peut combiner dans des proportions variables à l'infini. (Notez que le thé sans sucre est aussi un mélange.)

Par ailleurs, on distingue deux catégories de substances pures, les éléments et les composés, selon qu'il est possible ou non de diviser ces substances en composants plus simples. Par exemple, l'hélium utilisé pour gonfler un dirigeable ou un ballon de fête est un **élément**, une substance qui ne contient qu'un seul type d'atomes. L'oxygène que vous respirez (O_2) est aussi un élément. En revanche, l'eau est un **composé**, c'est-à-dire une substance constituée de deux ou plusieurs types d'atomes (l'hydrogène et l'oxygène) présents dans des proportions définies (2 hydrogènes pour 1 oxygène, soit H_2O).

On peut également classer les mélanges en deux catégories dites hétérogènes ou homogènes selon que les substances se mélangent de façon uniforme ou non. Ainsi, le sable mouillé est un **mélange hétérogène**, dans lequel la composition varie d'un point à l'autre, alors que le thé sucré est un **mélange homogène**, dont la composition est constante en tout point. Les mélanges homogènes possèdent une composition uniforme parce que les atomes ou les molécules qui les composent s'associent sans distinction dans tout le mélange. Les mélanges hétérogènes sont constitués de parties distinctes parce que les atomes ou les molécules qui les composent ne se répartissent pas uniformément. Encore une fois, vous constatez que les propriétés de la matière sont déterminées par les atomes ou les molécules qui les composent.

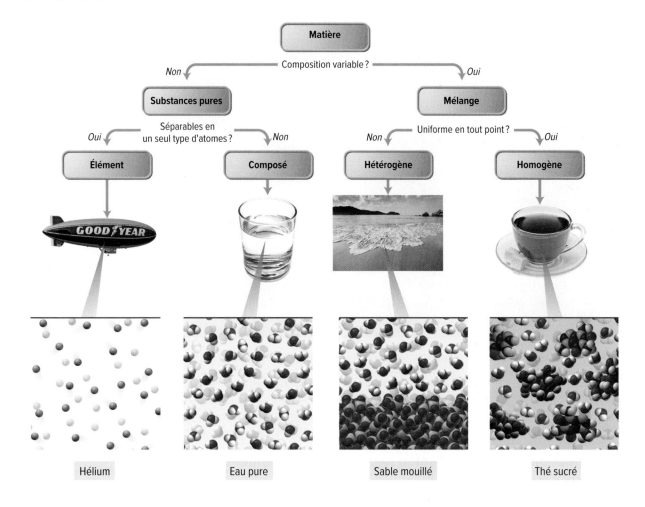

Hélium   Eau pure   Sable mouillé   Thé sucré

Lien conceptuel 1.2 Substances pures et mélanges

On représente un atome d'un certain type d'élément par un petit cercle et un atome d'un second type d'élément par un petit carré. Dessinez (**a**) une substance pure composée des deux éléments (dans un rapport un pour un); (**b**) un mélange homogène composé des deux éléments; (**c**) un mélange hétérogène composé des deux éléments.

Vous êtes maintenant en mesure de faire les exercices 1 à 6 et 96.

1.4 Propriétés de la matière

Chaque jour, nous sommes témoins de transformations que subit la matière : la glace fond, le fer rouille, l'essence brûle, les fruits mûrissent et l'eau s'évapore. Qu'arrive-t-il aux molécules qui composent ces échantillons de matière au cours de tels changements ? En fait, la réponse dépend du type de changement. Les transformations qui ne modifient que l'état ou l'apparence, mais pas la composition, sont des **changements physiques**. Les atomes ou les molécules qui composent une substance *ne changent pas* leur identité au cours d'un changement physique. Par exemple, quand l'eau bout, elle change d'état en passant de l'état liquide à l'état gazeux, mais le gaz reste composé de molécules d'eau, ce qui signifie qu'il s'agit d'un changement physique (**figure 1.6**).

FIGURE 1.6 **Changement physique : l'ébullition**

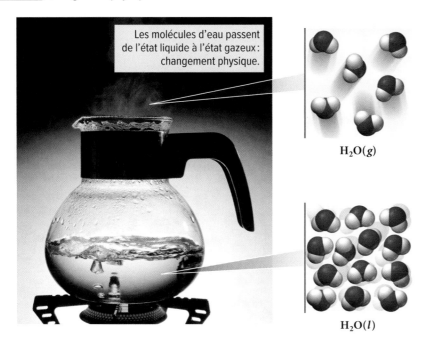

Les molécules d'eau passent de l'état liquide à l'état gazeux : changement physique.

H₂O(g)

H₂O(l)

Lorsque l'eau bout, elle se transforme en gaz, mais sa nature chimique ne se modifie pas, car les molécules d'eau sont les mêmes à l'état liquide et à l'état gazeux. L'ébullition est un changement physique et le point d'ébullition de l'eau est une propriété physique.

À l'opposé, les transformations qui modifient la composition de la matière sont des **changements chimiques**. Ces changements entraînent des réarrangements des atomes et transforment les substances originales en substances différentes. Par exemple, la rouille qui se forme sur un morceau de fer est le résultat d'un changement chimique. Les atomes qui composent le fer (atomes de fer) se combinent avec des molécules d'oxygène de l'air pour former l'oxyde de fer(III), la substance orangée qu'on appelle habituellement rouille (**figure 1.7**). La **figure 1.8** illustre quelques autres exemples de changements physiques et chimiques.

Les changements physiques et chimiques sont des manifestations des propriétés physiques et chimiques. Une **propriété physique** est une propriété indépendante de tout changement de composition, alors qu'une **propriété chimique** est une propriété qu'une substance présente seulement quand sa composition change, entraînant la formation d'une nouvelle substance. Par exemple, l'odeur de l'essence est une propriété physique ; l'essence ne modifie pas sa composition quand son odeur se répand dans l'air ambiant. Par contre, l'*inflammabilité* de l'essence est une propriété chimique ; l'essence modifie sa composition quand elle brûle, se transformant en substances complètement nouvelles (surtout du dioxyde de carbone et de l'eau). Les propriétés physiques incluent l'odeur, le goût, la couleur, l'apparence, le point de fusion, le point d'ébullition et la masse volumique. Les propriétés chimiques incluent la corrosivité, l'inflammabilité, l'acidité, la toxicité et d'autres caractéristiques semblables.

Les différences entre les changements physiques et chimiques ne sont pas toujours apparentes. Seule une caractérisation chimique permet de confirmer si un changement donné est physique ou chimique. Dans de nombreux cas, cependant, on peut déterminer si un changement est de nature chimique ou physique en se basant sur ce qu'on connaît des changements. Les changements d'état de la matière, comme la fusion ou l'ébullition ou les changements de la condition physique de la matière, comme ceux qui résultent de l'action de couper ou de broyer, sont clairement des changements physiques. Quant aux changements chimiques, ils mettent en jeu des réactions chimiques, lesquelles sont souvent mises en évidence par un échange de chaleur ou des changements de couleur.

FIGURE 1.7 **Changement chimique : la rouille**

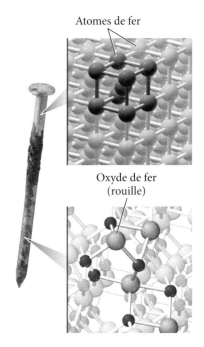

Atomes de fer

Oxyde de fer (rouille)

Lorsque le fer rouille, les atomes de fer se combinent avec des atomes d'oxygène pour former une substance chimique différente, le composé d'oxyde de fer(III). La formation de rouille est un changement chimique et la tendance du fer à rouiller est une propriété chimique.

Les changements nucléaires mettent en jeu des atomes d'un élément qui se transforment en atomes d'un élément différent.

Un changement physique donne naissance à une forme différente de la même substance, alors qu'un changement chimique entraîne la formation d'une substance complètement différente.

FIGURE 1.8 Changements physiques et chimiques

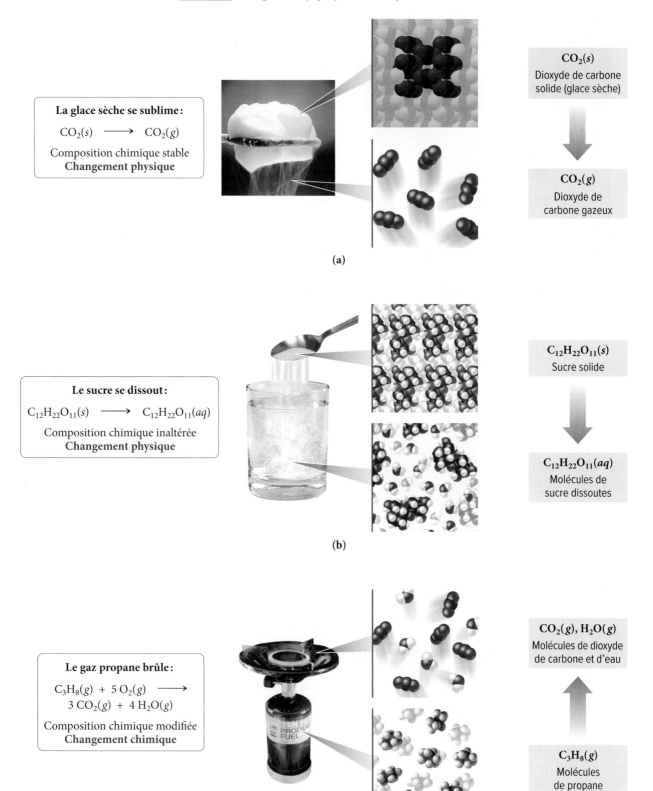

La glace sèche se sublime :

$$CO_2(s) \longrightarrow CO_2(g)$$

Composition chimique stable
Changement physique

$CO_2(s)$
Dioxyde de carbone
solide (glace sèche)

$CO_2(g)$
Dioxyde de
carbone gazeux

(a)

Le sucre se dissout :

$$C_{12}H_{22}O_{11}(s) \longrightarrow C_{12}H_{22}O_{11}(aq)$$

Composition chimique inaltérée
Changement physique

$C_{12}H_{22}O_{11}(s)$
Sucre solide

$C_{12}H_{22}O_{11}(aq)$
Molécules de
sucre dissoutes

(b)

Le gaz propane brûle :

$$C_3H_8(g) + 5\,O_2(g) \longrightarrow$$
$$3\,CO_2(g) + 4\,H_2O(g)$$

Composition chimique modifiée
Changement chimique

$CO_2(g), H_2O(g)$
Molécules de dioxyde
de carbone et d'eau

$C_3H_8(g)$
Molécules
de propane

(c)

(a) La sublimation (le passage de l'état solide à gazeux) de la glace sèche (CO_2 solide) est un changement physique.
(b) La dissolution du sucre est un changement physique. **(c)** La combustion du propane est un changement chimique.

EXEMPLE 1.1 Changements et propriétés physiques et chimiques

Déterminez si chaque changement est de nature physique ou chimique. Dans chaque cas, quel type de propriété (chimique ou physique) est à l'origine du changement ?

(a) L'évaporation de l'alcool à friction.

(b) La combustion d'une lampe à l'huile.

(c) La décoloration des cheveux par le peroxyde d'hydrogène.

(d) La formation de givre par une nuit froide.

SOLUTION

(a) Lorsque l'alcool à friction s'évapore, il passe de l'état liquide à l'état gazeux, mais il demeure de l'alcool ; c'est un changement physique. La volatilité (la capacité à s'évaporer facilement) de l'alcool est une propriété physique.

(b) L'huile à lampe brûle parce qu'elle réagit avec l'oxygène de l'air pour former du dioxyde de carbone et l'eau ; c'est un changement chimique. L'inflammabilité de l'huile à lampe est une propriété chimique.

(c) L'application de peroxyde d'hydrogène sur les cheveux modifie les molécules de pigments qui donnent sa couleur à la chevelure ; c'est un changement chimique. La capacité des cheveux de se décolorer est une propriété chimique.

(d) Le givre se forme par une nuit froide parce que la vapeur d'eau dans l'air change d'état pour former de la glace solide ; c'est un changement physique. La température à laquelle l'eau gèle est une propriété physique.

EXERCICE PRATIQUE 1.1

Déterminez si chaque changement est de nature physique ou chimique. Dans chaque cas, quel type de propriété (chimique ou physique) est à l'origine du changement ?

(a) Un fil de cuivre est aplati avec un marteau.

(b) Une pièce de monnaie de cinq cents en nickel se dissout dans l'acide pour former une solution bleu-vert.

(c) La glace sèche se sublime (se change en gaz) sans avoir fondu.

(d) Une allumette s'enflamme quand elle est frottée sur une pierre.

Les réponses aux problèmes des rubriques Exercices pratiques et Exercices pratiques supplémentaires se trouvent à l'annexe III.

Lien conceptuel 1.3 Changements physiques et chimiques

Le diagramme à gauche représente des molécules d'eau liquide dans un récipient.

Quel diagramme représente le mieux les molécules d'eau après leur évaporation par l'ébullition de l'eau à l'état liquide ?

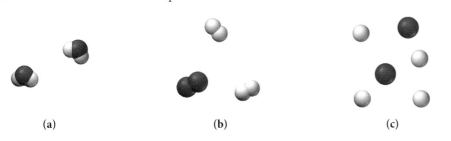

      (a)   **(b)**   **(c)**

Vous êtes maintenant en mesure de faire les exercices 7 à 11, 92 et 93.

La sonde *Mars Climate Orbiter* s'est désintégrée dans l'atmosphère martienne par suite d'un manque de communication entre deux groupes d'ingénieurs qui ont omis de mentionner les unités qu'ils avaient utilisées dans leurs calculs.

1.5   Unités de mesure

En 1999, la NASA a perdu la sonde spatiale, *Mars Climate Orbiter*, qui devait être un satellite météorologique gravitant autour de Mars. À l'issue de l'enquête sur la catastrophe, le président de la commission a établi la conclusion suivante : « L'omission de convertir des unités du système anglo-saxon au système métrique constitue la cause principale de la perte de l'astronef. » À cause de cette erreur, l'engin spatial de 125 millions de dollars est entré trop profondément dans l'atmosphère martienne et s'est consumé. En chimie comme dans l'exploration spatiale, les **unités** – les quantités standard utilisées pour indiquer les mesures – sont essentielles. Si on les interprète mal, les conséquences peuvent être désastreuses.

Les deux systèmes d'unités les plus courants sont le **système anglo-saxon**, utilisé aux États-Unis, et le **système métrique**, utilisé dans la plupart des autres pays. Le système anglo-saxon est basé sur des unités comme les pouces, les verges et les livres, alors que le système métrique est un système décimal qui utilise les centimètres, les mètres et les kilogrammes. Le système d'unités utilisé par les scientifiques repose sur le système métrique et est appelé **système international d'unités (SI)**.

Unités standard

L'abréviation SI vient de l'expression Système international d'unités.

Le **tableau 1.1** présente les unités de base standard du SI. Pour l'instant, considérons attentivement les quatre premières de ces unités, dont le *mètre* comme unité standard de longueur, le *kilogramme* comme unité standard de masse, la *seconde* comme unité standard de temps et le *kelvin* comme unité standard de température.

TABLEAU 1.1   Unités de base du SI

Quantité	Unité	Symbole
Longueur	Mètre	m
Masse	Kilogramme	kg
Temps	Seconde	s
Température	Kelvin	K
Quantité de substance	Mole	mol
Courant électrique	Ampère	A
Intensité lumineuse	Candela	cd

Mesure de longueur : le mètre

Le **mètre (m)** est légèrement plus long qu'une verge (1 verge mesure 36 pouces, alors qu'un mètre mesure 39,37 pouces).

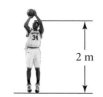

Un joueur de basketball mesure environ deux mètres.

Règle d'une verge

Règle d'un mètre

Par conséquent, un terrain de football de 100 verges mesure 91,4 m. Le mètre a d'abord été défini comme le 1/10 000 000 de la distance entre l'équateur et le pôle Nord (en passant par Paris). Il est aujourd'hui défini avec plus de précision comme le trajet parcouru dans le vide par la lumière pendant une durée de 1/299 792 458 de seconde.

Mesure de masse : le kilogramme

Avant 2019, le **kilogramme (kg)** se définissait comme la masse d'un cylindre de métal conservé au Bureau international des poids et mesures à Sèvres, en France. Depuis le

20 mai 2019, il se définit en fonction de la constante de Planck (h), 6,626 070 15 × 10^{-34} kg·m²/s, que nous verrons au chapitre 3. Le kilogramme est une mesure de masse, une quantité différente du poids. La **masse** d'un objet est une mesure de quantité de matière que contient un objet, alors que le poids est une mesure de l'*attraction gravitationnelle* exercée sur la matière composant cet objet. Par exemple, si vous vous pesez sur la Lune, la gravité plus faible exerce sur votre corps une force d'attraction inférieure à celle à laquelle il est soumis sur la Terre, ce qui entraîne un poids plus faible. Ainsi, une personne de 60 kg sur Terre ne pèse que 9,9 kg quand elle se trouve sur la Lune. Cependant, la masse de la personne – la quantité de matière dans son corps – demeure la même. La deuxième unité de masse courante est le gramme (g). Un gramme est égal à 0,001 kg.

En 1983, un Boeing 767 d'Air Canada flambant neuf, effectuant la liaison entre Montréal et Edmonton avec 61 passagers à bord, est tombé en panne d'essence en plein vol. Cet avion faisait partie de la nouvelle génération d'appareils qui utilisait le système métrique. La mesure de la masse de carburant se faisait donc en kilogrammes, alors que les autres manuels et avions de la flotte d'Air Canada indiquaient les mesures en livres. À la suite d'une erreur de conversion, l'appareil n'a pas embarqué suffisamment de carburant. À 12 000 m d'altitude, les moteurs se sont arrêtés. Par chance, les pilotes ont réussi à se poser en catastrophe sur la piste de l'ancienne base militaire de Gimli, au Manitoba, après avoir plané pendant plusieurs minutes. Il n'y a pas eu de blessés, mais les conséquences de cette erreur auraient pu être tragiques. Ce jour-là, on utilisait le bout de la piste d'atterrissage pour des festivités. Des courses de voitures étaient organisées !

Une pièce de monnaie américaine de cinq cents (*nickel*) pèse 5,01 g.

Le planeur de Gimli.

Lien conceptuel 1.4 Masse d'un gaz

On place une goutte d'eau dans un contenant, puis on le scelle. La goutte d'eau se vaporise (elle passe de l'état liquide à l'état gazeux). Selon vous, la masse du contenant scellé et son contenu ont-ils changé après la vaporisation ?

Mesure de temps : la seconde

À l'origine, la **seconde** (s) a été définie en termes de jours et d'années, mais elle est aujourd'hui définie avec plus de précision comme la durée de 9 192 631 770 périodes de la radiation correspondant à une certaine transition entre deux niveaux d'énergie dans l'atome de césium 133. (Nous traiterons de ce concept au chapitre 3.)

Mesure de température : le kelvin

Le **kelvin** (K) est l'unité SI de **température**. La température d'un échantillon de matière est une mesure de la quantité d'énergie cinétique moyenne – l'énergie due au mouvement – des atomes et des molécules qui composent la matière. Par exemple, les molécules dans un verre d'eau *chaude* se déplacent, en moyenne, plus rapidement que dans un verre d'eau *froide*. La température est une mesure du mouvement moléculaire.

La **figure 1.9** montre les trois échelles courantes de température. L'unité SI de température, comme nous l'avons vu, est le kelvin. Illustrée à la page suivante, l'**échelle Kelvin** (parfois appelée également *échelle de température absolue*) évite les températures négatives en assignant 0 K à la température la plus froide possible, le zéro absolu. Le zéro absolu (−273 °C) est la température à laquelle il n'y a pratiquement plus de mouvement moléculaire. Il n'existe pas de température plus basse.

L'**échelle Celsius** (°C) est l'échelle utilisée par la majeure partie des pays, à l'exception des États-Unis. Sur cette échelle, illustrée au centre, l'eau pure gèle à 0 °C et bout à 100 °C (au niveau de la mer). La température ambiante est d'environ 22 °C.

Notez que, dans l'échelle Kelvin, les températures sont données en kelvins (et non en degrés Kelvin) ou K (et non °K).

Tout mouvement moléculaire ne cesse pas complètement au zéro absolu à cause du principe d'incertitude en mécanique quantique, que nous aborderons au chapitre 3.

FIGURE 1.9 Comparaison des échelles de température Kelvin, Celsius et Fahrenheit

Le point zéro de l'échelle Kelvin est le zéro absolu (la température la plus basse possible), alors que le point zéro de l'échelle Celsius est le point de congélation de l'eau. Le degré Fahrenheit est égal aux cinq neuvièmes du degré Celsius et du kelvin.

Échelles de température

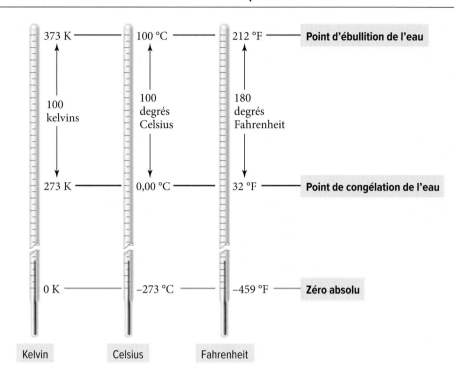

100 kelvins / 100 degrés Celsius / 180 degrés Fahrenheit

373 K — 100 °C — 212 °F	Point d'ébullition de l'eau
273 K — 0,00 °C — 32 °F	Point de congélation de l'eau
0 K — −273 °C — −459 °F	Zéro absolu

Kelvin   Celsius   Fahrenheit

La grandeur du kelvin est identique à celle du degré Celsius – la seule différence est la température que chaque échelle désigne comme zéro. Cela veut dire qu'à chaque augmentation de 1 °C, il y aura une augmentation de 1 K.

L'**échelle Fahrenheit (°F)**, illustrée à droite à la figure 1.9, est la plus couramment utilisée aux États-Unis. Selon cette échelle, l'eau gèle à 32 °F et bout à 212 °F (au niveau de la mer). La température ambiante est d'environ 72 °F.

La différence entre l'échelle Fahrenheit et l'échelle Celsius réside dans la grandeur de leurs degrés respectifs et dans la température que chacune désigne comme « zéro ». Dans les deux échelles, les températures peuvent être négatives. Les formules suivantes permettent de faire la conversion entre les échelles de température :

T_K = température en kelvins (K)
t_C = température en degrés Celsius (°C)
t_F = température en degrés Fahrenheit (°F)
Dans cette formule, les valeurs 1,8 et 32 sont des nombres exacts (section 1.6)

$$T_K = t_C + 273,15$$

$$t_C = \frac{(t_F - 32\ °F)}{1,8\ °F/°C}$$

Échelle de température Celsius

0 °C – Gel de l'eau   10 °C – Journée fraîche d'automne   22 °C – Température ambiante   40 °C – Journée estivale dans la vallée de la Mort

Tout au long de ce manuel, vous trouverez des exemples d'exercices résolus présentés sur deux colonnes. Ce format vous guidera dans la démarche de résolution de problèmes et vous aidera à acquérir des habiletés dans ce domaine. La colonne de gauche présente le cheminement de la pensée et les étapes utilisées pour résoudre le problème, alors que la colonne de droite décrit l'exécution. L'exemple 1.2 constitue le premier exemple dans ce format en deux colonnes.

EXEMPLE 1.2 | **Conversion entre les échelles de température**

La température d'un enfant malade est de 40,00 °C. Convertissez cette température **(a)** en kelvins et **(b)** en degrés Fahrenheit.

SOLUTION

(a) Commencez par trouver l'équation qui relie la quantité donnée (exprimée en degrés Celsius, t_C) et la quantité que vous essayez de trouver (exprimée en kelvins, T_K).	$T_K = t_C + 273,15$
Puisque cette équation donne la température directement en kelvins (K), substituez la bonne valeur pour la température en degrés Celsius (°C) et calculez la réponse.	$T_K = t_C + 273,15$ $T_K = 40,00 + 273,15 = 313,15$ K
(b) Pour convertir les températures données en degrés Fahrenheit (°F) en températures en degrés Celsius (°C), trouvez d'abord l'équation qui relie ces deux quantités.	$t_C = \dfrac{(t_F - 32\ °F)}{1,8\ °F/°C}$
Puisque cette expression exprime les températures en degrés Celsius (t_C) en termes de degrés Fahrenheit (t_F), vous devez résoudre l'équation pour trouver la température en degrés Fahrenheit (°F).	$t_C = \dfrac{1,8\ °F}{°C} = t_F - 32\ °F$ $t_F = t_C \times \dfrac{1,8\ °F}{°C} \times 32\ °F$
Substituez maintenant la température en degrés Celsius (°C) dans l'équation et calculez la réponse. *Note : Le nombre de chiffres reportés dans cette réponse est conforme aux conventions des chiffres significatifs, abordées dans la section 1.6.*	$t_F = t_C \times \dfrac{1,8\ °F}{°C} \times 32\ °F$ $t_F = 40,00\ \cancel{°C} \times \dfrac{1,8\ °F}{\cancel{°C}} + 32\ °F = 104,00\ °F$

EXERCICE PRATIQUE 1.2

Le gallium est un métal solide à température ambiante, mais il fond dans la main. Le point de fusion du gallium est de 85,6 °F. Calculez cette température **(a)** dans l'échelle Celsius et **(b)** dans l'échelle Kelvin.

Préfixes multiplicateurs

La *notation scientifique* permet d'exprimer de façon concise des quantités très grandes ou très petites à l'aide d'exposants positifs ou négatifs élevés. Le diamètre d'un atome d'hydrogène, par exemple, peut s'écrire de la façon suivante : $1,06 \times 10^{-10}$ m. Le système international d'unités utilise des **préfixes multiplicateurs** énumérés au **tableau 1.2**. Ces multiplicateurs modifient la valeur de l'unité par des puissances de 10 (à l'instar d'un exposant dans la notation scientifique). Par exemple, le kilomètre contient le préfixe « kilo », qui signifie 1000 ou 10^3. Par conséquent,

$$1\ km = 1000\ m = 10^3\ m$$

De la même façon, le millimètre inclut le préfixe « milli » qui signifie 0,001 ou 10^{-3} :

$$1\ mm = 0,001\ m = 10^{-3}\ m$$

Quand vous voulez exprimer une mesure, pensez à choisir un préfixe multiplicateur proche de la grandeur de la quantité qui est mesurée. Par exemple, pour exprimer le diamètre d'un atome d'hydrogène, qui est de $1,06 \times 10^{-10}$ m, utilisez les picomètres (106 pm) ou les nanomètres (0,106 nm) et non des micromètres ou des millimètres. En règle générale, choisissez le préfixe multiplicateur qui convient le mieux à une mesure particulière afin de simplifier la notation.

L'annexe IA contient un bref exposé sur la notation scientifique.

TABLEAU 1.2   Préfixes multiplicateurs du système SI

Préfixe	Symbole	Multiplicateur	
exa	E	1 000 000 000 000 000 000	(10^{18})
péta	P	1 000 000 000 000 000	(10^{15})
téra	T	1 000 000 000 000	(10^{12})
giga	G	1 000 000 000	(10^{9})
méga	M	1 000 000	(10^{6})
kilo	k	1 000	(10^{3})
hecto	h	100	(10^{2})
déca	da	10	(10^{1})
déci	d	0,1	(10^{-1})
centi	c	0,01	(10^{-2})
milli	m	0,001	(10^{-3})
micro	μ	0,000 001	(10^{-6})
nano	n	0,000 000 001	(10^{-9})
pico	p	0,000 000 000 001	(10^{-12})
femto	f	0,000 000 000 000 001	(10^{-15})
atto	a	0,000 000 000 000 000 001	(10^{-18})

Lien conceptuel 1.5   Préfixes multiplicateurs

Quel préfixe multiplicateur devriez-vous utiliser pour exprimer une mesure de $5{,}57 \times 10^{-5}$ m ?

Unités dérivées : volume et masse volumique

Une **unité dérivée** est une unité de mesure formée par la combinaison (multiplication ou division) de plusieurs unités de base du SI. Par exemple, l'unité SI pour la vitesse est le mètre par seconde (m/s). Remarquez que cette unité dérivée est formée par l'association de deux autres unités SI, le mètre et la seconde. Vous êtes peut-être plus habitué à exprimer la vitesse en kilomètres par heure (km/h), qui est un autre exemple d'unité dérivée. Les unités de volume (l'unité de base dans le SI est le mètre cube, noté m³) et de masse volumique (l'unité de base dans le SI est le kilogramme par mètre cube, noté kg/m³) sont deux autres unités dérivées couramment utilisées. Examinons successivement chacune d'elles.

Volume

Le **volume** est une mesure de l'espace. Toute mesure de longueur portée au cube (élevée à la puissance trois), devient une unité de volume. Par conséquent, le mètre cube (m³), le centimètre cube (cm³) et le millimètre cube (mm³) sont tous des unités de volume. La nature cubique d'un volume n'est pas toujours intuitive et des études ont démontré que notre cerveau n'est pas naturellement programmé pour penser de façon abstraite, comme l'exige le calcul des volumes. Par exemple, considérez la question suivante : combien faut-il de petits cubes mesurant 1 cm de côté pour construire un gros cube dont le côté mesurerait 10 cm (ou 1 dm) ?

La réponse à cette question est 1000 petits cubes, comme vous pouvez le constater en examinant soigneusement le cube unitaire représenté à la **figure 1.10**. Quand vous passez d'une distance linéaire, unidimensionnelle, à un volume tridimensionnel, vous devez élever la dimension linéaire *et* son unité à la puissance trois (non pas multiplier par 3). Par conséquent, le volume d'un cube est égal à la longueur de son côté au cube :

$$\text{volume du cube} = (\text{longueur du côté})^3$$

Un cube dont le côté mesure 10 cm de longueur possède un volume de $(10\ \text{cm})^3$ ou 1000 cm³, et un cube dont le côté mesure 100 cm possède un volume de $(100\ \text{cm})^3 = 1\,000\,000$ cm³.

Le **litre (L)** et le **millilitre (mL)** sont d'autres unités de volume courantes en chimie. Un millilitre (10^{-3} L) est égal à 1 cm³. Un gallon américain (gal US) contient 3,785 L (soit 231 pouces cubes [po³]). Le **tableau 1.3** donne la liste de quelques unités courantes de volume et relatives à d'autres quantités, ainsi que leurs équivalents dans le système anglo-saxon (US).

FIGURE 1.10   Relation entre la longueur et le volume

Relation entre la longueur et le volume

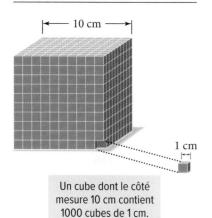

10 cm

1 cm

Un cube dont le côté mesure 10 cm contient 1000 cubes de 1 cm.

TABLEAU 1.3   Quelques unités courantes et leurs équivalents

Longueur	Masse	Volume
1 kilomètre (km) = 0,6214 mille (mi)	1 kilogramme (kg) = 2,205 livres (lb)	1 litre (L) = 1000 millilitres (mL) = 1000 centimètres cubes (cm³)
1 mètre (m) = 39,37 pouces (po) = 1,094 verge (vg)	1 livre (lb) = 453,59 grammes (g)	
1 pied (pi) = 30,48 centimètres (cm) (nombre exact)	1 once (oz) = 28,35 grammes (g)	1 litre (L) = 1,057 pinte américaine (pt)
1 pouce (po) = 2,54 centimètres (cm) (nombre exact)		1 gallon américain (gal) = 3,785 litres (L)

Masse volumique

Une vieille devinette pose la question : « Laquelle est la plus lourde, une tonne de briques ou une tonne de plumes ? » Évidemment, la réponse n'est ni l'une ni l'autre – les deux pèsent la même chose (1 t). Si vous avez répondu les briques, vous avez confondu poids et masse volumique. La **masse volumique** (ρ) d'une substance est le rapport de sa masse (m) à son volume (V) :

$$\text{masse volumique} = \frac{\text{masse}}{\text{volume}} \quad \text{ou} \quad \rho = \frac{m}{V}$$

La masse volumique est une propriété physique caractéristique des matériaux ; elle varie d'une substance à une autre, comme le montre le **tableau 1.4**, et elle dépend également de sa température. La masse volumique est un exemple de **propriété intensive**, une propriété *indépendante* de la quantité de substance que renferme l'objet ou de la dimension de celui-ci. Par exemple, la masse volumique de l'aluminium est la même pour un gramme ou un kilogramme. Les propriétés intensives sont souvent utilisées pour identifier des substances particulières parce que ces propriétés ne dépendent que de la nature de ces substances et non de leur quantité. Par exemple, une façon de déterminer si une substance est de l'or pur consiste à mesurer sa masse volumique et à la comparer à la masse volumique de l'or, soit 19,31 g/cm^3. La masse, au contraire, est une **propriété extensive**, c'est-à-dire une propriété qui dépend de la quantité de substance. Il est donc impossible de déterminer la composition exacte d'un échantillon en se basant uniquement sur sa masse.

Les unités de masse volumique sont des unités de masse divisées par un volume. Bien que les unités dérivées du SI concernant la masse volumique s'expriment en kilogrammes par mètre cube (kg/m^3), la masse volumique des liquides et des solides est donnée généralement en grammes par centimètre cube (g/cm^3) ou en grammes par millilitre (g/mL). (Rappelez-vous que centimètre cube et millilitre sont des unités équivalentes.) L'aluminium est un métal parmi les moins denses : sa masse volumique est de 2,70 g/cm^3. À l'opposé, le platine est un des métaux les plus denses, avec une masse volumique de 21,45 g/cm^3.

Dans l'équation ci-contre, le *m* est en italique pour indiquer qu'il désigne la masse plutôt que les mètres. En général, les symboles utilisés pour désigner les unités telles que le mètre (m), la seconde (s) ou le kelvin (K) sont en caractères romains, alors que ceux qui désignent les symboles de grandeur comme la masse (*m*), le volume (*V*) et le temps (*t*) s'écrivent en italique.

Les coffres de plusieurs réserves d'or de différents pays renfermeraient des lingots d'or contenant du tungstène. Comme ce métal moins coûteux possède une masse volumique similaire à celle de l'or (19,25 g/cm^3), on ne peut se baser uniquement sur cette propriété pour distinguer un vrai lingot d'un faux.

TABLEAU 1.4 Masse volumique de quelques substances courantes à 20 °C	
Substance	**Masse volumique (g/cm^3)**
Charbon de bois (de chêne)	0,57
Éthanol	0,789
Glace	0,917 (à 0 °C)
Eau	1,00 (à 4 °C)
Sucre (saccharose)	1,58
Sel de table (chlorure de sodium)	2,16
Verre	2,6
Aluminium	2,70
Titane	4,51
Fer	7,86
Cuivre	8,94
Plomb	11,34
Mercure	13,55
Or	19,31
Platine	21,45

Calcul de la masse volumique

On calcule la masse volumique d'une substance en divisant la masse d'une quantité donnée de cette substance par son volume. Par exemple, supposons qu'une petite pépite qu'on soupçonne être de l'or a une masse de 22,5 g et un volume de 2,38 cm^3. Pour trouver sa masse volumique, on divise la masse par le volume :

$$\rho = \frac{m}{V} = \frac{22,5 \text{ g}}{2,38 \text{ cm}^3} = 9,45 \text{ g/cm}^3$$

Dans ce cas, la masse volumique révèle que la pépite est loin d'être de l'or pur.

EXEMPLE 1.3 Calcul de la masse volumique

Un homme reçoit de sa fiancée une bague qu'il croit être en platine. Avant le mariage, il remarque que l'anneau semble un peu léger pour sa taille et il décide de mesurer sa masse volumique. Il place l'anneau sur une balance et obtient une masse de 3,15 g. Il constate ensuite que l'anneau déplace 0,233 cm^3 d'eau. Cette bague est-elle en platine ? (Note : Le volume d'objets de forme irrégulière est souvent mesuré par déplacement d'eau. Pour ce faire, on dépose l'objet dans l'eau et on mesure la variation du volume d'eau. L'augmentation du volume total représente le volume d'eau *déplacé* par l'objet et correspond au volume de l'objet.)

TRIER	DONNÉES $m = 3,15$ g
Définissez le problème en écrivant les informations importantes *données* dans l'énoncé ainsi que les informations qu'on vous demande de *trouver*. Dans ce cas, il faut calculer la masse volumique de la bague et la comparer à celle du platine. *Note: Cette méthode standard de poser un problème est abordée en détail à la section 1.7.*	$V = 0,233$ cm^3 **INFORMATION RECHERCHÉE** Masse volumique (g/cm^3)
Ensuite, écrivez l'équation qui définit la masse volumique.	**ÉQUATION** $\rho = \dfrac{m}{V}$
RÉSOUDRE Résolvez le problème en substituant les bonnes valeurs de masse et de volume dans l'expression de la masse volumique.	**SOLUTION** $\rho = \dfrac{m}{V} = \dfrac{3,15 \text{ g}}{0,233 \text{ cm}^3} = 13,5 \text{ g/cm}^3$

La masse volumique de l'anneau est beaucoup trop faible pour être du platine (la masse volumique du platine est de 21,45 g/cm^3) ; l'anneau est donc un faux.

EXERCICE PRATIQUE 1.3

La femme de l'exemple précédent est très mécontente d'apprendre que l'anneau est un faux. Elle décide de se faire rembourser, puis elle va dans une autre bijouterie acheter une nouvelle bague ; celle-ci a une masse de 4,53 g et un volume de 0,212 cm^3. Cette bague est-elle authentique ?

EXERCICE PRATIQUE SUPPLÉMENTAIRE 1.3

Un cube de métal a un côté de 11,4 mm de longueur et une masse de 6,67 g. Calculez la masse volumique du métal. En vous reportant au tableau 1.4, déterminez la nature probable du métal.

Lien conceptuel 1.6 Masse volumique

La masse volumique du cuivre diminue à mesure que la température augmente (comme pour la majorité des substances). Parmi les énoncés portant sur l'élévation de la température d'un échantillon de cuivre à partir de la température ambiante jusqu'à 95 °C, lequel est vrai ?

(a) L'échantillon de cuivre devient plus léger.

(b) L'échantillon de cuivre devient plus lourd.

(c) L'échantillon de cuivre s'allonge.

(d) L'échantillon de cuivre se contracte.

----

*Vous êtes maintenant en mesure de faire les exercices
12 à 26, 65 à 67, 94 et 95.*

Unités dérivées : composition d'une solution

Concentration molaire volumique

Pour bien décrire la composition d'une solution, non seulement faut-il en connaître les composantes (le solvant et le ou les solutés), mais il importe également de connaître les quantités relatives de l'un et de l'autre. Il existe plusieurs façons d'exprimer ces proportions. Une façon courante d'exprimer la composition des solutions est la **concentration molaire volumique** (*C*)*, qui est le nombre de moles de soluté divisé par le volume de la solution (en litres) :

$$\text{Concentration molaire volumique } (C) = \frac{\text{nombre de moles de soluté}}{\text{volume de la solution}} = \frac{n_{slt} \text{ (mol)}}{V_{sln} \text{ (L)}}$$

Notez que la concentration molaire volumique est le rapport du nombre de moles de *soluté* (slt) par litre de *solution* (sln) et non par litre de *solvant* (slv). Le volume de la solution et le volume solvant peuvent être différents parce que les interactions solvant-soluté peuvent influer sur le volume de mélange.

EXEMPLE 1.4 Calcul de la concentration molaire volumique d'une solution**

Si on dissout 25,5 g de KBr dans assez d'eau pour obtenir 1,75 L de solution, quelle est la concentration molaire volumique de la solution ?

TRIER	**DONNÉES** 25,5 g KBr, 1,75 L solution
On vous donne la masse de KBr et le volume d'une solution et on vous demande de trouver sa concentration molaire volumique.	**INFORMATION RECHERCHÉE** concentration molaire volumique (*C*)

ÉTABLIR UNE STRATÉGIE	**PLAN CONCEPTUEL**
Lorsque vous formulez le plan conceptuel, pensez à la définition de la concentration molaire volumique, qui est la quantité de soluté en moles par litre de solution. On vous donne la masse de KBr, alors utilisez d'abord la masse molaire (voir le tableau périodique) de KBr pour convertir les grammes de KBr en moles de KBr. Puis, utilisez le nombre de moles de KBr et les litres de solution pour trouver la concentration molaire volumique.	$$\text{masse}_{KBr} \longrightarrow n_{KBr}$$ $$\frac{1 \text{ mol KBr}}{119,00 \text{ g KBr}}$$ $$\text{mol KBr, L de solution} \longrightarrow \textbf{concentration molaire volumique } (\textbf{\textit{C}})$$ $$\text{Concentration molaire volumique } (C) = \frac{\text{quantité de soluté (mol)}}{\text{volume de solution (L)}} = \frac{n_{slt}}{V_{sln}}$$ **RELATION UTILISÉE** $M_{KBr} = 119,00$ g KBr/mol KBr

RÉSOUDRE	**SOLUTION**
Suivez le plan conceptuel. Commencez par les grammes de KBr et convertissez-les en moles de KBr, puis utilisez les moles de KBr et les litres de solution pour calculer la concentration molaire volumique.	$$25,5 \text{ g KBr} \times \frac{1 \text{ mol KBr}}{119,00 \text{ g KBr}} = 0,21\underline{4}3 \text{ mol KBr}$$ $$\text{Concentration molaire volumique } (C) = \frac{n_{slt}}{V_{sln}}$$ $$= \frac{0,21\underline{4}3 \text{ mol KBr}}{1,75 \text{ L sln}} = 0,122 \text{ mol/L}$$

VÉRIFIER

Les unités de la réponse (mol/L) sont correctes. La grandeur est réaliste. La concentration des solutions courantes varie de 0 à environ 18 mol/L. Des concentrations très au-dessus de 18 mol/L sont douteuses et doivent être vérifiées soigneusement.

EXERCICE PRATIQUE 1.4

Calculez la concentration molaire volumique d'une solution qu'on a préparée en ajoutant 45,4 g de $NaNO_3$ à une fiole et en diluant avec de l'eau pour obtenir un volume total de 2,50 L.

EXERCICE PRATIQUE SUPPLÉMENTAIRE 1.4

Quelle masse de KBr (en grammes) doit-on utiliser pour préparer 250,0 mL d'une solution de KBr 1,50 mol/L ?

---

*   Le terme «molarité» est fréquemment utilisé pour désigner la concentration molaire volumique.
** Rappel : slt : abréviation de «soluté» ; slv : abréviation de «solvant» ; sln : abréviation de «solution».

Molalité

La **molalité** (*b* ou *m*) se définit comme le nombre de moles de soluté divisé par la masse de solvant (en kilogrammes) :

$$\text{Molalité } (b \text{ ou } m) = \frac{n_{\text{slt}} \text{ (mol)}}{\text{masse}_{\text{slv}} \text{ (kg)}}$$

Remarquez que la molalité est définie par la masse de *solvant*, et non par la masse de solution. Elle est particulièrement utile lorsqu'il faut comparer des concentrations à différentes températures. En effet, la température a un effet direct sur la masse volumique en raison du phénomène de dilatation thermique, mais n'exerce aucune influence sur la masse qui, elle, ne dépend que de la quantité de matière.

Rapport par masse et rapport par volume

Il convient souvent d'exprimer une composition comme un rapport de masses. Une composition en **rapport par masse** est le rapport de la masse du soluté et de la masse de la solution, auquel s'ajoute un facteur de multiplication :

$$\text{Rapport par masse} = \frac{\text{masse}_{\text{slt}}}{\text{masse}_{\text{sln}}} \times \text{facteur de multiplication}$$

Le terme choisi détermine l'ordre de grandeur du facteur de multiplication et dépend de la composition de la solution. Pour le **pourcentage par masse (pourcentage massique)** (%$_{m/m}$) par exemple, le facteur de multiplication est de 100 :

$$\text{Pourcentage par masse (pourcentage massique) } (\%_{m/m}) = \frac{\text{masse}_{\text{slt}}}{\text{masse}_{\text{sln}}} \times 100\,\%$$

Comme *pourcentage* signifie *par cent*, une solution dont la concentration par masse est de 14 % contient 14 g de soluté par 100 g de solution.

Pour les solutions très diluées, le pourcentage par masse devient un très petit nombre. On multiplie alors le rapport des masses par 10^6 pour exprimer le rapport en **parties par million (ppm)** ou par 10^9 pour l'exprimer en **parties par milliard (ppb)**, selon ce qui est le plus approprié.

$$\text{Partie par million (ppm)} = \frac{\text{masse}_{\text{slt}}}{\text{masse}_{\text{sln}}} \times 10^6$$

$$\text{Partie par milliard (ppb)} = \frac{\text{masse}_{\text{slt}}}{\text{masse}_{\text{sln}}} \times 10^9$$

Par exemple, une solution ayant une composition de 15 ppm par masse renferme 15 g de soluté par 10^6 g de solution.

Les compositions sont parfois exprimées sous forme de rapport de volumes, surtout lorsque le soluté et le solvant d'une solution sont tous deux liquides. Une composition en **rapport par volume** est habituellement le rapport du volume ou de la masse du soluté et du volume de la solution, auquel s'ajoute un facteur de multiplication :

$$\text{Rapport par volume} = \frac{V_{slt} \text{ (ou masse}_{\text{slt}})}{V_{\text{sln}}} \times \text{facteur de multiplication}$$

Le pourcentage masse par volume (%$_{\text{m/V}}$) correspond au nombre de grammes par 100 mL de solution.

Les facteurs de multiplication (100 %, 10^6, 10^9) sont identiques à ceux qui viennent d'être décrits pour les concentrations en rapport par masse. Par exemple, une solution à 22 % d'éthanol par volume (22 %$_{\text{v/v}}$) contient 22 mL d'éthanol par 100 mL de solution.

EXEMPLE 1.5 Utilisation des compositions en rapport par masse dans des calculs

Quel volume (en millilitres) d'une boisson gazeuse à 10,5 % de saccharose ($C_{12}H_{22}O_{11}$) par masse contient 78,5 g de saccharose ? (La masse volumique de la solution est de 1,04 g/mL. *Rappel : la relation 1,0 g = 1,0 mL ne s'applique que dans le cas de l'eau pure à une température d'environ 4,0°C.*)

TRIER Vous connaissez la masse de saccharose ainsi que la composition et la masse volumique d'une solution de saccharose, et vous devez trouver le volume de solution contenant cette masse.	**DONNÉES** 78,5 g $C_{12}H_{22}O_{11}$ 10,5 % $C_{12}H_{22}O_{11}$ par masse $\rho = 1,04$ g/mL **INFORMATION RECHERCHÉE** V_{sln}

ÉTABLIR UNE STRATÉGIE

Partez de la masse de saccharose. Utilisez la composition de la solution en rapport par masse (écrite sous forme de rapport et spécifiée dans les « Relations utilisées ») pour trouver le nombre de grammes de solution contenant cette quantité de saccharose. Utilisez ensuite la masse volumique de la solution pour convertir les grammes en millilitres de solution.

PLAN CONCEPTUEL

$$\text{masse}_{C_{12}H_{22}O_{11}} \longrightarrow \text{masse}_{sln} \longrightarrow V_{sln}$$

$$\frac{100 \text{ g sln}}{10,5 \text{ g } C_{12}H_{22}O_{11}} \qquad \frac{1 \text{ mL}}{1,04 \text{ g}}$$

On convertit un pourcentage massique en rapport en posant une masse totale de solution de 100 g. De ce fait, le nombre illustrant le pourcentage massique donné correspond alors exactement à la valeur du numérateur dans le rapport de masse.

RELATIONS UTILISÉES

$\dfrac{10,5 \text{ g } C_{12}H_{22}O_{11}}{100 \text{ g sln}}$ (pourcentage massique écrit sous forme de rapport)

$\dfrac{1,04 \text{ g}}{1 \text{ mL}}$ (masse volumique de la solution)

RÉSOUDRE

Pour obtenir le volume de solution, prenez la quantité de $C_{12}H_{22}O_{11}$, soit 78,5 g, et multipliez-la par les facteurs de conversion.

SOLUTION

$$78,5 \text{ g } C_{12}H_{22}O_{11} \times \frac{100 \text{ g sln}}{10,5 \text{ g } C_{12}H_{22}O_{11}} \times \frac{1 \text{ mL sln}}{1,04 \text{ g sln}} \times 719 \text{ mL sln}$$

VÉRIFIER

Les unités de la réponse sont bonnes. L'ordre de grandeur semble correct, puisque la solution contient environ 10 % de saccharose par masse. Comme la masse volumique de la solution est d'environ 1 g/mL, le volume qui contient 78,5 g de saccharose doit être environ 10 fois plus grand, comme celui que l'on a obtenu ($719 \approx 10 \times 78,5$).

EXERCICE PRATIQUE 1.5

Combien de grammes de saccharose ($C_{12}H_{22}O_{11}$) y a-t-il dans 355 mL de boisson gazeuse à 11,5 % de saccharose par masse ? (Supposez que la masse volumique est de 1,04 g/mL.)

EXERCICE PRATIQUE SUPPLÉMENTAIRE 1.5

Un échantillon d'eau contient du chlorobenzène, un polluant, à une composition de 15 ppb (par masse). Quel volume de cet échantillon d'eau contient $5,00 \times 10^2$ mg de chlorobenzène ? (Supposez que la masse volumique est de 1,00 g/mL.)

Vous êtes maintenant en mesure de faire les exercices 27 à 41, 76, 77.

1.6 Fiabilité d'une mesure

Reprenons l'exemple du monoxyde de carbone du début de ce chapitre (section 1.1). Rappelez-vous qu'il s'agit d'un gaz incolore, émis par les véhicules à moteur et présent dans l'air pollué. Le tableau suivant indique les concentrations de monoxyde de carbone mesurées par le réseau de surveillance de la qualité de l'air de la Ville de Montréal à la station Échangeur Décarie entre 1998 et 2011.

Année	Concentration du monoxyde de carbone (mg/m³)*
1998	8,8
2000	4,9
2002	7,3
2004	3,4
2006	3,1
2008	2,3
2010	2,6
2011	1,7

* Émissions maximales mesurées sur une période d'une heure.

Tout d'abord, on doit remarquer que les concentrations de monoxyde de carbone diminuent au fil des années. Cette décroissance est due notamment aux convertisseurs catalytiques dont sont désormais munis les systèmes d'échappement des véhicules. Ces dispositifs permettent de transformer le monoxyde de carbone en dioxyde de carbone. La présence de monoxyde de carbone est le fruit d'une combustion incomplète de l'essence. La deuxième observation qui devrait retenir votre attention concerne le nombre de chiffres avec lesquels les mesures sont exprimées. En effet, le nombre de chiffres dans une mesure exprimée indique la précision associée à cette mesure. Par exemple, les taux de monoxyde de carbone pourraient être exprimés de la façon suivante :

Année	Concentration du monoxyde de carbone (mg/m³)*
1998	9
2000	5
2002	7
2004	3
2006	3
2008	2
2010	3
2011	2

* Émissions maximales mesurées sur une période d'une heure.

Remarquez que la première série de données est exprimée au 0,1 mg/m³ près, alors que la seconde série est exprimée au 1 mg/m³ près. Les scientifiques se sont entendus sur une méthode standard pour indiquer des quantités mesurées dans laquelle le nombre de chiffres exprimés reflète le degré de précision de la mesure : plus de chiffres signifie des mesures plus précises ; moins de chiffres, des mesures moins précises. Les nombres sont généralement écrits de telle sorte que l'incertitude est dans le dernier chiffre exprimé. (On suppose que cette incertitude est de ±1 dans le dernier chiffre, à moins d'indications contraires.) Par exemple, en écrivant 1,7 mg/m³ pour la concentration de monoxyde de carbone en 2011 (comme dans la première série de mesures), les scientifiques veulent dire $1,7 \pm 0,1$ mg/m³. La concentration de monoxyde de carbone se situe donc entre 1,6 et 1,8. À l'inverse, si la valeur exprimée est de 2 (comme dans la deuxième série de mesures), cela pourrait vouloir dire 2 ± 1 ou entre 1 et 3.

Les mesures scientifiques sont exprimées de telle sorte que chaque chiffre est certain, sauf le dernier, qui est estimé.

5,213

certain   estimé

Les trois premiers chiffres sont certains ; le dernier chiffre est estimé.

Le nombre de chiffres exprimés dans une mesure dépend de l'appareil de mesure utilisé. Par exemple, considérez la pesée d'une pistache sur deux balances différentes comme l'illustre la **figure 1.11**. La première balance **(a)** est graduée au gramme (1 g), alors que la seconde balance **(b)** l'est au dixième de gramme (0,1 g). Quand on pèse avec la première balance, on divise mentalement l'espace entre les graduations de 1 et de 2 en 10 espaces égaux, puis on estime la position du pointeur, ici à environ 1,2 g. On écrit alors que la mesure est 1,2 g, signifiant ainsi qu'on est sûr du « 1 », mais que le « ,2 » est estimé. Quant à la seconde balance, avec des graduations au *dixième* de grammes, elle permet d'écrire le résultat avec un plus grand nombre de chiffres. Le pointeur se situe entre la graduation de 1,2 et la graduation de 1,3. Là encore, on divise l'espace entre les deux graduations en 10 espaces égaux et on estime le troisième chiffre. Pour la pesée illustrée en **(b)**, on obtient 1,27 g.

FIGURE 1.11 **Estimation de la mesure**

Estimation de la mesure

(a)

Graduation au gramme (1 g)
Lecture estimée : 1,2 g

| EXEMPLE 1.6 | Indication du bon nombre de chiffres |

Le cylindre gradué ci-dessous est gradué au dixième de millilitre (0,1 mL). Donnez le volume (qui doit être lu au bas du ménisque) avec le nombre approprié de chiffres. (Note : Le ménisque est la surface en forme de croissant à l'extrémité supérieure de la colonne de liquide.)

SOLUTION

Étant donné que le bas du ménisque se situe entre les graduations de 4,5 et de 4,6, divisez mentalement l'espace entre les graduations en 10 parties égales et estimez le chiffre suivant. Dans le présent cas, votre résultat pourrait être 4,57 mL.

Qu'arriverait-il si votre estimation était un peu différente et si vous aviez écrit 4,56 mL ? En général, une différence d'une unité est acceptable parce que le dernier chiffre est estimé et plusieurs personnes pourraient faire une estimation légèrement différente de la vôtre. Cependant, si vous aviez écrit 4,63 mL, la mesure aurait été erronée.

Ménisque —

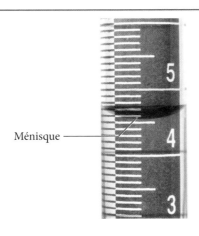

EXERCICE PRATIQUE 1.6

Donnez la température indiquée par le thermomètre ci-dessous avec le nombre approprié de chiffres.

(b)

Graduation au dixième
de gramme (0,1 g)
Lecture estimée : 1,27 g

(a) La première balance est graduée au gramme (1 g), de sorte qu'on obtient une mesure au dixième de gramme en divisant mentalement l'espace en 10 espaces égaux pour estimer le dernier chiffre. Cette lecture est de 1,2 g. **(b)** Comme la seconde balance est graduée au dixième de gramme (0,1 g), on obtient une mesure au centième de gramme. Cette lecture donne une valeur de 1,27 g.

Comment compter les chiffres significatifs ?

La précision d'une mesure – qui dépend de l'instrument utilisé pour effectuer cette mesure – est essentielle, non seulement quand on exprime la mesure, mais également quand on effectue des calculs à l'aide de cette mesure. Pour conserver cette précision, dans toute mesure exprimée, il importe de recourir aux **chiffres significatifs**, c'est-à-dire aux chiffres connus avec certitude ainsi qu'au dernier chiffre, qui, lui, est incertain. *Plus le nombre de chiffres significatifs est grand, plus la certitude de la mesure est grande.* Par exemple, le nombre 23,5 comporte trois chiffres significatifs, alors que le nombre 23,56 en compte quatre. Par ailleurs, pour déterminer le nombre de chiffres significatifs dans un nombre contenant des zéros, il faut distinguer les zéros qui sont significatifs de ceux qui ne font que situer la virgule décimale. Par exemple, dans le nombre 0,0008, les zéros placés au début indiquent la position de la virgule décimale, mais ils *n'ajoutent pas* à la certitude de la mesure et ne sont donc pas significatifs ; en fait, le nombre en question ne possède qu'un chiffre significatif. À l'opposé, les zéros qui terminent (zéros de la fin) le nombre 0,000 800 *ajoutent* à la certitude de la mesure et sont donc considérés comme significatifs ; c'est pourquoi ce nombre possède trois chiffres significatifs.

Pour déterminer le nombre de chiffres significatifs dans un nombre, il importe de suivre les règles suivantes (des exemples sont montrés à droite).

Règles des chiffres significatifs	Exemples	
1. Tous les chiffres différents de zéro sont significatifs.	28,03	0,0540
2. Les zéros internes (les zéros entre deux chiffres) sont significatifs.	408	7,0301
3. Les zéros placés au début d'un nombre (les zéros à la gauche du premier chiffre différent de zéro) ne sont pas significatifs. Ils ne servent qu'à localiser la virgule décimale.	0,0032 ↑	0,000 06 ↑ non significatifs
4. Les zéros placés à la fin d'un nombre sont classés de la façon suivante :		
• Après une virgule décimale, les zéros placés sont toujours significatifs.	45,000	3,5600
• Avant une virgule décimale, les zéros placés à la fin (et après un nombre différent de zéro) sont toujours significatifs.	140,00	500,00
• Avant une virgule décimale implicite, les zéros sont ambigus et doivent être évités au moyen de la notation scientifique.	1200 ou $1,200 \times 10^3$	Quatre chiffres significatifs (si les 0 sont significatifs)
	$1,2 \times 10^3$	Deux chiffres significatifs (si les deux 0 ne sont pas significatifs)
	$1,20 \times 10^3$	Trois chiffres significatifs (si le dernier 0 n'est pas significatif)

Nombres exacts

Les **nombres exacts** n'ont aucune incertitude et ils ne limitent le nombre de chiffres significatifs dans aucun calcul. On peut considérer qu'un nombre exact possède un nombre illimité de chiffres significatifs. Les nombres exacts proviennent de trois sources :

- Le comptage exact d'objets distincts. Par exemple, 3 atomes signifie 3,000 00... atomes.
- Les quantités définies, comme le nombre de centimètres dans 1 m. Parce que 100 cm est défini comme étant 1 m,

$$100 \text{ cm} = 1 \text{ m} \qquad \text{signifie} \qquad 100,000\,00... \text{ cm} = 1,000\,000\,0... \text{ m}$$

- Les nombres entiers qui font partie d'une équation. Par exemple, dans les équations telles que $rayon = \frac{diamètre}{2}$ ou pourcentage de rendement $= \frac{\text{masse réelle}}{\text{rendement théorique}} \times 100\,\%$, les nombres 2 et 100 sont exacts et, par conséquent, possèdent un nombre illimité de chiffres significatifs.

EXEMPLE 1.7   Détermination du nombre de chiffres significatifs dans un nombre

Combien y a-t-il de chiffres significatifs dans chacun des nombres suivants ?

(a) 0,044 50 m.   **(b)** 5,0003 km.   **(c)** 10 dm = 1 m.   **(d)** $1,000 \times 10^5$ s.   **(e)** 0,000 02 mm.   **(f)** 10 000 m.

SOLUTION

(a) 0,044 50 m	*Quatre chiffres significatifs.* Les deux 4 et le 5 sont des chiffres significatifs (règle 1). Le zéro de la fin est situé après une virgule décimale (règle 4). Les zéros du début indiquent seulement la position de cette virgule et ne sont pas significatifs (règle 3).

(b) 5,0003 km	*Cinq chiffres significatifs.* Le 5 et le 3 sont significatifs (règle 1), tout comme les trois zéros internes (règle 2).
(c) 10 dm = 1 m	*Nombre de chiffres significatifs illimité.* Les quantités définies possèdent un nombre illimité de chiffres significatifs.
(d) $1,000 \times 10^5$ s	*Quatre chiffres significatifs.* Le 1 est significatif (règle 1). Les zéros de la fin sont situés après une virgule décimale et sont significatifs (règle 4).
(e) 0,000 02 mm	*Un chiffre significatif.* Le 2 est significatif (règle 1). Les zéros du début ne font qu'indiquer la position de la virgule décimale et ne sont pas significatifs (règle 3).
(f) 10 000 m	*Ambigu.* Le 1 est significatif (règle 1), mais les zéros de la fin se situent avant une virgule décimale implicite et sont ambigus (règle 4). Sans information supplémentaire, on peut attribuer cinq chiffres significatifs. Il est préférable d'écrire 1×10^5 pour indiquer un chiffre significatif ou $1,00 \times 10^5$ pour en indiquer trois, par exemple (règle 4).

EXERCICE PRATIQUE 1.7

Combien y a-t-il de chiffres significatifs dans chaque nombre?

(a) 554 km.   **(b)** 7 cents.   **(c)** $1,01 \times 10^5$ m.   **(d)** 0,000 99 s.   **(e)** 1,4500 km.   **(f)** 21 000 m.

Chiffres significatifs dans les calculs

Lorsque vous faites des calculs avec des quantités mesurées, les résultats que vous obtenez doivent refléter la précision de ces quantités. Voici les règles à respecter lorsque vous manipulez les chiffres significatifs dans vos calculs.

Règles pour les calculs	**Exemples**
1. Dans une multiplication ou une division, le résultat comporte le même nombre de chiffres significatifs que le facteur qui en a le moins.	$1,052 \times 12,054 \times 0,53 = 6,7208 = 6,7$ (4 c.s.) (5 c.s.) (2 c.s.) (2 c.s.) $2,0035 \div 3,20 = 0,626\ 094 = 0,626$ (5 c.s.) (3 c.s.) (3 c.s.)

2. Dans une addition ou une soustraction, le résultat comporte le même nombre de décimales que la quantité qui en a le moins.	2,34|5
	0,07|
	+ 2,99|75
	5,41|2 5 = 5,41 5,9|
	    − 0,2|21
	    5,6|79 = 5,7
	
	Dans une addition ou une soustraction, il est utile d'insérer une ligne verticale après le nombre ayant le moins de décimales. Cette ligne détermine le nombre de décimales que doit comporter la réponse.

3. En arrondissant au bon nombre de chiffres significatifs, arrondir vers le bas si le chiffre suivant est 4 ou moins; arrondir vers le haut si le chiffre suivant est 5 ou plus.	À deux chiffres significatifs: 5,372 s'arrondit à 5,4 5,342 s'arrondit à 5,3 5,352 s'arrondit à 5,4 5,349 s'arrondit à 5,3 Remarquez que seul le *dernier (ou le plus à gauche) chiffre supprimé* détermine dans quel sens arrondir. (Vous pouvez ignorer tous les chiffres à sa droite.)
4. Afin d'éviter les erreurs d'arrondissement dans les calculs comportant plusieurs étapes, n'arrondir que la réponse finale – ne pas arrondir les étapes intermédiaires. Si l'on doit écrire les réponses intermédiaires, il faut faire le suivi des chiffres significatifs en soulignant le chiffre le moins significatif.	$6,78 \times 5,903 \times (5,489 - 5,01)$ $= 6,78 \times 5,903 \times 0,4\underline{7}9$ $= 19,1707$ $= 19$ Souligner le chiffre le moins significatif

Notez que pour la multiplication ou la division, la quantité qui possède le moins de *chiffres significatifs* détermine le nombre de *chiffres significatifs* dans la réponse. Par contre pour l'addition et la soustraction, la quantité avec le moins de *décimales* détermine le nombre de *décimales* dans la réponse. Dans la multiplication et la division, on se préoccupe des chiffres significatifs, mais dans l'addition ou la soustraction, on se préoccupe des décimales. Quand un problème comporte une addition ou une soustraction, la réponse peut avoir un nombre de chiffres significatifs différent des quantités initiales. Rappelez-vous ce principe dans les problèmes comportant des additions ou des soustractions et des multiplications ou des divisions. Par exemple,

$$\frac{1,002 - 0,999}{3,754} + \frac{0,003}{3,754} = 7,99 \times 10^{-4} = 8 \times 10^{-4}$$

La réponse n'a qu'un chiffre significatif, même s'il y en avait trois ou quatre dans les nombres de départ.

EXEMPLE 1.8 **Chiffres significatifs dans les calculs**

Effectuez les calculs avec le nombre approprié de chiffres significatifs.

(a) $1,10 \times 0,5120 \times 4,0015 \div 3,4555$

(b)
$$\begin{array}{r} 0,355 \\ +105,1 \\ -100,580 \end{array}$$

(c) $4,562 \times 3,998\,70 \div (452,6755 - 452,33)$

(d) $(14,84 \times 0,55) - 8,02$

SOLUTION

(a) Arrondissez le résultat intermédiaire (en bleu) à trois chiffres significatifs pour refléter les trois chiffres significatifs dans la quantité connue avec le moins de précision (1,10).	$1,10 \times 0,5120 \times 4,0015 \div 3,4555$ $= 0,652\,19$ $= 0,652$
(b) Arrondissez la réponse intermédiaire (en bleu) à une décimale pour refléter la quantité avec le moins de décimales (105,1). Remarquez que 105,1 n'est *pas* la quantité avec le moins de chiffres significatifs. C'est toutefois le nombre qui comporte le moins de décimales et qui détermine le nombre de décimales à inclure dans la réponse.	$\begin{array}{r} 0,3\,55 \\ +105,1 \\ -100,5\,820 \\ \hline 4,8\,730 = 4,9 \end{array}$
(c) Inscrivez le résultat intermédiaire à deux décimales pour refléter le nombre de décimales dans la quantité, à l'intérieur des parenthèses, possédant le plus petit nombre de décimales (452,33). Arrondissez la réponse finale à deux chiffres significatifs pour refléter les deux chiffres significatifs dans la quantité connue avec le moins de précision (0,3455).	$4,562 \times 3,998\,70 \div (452,6755 - 452,33)$ $= 4,562 \times 3,998\,70 \div 0,3455$ $= 52,799\,04$ $= 53$ 2 décimales
(d) Inscrivez le résultat intermédiaire à deux chiffres significatifs pour refléter le nombre de chiffres significatifs dans la quantité à l'intérieur des parenthèses ayant le plus petit nombre de décimales (0,55). Arrondissez la réponse finale à une décimale pour refléter la décimale dans la quantité connue avec le moins de précision (8,162).	$(14,84 \times 0,55) - 8,02$ $= 8,162 - 8,02$ $= 0,142$ $= 0,1$

EXERCICE PRATIQUE 1.8

Effectuez les calculs en indiquant le nombre approprié de chiffres significatifs.

(a) $3,100\,07 \times 9,441 \times 0,0301 \div 2,31$

(b)
$$\begin{array}{r} 0,881 \\ +132,1 \\ -12,02 \end{array}$$

(c) $2,5110 \times 21,20 \div (44,11 + 1,223)$

(d) $(12,01 \times 0,3) + 4,811$

Fiabilité, exactitude et précision

Il est fréquent de répéter les mesures scientifiques plusieurs fois afin d'augmenter la **fiabilité** du résultat obtenu. On dit qu'une mesure est fiable si elle a été répétée plusieurs fois et que les valeurs obtenues sont dans la limite de l'incertitude (reproductibilité). L'**exactitude** indique à quel point la valeur mesurée est proche de la valeur réelle. Elle nécessite une comparaison avec une valeur de référence. Quant à la **précision**, elle indique le degré d'erreur qui affecte une valeur donnée et elle dépend à la fois de la précision des instruments et des manipulations mathématiques effectuées sur les mesures. Un ensemble de mesures peut être précis (les valeurs possèdent une faible incertitude), mais inexact (les valeurs sont éloignées de la valeur réelle). À titre d'exemple, voici les résultats obtenus par trois élèves après avoir pesé à plusieurs reprises un bloc de plomb dont la vraie masse connue est de 10,00 g (indiquée par le trait bleu continu horizontal sur les graphiques).

	Élève A (± 1 g)	Élève B (± 0,1 g)	Élève C (± 0,05 g)
Essai 1	5 g	10,8 g	10,03 g
Essai 2	9 g	10,7 g	9,99 g
Essai 3	7 g	10,7 g	10,03 g
Essai 4	11 g	10,8 g	9,98 g

- Les résultats de l'élève A sont à la fois inexacts (éloignés de la valeur réelle), imprécis (l'incertitude sur les valeurs est élevée) et peu fiables (valeurs incohérentes d'une mesure à l'autre). Cette incohérence résulte de l'**erreur aléatoire**, une erreur fortuite qui affecte la valeur soit vers le haut, soit vers le bas. Presque toutes les mesures possèdent un certain degré d'erreur aléatoire. Il est possible d'éliminer ces effets avec un nombre suffisant d'essais, ce qui permet d'éliminer les valeurs erronées.

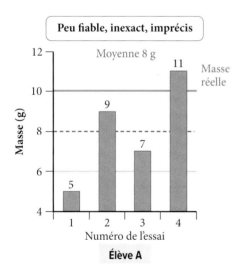

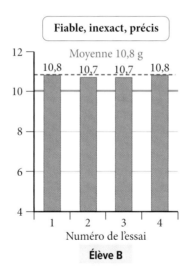

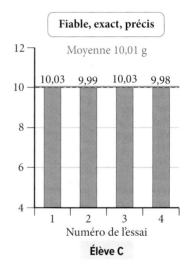

- Les résultats de l'élève B sont fiables (les valeurs sont cohérentes), précis (les valeurs possèdent une faible incertitude), mais inexacts. L'inexactitude provient d'une **erreur systématique**, une erreur qui rend la valeur soit trop élevée, soit trop basse. Par exemple, une balance mal calibrée donnera toujours une valeur trop faible (ou trop élevée selon l'erreur de calibration). Contrairement à l'erreur aléatoire, on ne peut corriger l'erreur systématique en multipliant le nombre d'essais : une balance mal calibrée donnera toujours des lectures trop élevées ou trop basses.

- Les résultats de l'élève C présentent une très faible erreur systématique ou une erreur aléatoire minime. Les mesures sont à la fois fiables, exactes et précises.

On dit que les mesures sont précises si elles possèdent une incertitude peu élevée, mais qu'elles sont exactes seulement si elles sont proches de la valeur réelle.

Vous êtes maintenant en mesure de faire les exercices 42 à 50 et 68.

1.7 Résolution de problèmes en chimie

Apprendre à résoudre des problèmes constitue l'une des habiletés les plus importantes que vous allez acquérir dans ce cours. Personne ne réussit en chimie – ou dans la vie, en réalité – sans être en mesure de résoudre des problèmes. Aucune formule simple ne s'applique à tous les problèmes, mais vous pouvez apprendre des stratégies de résolution de problèmes et développer une certaine intuition en chimie. Un grand nombre des problèmes que vous résoudrez dans ce cours sont en fait des *problèmes de conversion d'unités* qui demandent de convertir une ou plusieurs quantités afin de les exprimer avec des unités différentes. D'autres problèmes exigeront l'utilisation d'*équations spécifiques* pour obtenir les informations que vous recherchez. Dans les pages qui suivent, vous trouverez des stratégies qui vous aideront à résoudre ces deux types de problèmes. Évidemment, bon nombre de problèmes comportent à la fois des conversions et des équations, ce qui nécessite de combiner ces stratégies. Bien sûr, quelques problèmes pourront exiger une approche tout à fait différente.

Conversion d'une unité en une autre

À la section 1.5, nous avons étudié le système d'unités SI, les préfixes multiplicateurs et quelques autres unités. On ne peut résoudre des problèmes en chimie sans bien connaître ces unités et sans les manipuler adroitement dans les calculs. On appelle **analyse dimensionnelle** l'utilisation des unités comme guide pour résoudre les problèmes. Les unités doivent toujours faire partie des calculs ; elles sont multipliées, divisées et éliminées comme n'importe quelle quantité algébrique.

Considérons la conversion de 12,5 pouces (po) en centimètres (cm). On sait d'après le tableau 1.3 que 1 po = 2,54 cm (nombre exact), de sorte qu'on peut utiliser cette quantité dans le calcul de la façon suivante :

$$12,5 \text{ po} \times \frac{2,54 \text{ cm}}{1 \text{ po}} = 31,8 \text{ cm}$$

L'unité en pouces s'élimine et il ne reste que des centimètres comme unité finale. La quantité $\frac{2,54 \text{ cm}}{1 \text{ po}}$ est un **facteur de conversion** – une quantité fractionnaire avec des unités *utilisées pour transformer l'unité avec laquelle une quantité est exprimée*. Les facteurs de conversion sont construits à partir de deux quantités équivalentes. Dans le présent exemple, 2,54 cm = 1 po, de sorte qu'on obtient le facteur de conversion en divisant les deux côtés de l'égalité par 1 po et en éliminant les unités :

$$2,54 \text{ cm} = 1 \text{ po}$$
$$\frac{2,54 \text{ cm}}{1 \text{ po}} \times \frac{1 \text{ po}}{1 \text{ po}} = 1$$
$$\frac{2,54 \text{ cm}}{1 \text{ po}} = 1$$

La quantité $\frac{2,54 \text{ cm}}{1 \text{ po}}$ est équivalente à 1, de sorte que multiplier par le facteur de conversion équivaut mathématiquement à multiplier par 1. Pour effectuer la conversion en sens inverse, soit des centimètres en pouces, on doit, en se servant des unités comme guides, utiliser une forme différente du facteur de conversion. Si vous utilisez accidentellement la même forme, vous obtiendrez un résultat erroné et qui comportera des unités erronées. Supposons, par exemple, que vous vouliez convertir 31,8 cm en pouces :

$$31,8 \text{ cm} \times \frac{2,54 \text{ cm}}{1 \text{ po}} = \frac{80,8 \text{ cm}^2}{\text{po}}$$

Les unités dans la réponse ci-dessus (cm²/po), de même que la valeur de la réponse, sont manifestement fausses. Quand vous résolvez un problème, examinez toujours les unités finales. Sont-elles les unités recherchées ? **Examinez toujours la grandeur de la réponse numérique également. A-t-elle un sens ?** Dans le présent cas, notre erreur provient de la forme du facteur de conversion. Il aurait dû être inversé de façon à ce que les unités puissent s'éliminer :

$$31,8 \text{ cm} \times \frac{1 \text{ po}}{2,54 \text{ cm}} = 12,5 \text{ po}$$

Les facteurs de conversion peuvent être inversés parce qu'ils sont égaux à 1 et que l'inverse de 1 est 1. Par conséquent,

$$\frac{2,54 \text{ cm}}{1 \text{ po}} = 1 = \frac{1 \text{ po}}{2,54 \text{ cm}}$$

La majorité des problèmes de conversion prennent la forme suivante :

Information donnée × facteur(s) de conversion = information recherchée

$$\text{Unité donnée} \times \frac{\text{unité recherchée}}{\text{unité donnée}} = \text{unité de recherche}$$

Dans le présent manuel, nous schématisons une solution de problème à l'aide d'un *plan conceptuel*. Ce plan est une représentation visuelle qui rend apparente la démarche générale du problème. Pour les unités de conversion, le plan conceptuel met l'accent sur les unités et la conversion d'une unité à une autre. Voici, par exemple, le plan conceptuel illustrant la conversion des pouces en centimètres :

$$\textbf{po} \longrightarrow \textbf{cm}$$
$$\frac{2,54 \text{ cm}}{1 \text{ po}}$$

Pour la conversion inverse, soit des centimètres en pouces, le plan conceptuel est tout simplement le contraire du précédent, avec un facteur de conversion réciproque :

$$\textbf{cm} \longrightarrow \textbf{po}$$
$$\frac{1 \text{ po}}{2,54 \text{ cm}}$$

Dans un plan conceptuel illustrant une conversion d'unités, chaque flèche représente un facteur de conversion permettant de passer d'une unité à l'autre. À la section suivante, nous intégrons la notion de plan conceptuel dans une approche globale de résolution de problèmes numériques en chimie.

Stratégie générale de résolution de problèmes

Dans ce manuel, nous utilisons une méthode standard de résolution de problèmes qui peut être adaptée à de nombreuses situations en chimie générale et qui peut être utile dans d'autres domaines. La résolution d'un problème exige essentiellement d'évaluer l'information donnée dans l'énoncé et de concevoir une façon d'obtenir l'information demandée. Autrement dit, il faut suivre les étapes suivantes :

- Déterminer le point de départ (l'information **fournie**).
- Déterminer le point d'arrivée (l'information **recherchée**).
- Concevoir une façon de passer du point de départ au point d'arrivée en utilisant ce qui est donné et ce que vous connaissez déjà ou que vous pouvez trouver. (C'est le **plan conceptuel**.)

De façon schématique, on peut représenter le déroulement de cette démarche de résolution de la façon suivante :

Informations fournies → Plan conceptuel → Informations recherchées

Bien souvent, les élèves débutants qui essaient de résoudre des problèmes en chimie générale se demandent par où commencer. Évidemment, aucune méthode de résolution de problèmes ne s'applique à tous les cas, mais celle que nous présentons ici, en quatre étapes, peut s'avérer utile pour résoudre la plupart des problèmes numériques présentés dans ce manuel.

1. **Trier.** Commencez par trier les informations contenues dans l'énoncé du problème. Les *informations fournies* sont les *données* du problème ; elles se présentent souvent sous la forme d'un nombre ou de plusieurs nombres accompagnés de leurs unités associées. Quant à l'expression *informations recherchées*, elle désigne les informations dont vous aurez besoin pour trouver la réponse.

2. **Établir une stratégie.** Cette étape est habituellement la plus difficile de la démarche de résolution de problèmes. En effet, il convient d'élaborer un *plan conceptuel* comportant une série d'étapes qui vous conduisent aux *informations recherchées* à partir des *données*. Dans la section précédente, nous avons présenté un plan conceptuel permettant de résoudre des problèmes simples de conversion d'unités. Dans ce plan, chaque flèche représente une étape de calcul. La quantité que vous aviez avant l'étape se trouve à gauche de cette flèche et la quantité que vous aurez après l'étape se trouve à droite. Sous la flèche, on indique la relation entre les quantités, c'est-à-dire les informations nécessaires pour passer de l'une à l'autre de ces quantités.

La majorité des problèmes peuvent être résolus de plus d'une façon. Dans ce manuel, nous optons pour les solutions les plus directes, mais ce ne sont absolument pas les seules façons de résoudre le problème.

Ces relations prennent souvent la forme de facteurs de conversion ou d'équations. Elles peuvent être données dans le problème ; si tel est le cas, vous les aurez transcrites sous la rubrique *Données* de l'étape 1. Toutefois, vous aurez généralement besoin d'autres informations, par exemple des constantes physiques, des formules ou des facteurs de conversion qui vous aideront à passer des informations données aux informations que vous devez trouver. Vous pouvez alors faire appel aux connaissances déjà apprises ou chercher dans le chapitre ou dans les tableaux du manuel.

Il pourrait vous arriver de bloquer à l'étape de l'établissement de la stratégie. Si vous ne réussissez pas à comprendre comment passer des *données* aux *informations recherchées*, vous pouvez essayer de travailler à partir de la fin. Par exemple, en examinant les unités de la quantité recherchée, vous pourriez trouver les facteurs de conversion qui vous permettront d'obtenir les unités de la quantité donnée. Vous pourriez même tenter de combiner plusieurs stratégies, par exemple en travaillant à partir du point de départ, du point d'arrivée ou les deux à la fois. Si vous persévérez, vous finirez par développer une stratégie pour résoudre le problème en question.

3. **Résoudre.** C'est la partie la plus facile de la démarche. En effet, une fois que vous avez posé correctement le problème et élaboré un plan conceptuel, il vous reste à suivre tout simplement ce plan pour arriver à la solution. Effectuez les opérations mathématiques (en portant attention aux règles qui régissent les chiffres significatifs dans les calculs) et éliminez les unités au besoin.

4. **Vérifier.** Les débutants négligent très souvent cette étape. Les étudiants plus expérimentés se demandent toujours si la réponse obtenue a du sens sur le plan physique. Les unités sont-elles correctes ? Le nombre de chiffres significatifs est-il le bon ? Quand on résout des problèmes comportant plusieurs étapes, des erreurs peuvent facilement se glisser dans la solution. Pourtant, en vérifiant simplement la réponse, vous pouvez détecter la plupart de ces erreurs. Par exemple, supposons que vous êtes en train de calculer le nombre d'atomes que renferme une pièce de monnaie en or et que vous obtenez comme réponse $1,1 \times 10^{-6}$ atome. Cette pièce d'or peut-elle vraiment être composée d'un millionième d'atome ?

Appliquons maintenant cette méthode de résolution de problèmes à des exercices de conversion d'unités. La colonne de gauche présente un résumé de la méthode et les deux autres colonnes proposent des exemples d'application de la méthode. Nous utiliserons ce mode de présentation à plusieurs endroits dans le manuel quand il sera nécessaire d'expliquer comment il est possible d'appliquer une méthode particulière à deux problèmes différents. Commencez par résoudre un problème (de haut en bas) puis voyez comment la même méthode s'applique à l'autre problème. La capacité de reconnaître les points communs et les différences entre des problèmes constitue la partie la plus importante du développement d'habiletés relatives à la résolution de problèmes.

MÉTHODE POUR...	EXEMPLE 1.9	EXEMPLE 1.10
Convertir des unités	**Convertir des unités** Convertissez 1,76 verge en centimètres.	**Convertir des unités** Convertissez 1,8 pinte en centimètres cubes.
TRIER Commencez par trier les informations du problème en *données* et en *informations recherchées*.	**DONNÉE** 1,76 vg **INFORMATION RECHERCHÉE** cm	**DONNÉE** 1,8 pt **INFORMATION RECHERCHÉE** cm^3
ÉTABLIR UNE STRATÉGIE Rédigez un *plan conceptuel* pour résoudre le problème. Commencez par la quantité *donnée* et tracez une flèche pour symboliser chaque étape de la conversion. Sous chaque flèche, écrivez le facteur de conversion approprié pour cette étape. Concentrez-vous sur les unités. Le plan conceptuel se termine lorsqu'on obtient la quantité *recherchée* (donc ses unités). Dans les exemples ci-contre, les autres informations nécessaires sont des relations entre les unités.	**PLAN CONCEPTUEL** $$\text{vg} \longrightarrow \text{m} \longrightarrow \text{cm}$$ $$\frac{1\ m}{1,094\ vg} \qquad \frac{100\ cm}{1\ m}$$ **RELATIONS UTILISÉES** $1,094\ \text{vg} = 1\ \text{m}$ $1\ \text{cm} = 1 \times 10^{-2}\ \text{m}$ (Ces facteurs de conversion sont tirés des tableaux 1.2 et 1.3.)	**PLAN CONCEPTUEL** $$\text{pt} \longrightarrow \text{L} \longrightarrow \text{mL} \longrightarrow \text{cm}^3$$ $$\frac{1\ L}{1,057\ pt} \quad \frac{1000\ mL}{1\ L} \quad \frac{1\ cm^3}{1\ mL}$$ **RELATIONS UTILISÉES** $1,057\ \text{pt} = 1\ \text{L}$ $1\ \text{mL} = 1 \times 10^{-3}\ \text{L}$ $1\ \text{mL} = 1\ \text{cm}^3$ (Ces facteurs de conversion sont tirés des tableaux 1.2 et 1.3.)
RÉSOUDRE Suivez le plan conceptuel. Résolvez l'équation (ou les équations) pour obtenir l'information *recherchée* – la quantité – (si elle n'est pas déjà trouvée). Rassemblez chacune des quantités qui doivent faire partie de l'équation avec les bonnes unités. (Convertissez dans les bonnes unités, au besoin.) Substituez les valeurs numériques et leurs unités dans l'équation (ou les équations) et calculez la réponse. Arrondissez la réponse au bon nombre de chiffres significatifs.	**SOLUTION** $$1,76\ \cancel{vg} \times \frac{1\ \cancel{m}}{1,094\ \cancel{vg}} \times \frac{100\ cm}{1\ \cancel{m}}$$ $= 160{,}8775\ \text{cm}$ $160{,}8775\ \text{cm} = 161\ \text{cm}$	**SOLUTION** $$1,8\ \cancel{pt} \times \frac{1\ \cancel{L}}{1,057\ \cancel{pt}} \times \frac{1\ \cancel{mL}}{1 \times 10^{-3}\ \cancel{L}} \times \frac{1\ cm^3}{1\ \cancel{mL}}$$ $= 1{,}702\,93 \times 10^3\ \text{cm}^3$ $1{,}702\,93 \times 10^3\ \text{cm}^3 = 1{,}7 \times 10^3\ \text{cm}^3$
VÉRIFIER Vérifiez la réponse. Les unités sont-elles correctes? La réponse a-t-elle du sens sur le plan physique?	Les unités (cm) sont correctes. L'ordre de grandeur de la réponse (161) a du sens sur le plan physique parce que le centimètre est une unité beaucoup plus petite que la verge. **EXERCICE PRATIQUE 1.9** Convertissez 288 cm en verges.	Les unités (cm^3) sont correctes. L'ordre de grandeur de la réponse (1700) a du sens sur le plan physique parce que le centimètre cube est une unité beaucoup plus petite que la pinte. **EXERCICE PRATIQUE 1.10** Convertissez 9255 cm^3 en gallons.

Unités élevées à une puissance

Quand vous préparez des facteurs de conversion pour des unités élevées à une puissance, n'oubliez pas d'élever le nombre *et* l'unité à la puissance désirée. Voici, par exemple, comment créer le facteur de conversion permettant de convertir des pouces carrés en centimètres carrés :

$$2,54\ \text{cm} = 1\ \text{po}$$
$$(2,54\ \text{cm})^2 = (1\ \text{po})^2$$
$$(2,54)^2\ \text{cm}^2 = 1\ \text{po}^2$$
$$\frac{6,45\ \text{cm}^2}{1\ \text{po}^2} = 1$$

L'exemple 1.11 explique l'utilisation de tels facteurs de conversion.

EXEMPLE 1.11	**Conversion d'unités comportant des unités élevées à une puissance**

Calculez en mètres cubes la cylindrée (le volume total des cylindres dans lesquels les pistons se déplacent) d'un moteur d'automobile de 5,70 L.

TRIER Triez les informations du problème en *données* et en *informations recherchées*.	**DONNÉE** 5,70 L **INFORMATION RECHERCHÉE** m^3
ÉTABLIR UNE STRATÉGIE Rédigez un plan conceptuel pour le problème. Commencez par la quantité donnée et déterminez comment cheminer vers l'information recherchée. N'oubliez pas que pour les unités au cube, les facteurs de conversion doivent être élevés au cube.	**PLAN CONCEPTUEL** $L \longrightarrow mL \longrightarrow cm^3 \longrightarrow m^3$ $\quad \dfrac{1\ mL}{10^{-3}\ L} \quad\quad \dfrac{1\ cm^3}{1\ mL} \quad\quad \dfrac{(1\ m)^3}{(100\ cm)^3}$ **RELATIONS UTILISÉES** $1\ mL = 10^{-3}\ L$ $1\ mL = 1\ cm^3$ $100\ cm = 1\ m$ (Ces facteurs de conversion sont tirés des tableaux 1.2 et 1.3.)
RÉSOUDRE Suivez le plan conceptuel mis au point pour résoudre le problème. Arrondissez la réponse à trois chiffres significatifs pour refléter les trois chiffres significatifs dans la quantité connue avec le moins de précision (5,70 L). Ces facteurs de conversion sont tous exacts et ne limitent donc pas le nombre de chiffres significatifs.	**SOLUTION** $5{,}70\ \cancel{L} \times \dfrac{1\ \cancel{mL}}{10^{-3}\ \cancel{L}} \times \dfrac{1\ \cancel{cm^3}}{1\ \cancel{mL}} \times \dfrac{(1\ m)^3}{(100\ \cancel{cm})^3}$ $\qquad\qquad = 0{,}0057\ m^3$ $\qquad\qquad = 0{,}005\ 70\ m^3$

VÉRIFIER Les unités de la réponse sont correctes et son ordre de grandeur a du sens. Étant donné que le mètre cube est une unité plus grande que le litre, le volume exprimé en mètres cubes doit être plus petit que le volume en litres.

EXERCICE PRATIQUE 1.11

Combien y a-t-il de centimètres cubes dans 2,11 vg^3 ?

EXERCICE PRATIQUE SUPPLÉMENTAIRE 1.11

Un vignoble de chardonnay (un cépage qui sert à fabriquer divers vins blancs) s'étend sur 145 acres. Le propriétaire décide d'épandre un amendement particulier pour améliorer la qualité du sol. Cet apport requiert 5,50 g/m^2 de vignoble. Combien de kilogrammes de cet amendement devra-t-il épandre sur l'ensemble de son vignoble ? (1 km^2 = 247 acres)

EXEMPLE 1.12	**Masse volumique comme facteur de conversion**

Il est nécessaire de calculer la masse de carburant dans un avion à réaction avant chaque vol pour s'assurer que l'appareil est assez léger pour voler. Pour parcourir une distance donnée, on pompe 173 231 L de carburéacteur dans les réservoirs d'un Boeing 747. Si la masse volumique de ce carburant est de 0,768 g/cm^3, quelle est sa masse en kilogrammes ?

TRIER Commencez par trier les informations du problème en *données* et en *informations recherchées*.	**DONNÉES** volume de carburant = 173 231 L masse volumique du carburant = 0,768 g/cm^3 **INFORMATION RECHERCHÉE** masse en kilogrammes

ÉTABLIR UNE STRATÉGIE Rédigez un plan conceptuel en commençant par la quantité donnée, dans ce cas le volume en litres (L). Le but de ce problème est de trouver la masse. On peut relier volume et masse en utilisant la masse volumique (g/cm³). Cependant, il faut d'abord convertir le volume en centimètres cubes (cm³). Après avoir effectué cette conversion, utilisez la masse volumique pour convertir en grammes. Enfin, convertissez les grammes en kilogrammes.

PLAN CONCEPTUEL

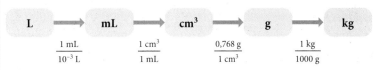

$$\boxed{\text{L}} \xrightarrow{\frac{1\text{ mL}}{10^{-3}\text{ L}}} \boxed{\text{mL}} \xrightarrow{\frac{1\text{ cm}^3}{1\text{ mL}}} \boxed{\text{cm}^3} \xrightarrow{\frac{0,768\text{ g}}{1\text{ cm}^3}} \boxed{\text{g}} \xrightarrow{\frac{1\text{ kg}}{1000\text{ g}}} \boxed{\text{kg}}$$

RELATIONS UTILISÉES

$1\text{ mL} = 10^{-3}\text{ L}$

$1\text{ mL} = 1\text{ cm}^3$

$\rho = 0,768\text{ g/cm}^3$

$1000\text{ g} = 1\text{ kg}$

(Ces facteurs de conversion sont tirés des tableaux 1.2 et 1.3.)

RÉSOUDRE Suivez le plan conceptuel pour résoudre le problème. Arrondissez la réponse à trois chiffres significatifs pour refléter les trois chiffres significatifs de la masse volumique.

SOLUTION

$$173\ 231\text{ L} \times \frac{1\text{ mL}}{10^{-3}\text{ L}} \times \frac{1\text{ cm}^3}{1\text{ mL}} \times \frac{0,768\text{ g}}{1\text{ cm}^3} \times \frac{1\text{ kg}}{1000\text{ g}} = 1,33 \times 10^5\text{ kg}$$

VÉRIFIER Les unités de la réponse (kg) sont correctes. L'ordre de grandeur a du sens parce que la masse $(1,33 \times 10^5\text{ kg})$ est semblable en grandeur au volume donné (173 231 L ou $1,732\ 31 \times 10^5$ L), comme on doit s'y attendre pour une masse volumique proche de 1 ($0,768\text{ g/cm}^3$).

EXERCICE PRATIQUE 1.12

Les campeurs qui randonnent sur de longues distances utilisent souvent des récipients contenant du butane ou du propane pour alimenter le brûleur de leur réchaud. Si un récipient contient 1,45 L de butane, et que la masse volumique de ce combustible est de 0,248 g/cm³, quelle est la masse de ce combustible en kilogrammes ?

EXERCICE PRATIQUE SUPPLÉMENTAIRE 1.12

Une goutte d'essence a une masse de 22 mg et une masse volumique de 0,754 g/cm³. Quel est son volume en centimètres cubes ?

Problèmes comportant des équations

Il est possible de résoudre les problèmes comportant des équations selon une méthode presque identique à celle que l'on a décrite pour les problèmes avec des conversions. Habituellement, dans les problèmes faisant intervenir des équations, on doit trouver une des variables dans l'équation, les autres étant données. Le principe de *plan conceptuel* exposé plus haut peut servir pour les problèmes dans lesquels il faut résoudre des équations. Par exemple, l'énoncé vous donne la masse (*m*) et le volume (*V*) d'un échantillon et vous devez calculer sa masse volumique. Le plan conceptuel montre comment l'*équation* vous permet de passer des quantités *initiales* aux quantités *recherchées* :

$$\boxed{m, V} \longrightarrow \boxed{\rho}$$
$$\rho = \frac{m}{V}$$

Dans ce plan conceptuel, les flèches comportent une équation plutôt qu'un facteur de conversion. Cette équation montre la *relation* entre les quantités à gauche de la flèche et les quantités à droite. Notez qu'à ce point, il faut résoudre l'équation pour la quantité à droite (bien que dans le cas présent, elle soit résolue). La méthode qui suit ainsi que les exemples 1.13 et 1.14 vous guideront dans l'élaboration d'une stratégie pour résoudre ce type de problèmes. Nous utilisons encore une fois le format de présentation en trois colonnes. Résolvez un problème de haut en bas puis examinez comment la même méthode générale est appliquée au second problème.

MÉTHODE POUR...	EXEMPLE 1.13	EXEMPLE 1.14
Résoudre les problèmes comportant des équations	**Résoudre les problèmes comportant des équations** Trouvez le rayon (r), en centimètres, d'une gouttelette d'eau sphérique dont le volume (V) est de 0,058 cm³. Pour une sphère, $V = (4/3)\pi r^3$.	**Résoudre les problèmes comportant des équations** Trouvez la masse volumique (en g/cm³) d'un cylindre métallique dont la masse vaut 8,3 g, la longueur (l), 1,94 cm et le rayon (r), 0,55 cm. Pour un cylindre, $V = \pi r^2 l$.
TRIER Commencez par trier les informations du problème en données et informations recherchées.	**DONNÉE** $V = 0,058$ cm³ **INFORMATION RECHERCHÉE** r en cm	**DONNÉES** $m = 8,3$ g $\qquad l = 1,94$ cm $\qquad\qquad r = 0,55$ cm **INFORMATION RECHERCHÉE** ρ en g/cm³
ÉTABLIR UNE STRATÉGIE Rédigez un plan conceptuel pour résoudre le problème. Concentrez-vous sur l'équation (ou sur les équations). Le plan conceptuel montre comment l'équation permet de passer des quantités initiales aux quantités recherchées. Le plan conceptuel peut comporter plusieurs parties faisant intervenir d'autres équations ou conversions. Dans les exemples ci-contre, utilisez les relations géométriques données dans les énoncés du problème de même que la définition de la masse volumique, $\rho = m/V$, qui a été abordée dans le présent chapitre.	**PLAN CONCEPTUEL** $\boxed{V} \longrightarrow \boxed{r}$ $V = \dfrac{4}{3}\pi r^3$ **RELATION UTILISÉE** $V = \dfrac{4}{3}\pi r^3$	**PLAN CONCEPTUEL** $\boxed{l, r} \longrightarrow \boxed{V}$ $V = \pi r^2 l$ $\boxed{m, V} \longrightarrow \boxed{\rho}$ $\rho = m/V$ **RELATIONS UTILISÉES** $V = \pi r^2 l$ $\rho = \dfrac{m}{V}$
RÉSOUDRE Suivez le plan conceptuel. Commencez par la quantité donnée et ses unités. Multipliez par le(s) facteur(s) de conversion approprié(s), en éliminant les unités pour arriver à la quantité recherchée. Arrondissez la réponse au nombre approprié de chiffres significatifs en suivant les règles de la section 1.6. Rappelez-vous que les facteurs de conversion exacts ne limitent pas les chiffres significatifs.	**SOLUTION** $V = \dfrac{4}{3}\pi r^3$ $r^3 = \dfrac{3}{4\pi}V$ $r = \left(\dfrac{3}{4\pi}V\right)^{1/3}$ $= \left(\dfrac{3}{4\pi}\,0,058\ \text{cm}^3\right)^{1/3} = 0,240\ 13\ \text{cm}$ $0,240\ 13\ \text{cm} = 0,24\ \text{cm}$	**SOLUTION** $V = \pi r^2 l$ $= \pi(0,55\ \text{cm})^2(1,94\ \text{cm})$ $= 1,8436\ \text{cm}^3$ $\rho = \dfrac{m}{V}$ $= \dfrac{8,3\ \text{g}}{1,8436\ \text{cm}^3} = 4,502\ 06\ \text{g/cm}^3$ $= 4,502\ 06\ \text{g/cm}^3 = 4,5\ \text{g/cm}^3$
VÉRIFIER Vérifiez la réponse. Les unités sont-elles correctes ? La réponse a-t-elle du sens sur le plan physique ?	Les unités (centimètre) sont correctes et l'ordre de grandeur de la réponse a du sens. **EXERCICE PRATIQUE 1.13** Trouvez le rayon (r) d'un cylindre d'aluminium dont la longueur est de 2,00 cm et la masse, de 12,4 g. Pour un cylindre, $V = \pi r^2 l$.	Les unités (gramme par centimètre cube [g/cm³]) sont correctes. L'ordre de grandeur de la réponse semble correct pour un des métaux les plus légers (voir le tableau 1.4). **EXERCICE PRATIQUE 1.14** Trouvez la masse volumique (g/cm³), d'un cube métallique dont la masse est de 50,3 g et la longueur d'un côté (l), de 2,65 cm. Pour un cube, $V = l^3$.

Vous êtes maintenant en mesure de faire les exercices 51 à 64, 69 à 75, 78 à 91.

RÉSUMÉ DU CHAPITRE

Termes clés (voir le glossaire)

Amorphe (p. 8)

Analyse dimensionnelle (p. 30)

Atome (p. 4)

Changement chimique (p. 11)

Changement physique (p. 10)

Chiffre significatif (p. 25)

Chimie (p. 5)

Composé (p. 9)

Composition (p. 9)

Concentration molaire volumique (*C*) (molarité) (p. 21)

Cristallin (p. 8)

Échelle Celsius (°C) (p. 15)

Échelle Fahrenheit (°F) (p. 16)

Échelle Kelvin (K) (p. 15)

Élément (p. 9)

Erreur aléatoire (p. 29)

Erreur systématique (p. 29)

État (p. 7)

Exactitude (p. 29)

Expérience (p. 5)

Facteur de conversion (p. 30)

Fiabilité (p. 29)

Gaz (p. 7)

Hypothèse (p. 5)

Kelvin (K) (p. 15)

Kilogramme (kg) (p. 14)

Liquide (p. 7)

Litre (L) (p. 18)

Loi de la conservation de la masse (p. 5)

Loi scientifique (p. 5)

Masse (*m*) (p. 15)

Masse volumique (*ρ*) (p. 19)

Matière (p. 7)

Mélange (p. 9)

Mélange hétérogène (p. 9)

Mélange homogène (p. 9)

Méthode scientifique (p. 6)

Mètre (m) (p. 14)

Millilitre (mL) (p. 18)

Molalité (*b* ou *m*) (p. 22)

Molécule (p. 4)

Nombre exact (p. 26)

Partie par milliard (ppb) (p. 22)

Partie par million (ppm) (p. 22)

Pourcentage par masse (pourcentage massique) (%$_{m/m}$) (p. 22)

Précision (p. 29)

Préfixe multiplicateur (p. 17)

Propriété chimique (p. 11)

Propriété extensive (p. 19)

Propriété intensive (p. 19)

Propriété physique (p. 11)

Rapport par masse (*m/m*) (p. 22)

Rapport par volume (*v/v* ou *m/v*) (p. 22)

Seconde (s) (p. 15)

Solide (p. 7)

Substance (p. 7)

Substance pure (p. 9)

Système anglo-saxon (p. 14)

Système international d'unités (SI) (p. 14)

Système métrique (p. 14)

Température (*T*) (p. 15)

Théorie (p. 5)

Théorie atomique (p. 5)

Unité (p. 14)

Unité dérivée (p. 18)

Volume (*V*) (p. 18)

Concepts clés

Chimie et environnement (1.1)

→ La chimie est fondamentale pour la compréhension des enjeux environnementaux et nécessaire à l'élaboration des stratégies qui permettront d'y faire face.

→ Toute matière est composée d'atomes et de molécules.

→ La chimie est la science qui étudie les propriétés et le comportement de la matière en observant les atomes et les molécules.

Approche scientifique (1.2)

→ La science commence par l'observation du monde physique. Plusieurs observations connexes peuvent souvent être intégrées dans un énoncé sommaire ou une généralisation appelée loi scientifique.

→ Une hypothèse est une interprétation ou une explication possible d'observations. Une ou plusieurs hypothèses bien établies peuvent favoriser la création d'une théorie scientifique, un modèle de la nature qui explique les principes fondamentaux des observations et des lois.

→ Les lois, les hypothèses et les théories donnent toutes naissance à des prédictions dont la validité peut être testée par des expériences, des procédures strictement contrôlées conçues pour produire de nouvelles observations critiques. Si les prédictions ne sont pas confirmées, la loi, l'hypothèse ou la théorie doivent être modifiées ou remplacées.

Classification de la matière (1.3)

→ On peut classer la matière selon son état (solide, liquide ou gazeux) ou selon sa composition (substance pure ou mélange).

→ Une substance pure peut être soit un élément, qui n'est pas décomposable en substances plus simples, soit un composé, qui est constitué de deux ou plusieurs éléments dans des proportions fixes.

→ Un mélange peut être soit homogène, avec la même composition uniforme en tout point, soit hétérogène, c'est-à-dire dont la composition varie d'un point à l'autre.

Propriétés de la matière (1.4)

→ Il existe deux sortes de propriétés de la matière : des propriétés physiques et des propriétés chimiques.

→ Les changements qui n'entraînent pas de modification de la composition de la matière sont des changements physiques. Les changements qui causent des modifications de la composition de la matière sont des changements chimiques.

Unités de mesure et chiffres significatifs (1.5 et 1.6)

→ Les scientifiques utilisent les unités SI, qui sont basées sur le système métrique. Les unités de base du SI comprennent le mètre (m) pour la longueur, le kilogramme (kg) pour la masse, la seconde (s) pour le temps et le kelvin (K) pour la température.

→ Les unités dérivées sont formées par la combinaison (multiplication ou division) de plusieurs unités de base du SI.

→ Les quantités mesurées sont exprimées de façon que le nombre de chiffres reflète l'incertitude dans les mesures. Dans une mesure exprimée, les chiffres certains ainsi que le dernier, incertain, sont appelés chiffres significatifs.

Équations et relations clés

Relation entre les échelles de température Kelvin (K) et Celsius (°C) (1.5)

$$T_K = t_C + 273,15$$

Relation entre les échelles de température Celsius (°C) et Fahrenheit (°F) (1.5)

$$t_C = \frac{(t_F - 32\ °F)}{1,8\ °F/°C}$$

Relation entre la masse volumique (ρ), la masse (m) et le volume (V) (1.5)

$$\rho = \frac{m}{V}$$

Composition des solutions (1.5)

$$\text{Concentration molaire volumique } (C) = \frac{n_{stl}\ (\text{mol})}{V_{sln}(\text{L})}$$

$$\text{Molalité } (b \text{ ou } m) = \frac{n_{stl}\ (\text{mol})}{\text{masse}_{slv}(\text{kg})}$$

$$\text{Rapport de masse} = \frac{\text{masse}_{slt}}{\text{masse}_{sln}} \times \text{facteur de multiplication}$$

$$\text{Pourcentage par masse (pourcentage massique)} = \frac{\text{masse}_{slt}}{\text{masse}_{sln}} \times 100\,\%$$

$$\text{Partie million (ppm)} = \frac{\text{masse}_{slt}}{\text{masse}_{sln}} \times 10^6$$

$$\text{Partie milliard (ppb)} = \frac{\text{masse}_{slt}}{\text{masse}_{sln}} \times 10^9$$

$$\text{Rapport par volume} = \frac{V_{slt}(\text{ou masse}_{slt})}{V_{sln}} \times \text{facteur de multiplication} \quad (100, 10^6 \text{ ou } 10^9)$$

EXERCICES

 facile *moyen* 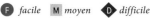 *difficile*

Problèmes par sujet

Approche scientifique (1.2)

F 1. Classez chaque énoncé selon qu'il est une observation, une loi ou une théorie.
  (a) Toute la matière est composée de minuscules particules indestructibles.
  (b) Quand le fer rouille dans un contenant fermé, la masse du contenant et de son contenu ne change pas.
  (c) Dans les réactions chimiques, la matière n'est ni créée, ni détruite.
  (d) Quand une allumette brûle, de la chaleur est libérée.
  (e) Le chlore est un gaz très réactif.
  (f) Si les éléments sont placés en ordre croissant de leur masse, leur réactivité chimique suit un motif répétitif.
  (g) Le néon est un gaz inerte (qui ne réagit pas).
  (h) La réactivité des éléments dépend de l'arrangement de leurs électrons.

M 2. Un chimiste décompose plusieurs échantillons de monoxyde de carbone en carbone et en oxygène et il pèse les éléments qui en résultent. Il obtient les résultats suivants:

Échantillon	Masse de carbone (g)	Masse d'oxygène (g)
1	6	8
2	12	16
3	18	24

  (a) Qu'observe-t-on lorsqu'on analyse les rapports entre les masses d'oxygène et les masses de carbone?

Au cours d'une autre expérience, le chimiste décompose plusieurs échantillons de peroxyde d'hydrogène en hydrogène et en oxygène. Il obtient les résultats suivants:

Échantillon	Masse d'hydrogène (g)	Masse d'oxygène (g)
1	0,5	8
2	1,0	16
3	1,5	24

  (b) Qu'observe-t-on lorsqu'on analyse les rapports entre les masses d'oxygène et les masses d'hydrogène?
  (c) Une tendance se dégage-t-elle de ces résultats?
  (d) Formulez une loi à partir des observations en (a) et en (b).

M 3. Les astronomes qui observent les galaxies lointaines affirment que la plupart d'entre elles s'éloignent les unes des autres. En outre, plus les galaxies sont éloignées, plus elles sont susceptibles de s'éloigner plus rapidement. Rédigez une hypothèse pour expliquer ces observations.

Classification et propriétés de la matière (1.3 et 1.4)

F 4. Classez chaque substance en substance pure ou en mélange. S'il s'agit d'une substance pure, classez-la en élément ou en composé. S'il s'agit d'un mélange, classez-le en homogène ou hétérogène.
  (a) Sueur.
  (b) Dioxyde de carbone.
  (c) Aluminium.
  (d) Soupe aux légumes.
  (e) Vin.
  (f) Ragoût de bœuf.
  (g) Fer.
  (h) Monoxyde de carbone.

5. Remplissez le tableau selon la nature de la substance.

Substance	Pure (élément ou composé)	Mélange (homogène ou hétérogène)
Aluminium	élément	_____
Jus de pommes	_____	_____
Peroxyde d'hydrogène	_____	_____
Soupe au poulet	_____	_____
Eau	_____	_____
Café	_____	_____
Glace	_____	_____
Carbone	_____	_____

6. Déterminez si chaque diagramme moléculaire représente une substance pure ou un mélange. S'il représente une substance pure, dites s'il s'agit d'un élément ou d'un composé. S'il représente un mélange, précisez s'il est homogène ou hétérogène.

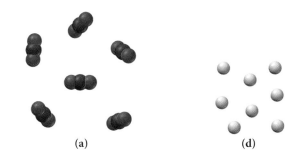

(a)　　　　　　　　　　(d)

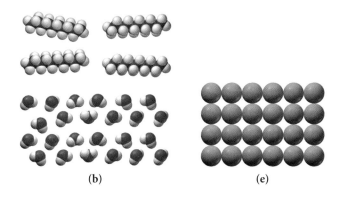

(b)　　　　　　　　　　(e)

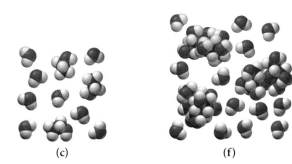

(c)　　　　　　　　　　(f)

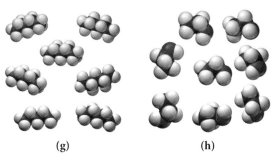

(g)　　　　　　　　　　(h)

7. Voici plusieurs propriétés du propan-2-ol (aussi connu sous le nom d'alcool à friction). Lesquelles sont physiques ? Lesquelles sont chimiques ?
(a) Incolore.
(b) Inflammable.
(c) Liquide à température ambiante.
(d) Masse volumique = 0,79 g/mL.
(e) Miscible avec l'eau.

8. Voici plusieurs propriétés de l'ozone (un polluant dans la basse atmosphère, mais un composant de la couche protectrice contre les rayons UV dans la haute atmosphère). Parmi ces propriétés, lesquelles sont physiques ? Lesquelles sont chimiques ?
(a) Couleur bleuâtre.
(b) Odeur piquante.
(c) Très réactif.
(d) Se décompose à l'exposition de la lumière ultraviolette.
(e) Gazeux à température ambiante.

9. Classez chacune des propriétés suivantes en propriétés physiques ou chimiques.
(a) La tendance de l'éthanol à brûler.
(b) La brillance de l'argent.
(c) L'odeur du diluant à peinture.
(d) L'inflammabilité du propane à l'état gazeux.
(e) Le point d'ébullition de l'éthanol.
(f) La température à laquelle la glace sèche s'évapore.
(g) La tendance du fer à rouiller.
(h) La couleur de l'or.

10. Classez chaque changement en physique ou chimique.
(a) Le gaz naturel brûle dans une cuisinière.
(b) Le propane liquide d'une bonbonne d'un barbecue au gaz s'évapore parce que l'utilisateur a laissé la valve ouverte.
(c) Le propane liquide d'une bonbonne d'un barbecue au gaz brûle en produisant une flamme.
(d) De la rouille se forme sur le cadre d'une bicyclette exposé longtemps à l'air et à l'eau.
(e) Le sucre brûle lorsqu'il est chauffé dans un récipient.
(f) Le sucre se dissout dans l'eau.
(g) Une bague en platine ternit lorsqu'elle est soumise à une abrasion continue.
(h) Une surface d'argent ternit après avoir été exposée à l'air durant une longue période.

11. En interprétant chacun des diagrammes moléculaires suivants, dites s'il s'agit d'un changement physique ou d'un changement chimique.

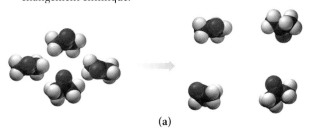

(a)

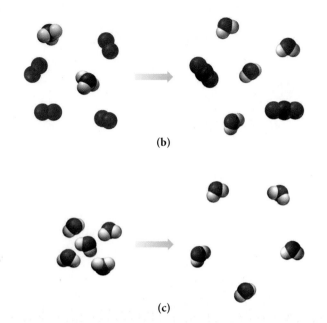

(b)

(c)

(d)   **(e)**

(f)

Unités de mesure (1.5)

F **12.** Effectuez chacune des conversions de température.

(a) 32 °F en degrés Celsius (température à laquelle l'eau gèle).

(b) 77 K en degrés Fahrenheit (point d'ébullition de l'azote liquide).

(c) −109 °F en degrés Celsius (point de sublimation de la glace sèche).

(d) 98,6 °F en kelvins (température du corps).

(e) 0,00 K en degrés Fahrenheit (température la plus froide possible, aussi appelée zéro absolu).

F **13.** La température la plus basse observée aux États-Unis a été de −80 °F le 23 janvier 1971 à Prospect Creek, en Alaska. Convertissez cette température en degrés Celsius et en kelvins. (Supposez que −80 °F est exact à deux chiffres significatifs.)

F **14.** La température la plus élevée mesurée aux États-Unis a été 134 °F le 10 juillet 1913 dans la vallée de la Mort, en Californie. Convertissez cette température en degrés Celsius et en kelvins.

F **15.** Utilisez les préfixes multiplicateurs pour exprimer chaque mesure sans aucun exposant.

(a) $3,8 \times 10^{-8}$ s.

(b) 57×10^{-13} g.

(c) $5,9 \times 10^{7}$ L.

(d) $9,3 \times 10^{8}$ m.

F **16.** Utilisez la notation scientifique pour exprimer chaque quantité en utilisant seulement les unités de base (sans préfixes multiplicateurs).

(a) 38 fs.

(b) 13,2 ns.

(c) 153 pm.

(d) 222 μm.

F **17.** Remplissez le tableau suivant.

(a) 1245 kg	$1,245 \times 10^{6}$ g		$1,245 \times 10^{9}$ mg.
(b) 515 km	_____ dm		_____ cm.
(c) 122,355 s	_____ ms		_____ ks.
(d) 3,345 kJ	_____ J		_____ mJ.

F **18.** Exprimez la quantité 254 998 m dans chacune de ces unités.

(a) km.

(b) Mm.

(c) mm.

(d) cm.

F **19.** Combien de carrés de 1 cm faut-il pour construire un carré dont le côté mesure 1 m?

F **20.** Combien de cubes de 1,0 cm faut-il pour construire un cube dont le côté mesure 4,0 cm?

Masse volumique (1.5)

F **21.** La pièce de 1 $ (surnommée le huard) a une masse de 6,27 g et un volume de 0,965 cm³. Cette pièce de monnaie est-elle composée de nickel pur? (La masse volumique du nickel pur est de 8,902 g/cm³ à 25 °C.)

M **22.** Un cadre de bicyclette en titane déplace 0,314 L d'eau et a une masse de 1,41 kg. Quelle est la masse volumique du titane en grammes par centimètre cube?

F **23.** Le glycérol est un liquide visqueux utilisé dans la fabrication de produits cosmétiques et de savons. Un échantillon de 3,25 L de glycérol pur a une masse de $4,10 \times 10^{3}$ g. Quelle est la masse volumique du glycérol en grammes par centimètre cube?

F **24.** On procède à l'analyse d'une présumée pépite d'or pour déterminer sa masse volumique. On trouve qu'elle déplace 19,3 mL d'eau (ce qui signifie qu'elle a un volume de 19,3 mL) et qu'elle a une masse de 371 g. S'agit-il d'une pépite d'or?

F **25.** L'éthane-1,2-diol (antigel) a une masse volumique de 1,11 g/cm³.

(a) Quelle est la masse en grammes de 417 mL de ce liquide?

(b) Quel est le volume en litres de 4,1 kg de ce liquide?

F **26.** L'acétone (dissolvant de vernis à ongles) a une masse volumique de 0,7857 g/cm³.

(a) Quelle est la masse en grammes de 28,56 mL d'acétone?

(b) Quel est le volume en millilitres de 6,54 g d'acétone?

Composition des solutions (1.5)

27. Calculez la concentration molaire volumique de chacune des solutions.

    (a) 4,3 mol LiCl dans une solution de 2,8 L.

    (b) 22,6 g $C_6H_{12}O_6$ dans une solution de 1,08 L.

    (c) 45,5 mg NaCl dans une solution de 154,4 mL.

28. Combien de moles de KCl y a-t-il dans chaque solution ?

    (a) 0,556 L d'une solution de KCl 2,3 mol/L.

    (b) 1,8 L d'une solution de KCl 0,85 mol/L.

    (c) 114 mL d'une solution de KCl 1,85 mol/L.

29. À quel volume d'une solution d'éthanol 0,200 mol/L correspond chacune des quantités de moles d'éthanol suivantes ?

    (a) 0,45 mol d'éthanol.

    (b) 1,22 mol d'éthanol.

    (c) $1,2 \times 10^{-2}$ mol d'éthanol.

30. On prépare une solution aqueuse de NaCl en dissolvant 145 g de cette substance pour obtenir un volume total de solution de 1,00 L. Calculez la concentration molaire volumique, la molalité et le pourcentage massique de la solution. (Supposez que la solution a une masse volumique de 1,08 g/mL.)

31. On prépare une solution aqueuse de KNO_3 en dissolvant 72,3 g de cette substance pour obtenir un volume total de solution de 1,50 L. Calculez la concentration molaire volumique, la molalité et le pourcentage massique de la solution. (Supposez que la solution a une masse volumique de 1,05 g/mL.)

32. On utilise souvent des solutions de nitrate d'argent pour déposer de l'argent sur d'autres métaux. Quelle quantité maximale d'argent (en grammes) peut-on déposer à partir de 4,8 L d'une solution d'$AgNO_3$ dont le pourcentage massique d'Ag est de 3,4 % ? (Supposez que la masse volumique de la solution est de 1,01 g/mL.)

33. Le pourcentage massique de dioxine dans une source d'eau contaminée par cette substance est de 0,085 %. Quelle est la quantité de dioxine présente dans 2,5 L de cette eau ? (Supposez que la masse volumique est de 1,00 g/mL.)

34. Dans un échantillon d'eau dure, le pourcentage masse par volume (%$_{m/V}$) de calcium (sous forme d'ions Ca^{2+}) est de 0,0085 %. Quelle masse d'eau (en grammes) renferme 1,2 g de Ca (soit l'apport quotidien recommandé de Ca pour les personnes de 19 à 24 ans) ? (Supposez que la masse volumique de la solution est de 1,00 g/mL.)

35. Le plomb est un métal toxique pour le système nerveux central. Son pourcentage masse par volume (%$_{m/V}$) dans un échantillon d'eau contaminée est de 0,0011 %. Quel volume de solution (en litres) contiennent 150 mg de Pb ? (Supposez que la masse volumique de la solution est de 1,00 g/mL.)

36. On prépare une solution en dissolvant 28,4 g de glucose ($C_6H_{12}O_6$) dans 355 g d'eau. La solution a un volume final de 378 mL. Calculez sa composition dans chacun des systèmes d'unités suivants.

    (a) Concentration molaire volumique.

    (b) Molalité.

    (c) Pourcentage par masse (pourcentage massique).

    (d) Ppm.

37. On prépare une solution en dissolvant 20,2 mL de méthanol (CH_3OH) dans 100,0 mL d'eau à 25 °C. Le volume final de la solution est de 118 mL. À cette température, les masses volumiques du méthanol et de l'eau sont de 0,782 g/mL et de 1,00 g/mL, respectivement. Calculez la composition de la solution dans chacun des systèmes d'unités suivants.

    (a) Concentration molaire volumique.

    (b) Molalité.

    (c) Pourcentage masse par volume.

    (d) Ppb.

38. On désire préparer une solution en mélangeant 54,3 mL d'éthanol (CH_3CH_2OH) dans 442,0 g d'eau à 25 °C. La solution a un volume final de 483,2 mL. À cette température, les masses volumiques de l'éthanol et de l'eau sont de 0,786 g/mL et de 1,00 g/mL, respectivement. Calculez sa composition dans chacun des systèmes d'unités suivants.

    (a) Concentration molaire volumique.

    (b) Molalité.

    (c) Pourcentage massique.

    (d) Ppm.

39. Le peroxyde d'hydrogène (H_2O_2) domestique est une solution aqueuse à 3,0 % de H_2O_2 par masse. Calculez la concentration molaire volumique de cette solution, en supposant que la masse volumique est de 1,01 g/mL.

40. Une marque d'eau de Javel est une solution aqueuse à 4,55 % d'hypochlorite de sodium (NaOCl) par masse. Calculez la concentration molaire volumique de cette solution, en supposant que la masse volumique est de 1,02 g /mL.

41. Calculez la molalité d'une solution aqueuse contenant

    (a) 36 % HCl par masse.

    (b) 5,0 % NaCl par masse.

Fiabilité des mesures et chiffres significatifs (1.6)

42. Lisez chaque mesure avec le bon nombre de chiffres significatifs. On doit toujours lire la verrerie de laboratoire au bas du ménisque. Normalement, les balances numériques indiquent la masse avec le nombre approprié de chiffres significatifs pour ce type de balance.

(a)

(c)

(b)

(d)

(e)   (f)

43. Pour chaque mesure, soulignez les zéros qui sont significatifs et tracez un X sur ceux qui ne le sont pas.
(a) 1 050 501 km.
(b) 0,0020 m.
(c) 0,000 000 000 000 002 s.
(d) 0,001 090 cm.
(e) 180 701 mi.
(f) 0,001 040 m.
(g) 0,005 710 km.
(h) 90 201 m.

44. Combien y a-t-il de chiffres significatifs dans chacune des mesures suivantes ?
(a) 0,000 312 m.
(b) 312 000 s.
(c) $3,12 \times 10^5$ km.
(d) 13 127 s.
(e) 2000.
(f) 0,1111 s.
(g) 0,007 m.
(h) 108 700 km.
(i) $1,563\ 300 \times 10^{11}$ m.
(j) 30 800.

45. Parmi les quantités suivantes, lesquelles sont des nombres exacts et, par conséquent, ont un nombre illimité de chiffres significatifs ?
(a) $\pi = 3,14$.
(b) 12 po = 1 pi.
(c) Une cote de consommation d'essence du *Guide de consommation de carburant du Canada* de 5,5 L/100 km.
(d) 7,83 millions (la population du Québec en juillet 2009).
(e) 2,54 cm = 1 po.
(f) 11,4 g/cm^3 (masse volumique du plomb).
(g) 12 = 1 douzaine.

46. Arrondissez chaque nombre à quatre chiffres significatifs.
(a) 156,852.   (c) 156,849.
(b) 156,842.   (d) 156,899.

47. Arrondissez chaque nombre à trois chiffres significatifs.
(a) 79 845,82.
(b) $1,548\ 937 \times 10^7$.
(c) 2,349 999 999 5.
(d) 0,000 045 389.

Chiffres significatifs dans les calculs (1.6)

48. Effectuez chaque calcul et exprimez le résultat avec le nombre approprié de chiffres significatifs.
(a) $9,15 \div 4,970$.
(b) $1,54 \times 0,030\ 60 \times 0,69$.

(c) $27,5 \times 1,82 \div 100,04$.
(d) $(2,290 \times 10^6) \div (6,7 \times 10^4)$.
(e) $89,3 \times 77,0 \times 0,08$.
(f) $(5,01 \times 10^5) \div (7,8 \times 10^2)$.
(g) $4,005 \times 74 \times 0,007$.
(h) $453 \div 2,031$.

49. Effectuez chaque calcul et exprimez le résultat avec le nombre approprié de chiffres significatifs.
(a) $43,7 - 2,341$.
(b) $17,6 + 2,838 + 2,3 + 110,77$.
(c) $19,6 + 58,33 - 4,974$.
(d) $5,99 - 5,572$.
(e) $0,004 + 0,098\ 79$.
(f) $1239,3 + 9,73 + 3,42$.
(g) $2,4 - 1,777$.
(h) $532 + 7,3 - 48,523$.

50. Effectuez chaque calcul et exprimez le résultat avec le nombre approprié de chiffres significatifs.
(a) $(24,6681 \times 2,38) + 332,58$.
(b) $(85,3 - 21,489) \div 0,0059$.
(c) $(512 \div 986,7) + 5,44$.
(d) $[(28,7 \times 10^5) \div 48,533] + 144,99$.
(e) $[(1,7 \times 10^6) \div (2,63 \times 10^5)] + 7,33$.
(f) $(568,99 - 232,1) \div 5,3$.
(g) $(9443 + 45 - 9,9) \times 8,1 \times 10^6$.
(h) $(3,14 \times 2,4367) - 2,34$.

Conversion d'unités (1.7)

51. Effectuez chacune des conversions d'unité suivantes.
(a) 27,8 L en centimètres cubes.
(b) 1898 mg en kilogrammes.
(c) 198 km en centimètres.
(d) 28,9 nm en micromètres.
(e) 1432 cm^3 en litres.
(f) 1211 Tm en gigamètres.

52. Effectuez chacune des conversions d'unité entre les systèmes anglo-saxon et métrique.
(a) 228 cm en pouces.
(b) 2,55 kg en livres.
(c) 2,41 L en pinte américaine.
(d) 157 mm en pouces.
(e) 2,71 po en millimètres.
(f) 58 pi en centimètres.
(g) 2169 kg en livres.
(h) 725 vg en kilomètres.

53. Mélanie veut courir 10,0 km à un rythme de 7,5 mi/h. Pendant combien de minutes doit-elle courir ?

54. Une cycliste roule à une vitesse moyenne de 24 mi/h. Si elle veut parcourir 195 km, pendant combien de temps (en heures) doit-elle rouler ?

55. La consommation d'essence d'une automobile européenne est de 8,0 L/100 km. Quelle est sa consommation en milles par gallon américain ?

56. Un bidon peut contenir 5,0 gal US d'essence. Exprimez cette quantité en centimètres cubes.

57. Une maison de taille modeste a une surface de 195 m^2. Quelle est sa surface dans les unités suivantes ?
(a) Kilomètres carrés.
(b) Décimètres carrés.
(c) Centimètres carrés.

F 58. Une chambre à coucher a un volume de 115 m³. Quel est son volume dans les unités suivantes ?
  (a) Kilomètres cubes.
  (b) Décimètres cubes
  (c) Centimètres cubes.

F 59. Au Québec, la superficie d'une ferme moyenne est 279 acres. Combien cela représente-t-il dans les unités suivantes ?
  (a) Milles carrés.
  (b) Mètres carrés. (1 acre = 43 560 pi², 1 mi = 5280 pi)

M 60. Une suspension d'acétaminophène pour les nourrissons contient 80 mg/0,80 mL de liquide. La dose recommandée est de 15 mg/kg de poids corporel. Combien de millilitres de cette suspension doit-on administrer à un nourrisson qui pèse 14 lb ? (Supposez deux chiffres significatifs.)

M 61. Une suspension d'ibuprofène pour les nourrissons contient 100 mg/5,0 mL de liquide. La dose recommandée est de 10 mg/kg de poids corporel. Combien de millilitres de cette suspension doit-on administrer à un nourrisson pesant 18 lb ? (Supposez deux chiffres significatifs.)

F 62. Selon le *Guide de consommation du carburant du Canada* (Ressources naturelles Canada), la consommation d'essence de la Toyota Prius, un véhicule électrique hybride, est de 3,7 L/100 km en ville. Combien de kilomètres la Prius peut-elle franchir avec 15 L d'essence ?

Problèmes récapitulatifs

M 63. Il y a exactement 60 s dans une minute, exactement 60 min dans une heure, exactement 24 h dans un jour solaire moyen et 365,24 jours solaires dans une année solaire. Trouvez le nombre de secondes dans une année solaire. Assurez-vous d'exprimer votre réponse avec le nombre approprié de chiffres significatifs.

F 64. Déterminez le nombre de picosecondes dans 2,0 h.

F 65. Parmi les propriétés suivantes, lesquelles sont intensives ? Lesquelles sont extensives ?
  (a) Volume.
  (b) Point d'ébullition.
  (c) Température.
  (d) Conductivité électrique.
  (e) Énergie.

M 66. À quelles températures les lectures sur les thermomètres gradués en degrés Fahrenheit et en degrés Celsius indiquent-elles des valeurs identiques ?

M 67. Sur une nouvelle échelle de température Jekyll, l'eau gèle à 17 °J et bout à 97 °J. Sur une autre nouvelle échelle de température, l'échelle Hyde, l'eau gèle à 0 °H et bout à 120 °H. Si le méthanol bout à 84 °H, quel est son point d'ébullition sur l'échelle Jekyll ?

F 68. Effectuez chaque calcul sans l'aide de votre calculette et donnez les réponses avec le bon nombre de chiffres significatifs.
  (a) $1{,}76 \times 10^{-3}/8{,}0 \times 10^{2}$.
  (b) $1{,}87 \times 10^{-2} + 2 \times 10^{-4} - 3{,}0 \times 10^{-3}$.
  (c) $[(1{,}36 \times 10^{5})(0{,}000\ 322)/0{,}082](129{,}2)$.

F 69. En 1986, la valeur du dollar canadien était de 0,71 $ US (en 2013, il était à parité) et le prix de 1 gallon d'essence aux États-Unis, de 0,91 $ US. Quel était le prix de 1 L d'essence en dollars canadiens aux États-Unis ?

M 70. Un voleur utilise une boîte métallique de sable pour remplacer un cylindre en or massif placé sur un socle protégé par un système d'alarme sensible au poids. La boîte de sable et le cylindre d'or ont exactement les mêmes dimensions (longueur = 22 cm et rayon = 3,8 cm).
  (a) Calculez la masse de chaque cylindre (ignorez la masse du récipient lui-même). (On donne : masse volumique de l'or = 19,3 g/cm³ et masse volumique du sable = 3,00 g/cm³.)
  (b) Le voleur a-t-il déclenché l'alarme ? Expliquez votre réponse.

F 71. Le proton a un rayon d'environ $1{,}0 \times 10^{-13}$ cm et une masse de $1{,}7 \times 10^{-24}$ g. Déterminez la masse volumique d'un proton. Pour une sphère, $V = (4/3)\pi r^{3}$.

M 72. La masse volumique du titane est de 7,51 g/cm³. Quel est le volume en pouces cubes de 3,5 lb de titane ?

M 73. La masse volumique du fer est de 7,86 g/cm³. Quelle est sa masse volumique en livres par pouce cube (lb/po³) ?

M 74. Un cylindre d'acier a une longueur de 2,16 po, un rayon de 0,22 po et une masse de 41 g. Quelle est la masse volumique de l'acier en grammes par centimètre cube ?

M 75. Une sphère en aluminium massif a une masse de 85 g. Utilisez la masse volumique de l'aluminium pour trouver le rayon de la sphère en pouces.

M 76. La Loi sur la qualité de l'environnement du Québec établit, pour l'eau potable, une limite de 0,001 ppm par masse pour le mercure – une substance toxique pour le système nerveux central. Les fournisseurs d'eau sont tenus d'analyser périodiquement leur eau pour s'assurer que les taux de mercure n'excèdent pas cette limite. Supposons qu'une contamination survienne et que la teneur en mercure de l'eau atteigne quatre fois la limite permise par la loi (0,0040 ppm). Quelle quantité d'eau faudrait-il consommer pour ingérer 50,0 mg de mercure ?

M 77. Les adoucisseurs d'eau remplacent souvent par des ions sodium les ions calcium qui sont présents dans l'eau et la rendent dure. Comme les composés de sodium sont solubles, les ions sodium préviennent la formation des résidus blancs causés par les ions calcium. Toutefois, le calcium a plus d'effets bénéfiques sur la santé humaine que le sodium. Le calcium est un nutriment essentiel pour l'être humain, tandis qu'un apport élevé de sodium est associé à une élévation de la tension artérielle. C'est pourquoi Santé Canada recommande aux adultes de consommer moins de 2300 mg de sodium par jour. Combien de litres d'eau adoucie, contenant 0,050 % de sodium par masse, faudrait-il ingérer pour dépasser la limite recommandée par Santé Canada ? (Supposez que l'eau a une masse volumique de 1,0 g/mL.)

M 78. La piscine d'une résidence contient 185 verges cubes (vg³) d'eau. Quelle est la masse de l'eau en livres ?

M 79. Un iceberg a un volume de 7655 pi³. Quelle masse de glace (en kilogrammes) compose cet iceberg ?

M 80. Selon l'EPA (Environmental Protection Agency, aux États-Unis), la consommation d'essence de la Honda Insight, un véhicule électrique hybride, est de 57 mi/gal en ville. Combien de kilomètres cette automobile peut-elle parcourir avec la quantité d'essence contenue dans une cannette de boisson gazeuse dont la contenance est de 355 mL.

M **81.** L'unique proton qui forme le noyau de l'atome d'hydrogène a un rayon d'environ $1,0 \times 10^{-13}$ cm. L'atome d'hydrogène lui-même a un rayon de 52,9 pm. Quel pourcentage de l'espace dans l'atome le noyau occupe-t-il?

D **82.** Un échantillon d'atomes de néon gazeux à pression atmosphérique et à 0 °C contient $2,69 \times 10^{22}$ atomes par litre. Le rayon atomique du néon est de 69 pm. Quelle fraction de l'espace les atomes occupent-ils? Qu'en déduisez-vous au sujet de la séparation entre les atomes en phase gazeuse?

D **83.** Un bout de fil de cuivre de calibre n° 8 (rayon = 1,63 mm) a une masse de 24,0 kg et une résistance de 2,061 ohms par kilomètre (Ω/km). Quelle est la résistance globale du fil?

M **84.** Des rouleaux de feuilles d'aluminium ont une largeur de 304 mm et une épaisseur de 0,016 mm. Quelle longueur maximale de feuilles d'aluminium est-il possible de fabriquer au moyen de 1,10 kg d'aluminium?

D **85.** L'azote liquide a une masse volumique de 0,808 g/mL et bout à 77 K. Les chercheurs achètent souvent l'azote liquide dans des réservoirs isolés de 175 L. Le liquide se vaporise rapidement en azote gazeux (qui a une masse volumique de 1,15 g/L à température ambiante et à pression atmosphérique) lorsqu'il sort du réservoir. Supposons que la totalité des 175 L d'azote liquide du réservoir se vaporise accidentellement dans un laboratoire dont les dimensions sont de 10,00 m × 10,00 m × 2,50 m. Quelle fraction maximale de l'air dans la pièce serait déplacée par l'azote gazeux?

D **86.** Le mercure est souvent utilisé comme milieu de dilatation dans un thermomètre. Le mercure se situe dans un réservoir situé à la base du thermomètre et s'élève dans un mince capillaire à mesure que la température augmente. Supposons un thermomètre qui contient 3,380 g de mercure et dont le diamètre du capillaire est de 0,200 mm. De combien de centimètres le mercure s'élève-t-il dans le thermomètre lorsque la température passe de 0,0 °C à 25,0 °C? La masse volumique du mercure à ces températures est de 13,596 g/cm³ et de 13,534 g/cm³, respectivement.

Problèmes défis

D **87.** En 1999, les scientifiques ont découvert un nouveau type de trous noirs dont la masse serait de 100 à 10 000 fois supérieure à celle du Soleil, mais qui occupent moins d'espace que notre Lune. Supposons que la masse d'un de ces trous noirs soit équivalente à celle de 1×10^3 soleils et que son rayon soit égal à la moitié de celui de la Lune. Quelle est la masse volumique du trou noir en grammes par centimètre cube? Le rayon du Soleil est de $7,0 \times 10^5$ km et il possède une masse volumique moyenne de $1,4 \times 10^3$ kg/m³. Le diamètre de la Lune est de $2,16 \times 10^3$ mi.

D **88.** Vous avez appris à la section 1.6 qu'en 1998, l'air d'un quartier de Montréal avait atteint des niveaux de monoxyde de carbone (CO) de 8,8 mg/m³. Cette concentration est donnée comme valeur maximale pour une heure. Pour les besoins de ce problème, considérons-la comme une valeur moyenne pour une heure. Un être humain inhale en moyenne environ 0,50 L d'air par cycle respiratoire et prend environ 20 inspirations par minute. Combien de milligrammes de monoxyde de carbone une personne inhale-t-elle en moyenne durant une période de 8 h à ce niveau de pollution en monoxyde de carbone? Supposez que le monoxyde de carbone a une masse volumique de 1,2 g/L.

D **89.** La nanotechnologie, ce champ d'études de la fabrication de structures extrêmement petites, un atome à la fois, a progressé au cours des dernières années. Une application potentielle de la nanotechnologie consiste à produire des cellules artificielles. Les cellules les plus simples ressembleraient aux globules rouges qui assurent l'approvisionnement en oxygène de l'organisme. Ces nanoconteneurs, fabriqués à partir de carbone, seraient remplis d'oxygène et injectés dans la circulation sanguine d'une personne qui aurait besoin d'un surcroît d'oxygène (après une crise cardiaque ou en vue d'un voyage dans l'espace, par exemple). Les contenants libéreraient lentement l'oxygène dans le sang, permettant aux tissus de rester en vie. Supposons que les nanoconteneurs semblables à des cellules sont cubiques et que leur côté mesure 25 nm.

(a) Quel est le volume d'un nanoconteneur? (Ignorez l'épaisseur de la paroi du nanoconteneur.)

(b) Supposons que chaque nanoconteneur contient de l'oxygène pur sous pression à une masse volumique de 85 g/L. Combien de grammes d'oxygène chaque nanoconteneur pourrait-il contenir?

(c) L'air contient normalement environ 0,28 g/L d'oxygène. Un être humain inhale en moyenne environ 0,50 L d'air par inspiration au rythme de 20 par minute. Combien de grammes d'oxygène un être humain inhale-t-il par heure? (Respectez les règles relatives aux chiffres significatifs.)

(d) Quel nombre minimum de nanoconteneurs faudrait-il injecter dans la circulation sanguine d'une personne pour fournir la quantité d'oxygène nécessaire durant une heure?

(e) Quel est le volume minimum occupé par le nombre de nanoconteneurs calculés en (d)? Ce volume est-il réaliste, étant donné que le volume total de sang chez un adulte est d'environ 5 L?

D **90.** Calculez approximativement le pourcentage d'augmentation du tour de taille qui se produit quand une personne de 155 lb accumule 40,0 lb de graisse. Supposez qu'un cylindre de 4,0 pi de hauteur représente le volume de cette personne. La masse volumique moyenne d'un humain est d'environ 1,0 g/cm³ et la masse volumique de la graisse est de 0,918 g/cm³.

D **91.** Une boîte contient un mélange de petites sphères de cuivre et de petites sphères de plomb. Le volume total des deux métaux mesuré par déplacement d'eau est de 427 cm³ et la masse totale est de 4,36 kg. Quel pourcentage du volume total est constitué de sphères de cuivre?

Problèmes conceptuels

92. Un liquide volatil (qui s'évapore facilement) est placé dans un bocal qui est ensuite scellé. La masse du bocal scellé et de son contenu change-t-elle lorsque le liquide s'évapore ?

93. Le diagramme suivant représente du dioxyde de carbone solide, également appelé glace sèche.

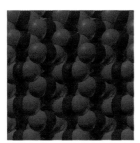

Quel diagramme représente le mieux la glace sèche après sa sublimation en gaz ?

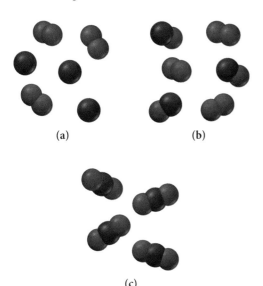

(a)   **(b)**

(c)

94. La substance A a une masse volumique de 1,7 g/cm³. La substance B a une masse volumique de 1,7 kg/m³. Sans effectuer aucun calcul, déterminez quelle substance est la plus dense ?

95. Dans chaque encadré, examinez les blocs attachés aux balances. En vous basant sur leurs positions et leurs tailles respectives, déterminez quel bloc est le plus dense (le bloc de couleur foncée ou celui de couleur pâle), ou si les masses volumiques relatives ne peuvent pas être déterminées. (Examinez attentivement les informations fournies par les illustrations.)

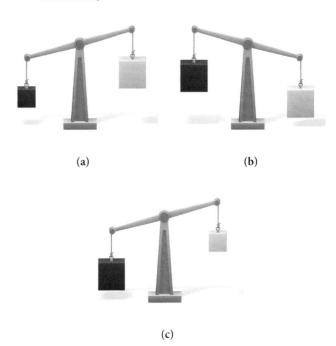

(a)   **(b)**

(c)

96. Dites si chacun des énoncés suivants peut être considéré comme une observation, une loi ou une théorie.

(a) Toutes les régions côtières connaissent deux marées hautes et deux marées basses chaque jour.

(b) Les marées dans les océans de la Terre sont causées principalement par l'attraction gravitationnelle exercée par la Lune.

(c) Hier, la marée haute dans la baie de Gaspé s'est produite à 2 h 43 et à 15 h 07.

(d) Les marées sont plus hautes à la pleine lune et à la nouvelle lune qu'en d'autres temps durant le mois.

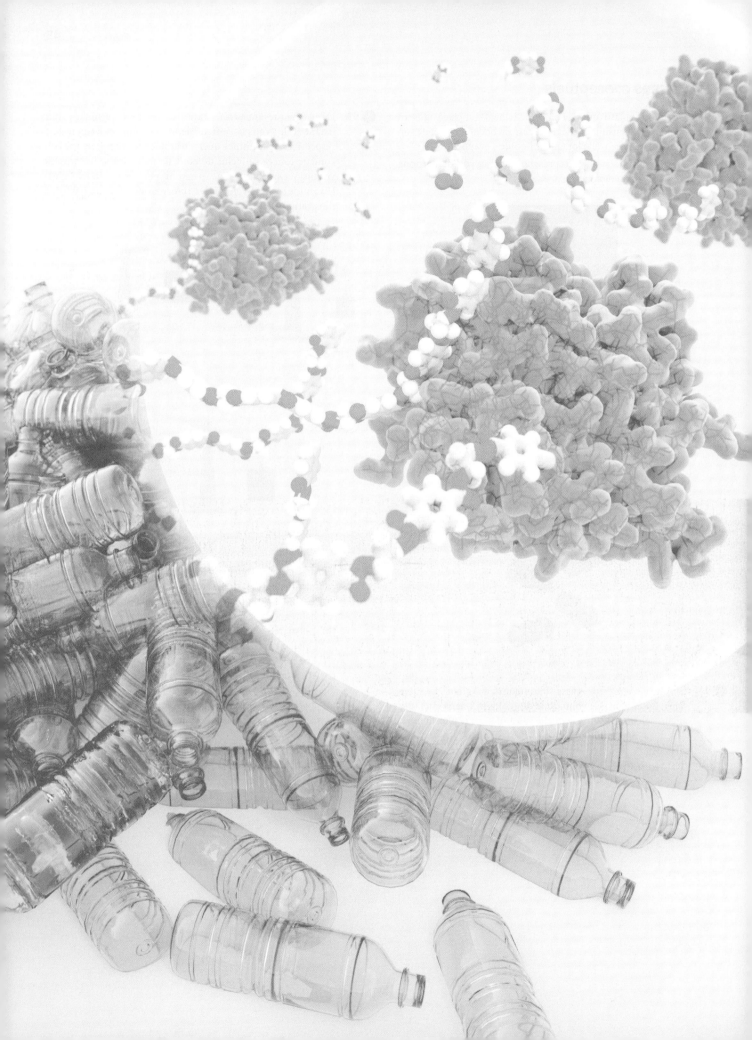

Nanoplastiques, nanoparticules, nanopollution: même à l'échelle de l'infiniment petit, la matière influe sur notre environnement.

Atomes, éléments et composés

Ces observations ont conduit implicitement à la conclusion, qui semble universellement adoptée, que tous les corps de grandeur raisonnable [...] sont constitués d'un grand nombre de particules extrêmement petites, ou atomes de matière [...].

John Dalton
(1766-1844)

2.1 Nanoparticules et environnement **48**

2.2 Atomes et éléments **50**

2.3 Classer les éléments: le tableau périodique **55**

2.4 Masse atomique **62**

2.5 Combiner les atomes: les liaisons chimiques **64**

2.6 Éléments et composés **67**

2.7 Représenter les composés: formules chimiques et modèles moléculaires **71**

2.8 Formules et nomenclature des composés ioniques **74**

2.9 Formules et nomenclature des composés moléculaires **81**

Si on coupait en fragments de plus en plus petits un morceau de plastique, jusqu'où pourrait-on aller ? Pourrait-on le diviser à l'infini ? Finirait-on par arriver à quelques particules fondamentales qu'il ne serait plus possible de dissocier, non pas à cause de leur extrême petitesse, mais en raison de la nature de la matière ? Pendant plus de deux millénaires, cette question fondamentale à propos de la matière a préoccupé les penseurs. La réponse a varié selon l'époque. À l'échelle des objets quotidiens que nous observons à l'œil nu, la matière apparaît continue (ou infiniment divisible). Jusqu'à il y a environ 200 ans, de nombreux scientifiques croyaient que la matière était effectivement continue – mais ils avaient tort. En effet, si vous divisiez le plastique en parties de plus en plus petites (beaucoup plus petites que ce qui est visible à l'œil nu), vous finiriez par arriver à des atomes de carbone et d'hydrogène. Le mot atome vient du grec *atomos*, qui signifie « indivisible ». Si vous divisez un atome en morceaux plus petits, il perd alors son identité : ce n'est plus du carbone ni de l'hydrogène. Les atomes sont à la base de toute matière différenciée. Ils sont formés de trois particules différentes : les électrons, les protons et les neutrons. Dans le cas des protons et des neutrons, la recherche fondamentale a même permis de déterminer qu'il existait des particules constitutives encore plus petites, les quarks. Si vous voulez comprendre la matière, vous devez commencer par comprendre ces particules élémentaires.

2.1 **Nanoparticules et environnement**

| 1 nm = 10^{-9} m = 0,000 000 001 m

Nanomètre, nanosciences, nanomatériaux : le monde de l'infiniment petit de la matière est un domaine de recherche fantastique qui reste encore largement à explorer. Ces structures atomiques, et les atomes qui les composent, sont d'une petitesse quasi impensable. Afin d'avoir une idée de la taille d'un atome, imaginez que vous ramassez un grain de sable sur la plage. Ce grain contient plus d'atomes que vous ne pourriez compter pendant toute votre vie. En fait, le nombre d'atomes dans un grain de sable excède de beaucoup le nombre de grains sur toute la plage. Bien que les philosophes aient tenté d'expliquer la nature de la matière depuis l'antiquité, il n'y a que 200 ans que John Dalton a proposé sa théorie atomique. De nos jours, les scientifiques peuvent non seulement représenter en images et déplacer des atomes individuels, mais ils commencent même à construire de minuscules structures à partir de seulement quelques douzaines d'atomes (**figure 2.1**). Dans notre quotidien, il existe des technologies qui mettent à profit les propriétés particulières des nanostructures. Par exemple, certains traitements utilisent des nanoparticules pour protéger les surfaces. Ces traitements de surface permettent de réduire l'adhérence des saletés, ce qui facilite l'entretien et limite l'utilisation d'agents chimiques de lavage.

FIGURE 2.1 Visualisation d'atomes

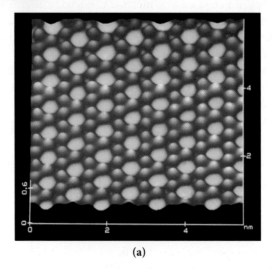 

(a) (b)

(a) Une image d'atomes d'iode (en vert) sur une surface de platine (en bleu) obtenue à l'aide d'un microscope à effet tunnel. **(b)** Les caractères Kanji japonais pour le mot « atome » écrit avec des atomes.

Les propriétés chimiques et physiques des nanoparticules sont souvent très différentes de celles des matériaux de composition identique, mais dont la taille est suprananométrique. Sur le plan des impacts écologiques, les matériaux créés présentement par les scientifiques en vue de mettre au point des applications destinées à la vie quotidienne ou à la haute technologie pourraient avoir des propriétés toxicologiques indésirables insoupçonnées. Des recherches démontrent que les êtres vivants peuvent être victimes d'effets toxiques à la suite de leur exposition à des nanostructures issues des nanotechnologies elles-mêmes ou produites lors de la dégradation d'éléments. C'est notamment le cas lors de la fragmentation des matières plastiques composées principalement d'atomes de carbone et d'hydrogène.

L'usage des plastiques naturels remonte à l'Antiquité, mais ceux-ci différaient des plastiques synthétiques produits industriellement (dérivés des hydrocarbures) depuis les années 1930. En effet, ces nouveaux matériaux sont chimiquement très stables ; ils sont omniprésents et s'accumulent dans notre environnement. Ils se décomposent ensuite lentement sous l'effet de l'érosion (mécanique ou chimique) et du rayonnement solaire en fragments de plus en plus petits jusqu'à former de minuscules structures appelées microplastiques (< 5 mm) et nanoplastiques (< 100 nm). La taille de ces polluants influe sur leurs propriétés physiques, chimiques, mécaniques, biocinétiques et toxicologiques.

Absorbés facilement par les plantes et les animaux, les nanoplastiques sont présents dans tous les écosystèmes. On en trouve jusque dans les zones polaires et au sommet des montagnes, ce qui indique que ces substances se déplacent aussi dans l'atmosphère. En raison de leur taille minuscule, il est difficile de les extraire de leur environnement. De plus, contrairement aux microplastiques qui sont emprisonnés dans le système digestif des animaux, les nanoplastiques peuvent pénétrer dans les tissus biologiques. Bien que l'évaluation des risques reliés aux nanoplastiques soit encore peu avancée, il semble que la présence de particules de polypropylène (PP) et de chlorure de polyvinyle (PVC) diminue la quantité de chlorophylle (donc inhibe la photosynthèse) chez certaines algues. Par ailleurs, des chercheurs l'université de Gênes, en Italie, ont démontré que des nanorésidus de polystyrène (un des plastiques les plus répandus), déstabilisent les membranes cellulaires et constituent des surfaces d'absorption efficaces pour d'autres polluants toxiques.

La nanotoxicologie est une discipline nouvelle qui s'intéresse à l'effet des nanostructures sur les êtres vivants. Chez l'homme, les nanoparticules peuvent être ingérées avec les aliments ou inhalées et passer directement dans le sang. Ainsi, en mai 2022, des chercheurs de l'université d'Amsterdam ont publié une étude démontrant que la moitié des échantillons de sang humain analysés contenaient des résidus de téréphtalate de polyéthylène (PET), une substance employée pour la fabrication des bouteilles de plastique. Ils y ont aussi trouvé du polystyrène (composante des emballages alimentaires) et du polyéthylène (utilisé dans la production de sac en plastique). Les chercheurs veulent maintenant étudier la présence des nanoplastiques chez l'homme à grande échelle et comprendre quels en sont les effets à moyen et à long terme.

Pour comprendre le monde de l'infiniment petit, les chimistes, les physicochimistes et les biologistes doivent comprendre comment fonctionne la matière à l'échelle des molécules. Dans le présent chapitre, nous présenterons les atomes : de quoi sont-ils faits, comment peut-on les distinguer les uns des autres et comment sont-ils structurés ? Nous apprendrons que les éléments peuvent être organisés de façon à révéler des tendances dans leurs propriétés. Nous introduirons également la notion de composés, qui sont formés de ces différentes sortes d'atomes, et nous examinerons certaines de leurs caractéristiques. À la fin de ce chapitre, vous étudierez comment représenter les composés, les nommer et en distinguer les différents types.

Les plastiques sont constitués de longues chaînes de carbone et d'hydrogène. Certains plastiques comme les polyesters (PET), les polyuréthanes (PU) et les polyamides (PA) contiennent aussi des atomes d'oxygène. Les polyuréthanes (PU) et les polyamides (PA) renferment de l'azote. À cela il faut ajouter le chlore dans le polychlorure de vinyle (PVC) et le silicium dans le silicone.

Depuis des décennies, les grandes quantités de déchets provenant de l'activité humaine sont mal gérées. Cette utilisation inadéquate des ressources est à l'origine de la formation dans les océans de véritables continents flottants. (À ce jour, on en a répertorié cinq.) Des déchets de toutes sortes, dont de grandes quantités de plastiques, restent prisonniers de vortex créés par les courant marins. Le plus étendu de ces dépotoirs océaniques est situé dans l'océan Pacifique. Plus grand que le Québec, sa superficie est d'environ 1,54 million de kilomètres carrés. Des organisations comme *Ocean Cleanup* mettent au point maintenant de nouvelles technologies pour ramasser ces déchets avant qu'ils ne se dégradent en microparticules et en nanoparticules impossibles à récupérer. Ce fléau pourrait même être résolu si les nombreuses matières plastiques qui améliorent notre quotidien étaient mieux réutilisées et mieux recyclées.

2.2 Atomes et éléments

Particules subatomiques

Tous les atomes sont formés des mêmes particules subatomiques : les **protons**, les **neutrons** et les **électrons**. Les protons et les neutrons forment le noyau, très petit (de l'ordre de 10^{-15} m ou 0,001 pm), situé au cœur de l'atome, alors que les électrons circulent en périphérie et créent le volume de l'atome (de l'ordre de 10^{-10} m ou 100 pm). Voici un bref rappel des propriétés de ces trois particules atomiques.

Les protons et les neutrons ont des masses à peu près identiques. Dans les unités SI, la masse du proton est de 1,672 62 $\times$ 10^{-27} kg, et celle du neutron est de 1,674 93 $\times$ 10^{-27} kg. Ces nombres étant extrêmement petits, on exprime la masse atomique à l'aide d'une unité plus courante et plus simple : l'**unité de masse atomique (u)**. L'Union internationale de chimie pure et appliquée (UICPA) a défini cette unité comme le 1/12 de la masse d'un atome de carbone-12 contenant six protons et six neutrons. La masse d'un proton ou d'un neutron est donc approximativement 1 u. Par contre, les électrons possèdent une masse presque négligeable de 0,000 91 $\times$ 10^{-27} kg ou 0,000 55 u. Si le proton avait une masse égale à celle d'une balle de baseball, un électron aurait la masse d'un grain de riz. On ne les considère donc pas dans le calcul de la masse des atomes.

Le proton et l'électron ont tous les deux une **charge électrique**. En 1909, Robert Millikan (1868-1953), un physicien américain, qui travaillait à l'Université de Chicago, a effectué sa célèbre expérience de la gouttelette d'huile au cours de laquelle il a déduit la charge d'un seul électron. L'appareil pour cette expérience est illustré à la **figure 2.2**.

FIGURE 2.2 **Mesure par Millikan de la charge d'un électron**

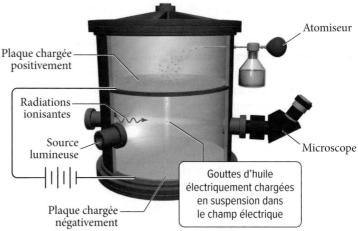

Plaque chargée positivement

Atomiseur

Radiations ionisantes

Source lumineuse

Microscope

Gouttes d'huile électriquement chargées en suspension dans le champ électrique

Plaque chargée négativement

Millikan a calculé la charge sur une gouttelette d'huile en chute dans un champ électrique. Il a constaté qu'il obtenait toujours un multiple entier de $-1,60 \times 10^{-19}$ C, la charge d'un seul électron.

Au cours de son expérience, Millikan a vaporisé de l'huile en fines gouttelettes à l'aide d'un atomiseur. Introduites par un petit trou, les gouttelettes tombaient en chute libre dans la partie inférieure de l'appareil où elles pouvaient être observées à l'aide d'une source lumineuse et d'un microscope. Durant leur chute, les gouttes captaient des électrons qui avaient été produits quand des rayons X bombardaient l'air environnant. Ces gouttes d'huile chargées négativement interagissaient alors avec le champ électrique induit entre les plaques et étaient attirées vers la plaque positive située sur le dessus. (Rappelez-vous que des charges identiques se repoussent mutuellement.) La variation de la différence de potentiel aux bornes des plaques module l'intensité du champ électrique, ce qui permet de ralentir, d'arrêter ou même d'inverser la chute de la gouttelette.

En mesurant le voltage requis pour arrêter la chute des gouttelettes et en calculant les masses des gouttelettes elles-mêmes (déterminées d'après leurs rayons et leur masse volumique), Millikan a calculé la charge de chaque gouttelette. Selon son raisonnement, étant donné que chaque gouttelette doit contenir un multiple entier d'électrons, la charge de chaque gouttelette doit être un multiple entier de la charge d'un électron. De fait, Millikan avait raison; la charge mesurée sur une gouttelette était toujours un multiple entier de $-1,60 \times 10^{-19}$ C, la charge fondamentale d'un seul électron.

Dans les unités atomiques ou relatives, pour faciliter l'écriture, on assigne une charge de -1 à l'électron et une charge de $+1$ au proton. La charge du proton et celle de l'électron sont de grandeur équivalente, mais de signes contraires, de sorte que lorsque les deux particules sont appariées, la charge s'élève à zéro. Le neutron n'a aucune charge. Le **tableau 2.1** résume les propriétés des protons, des neutrons et des électrons.

TABLEAU 2.1	Particules subatomiques			
	Masse (kg)	Masse (u)	Charge (relative)	Charge (C)
Proton	$1,672\,62 \times 10^{-27}$ kg	$1,007\,27$	$+1$	$+1,602\,18 \times 10^{-19}$
Neutron	$1,674\,93 \times 10^{-27}$ kg	$1,008\,66$	0	0
Électron	$0,000\,91 \times 10^{-27}$ kg	$0,000\,55$	-1	$-1,602\,18 \times 10^{-19}$

La matière est habituellement neutre (il n'y a pas de charge globale) parce que les protons et les électrons sont normalement présents en nombre égal. Lorsque des déséquilibres de charges se créent dans la matière, l'équilibre se rétablit en général rapidement, souvent de façon spectaculaire. Par exemple, le picotement que vous ressentez parfois quand vous touchez une surface métallique est dû au mouvement des électrons qui se sont accumulés sur votre corps lorsque vous avez été en interaction avec des surfaces isolantes (par exemple par frottement sur des matières plastiques). Le contact avec le métal permet aux électrons de s'échapper, rétablissant ainsi la charge globale de votre corps. Les éclairs résultent d'un phénomène similaire : des charges négatives s'accumulent dans les nuages; lorsque l'accumulation des charges devient suffisamment importante et le champ électrique résultant suffisamment puissant, il se produit une décharge entre les nuages et le sol, ce qui rétablit l'équilibre.

Si un fragment de matière comme un grain de sable, aussi minuscule soit-il, était composé seulement de protons ou d'électrons, les forces répulsives inhérentes à cette matière seraient extraordinaires, et celle-ci serait très instable. Heureusement, la matière ne se comporte pas de cette manière.

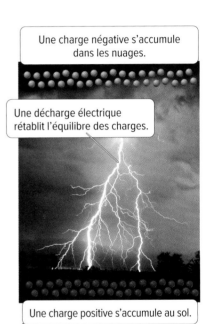

Une charge négative s'accumule dans les nuages.

Une décharge électrique rétablit l'équilibre des charges.

Une charge positive s'accumule au sol.

Lorsque l'équilibre normal des charges dans la matière est perturbé, comme cela se produit au cours d'un orage, il se rétablit rapidement, souvent de façon spectaculaire.

Les éléments : définis par le nombre de protons

Si tous les atomes sont composés des mêmes particules subatomiques, comment les atomes d'un élément se distinguent-ils de ceux d'un autre ? La réponse est le *nombre* de ces particules. Le nombre le plus important pour déterminer l'identité d'un atome est le nombre de protons dans son **noyau**. En fait, c'est le nombre de protons qui définit un élément. Par exemple, l'atome dont le noyau comporte deux protons est l'atome d'hélium; l'atome qui a six protons dans son noyau est l'atome de carbone; et celui qui en a 92 est l'atome d'uranium (**figure 2.3**). Le nombre de protons dans le noyau d'un atome est le **numéro atomique** et on lui attribue le symbole Z. Les numéros atomiques des **éléments** connus varient de 1 à 118 (mais il est possible que d'autres éléments soient encore découverts).

À chaque élément, identifié par un numéro atomique unique, est associé un **symbole chimique** unique, c'est-à-dire une abréviation d'une ou deux lettres présentée directement sous son numéro atomique dans le tableau périodique (**figure 2.4**). Ainsi, le symbole de l'hélium est He; celui du carbone est C; et celui de l'uranium est U. Le symbole chimique et le numéro atomique vont toujours de pair. Si le numéro atomique est 2, le symbole chimique doit être He. Si le numéro atomique est 6, le symbole chimique doit être C. Ce n'est qu'une autre façon de dire que le nombre de protons définit l'élément.

La plupart des symboles sont basés sur le nom de l'élément. Par exemple, le symbole pour le soufre est S; pour l'oxygène, O; et pour le chlore, Cl. Plusieurs des plus vieux éléments connus, cependant, ont des symboles basés sur leurs noms latins. Ainsi, le symbole pour le sodium est Na d'après le latin *natrium*, et le symbole pour l'étain est Sn,

Le terme élément désigne l'ensemble des atomes possédant un nombre identique de protons.

du latin *stannum*. Les noms d'éléments décrivent parfois leurs propriétés. Par exemple, « argon » vient du mot grec *argos*, qui signifie inactif, une référence à l'inertie chimique de l'argon (il ne réagit avec aucun autre élément). « Chlore » vient du mot grec *chloros*, qui signifie vert pâle, la couleur du chlore. D'autres éléments, dont l'hélium, le sélénium et le

FIGURE 2.3 **Comment se distinguent les éléments**

Élément défini par le nombre de protons

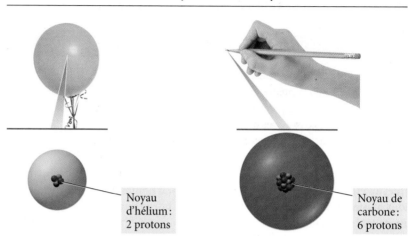

Noyau d'hélium : 2 protons

Noyau de carbone : 6 protons

Chaque élément est défini par son numéro atomique unique (*Z*), le nombre de protons dans le noyau de chaque atome de cet élément.

FIGURE 2.4 **Tableau périodique**

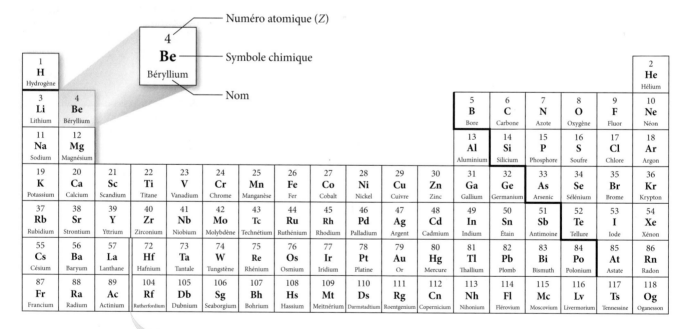

Chaque élément est représenté par son symbole et son numéro atomique. Les éléments sont ordonnés selon leur numéro atomique et disposés de façon que ceux qui ont des propriétés semblables occupent la même colonne.

mercure sont nommés d'après des figures de la mythologie grecque ou romaine ou d'après des corps célestes. D'autres encore (comme l'europium, le polonium et le berkélium) sont nommés d'après l'endroit où ils ont été découverts ou le lieu de naissance de leur découvreur. Plus récemment, des éléments ont été nommés en l'honneur de certains scientifiques ; par exemple, le curium pour Marie Curie, l'einsteinium pour Albert Einstein et le rutherfordium pour Ernest Rutherford.

Les isotopes : lorsque le nombre de neutrons varie

Tous les atomes d'un élément donné possèdent le même nombre de protons ; cependant, ils n'ont pas nécessairement le même nombre de neutrons. Étant donné que les neutrons ont à peu près la même masse que les protons (1 u), cela signifie que, contrairement à ce que John Dalton avait à l'origine proposé dans sa théorie atomique, tous les atomes d'un élément donné *n'ont pas* la même masse.

Par exemple, les atomes de néon renferment tous 10 protons, mais ils peuvent avoir 10, 11 ou 12 neutrons. Ces trois types de néon existent, et chacun possède une masse légèrement différente. Les atomes possédant le même nombre de protons, mais un nombre différent de neutrons sont des **isotopes**. Certains éléments, comme le béryllium (Be) et l'aluminium (Al), ne possèdent qu'un seul isotope d'origine naturelle, alors que d'autres éléments, comme le néon (Ne) et le chlore (Cl), en comptent deux ou plus.

Heureusement, la quantité relative de chaque isotope différent dans un échantillon d'origine naturelle d'un élément donné est généralement la même. Par exemple, dans un échantillon d'origine naturelle d'atomes de néon, 90,48 % d'entre eux sont des isotopes à 10 neutrons, 0,27 % sont des isotopes à 11 neutrons et 9,25 % sont des isotopes à 12 neutrons. On appelle ces pourcentages **abondance naturelle** des isotopes. Chaque élément possède sa propre abondance naturelle d'isotopes caractéristique.

La somme du nombre de neutrons et de protons dans un atome est le **nombre de masse**, et on lui attribue le symbole A :

$$\text{Nombre de masse} = \text{nombre de protons} + \text{nombre de neutrons}$$
$$A = Z + \text{nombre de neutrons}$$

Pour le néon, ayant 10 protons, les nombres de masse des trois isotopes naturels différents sont 20, 21 et 22, correspondant à 10, 11 et 12 neutrons respectivement.

On symbolise souvent les isotopes de la façon suivante :

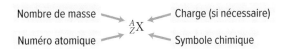

où X est le symbole chimique, A, le nombre de masse et Z, le numéro atomique. Par conséquent, les symboles pour les isotopes du néon sont

$$_{10}^{20}\text{Ne} \quad _{10}^{21}\text{Ne} \quad _{10}^{22}\text{Ne}$$

Remarquez que le symbole chimique, Ne, et le numéro atomique, 10, sont redondants : si le numéro atomique est 10, le symbole doit être Ne. Les nombres de masse, cependant, sont différents pour divers isotopes, ce qui rend compte du nombre différent de neutrons que chacun renferme. Si l'isotope porte une charge (ion – voir un peu plus loin), il faut indiquer celle-ci en haut à la droite du symbole :

$$_{17}^{35}\text{Cl}^- \quad _{8}^{16}\text{O}^{2-}$$

Une seconde notation couramment utilisée, quoique moins précise, est le symbole chimique (ou nom chimique) suivi du nombre de masse de l'isotope :

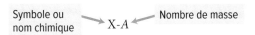

L'élément 96 est appelé curium en l'honneur de Marie Curie, la codécouvreuse de la radioactivité. Parmi tous les lauréats du prix Nobel, elle est la seule à avoir été récompensée dans deux domaines scientifiques distincts, soit la physique et la chimie.

	96	
	Cm	
	Curium	

Animation

Particules subatomiques et symboles des isotopes
codeqrcu.page.link/KjkA

Simulation interactive PhET

Isotopes et masses atomiques
codeqrcu.page.link/6YqM

Dans cette notation, les isotopes du néon sont

| Ne-20 | Ne-21 | Ne-22 |
| Néon-20 | Néon-21 | Néon-22 |

En résumé, le tableau suivant présente ce que nous avons appris sur les isotopes du néon :

Symbole	Nombre de protons (Z)	Nombre de neutrons	Nombre de masse (A)	Abondance naturelle (%)
Ne-20 ou $^{20}_{10}$Ne	10	10	20	90,48
Ne-21 ou $^{21}_{10}$Ne	10	11	21	0,27
Ne-22 ou $^{22}_{10}$Ne	10	12	22	9,25

Les différents isotopes d'un élément présentent toujours le même comportement chimique – les trois isotopes du néon, par exemple, présentent tous la même inertie chimique.

EXEMPLE 2.1   Numéros atomiques, nombres de masse et symboles des isotopes

(a) Quels sont le numéro atomique (Z), le nombre de masse (A) et le symbole de l'isotope du chlore à 18 neutrons ?

(b) Combien de protons, d'électrons et de neutrons sont présents dans un atome de $^{52}_{24}$Cr ?

SOLUTION

(a) Dans le tableau périodique, on trouve que le numéro atomique (Z) du chlore est 17, alors les atomes de chlore ont 17 protons.	$Z = 17$
Le nombre de masse (A) de l'isotope à 18 neutrons est la somme du nombre de protons (17) et du nombre de neutrons (18).	$A = 17 + 18 = 35$
Le symbole de l'isotope du chlore est son abréviation à deux lettres avec son numéro atomique (Z) dans le coin inférieur gauche et son nombre de masse (A) dans le coin supérieur gauche.	$^{35}_{17}$Cl
(b) Dans le cas de $^{52}_{24}$Cr, le nombre de protons est le nombre inférieur gauche. Étant donné que c'est un atome neutre, il y a un nombre égal d'électrons.	Nombre de protons = Z = 24 Nombre d'électrons = 24 (atome neutre)
Le nombre de neutrons est égal au nombre supérieur gauche moins le nombre inférieur gauche.	Nombre de neutrons = $52 - 24 = 28$

EXERCICE PRATIQUE 2.1

(a) Quels sont le numéro atomique, le nombre de masse et le symbole de l'isotope du carbone à 7 neutrons ?

(b) Combien de protons et de neutrons un atome de $^{39}_{19}$K contient-il ?

Il existe un troisième isotope du carbone, le C-14, présent à l'état de trace (en quantité extrêmement faible) dans la nature. Instable et radioactif (on l'appelle radiocarbone), il a une demi-vie de 5 730 ans et est utilisé pour dater des objets d'au plus 50 000 ans.

Lien conceptuel 2.1   Isotopes

Le carbone possède deux isotopes stables d'origine naturelle : C-12 (l'abondance naturelle est de 98,93 %) et C-13 (l'abondance naturelle est de 1,07 %). Combien y a-t-il d'atomes de C-13, en moyenne, dans un échantillon de 10 000 atomes de carbone ?

Les ions : perte et gain d'électrons

Le nombre d'électrons dans un atome neutre est égal au nombre de protons dans son noyau (donné par le numéro atomique Z). Au cours des changements chimiques, toutefois, les atomes perdent ou acceptent souvent des électrons pour former des particules chargées appelées **ions**. Par exemple, les atomes de lithium neutre (Li) renferment 3 protons et 3 électrons ; cependant, dans de nombreuses réactions chimiques les atomes de lithium perdent un électron (e⁻) pour former des ions Li⁺ :

$$Li \rightarrow Li^+ + 1\,e^-$$

La charge d'un ion est indiquée dans le coin supérieur droit du symbole chimique. L'*ion* Li⁺ contient 3 protons, mais seulement 2 électrons, ce qui entraîne une charge de +1. Pour exprimer les charges des ions sur leur symbole chimique, on écrit la grandeur de la charge suivie de son signe : Mg^{2+}, Al^{3+}, O^{2-}. La charge d'un ion dépend du nombre d'électrons gagnés ou perdus au moment de la formation de l'ion. Les atomes neutres du fluor (F) renferment 9 protons et 9 électrons ; cependant, dans de nombreuses réactions chimiques le fluor accepte un électron pour former des ions F⁻ :

$$F + e^- \rightarrow F^-$$

L'ion F⁻ contient 9 protons et 10 électrons, ce qui entraîne une charge de −1. Pour de nombreux éléments, comme le lithium et le fluor, l'ion est beaucoup plus commun que l'atome neutre. En fait, dans la nature, presque tout le lithium et le fluor se trouvent sous forme ionique.

Les ions chargés positivement, comme Li⁺, sont des **cations** et les ions chargés négativement, comme F⁻, sont des **anions**. Les ions se comportent tout à fait différemment des atomes à partir desquels ils sont formés. Les atomes de sodium neutre, par exemple, sont chimiquement instables ; ils réagissent violemment avec la plupart des substances avec lesquelles ils entrent en contact. Par contre, les cations sodium (Na⁺) sont relativement inertes – nous en mangeons quotidiennement sous forme de chlorure de sodium (NaCl ou sel de table). Dans la matière ordinaire, les cations et les anions sont toujours présents ensemble de sorte que la charge globale de la matière est neutre.

....

Lien conceptuel 2.2 Atome nucléaire et isotopes

À la lumière du modèle nucléaire pour l'atome, quel énoncé est le plus susceptible d'être vrai ?

(a) Pour un élément donné, l'isotope d'un atome possédant un plus grand nombre de neutrons est plus gros que celui qui a un plus petit nombre de neutrons.

(b) Pour un élément donné, la taille d'un atome est la même pour tous les isotopes de l'élément.

....

Vous êtes maintenant en mesure de faire les exercices 1 à 12, 54, 56 à 61, 64 et 65.

2.3 Classer les éléments : le tableau périodique

Le tableau périodique moderne est né des travaux de Dimitri Mendeleïev (1834-1907), un professeur de chimie russe du 19ᵉ siècle. À son époque, les scientifiques avaient découvert environ 65 éléments différents. Grâce aux travaux de nombreux chimistes, on connaissait un grand nombre de propriétés de ces éléments – comme leur masse relative, leur activité chimique et certaines de leurs propriétés physiques. Toutefois, ils n'étaient pas classés selon des règles précises et systématiques.

Dimitri Mendeleïev, professeur de chimie russe qui a proposé la loi de la périodicité et organisé les premières versions du tableau périodique, a été honoré sur un timbre-poste soviétique.

En 1869, Mendeleïev a remarqué que certains groupes d'éléments présentaient des propriétés similaires. Il a découvert qu'en disposant les éléments dans l'ordre croissant de leurs masses, on pouvait constater que leurs propriétés se répétaient de façon périodique **(figure 2.5)**.

Périodique signifie *qui présente un schéma répétitif* ou *qui réapparaît avec une certaine régularité.*

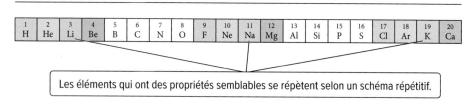

FIGURE 2.5 Propriétés périodiques

Loi de la périodicité

1	2	3	4	5	6	7	8	9	10	11	12	13	14	15	16	17	18	19	20
H	He	Li	Be	B	C	N	O	F	Ne	Na	Mg	Al	Si	P	S	Cl	Ar	K	Ca

Les éléments qui ont des propriétés semblables se répètent selon un schéma répétitif.

Ces éléments sont disposés par ordre croissant de numéro atomique. Les éléments ayant des propriétés semblables sont de la même couleur. Notez que les différentes couleurs forment un schéma répétitif un peu comme les touches d'un piano qui forment l'octave composé de touches noires et blanches dont le motif se répète de gauche à droite du clavier. Dans le tableau des éléments, le schéma qui se répète est appelé période.

Mendeleïev a résumé ces observations dans la **loi de la périodicité** qui stipule que :

Lorsque les éléments sont disposés dans l'ordre croissant de leur masse, certains ensembles de propriétés se répètent périodiquement.

FIGURE 2.6 **Conception d'un tableau périodique**

Tableau périodique simple

1							2
H							He

3	4	5	6	7	8	9	10
Li	Be	B	C	N	O	F	Ne
11	12	13	14	15	16	17	18
Na	Mg	Al	Si	P	S	Cl	Ar
19	20						
K	Ca						

Les éléments aux propriétés similaires sont placés dans des colonnes.

Les éléments de la figure 2.6 peuvent être disposés en tableau dans lequel le numéro atomique augmente de gauche à droite et les éléments ayant des propriétés similaires (représentés par des couleurs différentes) sont alignés en colonnes.

Mendeleïev a alors rangé dans un tableau tous les éléments connus en les classant selon leur masse relative et en les plaçant de façon que les éléments ayant des propriétés similaires soient alignés les uns par rapport aux autres (**figure 2.6**).

Étant donné que de nombreux éléments n'avaient pas encore été découverts, le tableau de Mendeleïev contenait un certain nombre de cases vides, mais grâce à ce travail de classement, il a pu prévoir l'existence d'éléments non encore découverts ainsi que quelques-unes de leurs propriétés. Par exemple, il a prédit l'existence d'un élément qu'il a appelé ékasilicium, qui se place sous le silicium dans le tableau. En 1886, un chimiste allemand du nom de Clemens Winkler (1838-1904) a découvert l'ékasilicium qu'il a appelé germanium puisqu'il était d'origine allemande.

Le classement original de Mendeleïev a donné naissance au tableau périodique moderne illustré à la **figure 2.7**. Dans ce tableau, les éléments sont classés par ordre croissant de numéro atomique plutôt que de masse relative. Le tableau périodique moderne contient également plus d'éléments que le tableau original de Mendeleïev puisque d'autres ont été découverts au fil du temps.

La loi de la périodicité de Mendeleïev est basée sur l'observation. Comme toutes les lois scientifiques, la loi de la périodicité résume de nombreuses observations, mais n'en donne pas les raisons fondamentales – ce que seules les théories font. Pour le moment, nous pouvons simplement admettre la loi de la périodicité telle qu'elle est, mais aux chapitres 3 et 4, nous étudierons plus attentivement les raisons fondamentales qui sous-tendent cette loi.

Comme le montre la figure 2.7, dans le tableau périodique, les éléments peuvent être généralement répartis en métaux, non-métaux ou métalloïdes. Les **métaux**, situés du côté inférieur gauche et au milieu du tableau périodique, présentent les propriétés suivantes : ce sont de bons conducteurs de chaleur et d'électricité ; on peut les laminer en feuilles minces (malléabilité) ; on peut les étirer en fils (ductilité) ; ils ont souvent une apparence brillante et ils ont tendance à céder des électrons quand ils subissent des changements chimiques (faible électronégativité*). Le chrome, le cuivre, le strontium et le plomb sont des exemples de métaux.

Les **non-métaux** se situent dans la partie supérieure droite du tableau périodique. La ligne qui sépare les métaux des non-métaux est une ligne diagonale en marches d'escalier qui va du bore à l'astate. Les propriétés des non-métaux sont variées : certains sont solides à température ambiante, d'autres sont des liquides ou des gaz, mais dans l'ensemble, ils ont tendance à gagner des électrons quand ils subissent des changements chimiques (forte électronégativité). L'oxygène, le carbone, le soufre, le brome et l'iode sont des exemples de non-métaux.

---

* L'électronégativité est un indice de la capacité de l'atome à retenir ses électrons de valence.

FIGURE 2.7 Métaux, non-métaux et métalloïdes

Principales divisions du tableau périodique

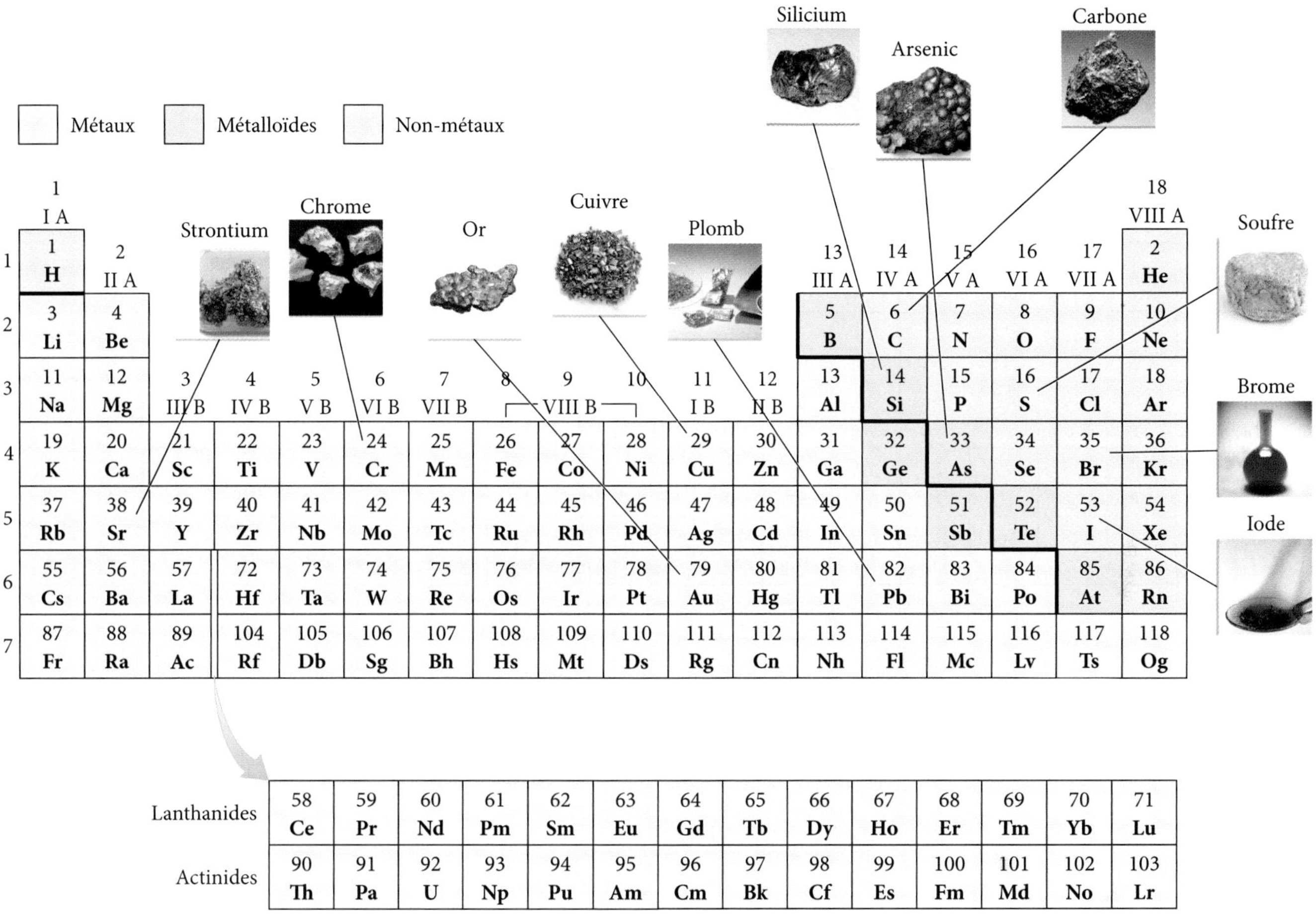

Les éléments du tableau périodique sont regroupés dans ces trois grandes classes.

Un bon nombre des éléments adjacents à la diagonale en zigzag entre les métaux et les non-métaux sont des **métalloïdes** qui présentent des propriétés mixtes. Plusieurs métalloïdes sont également classés comme **semi-conducteurs** en raison de leur conductivité électrique intermédiaire (et très dépendante de la température). Le fait de pouvoir modifier et contrôler leur conductivité les rend utiles dans la fabrication des puces électroniques et des circuits centraux des ordinateurs, des téléphones cellulaires et de nombreux autres appareils. Le silicium, l'arsenic et l'antimoine sont des exemples de métalloïdes.

Les métalloïdes sont parfois appelés semi-métaux.

On peut également diviser le tableau périodique, comme le montre la **figure 2.8**, en **éléments des groupes principaux**, dont les propriétés sont largement prévisibles d'après leur position dans le tableau périodique, et en éléments de transition ou **métaux de transition**. Les propriétés de ces derniers sont plus difficiles à prévoir si on se base seulement sur leur position dans le tableau périodique. Les éléments des groupes principaux occupent les colonnes identifiées par un numéro et la lettre A. Les éléments de transition occupent les colonnes identifiées par un numéro et la lettre B. Quant au système d'identification préconisé par l'UICPA, il n'utilise pas de lettres, mais seulement les nombres de 1 à 18. Les deux systèmes sont utilisés dans la plupart des tableaux périodiques de ce livre. Chaque colonne dans la partie des groupes principaux du tableau périodique est une **famille** ou un **groupe d'éléments**.

Les éléments au sein d'un groupe ont généralement des propriétés semblables. Par exemple, les éléments du groupe VIII A, désigné par le terme **gaz nobles**, aussi appelés **gaz inertes** ou **gaz rares**, sont pour la plupart non réactifs. Le gaz noble le plus familier est probablement l'hélium, utilisé notamment pour gonfler les ballons de fête. L'hélium

FIGURE 2.8 **Tableau périodique : éléments des groupes principaux et éléments de transition**

| | Éléments des groupes principaux | | Éléments de transition | | | | | | | | | | | | Éléments des groupes principaux | | | | | | |

Numéro du groupe

Périodes	1 / I A	2 / II A	3 / III B	4 / IV B	5 / V B	6 / VI B	7 / VII B	8	9 / VIII B	10	11 / I B	12 / II B	13 / III A	14 / IV A	15 / V A	16 / VI A	17 / VII A	18 / VIII A
1	1 H																	2 He
2	3 Li	4 Be											5 B	6 C	7 N	8 O	9 F	10 Ne
3	11 Na	12 Mg											13 Al	14 Si	15 P	16 S	17 Cl	18 Ar
4	19 K	20 Ca	21 Sc	22 Ti	23 V	24 Cr	25 Mn	26 Fe	27 Co	28 Ni	29 Cu	30 Zn	31 Ga	32 Ge	33 As	34 Se	35 Br	36 Kr
5	37 Rb	38 Sr	39 Y	40 Zr	41 Nb	42 Mo	43 Tc	44 Ru	45 Rh	46 Pd	47 Ag	48 Cd	49 In	50 Sn	51 Sb	52 Te	53 I	54 Xe
6	55 Cs	56 Ba	57 La	72 Hf	73 Ta	74 W	75 Re	76 Os	77 Ir	78 Pt	79 Au	80 Hg	81 Tl	82 Pb	83 Bi	84 Po	85 At	86 Rn
7	87 Fr	88 Ra	89 Ac	104 Rf	105 Db	106 Sg	107 Bh	108 Hs	109 Mt	110 Ds	111 Rg	112 Cn	113 Nh	114 Fl	115 Mc	116 Lv	117 Ts	118 Og

☐ Alcalins   ☐ Alcalino-terreux   ☐ Halogènes   ☐ Gaz nobles

Dans le tableau périodique, les éléments sont disposés en colonnes. Les deux colonnes à gauche et les six colonnes à droite englobent les éléments des groupes principaux. Chacune de ces huit colonnes forme un groupe ou une famille. Les propriétés des éléments des groupes principaux peuvent généralement être prédites d'après leur position dans le tableau périodique. Les propriétés des éléments au milieu du tableau, appelés les éléments de transition, sont moins prévisibles.

est chimiquement stable – il ne se combine pas à d'autres éléments pour former des composés ; on peut donc l'utiliser sans danger dans ces ballons. Les autres gaz nobles incluent le néon (souvent utilisé dans les enseignes électroniques), l'argon (un constituant mineur de l'atmosphère terrestre), le krypton et le xénon.

Les éléments du groupe I A, les **métaux alcalins**, sont tous réactifs. Un morceau de sodium de la taille d'une bille, par exemple, explose violemment quand on le met dans l'eau. Le lithium, le potassium et le rubidium sont les autres métaux alcalins.

Les éléments du groupe II A, les **métaux alcalino-terreux**, sont aussi assez réactifs, mais un peu moins que les métaux alcalins. Le calcium réagit assez vigoureusement au contact de l'eau, mais il n'explose pas de façon aussi spectaculaire que le sodium. Le magnésium (un métal courant de masse volumique faible), le strontium et le baryum sont les autres métaux alcalino-terreux.

Les éléments du groupe VII A, les **halogènes**, sont des non-métaux très réactifs. L'halogène le plus familier est probablement le chlore, un gaz jaune verdâtre à l'odeur âcre. Le chlore est utilisé comme agent de stérilisation et de désinfection (parce qu'il réagit avec des molécules importantes dans les organismes vivants). Les autres halogènes sont le brome, un liquide brun rouge qui s'évapore facilement en gaz ; l'iode, un solide violet ; et le fluor, un gaz jaune pâle.

Ions et tableau périodique

Rappelez-vous que, dans les réactions chimiques, les métaux ont tendance à céder des électrons (et à former des cations) et les non-métaux tendent à en accepter (formant ainsi des anions). Le nombre d'électrons perdus ou gagnés, et par conséquent la charge de l'ion résultant, est souvent prévisible pour un élément donné, notamment les éléments des groupes principaux.

Les éléments des groupes principaux tendent à former des ions qui ont le même nombre d'électrons que le gaz noble le plus proche (le gaz noble dont le numéro atomique est le plus près de celui de l'élément).

- **Un métal d'un groupe principal a tendance à céder des électrons pour former un cation avec un nombre d'électrons identique à celui du gaz noble qui le précède.**
- **Un non-métal d'un groupe principal tend à accepter des électrons pour former un anion avec un nombre d'électrons identique à celui du gaz noble qui le suit.**

Par exemple, le lithium, un métal à 3 électrons, tend à céder 1 électron pour former un cation +1 avec 2 électrons, tout comme l'hélium. Le chlore, un non-métal avec 17 électrons, tend à accepter 1 électron pour former un anion −1 avec 18 électrons, comme l'argon.

En général, les métaux alcalins (groupe I A) tendent à céder 1 électron et à former des ions +1. Les métaux alcalino-terreux (groupe II A) ont tendance à céder 2 électrons et à former des ions +2. Les halogènes (groupe VII A) ont tendance à accepter 1 électron et à former des ions −1. Les non-métaux de la famille de l'oxygène (groupe VI A) ont tendance à accepter 2 électrons et à former des ions −2. De façon plus générale, la charge du cation des éléments des groupes principaux qui forment des cations prévisibles est égale au numéro du groupe. Pour les éléments des groupes principaux qui forment des anions prévisibles, la charge de l'anion est égale au numéro du groupe moins huit. Les éléments de transition forment des cations de différentes charges, et nous verrons pourquoi à l'aide du modèle atomique présenté dans le chapitre 3. Les ions les plus courants formés par les éléments des groupes principaux sont illustrés à la **figure 2.9**.

FIGURE 2.9 Éléments formant des ions de charges prévisibles

Éléments formant des ions de charges prévisibles

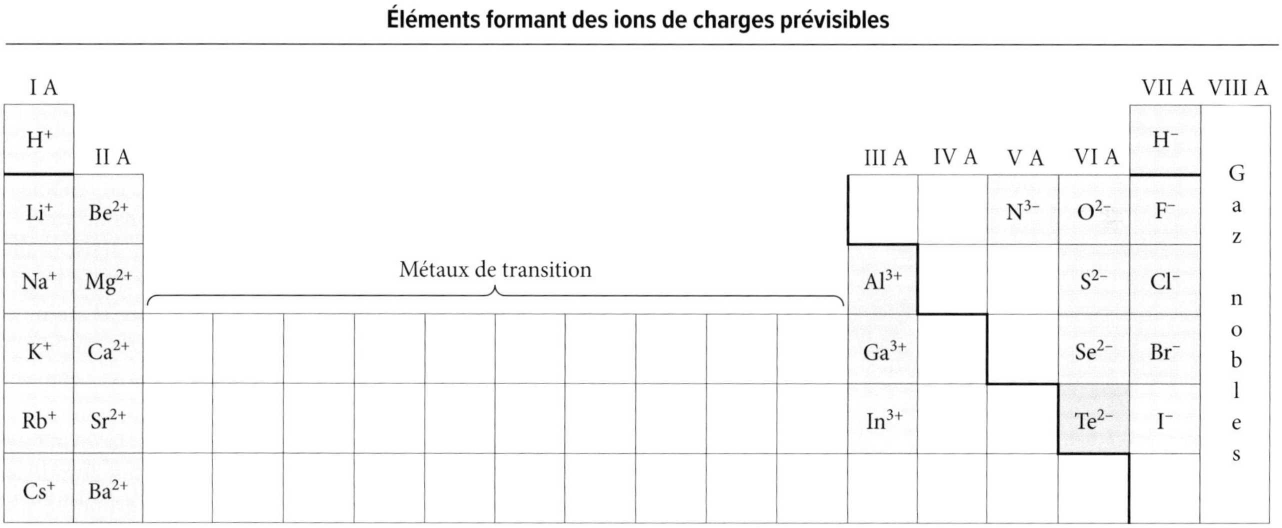

EXEMPLE 2.2 Prédiction de la charge des ions chez les éléments des groupes principaux

Prédisez les charges des ions monoatomiques (un seul atome) formés par ces éléments des groupes principaux.

(a) Al.   **(b)** S.

SOLUTION

(a) L'aluminium est un métal d'un groupe principal ; il a donc tendance à céder des électrons pour former un cation comportant le même nombre d'électrons que le gaz noble le plus proche. Les atomes d'aluminium ont 13 électrons et le gaz noble le plus proche est le néon, qui en a 10. L'aluminium a tendance à céder 3 électrons pour former un cation ayant une charge +3 (Al^{3+}).

(b) Le soufre est un non-métal ; il a donc tendance à accepter des électrons pour former un anion portant un nombre d'électrons identique à celui du gaz noble le plus proche. Les atomes de soufre ont 16 électrons et le gaz noble le plus proche est l'argon, qui en a 18. Le soufre a tendance à accepter 2 électrons pour former un anion ayant une charge −2 (S^{2-}).

EXERCICE PRATIQUE 2.2

Prédisez les charges des ions monoatomiques formés par les éléments des groupes principaux.

(a) N.   **(b)** Rb.

Métaux de transition et état d'oxydation

Les métaux de transition forment une classe d'éléments aux propriétés diverses. Tout comme les métaux des groupes principaux, ils peuvent conduire l'électricité et sont solides dans les conditions ambiantes. La plupart d'entre eux ont des propriétés catalytiques intéressantes en raison de la facilité avec laquelle ils peuvent échanger des électrons avec d'autres espèces voisines. Contrairement aux métaux des groupes principaux qui ne forment qu'un ion stable, plusieurs métaux de transition peuvent générer une variété d'espèces ioniques (plusieurs charges possibles) grâce à l'instabilité de certaines de leurs couches électroniques (nous reviendrons sur cette notion au chapitre 3).

TABLEAU 2.2	États d'oxydation des métaux de transition de la 4ᵉ et de la 5ᵉ période	
4ᵉ période	₂₁Sc	+3
	₂₂Ti	+4 +3 +2
	₂₃V	+5 +4 +3 +2
	₂₄Cr	+6 +3 +2
	₂₅Mn	+7 +6 +4 +3 +2
	₂₆Fe	+3 +2
	₂₇Co	+3 +2
	₂₈Ni	+3 +2
	₂₉Cu	+2 +1
	₃₀Zn	+2
5ᵉ période	₃₉Y	+3
	₄₀Zr	+4
	₄₁Nb	+5 +3
	₄₂Mo	+6 +5 +4 +3 +2
	₄₃Tc	+7
	₄₄Ru	+8 +6 +4 +3 +2
	₄₅Rh	+4 +3 +2
	₄₆Pd	+4 +2
	₄₇Ag	+1
	₄₈Cd	+2

Il est possible de déterminer les charges des ions que peuvent créer les différents métaux de transition en consultant leurs états d'oxydation (voir le **tableau 2.2**). L'**état d'oxydation** (ou **nombre d'oxydation**) est un nombre entier positif ou négatif qui permet de suivre les déplacements d'électrons lors des réactions chimiques (exemple 2.3). Il correspond à la différence entre le nombre d'électrons de valence de l'atome dans son état fondamental (tel que le décrit le tableau périodique) et le nombre d'électrons de valence assignés si tous les électrons d'une liaison chimique sont cédés à l'atome qui les attire le plus fortement dans la liaison chimique (l'atome le plus électronégatif, voir la fin de la section 4.5). Dans le cas des éléments métalliques, ces états, ou nombre d'oxydation, correspondent à la charge de l'ion monoatomique créé lors de la formation du lien chimique. Dans le cas des composés ioniques, la charge des métaux des groupes principaux est stable (figure 2.9), alors que la charge des métaux de transition dépend de l'anion (exemple 2.4).

Le palladium est un métal de transition largement utilisé comme catalyseur, notamment dans les pots d'échappement des automobiles. Il permet de transformer le monoxyde de carbone et le dioxyde d'azote produits par les moteurs à combustion en dioxyde de carbone et en monoxyde d'azote, des gaz moins toxiques.

| EXEMPLE 2.3 | Méthode pour déterminer les états d'oxydation |

(a) Déterminer l'état d'oxydation de chacun des atomes dans une molécule de H_2O.

H—O̤—H

(b) Déterminer l'état d'oxydation de chacun des atomes dans un composé ionique, le NaCl.

SOLUTION

1. **Séparer les atomes** les uns des autres selon le type de liaison chimique et donner la formule de Lewis obtenue pour chacun des atomes.	Dans le cas des composés covalents, séparer le lien covalent en donnant les deux électrons de la liaison à l'atome le plus électronégatif* (voir tableau des électronégativités à la page 175 du manuel). électronégativité de H = 2,2 électronégativité de O = 3,5 Si on donne les électrons des liaisons H—O à l'atome le plus électronégatif, on obtient : H $:\ddot{O}:$ H	Dans le cas des composés ioniques, séparer les ions et donner la formule de Lewis pour chacun. Cation : Na^+ Anion : Cl^- Na $:\ddot{\underset{..}{Cl}}:$
2. **Calculer l'état d'oxydation** en utilisant l'équation suivante : État d'oxydation = électrons de valence de l'atome neutre – électrons de valence dans la structure analysée	H : 1 – 0 = +1 O : 6 – 8 = –2	Na : 1 – 0 = +1 Cl : 7 – 8 = –1

EXEMPLE 2.4 **Déterminer la charge des ions de métaux de transition dans les composés ioniques**

Prédisez les charges des ions monoatomiques formés par les éléments des groupes de transition dans les composés suivants.

(a) $MnCl_2$.

(b) Fe_2O_3.

SOLUTION

(a) Dans $MnCl_2$, l'anion chlorure a une charge de –1 (Cl^-) (**figure 2.9**)

La présence de deux anions chlorure pour un cation manganèse permet de former un composé électriquement neutre. On peut donc déduire que la charge du cation est de +2.

$$1\,Mn + 2\,Cl = neutre$$
$$1\,(?) + 2\,(-1) = 0$$
$$(?) = +2$$

(b) Dans Fe_2O_3, l'anion oxyde a une charge de –2 (O^{2-}) (**figure 2.9**)

La présence de trois anions oxyde pour deux cations fer permet de former un composé électriquement neutre. On peut donc déduire que la charge du cation est de +3.

$$2\,Fe + 3\,O = neutre$$
$$2\,(?) + 3\,(-2) = 0$$
$$(?) = +3$$

EXERCICE PRATIQUE 2.4

Prédisez les charges des ions monoatomiques formés dans les composés suivants.

(a) TiN.

(b) Mn_2O_7.

Vous êtes maintenant en mesure de faire les exercices 13 à 25.

---

* L'électronégativité d'un atome est sa capacité à attirer les électrons à l'intérieur d'une liaison chimique. Plus un atome a un indice d'électronégativité élevé, plus il attire fortement les électrons de la liaison (voir la fin de la section 4.5).

2.4   Masse atomique

La masse atomique est parfois appelée *masse atomique moyenne*.

Une affirmation importante de la théorie atomique de Dalton était que tous les atomes d'un élément donné ont la même masse. Cependant, à la section 2.2, nous avons appris que, en raison de l'existence des isotopes, les atomes d'un élément donné ont souvent différentes masses, de sorte que Dalton n'avait pas tout à fait raison. On peut cependant calculer une masse moyenne – appelée **masse atomique** – pour chaque élément.

Dans le tableau périodique, la masse atomique de chaque élément est inscrite directement sous le symbole de l'élément ; elle représente la masse moyenne des isotopes qui composent cet élément *pondérée selon l'abondance naturelle de chaque isotope*. Par exemple, le tableau périodique indique que la masse atomique du chlore est de 35,45 u. Le chlore d'origine naturelle est constitué à 75,77 % d'atomes de chlore 35 (masse de 34,97 u) et à 24,23 % d'atomes de chlore 37 (masse de 36,97 u). Sa masse atomique est calculée de la façon suivante :

17
Cl
35,45
chlore

$$\text{Masse atomique} = 0{,}7577(34{,}97\ u) + 0{,}2423(36{,}97\ u) = 35{,}45\ u$$

Remarquez que la masse atomique du chlore est plus proche de 35 que de 37. Le chlore d'origine naturelle contient plus d'atomes de chlore 35 que d'atomes de chlore 37, de sorte que la masse moyenne pondérée du chlore est plus proche de 35 u que de 37 u.
En général, la masse atomique est calculée de la façon suivante :

Lorsqu'on utilise des pourcentages dans les calculs, on doit les convertir en valeurs décimales (fractions (x)) en divisant par 100 %.

$$x_i : \text{fraction de l'isotope } i$$
$$m_i : \text{masse de l'isotope } i$$

où les fractions (x) de chaque isotope sont les pourcentages d'abondance naturelle convertis en valeurs décimales. On obtient donc

$$\boxed{\textbf{Masse atomique} = x_1 \cdot m_1 + x_2 \cdot m_2 + x_3 \cdot m_3 + \dots}$$

où la masse atomique correspond à la masse moyenne pondérée de l'élément (valeur que l'on retrouve au tableau périodique).

Il est à noter que la somme des fractions des isotopes d'un élément doit donner 1, tout comme la somme de leur pourcentage d'abondance relative doit donner 100 % :

$$1 = \sum_n (\textbf{fraction de l'isotope } i)$$

$$1 = (\textbf{fraction}_{\text{isotope 1}}) + (\textbf{fraction}_{\text{isotope 2}}) + (\textbf{fraction}_{\text{isotope 3}}) + \dots$$

Le concept de masse atomique est utile parce qu'il nous permet d'assigner une masse caractéristique à chaque élément, et nous verrons dans le chapitre 8 qu'il nous permet de quantifier le nombre d'atomes dans un échantillon de cet élément.

EXEMPLE 2.5   Masse atomique

Le cuivre possède deux isotopes d'origine naturelle : le Cu-63 de masse 62,9396 u et d'abondance naturelle de 69,17 %, et le Cu-65 de masse 64,9278 u et d'abondance naturelle de 30,83 %. Calculez la masse atomique du cuivre.

SOLUTION

Convertissez les pourcentages d'abondance naturelle dans leur forme décimale en divisant par 100 %.	$\text{Fraction}_{\text{Cu-63}} = \dfrac{69{,}17\ \%}{100\ \%} = 0{,}6917$ $\text{Fraction}_{\text{Cu-65}} = \dfrac{30{,}83\ \%}{100\ \%} = 0{,}3083$ Ou $\text{Fraction}_{\text{Cu-65}} = 1 - \text{fraction}_{\text{Cu-63}}$ $\qquad\qquad = 1 - 0{,}6917$ $\qquad\qquad = 0{,}3083$
Calculez la masse atomique.	$\text{Masse atomique} = 0{,}6917(62{,}9396\ u) + 0{,}3083(64{,}9278\ u)$ $\qquad\qquad\qquad\quad = 43{,}5\underline{3}\ u + 20{,}0\underline{2}\ u = 63{,}55\ u$

EXERCICE PRATIQUE 2.5

Le magnésium possède trois isotopes d'origine naturelle dont les masses sont respectivement de 23,99 u, de 24,99 u et de 25,98 u et les abondances naturelles sont de 78,99 %, de 10,00 % et de 11,01 %. Calculez la masse atomique du magnésium.

EXERCICE PRATIQUE SUPPLÉMENTAIRE 2.5

Le gallium possède deux isotopes d'origine naturelle : le Ga-69 de masse 68,9256 u et d'abondance naturelle de 60,11 %, et le Ga-71. Utilisez la masse atomique du gallium donnée dans le tableau périodique pour trouver la masse du Ga-71.

Lien conceptuel 2.3 Masse atomique

Le carbone a deux isotopes d'origine naturelle : C-12 (l'abondance naturelle est de 98,93 % ; la masse est de 12,0000 u) et C-13 (l'abondance naturelle est de 1,07 % ; la masse est de 13,0034 u). Sans effectuer aucun calcul, déterminez quelle masse est la plus proche de la masse atomique du carbone.

(a) 12,00 u. **(b)** 12,50 u. **(c)** 13,00 u.

EXEMPLE 2.6 Abondance naturelle

L'antimoine possède deux isotopes d'origine naturelle dont les masses sont de 120,9038 u et de 122,9042 u. Utilisez la masse atomique de l'antimoine donnée dans le tableau périodique pour trouver l'abondance naturelle des deux isotopes.

TRIER Vous connaissez la masse de chacun des isotopes et vous devez trouver leur abondance.	**DONNÉES** $m_{\text{Sb-121}} = 120{,}9038$ u $m_{\text{Sb-123}} = 122{,}9042$ u $m_{\text{atomique Sb}} = 121{,}76$ u **INFORMATIONS RECHERCHÉES** $\text{Fraction}_{\text{Sb-121}}$ $\text{Fraction}_{\text{Sb-123}}$
ÉTABLIR UNE STRATÉGIE Trouvez l'équation reliant l'abondance de chaque isotope et la masse atomique de l'antimoine. Trouvez l'équation permettant d'établir que la somme des fractions des isotopes est égale à l'unité.	**RELATIONS UTILISÉES** Masse atomique $= \text{fraction}_{\text{Sb-121}} \times m_{\text{Sb-121}} + \text{fraction}_{\text{Sb-123}} \times m_{\text{Sb-123}}$ $1 = \text{fraction}_{\text{Sb-121}} + \text{fraction}_{\text{Sb-123}}$ $m_{\text{atomique}} = (\text{fraction}_{\text{isotope 1}} \times m_{\text{isotope 1}}) + (\text{fraction}_{\text{isotope 2}} \times m_{\text{isotope 2}})$ et $1 = \text{fraction}_{\text{isotope 1}} + \text{fraction}_{\text{isotope 2}}$
RÉSOUDRE Il s'agit d'un système de deux équations à deux inconnues. Il faut donc isoler l'un des termes « fraction$_{\text{Sb}}$ » d'une équation pour introduire son équivalence dans l'autre équation. On obtient donc une équation avec un seul terme inconnu.	**SOLUTION** $\text{Fraction}_{\text{Sb-121}} = 1 - \text{fraction}_{\text{Sb-123}}$ Masse atomique $= (1 - \text{fraction}_{\text{Sb-123}}) \times m_{\text{Sb-121}} + \text{fraction}_{\text{Sb-123}} \times m_{\text{Sb-123}}$ En isolant, on a : $\text{Fraction}_{\text{Sb-123}} = \dfrac{m_{\text{atomique}} - m_{\text{Sb-121}}}{m_{\text{Sb-123}} - m_{\text{Sb-121}}}$ $\text{Fraction}_{\text{Sb-123}} = \dfrac{121{,}76 \text{ u} - 120{,}9038 \text{ u}}{122{,}9042 \text{ u} - 120{,}9038 \text{ u}} = \dfrac{0{,}8562}{2{,}0004} = 0{,}4280 = 0{,}43$ $\text{Fraction}_{\text{Sb-121}} = 1 - 0{,}43 = 0{,}57$ $\text{Abondance}_{\text{Sb-121}} = 0{,}57 \times 100 \% = 57 \%$ $\text{Abondance}_{\text{Sb-123}} = 0{,}43 \times 100 \% = 43 \%$

VÉRIFIER Comme la masse atomique de l'antimoine est de 121,76 u et que les masses des deux isotopes sont de 120,9038 u et 122,9042 u, sans faire de calcul, il semble que l'abondance la plus élevée pourrait être attribuée au Sb-121. Si l'abondance des deux isotopes était de 50 %, la valeur de la masse atomique serait très proche de 121,9 u, soit la valeur moyenne entre 120,9 u et 122,9 u. La masse atomique étant inférieure à 121,9, on peut affirmer que l'abondance du Sb-121 est un peu plus élevée, ce que confirme la valeur obtenue de 57,20 %.

EXERCICE PRATIQUE 2.6

Le magnésium possède trois isotopes d'origine naturelle dont les masses sont respectivement de 23,98 u, de 24,99 u et de 25,98 u. Ensemble, les deux premiers isotopes ont une abondance relative de 88,90 %. Calculez l'abondance relative de tous les isotopes.

Vous êtes maintenant en mesure de faire les exercices 26 à 29, 55, 62, 63, 66 à 72.

2.5 Combiner les atomes : les liaisons chimiques

Combien existe-t-il de substances différentes ? Dans la nature, il existe environ 94 éléments différents ; il y a donc au moins 94 substances différentes naturellement. Toutefois, un monde ne comportant que 94 substances différentes serait monotone – pour ne pas dire sans vie. Heureusement, les éléments se combinent les uns avec les autres pour former des *composés*. Tout comme les combinaisons de seulement 26 lettres de l'alphabet en français permettent la formation d'un nombre presque illimité de mots, chacun possédant son sens particulier, les combinaisons des 94 éléments naturels permettent l'existence d'un nombre quasi illimité de composés, chacun possédant ses propriétés propres. La grande diversité des substances présentes dans la nature est le résultat direct de la capacité des éléments à former des composés. La vie ne pourrait pas exister avec seulement 94 éléments différents. Les composés, dans toute leur diversité, sont essentiels à la vie.

Hydrogène + oxygène = eau !

L'hydrogène (H_2) est un gaz explosif utilisé comme carburant dans les navettes spatiales. L'oxygène (O_2), également un gaz, est une composante naturelle de l'air. Lorsque l'hydrogène et l'oxygène se combinent pour former l'eau (H_2O), *un composé*, on obtient une substance totalement différente, comme le montre le tableau ci-dessous.

Quelques propriétés	Hydrogène 	Oxygène 	Eau 
Point d'ébullition	−253 °C	−183 °C	100 °C
État à température ambiante	Gazeux	Gazeux	Liquide
Inflammabilité	Explosif	Nécessaire à la combustion	Utilisée pour éteindre les flammes

Tout d'abord, à température ambiante, l'eau est un liquide et non un gaz ; par ailleurs, par comparaison au point d'ébullition de l'hydrogène et de l'oxygène, celui de l'eau est infiniment plus élevé (plusieurs centaines de fois). Ensuite, au lieu d'être inflammable (comme l'hydrogène gazeux), l'eau étouffe en fait les flammes. L'oxygène n'est pas lui-même inflammable, mais il doit être présent pour que la combustion puisse se produire. Comme on le voit, *l'eau ne ressemble en rien à l'hydrogène et à l'oxygène à partir desquels elle est formée.*

La différence fondamentale entre l'hydrogène et l'oxygène élémentaires et l'eau, dont ils sont les constituants, est caractéristique des différences entre les éléments et les composés qu'ils forment. Quand deux éléments se combinent pour former un composé, il en résulte une nouvelle substance entièrement différente. Par exemple, le sel de table est un composé très stable formé à partir de sodium et de chlore. D'un côté, le sodium élémentaire, un métal argenté, est fortement réactif et explose au contact de l'eau. Quant au chlore élémentaire, un gaz de couleur jaune verdâtre, il peut être mortel s'il est inhalé. Et pourtant, le composé qui résulte de la combinaison de ces deux éléments est le chlorure de sodium (notre sel de table) dont nous saupoudrons nos aliments pour en rehausser la saveur.

Bien que certaines substances qui font partie de notre vie quotidienne soient des éléments (O_2, N_2, He), la plupart sont des composés (H_2O, NaCl, etc.). Comme nous l'avons expliqué au chapitre 1, un composé n'est pas un mélange d'éléments. Dans un composé, les éléments se combinent dans des proportions définies et fixes, alors que dans un mélange, les éléments peuvent être incorporés en toutes proportions. Prenons en exemple la différence entre le mélange hydrogène-oxygène et l'eau représentés plus loin. Un mélange hydrogène-oxygène peut être constitué de ces deux gaz dans n'importe quelle proportion. L'eau, par contre, est composée de molécules d'eau qui contiennent toujours deux atomes d'hydrogène pour chaque atome d'oxygène. L'eau possède une proportion définie d'hydrogène par rapport à l'oxygène.

Mélanges et composés

Mélange d'hydrogène et d'oxygène
Le mélange peut être formé d'hydrogène et d'oxygène dans des proportions variables.

Eau (un composé)
Les molécules d'eau possèdent toujours la même proportion fixe d'hydrogène (2 atomes) et d'oxygène (1 atome).

Le ballon de cette illustration est rempli d'un mélange d'hydrogène gazeux et d'oxygène gazeux. Les proportions d'hydrogène et d'oxygène sont variables. Quant au verre, il est rempli d'eau, un composé formé d'hydrogène et d'oxygène. Dans ce cas, le rapport entre l'hydrogène et l'oxygène est fixe : les molécules d'eau contiennent toujours deux atomes d'hydrogène pour chaque atome d'oxygène.

Liaisons entre les atomes

Les substances sont constituées d'atomes retenus ensemble par des *liaisons chimiques*. Ces liaisons chimiques résultent d'interactions entre des atomes chargés (ions) ou entre les particules atomiques (électrons et protons) constituant les atomes. En général, on peut classer les liaisons chimiques en trois catégories : la liaison ionique, la liaison covalente et la liaison métallique. La *liaison ionique* – qui s'établit entre des métaux et des non-métaux – fait intervenir un *transfert* d'électrons d'un atome à un autre. La *liaison covalente* – qui se forme entre deux ou plusieurs non-métaux – met en jeu le *partage* d'électrons entre deux atomes. La *liaison métallique* – qui se forme entre plusieurs métaux – résulte d'une *délocalisation* des électrons de valence.

Liaison ionique

On a vu au début de ce chapitre que les métaux ont tendance à céder des électrons (faible électronégativité) et que les non-métaux ont tendance à en accepter (forte électronégativité). Par conséquent, lorsqu'un métal interagit avec un non-métal, il peut transférer un ou plusieurs de ses électrons au non-métal. L'atome de métal devient alors un cation (un ion de charge positive) et l'atome de non-métal devient un anion (un ion de charge négative), comme le montre la **figure 2.10**. Ces ions de charges opposées sont attirés l'un vers l'autre par des forces électrostatiques – ils forment une **liaison ionique**. Il en résulte un composé ionique qui, en phase solide, est un réseau – un arrangement régulier tridimensionnel – indéfini de cations et d'anions en alternance.

FIGURE 2.10 **Formation d'un composé ionique**

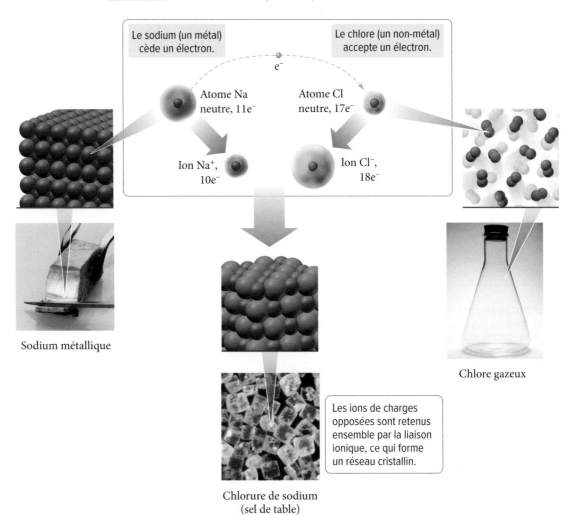

Le sodium (un métal) cède un électron.

Le chlore (un non-métal) accepte un électron.

e⁻

Atome Na neutre, 11e⁻

Atome Cl neutre, 17e⁻

Ion Na⁺, 10e⁻

Ion Cl⁻, 18e⁻

Sodium métallique

Chlore gazeux

Les ions de charges opposées sont retenus ensemble par la liaison ionique, ce qui forme un réseau cristallin.

Chlorure de sodium (sel de table)

Un atome de sodium (un métal) perd un électron au profit d'un atome de chlore (un non-métal), ce qui crée une paire d'ions de charges opposées. Le cation sodium est alors attiré par l'anion chlore et les deux sont retenus ensemble par des forces électrostatiques au sein d'un réseau cristallin.

Liaison covalente

Lorsqu'un non-métal se lie à un autre non-métal, aucun des deux atomes de forte électronégativité ne transfère son électron à l'autre. Les deux atomes liés *partagent* certains électrons et les noyaux des deux atomes stabilisent les électrons liants par l'intermédiaire d'interactions électrostatiques. La liaison qui en résulte est appelée **liaison covalente** (**figure 2.11**). Contrairement à la liaison ionique, la liaison covalente établit un lien physique entre les atomes et possède une orientation dans l'espace ainsi qu'une longueur (distance interatomique) bien définies.

La longueur de la liaison covalente dépend de la configuration la plus stable (ou de plus faible énergie potentielle) entre les électrons partagés (charges négatives) et les noyaux des atomes liés (charges positives). Comme vous l'observerez à la **figure 2.12**, lorsque deux atomes de non-métaux liés se rapprochent l'un de l'autre, l'énergie potentielle du système s'abaisse jusqu'à obtenir un minimum d'énergie (position la plus stable). Cet état de plus basse énergie détermine la longueur de la liaison covalente. Passé ce point, le système devient soudainement très instable; on observe une augmentation rapide de l'énergie potentielle. Ce phénomène s'explique par le fait que si les atomes se rapprochent trop, les effets répulsifs entre les charges de même nature (principalement les deux noyaux positifs) deviennent trop importants et déstabilisent le système.

FIGURE 2.11 **Molécule d'eau (H_2O)**

Deux atomes d'hydrogène (en blanc) partagent leur électron de valence avec ceux de l'oxygène (en rouge) pour créer un doublet d'électrons liants établissant ainsi un lien physique entre les paires d'atomes.

FIGURE 2.12 **Longueur d'une liaison covalente entre deux atomes d'hydrogène**

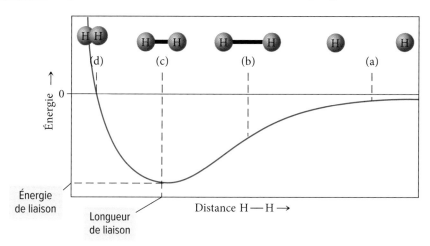

La longueur de la liaison covalente est déterminée par la position de plus basse énergie potentielle. Il s'agit d'une position d'équilibre entre la stabilisation des électrons liants par les noyaux des atomes adjacents et la répulsion entre ces mêmes noyaux. **(a)** Les atomes sont trop éloignés l'un de l'autre et l'effet de stabilisation est négligeable. **(b)** Les atomes sont assez proches l'un de l'autre pour que les deux noyaux stabilisent les électrons partagés. **(c)** Le minimum d'énergie potentielle correspond à la position d'équilibre entre la stabilisation maximale des électrons par les noyaux et la répulsion entre les charges de même nature. **(d)** Les atomes sont trop proches et la répulsion entre les charges de même nature (électrons ou protons) déstabilise le système.

Liaison métallique

En raison de leur faible électronégativité, les métaux ont tendance à céder leurs électrons. Lorsque plusieurs atomes de métal interagissent, ils délocalisent leurs électrons de valence. La force électrostatique qui assure alors la cohésion entre ces électrons libres et les cations formés par la délocalisation est appelée **liaison métallique** (**figure 2.13**). Deux théories proposent des explications à propos de cette délocalisation : la théorie de la mer d'électrons et la théorie des bandes. Ce sont ces électrons délocalisés, donc « libres », qui sont à l'origine des propriétés particulières du métal (conductivité électrique et thermique, malléabilité, ductilité).

FIGURE 2.13 **Modèle de la mer d'électrons dans un échantillon de magnésium (Mg) solide**

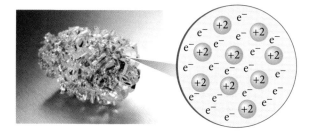

L'atome de magnésium possédant deux électrons de valence, l'ensemble des atomes de l'échantillon (des milliards de milliards) délocalisent leurs électrons de valence créant ainsi une mer d'électrons à l'intérieur de laquelle se trouvent les cations Mg^{2+}.

2.6 Éléments et composés

On a vu au chapitre 1 que les substances pures peuvent se classer soit en éléments, soit en composés. Mais il est également possible de les répartir en sous-catégories selon les unités fondamentales qui les composent, comme le montre la **figure 2.14**. Les éléments peuvent être soit atomiques, soit moléculaires. Les composés, eux, peuvent être soit moléculaires, soit ioniques. Les métaux se trouvent sous forme d'élément (un seul type de métal) ou sous forme de composé (deux types de métaux – il porte alors le nom particulier d'alliage).

Molécules
diatomiques
de chlore

Les unités fondamentales qui composent le chlore gazeux sont des molécules diatomiques de chlore.

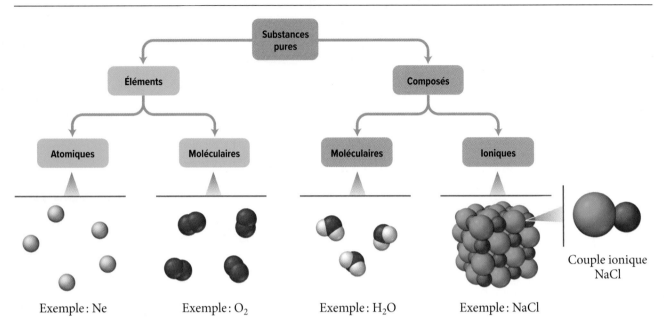

FIGURE 2.14 Représentation à l'échelle moléculaire des éléments et des composés

Classification des éléments et des composés

Les **éléments atomiques** sont des éléments qui existent dans la nature et dont l'unité fondamentale est formée d'un seul atome. La plupart des éléments se situent dans cette catégorie. Par exemple, l'hélium se compose d'atomes d'hélium, l'aluminium, d'atomes d'aluminium, et le fer, d'atomes de fer. Les **éléments moléculaires** n'existent pas normalement dans la nature sous forme d'un seul atome comme unité fondamentale, mais plutôt sous celle de molécules constituées de deux ou plusieurs atomes de l'élément liés ensemble. La plupart des éléments moléculaires sont des molécules *diatomiques*. Par exemple, l'hydrogène est composé de molécules H_2, l'azote, de molécules N_2 et le chlore, de molécules Cl_2. Quelques éléments moléculaires se rencontrent sous forme de *molécules polyatomiques*. Le phosphore, par exemple, existe sous forme de P_4 et le soufre, sous forme de S_8 tout comme le sélénium, Se_8. Les éléments qui existent principalement sous forme de molécules diatomiques ou polyatomiques sont illustrés dans le tableau périodique à la **figure 2.15**.

Les **composés moléculaires** sont généralement constitués de deux ou plusieurs non-métaux liés par covalence. Les unités fondamentales des composés moléculaires sont des molécules formées de leurs atomes constituants. Par exemple, l'eau se compose de molécules de H_2O, la glace sèche, de molécules de CO_2 et le propane (utilisé souvent comme combustible de barbecue), de molécules C_3H_8, comme le montre la **figure 2.16(a)**.

Les **composés ioniques** sont constitués de cations (habituellement un type de métal) et d'anions (habituellement un ou plusieurs non-métaux) retenus par des liaisons ioniques. Les composés ioniques sont présents dans la croûte terrestre sous forme de minéraux. Parmi les exemples, le calcaire ($CaCO_3$), un type de roche sédimentaire; la gibbsite [$Al(OH)_3$], un minerai contenant de l'aluminium; et la soude (Na_2CO_3), un dépôt naturel.

Les composés ioniques sont également présents dans les aliments que nous mangeons. C'est le cas, par exemple, du sel de table (NaCl), le rehausseur de goût le plus couramment utilisé, du carbonate de calcium ($CaCO_3$), une source de calcium nécessaire à la santé des os et du chlorure de potassium (KCl), une source de

La calcite (à gauche) est le principal composant du calcaire, du marbre et d'autres formes de carbonate de calcium ($CaCO_3$) très répandu dans la croûte terrestre. Le trona (à droite) est une forme cristalline de carbonate de sodium hydraté [$Na_3H(CO_3)_2 \cdot 2H_2O$].

FIGURE 2.15 Éléments moléculaires

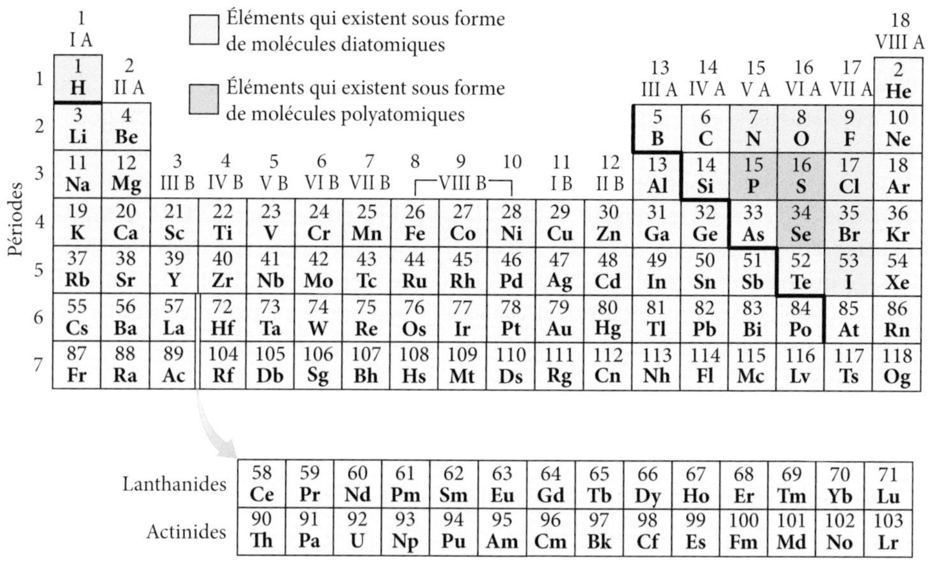

	1 I A																		18 VIII A

Éléments qui existent sous forme de molécules diatomiques

Éléments qui existent sous forme de molécules polyatomiques

Périodes	1 I A	2 II A												13 III A	14 IV A	15 V A	16 VI A	17 VII A	2 He
1	1 H																		2 He
2	3 Li	4 Be												5 B	6 C	7 N	8 O	9 F	10 Ne
3	11 Na	12 Mg	3 III B	4 IV B	5 V B	6 VI B	7 VII B	8	9 VIII B	10	11 I B	12 II B		13 Al	14 Si	15 P	16 S	17 Cl	18 Ar
4	19 K	20 Ca	21 Sc	22 Ti	23 V	24 Cr	25 Mn	26 Fe	27 Co	28 Ni	29 Cu	30 Zn		31 Ga	32 Ge	33 As	34 Se	35 Br	36 Kr
5	37 Rb	38 Sr	39 Y	40 Zr	41 Nb	42 Mo	43 Tc	44 Ru	45 Rh	46 Pd	47 Ag	48 Cd		49 In	50 Sn	51 Sb	52 Te	53 I	54 Xe
6	55 Cs	56 Ba	57 La	72 Hf	73 Ta	74 W	75 Re	76 Os	77 Ir	78 Pt	79 Au	80 Hg		81 Tl	82 Pb	83 Bi	84 Po	85 At	86 Rn
7	87 Fr	88 Ra	89 Ac	104 Rf	105 Db	106 Sg	107 Bh	108 Hs	109 Mt	110 Ds	111 Rg	112 Cn		113 Nh	114 Fl	115 Mc	116 Lv	117 Ts	118 Og

Lanthanides	58 Ce	59 Pr	60 Nd	61 Pm	62 Sm	63 Eu	64 Gd	65 Tb	66 Dy	67 Ho	68 Er	69 Tm	70 Yb	71 Lu
Actinides	90 Th	91 Pa	92 U	93 Np	94 Pu	95 Am	96 Cm	97 Bk	98 Cf	99 Es	100 Fm	101 Md	102 No	103 Lr

Les éléments placés dans les cases colorées existent principalement sous forme de molécules diatomiques (en jaune) ou de molécules polyatomiques (en rouge).

FIGURE 2.16 Composés moléculaires et ioniques

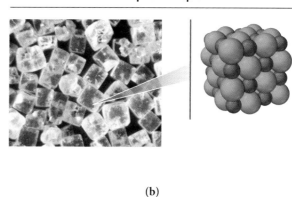

Composé moléculaire   **Composé ionique**

(a)   (b)

(a) Le propane est un exemple de composé moléculaire. Les unités fondamentales qui composent le propane gazeux sont des molécules de propane (C_3H_8). **(b)** Le sel de table (NaCl) est un composé ionique. Son couple ionique est formé du cation Na^+ et de l'anion Cl^-.

potassium nécessaire à l'équilibre hydrique et au bon fonctionnement des muscles. Les composés ioniques sont des substances solides et généralement très stables parce que les attractions entre les cations et les anions au sein des composés ioniques sont fortes et parce que chaque ion interagit avec plusieurs ions dans le réseau cristallin.

L'unité de base d'un composé ionique est le **couple ionique**, un anion (chargé négativement) et un cation (chargé positivement) retenus ensemble par la force électrostatique. Les couples ioniques sont différents des molécules en ce qu'ils n'existent pas comme entités distinctes, mais font plutôt partie d'un réseau plus grand. Par exemple, le sel de table, un composé ionique, est composé d'ions Na^+ et Cl^- dans un rapport de un pour un. Dans le sel de table, les ions Na^+ et Cl^- forment un arrangement tridimensionnel. Toutefois, comme les liaisons ioniques ne sont pas directionnelles, aucun ion Na^+ ne s'apparie avec un ion Cl^- donné. Comme vous pouvez le voir à la **figure 2.16(b)**, chaque cation Na^+ est plutôt entouré d'anions Cl^- et vice versa.

Certains composés ioniques, par exemple K_2NaPO_4, renferment plus d'un seul type d'ions métalliques. À l'occasion, on fait référence aux composés ioniques comme s'il s'agissait de molécules, ce qui se révèle *inexact* étant donné que les composés ioniques ne contiennent pas de molécules distinctes.

Les produits de consommation comme l'eau de Javel qui contient de l'hypochlorite de sodium (NaClO) renferment souvent des ions polyatomiques.

De nombreux composés ioniques courants renferment des ions qui sont eux-mêmes composés d'un groupe d'atomes liés par covalence et portant une charge globale. Par exemple, l'agent actif de l'eau de Javel est l'hypochlorite de sodium, qui agit de façon à altérer chimiquement les molécules colorées (action javellisante) et à tuer des bactéries (désinfection). L'hypochlorite est un **ion polyatomique** – un ion composé de deux ou plusieurs atomes – dont la formule est ClO^-. (Notez que la charge de l'ion hypochlorite est une propriété de l'ion dans son ensemble, non pas seulement de l'atome d'oxygène. Cette observation s'applique à tous les ions polyatomiques.) L'ion hypochlorite est une unité que l'on rencontre souvent dans d'autres substances, comme $KClO$ et $Mg(ClO)_2$. D'autres composés contenant des ions polyatomiques présents dans des produits d'usage quotidien incluent l'hydrogénocarbonate de sodium ($NaHCO_3$), le nitrite de sodium ($NaNO_2$), un inhibiteur de la croissance bactérienne dans les charcuteries, et le carbonate de calcium ($CaCO_3$), l'ingrédient actif dans les antiacides comme les Tums et les Rolaids.

Lien conceptuel 2.4 Représentation moléculaire des éléments et des composés

Supposons que les deux éléments A (représenté par des triangles) et B (représenté par des carrés) forment un composé moléculaire dont la formule moléculaire est A_2B, et que deux autres éléments, C (représenté par des cercles) et D (représenté par des losanges), forment un composé ionique dont la formule est CD. Dessinez chacun de ces composés à l'échelle moléculaire.

EXEMPLE 2.7 **Classement des substances en éléments atomiques, éléments moléculaires, composés moléculaires ou composés ioniques**

Classez chaque substance selon qu'elle est un élément atomique, un élément moléculaire, un composé moléculaire ou un composé ionique.

(a) Xénon. **(b)** $NiCl_2$. **(c)** Brome. **(d)** NO_2. **(e)** $NaNO_3$.

SOLUTION

(a) Le xénon est un élément et ne fait pas partie de ceux qui existent sous forme de molécules diatomiques ou polyatomiques (figure 2.16) ; par conséquent, c'est un élément atomique.

(b) $NiCl_2$ est un composé constitué d'un métal (côté gauche du tableau périodique) et d'un non-métal (côté droit du tableau périodique) ; par conséquent, c'est un composé ionique.

(c) Le brome est un des éléments qui existent sous forme de molécules diatomiques ; par conséquent, c'est un élément moléculaire.

(d) NO_2 est un composé constitué de deux non-métaux ; par conséquent, c'est un composé moléculaire.

(e) $NaNO_3$ est un composé constitué d'un métal et d'un ion polyatomique ; par conséquent, c'est un composé ionique.

EXERCICE PRATIQUE 2.7

Classez chaque substance selon qu'elle est un élément atomique, un élément moléculaire, un composé moléculaire ou un composé ionique.

(a) Fluor. **(b)** N_2O. **(c)** Argent. **(d)** K_2O. **(e)** Fe_2O_3.

Lien conceptuel 2.5 Composés ioniques et composés moléculaires

Quel énoncé établit le mieux la différence entre les composés ioniques et moléculaires ?

(a) Les composés moléculaires comportent des liaisons covalentes fortement directionnelles qui rendent possible la formation de molécules, c'est-à-dire de particules distinctes qui ne se lient pas les unes aux autres par covalence. Les composés ioniques comportent des liaisons ioniques non directionnelles, ce qui permet (en phase solide) la formation de réseaux ioniques — des réseaux étendus de cations et d'anions en alternance.

(b) Les composés moléculaires comportent des liaisons covalentes dans lesquelles un des atomes partage un électron avec un autre atome ; il se crée alors une nouvelle force qui retient les atomes ensemble dans une molécule covalente. Les composés ioniques comportent des liaisons ioniques dans lesquelles un atome cède un électron à l'autre, créant ainsi une nouvelle force qui lie les ions ensemble en paires (en phase solide).

(c) La principale différence entre les composés ioniques et covalents réside dans les types d'éléments qui les composent, et non la façon dont les atomes se lient ensemble.

(d) Un composé moléculaire est constitué de molécules liées par covalence. Un composé ionique est constitué de molécules réunies par des liens ioniques (en phase solide).

Vous êtes maintenant en mesure de faire les exercices 30 à 36.

2.7 Représenter les composés : formules chimiques et modèles moléculaires

La méthode la plus rapide et la plus simple de représenter un composé est d'en écrire ou d'en dessiner la **formule chimique**, qui révèle les éléments présents dans ce composé et le nombre d'atomes ou d'ions qu'il contient. Par exemple, la formule chimique de l'eau est H_2O : elle indique que l'eau est constituée d'atomes d'hydrogène et d'oxygène dans un rapport de deux pour un. La formule comporte le symbole de chaque élément et un indice indique le nombre d'atomes de l'élément. On omet généralement les indices de 1 et on présente généralement l'élément le plus métallique (ou de charge *positive* plus élevée) en premier, puis les éléments moins métalliques (ou de charge *négative* plus élevée). Parmi les autres exemples de formules chimiques courantes, on peut mentionner NaCl, le chlorure de sodium, dont les ions sodium et chlore sont dans un rapport d'un pour un, de même que CO_2, le dioxyde de carbone, dont la molécule contient un atome de carbone et deux atomes d'oxygène, et enfin CCl_4, le tétrachlorure de carbone, dont la molécule contient un atome de carbone et quatre atomes de chlore.

Types de formules chimiques

Les formules chimiques sont généralement divisées en trois grandes catégories : les formules empiriques, moléculaires et structurales (que l'on nomme aussi développées et semi-développées). La **formule empirique** ne donne que le nombre relatif d'atomes (le plus petit rapport de nombres entiers) de chaque élément dans un composé, tandis que la **formule moléculaire** indique le nombre réel d'atomes de chaque élément dans une molécule de ce composé. Par exemple, la formule empirique du peroxyde d'hydrogène est HO, mais sa formule moléculaire est H_2O_2. La formule moléculaire est toujours un multiple entier de la formule empirique. Pour certains composés, la formule empirique et la formule moléculaire sont identiques. Par exemple, les formules empirique et moléculaire de l'eau sont H_2O parce que les molécules d'eau renferment deux atomes d'hydrogène et un atome d'oxygène, et aucun rapport de nombres entiers plus simple ne peut exprimer le nombre relatif d'atomes d'hydrogène et d'atomes d'oxygène. Dans le cas des composés métalliques et ioniques, comme il s'agit de réseaux indéfinis, seule la formule empirique peut être utilisée. Par exemple, dans NaCl, la formule indique que dans le réseau il y a autant d'atomes de sodium que de chlore ; dans $MgCl_2$, la formule indique que dans le réseau, on retrouve deux atomes de chlore pour un atome de magnésium.

Une **formule structurale (développée)** qui représente les liaisons covalentes sous forme de traits montre comment les atomes sont connectés ou liés l'un à l'autre dans une molécule. Ainsi, la formule structurale de H_2O_2 est

$$H—O—O—H$$

Les formules structurales peuvent également s'écrire de façon à donner un aperçu de la géométrie de la molécule. Par exemple, la formule structurale du peroxyde d'hydrogène peut s'écrire

$$
\begin{array}{c}
H \\
\backslash \\
O—O \\
\qquad \backslash \\
\qquad H
\end{array}
$$

Cette façon d'écrire la formule structurale met en évidence les angles approximatifs entre les liaisons et révèle la forme de la molécule. Les formules structurales peuvent également montrer différents types de liaisons entre des atomes. Par exemple, la formule structurale du dioxyde de carbone est

$$O=C=O$$

Les traits doubles entre les atomes de carbone et d'oxygène représentent une liaison double qui est généralement plus forte et plus courte qu'une liaison simple (représentée par un trait simple). Une liaison simple correspond à une paire d'électrons partagée, alors qu'une liaison double correspond à deux paires d'électrons partagés. Aux chapitres 5 et 6, nous étudierons plus en détail les liaisons simples, doubles et même triples.

Le type de formule qu'on utilise dépend de la somme de connaissances que nous avons sur un composé et de ce que nous voulons communiquer. Remarquez que, pour une molécule, la formule structurale (développée) communique le plus d'informations, alors que la formule empirique en communique le moins.

Lien conceptuel 2.6   Formules structurales

Dans le butane (C_4H_{10}) – le combustible utilisé dans les briquets – les atomes de carbone forment une chaîne reliée par des liaisons simples et sont entourés par les atomes d'hydrogène, eux aussi connectés par des liaisons simples. Écrivez une formule structurale (développée) du butane.

EXEMPLE 2.8   **Formules moléculaires et empiriques**

Écrivez les formules empiriques des composés représentés par les formules moléculaires.

(a) C_4H_8.   **(b)** B_2H_6.   **(c)** CCl_4.

SOLUTION

Pour déterminer la formule empirique à partir d'une formule moléculaire, divisez les indices par le plus grand facteur commun (le nombre le plus grand qui divise exactement tous les indices).

(a) Pour C_4H_8, le plus grand facteur commun est 4. La formule empirique est donc CH_2.

(b) Pour B_2H_6, le plus grand facteur commun est 2. Donc la formule empirique est BH_3.

(c) Pour CCl_4, le seul facteur commun est 1, de sorte que la formule empirique et la formule moléculaire sont identiques.

EXERCICE PRATIQUE 2.8

Écrivez la formule empirique des composés représentés par leurs formules moléculaires.

(a) C_5H_{12}.   **(b)** Hg_2Cl_2.   **(c)** $C_2H_4O_2$.

Modèles moléculaires

Les modèles moléculaires constituent une façon plus précise et complète de caractériser un composé de façon explicite. Les **modèles boules et bâtonnets** (**tableau 2.3**) représentent les atomes par des boules (qui symbolisent le volume de l'atome) et les liaisons chimiques par des bâtonnets ; la façon dont les uns et les autres sont liés traduit la forme d'une molécule. Un code de couleurs permet de distinguer les boules correspondant à des éléments particuliers. Par exemple, le carbone est habituellement noir, l'hydrogène est blanc, l'azote est bleu et l'oxygène est rouge.

Dans les **modèles moléculaires compacts** (tableau 2.3), les atomes occupent l'espace entre eux, ce qui permet de donner une idée plus réaliste de la représentation d'une molécule si elle était à l'échelle visible. Par exemple, voici les différentes façons de représenter une molécule de méthane, la principale composante du gaz naturel :

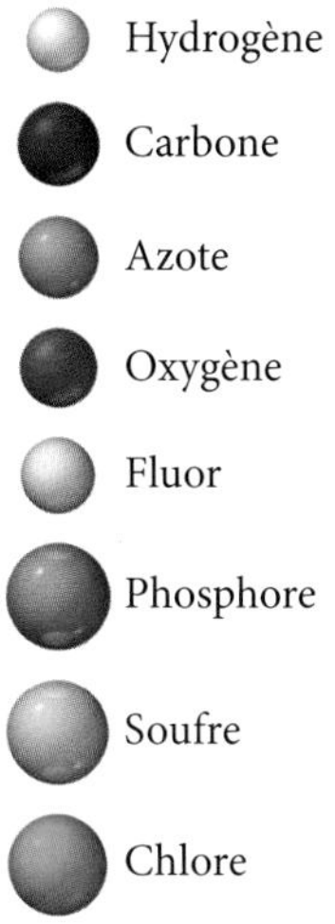

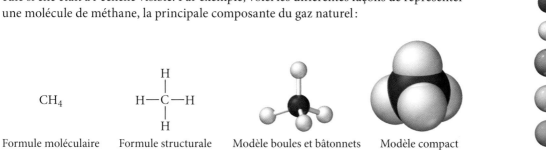

CH_4			
Formule moléculaire	Formule structurale	Modèle boules et bâtonnets	Modèle compact

- ◯ Hydrogène
- ● Carbone
- ◉ Azote
- ● Oxygène
- ◯ Fluor
- ◉ Phosphore
- ◯ Soufre
- ◉ Chlore

TABLEAU 2.3	Formules du benzène, de l'acétylène, du glucose et de l'ammoniac				
Nom du composé	Formule empirique	Formule moléculaire	Formule structurale	Modèle boules et bâtonnets	Modèle compact
Benzène	CH	C_6H_6	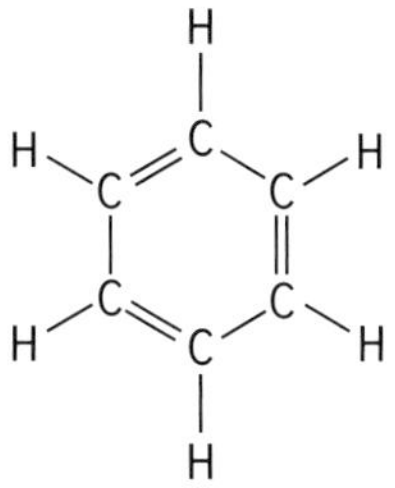	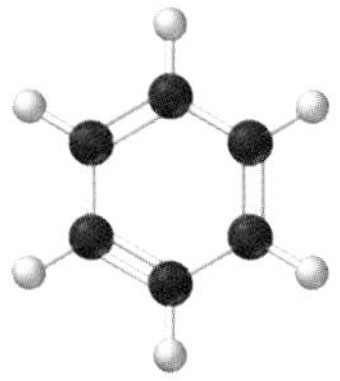	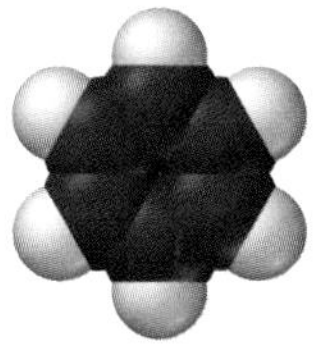
Acétylène	CH	C_2H_2	$H-C\equiv C-H$		
Glucose	CH_2O	$C_6H_{12}O_6$	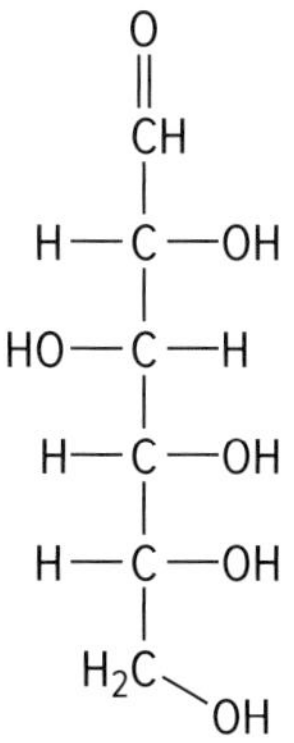	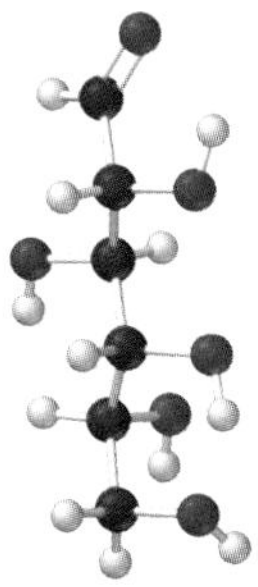	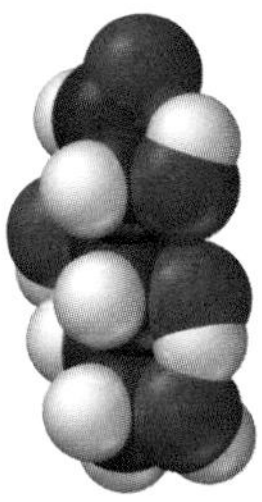
Ammoniac	NH_3	NH_3	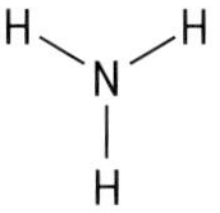		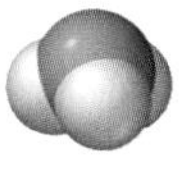

La formule moléculaire du méthane révèle le nombre et le type de chacun des atomes dans la molécule : un atome de carbone et quatre atomes d'hydrogène. La formule structurale indique comment les atomes sont liés : l'atome de carbone est lié à quatre atomes d'hydrogène. Le modèle de type boules et bâtonnets montre clairement la géométrie de la molécule : l'atome de carbone se situe au centre d'un *tétraèdre* formé par les quatre atomes d'hydrogène. Le modèle compact fournit une meilleure idée des tailles relatives des atomes et comment ils fusionnent ensemble en se liant.

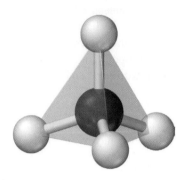

Un tétraèdre est une forme géométrique tridimensionnelle caractérisée par quatre faces triangulaires équivalentes.

Dans ce manuel, nous représentons les molécules de toutes ces façons (tableau 2.3). En examinant ces représentations, souvenez-vous que les propriétés de chaque molécule sont déterminées par les atomes qui la composent, par la longueur des liaisons entre les atomes et par sa forme globale. Si l'une de ces caractéristiques change, les propriétés de la molécule changent.

Dans les deux dernières sections de ce chapitre, nous étudierons successivement la façon de déterminer la formule empirique des composés ioniques et les règles de nomenclature concernant les composés ioniques et moléculaires. Nous ne nous intéresserons pas toutefois aux composés métalliques, relativement simples à nommer, puisque, dans leur forme pure, leur formule empirique n'est composée que du symbole de l'élément présent et leur nom est identique à celui de l'élément. Dans le cas des alliages (mélange de métaux), l'industrie de la métallurgie a établi plusieurs systèmes de classement. Par exemple, les objets de la vie quotidienne fabriqués avec de l'aluminium (automobiles, boîtes de conserve, fenêtres, fils électriques, etc.) contiennent généralement un autre métal comme le cuivre, le magnésium, le manganèse ou le zinc. La désignation des divers alliages suit les directives de l'Aluminium Association (États-Unis) qui a créé un système numérique à quatre chiffres. Le bronze, un alliage de cuivre et d'étain, est pour sa part classé selon son contenu en étain, le chiffre à la fin représentant le pourcentage du métal secondaire, par exemple $CuSn_5$, $CuSn_8$ et $CuSn_{12}$.

La *nomenclature* désigne un système structuré permettant de nommer tout composé chimique à partir de règles préétablies. Ce mot tire son origine du latin *nomenclator*, qui désignait l'esclave accompagnant un magistrat afin de lui murmurer à voix basse les noms des personnes à qui il devait s'adresser.

Lien conceptuel 2.7 Représentation des molécules

À partir de ce que vous avez appris au sujet des atomes, quelle partie de l'atome représente les sphères dans les modèles moléculaires ? Si vous deviez dessiner en surimpression un noyau sur une de ces sphères, de quelle grosseur devriez-vous le représenter ?

Vous êtes maintenant en mesure de faire les exercices 37, 73 et 74.

2.8 Formules et nomenclature des composés ioniques

Écriture des formules de composés ioniques

Les composés ioniques sont couramment utilisés dans les aliments et les produits de consommation comme le sel et les Tums ($CaCO_3$).

Étant donné que les composés ioniques sont neutres et que de nombreux éléments ne forment qu'un seul type d'ion de charge prévisible, on peut déduire les formules d'un grand nombre de composés ioniques à partir de leurs éléments constituants. Par exemple, la formule du composé ionique formé de sodium et de chlore doit être NaCl parce que, dans les composés, Na forme toujours des cations +1, et Cl forme toujours des anions −1. Pour que le composé soit neutre, il doit contenir un cation Na^+ pour chaque anion Cl^-.

La formule du composé ionique constitué de calcium et de chlore ne peut être que $CaCl_2$ parce que Ca forme toujours des cations +2 et Cl forme toujours des anions Cl^-. Pour que ce composé soit neutre, il doit contenir un cation Ca^{2+} pour deux anions Cl^-.

Résumé : Formules des composés ioniques

▶ Les composés ioniques renferment toujours des ions positifs et négatifs.

▶ Dans une formule chimique, la somme des charges des ions positifs (cations) doit toujours être égale à la somme des charges des ions négatifs (anions).

▶ La formule est empirique : elle correspond au rapport du plus petit nombre entier d'ions.

> Consultez le tableau 2.4 pour réviser les éléments qui forment des anions avec des charges prévisibles.

Pour écrire la formule d'un composé ionique, suivre la procédure dans la colonne de gauche de la page suivante. Les exemples 2.9 et 2.10, qui apparaissent dans les colonnes du centre et de droite, montrent comment appliquer la procédure.

MÉTHODE POUR... Écrire les formules des composés ioniques	EXEMPLE 2.9 Écrire les formules des composés ioniques — Écrivez la formule du composé ionique qui se forme à partir de l'aluminium et de l'oxygène.	EXEMPLE 2.10 Écrire les formules des composés ioniques — Écrivez la formule du composé ionique qui se forme à partir du calcium et de l'oxygène.
1. Écrivez le symbole du cation du métal et sa charge suivis du symbole de l'anion du non-métal. Trouvez les charges à partir du numéro du groupe de l'élément dans le tableau périodique. (Reportez-vous à la figure 2.9.)	Al^{3+} O^{2-}	Ca^{2+} O^{2-}
2. Ajustez l'indice de chaque cation et de chaque anion pour équilibrer la charge globale.	Al^{3+} O^{2-} $\downarrow$ Al_2O_3	Ca^{2+} O^{2-} $\downarrow$ CaO
3. Vérifiez que la somme des charges des cations est égale à celle des anions.	Cations : $2(3+) = 6+$ Anions : $3(2-) = 6-$ Les charges s'annulent. **EXERCICE PRATIQUE 2.9** Écrivez la formule du composé formé à partir du potassium et du soufre.	Cations : $2+$ Anions : $2-$ Les charges s'annulent. **EXERCICE PRATIQUE 2.10** Écrivez la formule du composé formé à partir de l'aluminium et de l'azote.

Nomenclature des composés ioniques

Certains composés ioniques – comme NaCl (sel de table) et $NaHCO_3$ (bicarbonate de soude) – possèdent des **noms communs**, c'est-à-dire des noms triviaux, qui dérivent de leur emploi dans la vie quotidienne et sans lien avec leur structure chimique. Pour éviter toute ambiguïté, les chimistes ont élaboré des règles pour donner des **noms systématiques** aux différents types de composés, dont les composés ioniques. Les noms systématiques peuvent être déterminés par l'examen de la formule chimique d'un composé. À l'inverse, la formule d'un composé peut être déduite de son nom systématique.

Pour nommer un composé, il faut déterminer s'il s'agit d'un composé ionique ou d'un composé covalent. Rappelez-vous que *les composés ioniques sont habituellement formés par l'union de métaux et de non-métaux.* Aussi, chaque fois que vous constatez la présence d'un métal associé à un ou plusieurs non-métaux dans une formule chimique, vous pouvez présumer qu'il s'agit d'un composé ionique. On peut classer les composés ioniques en deux catégories, selon le métal présent dans le composé.

La première catégorie réunit les métaux dont la charge ne varie pas d'un composé à un autre. Autrement dit, chaque fois qu'un de ces métaux forme un ion, celui-ci porte toujours la même charge. Étant donné que la charge du métal dans ces composés ioniques ne change pas, il est inutile de la spécifier dans le nom du composé. Par exemple, le sodium possède une charge de +1 dans tous ses composés. La **figure 2.17** présente quelques exemples de ces types de métaux dont les charges peuvent être déduites à partir du numéro de leur groupe (groupes principaux, groupes A) dans le tableau périodique.

La deuxième catégorie de composés ioniques binaires rassemble des métaux dont les charges varient selon les composés (métaux de transition, groupe B; voir la figure 2.17 et le tableau 4.1, section 4.3). En effet, puisque chacun de ces métaux peut former plus d'une sorte de cation, il faut donc indiquer la charge associée à un composé donné. Le fer, par exemple, possède une charge de +2 dans certains de ses composés et une charge de +3 dans d'autres. Les métaux de ce type se situent souvent dans la section du tableau périodique appelée *métaux de transition*. Cependant, certains éléments de transition, comme Zn et Ag, portent la même charge dans tous leurs composés, comme le montre la figure 2.17, et certains métaux des groupes principaux, tels le plomb et l'étain, portent des charges qui peuvent varier d'un composé à un autre (**tableau 2.5**).

Nomenclature des composés ioniques binaires contenant un métal qui ne forme qu'un seul type de cation

Les **composés binaires** ne renferment que deux éléments différents. Les noms des composés ioniques binaires prennent la forme

Racine du nom de l'élément constitutif de l'anion (non-métal) + suffixe *-ure*	Nom du cation (métal) précédé de la préposition « de »

Par exemple, le nom de KCl est formé de la racine du nom de l'anion, *chlor*, dont il est constitué, avec le suffixe *-ure*, suivi du nom du cation, *potassium*, séparés par la préposition « de ». Son nom complet est donc *chlorure de potassium*:

$$KCl \quad \text{chlorure de potassium}$$

Exception: L'anion O^{2-} porte le nom d'« oxyde ». Le nom de CaO est formé du nom de l'anion O^{2-}, *oxyde*, suivi du nom du cation, *calcium*, séparés par la préposition « de ». Son nom complet est *oxyde de calcium*:

$$CaO \quad \text{oxyde de calcium}$$

FIGURE 2.17 Métaux dont la charge est invariable d'un composé à l'autre

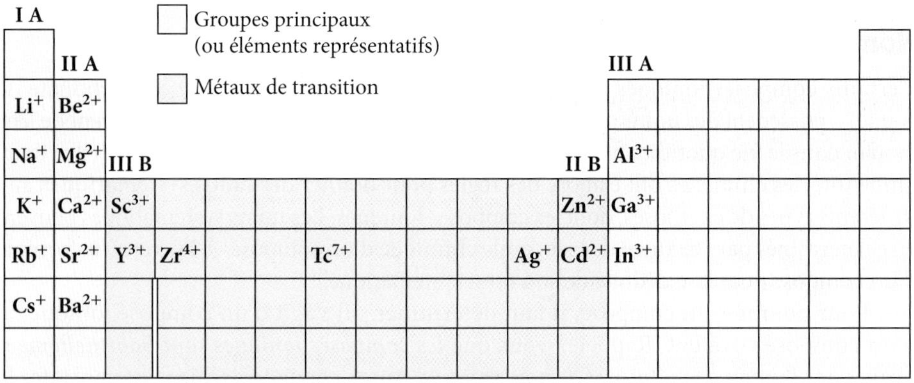

Les métaux qui ne portent qu'une seule charge quel que soit le composé sont habituellement, mais pas toujours, des métaux des groupes principaux IA, IIA, IIIA et des groupes de transition IIIB et IIB.

Le **tableau 2.4** présente les racines des noms de divers non-métaux et leurs charges les plus courantes dans des composés ioniques.

TABLEAU 2.4	Quelques anions monoatomiques courants		
Non-métal	**Symbole de l'ion**	**Racine de l'élément constitutif**	**Nom de l'anion**
Hydrogène	H^-	hydr	Hydrure
Fluor	F^-	fluor	Fluorure
Chlore	Cl^-	chlor	Chlorure
Brome	Br^-	brom	Bromure
Iode	I^-	iod	Iodure
Oxygène	O^{2-}	ox	Oxyde*
Soufre	S^{2-}	sulf**	Sulfure
Azote	N^{3-}	nitr**	Nitrure***
Phosphore	P^{3-}	phosph	Phosphure

* L'anion de l'oxygène est une exception. Son suffixe est *-yde* et non *-ure*.

** Il arrive que certaines racines du nom de l'élément constitutif conservent leurs origines latines.

*** Ne pas confondre l'ion monoatomique nitrure (N^{3-}) avec l'ion polyatomique azoture (N_3^-)

EXEMPLE 2.11 Nomenclature de composés ioniques comportant un métal ne formant qu'un seul type de cation

Déterminez le nom du composé $CaBr_2$.

SOLUTION

Le cation est *calcium*. L'anion qui provient du brome devient *bromure*.
Le nom correct est *bromure de calcium*.

EXERCICE PRATIQUE 2.11

Déterminez le nom du composé Ag_3N.

EXERCICE PRATIQUE SUPPLÉMENTAIRE 2.11

Écrivez la formule du sulfure de rubidium.

Nomenclature des composés ioniques binaires contenant un métal formant plus d'une sorte de cation

Dans le cas de ces types de métaux, le nom du cation est suivi d'un chiffre romain (placé entre parenthèses) indiquant sa charge dans ce composé donné. Par exemple, on distingue les ions Fe^{2+} et Fe^{3+} de la façon suivante :

$$Fe^{2+} \quad fer(II)$$

$$Fe^{3+} \quad fer(III)$$

Notez qu'il n'y a pas d'espace entre le nom du cation et le chiffre entre parenthèses indiquant sa charge.

Le nom complet prend donc la forme suivante :

Racine du nom de l'anion (non-métal) + *-ure*	Nom du cation (métal) précédé de la préposition « de »	(Charge du cation (métal) en chiffres romains placés entre parenthèses)

On obtient la charge du cation métallique par déduction à partir de la somme des charges des anions des non-métaux – rappelez-vous que la somme de toutes les charges doit être égale à zéro. Le **tableau 2.5** présente quelques métaux qui forment plus d'un cation et les valeurs de leurs charges les plus courantes. Par exemple, dans $CrBr_3$, la charge du chrome doit être +3 pour que le composé soit neutre avec trois anions Br^-. Le nom du cation est donc

$$Cr^{3+} \quad chrome(III)$$

Le nom complet du composé est

$$CrBr_3 \quad bromure\ de\ chrome(III)$$

De la même façon, dans CuO, la charge du cuivre doit être +2 pour que le composé soit neutre avec un anion O^{2-}. Le nom du cation est donc

$$Cu^{2+} \quad cuivre(II)$$

Le nom complet du composé est

$$CuO \quad Oxyde\ de\ cuivre(II)$$

TABLEAU 2.5   Quelques métaux formant des cations de charges différentes

Métal	Ion	Nom	Ancien nom[*]
Chrome	Cr^{2+}	Chrome(II)	Chromeux
	Cr^{3+}	Chrome(III)	Chromique
Fer	Fe^{2+}	Fer(II)	Ferreux
	Fe^{3+}	Fer(III)	Ferrique
Cobalt	Co^{2+}	Cobalt(II)	Cobalteux
	Co^{3+}	Cobalt(III)	Cobaltique
Cuivre	Cu^+	Cuivre(I)	Cuivreux
	Cu^{2+}	Cuivre(II)	Cuivrique
Étain	Sn^{2+}	Étain(II)	Stanneux
	Sn^{4+}	Étain(IV)	Stannique
Mercure	Hg_2^{2+}	Mercure(I)	Mercureux
	Hg^{2+}	Mercure(II)	Mercurique
Plomb	Pb^{2+}	Plomb(II)	Plombeux
	Pb^{4+}	Plomb(IV)	Plombique

[*] Un système de nomenclature ancien substitue les noms dans cette colonne au nom du métal et de sa charge. Dans ce système, l'oxyde de chrome(II) s'appelle oxyde chromeux; le suffixe *-eux* indique l'ion dont la charge est la plus petite et *-ique* indique l'ion dont la charge est la plus élevée. Dans le présent manuel, nous *n'*utiliserons *pas* cet ancien système.

EXEMPLE 2.12   **Nomenclature des composés ioniques contenant un métal qui forme plus d'une sorte de cation**

Déterminez le nom du composé $PbCl_4$.

SOLUTION

La charge de Pb doit être +4 pour que la charge du composé soit neutre avec 4 anions Cl^-. Le nom de $PbCl_4$ est constitué de la racine du nom de l'anion, *chlor*, avec le suffixe *-ure*, suivi du nom du cation, *plomb*, séparés par la préposition « de » et suivi de la charge du cation entre parenthèses (IV). Le nom complet est *chlorure de plomb(IV)*:

$$PbCl_4 \quad chlorure\ de\ plomb(IV)$$

EXERCICE PRATIQUE 2.12

Déterminez le nom du composé FeS.

EXERCICE PRATIQUE SUPPLÉMENTAIRE 2.12

Écrivez la formule de l'oxyde de ruthénium(IV).

Nomenclature des composés ioniques contenant des ions polyatomiques

Les composés ioniques renfermant des ions polyatomiques se nomment selon les mêmes principes que les autres composés ioniques, mais en employant le nom de l'ion polyatomique quand il est présent. Le **tableau 2.6** donne la liste des ions polyatomiques courants et leurs formules. Par exemple, $NaNO_2$ est nommé d'après son cation, Na^+, *sodium* et son anion polyatomique, NO_2^-, *nitrite*. Son nom complet est *nitrite de sodium* :

$$NaNO_2 \quad \text{nitrite de sodium}$$

On nomme $FeSO_4$ d'après le nom de son cation, *fer*, sa charge (II) et son ion polyatomique *sulfate*. Le nom complet est *sulfate de fer(II)* :

$$FeSO_4 \quad \text{sulfate de fer(II)}$$

Si le composé renferme à la fois un cation polyatomique et un anion polyatomique, on utilise les noms des deux ions polyatomiques. Par exemple, NH_4NO_3 est le *nitrate d'ammonium* :

$$NH_4NO_3 \quad \text{nitrate d'ammonium}$$

Vous devez être capable de reconnaître les ions polyatomiques dans une formule chimique, aussi faut-il vous familiariser avec le tableau 2.6. La plupart des ions polyatomiques sont des **oxyanions**, des anions renfermant de l'oxygène et un autre élément. Remarquez que lorsqu'une série d'oxyanions contient des nombres différents d'atomes

TABLEAU 2.6	Quelques ions polyatomiques courants		
Nom	**Formule**	**Nom**	**Formule**
Cations		**Anions apparentés**	
Ammonium	NH_4^+	Carbonate	CO_3^{2-}
		Hydrogénocarbonate	HCO_3^-
Anions			
Cyanure	CN^-	Nitrite	NO_2^-
Thiocyanate	SCN^-	Nitrate	NO_3^-
Hydroxyde	OH^-		
Peroxyde	O_2^{2-}	Hypochlorite	ClO^-
Acétate	CH_3COO^-	Chlorite	ClO_2^-
Chromate	CrO_4^{2-}	Chlorate	ClO_3^-
Dichromate	$Cr_2O_7^{2-}$	Perchlorate	ClO_4^-
Oxalate	$C_2O_4^{2-}$	Sulfite	SO_3^{2-}
Permanganate	MnO_4^-	Hydrogénosulfite	HSO_3^-
Silicate	SiO_3^{2-}	Sulfate	SO_4^{2-}
Thiosulfate	$S_2O_3^{2-}$	Hydrogénosulfate	HSO_4^-
Borate	BO_3^{3-}		
		Phosphite	PO_3^{3-}
		Hydrogénophosphite	HPO_3^{2-}
		Dihydrogénophosphite	H_2PO_3
		Phosphate	PO_4^{3-}
		Hydrogénophosphate	HPO_4^{2-}
		Dihydrogénophosphate	$H_2PO_4^-$

d'oxygène, ils sont nommés systématiquement selon leur nombre d'atomes d'oxygène dans l'ion. S'il n'y a que deux anions dans la série, celui qui contient le plus d'atomes d'oxygène prend la terminaison -*ate* et celui qui en a le moins reçoit la terminaison -*ite*. Par exemple, NO_3^- est *nitrate* et NO_2^- est *nitrite* :

$$NO_2^- \quad nit\textit{rite}$$

$$NO_3^- \quad nit\textit{rate}$$

S'il y a plus de deux ions dans la série, on utilise alors les préfixes *hypo-*, qui signifie *moins que* et *per-*, qui signifie *plus que*. Ainsi, ClO^- est l'hypochlorite, qui signifie moins d'oxygène que le chlorite et ClO_4^- est le perchlorate, qui signifie plus d'oxygène que le chlorate :

$$ClO^- \quad \textit{hypo}chlor\textit{ite}$$

$$ClO_2^- \quad chlor\textit{ite}$$

$$ClO_3^- \quad chlor\textit{ate}$$

$$ClO_4^- \quad \textit{per}chlor\textit{ate}$$

Si l'oxyanion possède une charge supérieure à -1, celui-ci peut accueillir un cation H^+. Le nom du radical commencera par le préfixe -*hydrogéno* et la charge négative sera plus faible de -1 pour chaque cation H^+ :

$$PO_4^{3-} \quad phosphate$$

$$HPO_4^{2-} \quad \textit{hydrogéno}phosph\textit{ate}$$

$$H_2PO_4^- \quad \textit{dihydrogéno}phosph\textit{ate}$$

> Les autres halogénures (ions halogène) forment des séries semblables qui portent des noms similaires. Ainsi, IO_3^- est l'iodate et BrO_3^- est le bromate. Par contre, il n'existe pas d'anions oxygénés stables formés avec le fluor.

EXEMPLE 2.13   **Nom de radicaux oxygénés**

Donnez les noms des radicaux oxygénés formés à partir du brome.

SOLUTION

S'il n'y a que deux anions dans la série, celui qui contient le plus d'atomes d'oxygène prend la terminaison -*ate* et celui qui en porte le moins reçoit la terminaison -*ite*. Si la série comporte plus de deux ions, on utilise alors les préfixes *hypo-*, qui signifie *moins que* et *per-*, qui signifie *plus que*. Il peut exister quatre oxyanions pour chaque halogène, excepté le fluor.

$$\text{Brome :}$$
$$BrO^- \quad \textit{hypo}brom\textit{ite}$$
$$BrO_2^- \quad brom\textit{ite}$$
$$BrO_3^- \quad brom\textit{ate}$$
$$BrO_4^- \quad \textit{per}brom\textit{ate}$$

EXERCICE PRATIQUE 2.13

Donnez les noms des radicaux oxygénés formés à partir de l'iode.

EXEMPLE 2.14   **Nomenclature des composés ioniques renfermant un ion polyatomique**

Déterminez le nom du composé $Li_2Cr_2O_7$.

SOLUTION

Le nom de $Li_2Cr_2O_7$ est constitué du nom de l'ion polyatomique, *dichromate*, suivi du nom du cation, *lithium*, séparés par la préposition « de ». Son nom complet est donc *dichromate de lithium* :

$$Li_2Cr_2O_7 \quad \text{dichromate de lithium}$$

EXERCICE PRATIQUE 2.14

Déterminez le nom du composé $Sn(ClO_3)_2$.

EXERCICE PRATIQUE SUPPLÉMENTAIRE 2.14

Écrivez la formule du phosphate de cobalt(II).

Nomenclature des composés ioniques hydratés

Certains composés ioniques – appelés **hydrates** – renferment un nombre fixe de molécules d'eau. Par exemple, le sel d'Epsom possède la formule $MgSO_4 \cdot 7H_2O$ et son nom systématique est sulfate de magnésium heptahydraté. Les sept molécules de H_2O associées sont appelées *eau d'hydratation*. On peut généralement enlever l'eau d'hydratation en chauffant le composé. La **figure 2.18** illustre le chauffage d'un échantillon de sulfate de cuivre(II) heptahydraté. L'hydrate est bleu et le sel anhydre (le sel sans les molécules d'eau associées) est blanc. On nomme les hydrates exactement comme les autres composés ioniques, mais en en ajoutant le terme « hydraté » auquel on associe un préfixe indiquant le nombre de molécules d'eau associées.

Voici quelques autres exemples de composés ioniques hydratés et leurs noms :

$CaSO_4 \cdot \frac{1}{2}H_2O$ sulfate de calcium hémihydraté

$BaCl_2 \cdot 2H_2O$ chlorure de baryum dihydraté

$CuSO_4 \cdot 5H_2O$ sulfate de cuivre(II) pentahydraté

Préfixes courants des hydrates
hémi = 1/2
mono = 1
di = 2
tri = 3
tétra = 4
penta = 5
hexa = 6
hepta = 7
octa = 8

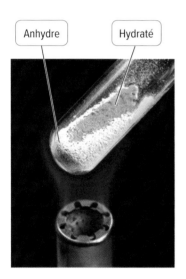

Anhydre   Hydraté

FIGURE 2.18 **Hydrates**

Le sulfate de cuivre(II) pentahydraté est bleu, mais le chauffage du composé élimine l'eau d'hydratation pour donner le sulfate de cuivre(II) anhydre blanc.

Vous êtes maintenant en mesure de faire les exercices 38 à 46.

2.9 Formules et nomenclature des composés moléculaires

Contrairement aux composés ioniques, *il est difficile* de déterminer la formule d'un composé moléculaire en se basant uniquement sur le type d'atomes présents. En effet, un même groupe d'éléments peut former de nombreux composés moléculaires différents, chacun ayant alors une formule particulière. Par exemple, le carbone et l'oxygène peuvent former CO et CO_2, l'hydrogène et l'oxygène, H_2O et H_2O_2. Quant à l'azote et l'oxygène, ils forment tous les composés moléculaires suivants : NO, NO_2, N_2O, N_2O_3, N_2O_4 et N_2O_5.

Nomenclature des composés moléculaires

Comme les composés ioniques, de nombreux composés moléculaires possèdent des noms communs. Par exemple, H_2O et NH_3 portent les noms communs *eau* et *ammoniac*. Toutefois, l'énorme quantité de composés moléculaires qui existent – de l'ordre des millions – exige une approche systématique pour les nommer.

La première étape dans la nomenclature d'un composé moléculaire consiste d'abord à l'identifier comme tel. Rappelez-vous, *les composés moléculaires se forment entre deux ou plusieurs non-métaux*. Dans la présente section, nous apprendrons comment nommer les composés moléculaires binaires (formés de deux éléments).

Préfixe	Racine du nom du deuxième élément + *-ure* (ou *-yde* pour l'oxygène)	Préposition « de »	Préfixe	Nom du premier élément

Lorsqu'on écrit le nom d'un composé moléculaire, on commence par nommer le deuxième élément présent dans sa formule, celui qui a le caractère le moins métallique (situé le plus à droite et en haut du tableau périodique) puis le premier élément de la formule. Un préfixe est attribué à chaque élément selon le nombre d'atomes présents :

Ces préfixes sont les mêmes que ceux utilisés dans la nomenclature des hydrates.

mono = 1	hexa = 6
di = 2	hepta = 7
tri = 3	octa = 8
tétra = 4	nona = 9
penta = 5	déca = 10

S'il n'y a qu'un seul atome du second élément *nommé*, le préfixe *mono-* est normalement omis. Par exemple, on nomme NO_2 en utilisant le préfixe *di-* pour indiquer qu'il y a deux atomes d'oxygène, suivi de la racine, *ox*, avec la terminaison *-yde*, puis suivi du nom du premier élément de la formule, *azote*, sans préfixe ; les deux noms sont séparés par la préposition « de » (ou d'). Le nom complet est *dioxyde d'azote* :

$$NO_2 \quad \text{dioxyde d'azote}$$

Lorsque le nom de base commence par « o », on omet souvent la voyelle terminant le préfixe. Ainsi, mono-oxyde devient *monoxyde*.

Le composé N_2O, appelé parfois gaz hilarant, est nommé de la même façon, excepté qu'on utilise le préfixe *di-* devant azote pour signaler la présence de deux atomes d'azote et le préfixe *mono-* devant oxyde pour indiquer un atome d'oxygène. Son nom en entier est *monoxyde de diazote* :

$$N_2O \quad \text{monoxyde de diazote}$$

EXEMPLE 2.15 Nomenclature des composés moléculaires

Nommez chacun des composés suivants.

(a) NI_3.

(b) PCl_5.

(c) P_4S_{10}.

SOLUTION

(a) Le nom du composé est formé de la racine du nom du deuxième élément, *iod*, précédé du préfixe *tri-* pour indiquer trois et terminé par le suffixe *-ure*, suivi du nom du premier élément, *azote*, les deux noms étant séparés par la préposition « d' » :

$$NI_3 \quad \text{triiodure d'azote}$$

(b) Le nom du composé est formé de la racine du nom du deuxième élément, *chlor*, précédé du préfixe *penta-* pour indiquer cinq. On ajoute ensuite le suffixe *-ure*, puis le nom du premier élément, *phosphore*. Enfin, on sépare les deux noms par la préposition « de » :

$$PCl_5 \quad \text{pentachlorure de phosphore}$$

(c) Le nom du composé est formé par la racine du nom du deuxième élément, *sulf*, précédé du préfixe *déca-* pour indiquer dix. On ajoute ensuite le suffixe *-ure*, puis le nom du premier élément, *phosphore*. On place le préfixe *tétra-* devant le deuxième nom pour indiquer quatre. Enfin, on sépare les deux noms par la préposition « de » :

$$P_4S_{10} \quad \text{décasulfure de tétraphosphore}$$

EXERCICE PRATIQUE 2.15

Nommez le composé N_2O_5.

EXERCICE PRATIQUE SUPPLÉMENTAIRE 2.15

Écrivez la formule du tribromure de phosphore.

Lien conceptuel 2.8 Nomenclature

Le composé NCl_3 est le trichlorure d'azote, mais $AlCl_3$ porte simplement le nom de chlorure d'aluminium. Pourquoi ?

Nomenclature des acides

On peut définir les acides de plusieurs façons, comme vous le verrez en chimie des solutions. Pour l'instant, on définit les **acides** comme des composés moléculaires qui libèrent des ions hydrogène (H^+) lorsqu'ils sont dissous dans l'eau. Les acides sont composés d'hydrogène, habituellement écrit en premier dans leur formule, et d'un ou plusieurs non-métaux, écrits en deuxième place. Par exemple, HCl est un composé moléculaire gazeux à température de la pièce, de couleur verdâtre, qui, lorsqu'il est dissous dans l'eau, forme des ions $H^+(aq)$ et $Cl^-(aq)$, où *aqueux* (*aq*) signifie *dissous dans l'eau*. Par conséquent, HCl est un acide lorsqu'il est dissous dans l'eau. Cet acide intervient dans l'estomac au début de la digestion des protéines et permet d'éliminer la plupart des microorganismes nuisibles. Pour distinguer le HCl gazeux (nommé chlorure d'hydrogène) et le HCl en solution (qui est nommé comme un acide), on écrit le premier HCl(*g*) et le second, HCl(*aq*).

Les acides sont présents dans de nombreux aliments, tels les citrons et les limes, et sont utilisés dans les produits domestiques, comme les nettoyants pour salles de bains et les détartrants pour cafetière à expresso. On peut classer les acides en deux types, les acides binaires et les oxacides :

De nombreux fruits sont acides et possèdent le goût aigre caractéristique des acides.

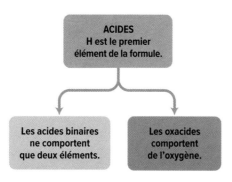

ACIDES
H est le premier élément de la formule.

Les acides binaires ne comportent que deux éléments.

Les oxacides comportent de l'oxygène.

Nomenclature des hydracides

Les **hydracides** sont composés de l'hydrogène et d'un non-métal ou d'un anion non oxygéné. Les noms des hydracides prennent la forme

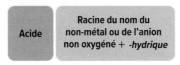

Par exemple, HCl(*aq*) est l'acide *chlor*hydrique et HBr(*aq*) est l'acide *brom*hydrique.

HCl(*aq*)   acide chlorhydrique   HBr(*aq*)   acide bromhydrique

EXEMPLE 2.16   Nomenclature des hydracides
Déterminez le nom de HI(*aq*).
SOLUTION
La racine du nom de base de I est *iod* de sorte que le nom est acide iodhydrique :   HI(*aq*)   acide iodhydrique
EXERCICE PRATIQUE 2.16   Déterminez le nom de HF(*aq*).

Nomenclature des oxacides

Les **oxacides** renferment de l'hydrogène et un oxyanion (un anion comportant un non-métal et l'oxygène). Le tableau des ions polyatomiques dresse la liste des oxyanions courants (tableau 2.6). Par exemple, HNO_3(*aq*) renferme l'ion nitrate (NO_3^-), H_2SO_3(*aq*) renferme l'ion sulfite (SO_3^{2-}) et H_2SO_4(*aq*), l'ion sulfate (SO_4^{2-}). Remarquez que ces acides sont simplement une combinaison d'un ou de plusieurs ions H^+ avec un oxyanion. Le nombre de H^+ dépend de la charge de l'oxyanion de sorte que la formule soit toujours de charge neutre. Les noms des oxacides dépendent de la terminaison de l'oxyanion et prennent la forme suivante :

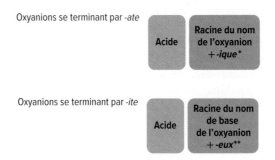

Ainsi, HNO_3(*aq*) est l'acide nitrique (l'oxyanion est nitrate) et H_2SO_3(*aq*) est l'acide sulfureux (l'oxyanion est sulfite) :

HNO_3(*aq*)   acide nitrique H_2SO_3(*aq*)   acide sulfureux

---

* Sauf pour *phosphate* qui donne phosph**or**ique et *sulfate* qui donne sulf**ur**ique.

** Sauf pour *phosphite* qui donne phosph**or**eux et *sulfite* qui donne sulf**ur**eux.

EXEMPLE 2.17 Nomenclature des oxacides

Déterminez le nom de $H_3PO_4(aq)$.

SOLUTION

L'oxyanion est phosphate, qui se termine par -*ate*. Par conséquent, le nom de l'acide est *acide phosphorique* :

$$H_3PO_4(aq) \quad \text{acide phosphorique}$$

EXERCICE PRATIQUE 2.17

Déterminez le nom de $HNO_2(aq)$.

EXERCICE PRATIQUE SUPPLÉMENTAIRE 2.17

Écrivez la formule de l'acide perchlorique.

Vous êtes maintenant en mesure de faire les exercices 47 à 53.

RÉSUMÉ DU CHAPITRE

Termes clés (voir le glossaire)

Abondance naturelle (p. 53)
Acide (p. 83)
Anion (p. 55)
Cation (p. 55)
Charge électrique (p. 50)
Composé binaire (p. 76)
Composé ionique (p. 68)
Composé moléculaire (p. 68)
Couple ionique (p. 69)
Électron (p. 50)
Élément (p. 51)
Élément atomique (p. 68)
Élément moléculaire (p. 68)
Éléments des groupes
   principaux (p. 57)

État d'oxydation (nombre
   d'oxydation), (p. 60)
Famille (groupe) d'éléments (p. 57)
Formule chimique (p. 71)
Formule empirique (p. 71)
Formule moléculaire (p. 71)
Formule structurale
   (développée) (p. 72)
Gaz inertes (p. 57)
Gaz nobles (p. 57)
Gaz rares (p. 57)
Halogène (p. 58)
Hydracide (p. 84)
Hydrate (p. 81)
Ion (p. 55)

Ion polyatomique (p. 70)
Isotope (p. 53)
Liaison covalente (p. 66)
Liaison ionique (p. 65)
Liaison métallique (p. 67)
Loi de la périodicité (p. 56)
Masse atomique (p. 62)
Métalloïdes (p. 57)
Métaux (p. 56)
Métaux alcalino-terreux (p. 58)
Métaux alcalins (p. 58)
Métaux de transition (p. 57)
Modèle boules et bâtonnets (p. 73)
Modèle moléculaire compact
   (p. 73)

Neutron (p. 50)
Nom commun (p. 75)
Nom systématique (p. 75)
Nombre de masse (A) (p. 53)
Non-métaux (p. 56)
Noyau (p. 51)
Numéro atomique (Z) (p. 51)
Oxacide (p. 84)
Oxyanion (p. 79)
Proton (p. 50)
Semi-conducteur (p. 57)
Symbole chimique (p. 51)
Unité de masse atomique (u)
   (p. 50)

Concepts clés

Atomes et éléments (2.2)

→ Les atomes sont composés de trois particules fondamentales : le proton (1 u, charge +1), le neutron (1 u, charge 0) et l'électron (~0 u, charge −1).

→ Le nombre de protons dans un noyau de l'atome est le numéro atomique (Z) et définit l'élément.

→ Les atomes d'un élément qui possèdent des nombres différents de neutrons (et par conséquent des nombres de masse différents) sont appelés isotopes. Les atomes qui ont cédé ou accepté des électrons deviennent chargés et sont appelés ions. Les cations sont chargés positivement et les anions sont chargés négativement.

Classer les éléments : le tableau périodique (2.3)

→ Le tableau périodique présente tous les éléments connus par ordre croissant de numéro atomique.

→ Le tableau périodique est organisé de façon que les éléments similaires soient regroupés dans des colonnes.

→ Les éléments du côté gauche et au centre du tableau périodique sont des métaux et ont tendance à céder des électrons dans leurs changements chimiques.

→ Les éléments du côté supérieur droit du tableau périodique sont des non-métaux et ont tendance à accepter des électrons dans leurs changements chimiques.

→ Les éléments situés à la frontière entre ces deux classes sont des métalloïdes.

Masse atomique (2.4)

→ La masse atomique d'un élément, inscrite directement sous son symbole dans le tableau périodique, est une moyenne pondérée des masses des isotopes d'origine naturelle de l'élément.

Combiner les atomes : les liaisons chimiques (2.5)

→ La liaison chimique est formée par les forces qui retiennent les atomes ensemble dans des composés. Elle provient des interactions entre les noyaux et les électrons dans les atomes.

→ Dans une liaison ionique, un ou plusieurs électrons sont *transférés* d'un atome à un autre, formant un cation (chargé positivement) et un anion (chargé négativement). Les deux ions sont attirés l'un vers l'autre grâce à l'attraction entre des charges opposées.

→ Dans une liaison covalente, un ou plusieurs électrons sont *partagés* entre deux atomes. Les atomes se retiennent l'un l'autre par l'attraction entre leurs noyaux et les électrons partagés.

→ Dans une liaison métallique, des milliards d'électrons sont *délocalisés* entre des cations. Les atomes sont retenus par l'attraction entre ces électrons et les cations formés par la délocalisation.

Éléments et composés (2.6)

→ Les éléments peuvent être divisés en deux groupes : les éléments moléculaires – qui existent sous forme de molécules (structure (liens) covalente) – ; les éléments atomiques – qui existent sous forme d'atomes individuels.

→ Les composés peuvent être divisés en deux classes principales : les composés moléculaires formés de deux ou plusieurs non-métaux liés par covalence ; les composés ioniques, généralement formés par un métal relié ioniquement à un ou plusieurs non-métaux.

→ La plus petite unité identifiable d'un composé moléculaire est une molécule et la plus petite unité identifiable d'un composé ionique est un couple ionique.

Représenter les composés : formules chimiques et modèles moléculaires (2.7)

→ Un composé est représenté par une formule chimique qui indique les éléments présents et le nombre d'atomes de chacun.

→ Une formule empirique ne donne que les nombres *relatifs* d'atomes, alors qu'une formule moléculaire donne les nombres *réels* d'atomes présents dans la molécule.

→ Les formules structurales (développées) montrent comment les atomes sont liés les uns aux autres, alors que les modèles moléculaires montrent la géométrie de la molécule.

Nomenclature des composés inorganiques (2.8 et 2.9)

→ Vous trouverez à la fin de la prochaine section un organigramme portant sur la nomenclature des composés inorganiques simples. Utilisez-le pour nommer les composés inorganiques.

Équations et relations clés

Relation entre le nombre de masse (*A*), le nombre de protons (*Z*) et le nombre de neutrons (2.2)

$$A = \text{nombre de protons } (Z) + \text{nombre de neutrons}$$

État d'oxydation (2.3)

État d'oxydation = nombre d'électrons de valence à l'état fondamental
– nombre d'électrons de valence attribués dans la structure si les électrons de la liaison sont attribués à l'atome le plus électronégatif

Masse atomique (2.4)

$$\text{Masse atomique} = \sum_{n} (\text{fraction de l'isotope } n) \times (\text{masse de l'isotope } n)$$

Tableau récapitulatif de la nomenclature inorganique (2.8 et 2.9)

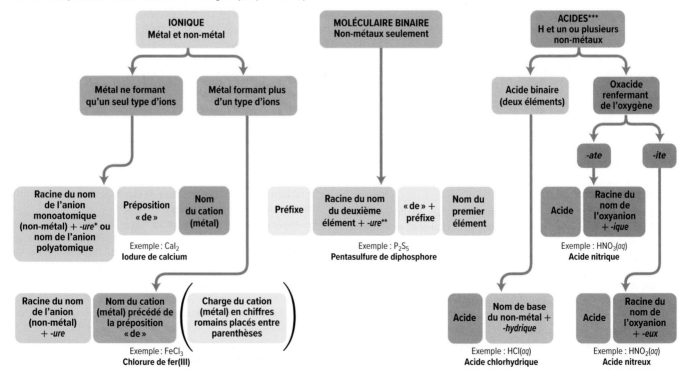

* Exception : Si l'anion est O^{2-}, il s'agit alors d'un oxyde.   ** Exception : Les composés contenant de l'oxygène sont des *oxydes*.   *** Les acides doivent être en solution aqueuse.

Exemple : K_2O
Oxyde de potassium

Exemple : P_2O_5
Pentoxyde de diphosphore

Utilisation de l'organigramme (2.8 et 2.9)

Les exemples ci-dessous montrent comment nommer les composés à l'aide de l'organigramme. La voie à suivre dans l'organigramme est illustrée sous chaque composé et elle est suivie par le nom approprié du composé.

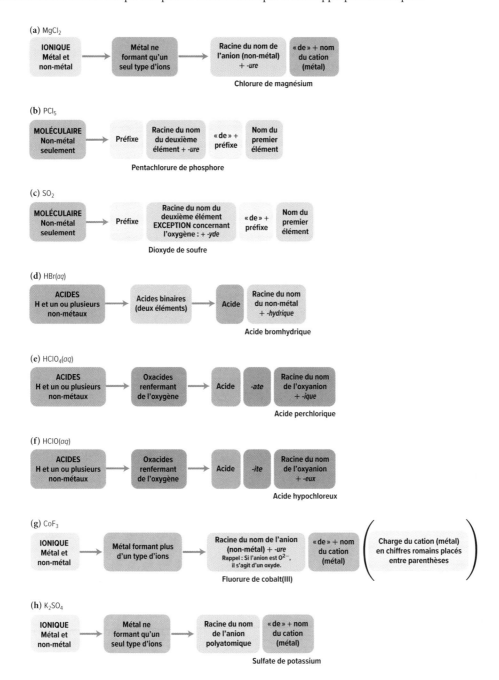

EXERCICES

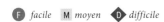 **F** *facile* **M** *moyen* **D** *difficile*

Problèmes par sujet

Atomes, isotopes et ions (2.2)

F **1.** Combien d'électrons sont nécessaires pour équilibrer la masse d'un proton ?

F **2.** Parmi les énoncés suivants concernant les particules subatomiques, lesquels sont vrais ?

(a) Si un atome compte un nombre égal de protons et d'électrons, il est de charge nulle.

(b) Les électrons sont attirés par les protons.

(c) Les électrons sont beaucoup plus légers que les neutrons.

(d) La masse des protons est deux fois plus grande que celle des neutrons.

3. Parmi les énoncés suivants concernant les particules sub-atomiques, lesquels sont faux ?
(a) Les protons et les électrons portent des charges de même grandeur, mais de signes opposés.
(b) Les protons ont une masse sensiblement égale à celle des neutrons.
(c) Certains atomes n'ont aucun proton.
(d) Les protons et les neutrons portent des charges de même grandeur, mais de signes opposés.

4. Pour chacun des isotopes, écrivez les symboles isotopiques de la forme $_Z^A X$.
(a) L'isotope du sodium ayant 12 neutrons.
(b) L'isotope de l'oxygène ayant 8 neutrons.
(c) L'isotope de l'aluminium ayant 14 neutrons.
(d) L'isotope de l'iode ayant 74 neutrons.

5. Pour chacun des isotopes, écrivez des symboles isotopiques sous la forme X-A (p. ex., C-13).
(a) L'isotope de l'argon ayant 22 neutrons.
(b) L'isotope du plutonium ayant 145 neutrons.
(c) L'isotope du phosphore ayant 16 neutrons.
(d) L'isotope du fluor ayant 10 neutrons.

6. Déterminez le nombre de protons et le nombre de neutrons dans chaque isotope.
(a) $_7^{14}N$.   (c) $_{86}^{222}Rn$.   (e) $_{19}^{40}K$.   (g) $_{43}^{99}Tc$.
(b) $_{11}^{23}Na$.   (d) $_{82}^{208}Pb$.   (f) $_{88}^{226}Ra$.   (h) $_{15}^{33}P$.

7. On utilise souvent la quantité de carbone-14 dans les artéfacts ou les fossiles dont on veut établir l'âge. Déterminez le nombre de protons et le nombre de neutrons dans un isotope de carbone-14 et écrivez son symbole selon la forme $_Z^A X$.

8. L'uranium 235 est utilisé dans la fission nucléaire. Déterminez le nombre de protons et de neutrons de l'uranium-235 et écrivez son symbole selon la forme $_Z^A X$.

9. Déterminez le nombre de protons et le nombre d'électrons dans chacun des ions suivants.
(a) Ni^{2+}.   (c) Br^-.   (e) Al^{3+}.   (g) Ga^{3+}.
(b) S^{2-}.   (d) Cr^{3+}.   (f) Se^{2-}.   (h) Sr^{2+}.

10. Prédisez la charge de l'ion monoatomique (un seul atome) formé par chaque élément.
(a) O.   (e) Mg.
(b) K.   (f) N.
(c) Al.   (g) F.
(d) Rb.   (h) Na.

11. Complétez le tableau ci-dessous.

Symbole	Ion formé	Nombre d'électrons	Nombre de protons (Z)
Ca	Ca^{2+}	_____	_____
_____	Be^{2+}	2	_____
Se	_____	_____	34
In	_____	_____	49

12. Complétez le tableau ci-dessous.

Symbole	Ion formé	Nombre d'électrons	Nombre de protons (Z)
Cl	_____	_____	_____
Te	_____	54	_____
Br	Br^-	_____	35
_____	Sr^{2+}	_____	38

Tableau périodique et masse atomique (2.3 et 2.4)

13. Nommez chaque élément et classez-les en métaux, non-métaux ou métalloïdes.
(a) Na.   (c) Br.   (e) As.
(b) Mg   (d) N.

14. Écrivez le symbole de chaque élément et classez-les en métaux, non-métaux ou métalloïdes.
(a) Plomb.   (c) Potassium.   (e) Xénon.
(b) Iode.   (d) Argent.

15. Déterminez si oui ou non chaque élément est un élément d'un groupe principal.
(a) Tellure.   (c) Vanadium.
(b) Potassium.   (d) Manganèse.

16. Déterminez si oui ou non chaque élément est un élément de transition.
(a) Cr.   (c) Mo.
(b) Br.   (d) Cs.

17. Classez chaque élément en métal alcalin, en métal alcalino-terreux, en halogène ou en gaz noble.
(a) Sodium.   (d) Baryum.
(b) Iode.   (e) Krypton.
(c) Calcium.

18. Classez chaque élément en métal alcalin, en métal alcalino-terreux, en halogène ou en gaz noble.
(a) F.   (d) Ne.
(b) Sr.   (e) At.
(c) K.

19. Selon vous, dans quelle paire les éléments sont-ils susceptibles d'être les plus semblables ? Pourquoi ?
(a) N et Ni.   (d) Cl et F.
(b) Mo et Sn.   (e) Si et P.
(c) Na et Mg.

20. Selon vous, dans quelle paire les éléments sont-ils susceptibles d'être les plus semblables ? Pourquoi ?
(a) Azote et oxygène.   (d) Germanium et arsenic.
(b) Titane et gallium.   (e) Argon et brome.
(c) Lithium et sodium.

21. Donnez l'état d'oxydation de chacun des ions mono-atomiques suivants.
(a) Na^+.   (c) Br^-.   (e) O^{2-}.
(b) Mg^{2+} (d) N^{3-}.

22. Déterminez l'état d'oxydation de chacun des atomes dans les molécules (covalent) suivantes.

(a)

(b)

23. Déterminez l'état d'oxydation de chacun des atomes dans la molécule (covalent) suivante.

F **24.** Quels sont les ions que peuvent former les métaux de transition suivants?

(a) Mo. (d) V.
(b) Fe. (e) Tc.
(c) Ag.

M **25.** Quel est l'ion formé par les métaux de transition dans les composés ioniques suivants? Vérifiez votre réponse à l'aide des états d'oxydation possibles.

(a) $TiCl_4$. (d) CrO_3.
(b) Cu_2S. (e) $ScBr_3$.
(c) Mn_2O_7.

M **26.** Le rubidium a deux isotopes d'origine naturelle dont les masses et les abondances naturelles sont les suivantes:

Isotope	Masse (u)	Abondance (%)
Rb-85	84,9118	72,15
Rb-87	86,9092	27,85

Calculez la masse atomique du rubidium.

M **27.** Le silicium a trois isotopes d'origine naturelle dont les masses et les abondances naturelles sont les suivantes:

Isotope	Masse (u)	Abondance (%)
Si-28	27,9769	92,2
Si-29	28,9765	4,67
Si-30	29,9737	3,10

Calculez la masse atomique du silicium.

M **28.** Un élément possède deux isotopes d'origine naturelle. L'isotope 1 a une masse de 120,9038 u et une abondance relative de 57,4%, et l'isotope 2 a une masse de 122,9042 u. Trouvez la masse atomique de cet élément et, par comparaison avec le tableau périodique, identifiez-le.

M **29.** Le brome possède deux isotopes d'origine naturelle (Br-79 et Br-81) et sa masse atomique est de 79,904 u. La masse de Br-81 est de 80,9163 u et son abondance naturelle est de 49,31%. Calculez la masse et l'abondance naturelle de Br-79.

Liaisons, éléments et composés (2.5, 2.6 et 2.7)

F **30.** Classez ces substances selon leur type de liaison (métallique, ionique ou covalente).

(a) CO_2. (g) CF_2Cl_2.
(b) $NiCl_2$. (h) Mn.
(c) Fe. (i) CCl_4.
(d) NaI. (j) PtO_2.
(e) $CuSn_5$. (k) SO_3.
(f) PCl_3.

F **31.** Classez chaque élément en élément atomique ou moléculaire.

(a) Néon. (e) Hydrogène.
(b) Fluor. (f) Iode.
(c) Potassium. (g) Plomb.
(d) Azote. (h) Oxygène.

F **32.** Indiquez si les substances suivantes sont des éléments ou des composés.

(a) S_8.
(b) CuCl.
(c) H_2O_2.
(d) Fe.

F **33.** Écrivez la formule chimique de chaque modèle moléculaire.

(a) (b) (c)

F **34.** Écrivez la formule chimique de chaque modèle moléculaire.

(a) (b) (c)

F **35.** En vous basant sur les représentations ci-dessous, classez chaque substance en élément atomique, en élément moléculaire, en composé ionique ou en composé moléculaire.

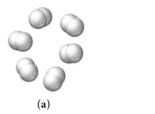 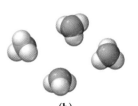

(a) (b)

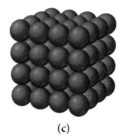

(c)

F **36.** En vous basant sur les représentations moléculaires ci-dessous, classez chaque substance en élément atomique, en élément moléculaire, en composé ionique ou en composé moléculaire.

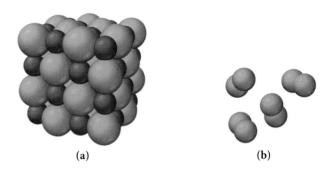

(a) (b)

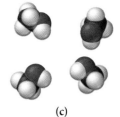

(c)

Formules et nomenclature des composés ioniques (2.8)

F 37. Déterminez le nombre de chaque type d'atomes dans chacune des formules:

(a) $Ca_3(PO_4)_2$.
(b) $SrCl_2$.
(c) KNO_3.
(d) $Mg(NO_2)_2$.
(e) $Ba(OH)_2$.
(f) NH_4Cl.
(g) $NaCN$.
(h) $Ba(HCO_3)_2$.

F 38. Écrivez la formule du composé ionique qui se forme à partir de chaque paire d'éléments.

(a) Magnésium et soufre.
(b) Baryum et oxygène.
(c) Strontium et brome.
(d) Béryllium et chlore.
(e) Aluminium et soufre.
(f) Aluminium et oxygène.
(g) Sodium et oxygène.
(h) Strontium et iode.

F 39. Écrivez la formule du composé ionique qui se forme à partir du baryum et de chaque ion polyatomique suivant:

(a) Hydroxyde.
(b) Chromate.
(c) Phosphate.
(d) Cyanure.

F 40. Écrivez la formule du composé ionique qui se forme à partir du sodium et de chaque ion polyatomique suivant:

(a) Carbonate.
(b) Phosphate.
(c) Hydrogénophosphate.
(d) Acétate.

F 41. Nommez chaque composé ionique.

(a) Mg_3N_2.
(b) KF.
(c) Na_2O.
(d) Li_2S.
(e) CsF.
(f) KI.
(g) $SrCl_2$.
(h) $BaCl_2$.

F 42. Nommez chaque composé ionique.

(a) $SnCl_4$.
(b) PbI_2.
(c) Fe_2O_3.
(d) CuI_2.
(e) SnO_2.
(f) $HgBr_2$.
(g) $CrCl_2$.
(h) $CrCl_3$.

F 43. Nommez chaque composé ionique.

(a) SnO.
(b) Cr_2S_3.
(c) RbI.
(d) $BaBr_2$.
(e) BaS.
(f) $FeCl_3$.
(g) $PbCl_4$.
(h) $SrBr_2$.

F 44. Nommez chaque composé ionique.

(a) $CuNO_2$.
(b) $Mg(CH_3COO)_2$.
(c) $Ba(NO_3)_2$.
(d) $Pb(CH_3COO)_2$.
(e) $KClO_3$.
(f) $PbSO_4$.
(g) $Ba(OH)_2$.
(h) NH_4I.
(i) $NaBrO_4$.
(j) $Fe(OH)_3$.
(k) $CoSO_4$.
(l) $KClO$.

F 45. Écrivez la formule de chaque composé ionique.

(a) Hydrogénosulfite de sodium.
(b) Permanganate de lithium.
(c) Nitrate d'argent.
(d) Sulfate de potassium.
(e) Hydrogénosulfate de rubidium.
(f) Hydrogénocarbonate de potassium.
(g) Chlorure de cuivre(II).
(h) Iodate de cuivre(I).
(i) Chromate de plomb(II).
(j) Fluorure de calcium.
(k) Hydroxyde de potassium.
(l) Phosphate de fer(II).

F 46. Déterminez le nom à partir de la formule ou la formule à partir du nom de chaque composé ionique hydraté.

(a) $CoSO_4 \cdot 7H_2O$.
(b) Bromure d'iridium(III) tétrahydraté.
(c) $Mg(BrO_3)_2 \cdot 6H_2O$.
(d) Carbonate de potassium dihydraté.
(e) Phosphate de cobalt(II) octahydraté.
(f) $BeCl_2 \cdot 2H_2O$.
(g) Phosphate de chrome(III) trihydraté.
(h) $LiNO_2 \cdot H_2O$.

Formules et nomenclature des composés moléculaires (2.9)

F 47. Nommez chaque composé moléculaire.

(a) CO.
(b) NI_3.
(c) $SiCl_4$.
(d) N_4Se_4.
(e) I_2O_5.
(f) SO_3.
(g) SO_2.
(h) BrF_5.
(i) NO.
(j) XeO_3.

F 48. Nommez chaque élément ou composé moléculaire.

(a) N_2O_4.
(b) N_3Br_9.
(c) As_2O_3.
(d) SF_6.
(e) NH_3.
(f) N_2.
(g) $BrCl$.
(h) P_4O_{10}.
(i) NO.
(j) H_2O.

F 49. Écrivez la formule de chaque composé moléculaire.

(a) Trichlorure de phosphore.
(b) Monoxyde de chlore.
(c) Tétrafluorure de disoufre.
(d) Pentafluorure de phosphore.
(e) Pentasulfure de diphosphore.
(f) Tribromure de bore.
(g) Monoxyde de dichlore.
(h) Tétrafluorure de xénon.
(i) Tétrabromure de carbone.

F 50. Nommez chaque acide.

(a) HI.
(b) HNO_3.
(c) H_2CO_3.
(d) CH_3COOH.
(e) HCl.
(f) $HClO_2$.
(g) H_2SO_4.
(h) HNO_2.

F 51. Écrivez les formules de chaque acide.

(a) Acide fluorhydrique.
(b) Acide bromhydrique.
(c) Acide sulfureux.
(d) Acide phosphorique.
(e) Acide cyanhydrique.
(f) Acide chloreux.

Problèmes récapitulatifs

M **52.** Nommez ou donnez la formule de chaque composé.
(a) CO_2.
(b) MgO.
(c) Décafluorure de disoufre.
(d) P_2O_5.
(e) Acide hypochloreux.
(f) H_3PO_4 (acide).
(g) Hydroxyde d'aluminium.
(h) $Co(NO_2)_2$.
(i) $NiCl_2 \cdot 6H_2O$.
(j) Al_2O_3.
(k) Hexachlorure de sélénium.
(l) H_2S (acide).

M **53.** Nommez ou donnez la formule de chaque composé.
(a) FeO.
(b) SeO_2.
(c) Octasulfure de dihydrogène.
(d) V_2O_5.
(e) Sulfate d'aluminium tétrahydraté.
(f) HCN (acide).
(g) Carbonate de calcium.
(h) $Ni(ClO_2)_2$.
(i) Hydrogénocarbonate de cuivre(II).
(j) $MgSO_4 \cdot 7H_2O$.
(k) Hydrure de magnésium.
(l) $HClO_4$ (acide).
(m) Na_2CrO_4.

M **54.** Une particule α, $^4He^{2+}$, a une masse de 4,001 51 u. Trouvez la valeur de son rapport charge à masse en coulombs par kilogramme.

M **55.** L'iode d'origine naturelle a une masse atomique de 126,9045 u. Un échantillon de 12,3849 g d'iode d'origine naturelle est contaminé accidentellement par 1,000 70 g additionnel de ^{129}I, un radioisotope synthétique de l'iode utilisé dans le traitement de certaines maladies de la glande thyroïde. La masse de ^{129}I est de 128,9050 u. Trouvez la masse atomique « apparente » de l'iode contaminé.

F **56.** Les noyaux ayant le même nombre de *neutrons*, mais différents nombres de masse sont appelés *isotones*. Écrivez les symboles de quatre isotones du ^{236}Th.

F **57.** Complétez le tableau ci-dessous.

Symbole	Z	A	Nombre de protons	Nombre d'e⁻	Nombre de neutrons	Charge
Si	14	___	___	14	14	___
S²⁻	___	32	___	___	___	−2
Cu²⁺	___	___	___	___	34	+2
___	15	___	___	15	16	___

F **58.** Complétez le tableau suivant.

Symbole	Z	A	Nombre de protons	Nombre d'e⁻	Nombre de neutrons	Charge
___	8	___	___	___	8	−2
Ca²⁺	20	___	___	___	20	___
Mg²⁺	___	25	___	___	13	+2
N³⁻	___	14	___	10	___	___

D **59.** On croit que les étoiles à neutrons sont composées de matière nucléaire solide, principalement des neutrons. En supposant que le rayon d'un neutron est approximativement de $1,0 \times 10^{-13}$ cm, calculez sa masse volumique. (*Indice*: Pour une sphère, $V = (4/3)\pi r^3$.) En supposant qu'une étoile à neutrons a la même masse volumique qu'un neutron, calculez la masse (en kilogrammes) d'un petit morceau d'étoile à neutrons de la taille d'un caillou sphérique dont le rayon est de 0,10 mm.

M **60.** Le carbone-12 comporte 6 protons et 6 neutrons. Le rayon du noyau est approximativement de 2,7 fm (femtomètres) et le rayon de l'atome est approximativement de 70 pm (picomètres). Calculez le volume du noyau et le volume de l'atome. (*Indice*: Pour une sphère, $V = (4/3)\pi r^3$.) Quel pourcentage du volume de l'atome de carbone est occupé par le noyau? (Donnez deux chiffres significatifs.)

M **61.** Une sphère en cuivre pur possède un rayon de 2,375 cm. Combien d'atomes de cuivre contient-elle? (Le volume d'une sphère est $4/3\pi r^3$ et la masse volumique du cuivre est de 8,96 g/cm³.)

M **62.** Le bore possède seulement deux isotopes d'origine naturelle. La masse du bore-10 est de 10,012 94 u et la masse du bore-11 est de 11,009 31 u. Utilisez la masse atomique du bore pour calculer l'abondance relative des deux isotopes.

M **63.** Le lithium possède seulement deux isotopes d'origine naturelle. La masse du lithium-6 est de 6,015 12 u et la masse du lithium-7 est de 7,016 01 u. Utilisez la masse atomique du lithium pour calculer l'abondance relative des deux isotopes.

D **64.** L'EPA (*Environmental Protection Agency*) fixe les limites admissibles des niveaux de polluants atmosphériques. Ainsi, cet organisme évalue à 1,5 µg/m³ le niveau maximal de pollution atmosphérique par le plomb. Si vos poumons étaient remplis d'air renfermant cette concentration de plomb, combien d'atomes de plomb contiendraient-ils? (Supposez un volume total des poumons de 5,50 L.)

D **65.** L'or pur est habituellement trop mou pour être utilisé en joaillerie, c'est pourquoi il est souvent allié à d'autres métaux. Combien d'atomes d'or y a-t-il dans un bracelet de 0,255 once en or 18 K? (L'or 18 K est de l'or à 75 % par masse.)

Problèmes défis

66. Voici une représentation de 50 atomes d'un élément fictif, le westmontium (Wt). Les sphères rouges représentent le Wt-296, les sphères bleues, le Wt-297 et les sphères vertes, le Wt-298.

Isotope	Masse
Wt-296	$24,6630 \times$ masse(^{12}C)
Wt-297	$24,7490 \times$ masse(^{12}C)
Wt-298	$24,8312 \times$ masse(^{12}C)

(a) En supposant que l'échantillon est statistiquement représentatif d'un échantillon d'origine naturelle, calculez le pourcentage d'abondance naturelle de chaque isotope de Wt.

(b) La masse de chaque isotope de Wt est mesurée par rapport au C-12 et présentée dans le tableau ci-dessous. En vous servant de C-12 pour convertir chacune des masses en unités de masse atomique, calculez la masse atomique de Wt.

67. Le cobalt d'origine naturelle est constitué d'un seul isotope, ^{59}Co, dont la masse atomique relative est de 58,9332 u. Un isotope synthétique radioactif du cobalt, ^{60}Co, de masse atomique relative de 59,9338 u, est utilisé en radiothérapie pour traiter certains cancers. Un échantillon de 1,5886 g de cobalt a une « masse atomique » apparente de 58,9901 u. Trouvez la masse de ^{60}Co dans cet échantillon.

68. Un échantillon de cuivre de 7,36 g est contaminé par 0,51 g de zinc. Supposons qu'on a effectué une mesure de masse atomique sur cet échantillon. Quelle serait la masse atomique mesurée ?

69. Le magnésium d'origine naturelle a une masse atomique de 24,312 u et il est composé de trois isotopes. L'isotope principal est le ^{24}Mg, qui présente une abondance naturelle de 78,99 % et une masse atomique relative de 23,985 04 u. Le deuxième isotope le plus abondant est le ^{26}Mg, de masse atomique relative de 25,982 59 u. Le troisième isotope est le ^{25}Mg dont l'abondance naturelle est dans le rapport de 0,9083 par rapport à celle du ^{26}Mg. Trouvez la masse atomique relative du ^{25}Mg.

Problèmes conceptuels

70. Le lithium a deux isotopes d'origine naturelle : le Li-6 (abondance naturelle de 7,5 %) et le Li-7 (abondance naturelle de 92,5 %). En utilisant des cercles pour représenter les protons et des carrés pour les neutrons, dessinez le noyau de chaque isotope. Combien d'atomes de Li-6 seraient présents, en moyenne, dans un échantillon de 1000 atomes de lithium ?

71. Comme nous l'avons vu dans le problème précédent, le lithium a deux isotopes d'origine naturelle : le Li-6 (abondance naturelle de 7,5 % ; masse de 6,0151 u) et le Li-7 (abondance naturelle est de 92,5 % ; masse de 7,0160 u). Sans faire aucun calcul, déterminez quelle masse est la plus proche de la masse atomique de Li.

(a) 6,00 u.

(b) 6,50 u.

(c) 7,00 u.

72. On définit la mole comme la quantité de substance contenant le même nombre de particules que 12 g exactement de C-12 et l'unité de masse atomique comme le 1/12 de la masse d'un atome de C-12. Pourquoi est-il important que ces deux définitions se rapportent à un même isotope ? Quel serait le résultat, par exemple, si l'on définissait la mole par rapport au C-12 et l'unité de masse atomique par rapport au Ne-20 ?

73. Lorsque les molécules sont représentées par des modèles moléculaires, que représente chaque sphère ? Quelle est la taille du noyau d'un atome en comparaison de la sphère utilisée pour représenter un atome dans un modèle moléculaire ?

74. Expliquez quelle erreur contient l'énoncé suivant et corrigez-la. « La formule chimique de l'ammoniac (NH_3) indique que l'ammoniac contient trois grammes d'hydrogène pour chaque gramme d'azote. »

CHAPITRE

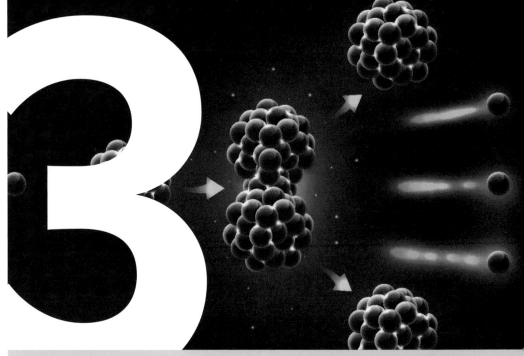

Le monde de l'atome, aussi appelé monde quantique, est une réalité bien étrange et difficile à concevoir. Toutefois, les modèles créés par les chimistes et les physiciens ont permis à l'homme d'accéder à une compréhension approfondie de cette réalité. Le contrôle de l'énergie contenue au cœur même des atomes (voir à la page suivante) en donne un exemple. Cette énergie, dite nucléaire, provient principalement de la désintégration radioactive des noyaux d'uranium. C'est grâce à ce processus qu'il est possible d'alimenter des villes entières en électricité sans entraîner d'effets importants sur les changements climatiques. Il présente toutefois des risques qu'il faut savoir contrer pour continuer à exploiter de façon sécuritaire cette fabuleuse source d'énergie.

Conception moderne de l'atome et mécanique quantique

Si on n'est pas horrifié par la théorie quantique, on ne l'a certainement pas comprise.

Niels Bohr
(1885-1962)

3.1 Le nucléaire : l'énergie au cœur de l'atome **94**

3.2 D'Aristote à Bohr : un rappel de l'évolution du modèle atomique **95**

3.3 Mécanique quantique et atome : au-delà du modèle de Bohr **111**

3.4 Équation de Schrödinger : une vision quantique de l'atome **117**

3.5 Niveaux et sous-niveaux d'énergie **124**

3.6 Nombres quantiques **129**

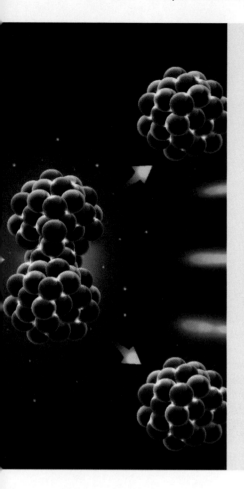

Notre façon de concevoir la réalité physique, notamment dans le domaine atomique, a été bouleversée par les changements majeurs survenus au début du 20ᵉ siècle dans notre conception du comportement de la matière. Auparavant, toutes les descriptions étaient déterministes : tout le futur est entièrement contenu dans le présent. La mécanique quantique est venue changer la manière de comprendre les phénomènes physiques. Selon cette théorie révolutionnaire, pour les particules subatomiques que sont les électrons, les neutrons et les protons, le présent ne détermine pas complètement le futur. Par exemple, si on projette un électron sur une trajectoire et qu'on détermine où il aboutit, un deuxième électron lancé dans la même direction et dans les mêmes conditions ne suivra pas nécessairement le même parcours et se retrouvera plus vraisemblablement à un endroit différent !

La théorie de la mécanique quantique, qui explique notamment comment se comportent les particules à l'intérieur des atomes, a été élaborée par plusieurs scientifiques exceptionnellement doués, dont Albert Einstein, Niels Bohr, Louis de Broglie, Max Planck, Werner Heisenberg, Paul Dirac et Erwin Schrödinger. Fait à noter, ces scientifiques ne se sentaient pas nécessairement à l'aise avec leur propre théorie. Bohr disait : « Si on n'est pas horrifié par la théorie quantique, on ne l'a certainement pas comprise. » Schrödinger a écrit : « Je ne l'aime pas et je regrette d'y être rattaché. » Albert Einstein a discrédité la théorie à laquelle il a contribué en affirmant que « Dieu ne joue pas aux dés avec l'Univers ». En fait, jusqu'à la fin de sa vie, Einstein a tenté – sans succès – de réfuter la mécanique quantique. Toutefois, la mécanique quantique pouvait rendre compte d'observations fondamentales, dont la stabilité même des atomes, que la physique classique ne pouvait expliquer. Aujourd'hui, elle constitue le fondement de la physique nucléaire et de la chimie – expliquant, par exemple, le tableau périodique et le comportement des éléments dans la liaison chimique – tout en fournissant des outils pour fabriquer les lasers, les ordinateurs et mettre au point d'innombrables applications. Un siècle après la naissance de cette théorie, l'exploitation de ces connaissances commence à peine. Son application permettra dans les années à venir de mettre au point des technologies révolutionnaires.

3.1 Le nucléaire : l'énergie au cœur de l'atome

Le 20ᵉ siècle a vu évoluer rapidement les modèles représentant l'organisation de la matière et les conceptions que l'on se fait de l'atome. Les découvertes quant à sa structure interne ont permis de maîtriser plusieurs phénomènes de façon remarquable. L'un d'eux est le contrôle du processus qui conduit à la désintégration radioactive de certains éléments et à la libération de ce qu'on l'on nomme « énergie nucléaire » ou « énergie atomique ». Cette énergie, issue du noyau même des atomes, est différente des énergies fossiles comme le charbon et le pétrole et des énergies renouvelables comme l'énergie solaire ou éolienne. L'énergie nucléaire la plus largement utilisée de nos jours est produite à partir des atomes d'uranium, un métal que l'on extrait du sol. C'est le 48ᵉ élément le plus abondant dans la croûte terrestre ; le Canada se classe au deuxième rang des producteurs et au quatrième en ce qui a trait aux exportations. Il existe en tout trois isotopes naturels de l'uranium (l'uranium-238, le plus abondant ; l'uranium-235 et l'uranium-234) et trois isotopes synthétiques (l'uranium-232, l'uranium-233 et l'uranium-236) que les chercheurs produisent en laboratoire. C'est l'énergie de liaison entre les protons et les neutrons de l'uranium-235, le seul des isotopes fissiles (dont on peut déclencher la désintégration du noyau en bombardant celui-ci avec des neutrons), qui produit la chaleur dégagée au cœur des réacteurs nucléaires civils. Au Canada, des centrales nucléaires produisent de l'électricité depuis le début des années 1960, principalement en Ontario (**figure 3.1**). Aujourd'hui, environ 15 % de l'énergie du pays provient de l'énergie nucléaire. Les réacteurs nucléaires canadiens sont des réacteurs CANDU (CANada Deutérium Uranium), dont le liquide caloporteur est l'eau lourde (de l'eau contenant des atomes d'hydrogène-2, appelé deutérium, dont le noyau est constitué d'un proton et d'un neutron).

La production d'électricité grâce à l'énergie nucléaire n'entraîne pas de rejet de CO_2 (l'un des principaux gaz à effet de serre reliés à l'utilisation des énergies fossiles), mais seulement de la vapeur d'eau. Elle a donc peu d'impacts sur les perturbations climatiques. Contrairement à l'énergie solaire et à l'énergie éolienne, elle est peu chère à

L'uranium se présente sous la forme d'un minerai jaunâtre dont on extrait un métal gris argenté. L'uranium-235 ne représentant que 0,72 % de l'uranium naturel, il faut l'isoler grâce à des ultracentrifugeuses. Ces instruments permettent de séparer les différents isotopes en fonction de leur masse atomique.

FIGURE 3.1 **Au Canada, la centrale nucléaire de Pickering (vue depuis la rive du lac Ontario) est située juste à l'extérieur de la ville de Toronto**

C'est l'une des 5 centrales construites au Canada. Elle comprend 8 des 22 réacteurs nucléaires présents en sol canadien. Au Québec, la centrale de Gentilly située sur la rive sud du fleuve Saint-Laurent a été exploitée de 1983 à 2012.

produire, disponible toute l'année et permet de générer de grandes quantités d'électricité. En effet, la densité de l'énergie contenue dans la matière rend le nucléaire intéressant puisqu'une faible quantité de matière renferme une très grande quantité d'énergie. Ces avantages sont non négligeables, surtout dans un contexte où la demande énergétique mondiale est grandissante au regard d'un souci environnemental qui prend de l'ampleur. De plus en plus de spécialistes considèrent maintenant l'énergie nucléaire comme une énergie verte : elle n'est pas une source de pollution importante et le danger qu'elle représente demeure faible si l'on effectue l'entretien des centrales de façon rigoureuse.

L'utilisation du nucléaire présente toutefois plusieurs inconvénients. Les premiers concernent l'exploitation de la ressource. L'uranium est une ressource non renouvelable qu'il faut extraire du sol, mais la plupart des processus miniers s'accompagnent d'une dégradation des milieux naturels et génèrent des déchets néfastes (voir la section 4.1). Les seconds concernent la gestion des déchets. D'une part, la purification de l'uranium-235 entraîne notamment la production de résidus qui peuvent contenir d'importantes concentrations d'autres éléments radioactifs comme le thorium-230 et le radium-226. D'autre part, les déchets des réacteurs nucléaires eux-mêmes, une fois le combustible épuisé, sont toujours radioactifs et donc toxiques pour les êtres vivants. Souvent tout simplement stockés ou enterrés profondément dans le sol, ils sont conservés pour le moment dans des espaces de confinement étanches pour empêcher leur contact avec l'environnement, mais on ne sait pas ce qu'il en adviendra à très long terme. Tous ces éléments sont l'objet de nombreuses critiques. Quant au troisième groupe d'inconvénients, il concerne les risques inhérents au mauvais entretien des centrales et les risques de catastrophes naturelles susceptibles de causer de graves accidents aux impacts dévastateurs sur l'équilibre des milieux naturels environnants. Les accidents nucléaires de Three Mile Island (1979) aux États-Unis, de Tchernobyl (1986) en Ukraine (anciennement l'URSS) et de Fukushima (2011) au Japon en sont des exemples.

3.2 D'Aristote à Bohr : un rappel de l'évolution du modèle atomique

De quoi est faite la matière qui nous entoure ? Bien avant les chimistes et les physiciens, ce sont les philosophes qui ont posé la question. L'idée de l'atome prend racine dans l'Antiquité, mais c'est seulement à partir du 19e siècle avec les pas de géant que fait la science que l'on propose diverses théories pour en expliquer la nature même. Depuis Dalton et Thomson, le modèle atomique a grandement évolué pour s'adapter aux nombreuses observations expérimentales et, de nos jours, Rutherford et Bohr ne reconnaîtraient probablement plus ce modèle.

Les philosophes et la théorie atomiste

C'est en 600 avant Jésus-Christ qu'apparaissent les balbutiements de la théorie «atomiste» de la matière. Un sage hindou du nom de Kanna propose l'idée nouvelle (mais sans pouvoir le prouver bien sûr) qu'il existe une particule fondamentale, indivisible et éternelle qu'il nomme *anu*. Une centaine d'années plus tard, Leucippe et Démocrite, deux philosophes grecs (la philosophie dite *naturelle* est l'ancêtre de la science!), élaborent un concept similaire. Ils prétendent que, tout comme la roche peut se fragmenter en morceaux de plus en plus petits, la matière peut se diviser un certain nombre de fois jusqu'à obtenir un *grain* indivisible qu'ils nomment *atomos*, «qui ne peut être divisé».

Cette théorie a été contestée jusqu'au début du 18e siècle par les philosophes prônant des théories comme le monisme (l'Univers est un tout formé d'une seule et unique substance) ou encore celle des cinq éléments (la nature est formée par l'eau, la terre, le feu, l'air et l'éther). Cependant, à partir de 1760, les travaux de chimistes britanniques sur la nature des gaz confirment la thèse atomiste de la matière et ouvrent la porte aux expériences de Lavoisier et de Dalton. Il est important de retenir que, bien que la notion d'atome soit maintenant largement admise et validée par les diverses observations expérimentales, les chimistes et les physiciens n'ont jamais pu observer d'atomes directement. Les modèles atomiques découlent donc essentiellement de la mesure de phénomènes indirects et, de ce fait, évoluent au rythme des nouvelles observations expérimentales. Ce sont des conceptions théoriques.

John Dalton et les lois à l'origine du modèle atomique moderne

Comme on l'a vu au chapitre 1, Antoine Lavoisier a formulé, en 1789, la **loi de la conservation de la masse** qui stipule que:

«Dans une réaction chimique, la matière n'est ni créée, ni détruite.»

Autrement dit, quand vous effectuez une réaction chimique, la masse totale des substances qui participent à la réaction ne change pas. Par exemple, considérons la réaction entre le sodium et le chlore qui forme le chlorure de sodium.

Depuis les découvertes sur la radioactivité, on peut considérer que cette loi est une simplification un peu excessive. Cependant, les changements de masse dans des processus chimiques ordinaires sont si minimes qu'ils peuvent être ignorés en pratique.

Na(*s*)   Cl$_2$(*g*)   NaCl(*g*)

7,7 g de Na   11,9 g de Cl$_2$ 19,6 g de NaCl

Masse totale = 19,6 g

Masse des réactifs = Masse du produit

Les masses combinées du sodium et du chlore qui réagissent (les réactifs) égalent exactement la masse du chlorure de sodium qui résulte de la réaction (le produit). Cette loi est conforme à l'idée que la matière est composée de petites particules indestructibles.

Les particules se réarrangent au cours d'une réaction chimique, mais la quantité de matière est conservée parce que les particules sont indestructibles (du moins, par des moyens chimiques).

En 1797, Joseph Proust (1754-1826), un chimiste français, effectue des observations sur la composition de la matière. Il constate alors que les éléments qui constituent un composé donné sont toujours présents en proportions fixes (ou définies) dans tous les échantillons du composé. Il résume ses observations dans la **loi des proportions définies** qui stipule que :

> **Tous les échantillons d'un composé donné, quels que soit leur origine ou leur mode de préparation, renferment leurs éléments constitutifs dans les mêmes proportions.**

La loi des proportions définies est parfois appelée la *loi de composition constante*.

Par exemple, la décomposition de 18,0 g d'eau donne 16,0 g d'oxygène et 2,0 g d'hydrogène, soit un rapport de masse entre l'oxygène et l'hydrogène de 8 pour 1 :

$$\text{Rapport de masse} = \frac{16{,}0 \text{ g d'oxygène}}{2{,}0 \text{ g d'hydrogène}} = 8{,}0 \text{ ou } 8{:}1$$

Ce rapport vaut pour n'importe quel échantillon d'eau pure, peu importe son origine. La loi des proportions définies ne s'applique pas seulement à l'eau, mais à tout composé. Elle évoque l'idée que la matière est composée d'atomes : les composés renferment leurs éléments constitutifs dans des proportions définies parce qu'ils sont constitués d'un rapport défini d'atomes de chaque élément, chacun avec sa masse spécifique.

En 1804, John Dalton, supposant que la matière est composée d'atomes, affirme que lorsque deux éléments, A et B, se combinent pour former un composé, un atome de A se combine avec un, deux, trois ou plusieurs atomes de B (AB_1, AB_2, AB_3, etc.). Il a publié sa **loi des proportions multiples**, qui s'énonce de la façon suivante :

Le « daltonisme », une anomalie de la rétine oculaire qui empêche de distinguer le rouge et le vert, tire son nom de John Dalton, lui-même atteint de cette maladie. En 1794, il publie un article, « Extraordinary facts relating to the vision of colours », dans lequel il explique ses difficultés à distinguer les couleurs des fleurs.

> **Quand deux éléments (appelés A et B) forment deux composés différents, les masses de l'élément B qui se combinent avec 1 g de l'élément A peuvent être exprimées sous forme de rapport de petits nombres entiers.**

Par exemple, considérons le monoxyde de carbone et le dioxyde de carbone (CO et CO_2). Ces deux composés sont constitués des deux mêmes éléments : le carbone et l'oxygène. Le rapport des masses de l'oxygène et du carbone est de 2,67:1 dans le CO_2 ; par conséquent, 2,67 g d'oxygène sont combinés avec 1 g de carbone. En revanche, dans le CO, le rapport des masses de l'oxygène et du carbone est de 1,33:1 ; autrement dit, 1,33 g d'oxygène est combiné avec 1 g de carbone. Le rapport entre ces deux masses d'oxygène est lui-même un petit nombre entier.

Dioxyde de carbone — Masse d'oxygène se combinant avec 1 g de carbone = 2,67 g

Monoxyde de carbone — Masse d'oxygène se combinant avec 1 g de carbone = 1,33 g

$$\frac{\substack{\text{Masse d'oxygène par rapport à 1 g} \\ \text{de carbone dans le dioxyde de carbone}}}{\substack{\text{Masse d'oxygène par rapport à 1 g} \\ \text{de carbone dans le monoxyde de carbone}}} = \frac{2{,}67 \text{ g}}{1{,}33 \text{ g}} = 2{,}00$$

FIGURE 3.2 **Modèle atomique de Dalton dit de la « boule de billard »**

Selon Dalton, l'atome est une sphère uniforme et indivisible dont la masse varie d'un élément à l'autre.

John Dalton a réuni ces trois lois fondamentales par sa **théorie atomique** (**figure 3.2**) qui comprend les concepts suivants :

1. Chaque élément est constitué de minuscules particules indestructibles appelées atomes.
2. Tous les atomes d'un élément donné ont la même masse et possèdent d'autres propriétés qui les distinguent des atomes des autres éléments.
3. Les atomes se combinent dans des rapports simples de nombres entiers pour former des composés.

4. Les atomes d'un élément ne peuvent pas se transformer en atomes d'un autre élément. Dans une réaction chimique, les atomes modifient leur façon de se lier à d'autres atomes pour former une nouvelle substance.

Joseph John Thomson et la découverte de l'électron

À la fin des années 1800, J. J. Thomson, un physicien anglais de l'Université de Cambridge, procède à des expériences pour explorer les propriétés des **rayons cathodiques**. Les rayons cathodiques sont produits quand un courant électrique à haute tension est appliqué entre deux électrodes placées à l'intérieur d'un tube de verre sous vide partiel. Ce type de tube, appelé **tube à rayons cathodiques**, est illustré à la **figure 3.3**.

Propriétés d'une charge électrique

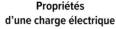

Les charges électriques positives (en rouge) et négatives (en jaune) s'attirent mutuellement.

Les charges positives se repoussent mutuellement.
Les charges négatives se repoussent mutuellement.

+1 + (−1) = 0

Lorsqu'elles sont combinées, les charges positives et négatives exactement de même grandeur donnent une charge globale égale à zéro (nulle).

Électron

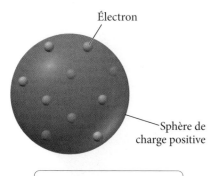

Sphère de charge positive

Modèle du « pain aux raisins »

FIGURE 3.3 Tube à rayons cathodiques

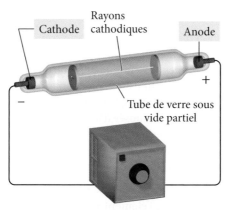

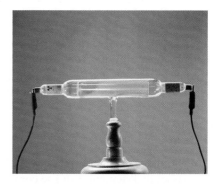

Les rayons cathodiques sont émis par l'électrode chargée négativement, la cathode, et se déplacent vers l'électrode chargée positivement, l'anode. Les rayons deviennent « visibles » lorsque leur collision avec l'extrémité du tube recouvert d'un matériau fluorescent produit une émission de lumière.

Thomson a démontré que ces rayons étaient en fait des faisceaux de particules dont les propriétés sont les suivantes : elles se déplacent en ligne droite ; elles sont indépendantes de la composition du matériau qui les émet (la cathode) ; et elles transportent une **charge électrique** négative. Thomson a mesuré le rapport entre la charge et la masse de ces particules. Ces résultats étaient incroyables : la particule du rayon cathodique était près de 2000 fois plus légère (moins massive) que l'hydrogène, l'atome connu le plus léger. L'atome indestructible pouvait apparemment être fragmenté ! Thomson a alors proposé l'existence d'une nouvelle particule, l'**électron**, chargée négativement, de faible masse et présente dans tous les atomes.

La découverte des particules chargées négativement dans les atomes a soulevé une nouvelle question. Étant donné que la charge des atomes est neutre, ceux-ci doivent contenir une charge positive qui neutralise la charge négative des électrons, mais comment les charges positives et négatives s'ajustent-elles ensemble dans l'atome ? Les atomes ne sont-ils qu'un amas de plus de particules subatomiques ? Sont-ils des sphères solides ? Ont-ils une structure interne ? Pour J. J. Thomson, les électrons chargés négativement étaient en fait des petites particules dispersées dans une sphère de charge positive, comme sur l'illustration ci-contre. Ce modèle, le plus populaire à l'époque, est connu sous le nom de modèle du « pain aux raisins ». Dans la représentation proposée par Thomson, les raisins représentent les électrons et le pain est la sphère de charge positive.

Ernest Rutherford et le modèle nucléaire de l'atome

À la fin du 19ᵉ siècle, la découverte de la **radioactivité** – l'émission de petites particules énergétiques par le cœur de certains atomes instables – par les scientifiques Henri Becquerel (1852-1908) et Marie Curie (1867-1934) a permis d'examiner expérimentalement la structure de l'atome. À cette époque, les études avaient révélé l'existence de trois différents types de radioactivité : les particules alpha (α)[*], les particules bêta (β) et les rayons gamma (γ). Pour le moment, il vous suffit de retenir que les particules α sont chargées positivement et qu'elles sont de loin les plus massives des trois.

En 1909, Ernest Rutherford (1871-1937), qui avait travaillé sous la direction de Thomson et avait adhéré à son modèle, a réalisé une expérience dans le but d'en apporter une confirmation. Son expérience, qui employait des particules α, a démontré que ce modèle était en fait erroné. Au cours de l'expérience, Rutherford a dirigé les particules α chargées positivement sur un feuillet d'or ultramince, comme le montre la **figure 3.4**. Ces particules devaient agir comme des sondes permettant de scruter la structure des atomes d'or. Si les atomes d'or se comportaient vraiment comme des muffins aux bleuets ou un pain aux raisins – leur masse et leur charge positive étant uniformément distribuées dans tout le volume de l'atome –, ces sondes en mouvement devraient rebondir en majorité à la surface de la matière.

> Les particules α sont environ 7000 fois plus massives que les électrons.

> Ernest Rutherford a été directeur de la chaire de recherche en physique à l'Université McGill (Montréal) de 1898 à 1907. Il n'avait que 27 ans lorsqu'il a accepté ce poste. Ses travaux portaient alors sur l'uranium et sur les propriétés de son rayonnement.

FIGURE 3.4 Expérience de la feuille d'or de Rutherford

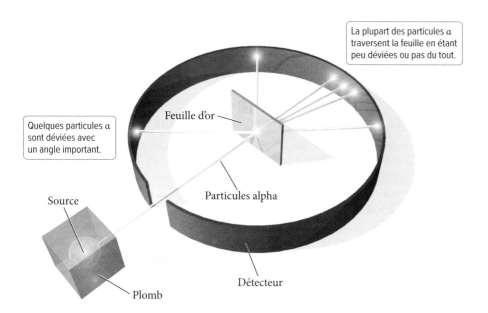

La plupart des particules α traversent la feuille en étant peu déviées ou pas du tout.

Quelques particules α sont déviées avec un angle important.

Feuille d'or

Source

Particules alpha

Plomb

Détecteur

Quand Rutherford projette des particules α sur un mince feuillet d'or, la plupart d'entre elles traversent la feuille en ligne droite, quelques-unes sont déviées, voire réfléchies.

Animation

Types de radioactivité
codeqrcu.page.link/LJEf

Simulation interactive PhET

Diffusion de Rutherford
codeqrcu.page.link/rJ29

Rutherford a effectué l'expérience, mais les résultats n'ont pas été ceux auxquels il s'attendait. Une majorité des particules traversaient la feuille, certaines étaient déviées, et quelques-unes (1 sur 20 000) revenaient vers la source. Pour Rutherford, ces résultats étaient étonnants. Quelle structure de l'atome pouvait donc expliquer ce comportement bizarre inattendu ?

Pour expliquer ses observations, Rutherford en est arrivé à la conclusion que la masse et la charge positive d'un atome devaient être toutes concentrées dans un espace beaucoup plus petit que celui de l'atome lui-même et que la matière devait comporter de grandes régions d'espace vide parsemé de petites régions de matière très dense. S'appuyant sur cette idée, il a proposé la **théorie nucléaire** de l'atome, en trois parties fondamentales (**figure 3.5**) :

1. La majeure partie de la masse de l'atome et toute sa charge positive sont contenues dans un centre de petite dimension appelé **noyau**.

FIGURE 3.5 Atome nucléaire

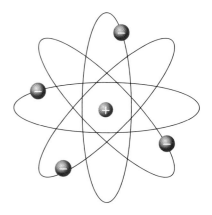

Le modèle du pain aux raisins ne pouvait expliquer les résultats de Rutherford. Il semblait plutôt que l'atome était formé d'un petit noyau dense autour duquel gravitent les électrons.

---

[*] Les particules α sont en réalité des noyaux d'hélium (2 protons et 2 neutrons). De ce fait, une particule α a une masse 7300 fois plus grande que celle d'un électron. C'est pourquoi ces particules ne sont pas déviées lorsqu'elles entrent en collision avec un électron.

2. La majeure partie du volume de l'atome est un espace vide, dans lequel circulent de minuscules électrons chargés négativement.

3. Il y a autant d'électrons de charge négative à l'extérieur du noyau qu'il y a de particules chargées positivement (appelées **protons**) dans le noyau, de sorte que l'atome est électriquement neutre.

Bien que le modèle mis de l'avant par Rutherford constitue un indéniable succès, les scientifiques ont réalisé qu'il était incomplet. Par exemple, les atomes d'hydrogène renferment un proton et les atomes d'hélium en renferment deux, et pourtant le rapport de masse entre l'hélium et l'hydrogène était de 4:1. L'atome d'hélium doit donc comporter une certaine masse additionnelle. Dans des travaux subséquents, Rutherford et un de ses étudiants, le scientifique britannique James Chadwick (1891-1974), ont démontré qu'on avait jusque-là omis de prendre en compte une masse qui était due à la présence de **neutrons**, des particules neutres au sein du noyau. Le noyau dense contient plus de 99,9 % de la masse de l'atome, mais il occupe une partie infinitésimale de son volume.

La théorie nucléaire de Rutherford s'est avérée juste et elle est encore valable de nos jours. Ce qui est révolutionnaire dans cette théorie, c'est l'idée selon laquelle la matière est beaucoup moins uniforme qu'il n'y paraît. Si le noyau de l'atome d'hydrogène était de la taille du point à la fin de cette phrase, l'électron serait en moyenne à une distance de 10 m. Pourtant, le point contiendrait presque toute la masse de l'atome.

Vous êtes maintenant en mesure de faire les exercices 1 à 14 et 73.

Niels Bohr et la quantification de l'énergie dans l'atome

Dans la seconde moitié du 18e siècle, plusieurs scientifiques s'intéressent au comportement et à la nature de la lumière. Déjà en 1752, alors qu'il observe à travers un prisme les spectres produits par différents sels exposés à la flamme, Thomas Melvill constate que celui des sels contenant du sodium se différencie par la présence d'une ligne jaune intense (**figure 3.6(a)**). Une cinquantaine d'années plus tard, Wollaston et Fraunhofer remarquent la présence de lignes noires sur le spectre continu[*] du soleil (**figure 3.6(b)**). Au début du 20e siècle, Albert Einstein et Max Planck travaillent sur la théorie des « quanta[**] » et sur la *dualité onde-particule* de la lumière. Les résultats de leurs recherches nous ont permis de comprendre que certaines propriétés de la lumière sont mieux décrites si elle est considérée comme une onde, alors que d'autres propriétés correspondent au comportement d'une particule. C'est à partir de l'ensemble de ces observations et de ses propres recherches en spectroscopie que Bohr a proposé son modèle.

En traversant un prisme, la lumière se décompose en ses couleurs constituantes, chacune avec une longueur d'onde différente. C'est ce qu'on appelle un spectre.

FIGURE 3.6 **(a) Lumière émise par la flamme d'une lampe remplie d'alcool mêlé à des sels de sodium et dispersée par un prisme (b) Raies d'absorption du spectre solaire**

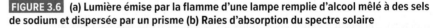

(a)

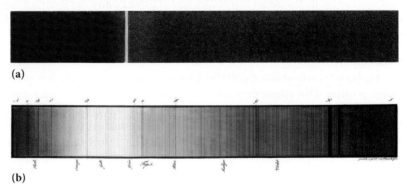

(b)

En 1814, l'opticien et physicien allemand Joseph von Fraunhofer dessine à la main, à l'aide d'un télescope et d'un microscope, les raies d'absorption du spectre solaire. Les lettres représentent les raies de référence du spectre.

---

[*] Un spectre continu est une progression ininterrompue (un peu comme un arc-en-ciel) des couleurs comme celle qu'on obtient lorsqu'on analyse la lumière blanche.

[**] Le mot *quanta* est le pluriel de *quantum*, qui signifie, en latin, « quantité déterminée (de quelque chose) ».

La théorie ondulatoire de la lumière a fait son apparition à la fin du 17ᵉ siècle. Selon cette théorie, la lumière est un **rayonnement électromagnétique**, un type d'énergie associée aux champs électrique et magnétique oscillants. Elle peut être décrite comme une onde composée de champs électrique et magnétique* oscillants, mutuellement perpendiculaires, qui se propagent dans l'espace. Dans le vide, ces ondes se déplacent à la vitesse constante (*c*) de $3{,}00 \times 10^8$ m/s (300 000 km/s), assez vite pour faire le tour de la Terre en un septième de seconde. La lumière visible ne constitue qu'une petite partie du **spectre électromagnétique** complet, lequel comporte toutes les longueurs d'onde connues du rayonnement électromagnétique. La **figure 3.7** montre les principaux domaines du spectre électromagnétique, dont les longueurs d'onde s'étendent de 10^{-15} m (rayons gamma) à 10^5 m (ondes radio).

FIGURE 3.7 **Spectre électromagnétique**

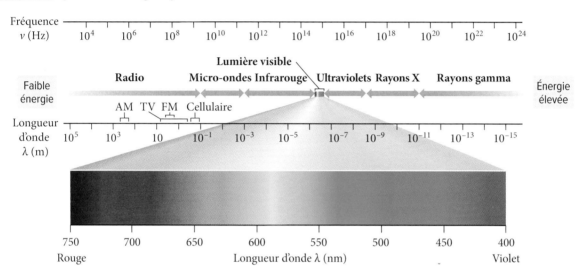

Le côté droit du spectre correspond aux rayonnements de haute énergie, de haute fréquence et de petite longueur d'onde. Le côté gauche regroupe les rayonnements de faible énergie, de basse fréquence et de grande longueur d'onde. La lumière visible constitue un segment étroit au centre du spectre.

Comme toutes les ondes, une onde électromagnétique se caractérise par son *amplitude* et sa *longueur d'onde*. Dans la représentation graphique ci-dessous, l'**amplitude** de l'onde correspond à la hauteur verticale d'un sommet (ou la profondeur d'un creux). L'amplitude des ondes des champs magnétique et électrique est associée à l'*intensité* ou à la luminosité de la lumière – plus l'amplitude est grande, plus l'intensité est forte. La **longueur d'onde** (λ) de l'onde est la distance dans l'espace entre des sommets adjacents (ou entre deux points analogues) et elle est mesurée en unités de distance comme le mètre, le micromètre ou le nanomètre.

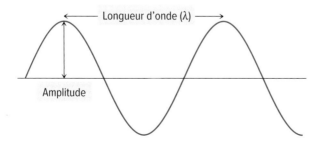

Le symbole λ est la lettre grecque « lambda ».

---

* Un *champ magnétique* est une région de l'espace où une particule magnétique subit une force (pensez à l'espace autour d'un aimant). Un *champ électrique* est une région de l'espace où une particule chargée électriquement subit une force.

L'énergie de la lumière (autrement dit sa « couleur ») peut aussi s'exprimer en termes de fréquence (ν), c'est-à-dire le nombre de crêtes d'onde qui passent à un endroit en 1 s. Cette fréquence s'exprime en Hertz (Hz) ou s^{-1}. La relation entre la fréquence et la longueur d'onde de la lumière s'écrit $c = \nu\lambda$, c étant la vitesse de la lumière dans le vide, soit $3,00 \times 10^8$ m/s).

La longueur d'onde et l'amplitude sont toutes les deux associées à la quantité d'énergie transportée par une onde. Imaginez que vous essayez de nager en partant d'un rivage battu par des vagues. La natation est plus difficile dans des vagues de plus grande amplitude (plus hautes) ou de longueur d'onde plus courte (plus rapprochées, donc plus fréquentes). Notez également que l'amplitude et la longueur d'onde peuvent varier indépendamment l'une de l'autre, comme le montre la **figure 3.8**. Une onde peut avoir une grande amplitude et une grande longueur d'onde ou une petite amplitude et une petite longueur d'onde. En ce qui concerne la **lumière visible**, c'est-à-dire celle que l'œil humain perçoit, c'est la longueur d'onde qui détermine la couleur. La lumière rouge, dont la longueur d'onde est d'environ 750 nm (nanomètres), a la longueur d'onde la plus grande de la lumière visible ; la lumière violette, dont la longueur d'onde est d'environ 400 nm, a la longueur d'onde la plus petite.

FIGURE 3.8 **Longueur d'onde et amplitude**

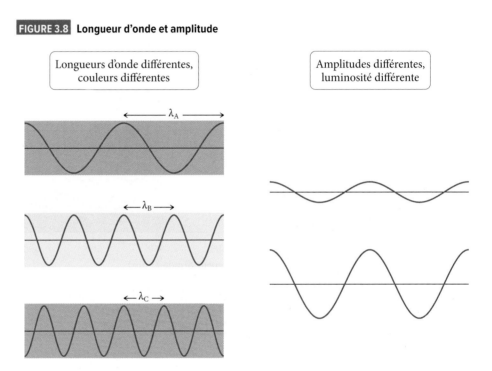

La longueur d'onde et l'amplitude sont des propriétés indépendantes. La longueur d'onde détermine la couleur de la lumière ; l'amplitude, ou l'intensité, détermine sa luminosité.

Le terme classique, comme dans *théorie électromagnétique classique* ou *mécanique classique*, fait référence aux descriptions de la matière et de l'énergie avant l'avènement de la mécanique quantique

Avant le début des années 1900, et notamment après la découverte de la diffraction de la lumière, on pensait que la lumière était un phénomène purement ondulatoire. Son comportement était décrit adéquatement par la théorie électromagnétique classique qui traitait les champs électrique et magnétique constituant la lumière comme des ondes se propageant dans l'espace. Cependant, un certain nombre de découvertes ont remis en question la conception classique. Parmi celles-ci, *l'effet photoélectrique* fut pour la lumière l'une des principales.

L'effet photoélectrique désigne l'éjection d'électrons de nombreux métaux lorsqu'ils sont frappés par la lumière, comme le montre la **figure 3.9**. Quand elle éclaire un métal, la lumière déloge un électron, tout comme une vague de l'océan délogerait une roche quand elle se brise sur une falaise. La théorie électromagnétique classique attribuait cet effet au transfert d'énergie de la lumière à l'électron dans le métal, ce qui éjecte l'électron. Le changement de l'amplitude (intensité) de la lumière devrait donc affecter l'émission des électrons (tout comme le changement de l'intensité d'une vague affecterait le délogement des roches de la falaise). Autrement dit, selon cette conception, en utilisant une lumière de plus grande intensité (lumière plus brillante), il serait possible d'augmenter le taux d'éjection des électrons de la surface du métal entraîné par l'effet photoélectrique.

FIGURE 3.9 **Effet photoélectrique**

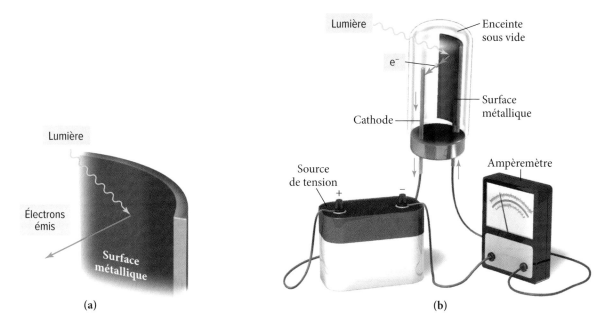

(a) Lorsqu'une lumière suffisamment énergétique éclaire une surface métallique, des électrons sont émis.
(b) Les électrons émis peuvent être mesurés sous forme de courant électrique.

Cependant, des expériences sur l'effet photoélectrique ont montré que la lumière utilisée pour éjecter des électrons du métal présente une *fréquence* seuil, au-dessous de laquelle aucun électron n'est éjecté, peu importe la durée ou l'intensité de l'éclairage auxquelles est soumis le métal. Autrement dit, la lumière de basse fréquence (grande longueur d'onde ou basse énergie) n'éjecte pas d'électrons du métal, quelles que soient son intensité et sa durée. Mais la lumière de haute fréquence (petite longueur d'onde ou forte énergie) éjecte des électrons, même si son intensité est faible. *Imaginez des vagues (la lumière) qui s'écrasent sur une falaise (le métal). Selon les observations d'Einstein, la hauteur (l'intensité) des vagues n'influe pas sur leur capacité à briser la roche. C'est plutôt leur longueur (longueur d'onde) qui détermine si elles pourront ronger la falaise, les vagues plus courtes étant plus efficaces que les vagues plus longues.* Le graphique de la **figure 3.10** représente le taux d'éjection des électrons du métal en fonction de la fréquence de la lumière utilisée. Remarquez que le fait d'augmenter l'intensité de la lumière ne change pas la fréquence seuil. Qu'est-ce qui peut bien expliquer ce comportement bizarre?

En 1905, Albert Einstein a proposé une explication audacieuse de ce phénomène: *l'énergie lumineuse doit être émise par paquets.* Autrement dit, la lumière ne se comporte pas comme les vagues de l'océan, mais plutôt comme des particules. Imaginez des balles frappant une vitre. Tant que les balles ne possèdent pas une énergie cinétique (vitesse) suffisante, elles ne peuvent briser la vitre, et ce, quel que soit le nombre de balles projetées. La lumière se comporte de la même façon. Tant que le paquet de lumière n'atteint pas une fréquence seuil (une énergie cinétique suffisante), il ne peut frapper le métal avec suffisamment de force pour provoquer l'éjection d'un électron. La quantité de paquets de lumière (l'intensité de la lumière) n'a donc aucun effet tant que cette fréquence seuil n'a pas été atteinte.

Einstein n'a pas été le premier à avancer l'idée d'une quantification de l'énergie. Max Planck l'avait formulée avant lui, en 1900, pour rendre compte de certaines caractéristiques du rayonnement des corps chauffés dont on avait entrepris l'étude à la fin du 19e siècle. Les physiciens étudiaient alors les spectres de certains solides: quand on les chauffe, ils peuvent émettre de la lumière et la longueur d'onde émise est alors inversement proportionnelle à leur température.

---

* La fréquence et la longueur d'onde représentent toutes deux l'énergie de la lumière. La fréquence (ν) est inversement proportionnelle à la longueur d'onde (λ): $c = \nu\lambda$.

FIGURE 3.10 Taux d'éjection des électrons en fonction de la fréquence de la lumière dans l'effet photoélectrique

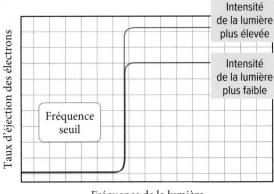

Les électrons ne sont éjectés que lorsque l'énergie d'un photon est supérieure à l'énergie avec laquelle l'électron est retenu par le métal. La fréquence à laquelle cela se produit est appelée *fréquence seuil*.

Selon la mécanique classique, de tels corps devraient émettre des spectres continus et produire des longueurs d'onde d'énergie illimitée, puisque la température peut prendre des valeurs illimitées. D'après cette théorie, un simple feu dans une cheminée devrait émettre du rayonnement gamma mortel selon les températures atteintes ! Pour résoudre ce non-sens, Max Planck avance alors l'idée que la matière n'émet pas son énergie de manière continue mais plutôt sous forme de paquets et que la taille de ces paquets influe sur la longueur d'onde de la lumière émise : plus la longueur d'onde est petite (plus la lumière est *énergétique*), plus le paquet d'énergie nécessaire pour l'émettre est grand. C'est la théorie des « quanta ». Selon la théorie de Planck, la longueur d'onde (λ) émise par la matière dépend toujours de la température (*T*), mais ne peut prendre comme valeur que certains multiples d'une constante *h* :

$$\lambda = \frac{8\pi hc}{\lambda^5(e^{hc/\lambda kT} - 1)}$$

Pour que sa théorie fonctionne, Planck est obligé d'admettre que les échanges d'énergie entre la matière et la lumière sont discrets. Autrement dit, toutes les valeurs d'énergie ne sont pas permises, donc toutes les longueurs d'onde ne peuvent être émises. Toutefois, Planck ne donne pas d'explication à cette quantification de l'énergie. Pour lui, il ne s'agit que d'un détour mathématique pour prédire le comportement des corps chauffés, il y a une « erreur » qu'il faudra résoudre. C'est Einstein qui apporte une explication en suggérant la quantification de l'énergie de la lumière elle-même.

Einstein propose un modèle onde-corpuscule de la lumière dans lequel un *paquet de lumière* est qualifié de **photon** ou de **quantum** de lumière. L'énergie (*E*) dans un paquet de lumière dépend de sa longueur d'onde (λ) selon l'équation suivante dérivée de l'équation de Planck :

$$E = \frac{hc}{\lambda} \qquad [3.1]$$

où *h*, la fameuse constante de Planck, a la valeur $h = 6{,}626 \times 10^{-34}$ J·s. L'énergie d'un photon est inversement proportionnelle à sa longueur d'onde*.

Contrairement à la théorie électromagnétique classique, dans laquelle la lumière était considérée strictement comme une onde dont l'intensité varie continuellement, Einstein a proposé que la lumière est en quelque sorte « granuleuse » : un faisceau de lumière *n'est pas* une onde qui se propage dans l'espace, mais une pluie de particules, chacune possédant une énergie caractéristique.

---

* Puisque $c = \nu\lambda$, il est également possible d'exprimer l'énergie d'un photon en termes de fréquence de la façon suivante : $E = h\nu$.

EXEMPLE 3.1	Énergie des photons

Une impulsion laser à l'azote gazeux dont la longueur d'onde est de 337 nm contient 3,83 mJ d'énergie. Combien de photons contient-il ?

TRIER On vous donne la longueur d'onde et l'énergie totale de l'impulsion lumineuse et vous devez trouver le nombre de photons qu'elle contient.	**DONNÉES** $E_{impulsion} = 3,83$ mJ $\lambda = 337$ nm **INFORMATION RECHERCHÉE** Nombre de photons

ÉTABLIR UNE STRATÉGIE Dans la première partie du plan conceptuel, calculez l'énergie d'un photon individuel à partir de sa longueur d'onde.	**PLAN CONCEPTUEL** $\lambda \longrightarrow E_{photon}$ $E = \dfrac{hc}{\lambda}$
Dans la seconde partie, divisez l'énergie totale de l'impulsion par l'énergie d'un photon pour déterminer le nombre de photons dans l'impulsion.	$\dfrac{E_{impulsion}}{E_{photon}} = $ nombre de photons **RELATIONS UTILISÉES** $E = \dfrac{hc}{\lambda}$ (équation 3.1)

RÉSOUDRE Pour effectuer la première partie du plan conceptuel, convertissez la longueur d'onde en mètres et substituez-la dans l'équation pour calculer l'énergie d'un photon de 337 nm.	**SOLUTION** $\lambda = 337 \text{ nm} \times \dfrac{10^{-9} \text{ m}}{1 \text{ nm}} = 3,37 \times 10^{-7} \text{ m}$ $E_{photon} = \dfrac{hc}{\lambda} = \dfrac{(6,626 \times 10^{-34} \text{ J} \cdot \text{s})\left(3,00 \times 10^{8}\dfrac{\text{m}}{\text{s}}\right)}{3,37 \times 10^{-7} \text{ m}}$ $\qquad = 5,90 \times 10^{-19} \text{ J}$
Pour effectuer la seconde partie du plan conceptuel, convertissez les millijoules de l'énergie de l'impulsion en joules. Puis divisez l'énergie de l'impulsion par l'énergie d'un photon pour obtenir le nombre de photons.	$3,83 \text{ mJ} \times \dfrac{10^{-3} \text{ J}}{1 \text{ mJ}} = 3,83 \times 10^{-3} \text{ J}$ Nombre de photons $= \dfrac{E_{impulsion}}{E_{photon}} = \dfrac{3,83 \times 10^{-3} \text{ J}}{5,90 \times 10^{-19} \text{ J}}$ $\qquad = 6,49 \times 10^{15}$ photons

EXERCICE PRATIQUE 3.1

Une ampoule électrique de 100 W irradie de l'énergie à un taux de 100 J/s. (Le watt [W], une unité de puissance, ou l'énergie par le temps, est défini comme équivalant à 1 J/s.) Si toute la lumière émise a une longueur d'onde de 525 nm, combien de photons sont émis par seconde ?

EXERCICE PRATIQUE SUPPLÉMENTAIRE 3.1

L'énergie requise pour déloger des électrons du sodium métallique par l'effet photoélectrique est de 275 kJ/mol. Quelle longueur d'onde de lumière (en nanomètres) a suffisamment d'énergie par photon pour déloger un électron de la surface du sodium ?

L'idée d'Einstein selon laquelle la lumière est quantifiée explique de façon élégante l'effet photoélectrique. L'émission des électrons par le métal dépend du fait qu'un photon possède ou non l'énergie suffisante pour déloger un seul électron. La lumière de grande longueur d'onde n'éjectera pas d'électrons parce qu'aucun photon n'a l'énergie minimale nécessaire pour déloger l'électron.

Bien que la quantification de la lumière ait permis d'expliquer l'effet photoélectrique, la conception ondulatoire de la lumière a continué d'avoir également un pouvoir d'explication, en particulier pour décrire le phénomène d'interférence (voir la section 3.3). On en est donc arrivé progressivement (mais non sans une certaine résistance) au principe de ce qu'on appelle aujourd'hui la dualité onde-particule de la lumière. Parfois, la lumière semble se comporter comme une onde, et à d'autres occasions, comme une particule, selon l'expérience particulière effectuée.

La dualité onde-corpuscule de la lumière a permis plus tard à Niels Bohr d'expliquer comment la matière interagit avec la lumière. Lorsqu'on ionise un gaz (par exemple en l'exposant à un fort courant électrique), il réémet cette énergie sous forme de lumière. C'est ce qui se passe, par exemple, dans une enseigne au néon. Ce dispositif se compose d'un ou de plusieurs tubes remplis de néon gazeux. Quand un courant électrique traverse le tube, l'énergie est réémise sous la forme de la lumière rouge familière d'une enseigne au néon. Si le tube ne contient pas de néon, mais un autre gaz, la lumière émise est d'une couleur différente. Chaque élément émet de la lumière d'une couleur caractéristique. Le mercure, par exemple, émet de la lumière bleue, l'hélium, de la lumière violette et l'hydrogène, de la lumière rougeâtre (**figure 3.11**).

Une analyse plus approfondie du phénomène révèle que la lumière émise par les gaz contient plusieurs longueurs d'onde distinctes. Quand un élément est *excité* et émet de la lumière, il est possible de séparer cette lumière au moyen d'un prisme en ses longueurs d'onde constituantes, comme le montre la **figure 3.12 (a)**. Il en résulte une série de lignes brillantes de couleurs (ou une progression continue dans le cas de l'ampoule) appelée **spectre d'émission**. Le spectre d'émission d'un gaz pur donné est toujours le même – il est composé des mêmes lignes brillantes aux mêmes longueurs d'onde caractéristiques – et constitue un moyen d'identification de l'élément. Si on éclaire les gaz avec de la lumière blanche, on obtiendra plutôt un **spectre d'absorption**, une série de lignes sombres sur une progression continue de couleurs (**figure 3.12 (b)**).

Remarquez la différence entre le spectre de la lumière blanche de l'ampoule et les spectres d'émission ou d'absorption de l'hydrogène, de l'hélium et du baryum. Le spectre de la lumière blanche est *continu* ; il n'y a pas d'interruptions brusques dans l'intensité de la lumière en fonction de la longueur d'onde ; il est constitué de lumière de toutes les longueurs d'onde. En revanche, les spectres d'émission ou d'absorption de l'hydrogène, de l'hélium et du baryum ne sont pas continus ; ils montrent une série de raies brillantes ou noires à des longueurs d'onde déterminées. Seulement certaines longueurs d'onde discrètes (qui ne peuvent prendre que certaines valeurs précises) sont émises ou absorbées. La physique classique est incapable d'expliquer pourquoi ces spectres comportent des raies discrètes. En fait, selon la physique classique, un atome composé d'un électron gravitant autour d'un noyau devrait émettre un spectre continu de lumière blanche.

Le physicien danois Niels Bohr (1885-1962) a tenté d'élaborer un modèle de l'atome qui expliquait ces spectres atomiques. Sa théorie reprend le modèle nucléaire de Rutherford : les électrons se déplacent autour d'un noyau sur des orbites circulaires (semblables à celles des planètes tournant autour du Soleil). Cependant, contrairement aux orbites planétaires et à celles de Rutherford – qui peuvent théoriquement exister à n'importe quelle distance de leur centre – Bohr propose que ces orbites n'existent qu'à certaines distances précises du noyau et que l'énergie de chaque orbite est fixe, ou *quantifiée*. Lorsqu'un électron effectue une *transition*, autrement dit quand il saute d'une orbite à une autre, il y a émission ou absorption de lumière sous forme de photon (**figure 3.13**).

Selon ce modèle, lorsqu'un atome absorbe de l'énergie, un électron situé dans une orbite d'énergie inférieure est *excité* ou promu à une orbite d'un niveau d'énergie plus élevée (**figure 3.14**). Cependant, dans la nouvelle configuration, l'électron est instable et

On dit d'un élément qu'il est *excité* lorsqu'il absorbe une certaine quantité d'énergie. Cette énergie peut être de différentes natures : électrique, thermique ou lumineuse.

FIGURE 3.11 **Mercure, hélium et hydrogène**

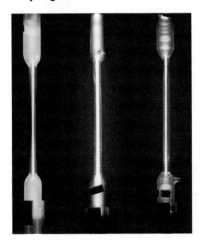

Chaque élément émet une couleur caractéristique.

FIGURE 3.12

(a) Spectres d'émission La lumière émise par une lampe à hydrogène, à hélium ou à baryum est constituée de longueurs d'onde particulières. Il est possible de les séparer en faisant passer cette lumière à travers un prisme. On observe alors une série de raies brillantes qui déterminent un spectre d'émission caractéristique de l'élément qui l'a produit. **(b) Spectres d'absorption** Quand on fait passer à travers un prisme la lumière blanche émise par une source lumineuse traversant un échantillon d'hydrogène gazeux, d'hélium ou de baryum, il se forme un spectre continu comportant des raies noires qui déterminent un spectre d'absorption caractéristique de l'élément qui l'a produit. Ces raies d'absorption correspondent aux mêmes longueurs d'onde que les raies d'émission produites lorsqu'on ionise l'échantillon gazeux.

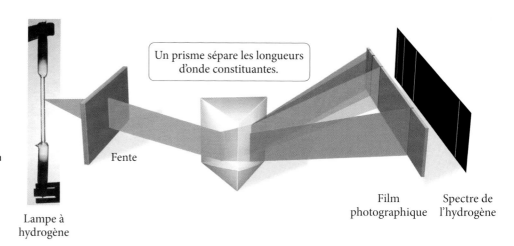

Lampe à hydrogène

Fente

Un prisme sépare les longueurs d'onde constituantes.

Film photographique

Spectre de l'hydrogène

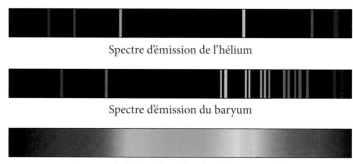

Spectre d'émission de l'hélium

Spectre d'émission du baryum

Spectre de la lumière blanche d'une ampoule

(a)

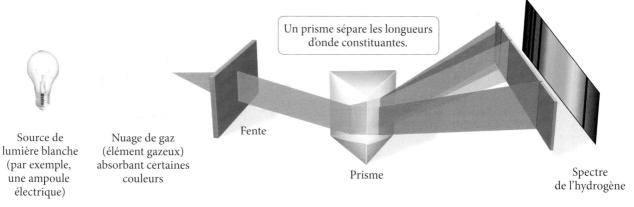

Source de lumière blanche (par exemple, une ampoule électrique)

Nuage de gaz (élément gazeux) absorbant certaines couleurs

Fente

Un prisme sépare les longueurs d'onde constituantes.

Prisme

Spectre de l'hydrogène

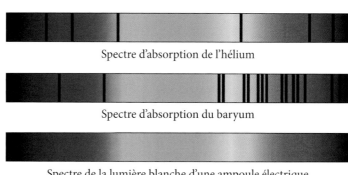

Spectre d'absorption de l'hélium

Spectre d'absorption du baryum

Spectre de la lumière blanche d'une ampoule électrique

FIGURE 3.13 Modèle de Bohr et spectres d'émission

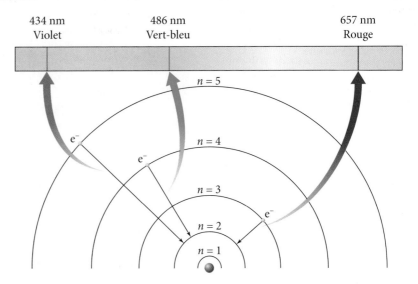

Dans le modèle de Bohr, chaque raie spectrale émise est produite quand un électron passe d'une orbite, ou état stationnaire, à une autre d'énergie plus faible.

FIGURE 3.14 Excitation et rayonnement

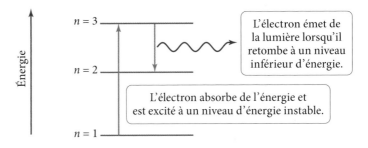

Lorsqu'un atome absorbe de l'énergie, un électron passe d'un niveau d'énergie plus faible à un niveau d'énergie plus élevé. Dans cet «état excité», l'électron est instable et retombe à un niveau inférieur d'énergie, libérant de l'énergie sous la forme d'un rayonnement électromagnétique (lumière).

retombe rapidement ou *relaxe* à une orbite d'énergie inférieure. À ce moment, il libère un photon de lumière contenant une quantité d'énergie précisément égale à la différence d'énergie entre les deux niveaux. Dans l'atome d'hydrogène, l'énergie d'un électron situé sur un niveau (orbite) n est donnée par

La constante R_H est une constante tenant compte de la masse de l'électron (m), de la constante de Planck (h), de la charge de la particule (e) et du niveau d'énergie de l'orbite (n):

$$R_H = \left[\frac{m}{2h^2}\left(\frac{e^2}{4\pi\epsilon_0}\right)^2\right]$$

$$E_n = -R_H\left(\frac{1}{n^2}\right) = -2{,}18 \times 10^{-18} \text{ J}\left(\frac{1}{n^2}\right) \text{ où } n = 1, 2, 3, \ldots \qquad [3.2]$$

Si la *différence* d'énergie entre deux niveaux n_{initial} et n_{final} est donnée par $\Delta E = E_{\text{finale}} - E_{\text{initiale}}$ et que l'on réarrange l'équation 3.2, on obtient la formule suivante, qui permet de calculer les énergies reliées aux transitions quand un électron change de niveau d'énergie ou encore d'orbite dans le modèle de Bohr:

$$\Delta E = E_{\text{finale}} - E_{\text{initiale}}$$

$$\Delta E = R_H\left(\frac{1}{n_i^2} - \frac{1}{n_f^2}\right) = 2{,}18 \times 10^{-18} \text{ J}\left(\frac{1}{n_i^2} - \frac{1}{n_f^2}\right) \qquad [3.3]$$

La variation de l'énergie porte un signe négatif parce que l'atome émet l'énergie quand il retombe de $n = 3$ à $n = 2$. Étant donné que l'énergie doit être conservée, la quantité exacte d'énergie émise par l'atome est transportée par le photon : $\Delta E_{\text{atome}} = -E_{\text{photon}}$

Remarquez que les transitions entre des niveaux séparés par un écart d'énergie plus grand produisent de la lumière d'énergie plus élevée, et par conséquent de longueur d'onde plus courte, que les transitions survenant entre des niveaux plus rapprochés. La **figure 3.15** montre plusieurs transitions dans l'atome d'hydrogène et leurs longueurs d'onde correspondantes.

FIGURE 3.15 **Transitions d'énergie et rayonnement de l'hydrogène**

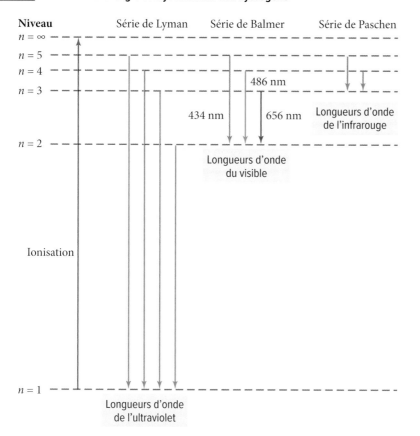

Ce diagramme des niveaux d'énergie de l'atome l'hydrogène montre quelques transitions possibles des électrons entre les niveaux ainsi que les longueurs d'onde correspondantes de la lumière émise.

Simulation interactive PhET

Produire de la lumière

codeqrcu.page.link/ZpuD

Lien conceptuel 3.1 Spectres d'émission

Quelle transition donne naissance à une émission de lumière dont la longueur d'onde est la plus courte ?

(a) $n = 5 \rightarrow n = 4$.   **(b)** $n = 4 \rightarrow n = 3$.   **(c)** $n = 3 \rightarrow n = 2$.

EXEMPLE 3.2 **Longueur d'onde de la lumière lors d'une transition dans l'atome d'hydrogène**

Déterminez la longueur d'onde de la lumière émise quand un électron dans un atome d'hydrogène effectue une transition d'une orbitale $n = 6$ à une orbitale $n = 5$.	
TRIER On vous donne les niveaux d'énergie d'une transition atomique et vous devez trouver la longueur d'onde de la lumière émise.	**DONNÉE** $n = 6 \rightarrow n = 5$ **INFORMATION RECHERCHÉE** λ

ÉTABLIR UNE STRATÉGIE Dans la première partie du plan conceptuel, calculez la variation de l'énergie de l'électron entre les orbitales $n = 6$ et $n = 5$ à l'aide de l'équation 3.3.

Dans la seconde partie, trouvez E_{photon} en prenant la valeur négative de ΔE_{atome}, puis calculez la longueur d'onde correspondante à un photon de cette énergie à l'aide de l'équation 3.1. (La différence de signes entre E_{photon} et ΔE_{atome} s'applique seulement à l'émission. *L'énergie d'un photon doit toujours être positive.*)

PLAN CONCEPTUEL

$$n = 5, n = 6 \longrightarrow \Delta E_{\text{atome}}$$

$$\Delta E = R_H\left(\frac{1}{n_i^2} - \frac{1}{n_f^2}\right)$$

$$\Delta E_{\text{atome}} \longrightarrow E_{\text{photon}} \longrightarrow \lambda$$

$$\Delta E_{\text{atome}} = -E_{\text{photon}} \qquad E = \frac{hc}{\lambda}$$

RELATIONS UTILISÉES

$$\Delta E = R_H\left(\frac{1}{n_i^2} - \frac{1}{n_f^2}\right) = 2,18 \times 10^{-18}\ \text{J}\left(\frac{1}{n_i^2} - \frac{1}{n_f^2}\right) \quad [3.3]$$

$$E = \frac{hc}{\lambda} \quad [3.1]$$

RÉSOUDRE Suivez le plan conceptuel. Commencez par calculer ΔE_{atome}.

Calculez E_{photon} en changeant le signe de ΔE_{atome}.

Résolvez l'équation reliant l'énergie d'un photon à sa longueur d'onde (λ). Substituez l'énergie du photon et calculez λ.

SOLUTION

$$\Delta E_{\text{atome}} = 2,18 \times 10^{-18}\ \text{J}\left(\frac{1}{6^2} - \frac{1}{5^2}\right) = 2,18 \times 10^{-18}\ \text{J}$$

$$E_{\text{photon}} = -\Delta E_{\text{atome}} = +2,66 \times 10^{-20}\ \text{J}$$

$$E = \frac{hc}{\lambda}$$

$$\lambda = \frac{(6,63 \times 10^{-34}\ \text{J} \cdot \text{s})\left(3,00 \times 10^8\ \dfrac{\text{m}}{\text{s}}\right)}{(2,66 \times 10^{-20}\ \text{m})}$$

$$= 7,46 \times 10^{-6}\ \text{m (ou 7 460 nm)}$$

VÉRIFIER Les unités de la réponse (mètres) sont correctes pour la longueur d'onde. La grandeur semble raisonnable parce que 10^{-6} m se situe dans la région de l'infrarouge du spectre électromagnétique. On sait que les transitions de $n = 3$ ou de $n = 4$ vers $n = 2$ sont situées dans la région de la lumière visible ; il est donc sensé qu'une transition entre des niveaux de valeur de n plus élevée (qui sont énergétiquement plus près l'une de l'autre) produise une lumière de longueur d'onde plus élevée.

EXERCICE PRATIQUE 3.2

Déterminez la longueur d'onde de la lumière absorbée quand un électron dans un atome d'hydrogène effectue une transition d'une orbitale $n = 2$ à une orbitale $n = 7$.

EXERCICE PRATIQUE SUPPLÉMENTAIRE 3.2

Un électron de niveau $n = 6$ dans l'atome d'hydrogène retombe à un niveau d'énergie inférieur, émettant une lumière de $\lambda = 93,8$ nm. Trouvez le niveau principal sur lequel l'électron est retombé.

Les transitions entre des états stationnaires dans un atome d'hydrogène sont tout à fait différentes des transitions qu'on pourrait imaginer dans le monde macroscopique. L'électron n'est *jamais observé entre les états*, seulement dans un état ou dans le suivant, car cette transition est instantanée. Le spectre d'émission d'un atome est constitué de raies discrètes parce que les états ne correspondent qu'à des énergies fixes déterminées. L'énergie d'un photon créé quand un électron effectue une transition d'un état stationnaire à un autre qui lui est inférieur équivaut à la différence d'énergie entre les deux états stationnaires. Les transitions entre des états stationnaires plus proches l'un de l'autre produisent donc une lumière d'énergie plus faible (longueur d'onde plus grande) que les transitions entre des états stationnaires plus éloignés l'un de l'autre. De la même façon, un atome éclairé par une lumière blanche n'absorbera que les longueurs d'onde (les quantités d'énergie) lui permettant d'effectuer les transitions permises par les niveaux d'énergie.

Bien qu'il parvienne à expliquer la formation des raies du spectre électromagnétique de l'hydrogène (incluant les bonnes longueurs d'onde), le modèle de Bohr a laissé de nombreuses questions sans réponses. Il ne permettait pas de comprendre la formation des spectres d'émission et d'absorption des atomes possédant plus d'un électron. Il ne permettait pas non plus de rendre compte du dédoublement des lignes d'émission observé lorsqu'un échantillon ionisé était placé dans un fort champ magnétique (effet Zeeman). Finalement, selon la mécanique classique, l'électron étant une charge en mouvement, il devrait perdre de l'énergie sous forme de rayonnement et s'écraser sur le noyau. Malgré tout, le modèle de Bohr possède une grande importance historique et conceptuelle, car il a servi de modèle intermédiaire entre la conception classique de l'atome et sa version moderne. Il a fini par être remplacé par une théorie plus complète dérivée de la mécanique quantique qui intègre la dualité onde-corpuscule de l'électron lui-même : le modèle quantique.

Vous êtes maintenant en mesure de faire les exercices 15 à 31, 56 à 58, 60, 61, 65 à 69, 71, 75 et 76.

3.3 Mécanique quantique et atome : au-delà du modèle de Bohr

À la suite des travaux de Planck sur la quantification de l'énergie émise par les corps noirs (1900) et de ceux d'Einstein sur l'effet photoélectrique (1905), on assiste à la naissance d'une toute nouvelle branche de la physique qui se donne pour mission de réconcilier la nature ondulatoire et la nature corpusculaire de la matière. Le terme *mécanique quantique* apparaît pour la première fois en 1924 dans les travaux de Max Born, un physicien allemand qui s'intéressait aux travaux de Planck sur la théorie des quanta et à ceux de Heisenberg sur la physique de l'atome. C'est de cette *mécanique quantique* que va émerger peu à peu une version moderne du modèle atomique (**figure 3.16**). Il est la somme de nombreux travaux et, contrairement au modèle classique, il s'explique mal selon une logique historique. Nous le présenterons donc selon ses trois principales caractéristiques : le concept d'orbitales atomiques, les notions de couches et de sous-couches électroniques et le concept de spin de l'électron.

La nature ondulatoire de l'électron constitue le cœur de la **théorie de la mécanique quantique** qui a remplacé le modèle de Bohr. Ce principe fondamental fut proposé la première fois par Louis de Broglie (1892-1987) en 1924 et confirmé expérimentalement en 1927. À cette époque, il semblait inimaginable que les électrons – perçus jusqu'alors comme des particules dotées d'une masse – puissent avoir aussi une nature ondulatoire. Pour bien saisir la nature ondulatoire de l'électron, il faut d'abord comprendre les phénomènes d'interférence et de diffraction qui avaient déjà été observés dans les études portant sur la lumière.

Interférence et diffraction

Les ondes, y compris les ondes électromagnétiques, interagissent l'une avec l'autre d'une façon caractéristique en formant des **interférences** : elles peuvent s'annuler l'une l'autre ou s'additionner, selon leur alignement lors de l'interaction. Par exemple, si des ondes d'égale amplitude provenant de deux sources sont en **phase** au moment où elles interagissent, c'est-à-dire qu'elles s'alignent avec des sommets qui se superposent, l'amplitude résultante est doublée. Ce phénomène est appelé **interférence constructive**.

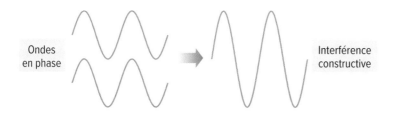
Ondes en phase → Interférence constructive

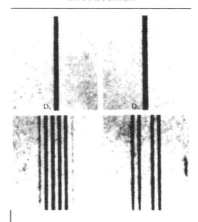

Effet Zeeman

Lorsque l'on place un gaz ionisé dans un champ magnétique, les raies émises se dédoublent. Arnold Sommerfeld (1868-1951) a tenté en vain d'expliquer ce phénomène en proposant que les orbites de Bohr étaient en fait des orbites multiples regroupées en couches d'énergie.

FIGURE 3.16 Modèle quantique de l'atome

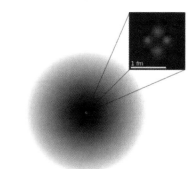

1 Å = 100,000 fm

Représentation statistique d'un atome d'hélium. Le noyau, au centre, est coloré en rose et la région en dégradé de gris correspond au nuage électronique. Les régions plus foncées correspondent à des endroits où il est plus probable de retrouver les électrons de l'atome d'hélium. Dans l'agrandissement à droite, on distingue les protons (en rouge) et les neutrons (en bleu).

Quand une vague qui arrive près du rivage rencontre une vague qui repart en sens contraire, les deux vagues interfèrent momentanément de façon constructive, ce qui produit une grande crête d'amplitude.

Pour comprendre la nature ondulatoire de l'électron, il est essentiel de comprendre l'interférence dans les ondes.

D'autre part, si les ondes sont complètement *déphasées*, c'est-à-dire si elles s'alignent de façon que le sommet d'une source se superpose au creux de l'autre, les ondes s'annulent par **interférence destructive**.

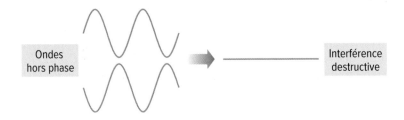

Lorsqu'une onde rencontre un obstacle ou une fente dont la taille est comparable à sa longueur d'onde, elle le contourne par **diffraction**. Après avoir frappé l'objet ou traversé la fente, l'onde s'étend dans toutes les directions (**figure 3.17**). La diffraction de la lumière qui traverse deux fentes séparées par une distance comparable à la longueur d'onde de la lumière provoque un *patron d'interférence*, comme le montre la **figure 3.18**. Chaque fente agit comme une nouvelle source d'ondes et les deux nouvelles ondes interfèrent l'une avec l'autre. Le patron qui en résulte consiste en une série de lignes claires et foncées que l'on peut observer sur un écran placé à une courte distance derrière les fentes. (On peut aussi les enregistrer sur un film.) Au centre de l'écran, les deux ondes se déplacent d'une distance égale et interfèrent de façon constructive pour produire une ligne brillante. Cependant, à une petite distance du centre dans l'une ou l'autre direction, les deux ondes se déplacent sur des distances légèrement différentes, de sorte qu'elles sont déphasées. Au point où la différence des distances est une demi-fois la longueur d'onde, l'interférence est destructive et une ligne sombre apparaît sur l'écran. Quand les ondes s'éloignent un peu plus du centre, il se produit de nouveau une interférence constructive parce que la différence entre les parcours équivaut à une longueur d'onde entière.

FIGURE 3.17 **Diffraction**

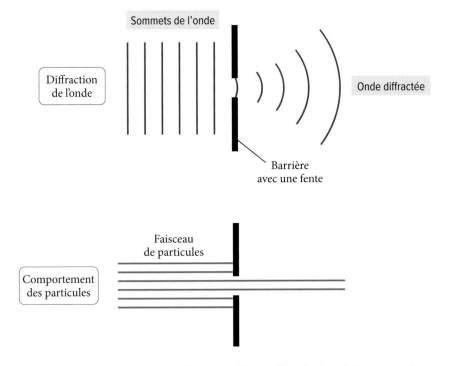

Cette vue en plan des ondes montre comment elles sont courbées, ou diffractées, lorsqu'elles rencontrent un obstacle ou une fente dont la taille est comparable à leur longueur d'onde. Lorsqu'une onde traverse une petite ouverture, elle s'étend. Les particules, au contraire, ne diffractent pas ; elles ne font que traverser l'ouverture.

FIGURE 3.18 Interférence produite par deux fentes

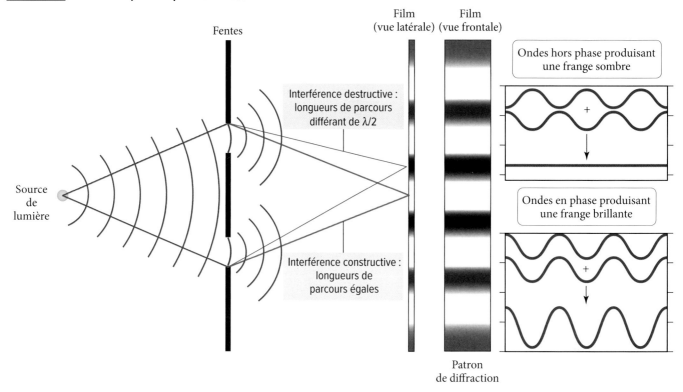

Quand un faisceau de lumière passe par deux petites fentes, les deux ondes qui en résultent interfèrent l'une avec l'autre. Que l'interférence soit constructive ou destructive à un point donné dépend de la différence entre les longueurs des chemins parcourus par les ondes. On obtient un patron d'interférence qui se présente sous la forme d'une série de lignes claires et sombres sur un écran.

Le résultat final est le patron d'interférence illustré dans la figure. Notez que l'interférence résulte de la capacité d'une onde à diffracter dans les deux fentes ; c'est une propriété intrinsèque des ondes.

Nature ondulatoire de l'électron : la longueur d'onde de De Broglie

C'est la diffraction de l'électron qui met le plus clairement en évidence sa nature ondulatoire. Si l'on dirige un faisceau d'électrons vers deux fentes situées à courte distance l'une de l'autre et que l'on dispose un film derrière elles pour détecter les électrons après leur passage à travers ces fentes, on enregistre un patron d'interférence semblable à celui que l'on observe dans le cas de la lumière (**figure 3.19(a)**). Les détecteurs placés au centre du réseau (à mi-chemin entre les deux fentes) détectent un grand nombre d'électrons, exactement à l'opposé de ce à quoi on s'attend de la part de particules (**figure 3.19(b)**). En s'éloignant du centre, les détecteurs décèlent alternativement de petits nombres d'électrons, puis de grands nombres d'électrons et ainsi de suite, ce qui forme un patron d'interférence caractéristique des ondes.

Il s'avère que cette nature ondulatoire permet d'expliquer, d'une part, l'existence des états quantifiés dans le modèle de Bohr et, d'autre part, le fait que les électrons d'un atome ne s'écrasent pas sur leur noyau comme le prédit la physique classique. Pour expliquer ces phénomènes, De Broglie conçoit l'électron sous la forme d'une onde stationnaire, c'est-à-dire une onde qui ne se déplace pas dans l'espace, un peu comme si on créait une onde à l'aide d'une corde fixe : la corde ondule, mais sans que l'onde puisse avancer ou reculer. Par ailleurs, l'onde de De Broglie n'est pas seulement stationnaire mais circulaire : elle décrit un cercle dont la circonférence est proportionnelle à la longueur d'onde de l'électron. L'électron possédant une longueur d'onde définie ($\lambda_{\acute{e}}$), la circonférence de ce cercle ne peut prendre que certaines valeurs correspondant à un multiple entier de $\lambda_{\acute{e}}$; l'énergie de l'électron est donc quantifiée, elle ne peut prendre que certaines valeurs, comme l'illustre la **figure 3.20**.

La première preuve des propriétés ondulatoires de l'électron a été fournie par l'expérience de Davisson-Germer en 1927, dans laquelle on a observé la diffraction d'électrons par un cristal de métal.

Pour que se produise de l'interférence, l'espacement entre les fentes doit être de l'ordre des dimensions atomiques.

FIGURE 3.19 Diffraction de l'électron

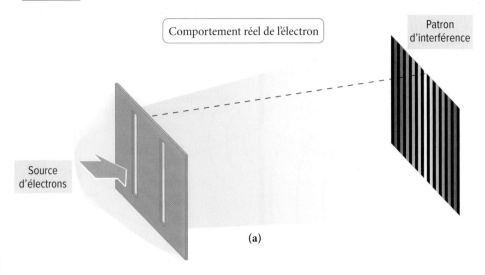

Comportement réel de l'électron

Patron d'interférence

Source d'électrons

(a)

Animation

Dualité onde-particule

codeqrcu.page.link/ixVh

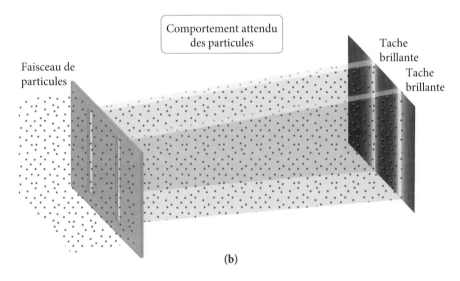

Comportement attendu des particules

Faisceau de particules

Tache brillante

Tache brillante

(b)

(a) Lorsqu'un faisceau d'électrons traverse deux fentes situées à courte distance l'une de l'autre, il se crée un patron d'interférence, comme si les électrons se comportaient comme des ondes. **(b)** Au contraire, un faisceau de particules qui traverse deux fentes devrait simplement produire deux faisceaux de particules plus petits. Remarquez que dans ce cas, on observe une ligne foncée directement derrière le centre des deux fentes, contrairement au comportement ondulatoire, qui produit une frange brillante.

FIGURE 3.20 Onde de De Broglie

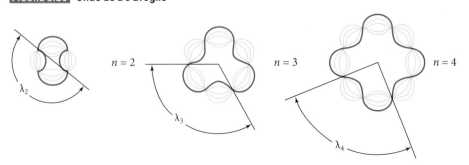

λ_2 $n = 2$ λ_3 $n = 3$ λ_4 $n = 4$

On peut représenter l'électron comme une onde décrivant un cercle. Puisque l'électron possède une longueur d'onde définie ($\lambda_é$), la circonférence de ce cercle ne peut prendre que certaines valeurs correspondant à un multiple entier de $\lambda_é$.

Comme on l'a vu dans la section 3.2, la longueur d'une onde est reliée à son énergie cinétique (l'énergie associée à son mouvement). Plus la longueur d'onde est courte, plus la lumière possède une haute énergie. Il est donc possible de conclure aussi que, plus l'électron se déplace vite, plus son énergie cinétique est élevée et plus sa longueur d'onde est courte. La longueur d'onde (λ) d'un électron de masse m se déplaçant à une vitesse v est donnée par la **relation de De Broglie** :

$$\lambda = \frac{h}{mv} \quad \text{Relation de De Broglie} \qquad [3.4]$$

où h est la constante de Planck. Remarquez que la vitesse d'un électron en mouvement est reliée à sa longueur d'onde : connaître l'une permet d'évaluer l'autre.

La masse d'un objet (m) multipliée par sa vitesse (v) est son moment. Par conséquent, la longueur d'onde d'un électron est inversement proportionnelle à son moment.

EXEMPLE 3.3	Longueur d'onde de De Broglie

Calculez la longueur d'onde d'un électron qui se déplace à une vitesse de $2,65 \times 10^6$ m/s.

TRIER On vous donne la vitesse d'un électron et vous devez calculer sa longueur d'onde.	**DONNÉE** $v = 2,65 \times 10^6$ m/s **INFORMATION RECHERCHÉE** λ
ÉTABLIR UNE STRATÉGIE Le plan conceptuel montre comment la relation de De Broglie relie la longueur d'onde d'un électron à sa masse et à sa vitesse.	**PLAN CONCEPTUEL** $v \longrightarrow \lambda$ $\lambda = \dfrac{h}{mv}$ **RELATIONS UTILISÉES** $\lambda = h/mv$ (relation de De Broglie, équation 3.4)
RÉSOUDRE Substituez la vitesse, la constante de Planck et la masse d'un électron pour calculer la longueur d'onde de l'électron. Pour bien annuler les unités, transformer le joule (J) dans la constante de Planck en ses unités de base SI ($1 \text{ J} = 1 \text{ kg·m}^2/\text{s}^2$).	**SOLUTION** $\lambda = \dfrac{h}{mv} = \dfrac{\left(6,626 \times 10^{-34} \dfrac{\text{k\cancel{g}} \cdot \text{m}^2}{\text{s}^2} \cancel{\text{s}}\right)}{(9,11 \times 10^{-31} \text{ k\cancel{g}})\left(2,65 \times 10^6 \dfrac{\text{\cancel{m}}}{\cancel{\text{s}}}\right)}$ $= 2,74 \times 10^{-10}$ m

VÉRIFIER Les unités de la réponse (mètres) sont correctes. La grandeur de la réponse est très petite, comme on s'y attend pour la longueur d'onde d'un électron.

EXERCICE PRATIQUE 3.3

Quelle est la vitesse d'un électron dont la longueur d'onde de De Broglie est approximativement la longueur d'une liaison chimique ? Supposez que cette longueur est de $1,2 \times 10^{-10}$ m.

Lien conceptuel 3.2 Longueur d'onde de De Broglie des objets macroscopiques

Étant donné que la théorie de la mécanique quantique est universelle, elle s'applique à tous les objets, indépendamment de leur taille. Par conséquent, selon la relation de De Broglie, un ballon de soccer doit aussi présenter des propriétés ondulatoires. Pourquoi n'observe-t-on pas de telles propriétés lors d'un match sur le terrain ?

Principe d'incertitude

Il est difficile de concilier la nature ondulatoire de l'électron et sa nature corpusculaire. En effet, comment une entité unique peut-elle se comporter à la fois comme une onde et comme une particule ? On peut commencer à répondre à cette question en retournant à l'expérience de diffraction d'un électron individuel. Plus précisément, on peut se poser la question suivante : comment un électron individuel dirigé vers une fente double peut-il produire un patron d'interférence ? On a vu précédemment que l'électron traverse les deux fentes et interfère avec lui-même. L'idée est vérifiable. Il suffit d'observer l'électron individuel quand il traverse les deux fentes. S'il les traverse simultanément (s'il se comporte comme une onde), notre hypothèse est correcte. Mais c'est là où la nature de l'électron devient complexe.

Toute expérience conçue pour observer l'électron quand il traverse les fentes conduit à la détection d'un « électron-particule ». Celui-ci ne traverse qu'une seule fente et ne produit aucun patron d'interférence, car l'expérience fait appel à la nature corpusculaire de l'électron. Une expérience de diffraction des électrons conçue pour déterminer par quelle fente passera l'électron fait appel à un rayon laser placé directement derrière les fentes. Quand un électron traverse le rayon du laser, il se produit un minuscule éclair lumineux, car un électron individuel interagit avec le laser et est diffracté au point de franchissement des fentes. L'apparition d'un flash en arrière d'une fente particulière indique qu'un électron la traverse.

Cependant, lors de l'expérience, le flash vient toujours *soit* d'une fente, soit de l'autre, mais *jamais* des deux à la fois. De plus, le patron d'interférence, qui était présent sans le laser, est maintenant absent. Avec le laser en fonction, les électrons frappent des positions directement derrière chaque fente, comme si c'était des particules ordinaires.

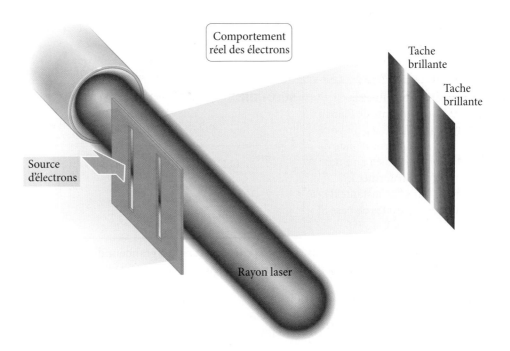

Il s'avère en fin de compte que, peu importe les efforts qu'on y mette, ou quelle que soit la méthode utilisée, *on ne peut jamais voir le patron d'interférence et déterminer simultanément par quel trou passe l'électron.* Cela n'a jamais été réalisé et la plupart des scientifiques sont d'accord que ce ne le sera jamais. Selon les dires de Paul Dirac (1902-1984), il y a une limite à la finesse de nos capacités d'observation et à la faiblesse de la perturbation ; cette limite est intrinsèque à la nature des choses et ne pourra jamais être outrepassée par des techniques améliorées ou une habileté accrue de la part de l'observateur.

L'expérience à l'aide du laser démontre qu'on ne peut pas simultanément observer la nature ondulatoire et la nature corpusculaire de l'électron. Quand on essaie d'observer par quelle fente passe l'électron (associé à la nature corpusculaire de l'électron), on perd le patron d'interférence (associé à la nature ondulatoire de l'électron). Quand on essaie d'observer le patron d'interférence de l'électron, il est impossible de déterminer par quelle fente passe l'électron. La nature ondulatoire et la nature corpusculaire de l'électron sont appelées des **propriétés complémentaires**. Ces propriétés s'excluent l'une l'autre : plus on en connaît au sujet de l'une, moins on en connaît sur l'autre. Celle des deux propriétés complémentaires qu'on observe dépend de l'expérience effectuée ; en mécanique quantique, l'observation d'un événement influe sur la nature de ce qui est observé.

Comme on vient de le voir dans la relation de De Broglie, la *vitesse* (l'énergie cinétique d'une onde dépend de sa fréquence) d'un électron est reliée à sa *nature ondulatoire*. La *position* d'un électron, toutefois, est reliée à sa *nature corpusculaire*. (Les particules ont des positions bien définies, mais les ondes n'en ont pas.) Par conséquent, notre incapacité à observer l'électron simultanément en tant que particule et en tant qu'onde signifie qu'on ne peut pas simultanément mesurer sa position et sa vitesse. Werner Heisenberg a formulé cette idée dans l'équation suivante :

$$\Delta x \, m\Delta v \geq \frac{h}{4\pi} \qquad \text{Principe d'incertitude de Heisenberg} \qquad [3.5]$$

Werner Heisenberg (1901-1976)

où Δx est l'incertitude sur la position (*nature corpusculaire*), Δv, l'incertitude sur la vitesse (*nature ondulatoire*), m, la masse de la particule et h, la constante de Planck. Le **principe d'incertitude de Heisenberg** stipule que le produit de Δx et $m\Delta v$ doit être plus grand ou égal à un nombre fini ($h/4\pi$). Autrement dit, plus on connaît avec précision la position d'un électron (plus Δx est petit), moins on connaît sa vitesse avec précision (plus Δv est grand) et vice versa. La complémentarité de la nature ondulatoire et de la nature corpusculaire de l'électron entraîne la complémentarité de sa vitesse et de sa position.

Le principe d'incertitude de Heisenberg peut sembler surprenant, mais, en fait, il résout un grand puzzle. Sans le principe d'incertitude, on ne peut répondre à la question de savoir comment un objet peut être une particule et une onde. Pour mieux comprendre l'énigme de l'électron, imaginez que vous êtes un chercheur dans un monde en deux dimensions et que vous étudiez un cylindre. Parfois vous l'observez, et il semble être un cercle. Vous l'analysez d'une autre façon, cette fois il a les propriétés d'un rectangle. Cependant, il n'est ni un cercle, ni un rectangle. Dans ce monde en deux dimensions, vous ne pouvez pas vous faire une idée précise de cet objet bizarre. Heisenberg résout le problème posé par la nature de l'électron en introduisant la notion de complémentarité : un électron est observé *soit* comme une particule, *soit* comme une onde, mais jamais les deux à la fois. Toutefois, c'est un « objet quantique » qui possède à la fois des propriétés ondulatoires et des propriétés corpusculaires.

Dans un monde en deux dimensions, la notion de cylindre n'existe pas. Il faut la troisième dimension pour en percevoir le volume. Éclairé sous un certain angle, le cylindre semble être un rectangle ; observé différemment, il semble être un cercle. Mais en réalité, il n'est ni l'un, ni l'autre.

Vous êtes maintenant en mesure de faire les exercices 32 à 36, 59, 64, 70, 72 et 77.

3.4 Équation de Schrödinger : une vision quantique de l'atome

Les travaux d'Einstein et de Heisenberg ont révolutionné la façon de concevoir la matière, en particulier les particules atomiques. L'électron devient un corps étrange possédant à la fois des propriétés propres aux ondes et aux particules, sans être ni tout à fait l'un ni tout à fait l'autre. Du modèle de Thomson au modèle de Bohr, l'électron avait toujours été représenté par un point se déplaçant ou non dans l'espace. Ce n'est plus possible : il faut donc réinventer sa schématisation.

Principe d'indétermination

Selon la physique classique, et notamment selon les lois du mouvement de Newton, les particules se déplacent sur une *trajectoire* (ou trajet) qui est déterminée par la vitesse de la particule (vitesse et direction du déplacement), sa position et les forces qui agissent sur elle. Même si les lois de Newton ne vous sont pas familières, vous en avez probablement une perception intuitive. Par exemple, quand vous courez après une balle de baseball dans le champ extérieur, vous prédisez visuellement à quel endroit tombera la balle en observant son trajet. Vous y arrivez en notant sa position initiale et sa vitesse, en surveillant comment les deux sont influencées par les forces qui agissent sur elles (gravité, résistance de l'air, vent), puis en inférant sa trajectoire, comme l'illustre la **figure 3.21**. Si vous ne connaissiez que la vitesse de la balle, ou seulement sa position (imaginez une photo de la balle dans les airs), vous ne pourriez pas prédire l'endroit où elle atterrira. En mécanique classique, la position et la vitesse sont toutes les deux nécessaires pour prédire une trajectoire.

Rappelez-vous que le vecteur vitesse combine la vitesse aussi bien que la direction du mouvement.

FIGURE 3.21 **Concept de trajectoire**

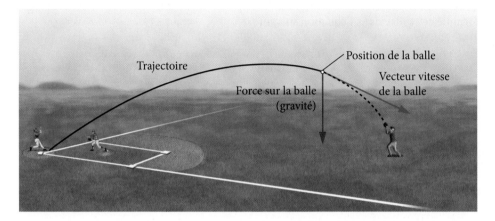

En mécanique classique, la position et la vitesse d'une particule déterminent sa trajectoire future, ou trajet. Donc, au baseball, un voltigeur peut attraper une balle en observant sa position et sa vitesse, en tenant compte de l'influence des forces qui agissent sur elle, comme la gravité, et en estimant sa trajectoire. (Pour plus de simplicité, les vecteurs représentant la résistance de l'air et le vent ne sont pas montrés.)

Les lois du mouvement de Newton sont **déterministes** : le présent *détermine* le futur. Cela signifie que si deux balles sont frappées consécutivement avec la même vitesse à partir de la même position dans des conditions identiques, elles vont atterrir exactement au même endroit. Le même principe ne s'applique pas aux électrons. On vient de voir qu'on ne peut pas simultanément connaître la position et la vitesse d'un électron, par conséquent on ne peut pas connaître sa trajectoire. En mécanique quantique, les trajectoires sont remplacées par les *diagrammes de distribution des probabilités*, comme le montre la **figure 3.22**. Un diagramme de distribution de probabilité est un diagramme statistique qui montre à quel endroit il existe une probabilité de trouver un électron dans des conditions données.

FIGURE 3.22 **Trajectoire par opposition à probabilité**

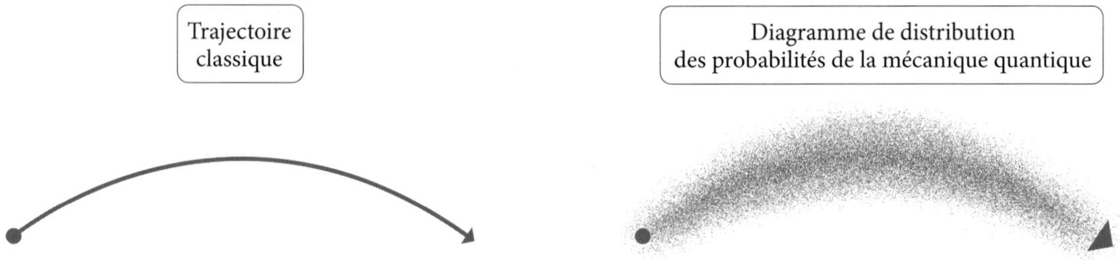

Trajectoire classique

Diagramme de distribution des probabilités de la mécanique quantique

En mécanique quantique, on ne peut pas calculer de trajectoires déterministes. Il faut plutôt penser en termes de diagrammes de probabilité : des portraits statistiques indiquant la probabilité de trouver une particule de la mécanique quantique, comme un électron, à un endroit donné. Dans ce diagramme hypothétique, la zone plus foncée indique une plus grande probabilité.

Pour comprendre le concept de diagramme de distribution des probabilités, revenons au baseball. Imaginez une balle lancée à partir du monticule du lanceur vers un receveur derrière le marbre (figure 3.23). Le receveur peut surveiller le trajet de la balle, prédire exactement où elle traversera le marbre et placer son gant au bon endroit pour l'attraper. Comme on l'a vu, cela serait impossible avec un électron. Si un électron était lancé à partir du monticule du lanceur vers le marbre, il atterrirait généralement à un endroit différent chaque fois, même s'il était lancé exactement de la même façon. Ce comportement s'appelle **indétermination**. Contrairement à une balle, dont le trajet futur est *déterminé* par sa position et sa vitesse quand elle quitte la main du lanceur, le trajet futur d'un électron est indéterminé et ne peut être décrit que statistiquement.

Dans le monde de la mécanique quantique de l'électron, le receveur serait incapable de déterminer exactement où l'électron traversera le marbre pour un lancer donné. Cependant, s'il notait des centaines de lancers d'électrons identiques, le receveur pourrait observer un *schéma statistique* reproductible de l'endroit où l'électron traverse le marbre. Il pourrait même dessiner un diagramme de la zone des prises montrant la probabilité qu'un électron traverse une certaine zone, comme le montre la figure 3.24. Ce serait un diagramme de distribution des probabilités.

FIGURE 3.23 **Trajectoire d'un objet macroscopique**

Une balle de baseball suit une trajectoire bien définie à partir de la main du lanceur jusqu'au gant du receveur.

FIGURE 3.24 **Zone des prises sous l'angle de la mécanique quantique**

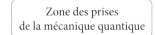

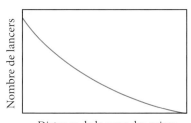

Zone des prises de la mécanique quantique

Nombre de lancers

Distance de la zone des prises

Un électron n'a pas une trajectoire bien définie. Cependant, on peut construire un diagramme de distribution des probabilités pour montrer sa probabilité relative de croiser le marbre en différents points.

Équation de Schrödinger

Pour illustrer l'étrangeté du monde quantique, Erwin Schrödinger a proposé une expérience de pensée connue sous le nom de paradoxe du chat de Schrödinger. Un chat est placé dans une boîte en acier qui contient des atomes radioactifs. Lorsqu'un de ces atomes émet une particule énergétique, celle-ci déclenche un mécanisme qui provoque la rupture d'un récipient renfermant de l'acide cyanhydrique, un poison. Si le récipient est brisé, le poison est libéré et le chat meurt. Maintenant, voici le paradoxe : si la boîte en acier est fermée, tout le système demeure non observé, de sorte que l'on ne sait pas si l'atome radioactif a émis ou non une particule (probabilité égale). Par conséquent, le chat est à la fois mort et vivant. Schrödinger a présenté ce paradoxe de la manière suivante : « [il y aurait dans la boîte en acier] le chat vivant et le chat mort (excusez l'expression) dans un état de superposition, en parties égales ». Quand on ouvre la boîte, l'acte d'observer fait bifurquer tout le système dans un état ou dans l'autre : le chat est soit mort, soit vivant, et pas les deux. Cependant, quand il n'est pas observé, le chat est à la fois mort et vivant. Ce paradoxe du chat mort et vivant démontre à quel point il est difficile de traduire à notre échelle les règles qui régissent le monde quantique.

Ces états de vitesse et de position sont appelés *valeurs propres*.

Comme nous l'avons déjà vu avec le principe d'incertitude, la position et la vitesse de l'électron sont des propriétés complémentaires : si on en connaît une avec précision, l'autre devient indéterminée. Autrement dit, pour chaque état, on peut indiquer l'*énergie* de l'électron avec précision, mais pas sa position à un instant donné. Dans le modèle atomique moderne, la position de l'électron est plutôt décrite en termes de probabilité de présence. Il s'agit d'un diagramme de distribution ou fonction d'onde (ψ^2) montrant où il est probable de trouver l'électron. Ces probabilités de présence sont appelées **orbitales** et dérivent de la solution de l'équation de Schrödinger :

$$\frac{\hat{\vec{p}}^2}{2\,m}|\psi\,(t)\rangle = V(\hat{\vec{r}},t)|\psi(t)\rangle = i\frac{h}{2\pi}\frac{d}{dt}|\psi(t)\rangle$$

La partie gauche de l'équation est un ensemble d'opérations mathématiques qui intègrent la position (*r*, ou *x* dans l'équation de Heisenberg) et le moment cinétique (*p*, soit *mv* dans l'équation de Heisenberg) de l'électron dans l'atome. La section de droite tient compte de l'énergie réelle de l'électron et fait intervenir la constante de Planck (*h*). Le symbole ψ est la **fonction d'onde**, une fonction mathématique qui décrit la nature ondulatoire de l'électron.

Puisque l'équation de Schrödinger peut générer un nombre infini de solutions, il existe un nombre infini de fonctions d'onde possibles pour l'électron. Ces fonctions d'onde elles-mêmes sont des fonctions mathématiques assez complexes et nous ne les décrivons pas en détail dans le présent volume. Nous introduisons plutôt leurs représentations graphiques (ou schémas) qui correspondent à un graphique de cette fonction d'onde au carré (ψ^2) qui permet de situer l'électron dans une orbitale. L'électron n'est donc plus représenté par un point précis dans l'espace, mais par sa **densité de probabilité**, c'est-à-dire par une région tridimensionnelle à l'intérieur de laquelle il est le plus probable de le trouver.

Orbitales atomiques : les solutions de l'équation de Schrödinger pour l'atome d'hydrogène

Dans les paragraphes qui suivent, nous décrirons les diagrammes de distribution des probabilités de présence pour les états dans lesquels l'électron de l'hydrogène a une énergie bien déterminée, mais pas une position bien définie. Bien que l'électron de l'hydrogène soit placé sur le premier niveau d'énergie dans son état le plus stable, nous avons vu à la section 3.2 qu'il est possible de l'exciter et de lui permettre d'atteindre des niveaux plus élevés en lui fournissant de l'énergie.

Animation

Modèle quantique

codeqrcu.page.link/8iBc

Le symbole ψ est la lettre grecque « psi ».

Orbitales *s*

L'orbitale de niveau d'énergie la plus faible est l'orbitale 1*s* symétriquement sphérique illustrée à la **figure 3.25(a)**. Cette image est en réalité un graphique tridimensionnel de la fonction d'onde au carré (ψ^2), qui représente la densité de probabilité de présence, la probabilité (par unité de volume) de trouver l'électron à un point dans l'espace :

$$\psi^2 = \text{densité de probabilité} = \frac{\text{probabilité}}{\text{unité de volume}}$$

Dans ce graphique, la grandeur de ψ^2 est proportionnelle à la densité des points illustrés dans l'image. La densité élevée de points près du noyau indique une densité de probabilité plus élevée pour l'électron à cet endroit. En s'éloignant du noyau, la densité de probabilité diminue. La **figure 3.25(b)** montre un graphique de la densité de probabilité (ψ^2) en fonction de *r*, la distance du noyau. Il s'agit d'une coupe transversale dans le graphique tridimensionnel de ψ^2 qui illustre comment la densité de probabilité diminue à mesure que *r* augmente.

L'expérience de pensée suivante va vous permettre de comprendre ce que l'on entend par densité de probabilité. Imaginez un électron dans l'orbitale 1*s* se trouvant dans le volume qui entoure le noyau. Imaginez également que l'on prend une photo de l'électron toutes les secondes durant 10 ou 15 min. Dans une photo, l'électron est très

FIGURE 3.25 Deux représentations de l'orbitale 1*s*

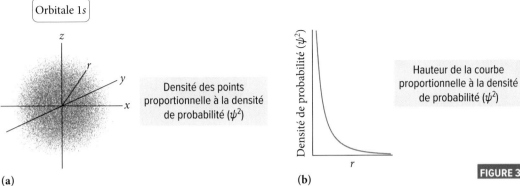

(a)   (b)

(a) La densité des points est proportionnelle à la densité de probabilité de l'électron. **(b)** La hauteur de la courbe est proportionnelle à la densité de probabilité de l'électron. L'axe des *x* représente *r*, la distance à partir du noyau.

FIGURE 3.26 Surface de l'orbitale 1*s*

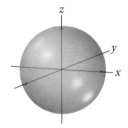

Dans cette représentation, la surface de la sphère recouvre le volume où l'électron passe 90 % du temps quand il est dans l'orbitale 1*s*.

près du noyau, dans une autre, il est plus loin, et ainsi de suite. Chaque photo montre un point qui marque la position de l'électron par rapport au noyau au moment où la photo est prise. Rappelez-vous que dans aucune photo, on ne peut prédire à quel endroit se trouvera l'électron. Cependant, si vous avez pris des centaines de photos et que vous les superposez toutes, vous obtiendrez un graphique similaire à la figure 3.25(a) qui fournit une représentation statistique de la probabilité de trouver l'électron à chacun des points.

On peut également représenter une orbitale atomique par une forme géométrique qui délimite le volume dans lequel il est le plus probable de trouver l'électron, en général, 90 % du temps. Par exemple, l'orbitale 1*s* peut ressembler à la sphère tridimensionnelle illustrée à la **figure 3.26**. Si on superpose les représentations de la densité des points de l'orbitale 1*s* et de la forme géométrique, 90 % des points seraient situés dans la sphère, ce qui signifie que l'électron dans l'orbitale 1*s* a 90 % de chance de se trouver dans cette sphère.

Les graphiques qu'on vient de voir représentent la *densité* de probabilité. Cependant, ils portent un peu à confusion parce qu'ils semblent suggérer que l'électron a le plus de chance de se trouver dans le noyau. Pour avoir une meilleure idée de l'endroit où l'électron a la plus grande probabilité de se trouver, on peut utiliser un graphique appelé **fonction de distribution radiale**, illustré à la **figure 3.27** pour l'orbitale 1*s*. La fonction de distribution radiale représente *la probabilité totale de trouver l'électron dans une mince couche sphérique à une distance r du noyau* :

$$\text{Probabilité radiale totale (à une distance } r \text{ donnée)} = \frac{\text{probabilité}}{\text{unité de volume}} \times \text{volume de la couche à } r$$

La fonction de distribution radiale représente non pas la *densité de probabilité à un point r*, mais la probabilité totale à un rayon *r*. Contrairement à la densité de probabilité, qui a un maximum au noyau, la fonction de distribution radiale a une valeur de zéro au noyau. Elle augmente à un maximum à 52,9 pm, puis diminue de nouveau avec *r* qui augmente.

Le maximum dans la fonction de distribution radiale, 52,9 pm, s'avère le même rayon que Bohr a prédit pour l'orbite la plus proche du noyau de l'atome d'hydrogène. Cependant, il y a une importante différence conceptuelle entre ces deux rayons. Dans le modèle de Bohr, chaque fois qu'on examine l'atome (dans son état d'énergie le plus faible), l'électron se trouve à un rayon de 52,9 pm. Dans le modèle de la mécanique quantique, on trouve généralement l'électron à divers rayons, avec la plus grande probabilité à 52,9 pm.

Les densités de probabilité et les fonctions de distribution radiale pour les orbitales 2*s* et 3*s* sont illustrées à la **figure 3.28**. Comme l'orbitale 1*s*, ces orbitales présentent une symétrie sphérique. Cependant, ces orbitales sont d'une plus grande taille que l'orbitale

FIGURE 3.27 Fonction de distribution radiale pour l'orbitale 1*s*

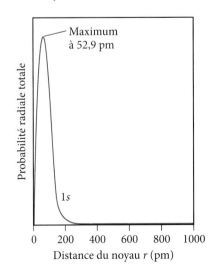

La courbe indique la probabilité totale de trouver l'électron à l'intérieur d'une mince couche à une distance *r* du noyau.

FIGURE 3.28 **Densités de probabilité et fonctions de distribution radiale des orbitales 2s et 3s**

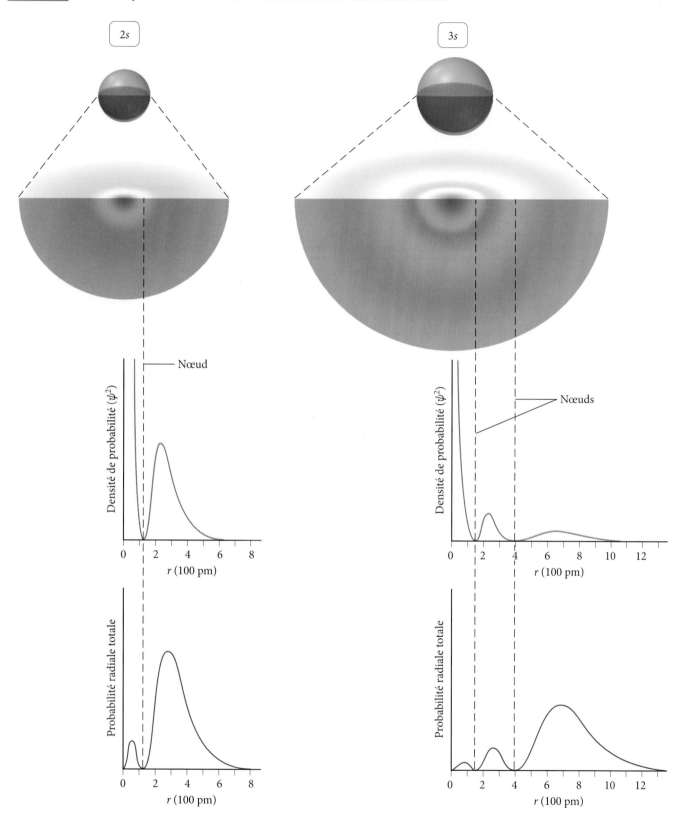

1s, et, contrairement à l'orbitale 1s, elles contiennent des *nœuds*. Un **nœud** est un point où la fonction d'onde (ψ), et, par conséquent, la densité de probabilité (ψ^2) et la fonction de distribution radiale passent toutes par zéro. Un nœud dans une fonction d'onde est tout à fait comme un nœud dans une onde stationnaire sur une corde qui vibre. On peut mieux voir les nœuds dans une orbitale en regardant en réalité une coupe transversale à travers l'orbitale. Les graphiques de la densité de probabilité et de la fonction de distribution radiale en fonction de r révèlent la présence de nœuds. La probabilité de trouver l'électron à un nœud est nulle.

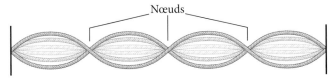

Les nœuds dans les orbitales atomiques de la mécanique quantique sont des analogues tridimensionnels des nœuds qu'on trouve sur une corde qui vibre.

Orbitales p

Chaque niveau d'énergie avec $n = 2$ ou plus grand contient trois orbitales p. Les trois orbitales $2p$ et leurs fonctions de distribution radiale sont illustrées à la **figure 3.29**. Les orbitales p ne présentent pas de symétrie sphérique comme les orbitales s, mais elles ont deux lobes de densité électronique de chaque côté du noyau et un nœud localisé au noyau. Les trois orbitales diffèrent seulement dans leur orientation et elles sont orthogonales (mutuellement perpendiculaires) l'une à l'autre. Il est commode de définir un système d'axes x, y et z et d'identifier chaque orbitale p par p_x, p_y et p_z. Les orbitales $3p$, $4p$, $5p$ et plus élevées ont toutes des formes similaires à celle des orbitales $2p$, mais elles comportent des nœuds additionnels (comme les orbitales s plus élevées) et leur taille est de plus en plus grande.

FIGURE 3.29 Fonction de distribution radiale des orbitales $2p$

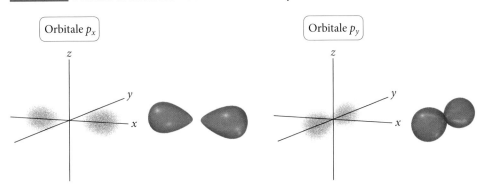

La fonction de distribution radiale est la même pour les trois orbitales $2p$ lorsqu'on prend l'axe des x du graphique comme axe contenant les lobes de l'orbitale.

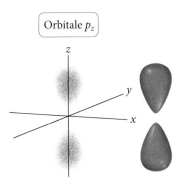

Fonction de distribution radiale

Orbitales d

Chaque niveau d'énergie avec $n = 3$ ou plus élevé contient cinq orbitales d. Les cinq orbitales $3d$ sont illustrées à la **figure 3.30**. Quatre de ces orbitales ont une forme de trèfle, avec quatre lobes de densité électronique autour du noyau et deux plans nodaux perpendiculaires. Les orbitales d_{xy}, d_{xz} et d_{yz} sont orientées le long des plans xy, xz et yz, respectivement, et leurs lobes sont orientés entre les axes correspondants. Les quatre lobes des orbitales $d_{x^2-y^2}$ sont orientés le long des axes x et y. L'orbitale d_{z^2} a une forme différente des quatre autres, avec deux lobes orientés le long de l'axe des z et un anneau en forme de beigne dans le plan xy. Les orbitales $4d$, $5d$, $6d$, etc. ont toutes une forme similaire à celle des orbitales $3d$, mais elles comportent des nœuds additionnels et elles sont progressivement de taille plus grande.

Orbitales f

Chaque niveau d'énergie avec $n = 4$ ou plus élevé contient sept orbitales f. Ces orbitales possèdent plus de lobes et de nœuds que les orbitales d.

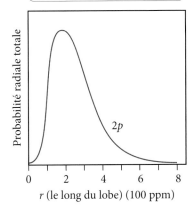

Un plan nodal est un plan où la densité de probabilité de l'électron est nulle. Par exemple, dans les orbitales d_{xy}, les plans nodaux se situent dans les plans xz et yz.

FIGURE 3.30 Orbitales **3*d***

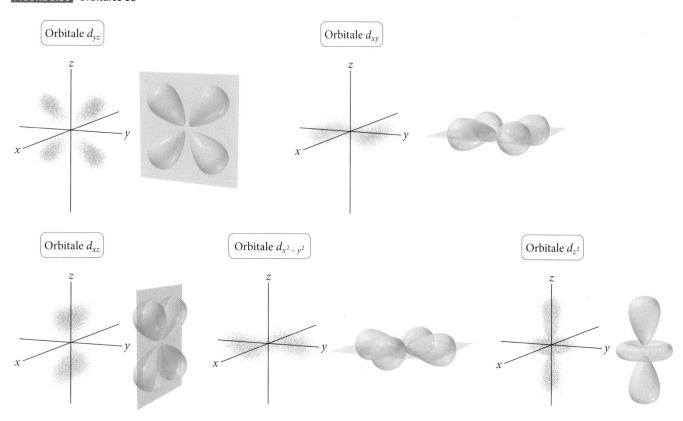

Orbitale d_{yz}

Orbitale d_{xy}

Orbitale d_{xz}

Orbitale $d_{x^2-y^2}$

Orbitale d_{z^2}

FIGURE 3.31 **Pourquoi les atomes sont-ils sphériques ?**

Les représentations des atomes sont sommairement sphériques parce que toutes les orbitales ensemble produisent approximativement une forme sphérique.

Les formes des orbitales atomiques sont importantes parce que les liaisons chimiques covalentes dépendent du partage des électrons occupant ces orbitales. Dans un modèle de la liaison chimique, par exemple, une liaison consiste en un chevauchement d'orbitales atomiques appartenant à des atomes adjacents. Par conséquent, les formes des orbitales qui se chevauchent déterminent la forme de la molécule. Mais peut-être vous demandez-vous pourquoi on représente souvent les atomes comme des sphères, alors que certaines orbitales prennent la forme d'haltères ou de trèfles tridimensionnels et que la majeure partie du volume d'un atome est constitué d'espace vide occupé de façon diffuse par les électrons dans ces orbitales. À vrai dire, les atomes sont habituellement schématisés sous forme de sphères parce que la plupart des atomes contiennent beaucoup d'électrons qui occupent de nombreuses orbitales différentes. Par conséquent, la forme d'un atome est obtenue par la superposition de toutes ses orbitales. Si on superpose les orbitales *s*, *p* et *d*, on obtient une forme sphérique, comme le montre la **figure 3.31**.

Vous êtes maintenant en mesure de faire les exercices 37 à 40.

3.5 Niveaux et sous-niveaux d'énergie

La résolution de l'équation de Schrödinger permet de représenter l'électron grâce à sa densité de probabilité et le volume de celle-ci dépend du niveau d'énergie dans lequel est situé l'électron. Bien que nous nous limitions dans le présent chapitre à la résolution de l'équation de Schrödinger pour les orbitales de l'atome d'hydrogène, il est possible de décrire approximativement les orbitales de tous les atomes en leur attribuant des formes similaires à celles de l'hydrogène.

Toutefois, dans l'atome d'hydrogène, les orbitales d'un même niveau possèdent une énergie identique. Dans le cas des atomes polyélectroniques, l'équation de Schrödinger démontre qu'il existe des variations plus faibles d'énergie (sous-niveaux) à l'intérieur même d'un niveau. Il est possible d'observer indirectement ces niveaux et ces sous-niveaux d'énergie lorsqu'on étudie les propriétés des éléments.

Niveau principal d'énergie et périodicité

C'est dans les travaux d'Arnold Sommerfeld (1868-1951) qu'apparaît pour la première fois la notion de couches électroniques pour désigner les niveaux d'énergie de l'atome. Ce physicien allemand tentait d'expliquer la spectroscopie fine de l'atome d'hydrogène, c'est-à-dire le dédoublement des raies d'émission en présence d'un fort champ magnétique. Son modèle reprenait celui de Bohr, mais en y ajoutant des orbites elliptiques, l'ensemble des orbites d'énergie similaire formant une couche d'énergie. Mais le modèle de Sommerfeld fut rapidement abandonné, car il ne permettait de régler que très partiellement les problèmes inhérents au modèle de Bohr. Malgré tout, ses travaux ont servi de pierre d'assise à de nombreux chercheurs qui ont développé la physique quantique de l'atome.

La notion de **couche électronique** ou de **niveau principal** d'énergie réapparaît dans le modèle quantique pour désigner l'ensemble des orbitales (donc l'ensemble des électrons) ayant des énergies similaires. Plusieurs observations expérimentales effectuées à la fin du 19e siècle soutiennent cette notion, la première étant l'étude des rayons X émis par divers atomes. Barkla et Moseley mirent en évidence différentes séries de rayonnements produits par des électrons situés à différentes distances de leur noyau. Ils regroupèrent les longueurs d'onde d'énergies similaires pour former les séries K, L, M, N, O, P. Cette notation est reprise dans les premières versions du modèle en couches avant d'être remplacée par la notation numérique des niveaux d'énergie.

Le phénomène le plus connu relié à la présence des couches reste cependant la loi de la périodicité sur laquelle est basée la classification des éléments (section 2.3).

Le tableau périodique moderne est attribué principalement au chimiste russe Dimitri Mendeleïev (1834-1907), bien qu'une organisation similaire ait été proposée par le chimiste allemand Julius Lothar Meyer (1830-1895) quelques années auparavant. La loi de la périodicité stipule que lorsque les éléments sont disposés dans l'ordre croissant de leur masse, leurs propriétés se répètent périodiquement. Mendeleïev a disposé les éléments dans un tableau dans lequel la masse augmentait de gauche à droite et les éléments ayant des propriétés similaires étaient situés dans les mêmes colonnes. Il a même pu prédire l'existence d'éléments qui furent découverts bien plus tard (**figure 3.32**).

La notation K désignant la première couche d'énergie provient de l'allemand *kern* qui signifie *noyau*. La désignation des couches subséquentes suit simplement l'ordre alphabétique : L, M, N, O, P.

On attribue l'arrangement du tableau périodique à Dimitri Mendeleïev.

FIGURE 3.32 Éka-aluminium et éka-silicium

Gallium (éka-aluminium)

	Propriétés prédites par Mendeleïev	Propriétés réelles
Masse atomique	Environ 68 u	69,72 u
Point de fusion	Bas	29,8 °C
Masse volumique	$5,9 \text{ g/cm}^3$	$5,90 \text{ g/cm}^3$
Formule de l'oxyde	X_2O_3	Ga_2O_3
Formule du chlorure	XCl_3	$GaCl_3$

Germanium (éka-silicium)

	Propriétés prédites par Mendeleïev	Propriétés réelles
Masse atomique	Environ 72 u	72,64 u
Masse volumique	$5,5 \text{ g/cm}^3$	$5,35 \text{ g/cm}^3$
Formule de l'oxyde	XO_2	GeO_2
Formule du chlorure	XCl_4	$GeCl_4$

L'arrangement des éléments de Mendeleïev dans le tableau périodique lui a permis de prédire l'existence de ces deux éléments, aujourd'hui connus sous les noms de gallium et de germanium, et d'anticiper leurs propriétés.

Ainsi, le lithium, le sodium, le potassium et le rubidium constituent un *groupe* parce qu'ils partagent les propriétés suivantes :

- Ce sont tous des métaux mous aptes à décomposer violemment l'eau pour former des hydroxydes MOH très basiques :

$$2 \text{ M}(s) + 2 \text{ H}_2\text{O}(l) \rightarrow 2 \text{ MOH}(aq) + \text{H}_2(g)$$

où M = Li, Na, K, Rb, Cs ou Fr.

- Ils brûlent tous vivement dans le chlore pour donner des sels solubles MCl :

$$2 \text{ M}(s) + \text{Cl}_2(g) \rightarrow 2 \text{ MCl}(s)$$

- Dans tous leurs composés, on ne leur connaît qu'un seul état d'oxydation, soit +1. On en déduit qu'ils ne peuvent perdre qu'un seul électron dans leurs réactions chimiques :

$$M + \text{énergie} \rightarrow M^+ + e^-$$

Les tableaux de Mendeleïev et de Meyer ne faisaient que décrire le phénomène observé sans toutefois fournir d'explications. La réponse est venue du modèle quantique de l'atome. Gilbert Lewis et Linus Pauling, des chimistes qui travaillaient sur les propriétés chimiques de la matière, ont résolu la question grâce à la théorie de la liaison de valence. Ce modèle a pour postulat que *les atomes réagissent chimiquement grâce à leur couche externe, ou couche de valence, et tous les éléments d'un même groupe doivent avoir le même nombre d'électrons dans leur couche de valence.*

Dans le modèle quantique, les électrons possédant des énergies similaires sont regroupés sur un même niveau d'énergie appelé *n*. Ce symbole est désigné par la même lettre utilisée par Bohr, mais il n'a pas la même signification. En effet, Bohr désignait par *n* des *orbites précises* parcourues par l'électron autour du noyau, alors qu'ici, *n* désigne des *couches électroniques* dont la disposition spatiale n'est pas exactement déterminée (une région où il est possible de retrouver un électron). Les électrons sont disposés autour du noyau des atomes en couches concentriques désignées par $n = 1$, $n = 2$, $n = 3$, etc., les électrons ayant la plus grande probabilité de se trouver près du noyau étant ceux de la couche $n = 1$.

Comme la première période ne contient que deux éléments, il faut en déduire que le premier niveau électronique ne peut contenir que deux électrons. L'élément de numéro atomique 3 ($Z = 3$), le lithium, étant un alcalin, ses propriétés chimiques exigent qu'il ait un seul électron de valence à céder dans une réaction chimique. Les trois électrons de son atome doivent donc être répartis en deux électrons de **cœur**[*] et un électron de valence unique, ce qui lui attribue la configuration électronique 2,1 du **tableau 3.1**. En se fondant ainsi sur les propriétés bien connues des éléments, on en

Rappelez-vous que *Z* symbolise le numéro atomique d'un élément, soit le nombre des protons présents dans le noyau des atomes de cet élément.

TABLEAU 3.1 Répartition des électrons dans les niveaux électroniques des premiers éléments du tableau périodique

Période	Nombre de protons de l'atome *Z*	Élément	Nombre d'électrons de l'atome neutre dans chaque niveau			
			$n = 1$	$n = 2$	$n = 3$	$n = 4$
1	1	H	1			
	2	He	2			
2	3	Li	2	1		
	4	Be	2	2		
	5	B	2	3		
	6	C	2	4		
	7	N	2	5		
	8	O	2	6		
	9	F	2	7		
	10	Ne	2	8		
3	11	Na	2	8	1	
	12	Mg	2	8	2	
	13	Al	2	8	3	
	14	Si	2	8	4	
	15	P	2	8	5	
	16	S	2	8	6	
	17	Cl	2	8	7	
	18	Ar	2	8	8	
4	19	K	2	8	8	1
	20	Ca	2	8	8	2

[*] Électron situé sur un niveau inférieur à la couche de valence.

arrive aisément à déduire la distribution par niveau des électrons dans leurs atomes. Pour les éléments de la deuxième période, les deux électrons du niveau $n = 1$ deviennent des électrons de cœur (en rouge). À partir du sodium, les électrons du niveau $n = 2$ deviennent à leur tour des électrons de cœur, et ainsi de suite pour les périodes suivantes. Ainsi, les éléments de la deuxième période comptent deux niveaux d'électrons, ceux de la troisième, trois niveaux, etc.

Selon cette répartition électronique, les **alcalins** (Li, Na, K) ont, en conformité avec ce que montrent leurs propriétés chimiques, un seul électron dans leur couche de valence. Les **alcalino-terreux** (Be, Mg, Ca) en contiennent deux, les **halogènes** (F, Cl), sept, et ainsi de suite pour les autres familles d'éléments.

EXEMPLE 3.4	Distribution des électrons dans les niveaux électroniques
Donnez la distribution des électrons dans les atomes des éléments suivants : magnésium, calcium, fluor, chlore.	

TRIER On vous demande de représenter la distribution électronique de différents éléments.	**DONNÉES** Mg, Ca, F et Cl sont respectivement les éléments 12, 20, 9 et 17 du tableau périodique.
	INFORMATIONS RECHERCHÉES
	Distribution des électrons dans les différents niveaux de chacun des atomes.
ÉTABLIR UNE STRATÉGIE Repérer chaque élément dans le tableau périodique pour déterminer son nombre de couches (niveau d'énergie) et son nombre d'électrons de valence.	**RELATIONS UTILISÉES**
	Le numéro de la période détermine le nombre de niveaux électroniques.
	Le numéro de groupe détermine le nombre d'électrons de valence pour les éléments des groupes principaux.
RÉSOUDRE Établir les distributions électroniques.	**SOLUTION**
	Mg étant l'élément 12, ses atomes neutres doivent compter 12 protons et 12 électrons. Comme il s'agit d'un élément de la troisième période, il doit donc avoir 3 niveaux électroniques. Enfin, puisque Mg appartient au deuxième groupe d'éléments, la couche de valence doit compter 2 électrons. Sa notation est donc $_{12}$**Mg** : **2**, **8**, **2**.
	Ca étant l'élément situé juste en dessous de Mg, il doit donc avoir lui aussi 2 électrons de valence, mais 4 niveaux. Sa notation est donc $_{20}$**Ca** : **2**, **8**, **8**, **2**.
	L'élément 9, le fluor, est le septième élément de la deuxième période. Il doit avoir 2 niveaux électroniques et 7 électrons de valence. Sa notation est donc $_9$**F** : **2**, **7**.
	Finalement, l'élément 17 doit avoir lui aussi 7 électrons de valence dans son dernier niveau électronique ($n = 3$) : $_{17}$**Cl** : **2**, **8**, **7**.

EXERCICE PRATIQUE 3.4

Représentez la distribution électronique des atomes neutres d'azote, de phosphore, de néon et d'argon.

Sous-niveaux électroniques et énergie d'ionisation

Dans l'atome d'hydrogène, toutes les orbitales d'un même niveau sont dégénérées (de même énergie). Par contre, chez les atomes polyélectroniques, la présence d'autres électrons vient modifier l'énergie potentielle des électrons d'un même niveau, car la présence d'autres électrons dans les orbitales affecte légèrement l'énergie potentielle des orbitales voisines, ce qui n'est pas le cas dans l'atome d'hydrogène.

L'illustration la plus frappante de ce phénomène est l'étude de l'**énergie d'ionisation** (*I*) d'un atome ou d'un ion. L'énergie d'ionisation est l'énergie requise pour enlever un électron d'un atome ou d'un ion à l'état gazeux. L'énergie d'ionisation est toujours positive parce qu'enlever un électron demande toujours de l'énergie. (Le processus est similaire à une réaction endothermique qui absorbe de la chaleur et, par conséquent, s'accompagne d'une ΔH positive.) En spectroscopie photoélectronique (**figure 3.33**), il est possible d'évaluer l'énergie de tous les électrons d'un atome neutre.

FIGURE 3.33 **Schéma d'un spectroscope photoélectronique**

L'échantillon est bombardé par un rayonnement de haute énergie (rayons X ou UV). Les électrons sont éjectés avec une certaine vitesse, et celle-ci varie selon leur position dans l'atome. La vitesse la plus élevée sera celle des électrons situés sur les niveaux les plus éloignés du noyau (donc plus faiblement retenus). Sous l'effet du champ électrique présent dans le détecteur, les électrons adoptent une trajectoire courbe, dont l'arc dépend de leur vitesse, donc de leur énergie cinétique. Seuls les électrons possédant une énergie cinétique spécifique peuvent atteindre le détecteur pour chaque ajustement du champ électrique. Ainsi, en faisant varier l'intensité des charges des plaques, il est possible de détecter toutes les catégories d'électrons des atomes d'un élément donné ainsi que le nombre relatif d'électrons présents dans chaque catégorie.

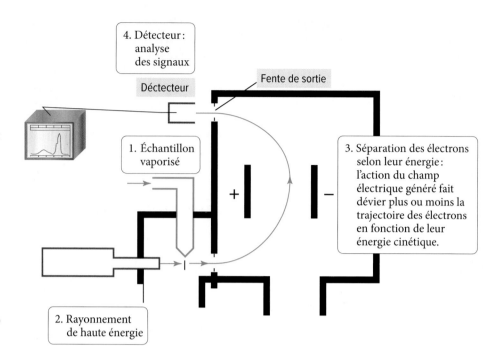

Les valeurs de la **figure 3.34** rendent compte de l'hétérogénéité des niveaux d'énergie. En d'autres mots, un même niveau d'énergie contient plusieurs *sortes* d'électrons[*]. Analysons les résultats présentés. Selon le tableau périodique, l'argon possède trois niveaux d'énergie. Ces trois groupes principaux d'énergie sont indiqués dans la figure 3.34: $n = 1$, $n = 2$ et $n = 3$ (les électrons ayant la plus grande énergie potentielle par rapport au noyau, $n = 3$, ont la plus faible énergie d'ionisation, car ils sont moins fortement retenus). Dans les niveaux 2 et 3, on observe un dédoublement des énergies. Par exemple, l'orbitale s du niveau 2 possède une énergie légèrement plus faible que les trois orbitales p. Il faut donc en conclure que les niveaux principaux d'énergie sont divisés en **sous-niveaux** ou **sous-couches** d'énergie qui se caractérisent par le type d'orbitales qui les composent. Le nombre de sous-niveaux est en relation directe avec la valeur n du niveau (**tableau 3.2**): un niveau n possède n sous-niveaux.

FIGURE 3.34 **Intensité des signaux photoélectroniques de l'atome d'argon**

Étant obtenues par spectroscopie photoélectronique, ces valeurs sont les mêmes pour chaque électron d'une catégorie donnée. Ainsi, le niveau 1 présente une seule valeur pour ses deux électrons, alors qu'il aurait deux valeurs distinctes si on ionisait successivement chaque électron, comme on en discutera dans le chapitre 4. Les annotations apparaissant en orangé indiquent les correspondances avec le modèle quantique : n représentant les niveaux d'énergie et s, p, les sous-niveaux (ou sous-couches).

Il est à noter que dans la figure 3.34, on ne perçoit pas le sous-niveau d du niveau $n = 3$, car dans l'atome d'argon, ce sous-niveau n'a pas encore été rempli.

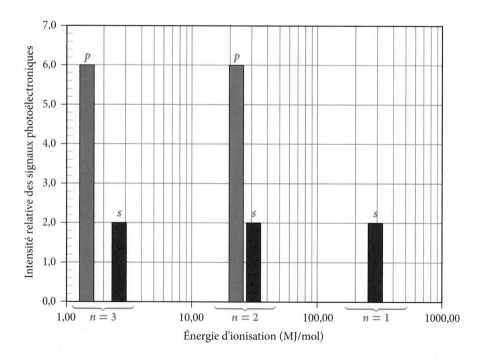

---

[*] *Sorte* d'électrons, c'est-à-dire une catégorie d'électrons qui possèdent une énergie spécifique.

TABLEAU 3.2	Répartition des électrons dans les niveaux et les sous-niveaux selon le modèle quantique		
Valeur de n	Nombre de sous-niveaux possibles	Sous-niveaux	Nombre maximal d'électrons par sous-niveau
1	1	1s	2
2	2	2s, 2p	2, 6
3	3	3s, 3p, 3d	2, 6, 10
4	4	4s, 4p, 4d, 4f	2, 6, 10, 14
5	5	5s, 5p, 5d, 5f, 5g	2, 6, 10, 14, 18

EXEMPLE 3.5 Niveaux et sous-niveaux

TRIER Donnez, en ordre, les niveaux et les sous-niveaux occupés dans l'atome d'aluminium.

DONNÉE Al est l'élément 13 du tableau périodique.

INFORMATIONS RECHERCHÉES

Niveaux et sous-niveaux occupés dans l'atome d'aluminium.

RÉSOUDRE Établir les sous-niveaux possibles pour chacun des niveaux présents, puis placer les électrons en partant du premier niveau.

SOLUTION

Al est placé sur la troisième période, il possède donc trois niveaux. Son numéro atomique étant 13, il y a donc 13 électrons à placer dans l'atome à l'état fondamental.

Niveaux	Sous-niveaux	Nombre d'électrons
1	s	2
2	s	2
	p	6
3	s	2
	p	1

On s'arrête ici, car l'aluminium ne possède que 13 électrons. Le sous-niveau 3p est donc incomplet et le 3d est vide.

On peut écrire que l'aluminium possède la distribution (configuration) électronique suivante :

$1s^2\ 2s^2\ 2p^6\ 3s^2\ 3p^1$

EXERCICE PRATIQUE 3.5

Donnez, en ordre, les niveaux et les sous-niveaux possibles des atomes de phosphore et d'oxygène, puis écrivez les configurations électroniques de ces atomes.

Vous êtes maintenant en mesure de faire les exercices 41 à 44 et 74.

3.6 Nombres quantiques

Comme il existe une multitude de solutions à l'équation de Schrödinger, il a fallu développer un système qui permettrait d'identifier chacune des solutions générées par le modèle. Chaque orbitale est donc spécifiée par trois **nombres quantiques** interreliés : le **nombre quantique principal** (n), le **nombre quantique de moment angulaire** (l) (parfois appelé le *nombre quantique azimutal*) et le **nombre quantique magnétique** (m_l).

Ces nombres quantiques possèdent tous des valeurs entières, comme l'ont laissé entrevoir l'équation de Rydberg et le modèle de Bohr. Chacun de ces nombres correspond aux différents aspects du modèle atomique moderne : n représente le niveau principal d'énergie (couche) ; l correspond à la nature du sous-niveau d'énergie (sous-couche) et m_l renvoie à une orbitale spécifique. Un quatrième nombre quantique, le **nombre quantique de spin** (m_s) détermine l'orientation du **spin de l'électron** présent dans l'orbitale.

Nombre quantique principal (*n*)

Le nombre quantique principal est un nombre entier qui détermine la taille et l'énergie globales d'une orbitale. Il correspond aux niveaux d'énergie du modèle. Ses valeurs possibles sont $n = 1, 2, 3$, etc. Pour l'atome d'hydrogène, l'énergie d'un électron dans une orbitale de nombre quantique n est donnée par l'équation de Bohr vue précédemment :

$$E_n = -2{,}18 \times 10^{-18} \text{ J}\left(\frac{1}{n^2}\right) (n = 1, 2, 3, \ldots)$$

L'énergie est négative parce que l'énergie potentielle d'un électron dans un atome est inférieure à l'énergie de l'électron quand il est très éloigné de l'atome (qui est considérée comme zéro). Remarquez que les orbitales dont les valeurs de n sont plus élevées ont des énergies potentielles plus grandes (moins négatives), comme le montre le diagramme des niveaux d'énergie ci-dessous. Remarquez également que lorsque n augmente, la différence entre les niveaux d'énergie diminue.

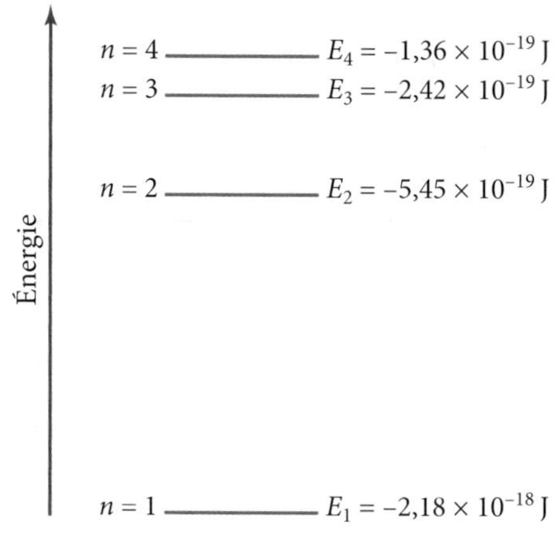

Nombre quantique de moment angulaire (*l*)

Les valeurs de *l* plus grandes que 3 sont désignées par des lettres qui suivent l'ordre alphabétique ; ainsi, *l* = 4 est désigné par *g*, *l* = 5 est désigné par *h*, et ainsi de suite.

Le nombre quantique de moment angulaire est un nombre entier qui correspond aux sous-niveaux d'énergie du modèle : *s, p, d, f.* Il détermine la forme de l'orbitale. Les valeurs possibles de l sont $0, 1, 2, \ldots, (n-1)$. Autrement dit, pour une valeur donnée de n, l peut être n'importe quel nombre entier (incluant 0) jusqu'à $n - 1$. Par exemple, si $n = 1$, alors la seule valeur possible de l est 0 ; si $n = 2$, les valeurs possibles de l sont 0 et 1. Afin d'éviter la confusion entre n et l, des lettres sont souvent assignées aux valeurs de l, comme suit :

Valeur de *l*	Désignation par la lettre
l = 0	*s*
l = 1	*p*
l = 2	*d*
l = 3	*f*

Nombre quantique magnétique (m_l)

Le nombre quantique magnétique est un nombre entier qui définit l'orientation de l'orbitale. Les valeurs possibles de m_l sont des valeurs entières (incluant 0) qui varient de $-l$ à $+l$. Par exemple, si $l = 0$, alors la seule valeur possible de m_l est 0 ; si $l = 1$, les valeurs possibles de m_l sont -1, 0 et $+1$.

....

Lien conceptuel 3.3 Relation entre *n* et *l*

Quelles sont toutes les valeurs possibles de *l* pour $n = 3$?

(a) 0 (ou *s*).   **(c)** 0, 1 et 2 (ou *s*, *p* et *d*).

(b) 0 et 1 (ou *s* et *p*).   **(d)** 0, 1, 2 et 3 (ou *s*, *p*, *d* et *f*).

....

....

Lien conceptuel 3.4 Relation entre *l* et m_l

Quelles sont les valeurs possibles de m_l pour $l = 2$?

(a) 0, 1 et 2.   **(c)** -1, 0 et $+1$.

(b) **0.**   **(d)** -2, -1, 0, $+1$ et $+2$.

....

Nombre quantique de spin (m_s)

Le nombre quantique de spin définit l'orientation du spin de l'électron. Le spin de l'électron est une propriété fondamentale d'un électron (comme sa charge négative). Des expériences sur les rayons cathodiques ont démontré que lorsqu'un faisceau d'électrons est soumis à un champ magnétique, une partie de ce faisceau est déviée vers le haut, alors que l'autre est déviée vers le bas. Une explication peut être proposée grâce à la nature corpusculaire de l'électron. L'électron étant une charge négative qui tourne sur elle-même, il possède donc des propriétés magnétiques. Comme il y a deux sens de rotation possible pour une particule, il y a donc deux « catégories » d'électrons (**figure 3.35**).

L'orientation du spin de l'électron est quantifiée et comporte seulement deux possibilités représentées par une flèche vers le haut ($m_s = +1/2$) et une flèche vers le bas ($m_s = -1/2$). On peut aussi expliquer l'existence de ces deux sortes d'électrons par leur nature ondulatoire, l'un étant déphasé par rapport à l'autre dans une même orbitale. Comme nous le verrons dans le prochain chapitre, le nombre quantique de spin devient important quand on commence à examiner comment les électrons occupent les orbitales. Pour l'instant, nous ne considérons que les trois premiers nombres quantiques.

Chaque combinaison particulière des trois premiers nombres quantiques (n, l et m_l) détermine une orbitale atomique unique. Par exemple, l'orbitale avec les valeurs $n = 1$, $l = 0$ et $m_l = 0$ désigne l'orbitale 1*s*. Dans 1*s*, le 1 est la valeur de *n* et *s* indique que $l = 0$. Il n'y a qu'une orbitale 1*s* dans un atome, et sa valeur de m_l est zéro. Les orbitales qui ont la même valeur de *n* se situent dans le même niveau principal (ou couche principale). Les orbitales avec la même valeur de *n* et de *l* occupent le même sous-niveau (ou sous-couche). Le diagramme qui suit montre toutes les orbitales, chacune représentée par un petit carré, dans les trois principaux niveaux.

Par exemple, le niveau $n = 2$ contient les sous-niveaux $l = 0$ et $l = 1$. Dans le niveau $n = 2$, le sous-niveau $l = 0$ (appelé sous-niveau 2*s*) ne contient qu'une seule orbitale (l'orbitale 2*s*), avec $m_l = 0$. Le sous-niveau $l = 1$ (appelé sous-niveau 2*p*) contient trois orbitales 2*p*, avec $m_l = -1$, 0, $+1$ (les orbitales $2p_x$, $2p_y$ et $2p_z$).

L'idée d'un électron « en rotation sur lui-même » est une espèce de métaphore. Une façon plus correcte d'exprimer la même idée consiste à dire qu'un électron possède un moment angulaire intrinsèque si on le considère comme un corpuscule ou une phase précise si on le considère comme une onde.

FIGURE 3.35 **Spin de l'électron**

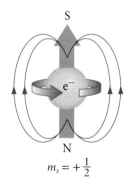
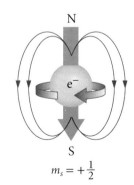

$m_s = +\frac{1}{2}$ $m_s = +\frac{1}{2}$

L'électron étant une charge négative qui tourne sur elle-même, il génère un champ magnétique dont l'orientation dépend du sens de rotation. Par convention, un spin de $+\frac{1}{2}$ est associé au sens antihoraire alors que le sens horaire correspond à un spin de $-\frac{1}{2}$.

En général, notez les remarques suivantes:

- Dans un niveau, le nombre de sous-niveaux est égal à n, le nombre quantique principal. Donc, le niveau $n = 1$ a un sous-niveau, le niveau $n = 2$ en a deux, etc.
- Dans un sous-niveau, le nombre d'orbitales est égal à $2l + 1$. Donc, le sous-niveau s ($l = 0$) a une orbitale, le sous-niveau $2p$ ($l = 1$) a trois orbitales, le sous-niveau d ($l = 2$) en a cinq, etc.
- Le nombre d'orbitales dans un niveau est égal à n^2. Donc, le niveau $n = 1$ a une orbitale, le niveau $n = 2$ a quatre orbitales, le niveau $n = 3$ a neuf orbitales, etc.

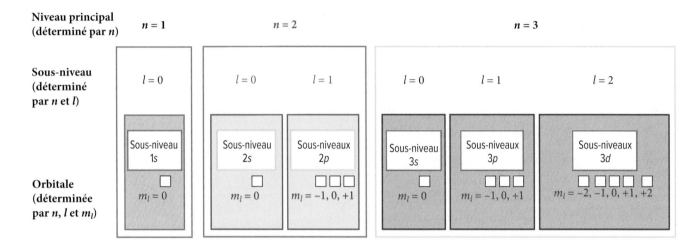

EXEMPLE 3.6 **Nombres quantiques I**

Quels sont les nombres quantiques et les noms (par exemple, $2s$, $2p$) des orbitales dans le niveau principal $n = 4$? Combien existe-t-il d'orbitales pour $n = 4$?

SOLUTION

Commencez par déterminer les valeurs possibles de l (à partir de la valeur donnée de n). Pour une valeur donnée de n, les valeurs possibles de l sont 0, 1, 2, ..., ($n - 1$).	$n = 4$; par conséquent $l = 0, 1, 2$ et 3

Ensuite, déterminez les valeurs possibles de m_l pour chaque valeur possible de l. Pour une valeur donnée de l, les valeurs possibles de m_l sont des valeurs entières, incluant zéro, variant de $-l$ à $+l$. Le nom d'une orbitale est son nombre quantique principal (n) suivi de la lettre correspondant à la valeur de l.

Le nombre total d'orbitales est donné par n^2.

l	Valeurs possibles de m_l	Nom des orbitales
0	0	$4s$ (1 orbitale)
1	$-1, 0, +1$	$4p$ (3 orbitales)
2	$-2, -1, 0, +1, +2$	$4d$ (5 orbitales)
3	$-3, -2, -1, 0, +1, +2, +3$	$4f$ (7 orbitales)

Nombre total d'orbitales $= 4^2 = 16$

EXERCICE PRATIQUE 3.6

Donnez la liste des nombres quantiques associés à toutes les orbitales $5d$. Combien existe-t-il d'orbitales $5d$?

EXEMPLE 3.7 Nombres quantiques II

Les ensembles de nombres quantiques suivants sont supposés déterminer chacun une orbitale.
Un des ensembles est cependant erroné. Lequel ? Et dites pourquoi.

(a) $n = 3$; $l = 0$; $m_l = 0$.   **(c)** $n = 1$; $l = 0$; $m_l = 0$.

(b) $n = 2$; $l = 1$; $m_l = -1$.   **(d)** $n = 4$; $l = 1$; $m_l = -2$.

SOLUTION

Le choix (d) est erroné parce que, pour $l = 1$, les valeurs possibles de m_l sont seulement -1, 0 et $+1$.

EXERCICE PRATIQUE 3.7

Les ensembles de nombres quantiques suivants sont supposés déterminer chacun une orbitale. Chaque ensemble, cependant, contient un nombre quantique inapproprié. Remplacez le nombre quantique inapproprié par un nombre correct.

(a) $n = 3$; $l = 3$; $m_l = +2$.   **(b)** $n = 2$; $l = 1$; $m_l = -2$.   **(c)** $n = 1$; $l = 1$; $m_l = 0$.

Simulation interactive PhET

Modèles atomiques

codeqrcu.page.link/mhP1

Vous êtes maintenant en mesure de faire les exercices 45 à 55, 62 et 63.

RÉSUMÉ DU CHAPITRE

Termes clés (voir le glossaire)

Alcalin (p. 127)
Alcalino-terreux (p. 127)
Amplitude (p. 101)
Charge électrique (p. 98)
Densité de probabilité (p. 120)
Déterministe (p. 118)
Diffraction (p. 112)
Effet photoélectrique (p. 102)
Électron (p. 98)
Énergie d'ionisation (*I*) (p. 127)
Fonction de distribution radiale (p. 121)
Fonction d'onde (p. 120)
Halogène (p. 127)
Indétermination (p. 119)
Interférence (p. 111)
Interférence constructive (p. 111)

Interférence destructive (p. 112)
Loi de la conservation de la masse (p. 96)
Loi des proportions définies (p. 97)
Loi des proportions multiples (p. 97)
Longueur d'onde (λ) (p. 101)
Lumière visible (p. 102)
Neutron (p. 100)
Niveau principal (couches électroniques) (p. 123)
Nœud (p. 122)
Nombre quantique (p. 129)
Nombre quantique de moment angulaire (*l*) (p. 129)
Nombre quantique de spin (m_s) (p. 130)

Nombre quantique magnétique (m_l) (p. 129)
Nombre quantique principal (*n*) (p. 129)
Noyau (p. 99)
Orbitale (p. 120)
Phase (p. 111)
Photon (quantum) (p. 104)
Principe d'incertitude de Heisenberg (p. 117)
Propriétés complémentaires (p. 117)
Proton (p. 100)
Radioactivité (p. 98)
Rayonnement électromagnétique (p. 101)
Rayons cathodiques (p. 98)
Relation de De Broglie (p. 115)

Sous-niveau (sous-couche) (p. 128)
Spectre d'absorption, (p. 106)
Spectre d'émission (p. 106)
Spectre électromagnétique (p. 101)
Spin de l'électron (p. 130)
Théorie atomique (p. 97)
Théorie de la mécanique quantique (p. 111)
Théorie nucléaire (p. 99)
Tube à rayons cathodiques (p. 98)

Concepts clés

L'énergie au cœur de l'atome (3.1)

→ L'énergie nucléaire, aussi appelée énergie atomique, est l'énergie contenue dans les atomes. Cette énergie est libérée naturellement par certaines substances radioactives comme l'uranium-235, un élément fissile, dont les noyaux se désintègrent si on les bombarde de neutrons.

→ L'énergie nucléaire est une énergie qui permet de produire de grandes quantités d'électricité sans dégager de gaz à effet de serre comme le CO_2. Par contre, les déchets du combustible nucléaire sont hautement radioactifs et, pour le moment, la seule solution est de les stocker à court et à moyen terme dans des espaces de confinement hermétiques.

D'Aristote à Bohr : un rappel de l'évolution du modèle atomique (3.2)

→ Selon les philosophes de l'Antiquité, la matière est constituée de particules indestructibles appelées *atomos*.

→ Selon Dalton, tous les atomes d'un élément donné ont la même masse et d'autres propriétés identiques. Les atomes se combinent dans des rapports simples de nombres entiers pour former des composés et les atomes d'un élément ne peuvent se transformer en atomes d'un autre élément.

→ J. J. Thomson a découvert l'électron à la fin des années 1800 en effectuant des expériences étudiant les propriétés des rayons cathodiques. Il a déduit l'existence d'une particule chargée négativement à l'intérieur de l'atome, l'électron, 2000 fois plus légère que l'hydrogène. Il propose le modèle atomique dit du « pain aux raisins » qui décrit un atome constitué d'une sphère homogène et positive contenant de petites particules négatives.

→ En 1909, Ernest Rutherford a sondé la structure interne de l'atome en travaillant avec une forme de radioactivité appelée radiation α et a élaboré la théorie nucléaire de l'atome. Selon cette théorie, l'atome est principalement composé de vide ; la majeure partie de sa masse est concentrée dans une minuscule région appelée noyau (de charge positive) et la majeure partie de son volume est occupée par les électrons relativement légers (de charge négative).

→ La spectroscopie atomique est l'étude de la lumière absorbée et émise par la matière. Selon Bohr, les atomes absorbent ou émettent de la lumière quand un électron effectue une transition d'un niveau d'énergie à un autre. Les longueurs d'onde absorbées ou émises dépendent des différences d'énergie entre les niveaux mis en jeu dans la transition : de grandes différences d'énergie entraînent de petites longueurs d'onde et de petites différences d'énergie entraînent de grandes longueurs d'onde. Le modèle atomique de Bohr stipule que l'énergie de l'électron est quantifiée dans l'atome : l'électron ne peut occuper que certaines positions (orbites) autour de son noyau. Bohr nomme ces niveaux d'énergie *états stationnaires*.

Modèle atomique quantique (3.3 à 3.6)

→ Les patrons d'interférence produits par des faisceaux d'électrons indiquent que les électrons possèdent une nature ondulatoire. La relation de De Broglie permet de quantifier leur longueur d'onde associée à un corps à partir de sa masse et de sa vitesse.

→ La nature ondulatoire et la nature corpusculaire de la matière sont complémentaires, ce qui signifie que plus on en connaît sur l'une, moins on en sait sur l'autre. La dualité onde-particule des électrons est quantifiée dans le principe d'incertitude de Heisenberg, qui stipule qu'il y a une limite à notre connaissance à la fois de la position d'un électron (associée à la nature corpusculaire de l'électron) et de la vitesse d'un électron (associée à la nature ondulatoire de l'électron) : plus l'une est précise, plus l'autre est incertaine.

→ L'incapacité de connaître simultanément la position et la vitesse d'un électron entraîne l'indétermination, c'est-à-dire l'incapacité à prédire une trajectoire pour l'électron. Par conséquent, le comportement de l'électron est indéterminé autour de son noyau.

→ Dans le cas des électrons, la trajectoire qu'on associe normalement à des objets macroscopiques est remplacée par des descriptions statistiques qui montrent non pas la trajectoire de l'électron, mais la région où il est le plus probable qu'il se trouve.

→ La façon la plus commune de décrire les électrons dans les atomes selon la mécanique quantique consiste à résoudre l'équation de Schrödinger pour les états d'énergie des électrons dans l'atome. Lorsque l'électron est dans ces états, son énergie est bien définie, mais sa position ne l'est pas. La position d'un électron est décrite par un diagramme de distribution des probabilités appelé une orbitale.

→ Il existe chez les éléments d'origine naturelle quatre types principaux d'orbitales. Les orbitales de type *s* sont uniques et de formes sphériques. Les orbitales de type *p* s'assemblent en groupe de trois et sont bilobées. Les orbitales de type *d* sont quadrilobées et viennent en groupe de cinq et finalement il y a sept orbitales de type *f*.

→ Le modèle moderne de l'atome est un modèle bâti à l'aide d'orbitales atomiques réparties en niveaux (couches) et en sous-niveaux (sous-couches) d'énergie. Pour un niveau *n*, il existe *n* sous-niveaux.

→ Les orbitales sont caractérisées par trois nombres quantiques : *n*, *l* et m_l. Le nombre quantique principal (*n*) détermine l'énergie globale de l'électron et la taille de l'orbitale ; le nombre quantique de mouvement angulaire (*l*) détermine l'énergie spécifique et la forme de l'orbitale ; et le nombre quantique magnétique (m_l) détermine l'orientation de l'orbitale. Il existe un quatrième nombre quantique, le nombre quantique de spin (m_s), qui permet de caractériser les propriétés magnétiques de l'électron.

Équations et relations clés

Relation entre l'énergie (*E*), la fréquence (ν), la longueur d'onde (λ) et la constante de Planck (*h*) (3.2)

$$E = \frac{hc}{\lambda}$$

Relation entre l'énergie d'un électron et son niveau *n* dans l'atome d'hydrogène (3.2)

$$E_n = R_H\left(\frac{1}{n^2}\right) = -2{,}18 \times 10^{-18} \text{ J}\left(\frac{1}{n^2}\right) \quad (n = 1, 2, 3, \ldots)$$

Relation entre la transition d'un électron d'un niveau n_{initial} à un niveau n_{final} et la variation d'énergie associée à cette transition (3.2)

$$\Delta E = R_H\left(\frac{1}{n_i^2} - \frac{1}{n_f^2}\right)$$

$$= 2{,}18 \times 10^{-18} \text{ J}\left(\frac{1}{n_i^2} - \frac{1}{n_f^2}\right) \quad (n = 1, 2, 3, \ldots)$$

Relation de De Broglie : relation entre la longueur d'onde (λ), la masse (*m*) et la vitesse (*v*) d'une particule (3.3)

$$\lambda = \frac{h}{mv}$$

Principe d'incertitude de Heisenberg (3.3)

$$\Delta x \, m\Delta v \geq \frac{h}{4\pi}$$

EXERCICES

 **F** *facile* **M** *moyen* **D** *difficile*

Problèmes par sujet

Modèles atomiques de Dalton, de Thompson et de Rutherford (3.2)

F 1. On met le feu à un ballon gonflé à l'hydrogène. Au cours de la combustion, 1,50 g d'hydrogène réagit avec 12,0 g d'oxygène. Combien de grammes de vapeur d'eau sont formés ? (Supposez que la vapeur d'eau est le seul produit.)

F 2. Le réservoir d'une automobile contient 21 kg d'essence. Lorsque l'essence brûle, 84 kg d'oxygène sont consommés et du dioxyde de carbone et de l'eau sont produits. Quelle est la masse totale combinée du dioxyde de carbone et de l'eau formés ?

F 3. Deux échantillons de tétrachlorure de carbone sont décomposés en leurs éléments constituants. Un échantillon produit 38,9 g de carbone et 448 g de chlore, et l'autre échantillon produit 14,8 g de carbone et 134 g de chlore. Ces résultats sont-ils conformes à la loi des proportions définies ? Expliquez pourquoi.

F 4. Deux échantillons de chlorure de sodium sont décomposés en leurs éléments constituants. Un échantillon produit 6,98 g de sodium et 10,7 g de chlore, et l'autre échantillon produit 11,2 g de sodium et 17,3 g de chlore. Ces résultats sont-ils conformes à la loi des proportions définies ? Expliquez pourquoi.

F 5. Dans le fluorure de sodium, le rapport des masses de sodium au fluor est 1,21:1. Lorsqu'il est décomposé, un échantillon de fluorure de sodium produit 28,8 g de sodium. Combien de fluor (en grammes) se forme-t-il ?

F 6. Lorsqu'il est décomposé, un échantillon de fluorure de magnésium produit 1,65 kg de magnésium et 2,57 kg de fluor. Un second échantillon produit 1,32 kg de magnésium. Combien de fluor (en grammes) le second échantillon a-t-il produit ?

F 7. Deux composés différents contenant de l'osmium et de l'oxygène ont les masses suivantes d'oxygène par gramme d'osmium : 0,168 g et 0,3369 g. Montrez que ces quantités confirment la loi des proportions multiples.

F 8. Le palladium forme trois composés différents avec le soufre. La masse de soufre par gramme de palladium dans chaque composé est donnée ci-dessous :

Composé	Grammes de S par gramme de Pd
A	0,603
B	0,301
C	0,151

Montrez que ces masses confirment la loi des proportions multiples.

F 9. Le soufre et l'oxygène forment le dioxyde de soufre et le trioxyde de soufre. Lorsque des échantillons de ces produits sont décomposés, le dioxyde de soufre produit 3,49 g d'oxygène et 3,50 g de soufre, alors que le trioxyde de soufre produit 6,75 g d'oxygène et 4,50 g de soufre. Calculez la masse d'oxygène par gramme de soufre pour chaque échantillon et montrez que ces résultats confirment la loi des proportions multiples.

F 10. Le soufre et le fluor forment plusieurs composés différents, dont l'hexafluorure de soufre et le tétrafluorure de soufre. La décomposition d'un échantillon d'hexafluorure de soufre produit 4,45 g de fluor et 1,25 g de soufre, alors que la décomposition d'un échantillon de tétrafluorure de soufre produit 4,43 g de fluor et 1,87 g de soufre. Calculez la masse du fluor par gramme de soufre pour chaque échantillon et montrez que ces résultats confirment la loi des proportions multiples.

F 11. Parmi les énoncés suivants, lesquels sont conformes à la théorie atomique de Dalton telle qu'elle a été énoncée à l'origine ? Expliquez pourquoi.
(a) Les atomes de soufre et d'oxygène ont la même masse.
(b) Tous les atomes de cobalt sont identiques.
(c) Les atomes de potassium et de chlore se combinent dans un rapport 1:1 pour former le chlorure de potassium.
(d) Les atomes de plomb peuvent être transformés en or.

F 12. Parmi les énoncés suivants, lesquels ne sont pas conformes à la théorie atomique de Dalton telle qu'elle a été énoncée à l'origine ? Expliquez pourquoi.
(a) Tous les atomes de carbone sont de la même grosseur.
(b) Un atome d'oxygène se combine avec 1,5 atome d'hydrogène pour former une molécule d'eau.
(c) Deux atomes d'oxygène se combinent avec un atome de carbone pour former une molécule de dioxyde de carbone.
(d) La formation d'un composé met souvent en jeu la destruction d'un ou de plusieurs atomes.

F 13. Parmi les énoncés suivants, lesquels sont conformes à la théorie nucléaire de Rutherford telle qu'elle a été énoncée à l'origine ? Expliquez pourquoi.
(a) Le volume d'un atome est principalement constitué de vide.
(b) Le noyau d'un atome est petit comparé à la taille de l'atome.
(c) Les atomes de lithium neutres renferment plus de neutrons que de protons.
(d) Les atomes de lithium neutres renferment plus de protons que d'électrons.

F 14. Parmi les énoncés suivants, lesquels ne sont pas conformes à la théorie nucléaire de Rutherford telle qu'elle a été énoncée à l'origine ? Expliquez pourquoi.
(a) Étant donné que les électrons sont plus petits que les protons et que l'atome d'hydrogène contient seulement un proton et un électron, le volume de l'atome d'hydrogène devrait être principalement constitué du proton.
(b) Un atome d'azote a sept protons dans son noyau et sept électrons à l'extérieur de son noyau.
(c) Un atome de phosphore a 15 protons dans son noyau et 150 électrons à l'extérieur de son noyau.
(d) La majeure partie de la masse d'un atome de fluor est due à ses neuf électrons.

Modèle de Bohr (3.2)

F 15. La distance du Soleil à la Terre est de $1,496 \times 10^8$ km. En combien de temps la lumière voyage-t-elle du Soleil à la Terre ?

M 16. Proxima Centauri est l'étoile la plus proche de notre soleil, à une distance de 4,3 années-lumière du Soleil. Une année-lumière est la distance que la lumière franchit en une année (365 jours). À quelle distance, en kilomètres, Proxima Centauri se trouve-t-elle de la Terre?

F 17. Classez ces types de rayonnement électromagnétique en ordre croissant (i) de longueur d'onde et (ii) d'énergie par photon:
   (a) Ondes radio.
   (b) Micro-ondes.
   (c) Rayonnement infrarouge.
   (d) Rayonnement ultraviolet.

F 18. Calculez l'énergie d'un photon de rayonnement électromagnétique pour chacune des longueurs d'onde indiquées ci-dessous.
   (a) 632,8 nm (longueur d'onde de la lumière rouge du laser hélium-néon).
   (b) 503 nm (longueur d'onde de rayonnement solaire maximal).
   (c) 0,052 nm (une longueur d'onde contenue dans les rayons X en médecine).

M 19. Une impulsion laser dont la longueur d'onde est de 532 nm contient en tout 4,88 mJ d'énergie. Combien de photons y a-t-il dans l'impulsion laser (voir l'exemple 3.1)?

D 20. Une lampe chauffante produit 41,7 W de puissance, c'est-à-dire qu'elle émet 41,7 J au total par chaque seconde. Si cette lampe a une longueur d'onde de 6,5 μm, combien de photons émet-elle par seconde (voir l'exemple 3.1)?

M 21. Déterminez l'énergie de 1 mol de photons pour chaque sorte de lumière. (Donnez trois chiffres significatifs.)
   (a) Rayonnement infrarouge (1500 nm).
   (b) Lumière visible (500 nm).
   (c) Rayonnement ultraviolet (150 nm).

M 22. Combien d'énergie est contenue dans 1 mol de chaque type de photons?
   a) Photons de rayons X dont la longueur d'onde est de 0,155 nm.
   b) Photons de rayons γ dont la longueur d'onde est de $2,55 \times 10^{-5}$ nm.

M 23. Expliquez comment le modèle de Bohr relie la nature corpusculaire de la lumière aux particules de l'atome. Faites un schéma.

M 24. Pourquoi peut-on dire que le modèle de Bohr est quantifié?

M 25. À l'aide du modèle de Bohr, expliquez la formation d'un spectre lumineux.

F 26. Un électron dans un atome d'hydrogène est promu avec de l'énergie électrique à un état excité de $n = 2$. L'atome émet alors un photon. Quelle est la valeur de n pour l'électron après son émission?

F 27. Déterminez si chaque transition dans un atome d'hydrogène correspond à une absorption ou à une émission d'énergie.
   (a) $n = 3 \rightarrow n = 1$.
   (b) $n = 2 \rightarrow n = 4$.
   (c) $n = 4 \rightarrow n = 3$.

F 28. Selon le modèle de Bohr pour l'atome d'hydrogène, quelle transition électronique produit la lumière de la plus grande longueur d'onde: $n = 2 \rightarrow n = 1$ ou $n = 3 \rightarrow n = 1$?

F 29. Selon le modèle de de Bohr pour l'atome d'hydrogène, quelle transition produit la lumière de la plus grande longueur d'onde: $n = 3 \rightarrow n = 2$ ou $n = 4 \rightarrow n = 3$?

M 30. Calculez la longueur d'onde de la lumière émise quand un électron dans un atome d'hydrogène effectue chacune des transitions suivantes et indiquez dans quelle région du spectre électromagnétique (infrarouge, visible, ultraviolette, etc.) se trouve la lumière.
   (a) $n = 2 \rightarrow n = 1$.   (c) $n = 4 \rightarrow n = 2$.
   (b) $n = 3 \rightarrow n = 1$.   (d) $n = 5 \rightarrow n = 2$.

D 31. Un électron dans le niveau $n = 7$ de l'atome d'hydrogène retombe à un niveau d'énergie plus faible, émettant de la lumière de 397 nm. Quelle est la valeur de n du niveau sur lequel retombe l'électron?

Mécanique quantique et atome (3.3)

F 32. Qu'arrive-t-il au patron d'interférence si on essaie de déterminer quelle fente l'électron traverse en utilisant un laser placé directement derrière les fentes?

F 33. Calculez la longueur d'onde d'un électron qui se déplace à $1,55 \times 10^5$ m/s.

F 34. Un électron a une longueur d'onde de De Broglie de 225 nm. Quelle est la vitesse de l'électron?

M 35. Calculez la longueur d'onde de De Broglie d'une balle de baseball de 143 g qui se déplace à 153 km/h. Pourquoi la nature ondulatoire de la matière n'est-elle pas importante en ce qui concerne la balle?

M 36. Un pistolet de calibre 0,22 tire une balle de 27 g à une vitesse de 765 m/s. Calculez la longueur d'onde de De Broglie de la balle. La nature ondulatoire de la matière est-elle importante en ce qui concerne les balles?

Orbitales, niveaux et sous-niveaux (3.4 et 3.5)

F 37. Faites un schéma des orbitales 1s et 2p. En quoi les orbitales 2s et 3p diffèrent-elles des orbitales 1s et 2p?

F 38. Faites un schéma des orbitales 3d. En quoi les orbitales 2s et 4d diffèrent-elles des orbitales 3d?

F 39. Quel électron est, en moyenne, plus près du noyau: un électron dans une orbitale 2s ou un électron dans une orbitale 3s?

F 40. Quel électron est, en moyenne, plus loin du noyau: un électron dans une orbitale 3p ou un électron dans une orbitale 4p?

F 41. Qu'entend-on par *électrons de valence*? En quoi cela influence-t-il le comportement de l'atome?

F 42. Donnez la distribution des électrons dans les niveaux des atomes des éléments suivants: sodium, carbone, hélium, soufre.

F 43. Pour chacun des éléments de l'exercice 42, donnez la configuration électronique (la répartition des électrons dans les niveaux et sous-niveaux).

D 44. À quoi ressembleraient les résultats en spectroscopie photoélectronique d'un échantillon gazeux de soufre?

Nombres quantiques (3.6)

F 45. Quelles sont les valeurs possibles de l pour chaque valeur de n?
   (a) 1.
   (b) 2.
   (c) 3.
   (d) 4.

F 46. Quelles sont les valeurs possibles de m_l pour chaque valeur de l?
   (a) 0.
   (b) 1.
   (c) 2.
   (d) 3.

F **47.** Pour le niveau $n = 3$, donnez toutes les valeurs possibles de l et de m_l. Combien d'orbitales le niveau $n = 3$ contient-il ?

F **48.** Pour le niveau $n = 4$, donnez toutes les valeurs possibles de l et de m_l. Combien d'orbitales le niveau $n = 4$ contient-il ?

F **49.** Quelles sont les valeurs possibles de m_s ?

F **50.** Que désigne chaque valeur possible de m_s dans le problème 55 ?

F **51.** Quel ensemble de nombres quantiques peut-il exister pour déterminer une orbitale ?
(a) $n = 5$ $l = 6$ $m_l = +7$.
(b) $n = 0$ $l = 0$ $m_l = 0$.
(c) $n = 2$ $l = 2$ $m_l = +2$.
(d) $n = 4$ $l = 3$ $m_l = +2$.
(e) $n = 4$ $l = 3$ $m_l = +4$.

F **52.** Quel ensemble de nombres quantiques ne peut pas exister pour déterminer une orbitale ?
(a) $n = 2$, $l = 1$, $m_l = -1$.
(b) $n = 3$, $l = 2$, $m_l = 0$.

(c) $n = 3$, $l = 3$, $m_l = 2$.
(d) $n = 4$, $l = 3$, $m_l = 0$.

F **53.** Donnez les nombres quantiques possibles d'un électron situé dans une orbitale $5f$ dont le spin est de sens antihoraire à l'aide de la notation [n, l, m_l, m_s].

F **54.** Quelles combinaisons de n et de l représentent des orbitales réelles et lesquelles sont erronées ?
(a) $1s$.
(b) $2p$.
(c) $4s$.
(d) $2d$.

F **55.** Combien d'électrons peuvent posséder simultanément le(s) nombre(s) quantique(s) suivant(s) ?
(a) $n = 2$ $l = 0$.
(b) $n = 3$ $l = 2$ $m_l = +1$.
(c) $n = 4$ $l = 3$.
(d) $n = 4$.
(e) $n = 4$ $l = 3$ $m_l = +2$.

Problèmes récapitulatifs

M **56.** Les rayonnements ultraviolets et ceux de plus petites longueurs d'onde peuvent endommager les molécules biologiques parce qu'ils transportent suffisamment d'énergie pour briser les liaisons dans les molécules. Si un photon possède suffisamment d'énergie (longueur d'onde assez petite), il peut alors briser une liaison. S'il faut 348 kJ/mol$_{\text{photons}}$ pour rompre 1 mole des liaisons carbone-carbone, quelle est la longueur d'onde possédant assez d'énergie pour rompre de telles liaisons (1 mol = $6,022 \times 10^{23}$ particules) ?

M **57.** L'œil humain contient une molécule appelée 11-*cis*-rétinal qui change de conformation lorsqu'elle est frappée par une lumière d'énergie suffisante. Le changement de conformation déclenche une série d'événements à l'issue desquels un signal électrique est émis et envoyé au cerveau. L'énergie minimale requise pour changer la conformation du 11-*cis*-rétinal est d'environ 164 kJ/mol$_{\text{photons}}$. Calculez la plus grande longueur d'onde visible par l'œil humain (1 mol = $6,022 \times 10^{23}$ particules).

D **58.** Une feuille verte possède une surface de 2,50 cm^2. Si le rayonnement solaire est de 1000 W/m^2, combien cette feuille reçoit-elle de photons chaque seconde ? Donnez trois chiffres significatifs et supposez que la longueur d'onde moyenne du rayonnement solaire est de 504 nm.

D **59.** Dans une technique utilisée pour l'analyse des surfaces appelée spectroscopie des électrons Auger (AES), des électrons sont accélérés vers une surface métallique. En arrivant sur la plaque métallique, les électrons provoquent l'émission d'électrons secondaires, appelés électrons Auger. L'énergie cinétique des électrons Auger dépend de la composition de la surface. La présence d'atomes d'oxygène sur la surface donne naissance à des électrons Auger dont l'énergie cinétique est environ de 506 eV. Quelle est la longueur d'onde de De Broglie de tels électrons ?

$$\left[E_c = \frac{1}{2}mv^2 ; 1 \text{ électron volt (eV)} = 1,602 \times 10^{-19} \text{ J} \right]$$

D **60.** Un photon de rayon X dont la longueur d'onde est de 0,989 nm frappe une surface et en arrache un électron qui s'éloigne ensuite à une certaine vitesse. L'énergie cinétique de l'électron émis est de 969 eV. Quelle est l'énergie (qui liait l'électron à son noyau) en kJ/mol ?

$$\left[E_c = \frac{1}{2}mv^2 ; 1 \text{ électron volt (eV)} = 1,602 \times 10^{-19} \text{ J} \right]$$

M **61.** L'ionisation consiste à arracher un électron d'un atome. Combien d'énergie faut-il pour ioniser un atome d'hydrogène dans son état fondamental (ou de plus faible énergie) ? Quelle longueur d'onde de lumière contient assez d'énergie dans un seul photon pour ioniser un atome d'hydrogène ?

F **62.** Supposons que dans un univers parallèle, les valeurs possibles de l sont des valeurs entières de 0 à n (au lieu de 0 à $n - 1$). En supposant qu'il n'y a pas d'autres différences avec cet univers, combien d'orbitales occuperaient chaque niveau ?
(a) $n = 1$. **(b)** $n = 2$. **(c)** $n = 3$.

M **63.** Supposons que, dans un univers parallèle, les valeurs possibles de m_l sont des valeurs entières incluant 0 qui varient de $-l - 1$ à $l + 1$ (au lieu de simplement $-l$ à $+l$). Combien d'orbitales occuperaient chaque sous-niveau ?
(a) Sous-niveau s.
(b) Sous-niveau p.
(c) Sous-niveau d.

M **64.** Afin qu'une réaction de fusion thermonucléaire de deux deutérons ($_1^2\text{H}^+$) se produise, les deutérons doivent entrer en collision entre eux à une vitesse d'environ 1×10^6 m/s. Trouvez la longueur d'onde de De Broglie d'un tel deutéron (1 u = $1,661 \times 10^{-24}$ g).

D **65.** Une ampoule de 5,00 mL d'une solution de naphtalène 0,100 mol/L dans l'hexane est excitée par un éclair de lumière. Le naphtalène émet 15,5 J d'énergie à une longueur d'onde moyenne de 349 nm. Quel pourcentage des molécules de naphtalène ont émis un photon ?

D **66.** Un laser produit 20,0 mW de lumière rouge. En 1,00 h, le laser émet 2.29×10^{20} photons. Quelle est la longueur d'onde du laser ?

D **67.** Un laser de 1064 nm consomme 150,0 W (1 W = 1 J/s) de puissance électrique et produit un faisceau de $1,33 \times 10^{19}$ photons par seconde. Avec quelle efficacité, exprimée en pourcentage, ce laser convertit-il la puissance électrique en lumière ?

Problèmes défis

68. Un électron confiné dans une boîte unidimensionnelle a des niveaux d'énergie donnés par l'équation

$$E_n = \frac{n^2 h^2}{8\, mL^2}$$

où n est un nombre quantique dont les valeurs possibles sont 1, 2, 3, etc., m est la masse de la particule et L est la longueur de la boîte (la masse d'un électron est de $9{,}11 \times 10^{-31}$ kg).

(a) Calculez les énergies des niveaux $n = 1$, $n = 2$ et $n = 3$ pour un électron dans une boîte d'une longueur de 155 pm.

(b) Calculez la longueur d'onde de la lumière requise pour effectuer une transition de $n = 1 \rightarrow n = 2$ et de $n = 2 \rightarrow n = 3$. Dans quelle région du spectre électromagnétique ces longueurs d'onde se retrouvent-elles?

69. L'énergie d'une molécule en vibration est quantifiée de façon semblable à l'énergie d'un électron dans l'atome d'hydrogène. Les niveaux d'énergie d'une molécule en vibration sont donnés par l'équation

$$E_n = \left(n + \frac{1}{2} \right) h\nu$$

où n est le nombre quantique dont les valeurs possibles sont 1, 2, 3, etc., et ν est la fréquence de vibration. La fréquence de vibration de HCl est approximativement de $8{,}85 \times 10^{13}$ s^{-1}. Quelle énergie minimale (et la longueur d'onde associée) de lumière est requise pour exciter cette vibration?

70. Trouvez la vitesse d'un électron émis par un métal dont la fréquence seuil est de $2{,}25 \times 10^{14}$ s^{-1} quand il est exposé à la lumière visible dont la longueur d'onde est de $5{,}00 \times 10^{-7}$ m.

71. De l'eau est exposée à un rayonnement infrarouge de longueur d'onde $2{,}8 \times 10^{-4}$ cm. Supposez que toute radiation est absorbée et convertie en chaleur. Combien de photons faut-il pour élever de 2,0 K la température de 2,0 g d'eau?

72. En 2005, le prix Nobel de physique a été attribué, en partie, à des scientifiques qui ont produit des impulsions lumineuses ultra-courtes. Ces impulsions sont importantes dans les mesures mettant en jeu de très courtes périodes de temps. Un défi dans la réalisation de ces impulsions est le principe d'incertitude qui peut s'énoncer par rapport à l'énergie et au temps comme étant $\Delta E \Delta t > h/4\pi$. Quelle est l'incertitude de l'énergie (ΔE) associée à une impulsion rapide de lumière laser qui dure seulement 5,0 femtosecondes (fs)? Supposez que l'extrémité de basse énergie de l'impulsion a une longueur d'onde de 722 nm. Quelle est la longueur d'onde de l'extrémité d'énergie élevée de l'impulsion qui n'est limitée que par le principe d'incertitude?

Problèmes conceptuels

73. Quel énoncé est un exemple de la loi des proportions multiples? Expliquez votre choix.

(a) On trouve que deux échantillons différents d'eau ont le même rapport de l'hydrogène à l'oxygène.

(b) Lorsque l'hydrogène et l'oxygène réagissent pour former de l'eau, la masse d'eau formée est exactement égale à la masse d'hydrogène et d'oxygène qui ont réagi.

(c) Le rapport de masse entre l'oxygène et l'hydrogène dans l'eau est de 8:1. Le rapport de masse entre l'oxygène et l'hydrogène dans le peroxyde d'hydrogène (un composé qui ne contient que de l'hydrogène et de l'oxygène) est de 16:1.

74. Expliquez la différence entre le modèle de Bohr pour l'atome d'hydrogène et celui de la mécanique quantique. Le modèle de Bohr est-il conforme au principe d'incertitude de Heisenberg?

75. La lumière émise par une de ces transitions électroniques ($n = 4 \rightarrow n = 3$ ou $n = 3 \rightarrow n = 2$) dans l'atome d'hydrogène a causé l'effet photoélectrique dans un métal donné, alors que la lumière de l'autre transition ne l'a pas fait. Quelle transition a pu causer l'effet photoélectrique et pourquoi?

76. Quelle transition dans l'atome d'hydrogène donnera naissance à de la lumière émise avec la plus grande longueur d'onde?

(a) $n = 4 \rightarrow n = 3$.

(b) $n = 2 \rightarrow n = 1$.

(c) $n = 3 \rightarrow n = 2$.

77. Dans chacune des expériences suivantes, déterminez si on observe un patron d'interférence de l'autre côté des fentes.

(a) Un faisceau d'électrons est dirigé vers deux fentes rapprochées. Un faisceau produit par un laser est placé à proximité de chaque fente pour déterminer quand un électron traverse la fente.

(b) Un faisceau lumineux de haute intensité est dirigé vers deux fentes rapprochées.

(c) Plusieurs coups de fusil sont tirés sur un mur solide contenant deux fentes rapprochées. (Les balles qui traversent les fentes formeront-elles un patron d'interférence de l'autre côté du mur solide?)

CHAPITRE

La plupart des éléments du tableau périodique sont des métaux. Parmi eux se trouvent des éléments appelés « terres rares » présentant des configurations électroniques particulières (une répartition spécifique dans les orbitales du modèle quantique de l'atome). Ces éléments sont essentiels dans la mise en œuvre de nombreuses technologies. Leur importance est telle que leur exploitation influe sur la politique internationale. Par ailleurs, leur extraction produit des déchets toxiques et détruit de vastes milieux naturels.

Propriétés de l'atome et modèle atomique moderne

Les étudiants débutants en chimie considèrent la science comme une simple collection de données apparemment sans rapport qu'il faut apprendre par cœur. Pas du tout ! Il suffit d'examiner ces informations correctement pour se rendre compte que tout est cohérent et logique.

Isaac Asimov
(1920-1992)

4.1 Exploitation minière des terres rares **140**

4.2 Configurations électroniques : placer les électrons dans les orbitales du modèle quantique **141**

4.3 Pouvoir de prédiction du modèle de la mécanique quantique **150**

4.4 Propriétés chimiques des éléments **155**

4.5 Propriétés physiques des éléments **159**

Les grands progrès en science ne surviennent pas seulement quand un scientifique découvre quelque chose de nouveau, mais également quand il considère sous un angle différent ce que tout le monde a vu. Autrement dit, les grands scientifiques dégagent de leurs observations des caractéristiques singulières, des points communs, des faits remarquables ou des relations particulières là où d'autres n'ont vu que des faits sans liens. Ce fut le cas en 1869 quand Dimitri Mendeleïev, un professeur de chimie russe, observa une tendance dans les propriétés des éléments. Sa perspicacité a donné naissance à la loi de la périodicité et au tableau périodique, sans aucun doute l'outil le plus important pour le chimiste. Rappelez-vous que la science progresse en élaborant des théories qui tentent d'expliquer des observations empiriques. La mécanique quantique, que nous avons abordée au chapitre 3, permet d'expliquer les fondements du tableau périodique, dont l'arrangement s'explique par l'établissement d'un lien entre le comportement chimique des éléments – en particulier leur comportement en tant que métaux et non-métaux – et la façon dont les électrons remplissent les orbitales du modèle quantique.

4.1 Exploitation minière des terres rares

Comme nous l'avons vu dans le chapitre 2, les éléments du tableau périodique se divisent en deux grandes familles d'atomes : les métaux, qui ont tendance à céder leurs électrons de valence, et les non-métaux, qui ont tendance à acquérir des électrons de valence lors des réactions chimiques. Parmi les métaux, on trouve les lanthanides (éléments des numéros atomiques 57 à 71) ainsi que le scandium ($_{21}$Sc) et l'yttrium ($_{39}$Y) (**figure 4.1**), qui présentent des propriétés chimiques et magnétiques particulières. Sous forme d'éléments, ce sont des métaux malléables et ductiles ; ils sont réactifs et s'associent souvent avec des ligands*. Ce groupe d'éléments porte le nom de **terres rares**. Plus ou moins abondants, ces métaux particuliers sont répartis de façon inégale dans la croûte terrestre. Ces éléments sont qualifiés de *rares*, car leur purification est complexe et nécessite de nombreuses étapes. L'yttrium a été le premier de ces matériaux à être utilisé à grande échelle, dans la production des téléviseurs couleur.

> À la fin du 18ᵉ siècle, on a appelé *terres* les minerais qui contenaient de l'oxygène (oxyde) et qui résistaient au feu.

FIGURE 4.1 Terres rares

Les métaux dits *terres rares* sont constitués des éléments de la famille des lanthanides ainsi que des métaux scandium et yttrium.

---

* La chimie des ligands (atomes ou molécules qui s'organisent autour d'atomes centraux) est une branche de la chimie appelée *chimie de coordination* ou *chimie organométallique*.

Purification des produits pétroliers, miniaturisation des composantes nécessaire au développement des téléphones mobiles et des ordinateurs, véhicules électriques ou hybrides, lasers, écrans plasma, écrans SED (*surface-conduction electron-emitter display*), ampoules fluocompactes, céramiques techniques, bougies d'allumage, traceurs radio-actifs, technologies aéronautiques, technologies éoliennes, supraconducteurs : les terres rares sont devenues avec les années des matières premières cruciales. Les principaux pays producteurs de terres rares sont la Chine, l'Australie et les États-Unis, mais des réserves importantes sont présentes au Brésil et au Viêt Nam. Le Canada possède lui aussi des réserves de terres rares non exploitées : en 2021, ces réserves sont estimées à plus de 14 millions de tonnes.

Tout comme l'extraction de la plupart des métaux de la croûte terrestre, celle des terres rares fait appel à des processus très énergivores qui nécessitent l'utilisation de grandes quantités d'eau et de nombreux solvants. Elle génère aussi d'énormes quantités de déchets. Ainsi, l'extraction de chaque tonne de terres rares peut produire jusqu'à 1600 m^3 de résidus, dont des métaux lourds comme le plomb, le mercure et le cadmium. La purification de la plupart des métaux issus des sols se fait en trois étapes : l'extraction (le plus souvent à ciel ouvert), le broyage du minerai en fine poudre et la séparation des métaux recherchés du minerai. Par exemple, la purification des terres rares nécessite l'injection dans le sol de grandes concentrations de sulfate d'ammonium et parfois d'acide oxalique. Il s'ensuit le rejet d'importantes quantités d'acide sulfurique, d'acide fluorhydrique et de dioxyde de souffre. (Le SO_2 réagit ensuite avec l'humidité de l'air et acidifie les précipitations qui tombent sous forme de pluie ou de neige.) La troisième étape du processus d'extraction (séparation du minerai) consiste généralement à stocker les résidus toxiques dans des réservoirs (bassins de rétention) naturels ou artificiels. Les conséquences environnementales peuvent être catastrophiques en cas de débordement (pluies torrentielles, tremblement de terre, faiblesses des infrastructures, etc.).

Par ailleurs, il est souvent nécessaire de séparer les terres rares d'autres minerais qui contiennent de l'uranium ou du thorium, ce qui produit des déchets radioactifs qu'il faut ensuite stocker et isoler. Cette pollution radioactive peut même être plus importante que celle causée par des catastrophes nucléaires comme celles de Tchernobyl ou de Fukushima, par exemple. Finalement, même si les effets écotoxicologiques de ces métaux purifiés ont été peu étudiés jusqu'à maintenant, il a été démontré que le contact avec de grandes quantités de terres rares peut perturber le fonctionnement de certains organes chez les mammifères, en particulier le foie. Des études démontent aussi que les travailleurs mal protégés et exposés à de grandes quantités de terres rares peuvent à la longue souffrir de problèmes pulmonaires.

Pour le moment, le recyclage des terres rares, en particulier s'ils sont sous forme d'alliage (mélange de métaux), reste à développer. En 2021, on recyclait seulement 1 % des terres rares utilisées dans le monde, car le coût des métaux issus des processus de recyclage reste supérieur à leur valeur s'ils sont directement extraits des sols. Mais la situation pourrait changer en raison de la forte augmentation de la demande pour les terres rares, en particulier pour la fabrication des composantes des véhicules électriques et hybrides. On utilise notamment le lanthane dans les accumulateurs (piles) NiMH (nickel-hydrure métallique) et des métaux comme le néodyme, le dysprosium et le samarium dans les moteurs électriques. Dans les années à venir, ces métaux stratégiques seront essentiels au développement des technologies dites « vertes ». Leur recyclage efficace (ordinateurs, téléphones, téléviseurs, etc.) deviendra alors une solution essentielle aux problèmes environnementaux et économiques.

4.2 Configurations électroniques : placer les électrons dans les orbitales du modèle quantique

La théorie de la mécanique quantique décrit le comportement des électrons dans les atomes. Étant donné que la liaison chimique met en jeu le transfert ou le partage d'électrons, cette théorie nous aide à comprendre et à décrire un comportement chimique. Comme on l'a vu au chapitre 3, les électrons dans les atomes occupent des orbitales. La

À moins d'indication contraire, nous utiliserons le terme «configuration électronique» pour désigner la configuration de l'état fondamental (ou de plus faible énergie).

configuration électronique d'un atome révèle les orbitales particulières dans lesquelles se trouvent les électrons de cet atome. Par exemple, considérons la configuration électronique de l'**état fondamental** – ou l'état de plus basse énergie – de l'atome d'hydrogène :

$$H : \quad 1s^1 \leftarrow \text{Nombre d'électrons dans l'orbitale}$$

$$\text{Orbitale}$$

La configuration électronique indique que, dans son état fondamental, l'unique électron de l'hydrogène est dans une orbitale $1s$. Étant donné que cette orbitale est celle du plus bas niveau d'énergie dans l'hydrogène (voir la section 3.5), c'est là que se trouvera l'électron. Au chapitre 3, nous avons décrit les solutions de l'équation de Schrödinger (les orbitales atomiques et leurs énergies) pour l'atome d'hydrogène. À quoi ressemblent les orbitales des autres atomes ? Quelles sont leurs énergies relatives ?

Malheureusement, l'équation de Schrödinger pour les atomes multiélectroniques est extrêmement complexe, car les nouveaux termes introduits dans l'équation à cause des interactions des électrons entre eux ne permettent pas de la résoudre avec exactitude. Cependant, des solutions approximatives indiquent que dans les atomes multiélectroniques, les orbitales sont semblables à celles de l'hydrogène. En fait, elles sont similaires aux orbitales s, p, d et f décrites au chapitre 3. Pour comprendre comment les électrons dans les atomes multiélectroniques occupent ces orbitales semblables à celles de l'hydrogène, on doit examiner trois concepts : le principe de *minimisation de l'énergie potentielle*, qui détermine l'ordre d'occupation des sous-niveaux et qui s'applique aux atomes multiélectroniques ; la *règle de Hund*, qui définit le remplissage d'un même sous-niveau ; et les *effets du spin de l'électron*, une propriété fondamentale de tous les électrons (déjà abordée à la section 3.6), qui influe sur le nombre d'électrons permis dans une orbitale. Ces règles constituent le **principe d'Aufbau** (le mot allemand *Aufbau* signifie «construction»).

Principe de minimisation de l'énergie potentielle

Dans les atomes polyélectroniques, la présence d'électrons sur les niveaux et les sous-niveaux inférieurs modifie l'énergie potentielle des orbitales. Ces variations sont dues à l'effet d'écran dont nous traiterons un peu plus loin (section 4.3). De plus, bien qu'elles soient approximatives, les solutions de l'équation de Schrödinger pour les atomes polyélectroniques démontrent que les énergies de certaines orbitales se chevauchent (**figure 4.2(a)**), ce qui affecte aussi l'énergie potentielle des électrons. Dans ces atomes, les **orbitales** d'un même niveau ne sont donc pas **dégénérées** (de même énergie) comme celles de l'hydrogène, dont toutes les orbitales d'un niveau donné (par exemple, $4s$, $4p$, $4d$ et $4f$) ont la même énergie. Lorsque l'on remplit les différents niveaux et sous-niveaux d'un atome polyélectronique, il faut placer les électrons dans les orbitales les plus stables avant de remplir les suivantes (**figure 4.2(b)**). C'est le principe de *minimisation de l'énergie potentielle*.

Des orbitales sont dites *dégénérées* si elles possèdent toutes la même énergie potentielle (même stabilité). Des orbitales *non dégénérées* possèdent des énergies potentielles différentes et les orbitales de plus basse énergie (potentielle) représentent les positions les plus stables pour les électrons autour de leur noyau.

Principe de minimisation de l'énergie potentielle et tableau périodique

Le tableau périodique est l'outil le plus efficace et le plus simple pour déterminer l'énergie relative des niveaux et des sous-niveaux (donc l'ordre de remplissage des atomes).

On peut diviser le tableau périodique en blocs (**figure 4.3**) représentant le remplissage des niveaux et des sous-niveaux particuliers. Les lignes du tableau indiquent le niveau n rempli, tandis que les colonnes précisent les sous-niveaux. Les deux premières colonnes à gauche du tableau périodique comportent le bloc s, avec des configurations électroniques de la couche périphérique ns^1 (métaux alcalins) et ns^2 (métaux alcalino-terreux). Les six colonnes du côté droit du tableau périodique constituent le bloc p, avec les configurations électroniques des sous-couches périphériques $ns^2\,np^1$, $ns^2\,np^2$, $ns^2\,np^3$, $ns^2\,np^4$, $ns^2\,np^5$ (halogènes) et $ns^2\,np^6$ (gaz nobles). Les éléments de transition constituent le bloc d, tandis que les lanthanides et les actinides (également appelés les éléments de transition interne) constituent le bloc f. (Pour économiser l'espace, le bloc f est normalement imprimé sous le bloc d au lieu d'y être intégré.)

Animation

Règles
de remplissage
des orbitales

codeqrcu.page.link/AXCW

FIGURE 4.2 L'énergie potentielle des orbitales atomiques provenant de la résolution de l'équation de Schrödinger pou r les atomes polyélectroniques

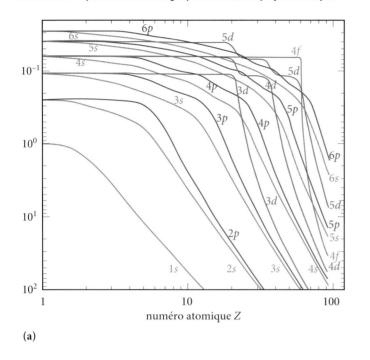

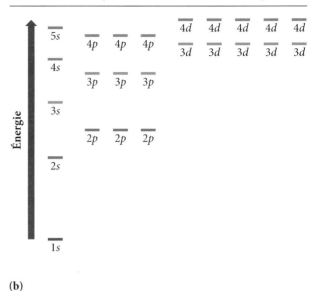

Échelonnement général des énergies des orbitales pour les atomes multiélectroniques

(a)

(b)

(a) Énergie relative des orbitales atomiques en fonction des électrons présents sur les niveaux et sous-niveaux. Par exemple, pour le niveau 4, dans l'atome d'hydrogène ($Z = 1$), toutes les orbitales dont le nombre quantique principal est 4 sont dégénérées. Tel n'est cependant pas le cas lorsque les niveaux et sous-niveaux inférieurs sont remplis. Par exemple, pour le néon ($Z = 10$), $4s < 4p < 4d = 4f$ et pour le magnésium ($Z = 12$), $4s < 4p < 4d < 4f$.
(b) Échelonnement général des énergies des orbitales pour les atomes multiélectroniques.

FIGURE 4.3 Blocs *s*, *p*, *d* et *f* du tableau périodique

Groupes

Périodes

1 I A	2 II A											13 III A	14 IV A	15 V A	16 VI A	17 VII A	18 VIII A

□ Éléments du bloc *s* □ Éléments du bloc *p*
□ Éléments du bloc *d* □ Éléments du bloc *f*

Période 1:
1 **H** $1s^1$; 2 **He** $1s^2$

Période 2:
3 **Li** $2s^1$; 4 **Be** $2s^2$; 5 **B** $2s^22p^1$; 6 **C** $2s^22p^2$; 7 **N** $2s^22p^3$; 8 **O** $2s^22p^4$; 9 **F** $2s^22p^5$; 10 **Ne** $2s^22p^6$

Période 3:
11 **Na** $3s^1$; 12 **Mg** $3s^2$; 13 **Al** $3s^23p^1$; 14 **Si** $3s^23p^2$; 15 **P** $3s^23p^3$; 16 **S** $3s^23p^4$; 17 **Cl** $3s^23p^5$; 18 **Ar** $3s^23p^6$

Période 4:
19 **K** $4s^1$; 20 **Ca** $4s^2$; 21 **Sc** $3d^14s^2$; 22 **Ti** $3d^24s^2$; 23 **V** $3d^34s^2$; 24 **Cr** $3d^54s^1$; 25 **Mn** $3d^54s^2$; 26 **Fe** $3d^64s^2$; 27 **Co** $3d^74s^2$; 28 **Ni** $3d^84s^2$; 29 **Cu** $3d^{10}4s^1$; 30 **Zn** $3d^{10}4s^2$; 31 **Ga** $3d^{10}4s^24p^1$; 32 **Ge** $3d^{10}4s^24p^2$; 33 **As** $3d^{10}4s^24p^3$; 34 **Se** $3d^{10}4s^24p^4$; 35 **Br** $3d^{10}4s^24p^5$; 36 **Kr** $3d^{10}4s^24p^6$

Période 5:
37 **Rb** $5s^1$; 38 **Sr** $5s^2$; 39 **Y** $4d^15s^2$; 40 **Zr** $4d^25s^2$; 41 **Nb** $4d^45s^1$; 42 **Mo** $4d^55s^1$; 43 **Tc** $4d^55s^2$; 44 **Ru** $4d^75s^1$; 45 **Rh** $4d^85s^1$; 46 **Pd** $4d^{10}$; 47 **Ag** $4d^{10}5s^1$; 48 **Cd** $4d^{10}5s^2$; 49 **In** $4d^{10}5s^25p^1$; 50 **Sn** $4d^{10}5s^25p^2$; 51 **Sb** $4d^{10}5s^25p^3$; 52 **Te** $4d^{10}5s^25p^4$; 53 **I** $4d^{10}5s^25p^5$; 54 **Xe** $4d^{10}5s^25p^6$

Période 6:
55 **Cs** $6s^1$; 56 **Ba** $6s^2$; 57 **La** $5d^16s^2$; 72 **Hf** $5d^26s^2$; 73 **Ta** $5d^36s^2$; 74 **W** $5d^46s^2$; 75 **Re** $5d^56s^2$; 76 **Os** $5d^66s^2$; 77 **Ir** $5d^76s^2$; 78 **Pt** $5d^96s^1$; 79 **Au** $5d^{10}6s^1$; 80 **Hg** $5d^{10}6s^2$; 81 **Tl** $5d^{10}6s^26p^1$; 82 **Pb** $5d^{10}6s^26p^2$; 83 **Bi** $5d^{10}6s^26p^3$; 84 **Po** $5d^{10}6s^26p^4$; 85 **At** $5d^{10}6s^26p^5$; 86 **Rn** $5d^{10}6s^26p^6$

Période 7:
87 **Fr** $7s^1$; 88 **Ra** $7s^2$; 89 **Ac** $6d^17s^2$; 104 **Rf** $6d^27s^2$; 105 **Db** $6d^37s^2$; 106 **Sg** $6d^47s^2$; 107 **Bh** ; 108 **Hs** ; 109 **Mt** ; 110 **Ds** ; 111 **Rg** ; 112 **Cn** ; 113 **Nh** ; 114 **Fl** ; 115 **Mc** ; 116 **Lv** ; 117 **Ts** ; 118 **Og**

Lanthanides:
58 **Ce** $4f^15d^16s^2$; 59 **Pr** $4f^36s^2$; 60 **Nd** $4f^46s^2$; 61 **Pm** $4f^56s^2$; 62 **Sm** $4f^66s^2$; 63 **Eu** $4f^76s^2$; 64 **Gd** $4f^75d^16s^2$; 65 **Tb** $4f^96s^2$; 66 **Dy** $4f^{10}6s^2$; 67 **Ho** $4f^{11}6s^2$; 68 **Er** $4f^{12}6s^2$; 69 **Tm** $4f^{13}6s^2$; 70 **Yb** $4f^{14}6s^2$; 71 **Lu** $4f^{14}5d^16s^2$

Actinides:
90 **Th** $6d^27s^2$; 91 **Pa** $5f^26d^17s^2$; 92 **U** $5f^36d^17s^2$; 93 **Np** $5f^46d^17s^2$; 94 **Pu** $5f^67s^2$; 95 **Am** $5f^77s^2$; 96 **Cm** $5f^76d^17s^2$; 97 **Bk** $5f^97s^2$; 98 **Cf** $5f^{10}7s^2$; 99 **Es** $5f^{11}7s^2$; 100 **Fm** $5f^{12}7s^2$; 101 **Md** $5f^{13}7s^2$; 102 **No** $5f^{14}7s^2$; 103 **Lr** $5f^{14}6d^17s^2$

L'hélium constitue une exception. Même s'il est situé dans la colonne avec une configuration électronique des sous-couches périphériques ns^2np^6, sa configuration électronique est simplement $1s^2$.

Nous avons vu au chapitre 2 que les éléments d'un groupe principal sont ceux des deux colonnes tout à fait à gauche (groupes I A, II A) et des six colonnes complètement à droite (groupes III A à VIII A) du tableau périodique.

Remarquez que *le nombre de colonnes dans un bloc correspond au nombre maximal d'électrons susceptibles d'occuper un sous-niveau donné de ce bloc*. Ainsi, le bloc *s* comporte 2 colonnes (correspondant à une orbitale *s* contenant un maximum de deux électrons) ; le bloc *p* comporte 6 colonnes (correspondant aux trois orbitales *p* avec deux électrons chacune) ; le bloc *d* comporte 10 colonnes (correspondant aux cinq orbitales *d* avec deux électrons chacune) ; et le bloc *f* comporte 14 colonnes (correspondant à sept orbitales *f* avec deux électrons chacune).

Notez également qu'à l'exception de l'hélium, *le nombre d'électrons de valence pour un élément d'un groupe principal est égal à son numéro de groupe suivi d'une lettre*. Par exemple, on peut dire que le chlore possède 7 électrons de valence parce qu'il appartient au groupe numéro VII A.

Enfin, remarquez que pour les éléments d'un groupe principal, *le numéro de la rangée dans le tableau périodique est égal au numéro (ou à la valeur de n) du niveau principal le plus élevé*. Par exemple, le chlore est placé dans la rangée 3 et son niveau principal le plus élevé est $n = 3$.

L'organisation du tableau périodique nous permet d'écrire la configuration électronique d'un élément en se basant sur sa position dans le tableau. Par exemple, supposons que nous voulions écrire la configuration électronique de Cl. Il suffit de situer le chlore dans le tableau et de remplir peu à peu les orbitales en partant de l'hydrogène et en continuant la lecture de gauche à droite, une période à la fois. Le chlore possède 17 électrons : les deux premiers sont placés dans l'orbitale $1s$. On change ensuite de période pour placer les 2 électrons suivants dans l'orbitale $2s$, puis 6 électrons dans les trois orbitales $2p$. Les 7 derniers électrons suivants sont alors répartis dans le troisième niveau. On obtient donc

$$_{17}Cl : \quad 1s^2\, 2s^2\, 2p^6\, 3s^2\, 3p^5$$

Cette technique fonctionne bien pour les petits atomes, mais elle devient rapidement lourde pour les atomes plus volumineux. Il est possible d'alléger la notation en abrégeant la *configuration électronique interne*. Dans le cas de Cl, cette configuration est celle du gaz noble qui le précède dans le tableau périodique, soit Ne. On peut alors représenter la configuration électronique interne par [Ne]. On obtient la *configuration électronique périphérique* – la configuration électronique après le gaz noble précédent – en suivant les éléments entre Ne et Cl et en affectant les électrons aux orbitales appropriées, comme il est montré ici. Rappelez-vous que la valeur la plus élevée de *n* est donnée par le numéro de la rangée (3 pour le chlore).

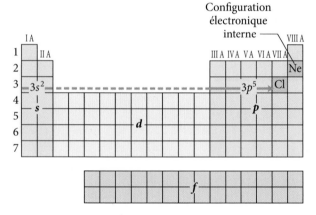

On commence donc par [Ne], puis on ajoute les deux électrons $3s$ quand on traverse le bloc *s*, suivi des cinq électrons $3p$ quand on traverse le bloc *p* jusqu'à Cl, qui est dans la cinquième colonne du bloc *p*. La configuration électronique abrégée est donc

$$_{17}Cl : \quad [Ne]\, 3s^2\, 3p^5$$

Remarquez que Cl est placé dans la colonne 7A ; il a donc 7 électrons de valence et une configuration électronique des sous-couches périphériques de $ns^2\, np^5$.

Éléments de transition

Les configurations électroniques des éléments de transition (bloc *d*) et des éléments de transition interne (bloc *f*) présentent des variations légèrement différentes de celles des éléments des groupes principaux. Quand on se déplace vers la droite le long d'une rangée dans le bloc *d*, les orbitales *d* sont remplies comme l'illustre le tableau suivant :

21 **Sc** $4s^2 3d^1$	22 **Ti** $4s^2 3d^2$	23 **V** $4s^2 3d^3$	24 **Cr** $4s^1 3d^5$	25 **Mn** $4s^2 3d^5$	26 **Fe** $4s^2 3d^6$	27 **Co** $4s^2 3d^7$	28 **Ni** $4s^2 3d^8$	29 **Cu** $4s^1 3d^{10}$	30 **Zn** $4s^2 3d^{10}$
39 **Y** $5s^2 4d^1$	40 **Zr** $5s^2 4d^2$	41 **Nb** $5s^1 4d^4$	42 **Mo** $5s^1 4d^5$	43 **Tc** $5s^2 4d^5$	44 **Ru** $5s^1 4d^7$	45 **Rh** $5s^1 4d^8$	46 **Pd** $4d^{10}$	47 **Ag** $5s^1 4d^{10}$	48 **Cd** $5s^2 4d^{10}$

Toutefois, *le nombre quantique principal des orbitales d qui se remplissent le long de chaque rangée dans les séries de transition est égal au numéro de la rangée moins un.* Dans la quatrième rangée, les orbitales $3d$ se remplissent, et dans la cinquième rangée, les orbitales $4d$ se remplissent et ainsi de suite. Cela se produit parce que, comme on l'a vu à la figure 4.2(a), l'orbitale $4s$ est de plus faible énergie que les orbitales $3d$ *lorsqu'elles sont vides* pour les éléments $Z = 7$ à $Z = 22$. Il s'ensuit que l'orbitale $4s$ se remplit avant l'orbitale $3d$, même si son nombre quantique principal ($n = 4$) est plus élevé.

$$\text{Ordre de remplissage} \qquad {}_{22}\text{Ti}: \quad [\text{Ar}]\, 4s^2\, 3d^2$$

À partir de $Z = 23$ et jusqu'à la fin du bloc $3d$, les énergies des orbitales $4s$ et $3d$ sont très voisines, ce qui se traduit par certaines irrégularités dans l'ordre de remplissage. Par exemple, remarquez que la configuration des sous-couches périphériques est $4s^2\, 3d^x$ à deux exceptions près : Cr est $4s^1\, 3d^5$ et Cu est $4s^1\, 3d^{10}$. Cette irrégularité est attribuée à la stabilité additionnelle associée à un sous-niveau complètement ou à demi occupé. Les configurations électroniques réelles sont toujours déterminées expérimentalement (par spectroscopie) et ne se conforment pas toujours à des schémas simples, comme dans le cas de Cr, de Cu et de six autres éléments de transition.

À mesure qu'on se déplace dans le bloc f, les orbitales f se remplissent. Toutefois, le nombre quantique principal des orbitales f qui se remplissent dans chaque rangée des séries de transition interne est le numéro de la rangée moins deux. (Dans la sixième rangée, les orbitales $4f$ se remplissent, et dans la septième rangée, ce sont les orbitales $5f$.) De plus, dans les séries de transition interne, la proximité des niveaux d'énergie des orbitales $5d$ et $4f$ a parfois pour effet qu'un électron se loge dans l'orbitale $5d$ au lieu de l'orbitale $4f$ prévue. Par exemple, la configuration électronique du gadolinium est $[\text{Xe}]\, 6s^2\, 5d^1\, 4f^7$ au lieu de $[\text{Xe}]\, 6s^2\, 4f^8$. En observant attentivement le bloc f (figure 4.3), vous pourriez remarquer une foule d'anomalies dans les configurations des groupes f, surtout si on considère que les lanthanides devraient tous avoir $5d^1$ et les actinides $6d^1$.

EXEMPLE 4.1	**Configurations électroniques**

Écrivez les configurations électroniques complètes et abrégées de chaque élément :

(a) Mg. **(c)** Br.

(b) P. **(d)** Al.

SOLUTION

(a) Mg Le magnésium a 12 électrons. Placez-en deux dans l'orbitale $1s$, deux dans l'orbitale $2s$, six dans les orbitales $2p$ et deux dans l'orbitale $3s$.	${}_{12}\text{Mg}:\quad 1s^2\, 2s^2\, 2p^6\, 3s^2$ ou $[\text{Ne}]\, 3s^2$
b) P Le phosphore a 15 électrons. Distribuez-en deux dans l'orbitale $1s$, deux dans l'orbitale $2s$, six dans les orbitales $2p$, deux dans l'orbitale $3s$ et trois dans les orbitales $3p$.	${}_{15}\text{P}:\quad 1s^2\, 2s^2\, 2p^6\, 3s^2\, 3p^3$ ou $[\text{Ne}]\, 3s^2\, 3p^3$
c) Br Le brome a 35 électrons. Placez-en deux dans l'orbitale $1s$, deux dans l'orbitale $2s$, six dans les orbitales $2p$, deux dans l'orbitale $3s$, six dans les orbitales $3p$, deux dans l'orbitale $4s$, dix dans les orbitales $3d$ et cinq dans les orbitales $4p$.	${}_{35}\text{Br}:\quad 1s^2\, 2s^2\, 2p^6\, 3s^2\, 3p^6\, 4s^2\, 3d^{10}\, 4p^5$ ou $[\text{Ne}]\, 4s^2\, 3d^{10}\, 4p^5$

d) Al

L'aluminium a 13 électrons. Distribuez-en deux dans l'orbitale 1s, deux dans l'orbitale 2s, six dans les orbitales 2p, deux dans l'orbitale 3s et un dans l'orbitale 3p.

$_{13}$Al: $1s^2\, 2s^2\, 2p^6\, 3s^2\, 3p^1$
ou [Ne] $3s^2\, 3p^1$

EXERCICE PRATIQUE 4.1

Écrivez la configuration électronique de chaque élément.

(a) Cl.   **(c)** Sr.

(b) Si.   **(d)** O.

Principe d'exclusion de Pauli et règle de Hund

La configuration électronique fondamentale permet de décrire comment les électrons d'un atome se répartissent dans les niveaux et les sous-niveaux d'énergie, mais elle ne donne pas d'information quant à la distribution des électrons dans les orbitales d'un même sous-niveau. On peut représenter la configuration électronique d'un atome d'une manière plus détaillée à l'aide des **cases quantiques**, dans lesquelles les électrons sont symbolisés par des demi-flèches placées dans une case qui représente l'orbitale :

Configuration électronique	Cases quantiques
$_3$Li : [He] $2s^1$	$_3$Li : [He] $2s$

Dans les cases quantiques, la direction de la flèche (qui pointe vers le haut ou vers le bas) représente l'orientation du *spin de l'électron*. On a vu à la section 3.6 que l'orientation du spin de l'électron est quantifiée, avec seulement deux possibilités : $m_s = +\frac{1}{2}$ et $m_s = -\frac{1}{2}$. Dans les cases quantiques, $m_s = +\frac{1}{2}$ est représenté par une demi-flèche pointant vers le haut (↑) et $m_s = -\frac{1}{2}$, par une demi-flèche pointant vers le bas (↓). Dans un ensemble d'atomes d'hydrogène, les électrons dans environ la moitié des atomes ont un spin vers le haut et dans l'autre moitié, vers le bas. Puisqu'il n'y a aucun autre électron dans l'atome, on représente par convention la configuration de l'atome d'hydrogène avec son unique électron représenté par une flèche pointant vers le haut :

$_1$H : $1s$

L'hélium est le premier élément du tableau périodique qui comporte deux électrons. Ces deux électrons occupent l'orbitale 1s :

$_2$He : $1s^2$

Comment les spins des deux électrons dans l'hélium s'alignent-ils l'un par rapport à l'autre ? La réponse à cette question est décrite par le **principe d'exclusion de Pauli**, formulé en 1925 par Wolfgang Pauli (1900-1958) :

Deux électrons dans une même orbitale atomique doivent être de spins opposés.

Nous avons vu à la section 3.6 qu'il existe deux catégories d'électrons possédant des propriétés magnétiques (spin) opposées. De la même façon que des aimants de même polarité se repoussent, des électrons de même spin ne peuvent occuper simultanément de façon stable une même orbitale. Le principe d'exclusion de Pauli implique que *chaque orbitale ne peut contenir au plus que deux électrons qui doivent être de spins opposés.* Voici comment on écrit la configuration électronique et les cases quantiques de l'hélium en appliquant le principe d'exclusion :

Configuration électronique   Cases quantiques

$_2$He : $1s^2$ $_2$He : $1s$

Le tableau ci-dessous montre les quatre nombres quantiques pour chacun des deux électrons dans l'hélium.

n	l	m_l	m_s
1	0	0	$+\frac{1}{2}$
1	0	0	$-\frac{1}{2}$

Les deux électrons ont trois nombres quantiques en commun (parce qu'ils sont dans la même orbitale), mais leurs nombres quantiques de spin sont différents (comme l'indiquent les demi-flèches opposées dans les cases quantiques).

Pour le carbone, de numéro atomique 6 et possédant par conséquent six électrons, la configuration électronique et les cases quantiques sont les suivantes :

Configuration électronique   Cases quantiques

$_6$C : [He] $2s^2 2p^2$ $_6$C : [He] $2s$ $2p$

> Rappelez-vous que le nombre d'électrons dans un atome neutre est égal à son numéro atomique.

Selon ce diagramme, les électrons $2p$ occupent deux orbitales de type $2p$ (d'égale énergie) distinctes, plutôt que d'être appariés dans une orbitale. Ce processus de remplissage des orbitales est appelé **règle de Hund**, qui stipule que *lorsqu'on remplit des orbitales dégénérées (c'est-à-dire celles d'un même sous-niveau), les électrons les occupent d'abord seuls, avec des spins parallèles.*

La règle de Hund est une conséquence de la tendance des atomes à prendre l'état d'énergie le plus faible possible. En effet, quand deux électrons occupent des orbitales séparées d'égale énergie, l'interaction répulsive entre eux est plus faible que s'ils partageaient la même orbitale parce que les électrons sont répartis dans une plus grande région de l'espace. Nous n'aborderons pas en détail dans ce manuel les raisons qui expliquent les états parallèles des spins des électrons célibataires présents dans un même sous-niveau. Nous dirons simplement qu'il s'agit d'un phénomène de stabilisation qui tient compte à la fois du mouvement de l'électron autour de son noyau et de son mouvement de rotation sur lui-même. Lorsqu'il y a plus d'un électron célibataire dans une même sous-couche, l'atome est plus stable si les spins de ces électrons sont parallèles.

EXEMPLE 4.2 **Écriture des cases quantiques**

Écrivez les cases quantiques du soufre et déterminez le nombre d'électrons non appariés.

SOLUTION

Étant donné que le soufre est l'élément de numéro atomique 16, il a 16 électrons et sa configuration électronique est [Ne] $3s^2\, 3p^4$. Dessinez une case pour chaque orbitale du niveau supérieur en plaçant l'orbitale périphérique de plus faible énergie ($3s$) complètement à gauche et continuez en plaçant les orbitales d'énergie plus élevée vers la droite.

$_{16}$S : [Ne] $3s$ $3p$

Distribuez les 6 électrons de valence dans les cases représentant les orbitales en attribuant un maximum de deux électrons par orbitale et en tenant compte de la règle de Hund et du principe d'exclusion de Pauli. Remarquez que d'après les cases quantiques, le soufre a deux électrons non appariés.	$_{16}S:\ [Ne]$ 3s 3p $\boxed{\uparrow\downarrow}$ $\boxed{\uparrow\downarrow}$ $\boxed{\uparrow}$ $\boxed{\uparrow}$

EXERCICE PRATIQUE 4.2

Écrivez les configurations électroniques par cases quantiques pour Ar et déterminez le nombre d'électrons non appariés.

Lien conceptuel 4.1 Configurations électroniques et nombres quantiques

Quels sont les quatre nombres quantiques pour chacun des deux électrons dans une orbitale $4s$?

Résumé: Remplissage des orbitales

▶ Les électrons occupent les orbitales de façon à minimiser l'énergie de l'atome; par conséquent, les orbitales de plus faible niveau d'énergie se remplissent avant les orbitales d'énergie plus élevée. On peut déterminer l'ordre de remplissage des orbitales à l'aide du tableau périodique.

▶ Quand des orbitales d'énergie identiques sont disponibles, les électrons occupent d'abord ces orbitales seuls avec des spins parallèles au lieu de s'apparier. Une fois que les orbitales d'égale énergie sont à demi remplies, les électrons commencent à s'apparier (règle de Hund).

▶ Chaque orbitale ne peut pas contenir plus de deux électrons. Quand deux électrons occupent la même orbitale, leurs spins sont opposés. C'est une autre façon d'exprimer le principe d'exclusion de Pauli (deux électrons dans un atome ne peuvent pas avoir les mêmes quatre nombres quantiques).

Configurations électroniques des ions

On peut déduire la configuration électronique d'un ion monoatomique d'un groupe principal à partir de la configuration électronique de l'atome neutre et de la charge de l'ion. Pour les anions, on *ajoute* le nombre d'électrons indiqué par la grandeur de la charge de l'anion. Par exemple, la configuration électronique du fluor (F) est $1s^2\,2s^2\,2p^5$ et celle de l'ion fluorure (F⁻) est $1s^2\,2s^2\,2p^6$.

On détermine la configuration électronique des cations en *soustrayant* le nombre d'électrons indiqués par la grandeur de la charge. Par exemple, la configuration électronique du lithium (Li) est $1s^2\,2s^1$ et celle de l'ion lithium (Li⁺) est $1s^2\,2s^0$ (ou simplement $1s^2$). Notez que, pour les cations, on enlève le nombre requis d'électrons dans les orbitales dont la valeur de n est la plus élevée en premier. Par exemple, la configuration électronique du vanadium est:

$$_{23}V:\quad [Ar]\,4s^2\,3d^3$$

L'ion V²⁺, cependant, a la configuration électronique suivante:

$$_{23}V^{2+}:\quad [Ar]\,3d^3$$

Dans le cas des cations, l'ordre dans lequel les électrons sont enlevés lors de l'ionisation *n'est pas toujours* l'inverse de l'ordre de remplissage. Par exemple, au cours du remplissage, l'orbitale $4s$ est normalement occupée avant l'orbitale $3d$. Mais quand un métal de transition de la quatrième période s'ionise, il perd normalement ses électrons $4s$ avant ses électrons $3d$. Pourquoi ce comportement étrange ? La réponse complète à cette question dépasse la portée de ce manuel, mais on peut l'expliquer par les deux facteurs suivants :

- Comme nous l'avons mentionné précédemment, les énergies potentielles des orbitales ns et $(n-1)d$ sont extrêmement proches et, selon la configuration exacte, l'ordre relatif d'énergie peut varier.
- Lorsque les orbitales $(n-1)d$ commencent à se remplir dans la première série de transition, l'augmentation de la charge nucléaire stabilise les orbitales $(n-1)d$ par rapport aux orbitales ns. Cela se produit parce que les orbitales $(n-1)d$ ne sont pas des orbitales périphériques (ou d'une valeur de n la plus élevée) et, par conséquent, elles ne sont pas protégées de l'augmentation de la charge nucléaire comme le sont les orbitales ns grâce à l'effet d'écran (section 4.3).

Chez les ions des métaux de transition, l'expérience montre qu'une configuration $ns^0\,(n-1)d^x$ est d'énergie plus faible qu'une configuration $ns^2\,(n-1)d^{x-2}$. Par conséquent, quand on écrit les configurations électroniques des métaux de transition, on enlève les électrons ns avant les électrons $(n-1)d$.

Les propriétés magnétiques des ions des métaux de transition confirment ces attributions. Un électron non apparié génère un champ magnétique dû à son spin. Par conséquent, si un atome ou un ion contient des électrons non appariés, il est attiré par un champ magnétique externe, et on dit que l'atome ou l'ion est **paramagnétique**.

Un atome ou un ion dans lequel tous les électrons sont appariés n'est pas attiré par un champ magnétique externe – en fait, il est légèrement repoussé – et on dit que cet atome ou cet ion est **diamagnétique**. L'atome de zinc, par exemple, est diamagnétique :

Les propriétés magnétiques de l'ion zinc apportent la confirmation que les électrons $4s$ sont effectivement perdus avant les électrons $3d$ lors de l'ionisation du zinc. Si le zinc perdait deux électrons $3d$ en s'ionisant, alors Zn^{2+} deviendrait paramagnétique (parce que ces deux électrons sortiraient de deux orbitales d différentes, laissant chacune d'elles avec un électron non apparié). Cependant, comme l'atome zinc, l'ion zinc est diamagnétique. Il est donc possible de conclure que les électrons $4s$ sont perdus à la place des électrons $3d$:

Des observations semblables chez d'autres métaux de transition confirment que lors de l'ionisation, les électrons ns sont perdus avant les électrons $(n-1)d$.

EXEMPLE 4.3 **Configurations électroniques et propriétés magnétiques des ions**

Écrivez la configuration électronique de chaque ion à l'aide des cases quantiques et déterminez si cet ion est diamagnétique ou paramagnétique.

(a) Al^{3+}.   **(b)** S^{2-}.   **(c)** Fe^{3+}.

SOLUTION

(a) Al^{3+}

Commencez par écrire la configuration électronique de l'atome neutre. Puisque cet ion a une charge de $+3$, enlevez trois électrons pour écrire la configuration électronique de l'ion. Écrivez les cases quantiques en dessinant des demi-flèches pour représenter chaque électron dans des cases symbolisant les orbitales. Comme tous les électrons sont appariés, Al^{3+} est diamagnétique.

$_{13}Al$: $[Ne]\,3s^2\,3p^1$

$_{13}Al^{3+}$: $[Ne]$ ou $[He]\,2s^2\,2p^6$

Diamagnétique

(b) S^{2-}

Commencez par écrire la configuration électronique de l'atome neutre. Puisque cet ion a une charge de −2, ajoutez deux électrons pour écrire la configuration électronique de l'ion. Écrivez les cases quantiques en dessinant des demi-flèches pour représenter chaque électron dans des cases symbolisant les orbitales. Comme tous les électrons sont appariés, S^{2-} est diamagnétique.

$_{16}S:$ [Ne] $3s^2\,3p^4$

$_{16}S^{2-}:$ [Ne] $3s^2\,3p^6$

$_{16}S^{2-}:$ [Ne] $\quad 3s \qquad\qquad 3p$

| ↑↓ | | ↑↓ | ↑↓ | ↑↓ |

Diamagnétique

(c) Fe^{3+}

Commencez par écrire la configuration électronique de l'atome neutre. Puisque cet ion a une charge de +3, enlevez trois électrons pour écrire la configuration électronique de l'ion. Étant donné que c'est un métal de transition, enlevez les électrons de l'orbitale $4s$ avant d'enlever les électrons des orbitales $3d$. Écrivez les cases quantiques en dessinant des demi-flèches pour représenter chaque électron dans des cases symbolisant les orbitales. Parce qu'il y a des électrons non appariés, Fe^{3+} est paramagnétique.

$_{26}Fe:$ [Ar] $4s^2\,3d^6$

$_{26}Fe:$ [Ar] $3d^5$

$_{26}Fe^{3+}:$ [Ar] $\qquad\qquad 3d$

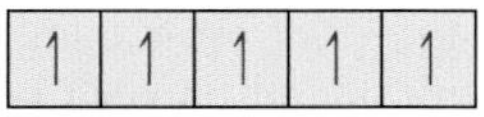

| ↑ | ↑ | ↑ | ↑ | ↑ |

Paramagnétique

EXERCICE PRATIQUE 4.3

Écrivez la configuration électronique de chaque ion à l'aide des cases quantiques et prédisez si cet ion sera paramagnétique ou diamagnétique.

(a) Co^{2+}. **(b)** N^{3-}. **(c)** Ca^{2+}.

Vous êtes maintenant en mesure de faire les exercices 1 à 15, 48 et 49.

4.3 Pouvoir de prédiction du modèle de la mécanique quantique

Rappelez-vous que Mendeleïev a conçu son tableau périodique de façon à placer dans la même colonne les éléments partageant les mêmes propriétés. Il est possible de commencer à établir un lien entre les propriétés d'un élément et sa configuration électronique en superposant les configurations électroniques des 18 premiers éléments dans un tableau périodique partiel, comme le montre la **figure 4.4**. De gauche à droite le long d'une rangée, les orbitales se remplissent naturellement dans le bon ordre. Dans chaque rangée subséquente, le nombre quantique principal le plus élevé augmente de un. Remarquez que de haut en bas dans une colonne, *le nombre d'électrons dans le niveau d'énergie principal le plus éloigné du noyau (valeur de n la plus élevée) demeure le même*. Le lien clé entre le monde macroscopique (les propriétés chimiques d'un élément) et le monde microscopique (la structure électronique d'un atome) se situe au niveau de ces électrons périphériques que l'on appelle aussi électrons de valence.

FIGURE 4.4 Configurations des électrons périphériques des 18 premiers éléments dans le tableau périodique

I A							VIII A
1 **H** $1s^1$	II A	III A	IV A	V A	VI A	VII A	2 **He** $1s^2$
3 **Li** $2s^1$	4 **Be** $2s^2$	5 **B** $2s^22p^1$	6 **C** $2s^22p^2$	7 **N** $2s^22p^3$	8 **O** $2s^22p^4$	9 **F** $2s^22p^5$	10 **Ne** $2s^22p^6$
11 **Na** $3s^1$	12 **Mg** $3s^2$	13 **Al** $3s^23p^1$	14 **Si** $3s^23p^2$	15 **P** $3s^23p^3$	16 **S** $3s^23p^4$	17 **Cl** $3s^23p^5$	18 **Ar** $3s^23p^6$

Électrons de valence et électrons de cœur

Les **électrons de valence** d'un atome sont ceux qui réagissent quand une liaison chimique se forme. Les propriétés d'un élément dépendent de ces électrons qui jouent un rôle déterminant dans la formation des liaisons, car ils sont retenus moins fortement (et sont par conséquent plus faciles à perdre ou à partager). *Pour les éléments des groupes principaux, les électrons de valence sont ceux du niveau d'énergie principal le plus élevé (présents dans la dernière couche)* (figure 4.4). Dans le cas des éléments de transition, certains des électrons *d* de la couche inférieure peuvent aussi réagir lors d'une réaction chimique. Leur nombre d'électrons de valence peut alors être déterminé par l'état d'oxydation le plus élevé de l'élément (**tableau 4.1**). Vous pouvez comprendre maintenant *pourquoi* les propriétés chimiques des éléments principaux dans une colonne du tableau périodique se ressemblent : *ils ont le même nombre d'électrons de valence.*

Les électrons de valence se différencient de tous les autres électrons présents dans un atome, qui sont appelés les **électrons de cœur**. Ceux-ci occupent des niveaux d'énergie principaux *complets* et des sous-niveaux *complets* d et f. Par exemple, le silicium, dont la configuration électronique est $1s^2 2s^2 2p^6 3s^2 3p^2$ possède 4 électrons de valence (occupant le niveau principal $n = 3$) et 10 électrons de cœur :

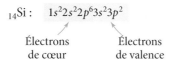

$$_{14}\text{Si} : \quad 1s^2 2s^2 2p^6 3s^2 3p^2$$

Électrons de cœur   Électrons de valence

TABLEAU 4.1	États d'oxydation principaux des métaux de transition de la 4e et de la 5e période

4e période	$_{21}$Sc	+3
	$_{22}$Ti	+4 +3
	$_{23}$V	+5 +4 +3 +2
	$_{24}$Cr	+6 +3 +2
	$_{25}$Mn	+7 +6 +4 +3 +2
	$_{26}$Fe	+3 +2
	$_{27}$Co	+3 +2
	$_{28}$Ni	+3 +2
	$_{29}$Cu	+2 +1
	$_{30}$Zn	+2
5e période	$_{39}$Y	+3
	$_{40}$Zr	+4
	$_{41}$Nb	+5 +3
	$_{42}$Mo	+6 +5 +4 +3 +2
	$_{43}$Tc	+7
	$_{44}$Ru	+8 +6 +4 +3 +2
	$_{45}$Rh	+4 +3 +2
	$_{46}$Pd	+4 +2
	$_{47}$Ag	+1
	$_{48}$Cd	+2

EXEMPLE 4.4   Électrons de valence et électrons de cœur

Écrivez la configuration de Co et de Ge, et identifiez les électrons de valence et les électrons de cœur.

SOLUTION

Écrivez les configurations électroniques en déterminant le nombre total d'électrons à partir du numéro atomique et en les plaçant dans les orbitales appropriées comme nous l'avons fait précédemment.	$_{27}\text{Co} : \quad 1s^2 2s^2 2p^6 3s^2 3p^6 4s^2 3d^7$ $_{32}\text{Ge} : \quad 1s^2 2s^2 2p^6 3s^2 3p^6 4s^2 3d^{10} 4p^2$
Puisque le cobalt est un élément de transition, ses électrons de valence occupent le niveau d'énergie principal le plus élevé et certaines orbitales de la sous-couche *d* inférieure. Il faut se fier à l'état d'oxydation le plus élevé (tableau 4.1).	État d'oxydation le plus élevé : +3 3 électrons de valence $_{27}\text{Co} : \quad \mathbf{1s^2 2s^2 2p^6 3s^2 3p^6 4s^2 3d^{6+1}}$ 24 électrons de **cœur**
Puisque le germanium est un élément d'un groupe principal, ses électrons de valence occupent le niveau d'énergie principal le plus élevé. Pour le germanium, les niveaux principaux $n = 1$, 2 et 3 sont complets (pleins) et le niveau principal $n = 4$ est périphérique. Par conséquent, les électrons de $n = 4$ sont des électrons de valence et les autres, des électrons de cœur.	4 électrons de valence $_{32}\text{Ge} : \quad \mathbf{1s^2 2s^2 2p^6 3s^2 3p^6 4s^2 3d^{10} 4p^2}$ 28 électrons de **cœur**

EXERCICE PRATIQUE 4.4

Écrivez les configurations électroniques de l'iode et du manganèse, et identifiez les électrons de valence et les électrons de cœur.

Effet d'écran

Dans les atomes multiélectroniques, chaque électron subit à la fois la charge positive du noyau (qui est attractive) et les charges négatives des autres électrons (qui sont répulsives). Dans un atome ou un ion, on peut se représenter la répulsion d'un électron par les autres électrons comme un **effet d'écran** qui diminue l'attraction de la charge nucléaire sur cet électron. Prenons l'exemple de l'ion lithium (Li^+). Puisqu'il contient deux électrons, sa configuration électronique est identique à celle de l'hélium :

$$_3Li^+: \quad 1s^2$$

Maintenant, imaginons qu'un troisième électron s'approche de l'ion lithium. Tant qu'il est loin du noyau, il subit la charge +3 du noyau à travers l'*écran* de la charge −2 des deux électrons $1s$, comme le montre la **figure 4.5(a)**. On peut se représenter le troisième électron soumis à une **charge nucléaire effective** (Z_{eff}) d'environ +1 ($Z_{eff} = +3 − 2$). En effet, les deux électrons internes forment un *écran* qui protège l'électron périphérique de la charge nucléaire totale (+3).

FIGURE 4.5 **Effet d'écran**

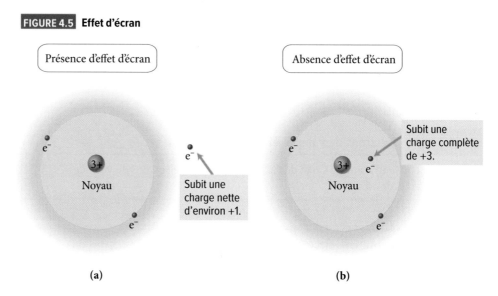

(a) Tant qu'un électron est loin du noyau, il est partiellement protégé par les électrons dans l'orbitale $1s$, ce qui réduit la charge nucléaire nette effective qu'il subit. (b) Un électron placé dans l'orbitale $1s$ est soumis à toute la charge nucléaire.

Charge nucléaire effective

La variation du rayon atomique de gauche à droite dans une rangée du tableau périodique est déterminée par l'attraction vers l'intérieur qu'exerce le noyau sur les électrons du niveau d'énergie principal périphérique (valeur de n la plus élevée). D'après la loi de Coulomb, l'attraction entre un noyau et un électron s'accroît avec l'augmentation de la grandeur de la charge nucléaire. Par exemple, comparons l'atome H à l'ion He^+ :

$$_1H: \quad 1s^1$$
$$_2He^+: \quad 1s^1$$

Il faut 1312 kJ/mol d'énergie pour arracher l'électron $1s$ de l'hydrogène, mais 5251 kJ/mol pour l'enlever de He^+. Pourquoi ? Bien que chaque électron occupe une orbitale $1s$, l'électron dans l'ion hélium est attiré par le noyau de charge +2, alors que l'électron dans l'atome d'hydrogène est attiré par un noyau dont la charge n'est que de +1. Par conséquent, l'électron dans l'ion hélium est retenu plus fortement, ce qui le rend plus difficile à enlever et ce qui rend cet ion plus petit que l'atome d'hydrogène.

Animation

Charge nucléaire
effective
codeqrcu.page.link/SMxv

Comme on l'a dit à la page précédente, dans un atome multiélectronique, un électron subit à la fois la charge positive du noyau (qui est attractive) et les charges négatives des autres électrons (qui sont répulsives). Considérons l'électron périphérique dans l'atome de lithium neutre :

$$Li: \quad 1s^2 \, 2s^1$$

Comme le montre la **figure 4.6**, l'attraction de la charge +3 que le noyau exerce sur l'électron dans l'orbitale 2s est partiellement réduite par la charge des électrons 1s (du niveau inférieur), ce qui réduit la charge nette subie par l'électron 2s.

Comme on l'a vu, on peut définir la charge moyenne ou nette subie par un électron comme étant la *charge nucléaire effective*. La charge nucléaire effective subie par un électron donné dans un atome se définit comme la *charge nucléaire réelle (Z)* moins *l'effet d'écran exercé par les électrons situés sur les niveaux inférieurs (σ)* :

$$Z_{\text{eff}} = Z - \sigma$$

Charge nucléaire effective

Charge nucléaire réelle

Effet d'écran exercé par les électrons présents sur les niveaux inférieurs à celui de l'électron étudié

FIGURE 4.6 Effet d'écran et charge nucléaire effective

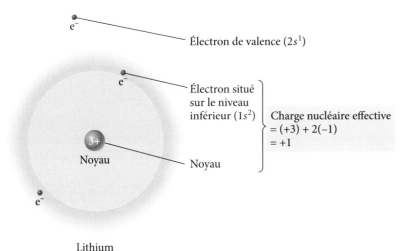

Électron de valence ($2s^1$)

Électron situé sur le niveau inférieur ($1s^2$)

Charge nucléaire effective
$= (+3) + 2(-1)$
$= +1$

Noyau

Noyau

Lithium

L'électron de valence du lithium subit la charge +3 du noyau à travers l'écran de la charge totale −2 des électrons de cœur. La charge nucléaire effective qui agit sur l'électron de valence est approximativement de +1.

Dans le cas du lithium, on peut estimer que les deux électrons de cœur exercent un effet d'écran sur l'électron de valence qui diminue l'attraction de la charge nucléaire avec une grande efficacité (σ est de −2). Par conséquent, la charge nucléaire effective subie par l'électron de valence du lithium est de +1.

Considérons maintenant les électrons de valence du bore (B), de numéro atomique 5. Sa configuration électronique est

$$_5B: \quad 1s^2 \, 2s^2 \, 2p^1$$

Pour évaluer la charge nucléaire effective subie par l'électron 2p, nous devons distinguer deux différents types d'effet d'écran : (1) l'écran créé par les électrons des niveaux inférieurs, qui est très efficace (σ), et (2) l'écran qu'exercent les électrons périphériques 2s sur l'électron 2p, et qui est plus faible. En règle générale :

1. **Les électrons des niveaux inférieurs forment un écran dit « total » entre les électrons du niveau d'énergie principal périphérique et la charge nucléaire. De ce fait, on doit considérer leur charge entière dans le calcul de la charge effective.**

2. **Quand les électrons périphériques sont situés sur la même sous-couche, ils n'exercent l'un sur l'autre aucun effet d'écran appréciable qui s'oppose à l'attraction de la charge nucléaire.**

3. **Quand les électrons périphériques sont situés sur la sous-couche inférieure, mais dans le même niveau, ils exercent un effet d'écran dit «partiel». Il faut alors ne tenir compte que d'une portion de leur charge dans le calcul de la charge effective.**

Autrement dit, dans l'atome de bore, les deux électrons périphériques $2s$ subissent une charge effective de +3 de la part du noyau à travers l'écran des deux électrons de cœur $1s$ sans exercer l'un sur l'autre un écran qui diminue l'attraction de façon appréciable. Toutefois, l'électron $2p$ subit l'effet d'écran des électrons $1s$ (écran total) et des électrons $2s$ (écran partiel). La charge effective s'exerçant sur cet électron est donc inférieure à +3. Le calcul de la charge effective tenant compte de l'effet d'écran partiel est beaucoup plus complexe et nous n'en traiterons pas dans ce manuel. Nous ne calculerons donc la charge nucléaire effective qu'à partir de l'effet d'écran total (σ) et nous traiterons l'effet d'écran partiel de manière qualitative dans l'analyse des propriétés périodiques.

Lien conceptuel 4.2 Charge nucléaire effective

Quels électrons subissent la charge nucléaire effective la plus grande?

(a) Les électrons de valence de Mg.

(b) Les électrons de valence de Al.

(c) Les électrons de valence de S.

Loi de Coulomb

Les attractions et les répulsions entre des particules chargées (section 3.2) sont décrites par la **loi de Coulomb**, qui stipule que la force électrostatique (F) qui s'exerce entre deux particules chargées dépend de leurs charges (q_1 et q_2) et de la distance qui les sépare (r):

$$F = \frac{1}{4\pi\varepsilon_0} \frac{q_1 q_2}{r^2}$$

Dans cette équation, ε_0 est une constante ($\varepsilon_0 = 8{,}85 \times 10^{-12}$ C^2/J·m). Une force F positive indique que des charges de même signe se repoussent. Une force négative indique que des charges de signes opposés s'attirent. La *grandeur* de la force est directement proportionnelle à la charge des particules et inversement proportionnelle à la distance qui les sépare.

Lien conceptuel 4.3 Loi de Coulomb

D'après la loi de Coulomb, que devient la force d'attraction entre deux particules de charges opposées à mesure qu'elles se rapprochent l'une de l'autre?

(a) Elle diminue.   **(b)** Elle augmente.   **(c)** Elle ne change pas.

À l'aide de ces outils, nous pouvons maintenant étudier comment le modèle de la mécanique quantique explique les propriétés chimiques et physiques des éléments, comme l'inertie de l'hélium ou la réactivité de l'hydrogène, et, plus généralement, comment ce modèle explique la loi de la périodicité qui régit le tableau de Mendeleïev.

Vous êtes maintenant en mesure de faire les exercices 16 à 20.

4.4 Propriétés chimiques des éléments

Comme on l'a vu au chapitre 2, Mendeleïev a construit son tableau non pas en fonction de la structure des atomes, mais en fonction des propriétés physiques et chimiques des éléments. Par exemple, il a rassemblé tous les métaux mous réagissant de façon explosive avec l'eau dans une même famille, celle des alcalins ; les éléments ayant une très grande stabilité chimique dans celle des gaz rares ; et les substances très corrosives dans celle des halogènes. Le modèle quantique apporte une réponse à la périodicité observée dans la façon qu'ont les éléments de réagir avec leur environnement. *Les propriétés chimiques des éléments sont en grande partie déterminées par le nombre d'électrons de valence qu'ils contiennent et par la force qui s'exerce sur ces électrons.* Leurs propriétés chimiques sont périodiques parce que le nombre d'électrons de valence et la charge nucléaire effective qui s'exerce sur ces électrons sont périodiques.

Étant donné que les éléments dans une colonne du tableau périodique possèdent le même nombre d'électrons de valence et une même charge nucléaire effective, ils ont également des propriétés chimiques similaires. Ainsi, les gaz nobles ont tous huit électrons de valence, à l'exception de l'hélium qui en a deux. Même si nous ne traitons pas des aspects quantitatifs (ou numériques) du modèle de la mécanique quantique dans ce manuel, les calculs de l'énergie globale des atomes avec huit électrons de valence (ou deux pour l'hélium) indiquent qu'ils sont particulièrement stables. Autrement dit, quand un niveau quantique est complètement rempli, l'énergie globale des électrons qui occupent ce niveau est particulièrement faible. Ces électrons *ne* peuvent *pas* abaisser leur énergie en réagissant avec d'autres atomes ou molécules, de sorte que l'atome correspondant est non réactif ou inerte. Il existe certaines exceptions, en particulier pour le xénon, qui peut partager ses électrons de valence avec des atomes fortement électronégatifs. (Nous verrons cette propriété des atomes un peu plus loin.) Par conséquent, dans le tableau périodique, les gaz nobles forment la famille la plus stable chimiquement ou relativement non réactive.

Les éléments présentant des configurations électroniques *proches* de celles des gaz nobles sont les plus réactifs parce qu'ils peuvent atteindre les configurations des gaz nobles en perdant ou en gagnant un petit nombre d'électrons. Par exemple, les métaux alcalins (groupe I A) sont les métaux les plus réactifs parce que leur configuration électronique de la couche périphérique (ns^1) n'est qu'à un seul électron de la configuration d'un gaz noble. De plus, cet électron est faiblement retenu par son noyau. Ces métaux réagissent pour perdre l'électron ns^1, et prennent alors la configuration du gaz noble qui les précède. Cela explique pourquoi – comme nous l'avons vu au chapitre 2 – les métaux du groupe I A tendent à former des cations +1. De même, les métaux alcalino-terreux, avec une configuration électronique de la couche périphérique ns^2, tendent également à être des métaux réactifs, en perdant leurs électrons ns^2 pour former des cations +2.

VIII A		I A	II A
2 **He** $1s^2$	Les gaz nobles ont tous huit électrons de valence, à l'exception de l'hélium, qui n'en a que deux. Avec leurs niveaux énergétiques périphériques remplis, les gaz nobles sont particulièrement stables et non réactifs.	3 **Li** $2s^1$	4 **Be** $2s^2$
10 **Ne** $2s^2 2p^6$		11 **Na** $3s^1$	12 **Mg** $3s^2$
18 **Ar** $3s^2 3p^6$		19 **K** $4s^1$	20 **Ca** $4s^2$
36 **Kr** $4s^2 4p^6$		37 **Rb** $5s^1$	38 **Sr** $5s^2$
54 **Xe** $5s^2 5p^6$	Les métaux alcalins ont tous un électron de valence. Ils ont un électron de plus qu'une configuration électronique stable et ont tendance à le perdre au cours de leurs réactions. Les métaux alcalino-terreux ont tous deux électrons de valence. Ils ont tous deux électrons de plus qu'une configuration électronique stable et tendent à les perdre au cours de leurs réactions.	55 **Cs** $6s^1$	56 **Ba** $6s^2$
86 **Rn** $6s^2 6p^6$		87 **Fr** $7s^1$	88 **Ra** $7s^2$
Gaz nobles		**Métaux alcalins**	**Métaux alcalino-terreux**

Cela ne signifie pas que la formation d'un ion avec la configuration d'un gaz noble est en soi favorable énergétiquement. En fait, former des cations *requiert toujours de l'énergie*. Mais quand le cation a la configuration d'un gaz noble, le coût énergétique pour le former est souvent moindre que le rendement énergétique généré quand ce cation forme des liaisons ioniques avec les anions, comme nous le verrons au chapitre 5.

À droite du tableau périodique, les halogènes font partie des non-métaux les plus réactifs en raison de leurs configurations électroniques $ns^2\,np^5$. Il ne leur manque qu'un seul électron pour atteindre la configuration électronique d'un gaz noble et ils tendent à réagir pour gagner cet unique électron et former des ions -1. La **figure 4.7**, déjà présentée au chapitre 2, montre les éléments qui forment des ions prévisibles. Remarquez comment les charges de ces ions reflètent leurs configurations électroniques – au cours de leurs réactions, ces éléments forment des ions avec des configurations électroniques de gaz nobles.

FIGURE 4.7 **Éléments formant des ions avec des charges prévisibles**

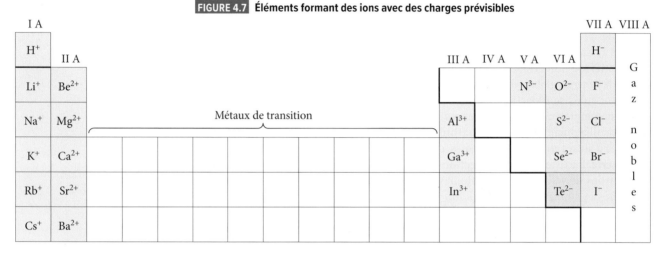

Remarquez que chaque ion présente la configuration électronique d'un gaz noble.

Vous êtes maintenant en mesure de faire les exercices 21 à 24, 46, 47 et 57 à 59.

Caractère métallique

Nous avons vu au chapitre 2 que les éléments présents dans le tableau périodique sont distribués en deux grandes catégories : les métaux et les non-métaux. Les métaux sont placés du côté gauche et vers le centre du tableau périodique et les non-métaux se trouvent en haut à droite. On visualise particulièrement bien le changement de comportement chimique de métallique à non métallique quand on se déplace vers la droite dans la période 3, ou en descendant dans le groupe V A du tableau périodique, comme le montre la **figure 4.8**.

Les métaux sont de bons conducteurs de chaleur et d'électricité ; ils peuvent être façonnés en feuilles minces (malléabilité) et étirés en fils (ductilité) ; ils sont souvent brillants et *ils ont tendance à perdre des électrons au cours des réactions chimiques*. À l'inverse, les non-métaux ont des propriétés physiques plus variées ; certains sont solides à la température ambiante, d'autres sont à l'état gazeux, mais ils sont généralement de mauvais conducteurs de chaleur et d'électricité et ils *tendent tous à gagner des électrons au cours des réactions chimiques*. En progressant vers la droite le long d'une rangée du tableau périodique, la charge nucléaire effective qui s'exerce sur la couche de valence augmente. En d'autres mots, les éléments situés à gauche dans le tableau périodique sont plus susceptibles de perdre des électrons que les éléments du côté droit du tableau périodique, qui, eux, sont plus susceptibles d'en gagner. Les autres propriétés associées aux métaux suivent la même tendance générale (même si nous ne les quantifions pas ici). Par conséquent, comme le montre la **figure 4.9** :

Le caractère métallique diminue de gauche à droite le long d'une période (ou rangée) du tableau périodique.

FIGURE 4.8 **Variations du caractère métallique**

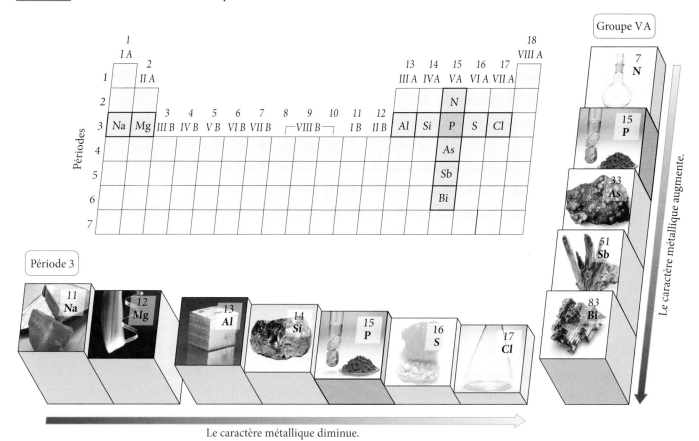

Le caractère métallique augmente de haut en bas dans le groupe V A du tableau périodique. Le caractère métallique diminue quand on progresse vers la droite dans la rangée 3 du tableau périodique.

FIGURE 4.9 **Variations du caractère métallique**

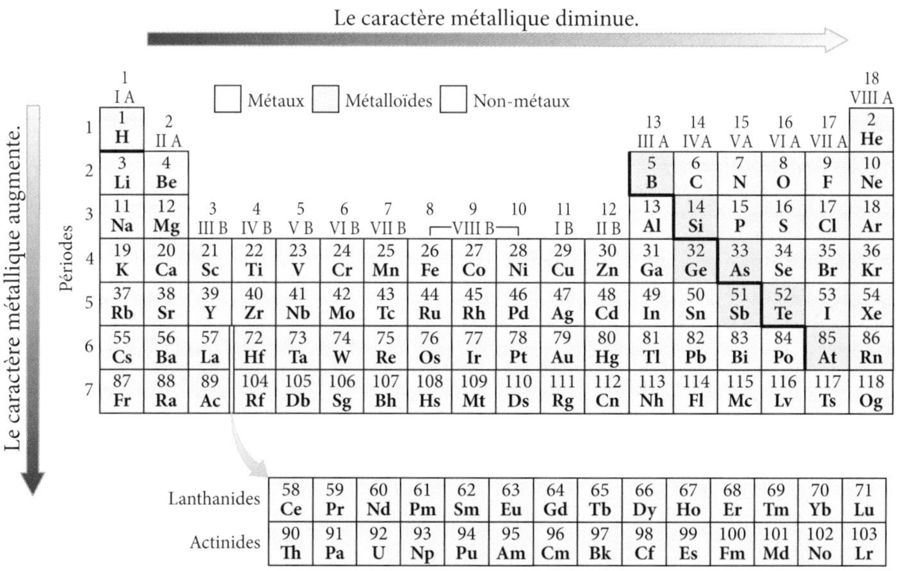

Le caractère métallique diminue de gauche à droite le long d'une rangée et augmente de haut en bas dans une colonne du tableau périodique.

De haut en bas dans une colonne du tableau périodique, la distance entre les électrons de la couche de valence et le noyau augmente, ce qui abaisse la force électrostatique avec laquelle ils sont retenus (loi de Coulomb) et rend ces électrons plus susceptibles d'être perdus au cours d'une réaction chimique. Par conséquent :

Le caractère métallique augmente de haut en bas dans une colonne (ou famille) du tableau périodique.

EXEMPLE 4.5 | Caractère métallique

En vous basant sur les variations périodiques, choisissez l'élément le plus métallique dans chaque paire (si possible).

(a) Sn ou Te.　　**(b)** P ou Sb.　　**(c)** Ge ou In.　　**(d)** S ou Br.

SOLUTION

(a) Sn ou Te

Sn est plus métallique que Te. En effet, quand on passe de Sn à Te dans le tableau périodique, on progresse vers la droite dans la même période. Le caractère métallique diminue de gauche à droite dans une rangée (période) car la Z_{eff} qui s'exerce sur les électrons de valence augmente. Les électrons de valence étant de plus en plus retenus par leur noyau, l'élément a de moins en moins tendance à vouloir céder ses électrons.

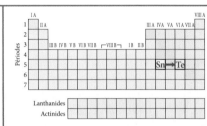

(b) P ou Sb

Sb est plus métallique que P. En effet, quand on passe de P à Sb dans le tableau périodique, on progresse vers le bas dans une colonne (famille). Le caractère métallique augmente de haut en bas dans une colonne, car pour une même Z_{eff} qui s'exerce sur les électrons de valence, les électrons sont de plus en plus loin de leur noyau. Les électrons de valence étant donc de moins en moins retenus par leur noyau, l'élément a de plus en plus tendance à vouloir céder ses électrons.

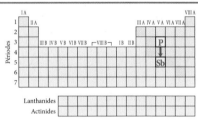

(c) Ge ou In

In est plus métallique que Ge. En effet, quand on passe de Ge à In dans le tableau périodique, on progresse vers le bas dans une colonne (le caractère métallique augmente car les atomes sont de plus en plus volumineux, donc les électrons de valence, plus loin de leur noyau, sont plus faiblement retenus), puis vers la gauche le long d'une rangée (le caractère métallique augmente, car la Z_{eff} qui s'exerce sur les électrons de valence diminue, donc ces électrons sont plus faiblement retenus). Ces effets s'additionnent pour donner une augmentation globale du caractère métallique (tendance à céder les électrons de valence lors d'une réaction chimique).

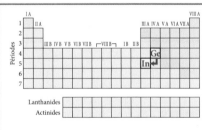

(d) S ou Br

En s'appuyant sur les variations périodiques seules, on ne peut affirmer quel élément est le plus métallique. En effet, quand on passe de S à Br, on progresse vers la droite le long d'une rangée (le caractère métallique diminue, car la Z_{eff} qui s'exerce sur les électrons de valence augmente, donc ces électrons sont plus fortement retenus), puis vers le bas dans une colonne (le caractère métallique augmente car les atomes sont de plus en plus volumineux, donc les électrons de valence, plus loin de leur noyau, sont plus faiblement retenus). Ces effets tendent à s'opposer l'un à l'autre, et il n'est pas facile de dire lequel prédominera.

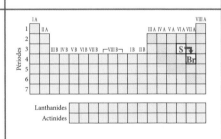

EXERCICE PRATIQUE 4.5

En vous basant sur les variations périodiques, choisissez l'élément le plus métallique dans chaque paire (si possible) :

(a) Ge ou Sn.　　**(b)** Ga ou Sn.　　**(c)** P ou Bi.　　**(d)** B ou N.

EXERCICE PRATIQUE SUPPLÉMENTAIRE 4.5

Arrangez les éléments suivants en ordre croissant de caractère métallique : Si, Cl, Na, Rb.

Vous êtes maintenant en mesure de faire les exercices 25 à 27.

4.5 Propriétés physiques des éléments

Tout comme le caractère métallique, certaines propriétés physiques des atomes sont des exemples de **propriétés périodiques**. On appelle ainsi une propriété d'un élément qu'il est possible de prédire par sa position dans le tableau périodique. Dans les prochaines sections, nous étudierons trois propriétés périodiques des éléments : le rayon atomique, l'énergie d'ionisation et l'électronégativité. Nous verrons que le modèle de l'atome présenté au chapitre 3 permet d'expliquer ces propriétés et apporte un nouvel éclairage à l'arrangement global du tableau périodique. En effet, la disposition des éléments dans le tableau périodique – à l'origine basée sur les similitudes de leurs propriétés – reflète le positionnement des électrons par rapport à leur noyau dans le modèle quantique.

Rayon atomique des éléments des groupes principaux

Le volume d'un atome est occupé par ses électrons qui logent dans les orbitales prédites par la mécanique quantique (chapitre 3). Nous avons vu que ces orbitales n'ont pas de frontières définies et qu'elles ne représentent qu'une distribution statistique de la probabilité de présence de l'électron à un endroit donné. Alors, comment définit-on la taille d'un atome ? Une façon d'établir les rayons atomiques consiste à considérer la distance entre des atomes *non liés* dans des molécules ou entre des atomes qui sont en contact direct. Par exemple, il est possible de geler du krypton et de le transformer en un solide dans lequel les atomes de krypton entrent en contact, mais sans être liés les uns aux autres. La distance entre les centres des atomes de krypton adjacents, qui peut être déterminée à partir de la masse volumique du solide, équivaut à deux fois le rayon de l'atome de krypton. Un rayon atomique déterminé de cette façon est appelé **rayon atomique non liant** ou **rayon de Van der Waals**. Le rayon de Van der Waals représente le rayon d'un atome quand il n'est pas lié à l'autre atome.

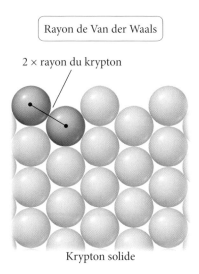

Rayon de Van der Waals

2 × rayon du krypton

Krypton solide

On peut aussi déterminer la taille d'un atome à l'aide du **rayon atomique liant** ou **rayon covalent**. Il est important de noter que ce rayon se définit différemment pour les non-métaux et les métaux :

Non-métaux : une demi-fois la distance entre deux des atomes liés ensemble.

Métaux : une demi-fois la distance entre deux des atomes voisins dans un cristal du métal.

Par exemple, dans Br_2, la distance entre les atomes Br est de 228 pm ; par conséquent, le rayon covalent de Br correspond à la moitié de cette valeur, soit 114 pm.

Cette façon de déterminer le rayon des atomes s'applique à tous les éléments du tableau périodique susceptibles de former des liaisons chimiques ou des cristaux métalliques. Le terme plus général de **rayon atomique** désigne un ensemble de rayons liants

VII A
9 **F** $2s^2 2p^5$
17 **Cl** $3s^2 3p^5$
35 **Br** $4s^2 4p^5$
53 **I** $5s^2 5p^5$
85 **At** $6s^2 6p^5$

Halogènes

Les halogènes ont tous sept électrons de valence. Il ne leur manque qu'un seul électron pour atteindre une configuration électronique stable ; c'est pourquoi ils tendent à gagner un électron au cours de leurs réactions.

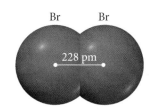

Rayon covalent

Br   Br

228 pm

$$\text{Rayon de Br} = \frac{228 \text{ pm}}{2} = 114 \text{ pm}$$

Le rayon covalent du brome est une demi-fois la distance entre deux atomes de brome liés.

Les rayons liants de certains éléments, comme l'hélium et le néon, doivent être approximés, car ils ne forment pas de liaisons chimiques ou de cristaux métalliques.

moyens déterminés à partir de mesures effectuées sur un grand nombre d'éléments et de composés. Ce rayon représente le rayon d'un atome quand il est lié à un autre atome et il est toujours inférieur au rayon de Van der Waals. La longueur de liaison approximative de deux atomes liés par covalence est simplement la somme de leurs rayons atomiques. Par exemple, on obtient la longueur de liaison approximative de I — Cl en additionnant les rayons atomiques de l'iode (133 pm) et du chlore (99 pm), soit 232 pm. (La longueur de liaison réelle mesurée expérimentalement dans I — Cl est de 232,07 pm.)

La **figure 4.10** montre le graphique du rayon atomique en fonction du numéro atomique des 57 premiers éléments du tableau périodique. Remarquez la variation périodique des rayons qui atteignent un maximum avec chaque métal alcalin. La **figure 4.11** est un graphique en relief des rayons atomiques pour la plupart des éléments du tableau périodique. Les variations générales des rayons atomiques des éléments des groupes principaux, qui sont les mêmes que les variations observées dans les rayons de Van der Waals, sont formulées de la manière suivante :

1. De haut en bas d'une colonne (ou groupe) dans le tableau périodique, le rayon atomique augmente.

2. De gauche à droite dans une rangée (ou période) dans le tableau périodique, le rayon atomique diminue.

FIGURE 4.10 **Rayon atomique et numéro atomique**

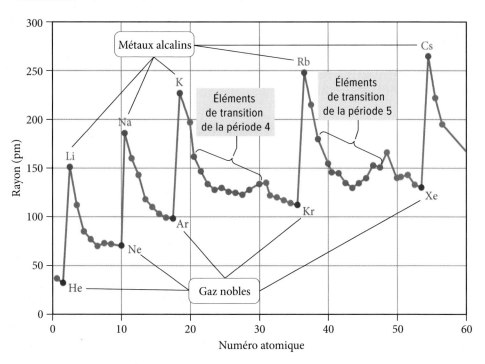

Remarquez la variation périodique du rayon atomique, qui passe d'une valeur maximale avec chaque métal alcalin à une valeur minimale avec chaque gaz noble.

Les variations de la taille des orbitales atomiques expliquent la variation du rayon que l'on observe quand on se déplace de haut en bas dans une colonne. Le rayon atomique est largement déterminé par les électrons de valence, les électrons les plus éloignés du noyau. Or, à mesure que l'on descend dans une colonne du tableau périodique, le nombre quantique principal le plus élevé (n) des électrons de valence augmente. Comme les couches remplies se superposent progressivement, la distance entre les électrons et le noyau s'accroît de couche en couche et les atomes deviennent de plus en plus volumineux.

La variation observée du rayon atomique de gauche à droite dans une rangée (période), cependant, est un peu plus complexe. Elle est déterminée par l'attraction qu'exerce le noyau sur les électrons périphériques du niveau d'énergie principal (valeur

FIGURE 4.11 **Variations du rayon atomique**

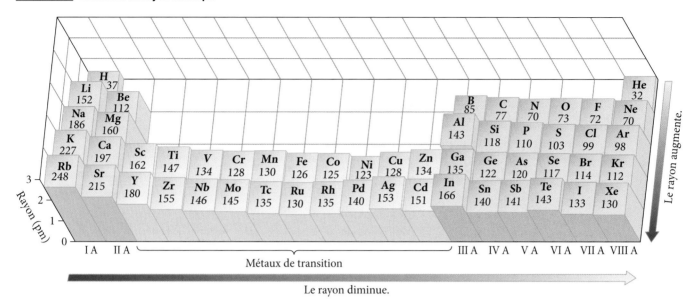

En général, les rayons atomiques augmentent de haut en bas d'une colonne et diminuent de gauche à droite dans une rangée du tableau périodique.

de n la plus élevée). D'après la loi de Coulomb (voir la section 4.3), plus grande est la charge nucléaire effective, plus grande est la force d'attraction entre un noyau et un électron.

Considérons le lithium (Li), de numéro atomique 3, et le béryllium (Be), de numéro atomique 4. Leurs configurations électroniques sont:

$$_3\text{Li}: \quad [\text{He}]\, 2s^1$$
$$_4\text{Be}: \quad [\text{He}]\, 2s^2$$

Ces deux atomes sont situés tous deux dans la deuxième période du tableau périodique, et l'un et l'autre possèdent deux couches d'électrons. Pour évaluer leur rayon, il faut analyser la charge nucléaire effective subie par les électrons $2s$ de ces atomes:

$$Z_{\text{eff}} = Z - \sigma$$
$$_3\text{Li}: \quad +3 - 2 = +1$$
$$_4\text{Be}: \quad +4 - 2 = +2$$

Remarquez que la charge nucléaire effective subie par les électrons périphériques du béryllium est supérieure à celle subie par l'électron périphérique du lithium. Par conséquent, les électrons périphériques du béryllium sont attirés plus fortement par leur noyau que ne le sont ceux du lithium; c'est pourquoi le rayon atomique du béryllium est plus petit. La charge nucléaire effective subie par les électrons périphériques d'un atome devient de plus en plus positive à mesure qu'on progresse de gauche à droite le long du reste de la deuxième rangée du tableau périodique. De ce fait, les rayons atomiques sont de plus en plus petits. La même variation est généralement observée chez tous les éléments des groupes principaux.

EXEMPLE 4.6 Taille des atomes

Dans chacune des paires d'atomes, indiquez (si possible) lequel est le plus volumineux. Expliquez vos choix.

(a) C ou Ge.

(b) N ou F.

(c) N ou Al.

(d) Al ou Ge.

ÉTABLIR UNE STRATÉGIE

Pour comparer les rayons atomiques de différents atomes, il faut tout d'abord établir la configuration électronique de l'atome à partir de sa position dans le tableau périodique. Celle-ci nous permet d'évaluer le nombre de couches électroniques que possède un atome donné.

On calcule ensuite la charge effective qui s'exerce sur les électrons périphériques de chaque type d'atomes.

PLAN CONCEPTUEL

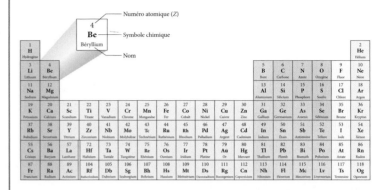

$$Z_{\text{eff}} = Z - \sigma$$

RÉSOUDRE

(a) C et Ge

1) Écrivez les configurations électroniques abrégées de chacun des atomes.

2) Calculez la Z_{eff}.

SOLUTION

$_6$C :   [He] $2s^2\,2p^2$

$_{32}$Ge :   [Ar] $4s^2\,3d^{10}\,4p^2$

$_6$C : $Z_{\text{eff}} = +6 - 2 = +4$

$_{32}$Ge : $Z_{\text{eff}} = +32 - (18 + 10) = +4$

L'atome Ge est plus volumineux que l'atome C, car, pour une même charge effective, le Ge possède plus de couches électroniques. Notez que, dans le cas du Ge, les électrons $3d$ ne sont pas situés sur le dernier niveau électronique ($n = 4$). Ils participent donc à l'effet d'écran total qui s'exerce sur les électrons $4s$.

(b) N et F

1) Écrivez les configurations électroniques abrégées de chacun des atomes.

2) Calculez la Z_{eff}.

$_7$N :   [He] $2s^2\,2p^3$

$_9$F :   [He] $2s^2\,2p^5$

$_7$N : $Z_{\text{eff}} = +7 - 2 = +5$

$_9$F : $Z_{\text{eff}} = +9 - 2 = +7$

L'atome N est plus volumineux que l'atome F, car, pour un même nombre de couches électroniques, l'attraction exercée par le noyau sur la couche électronique externe de N est plus faible. Le nuage électronique de N est donc moins comprimé par la Z_{eff}.

(c) N et Al

1) Écrivez les configurations électroniques abrégées de chacun des atomes.

2) Calculez la Z_{eff}.

$_7$N :   [He] $2s^2\,2p^3$

$_{13}$Al :   [Ne] $3s^2\,3p^1$

$_7$N : $Z_{\text{eff}} = +7 - 2 = +5$

$_{13}$Al : $Z_{\text{eff}} = +13 - 10 = +3$

L'atome Al est plus volumineux que l'atome N, car il possède plus de couches électroniques et parce que l'attraction du noyau sur la couche externe est plus faible.

(d) Al et Ge

1) Écrivez les configurations électroniques abrégées de chacun des atomes.

2) Calculez la Z_{eff}.

$_{13}$Al: [Ne] $3s^2 3p^1$

$_{32}$Ge: [Ar] $4s^2 3d^{10} 4p^2$

$_{13}$Al: $Z_{eff} = +13 - 10 = +3$

$_{32}$Ge: $Z_{eff} = +32 - (18 + 10) = +4$

En s'appuyant sur le nombre de couches électroniques et sur les charges effectives, on ne peut affirmer quel atome est le plus volumineux. En effet, quand on passe de Al à Ge, le nombre de couches électroniques augmente, mais c'est également le cas de la force du noyau exercée sur la couche externe. Ces effets tendent à s'opposer l'un à l'autre, et il n'est pas facile de dire lequel prédominera.

EXERCICE PRATIQUE 4.6

Dans chacune des paires d'atomes, indiquez (si possible) lequel est le plus volumineux.

(a) Sn ou I.

(b) Ge ou Po.

(c) Cr ou W.

(d) F ou Se.

EXERCICE PRATIQUE SUPPLÉMENTAIRE 4.6

Classez les éléments suivants en ordre décroissant de rayon : S, Ca, F, Rb, Si.

Résumé: Rayons atomiques pour les éléments des groupes principaux

▶ Le rayon atomique est directement proportionnel au nombre de couches électroniques présentes dans un atome et inversement proportionnel à la charge effective qui s'exerce sur ces couches.

▶ Le nombre quantique principal (*n*) des électrons dans le niveau d'énergie principal périphérique augmente de haut en bas dans une colonne du tableau périodique. L'atome ayant de ce fait plus de couches électroniques, le volume atomique augmente lorsque l'on descend dans une même famille (même Z_{eff}).

▶ La charge nucléaire effective (Z_{eff}) qui s'exerce sur les couches électroniques augmente de gauche à droite dans une rangée du tableau périodique; il s'ensuit une attraction plus forte entre les électrons périphériques et le noyau, et par conséquent des rayons atomiques plus petits pour un même nombre de niveaux.

Rayon atomique des éléments de transition

En examinant la figure 4.11 (p. 161), on peut constater qu'en progressant vers le bas dans les deux premières rangées d'une colonne des éléments de transition, les rayons atomiques des éléments suivent la même tendance générale que les éléments des groupes principaux (les rayons deviennent plus grands). Cependant, à l'exception des deux premiers éléments dans chaque série de transition, les rayons atomiques des éléments de transition *ne* suivent *pas* la même tendance que les éléments des groupes principaux quand on progresse vers la droite dans une rangée. En effet, au lieu de diminuer, *les rayons des éléments de transition demeurent à peu près constants le long de chaque rangée*. Cette observation s'explique par le fait que le long d'une rangée des éléments de transition, le nombre d'électrons dans le niveau d'énergie principal périphérique (valeur de *n* la plus élevée) est presque constant. (On a vu à la section 4.2, par exemple, que l'orbitale 4*s* se remplit avant l'orbitale 3*d*.) Quand un autre proton s'ajoute au noyau avec chaque élément successif, un autre électron s'ajoute également, mais celui-ci s'en va dans l'orbitale $n_{plus\ élevé} - 1$. Le nombre d'électrons périphériques demeure constant et ils subissent une charge nucléaire effective à peu près constante, de sorte que le rayon reste plus ou moins constant d'un élément de transition à l'autre.

Rayon atomique des ions

Qu'arrive-t-il au rayon d'un atome quand il devient un cation ? Un anion ? Considérez, par exemple, la différence entre l'atome Na et l'ion Na⁺. Leurs configurations électroniques sont

$$_{11}\text{Na}: \quad [\text{Ne}] \, 3s^1$$

$$_{11}\text{Na}^+: \quad [\text{Ne}] = [\text{He}] \, 2s^2 \, 2p^6$$

L'atome de sodium a une configuration [Ne] $3s^1$. Il possède donc trois couches électroniques et la charge effective qui s'exerce sur la dernière couche est de +1. Le cation sodium, Na⁺, qui a perdu l'électron $3s$ périphérique, ne possède plus que deux couches électroniques ([Ne]) et la charge effective qui s'exerce sur la couche périphérique est de +9. Le cation sodium (rayon ionique = 95 pm) est donc beaucoup plus petit que l'atome de sodium (rayon covalent = 186 pm). Cette tendance s'applique à tous les cations et leurs atomes, comme le montre la **figure 4.12**. En général :

Les cations sont beaucoup plus petits que leurs atomes correspondants.

FIGURE 4.12 Tailles des atomes et de leurs cations

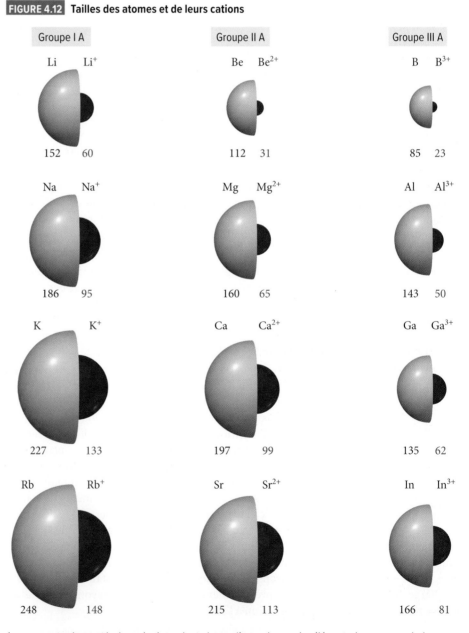

Les rayons atomiques et ioniques (pm) pour les trois premières colonnes des éléments des groupes principaux.

Qu'en est-il des anions ? Considérez, par exemple, la différence entre Cl et Cl⁻. Leurs configurations électroniques sont les suivantes :

$$_{17}\text{Cl}: \quad [\text{Ne}]\, 3s^2\, 3p^5$$

$$_{17}\text{Cl}^-: \quad [\text{Ne}]\, 3s^2\, 3p^6$$

L'anion chlore a un électron périphérique de plus, mais aucun proton additionnel pour augmenter la charge nucléaire. La présence de cet électron supplémentaire augmente les répulsions au sein des électrons périphériques, ce qui crée un anion chlorure qui est plus gros que l'atome de chlore. La tendance est la même pour tous les anions et leurs atomes, comme le montre la **figure 4.13**. En général :

Les anions sont beaucoup plus volumineux que leurs atomes correspondants.

On peut observer une variation intéressante du volume ionique en examinant les rayons d'une série d'ions *isoélectroniques* – des ions qui ont le même nombre d'électrons. Par exemple, considérons les ions suivants ainsi que leurs rayons :

S^{2-} (184 pm)	Cl^- (181 pm)	K^+ (133 pm)	Ca^{2+} (99 pm)
18 électrons	18 électrons	18 électrons	18 électrons
16 protons	17 protons	19 protons	20 protons

Chacun de ces ions possède 18 électrons exactement dans les mêmes orbitales, mais comment se fait-il que le rayon des ions diminue progressivement ? Il en est ainsi à cause de l'augmentation croissante du nombre de protons. L'ion S^{2-} a 16 protons et, par conséquent, une charge effective de $+6$ qui exerce une attraction sur les orbitales périphériques. L'ion Ca^{2+}, cependant, a 20 protons et par conséquent une charge de $+10$ qui exerce une attraction sur les mêmes orbitales. Il en résulte un rayon beaucoup plus petit. Pour un nombre donné d'électrons, plus la charge nucléaire est grande et plus l'atome ou l'ion est petit.

EXEMPLE 4.7 | Volume ionique

De l'atome ou de l'ion de chacune des paires suivantes, lequel est le plus volumineux ?

(a) S ou S^{2-}.

(b) Ca ou Ca^{2+}.

(c) Br^- ou Kr.

SOLUTION

(a) L'ion S^{2-} est plus volumineux que l'atome S, car pour des Z_{eff} identiques, l'ion S^{2-} possède deux électrons de plus dans sa couche de valence, ce qui augmente les effets répulsifs entre les électrons de valence et fait en sorte que les électrons du troisième niveau occupent un plus grand volume.

(b) L'ion Ca^{2+} est plus petit que l'atome Ca, car il possède une couche électronique de moins, ce qui diminue le volume de l'atome. De plus, la Z_{eff} qui s'exerce sur la couche périphérique ($+10$) est beaucoup plus élevée que pour l'atome neutre ($+2$).

(c) L'ion Br^- est plus gros qu'un atome Kr. En effet, bien qu'ils soient isoélectroniques, Br^- a une Z_{eff} plus faible ($+7$) que Kr ($+8$), de sorte que l'attraction exercée sur les électrons de Br^- est plus faible. Son rayon est donc plus grand.

EXERCICE PRATIQUE 4.7

De l'atome ou de l'ion de chacune des paires suivantes, lequel est le plus volumineux ?

(a) K ou K^+.

(b) F ou F^-.

(c) Ca^{2+} ou Cl^-.

EXERCICE PRATIQUE SUPPLÉMENTAIRE 4.7

Classez les ions suivants selon la longueur décroissante de leur rayon : Ca^{2+}, S^{2-}, Cl^-.

FIGURE 4.13 **Tailles des atomes et de leurs anions**

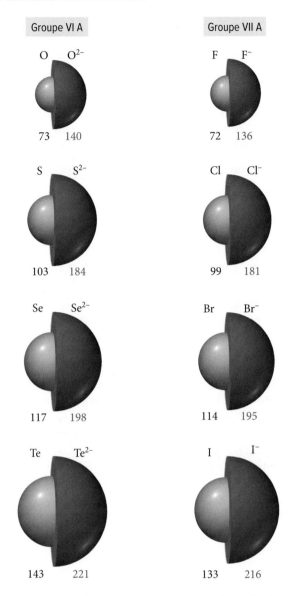

Les rayons atomiques et ioniques (pm) pour les groupes VI A et VII A dans le tableau périodique.

Lien conceptuel 4.4 Ions, isotopes et volume atomique

Dans les sections précédentes, nous avons vu comment le nombre d'électrons et le nombre de protons influent sur la taille d'un atome ou d'un ion. Toutefois, nous n'avons pas considéré l'effet du nombre de neutrons sur la taille d'un atome. Doit-on s'attendre à ce que les isotopes, par exemple, C-12 et C-13, aient des rayons atomiques différents?

Vous êtes maintenant en mesure de faire les exercices 28 à 35, 50, 53 et 54.

Énergie d'ionisation

L'**énergie d'ionisation** (*I*) d'un atome est l'énergie requise pour enlever un électron d'un atome à l'état gazeux. Cette énergie est toujours positive parce qu'enlever un électron exige toujours de l'énergie. (En fait, le processus est similaire à une réaction endothermique qui absorbe de la chaleur et dont la ΔH est positive.) L'énergie nécessaire pour enlever le premier électron est l'*énergie de première ionisation* (I_1). L'équation suivante illustre l'énergie de première ionisation du sodium :

$$Na(g) \rightarrow Na^+(g) + e^- \qquad I_1 = 496 \text{ kJ/mol}$$

L'énergie requise pour enlever le deuxième électron est l'*énergie de deuxième ionisation* (I_2) et l'énergie requise pour enlever le troisième électron est l'*énergie de troisième ionisation* (I_3), et ainsi de suite. Voici l'équation qui représente l'énergie de deuxième ionisation du sodium :

$$Na^+(g) \rightarrow Na^{2+}(g) + e^- \qquad I_2 = 4560 \text{ kJ/mol}$$

Notez bien que l'énergie de deuxième ionisation n'est pas l'énergie nécessaire pour enlever deux électrons du sodium (cette quantité serait la somme de I_1 et de I_2), mais plutôt l'énergie requise pour enlever un deuxième électron au Na^+.

Variations de l'énergie de première ionisation

La **figure 4.14** montre les énergies de première ionisation des éléments jusqu'à Xe. Remarquez la variation périodique de l'énergie d'ionisation, qui atteint une valeur maximale à chaque gaz noble (en rouge dans la fig. 4.14). En nous appuyant sur ce que nous avons appris au sujet des configurations électroniques et de la charge nucléaire effective, comment pouvons-nous expliquer cette variation ? Nous avons vu que dans une colonne, le nombre quantique principal, *n*, augmente quand on se déplace de haut en bas. Dans un niveau donné, les orbitales ayant des nombres quantiques principaux plus élevés sont plus volumineuses que les orbitales dont les nombres quantiques principaux sont plus petits. Par conséquent, les électrons présents dans le niveau principal le plus élevé sont plus éloignés du noyau chargé positivement et sont donc retenus moins fortement (voir la loi de Coulomb à la section 4.3). Il s'ensuit une énergie d'ionisation plus faible quand on progresse de haut en bas dans une colonne, comme on le voit à la

FIGURE 4.14 **Énergie de première ionisation en fonction du numéro atomique pour les éléments jusqu'au xénon**

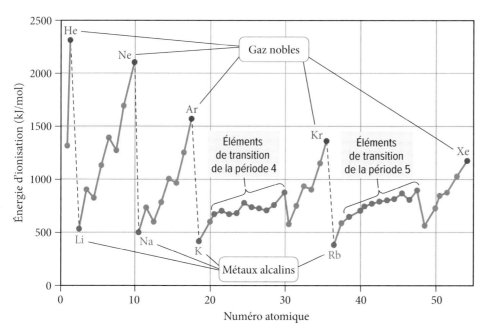

L'énergie d'ionisation est à sa valeur minimale à chaque métal alcalin et elle atteint une valeur maximale à chaque gaz noble.

figure 4.15. Cette diminution de l'énergie d'ionisation s'observe aussi dans la figure 4.14 lorsqu'on examine attentivement la série des gaz rares (en rouge) ou celle des métaux alcalins (en bleu).

Comment cette variation se comporte-t-elle quand on progresse de gauche à droite dans une rangée ? Par exemple, faut-il plus d'énergie pour arracher un électron de Na ou de Cl, deux éléments aux deux extrémités de la troisième rangée du tableau périodique ? On sait que dans le Na, la configuration électronique du niveau le plus élevé est $3s^1$ et que celle des sous-niveaux les plus élevés de Cl est $3s^2\,3p^5$. Comme on l'a expliqué précédemment, l'électron périphérique du chlore est soumis à une charge nucléaire effective plus grande que l'électron périphérique du sodium (c'est pourquoi le rayon atomique du chlore est plus petit que celui du sodium). Par conséquent, on s'attendrait à ce que l'énergie d'ionisation du chlore soit plus élevée que celle du sodium, ce qui est effectivement le cas. On peut apporter un argument semblable vis-à-vis des autres éléments des groupes principaux selon lequel l'énergie d'ionisation augmente généralement de gauche à droite le long d'une rangée dans le tableau périodique, comme le montre la figure 4.15. Cette augmentation s'observe aussi de façon générale dans la figure 4.14 (en mauve) entre l'hydrogène et l'hélium, entre le lithium et le néon, entre le sodium et l'argon, entre le potassium et le krypton et entre le rubidium et le xénon.

Résumé : Variations de l'énergie d'ionisation des éléments des groupes principaux

▶ L'énergie d'ionisation *diminue* généralement de haut en bas dans une colonne (ou groupe) du tableau périodique parce que les électrons dans le niveau principal le plus élevé sont plus loin du noyau chargé positivement et, de ce fait, ils sont retenus moins fortement même si la Z_{eff} est identique.

▶ L'énergie d'ionisation *augmente* généralement de gauche à droite le long d'une période (ou rangée) du tableau périodique parce que les électrons du niveau d'énergie principal le plus élevé subissent généralement une charge nucléaire effective (Z_{eff}) plus grande sur un niveau constant.

FIGURE 4.15 **Variations de l'énergie d'ionisation**

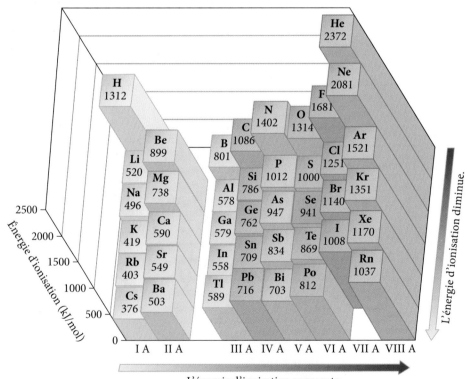

L'énergie d'ionisation augmente de gauche à droite dans une rangée et diminue de haut en bas dans une colonne du tableau périodique.

EXEMPLE 4.8 Énergie d'ionisation

En vous basant sur les variations périodiques, déterminez l'élément qui a l'énergie de première ionisation la plus élevée dans chaque paire (si possible) :

(a) Al ou S.

(b) As ou Sb.

(c) N ou Si.

(d) O ou Cl.

ÉTABLIR UNE STRATÉGIE	PLAN CONCEPTUEL
Pour comparer l'énergie d'ionisation première (I_1) des différents atomes en cause, il faut tout d'abord établir la configuration électronique de chacun d'eux à partir de sa position dans le tableau périodique. Celle-ci nous permet d'évaluer la distance entre le premier électron de valence arraché et son noyau. Plus la distance est faible entre l'électron et son noyau, plus l'électron y est retenu fortement et plus il sera difficile à arracher. Son énergie d'ionisation sera donc plus élevée.	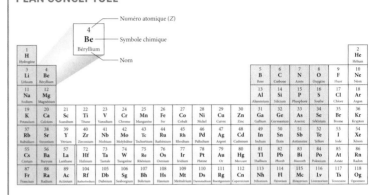
On calcule ensuite la charge effective qui s'exerce sur les électrons de valence de chaque type d'atomes.	$Z_{eff} = Z - \sigma$
Plus la charge effective est élevée, plus l'électron est retenu fortement par le noyau et plus il sera difficile à arracher. Son énergie d'ionisation sera donc plus élevée.	

RÉSOUDRE	SOLUTION
(a) Al et S 1) Écrivez les configurations électroniques abrégées de chacun des atomes. 2) Calculez la Z_{eff}.	$_{13}$Al : [Ne] $3s^2\,3p^1$ $_{16}$S : [Ne] $3s^2\,3p^4$ $_{13}$Al : $Z_{eff} = +13 - 10 = +3$ $_{16}$S : $Z_{eff} = +16 - 10 = +6$ La I_1 des atomes S est plus élevée que celle des atomes Al, car, pour des électrons d'un même niveau, l'électron du S est retenu plus fortement par son noyau.
(b) As et Sb 1) Écrivez les configurations électroniques abrégées de chacun des atomes. 2) Calculez la Z_{eff}.	$_{33}$As : [Ar] $4s^2\,3d^{10}\,4p^3$ $_{51}$Sb : [Kr] $5s^2\,4d^{10}\,5p^3$ $_{33}$As : $Z_{eff} = +33 - (18 + 10) = +5$ $_{51}$Sb : $Z_{eff} = +51 - (36 + 10) = +5$ La I_1 des atomes As est plus élevée que celle des atomes Sb, car, pour des charges effectives similaires entre l'électron arraché et son noyau, l'électron de valence du As (de niveau 4) est plus proche de son noyau que celui du Sb (de niveau 5). La force qui retient l'électron est donc plus grande.

(c) N et Si
 	
  1) Écrivez les configurations électroniques abrégées de chacun des atomes.
 	
  2) Calculez la Z_{eff}.
	$_7$N : [He] $2s^2\,2p^3$
	$_{14}$Si : [Ne] $3s^2\,3p^2$
	
	$_7$N : $Z_{eff} = +7 - 2 = +5$
	$_{14}$Si : $Z_{eff} = +14 - 10 = +4$
	
	La I_1 des atomes N est plus élevée que celle des atomes Si. Sa charge effective étant plus élevée et cet électron de valence étant plus près du noyau, la force qui le retient est plus grande.

(d) O et Cl
 	
  1) Écrivez les configurations électroniques abrégées de chacun des atomes.
 	
  2) Calculez la Z_{eff}.
	$_8$O : [He] $2s^2\,2p^4$
	$_{17}$Cl : [Ne] $3s^2\,3p^7$
	
	$_8$O : $Z_{eff} = +8 - 2 = +6$
	$_{17}$Cl : $Z_{eff} = +17 - 10 = +7$
	
	Compte tenu de la charge effective et de la distance entre l'électron arraché et son noyau, on ne peut affirmer quel atome possède la I_1 la plus élevée entre O et Cl. La charge effective augmente entre O et Cl, mais il en est de même de la distance entre le noyau et les électrons de valence. Ces effets tendent à s'opposer l'un l'autre, et il n'est pas facile de dire lequel prédominera.

EXERCICE PRATIQUE 4.8

En vous basant sur les variations périodiques, déterminez l'élément dont l'énergie de première ionisation est la plus élevée dans chacune des paires suivantes (si possible) :

(a) Sn ou I.

(b) Ca ou Sr.

(c) C ou P.

(d) F ou S.

EXERCICE PRATIQUE SUPPLÉMENTAIRE 4.8

Classez les éléments suivants en ordre décroissant d'énergie de première ionisation : S, Ca, F, Rb, Si.

Exceptions concernant les variations de l'énergie de première ionisation

Un examen attentif des figures 4.14 et 4.15 révèle quelques exceptions touchant les variations des énergies de première ionisation. Par exemple, l'énergie d'ionisation du bore est inférieure à celle du béryllium, même s'il se situe à la droite du béryllium sur la même rangée. Cette exception est causée par le passage du bloc s au bloc p. Comme nous l'avons vu au chapitre 3, les orbitales $2p$ sont généralement situées dans des zones plus éloignées du noyau que l'orbitale $2s$. Par conséquent, les électrons $2s$ forment eux aussi (en plus des électrons $1s$) un écran qui réduit l'attraction de la charge nucléaire sur l'électron dans l'orbitale $2p$. Il s'ensuit, comme on l'a vu à la section 4.2, que le niveau d'énergie potentielle des orbitales $2p$ est plus élevé (elles sont donc moins stables), de sorte que l'électron est plus facile à arracher (car son énergie d'ionisation est plus faible). Les noyaux étant de forces similaires entre le béryllium et le bore (il n'y a qu'un seul proton de différence), l'apparition de l'effet écran partiel est visible lorsque l'on passe du premier au deuxième.

Il existe une autre exception concernant l'azote et l'oxygène. Bien que l'oxygène soit placé à droite de l'azote dans la même rangée, son énergie d'ionisation est elle aussi plus faible. Cette exception découle de la répulsion entre les électrons quand ils doivent occuper la même orbitale (effet de l'apparition d'un doublet dans les configurations électroniques de deux éléments adjacents)[*]. Examinez les configurations électroniques et les cases quantiques de l'azote et de l'oxygène :

$$_7\text{N}: \quad 1s^2\, 2s^2\, 2p^3$$

$$_8\text{O}: \quad 1s^2\, 2s^2\, 2p^4$$

Vous remarquez que l'azote a trois électrons dans trois orbitales p, alors que l'oxygène en a quatre. Dans l'azote, les orbitales $2p$ sont à demi remplies (ce qui rend la configuration particulièrement stable). Le quatrième électron de l'oxygène doit s'apparier avec un autre électron, ce qui le rend plus facile à enlever. Les noyaux étant de forces similaires entre l'azote et l'oxygène, l'apparition d'un électron sous forme de doublet est visible lorsque l'on passe du premier au deuxième. Des exceptions semblables se produisent pour S et Se, situés directement sous l'oxygène dans le groupe VI A.

EXEMPLE 4.9 **Effet d'écran partiel et apparition d'un doublet**

Expliquez la variation d'énergie de première ionisation (I_1) observée (figure 4.14, p.167) entre les éléments suivants :

(a) Ca et Ga.

(b) P et S.

ÉTABLIR UNE STRATÉGIE

Pour comparer l'énergie de première ionisation (I_1) des différents atomes, il faut tout d'abord établir la configuration électronique de chaque atome à partir de sa position dans le tableau périodique. Celle-ci nous permet d'évaluer la distance entre le premier électron de valence arraché et son noyau. Plus la distance est faible entre l'électron et son noyau, plus l'électron y est retenu fortement et plus il sera difficile à arracher. Son énergie d'ionisation sera donc plus élevée.

PLAN CONCEPTUEL

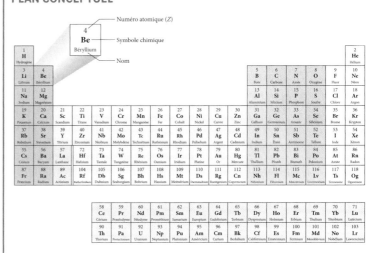

Ensuite, on calcule la charge effective qui s'exerce sur les électrons de valence de chaque type d'atomes. Normalement, plus la Z_{eff} est élevée entre l'électron et son noyau, plus l'électron y est retenu fortement et plus il sera difficile à arracher. Son énergie d'ionisation devrait donc être plus élevée.

$$Z_{\text{eff}} = Z - \sigma$$

---

[*] Notez que la baisse d'énergie d'ionisation (baisse d'énergie nécessaire pour arracher un électron de valence) est aussi due à la perte de stabilité accrue des électrons causée par la sous-couche p (sous-niveau) à moitié remplie, comme dans le cas de l'azote. Cette stabilité plus importante observée avec des sous-niveaux remplis ou à moitié remplis vient de la combinaison des spins des électrons (un phénomène appelé parfois *symétrie sphérique*), une notion qui ne sera pas traitée en détail dans ce manuel.

Si ces éléments contredisent les observations expérimentales (voir la figure 4.14), c'est qu'il s'agit d'une exception. Il faut alors:

(a) Analyser la configuration des atomes et vérifier si l'effet d'écran a subi des modifications.

(b) Dans le cas contraire, il faut analyser la configuration en représentant les cases quantiques des atomes, puis vérifier s'il se forme un doublet pour l'un des atomes dans les orbitales d'un même sous-niveau.

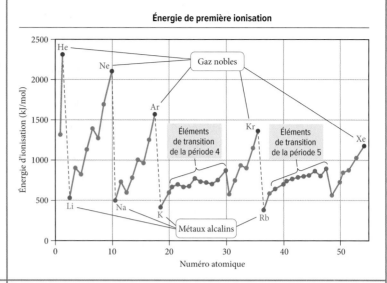

Énergie de première ionisation

RÉSOUDRE

(a) Ca et Ga

1) Écrivez les configurations électroniques abrégées de chacun des atomes.

2) Calculez la Z_{eff}.

3) Vérifiez les exceptions.

Effet d'écran partiel

SOLUTION

$_{20}$Ca: [Ar] $4s^2$

$_{31}$Ga: [Ar] $4s^2 3d^{10} 4p^1$

$_{20}$Ca: $Z_{eff} = +20 - 18 = +2$

$_{31}$Ga: $Z_{eff} = +31 - (18 + 10) = +3$

Selon la charge effective plus élevée et la distance similaire entre l'électron de valence arraché et son noyau, l'électron du Ga devrait être plus fortement retenu par son noyau, donc plus difficile à arracher. Toutefois, la figure 4.14 montre clairement qu'il n'y a pas d'augmentation de la I_1 entre ces deux éléments. Il faut donc approfondir notre analyse.

L'électron arraché au Ga se trouve sur la sous-couche $4p$. Il subit donc en plus l'effet d'écran partiel de la sous-couche $4s$ sur la sous-couche $4p$, ce qui affaiblit la force qui le retient à son noyau. Ce n'est pas le cas pour l'électron arraché au Ca, qui est lui-même sur la sous-couche $4s$. La force qui retient le premier électron de valence arraché à son noyau n'augmente donc pas entre le Ca et le Ga, ce qui explique les I_1 similaires entre ces deux atomes.

(b) P et S

1) Écrivez les configurations électroniques abrégées de chacun des atomes.

2) Calculez la Z_{eff}.

3) Vérifiez les exceptions.

Effet d'écran partiel

$_{15}$P: [Ne] $3s^2 3p^3$

$_{16}$S: [Ne] $3s^2 3p^4$

$_{15}$P: $Z_{eff} = +15 - 10 = +5$

$_{16}$S: $Z_{eff} = +16 + 10 = +6$

En raison de la charge effective plus élevée et de la distance similaire entre l'électron de valence arraché et son noyau, l'électron du S devrait être plus fortement retenu par son noyau. Il devrait donc être plus difficile à arracher. Toutefois, la figure 4.14 montre clairement qu'il y a une diminution de la I_1 entre ces deux éléments. Il faut donc approfondir notre analyse.

L'électron arraché au P et l'électron arraché au S sont tous deux sur la sous-couche $3p$. Ils subissent donc l'effet d'écran de la $3s$ sur la $3p$, ce qui affaiblit la force qui le retient à son noyau. Mais ici, comme l'effet d'écran partiel s'applique dans les deux cas, il ne peut expliquer la variation. Il faut donc analyser la répartition des électrons dans les orbitales.

Formation d'un doublet dans une même sous-couche

$_{15}$P : [Ne] $3s$ $3p$

$_{16}$S : [Ne] $3s$ $3p$

L'électron arraché au S fait partie d'un doublet, alors que l'électron arraché au P est célibataire.

Ici, l'énergie d'ionisation du S est plus faible, car, même si son noyau possède un proton supplémentaire, l'électron arraché fait partie d'un doublet. La présence d'un deuxième électron dans la même orbitale crée un effet de répulsion entre les deux charges négatives qui déstabilise légèrement l'électron. Il sera donc plus facile à arracher.

EXERCICE PRATIQUE 4.9

Expliquez la variation d'énergie de première ionisation (I_1) observée entre les éléments suivants. (Voir la figure 4.14.)

(a) Mg et Al.   **(c)** Cl et I.

(b) N et O.   **(d)** I et Xe.

Il existe un deuxième phénomène qui donne une explication à ces deux exceptions. Ce phénomène tient à la nature même de l'électron. Dans le modèle quantique, l'électron est une charge qui possède un moment cinétique (il tourne autour du noyau) et un moment de spin (il tourne sur lui-même). L'atome possède donc un moment cinétique et un moment de spin global. Ces propriétés affectent la stabilité de l'atome lorsque l'on résout l'équation de Schrödinger pour des atomes polyélectroniques. Les atomes dont les sous-couches sont pleines (moments cinétique et de spin nuls) ou à moitié pleines (tous les spins alignés) sont plus stables. Les alcalino-terreux dont toutes les sous-couches sont pleines sont, de façon générale, plus stables (donc possèdent des énergies de première ionisation plus grandes) que leurs voisins dans la famille de l'aluminium. De la même façon, les premiers éléments de la famille de l'azote dont la sous-couche p est à moitié remplie sont généralement plus stables que leur voisin dans la famille de l'oxygène. Toutefois, cette dernière différence s'atténue pour les atomes plus gros. On peut voir sur la figure 4.14 qu'à la cinquième période, l'énergie d'ionisation augmente entre le Sb et le Te malgré l'apparition d'un doublet. Cela est dû au fait que lorsque l'orbitale est plus grande, les effets de répulsion entre les électrons sont plus faibles.

Variations entre les ionisations successives

Remarquez les variations dans les énergies de première, de deuxième et de troisième ionisation du sodium (groupe I A) et du magnésium (groupe II A), comme l'illustre la figure à la page suivante.

Pour le sodium, il y a une différence considérable entre les énergies de première et de deuxième ionisation. Pour le magnésium, l'énergie d'ionisation double environ en passant de la première à la deuxième ionisation, mais le saut est encore plus important entre les énergies de deuxième et de troisième ionisation. Quelle est la raison de ces sauts?

On peut comprendre ces variations en examinant les configurations électroniques du sodium et du magnésium :

$$_{11}\text{Na} : \quad [\text{Ne}]\, 3s^1$$

$$_{11}\text{Na}^+ : \quad [\text{Ne}] = [\text{He}]\, 2s^2\, 2p^6$$

$$_{12}\text{Mg} : \quad [\text{Ne}]\, 3s^2$$

$$_{12}\text{Mg}^+ : \quad [\text{Ne}]\, 3s^1$$

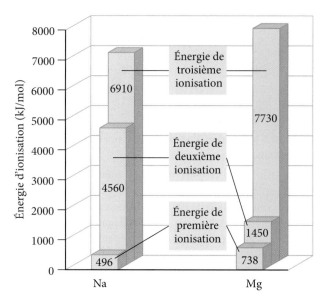

La première ionisation du sodium implique le départ de l'électron de valence dans l'orbitale 3*s*. Cet électron est retenu par une faible charge effective (Z_{eff} de +1) et l'ion qui résulte de son ionisation possède la configuration d'un gaz noble, ce qui le rend particulièrement stable. Par conséquent, l'énergie de première ionisation est assez faible. À l'inverse, la deuxième ionisation du sodium exige le départ d'un électron situé sur un niveau inférieur. Les électrons présents sur la deuxième couche ($n = 2$) sont retenus beaucoup plus fortement que l'électron 3*s* de l'atome à l'état fondamental. Ils sont situés plus près du noyau et la charge effective qui s'exerce sur eux est beaucoup plus élevée (Z_{eff} de +9) que celle qui s'exerce sur l'électron 3*s*. Il faut donc une grande quantité d'énergie pour les arracher, ce qui rend la valeur de I_2 très élevée.

Comme pour le sodium, la première ionisation du magnésium fait intervenir le départ d'un électron de valence dans l'orbitale 3*s*. Il faut cependant fournir un peu plus d'énergie que l'ionisation correspondante du sodium à cause des variations de la Z_{eff} (Z_{eff} de +1 pour le sodium et de +2 pour le magnésium). La deuxième ionisation du magnésium implique également le départ d'un électron périphérique dans l'orbitale 3*s*, mais cette fois à partir d'un ion de charge +1 (au lieu d'un atome neutre). Il faut donc près du double de l'énergie pour enlever l'électron de l'atome neutre. La troisième ionisation du magnésium est analogue à la deuxième énergie d'ionisation du sodium – cela nécessite d'enlever un électron beaucoup plus fortement retenu (Z_{eff} de +10) par le noyau à partir d'un ion ayant la configuration d'un gaz noble. Il faut donc fournir une grande quantité d'énergie, ce qui rend la valeur de I_3 très élevée.

Comme le montre le **tableau 4.2**, les énergies d'ionisation successives de nombreux éléments connaissent des variations semblables. L'énergie d'ionisation augmente assez uniformément chaque fois qu'un électron périphérique est arraché, mais l'ionisation d'un premier électron de cœur nécessite une énergie beaucoup plus élevée. On observe donc un saut important dans les énergies d'ionisation successives lorsqu'on passe d'un électron périphérique (couche de valence) à un électron de cœur.

TABLEAU 4.2	Valeurs successives des énergies d'ionisation pour les éléments allant du sodium à l'argon (kJ/mol)						
Élément	I_1	I_2	I_3	I_4	I_5	I_6	I_7
Na	496	4 560					
Mg	738	1 450	7 730		Électrons de cœur		
Al	578	1 820	2 750	11 600			
Si	786	1 580	3 230	4 360	16 100		
P	1 012	1 900	2 910	4 960	6 270	22 200	
S	1 000	2 250	3 360	4 560	7 010	8 500	27 100
Cl	1 251	2 300	3 820	5 160	6 540	9 460	11 000
Ar	1 521	2 670	3 930	5 770	7 240	8 780	12 000

Lien conceptuel 4.5 Énergies d'ionisation et liaison chimique

En vous appuyant sur ce que vous avez appris au sujet des énergies d'ionisation, expliquez pourquoi les électrons de valence sont plus importants que les électrons de cœur pour déterminer la réactivité des atomes et la formation de liaisons.

Vous êtes maintenant en mesure de faire les exercices 36 à 43, 51, 52 et 60 à 63.

Électronégativité des éléments des groupes principaux

La capacité d'un atome à attirer vers lui des électrons dans une liaison chimique (ce qui entraîne des liaisons polaires) est appelée **électronégativité** (χ). On dit que le fluor est plus électronégatif que l'hydrogène parce qu'il accapare une plus grande part de la densité électronique dans la liaison HF (**figure 4.16**).

L'électronégativité a été quantifiée par Linus Pauling. Dans son livre *La nature de la liaison chimique*, ce chimiste étasunien a assigné une électronégativité de 4,0 au fluor (l'élément le plus électronégatif du tableau périodique), et a déterminé les valeurs d'électronégativité relatives illustrées à la **figure 4.17**. Dans cette figure, remarquez les variations périodiques dans l'électronégativité parmi les éléments des groupes principaux :

- L'électronégativité augmente généralement le long d'une période du tableau périodique car la Z_{eff} augmente pour une distance (n) relativement stable.

- L'électronégativité diminue généralement de haut en bas dans une colonne du tableau périodique car la distance (n) augmente pour une Z_{eff} stable.

- Le fluor est l'élément le plus électronégatif.

- Le francium est l'élément le moins électronégatif (parfois appelé le plus électropositif).

Il y a une cohérence manifeste entre les variations de l'électronégativité et les autres variations périodiques abordées dans ce chapitre. En général, l'électronégativité est directement proportionnelle à la charge nucléaire effective et inversement proportionnelle au rayon atomique, ce qui revient à dire que plus l'atome est gros, moins il a la capacité d'attirer vers lui les électrons dans une liaison chimique. La principale exception est celle

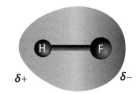

FIGURE 4.16 Densité électronique autour d'une molécule de fluorure d'hydrogène (HF)

La densité électronique est plus forte (rouge) près du fluor, ce qui lui confère une charge partielle négative δ— (nous reviendrons sur ce point dans le chapitre 5).

FIGURE 4.17 Variations de l'électronégativité des éléments

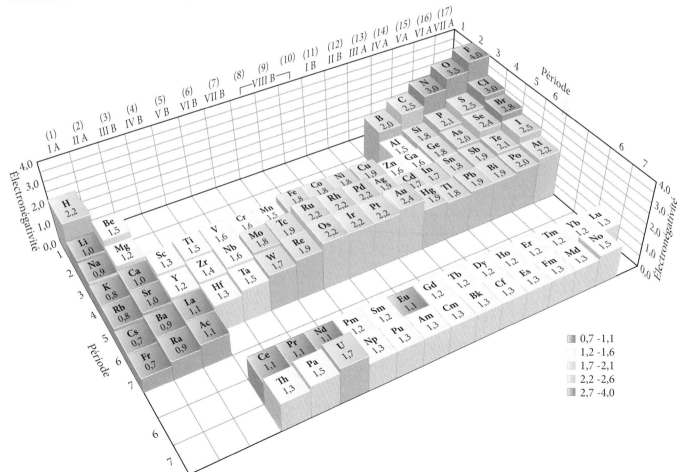

L'électronégativité augmente généralement de gauche à droite dans une rangée du tableau périodique et diminue de haut en bas dans une colonne.

des gaz rares. Comme leurs couches électroniques sont déjà pleines, ils ne sont pas « intéressés » à attirer des électrons supplémentaires malgré leur Z_{eff} élevée. Les gaz rares les plus gros peuvent établir quelques liaisons covalentes avec des atomes fortement électronégatifs dans certaines circonstances particulières, mais on considère généralement que leur électronégativité est nulle, car ils ne forment pas de liaisons chimiques en temps normal.

EXEMPLE 4.10 Expliquer l'électronégativité d'un élément

Expliquez pourquoi les métaux alcalins possèdent une faible électronégativité.

ÉTABLIR UNE STRATÉGIE

Pour évaluer la capacité d'un atome à attirer les électrons à l'intérieur d'une liaison, il faut évaluer la force qu'exerce cet atome sur les électrons de cette liaison. Il faut donc déterminer la configuration électronique, puis calculer la charge effective afin d'évaluer la force qu'un atome exerce sur la couche de valence d'un autre atome.

PLAN CONCEPTUEL

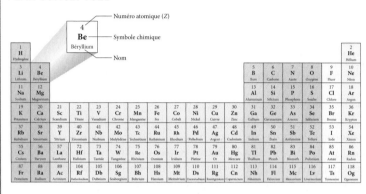

$$Z_{eff} = Z - \sigma$$

RÉSOUDRE

Écrivez les configurations électroniques abrégées de chacun des atomes. Ici, on a choisi le lithium et le sodium comme éléments représentatifs de la famille des alcalins.

Calculez la Z_{eff}.

SOLUTION

$_3$Li : $[He]\, 2s^1$

$_{11}$Na : $[Ne]\, 3s^1$

$_3$Li : $Z_{eff} = +3 - 2 = +1$

$_{11}$Na : $Z_{eff} = +11 - 10 = +1$

Les métaux alcalins ont une faible électronégativité en raison de la faible charge nucléaire effective qui s'exerce sur leur propre couche de valence et, conséquemment, sur une couche de valence voisine. Ils retiennent donc faiblement leurs électrons de valence et auront tendance à les céder lors de la formation d'une liaison chimique.

EXERCICE PRATIQUE 4.10

Expliquez la variation (figure 4.17) d'électronégativité (χ) entre les éléments suivants :

(a) Mg et Al.   **(c)** Cl et I.

(b) N et O.   **(d)** I et Xe.

Lien conceptuel 4.6 Variations périodiques de l'électronégativité

Classez ces éléments en ordre décroissant d'électronégativité : P, Na, N, Al.

Vous êtes maintenant en mesure de faire les exercices 44, 45, 55 et 56.

RÉSUMÉ DU CHAPITRE

Termes clés (voir le glossaire)

Case quantique (p. 146)

Charge nucléaire effective (Z_{eff}) (p. 152)

Configuration électronique (p. 142)

Diamagnétique (p. 149)

Effet d'écran (p. 152)

Électron de cœur (p. 151)

Électron de valence (p. 151)

Électronégativité (χ) (p. 175)

Énergie d'ionisation (I) (p. 166)

État fondamental (p. 142)

Loi de Coulomb (p. 154)

Orbitale dégénérée (p. 142)

Paramagnétique (p. 149)

Principe d'Aufbau (p. 142)

Principe d'exclusion de Pauli (p. 146)

Propriété périodique (p. 159)

Rayon atomique (p. 159)

Rayon atomique liant (rayon covalent) (p. 159)

Rayon atomique non liant (rayon de Van der Waals) (p. 159)

Règle de Hund (p. 147)

Terres rares (p. 140)

Concepts clés

Exploitation minière des terres rares (4.1)

→ Les terres rares regroupent les métaux de la famille des lanthanides ainsi que le scandium et l'yttrium. Ces métaux aux propriétés particulières sont essentiels dans la mise en œuvre des nouvelles technologies et ont une importance stratégique mondiale.

→ L'extraction des terres rares est un processus énergivore qui nécessite de nombreux solvants et produit une multitude de déchets toxiques pour l'environnement. Leur recyclage efficace est en enjeu important dans une perspective écoresponsable du développement technologique.

Configurations électroniques (4.2)

→ Une configuration électronique d'un atome montre quelles orbitales de la mécanique quantique occupent les électrons de l'atome. Par exemple, la configuration de l'hélium ($1s^2$) indique que les deux électrons de l'hélium se trouvent dans une orbitale $1s$.

→ L'ordre de remplissage des orbitales de la mécanique quantique dans les atomes multiélectroniques suit le principe de minimisation de l'énergie potentielle. Le tableau périodique permet de déterminer l'ordre de remplissage des orbitales.

→ Selon le principe d'exclusion de Pauli, chaque orbitale peut contenir un maximum de deux électrons de spins opposés.

→ Selon la règle de Hund, des électrons célibataires de spins parallèles remplissent les orbitales de même énergie en premier avant de s'apparier.

→ On peut déterminer la configuration électronique d'un ion en ajoutant ou en enlevant le nombre d'électrons correspondant à la charge de l'ion à la configuration électronique de l'atome neutre.

→ Pour les cations des groupes principaux, les électrons sont arrachés dans le même ordre que celui dans lequel ils sont ajoutés quand s'établit la configuration électronique.

→ Pour les cations des métaux de transition, les électrons ns sont enlevés avant les électrons $(n − 1)d$.

Outils de prédiction du modèle quantique (4.3)

→ On peut analyser et comparer les propriétés des éléments en étudiant la force d'attraction qui s'exerce sur leurs électrons de valence. Cette force dépend de la charge nucléaire effective et de la distance entre le noyau et l'électron.

→ Les propriétés périodiques sont celles que l'on peut prédire à partir de la position d'un élément dans le tableau périodique. Les propriétés périodiques comprennent certaines propriétés chimiques, le rayon atomique, l'énergie d'ionisation, l'affinité électronique, l'électronégativité et le caractère métallique.

Propriétés chimiques des éléments (4.4)

→ Les configurations les plus stables sont celles qui présentent des niveaux d'énergie principaux complètement remplis. Par conséquent, les éléments les plus stables et les plus inertes chimiquement sont les gaz nobles.

→ Les éléments ayant un ou deux électrons de valence sont parmi les métaux les plus réactifs, ceux qui perdent facilement leurs électrons de valence pour atteindre les configurations des gaz nobles.

→ Les éléments ayant six ou sept électrons de valence sont parmi les non-métaux les plus actifs, gagnant facilement assez d'électrons pour atteindre la configuration d'un gaz noble.

→ Le caractère métallique, soit la tendance à perdre des électrons dans une réaction chimique, augmente généralement de haut en bas dans une colonne du tableau périodique et diminue de gauche à droite le long d'une rangée.

Rayon atomique (4.5)

→ La taille d'un atome est largement déterminée par ses électrons périphériques. De haut en bas dans une colonne du tableau périodique, le nombre quantique principal (n) des électrons périphériques augmente, ce qui crée des orbitales de plus en plus grosses et par conséquent des rayons atomiques plus grands.

→ De gauche à droite dans une rangée du tableau périodique, les rayons atomiques diminuent en raison de l'augmentation de la charge nucléaire effective – la charge nette ou moyenne subie par les électrons périphériques de l'atome.

→ Les rayons atomiques des éléments de transition demeurent à peu près constants dans une rangée parce que, à mesure qu'on se déplace dans une rangée, les électrons s'ajoutent aux orbitales $n_{plus élevé} − 1$, alors que le nombre d'électrons de $n_{plus élevé}$ demeure à peu près constant.

→ Le rayon d'un cation est beaucoup *plus petit* que celui de l'atome correspondant, tandis que le rayon d'un anion est beaucoup *plus grand* que celui de l'atome correspondant.

Énergie d'ionisation et électronégativité (4.5)

→ L'énergie d'ionisation, soit l'énergie requise pour enlever un électron d'un atome à l'état gazeux, diminue généralement de haut en bas dans une colonne du tableau périodique et augmente de gauche à droite dans une rangée.

→ Les énergies d'ionisation successives pour les électrons de valence augmentent progressivement de l'un à l'autre, mais elles augmentent radicalement pour les premiers électrons de cœur.

→ Pour évaluer ou expliquer des variations d'énergie d'ionisation, il faut établir la configuration électronique de l'atome et évaluer la distance ainsi que la charge effective qui retiennent l'électron au noyau.

→ Il existe deux exceptions principales dans les tendances générales relativement à l'énergie d'ionisation à l'intérieur d'une même période. L'une provient de l'apparition de l'effet d'écran partiel et de la stabilité particulière atteinte lorsque la sous-couche *s* d'un niveau est remplie. La seconde diminution s'explique par l'apparition dans la sous-couche *p* d'un premier doublet d'électrons et la stabilité des sous-couches *p* à moitié remplies.

→ L'électronégativité, soit la capacité d'un atome à attirer un électron à lui dans un lien chimique, augmente lorsque l'on se déplace de gauche à droite dans le tableau périodique et diminue lorsque l'on descend à l'intérieur d'une même famille.

Équations et relations clés

Charge nucléaire effective (4.3)

$$Z_{\text{eff}} = Z - \sigma$$

Loi de Coulomb (4.3)

$$F = \frac{1}{4\pi\varepsilon_0}\frac{q_1 q_2}{r^2}$$

EXERCICES

F *facile* **M** *moyen* **D** *difficile*

Problèmes par sujet

Configurations électroniques (4.2)

F 1. Écrivez les configurations électroniques complètes de chaque élément.
 (a) P.   (b) C.   (c) Na.   (d) Ar.

F 2. Écrivez les configurations électroniques abrégées de chaque élément.
 (a) O.   (c) Ne.   (e) P.   (g) Zr.
 (b) Si.   (d) K.   (f) Ge.   (h) I.

F 3. Représentez les configurations de chaque élément en dessinant leurs cases quantiques.
 (a) N.   (c) Mg.   (e) S.   (g) Ne.
 (b) F.   (d) Al.   (f) Ca.   (h) He.

F 4. En vous aidant du tableau périodique, déterminez l'élément neutre correspondant à chaque configuration électronique.
 (a) $[\text{Ar}]\,4s^2\,3d^{10}\,4p^6$.   (c) $[\text{Kr}]\,5s^2\,4d^{10}\,5p^2$.
 (b) $[\text{Ar}]\,4s^2\,3d^2$.   (d) $[\text{Kr}]\,5s^2$.

F 5. En vous aidant du tableau périodique, déterminez chaque valeur demandée.
 (a) Le nombre d'électrons $2s$ dans Li.
 (b) Le nombre d'électrons $3d$ dans Cu.
 (c) Le nombre d'électrons $4p$ dans Br.
 (d) Le nombre d'électrons $4d$ dans Zr.

F 6. En vous aidant du tableau périodique, déterminez chaque valeur demandée.
 (a) Le nombre d'électrons $3s$ dans Mg.
 (b) Le nombre d'électrons $3d$ dans Cr.
 (c) Le nombre d'électrons $4d$ dans Y.
 (d) Le nombre d'électrons $6p$ dans Pb.

F 7. Nommez un élément dans la quatrième période (rangée) du tableau périodique avec :
 (a) Cinq électrons de valence.
 (b) Quatre électrons $4p$.
 (c) Trois électrons $3d$.
 (d) Une couche périphérique complète.

F 8. Nommez un élément dans la troisième période (rangée) du tableau périodique avec :
 (a) Trois électrons de valence.
 (b) Quatre électrons $3p$.

 (c) Six électrons $3p$.
 (d) Deux électrons $3s$ et aucun électron $3p$.

F 9. Trouvez et corrigez l'erreur ou les erreurs dans chacune des configurations électroniques suivantes.
 (a) As : $[\text{Kr}]\,4s^2\,4d^{10}\,4p^3$.
 (b) Sr : $[\text{Kr}]\,4s^2$.
 (c) Tc : $[\text{Kr}]\,5s^2\,3p^5$.

F 10. Trouvez et corrigez l'erreur ou les erreurs dans chacune des configurations électroniques suivantes.
 (a) Li : [He]   1*s*
 (b) Al : [Ne]   3*s*
 (c) Br : [Rn]   4*s*   4*d*   4*p*

F 11. Trouvez et corrigez l'erreur ou les erreurs dans chacune des configurations électroniques suivantes.
 (a) Zr : [He]   5*s*   5*d*
 (b) Fe : [Ar]   4*s*   3*p*
 (c) Ni : [Kr]   5*p*   4*d*

M 12. Écrivez la configuration électronique abrégée de chaque ion :
 (a) O^{2-}.   (f) Cl^-.
 (b) Br^-.   (g) P^{3-}.
 (c) Sr^{2+}.   (h) K^+.
 (d) Co^{3+}.   (i) Mo^{3+}.
 (e) Cu^{2+}.   (j) V^{3+}.

M 13. Dessinez les cases quantiques de chaque ion et déterminez si l'ion est diamagnétique ou paramagnétique.
 (a) V^{5+}.   (e) Cd^{2+}.
 (b) Cr^{3+}.   (f) Hg^{2+}.
 (c) Ni^{2+}.   (g) Sn^{4+}.
 (d) Fe^{3+}.   (h) Zr^{2+}.

M **14.** À l'aide du tableau périodique, déterminez le cation correspondant à chaque configuration électronique.

(a) charge +3 : [Ar] $3d$

| ↑ | ↑ | ↑ | | |

(b) charge +1 : [Ar] $4s$ $3d$ $4p$

| ↑↓ | | ↑↓ | ↑↓ | ↑↓ | ↑↓ | ↑↓ | | ↑↓ | ↑↓ | ↑↓ |

(c) charge +2 : [Kr] $4d$

| ↑↓ | ↑↓ | ↑↓ | ↑↓ | ↑↓ |

M **15.** À l'aide du tableau périodique, déterminez l'anion correspondant à chaque configuration électronique.

(a) charge −3 : [He] $2s$ $2p$

| ↑↓ | | ↑↓ | ↑↓ | ↑↓ |

(b) charge −1 : [Kr] $5s$ $4d$ $5p$

| ↑↓ | | ↑↓ | ↑↓ | ↑↓ | ↑↓ | ↑↓ | | ↑↓ | ↑↓ | ↑↓ |

(c) charge −2 : [Ne] $3s$ $3p$

| ↑↓ | | ↑↓ | ↑↓ | ↑↓ |

Charge nucléaire effective et loi de Coulomb (4.3)

F **16.** En tenant compte de la loi de Coulomb, quelle paire de particules chargées est retenue par la force la plus grande ?

(a) Une particule de charge −1 et une particule de charge +2 distantes de 150 pm.

(b) Une particule de charge −1 et une particule de charge +1 distantes de 150 pm.

(c) Une particule de charge −1 et une particule de charge +3 distantes de 100 pm.

F **17.** En tenant compte de la loi de Coulomb, classez les interactions entre des particules chargées de la force électrostatique la plus faible à la force électrostatique la plus élevée.

(a) Une charge +1 et une charge −1 distantes de 100 pm.

(b) Une charge +2 et une charge −1 distantes de 100 pm.

(c) Une charge +1 et une charge −1 distantes de 200 pm.

F **18.** Entre les électrons de valence du béryllium ou les électrons de valence de l'azote, lesquels subissent une plus grande charge nucléaire effective ? Expliquez pourquoi.

F **19.** Classez les atomes suivants selon la charge nucléaire effective décroissante que subissent leurs électrons de valence : S, Mg, Al, Si.

M **20.** Estimez la charge nucléaire effective de chaque catégorie d'électrons de valence du bore.

Propriétés chimiques des éléments (4.4)

F **21.** Déterminez le nombre d'électrons de valence de chacun des éléments suivants.

(a) Ba.   (c) Ni.

(b) Cs.   (d) S.

F **22.** Déterminez le nombre d'électrons de valence de chacun des éléments suivants. Selon vous, quels éléments perdront des électrons au cours de leurs réactions chimiques ? Lesquels en gagneront ?

(a) Al.   (c) Br.

(b) Sn.   (d) Se.

F **23.** À quelle famille appartiennent les configurations électroniques de valence suivantes ? S'agit-il d'éléments très réactifs, réactifs ou non réactifs ?

(a) ns^2.   (c) $ns^2\,np^5$.

(b) ns^1.   (d) $ns^2\,np^2$.

F **24.** Quelle configuration électronique de valence est caractéristique d'un gaz noble ? D'un métalloïde ?

(a) ns^2.   (c) $ns^2\,np^4$.

(b) $ns^2\,np^6$.   (d) $ns^2\,np^1$.

F **25.** Choisissez l'élément le plus métallique dans chaque paire.

(a) Sr ou Sb.   (c) Cl ou O.

(b) As ou Bi.   (d) S ou As.

F **26.** Choisissez l'élément le plus métallique dans chaque paire.

(a) Sb ou Pb.   (c) Ge ou Sb.

(b) K ou Ge.   (d) As ou Sn.

M **27.** Classez les éléments en ordre croissant selon leur caractère métallique.

(a) Fr, Sb, In, S, Ba, Se.   (b) Sr, N, Si, P, Ga, Al.

Propriétés physiques des éléments (4.5)

F **28.** Dans chacune des paires suivantes, quel atome est le plus gros ?

(a) Al ou In.   (c) P ou Sn.

(b) Si ou N.   (d) C ou F.

F **29.** Dans chacune des paires suivantes, quel atome est le plus petit ?

(a) Sn ou Si.   (c) Sn ou Ga.

(b) Br ou Ga.   (d) Se ou Sn.

M **30.** Classez les éléments en ordre croissant de rayon atomique : Ca, Rb, S, Si, Ge, F.

M **31.** Classez les éléments en ordre décroissant de rayon atomique : Cs, Sb, S, Pb, Se.

F **32.** Dans chacune des paires suivantes, quelle espèce est la plus volumineuse ?

(a) Li ou Li^+.   (c) Cr ou Cr^{3+}.

(b) I^- ou Cs^+.   (d) O ou O^{2-}.

F **33.** Dans chacune des paires suivantes, quelle espèce est la plus volumineuse ?

(a) Sr ou Sr^{2+}.   (c) Ni ou Ni^{2+}.

(b) N ou N^{3-}.   (d) S^{2-} ou Ca^{2+}.

M **34.** Classez la série isoélectronique en ordre décroissant de rayon : F^-, O^{2-}, Mg^{2+}, Na^+.

M **35.** Classez la série isoélectronique en ordre croissant de rayon atomique : Se^{2-}, Sr^{2+}, Rb^+, Br^-.

F **36.** Dans chacune des paires suivantes, quel élément a l'énergie de première ionisation la plus élevée ?

(a) Br ou Sb.   (c) As ou Te.

(b) Na ou Rb.   (d) P ou Sn.

F **37.** Dans chacune des paires suivantes, quel élément a l'énergie de première ionisation la plus faible ?

(a) P ou I.   (c) P ou Sb.

(b) Si ou Cl.   (d) Ge ou In.

M **38.** Expliquez la baisse d'énergie de première ionisation observée entre l'arsenic et le sélénium.

M **39.** Expliquez la baisse d'énergie de première ionisation observée entre le magnésium et l'aluminium

M **40.** Classez les éléments en ordre croissant de première énergie d'ionisation : Si, F, In, N.

M **41.** Classez les éléments en ordre décroissant de première énergie d'ionisation : Cl, S, Sn, Pb.

F **42.** Pour chaque élément, prédisez où se produit le « saut » pour les énergies d'ionisation successives. (Par exemple, le saut se produit-il entre les énergies de première et de deuxième ionisation, entre la deuxième et la troisième ou entre la troisième et la quatrième ?)

(a) Be.   (c) O.

(b) N.   (d) Li.

M **43.** Considérez cet ensemble d'énergies d'ionisation successives :
$I_1 = 578$ kJ/mol. $I_3 = 2750$ kJ/mol.
$I_2 = 1820$ kJ/mol. $I_4 = 11\,600$ kJ/mol.
À quel élément de la troisième période ces valeurs d'ionisation appartiennent-elles ?

M **44.** À l'aide de la figure 4.17, des configurations électroniques et de la Z_{eff}, expliquez la tendance générale de l'évolution de l'électronégativité observée chez les alcalins.

M **45.** À l'aide de la figure 4.17, des configurations électroniques et de la Z_{eff}, expliquez la tendance générale de l'évolution de l'électronégativité observée dans la troisième période.

Problèmes récapitulatifs

F **46.** Le brome est un liquide hautement réactif alors que le krypton est un gaz inerte. Expliquez cette différence en vous basant sur leurs configurations électroniques.

F **47.** Le potassium est un métal hautement réactif alors que l'argon est un gaz inerte. Expliquez la différence en vous basant sur leurs configurations électroniques.

M **48.** Le vanadium et son ion +3 sont paramagnétiques. Utilisez les configurations électroniques pour expliquer cette caractéristique.

M **49.** En vous aidant des configurations électroniques, expliquez pourquoi le cuivre est paramagnétique alors que son ion +1 ne l'est pas. (Notez qu'il se produit un réarrangement dans la configuration électronique du Cu : l'un des électrons de l'orbitale de valence s descend spontanément dans la sous-couche d afin de la compléter et de rendre l'atome plus stable.)

M **50.** Dans chaque paire d'éléments, lequel devrait avoir le plus grand rayon atomique ?
(a) Si et Ga.   **(b)** Si et Ge.   **(c)** Si et As.

M **51.** Considérez les éléments suivants : N, Mg, O, F, Al.
(a) Écrivez la configuration électronique de chacun d'eux et calculez la charge nucléaire effective qui s'exerce sur la couche externe.
(b) Classez-les en ordre décroissant de rayon atomique.
(c) Classez-les en ordre croissant d'énergie d'ionisation.

M **52.** Considérez les éléments suivants : P, Ca, Si, S, Ga.
(a) Écrivez la configuration électronique de chacun d'eux et calculez la charge nucléaire effective qui s'exerce sur la couche externe.
(b) Classez-les en ordre croissant de rayon atomique.
(c) Classez-les en ordre décroissant d'énergie d'ionisation.

M **53.** Pourquoi observe-t-on une diminution du rayon atomique quand on se déplace de gauche à droite le long d'une rangée regroupant les éléments des groupes principaux, mais pas chez les éléments de transition ?

D **54.** Pourquoi le vanadium (rayon = 134 pm) et le cuivre (rayon = 128 pm) ont-ils des rayons atomiques presque identiques, même si le numéro atomique du cuivre est environ 25 % plus élevé que celui du vanadium ? Quelle serait votre prédiction relativement aux masses volumiques relatives de ces deux métaux ? Cherchez les masses volumiques dans un livre de référence, un tableau périodique ou sur le Web. Vos prédictions sont-elles correctes ?

M **55.** Les gaz nobles les plus légers, comme l'hélium et le néon, sont complètement inertes – ils ne forment aucun composé chimique. Par contre, les gaz nobles les plus lourds forment un nombre limité de composés. Expliquez cette différence en termes de variation des propriétés périodiques.

M **56.** L'halogène le plus léger est également le plus réactif chimiquement et la réactivité diminue généralement quand on descend dans la colonne des halogènes du tableau périodique. Expliquez cette variation en termes de propriétés périodiques.

Problèmes défis

D **57.** Le métal alcalino-terreux le plus lourd connu est le radium, de numéro atomique 88. Trouvez les numéros atomiques des deux atomes suivants ayant des propriétés chimiques similaires à celles du radium.

D **58.** À partir de sa configuration électronique, prédisez quel élément chimique connu aurait les comportements chimiques les plus similaires à ceux de l'élément 165 encore inconnu.

D **59.** Quel est le numéro atomique de l'élément encore inconnu dont les niveaux d'énergie électroniques $8s$ et $8p$ sont remplis ? Prédisez le comportement chimique de cet élément.

D **60.** La loi de Coulomb peut aussi s'exprimer en termes d'énergie potentielle. En faisant appel à cette forme de la loi de Coulomb, calculez l'énergie d'ionisation en kilojoules par mole (kJ/mol)

d'un atome composé d'un proton et d'un électron distants de 100,0 pm. Quelle longueur d'onde de lumière (voir le chapitre 3) a suffisamment d'énergie pour ioniser cet atome ?

$$E = \frac{1}{4\pi\varepsilon_0} \frac{q_1 q_2}{r}$$

D **61.** La variation de l'énergie de deuxième ionisation des éléments du lithium au fluor n'est pas harmonieuse. Selon vous, lequel de ces éléments a l'énergie de deuxième ionisation la plus élevée et lequel a la plus faible ? Expliquez votre choix. Parmi les éléments N, O et F, l'oxygène a l'énergie de deuxième ionisation la plus élevée et l'azote la plus faible. Expliquez votre réponse.

Problèmes conceptuels

M **62.** La I_1 de l'atome A est plus élevée que la I_1 de l'atome B. Quel atome (A ou B) exerce une charge effective plus élevée sur ses électrons de valence ? Lequel possède le plus gros volume électronique ? Justifiez votre réponse.

D **63.** En vous aidant des variations dans l'énergie d'ionisation, expliquez pourquoi le fluorure de calcium a la formule CaF_2 et non CaF_3 ou CaF.

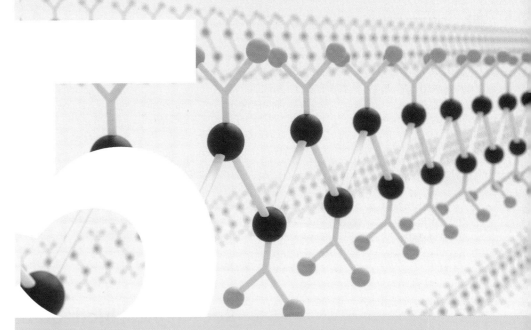

CHAPITRE 5

Composés ioniques, molécules, macromolécules: les atomes tendent à s'assembler spontanément pour se stabiliser et former la matière que les humains utilisent et transforment depuis des millénaires. Les développements de la chimie depuis le début du 19ᵉ siècle ont permis de comprendre comment se construisent les substances. Au fil du temps, les chimistes ont élaboré différents modèles qui nous permettent aujourd'hui d'expliquer les propriétés des substances, de prédire leur comportement et même de créer de nouveaux composés. Les avancées technologiques découlant de la maîtrise de ces associations entre atomes sont phénoménales et essentielles à notre quotidien. Toutefois, l'exploitation intensive de ces milliers de substances peut avoir des effets néfastes sur les écosystèmes si nous gérons mal les déchets qui en résultent.

Liaisons chimiques

Les théories sont des filets lancés pour attraper ce que nous appelons « le monde »: pour le rationaliser, l'expliquer et le maîtriser. Nous nous efforçons de rendre les mailles toujours plus fines.

Karl Popper
(1902-1994)

5.1 Recyclables, biodégradables, oxybiodégradables, compostables ou polluants éternels? **182**

5.2 Former des liaisons **184**

5.3 Modèle de Lewis **186**

5.4 Liaison ionique et modèle du réseau **187**

5.5 Liaison covalente et modèle de Lewis **192**

5.6 Polarité des liaisons covalentes **195**

5.7 Énergies et longueurs des liaisons covalentes **199**

5.8 Structures de Lewis des composés moléculaires et des ions polyatomiques **204**

5.9 Exceptions à la règle de l'octet: espèces à nombre impair d'électrons, octets incomplets et octets étendus **213**

5.10 Polymères **216**

5.11 Liaison métallique et modèle de la mer d'électrons **225**

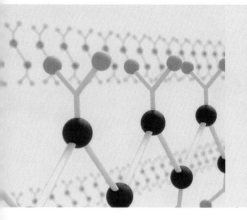

La liaison chimique est au cœur de la chimie. Comme l'exprime si bien le philosophe des sciences Karl Popper, les théories de la liaison (modèles qui prédisent comment les atomes se lient) que nous nous apprêtons à étudier sont des filets lancés pour comprendre le monde. Dans ce chapitre et dans les deux suivants, nous étudierons diverses théories qui vous permettront de comprendre les phénomènes physiques et chimiques reliés aux substances, des modèles qui vous aideront à comprendre à la fois leur formation, leur réactivité et leur capacité à se dégrader. En vous appuyant sur ces théories, vous pourrez appréhender et expliquer les propriétés des composés ioniques et des composés moléculaires. Rappelez-vous que les théories sont des modèles construits par les chimistes qui nous aident à comprendre et à prédire un comportement. Ces modèles sont tous extrêmement utiles ; tout dépend de l'aspect exact de la liaison chimique que nous voulons prédire ou comprendre.

5.1 | Recyclables, biodégradables, oxybiodégradables, compostables ou polluants éternels ?

Recyclable

ou

Biodégradable

ou

Compostable

On parle de plus en plus de traitements différenciés adaptés aux différents types de déchets. Il est en effet possible de recycler les matériaux devenus inutiles, de les composter, ou tout simplement de les enfouir ou de les incinérer. Certains de ces nouveaux matériaux se dégradent efficacement, comme les végéplastiques, mais d'autres sont très stables chimiquement. Ces polluants éternels peuvent persister durant des milliers d'années. Faisons un peu de ménage parmi tous ces termes. On appelle *biodégradables* les matériaux, généralement issus de matières organiques (matières à base de carbone), qui peuvent se décomposer en eau et en dioxyde de carbone (CO_2) ou en méthane (CH_4) sous l'action des microorganismes présents dans l'environnement (bactéries, champignons, algues, etc.), et ce, dans un laps de temps relativement court : une bouteille en plastique, par exemple, n'est pas considérée comme biodégradable, car sa décomposition prend plus de 400 ans. De plus, pour dire qu'un produit est biodégradable, le processus ne doit pas avoir d'effets néfastes sur le milieu. Enfin, il faut bien comprendre que la capacité de bioremédiation d'un milieu donné n'est pas illimitée : l'accumulation trop grande de déchets, même biodégradables, à un certain endroit peut entraîner des effets toxiques susceptibles de déséquilibrer l'écosystème en place.

Depuis quelques années, les collectes sélectives récupèrent les déchets *compostables*. Même s'ils font partie de la grande famille des déchets dits biodégradables, ces détritus n'ont pas la même composition que les matériaux biodégradables et ils ne se décomposent pas de la même façon. Il s'agit d'un ensemble spécifique de déchets d'origine végétale ou animale que l'on traite dans des usines ou dans des sites appropriés en contrôlant le taux d'humidité, le taux d'oxygène et la température. Les produits obtenus lors de ces processus de métabolisation aérobie par des microorganismes ne sont pas uniquement du dioxyde de carbone et de l'eau, mais plutôt une variété de produits intermédiaires complexes, appelés *compost*. Ces produits peuvent ensuite servir de biomasse et de fertilisants pour les sols. Le compostage réduit donc la quantité de CO_2 relarguée dans l'atmosphère lors du traitement des déchets et favorise aussi la croissance des végétaux qui, à leur tour, captent le CO_2 atmosphérique.

Pour être considérés comme biodégradables ou compostables, les déchets doivent pouvoir être décomposés en molécules plus simples et plus facilement assimilables par les organismes (surtout les végétaux). Les mécanismes et les traitements en cause se distinguent de ceux du *recyclage*, qui consiste à transformer mécaniquement ou chimiquement des objets qu'on a jetés afin de pouvoir récupérer certains composants et de les réutiliser dans la fabrication d'autres matériaux. C'est le cas notamment des métaux (en particulier les composants des appareils électroniques), du verre et de plusieurs plastiques. Ces matières ne se dégradent pas efficacement une fois rejetées dans l'environnement, mais il est possible de les purifier et de les réutiliser dans les processus industriels. Pour faire face aux enjeux environnementaux, le recyclage est essentiel, notamment celui des matières plastiques (dont on produit annuellement entre 300 et 400 millions de tonnes). Leur réutilisation dépend grandement de leur pureté dans les objets recyclés ainsi que de leur composition chimique. En réalité, seuls les thermoplastiques sont recyclables (voir la section 5.10). Par exemple, il est facile de recycler les plastiques à base de polyéthylène (HDPE, LDPE) et de poly(téréphtalate d'éthylène) (PETE), qui entrent dans la composition d'une grande partie des produits plastiques que nous utilisons (**figure 5.1**). En revanche, nous manquons de technologies efficaces et économiquement avantageuses pour traiter certains plastiques, qui sont donc peu recyclés, comme le polystyrène (PS), et pour transformer ceux qui ne le sont pas pour le moment. C'est notamment le cas des résines à base de polyester ou de silicone et des objets contenant des matériaux mixtes, par exemple les sacs de croustilles, qui contiennent à la fois du plastique et un film métallique. Le recyclage des plastiques comporte aussi d'autres limites. Les traitements entraînent l'incorporation progressive d'impuretés et la dégradation graduelle de la matière, ce qui restreint le taux de plastique recyclé qu'on peut incorporer à de nouveaux objets. Il est également impossible d'utiliser des matières recyclées pour fabriquer des matériaux plastiques qui entreront en contact direct avec les aliments, ou qui sont destinés à un usage médical spécialisé. Voilà pourquoi les plastiques recyclés finissent souvent en produits de faible valeur ajoutée et qu'il est presque toujours nécessaire d'apporter des matières neuves.

FIGURE 5.1 **Système de classement numérique des plastiques recyclables**

Code	Nom	Utilisations courantes	Exemples de produits à contenu recyclé
1	**Polyéthylène téréphtalate (PET)**	Bouteilles de boissons gazeuses et d'eau de source, pots de beurre d'arachide, contenants d'œufs.	Tapis, fibres de polyester, vêtements de tissu polaire (polar), feuilles de PET, bouteilles.
2	**Polyéthylène haute densité (PEhd)**	Bouteilles de savon à lessive et de shampooing, contenants de lait ou de jus, sacs d'emplettes.	Bacs de récupération, tuyaux de drainage, mobilier urbain (ex. : bancs de parc, tables de pique-nique), planches de plastique (ex. : patio).
3	**Polychlorure de vinyle (PVC)**	Cadres de fenêtres, tuyaux, stores, boyaux d'arrosage, certaines bouteilles.	Revêtements, tuyaux, cônes de déviation, tuiles de plancher.
4	**Polyéthylène basse densité (PEbd)**	Sacs d'emplettes, à ordures et à pain, pellicules d'emballage, pellicules extensibles.	Planches de plastique, sacs d'emplettes et à ordures.
5	**Polypropylène (PP)**	Contenants de yogourt et de margarine, bouchons pour bouteilles.	Bacs à fleurs, palettes de manutention, planches de plastique, caisses de lait.
6	**Polystyrène (PS)**	**Expansé :** Verres à café, barquettes pour viandes et poissons, matériel de protection ou d'isolation. **Non expansé :** Ustensiles, verres de bière, barquettes de champignons, petits contenants de lait et de crème pour le café.	Moulures et cadres décoratifs, accessoires de bureau, boîtiers pour disques compacts, contenants horticoles, panneaux isolants.
7	**Autres : variété de résines, matériaux composites**	Bouteilles d'eau de 18 l réutilisables, bouteilles de polycarbonate, contenants d'acide polylactique (PLA).	Planches de plastique.

Ce système a été présenté en 1988 par la Society of the Plastics Industry (une société américaine remplacée par la Plastics Industry Association en 2016), pour faciliter leur tri. Au Québec, on recycle les plastiques des catégories 1, 2, 3, 4, 5 et 7. Les plastiques de la catégorie 6, les polystyrènes, ne sont pas recyclés à grande échelle, car leur coût de transport est trop élevé et leur recyclage nécessite l'utilisation de solvants organiques polluants et coûteux. Tous ces plastiques font partie de la catégorie des thermoplastiques, des plastiques qui peuvent être remodelés sous l'effet de la chaleur. Les plastiques thermodurcissables et les élastomères*, qui ne font pas partie de la famille des thermoplastiques, brûlent et se décomposent lorsqu'ils sont exposés à la chaleur et ne peuvent pas être recyclés pour le moment.

Dans les années 2000, des plastiques dits *oxybiodégradables* ont été mis sur le marché pour tenter de remédier à la surutilisation des sacs de plastique à usage unique, qui constituaient un défi environnemental de plus en plus important. Ces types de plastiques sont composés des mêmes longues molécules, appelées polymères, que les plastiques classiques

---

* Les élastomères sont des plastiques qui possèdent des propriétés similaires au caoutchouc naturel : ils sont extensibles (s'étirent sans se rompre) et élastiques (reprennent leur forme et leur volume après avoir été étirés ou comprimés).

FIGURE 5.2 **Téflon**

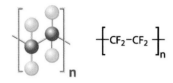

Le Téflon contient du polytétrafluoroéthylène (PTFE), un plastique antiadhésif présent dans des revêtements, des cires et des tissus. C'est un polymère (très longue molécule) formé par la répétition (*n* fois) d'une molécule de tétrafluoroéthylène (–CF$_2$–CF$_2$–). Cette substance fait partie d'une sous-catégorie des PFAS appelée polymères fluorés. Le PTFE représente près de la moitié de ces substances sur le marché.

(voir la section 5.10). Mais, contrairement aux composés traditionnels, ils contiennent des additifs qui facilitent leur fragmentation en les soumettant à un processus oxydatif (rayonnement UV, chaleur, oxygène, bris mécanique). Il faut commencer par les réduire mécaniquement en minuscules particules, et ensuite les mettre en présence de microorganismes capables de les métaboliser et de les dégrader plus rapidement. Or, il s'est avéré que ce processus créait au contraire plus de pollution, car leur fragmentation accélérée génère des microplastiques et des nanoplastiques (voir la section 2.1), qui ne sont pas nécessairement biodégradables et qui contaminent à grande échelle les écosystèmes.

Finalement, il existe des classes de composés qui présentent une très grande résistance aux processus de dégradation chimique et biologique. Appelés *polluants éternels*, il y en a plus de 12 000. Leur très grande stabilité chimique est à la fois un avantage et un inconvénient. Très utiles dans certains procédés durables, comme l'isolation des maisons, ils deviennent une source de problèmes quand on les emploie pour des usages brefs ou quand on doit se débarrasser de ces matériaux à longue durée de vie. Essentiels au quotidien (emballages, shampoing, produits cosmétiques, revêtements antiadhésifs, traitements ignifuges, etc.), ils représentent un défi de taille pour les scientifiques : comment s'en débarrasser ou les récupérer, comment les remplacer ? Parmi eux, se trouvent les substances perfluoroalkylées et polyfluoroalkylées (PFAS), très stables chimiquement grâce à leurs liaisons carbone-fluor (**figure 5.2**). L'élimination de ces composés requiert des traitements coûteux (incinération à haute température, irradiation aux ultrasons, etc.). Leur accumulation sans cesse croissante dans l'environnement est devenue un enjeu majeur. En 2022, des scientifiques américains et chinois ont mis au point en laboratoire une technique pour détruire certains de ces plastiques à l'aide de températures plus basses en ciblant les atomes d'oxygène présents aux extrémités de plusieurs de ces molécules.

La recherche d'équilibre entre le développement technologique et la pérennité de l'environnement lance des défis grandissants aux scientifiques. Par sa compréhension poussée de la matière, la chimie est un maillon essentiel de cette recherche. Dans le présent chapitre, nous verrons comment les chimistes décrivent les substances, c'est-à-dire les différentes façons dont les atomes s'associent, et de quelle manière leurs modèles permettent d'expliquer et de prédire les propriétés de la matière.

5.2 Former des liaisons

En guise d'introduction à cet exposé sur la **liaison chimique**, nous pourrions nous demander pourquoi les liaisons se forment. Cette question semble simple, mais elle est primordiale. Pour un instant, imaginons un univers sans liaisons chimiques. Cet univers ne contiendrait que 94 substances différentes (les 94 éléments présents naturellement). Avec une si petite diversité, la vie serait impossible, et nous ne serions pas là pour nous demander pourquoi. Par ailleurs, on ne peut répondre à cette question sans faire intervenir la mécanique quantique et la thermodynamique. Néanmoins, on peut régler une *partie* importante de la réponse dès maintenant en affirmant que *les liaisons chimiques se forment parce qu'elles abaissent l'énergie potentielle entre les particules chargées qui composent les atomes*. Elles les rendent plus stables.

Comme on le sait déjà, les atomes sont constitués de particules chargées positivement (les protons dans le noyau) et négativement (les électrons). Quand deux atomes s'approchent l'un de l'autre, les électrons de l'un sont attirés par le noyau de l'autre selon la loi de Coulomb (voir la section 4.3) et vice versa. Cependant, en même temps, les électrons de chaque atome exercent une répulsion sur les électrons de l'autre. Il en résulte un ensemble complexe d'interactions parmi un nombre potentiellement élevé de particules chargées. Si les interactions entraînent une réduction globale nette de l'énergie potentielle entre les particules chargées, il se forme une liaison chimique. Les théories de la liaison nous aident à prédire les circonstances dans lesquelles les liaisons se forment et également les propriétés des substances résultantes.

Comme nous l'avons expliqué à la section 2.5, il est possible de classer les liaisons chimiques en trois grandes catégories selon le type d'atomes qui participent à la liaison : les liaisons ioniques (métaux et non-métaux), les liaisons covalentes (non-métaux) et les liaisons métalliques (métaux) (**figure 5.3**). Voyons maintenant sur quels principes repose cette classification.

FIGURE 5.3 **Liaisons ionique, covalente et métallique**

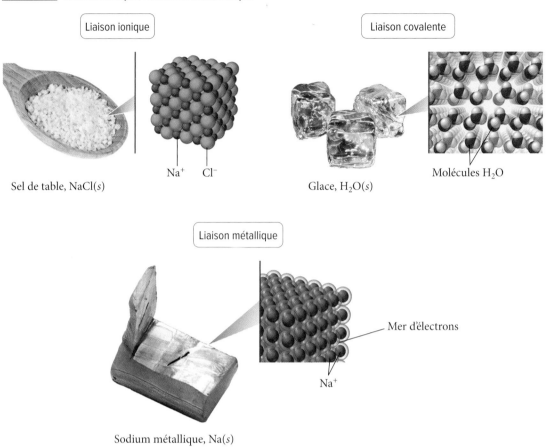

Liaison ionique

Na$^+$ Cl$^-$

Sel de table, NaCl(s)

Liaison covalente

Molécules H$_2$O

Glace, H$_2$O(s)

Liaison métallique

Mer d'électrons

Na$^+$

Sodium métallique, Na(s)

Nous avons vu au chapitre 4 que les métaux tendent à avoir de faibles indices d'électronégativité (ils attirent peu ou pas les électrons lors de la formation d'une liaison) et que les non-métaux tendent à avoir des indices d'électronégativité élevés (ils attirent vers eux les électrons dans une liaison chimique). Quand un métal se lie à un non-métal, il transfère donc un ou plusieurs de ses électrons au non-métal. L'atome métallique devient alors un cation et l'atome de non-métal, un anion. Ces ions de charges opposées s'attirent mutuellement, ce qui abaisse leur énergie potentielle globale comme le prévoit la loi de Coulomb. La liaison créée par la force électrostatique entre ces charges opposées est une **liaison ionique**.

Comme les non-métaux tendent à avoir des indices d'électronégativité élevés, aucun des atomes ne transfère d'électrons à l'autre quand un non-métal se lie avec un autre non-métal. Certains électrons sont plutôt *partagés* entre les deux atomes qui se lient. Les électrons partagés sont stabilisés à la fois par leur propre noyau et par le noyau de l'atome voisin, ce qui abaisse leur énergie potentielle en accord avec la loi de Coulomb. La liaison créée par ce partage d'électrons est une **liaison covalente**. Comme le montre la **figure 5.4**, l'agencement dans lequel la particule chargée négativement se situe entre les deux particules chargées positivement présente l'énergie potentielle la plus faible. Il en est ainsi parce que dans cet agencement, la particule chargée négativement interagit le plus fortement avec *les deux particules chargées positivement*. Dans un sens, la particule chargée négativement maintient ensemble les deux particules chargées positivement. De la même manière, les électrons mis en commun dans une liaison chimique covalente *maintiennent* ensemble les atomes qui se lient en attirant les charges positives des noyaux.

FIGURE 5.4 **Quelques configurations possibles de deux protons et d'un électron**

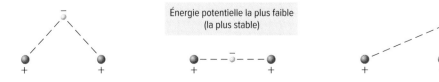

Énergie potentielle la plus faible
(la plus stable)

Un troisième type de liaison, appelé **liaison métallique**, se produit lorsqu'une grande quantité d'atomes métalliques sont en présence. Les métaux tendent à perdre facilement des électrons. Dans le modèle le plus simple de la liaison métallique (appelé le *modèle de la mer d'électrons*) tous les atomes d'un réseau partagent leurs électrons de valence. Ces électrons de valence mis en commun ne sont plus localisés sur un seul atome, mais ils sont délocalisés dans tout le métal. Les atomes métalliques chargés positivement sont alors attirés par la mer d'électrons, ce qui assure la cohésion du métal. Nous examinerons la liaison métallique plus en détail à la section 5.11. Le tableau ci-dessous résume les trois types de liaisons.

Types d'atomes	Type de liaisons	Caractéristique de la liaison
Métal et non-métal	Ionique	Transfert d'électrons
Non-métal et non-métal	Covalente	Partage d'électrons
Métal et métal	Métallique	Délocalisation d'électrons

5.3 Modèle de Lewis

Au chapitre 4 nous avons vu que, pour un élément des groupes principaux, les électrons de valence sont les électrons qui occupent le niveau d'énergie principal le plus élevé (les électrons situés sur le niveau d'énergie le plus éloigné du noyau). Puisque les électrons de valence sont retenus moins fermement, et puisque la liaison chimique met en jeu le transfert ou le partage d'électrons entre deux ou plusieurs atomes, les électrons de valence jouent le rôle le plus important dans la liaison, car ce sont eux qui peuvent être transférés ou partagés. C'est pourquoi le **modèle de Lewis** ne s'intéresse qu'à ces électrons particuliers. Dans une **structure de Lewis**, les électrons de valence des éléments des groupes principaux sont représentés par des points autour du symbole de l'élément. Par exemple, la configuration électronique de O est

> Rappelez-vous, le nombre d'électrons de valence pour tout élément d'un groupe principal est égal au numéro du groupe de l'élément (à l'exception de l'hélium, qui est dans le groupe VIII A, mais qui n'a que deux électrons de valence).

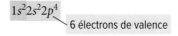

Et la structure de Lewis est

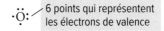

> Bien que l'endroit exact des points ne soit pas crucial, dans le présent manuel, nous plaçons d'abord les points un par un avant de les apparier (à l'exception de l'hélium qui a toujours deux électrons appariés).

Chaque point représente un électron de valence. Les points sont placés autour du symbole de l'élément avec au plus deux points par côté. On peut écrire les structures de Lewis de tous les éléments de la période 2.

$$\text{Li·} \quad \text{Be·} \quad \text{·B·} \quad \text{·C·} \quad \text{·N:} \quad \text{·O:} \quad \text{·F:} \quad \text{:Ne:}$$

Les structures de Lewis fournissent un moyen simple de visualiser le nombre d'électrons de valence dans un atome d'un groupe principal. Notez que les atomes qui ont huit électrons de valence (qui sont particulièrement stables parce que le niveau périphérique est plein) se reconnaissent facilement parce qu'ils comportent huit points, soit un **octet**.

L'hélium est en quelque sorte une exception. Sa configuration électronique et sa structure de Lewis sont

$$1s^2 \qquad \text{He:}$$

Dans la structure de Lewis, les deux points de l'hélium sont toujours appariés ; ils forment un **doublet**. Pour l'hélium, un doublet représente une configuration électronique stable parce que le niveau quantique $n = 1$, formé d'une seule orbitale, est rempli avec seulement deux électrons.

Animation

Diagrammes de Lewis

codeqrcu.page.link/vuJN

Dans le modèle de Lewis, une liaison chimique est le partage ou le transfert d'électrons permettant aux atomes qui se lient d'atteindre des configurations électroniques stables. Si les électrons sont transférés, comme cela se produit entre un métal et un non-métal, la liaison est une *liaison ionique*. Si les électrons sont partagés, comme cela survient entre deux non-métaux, la liaison est une *liaison covalente*. Dans l'un ou l'autre cas, les atomes qui se lient obtiennent des configurations électroniques stables ; étant donné que la configuration stable comporte généralement huit électrons dans le niveau périphérique, on parle de la **règle de l'octet**. Notez que le modèle de Lewis ne tente pas de traiter des attractions et des répulsions entre les électrons et les noyaux sur les atomes voisins. Bien que les variations d'énergie qui se produisent à cause de ces interactions soient essentielles pour la liaison chimique (comme on l'a vu aux sections 2.5 et 5.2), le modèle de Lewis les ignore parce que le calcul de ces variations d'énergie est extrêmement compliqué. Le modèle de Lewis utilise plutôt la règle de l'octet simple, une approche pratique qui prédit ce que nous observons dans la nature à propos d'un grand nombre de composés (d'où le succès et la longévité du modèle de Lewis).

Vous êtes maintenant en mesure de faire les exercices 1 à 4.

5.4 Liaison ionique et modèle du réseau

La principale force du modèle de Lewis réside dans la modélisation de la liaison covalente (que nous étudions en détail dans les sections suivantes), mais on peut également l'appliquer à la liaison ionique. Dans le modèle de Lewis, on représente la liaison ionique en déplaçant les points de la structure de Lewis du métal à la structure de Lewis du non-métal et en permettant aux ions résultants de former un réseau cristallin composé de cations et d'anions en alternance.

Liaison ionique et transfert d'électrons

Pour comprendre comment on exprime la liaison ionique dans le modèle de Lewis, considérons le potassium et le chlore que l'on représente de la façon suivante :

$$K \cdot \quad \cdot \ddot{\text{C}}\text{l} :$$

Lorsque le potassium et le chlore se lient, le potassium transfère son électron de valence au chlore :

$$K \overset{\frown}{\cdot} + \cdot \ddot{\text{C}}\text{l} : \longrightarrow K^+ \left[: \ddot{\text{C}}\text{l} : \right]^-$$

Le transfert de l'électron confère au chlore un octet (illustré à l'aide de huit points autour du chlore) et laisse le potassium sans son électron de valence original, mais avec un octet dans le niveau d'énergie principal précédent (qui devient son niveau périphérique).

$$K \quad 1s^2 2s^2 2p^6 3s^2 3p^6 4s^1$$
$$K^+ \quad 1s^2 2s^2 2p^6 \underbrace{3s^2 3p^6}_{} 4s^0$$

Octet du niveau précédent

Le potassium, qui vient de perdre un électron, est chargé positivement, alors que le chlore, qui a gagné un électron, est chargé négativement. La structure de Lewis d'un anion s'écrit habituellement entre crochets avec la charge dans le coin supérieur droit à l'extérieur des crochets. Les charges positives et négatives s'attirent mutuellement, ce qui donne naissance au solide ionique KCl.

Le modèle de Lewis prédit les formules chimiques correctes des composés ioniques. Pour le composé qui se forme entre K et Cl, par exemple, le modèle de Lewis prédit qu'il se formera un cation potassium pour chaque anion chlore, KCl. Dans la nature, quand on examine le composé formé entre le potassium et le chlore, on trouve en effet un ion

Rappelez-vous que les composés ioniques solides ne comportent pas de molécules distinctes ; ils sont plutôt constitués d'ions positifs et négatifs disposés en alternance dans un assemblage cristallin tridimensionnel.

potassium pour chaque ion chlorure. Comme autre exemple, considérons le composé ionique formé entre le sodium et le soufre. Les structures de Lewis pour le sodium et le soufre sont

$$\text{Na}\cdot \quad \cdot \ddot{\underset{..}{\text{S}}}:$$

Remarquez que le sodium doit perdre son unique électron de valence afin d'atteindre un octet (dans le niveau d'énergie principal précédent), alors que le soufre doit gagner deux électrons pour compléter son octet. Par conséquent, le composé qui se forme entre le sodium et le soufre requiert deux atomes de sodium pour chaque atome de soufre :

$$2\,\text{Na}^+ \left[:\ddot{\underset{..}{\text{S}}}:\right]^{2-}$$

Les deux atomes de sodium perdent chacun leur unique électron de valence, alors que l'atome de soufre gagne deux électrons et obtient un octet. Le modèle de Lewis prédit que la bonne formule chimique est Na_2S. Quand on examine le composé formé entre le sodium et le soufre naturellement présent dans la nature, la formule prédite par le modèle de Lewis est exactement celle qu'on observe.

EXEMPLE 5.1 **Prédiction de la formule chimique d'un composé ionique à l'aide du modèle de Lewis**

En vous aidant du modèle de Lewis, prédisez la formule du composé qui se forme entre le calcium et le chlore.

SOLUTION

Écrivez les structures de Lewis du calcium et du chlore en vous basant sur leur nombre respectif d'électrons de valence déterminé à partir du numéro de leur groupe (cette règle ne s'applique qu'aux éléments des groupes principaux) dans le tableau périodique.	$\dot{\text{Ca}}\cdot \quad \cdot\ddot{\underset{..}{\text{Cl}}}:$
Le calcium doit perdre ses deux électrons de valence (pour qu'il reste avec un octet dans son niveau principal précédent), alors que le chlore doit gagner seulement un électron pour obtenir un octet dans son niveau d'énergie le plus élevé. Écrivez deux anions chlorure, chacun avec un octet et une charge −1 et un ion calcium avec une charge +2. Écrivez les anions chlorure entre crochets et indiquez les charges de chaque ion.	$:\ddot{\underset{..}{\text{Cl}}}\cdot$ $\text{Ca}\cdot \longrightarrow \text{Ca}^{2+}$ $:\ddot{\underset{..}{\text{Cl}}}\cdot$ $\left[:\ddot{\underset{..}{\text{Cl}}}:\right]^-$ $\left[:\ddot{\underset{..}{\text{Cl}}}:\right]^-$
Enfin, écrivez la formule avec des indices qui indiquent le nombre d'atomes.	$CaCl_2$

EXERCICE PRATIQUE 5.1

En vous aidant du modèle de Lewis, prédisez la formule du composé qui se forme entre le magnésium et l'azote.

Énergie de réseau : la suite de l'histoire

La formation d'un composé ionique à partir de ses éléments constituants est généralement très exothermique. Par exemple, quand 1 mole de chlorure de sodium (sel de table) se forme à partir du sodium et du chlore, on observe un dégagement de chaleur de 411 kJ au cours de la réaction suivante :

$$\text{Na}(s) + \tfrac{1}{2}\,\text{Cl}_2(g) \rightarrow \text{NaCl}(s) \qquad \Delta H°_f = -411 \text{ kJ/mol}$$

Le symbole $\Delta H°_f$ indique qu'il s'agit ici de l'enthalpie standard de formation, soit l'énergie associée à la formation de 1 mole du composé à partir des éléments dans leur état le plus stable aux conditions normales.

D'où vient cette énergie ? On pourrait penser qu'elle vient uniquement de la tendance des métaux à perdre des électrons et des non-métaux à gagner des électrons, mais il n'en est rien. En fait, le transfert d'un électron du sodium au chlore absorbe de l'énergie. L'énergie de première ionisation (l'énergie nécessaire pour arracher l'électron de valence) du sodium est de +496 kJ/mol, et l'énergie dégagée par l'ajout d'un électron de valence au du chlore n'est que de −349 kJ/mol. En se basant uniquement sur ces énergies, la réaction devrait être *endothermique* avec un bilan énergétique de +147 kJ mol. Alors pourquoi la réaction est-elle exothermique ?

La réponse réside dans l'**énergie de réseau** ($\Delta H_{\text{réseau}}$) c'est-à-dire dans l'énergie associée à la formation d'un réseau cristallin de cations et d'anions disposés en alternance à partir des ions gazeux. L'énergie d'ionisation ainsi que l'énergie dégagée par la réception d'un électron ne représentent qu'une partie des transformations énergétiques en cause. L'autre partie vient du fait que les anions et les cations formés, étant de charges opposées, s'attirent mutuellement selon la loi de Coulomb (voir la section 4.3) et vont chercher à s'approcher les uns des autres le plus possible[*]. Ainsi, les ions collés les uns sur les autres correspondent à un système beaucoup plus stable que les ions séparés, et cette augmentation de stabilité correspond à une diminution de l'énergie potentielle du système. Cette énergie est émise sous forme de chaleur lors de la constitution du réseau, comme le montre la **figure 5.5**. Étant donné que la formation du réseau est exothermique, l'énergie de réseau est toujours négative.

FIGURE 5.5 **Énergie de réseau**

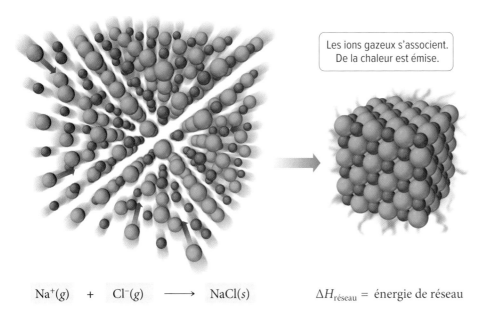

Les ions gazeux s'associent.
De la chaleur est émise.

$$Na^+(g) \quad + \quad Cl^-(g) \quad \longrightarrow \quad NaCl(s) \qquad \Delta H_{\text{réseau}} = \text{énergie de réseau}$$

L'énergie de réseau d'un composé ionique est l'énergie associée à la formation d'un réseau cristallin du composé à partir des ions gazeux.

Le caractère exothermique de la formation du réseau cristallin de NaCl à partir des cations sodium et des anions chlorure compense largement le caractère endothermique du processus de transfert des électrons. Autrement dit, la formation des composés ioniques n'est pas exothermique parce que le sodium « veut » perdre des électrons et le chlore « veut » les gagner; ce qui rend la réaction exothermique, c'est plutôt la grande quantité de chaleur libérée lorsque les ions sodium et chlorure s'assemblent pour former un réseau cristallin.

Variations de l'énergie de réseau : charge des ions

Considérons les énergies de réseau des deux composés suivants :

Composé	Énergie de réseau (kJ/mol)
NaF	−910
CaO	−3414

---

[*] Les cations et les anions vont s'approcher les uns des autres le plus possible jusqu'à ce que les forces de répulsion entre les noyaux ou les électrons des différentes particules équilibrent les forces d'attraction entre ions.

L'énergie de réseau est une énergie potentielle électrique, une énergie électrostatique. L'énergie électrostatique est associée à la façon dont des charges électriques sont organisées dans un système et résulte des forces de Coulomb entre ces charges. L'équation présentée dans la marge ci-contre permet de calculer l'énergie potentielle (E_p) d'un système contenant deux charges électriques situées aux positions x_1 et x_2. Elle peut être exprimée en une forme intégrée simplifiée :

$$E_p = \frac{1}{4\pi\varepsilon_o} \frac{q_1 q_2}{r}$$

$$E_p = \frac{1}{2} \iiint \frac{1}{4\pi\varepsilon_o} \frac{\rho(x_1)\rho(x_2)}{\|x_2 - x_1\|^2} d^3x_1 d^3x_2$$

E_p est l'énergie potentielle électrique entre deux charges, ε_o est la constante diélectrique du vide ($8,85 \times 10^{-12}$ C²/J·m), $\rho(x_1)$ le potentiel électrique au point x_1, $\rho(x_2)$ le potentiel électrique au point x_2 et $\|x_2 - x_1\|$ la distance entre les points x_1 et x_2.

L'énergie potentielle électrique d'un système est directement proportionnelle à la force électrostatique qui s'exerce entre ces charges. En effet, l'énergie fournie par une force est le produit de la force multiplié par la distance (r) sur laquelle cette force s'exerce :

$$E_p = \frac{1}{4\pi\varepsilon_o} \frac{q_1 q_2}{r} = F \times r = \left(\frac{1}{4\pi\varepsilon_o} \frac{q_1 q_2}{r^2} \right) \times r$$

L'énergie de réseau dépend donc de la force qui s'exerce entre les ions qui forment ce réseau. Pourquoi la grandeur de l'énergie de réseau de CaO est-elle de beaucoup supérieure à celle de NaF ? L'explication réside dans la charge des ions. Rappelez-vous que, d'après nos explications sur la loi de Coulomb (section 4.3), la grandeur de la force exercée entre deux charges est proportionnelle au produit des charges q_1 et q_2 :

E_p est l'énergie potentielle électrique entre deux charges, ε_o est la constante diélectrique du vide ($8,85 \times 10^{-12}$ C²/J·m), q, la grandeur de la charge électrostatique et r, la distance entre les charges 1 et 2.

$$F = \frac{1}{4\pi\varepsilon_o} \frac{\widehat{q_1 q_2}}{r^2}$$

Dans NaF, la force électrostatique F est proportionnelle à $(+1)(-1) = -1$ (rappel : le signe négatif indique qu'il s'agit d'une attraction entre les charges), alors que dans la cas de CaO, F est proportionnelle à $(+2)(-2) = -4$, de sorte que la stabilisation relative pour CaO par rapport à NaF devrait être quatre fois plus grande, comme on l'observe dans l'énergie de réseau.

Variations de l'énergie de réseau : taille des ions

Considérons les énergies de réseau des chlorures des métaux alcalins :

Chlorure d'un métal	Énergie de réseau (kJ/mol)
LiCl	−834
NaCl	−787
KCl	−701
CsCl	−657

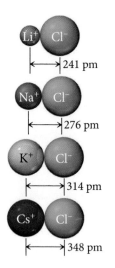

▲ Longueurs des liaisons des chlorures de métaux du groupe I A.

Pourquoi la grandeur de l'énergie de réseau diminue-t-elle de haut en bas dans cette colonne même si les charges des ions sont constantes ? On sait à partir des variations périodiques étudiées au chapitre 4 que le rayon ionique augmente de haut en bas dans une colonne du tableau périodique (voir la section 4.5). On sait également, à la suite de nos explications de la loi de Coulomb à la section 4.3, que la force électrostatique F qui s'exerce entre deux charges de signes opposés diminue, c'est-à-dire devient moins négative, à mesure que la distance r entre les ions augmente :

$$F = \frac{1}{4\pi\varepsilon_o} \frac{q_1 q_2}{\widehat{r^2}}$$

À mesure que la taille des ions de métaux alcalins augmente de haut en bas dans une colonne, la distance entre les cations des métaux et les anions chlorures en fait autant. On peut conclure que la force électrostatique entre ces ions diminue. Par conséquent, la grandeur de l'énergie de réseau diminue, rendant la formation des chlorures moins exothermique et les composés ioniques moins stables. Autrement dit, à mesure que les rayons ioniques augmentent de haut en bas dans une colonne, les ions ne peuvent pas s'approcher autant l'un de l'autre, de sorte qu'ils ne libèrent pas autant d'énergie lors de la formation du réseau.

EXEMPLE 5.2 Prédiction des énergies de réseau relatives

Classez les composés ioniques suivants en ordre croissant de *grandeur* de l'énergie de réseau : CaO, KBr, KCl, SrO.

SOLUTION

KBr et KCl ont des énergies de réseau de grandeur inférieure à celles de CaO et de SrO à cause de leurs charges ioniques plus petites (+1, −1 comparées à +2, −2). Entre KBr et KCl, KBr a une énergie de réseau inférieure puisque le rayon ionique de l'ion bromure est plus grand que celui de l'ion chlorure.

Entre CaO et SrO, SrO a une énergie de réseau plus faible puisque le rayon ionique de l'ion strontium est plus grand que celui de l'ion calcium.

Ordre croissant de la grandeur de l'énergie de réseau :

KBr < KCl < SrO < CaO

Valeurs réelles d'énergies de réseau

Composé	Énergie de réseau (kJ/mol)
KBr	−671
KCl	−701
SrO	−3217
CaO	−3414

EXERCICE PRATIQUE 5.2

Classez les composés suivants en ordre croissant de grandeur de l'énergie de réseau : LiBr, KI et CaO.

EXERCICE PRATIQUE SUPPLÉMENTAIRE 5.2

Quel composé possède la plus grande énergie de réseau, NaCl ou $MgCl_2$?

Résumé : Les variations des énergies de réseau

▶ Les énergies de réseau deviennent plus exothermiques (plus négatives) à mesure que la grandeur de la charge ionique croît. La liaison ionique est plus stable.

▶ Les énergies de réseau deviennent moins exothermiques (moins négatives) à mesure que le rayon ionique croît. La liaison ionique est moins stable.

Vous êtes maintenant en mesure de faire les exercices 5 à 12 et 53 à 55.

Liaison ionique : modèles et réalité

Dans la section précédente, nous avons élaboré un modèle pour la liaison ionique basé sur le modèle de Lewis. La valeur d'un modèle réside dans la manière dont il rend compte de ce qu'on perçoit dans le monde réel par des observations. Celui de la liaison ionique peut-il expliquer les propriétés de ces composés, notamment leurs points de fusion et d'ébullition, leur tendance *à ne pas conduire* l'électricité sous forme de solides et leur tendance *à conduire* l'électricité quand ils sont dissous dans l'eau ?

Le modèle que nous avons élaboré pour les solides ioniques est celui d'un réseau d'ions indi-viduels retenus par des forces de Coulomb non directionnelles (ce qui signifie qu'en s'éloignant du centre d'un ion, les forces électrostatiques sont d'intensité égale dans toutes les directions). Pour faire fondre le solide, il faut vaincre ces forces, ce qui nécessite une quantité importante de cha-leur. Par conséquent, ce modèle rend compte des points de fusion élevés des solides ioniques. Dans ce modèle, une fois les électrons transférés d'un métal au non-métal, ils ne quittent plus les ions

NaCl(*s*)

Le chlorure de sodium solide ne conduit pas l'électricité.

NaCl(*aq*)

Lorsque le chlorure de sodium se dissout dans l'eau, la solution résultante contient des ions mobiles qui peuvent créer un courant électrique.

formés. Autrement dit, le modèle du solide ionique ne comporte pas d'électrons libres qui pourraient conduire l'électricité (le déplacement ou flux d'électrons en réponse à un potentiel (ou tension) électrique est un courant électrique), comme c'est le cas pour les substances métalliques, ce que nous verrons à la section 5.11. De plus, les ions eux-mêmes sont fixes dans le réseau ; par conséquent, le modèle rend compte de la non-conductivité des solides ioniques. Cependant, lorsque notre solide ionique hypothétique se dissout dans l'eau, les cations et les anions se dissocient et forment des ions libres en solution. Ces ions peuvent se déplacer en réaction à des forces électriques, créant un courant électrique. Le modèle prédit donc que les solutions aqueuses formées par la dissolution des composés ioniques conduisent l'électricité.

....

Lien conceptuel 5.1 Points de fusion des solides ioniques

En vous aidant du modèle des liaisons ioniques, déterminez lequel des composés a le point de fusion le plus élevé, NaCl ou MgO. Expliquez le classement relatif.

....

5.5 Liaison covalente et modèle de Lewis

Le modèle de Lewis nous donne une image très simple et utile de la liaison covalente. Dans le modèle de Lewis, la liaison covalente est symbolisée par une *structure de Lewis* dans laquelle les atomes voisins partagent quelques-uns (ou la totalité) de leurs électrons de valence afin de compléter des octets (ou des doublets pour l'hydrogène).

Le partage d'électrons

Afin de comprendre comment la liaison covalente est conçue d'après le modèle de Lewis, considérons l'hydrogène et l'oxygène, dont les structures de Lewis sont les suivantes :

$$\text{H}\cdot \qquad \cdot\ddot{\underset{\displaystyle\cdot}{\text{O}}}\cdot$$

Dans la molécule d'eau, l'hydrogène et l'oxygène partagent leurs électrons de valence non appariés, de sorte que chaque atome d'hydrogène obtient un doublet et l'atome d'oxygène, un octet :

$$\text{H}:\ddot{\underset{\displaystyle\cdot\cdot}{\text{O}}}:\text{H}$$

Les électrons partagés (ceux qui se situent dans l'espace entre les deux atomes) sont pris en compte dans les octets (ou doublets) des *deux atomes*.

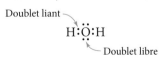

Doublet   Octet   Doublet

| Parfois, les électrons d'un doublet libre sont également appelés les électrons non liants.

Une paire d'électrons partagée entre deux atomes est un **doublet liant**, alors qu'une paire qui n'appartient qu'à un atome (et par conséquent qui ne participe pas à une liaison) est un **doublet libre** (ou **doublet non liant**).

Doublet liant
$$\text{H}:\ddot{\underset{\displaystyle\cdot\cdot}{\text{O}}}:\text{H}$$
Doublet libre

| Rappelez-vous qu'*un* tiret représente toujours *deux* électrons (un doublet liant).

On représente souvent les électrons des doublets liants par des tirets pour mettre en évidence le fait qu'ils constituent une liaison chimique :

$$\text{H}-\ddot{\underset{\displaystyle\cdot\cdot}{\text{O}}}-\text{H}$$

Le modèle de Lewis explique pourquoi les halogènes forment des molécules diatomiques. Considérons la structure de Lewis du chlore :

Si deux atomes Cl se combinent, chacun peut obtenir un octet :

$$:\!\overset{..}{\underset{..}{Cl}}\!:\!\overset{..}{\underset{..}{Cl}}\!: \quad \text{ou} \quad :\!\overset{..}{\underset{..}{Cl}}\!-\!\overset{..}{\underset{..}{Cl}}\!:$$

Quand on examine le chlore élémentaire, on constate qu'il existe en effet sous forme de molécule diatomique, comme le modèle de Lewis le prédit. C'est également vrai pour les autres halogènes.

De même, le modèle de Lewis prédit que l'hydrogène, qui a la structure de Lewis suivante :

$$H\cdot$$

existe sous forme de H_2. Quand deux atomes d'hydrogène partagent leurs électrons de valence, chacun se retrouve avec un doublet, une configuration stable pour l'hydrogène :

$$H\!:\!H \quad \text{ou} \quad H\!-\!H$$

Encore une fois, le modèle est correct. L'hydrogène élémentaire existe naturellement sous forme de molécules H_2.

Dans le modèle de Lewis, deux atomes peuvent partager plus d'une paire d'électrons pour obtenir des octets. Par exemple, si deux atomes d'oxygène se lient, ils doivent partager deux paires d'électrons de façon à ce que chaque atome d'oxygène obtienne un octet. Chaque atome d'oxygène a alors un octet parce que le doublet liant additionnel est pris en compte dans l'octet des deux atomes d'oxygène :

$$\cdot\overset{..}{O}\!: \ + \ \cdot\overset{..}{O}\!:$$
$$\downarrow$$
$$:\!\overset{..}{O}\!::\!\overset{..}{O}\!: \quad \text{ou} \quad :\!\overset{..}{O}\!=\!\overset{..}{O}\!:$$

Octet $\,$ Octet

Quand deux atomes partagent deux paires d'électrons, il se forme une **liaison double**. En général, les liaisons doubles sont plus courtes et plus fortes que les liaisons simples. Les atomes peuvent également partager trois paires d'électrons. Considérons la molécule N_2 selon la structure de Lewis. Étant donné que chaque atome N possède cinq électrons de valence, la structure de Lewis de N_2 comporte 10 électrons. Les deux atomes d'azote ne peuvent atteindre des octets qu'en partageant trois paires d'électrons :

$$:\!N\!:::\!N\!: \quad \text{ou} \quad :\!N\!\equiv\!N\!:$$

La liaison est une **liaison triple**. Les liaisons triples sont encore plus courtes et plus fortes que les liaisons doubles. Quand on examine l'azote présent dans la nature, on trouve qu'en effet il existe sous forme de molécules diatomiques avec une liaison très forte entre les deux atomes d'azote. La liaison est si forte qu'il est difficile de la rompre, ce qui fait de l'azote une molécule relativement non réactive.

Liaison covalente : modèles et réalité

Le modèle de Lewis prédit de bien des façons les propriétés des composés moléculaires. D'abord, il explique pourquoi des combinaisons particulières d'atomes forment des molécules, alors que d'autres ne le font pas. Par exemple, pourquoi l'eau est-elle H_2O et non H_3O ? On peut écrire une structure de Lewis correcte pour H_2O, mais pas pour H_3O :

$$H\!-\!\overset{..}{\underset{..}{O}}\!-\!H \qquad\qquad H\!-\!\overset{\overset{\textstyle H}{|}}{\underset{..}{O}}\!-\!H$$

L'oxygène a neuf électrons (un électron de plus qu'un octet).

Le modèle de Lewis prédit que H$_2$O doit être stable, alors que H$_3$O ne doit pas l'être, ce qui est effectivement le cas. Cependant, si on enlève un électron de H$_3$O, on obtient H$_3$O$^+$, qui devrait être stable (d'après le modèle de Lewis) parce qu'en retirant l'électron supplémentaire, l'oxygène obtient un octet :

$$
\begin{array}{c}
\text{H} \\
| \\
\text{H}\!-\!\overset{(+)}{\underset{\cdot\cdot}{\text{O}}}\!-\!\text{H}
\end{array}
$$

Cet ion, appelé ion hydronium, est en fait stable dans les solutions aqueuses (voir *Chimie des solutions*). Le modèle de Lewis prédit également d'autres combinaisons possibles pour l'hydrogène et l'oxygène. Par exemple, on peut écrire H$_2$O$_2$ sous forme d'une structure de Lewis de la façon suivante :

$$\text{H-}\overset{\cdot\cdot}{\underset{\cdot\cdot}{\text{O}}}\text{-}\overset{\cdot\cdot}{\underset{\cdot\cdot}{\text{O}}}\text{-H}$$

En effet, H$_2$O$_2$, ou peroxyde d'hydrogène, existe bel et bien et on l'emploie souvent comme agent désinfectant et comme décolorant, car c'est un puissant oxydant.

Le modèle de Lewis explique également pourquoi les liaisons covalentes sont hautement *directionnelles*. L'attraction entre deux atomes liés par covalence est due au partage d'un ou de plusieurs paires d'électrons dans l'espace entre eux. Par conséquent, chaque liaison unit une seule paire spécifique d'atomes, *contrairement aux liaisons ioniques, qui sont non directionnelles et maintiennent ensemble un assemblage entier d'ions*. Par conséquent, les unités fondamentales des composés liés par covalence sont des molécules individuelles. Ces molécules interagissent les unes avec les autres de différentes façons, comme nous le verrons au chapitre 6. Cependant, les interactions *entre* les molécules (forces intermoléculaires) sont généralement beaucoup plus faibles que les interactions des liaisons *dans* une molécule (forces intramoléculaires), comme le montre la **figure 5.6**. Lorsqu'un composé fond ou bout, les molécules elles-mêmes demeurent intactes (seules les interactions relativement faibles entre les molécules sont vaincues). Par conséquent, les composés moléculaires tendent à avoir des points de fusion et d'ébullition plus faibles que ceux des composés ioniques.

FIGURE 5.6 **Forces intermoléculaires et intramoléculaires**

Composé moléculaire

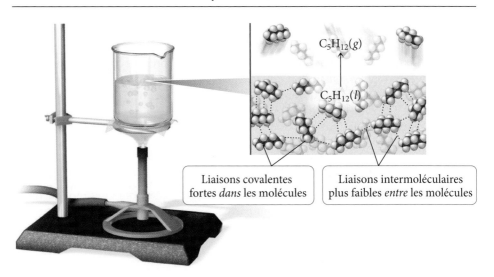

Les liaisons covalentes entre les atomes d'une molécule sont beaucoup plus fortes que les interactions entre les molécules. Pour faire bouillir une substance moléculaire, il suffit de vaincre les forces intermoléculaires relativement faibles, de sorte que les composés moléculaires ont généralement des points d'ébullition peu élevés.

··

Lien conceptuel 5.2 Énergie et règle de l'octet

En quoi cet énoncé est-il incomplet (ou trompeur) ? *Les atomes forment des liaisons dans le but de satisfaire à la règle de l'octet.*

··

Vous êtes maintenant en mesure de faire les exercices 13 à 16.

5.6 Polarité des liaisons covalentes

La représentation d'électrons au moyen de points, comme on le fait dans le modèle de Lewis, est une simplification excessive. Le modèle de Lewis est un modèle extrêmement utile, mais il faut reconnaître ses limites et les compenser. Une de ses limitations vient du fait que la représentation des électrons par des points et les liaisons covalentes par deux points ou par un trait entre deux atomes donne l'impression que les électrons sont toujours partagés *également*. Or, ce n'est pas le cas. Par exemple, considérons la structure du fluorure d'hydrogène :

$$H : \ddot{\ddot{F}} :$$

Les deux points représentant les électrons partagés situés entre les atomes H et F semblent être également partagés entre l'hydrogène et le fluor. Cependant, des mesures expérimentales nous démontrent le contraire. Quand HF est placé dans un champ électrique, les molécules s'orientent comme l'illustre la **figure 5.7**. D'après cette observation, on sait que l'extrémité de l'hydrogène dans la molécule doit avoir une charge légèrement positive et celle du fluor, une charge légèrement négative. On représente ce phénomène de la façon suivante :

$$\overset{\longrightarrow}{H—F} \quad ou \quad \overset{\delta+ \quad \delta-}{H—F}$$

FIGURE 5.7 **Orientation du fluorure d'hydrogène gazeux dans un champ électrique**

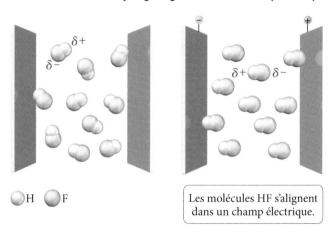

Les molécules HF s'alignent dans un champ électrique.

Étant donné qu'un côté de la molécule HF a une charge légèrement positive, et l'autre, une charge légèrement négative, les molécules s'alignent elles-mêmes en présence d'un champ électrique extérieur.

La flèche rouge à gauche, avec un signe plus sur son extrémité, montre que le côté gauche de la molécule porte une charge partielle positive et le côté droit de la molécule (le côté de la *pointe* de la flèche), une charge partielle négative. De même, $\delta+$ (delta plus) représente une charge partielle positive et $\delta-$ (delta moins), une charge partielle négative. La liaison devient-elle ionique pour autant ? Non. Dans une liaison ionique, l'électron est essentiellement *transféré* d'un atome à l'autre. Dans HF, il est *partagé inégalement*.

L'extrémité F de la molécule, avec sa charge partiellement négative, est rose; l'extrémité H, avec sa charge partiellement positive, est bleue.

Autrement dit, même si la structure de Lewis de HF représente les électrons liants situés *entre* les deux atomes, en réalité, la densité électronique est plus grande sur l'atome de fluor que sur l'atome d'hydrogène (**figure 5.8**). On dit que la liaison est *polaire*: elle a un pôle positif et un pôle négatif. Une **liaison covalente polaire** est de nature intermédiaire entre une liaison covalente pure et une liaison ionique. En fait, les catégories covalente pure et ionique sont en réalité les deux extrêmes d'un large continuum. La plupart des liaisons covalentes entre des atomes différents sont en fait *covalentes polaires*, se situant quelque part entre les deux extrêmes.

Nous avons vu au chapitre 4 que l'**électronégativité** (χ) est la capacité d'un atome à attirer vers lui des électrons dans une liaison chimique. Le degré de polarité dans une liaison chimique dépend de la différence d'électronégativité (parfois abrégée en $\Delta\chi$) entre les deux atomes liants. Plus la différence d'électronégativité est grande, plus la liaison est polaire. Si deux atomes d'électronégativité identique forment une liaison covalente, ils partagent également les électrons, et la liaison est purement covalente donc complètement non polaire. Par exemple, la molécule de chlore, constituée de deux atomes de chlore (qui ont des électronégativités identiques), a une liaison covalente dans laquelle les électrons sont partagés également:

S'il y a une grande différence d'électronégativité entre les deux atomes dans une liaison, comme c'est généralement le cas entre un métal et un non-métal, l'électron du métal est presque complètement transféré au non-métal, et il s'établit une liaison ionique, comme cela se produit entre le sodium et le chlore:

Si la différence d'électronégativité entre les deux atomes est intermédiaire, comme entre deux non-métaux d'électronégativités différentes, la liaison est covalente polaire. Par exemple, HCl forme une liaison covalente polaire:

Bien que toutes les tentatives pour diviser le continuum de la polarité des liaisons en régions spécifiques soient nécessairement arbitraires, il est utile de classer les liaisons en covalentes pures, covalentes polaires et ioniques, en se basant sur la différence d'électronégativité entre les atomes liés comme le montrent le **tableau 5.1** et la **figure 5.9**.

TABLEAU 5.1	Effet de la différence d'électronégativité sur le type de liaison	
Différence d'électronégativité ($\Delta\chi$)	**Type de liaison**	**Exemple**
Petite (0-0,4)	Covalente pure ou non polaire	Cl_2
Intermédiaire (> 0,4-2,0)	Covalente polaire	HCl
Grande (plus de 2,0*)	Ionique	NaCl

* En réalité, pour déterminer si un composé est ionique, il faut tenir compte plus largement du pourcentage de caractère ionique, ce qui entraîne de petites différences si la liaison se fait entre deux non-métaux ou entre un métal et un non-métal. Si la différence d'électronégativité est de 1,7 et plus et qu'un métal est présent dans la liaison, la liaison est alors ionique. Si la liaison se fait entre deux non-métaux, le type de liaison sera alors ionique si la différence d'électronégativité est de 2,0 et plus.

FIGURE 5.9 Différence d'électronégativité (Δχ) et type de liaisons

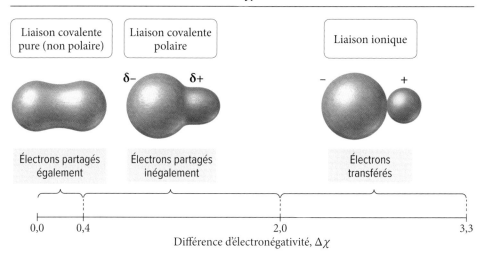

Continuum des types de liaisons

Liaison covalente pure (non polaire)

Liaison covalente polaire

Liaison ionique

δ−   δ+

−   +

Électrons partagés également

Électrons partagés inégalement

Électrons transférés

0,0   0,4   2,0   3,3

Différence d'électronégativité, Δχ

EXEMPLE 5.3 Classer les liaisons en covalente pure, covalente peu polaire, covalente polaire ou ionique

Dites à quel type de liaison (covalente pure, covalente peu polaire (non polaire), covalente polaire ou ionique) appartient la liaison formée entre chacune des paires d'atomes suivantes :

(a) Sr et F.   **(b)** N et Cl.   **(c)** N et O.

SOLUTION

(a) Sur la figure 4.17 (p. 175), trouvez les électronégativités de Sr (1,0) et de F (4,0).
La différence d'électronégativité est $\Delta\chi = 4{,}0 - 1{,}0 = 3{,}0$.
En vous servant du tableau 5.1, classez cette liaison comme ionique.

(b) Sur la figure 4.17 (p. 175), trouvez les électronégativités de N (3,0) et de Cl (3,0).
La différence d'électronégativité est $\Delta\chi = 3{,}0 - 3{,}0 = 0$.
En vous servant du tableau 5.1, classez cette liaison comme covalente pure.

(c) Sur la figure 4.17 (p. 175), trouvez les électronégativités de N (3,0) et de O (3,5).
La différence d'électronégativité est $\Delta\chi = 3{,}5 - 3{,}0 = 0{,}5$.
En vous servant du tableau 5.1, classez cette liaison comme covalente polaire.

EXERCICE PRATIQUE 5.3

Dites à quel type de liaison (covalente pure, covalente peu polaire (non polaire), covalente polaire ou ionique) appartient la liaison formée entre chacune des paires d'atomes suivantes :

(a) I et I.   **(b)** Cs et Br.   **(c)** P et O.

Moment dipolaire et pourcentage de caractère ionique

On quantifie la polarité d'une liaison au moyen d'une mesure quantitative appelée *moment dipolaire*. Le **moment dipolaire** (μ) est une mesure de la séparation d'une charge positive et d'une charge négative. Dans une molécule polaire dont les atomes portent des charges partielles positive $q+$ (ou $\delta+$) et négative $q-$ (ou $\delta-$), le moment dipolaire μ est obtenu par le produit de la grandeur q en valeur absolue par la distance r qui sépare ces charges :

$$\mu = qr$$

Il est possible de déterminer le moment dipolaire d'une liaison complètement ionique en multipliant le moment dipolaire qui résulte de la séparation d'un proton et d'un électron ($q = 1{,}6 \times 10^{-19}$ C) par une distance $r = 130$ pm (la longueur approximative d'une liaison chimique courte) :

$$
\begin{aligned}
\mu &= qr \\
&= (1{,}6 \times 10^{-19} \text{ C})(130 \times 10^{-12} \text{ m}) \\
&= 2{,}1 \times 10^{-29} \text{ C·m} \\
&= 2{,}1 \times 10^{-29} \text{ C·m} \times \frac{1\,\text{D}}{3{,}34 \times 10^{-30} \text{ C·m}} = 6{,}2 \text{ D}
\end{aligned}
$$

Le debye (D) est une unité couramment utilisée pour exprimer les moments dipolaires ($1\,\text{D} = 3{,}34 \times 10^{-30}$ C·m). On s'attendrait donc à ce que le moment dipolaire de liaisons complètement ioniques avec des longueurs de liaison d'environ 130 pm soit d'environ 6 D. Plus la valeur absolue de la charge q est faible et plus la distance entre les charges est petite, plus le moment dipolaire est petit. Le **tableau 5.2** dresse une liste des moments dipolaires de plusieurs molécules ou composés ioniques accompagnés des différences d'électronégativité de leurs atomes.

TABLEAU 5.2	Moments dipolaires de plusieurs molécules en phase gazeuse	
Molécule	**Δχ**	**Moment dipolaire (D)**
Cl_2	0	0
ClF	1,0	0,88
HF	1,8	1,82
LiF	3,0	6,33

En comparant le moment dipolaire *réel* d'une liaison à ce qu'il serait si les électrons étaient complètement transférés d'un atome à l'autre, on peut avoir une idée du degré de transfert de l'électron (ou à quel point la liaison est ionique). Une quantité appelée **pourcentage de caractère ionique**, qui est le rapport entre le moment dipolaire réel d'une liaison et le moment dipolaire qu'elle aurait si l'électron était complètement transféré d'un atome à un autre, multiplié par 100 % :

$$
\text{Pourcentage de caractère ionique} = \frac{\text{moment dipolaire mesuré d'une liaison}}{\text{moment dipolaire si l'électron était complètement transféré}} \times 100\,\%
$$

Par exemple, supposons que le moment dipolaire d'une molécule diatomique avec une longueur de liaison de 130 pm est de 3,5 D. Nous avons précédemment calculé qu'en écartant un proton et un électron de 130 pm, on obtient un moment dipolaire de 6,2 D. Par conséquent, le pourcentage de caractère ionique de la liaison est

$$
\text{Pourcentage de caractère ionique} = \frac{3{,}5\,\cancel{D}}{6{,}2\,\cancel{D}} \times 100\,\%
$$
$$
= 56\,\%
$$

Une liaison dans laquelle un électron est complètement transféré d'un atome à un autre aurait un caractère ionique de 100 % (même si les liaisons les plus ioniques n'atteignent pas cette valeur idéale). La **figure 5.10** montre le pourcentage de caractère ionique de quelques molécules diatomiques en phase gazeuse porté en graphique en fonction de la différence d'électronégativité entre les atomes liants. Comme prévu, le pourcentage de caractère ionique s'accroît généralement à mesure que la différence d'électronégativité augmente. Cependant, comme on peut le voir, et comme on vient juste de le mentionner, aucune liaison n'est ionique à 100 %. En général, sont considérées comme ioniques les liaisons dont le caractère ionique est supérieur à 50 %.

FIGURE 5.10 Pourcentage de caractère ionique en fonction de la différence d'électronégativité de quelques composés ioniques

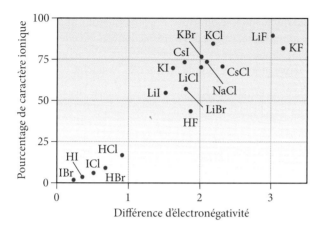

Vous êtes maintenant en mesure de faire les exercices 17 à 20.

5.7 Énergies et longueurs des liaisons covalentes

L'**énergie de liaison** (ou **enthalpie de liaison**, $\Delta H_{\text{liaison}}$) d'une liaison chimique est l'énergie requise pour rompre 1 mole de la liaison en phase gazeuse. Par exemple, dans Cl_2, l'énergie de liaison de la liaison $Cl\text{-}Cl$ est de 243 kJ/mol :

$$Cl_2(g) \rightarrow 2\,Cl(g) \qquad \Delta H = 243\ \text{kJ}$$

L'énergie de liaison de HCl est de 431 kJ/mol :

$$HCl(g) \rightarrow H(g) + Cl(g) \qquad \Delta H = 431\ \text{kJ}$$

Les énergies de liaison sont toujours positives, parce que, dans tous les cas, il faut fournir de l'énergie pour rompre une liaison. On dit que la liaison HCl est *plus forte* que la liaison Cl_2 parce qu'elle nécessite plus d'énergie pour être rompue. En général, les composés possédant des liaisons plus fortes tendent à être chimiquement plus stables et, par conséquent, moins réactifs chimiquement que les composés dont les liaisons sont plus faibles. La liaison triple dans N_2 a une énergie de liaison de 946 kJ/mol :

$$N_2(g) \rightarrow 2\,N(g) \qquad \Delta H = 946\ \text{kJ}$$

C'est une liaison très forte et stable, ce qui explique l'inertie relative de l'azote.

L'énergie d'une liaison particulière dans une molécule polyatomique est un peu plus difficile à déterminer parce que d'une molécule à l'autre, l'énergie de liaison entre deux atomes particuliers n'a pas nécessairement la même valeur. Pour illustrer cette affirmation, considérons la liaison $C\text{-}H$. Dans CH_4, l'énergie requise pour briser une liaison $C\text{-}H$ est de 438 kJ/mol :

$$H_3C-H(g) \rightarrow H_3C(g) + H(g) \qquad \Delta H = 438\ \text{kJ}$$

Cependant, l'énergie requise pour rompre une liaison $C\text{-}H$ dans d'autres molécules varie légèrement, comme on le voit ici :

$$F_3C-H(g) \rightarrow F_3C(g) + H(g) \qquad \Delta H = 446\ \text{kJ}$$
$$Br_3C-H(g) \rightarrow Br_3C(g) + H(g) \qquad \Delta H = 402\ \text{kJ}$$
$$Cl_3C-H(g) \rightarrow Cl_3C(g) + H(g) \qquad \Delta H = 401\ \text{kJ}$$

L'énergie de liaison est également appelée énergie de dissociation des liaisons.

Liaison	Énergie de liaison (kJ/mol)
C≡C	837 kJ/mol
C=C	611 kJ/mol
C—C	347 kJ/mol

Il est utile de calculer une *énergie de liaison moyenne*, qui est une moyenne des énergies pour cette liaison dans un grand nombre de composés. Dans la courte série de composés énumérés ci-dessus, l'énergie de la liaison C-H moyenne calculée est de 422 kJ/mol. Le **tableau 5.3** indique les énergies de liaison moyennes d'un certain nombre de liaisons chimiques courantes obtenues à partir d'un grand nombre de composés. Remarquez que l'énergie de la liaison C-H est de 414 kJ/mol, ce qui n'est pas très différent de la valeur calculée à partir d'un petit nombre de composés. Constatez également que les énergies de liaison dépendent non seulement de la sorte d'atomes en jeu dans la liaison, mais aussi du type de liaison : simple, double ou triple. En général, pour une paire donnée d'atomes, les liaisons triples sont plus fortes que les liaisons doubles et celles-ci sont à leur tour plus fortes que les liaisons simples. Par exemple, considérons les énergies de liaison des liaisons carbone-carbone triple, double et simple énumérées à gauche.

Animation

Réactions endothermiques et exothermiques

codeqrcu.page.link/5wFG

TABLEAU 5.3	Énergies de liaison moyennes					
Liaison	**Énergie de liaison (kJ/mol)**	**Liaison**	**Énergie de liaison (kJ/mol)**	**Liaison**	**Énergie de liaison (kJ/mol)**
H—H	436	N—N	163	Br—F	237
H—C	414	N=N	418	Br—Cl	218
H—N	389	N≡N	946	Br—Br	193
H—O	464	N—O	222	I—Cl	208
H—S	368	N=O	590	I—Br	175
H—F	565	N—F	272	I—I	151
H—Cl	431	N—Cl	200	Si—H	323
H—Br	364	N—Br	243	Si—Si	226
H—I	297	N—I	159	Si—C	301
C—C	347	O—O	142	Si=O	368
C=C	611	O=O	498	Si—Cl	464
C≡C	837	O—F	190	S—O	265
C—N	305	O—Cl	203	S=O	523
C=N	615	O—I	234	S=S	418
C≡N	891	F—F	159	S—F	327
C—O	360	Cl—F	253	S—Cl	253
C=O	736*	Cl—Cl	243	S—Br	218
C≡O	1072	S—S	266	C—Cl	339

* 799 dans CO_2

Utilisation des énergies de liaison moyennes pour estimer les variations d'enthalpie des réactions

Les énergies de liaison moyennes sont utiles pour *estimer* la variation d'enthalpie d'une réaction (ΔH_{Rn}). Considérons la réaction entre le méthane et le chlore :

$$H_3C—H(g) + Cl—Cl(g) \rightarrow H_3C—Cl(g) + H—Cl(g)$$

On peut imaginer que cette réaction se produit par la rupture d'une liaison C-H et d'une liaison Cl-Cl et la formation d'une liaison C-Cl et d'une liaison H-Cl, comme le montre la **figure 5.11**. Étant donné que la rupture de liaisons est endothermique (ΔH positive) et que la formation de liaisons est exothermique (ΔH négative), on peut calculer la variation d'enthalpie globale comme étant la somme des variations d'enthalpie associées à la rupture des liaisons requises dans les réactifs et à la formation des liaisons requises dans les produits.

$$H_3C—H(g) + Cl—Cl(g) \rightarrow H_3C—Cl(g) + H—Cl(g)$$

Liaisons rompues		Liaisons formées	
Bris de C—H	+414 kJ	Formation de C—Cl	−339 kJ
Bris de Cl—Cl	+243 kJ	Formation de H—Cl	−431 kJ
Somme (Σ) des ΔH		*Somme (Σ) des ΔH*	
des liaisons rompues : +657 kJ		*des liaisons formées* : −770 kJ	

$$\Delta H_{Rn} = \Sigma(\Delta H \ des \ liaisons \ rompues) + \Sigma(\Delta H \ des \ liaisons \ formées)$$

$$= +657 \ kJ - 770 \ kJ$$

$$= -113 \ kJ$$

FIGURE 5.11 Estimation de ΔH_{Rn} à partir des énergies de liaison

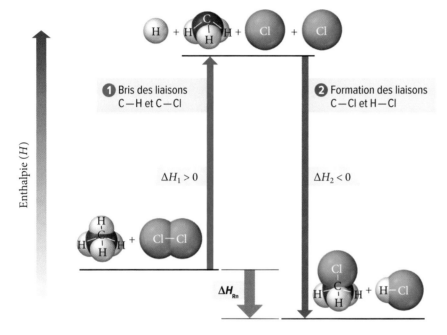

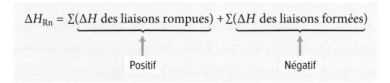

On peut calculer approximativement la variation d'enthalpie d'une réaction en additionnant les variations d'enthalpie associées à la rupture des anciennes liaisons et celles associées à la formation de nouvelles liaisons.

On trouve que $\Delta H_{Rn} = -113$ kJ. En général, on peut calculer ΔH_{Rn} à partir des énergies de liaison moyennes en additionnant les variations d'enthalpie pour toutes les liaisons rompues et en ajoutant la somme des variations d'enthalpie pour toutes les liaisons formées. Rappelez-vous que ΔH est positif quand les liaisons sont rompues et négatif quand elles sont formées :

$$\Delta H_{Rn} = \underbrace{\Sigma(\Delta H \text{ des liaisons rompues})}_{\text{Positif}} + \underbrace{\Sigma(\Delta H \text{ des liaisons formées})}_{\text{Négatif}}$$

Comme on peut le voir à partir de l'équation ci-dessus :

- Une réaction est *exothermique* s'il y a rupture de liaisons faibles et formation de liaisons fortes.
- Une réaction est *endothermique* s'il y a rupture de liaisons fortes et formation de liaisons faibles.

Les scientifiques affirment souvent que «l'énergie est emmagasinée dans les liaisons chimiques ou dans un composé chimique», ce qui peut donner à penser que la rupture des liaisons dans un composé libère de l'énergie. Par exemple, on entend souvent en biologie que l'énergie est emmagasinée dans le glucose ou dans l'ATP. Cependant, *la rupture d'une liaison chimique exige toujours de l'énergie*. Quand on dit que l'énergie est emmagasinée dans un composé, ou qu'un composé est riche en énergie, on veut dire que le composé peut subir une réaction dans laquelle des liaisons faibles se rompent et des liaisons fortes se forment, libérant ainsi une énergie nette dans le processus global. Cependant, *c'est toujours la formation de liaisons chimiques qui libère de l'énergie*.

....

Lien conceptuel 5.3 Énergies de liaison et ΔH_{Rn}

La réaction entre l'hydrogène et l'oxygène pour former l'eau est hautement exothermique. Quel énoncé concernant la formation de l'eau est vrai?

(a) L'énergie nécessaire pour rompre les liaisons est supérieure à l'énergie libérée quand les nouvelles liaisons se forment.

(b) L'énergie nécessaire pour rompre les liaisons est inférieure à l'énergie libérée quand les nouvelles liaisons se forment.

(c) L'énergie nécessaire pour rompre les liaisons est environ la même que l'énergie libérée quand les nouvelles liaisons se forment.

....

EXEMPLE 5.4 Calcul de ΔH_{Rn} à partir des énergies de liaison

On peut préparer l'hydrogène gazeux, un carburant potentiel du futur, par la réaction du méthane gazeux et de la vapeur d'eau:

$$CH_4(g) + 2\,H_2O(g) \rightarrow 4\,H_2(g) + CO_2(g)$$

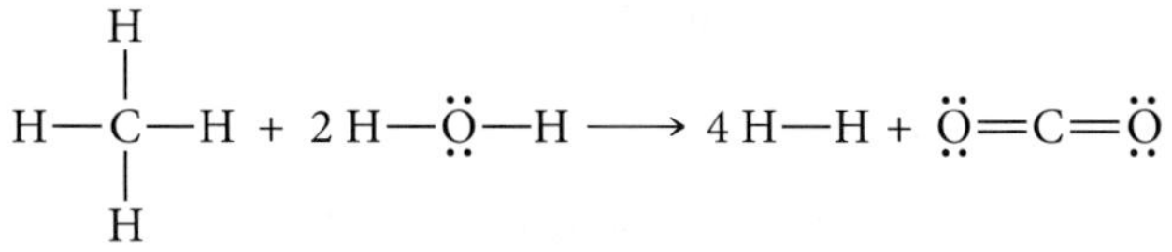

$$\begin{array}{c} H \\ | \\ H-C-H \\ | \\ H \end{array} + 2\,H-\ddot{O}-H \longrightarrow 4\,H-H + \ddot{O}=C=\ddot{O}$$

Utilisez les énergies de liaison pour calculer ΔH_{Rn} de cette réaction.

SOLUTION

Déterminez quelles liaisons sont rompues au cours de la réaction et additionnez leurs énergies de liaison.	$\begin{array}{c} H \\ | \\ H-C-H \\ | \\ H \end{array} + 2\,H-\ddot{O}-H$ $\Sigma(\Delta H$ des liaisons rompues$)$ $= 4(C-H) + 4(O-H)$ $= 4(414\ kJ) + 4(464\ kJ)$ $= 3512\ kJ$
Déterminez quelles liaisons sont formées au cours de la réaction et additionnez leurs énergies de liaison négatives.	$4\,H-H + \ddot{O}=C=\ddot{O}$ $\Sigma(\Delta H$ des liaisons formées$)$ $= -4(H-H) - 2(C=O)$ $= -4(436\ kJ) - 2(799\ kJ)$ $= -3342\ kJ$

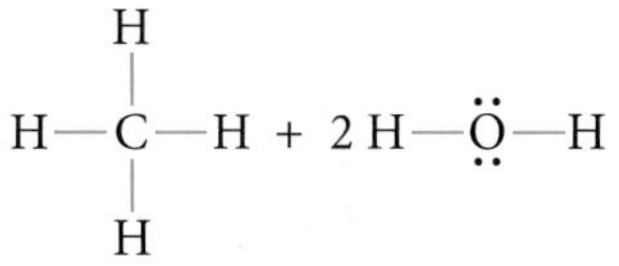

Trouvez ΔH_{Rn} en faisant la sommation des résultats des deux étapes précédentes.	$\Delta H_{Rn} = \Sigma(\Delta H$ des liaisons rompues) + $\Sigma(\Delta H$ des liaisons formées) $= 3512$ kJ $- 3342$ kJ $= 1,70 \times 10^2$ kJ

EXERCICE PRATIQUE 5.4

Le méthanol (CH_3OH) est un autre carburant potentiel du futur. Écrivez une équation équilibrée pour la combustion du méthanol gazeux et utilisez les énergies de liaison pour calculer l'enthalpie de combustion du méthanol en kJ/mol.

EXERCICE PRATIQUE SUPPLÉMENTAIRE 5.4

Utilisez les énergies de liaison pour calculer ΔH_{Rn} pour la réaction.

$N_2(g) + 3H_2(g) \rightarrow 2NH_3(g)$

Longueurs de liaison

Tout comme on peut mettre en tableau les énergies de liaison moyennes, qui représentent l'énergie moyenne d'une liaison entre deux atomes particuliers dans un grand nombre de composés, on peut présenter sous forme de tableau les **longueurs de liaison** moyennes, qui représentent la longueur moyenne d'une liaison entre deux atomes donnés dans un grand nombre de composés. Comme les énergies de liaison, les longueurs de liaison ne dépendent pas seulement de la sorte d'atomes en jeu dans la liaison, mais également du type de liaison (simple, double ou triple). En général, pour une paire donnée d'atomes, les liaisons triples sont plus courtes que les liaisons doubles qui, à leur tour, sont plus courtes que les liaisons simples. Par exemple, considérons les longueurs de liaison (présentées ici avec les énergies de liaison, reprises du tableau 5.3) carbone-carbone triple, double et simple.

Liaison	Longueur de la liaison (pm)	Énergie de la liaison (kJ/mol)
C≡C	120	837
C═C	134	611
C—C	154	347

Remarquez qu'à mesure que la liaison carbone-carbone s'allonge, elle devient également plus faible. Cette relation entre la longueur d'une liaison et sa force n'est pas nécessairement vraie pour toutes les liaisons. La stabilité de la liaison dépend aussi de la polarité de la liaison et de l'attraction entre les atomes de part et d'autre du lien. Par exemple, considérons la série suivante de liaisons simples azote-halogène :

Liaison	Longueur de la liaison (pm)	Énergie de la liaison (kJ/mol)
N—F	139	272
N—Cl	191	200
N—Br	214	243
N—I	222	159

Bien que les liaisons deviennent en général plus faibles à mesure qu'elles s'allongent, la variation n'est pas régulière. Le **tableau 5.4** donne les longueurs de liaison moyennes pour un certain nombre de liaisons courantes.

Longueurs de liaison

F₂ 143 pm

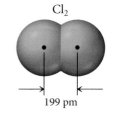
Cl₂ 199 pm

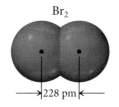
Br₂ 228 pm

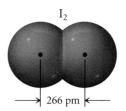
I₂ 266 pm

Longueurs de liaisons dans les molécules diatomiques d'halogène.

TABLEAU 5.4	Longueurs de liaison moyennes				
Liaison	Longueur de liaison (pm)	Liaison	Longueur de liaison (pm)	Liaison	Longueur de liaison (pm)
H — H	74	C — C	154	N — N	145
H — C	110	C = C	134	N = N	123
H — N	100	C ≡ C	120	N ≡ N	110
H — O	97	C — N	147	N — O	136
H — S	132	C = N	128	N = O	120
H — F	92	C ≡ N	116	O — O	145
H — Cl	127	C — O	143	O = O	121
H — Br	141	C = O	120	F — F	143
H — I	161	C — Cl	178	Cl — Cl	199
				Br — Br	228
				I — I	266

Vous êtes maintenant en mesure de faire les exercices suivants 21 à 24, 56 à 58, 78, 79, 85 et 86.

5.8 Structures de Lewis des composés moléculaires et des ions polyatomiques

Le modèle de Lewis (section 5.3) nous a permis de prédire la structure de molécules simples, mais du même coup nous avons appris qu'il devient vite difficile de déterminer simplement à l'aide des électrons de valence la structure de molécules plus complexes. Afin de prédire la structure la plus probable de molécules à plus de deux atomes, il faut faire appel à des concepts supplémentaires comme la charge formelle et la notion de résonance.

Charge formelle

La *charge formelle* est une charge fictive assignée à chaque atome dans une structure de Lewis qui nous aide à différencier différentes structures concurrentes. La **charge formelle** d'un atome dans une structure de Lewis est *la charge que cet atome aurait si tous les électrons liants étaient partagés également entre les atomes liés.* Autrement dit, la charge formelle est la charge calculée pour un atome si on ignore complètement les effets de l'électronégativité. Par exemple, HF a un moment dipolaire, car le fluor est plus électronégatif que l'hydrogène (l'atome d'hydrogène a une charge réelle légèrement positive et l'atome de fluor a une charge légèrement négative). Cependant, les *charges formelles* de l'hydrogène et du fluor dans HF (les charges calculées si on ignore leur différence d'électronégativité) sont toutes les deux nulles :

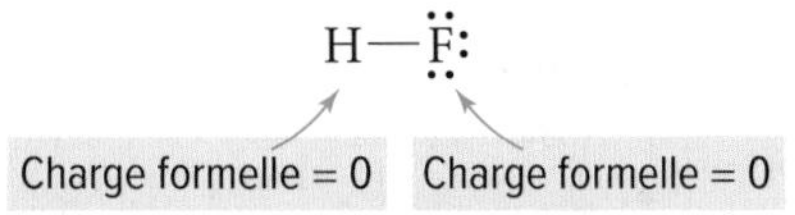

$$H - \overset{..}{\underset{..}{F}}:$$

Charge formelle = 0   Charge formelle = 0

Dans une structure de Lewis, la charge formelle d'un atome est la différence entre le nombre d'électrons de valence de l'atome et le nombre d'électrons qu'il « possède » dans cette structure. Un atome dans une structure de Lewis « possède » tous les électrons des doublets libres et la moitié des électrons des doublets liants.

Charge formelle = nombre d'électrons de valence
− (nombre d'électrons des doublets libres
+ ½ nombre d'électrons liants)

La charge formelle de l'hydrogène dans HF est donc

$$H\!-\!\ddot{\underset{\cdot\cdot}{F}}\!:$$

$$\text{Charge formelle} = 1 - \left[0 \;+\; \tfrac{1}{2}(2)\right] = 0$$

Nombre d'électrons de valence de H

Nombre d'électrons que H « possède » dans la structure de Lewis

De même, la charge formelle du fluor dans HF est

$$H\!-\!\ddot{\underset{\cdot\cdot}{F}}\!:$$

$$\text{Charge formelle} = 7 - \left[6 \;+\; \tfrac{1}{2}(2)\right] = 0$$

Nombre d'électrons de valence de F

Nombre d'électrons que F « possède » dans la structure de Lewis

Le concept de charge formelle est utile parce qu'il peut nous aider à distinguer les différentes structures en concurrence. En général, les règles suivantes s'appliquent :

1. La somme de toutes les charges formelles dans une molécule neutre doit être de zéro.

2. La somme de toutes les charges formelles dans un ion doit être égale à la charge de l'ion.

3. Des charges formelles petites (ou nulles) sur des atomes individuels sont préférables à des grandes.

4. Lorsqu'on doit faire appel à une charge formelle, on attribue une charge formelle négative à l'atome le plus électronégatif.

Nous utilisons la charge formelle pour choisir entre les structures squelettiques en concurrence du cyanure d'hydrogène illustré ci-dessous. Remarquez que les deux structures squelettiques satisfont également la règle de l'octet (section 5.3). La charge formelle de chaque atome dans la structure est calculée sous les atomes.

	Structure A			**Structure B**		
	$H\!-\!C\!\equiv\!N\!:$			$H\!-\!N\!\equiv\!C\!:$		
nombre d'e⁻ de valence	1	4	5	1	5	4
− nombre d'e⁻ de doublets libres	−0	−0	−2	−0	−0	−2
− ½(nombre d'e⁻ liants)	−½(2)	−½(8)	−½(6)	−½(2)	−½(8)	−½(6)
Charge formelle	**0**	**0**	**0**	**0**	**+1**	**−1**

La somme des charges formelles pour chacune de ces structures est nulle (comme ce doit être pour les molécules neutres). Cependant, la structure B porte des charges formelles sur les deux atomes N et C, contrairement à la structure A dont aucun des atomes ne porte de charge formelle. De plus, dans la structure B, la charge formelle négative n'est pas située sur l'élément le plus électronégatif (l'azote est plus électronégatif que le carbone). Par conséquent, la structure A est la structure la plus probable. Étant donné que les atomes au milieu d'une molécule tendent à s'entourer de plus d'électrons liants et de moins d'électrons de doublets libres, ils auront également tendance à porter des charges formelles positives.

HCN et HNC existent tous les deux, mais, comme le prévoit la charge formelle, HCN est plus stable que HNC.

EXEMPLE 5.5 **Attribution des charges formelles**

Attribuez les charges formelles à chaque atome dans les différentes structures de l'ion cyanate (OCN⁻).

A	B	C
$[:\!\ddot{O}\!-\!C\!\equiv\!N\!:]^-$	$[:\!\ddot{O}\!=\!C\!=\!\ddot{N}\!:]^-$	$[:\!O\!\equiv\!C\!-\!\ddot{\ddot{N}}\!:]^-$

SOLUTION

	A $[:\ddot{O}\!-\!C\!\equiv\!N:]^-$			B $[:\ddot{O}\!=\!C\!=\!\ddot{N}:]^-$			C $[:O\!\equiv\!C\!-\!\ddot{N}:]^-$		
Calculez la charge formelle de chaque atome en trouvant le nombre d'électrons de valence et en soustrayant le nombre d'électrons de doublets libres et la moitié du nombre d'électrons liants.	nombre d'e⁻ de valence	6	4	5	6	4	5	6	4	5
	− nombre d'e⁻ de doublets libres	−6	−0	−2	−4	−0	−4	−2	−0	−6
	− ½(nombre d'e⁻ liants)	−1	−4	−3	−2	−4	−2	−3	−4	−1
	Charge formelle	**−1**	**0**	**0**	**0**	**0**	**−1**	**+1**	**0**	**−2**

La somme de toutes les charges formelles de chaque structure est de −1, comme cela doit être pour un ion 1−. Les structures A et B ont les plus faibles charges formelles et sont donc plus probables que la structure C. La structure A est plus probable que B parce qu'elle porte une charge formelle négative sur l'atome le plus électronégatif. La structure A devrait donc être la plus stable des trois.

EXERCICE PRATIQUE 5.5

Attribuez des charges formelles à chaque atome dans les différentes structures de N_2O. Quelle structure est susceptible d'être la plus stable?

A	B	C
$:\ddot{N}\!=\!N\!=\!\ddot{O}:$	$:N\!\equiv\!N\!-\!\ddot{O}:$	$:\ddot{N}\!-\!N\!\equiv\!O:$

EXERCICE PRATIQUE SUPPLÉMENTAIRE 5.5

Attribuez des charges formelles à chacun des atomes de l'ion nitrate (NO_3^-).

$$\left[\begin{array}{c} :\ddot{O} \\ \| \\ :\ddot{O}\!-\!N\!-\!\ddot{O}: \end{array}\right]^-$$

Vous êtes maintenant en mesure de faire les exercices 25 à 29.

Écriture des structures de Lewis des composés moléculaires et des ions polyatomiques

Examinons maintenant la séquence à suivre pour écrire la structure de Lewis d'une combinaison donnée d'atomes. Pour déterminer la façon dont les atomes sont liés les uns aux autres dans une molécule, suivez ces étapes:

1. **Comptez le nombre total d'électrons pour la structure de Lewis en additionnant les électrons de valence de chaque atome de la molécule.** Rappelez-vous que le nombre d'électrons de valence d'un élément des groupes principaux correspond au numéro de son groupe dans le tableau périodique. *Si vous écrivez une structure de Lewis d'un ion polyatomique, vous devez prendre en considération la charge de l'ion dans le calcul du nombre total d'électrons.* Ajoutez un électron pour chaque charge négative et soustrayez un électron pour chaque charge positive. Ne vous préoccupez pas de savoir de quel atome provient un électron (seul le nombre total est important).

2. **Écrivez la structure squelettique de la molécule.** Dans la structure de Lewis d'une molécule, les atomes doivent se trouver dans la position appropriée. Par exemple, on ne pourrait pas écrire une structure de Lewis de l'eau en plaçant les atomes d'hydrogène l'un à côté de l'autre et l'atome d'oxygène à l'extrémité (H H O). Dans la réalité, l'oxygène est l'atome central et les atomes d'hydrogène sont *terminaux* (aux extrémités). La structure squelettique correcte est donc H O H. La seule façon de déterminer

la structure squelettique d'une molécule avec une certitude absolue consiste à examiner sa structure expérimentalement. Cependant, on peut écrire des structures squelettiques probables en se rappelant les principes suivants.

- *Les atomes d'hydrogène sont toujours terminaux.* L'hydrogène n'est généralement pas un atome central parce que les atomes centraux doivent former au moins deux liaisons. Or, l'hydrogène ne peut en établir qu'une seule puisqu'il ne peut partager qu'un seul électron de valence et qu'il n'exige qu'un doublet.

- *Placez les éléments les plus électronégatifs dans des positions terminales* et les moins électronégatifs (autres que l'hydrogène) en position centrale.

- *S'il existe plusieurs atomes d'un même élément, tentez de les répartir de la façon la plus uniforme possible* dans la molécule. Par exemple, dans l'anion carbonate CO_3^{2-}, le carbone est situé au centre et entouré des trois atomes d'oxygène. Il existe certaines exceptions à cette règle, mais nous n'en traiterons pas ici.

- *Dans un oxacide (acide contenant de l'oxygène), les hydrogènes acides sont portés par les atomes d'oxygène.*

3. **Répartissez les électrons parmi les atomes, en attribuant des octets (ou des doublets dans le cas de l'hydrogène) au plus grand nombre d'atomes possible.** Commencez par placer 2 électrons liants entre deux atomes. Ces électrons sont représentés par des traits. Puis répartissez les électrons restants comme doublets libres (représentés par deux points) aux atomes terminaux (sauf l'hydrogène, bien sûr), un atome à la fois, en formant des octets. Attribuez finalement tous les électrons qui restent à l'atome central sous forme de doublet libre (doublet non liant).

4. **Si l'atome central n'a pas son octet, formez des liaisons doubles ou triples au besoin pour qu'il obtienne son octet.** Pour ce faire, déplacez des doublets d'électrons libres des atomes terminaux pour former des doublets liants avec l'atome central.

5. **Calculez la charge formelle de chacun des atomes de votre structure et vérifiez que la somme de ces charges est nulle pour une molécule ou correspond à la charge de l'ion polyatomique.** Si ce n'est pas le cas, vérifiez le nombre d'électrons distribués. Si la structure porte des charges formelles élevées, tentez de les minimiser en modifiant la structure.

Il existe quelques exceptions à cette règle, comme le diborane (B_2H_6), qui comporte des *atomes d'hydrogène qui font le pont* entre les deux atomes de bore, mais elles sont rares et le modèle de Lewis ne peut les prendre en compte.

Souvent, les formules chimiques sont écrites de façon à fournir des indices sur la façon dont les atomes sont liés. Par exemple, CH_3OH indique que trois atomes d'hydrogène et l'atome d'oxygène sont attachés à l'atome de carbone et que le quatrième atome d'hydrogène est lié à l'atome d'oxygène.

Parfois, la distribution de tous les électrons fait en sorte que l'atome central porte plus de 8 électrons. Cela s'appelle un octet étendu ; nous abordons ce sujet à la section 5.9

Une version abrégée de cette méthode est illustrée ci-dessous dans la colonne de gauche. Les exemples 5.6 et 5.7 sont une démonstration de la méthode.

MÉTHODE POUR... Écrire la structure de Lewis	EXEMPLE 5.6 Écrire la structure de Lewis Écrivez la structure de Lewis de CO_2.	EXEMPLE 5.7 Écrire la structure de Lewis Écrivez la structure de Lewis de NH_3.
1. Comptez le nombre total d'électrons de la structure de Lewis en additionnant les électrons de valence de chaque atome de la molécule.	**SOLUTION** Nombre total d'électrons pour la structure de Lewis = $\left(\begin{array}{c}\text{Nombre d'e}^-\\ \text{de valence}\\ \text{de C}\end{array}\right) + 2\left(\begin{array}{c}\text{Nombre d'e}^-\\ \text{de valence}\\ \text{de O}\end{array}\right)$ $= 4 + 2(6) = 16$	**SOLUTION** Nombre total d'électrons pour la structure de Lewis = $\left(\begin{array}{c}\text{Nombre d'e}^-\\ \text{de valence}\\ \text{de N}\end{array}\right) + 3\left(\begin{array}{c}\text{Nombre d'e}^-\\ \text{de valence}\\ \text{de H}\end{array}\right)$ $= 5 + 3(1) = 8$
2. Écrivez la structure squelettique de la molécule.	Comme le carbone est l'atome le moins électronégatif, placez-le dans la position centrale. O C O	Étant donné que l'hydrogène est toujours terminal, placez l'azote en position centrale. H N H H

3. Distribuez les électrons parmi les atomes, en attribuant des octets (ou doublets dans le cas de l'hydrogène) au plus grand nombre d'atomes possible. Commencez par les électrons liants, puis continuez avec les doublets libres sur les atomes terminaux et enfin avec les doublets libres sur l'atome central.	Placez les électrons liants en premier. $$O-C-O$$ (4 des 16 électrons utilisés) C'est ensuite le tour des doublets libres sur les atomes terminaux. $$:\ddot{O}-C-\ddot{O}:$$ (16 des 16 électrons utilisés)	Placez les électrons liants en premier. $$H-N-H$$ $$\mid$$ $$H$$ (6 des 8 électrons utilisés) C'est ensuite le tour des doublets libres sur les atomes terminaux, mais aucun n'est nécessaire sur l'hydrogène. $$H-N-H$$ $$\mid$$ $$H$$ (8 des 8 électrons utilisés)
4. S'il manque un octet à un atome, formez des liaisons doubles ou triples, selon les besoins, pour qu'ils obtiennent des octets.	Il manque un octet au carbone dans ce cas. Déplacez un doublet libre des atomes d'oxygène vers les régions de liaison pour former des liaisons doubles. $$:\ddot{O}=C=\ddot{O}:$$	Étant donné que tous les atomes ont des octets (ou doublets dans le cas de l'hydrogène), la structure de Lewis de NH_3 est complète, comme on le voit plus haut.

5. Calculez les charges formelles pour chacun des atomes de la structure et adaptez-la, si nécessaire.		

	C	O
nombre d'e⁻ de valence	4	6
nombre d'e⁻ de doublets libres	−0	−4
− ½(nombre d'e⁻ liants)	−4	−2
Charge formelle	**0**	**0**

Dans la structure proposée, les charges formelles sont nulles, ce qui est idéal. Si on avait plutôt privilégié la structure suivante,

$$_1:\ddot{O}-C\equiv O:_2$$

nous aurions obtenu une forme moins stable de la molécule

	C	O_1	O_2
nombre d'e⁻ de valence	4	6	6
− nombre d'e⁻ de doublets libres	−0	−6	−2
−½(nombre d'e⁻ liants)	−4	−1	−3
Charge formelle	**0**	**−1**	**+1**

EXERCICE PRATIQUE 5.6

Écrivez la structure de Lewis de CO.

	N	H
nombre d'e⁻ de valence	5	1
nombre d'e⁻ de doublets libres	−2	−0
− ½(nombre d'e⁻ liants)	−3	−1
Charge formelle	**0**	**0**

Dans la structure proposée, les charges formelles sont nulles, ce qui est idéal.

EXERCICE PRATIQUE 5.7

Écrivez la structure de Lewis de CH_2O.

On écrit les structures de Lewis des ions polyatomiques en suivant la même méthode, mais portez une attention particulière à la charge de l'ion en comptant le nombre d'électrons. Ajoutez un électron pour chaque charge négative et soustrayez un électron pour chaque charge positive. La structure de Lewis d'un ion polyatomique est habituellement écrite à l'intérieur de crochets en notant la charge de l'ion dans le coin supérieur droit, à l'extérieur des crochets.

| **EXEMPLE 5.8** | **Écriture des structures de Lewis des ions polyatomiques** |

Écrivez la structure de Lewis de l'ion NH_4^+.

SOLUTION

1. Comptez le nombre total d'électrons de la structure de Lewis en additionnant le nombre d'électrons de valence pour chaque atome et en soustrayant 1 pour la charge +1.	Nombre total d'électrons pour la structure de Lewis = (nombre d'e⁻ de valence de N) + 4(nombre d'e⁻ de valence de H) – 1 = 5 + 4(1) – 1 = 8 Soustrayez 1 e⁻ pour tenir compte de la charge +1 de l'ion.
2. Écrivez la structure squelettique. Étant donné que l'hydrogène est toujours terminal, placez l'atome d'azote dans la position centrale.	H H N H H
3 et 4. Placez deux électrons liants entre chacun des deux atomes. Étant donné que tous les atomes ont des octets complets (ou des doublets pour l'hydrogène), aucune liaison double n'est nécessaire.	$$\begin{array}{c} H \\ | \\ H-N-H \\ | \\ H \end{array}$$ (8 des 8 électrons utilisés)
5. Vérifiez les charges formelles. Ici, la somme des charges formelles (+1) est égale à la charge globale de la molécule (NH_4^+). L'atome central possède une charge formelle positive, mais il n'y a pas d'autres structures possibles. Enfin, écrivez la structure de Lewis entre crochets avec la charge de l'ion dans le coin supérieur droit. Indiquez la charge formelle portée par l'atome entre parenthèses.	

	N	**H**
nombre d'e⁻ de valence	5	1
– nombre d'e⁻ de doublets libres	–0	–0
– ½(nombre d'e⁻ liants)	–4	–1
Charge formelle	**+1**	**0**

$$\left[\begin{array}{c} H \\ | \, {\scriptstyle (+)} \\ H-N-H \\ | \\ H \end{array} \right]^+$$

EXERCICE PRATIQUE 5.8

Écrivez la structure de Lewis de l'ion hypochlorite, ClO^-.

Résonance

En écrivant des structures de Lewis, on peut trouver que, pour certaines molécules, il est possible d'écrire plus d'une structure valide. Par exemple, considérons l'écriture de la structure de Lewis de O_3. Les deux diagrammes suivants sont également corrects avec des liaisons doubles qui changent de côté :

$$\overset{(+)}{:\ddot{O}}=\overset{(-)}{\ddot{O}}-\ddot{\underset{..}{O}}: \qquad :\ddot{\underset{..}{O}}-\overset{(-)}{\ddot{O}}=\overset{(+)}{\ddot{O}}:$$

Dans de tels cas (lorsqu'une même molécule peut être symbolisée par deux ou plusieurs structures de Lewis), on observe parfois que la molécule existe naturellement sous forme d'une *moyenne* des deux structures de Lewis. Selon chacune des deux structures de Lewis de O_3, cette molécule devrait comporter deux sortes de liaisons différentes (une liaison double et une simple). Cependant, quand on examine expérimentalement la structure de O_3, on remarque que les deux liaisons sont de force et de longueur équivalentes et intermédiaires entre une liaison double et une liaison simple. On explique cela dans le modèle de Lewis en représentant la molécule par les deux structures, appelées **structures limites de résonance**, séparées par une flèche à deux pointes :

$$\overset{(+)}{:\ddot{O}}=\overset{(-)}{\underset{..}{\ddot{O}}}-\ddot{\underset{..}{O}}: \quad \longleftrightarrow \quad :\ddot{\underset{..}{O}}-\overset{(-)}{\underset{..}{\ddot{O}}}=\overset{(+)}{\ddot{O}}:$$

Animation

Résonance et charges formelles

codeqrcu.page.link/GYsr

La structure réelle de la molécule est intermédiaire entre les deux structures de résonance et est appelée **hybride de résonance** :

$$:\ddot{O}\!=\!=\!\ddot{O}\!=\!=\!\ddot{O}:$$

Le terme *hybride* est emprunté au monde vivant et sert à caractériser le descendant issu de deux animaux ou de deux plantes de variétés ou de races différentes. Par exemple, si on croise un labrador avec un berger allemand, on obtient un *hybride* qui est intermédiaire entre les deux races (**figure 5.12(a)**). De même, la structure d'un hybride de résonance est intermédiaire entre deux structures de résonance (**figure 5.12(b)**). Cependant, la seule structure qui existe vraiment est la structure hybride – les structures limites de résonance individuelles n'existent pas et ne sont simplement qu'une façon pratique de décrire la véritable structure.

FIGURE 5.12 **Hybride**

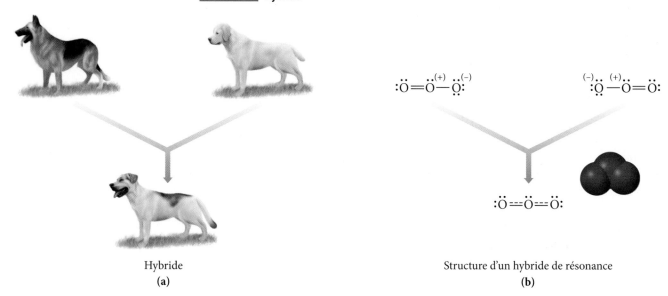

Hybride
(a)

Structure d'un hybride de résonance
(b)

(a) Tout comme le descendant de deux races différentes de chiens est un hybride intermédiaire entre les deux races, **(b)** la structure d'un hybride de résonance est un intermédiaire entre les structures de résonance possibles.

EXEMPLE 5.9	**Écriture des structures limites de résonance et de l'hybride de résonance**

Écrivez la structure de Lewis de l'ion NO_3^-. Donnez les structures limites de résonance et l'hybride de résonance.

SOLUTION

1.	Comptez le nombre total d'électrons de la structure de Lewis en additionnant le nombre d'électrons de valence pour chaque atome et en ajoutant 1 pour la charge −1.	Nombre total d'électrons pour la structure de Lewis = (nombre d'e⁻ de valence de N) + 3(nombre d'e⁻ de valence de O) + 1 = 5 + 3(6) + 1 = 24 Ajoutez 1 e⁻ pour tenir compte de la charge −1 de l'ion.
2.	Écrivez la structure squelettique. Étant donné que l'azote est l'atome le moins électronégatif, placez-le dans la position centrale.	O O N O
3.	Placez deux électrons liants entre chaque paire d'atomes.	O | O—N—O (6 des 24 électrons utilisés)

Distribuez les électrons qui restent, d'abord aux atomes terminaux. Il n'y a pas assez d'électrons pour compléter l'octet sur l'atome central.	$:\!\ddot{O}\!:$ $\mid$ $:\!\ddot{O}\!-\!N\!-\!\ddot{O}\!:$ (24 des 24 électrons utilisés)
4. Formez une liaison double en déplaçant un doublet libre provenant d'un des atomes d'oxygène vers la région de liaison avec l'azote. Les indices numériques permettront d'identifier les atomes à l'étape 5.	$:\!\ddot{O}\!:$ $\mid_1$ $:\!\ddot{O}_1\!-\!N\!=\!\ddot{O}_2$
5. Vérifiez les charges formelles. Ici, la somme des charges formelles (−1) est égale à la charge globale de l'ion (NO_3^-). Placez la structure entre crochets et ajoutez la charge réelle. Placez ensuite les charges formelles entre parenthèses à côté des atomes en cause.	<table><tr><td></td><td>**N**</td><td>**O₁**</td><td>**O₂**</td></tr><tr><td>nombre d'e⁻ de valence</td><td>5</td><td>6</td><td>6</td></tr><tr><td>− nombre d'e⁻ de doublets libres</td><td>−0</td><td>−6</td><td>−4</td></tr><tr><td>− ½(nombre d'e⁻ liants)</td><td>−4</td><td>−1</td><td>−2</td></tr><tr><td>**Charge formelle**</td><td>**+1**</td><td>**−1**</td><td>**0**</td></tr></table> $\left[\begin{array}{c} :\!\ddot{O}\!:^{(-)} \\ \mid^{(+)} \\ ^{(-)}:\!\ddot{O}\!-\!N\!=\!\ddot{O} \end{array}\right]^-$
Étant donné que la liaison double peut aussi bien se former avec l'un des trois atomes d'oxygène, écrivez les trois structures de résonance puis donnez l'hybride de résonance. (Le modèle compact de NO_3^- est illustré ci-contre aux fins de comparaison. Notez que les trois liaisons sont toutes de même longueur.)	$\left[\begin{array}{c} :\!\ddot{O}\!:^{(-)} \\ \mid^{(+)} \;^{(-)} \\ :\!\ddot{O}\!=\!N\!-\!\ddot{O}\!: \end{array}\right]^- \longleftrightarrow \left[\begin{array}{c} \ddot{O}\!: \\ ^{(-)}:\!\ddot{O}\!-\!N\!=\!^{(+)}\!O\!:^{(-)} \\ \end{array}\right]^- \longleftrightarrow \left[\begin{array}{c} :\!\ddot{O}\!:^{(-)} \\ ^{(-)}:\!\ddot{O}\!-\!N\!=\!\ddot{O}\!:^{(+)} \\ \end{array}\right]^-$ $\left[\begin{array}{c} :O\!: \\ \vdots \\ \ddot{O}\!=\!=\!N\!=\!=\!\ddot{O} \end{array}\right]^-$ NO_3^-

EXERCICE PRATIQUE 5.9

Écrivez la structure de Lewis de l'ion NO_2^-. Donnez les structures limites de résonance et l'hybride de résonance.

Dans les exemples d'hybrides de résonance que nous avons étudiés jusqu'ici, les structures en cause étaient des structures de Lewis équivalentes, toutes les formes limites possédant des stabilités similaires. La vraie structure est alors une moyenne pondérée égale des structures de résonance. Dans certains cas, cependant, les différentes structures limite de résonance possibles ne sont pas équivalentes. Une structure possible peut être quelque peu meilleure qu'une autre, comme nous l'avons vu avec la notion de charge formelle. Dans de tels cas, la vraie structure peut encore être une moyenne des structures limite de résonance, mais dans laquelle la structure la plus stable contribuerait de façon plus ou moins importante à la vraie structure globale de la molécule. Autrement dit, de multiples structures de résonance non équivalentes peuvent être pondérées différemment dans leur contribution à la vraie structure globale de la molécule.

Composés organiques

Les premiers chimistes divisaient les composés en deux catégories : inorganiques et organiques. Les composés organiques étaient considérés comme ceux provenant du vivant, par exemple le sucre, et les composés inorganiques, comme ceux provenant de la surface terrestre, par exemple le sel. Les composés organiques sont formés d'une structure de carbone sur laquelle s'associent principalement des atomes d'hydrogène, mais aussi des atomes d'azote, d'oxygène et parfois de soufre. La chimie du carbone est unique et complexe en raison de sa capacité à former des chaînes, des ramifications et des structures cycliques. De plus, le carbone est apte à former quatre liaisons, ce qui lui permet de produire des millions de molécules différentes et qui explique son rôle central dans la chimie du vivant.

EXEMPLE 5.10	Écriture des structures de résonance de composés organiques

Écrivez la structure de Lewis (en donnant les structures de résonance) du nitrométhane (CH_3NO_2).
Dans les différentes formes de résonance, attribuez les charges formelles à tous les atomes qui en portent.

SOLUTION

1. Comptez le nombre total d'électrons de la structure de Lewis en additionnant les électrons de valence de chaque atome.	Nombre total d'e⁻ de la structure de Lewis = nombre d'e⁻ de valence de C + 3(nombre d'e⁻ de valence de H) + nombre d'e⁻ de valence de N + 2(nombre d'e⁻ de valence de O). = 4 + 3(1) + 5 + 2(6) = 24
2. Écrivez la structure squelettique. La formule des composés organiques (dans le cas présent CH_3NO_2) indique comment les atomes sont liés entre eux.	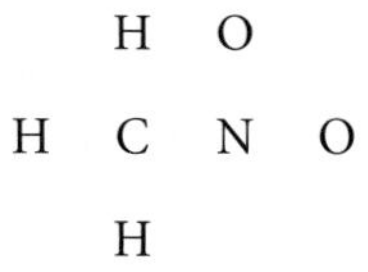 $\begin{array}{cccc} H & O & & \\ H & C & N & O \\ H & & & \end{array}$
3. Placez un tiret entre chaque paire d'atomes pour indiquer une liaison. Chaque tiret représente deux électrons. Distribuez les électrons qui restent en commençant par les atomes terminaux, puis avec les atomes centraux.	 (12 des 24 électrons utilisés) (24 des 24 électrons utilisés)
4. S'il n'y a pas assez d'électrons pour compléter les octets des atomes centraux, formez des liaisons doubles en déplaçant des doublets d'électrons libres des atomes terminaux vers la région de liaison des atomes centraux. Écrivez toutes les structures de résonance nécessaires en ne déplaçant que des points représentant les électrons. (Dans le cas présent, vous pouvez former une liaison double entre l'atome d'azote et l'autre atome d'oxygène.)	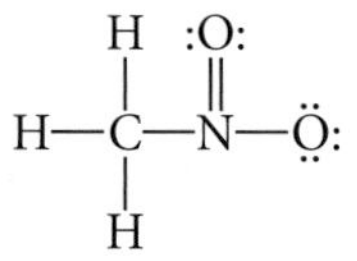 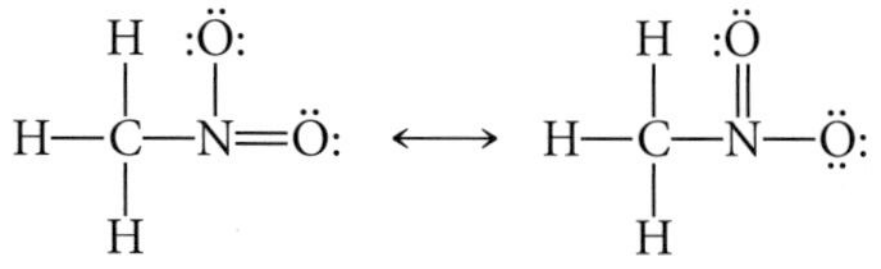
5. Attribuez les charges formelles (CF) à chaque atome. CF = nombre d'e⁻ de valence − (nombre d'e⁻ non liants + $\frac{1}{2}$ nombre d'e⁻ liants)	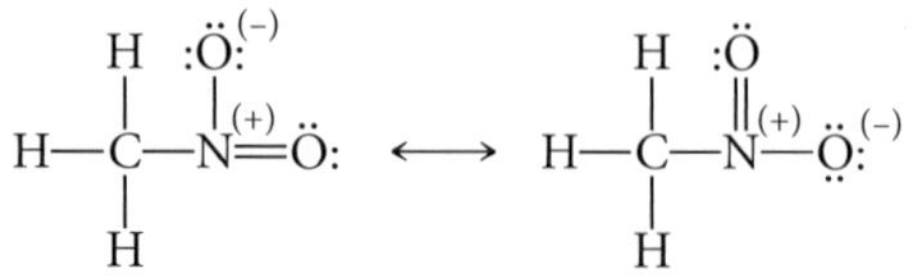 Les atomes de carbone, d'hydrogène et de l'oxygène doublement lié ne portent pas de charges formelles. L'azote porte une charge formelle de +1 $[5 − \frac{1}{2}(8)]$, et l'atome d'oxygène lié par une liaison simple dans chaque structure de résonance porte une charge formelle de −1 $[6 − (6 + \frac{1}{2}(2)]$.

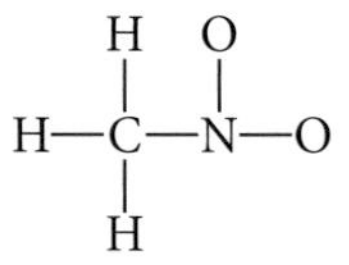

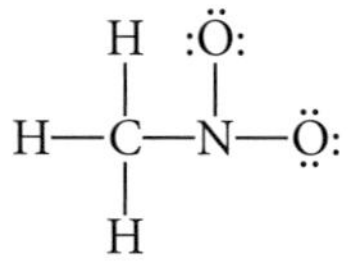

EXERCICE PRATIQUE 5.10

Écrivez la structure de Lewis (en donnant les structures de résonance) du diazométhane (CH_2N_2).
Dans les différentes formes de résonance, attribuez les charges formelles à tous les atomes qui en portent.

Vous êtes maintenant en mesure de faire les exercices 30 à 36, 59, 60, 62 à 66, 68 à 71, 83 et 84.

5.9 Exceptions à la règle de l'octet : espèces à nombre impair d'électrons, octets incomplets et octets étendus

Dans le modèle de Lewis, la règle de l'octet présente quelques exceptions. Ce sont : 1) les *espèces à nombre impair d'électrons* (molécules ou ions) ; 2) les *octets incomplets*, des molécules ou ions comportant *moins de huit électrons* autour d'un atome ; et 3) les *octets étendus*, des molécules avec *plus de huit électrons* autour d'un atome.

Espèces à nombre impair d'électrons

Les molécules et les ions portant un nombre impair d'électrons dans leurs structures de Lewis sont qualifiés de **radicaux libres** (ou simplement *radicaux*). Par exemple, le monoxyde d'azote – un polluant présent dans les gaz d'échappement des automobiles – a 11 électrons. Si on essaie d'écrire une structure de Lewis du monoxyde d'azote, on ne peut pas atteindre des octets pour les deux atomes :

$$:\overset{.}{N}=\overset{..}{O}:$$

L'atome d'azote n'a pas d'octet, de sorte que cette structure de Lewis ne satisfait pas à la règle de l'octet. Pourtant, le monoxyde d'azote existe, notamment dans l'air pollué. Pourquoi ? Comme dans toute théorie simple, le modèle de Lewis n'est pas assez sophistiqué pour prendre en compte toutes les situations. Il est impossible d'écrire de bonnes structures de Lewis pour les radicaux libres, même si certaines de ces molécules existent dans la nature. Toutefois, le fait qu'il existe relativement peu de molécules de ce genre (qui en général tendent à être quelque peu instables et réactives) témoigne sans doute de l'importance du modèle de Lewis.

L'électron non apparié dans le monoxyde d'azote est placé sur l'azote plutôt que sur l'oxygène afin de minimiser les charges formelles.

....

Lien conceptuel 5.4   Espèces à nombre impair d'électrons

Selon vous, quelle molécule est un radical libre ?

(a) CO.   **(b)** CO_2.   **(c)** N_2O.   **(d)** NO_2.

....

Octets incomplets

Une autre exception notable à la règle de l'octet concerne les éléments qui tendent à former des *octets incomplets*. Parmi ces éléments, le bore est le plus important ; il forme des composés ayant seulement six électrons autour de B, plutôt que huit. Par exemple, B dans BF_3 et BH_3 n'a pas d'octet :

$$H-\overset{\underset{|}{H}}{B}-H \qquad :\overset{..}{\underset{..}{F}}-\overset{\overset{..}{\underset{..}{F}}:}{B}-\overset{..}{\underset{..}{F}}:$$

Vous pourriez vous demander pourquoi on ne forme tout simplement pas des liaisons doubles pour augmenter le nombre d'électrons autour de B. Pour BH_3, évidemment, c'est impossible, parce qu'il n'y a pas d'électrons supplémentaires à déplacer dans la région de

Les composés du béryllium, comme BeH_2, possèdent aussi des octets incomplets.

liaison. Pour BF_3, cependant, on pourrait tenter d'attribuer un octet à B en déplaçant un doublet libre d'un atome F vers la région de liaison avec B :

$$\ddot{\text{F}}\!:$$
$$\|$$
$$:\!\ddot{\text{F}}\!-\!\text{B}\!-\!\ddot{\text{F}}\!:$$

Cette structure de Lewis comporte des octets pour tous les atomes, incluant le bore. Cependant, quand on attribue des charges formelles à cette structure, on obtient une charge formelle négative sur B et une charge formelle positive sur F :

$$\ddot{\text{F}}\!:^{(+)}$$
$$\|$$
$$:\!\ddot{\text{F}}\!-\!\underset{(-)}{\text{B}}\!-\!\ddot{\text{F}}\!:$$

La charge formelle positive sur le fluor (l'élément le plus électronégatif dans le tableau périodique) rend cette structure improbable. Cela suscite quelques questions. Doit-on compléter l'octet sur B au prix de donner au fluor une charge formelle positive ? Ou laisse-t-on B sans octet afin d'éviter la charge formelle positive sur le fluor ? Les réponses à ce genre de questions ne sont pas toujours claires parce qu'on repousse les limites du modèle de Lewis. Dans le cas du bore, on accepte généralement l'octet incomplet comme meilleure structure de Lewis. Cependant, en faisant cela, on n'écarte pas la possibilité que la structure de Lewis avec la liaison double soit une structure de résonance ayant une contribution mineure. La réponse à ce genre de questions doit venir de l'expérimentation. Les mesures expérimentales de la longueur de la liaison B–F dans BF_3 permettent de penser que la liaison peut être légèrement plus courte que prévu pour une liaison simple B–F, ce qui indique qu'elle pourrait effectivement présenter un peu des caractéristiques d'une liaison double.

BF_3 peut compléter son octet d'une autre façon (par l'intermédiaire d'une réaction chimique). Le modèle de Lewis prédit que BF_3 peut réagir de façon à compléter son octet, et c'est ce qu'il fait. BF_3 réagit avec NH_3 de la façon suivante :

> Lorsque l'azote se lie au bore, l'atome d'azote fournit les deux électrons. Ce type de liaison est appelé *liaison de coordination* (coordinence). Ce modèle diffère de celui des liaisons covalentes classiques, dans lesquelles chacun des atomes de la liaison fournit un électron (théorie de la liaison de valence ; voir la section 6.4).

Le produit a des octets complets (ou doublets pour H) pour tous les atomes dans la structure.

Octets étendus

Les éléments à partir de la troisième rangée du tableau périodique présentent souvent des octets étendus comportant jusqu'à 12 (et à l'occasion 14) électrons. En effet, la présence d'orbitales *d* non remplies dans les niveaux de valence supérieurs à 2 (voir le chapitre 3) permet d'y placer plus de 8 électrons. Considérons les structures de Lewis du pentafluorure d'arsenic et de l'hexafluorure de soufre :

Dans AsF_5, l'arsenic a un octet étendu de 10 électrons, et dans SF_6, le soufre a un octet étendu de 12 électrons. Ces deux composés existent et sont stables. Des octets étendus de 10 et de 12 électrons sont courants chez les éléments de la troisième période et des périodes suivantes parce que les orbitales *d* de ces éléments sont énergétiquement accessibles (leur énergie est similaire à celle des orbitales occupées par les électrons de valence) et elles peuvent accommoder les électrons supplémentaires. Les octets étendus n'existent *jamais* chez les éléments de la deuxième période, car la couche de valence ne possède pas d'orbitales *d*.

Dans certaines structures de Lewis, il faut décider s'il est nécessaire de recourir ou non à un octet étendu pour abaisser la charge formelle. Considérons la structure de Lewis de H_2SO_4 :

$$
\begin{array}{c}
\ddot{\text{O}}\ddot{:}\,^{(-)} \\
| \\
\text{H}-\ddot{\text{O}}-\overset{(+2)}{\text{S}}-\ddot{\text{O}}-\text{H} \\
| \\
\ddot{\text{O}}\ddot{:}\,_{(-)}
\end{array}
$$

Remarquez que la charge formelle de deux des atomes d'oxygène est de −1 et que celle du soufre est de +2. Bien que cette quantité de charge formelle soit acceptable, notamment parce que la charge formelle négative est portée par l'atome le plus électronégatif, il est possible de l'éliminer en déplaçant des paires d'électrons libres afin de former des liaisons doubles entre les oxygènes portant des charges formelles négatives (donc ayant un « surplus » d'électrons) et le soufre :

$$
\begin{array}{c}
:\text{O}: \\
\| \\
\text{H}-\ddot{\text{O}}-\text{S}-\ddot{\text{O}}-\text{H} \\
\| \\
:\text{O}:
\end{array}
$$

Laquelle de ces deux structures de H_2SO_4 est la plus probable ? Encore une fois, la réponse n'est pas simple. Des expériences démontrent que les longueurs de liaison soufre-oxygène dans les deux liaisons soufre-oxygène sans les atomes d'hydrogène sont plus courtes que prévu, ce qui indique que la structure de Lewis avec les doubles liaisons joue un rôle important dans les liaisons de H_2SO_4. En général, on peut recourir aux octets étendus chez les éléments de la troisième rangée (ou des suivantes) pour abaisser la charge formelle. Cependant, on ne peut *jamais* le faire pour les éléments de la deuxième rangée. Ces éléments n'ont pas d'orbitales *d* énergétiquement accessibles et ne présentent jamais d'octets étendus.

EXEMPLE 5.11	**Écriture des structures de Lewis des composés ayant des octets étendus**

Le xénon est un gaz rare volumineux dont les électrons de valence, retenus moins efficacement par le noyau (section 4.5), peuvent réagir chimiquement avec des atomes très électronégatifs pour former certaines molécules. Écrivez la structure de Lewis de XeF_2.

SOLUTION

1. Comptez le nombre total d'électrons de la structure de Lewis en additionnant le nombre d'électrons de valence de chaque atome.	Nombre total d'électrons de la structure de Lewis = (nombre d'e⁻ de valence de Xe) + 2(nombre d'e⁻ de valence de F) = 8 + 2(7) = 22
2. Écrivez la structure squelettique. Étant donné que le fluor est très électronégatif, placez-le en position terminale.	F Xe F
3. Placez deux électrons liants entre chaque paire d'atomes. Distribuez les électrons pour donner des octets au plus grand nombre d'atomes possible, en commençant par les atomes terminaux et en finissant par l'atome central.	F — Xe — F (4 des 22 électrons utilisés) $:\ddot{\text{F}}-\ddot{\text{X}}\text{e}-\ddot{\text{F}}:$ (20 des 22 électrons utilisés)
4. Disposez les électrons additionnels (au-delà d'un octet) autour de l'atome central, lui donnant un octet étendu jusqu'à 10 électrons.	$:\ddot{\text{F}}-\ddot{\text{X}}\text{e}-\ddot{\text{F}}:$ (22 des 22 électrons utilisés)

5. Vérifiez les charges formelles.

	Xe	F
nombre d'e⁻ de valence	8	7
− nombre d'e⁻ de doublets libres	−6	−6
− ½(nombre d'e⁻ liants)	−2	−1
Charge formelle	**0**	**0**

EXERCICE PRATIQUE 5.11

Écrivez la structure de Lewis de XeF_4.

EXERCICE PRATIQUE SUPPLÉMENTAIRE 5.11

Écrivez la structure de Lewis de H_3PO_4. Si nécessaire, formez un octet étendu sur les atomes appropriés pour abaisser la charge formelle. Rappelez-vous que dans les oxacides, les H acides sont portés par les O.

Lien conceptuel 5.5 Octets étendus

Quelle molécule pourrait présenter un octet étendu? Donnez sa structure de Lewis.

(a) H_2CO_3 **(b)** H_3PO_4 **(c)** HNO_2

Vous êtes maintenant en mesure de faire les exercices 61, 67, 72 à 75, 80 à 82 et 87.

(a) linéaire

(b) ramifiée (branchée)

(c) réticulée

Les chaînes de polymères se caractérisent par leur structure. Ces structures peuvent être **(a)** linéaires, **(b)** ramifiées ou **(c)** réticulées.

5.10 Polymères

Une foule de composés organiques (molécules contenant du carbone) et certains composés inorganiques existent sous forme de **polymères**. Un polymère est une macromolécule (molécule de masse molaire très élevée) constituée d'unités de base (groupe d'atomes) associées les unes aux autres de manière à former des chaînes **linéaires**, **ramifiées (branchées)** ou **réticulées**. La **polymérisation** est un processus qui dégage beaucoup d'énergie. Elle consiste en une série de réactions chimiques au cours desquelles ces unités de base, appelées **monomères**, s'associent les unes aux autres pour former des chaînes plus ou moins longues (**figure 5.13**). On parle de polymères lorsque la chaîne formée contient une très grande quantité de monomères et d'**oligomères** lorsque la chaîne est relativement courte*. Ces chaînes sont dites **homopolymères** si elles sont constituées de monomères identiques les uns aux autres, comme c'est le cas du polyéthylène (**figure 5.14(a)**), un plastique très utilisé que l'on trouve dans une multitude d'objets, tels les sacs poubelles, les contenants (détergents, cosmétiques, etc.), le ruban adhésif, les réservoirs de carburant automobile, les gaines de câbles électriques, etc. On désigne par le terme **copolymère** les polymères formés par plus d'un type de monomère. C'est le cas notamment des plastiques comme l'EVA (éthylène-acétate de vinyle) (**figure 5.14(b)**) qui entrent dans la confection des textiles et de certains matériaux à usage médical, ou encore le caoutchouc SBR (*styrene-butadiene rubber*) utilisé dans la fabrication des pneus.

---

* Bien qu'il n'existe pas un nombre clair d'unités qui permette de classer les structures comme étant des oligomères plutôt que des polymères, on considère généralement que les oligomères ont des degrés de polymérisation (voir un peu plus loin) se situant entre 2 et 10.

FIGURE 5.13 **Polymérisation**

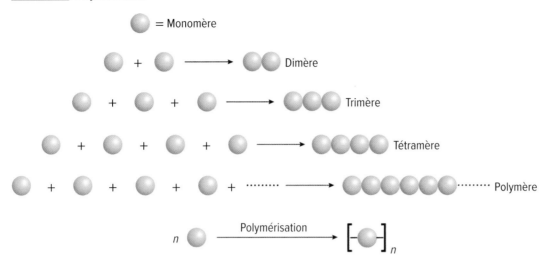

Dans une réaction de polymérisation, des monomères réagissent chimiquement les uns avec les autres pour former des molécules de masse molaire plus élevée. De courtes chaînes contenant 2, 3 ou 4 unités se nomment dimères, trimères et tétramères, respectivement. Les chaînes de moins de 10 unités portent le nom plus général d'oligomères. Si la chaîne contient 10 unités et plus, on parle alors de polymères. Les chaînes formées peuvent être linéaires, ramifiées ou réticulées.

FIGURE 5.14 **Homopolymères et copolymères**

Polyéthylène

(a) homopolymère

Poly(éthylène-acétate de vinyle) (EVA)

(b) copolymère

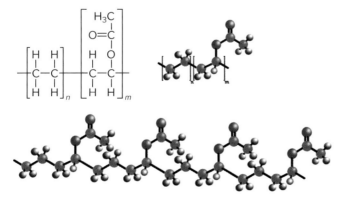

(a) Les homopolymères comme le polyéthylène sont formés d'un seul type de monomères qui se répètent. Le polyéthylène connaît de multiples usages, dont les emballages plastiques. **(b)** Les copolymères comme le poly(éthylène-acétate de vinyle) (EVA), utilisé notamment dans la confection de bottes imperméables, sont formés de plus d'un type de monomères formant un agencement répétitif.

Nous avons vu à la section 2.7 qu'il existe divers types de formules chimiques pour décrire les composés. Jusqu'à présent, nous avons surtout utilisé les formules empiriques (plus petit rapport entre les éléments d'un composé) pour décrire les composés ioniques ainsi que les formules moléculaires et structurales (développées) pour représenter les composés moléculaires. Pour décrire les molécules plus volumineuses comme les polymères, on peut faire appel aux formules semi-développées et aux structures stylisées, qui simplifient la représentation tout en donnant l'information nécessaire. En voici un exemple avec la molécule d'acide acétique, que l'on trouve dans le vinaigre :

Formule empirique	CH_2O
Formule moléculaire	$C_2H_4O_2$ ou CH_3COOH
Formule structurale (développée)	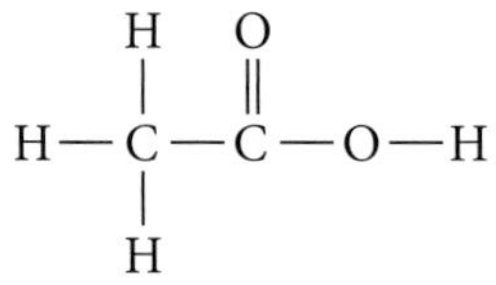
Formule semi-développée	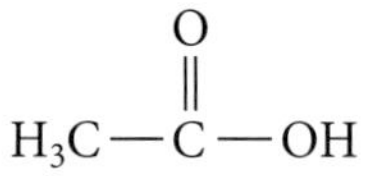 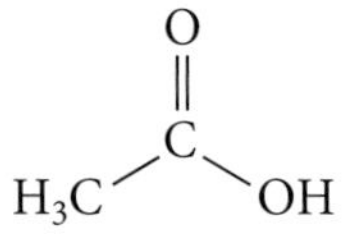
Formule stylisée	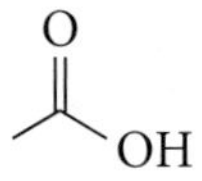

Dans une formule semi-développée, tous les liens covalents sont représentés par des traits, à l'exception habituellement des liens avec les hydrogènes. Ces derniers sont simplement adjacents à l'atome sur lequel ils sont liés, à moins de vouloir les mettre en évidence. Dans une structure stylisée, chaque extrémité ou angle entre deux droites représente un atome de carbone lié ou non à des atomes d'hydrogène. On ne représente pas les atomes de carbone (chacun devant établir jusqu'à quatre liaisons) ni les hydrogènes qu'ils portent. Quand il y a des atomes autres que le carbone (appelés hétéroatomes), on indique leurs symboles chimiques ainsi que les hydrogènes qui leur sont liés. Pour passer d'une structure stylisée à une formule développée ou semi-développée, il suffit de compléter la structure en ajoutant les atomes de carbone et d'hydrogène.

EXEMPLE 5.12 **Formules semi-développées et structures stylisées des polymères**

Donnez la formule semi-développée de la molécule de glucose (sous forme de structure stylisée à droite), dont la polymérisation permet la formation de l'amidon (végétal) ou du glycogène (animal), des polymères naturels permettant d'emmagasiner l'énergie chez les êtres vivants.

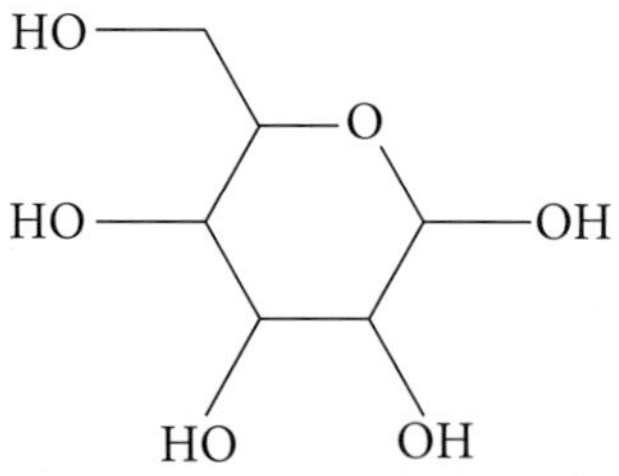

SOLUTION

1. Commencez par ajouter un atome de carbone à chaque angle ou extrémité de la structure.	HO—C
	     C—O
	HO—C C—OH
	     C—C
	  HO OH

2. Sachant que chaque carbone doit établir 4 liaisons pour obtenir 8 électrons de valence (règle de l'octet), il faut ajouter autant d'atomes d'hydrogène qu'il y a de liens manquants autour de chaque atome de carbone.
 	
Si le carbone possède déjà 2 liens, il faut lui ajouter deux hydrogènes pour faire 4 liens en tout.
 	
Si le carbone possède 3 liens, il faut lui ajouter 1 hydrogène pour faire 4 liens en tout.
	HO—CH_2
	    CH—O
	HO—CH CH—OH
	    CH—CH
	  HO OH
	
	L'atome d'oxygène n'établit que deux liaisons, car dans les molécules cet atome possède déjà deux doublets libres (non liants).

EXERCICE PRATIQUE 5.12

Donnez la formule semi-développée de la molécule de styrène (sous forme de structure stylisée à droite), à partir de laquelle on fabrique le polystyrène, un polymère plastique qui se présente notamment sous forme de mousse (appelée styromousse) dans les emballages.

Les premiers polymères utilisés furent des polymères issus du vivant (appelés **polymères naturels**): des fibres végétales (bois, caoutchouc naturel) et des tissus animaux (cuir, tendons). L'amidon, un sucre complexe retrouvé notamment dans les graines et les fruits, est lui aussi un polymère naturel. Ces polysaccharides se composent de monomères de glucose (**figure 5.15 (a)**) assemblés sous forme d'amylose et d'amylopectine. Le développement récent de la biologie cellulaire a permis de découvrir des centaines de polymères naturels essentiels au fonctionnement des organismes vivants, par exemple l'acide désoxyribonucléique (ADN). Cette énorme molécule est formée par la répétition de 4 nucléosides: l'adénine, la thymine, la guanine et la cytosine (**figure 5.15 (b)**). La production de **polymères synthétiques** (notamment ceux présentés à la figure 5.14) au 19e siècle représente une avancée importante dans le domaine de la chimie qui va donner lieu à d'innombrables applications. Ainsi, le chercheur français Henri Braconnot produisit pour la première fois en 1832 de la nitrocellulose, un polymère hautement inflammable, à partir d'acide nitrique et d'amidon de pommes de terre. En 1909, l'équipe du chimiste allemand Fritz Hoffman réussit à fabriquer le premier caoutchouc synthétique en polymérisant des molécules d'isoprène. En 1931, on commercialisa le néoprène, un caoutchouc encore utilisé de nos jours et en 1935, Wallace Carothers, chimiste employé par la compagnie DuPont de Nemours, fut le premier à synthétiser l'incontournable nylon. La production industrielle des polymères se développa grandement avec le déclenchement de la Seconde Guerre mondiale afin de répondre à la demande accrue pour divers matériaux. C'est alors le début de la **pétrochimie**, une révolution. En utilisant les molécules formant une des fractions* les plus légères du pétrole (appelées *naphta*), on synthétise maintenant des milliers de polymères différents permettant de répondre aux besoins de nos sociétés.

Le pétrole est un mélange d'hydrocarbures (molécules plus ou moins ramifiées formées de carbone et d'hydrogène) de masses molaires différentes, certains étant très lourds, tel le bitume utilisé dans l'asphalte, et d'autres très légers, comme le gaz naturel, en passant par des fractions de poids intermédiaires, comme les essences destinées aux automobiles.

---

* Le pétrole est composé de centaines de molécules différentes. Pour séparer ces divers composés, on chauffe le pétrole lors d'un processus appelé *distillation fractionnée* (que vous étudierez en chimie des solutions), qui permet de séparer ces molécules en fonction de leur masse molaire et de leur température d'ébullition. Dans le cas du pétrole, on appelle *fraction* un ensemble de molécules qui possèdent des masses molaires similaires et des températures d'ébullition proches les unes des autres.

FIGURE 5.15 Polymères naturels

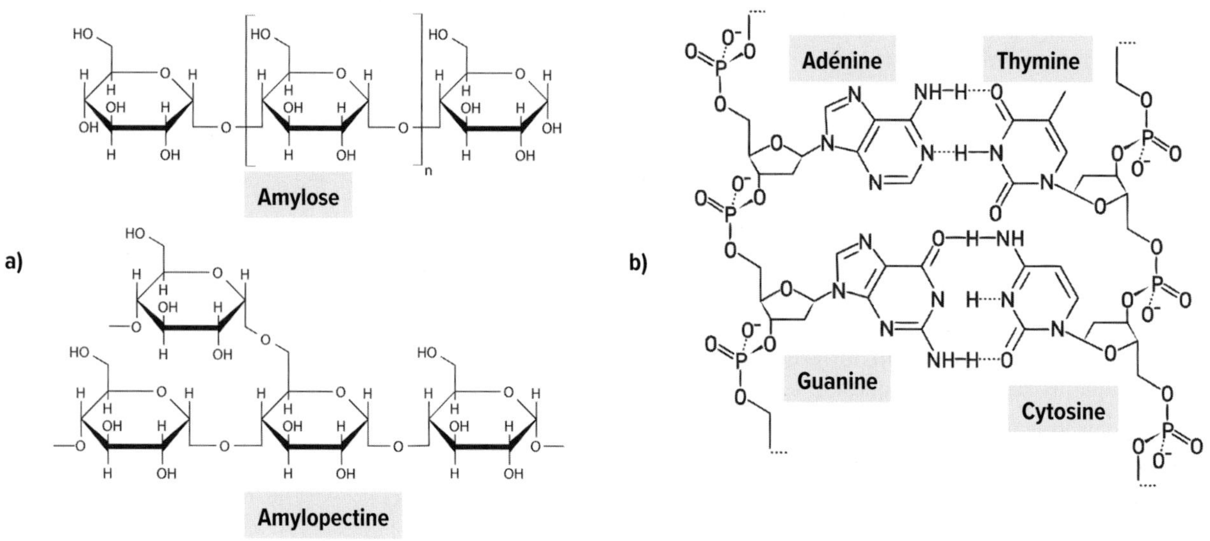

(a) L'amidon, d'origine végétale, est un sucre complexe formé par la polymérisation de monomères de glucose ($C_6H_{12}O_6$) sous forme d'amylose et d'amylopectine **(b)** L'acide désoxyribonucléique (ADN) est une macromolécule présente dans toutes les cellules des organismes vivants. Il est composé de longues chaînes de désoxyribose, un sucre ($C_5H_{10}O_4$), sur lesquelles sont attachés 4 monomères différents, l'adénine ($C_5H_5N_5$), la thymine ($C_5H_6N_2O_2$), la guanine ($C_5H_5N_5O$) et la cytosine ($C_4H_5N_3O$).

En général, les polymères sont des matériaux légers et de structure variable. Les uns sont souples ou élastiques, d'autres sont rigides. Ces propriétés varient selon la longueur, le degré de ramification et de réticulation de leurs chaînes et les additifs qui leur sont ajoutés. La stabilité d'un polymère varie en fonction de la température, en particulier chez les polymères naturels. Si certains ramollissent et fondent à la suite d'une élévation de température (nous verrons un peu plus loin qu'il existe notamment deux grandes catégories de polymères plastiques selon leur comportement vis-à-vis de la chaleur), la plupart finissent par se dégrader à des températures élevées. La combustion des polymères dégage généralement une grande quantité d'énergie et, dans le cas des polymères synthétiques, cette combustion peut produire des résidus toxiques. Nous verrons dans les chapitres 6 et 7 que la polarité des liaisons covalentes (voir la section 5.6) permet aux molécules et aux macromolécules de former des interactions (appelées forces intermoléculaires) qui influent sur les propriétés des substances. Certains polymères non polaires comme le polystyrène, le polyester ou le polychlorure de vinyle (PVC) sont de ce fait hydrophobes et résistants à l'eau (insoluble dans l'eau). C'est pourquoi on utilise ce type de polymères par exemple dans les revêtements et le traitement des surfaces, en plomberie ou encore pour fabriquer des implants biologiquement stables. Les polymères qui présentent des groupements polaires à leur surface sont dits hydrophiles ; ils peuvent interagir avec d'autres molécules polaires, notamment les molécules d'eau, qui sont elles-mêmes très polaires. Si ces interactions avec l'eau sont suffisamment fortes, les polymères peuvent même être hydrosolubles. C'est le cas de nombreux polymères d'origine biologique (protéines, sucres longs comme la dextrine) utilisés notamment comme agents épaississants dans les préparations alimentaires ou encore du polyéthylène glycol (PEG) qui permet de contrôler la viscosité dans les encres, les détergents et les produits cosmétiques.

Le **degré de polymérisation** est une grandeur caractéristique d'un polymère. Il est proportionnel au nombre de monomères formant les chaînes dans la structure. De ce fait, plus le degré de polymérisation est élevé, plus la masse molaire du polymère est grande. Bien qu'un polymère puisse contenir des chaînes de longueurs différentes ou des proportions différentes de plusieurs types de monomères (on parle alors de degré de polymérisation moyen), nous n'étudierons ici que les polymères formés d'un seul type de chaînes et de monomères (homopolymères). Dans ce cas, le degré de polymérisation correspond à la masse molaire du polymère divisée par la masse molaire du monomère constitutif.

EXEMPLE 5.13	Degré de polymérisation et masse molaire

Les polyéthylènes (PE) linéaires et ramifiés sont des polymères synthétiques formés de monomères d'éthylène (C_2H_4) issus de la pétrochimie. Ils peuvent être classés en fonction de leur masse molaire : le PE de masse molaire très basse (ULMWPE ou *ultra low molecular weight polyethylene*), le PE de masse molaire élevée (HMWPE ou *high molecular weight polyethylene*) et le PE de masse molaire très élevée (UHMWPE ou *ultra high molecular weight polyethylene*).

Calculez le degré de polymérisation du UHMWPE si la masse molaire du polymère est d'environ $3,00 \times 10^6$ g/mol.

SOLUTION

- Calculez la masse molaire du monomère C_2H_4 à l'aide du tableau périodique.
- Divisez la masse molaire du polymère (UHMWPE : $3,00 \times 10^6$ g/mol) par la masse molaire du C_2H_4.

Masse molaire du $C_2H_4 = 28,06$ g/mol

$$DP = \frac{3,00 \times 10^6 \, \dfrac{g}{mol}}{28,06 \, \dfrac{g}{mol}} = 1,07 \times 10^5$$

EXERCICE PRATIQUE 5.13

Les filaments d'actine (appelés actine F) sont des homopolymères formés d'une protéine (l'actine G) et servent au mouvement des cellules. Si le degré de polymérisation d'un filament est de 13 et qu'une protéine d'actine G possède une masse molaire de 42,00 g/mol, estimez la masse molaire d'un filament d'actine F.

Les réactions de polymérisation

Il existe deux grandes familles de réactions chimiques associées aux réactions de polymérisation : les réactions de **polyaddition** et les réactions de **polycondensation**. Dans ce manuel, nous ne verrons pas en détail les mécanismes de ces processus (que vous étudierez dans le cours de chimie organique), mais simplement leurs caractéristiques générales.

Les réactions de polyaddition mettent généralement en jeu de petites molécules (monomères, dimères, trimères ou oligomères) qui viennent s'associer à une autre molécule sans qu'il n'y ait de perte de matière. Les additions répétées de ces unités sur la chaîne permettent la formation éventuelle du polymère. C'est le cas notamment de la polymérisation cationique ou de la polymérisation radicalaire, des processus au cours desquels des molécules chargées positivement (cations) ou qui possèdent des orbitales à moitié remplies (radicaux) peuvent s'associer à des molécules contenant des liaisons doubles ou triples. En effet, certains électrons des liens doubles et des liens triples sont plus réactifs chimiquement que les électrons des liens simples. Les groupes électro-attracteurs* comme les cations et les radicaux (qui sont habituellement générés lors d'une phase d'activation du processus) viennent donc interagir avec ces électrons et s'additionnent sur les liaisons doubles et les liaisons triples des molécules. Le polyuréthane, que l'on trouve dans des mousses isolantes, est un exemple de polymère obtenu par polyaddition (**figure 5.16 (a)**).

La deuxième grande famille de réactions chimiques menant à la formation des polymères rassemble les réactions de polycondensation. Dans ce type de réactions, des groupements fonctionnels présents sur les molécules (c'est-à-dire des groupes d'atomes particuliers qui sont réactifs chimiquement) réagissent les uns avec les autres et permettent aux molécules de s'associer. Ce processus s'accompagne habituellement

---

* Un groupe électroattracteur est un atome ou une portion de molécule qui présente un déficit en électrons (par exemple une charge positive ou des orbitales à moitié remplies) et qui tend à s'associer à des espèces riches en électrons (liaisons doubles, triples, anions, etc.), appelées groupes électrodonneurs.

de l'élimination d'une petite molécule créée par la réaction entre les groupements fonctionnels. Par exemple, la formation du nylon (un polymère de la famille des polyamides) comporte des réactions entre une molécule possédant des fonctions acide carboxylique ($-COOH$) et une autre molécule portant des fonctions amine ($-NH_2$). La condensation de ces deux groupements fonctionnels mène à l'élimination d'une molécule d'eau (**figure 5.16 (b)**).

FIGURE 5.16 Polyaddition et polycondensation

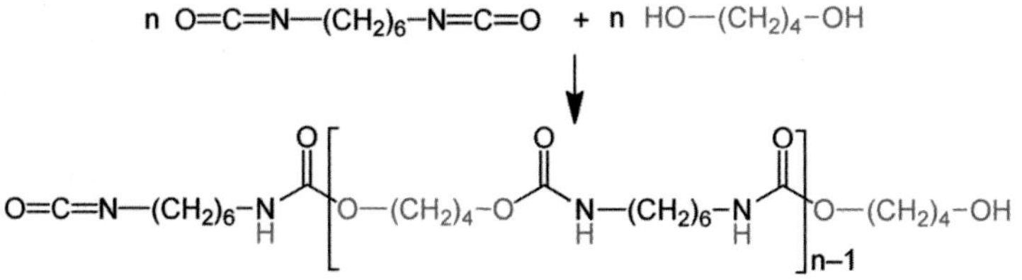

(a) Formation du polyuréthane par polyaddition

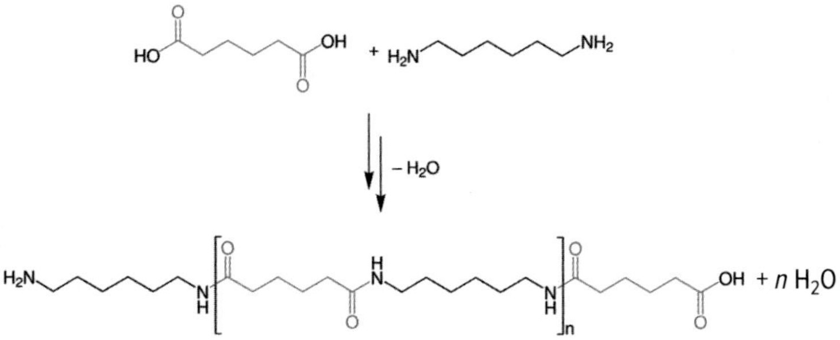

(b) Formation du nylon (polyhexaméthylène adipamide ou polyamide) par polycondensation

Pour se produire, les réactions de polyaddition **(a)** nécessitent souvent l'apport d'autres réactifs (eau, acides, bases, etc.), de catalyseurs et/ou de chaleur et d'une pression accrue. Les polyadditions consistent à ajouter des molécules à d'autres grâce à la présence de liaisons multiples dans les monomères sans processus d'élimination, comme lors de la formation du polyuréthane. Quant aux polycondensations **(b)**, ce sont des réactions au cours desquelles des molécules se fixent les unes aux autres en présence de certains groupements fonctionnels avec élimination de certains composés, comme lors de la formation du nylon (polyamide).

Les matières plastiques

De nos jours, les polymères synthétiques les plus utilisés sont les matières plastiques, qui sont omniprésentes dans notre quotidien : jouets, bouteilles, contenants divers, sacs, tissus, tapis, revêtements, peintures, etc. Les plastiques présentent des avantages considérables : ils sont inertes chimiquement et stables biologiquement pour la plupart ; ils ont une bonne résistance mécanique ; ils sont durables, légers et peu coûteux à produire. De plus, ils peuvent être facilement modelés. S'ils ont mauvaise presse, c'est surtout parce la gestion de ces produits en fin de vie est inadéquate.

Le nom donné à un polymère plastique dépend du monomère qui forme la chaîne (**tableau 5.5**). Par exemple, le polyéthylène, un des plastiques les plus abondants (il forme près d'un tiers de toutes les matières plastiques) est formé d'une succession de molécules d'éthylène. Le polystyrène, présent en grande quantité dans les produits d'emballage, est une succession de molécules de styrène. On distingue généralement trois grandes catégories de polymères plastiques en fonction de leurs propriétés thermomécaniques : les thermoplastiques, les plastiques thermodurcissables et les élastomères. En fait, ces différents niveaux dépendent des arrangements particuliers qu'ils prennent à l'échelle moléculaire pour former des chaînes linéaires, ramifiées ou réticulées.

Les **thermoplastiques** sont des polymères généralement linéaires ou ramifiés qui peuvent se déformer et ramollir au contact de la chaleur sans se décomposer. En refroidissant, ils durcissent et prennent la forme choisie. Les cycles de chauffage et de refroidissement peuvent être répétés de nombreuses fois ; le nombre de cycles possibles dépend de la

On utilise habituellement le terme *plastique* lorsqu'on décrit des matériaux (échelle macroscopique) et le terme *polymère* lorsqu'on étudie la substance à l'échelle moléculaire.

nature du plastique et du niveau d'impuretés retrouvées. Ce sont les plastiques recyclables. Les **plastiques thermodurcissables** possèdent, eux, des structures très réticulées : le processus de polymérisation mène à un agencement rigide et la réaction est irréversible (et nécessite souvent des additifs comme agents de réticulation). Le produit fini se décompose au lieu de ramollir lorsqu'il est chauffé. On trouve des plastiques thermodurcissables entre autres dans les résines époxy, des matériaux très durs et résistants utilisés dans certains types de peinture, de colle ou de revêtement. Finalement, une troisième catégorie de plastiques rassemble les **élastomères**. Ce sont des polymères réticulés. Certains ont les mêmes caractéristiques que les thermoplastiques, d'autres se comportent comme les plastiques thermodurcissables. Ils ont des propriétés similaires au caoutchouc naturel : ils sont extensibles (s'étirent sans se briser) et élastiques (reprennent leur forme et leur volume après avoir été étirés ou comprimés, car ils accumulent et restituent facilement l'énergie potentielle). Souples, les élastomères ont de bonnes capacités d'absorption mécanique et se déforment facilement.

TABLEAU 5.5 QUELQUES-UNS DES PRINCIPAUX POLYMÈRES PLASTIQUES				
	Monomère (unité de base)	Nom du polymère (désignation courante)	Utilisations	
Thermoplastiques (structures moléculaires linéaires ou ramifiées)	Amide 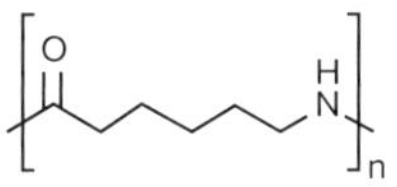	Polyamide (nylon)	Fibres textiles, Nomex (tissu ignifuge), Kevlar (tissu à haute résistance), matériaux pour l'industrie automobile	
	Éthylène 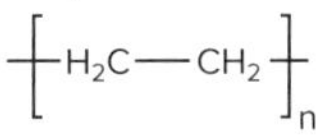	Polyéthylène (PE : HDPE, LDPE)	Jouets, bouteilles, sacs de plastique, emballages divers, bandes de patinoires	
	Chlorure de vinyle 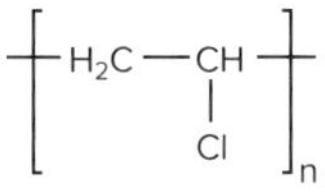	Poly(chlorure de vinyle) (PVC)	Flacons souples, tuyaux, revêtements de sols, résines pour meubles de jardin et fenêtres	
	Propylène 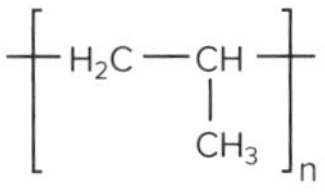	Polypropylène (PP)	Bouchons et couvercles moulés, contenants de margarine, moquettes intérieures et extérieures, rembourrage, fibres pour sacs et cordages	
	Styrène 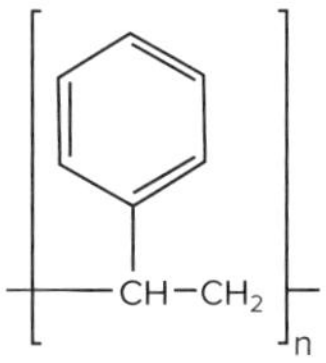	Polystyrène (PS)	Produits d'emballage, jouets, isolants de toutes sortes, ustensiles jetables	
	Téréphtalate d'éthylène 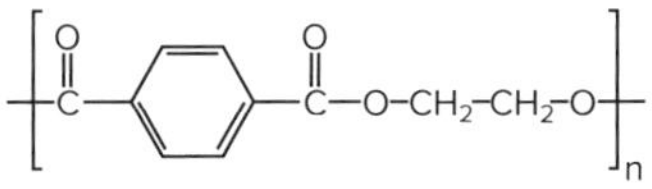	Poly(téréphtalate d'éthylène) (PETE)	Fibres textiles (polyesters), dont le tissu connu sous le nom de *laine polaire*, bouteilles rigides pour boissons, couvertures thermiques (associé à des métaux)	

TABLEAU 5.5 QUELQUES-UNS DES PRINCIPAUX POLYMÈRES PLASTIQUES (*suite*)

	Monomère (unité de base)	Nom du polymère (désignation courante)	Utilisations
Thermodurcissables	Acrylonitrile 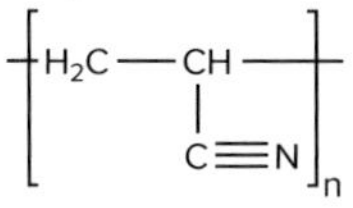	Polyacrylonitrile (PAN)	Fibres textiles : tapis, couvertures, simili-fourrures, fils 
	Méthacrylate de méthyle 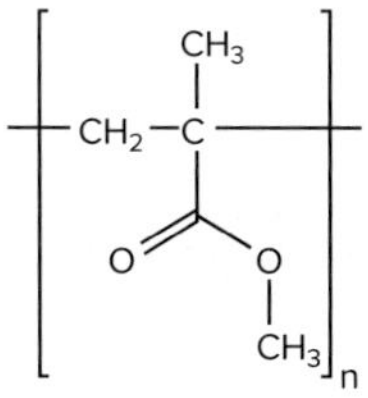	Poly(méthacrylate de méthyle) (PMMA)	Plexiglas, luminaire, panneaux solaires, panneaux-réclames 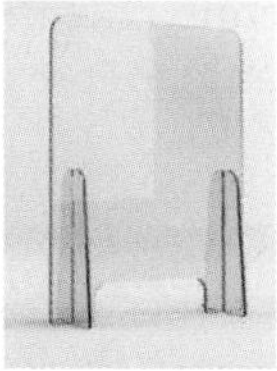
	Époxydes 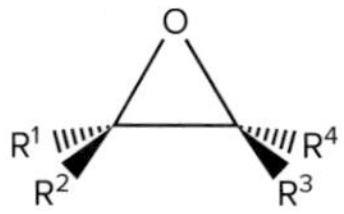 *R* représentant des chaînes carbonées	Polyépoxydes (époxy)	Adhésifs (colles), plastiques renforcés, peinture 
Élastomères	Isoprène 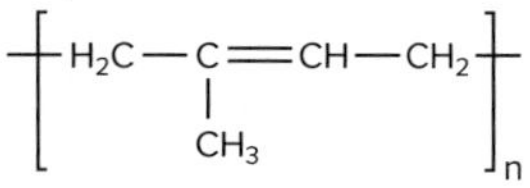	Polyisoprène (caoutchouc IR : *isoprene rubber*)	Pneus, produits à base de latex, chaussures, tuyaux 
	Chloroprène 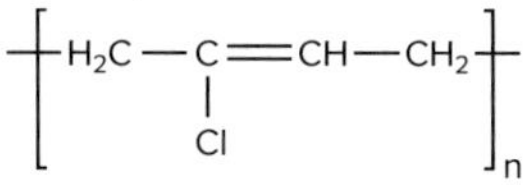	Polychloroprène (caoutchouc CR)	Commercialisé sous le nom de néoprène, vêtements isolants (combinaisons), tubes et joints étanches, canots de sauvetage 
	1,2-Butadiène 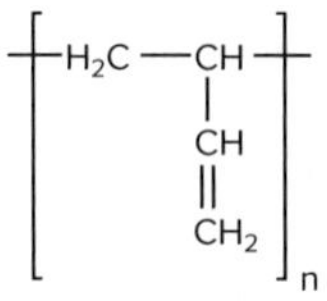 Ou 1,3-Butadiène 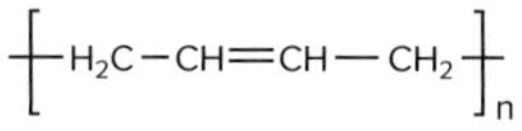	Polybutadiène (caoutchouc BR)	Pneus, tuyauterie, combinaisons avec d'autres polymères plastiques, équipements pour rails et ponts, équipement de sport (balles de golf, ballons, etc.) 

Vous êtes maintenant en mesure de faire les exercices 43 à 47.

5.11 Liaison métallique et modèle de la mer d'électrons

La liaison métallique, qui se produit entre les métaux, est le dernier type de liaison dont traite le présent chapitre. Comme vous le savez, les métaux ont tendance à perdre des électrons. Selon le modèle le plus simple, lorsque des atomes de métaux se lient entre eux pour former un solide, chaque atome délocalise un ou plusieurs électrons dans une **mer d'électrons** (aussi appelé modèle de l'électron libre). Dans le cas des éléments des groupes principaux (ns^1, ns^2, $ns^2\, np^x$), le nombre d'électrons délocalisés lors de la formation de la liaison métallique correspond au nombre présent dans le dernier niveau : les atomes vident leur couche de valence incomplète pour former la mer d'électrons. Par exemple, on peut considérer le sodium métallique comme un assemblage d'ions Na^+ chargés positivement baignant dans une mer d'électrons chargés négativement, comme le montre la **figure 5.17(a)**. Les cations sodium sont alors maintenus ensemble sous l'effet de l'attraction exercée par la mer d'électrons.

Quoique simple, ce modèle explique un grand nombre de propriétés des métaux, ce qui lui confère une valeur importante quant à son pouvoir de prédiction pour les substances métalliques. Par exemple, les métaux conduisent l'électricité parce que, contrairement aux solides ioniques dans lesquels les électrons sont localisés sur un ion, les électrons de valence dans un métal sont libres de se déplacer sous l'effet d'un potentiel électrique (ou tension) et de générer un courant électrique. En effet, les cations métalliques, beaucoup plus massifs que les électrons délocalisés, ne font que vibrer à l'intérieur du réseau solide maintenu par la mer d'électrons. Par contre, les électrons délocalisés de la mer d'électrons sont légers et mobiles. En absence de champs électriques, ces électrons se déplacent de façon aléatoire dans le réseau. Lorsqu'on applique une différence de potentiel entre deux sections d'un métal, on crée un déplacement dirigé d'électrons, un courant électrique : les électrons du métal sont attirés par l'électrode positive alors que l'électrode négative permet à des électrons extérieurs de pénétrer la mer d'électrons. C'est pourquoi les métaux sont conducteurs d'électricité.

Les métaux sont aussi d'excellents conducteurs de chaleur, encore une fois en raison des électrons hautement mobiles de la mer d'électrons. L'énergie thermique emmagasinée par un corps correspond au niveau de vibration des particules qui le compose. Pour pouvoir conduire la chaleur (la chaleur est un transfert d'énergie thermique) efficacement, les particules doivent être légères et mobiles afin de vibrer facilement, ce qui aide à disperser l'énergie thermique dans tout le solide. Dans le cas des métaux, il est donc facile de transmettre l'énergie thermique d'un point à l'autre de la mer d'électrons.

La *malléabilité* des métaux (qui peuvent être martelés en feuilles) et la *ductilité* des métaux (qui peuvent être étirés en fils) sont d'autres propriétés qui s'expliquent également par ce modèle. Étant donné que les électrons situés entre les cations sont mobiles dans le métal, celui-ci peut se déformer sans rupture de la liaison métallique lorsqu'on force les ions à glisser les uns le long des autres. Lorsqu'on applique une force sur le métal, la mer d'électrons s'adapte facilement à ces déformations en adoptant une nouvelle forme, ce qui n'est pas le cas pour les solides ioniques et les solides moléculaires. Pour ces derniers, il se produit une rupture dans la cohésion des particules et le solide se casse au lieu de se mouler à la modification.

Ce modèle de la liaison permet aussi de comparer les points de fusion de différents métaux. La liaison métallique étant physiquement une attraction électrostatique entre des charges (les électrons négatifs et les cations positifs), la force qui les retient ensemble obéit à la loi de Coulomb :

$$F = \frac{1}{4\pi\varepsilon_o}\,\frac{q_1 q_2}{r^2}$$

Selon cette relation, plus la charge des cations est élevée, plus leur cohésion est grande avec la mer d'électrons, donc plus le métal sera « dur ». Dans le cas de cations de mêmes charges, plus le cation est gros, moins il attire fortement sa mer d'électrons. Ainsi, si on parcourt la quatrième période, le potassium (qui forme des cations K^+) est un métal très mou, facile

FIGURE 5.17 **Modèle de la mer d'électrons pour le sodium (a) et le magnésium (b)**

Na$^+$ mer d'électrons

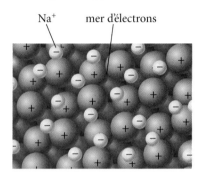

(a) Métal du groupe 1

(b) Métal du groupe 2

(a) Modèle de la liaison métallique pour les éléments du groupe 1. Dans ce modèle, les ions Na$^+$ baignent dans une mer d'électrons. **(b)** Modèle de la liaison métallique pour les éléments du groupe 2. Dans ce modèle, les ions Mg^{2+} baignent dans une mer d'électrons deux fois plus dense que celle créée par le sodium.

à couper au couteau, le calcium (cation Ca^{2+}) est un métal un peu plus dur, le chrome (cation Cr^{6+}) et le manganèse (cation Mn^{7+}) sont des métaux très durs et le zinc (cations Zn^{2+}) qui termine la série de transition est de nouveau un métal relativement mou.

Un autre effet, celui de la grosseur du cation, peut être observé dans le tableau suivant: chez les alcalins, c'est le lithium, doté des plus petits cations, qui est le plus *dur* de sa famille tout en ayant le point de fusion le plus élevé. Le même phénomène se produit dans la plupart des familles des métaux. Cependant, la façon dont s'empilent les cations métalliques à l'état solide a aussi un effet sur leur dureté réelle. C'est ce qui explique en particulier la température de fusion anormalement basse du magnésium.

Alcalins	t_{fusion} (°C)	Alcalino-terreux	t_{fusion} (°C)
$_3$Li(s)	181	$_4$Be(s)	1287
$_{11}$Na(s)	98	$_{12}$Mg(s)	650
$_{19}$K(s)	64	$_{20}$Ca(s)	842
$_{37}$Rb(s)	39	$_{38}$Sr(s)	777
$_{55}$Cs(s)	28	$_{56}$Ba(s)	727

Le modèle de la mer d'électrons est un modèle simple qui permet d'expliquer et de prédire plusieurs propriétés des métaux. Il possède cependant certaines limites: par exemple, il ne peut expliquer adéquatement la baisse de conductivité électrique observée lorsqu'on augmente la température des métaux. Il existe un modèle plus poussé de la liaison métallique se basant sur la mécanique quantique que nous avons abordée au chapitre 3. Ce modèle, appelé *théorie des bandes*, s'appuie sur une forme dite *antiliante* des orbitales atomiques, mais il n'en sera pas question dans le présent manuel.

Vous êtes maintenant en mesure de faire les exercices 48 à 52, 76 et 77.

RÉSUMÉ DU CHAPITRE

Termes clés (voir le glossaire)

Charge formelle (p. 204)
Copolymère (p. 216)
Degré de polymérisation (p. 220)
Doublet (p. 186)
Doublet liant (p. 192)
Doublet libre (p. 192)
Doublet non liant (p. 192)
Élastomère (p. 223)
Électronégativité (χ) (p. 196)
Énergie de liaison (ou enthalpie de liaison, $\Delta H_{liaison}$) (p. 199)
Énergie de réseau ($\Delta H_{réseau}$) (p. 189)

Homopolymère (p. 216)
Hybride de résonance (p. 210)
Liaison chimique (p. 184)
Liaison covalente (p. 185)
Liaison covalente polaire (p. 196)
Liaison double (p. 193)
Liaison ionique (p. 185)
Liaison métallique (p. 186)
Liaison triple (p. 193)
Linéaire (polymère) (p. 216)
Longueur de liaison (p. 203)
Mer d'électrons (p. 225)
Modèle de Lewis (p. 186)

Moment dipolaire (μ) (p. 197)
Monomère (p. 216)
Octet (p. 186)
Oligomère (p. 216)
Pétrochimie (p. 219)
Plastique thermodurcissable (p. 223)
Polyaddition (p. 221)
Polycondensation (p. 221)
Polymère (p. 216)
Polymère naturel (p. 219)
Polymère synthétique (p. 219)
Polymérisation (p. 216)

Pourcentage de caractère ionique (p. 198)
Radical libre (p. 213)
Ramifié (branché) (polymère) (p. 216)
Règle de l'octet (p. 187)
Réticulé (polymère) (p. 216)
Structure de Lewis (p. 186)
Structures limites de résonance (p. 209)
Thermoplastique (p. 222)

Concepts clés

Recyclables, biodégradables, oxybiodégradables, compostables ou polluants éternels? (5.1)

→ Les matériaux biodégradables sont généralement issus de matières organiques qui peuvent se décomposer en eau et en dioxyde de carbone (CO_2) ou en méthane (CH_4) sous l'action des microorganismes présents dans l'environnement, et ce, dans un laps de temps relativement court.

→ Les matériaux compostables sont un ensemble spécifique de déchets d'origine végétale ou animale que l'on traite dans des usines ou dans des sites appropriés en contrôlant le taux d'humidité, le taux d'oxygène et la température. Les produits obtenus lors de ces processus de métabolisation aérobie par des microorganismes ne sont pas uniquement du dioxyde de carbone et de l'eau, mais plutôt une variété de produits intermédiaires complexes, appelés compost.

→ Le recyclage consiste à transformer mécaniquement ou chimiquement les objets qu'on a jetés afin de pouvoir récupérer certains composants et les réutiliser dans la fabrication d'autres matériaux. Pour faire face aux enjeux environnementaux, le recyclage est essentiel, notamment celle des matières plastiques. Pour le moment, seuls les thermoplastiques sont recyclables.

→ Les plastiques oxybiodégradables, contrairement aux composés traditionnels, contiennent des additifs qui facilitent leur fragmentation en les soumettant à un processus oxydatif qui les dégrade. Cette approche a été graduellement abandonnée car elle génère des microplastiques et des nanoplastiques non biodégradables qui s'accumulent dans l'environnement.

→ Les polluants éternels sont des composés qui présentent une très grande résistance aux processus de dégradation chimique et biologique. Leur stabilité exceptionnelle mène à leur accumulation en quantité importante dans l'environnement et à leur concentration à des niveaux toxiques dans la chaîne alimentaire.

Former des liaisons (5.2)

→ On classe les liaisons chimiques en trois types généraux : les liaisons ioniques, qui se forment entre un métal et un non-métal ; les liaisons covalentes qui se forment entre deux non-métaux ; et les liaisons métalliques qui se forment dans les métaux.

→ Dans une liaison ionique, il y a un transfert d'électron(s) d'un métal à un non-métal et les ions résultants sont attirés vers les uns aux autres par des forces de Coulomb.

→ Dans une liaison covalente, des non-métaux partagent des électrons qui interagissent avec les noyaux des deux atomes par l'intermédiaire des forces de Coulomb, ce qui maintient ensemble les atomes.

→ Dans une liaison métallique, les atomes du métal forment un réseau dans lequel chaque atome perd des électrons et les cède à une *mer d'électrons*. La mer d'électrons chargée négativement attire les ions métalliques chargés positivement, ce qui maintient ensemble les atomes du métal.

Modèle de Lewis (5.3)

→ Dans le modèle de Lewis, les liaisons se forment lorsque les atomes transfèrent (liaison ionique) ou partagent (liaison covalente) des électrons de valence pour atteindre des configurations électroniques de gaz nobles.

→ Le modèle de Lewis représente les électrons de valence par des points autour du symbole d'un élément. Quand deux ou plusieurs éléments se lient ensemble, les points sont transférés ou partagés de sorte que chaque atome obtient huit points, un octet (ou deux points, un doublet, dans le cas de l'hydrogène).

Liaison ionique et modèle du réseau (5.4)

→ Dans une structure de Lewis ionique mettant en jeu des métaux des groupes principaux, le métal transfère ses électrons de valence (symbolisés par des points) au non-métal afin de respecter la règle de l'octet.

→ La formation de la majorité des composés ioniques à partir de leurs éléments est exothermique à cause de l'énergie de réseau, qui est énergie libérée lorsque les cations de métaux et des anions de non-métaux s'unissent pour former le solide ; plus le rayon des ions est petit et plus la charge est grande, plus l'énergie de réseau est exothermique.

Liaison covalente et polarité (5.5 et 5.6)

→ Dans une liaison covalente, les atomes voisins partagent les électrons de valence pour former des octets (ou des doublets).

→ Une paire unique d'électrons partagés constitue une liaison simple, alors que deux ou trois paires d'électrons partagés constituent des liaisons doubles ou triples, respectivement.

→ Les électrons partagés dans une liaison covalente ne sont pas toujours partagés également ; quand deux non-métaux différents forment une liaison covalente, la densité électronique est plus grande du côté de l'élément le plus électronégatif. Il en résulte une liaison polaire, avec un élément qui porte une charge partiellement positive et l'autre, une charge partiellement négative.

→ L'électronégativité, soit la capacité d'un atome à attirer un électron à lui dans un lien chimique, augmente lorsqu'on se déplace de gauche à droite dans le tableau périodique et diminue lorsque l'on descend à l'intérieur d'une même famille.

→ Les éléments ayant des électronégativités très différentes forment des liaisons ioniques ; ceux qui ont des électronégativités très semblables forment des liaisons covalentes non polaires ; et ceux qui ont des différences d'électronégativités intermédiaires forment des liaisons covalentes polaires.

Énergies et longueurs des liaisons covalentes (5.7)

→ L'énergie d'une liaison chimique est l'énergie requise pour rompre 1 mole de la liaison en phase gazeuse.

→ Les énergies de liaison moyennes pour un nombre de liaisons différentes sont présentées en tableau et peuvent être utilisées pour estimer les enthalpies de réaction.

→ Les longueurs de liaison moyennes sont également présentées en tableau.

→ En général, les liaisons triples sont plus courtes et plus fortes que les liaisons doubles qui, elles, sont plus courtes et plus fortes que les liaisons simples.

Structure de Lewis des composés moléculaires (5.8)

→ La charge formelle d'un atome dans une structure de Lewis est la charge que l'on attribuerait à cet atome si tous les électrons de liaison étaient partagés également entre des atomes liants.

→ En général, les structures de Lewis les plus probables ont le plus petit nombre d'atomes avec une charge formelle, et toute charge formelle négative est portée par l'atome le plus électronégatif.

→ On applique habituellement la règle de l'octet dans l'écriture des structures de Lewis, mais il existe quelques exceptions.

→ Certaines molécules sont mieux représentées, non pas par une seule structure de Lewis, mais par deux ou plusieurs structures de résonance. La structure réelle de la molécule est alors un hybride de résonance : une combinaison ou une moyenne des structures possibles.

Exceptions à la règle de l'octet (5.9)

→ Les exceptions à la règle de l'octet incluent des espèces à nombre impair d'électrons, qui ont nécessairement des structures électroniques qui ne comportent que sept électrons autour d'un atome. Ces espèces ayant un nombre impair d'électrons, appelées radicaux libres, tendent à être instables et réactives chimiquement.

→ Les autres exceptions à la règle de l'octet comprennent les octets incomplets, ayant habituellement six électrons (particulièrement importants dans les composés comportant du bore), et les octets étendus, ayant habituellement 10 ou 12 électrons (importants dans les composés contenant des éléments situés à partir de la troisième rangée du tableau périodique). Les octets étendus n'existent jamais chez les éléments de la deuxième période.

Polymères (5.10)

→ Les polymères sont des macromolécules formées de longues chaînes de monomères qui se répètent et forment des structures linéaires, ramifiées ou réticulées. On nomme homopolymères les macromolécules obtenues par la répétition d'un seul et même monomère, et copolymères, ceux qui renferment plusieurs types d'unités de base.

Ils sont formés par des réactions de polymérisation (polyaddition ou polycondensation) qui permettent de lier les monomères les uns aux autres. On désigne souvent les polymères d'après le nom du monomère constitutif, devant lequel on ajoute le préfixe *poly*.

→ Les polymères synthétiques les plus utilisés sont les plastiques que produit la pétrochimie à partir des molécules du naphta. Ces plastiques peuvent être classés en fonction de leur comportement sous l'effet de la chaleur (thermoplastiques ou thermodurcissables) ou selon leur élasticité (élastomères se comportant comme le caoutchouc naturel).

Liaison métallique (5.11)

→ Lorsque des atomes de métaux se lient ensemble pour former un solide, chaque atome du métal perd un ou plusieurs électrons et les cède à une *mer d'électrons*. La mer d'électrons chargée négativement attire les ions métalliques chargés positivement, ce qui maintient ensemble les atomes de métal.

→ Ce modèle simple rend bien compte des propriétés particulières des métaux. La conductibilité électrique, la conductibilité thermique, la malléabilité et la ductilité s'expliquent par la mobilité des électrons délocalisés.

Équations et relations clés

Loi de Coulomb : force électrostatique (*F*) s'exerçant entre deux particules portant des charges *q₁* et *q₂*, séparées par une distance *r* (5.4 et 5.10)

$$F = \frac{1}{4\pi\varepsilon_o} \frac{q_1 q_2}{r^2} \qquad \varepsilon_0 = 8{,}85 \times 10^{-12} \, \text{C}^2/\text{J·m}$$

Moment dipolaire (*μ*) : dans une molécule dont les atomes portent des charges partielles positive *q*+ et négative *q*−, produit de la grandeur *q* en valeur absolue par la distance *r* qui sépare ces charges. (5.6)

$$\mu = qr$$

Pourcentage de caractère ionique (5.6)

$$\text{Pourcentage de caractère ionique} = \frac{\text{moment dipolaire mesuré d'une liaison}}{\text{moment dipolaire si les électrons étaient complètement transférés}} \times 100\,\%$$

Variation d'enthalpie d'une réaction *ΔH*ᵣₙ : relation des énergies de liaison (5.7)

$$\Delta H_{Rn} = \Sigma(\Delta H \text{ des liaisons rompues}) + \Sigma(\Delta H \text{ des liaisons formées})$$

Charge formelle (5.8)

$$\text{Charge formelle} = \text{nombre d'électrons de valence} - (\text{nombre d'électrons de doublet libre} + \tfrac{1}{2} \text{ nombre d'électrons partagés})$$

EXERCICES

 facile *moyen* Ⓓ *difficile*

Problèmes par sujet

Modèle de Lewis (5.3)

Ⓕ **1.** Écrivez la configuration électronique de N. Puis écrivez la structure de Lewis de N et montrez quels électrons de cette configuration font partie de la structure de Lewis.

Ⓕ **2.** Écrivez la configuration électronique de Ne. Puis écrivez la structure de Lewis de Ne et montrez quels électrons de cette configuration font partie de la structure de Lewis.

Ⓕ **3.** Écrivez la structure de Lewis de chaque atome ou ion :
(a) Al. (b) Na^+. (c) Cl. (d) Cl^-.

Ⓕ **4.** Écrivez la structure de Lewis de chaque atome ou ion :
(a) S^{2-}. (b) Mg. (c) Mg^{2+}. (d) P.

Liaison ionique et modèle du réseau (5.4)

Ⓕ **5.** Écrivez la structure de Lewis de chaque composé ionique :
(a) NaF. (b) CaO. (c) $SrBr_2$. (d) K_2O.

Ⓕ **6.** Écrivez la structure de Lewis de chaque composé ionique :
(a) SrO. (b) Li_2S. (c) CaI_2. (d) RbF.

Ⓕ **7.** À l'aide du modèle de Lewis, déterminez la formule du composé qui se forme entre les atomes suivants :
(a) Sr et Se. (b) Ba et Cl. (c) Na et S. (d) Al et O.

Ⓕ **8.** À l'aide du modèle de Lewis, déterminez la formule du composé qui se forme entre les atomes suivants :
(a) Ca et N. (b) Mg et I. (c) Ca et S. (d) Cs et F.

Ⓜ **9.** Expliquez la variation des énergies de réseau des oxydes de métaux alcalino-terreux :

Oxyde de métal	Énergie de réseau (kJ/mol)
MgO	−3795
CaO	−3414
SrO	−3217
BaO	−3029

Ⓜ **10.** L'iodure de rubidium a une énergie de réseau de −617 kJ/mol, alors que celle du bromure de potassium est de −671 kJ/mol. Pourquoi l'énergie de réseau du bromure de potassium est-elle plus exothermique que l'énergie de réseau de l'iodure de rubidium ?

M 11. L'énergie de réseau de CsF est de −744 kJ/mol, alors que celle de BaO est de −3029 kJ/mol. Expliquez cette énorme différence de l'énergie de réseau.

M 12. Classez les substances suivantes en ordre croissant de grandeur d'énergie de réseau.

$$KCl, SrO, RbBr, CaO$$

Liaison covalente et modèle de Lewis (5.5)

F 13. À l'aide des structures de Lewis, expliquez pourquoi chaque élément (ou famille d'éléments) existe sous forme de molécule diatomique:
(a) Hydrogène.
(b) Halogènes.
(c) Oxygène.
(d) Azote.

M 14. À l'aide des structures de Lewis, expliquez pourquoi le composé qui se forme entre l'azote et l'hydrogène a la formule NH_3. Montrez pourquoi NH_2 et NH_4 ne sont pas stables.

F 15. Écrivez la structure de Lewis pour chaque molécule:
(a) PH_3.
(b) SCl_2.
(c) HI.
(d) CH_4.

F 16. Écrivez la structure de Lewis pour chaque molécule:
(a) NF_3.
(b) HBr.
(c) SBr_2.
(d) CCl_4.

Polarité de la liaison (5.6)

F 17. Déterminez si chaque liaison entre chaque paire d'atomes est covalente pure, covalente polaire ou ionique.
(a) Br et Br.
(b) C et Cl.
(c) C et S.
(d) Sr et O.

F 18. Déterminez si chaque liaison entre chaque paire d'atomes est covalente pure, covalente polaire ou ionique.
(a) C et N.
(b) N et S.
(c) K et F.
(d) N et N.

M 19. Écrivez une structure de Lewis de CO avec une flèche représentant le moment dipolaire. Reportez-vous à la figure 5.9 pour estimer le pourcentage de caractère ionique de la liaison CO.

M 20. Écrivez une structure de Lewis de BrF avec une flèche représentant le moment dipolaire. Reportez-vous à la figure 5.9 pour estimer le pourcentage de caractère ionique de la liaison BrF.

Énergies et longueurs des liaisons covalentes (5.7)

F 21. Considérez les trois composés suivants:

Classez ces composés en ordre croissant de force de liaison carbone-carbone et en ordre décroissant de longueur de liaison carbone-carbone.

F 22. Dans quel composé parmi les suivants, la liaison azote-azote est-elle la plus forte? La liaison azote-azote est-elle la plus courte?

M 23. Les réactions d'hydrogénation ajoutent de l'hydrogène aux doubles liaisons dans les hydrocarbures et d'autres composés organiques. À l'aide des énergies de liaison moyennes, calculez ΔH_{Rn} de la réaction d'hydrogénation qui suit:

M 24. L'éthanol est un carburant qui servira probablement de source d'énergie à l'avenir. À l'aide des énergies de liaison moyennes, calculez ΔH_{Rn} de la combustion de l'éthanol.

Structures de Lewis des composés moléculaires et des ions polyatomiques (5.8)

F 25. Quelles sont les charges formelles des atomes illustrés en rouge?

F 26. Quelles sont les charges formelles des atomes illustrés en rouge?

F 27. En vous aidant de la charge formelle, déterminez laquelle des deux structures de Lewis est la meilleure:

F 28. En vous aidant de la charge formelle, déterminez laquelle des deux structures de Lewis est la meilleure:

M **29.** Dans N_2O, l'azote est l'atome central et l'oxygène est un atome terminal. Dans OF_2, cependant, l'oxygène est l'atome central. Utilisez les charges formelles pour expliquer cette différence.

F **30.** Écrivez la structure de Lewis de chaque molécule ou ion :
(a) CI_4.
(b) N_2O.
(c) SiH_4.
(d) Cl_2CO.
(e) CH_3OH.
(f) OH^-.
(g) BrO^-.

M **31.** Écrivez la structure de Lewis de chaque molécule ou ion :
(a) N_2H_2.
(b) N_2H_4.
(c) C_2H_2.
(d) C_2H_4.
(e) CH_3OCH_3.
(f) CN^-.
(g) NO_2^-.

D **32.** Écrivez la structure de Lewis qui obéit à la règle de l'octet pour chaque molécule ou ion. Donnez les structures de résonance au besoin et attribuez les charges formelles à chaque atome.
(a) SeO_2 (résonance).
(b) CO_3^{2-} (résonance).
(c) ClO^-.
(d) NO_2^- (résonance).

D **33.** Écrivez la structure de Lewis qui obéit à la règle de l'octet pour chaque molécule ou ion. Donnez les structures de résonance au besoin et attribuez les charges formelles à chaque atome.
(a) ClO_3^-.
(b) ClO_4^-.
(c) NO_3^- (résonance).
(d) NH_4^+.

D **34.** Quelle serait l'importance de cette structure de résonance pour la structure globale du dioxyde de carbone ? Expliquez votre réponse.

$$:O \equiv C - \ddot{O}:$$

D **35.** Écrivez la structure de Lewis (en donnant les structures de résonance) de l'ion acétate (CH_3COO^-). Dans les différentes formes de résonance, attribuez les charges formelles à tous les atomes qui en portent.

D **36.** Écrivez la structure de Lewis (en donnant les structures de résonance) de l'azoture de méthyle (CH_3N_3). Dans les différentes formes de résonance, attribuez les charges formelles à tous les atomes qui en portent.

Espèces à nombre impair d'électrons, octets incomplets et octets étendus (5.9)

M **37.** Écrivez la structure de Lewis de chaque molécule. Rappelez-vous que le bore est un atome trivalent (3 liaisons) qui possède une orbitale de valence vide.
(a) BCl_3.
(b) NO_2.
(c) BH_3.

M **38.** Écrivez la structure de Lewis de chaque molécule. Rappelez-vous que le bore est un atome trivalent (3 liaisons) qui possède une orbitale de valence vide.
(a) BBr_3.
(b) NO.
(c) ClO_2.

F **39.** Écrivez la structure de Lewis de chaque molécule ou ion. Utilisez des octets étendus au besoin.
(a) PF_5.
(b) I_3^-.
(c) SF_4.
(d) GeF_4.

F **40.** Écrivez la structure de Lewis de chaque molécule ou ion. Utilisez des octets étendus au besoin.
(a) ClF_5.
(b) AsF_6^-.
(c) PCl_3O.
(d) IF_5.

D **41.** Écrivez la structure de Lewis de chaque ion. Donnez les structures de résonance au besoin et attribuez les charges formelles à tous les atomes. Si nécessaire, écrivez un octet étendu auprès de l'atome central pour abaisser la charge formelle.
(a) PO_4^{3-} (résonance).
(b) CN^-.
(c) SO_3^{2-} (résonance).
(d) ClO_2^-.

D **42.** Écrivez la structure de Lewis de chaque molécule ou ion. Donnez les structures de résonance au besoin et attribuez les charges formelles à tous les atomes. Si nécessaire, écrivez un octet étendu auprès de l'atome central pour abaisser la charge formelle.
(a) SO_4^{2-} (résonance).
(b) HSO_4^- (résonance).
(c) SO_3.
(d) BrO_2^- (résonance).

Polymères (5.10)

F **43.** Parmi les composés suivants, lesquels sont des polymères ? (*Justifiez votre réponse.*)

(a)

(b) CH_3OH

(c)

(d)

44. Le poly(tétrafluoroéthylène) ou PTFE est un polymère commercialisé sous les noms de commerciaux de Téflon, Syncolon et Fluon. Donnez la formule semi-développée du tétramère formé par la polymérisation du tétrafluoroéthène dont le monomère est $-CF_2-CF_2-$. Notez que les extrémités de l'oligomère sont occupées par des atomes de fluor supplémentaires.

45. Le polypropylène (PP) est un thermoplastique recyclable présent dans les contenants alimentaires, dans les emballages, dans certains tissus et dans les jouets. Donnez la formule semi-développée du trimère formé par la polymérisation du propylène dont le monomère est :

Notez que les extrémités de l'oligomère sont occupées par des groupements $-CH_3$ supplémentaires.

46. Le polyéthylène téraphtalate (PET) est un polymère plastique répandu dont le monomère est :

Problèmes récapitulatifs

53. La réaction de $Fe_2O_3(s)$ avec $Al(s)$ pour former $Al_2O_3(s)$ et $Fe(s)$ est appelée réaction thermite et est très exothermique. Quel rôle l'énergie de réseau joue-t-elle dans le caractère exothermique de la réaction ?

54. NaCl a une énergie de réseau de -787 kJ/mol. Considérez un sel hypothétique XY. X^{3+} a le même rayon que Na^+ et Y^{3-} a le même rayon que Cl^-. Estimez l'énergie de réseau de XY.

55. Faites la liste des paires d'ions en phase gazeuse selon la quantité d'énergie libérée lorsqu'elles se forment à partir d'ions séparés en phase gazeuse. Commencez par la paire qui libère le moins d'énergie.
$$Na^+F^- \quad Mg^{2+}F^- \quad Na^+O^{2-} \quad Mg^{2+}O^{2-} \quad Al^{3+}O^{2-}$$

56. On peut utiliser l'hydrogène comme carburant en le brûlant selon la réaction :
$$H_2(g) + 1/2\ O_2(g) \rightarrow H_2O(g)$$
À l'aide des énergies de liaison moyennes, calculez ΔH_{Rn} de cette réaction et également celle de la combustion du méthane (CH_4). Quel carburant fournit le plus d'énergie par mole ? Par gramme ?

57. Calculez ΔH_{Rn} pour la combustion de l'octane (C_8H_{18}), un composant de l'essence, en utilisant les énergies de liaison moyennes.
$$C_8H_{18}(g) + O_2(g) \rightarrow CO_2(g) + H_2O(g)$$

(a) Donnez la formule semi-développé du monomère.
(b) À l'aide de la figure 4.17 (p. 175), identifiez dans la structure les liens covalents considérés comme non (ou peu) polaires et les liens covalents polaires.

47. Le polystyrène est un homopolymère formé par la répétition de monomère $-C_8H_8-$. Si le degré de polymérisation d'un polystyrène est de 144, estimez sa masse molaire.

Liaison métallique et modèle de la mer d'électrons (5.11)

48. Faites un schéma représentant la liaison métallique des éléments suivants. (Tenez compte que chaque élément délocalise l'ensemble de ses électrons de valence ; voir la section 4.3.)
(a) Mn(*s*).   **(b)** Ba(*s*).   **(c)** Ag(*s*).

49. Le sodium est beaucoup plus malléable que le fer. Expliquez pourquoi.

50. Le titane est moins ductile (moins facile à étirer) que l'argent. Expliquez pourquoi.

51. Classez les métaux suivants en ordre décroissant (théorique) de leur point de fusion.
(a) V(*s*).   **(b)** Ca(*s*).   **(c)** Fe(*s*).

52. Dans chacun des ensembles de métaux, quel solide possède la température de fusion la plus élevée ?
(a) Ca(*s*)   Ba(*s*)   Sr(*s*).
(b) Na(*s*)   Mg(*s*)   Al(*s*).
(c) Ge(*s*)   Al(*s*)   Ga(*s*).

58. Calculez $\Delta H°_f$ de la réaction $H_2(g) + Br_2(g) \rightarrow 2\ HBr(g)$ à l'aide des valeurs d'énergie de liaison. La valeur obtenue expérimentalement est toutefois beaucoup plus faible. Expliquez cette différence.

59. Dessinez une structure de Lewis appropriée pour chaque espèce chimique. Assurez-vous de bien faire la distinction entre les composés ioniques et les composés (éléments) covalents.
(a) Al_2O_3.
(b) NF_3.
(c) ClF.
(d) K_2S.
(e) MgI_2.
(f) $GaBr_3$.
(g) N_2.

60. Chacun des composés suivants contient des liaisons ioniques et covalentes. Écrivez les structures de Lewis ioniques de chacun de ces composés en écrivant la structure covalente de l'ion entre crochets.
(a) $BaCO_3$ (résonance).
(b) $Ca(OH)_2$.
(c) KNO_3 (résonance).
(d) LiIO.

61. Chacun des composés suivants contient des liaisons ioniques et covalentes. Écrivez les structures de Lewis ioniques de chacun de ces composés en écrivant la structure covalente de l'ion entre crochets.
(a) $RbIO_2$.
(b) NH_4Cl.
(c) KHSO3 (résonance).
(d) $Sr(CN)_2$.

62. De nombreux composés organiques comportent des structures cycliques. Écrivez la structure de Lewis de ces composés cycliques, en indiquant les structures de résonance, si nécessaire.

(a) C_4H_8.

(b) C_4H_4 (résonance).

(c) C_6H_{12}.

(d) C_6H_6 (résonance).

63. Les acides aminés sont les constituants élémentaires des protéines. L'acide aminé le plus simple est la glycine (H_2NCH_2COOH). Écrivez la structure de Lewis de la glycine. (*Indice*: les atomes centraux dans la structure squelettique sont l'azote lié à un carbone qui, à son tour, est lié à un autre carbone. Les deux atomes d'oxygène sont liés directement à l'atome de carbone le plus à droite.)

64. Écrivez la structure de Lewis de l'acide nitrique (l'atome d'hydrogène est attaché à l'un des atomes d'oxygène). Donnez les structures de résonance et indiquez les charges formelles.

65. Le phosgène (Cl_2CO) est un gaz toxique qui a été utilisé comme arme chimique au cours de la Première Guerre mondiale et est un agent potentiel pour le terrorisme chimique. Écrivez la structure de Lewis du phosgène. Inclure les trois formes de résonance en alternant la liaison double entre les trois atomes terminaux. Quelle structure de résonance est la meilleure ?

66. L'ion cyanate (OCN^-) et l'ion fulminate (CNO^-) partagent les trois mêmes atomes, mais possèdent des propriétés énormément différentes. L'ion cyanate est stable, alors que l'ion fulminate est instable et forme des composés explosifs. Les différentes structures possibles (structures de résonance) de l'ion cyanate ont été décrites à l'exemple 5.6. Écrivez la structure de Lewis de l'ion fulminate (avec les formes de résonance possibles) et utilisez la charge formelle pour expliquer pourquoi l'ion fulminate est moins stable (et par conséquent plus réactif) que l'ion cyanate.

67. À l'aide des structures de Lewis, expliquez pourquoi Br_3^- et I_3^- sont stables, alors que F_3^- ne l'est pas.

68. Écrivez la structure de Lewis de chaque composé organique à partir de sa formule structurale condensée.

(a) C_3H_8.

(b) CH_3OCH_3.

(c) CH_3COCH_3.

(d) CH_3COOH.

(e) CH_3CHO.

69. Écrivez la structure de Lewis de chaque composé organique à partir de sa formule structurale condensée.

(a) C_2H_4.

(b) CH_3NH_2.

(c) CH_2O.

(d) CH_3CH_2OH.

(e) $HCOOH$.

70. Écrivez la structure de Lewis de $HCSNH_2$. (Les atomes de carbone et d'azote sont liés ensemble et l'atome de soufre est lié à l'atome de carbone.) Identifiez chaque liaison dans la molécule comme polaire ou non polaire.

71. Écrivez la structure de Lewis de l'urée, H_2NCONH_2, un composé provenant de la dégradation des protéines et présent dans l'urine. (L'atome de carbone central est lié aux deux atomes d'azote et à l'atome d'oxygène) L'urée contient-elle des liaisons polaires ? Quelle liaison dans l'urée est la plus polaire ?

72. Certaines théories sur le vieillissement semblent indiquer que des radicaux libres causent certaines maladies et peut-être le vieillissement en général. Selon le modèle de Lewis, ces molécules à nombre impair d'électrons ne sont pas chimiquement stables et réagissent rapidement avec d'autres molécules. Les radicaux libres peuvent réagir avec des molécules dans la cellule, comme l'ADN, et provoquer des modifications structurales causant le cancer ou d'autres maladies. Les radicaux libres peuvent également attaquer les molécules présentes sur les surfaces des cellules, les faisant paraître comme étrangères au système immunitaire de l'organisme. Le système immunitaire élimine alors ces cellules, affaiblissant ainsi l'organisme. Écrivez les structures de Lewis de chaque radical libre en cause dans cette théorie du vieillissement.

(a) O_2^-.

(b) O^-.

(c) OH.

(d) CH_3OO (électron non apparié sur l'oxygène terminal).

73. Les radicaux libres jouent un rôle crucial dans de nombreuses réactions importantes touchant l'environnement. Par exemple, le smog photochimique, c'est-à-dire le smog qui résulte de l'action du soleil sur les polluants atmosphériques, se forme en partie en deux étapes :

$$NO_2 \xrightarrow{\text{lumière UV}} NO + O$$

$$O + O_2 \longrightarrow O_3$$

Le produit de cette réaction, l'ozone, est un polluant présent dans la basse atmosphère. (L'ozone de la haute atmosphère fait partie naturellement de l'atmosphère et facilite la vie sur la terre en protégeant les êtres vivants de la lumière ultraviolette.) L'ozone est un irritant pour les yeux et les poumons, et il accélère également l'altération des produits du caoutchouc. Écrivez de nouveau les réactions ci-dessus en utilisant les structures de Lewis de chaque réactif et produit. Identifiez les radicaux libres.

74. Écrivez la structure de Lewis de chaque composé.

(a) Cl_2O_7 (aucun lien $Cl-Cl$).

(b) H_3PO_3 (deux liaisons OH).

(c) H_3AsO_4.

75. L'ion azoture, N_3^-, est un ion symétrique dont toutes les structures de résonance ont des charges formelles. Écrivez trois structures de Lewis de cet ion.

76. Le cuivre est un excellent conducteur d'électricité. Expliquez pourquoi.

77. On utilise souvent des alliages à base d'aluminium ou de fer pour fabriquer les chaudrons et les poêles. Expliquez pourquoi.

Problèmes défis

78. En vous aidant des moments dipolaires de HF et de HCl (présentés à la fin du problème) ainsi que du pourcentage de caractère ionique de chaque liaison (figure 5.9), estimez la longueur de liaison de chaque molécule. Dans quelle mesure la longueur de liaison que vous avez estimée correspond-elle à la longueur de liaison indiquée dans le tableau 5.8 ?

$$HCl \qquad \mu = 1,08\ D$$
$$HF \qquad \mu = 1,82\ D$$

79. En vous aidant des énergies de liaison, estimez l'enthalpie standard de formation du benzène gazeux, $C_6H_6(g)$.

$$6\ C(s) + 3\ H_2(g) \rightarrow C_6H_6(g)$$

(Rappelez-vous que les énergies de liaison moyennes ne s'appliquent qu'à la phase gazeuse.) Comparez la valeur que vous obtenez à l'aide des énergies de liaison moyennes avec l'enthalpie standard de formation réelle du benzène gazeux, 82,9 kJ/mol. Que vous apprend la différence entre ces deux valeurs au sujet de la stabilité du benzène ?

80. Les solides ioniques des anions O^- et O^{3-} n'existent pas, alors que les solides ioniques de l'anion O^{2-} sont courants. Expliquez cette différence.

81. Le principal composant des pluies acides (H_2SO_4) se forme à partir de SO_2, un polluant atmosphérique, par l'intermédiaire des étapes suivantes :

$$SO_2 + OH\cdot \rightarrow HSO_3\cdot$$
$$HSO_3\cdot + O_2 \rightarrow SO_3 + HOO\cdot$$
$$SO_3 + H_2O \rightarrow H_2SO_4$$

Écrivez la structure de Lewis de chacune des espèces dans ces étapes et utilisez les énergies de liaison pour estimer ΔH_{Rn} du processus global. (Utilisez 265 kJ/mol pour l'énergie de la liaison simple $S-O$.)

82. L'état standard du phosphore à 25 °C est P_4. Cette molécule a quatre atomes P équivalents, aucune double ou triple liaison et pas d'octets étendus. Écrivez sa structure de Lewis.

83. Un composé de formule C_8H_8 ne comporte ni liaison double, ni liaison triple. Tous les atomes de carbone sont chimiquement identiques, de même que tous les atomes d'hydrogène. Écrivez la structure de Lewis de cette molécule.

84. Trouvez l'état d'oxydation de chaque soufre dans la molécule H_2S_4, qui a un agencement linéaire de ses atomes. Le calcul de l'état d'oxydation est similaire à celui de la charge formelle, mais au lieu de donner un électron à chacun des atomes de la liaison, les deux électrons liants sont attribués à l'atome le plus électronégatif.

Problèmes conceptuels

85. Parmi les énoncés concernant une réaction endothermique, lequel est vrai ?
  (a) Des liaisons fortes sont rompues et des liaisons faibles se forment.
  (b) Des liaisons faibles sont rompues et des liaisons fortes se forment.
  (c) Les liaisons qui sont rompues et celles qui se forment sont approximativement de la même force.

86. Quand un pétard explose, de l'énergie est manifestement libérée. On dit que le composé dans le pétard est « riche en énergie ». Qu'est-ce que cela signifie ? Expliquez la source d'énergie en termes de liaisons chimiques.

87. Dans le premier chapitre de ce manuel, nous avons décrit la méthode scientifique et nous avons insisté tout particulièrement sur les modèles scientifiques ou les théories. Dans le présent chapitre, nous avons examiné attentivement un modèle expliquant la liaison chimique (le modèle de Lewis). Pourquoi cette théorie est-elle efficace ? Pouvez-vous énumérer quelques limitations de la théorie ?

CHAPITRE

6

La forme des molécules influe considérablement sur leurs propriétés, leur réactivité chimique et leurs effets biologiques. C'est cette structure tridimensionnelle qui fait en sorte que certains polluants présents dans nos déchets perturbent les processus physiologiques des êtres vivants.

Molécules et forces intermoléculaires

Aucune théorie ne résout toutes les énigmes auxquelles elle fait face à un moment donné; et pareillement, souvent les solutions déjà trouvées ne sont pas parfaites.

Thomas Kuhn
(1922-1996)

6.1 Perturbateurs endocriniens **236**

6.2 Géométrie des molécules : théorie RPEV **239**

6.3 Polarité des molécules **251**

6.4 Théorie de la liaison de valence : liaison chimique par recouvrement d'orbitales **254**

6.5 Théorie de la liaison de valence : hybridation des orbitales atomiques **257**

6.6 Forces intermoléculaires **271**

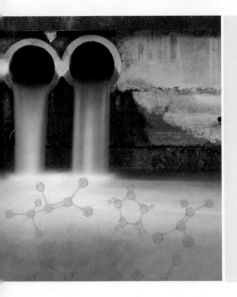

Au chapitre 5, nous avons étudié un modèle simple de la liaison chimique appelé modèle de Lewis. Selon cette théorie, les unités fondamentales des composés liés par covalence (partage d'électrons) sont des molécules individuelles. Toutefois, la liaison covalente elle-même ne peut rendre compte des propriétés des substances covalentes. Nous verrons dans le présent chapitre que les molécules peuvent interagir les unes avec les autres de différentes façons selon leur structure et leur polarité. Si on conjugue le modèle de Lewis avec le principe selon lequel les groupes d'électrons de valence se repoussent mutuellement (la base de la théorie de la répulsion des paires d'électrons de valence, ou théorie RPEV), on peut prédire la géométrie d'une molécule à partir de sa structure de Lewis. Dans la première partie de ce chapitre, nous traitons de la structure moléculaire et de son importance. Puis, nous expliquons une autre théorie de la liaison – celle de la liaison de valence – plus avancée que le modèle de Lewis, mais au prix d'une complexité plus grande. Finalement, nous étudions les forces qui permettent la cohésion entre les molécules. Ces interactions (forces intermoléculaires) sont généralement beaucoup plus faibles que les liaisons covalentes au sein d'une molécule (forces intramoléculaires).

Les époxydes sont des molécules comportant un cycle formé d'un atome d'oxygène et de deux atomes de carbone, eux-mêmes liés à des chaînes carbonées (R).

6.1 Perturbateurs endocriniens

Le bisphénol A (BPA), sujet d'actualité récurrent, est un composé organique* cyclique (**figure 6.1**) dont les effets sur la santé ont été largement étudiés au cours des dernières décennies en raison des risques pour la santé humaine qu'ils pourraient occasionner : chez les rongeurs, l'exposition à ce produit est liée à une augmentation du cancer du sein. Le BPA semble effectivement agir sur des organes sensibles aux effets de l'estrogène (figure 6.1), une hormone particulièrement active dans le tissu mammaire et les ovaires. Des études sont présentement en cours afin de déterminer ses effets sur d'autres systèmes biologiques : cerveau, hypothalamus, système cardiovasculaire, etc. On utilise le bisphénol A dans la fabrication de plastiques durs et transparents de type polycarbonate (vaisselle, bouteilles d'eau, contenants divers, etc.), de même que des résines époxydes, notamment à l'intérieur des boites de conserves, des canettes et dans le papier servant à l'impression de reçus et de tickets. Autrefois, l'usage du bisphénol A dans la fabrication des biberons de plastiques était très répandu, mais son utilisation pour ce type de produits a été interdite dès 2008 au Canada pour réduire l'exposition des bébés. Même s'il est très présent dans nos déchets, Santé Canada† considère que les individus y demeurent peu exposés par les produits de consommation courants et que cette exposition ne présente pas de risques pour la santé. Pourtant, le Canada a classé en 2017 le BPA parmi les agents reprotoxiques (substances pouvant affecter la fertilité), et dès lors ce composé fait l'objet d'une réglementation serrée.

FIGURE 6.1 **Bisphénol A et estrogène, des molécules de formes apparentées**

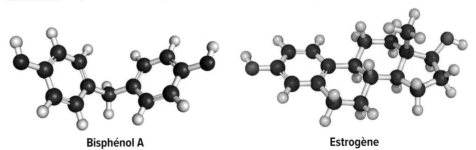

Bisphénol A   **Estrogène**

Depuis le début des années 2000, on étudie les effets potentiels du BPA sur la santé. Des recherches ont démontré que sa forme tridimensionnelle lui permet de se lier à certains récepteurs biologiques et de mimer l'effet de certaines hormones comme l'estrogène (en noir : carbone, en blanc : hydrogène, en rouge : oxygène).

---

* Les composés organiques sont des structures à base d'atomes de carbone et d'atomes d'hydrogène.
† Recommandations de Santé Canada de mars 2023.

Le BPA fait partie de la famille des **perturbateurs endocriniens (PE)**, des molécules qui agissent même à faible dose sur le fonctionnement de certains organes sensibles aux hormones : glandes, pancréas, ovaires et testicules (**figure 6.2**). Les PE regroupent des centaines de composés dont le perchlorate, les phtalates et plusieurs composés fluorés (**tableau 6.1**). La capacité de ces molécules à influer sur les systèmes biologiques découle de leur structure moléculaire (leur forme). Nous verrons dans ce chapitre que les liaisons covalentes des molécules se placent dans l'espace de façon bien précise, ce qui leur donne des formes précises. Ces géométries sont d'une importance capitale sur le plan biologique. En effet, les hormones fonctionnent en se liant à des récepteurs présents à la surface des cellules à la façon d'une clé dans une serrure : la forme d'une molécule hormonale s'associe parfaitement à la forme de la molécule réceptrice. Or, les PE ont la capacité de se lier à ces récepteurs et donc de causer de multiples effets : bloquer l'action de l'hormone ; stimuler une réponse hormonale qui ne devrait pas l'être ; provoquer l'effet opposé à celui de l'hormone naturelle ou encore déclencher une réponse aberrante dans la cellule réceptrice. Par exemple, des chercheurs ont constaté que les agents ignifuges bromés utilisés pour protéger divers matériaux (téléviseurs, ordinateurs, produits électroniques, éclairages, vêtements, composantes automobiles) contre le risque d'incendie peuvent perturber les systèmes sensibles aux hormones thyroïdiennes, d'où la nécessité de protéger les groupes plus exposés tels que les pompiers ou les recycleurs de matériel électronique.

FIGURE 6.2 Perturbateurs endocriniens et système hormonal

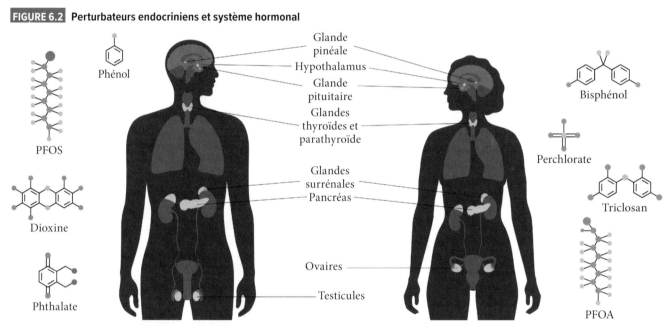

Les perturbateurs endocriniens sont des molécules qui peuvent être de nature très différente, mais dont la forme mime certaines hormones présentes chez les êtres vivants, en particulier chez les mammifères. Ces similitudes leur permettent d'interférer avec le fonctionnement normal de l'organisme.

TABLEAU 6.1	Quelques perturbateurs endocriniens synthétiques
Phénol	Production de matières plastiques (représente les deux tiers de la production de phénol).
	Intermédiaire de réaction en chimie pharmaceutique.
	Agent de conservation.
	Production de papier.
Acide perfluorooctanesulfonique (PFOS)	Imperméabilisant pour tissus, mobilier, tapis et papier à contact alimentaire.
	Classé depuis 2009 parmi les *polluants organiques persistants (POPs)*.

TABLEAU 6.1 Quelques perturbateurs endocriniens synthétiques (*suite*)	
Dioxine	Pas d'usage courant.
	Produit secondaire de plusieurs processus industriels (production de papier, production de pesticides, résidus d'incinération)
	Classé depuis 2009 parmi les *polluants organiques persistants (POPs)*.
Phtalate	Plastifiant utilisé dans les plastiques souples comme les films alimentaires, dans les chaussures, bottes, imperméables, jouets, encres, matériaux de construction, revêtements.
	Adhésifs, peintures.
	Agent fixateur dans les cosmétiques, amalgames dentaires, médicaments.
Perchlorate	Munitions pour armes à feu et dans les feux d'artifices.
	Engrais chimiques.
	Peintures.
	Processus de coloration des tissus.
	Additif dans les huiles de lubrification.
	Comburant pour fusées.
Triclosan	Antibactérien et antifongique, il est utilisé dans des :
	– solutions hydroalcooliques,
	– sacs poubelles,
	– produits de beauté,
	– produits de soins personnels.
Acide perfluorooctanoïque (PFOA ou APFO)	Production de téflon.
	Mousses anti-incendie.
	Revêtements antiadhésifs et d'étanchéité.
	Classé depuis 2015 parmi les *polluants organiques persistants (POPs)* et interdit en Europe depuis 2020.

On distingue généralement deux catégories de perturbateurs endocriniens selon qu'ils sont d'origine naturelle ou synthétique. Parmi les composés naturels, on trouve majoritairement des myco-estrogènes (molécules issues de champignons) et des phyto-estrogènes (molécules issues de plantes), comme les isoflavones présentes dans le soya. Les écosystèmes sont adaptés à ces molécules et les scientifiques ne les considèrent pas comme néfastes pour l'environnement. Plus problématiques sont les perturbateurs endocriniens synthétiques rejetés par l'activité humaine, en particulier dans les eaux usées, mais aussi dans les eaux de ruissellement : médicaments (non traités par les stations d'épuration), pesticides, plastifiants, détergents, etc. Une des conséquences de la présence de ces composés dans l'hydrosphère est la féminisation de certains cours d'eau particulièrement touchés par ce type de pollution. Des études ont démontré que les poissons et les mollusques (des organismes très sensibles à la présence de molécules hormono-mimétiques) présents en aval de stations d'épuration des eaux usées montrent une proportion significativement plus grande de caractéristiques hermaphrodites (c'est-à-dire qu'ils comportent à la fois des caractéristiques mâles et femelles) comparativement aux populations des mêmes espèces qui vivent en amont de ces installations. Les chercheurs ont aussi noté des problèmes reliés à la fertilité de ces populations d'animaux aquatiques. On a observé une diminution marquée des taux de spermatozoïdes, et ce, même à des endroits éloignés des sources de contamination. Ce n'est qu'en 2016 que l'on a proposé des critères pour définir précisément ce qu'est un perturbateur endocrinien (bien que le terme soit apparu dès le début des années 1990), et cette définition fait encore débat. Il est impossible de déterminer globalement l'effet de tous les PE, indépendamment des facteurs environnementaux, et des enjeux économiques et politiques viennent souvent s'opposer aux préoccupations des scientifiques. La présence de plus en plus grande de ces substances dans l'environnement et la très grande stabilité chimique de certaines d'entre elles en font toutefois une classe de polluants critiques dont le profil toxicologique reste largement à définir.

Dans ce chapitre, nous examinerons les moyens de prédire et d'expliquer les formes des molécules. Les molécules que nous étudierons sont plus simples que certaines des molécules que nous venons d'évoquer, mais les mêmes principes s'appliquent. Le modèle simple que nous élaborerons pour expliquer la géométrie moléculaire porte le nom de théorie de la *répulsion des paires d'électrons de valence* (RPEV), et il est utilisé conjointement avec les structures prédites par les théories de Lewis. Nous poursuivrons ensuite avec l'introduction d'une autre théorie de la liaison : la théorie de la liaison de valence. Cette théorie prédit et explique aussi la géométrie moléculaire ainsi que d'autres propriétés des molécules.

Animation

Théorie RPEV
codeqrcu.page.link/eEAq

FIGURE 6.3 **Répulsion entre les groupes d'électrons**

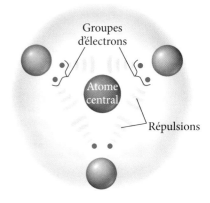

Le principe fondamental de la théorie RPEV est que les répulsions entre les groupes d'électrons déterminent la géométrie moléculaire.

6.2 Géométrie des molécules : théorie RPEV

La **théorie de la répulsion des paires d'électrons de valence (RPEV)** a été élaborée dans les années 1960 par Ronald J. Gillespie, un professeur de chimie de l'Université McMaster (Ontario, Canada) en collaboration avec Ronald Nyholm, un chimiste britannique. Spécialiste de la géométrie moléculaire, Gillespie a publié de nombreux ouvrages sur le sujet et fut nommé membre de l'Ordre du Canada (la plus haute distinction civile) en 2008.

La théorie RPEV repose sur le principe que les groupes d'électrons – doublets libres, liaisons simples, liaisons multiples et même les électrons seuls non appariés – se repoussent mutuellement sous l'effet des forces de Coulomb. La répulsion entre les groupes d'électrons sur les atomes internes d'une molécule détermine donc la géométrie de la molécule (**figure 6.3**). La géométrie valide est celle dans laquelle les groupes d'électrons sont aussi éloignés que possible (et ont alors l'énergie minimale). Par conséquent, dans le cas des molécules avec un atome interne – l'atome central – la géométrie moléculaire dépend 1) du nombre de groupes d'électrons autour de l'atome central et 2) du nombre de ces groupes d'électrons formant des groupes liants et du nombre formant des doublets libres. Nous examinerons d'abord les géométries moléculaires autour de l'atome central quand tous ces groupes sont des groupes liants (liaisons simples ou multiples). Les géométries qui en résultent illustrent les cinq formes de base des molécules. Nous considérerons ensuite comment ces formes de base sont modifiées lorsqu'un ou plusieurs groupes d'électrons sont des doublets libres.

Formes de base des molécules

Considérons la structure de Lewis du gaz carbonique (CO_2), qui possède deux groupes d'électrons (deux liaisons doubles) autour de l'atome central :

$$\ddot{O}=C=\ddot{O}$$

Selon la théorie RPEV, la géométrie de CO_2 est déterminée par la répulsion entre les deux groupes d'électrons (les deux liaisons doubles) autour du carbone central, qui peuvent s'éloigner l'un de l'autre le plus possible en adoptant un angle de liaison de 180° ou une **géométrie linéaire**. Des mesures expérimentales de la géométrie de CO_2 indiquent que la molécule est effectivement linéaire, comme le prédit la théorie.

La structure de Lewis de SO_3 possède trois groupes d'électrons (trois liaisons doubles) autour de l'atome central :

$$\ddot{O}=\overset{\overset{\textstyle :O:}{\|}}{S}=\ddot{O}$$

Ces trois groupes d'électrons adoptent une séparation maximale en établissant des angles de liaison de 120° dans un plan selon une **géométrie triangulaire plane**. Des observations expérimentales de la structure confirment encore une fois les prédictions de la théorie RPEV.

Le formaldéhyde (CH_2O), une autre molécule avec trois groupes d'électrons, a une liaison double et deux liaisons simples autour de l'atome central :

$$H-\overset{\overset{\textstyle :O:}{\|}}{C}-H$$

Géométrie linéaire

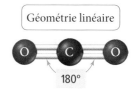

180°

Dans la théorie RPEV, on considère comme un groupe d'électrons les espèces suivantes : un électron célibataire (dans le cas des espèces à nombre impair d'électrons), un doublet non liant (doublet libre), une liaison simple, une liaison double ou une liaison triple.

Géométrie triangulaire plane

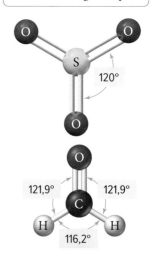

120°

121,9°   121,9°

116,2°

Étant donné que le formaldéhyde comporte trois groupes d'électrons autour de l'atome central, on prédit initialement que les angles de liaison devraient être également de 120°. Cependant, des observations expérimentales montrent que les angles de liaison HCO sont de 121,9° et que l'angle de liaison HCH est de 116,2°. Ces angles de liaison sont près du 120° théorique prédit originalement, mais les angles de liaison HCO sont légèrement plus grands que l'angle de liaison HCH parce que la liaison double a une plus grande densité électronique la liaison simple et exerce alors une répulsion légèrement supérieure sur les liaisons simples. En général, *des types différents de groupes d'électrons exercent des répulsions légèrement différentes* – les angles de liaison qui en résultent reflètent ces différences.

Simulation interactive PhET

Théorie RPEV et
forme moléculaire
codeqrcu.page.link/JXpy

Lien conceptuel 6.1 Groupes d'électrons et géométrie moléculaire

En déterminant la géométrie électronique, pourquoi considère-t-on seulement les groupes d'électrons sur l'atome central? Pourquoi ne considère-t-on pas les groupes d'électrons sur les atomes terminaux?

Géométrie tétraédrique

Tétraèdre

Selon la méthode RPEV, les géométries des molécules ayant deux ou trois groupes d'électrons autour de l'atome central sont bidimensionnelles; on peut donc les visualiser et les représenter sur papier. Pour les molécules à quatre groupes d'électrons ou plus autour de l'atome central, les géométries sont tridimensionnelles et sont donc plus difficiles à imaginer et à dessiner. La représentation de ballons attachés est une façon courante d'illustrer ces formes. Dans cette analogie, chaque **groupe d'électrons** autour de l'atome central est représenté par un ballon attaché à un point central. L'encombrement des ballons provoque leur écartement maximal, tout comme la répulsion des groupes d'électrons les force à se positionner aussi loin que possible les uns des autres. Par exemple, si l'on attache deux ballons, ils prennent un agencement approximativement linéaire, comme le montre la **figure 6.4(a)**, analogue à la géométrie moléculaire de CO_2 que nous avons examinée. Remarquez que les ballons ne représentent pas des atomes, mais des *groupes d'électrons*. De même, si l'on attache trois ballons – par analogie à trois groupes d'électrons – ils adoptent une géométrie triangulaire plane, illustrée à la **figure 6.4(b)**, tout comme la molécule de SO_3. Si vous attachez quatre ballons, ils adopteront une **géométrie tétraédrique** tridimensionnelle avec des angles de 109,5°. Les ballons occuperont les sommets d'un *tétraèdre* – une forme géométrique ayant quatre faces identiques, chacune formant un triangle équilatéral – comme on le voit à gauche.

FIGURE 6.4 Représentation de la géométrie électronique à l'aide de ballons

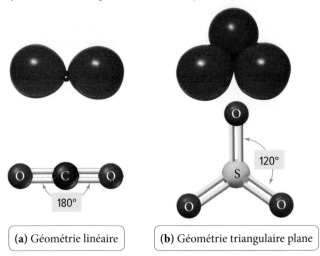

(a) Géométrie linéaire   (b) Géométrie triangulaire plane

(a) L'encombrement de deux ballons attachés les force à adopter un agencement linéaire. De même, la répulsion entre deux groupes d'électrons produit une géométrie linéaire. **(b)** À l'instar de trois ballons attachés, trois groupes d'électrons adoptent une géométrie triangulaire plane.

Le méthane est un exemple d'une molécule avec quatre groupes d'électrons autour de l'atome central

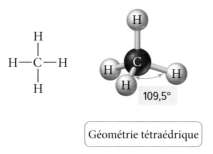

Géométrie tétraédrique

Pour quatre groupes d'électrons, le tétraèdre est la forme tridimensionnelle qui offre une séparation maximale entre les groupes. La répulsion entre quatre groupes d'électrons (les liaisons C — H) force la molécule à prendre la forme tétraédrique. Quand on écrit la structure de Lewis de CH_4 sur papier, il peut sembler que la molécule devrait être plane carrée, avec des angles de 90°. Cependant, en trois dimensions, les groupes d'électrons peuvent s'éloigner davantage l'un de l'autre en prenant un arrangement tétraédrique, comme l'illustre notre analogie des ballons.

Lien conceptuel 6.2 Géométrie moléculaire

Quelle est la géométrie de la molécule HCN ? (*Indice :* vous devez commencer par déterminer la structure de Lewis de la molécule avant de pouvoir en déterminer la structure.)

(a) Linéaire. **(b)** Triangulaire plane. **(c)** Tétraédrique.

Cinq groupes d'électrons autour d'un atome central adoptent une **géométrie bipyramidale à base triangulaire (hexaédrique)**, comme celle de cinq ballons attachés. Dans cette structure (illustrée dans la marge), trois des groupes se situent dans un seul plan, comme dans la configuration triangulaire plane, alors que les deux autres sont placés au-dessus et au-dessous de ce plan. Dans la structure bipyramidale à base triangulaire, les angles ne sont pas tous identiques. Les angles entre les *positions équatoriales* (les trois liaisons dans le plan triangulaire) sont de 120°, alors que l'angle entre les *positions axiales* (les deux liaisons de part et d'autre du plan triangulaire) et le plan triangulaire est de 90°. En guise d'exemple d'une molécule avec cinq groupes d'électrons autour de l'atome central, considérons PCl_5 :

Les trois atomes de chlore équatoriaux sont séparés par des angles de liaison de 120° et les deux atomes de chlore axiaux sont séparés des atomes équatoriaux par des angles de liaison de 90°.

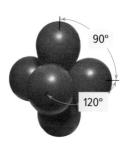

Géométrie bipyramidale à base triangulaire

Bipyramide à base triangulaire

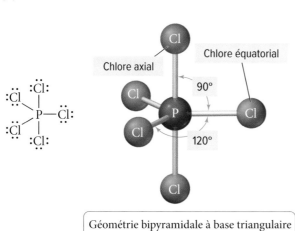

Géométrie bipyramidale à base triangulaire

Géométrie octaédrique

Octaèdre

Six groupes d'électrons autour d'un atome central adoptent une **géométrie bipyramidale à base carrée (octaédrique)** comme celle de six ballons attachés. Dans cette structure – nommée d'après la forme géométrique à huit côtés appelée octaèdre – quatre des groupes se situent dans un seul plan, avec un groupe au-dessus du plan et un autre au-dessous. Dans cette géométrie, les angles sont de 90°. En guise d'exemple d'une molécule avec six groupes d'électrons autour de l'atome central, considérons SF_6.

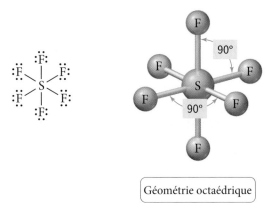

Géométrie octaédrique

On remarque que la structure de cette molécule est hautement symétrique. Les six liaisons sont toutes équivalentes.

EXEMPLE 6.1	Théorie RPEV et formes de base

Déterminez la géométrie moléculaire de NO_3^-.

SOLUTION

La géométrie moléculaire de NO_3^- est déterminée par le nombre de groupes d'électrons autour de l'atome central (N). Commencez par écrire la structure de Lewis de NO_3^-. N'importe laquelle des 3 structures possibles (voir l'exemple 5.9, p. 210-211) est adéquate pour déterminer la géométrie.	NO_3^- a $5 + 3(6) + 1 = 24$ électrons de valence. La structure de Lewis est la suivante :
En vous aidant de la structure de Lewis, déterminez le nombre de groupes d'électrons autour de l'atome central.	L'atome d'azote a trois groupes d'électrons (2 liaisons simples et 1 liaison double).
En vous basant sur le nombre de groupes d'électrons, déterminez la géométrie permettant des répulsions minimales entre les groupes.	La géométrie électronique permettant des répulsions minimales entre trois groupes d'électrons est triangulaire plane. 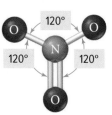 Étant donné que les trois liaisons sont équivalentes dans la structure hybride, elles exercent chacune la même répulsion sur les deux autres et la molécule présente trois angles de liaison égaux de 120°.

EXERCICE PRATIQUE 6.1

Déterminez la géométrie moléculaire de CCl_4.

Représentation des géométries moléculaires sur papier

Étant donné que les géométries moléculaires sont tridimensionnelles, il est souvent difficile de les représenter sur une feuille de papier (bidimensionnelle). De nombreux chimistes utilisent la notation suivante pour représenter des structures tridimensionnelles sur papier en deux dimensions :

| *Trait continu*
Liaison dans le plan
du papier | *Triangle hachuré*
(ou ligne pointillée)
Liaison vers l'arrière
du plan de la page | *Triangle plein*
Liaison vers l'avant
du plan de la page |

Quelques exemples de géométries moléculaires utilisées dans ce livre sont illustrés ici avec cette notation. D'autres géométries sont vues un peu plus loin.

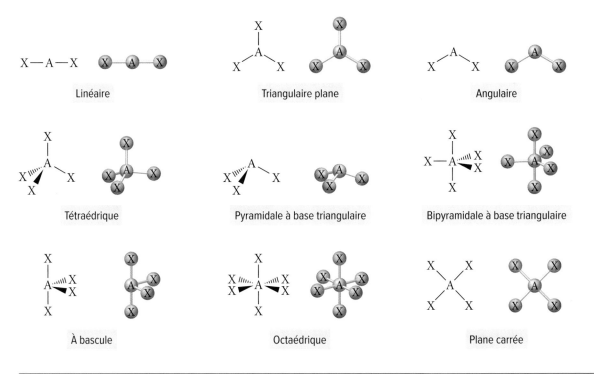

Influence des doublets libres

Tous les exemples illustrés dans la section précédente présentent seulement des groupes d'électrons liants autour d'un atome central. Mais qu'arrive-t-il dans les molécules possédant également des doublets libres autour de l'atome central ? Ces doublets libres exercent aussi une répulsion sur les autres groupes d'électrons, comme on va le voir dans les exemples qui suivent.

Considérons la structure de Lewis de l'ammoniac ci-contre. Dans cette structure, l'atome d'azote central porte quatre groupes d'électrons (un doublet libre et trois doublets liants) qui se repoussent mutuellement. Si on ne fait pas de distinction entre les groupes d'électrons liants et les doublets libres, on constate que la **géométrie électronique** – c'est-à-dire la disposition géométrique des *groupes d'électrons* – est toujours tétraédrique, comme on s'y attend en présence de quatre groupes d'électrons. Cependant, la **géométrie moléculaire** – c'est-à-dire la disposition géométrique des atomes – est **pyramidale à base triangulaire**, comme le montre l'illustration.

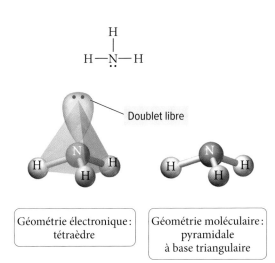

| Géométrie électronique :
tétraèdre | Géométrie moléculaire :
pyramidale
à base triangulaire |

Remarquez que même si la géométrie électronique et la géométrie moléculaire sont différentes, la *géométrie électronique affecte la géométrie moléculaire*. Le doublet libre exerce une influence sur les doublets liants.

Comme on l'a vu précédemment, divers groupes d'électrons provoquent généralement des degrés différents de répulsion. Les électrons des doublets libres exercent généralement des répulsions légèrement supérieures à celles des électrons liants. Si tous les quatre groupes dans NH_3 exerçaient des répulsions égales les uns vis-à-vis des autres, les angles de liaison dans la molécule seraient tous des angles tétraédriques théoriques de 109,5°. Cependant, l'angle réel entre les liaisons $N — H$ dans l'ammoniac est légèrement plus petit, 107,3°. La répartition dans l'espace d'un doublet d'électrons libres est plus étalée que celle d'un doublet d'électrons liants parce que le doublet libre n'est attiré que par un noyau, alors que le doublet d'électrons liants est attiré par deux noyaux (**figure 6.5**). Le doublet libre occupe une plus grande part de l'espace autour d'un noyau, de sorte qu'il exerce une force de répulsion plus grande sur les électrons voisins, réduisant les angles de liaison $N — H$.

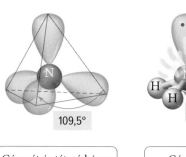

Géométrie tétraédrique théorique

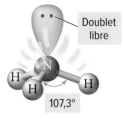

Doublet libre

107,3°

Géométrie moléculaire réelle

Animation

Influence des doublets libres

codeqrcu.page.link/V4Dt

FIGURE 6.5 **Doublets d'électrons non liants et liants**

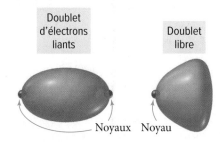

Doublet d'électrons liants

Doublet libre

Noyaux   Noyau

Un doublet d'électrons libres exige plus d'espace qu'un doublet liant.

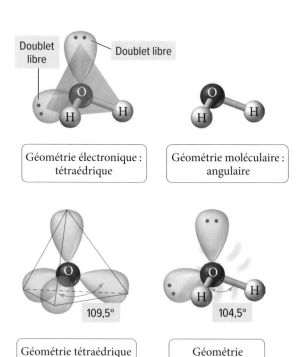

Doublet libre   Doublet libre

Géométrie électronique : tétraédrique

Géométrie moléculaire : angulaire

109,5°   104,5°

Géométrie tétraédrique théorique

Géométrie moléculaire réelle

Considérons également H_2O. Sa structure de Lewis est

$$H—\ddot{O}—H$$

Puisque la molécule renferme quatre groupes d'électrons (deux doublets liants et deux doublets libres), sa *géométrie électronique* est aussi tétraédrique, mais sa **géométrie moléculaire** est **angulaire**, comme il est illustré ci-contre.

Comme dans le cas de NH_3, les angles de liaison dans H_2O sont plus petits (104,5°) que les angles de liaison tétraédrique théoriques à cause de la plus grande répulsion exercée par les électrons des doublets libres. L'angle de liaison dans H_2O est même plus petit que dans NH_3 parce que H_2O a *deux* doublets libres d'électrons sur l'atome d'oxygène central. Ces doublets libres réduisent l'angle de liaison de H_2O encore plus que dans NH_3.

En général, les répulsions des groupes d'électrons varient de la façon suivante :

Doublet libre-doublet libre > Doublet libre-doublet liant > Doublet liant-doublet liant
Répulsion   Répulsion
maximale   minimale

On voit les effets de ce classement dans la valeur des angles de liaison de CH_4, de NH_3 et de H_2O qui deviennent progressivement plus petits comme l'illustre la **figure 6.6**. Le classement relatif des répulsions joue également un rôle dans la détermination de la géométrie des molécules avec cinq ou six groupes d'électrons quand un ou plusieurs de ces groupes sont des doublets libres.

FIGURE 6.6 Influence des doublets libres sur la géométrie moléculaire

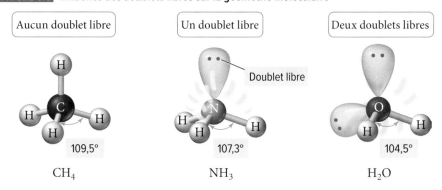

Les angles de liaison diminuent progressivement à mesure que le nombre de doublets libres sur l'atome central augmente de zéro dans CH_4 à deux dans H_2O en passant par un dans NH_3.

La structure de Lewis de SF_4 est illustrée ci-contre. L'atome de soufre central possède cinq groupes d'électrons (un doublet libre et quatre doublets liants). En raison de la présence des cinq groupes d'électrons, la *géométrie électronique* est bipyramidale à base triangulaire. On remarque que le doublet libre peut occuper une position équatoriale (dans le plan du triangle) ou une position axiale (au-dessus ou en dessous du triangle) au sein de la structure. Quelle position est la plus plausible ? Pour répondre à cette question, on doit considérer, comme on vient juste de le voir, que les répulsions doublet libre-doublet liant sont plus fortes que les répulsions doublet liant-doublet liant. Par conséquent, le doublet libre occupera une position qui permettra une interaction minimale avec les doublets liants. Si le doublet libre était en position axiale, il exercerait trois interactions à 90° avec les doublets liants. En position équatoriale, toutefois, il ne produit que deux interactions de 90°. Par conséquent, le doublet libre occupe une position équatoriale et la géométrie moléculaire résultante est appelée **géométrie à bascule**, parce qu'elle ressemble à une balançoire à bascule.

Selon la structure de Lewis du soufre, il est possible de prédire que cet atome ne formera que deux liaisons afin de compléter sa couche de valence (règle de l'octet). Nous verrons dans la section 6.5 que les orbitales de valence des atomes sont capables de se réarranger afin de former un maximum de liaisons avec les atomes voisins et d'atteindre un état plus stable. C'est ce qu'on observe ici avec la molécule de SF4.

La géométrie moléculaire à bascule est parfois appelée *tétraèdre irrégulier*.

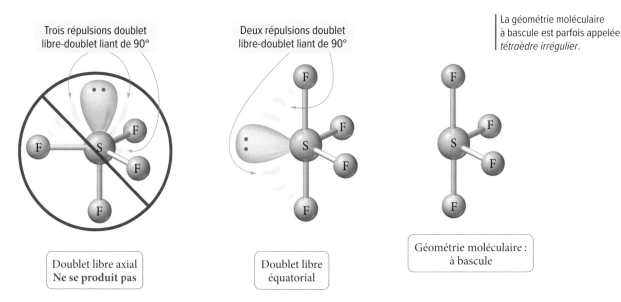

Quand deux des cinq groupes d'électrons autour de l'atome central sont des doublets libres, comme dans BrF_3, ces doublets libres occupent deux des trois positions équatoriales. Il s'ensuit que les interactions de 90° avec les doublets liants sont réduites au minimum et qu'il n'y a pas de répulsion doublet libre-doublet libre à 90°. La géométrie moléculaire résultante est appelée **géométrie en forme de T**.

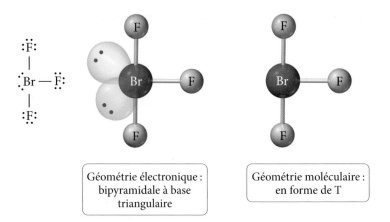

Géométrie électronique :
bipyramidale à base
triangulaire

Géométrie moléculaire :
en forme de T

Lorsque trois des cinq groupes d'électrons autour de l'atome central sont des doublets libres, comme dans XeF_2, les doublets libres occupent les trois positions équatoriales, de sorte que la géométrie moléculaire est linéaire.

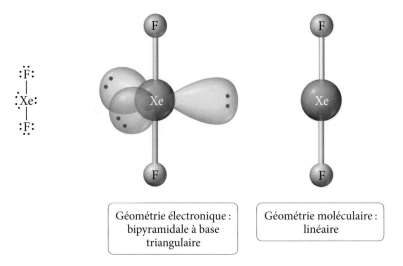

Géométrie électronique :
bipyramidale à base
triangulaire

Géométrie moléculaire :
linéaire

La structure de Lewis de BrF_5 est illustrée ci-dessous. L'atome de brome central porte six groupes d'électrons (un doublet libre et cinq doublets liants). En raison de la présence de six groupes d'électrons, la géométrie électronique est octaédrique. Étant donné que les six positions dans la géométrie octaédrique sont toutes équivalentes, le doublet libre peut se situer dans n'importe laquelle de ces positions. La **géométrie** moléculaire résultante est **pyramidale à base carrée**.

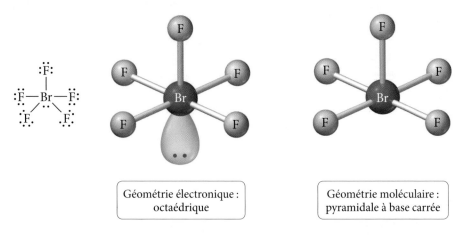

Géométrie électronique :
octaédrique

Géométrie moléculaire :
pyramidale à base carrée

Lorsque deux des six groupes d'électrons autour de l'atome central sont des doublets libres, comme dans XeF_4, les doublets libres occupent les positions à l'opposé l'un de l'autre (afin de minimiser les répulsions doublet libre-doublet libre), et la **géométrie** moléculaire résultante est **plane carrée**.

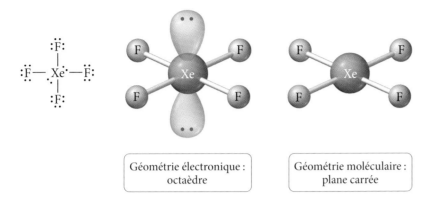

Géométrie électronique :
octaèdre

Géométrie moléculaire :
plane carrée

Résumé : La théorie RPEV

→ On détermine la géométrie d'une molécule en comptant le nombre de groupes d'électrons sur l'atome central (ou sur tout atome interne, s'il y en a plus d'un).

→ On détermine le nombre de groupes d'électrons à partir de la structure de Lewis de la molécule. Chacune des entités suivantes compte pour un seul groupe d'électrons : un doublet libre (non-liant), une liaison simple, une liaison double, une liaison triple ou un électron non apparié.

→ On détermine la géométrie des groupes d'électrons en faisant en sorte que leurs répulsions soient minimales, comme il est résumé au **tableau 6.2**. En général, les répulsions des groupes d'électrons varient de la façon suivante :
Doublet libre-doublet libre > doublet libre-doublet liant > doublet liant-doublet liant.

→ Les angles de liaison peuvent être différents des angles théoriques parce que les liaisons doubles et triples occupent plus d'espace que les liaisons simples, et les doublets libres occupent plus d'espace que les doublets liants. La présence de doublets libres réduit habituellement les angles de liaison par rapport à l'angle théorique d'une géométrie donnée.

·····

Lien conceptuel 6.3 Géométrie moléculaire et répulsions des groupes d'électrons

Lequel des énoncés suivants est toujours vrai selon la théorie RPEV ?

(a) La forme d'une molécule est déterminée par les répulsions entre les groupes d'électrons liants.

(b) La forme d'une molécule est déterminée par les répulsions entre les groupes d'électrons non liants.

(c) La forme d'une molécule est déterminée par la polarité de ses liaisons.

(d) La forme d'une molécule est déterminée par les répulsions entre tous les groupes d'électrons sur l'atome central.

·····

Prédire la géométrie moléculaire

Pour déterminer la géométrie d'une molécule, suivez la méthode démontrée dans les exemples 6.2 et 6.3. Comme dans les nombreux exemples précédents, nous donnons les étapes dans la colonne de gauche et nous fournissons deux exemples d'application des étapes dans les colonnes du centre et de droite.

TABLEAU 6.2			Géométries électronique et moléculaire			
Groupes d'électrons*	Groupes liants	Doublets libres	Géométrie électronique	Géométrie moléculaire	Angles de liaison approximatifs	Exemple
2	2	0	Linéaire	Linéaire	180°	$\ddot{O}=C=\ddot{O}$
3	3	0	Triangulaire plane	Triangulaire plane	120°	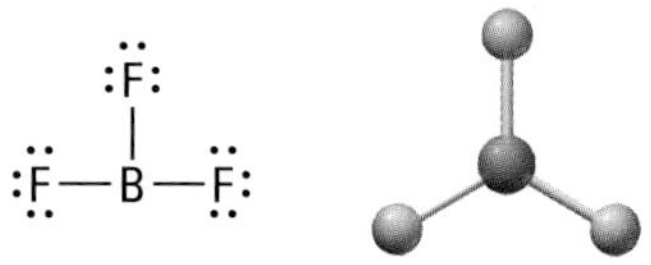
3	2	1	Triangulaire plane	Angulaire	<120°	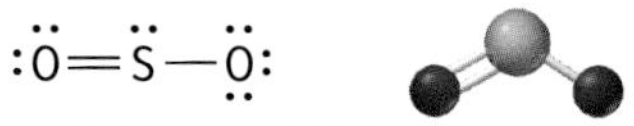
4	4	0	Tétraédrique	Tétraédrique	109,5°	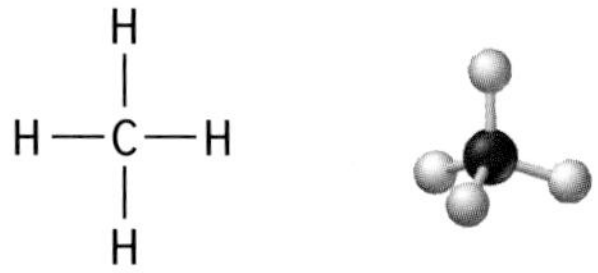
4	3	1	Tétraédrique	Pyramide à base triangulaire	<109,5°	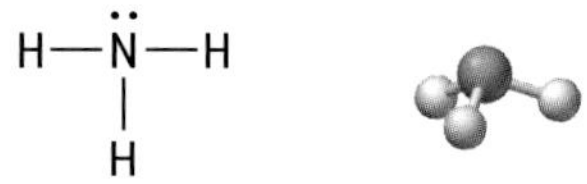
4	2	2	Tétraédrique	Angulaire	<109,5°	
5	5	0	Bipyramidale à base triangulaire	Bipyramidale à base triangulaire	120° (équatoriale) 90° (axiale)	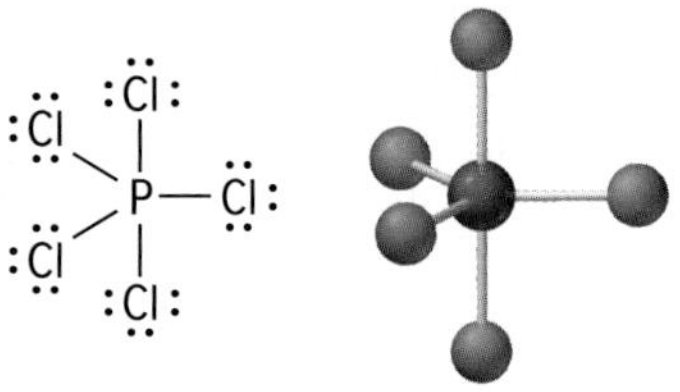
5	4	1	Bipyramidale à base triangulaire	À bascule	<120° (équatoriale) <90° (axiale)	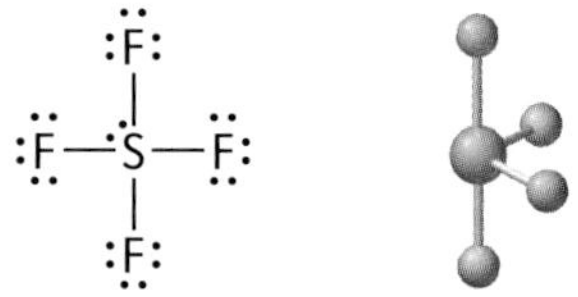
5	3	2	Bipyramidale à base triangulaire	En forme de T	<90°	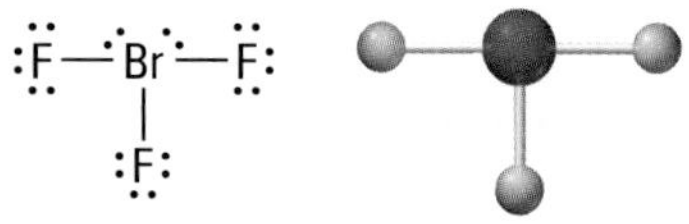
5	2	3	Bipyramidale à base triangulaire	Linéaire	180°	
6	6	0	Octaédrique	Octaédrique	90°	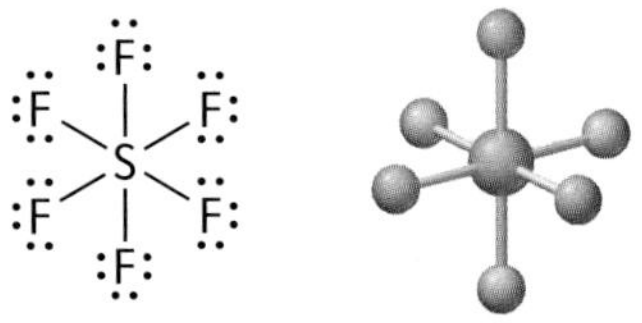
6	5	1	Octaédrique	Pyramidale à base carrée	<90°	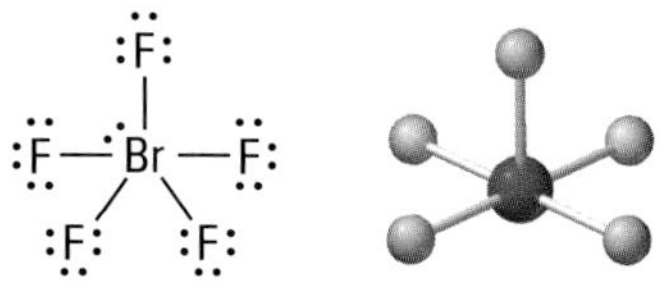
6	4	2	Octaédrique	Plane carrée	90°	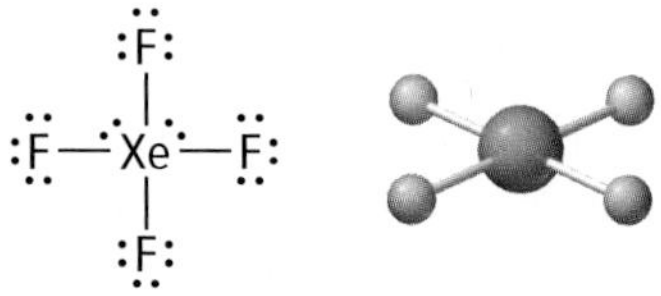

* Ne comptez que les groupes d'électrons autour de l'atome central. Chacune des entités suivantes est considérée comme un groupe d'électrons : un doublet libre (non-liant), une liaison simple, une liaison double, une liaison triple ou un électron non apparié.

MÉTHODE POUR...	EXEMPLE 6.2	EXEMPLE 6.3
Prédire les géométries moléculaires	**Prédire les géométries moléculaires**	**Prédire les géométries moléculaires**
	Prédisez la géométrie et les angles de liaison de PCl_3.	Prédisez la géométrie et les angles de liaison de ICl_4^-.
1. *Écrivez la structure de Lewis de la molécule.*	PCl_3 a 26 électrons de valence. 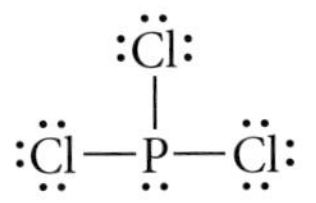	ICl_4^- a 36 électrons de valence. 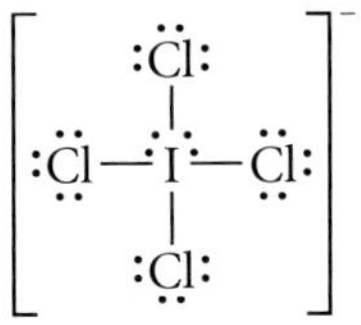
2. *Déterminez le nombre total de groupes d'électrons autour de l'atome central.* Doublets libres, liaisons simples, liaisons doubles, liaisons triples et électrons non appariés ; chacun compte pour un groupe.	L'atome central (P) a quatre groupes d'électrons.	L'atome central (I) a six groupes d'électrons.
3. *Déterminez le nombre de doublets liants et le nombre de doublets libres autour de l'atome central.* Leur somme devrait être égale à votre résultat de l'étape 2. Les groupes liants comprennent les liaisons simples, les liaisons doubles et les liaisons triples.	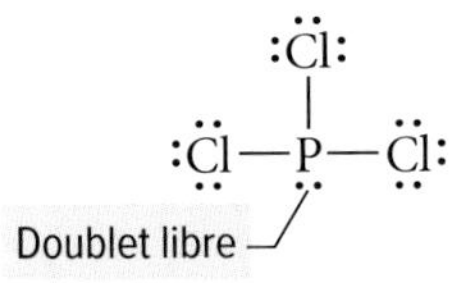 Trois des quatre groupes d'électrons autour de P sont des doublets liants ; l'autre est un doublet libre.	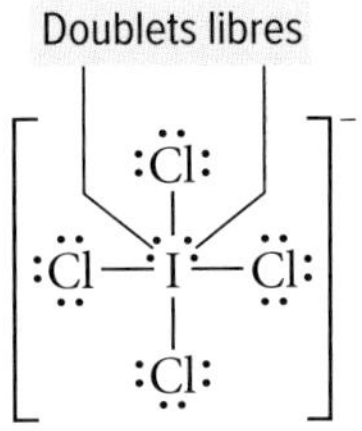 Quatre des six groupes d'électrons autour de I sont des doublets liants et deux sont des doublets libres.
4. *En vous aidant du tableau 6.2, déterminez la géométrie électronique et la géométrie moléculaire.* Si aucun doublet libre n'est présent autour de l'atome central, les angles de liaison seront ceux de la géométrie théorique. Si des doublets libres sont présents, les angles de liaison peuvent être inférieurs à la géométrie théorique.	La géométrie électronique est tétraédrique (quatre groupes d'électrons) et la géométrie moléculaire (la forme de la molécule) est *pyramidale à base triangulaire* (trois groupes liants et un doublet libre). À cause de la présence d'un doublet libre, les angles de liaison sont inférieurs à 109,5°.	La géométrie électronique est octaédrique (six groupes d'électrons) et la géométrie moléculaire (la forme de la molécule) est *plane carrée* (quatre groupes liants et deux doublets libres). Malgré la présence de doublets libres, les angles de liaison sont de 90° parce que les doublets libres sont disposés symétriquement et ne réduisent pas les angles de liaison I — Cl.

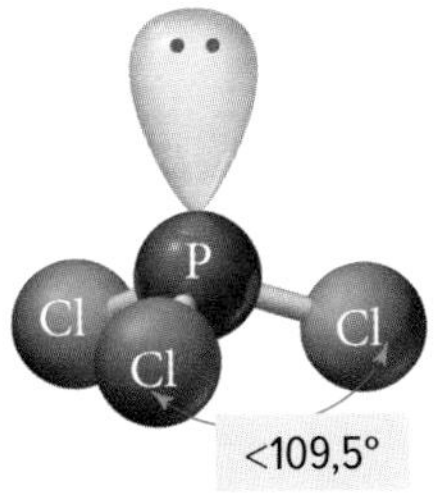

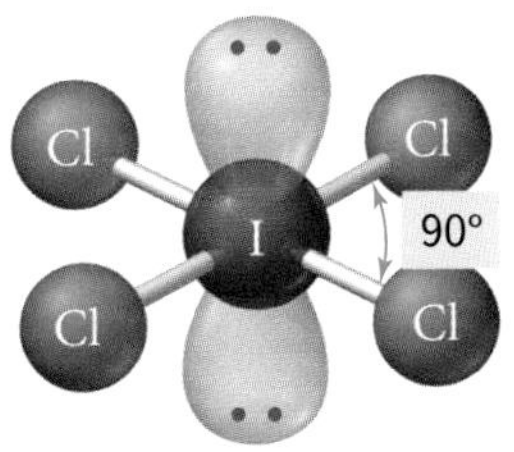

EXERCICE PRATIQUE 6.2

Prédisez la géométrie moléculaire et l'angle de liaison de ClNO.

EXERCICE PRATIQUE 6.3

Prédisez la géométrie moléculaire de I_3^-.

Prédire la forme de molécules plus volumineuses

Les molécules plus volumineuses peuvent avoir deux atomes *internes* ou plus. Pour prédire la forme de ces molécules, on applique les principes que nous venons de décrire à chaque atome interne. Par exemple, la glycine, un acide aminé constitutif de nombreuses protéines comme celles qui jouent un rôle dans le goût, comporte quatre atomes internes : un atome d'azote, deux atomes de carbone et un atome d'oxygène. Pour trouver la forme de la glycine, il faut déterminer la géométrie de chaque atome interne de la façon suivante :

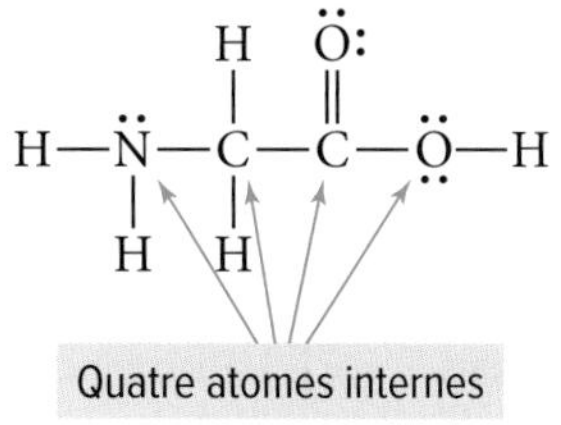

Quatre atomes internes

Glycine

Atome	Nombre de groupes d'électrons	Nombre de doublets libres	Géométrie moléculaire
Azote	4	1	Pyramidale à base triangulaire
Carbone le plus à gauche	4	0	Tétraédrique
Carbone le plus à droite	3	0	Triangulaire plane
Oxygène	4	2	Angulaire

À l'aide des géométries de chaque atome, on peut déterminer la forme tridimensionnelle entière de la molécule comme il est illustré ci-dessous.

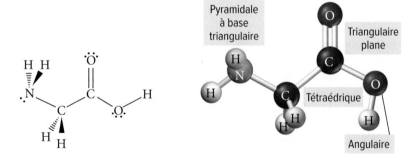

EXEMPLE 6.4 Prédire la forme de molécules plus volumineuses

Prédisez la géométrie de chaque atome interne dans le méthanol (CH_3OH) et faites un schéma de la molécule.

SOLUTION

Commencez par écrire la structure de Lewis de CH_3OH. Cette molécule contient deux atomes internes : un atome de carbone et un atome d'oxygène. Pour déterminer la forme du méthanol, déterminez la géométrie de chaque atome interne.

Deux atomes internes

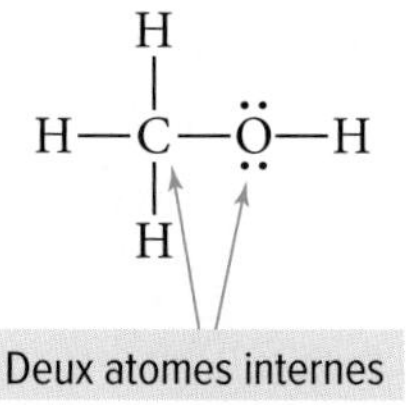

Atome	Nombre de groupes d'électrons	Nombre de doublets libres	Géométrie moléculaire
Carbone	4	0	Tétraédrique
Oxygène	4	2	Angulaire

En faisant référence aux géométries de chacun de ces atomes internes, dessinez un schéma tridimensionnel de la molécule de méthanol.

Tétraédrique   Angulaire

EXERCICE PRATIQUE 6.4

Prédisez la géométrie de chaque atome interne dans l'acide acétique (CH_3COOH) et faites un schéma de la molécule. (*Indice :* Le deuxième carbone établit une liaison simple avec un des atomes d'oxygène et une liaison double avec l'autre.)

Vous êtes maintenant en mesure de faire les exercices 1 à 16, 77 à 80, 85, 86.

6.3 **Polarité des molécules**

Nous avons vu au chapitre 5 que des liaisons covalentes peuvent être polaires. Des molécules entières peuvent également être polaires, selon leur forme et la nature de leurs liaisons. Par exemple, si une molécule diatomique possède une liaison polaire, la molécule dans son ensemble est polaire.

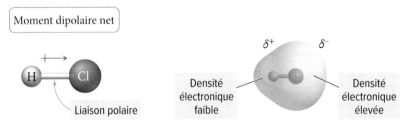

Moment dipolaire net

Liaison polaire

δ^+ δ^-

Densité électronique faible

Densité électronique élevée

> Une liaison covalente est dite polaire si la différence d'électronégativité entre les atomes (voir la figure 4.17, p. 175) est de plus de 0,40. Les liaisons dont la différence d'électronégativité est nulle sont covalentes pures (non polaires) et les liaisons dont la différence d'électronégativité est située entre 0,01 et 0,40 considérées comme peu polaires. Nous avons vu à la section 5.6 que la faible polarité de ces liaisons peut être notable sur le plan de la réactivité chimique des composés, mais reste négligeable quant aux propriétés physiques de ceux-ci. On les considère donc souvent comme des liaisons non polaires de ce point de vue.

L'image de droite dans la figure ci-dessus est un diagramme du potentiel électrostatique de HCl. Dans ce type de schéma, des zones en rouge indiquent des régions de la molécule très riches en électrons et des zones en bleu indiquent des régions pauvres en électrons. La couleur jaune indique les régions de densité électronique moyennement élevée. Remarquez que la région autour de l'atome le plus électronégatif (chlore) est plus riche en électrons que la région autour de l'atome d'hydrogène. La molécule elle-même est donc polaire, car une de ses extrémités présente une charge partielle positive, alors que l'autre présente une charge partielle négative ; la molécule possède donc un moment dipolaire net. Si la liaison dans une molécule diatomique est *non polaire*, la molécule dans son ensemble est non polaire.

Dans les molécules polyatomiques, selon la géométrie moléculaire, la présence de liaisons polaires ne donne pas toujours naissance à une molécule polaire. Si la géométrie moléculaire est telle que les moments dipolaires des liaisons polaires individuelles s'additionnent pour donner un moment dipolaire net, alors la molécule sera polaire. Cependant, si la géométrie moléculaire est telle que les moments dipolaires des liaisons individuelles s'annulent mutuellement (la somme donne zéro), alors la molécule sera non polaire. Tout cela dépend de la géométrie de la molécule. Considérons, par exemple, le dioxyde de carbone :

$$\ddot{O}\!=\!C\!=\!\ddot{O}$$

Dans CO_2, chaque liaison C=O est polaire parce que l'oxygène et le carbone possèdent des électronégativités très différentes (3,5 et 2,5 respectivement). Cependant, étant donné que CO_2 est une molécule linéaire, les liaisons polaires s'opposent directement l'une à l'autre et le moment dipolaire d'une liaison est exactement l'opposé de l'autre – les deux moments dipolaires s'annulent et la *molécule* est globalement non polaire. Les moments dipolaires peuvent s'annuler l'un l'autre parce qu'ils sont des *quantités vectorielles*; ils ont tous les deux une grandeur et une orientation. On peut se représenter chaque liaison polaire comme un vecteur, qui pointe dans la direction de l'atome le plus électronégatif. La longueur du vecteur est proportionnelle à la différence d'électronégativité entre les liaisons. Dans CO_2, il y a deux vecteurs identiques pointant exactement dans des directions opposées – les vecteurs s'annulent, tout comme +1 et −1 s'annulent :

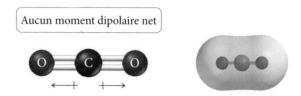

Remarquez que le diagramme de potentiel électrostatique de CO_2 présente des régions de densité électronique modérément élevée en jaune en position symétrique de chaque côté de la molécule ainsi qu'une région de densité électronique faible (en bleu) située au centre.

En revanche, considérons l'eau :

$$H\text{—}\overset{..}{\underset{..}{O}}\text{—}H$$

Dans l'eau, les liaisons O — H sont aussi polaires; l'oxygène et l'hydrogène ont des électronégativités de 3,5 et de 2,2, respectivement. Cependant, la molécule d'eau n'est pas linéaire, mais angulaire, de sorte que les deux moments dipolaires ne s'annulent pas. Si on imagine chaque liaison comme un vecteur pointant vers l'oxygène (l'atome le plus électronégatif), on constate que ces vecteurs ne s'annulent pas; ils s'additionnent pour donner un vecteur global ou un moment dipolaire net. La molécule est donc globalement polaire; une de ses extrémités présente une charge partielle positive, alors que l'autre présente une charge partielle négative :

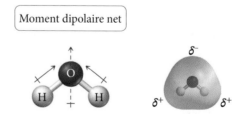

Le modèle de la densité électronique de H_2O montre une région très riche en électrons à l'extrémité de la molécule portant l'oxygène. Par conséquent, l'eau est une molécule fortement polaire. Le **tableau 6.3** résume les géométries courantes et leur polarité moléculaire.

TABLEAU 6.3 **Cas courants d'addition de moments dipolaires pour déterminer si une molécule est polaire**

Non polaire	Polaire
Les moments dipolaires de deux liaisons polaires identiques pointant dans des directions opposées s'annulent. La molécule est non polaire.	Les moments dipolaires de deux liaisons polaires avec un angle inférieur à 180° entre elles ne s'annulent pas. Le vecteur de moment dipolaire résultant est illustré en rouge. La molécule est polaire.

Simulation interactive PhET

Polarité des molécules

codeqrcu.page.link/Wpzq

TABLEAU 6.3	**Cas courants d'addition de moments dipolaires pour déterminer si une molécule est polaire** *(suite)*

Non polaire

Non polaire

Les moments dipolaires de trois liaisons polaires identiques avec un angle de 120° entre elles s'annulent. La molécule est non polaire.

Les moments dipolaires de quatre liaisons polaires identiques dans un arrangement moléculaire tétraédrique (109,5° l'une de l'autre) s'annulent. La molécule est non polaire.

Polaire

Les moments dipolaires de trois liaisons polaires dans un arrangement pyramidal (<109,5° l'une de l'autre) ne s'annulent pas. Le vecteur de moment dipolaire résultant est illustré en rouge. La molécule est polaire.

Note : Dans tous les cas où les dipôles de deux liaisons polaires ou plus s'annulent, on suppose que les liaisons sont identiques (même différence d'électronégativité). Si une ou plusieurs des liaisons sont différentes des autres, les dipôles ne s'annulent pas et la molécule est polaire.

Résumé : Comment déterminer si une molécule est polaire

→ *Écrire une structure de Lewis de la molécule et déterminer sa géométrie moléculaire.*

→ *Déterminer si la molécule contient des liaisons polaires.* Une liaison est polaire si les deux atomes liés possèdent des électronégativités assez différentes (voir la figure 5.9). Si la molécule contient des liaisons polaires, superposer sur chaque liaison un vecteur pointant vers l'atome le plus électronégatif. Dessiner la longueur du vecteur proportionnelle à la différence d'électronégativité entre les atomes liants.

→ *Déterminer si les liaisons polaires s'additionnent ensemble de manière à former un moment dipolaire net.* Faire la somme des vecteurs correspondant aux liaisons polaires. Si les vecteurs s'annulent, la molécule est non polaire. Si les vecteurs s'additionnent pour donner un vecteur net, la molécule est polaire

EXEMPLE 6.5	Détermination de la polarité des molécules

Déterminez si NH_3 est polaire.

SOLUTION

Écrire la structure de Lewis de la molécule et déterminer sa géométrie moléculaire.	
	La structure a trois groupes liants et un doublet libre autour de l'atome central. Par conséquent, la géométrie moléculaire est pyramidale à base triangulaire.
Déterminer si la molécule comporte des liaisons polaires. Faites un schéma de la molécule et superposez un vecteur pour chaque liaison polaire. La longueur relative de chaque vecteur doit être proportionnelle à la différence d'électronégativité entre les atomes qui forment chaque liaison. Le vecteur doit pointer dans la direction de l'atome le plus électronégatif.	Les électronégativités de l'azote et de l'hydrogène sont 3,0 et 2,2 respectivement. Comme il existe une différence d'électronégativité notable (0,8 > 0,4), les liaisons sont polaires.

Déterminer si les liaisons polaires s'additionnent ensemble de manière à former un moment dipolaire net. Examinez la symétrie des vecteurs (qui représentent les moments dipolaires) et déterminez s'ils s'annulent mutuellement ou s'additionnent de manière à former un dipôle net.

Les trois moments dipolaires s'additionnent de manière à former un moment dipolaire net. La molécule est polaire.

EXERCICE PRATIQUE 6.5

Déterminez si CF_4 est polaire.

Les molécules polaires et non polaires ont des propriétés différentes. Par exemple, l'eau et l'huile ne se mélangent pas parce que les molécules d'eau sont polaires et les molécules qui composent l'huile sont généralement non polaires. Les molécules polaires interagissent fortement avec d'autres molécules polaires parce que l'extrémité positive d'une molécule est attirée par l'extrémité négative d'une autre, tout comme le pôle sud d'un aimant est attiré par le pôle nord d'un autre aimant (**figure 6.7**). Ces *forces intermoléculaires* seront détaillées à la section 6.6. Un mélange de molécules très polaires et peu polaires (ou non polaires) est semblable à un mélange de petites particules très magnétiques et d'autres, peu ou non magnétiques. Les particules très magnétiques (qui sont comme des molécules fortement polaires) ont tendance à s'agglomérer entre elles, excluant les particules peu ou non magnétiques (qui sont comme des molécules peu ou non polaires) et se séparant en régions distinctes.

FIGURE 6.7 **Interaction des molécules polaires**

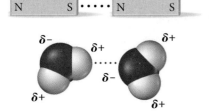

Les pôles magnétiques opposés s'attirent l'un l'autre.

Les charges partielles opposées sur les molécules s'attirent l'une l'autre.

Le pôle nord d'un aimant attire le pôle sud d'un autre aimant. De façon analogue (bien que les forces en présence soient différentes), l'extrémité chargée positivement d'une molécule attire l'extrémité chargée négativement d'une autre. Sous l'effet de cette attraction électrostatique, les molécules polaires interagissent fortement les unes avec les autres.

L'huile est non polaire.

L'eau est très polaire.

L'huile et l'eau ne se mélangent pas parce que les molécules d'eau sont très polaires et les molécules qui composent l'huile sont non polaires.

Un mélange de molécules polaires et non polaires est analogue à un mélange de billes magnétiques (opaques) et de billes non magnétiques (transparentes). Tout comme dans le cas des billes magnétiques, l'attraction mutuelle incite les molécules polaires à s'agglomérer, excluant les molécules non polaires.

Vous êtes maintenant en mesure de faire les exercices 17 à 26, 57, 58, 67, 68, 71, 81.

6.4 Théorie de la liaison de valence : liaison chimique par recouvrement d'orbitales

Dans le modèle de Lewis, on utilise des « points » pour représenter les électrons dans les atomes. On sait d'après la théorie de la mécanique quantique, toutefois, qu'un tel symbolisme est trop simpliste. Des théories de la liaison plus avancées interprètent les électrons à la manière de la mécanique quantique appliquée aux molécules. Bien qu'un traitement mathématique détaillé de ces théories dépasse la portée du présent manuel, nous les abordons de manière *qualitative* dans la section qui suit. Gardez à l'esprit, cependant, que les approches *quantitatives* modernes de la liaison chimique faisant appel à ces théories prédisent avec précision de nombreuses propriétés des molécules – comme les longueurs de liaison, les forces de liaison, les géométries moléculaires et les moments dipolaires – que nous avons étudiées dans ce livre.

La plus simple des théories plus avancées de la liaison est la **théorie de la liaison de valence** selon laquelle les électrons occupent des orbitales de la mécanique quantique localisées sur des atomes individuels. Dans de nombreux cas, ces orbitales sont les orbitales atomiques standard *s*, *p*, *d* et *f* que nous avons décrites au chapitre 3, ou, dans d'autres cas, des *orbitales atomiques hybrides* (section 6.5) résultant d'une combinaison de deux orbitales atomiques ou plus.

Lorsque deux atomes s'approchent l'un de l'autre, les électrons et le noyau d'un atome interagissent avec les électrons et le noyau de l'autre atome. Dans la théorie de la liaison de valence, on calcule l'effet de ces interactions sur les énergies des électrons dans les orbitales atomiques. Si ces interactions abaissent l'énergie du système, alors il se forme une liaison chimique. Par contre, si les interactions augmentent l'énergie du système, il ne se forme pas de liaison chimique.

On calcule habituellement l'énergie des interactions comme une fonction de la distance internucléaire des deux atomes liants. Par exemple, la **figure 6.8** montre que l'énergie des interactions calculée entre deux atomes d'hydrogène est effectivement fonction de la distance qui les sépare. L'axe des *y* du graphique représente l'énergie potentielle de l'interaction entre l'électron et le noyau d'un atome d'hydrogène et l'électron et le noyau d'un autre atome d'hydrogène. L'axe des *x* représente la séparation (ou distance internucléaire) entre les deux atomes. Comme vous pouvez le constater sur le graphique, quand les atomes sont distants l'un de l'autre (partie droite du graphique annotée 1), l'énergie d'interaction est proche de zéro parce que les deux atomes n'interagissent pas*. À mesure que les atomes se rapprochent (régions annotées 2 et 3 sur le graphique), l'énergie d'interaction devient négative. C'est une stabilisation nette qui attire un atome d'hydrogène à un autre. Toutefois, si les atomes s'approchent trop l'un de l'autre (région annotée 4 sur le graphique), l'énergie d'interaction commence à s'élever, principalement à cause de la

La théorie de la liaison de valence repose sur l'application d'une méthode d'approximation plus générale de la mécanique quantique appelée *théorie de la perturbation*. Dans cette théorie, un système plus complexe (comme une molécule) est considéré comme un système plus simple (comme deux atomes) légèrement altéré ou perturbé par une force ou une interaction additionnelle (par exemple, l'interaction entre les deux atomes).

Simulation interactive

Orbitales moléculaires et géométrie du CO_2
codeqrcu.page.link/7VHb

Dans la *théorie des orbitales moléculaires*, une théorie plus élaborée qui explique mathématiquement la formation des liaisons chimiques, ces variations d'énergie se manifestent par la formation d'orbitales liantes (de plus basse énergie) et anti-liantes (de plus haute énergie).

FIGURE 6.8 Diagramme d'énergie d'interaction de H_2

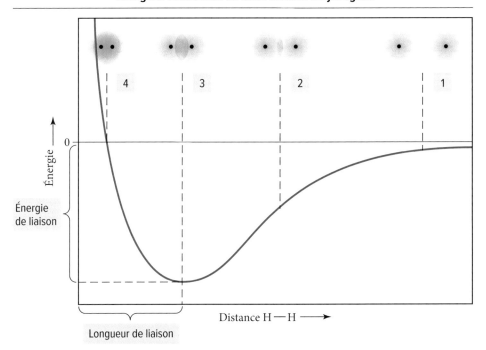

Énergie d'interaction de deux atomes d'hydrogène

Simulation interactive PhET

Interactions atomiques
codeqrcu.page.link/MrW3

L'énergie potentielle de deux atomes d'hydrogène est la plus basse quand ils sont séparés par une distance qui permet à leurs orbitales 1*s* de se recouvrir substantiellement sans entraîner trop de répulsion entre leurs noyaux. Cette distance, à laquelle le système est le plus stable, correspond à la longueur de liaison de la molécule H_2, et la différence d'énergie avec l'état de référence (E=0) correspond à l'énergie de liaison.

---

* Cet état d'énergie nulle entre deux particules qui ne s'influencent pas l'une l'autre est considéré comme l'état de référence ($E = 0$) pour des systèmes comme le modèle de Bohr, ou pour les diagrammes d'énergie associés à la formation de la liaison covalente ou à l'hybridation des orbitales atomiques, que nous verrons plus loin.

répulsion mutuelle des deux noyaux chargés positivement. Le point le plus stable sur la courbe se situe au minimum de l'énergie d'interaction et il correspond à la longueur de liaison d'équilibre (région annotée 3 sur le graphique). À cette distance, les deux orbitales atomiques se recouvrent largement, de sorte que les électrons restent plus longtemps dans la région internucléaire où ils peuvent interagir avec les deux noyaux. La différence (Δ) entre l'énergie (E) au minimum de la courbe et la référence $E = 0$ correspond à l'énergie de liaison. Si on multiplie cette ΔE par le nombre d'Avogadro, on obtient l'énergie molaire de liaison (enthalpie de liaison, $\Delta H_{liaison}$), comme nous l'avons vu au chapitre précédent.

Quand on applique la théorie de la liaison de valence à un certain nombre d'atomes et à leurs molécules correspondantes, on peut faire l'observation générale suivante : *l'énergie d'interaction est habituellement négative (ou stabilisante) lorsque les orbitales atomiques en interaction contiennent un total de deux électrons ayant des spins de signes opposés.* Autrement dit, quand deux atomes avec des orbitales à demi remplies s'approchent l'un de l'autre, ces orbitales *se recouvrent* puisqu'une partie des orbitales occupe un espace commun, et les électrons qui les occupent s'alignent avec des spins opposés respectant le principe d'exclusion de Pauli. Si les spins ne sont pas antiparallèles avant la formation de la liaison, le spin d'un des électrons changera. Il s'ensuit une stabilisation nette de l'énergie entraînant la formation d'une liaison chimique covalente. La géométrie résultante de la molécule est déterminée par la géométrie des orbitales qui se recouvrent.

Le plus fréquemment, les deux électrons viennent de deux orbitales à demi occupées (théorie de la liaison de valence), mais dans certains cas les deux électrons peuvent provenir d'une orbitale pleine qui effectue un recouvrement avec une orbitale complètement vide (ce qui s'appelle une liaison de coordinence). On trouve de nombreuses liaisons de coordinence dans les molécules organiques ayant une partie métallique ; par exemple, dans les macromolécules contenant un groupe hème comme dans l'hémoglobine (figure ci-contre), un cation métallique (Fe^{2+}) est lié par coordinence avec des doublets d'électrons fournis par les atomes d'azote du groupe hème. Dans le présent manuel, nous ne traiterons que de la liaison covalente.

> Quand des orbitales *complètement remplies* se recouvrent, l'énergie d'interaction est positive (ou déstabilisante) et il ne se forme aucune liaison.

Groupement hème (un large anneau de carbone, d'hydrogène et d'azote liant, par coordinence, un atome de fer) permettant de fixer le dioxygène (O_2) du sang.

Résumé : La théorie de la liaison de valence

→ Les électrons de valence des atomes dans une molécule occupent des orbitales atomiques telles que décrites par la mécanique quantique. Les orbitales peuvent être les orbitales standard *s*, *p*, *d* et *f* ou des combinaisons hybrides de celles-ci.

→ Une liaison covalente se forme par recouvrement de deux orbitales à demi remplies et renferme deux électrons de valence avec des spins de signes opposés (ou moins couramment, le recouvrement d'une orbitale complètement remplie avec une orbitale vide).

→ La géométrie des orbitales qui se recouvrent détermine la forme de la molécule.

Appliquons les concepts généraux de la théorie de la liaison de valence pour expliquer la liaison dans le sulfure d'hydrogène, H_2S. Les configurations des électrons de valence des atomes dans la molécule sont les suivantes :

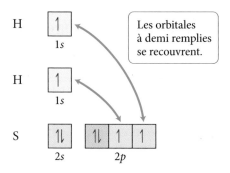

Les atomes d'hydrogène ont chacun une orbitale à demi remplie et l'atome de soufre a deux orbitales à demi remplies. Les orbitales à demi remplies de chaque atome d'hydrogène recouvrent les deux orbitales à demi remplies de l'atome de soufre, de manière à former deux liaisons chimiques :

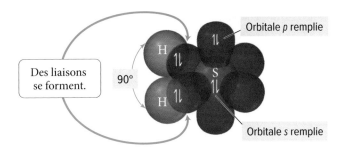

Pour indiquer l'appariement des spins des électrons dans les orbitales qui se recouvrent, on superpose une demi-flèche pour chaque électron dans chacune des orbitales à demi remplies et on montre que, dans une liaison, les électrons ont des spins de signes opposés (une demi-flèche pointe vers le haut et l'autre vers le bas). On superpose également les demi-flèches appariées dans l'orbitale *s* et l'une des orbitales *p* du soufre pour représenter les électrons du doublet libre dans ces orbitales. (Étant donné que ces orbitales sont pleines, elles ne participent pas à la liaison.)

Un traitement mathématique de H_2S à l'aide de la théorie de la liaison de valence permet d'obtenir les énergies de liaison, les longueurs de liaison et les angles de liaison. Dans notre traitement plus qualitatif, nous montrons simplement comment un recouvrement d'orbitales donne naissance à la liaison et nous faisons une esquisse sommaire de la molécule en nous basant sur les orbitales qui se recouvrent. Remarquez que l'angle de liaison prédit est de 90° parce que les orbitales qui se recouvrent sur l'atome central (soufre) sont des orbitales *p* et parce que les orbitales *p* sont orientées à 90° l'une par à rapport à l'autre (voir la section 3.4). L'angle de liaison réel est de 92°. Dans le cas de H_2S, une simple analyse à l'aide de la théorie de la liaison de valence prédit bien l'angle de liaison mesuré expérimentalement (contrairement à la théorie RPEV qui prédit un angle de liaison légèrement inférieur à 109,5°).

....

Lien conceptuel 6.4 Qu'est-ce qu'une liaison chimique ?

La façon de répondre à la question *Qu'est-ce qu'une liaison chimique ?* dépend du modèle de liaison. Répondez aux questions suivantes.

(a) Qu'est-ce qu'une liaison chimique covalente selon le modèle de Lewis ?

(b) Qu'est-ce qu'une liaison chimique covalente selon la théorie de la liaison de valence ?

(c) Pourquoi les réponses sont-elles différentes ?

....

Vous êtes maintenant en mesure de faire les exercices 27 à 32.

6.5 Théorie de la liaison de valence : hybridation des orbitales atomiques

Bien que le recouvrement d'orbitales atomiques *standard* à demi remplies explique adéquatement la liaison dans H_2S, il ne peut pas expliquer correctement la liaison dans de nombreuses autres molécules. Par exemple, supposons qu'on essaie d'expliquer la liaison entre l'hydrogène et le carbone à l'aide de la même approche. Les configurations des électrons de valence de H et de C sont comme suit :

H   [↑]
      1*s*

C   [↑↓] [↑ | ↑ |]
      2*s*   2*p*

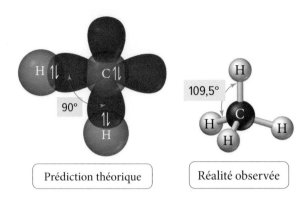

Prédiction théorique

Réalité observée

Animation

Orbitales moléculaires

codeqrcu.page.link/NztG

Comme on l'a vu à la section 5.8, le terme hybride est emprunté à la génétique. Un hybride est le descendant de deux animaux ou de deux plantes issus de races ou de variétés différentes. De même, une orbitale hybride résulte de la combinaison de deux orbitales atomiques standard, ou plus.

Si l'on regarde les choses de plus près, l'hybridation n'est pas un processus selon le principe du *tout ou rien*; elle peut se produire à divers degrés qui ne sont pas toujours faciles à prédire. Nous avons vu précédemment, par exemple, que le soufre ne s'hybride pas beaucoup dans la formation de H_2S (voir p. 257).

Le carbone n'a que deux orbitales à demi remplies et, par conséquent, ne devrait former que deux liaisons avec deux atomes d'hydrogène (selon la théorie de la liaison de valence, la liaison se forme par le recouvrement d'orbitales à moitié remplies; de plus, l'hydrogène ne possède pas d'orbitale vide ou pleine permettant de former des liaisons de coordinence avec le carbone). On prédirait alors que le carbone et l'hydrogène formeraient une molécule de formule CH_2 et avec des angles de liaison de 90° (correspondant à l'angle entre deux orbitales *p*).

Or, l'expérience montre que le composé stable formé entre le carbone et l'hydrogène est le méthane (CH_4), avec des angles de liaison de 109,5°. La réalité expérimentale diffère donc de notre prédiction sur deux points. Premièrement, le carbone établit des liaisons avec quatre atomes d'hydrogène, et non deux. Deuxièmement, les angles de liaison sont beaucoup plus grands que l'angle entre deux orbitales *p*. En fait, la théorie de la liaison de valence explique la formation des liaisons dans CH_4 et dans de nombreuses autres molécules polyatomiques en s'appuyant sur un concept appelé *hybridation des orbitales atomiques*.

Jusqu'ici, nous avons supposé que les recouvrements d'orbitales qui forment des liaisons chimiques concernent simplement les orbitales atomiques standard *s*, *p*, *d* et *f*. La théorie de la liaison de valence traite les électrons dans une molécule comme s'ils occupaient ces orbitales atomiques standard, mais c'est une simplification majeure. Le concept d'hybridation dans la théorie de la liaison de valence est essentiellement une étape vers la reconnaissance du fait que *les orbitales dans une molécule ne sont pas nécessairement les mêmes que les orbitales dans un atome, notamment parce que les électrons d'une liaison covalente sont dans un environnement où ils sont soumis à l'attraction de plus d'un noyau*. L'**hybridation** est une méthode mathématique qui permet de combiner les orbitales atomiques standard de manière à former de nouvelles orbitales atomiques de valence appelées **orbitales hybrides** qui reflètent mieux la distribution réelle des électrons au sein des atomes liés chimiquement. Les orbitales hybrides sont aussi localisées sur des atomes individuels, mais elles ont des formes et des énergies différentes de celles des orbitales atomiques standard.

Pourquoi suppose-t-on que les électrons dans certaines molécules occupent des orbitales hybrides? Dans la théorie de la liaison de valence, une liaison chimique se définit comme le recouvrement de deux orbitales qui, ensemble, contiennent deux électrons. Plus le recouvrement est important, plus la liaison est forte et plus l'abaissement d'énergie potentielle est grand. Dans les orbitales hybrides, la densité de probabilité de présence de l'électron est plus concentrée dans un lobe unidirectionnel, ce qui permet un recouvrement plus grand avec les orbitales des autres atomes. Autrement dit, les orbitales hybrides *réduisent au minimum* l'énergie de la molécule en *maximisant* le recouvrement des orbitales dans une liaison.

L'hybridation, cependant, a un coût, car dans la plupart des cas elle nécessite de l'énergie. C'est pourquoi l'hybridation se produit seulement dans la mesure où le retour en énergie par la formation d'une liaison est grand. Donc, en général, plus un atome forme de liaisons, plus grande est la tendance de ses orbitales à s'hybrider. Les atomes centraux ou internes, qui forment le plus de liaisons, ont le plus tendance à s'hybrider, contrairement aux atomes terminaux, qui forment le moins de liaisons. *Dans le présent manuel, nous supposerons que tous les atomes, tant centraux que terminaux, s'hybrident.* Retenez cependant qu'en réalité il faut mesurer expérimentalement les angles de liaison à l'intérieur d'une molécule pour en évaluer le degré d'hybridation.

Même si nous ne démontrons pas la méthode mathématique détaillée pour obtenir des orbitales hybrides, nous pouvons affirmer les énoncés généraux suivants concernant l'hybridation:

- Le *nombre d'orbitales atomiques standard* fusionnées est toujours égal au *nombre d'orbitales hybrides* formées. Le nombre total d'orbitales est conservé.
- Les *combinaisons particulières* d'orbitales atomiques standard fusionnées déterminent *les formes et les énergies* des orbitales hybrides formées.
- Le *type d'hybridation qui se produit* est celui qui engendre *l'énergie globale la plus faible* pour la molécule. Étant donné que les calculs réels dépassent la portée de ce

livre, nous utilisons le nombre de groupes d'électrons entourant un atome tel que déterminé par la théorie RPEV pour prédire le type d'hybridation.

- L'hybridation des orbitales est un processus qui *ne dépend pas du nombre d'électrons présents* dans les orbitales atomiques standard. *Des orbitales contenant 0, 1 ou 2 électrons* peuvent être engagées dans l'hybridation.

Hybridation sp^3

On peut expliquer la géométrie tétraédrique de la molécule CH_4 par l'hybridation de l'unique orbitale $2s$ et des trois orbitales $2p$ de l'atome de carbone. Les quatre nouvelles orbitales qui sont ainsi créées, appelées hybrides sp^3, sont illustrées dans le diagramme d'énergie suivant :

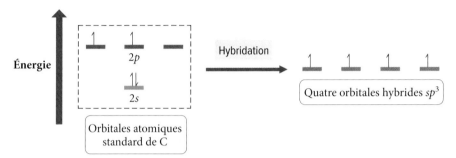

La notation « sp^3 » indique que les orbitales hybrides sont des mélanges d'une orbitale s et de trois orbitales p. Remarquez que les orbitales hybrides ont toutes la même énergie : elles sont dites « dégénérées ». L'énergie des orbitales hybrides est une valeur moyenne pondérée en fonction des énergies des différentes orbitales combinées au départ. Les formes des orbitales hybrides sp^3 sont illustrées à la **figure 6.9**. Notez également que la géométrie des quatre orbitales hybrides est tétraédrique, avec des angles de 109,5° entre elles.

Les cases quantiques illustrant la couche de valence hybride du carbone sont :

$$\text{C: [He]} \quad \boxed{\uparrow\ |\ \uparrow\ |\ \uparrow\ |\ \uparrow}$$
$$sp^3$$

Les quatre électrons de valence non appariés du carbone occupent ces orbitales avec des spins parallèles, comme le veut la règle de Hund. Avec cette configuration électronique, le carbone a quatre orbitales à demi remplies et peut donc former quatre liaisons avec quatre atomes d'hydrogène comme suit :

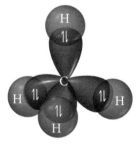

La géométrie des orbitales hybrides *qui se recouvrent* avec celles de l'hydrogène est tétraédrique, avec des angles de 109,5° entre les orbitales, de sorte que la *géométrie résultante de la molécule* est tétraédrique, en accord avec les mesures expérimentales et avec la géométrie prédite selon la méthode RPEV.

Les orbitales hybrides forment facilement des liaisons chimiques parce qu'elles tendent à maximiser le recouvrement avec les autres orbitales. Cependant, si l'atome central d'une molécule contient des doublets libres, les orbitales hybrides peuvent les accommoder. Par exemple, les orbitales de l'azote dans l'ammoniac (NH_3) sont des hybrides sp^3. Trois de ces hybrides participent à des liaisons avec trois atomes d'hydrogène, mais la

FIGURE 6.9 **Hybridation** *sp*³

Formation des orbitales hybrides *sp*³

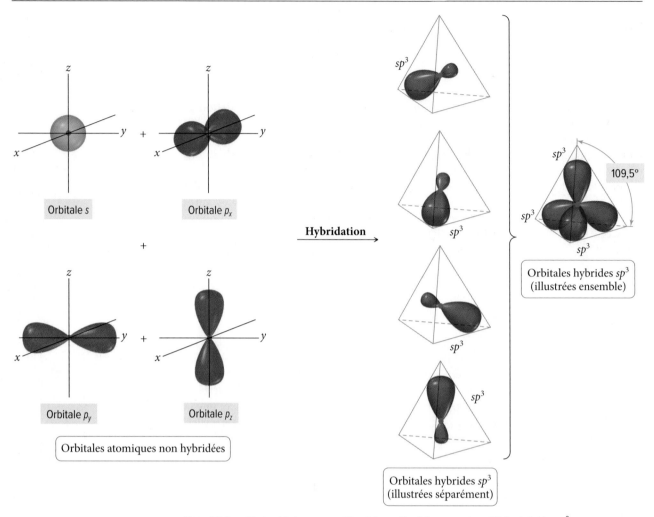

Une orbitale *s* et trois orbitales *p* se combinent de manière à former quatre orbitales hybrides *sp*³.

quatrième contient un doublet libre. La présence du doublet libre, cependant, affecte la tendance des orbitales de l'azote à s'hybrider. Par conséquent, les angles de liaison dans NH_3 sont de 107,3°, un peu plus près de l'angle de liaison de 90° de l'orbitale *p* non hybridée :

Simulation interactive

Orbitales
moléculaires du NH_3
codeqrcu.page.link/qG7T

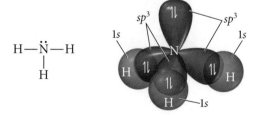

Hybridation *sp*² et liaisons doubles

L'hybridation d'une orbitale *s* et de deux orbitales *p* donne naissance à une couche de valence contenant trois orbitales hybrides *sp*² et une orbitale *p* non hybridée restante.

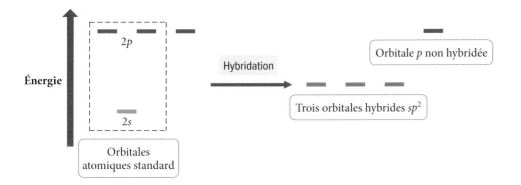

La notation « sp^2 » indique que les hybrides sont des mélanges d'une orbitale s et de deux orbitales p. Les formes des orbitales hybrides sp^2 sont illustrées à la **figure 6.10**. Notez que la géométrie des trois orbitales hybridées est triangulaire plane avec des angles de 120° entre elles. L'orbitale p non hybridée est orientée perpendiculairement aux trois orbitales hybridées et permet la formation des liens doubles.

Considérons le formaldéhyde, CH_2O, un exemple de molécule avec des orbitales hybrides sp^2. Les configurations des couches de valence non hybridées de chacun des atomes sont

Dans la théorie de la liaison de valence, le schéma particulier d'hybridation à suivre (sp^2 par rapport à sp^3, par exemple) pour une molécule donnée est déterminé par calcul, ce qui dépasse la portée du présent livre. Nous déterminons ici le schéma particulier d'hybridation à partir du nombre de groupes d'électrons entourant l'atome (les mêmes que ceux utilisés dans la théorie RPEV, section 6.2), comme nous le montrons plus loin dans la section.

FIGURE 6.10 Hybridation sp^2

Formation des orbitales hybrides sp^2

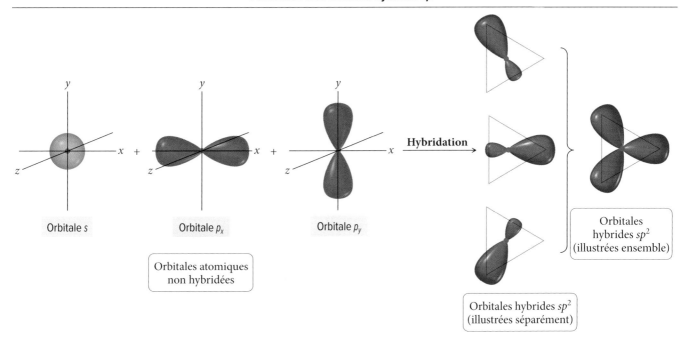

Une orbitale s et deux orbitales p se combinent de manière à former trois orbitales hybrides sp^2. Une orbitale p reste non hybridée.

L'hybridation des orbitales du carbone et de l'oxygène (l'hydrogène ne possédant qu'une seule orbitale, il ne peut s'hybrider) est sp^2 :

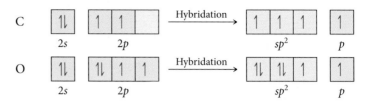

Pour le carbone, chacune des orbitales sp^2 est à demi remplie. L'électron restant occupe l'orbitale p intacte, même si elle est légèrement supérieure en énergie. Après hybridation, on peut constater que l'atome de carbone a quatre orbitales à demi remplies et qu'il peut donc former quatre liaisons : deux avec deux atomes d'hydrogène et deux (une liaison double) avec l'atome d'oxygène. Dans le cas de l'oxygène, une seule des orbitales sp^2 est à demi remplie, les deux autres contiennent des doublets non liants. L'électron restant occupe l'orbitale p intacte, même si elle est légèrement supérieure en énergie. L'atome d'oxygène a deux orbitales à demi remplies et il peut former deux liaisons (une liaison double) avec l'atome de carbone. On dessine la molécule et les orbitales qui se recouvrent de la façon suivante :

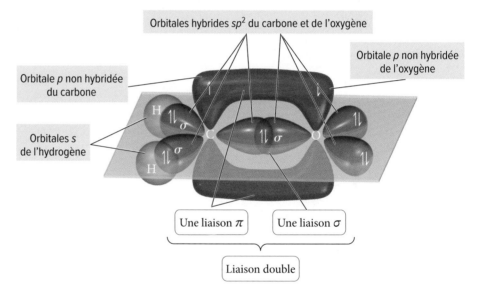

Remarquez le recouvrement entre les orbitales p à demi remplies sur les atomes de carbone et d'oxygène. Lorsque les orbitales p se recouvrent de cette façon (recouvrement latéral), la liaison résultante est une **liaison pi (π)**, et la densité électronique se situe au-dessus et au-dessous de l'axe internucléaire (**figure 6.11**). Lorsque les orbitales se recouvrent par les extrémités (recouvrement axial), comme toutes les autres liaisons dans la molécule, la liaison résultante est une **liaison sigma (σ)**. Par conséquent, on peut identifier toutes les liaisons dans la molécule à l'aide d'une notation qui spécifie le type de liaison (σ ou π) de même que le type d'orbitales qui se recouvrent. Nous avons inclus cette notation, ainsi que la structure de Lewis de CH_2O en guise de comparaison, dans le schéma de liaisons de CH_2O qui suit :

Simulation interactive

Orbitales moléculaires du CH_2O

codeqrcu.page.link/xkSN

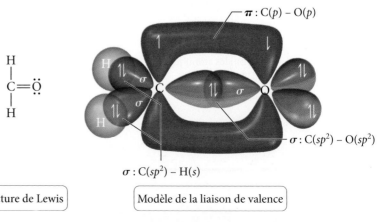

Structure de Lewis

Modèle de la liaison de valence

Notez la correspondance entre la théorie de la liaison de valence et le modèle de Lewis. Dans les deux cas, l'atome de carbone central forme quatre liaisons : deux liaisons simples et une liaison double. Cependant, la théorie de la liaison de valence nous donne plus d'indications sur les liaisons. Selon cette théorie, la liaison double entre le carbone et l'oxygène se compose de deux *sortes* de liaisons covalentes différentes, une σ et une π, alors que dans le modèle de Lewis, les deux liaisons dans la liaison double semblent identiques. *Les liaisons doubles dans le modèle de Lewis correspondent toujours à une liaison σ et une π dans la théorie de la liaison de valence.* En ce sens, la théorie de la liaison de valence nous donne plus d'indications sur la nature d'une liaison double que le modèle de Lewis.

La théorie de la liaison de valence nous aide à comprendre que la rotation autour d'une liaison double est fortement restreinte. En raison du recouvrement latéral des orbitales *p*, la liaison π doit absolument se rompre pour qu'une rotation puisse se produire. La théorie de la liaison de valence met également en lumière les types d'orbitales qui jouent un rôle dans la formation des liaisons et dans leurs formes. Dans CH_2O, les orbitales hybrides sp^2 situées sur l'atome central sont triangulaires planes avec des angles de liaison de 120°. Les angles de liaison mesurés expérimentalement dans CH_2O sont de 121,9° pour la liaison HCO et de 116,2° pour l'angle de liaison HCH, ce qui est proche des valeurs prédites.

> Une – et seulement une – liaison σ se forme entre deux atomes. Les liaisons additionnelles doivent être des liaisons π.

FIGURE 6.11 Liaisons sigma et pi

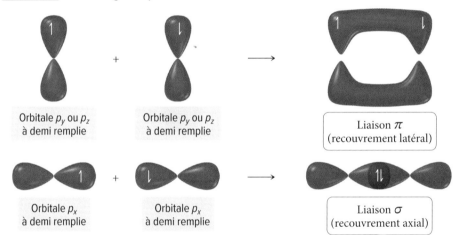

Orbitale p_y ou p_z à demi remplie + Orbitale p_y ou p_z à demi remplie ⟶ Liaison π (recouvrement latéral)

Orbitale p_x à demi remplie + Orbitale p_x à demi remplie ⟶ Liaison σ (recouvrement axial)

Lorsque les orbitales effectuent un recouvrement axial, elles forment une liaison sigma (σ). Lorsque les orbitales effectuent un recouvrement latéral, le résultat est une liaison pi (π). Deux atomes ne peuvent former qu'une seule liaison sigma. Une liaison simple est une liaison sigma ; une liaison double consiste en une liaison sigma et une liaison pi ; une liaison triple consiste en une liaison sigma et deux liaisons pi.

La rotation autour d'une liaison simple est relativement libre, contrairement à la rotation autour de la liaison double, qui est très restreinte. Considérons, par exemple, la structure de deux hydrocarbures chlorés, le 1,2-dichloroéthane et le 1,2-dichloroéthène.

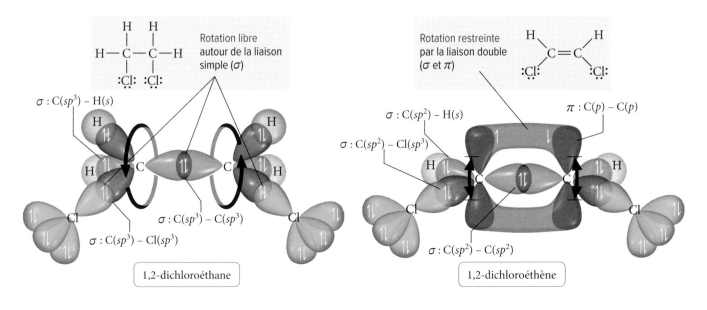

1,2-dichloroéthane

1,2-dichloroéthène

L'hybridation des atomes de carbone dans le 1,2-dichloroéthane est sp^3, ce qui permet une rotation relativement libre autour de la liaison simple (sigma). Par conséquent, les deux structures suivantes existent à température ambiante parce qu'elles s'interconvertissent rapidement :

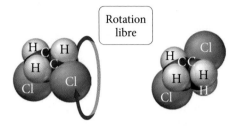

Par contre, la rotation autour de la liaison double (sigma + pi) dans le 1,2-dichloroéthène est restreinte, de sorte que, à température ambiante, le 1,2-dichloroéthène peut exister sous deux formes :

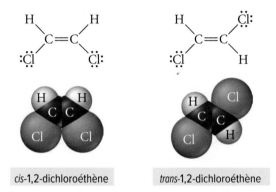

cis-1,2-dichloroéthène   *trans*-1,2-dichloroéthène

Ces deux formes du 1,2-dichloroéthène sont en effet des composés distincts possédant des propriétés différentes. On les distingue avec la désignation *cis* (qui signifie « même côté ») et *trans* (qui signifie « côtés opposés »). De tels composés, avec la même formule moléculaire, mais différant par leurs structures ou par les agencements spatiaux de leurs atomes, sont appelés *isomères*. La nature peut fabriquer des composés différents à partir des mêmes atomes en les agençant de façon particulière. L'isomérie est fréquente dans toute la chimie et particulièrement importante en chimie organique.

....

Lien conceptuel 6.5   Liaisons simples et liaisons doubles

À la section 5.7, nous avons appris que les liaisons doubles sont plus fortes et plus courtes que les liaisons simples. Par exemple, une liaison simple C—C a une énergie de liaison moyenne de 347 kJ/mol, alors qu'une liaison double C=C a une énergie de liaison moyenne de 611 kJ/mol. En vous aidant de la théorie de la liaison de valence, expliquez pourquoi une liaison double n'est pas simplement deux fois plus forte qu'une liaison simple.

....

Hybridation *sp* et liaisons triples

L'hybridation d'une orbitale *s* et d'une *p* donne naissance à une couche de valence formée de deux orbitales hybrides *sp* et deux orbitales *p* non hybridées restantes.

Les formes des orbitales hybrides *sp* sont illustrées à la **figure 6.12**.

Remarquez que la géométrie des deux orbitales hybrides *sp* est linéaire avec un angle de 180° entre elles. Les orbitales *p* non hybridées sont perpendiculaires aux orbitales hybrides *sp*. Les deux orbitales *p* non hybridées sont elles-mêmes perpendiculaires l'une à l'autre.

FIGURE 6.12 Hybridation *sp*

Formation des orbitales hybrides *sp*

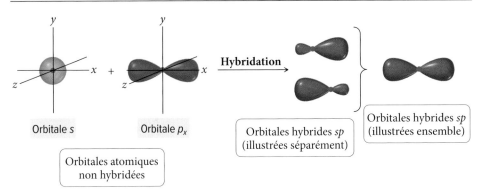

Une orbitale *s* et une orbitale *p* se combinent de manière à former deux orbitales hybrides *sp*. Deux orbitales *p* (non illustrées) demeurent non hybridées.

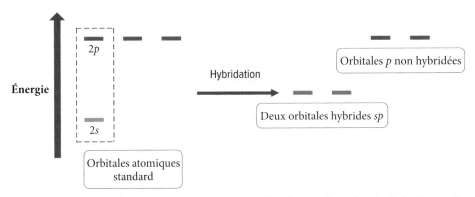

L'acétylène ou éthyne, HC≡CH, est une molécule avec des orbitales hybrides *sp*. Les électrons de valence (qui présentent de l'hybridation) des atomes ont les configurations suivantes :

Les deux atomes de carbone internes ont des orbitales hybrides *sp*, ce qui laisse deux orbitales 2*p* non hybridées sur chaque atome de carbone. Chaque atome de carbone a alors quatre orbitales à demi remplies et peut former quatre liaisons : une avec un atome d'hydrogène et trois (une liaison triple) avec l'autre atome de carbone. On dessine la molécule et le recouvrement des orbitales comme suit :

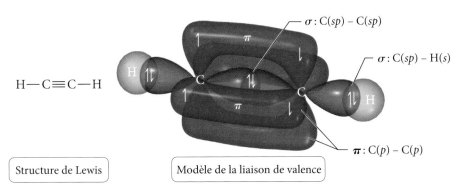

H—C≡C—H

Structure de Lewis   Modèle de la liaison de valence

Simulation interactive

Orbitales moléculaires du C₂H₂

codeqrcu.page.link/EXyg

Remarquez que la liaison triple entre les deux atomes de carbone consiste en deux liaisons π (recouvrement d'orbitales *p*) et une liaison σ (recouvrement d'orbitales *sp*). Les orbitales *sp* sur les atomes de carbone sont linéaires et font entre elles un angle de 180°, de sorte que la géométrie résultante de la molécule est linéaire avec des angles de liaison de 180°, en accord avec les mesures expérimentales de la géométrie de HC≡CH, et aussi en accord avec la prédiction de la théorie RPEV.

Hybridation *sp³d* et *sp³d²*

On sait d'après le modèle de Lewis que les éléments situés dans la troisième rangée du tableau périodique (ou plus bas) peuvent présenter des octets étendus (s'entourer de plus de huit électrons dans la molécule formée, voir la section 5.9 p. 214). Le concept équivalent dans la théorie de la liaison de valence est celui de l'hybridation mettant en jeu les orbitales *d*. Pour les éléments de la troisième période, les orbitales 3*d* peuvent participer à l'hybridation parce que leurs énergies sont proches des énergies des orbitales 3*s* et 3*p* (voir la section 4.2). L'hybridation d'une orbitale *s*, de trois orbitales *p* et d'une orbitale *d* donne naissance à des orbitales hybrides *sp³d*, comme l'illustre la **figure 6.13**. Les cinq orbitales hybrides *sp³d* ont un agencement hexaédrique (ou bipyramidal à base triangulaire).

Considérons le pentafluorure d'arsenic, AsF₅. L'atome d'arsenic se lie à cinq atomes de fluor par recouvrement entre les orbitales hybrides *sp³d* sur l'arsenic et les orbitales *sp³* sur les atomes de fluor (nous verrons un peu plus loin comment déterminer l'hybridation de chacun des atomes d'une molécule), comme il est illustré ci-dessous :

FIGURE 6.13 Hybridation *sp³d*

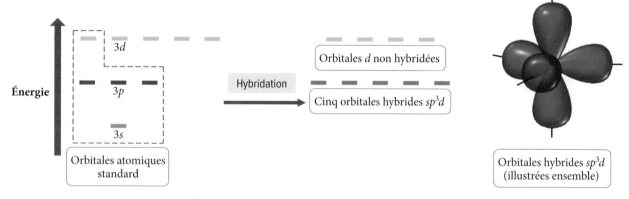

Une orbitale *s*, trois orbitales *p* et une orbitale *d* se combinent de manière à former cinq orbitales hybrides *sp³d*.

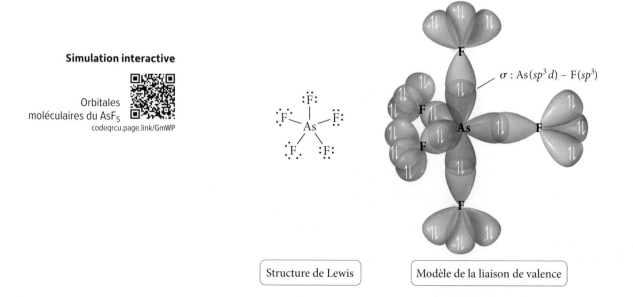

Structure de Lewis   Modèle de la liaison de valence

Les orbitales sp^3d sur l'atome d'arsenic sont hexaédriques, de sorte que la géométrie moléculaire est bipyramidale à base triangulaire (hexaédrique).

L'hybridation d'une orbitale s, de trois orbitales p et de deux orbitales d donne naissance à des orbitales hybrides sp^3d^2, comme l'illustre la **figure 6.14**. Les six orbitales hybrides sp^3d^2 ont une géométrie octaédrique. Dans l'hexafluorure de soufre, l'atome de soufre se lie à six atomes de fluor par recouvrement entre les orbitales hybrides sp^3d^2 sur le soufre et les orbitales sp^3 sur les atomes de fluor, comme il est illustré ci-dessous :

FIGURE 6.14 Hybridation sp^3d^2

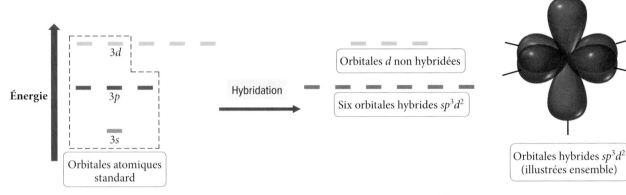

Une orbitale s, trois orbitales p et deux orbitales d se combinent de manière à former six orbitales hybrides sp^3d^2.

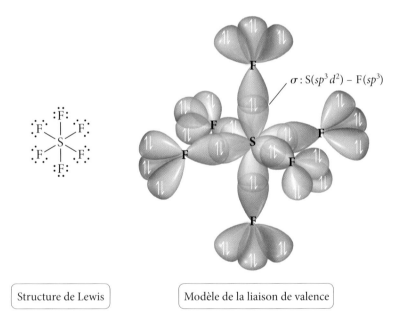

Structure de Lewis   Modèle de la liaison de valence

Les orbitales sp^3d^2 sur l'atome de soufre sont octaédriques, de sorte que la géométrie moléculaire est octaédrique, encore une fois en accord avec la théorie RPEV et avec la géométrie observée expérimentalement.

Représentation des schémas d'hybridation et de liaison

Nous venons de voir des exemples des cinq principaux types d'hybridation des orbitales atomiques. *Mais comment savoir quel schéma d'hybridation décrit le mieux les orbitales d'un atome donné dans une molécule donnée ?* Dans la théorie de la liaison de valence, l'énergie de la molécule est en réalité calculée à l'aide d'un ordinateur ; on fait varier le degré d'hybridation de même que le type d'hybridation pour trouver la combinaison qui donne à la molécule l'énergie globale la plus faible. Pour nos besoins, nous déterminons les schémas d'hybridation à partir de la géométrie électronique – déterminée à l'aide de la théorie RPEV – de l'atome central (ou des atomes internes) de la molécule. Le **tableau 6.4** illustre les cinq géométries électroniques selon la méthode RPEV et les schémas d'hybridation correspondants. Par exemple, si l'atome possède 4 groupes d'électrons, alors l'hybridation est sp^3 ; si l'atome possède 6 groupes d'électrons, l'hybridation est sp^3d^2, et ainsi de suite.

TABLEAU 6.4   Déterminer le schéma d'hybridation d'un atome

Nombre de groupes d'électrons (paires d'électrons non liants (doublets libres) ou liaisons (simple, double ou triple))	Géométrie électronique (d'après la théorie RPEV)	Schéma d'hybridation
2	Linéaire	sp 
3	Triangulaire plane	sp^2 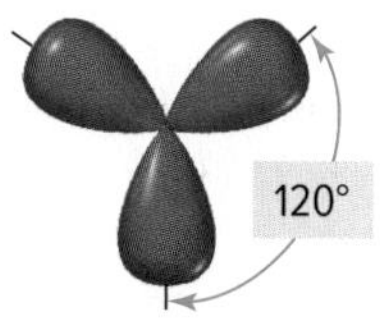
4	Tétraédrique	sp^3 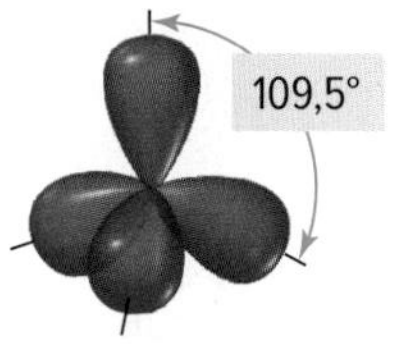
5	Bipyramidale à base triangulaire (Hexaédrique)	sp^3d 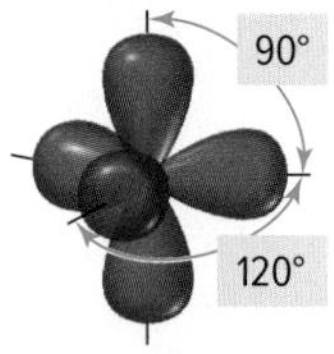
6	Octaédrique	sp^3d^2 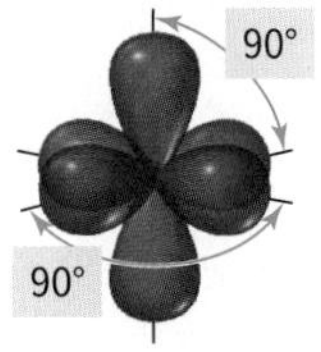

Nous sommes maintenant prêts à réunir le modèle de Lewis et la théorie de la liaison de valence pour décrire la liaison dans les molécules. Dans la méthode et les exemples qui suivent, nous expliquons comment écrire un *schéma d'hybridation et de liaison* d'une molécule. Ce schéma exige l'écriture d'une structure de Lewis de la molécule, la détermination de sa géométrie à l'aide de la théorie RPEV, la détermination de l'hybridation appropriée des atomes, le schéma de la molécule avec les orbitales qui se recouvrent et l'identification de chaque liaison avec la notation σ et π suivie du type d'orbitales qui se recouvrent. Cette méthode fait intervenir presque tout ce que nous avons présenté au sujet de la liaison dans le présent chapitre et le chapitre 5. La méthode pour écrire un schéma d'hybridation et de liaison est présentée dans la colonne de gauche, accompagnée de deux exemples montrant comment appliquer la méthode dans les colonnes à droite.

MÉTHODE POUR... Représenter un schéma d'hybridation et de liaison	EXEMPLE 6.6 Représenter un schéma d'hybridation et de liaison	EXEMPLE 6.7 Représenter un schéma d'hybridation et de liaison
	Écrivez un schéma d'hybridation et de liaison pour le trifluorure de bore, BrF_3.	Écrivez un schéma d'hybridation et de liaison pour l'acétaldéhyde, ou éthanal, CH_3CHO.
1. Déterminez la structure de Lewis de la molécule.	**SOLUTION** BrF_3 a 28 électrons de valence et sa structure de Lewis est la suivante 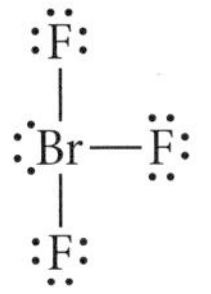 :	**SOLUTION** L'acétaldéhyde a 18 électrons de valence et sa structure de Lewis est la suivante 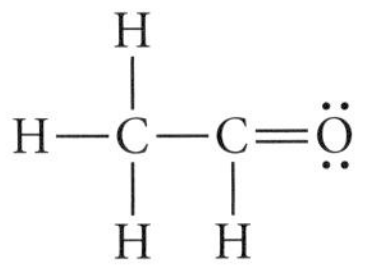 :
2. À l'aide de la théorie RPEV, prédisez la géométrie électronique autour de l'atome central (ou des atomes internes).	L'atome de brome a cinq groupes d'électrons et, par conséquent, une géométrie électronique bipyramidale à base triangulaire (hexaédrique) et une géométrie moléculaire en forme de T. 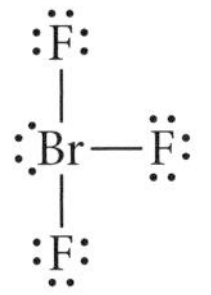	L'atome de carbone le plus à gauche a quatre groupes d'électrons et une géométrie tétraédrique. L'atome de carbone le plus à droite a trois groupes d'électrons et une géométrie triangulaire plane. 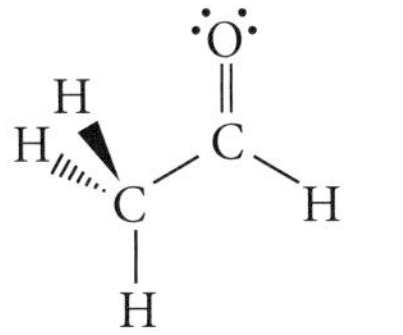
3. Reportez-vous au tableau 6.3 pour choisir la bonne hybridation de l'atome central (ou des atomes internes) basée sur la géométrie électronique.	Une géométrie électronique à 5 groupes d'électrons correspond à une hybridation sp^3d. Les atomes de fluor sont hybridés sp^3 (4 groupes d'électrons).	L'atome de carbone le plus à gauche est hybridé sp^3 (4 groupes d'électrons) et l'atome de carbone le plus à droite est hybridé sp^2 (3 groupes d'électrons). L'atome d'oxygène est hybridé sp^2 (3 groupes d'électrons). Les atomes d'hydrogène demeurent non hybridés, car ils ne possèdent que des orbitales s.
4. Dessinez la molécule, en commençant par l'atome central et ses orbitales. Indiquez le recouvrement avec les orbitales appropriées sur les atomes terminaux.		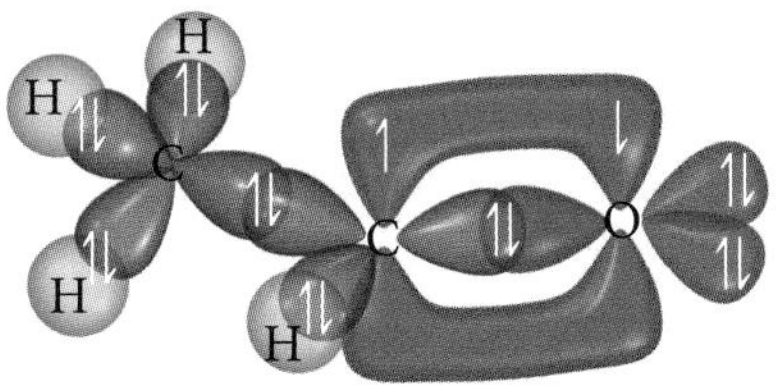

5. Identifiez toutes les liaisons à l'aide de la notation σ et π suivie du type d'orbitales qui se recouvrent.

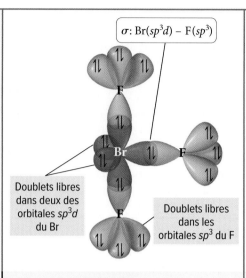

$\sigma : \mathrm{Br}(sp^3d) - \mathrm{F}(sp^3)$

Doublets libres dans deux des orbitales sp^3d du Br

Doublets libres dans les orbitales sp^3 du F

$\sigma : \mathrm{C}(sp^3) - \mathrm{H}(s)$

Doublets libres dans les orbitales sp^2 du O

$\pi : \mathrm{C}(p) - \mathrm{O}(p)$

$\sigma : \mathrm{C}(sp^2) - \mathrm{H}(s)$

$\sigma : \mathrm{C}(sp^3) - \mathrm{C}(sp^2)$

$\sigma : \mathrm{C}(sp^2) - \mathrm{O}(sp^2)$

EXERCICE PRATIQUE 6.6

Écrivez un schéma d'hybridation et de liaison pour $\mathrm{XeF_4}$.

EXERCICE PRATIQUE 6.7

Écrivez un schéma d'hybridation et de liaison pour HCN.

EXEMPLE 6.8   Schéma d'hybridation et de liaison

En vous aidant de la théorie de la liaison de valence, représentez un schéma d'hybridation et de liaison pour l'éthène, $\mathrm{H_2C = CH_2}$.

SOLUTION

1. Écrivez la structure de Lewis de la molécule.	$\mathrm{H - C = C - H}$ avec H en haut de chaque C
2. En vous aidant de la théorie RPEV, prédisez la géométrie électronique autour de l'atome central (ou des atomes internes).	La molécule a deux atomes internes. Étant donné que chaque atome a trois groupes d'électrons (une liaison double et deux liaisons simples), la géométrie autour de chaque atome de carbone est triangulaire plane.
3. À l'aide du tableau 6.4 choisissez la bonne hybridation de l'atome central (ou des atomes internes) basée sur la géométrie électronique.	Une géométrie à 3 groupes d'électrons correspond à une hybridation sp^2.
4. Dessinez la molécule, en commençant par l'atome central et ses orbitales. Montrez le recouvrement avec les orbitales appropriées sur les atomes terminaux.	

5. Identifiez toutes les liaisons à l'aide de la notation σ et π suivie du type d'orbitales qui se recouvrent.

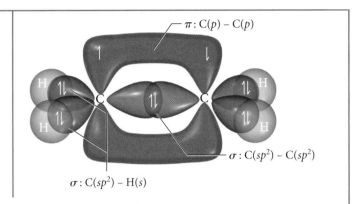

$\pi : C(p) - C(p)$

$\sigma : C(sp^2) - C(sp^2)$

$\sigma : C(sp^2) - H(s)$

EXERCICE PRATIQUE 6.8

En vous aidant de la théorie de la liaison de valence, écrivez un schéma d'hybridation et de liaison pour CO_2.

EXERCICE PRATIQUE SUPPLÉMENTAIRE 6.8

Quelle est l'hybridation de l'atome central d'iode dans I_3^- ?

Vous êtes maintenant en mesure de faire les exercices 33 à 44, 59 à 66, 69, 70, 72, 75, 76, 87, 88.

6.6 Forces intermoléculaires

Les propriétés des substances moléculaires ne peuvent s'expliquer grâce aux liaisons entre les atomes, contrairement aux substances métalliques, aux substances ioniques et aux substances macromoléculaires. Dans ce cas, il faut plutôt s'intéresser aux forces qui agissent entre les molécules. Ces **forces intermoléculaires** tirent leur origine des attractions entre les charges présentes à la surface des molécules. Ces charges partielles, qui peuvent être permanentes ou temporaires, permettent aux molécules de s'accrocher les unes aux autres (ou à des ions) à l'instar des forces de liaison qui proviennent des interactions entre les protons et les électrons dans les atomes. Rappelez-vous ce que l'on a vu dans la section 4.3 : selon la loi de Coulomb, la force qui s'exerce (F) entre deux particules de charges opposées (avec les charges q_1 et q_2) augmente à mesure qu'augmente la charge et que diminue la distance (r) entre elles :

$$F = \frac{1}{4\pi\varepsilon_o} \frac{q_1 q_2}{r^2}$$ (Lorsque q_1 et q_2 sont de signes opposés, F est négative ; il s'agit donc d'une force d'attraction.)

Ainsi, les protons et les électrons s'attirent mutuellement parce que leur énergie potentielle diminue à mesure qu'ils s'approchent l'un de l'autre. De la même façon, les molécules portant des charges partielles (temporaires ou permanentes), notées souvent δ^+ et δ^-, s'attirent mutuellement parce que *leur* énergie potentielle diminue à mesure qu'elles se rapprochent les unes des autres. Cependant, les forces intermoléculaires, même les plus intenses, sont généralement *beaucoup plus faibles* que les forces de liaison (métallique, ionique ou covalente).

La raison de la faiblesse relative des forces intermoléculaires comparées aux forces de liaison est également reliée à la loi de Coulomb. Les forces de liaison sont le résultat de charges élevées (les charges des protons et des électrons) qui interagissent à des distances très courtes. Les forces intermoléculaires sont le résultat de charges plus petites qui interagissent à des distances plus grandes. Considérons, par exemple, l'interaction entre deux molécules d'eau dans l'eau liquide :

Animation

Forces intermoléculaires
codeqrcu.page.link/anHN

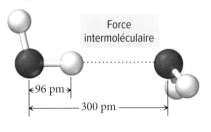

Force intermoléculaire

96 pm

300 pm

La longueur d'une liaison O — H dans l'eau liquide est de 96 pm ; cependant, la distance moyenne entre les molécules d'eau dans l'eau liquide est d'environ 300 pm. La distance plus grande entre les molécules ainsi que les charges plus petites en jeu (charges partielles sur les atomes d'hydrogène et d'oxygène) donnent naissance à des forces plus faibles. Pour rompre les liaisons O — H *dans* la molécule d'eau, il faut la chauffer à des milliers de degrés Celsius. Cependant, pour vaincre complètement les forces intermoléculaires *entre* les molécules d'eau, il suffit de la chauffer jusqu'à son point d'ébullition, 100 °C. Nous allons étudier plusieurs types différents de forces intermoléculaires, dont les forces de dispersion, les forces dipôle-dipôle, la liaison hydrogène, les forces dipôle-dipôle induit et les forces ion-dipôle. Les trois premières peuvent se produire dans les substances pures *et* les mélanges ; les deux dernières ne se produisent que dans les mélanges.

Forces de dispersion

La nature des forces de dispersion a été reconnue pour la première fois par Fritz W. London (1900-1954), un physicien germano-américain.

La force intermoléculaire présente entre toutes les molécules et les atomes est la **force de dispersion** (aussi appelée **force de London** ou **force dipôle instantané-dipôle induit**). Les forces de dispersion résultent des fluctuations dans la distribution électronique au sein des molécules et des atomes. Étant donné que tous les atomes et molécules ont des électrons, ils présentent tous des forces de dispersion. Dans un atome ou une molécule, les électrons peuvent, *à tout instant*, être distribués de façon inégale. Par exemple, imaginez une vidéo image par image d'un atome d'hélium dans lequel chaque image capte la position des deux électrons de l'atome d'hélium :

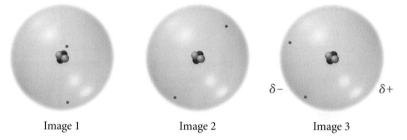

| Image 1 | Image 2 | Image 3 |

Dans une image, les électrons peuvent être disposés de façon non symétrique autour du noyau. Dans l'image 3, par exemple, les deux électrons de l'hélium sont placés du côté gauche de l'atome d'hélium. À cet instant, le côté gauche aura une charge partiellement négative (δ^-). Le côté droit de l'atome, qui temporairement n'a pas d'électrons, aura une charge légèrement positive (δ^+) à cause du noyau. La séparation éphémère des charges est appelée *dipôle instantané* ou *dipôle temporaire* créé par les mouvements du nuage d'électrons. Comme le montre la **figure 6.15**, un dipôle instantané sur un atome d'hélium induit un dipôle instantané sur des atomes voisins parce que l'extrémité positive du dipôle instantané attire les électrons dans les atomes voisins. Les atomes d'hélium voisins s'attirent alors l'un l'autre – l'extrémité positive d'un dipôle instantané attirant l'extrémité négative d'un autre. C'est l'ensemble des attractions électrostatiques entre les charges partielles instantanées qui est appelé force de dispersion.

FIGURE 6.15 **Force de dispersion**

Les dipôles instantanés sur les atomes d'hélium voisins s'attirent l'un l'autre.

Un dipôle temporaire dans un atome d'hélium induit un dipôle temporaire dans un atome voisin. L'attraction qui en résulte entre les charges positives et négatives crée la force de dispersion.

La *grandeur* de la force de dispersion dépend de la taille du nuage d'électrons. Un nuage électronique contenant un plus grand nombre d'électrons engendre une plus grande force de dispersion parce que les charges instantanées créées par les mouvements d'électrons sont plus importantes. Si toutes les autres variables sont constantes, la force de dispersion augmente avec le nombre total d'électrons d'un atome ou d'une molécule. Considérons les points d'ébullition des gaz nobles énumérés au **tableau 6.5**. À mesure que les volumes des nuages électroniques des gaz nobles augmentent, les forces de dispersion plus grandes entraînent une augmentation des points d'ébullition.

TABLEAU 6.5	Points d'ébullition des gaz nobles		
Gaz noble		**Nombre total d'électrons**	**Point d'ébullition (K)**
He		2	4,2
Ne		10	27
Ar		18	87
Kr		36	120
Xe		54	165

Se polariser signifie former un moment dipolaire (voir la section 6.3).

Le point d'ébullition est la température à laquelle l'énergie cinétique des atomes ou des molécules est suffisante pour vaincre toutes les forces de cohésion dans le liquide, ce qui permet à toutes les molécules de passer à l'état gazeux.

Cependant, le nombre d'électrons seul ne détermine pas la grandeur de la force de dispersion. Comparons, par exemple, le nombre d'électrons et les points d'ébullition du *n*-pentane et du néopentane :

_n_-pentane
nombre d'électrons = 42
point d'ébullition = 36,1 °C

Néopentane
nombre d'électrons = 42
point d'ébullition = 9,5 °C

Ces molécules possèdent toutes les deux 42 électrons, mais le point d'ébullition du *n*-pentane est plus élevé que celui du néopentane. Pourquoi ? Parce que les deux molécules ont des formes différentes. Les molécules de *n*-pentane sont longues et interagissent les unes avec les autres sur toute leur longueur, comme l'illustre la **figure 6.16(a)**. Par contre, la forme sphérique des molécules de néopentane fait en sorte que la région où se produisent des interactions entre les molécules voisines est plus petite, comme le montre la **figure 6.16(b)**, et que le point d'ébullition est plus bas.

FIGURE 6.16 Force de dispersion et forme moléculaire

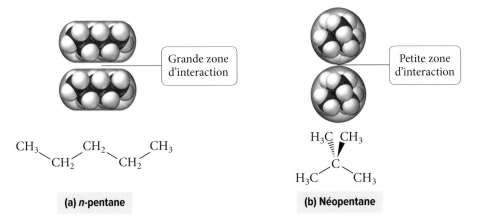

(a) La forme linéaire des molécules de *n*-pentane leur permet d'interagir les unes avec les autres tout le long de la molécule. **(b)** La forme presque sphérique des molécules de néopentane ne permet qu'une petite section d'interaction. Par conséquent, les forces de dispersion sont plus faibles dans le néopentane que dans le *n*-pentane, de sorte que le point d'ébullition est plus bas.

Bien qu'il faille toujours prendre en considération la forme moléculaire et d'autres facteurs pour déterminer la grandeur des forces de dispersion, le nombre d'électrons peut servir de guide quand on compare les forces de dispersion dans une famille d'éléments ou de composés semblables, comme l'illustre la **figure 6.17** pour quelques alcanes linéaires choisis.

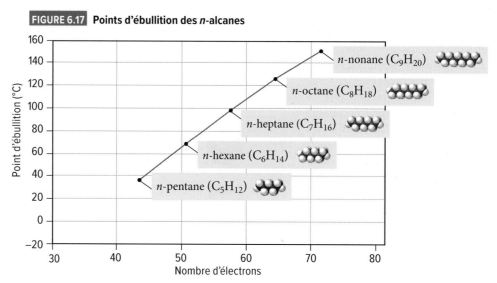

FIGURE 6.17 Points d'ébullition des *n*-alcanes

Les points d'ébullition des *n*-alcanes s'élèvent avec l'augmentation du volume du nuage électronique et avec les forces de dispersion plus grandes qui s'ensuivent.

Lien conceptuel 6.6 Forces de dispersion

Lequel des halogènes suivants a le point d'ébullition le plus élevé?

(a) Cl_2.   **(b)** Br_2.   **(c)** I_2.

FIGURE 6.18 Force dipôle-dipôle

L'extrémité positive d'une molécule polaire est attirée par l'extrémité négative de sa voisine.

$\delta+$ H Cl $\delta-$ ·······$\delta+$ H Cl $\delta-$

Forces dipôle-dipôle

Les **forces dipôle-dipôle** (aussi appelées **forces de Keesom**) s'ajoutent aux forces de dispersion dans toutes les molécules polaires. Les molécules polaires ont des **dipôles permanents** qui interagissent avec les dipôles permanents des molécules voisines, comme l'illustre la **figure 6.18**. L'extrémité positive d'un dipôle permanent est attirée par l'extrémité négative d'un autre; cette attraction électrostatique est la force dipôle-dipôle. L'exemple 6.9 montre comment déterminer si un composé présente des forces dipôle-dipôle.

EXEMPLE 6.9 Forces dipôle-dipôle

Déterminez si chacune des molécules suivantes présente des forces dipôle-dipôle (forces de Keesom).

(a) CO_2.   **(b)** CH_2Cl_2.   **(c)** CH_4.

SOLUTION

Il y aura des forces dipôle-dipôle (Keesom) si la molécule est globalement polaire. Pour savoir si tel est le cas, (1) *déterminez si la molécule comporte des liaisons polaires* et (2) *déterminez si les liaisons polaires s'additionnent pour former un moment dipolaire net* (section 6.3).

(a) CO_2	**a)** CO_2
(1) Étant donné que l'électronégativité du carbone est de 2,5 et celle de l'oxygène, de 3,5 (figure 4.17, p. 175), CO_2 a des liaisons polaires.	$\overset{\cdots}{\underset{\cdots}{O}}=C=\overset{\cdots}{\underset{\cdots}{O}}$
(2) La géométrie de CO_2 est linéaire. Par conséquent, les dipôles des liaisons polaires s'annulent, si bien que la molécule n'est pas polaire; il n'y a donc pas de forces dipôle-dipôle.	Aucune force dipolaire

(b) CH_2Cl_2

(1) L'électronégativité de C est de 2,5, celle de H, de 2,2 et celle de Cl de 3,0. Par conséquent, CH_2Cl_2 a deux liaisons polaires (C — Cl) et deux liaisons peu polaires (C — H).

(2) La géométrie de CH_2Cl_2 est tétraédrique. Étant donné que les liaisons C — Cl et les liaisons C — H sont différentes, leurs dipôles ne s'annulent pas ; ils s'additionnent plutôt pour former un moment dipolaire net. Par conséquent, la molécule est polaire et possède des forces dipôle-dipôle.

CH_2Cl_2

Forces dipolaires présentes

(c) CH_4

(1) Étant donné que l'électronégativité de C est de 2,5 et que celle de l'hydrogène est de 2,2, les liaisons C — H sont peu polaires.

(2) De plus, la géométrie de la molécule étant tétraédrique, toute polarité que peuvent avoir les liaisons s'annule. CH_4 est donc non polaire et ne possède pas de forces dipôle-dipôle.

CH_4

Aucune force dipolaire

EXERCICE PRATIQUE 6.9

Quelles molécules ont des forces dipôle-dipôle ?

(a) CI_4.   **(b)** CH_3Cl.   **(c)** HCl.

Les points de fusion et d'ébullition des molécules polaires sont plus élevés que ceux des molécules non polaires de masse similaire. Rappelez-vous que toutes les molécules (y compris les molécules polaires) possèdent des forces de dispersion. Les molécules polaires ont, *en plus*, des forces dipôle-dipôle. Cette force d'attraction additionnelle élève leurs points de fusion et d'ébullition par rapport aux molécules non polaires possédant un nombre d'électrons similaire. Considérons, par exemple, les deux composés suivants :

Nom	Formule	Nombre d'électrons	Structure	p. éb. (°C)	p. f. (°C)
Formaldéhyde	CH_2O	16		−19,5	−92
Éthane	C_2H_6	18		−88	−172

Le formaldéhyde est polaire, et ses points de fusion et d'ébullition sont plus élevés que ceux de l'éthane non polaire, et ce, même si les deux composés ont environ le même nombre d'électrons (donc des forces de dispersion similaires). La **figure 6.19** donne le point d'ébullition d'une série de molécules possédant un nombre d'électrons similaire, mais dont les moments dipolaires augmentent progressivement. Remarquez que les points d'ébullition s'élèvent avec un moment dipolaire croissant.

La polarité (et donc les forces assurant la cohésion) des molécules qui composent des liquides est également un élément important à considérer dans la détermination de la **miscibilité**, donc de la solubilité des liquides, c'est-à-dire leur capacité de se mélanger sans se séparer en deux phases. Par exemple, l'eau, un liquide très polaire dont les molécules sont retenues par des forces dipôles-dipôles importantes, n'est pas miscible avec le *n*-pentane (C_5H_{12}), un liquide non polaire (**figure 6.20**) à l'intérieur duquel prédominent les forces de dispersion. De même, l'eau et l'huile ne se mélangent pas. C'est pourquoi on ne peut laver des mains huileuses ou des taches d'huile sur les vêtements avec de l'eau pure, car celle-ci ne peut solubiliser l'huile.

La masse de la molécule peut aussi influer sur la valeur du point d'ébullition. En effet, l'augmentation de l'énergie thermique d'un système entraîne l'augmentation de l'amplitude du mouvement des molécules, jusqu'à en rompre les interactions. Les molécules plus lourdes ayant plus d'inertie, il est plus difficile d'en modifier le mouvement. Elles auront donc tendance à avoir des points d'ébullition plus élevés. Comme les molécules de la figure 6.19 ont des masses moléculaires similaires, il est plus facile d'observer l'effet d'une augmentation du moment dipolaire.

Moment dipolaire et point d'ébullition

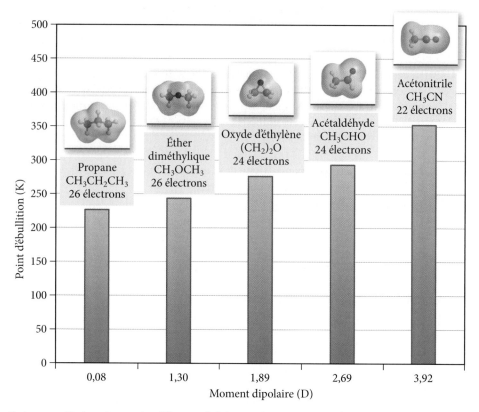

Toutes ces molécules ont un nombre d'électrons similaire, mais leurs moments dipolaires sont différents. Les points d'ébullition augmentent avec un moment dipolaire croissant.

Composés polaires et non polaires

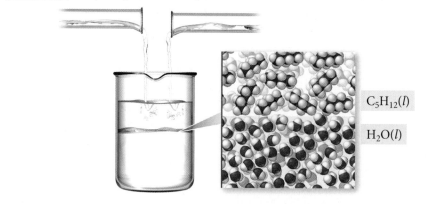

L'eau et le *n*-pentane ne se mélangent pas parce que les molécules d'eau sont très polaires et les molécules de *n*-pentane sont non polaires.

Pont hydrogène

Les molécules polaires contenant des atomes d'hydrogène liés directement à de petits atomes très électronégatifs – le fluor, l'oxygène ou l'azote – présentent une force inter-moléculaire appelée **pont hydrogène** ou **liaison hydrogène**. HF, NH_3 et H_2O forment tous des ponts hydrogène. Le pont hydrogène est une sorte de super force dipôle-dipôle. La grande différence d'électronégativité entre l'hydrogène et ces éléments signifie que l'atome H acquiert une charge partielle positive élevée (δ^+) lorsqu'il est lié à F, O ou N, alors que les atomes F, O ou N possèdent une charge partielle négative élevée (δ^-) (ou un indice d'électronégativité très élevé) et des doublets d'électrons disponibles. L'atome d'hydrogène engagé dans une liaison aussi polaire perd partiellement son seul électron au profit de l'atome fortement électronégatif auquel il est lié. Contrairement à tous les autres atomes, l'atome d'hydrogène ne possède aucun électron de cœur. Lorsqu'il est polarisé, c'est le proton lui-même qui est exposé, ce qui le rend très attractif pour une paire d'électrons libres placés sur un petit atome très électronégatif d'une molécule voisine. De plus, étant donné que ces atomes (H et O, F ou N) sont tous très petits, ils peuvent s'approcher très près l'un de l'autre. Le résultat est une forte attraction dans chacune de ces molécules entre l'hydrogène et les doublets libres des atomes F, O ou N des molécules voisines, le pont hydrogène. Par exemple, dans HF, l'hydrogène est fortement attiré par le fluor des molécules voisines (**figure 6.21**).

FIGURE 6.21 **Pont hydrogène dans HF**

Pont hydrogène

Quand H se lie directement à F, à O ou à N,
les atomes liants acquièrent des charges partielles
élevées, ce qui donne naissance à de fortes attractions
dipôle-dipôle entre les molécules voisines.

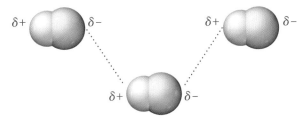

L'hydrogène d'une molécule HF, avec sa charge partielle positive très élevée, est attiré vers le fluor de la molécule voisine, avec sa charge partielle négative très élevée (ou son fort indice d'électronégativité). Cette interaction dipôle-dipôle est un exemple de pont hydrogène.

Il ne faut pas confondre les ponts hydrogène (liaisons hydrogène) avec les liaisons chimiques. Les liaisons chimiques se produisent *entre des atomes individuels dans une molécule*, alors que les ponts hydrogène – tout comme les forces de dispersion et les forces dipôle-dipôle standard – sont des forces intermoléculaires qui se produisent *entre des molécules*. Un pont hydrogène typique n'a que de 2 à 5 % de la force d'une liaison chimique covalente typique. Toutefois, les ponts hydrogène sont les plus fortes des *forces intermoléculaires* que nous avons étudiées jusqu'ici (à nombre d'électrons égal). Les substances composées de molécules qui forment des ponts hydrogène ont des points de fusion et d'ébullition beaucoup plus élevés que ceux des substances composées de molécules ayant un nombre d'électrons similaire mais qui ne forment pas de ponts hydrogène (forces dipôle-dipôle de grande intensité). Considérons, par exemple, les deux composés suivants :

Nom	Formule	Nombre d'électrons	Structure		p. éb. (°C)	p. f. (°C)
Éthanol	C_2H_6O	26	CH_3CH_2OH		78,3	−114,1
Éther diméthylique	C_2H_6O	26	CH_3OCH_3		−22,0	−138,5

Comme les molécules d'éthanol contiennent un atome d'hydrogène fortement polaire car lié directement à un atome d'oxygène possédant des doublets d'électrons disponibles, les molécules d'éthanol forment des ponts H l'une avec l'autre (**figure 6.22**). L'atome d'hydrogène lié à l'atome d'oxygène dans la molécule est aussi fortement attiré par l'atome d'oxygène d'une molécule voisine. Cette forte attraction entre les molécules fait en sorte

Des isomères sont des molécules possédant le même nombre et le même type d'atomes, mais une structure différente.

FIGURE 6.22 **Pont hydrogène dans l'éthanol**

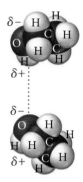

que le point d'ébullition de l'éthanol est de 78,3 °C. Conséquemment, l'éthanol est liquide à température ambiante. De son côté, l'éther diméthylique, un isomère* de la molécule d'éthanol, n'établit pas de ponts hydrogène parce que les atomes d'hydrogène ne sont pas liés directement à l'atome d'oxygène dans la molécule (H peu polaires); son point d'ébullition et son point de fusion sont beaucoup plus bas et l'éther diméthylique est gazeux à température ambiante. Dans l'éther diméthylique, les interactions dipôle-dipôle sont faibles (en raison de la très faible polarité du lien C—H, $\Delta\chi < 0,4$), et ce sont les forces de dispersion qui dominent.

L'eau est un autre bon exemple d'une molécule établissant des ponts hydrogène (**figure 6.23**). La **figure 6.24** montre les points d'ébullition des composés hydrogénés simples des éléments des groupes IV A à VII A. Remarquez qu'en général, les points d'ébullition augmentent avec le nombre d'électrons comme permet de le prévoir l'augmentation des forces de dispersion. Cependant, à cause de la présence de ponts hydrogène, le point d'ébullition de l'eau (100 °C) est beaucoup plus élevé qu'on s'y attend si on se base sur son nombre d'électrons (10 e⁻). Sans ponts hydrogène, toute l'eau sur notre planète se trouverait à l'état gazeux.

FIGURE 6.23 **Ponts hydrogène dans l'eau**

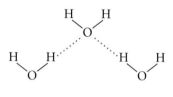

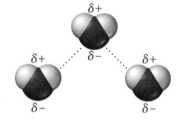

FIGURE 6.24 **Points d'ébullition des composés hydrogénés des groupes IV A à VII A**

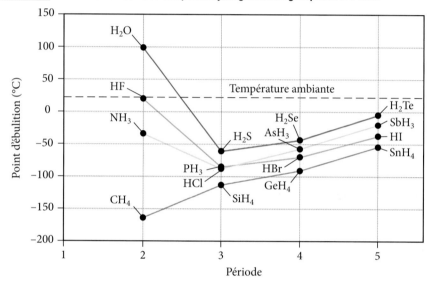

À cause des ponts hydrogène, H_2O, HF et NH_3 ont des points d'ébullition anormalement élevés quand on les compare aux points d'ébullition des autres composés du même groupe.

EXEMPLE 6.10 **Pont hydrogène**

Un des composés suivants est un liquide à température ambiante. Dites lequel et expliquez pourquoi?

$$:\!\overset{\displaystyle :O:}{\underset{\displaystyle H-C-H}{\|}}$$

Formaldéhyde

$$H-\overset{\displaystyle \overset{F}{|}}{\underset{\displaystyle \underset{H}{|}}{C}}-H$$

Fluorométhane

$$H-\ddot{\underset{..}{O}}-\ddot{\underset{..}{O}}-H$$

Peroxyde d'hydrogène

SOLUTION

Les trois composés ont des nombres d'électrons similaires:

Formaldéhyde	16 e⁻
Fluorométhane	18 e⁻
Peroxyde d'hydrogène	18 e⁻

---

* Les isomères sont des molécules possédant les mêmes atomes, mais disposés différemment les uns par rapport aux autres.

L'intensité de leurs forces de dispersion est donc similaire. Les trois composés sont aussi tous polaires, de sorte qu'ils ont des forces dipôle-dipôle. Le peroxyde d'hydrogène, cependant, est le seul composé qui contient également de l'hydrogène lié directement à F, O ou N. Par conséquent, il établit également des ponts hydrogène et il devrait avoir le point d'ébullition le plus élevé des trois. Étant donné que l'exemple mentionne qu'un seul des composés est un liquide, on peut à coup sûr supposer que le peroxyde d'hydrogène est le liquide, car il possède des forces intermoléculaires plus puissantes. Notez que même si le fluorométhane *contient* à la fois H et F, H n'est pas *directement lié* à F, de sorte qu'il n'y a pas de ponts hydrogène comme force intermoléculaire. De la même façon, bien que le formaldéhyde *contienne* à la fois H et O, H n'est pas *directement lié* à O, de sorte qu'il n'établit pas de ponts hydrogène non plus. Notez aussi que lorsque les nuages électroniques sont suffisamment volumineux, les forces de dispersion elles-mêmes peuvent devenir assez importantes pour permettre la formation de l'état liquide (par exemple le Br_2) et même l'état solide (par exemple le I_2) à température ambiante.

EXERCICE PRATIQUE 6.10

Lequel des composés a le point d'ébullition le plus élevé, HF ou HCl?
Expliquez pourquoi.

Forces dipôle-dipôle induit

La **force dipôle-dipôle induit** (aussi appelée **force de Debye**) s'exerce de façon notable lorsqu'on mélange un élément ou un composé non polaire de forte densité électronique à un composé très polaire. Elle explique, entre autres, la solubilité partielle de certaines molécules non polaires comme l'iode dans l'eau. Lorsqu'on mélange l'iode moléculaire à l'eau, le dipôle permanent de forte intensité présent sur la molécule d'eau crée un champ électrique local sur la molécule de I_2 voisine. Cette dernière se polarise et le dipôle induit interagit avec le dipôle permanent de la première molécule, comme l'illustre la **figure 6.25**.

FIGURE 6.25 **Force dipôle-dipôle induit**

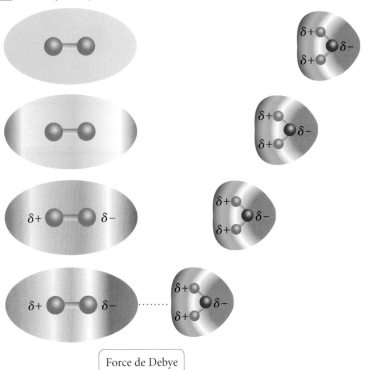

Force de Debye

Le champ électrique généré par le dipôle permanent induit un dipôle dans le nuage électronique de la molécule non polaire lorsque les deux molécules sont suffisamment rapprochées. L'attraction qui en résulte entre les charges partielles positives et négatives crée l'interaction dite de Debye.

La force de l'interaction de Debye dépend de l'intensité du dipôle permanent de la molécule polaire et de la capacité de la molécule non polaire à se polariser. La polarisabilité est la facilité avec laquelle il est possible de modifier la densité des charges électroniques d'une molécule en présence d'un champ électrique externe. Nous avons vu au chapitre 4 que les électrons des atomes volumineux sont moins bien retenus par leur noyau, car ils sont situés à une plus grande distance de celui-ci. Il est donc plus facile de déplacer les nuages électroniques des gros atomes ; ils sont plus polarisables (tout comme les molécules qui les contiennent) que les petits atomes.

Forces ion-dipôle

La **force ion-dipôle** s'exerce lorsqu'on mélange un composé ionique à un composé polaire et elle est particulièrement importante dans les solutions aqueuses de composés ioniques. Par exemple, lorsqu'on mélange du chlorure de sodium et de l'eau, les ions sodium et chlorure interagissent avec l'eau par l'intermédiaire des forces ion-dipôle, comme l'illustre la **figure 6.26**. Remarquez que les ions sodium, qui sont positifs, interagissent avec les pôles négatifs des molécules d'eau, alors que les ions chlorure, négatifs, réagissent avec les pôles positifs. Les forces ions-dipôles sont le type de forces intermoléculaires le plus intense ; ce sont elles qui permettent aux substances ioniques de former des solutions avec l'eau. Vous approfondirez l'étude des solutions aqueuses dans le cours de chimie des solutions. Le **tableau 6.6** résume les forces intermoléculaires que nous avons étudiées.

FIGURE 6.26   Forces ion-dipôle

> L'extrémité chargée positivement d'une molécule polaire comme H_2O est attirée par les ions négatifs, et l'extrémité chargée négativement de la molécule est attirée par les ions positifs.

Les forces ion-dipôle existent entre Na^+ et l'extrémité négative des molécules H_2O et entre Cl^- et l'extrémité positive des molécules H_2O.

TABLEAU 6.6	Types de forces intermoléculaires	
Type	**Présent dans**	**Perspective moléculaire**
Dispersion	Tous les atomes et molécules	
Dipôle-dipôle induit	Entre une molécule fortement polaire et une molécule non polaire possédant des atomes volumineux	
Dipôle-dipôle	Molécules polaires	

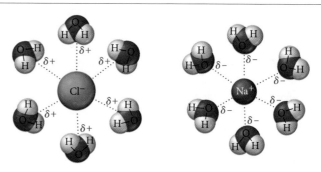

TABLEAU 6.6	Types de forces intermoléculaires (*suite*)	
Type	**Présent dans**	**Perspective moléculaire**
Pont hydrogène	Molécules comportant H lié à F, O ou N et des F, O, N ayant des paires d'électrons disponibles à la surface de la molécule	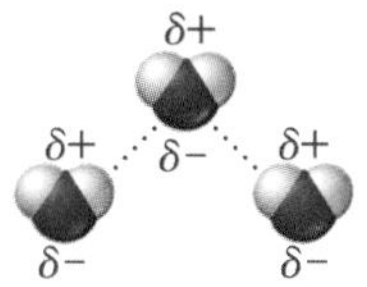
Ion-dipôle	Mélanges de composés ioniques et composés polaires	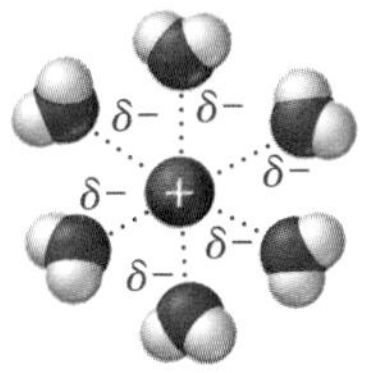

....

Lien conceptuel 6.7 Forces intermoléculaires et point d'ébullition

Quelle substance parmi les suivantes possède le point d'ébullition le plus élevé?

(a) CH_3OH. **(b)** CO. **(c)** N_2.

....

Vous êtes maintenant en mesure de faire les exercices 45 à 56, 73, 74, 82 à 84.

RÉSUMÉ DU CHAPITRE

Termes clés (voir le glossaire)

Dipôle permanent (p. 274)
Force de dispersion (force de London ou force dipôle instantané-dipôle induit) (p. 272)
Force dipôle-dipôle (force de Keesom) (p. 274)
Force dipôle-dipôle induit (force de Debye) (p. 279)
Force intermoléculaire (p. 271)
Force ion-dipôle (p. 280)
Géométrie à bascule (p. 245)
Géométrie angulaire (p. 244)

Géométrie bipyramidale à base carrée (octaédrique) (p. 242)
Géométrie bipyramidale à base triangulaire (hexaédrique) (p. 241)
Géométrie électronique (p. 243)
Géométrie en forme de T (p. 245)
Géométrie linéaire (p. 239)
Géométrie moléculaire (p. 243)
Géométrie plane carrée (p. 247)

Géométrie pyramidale à base carrée (p. 246)
Géométrie pyramidale à base triangulaire (p. 243)
Géométrie tétraédrique (p. 240)
Géométrie triangulaire plane (p. 239)
Groupe d'électrons (p. 240)
Hybridation (p. 258)
Liaison pi (π) (p. 262)
Liaison sigma (σ) (p. 262)
Miscibilité (p. 275)

Orbitale hybride (p. 258)
Perturbateurs endocriniens (PE) (p. 237)
Pont hydrogène (liaison hydrogène) (p. 276)
Théorie de la liaison de valence (p. 255)
Théorie de la répulsion des paires d'électrons de valence (RPEV) (p. 239)

Concepts clés

Perturbateurs endocriniens (6.1)

→ Les perturbateurs endocriniens sont des molécules qui agissent sur le fonctionnement de certains organes sensibles aux hormones. On dénombre plusieurs centaines de composés de ce type qui se caractérisent par leur capacité à influencer les systèmes biologiques à cause de leur structure moléculaire (leur forme). Ils ont la capacité de mimer les hormones naturelles et de se lier à leurs récepteurs biologiques.

→ On distingue généralement les perturbateurs endocriniens selon qu'ils sont d'origine naturelle ou synthétique. Les plus problématiques sont les perturbateurs endocriniens synthétiques rejetés dans l'environnement par l'activité humaine. Leur présence de plus en plus grande dans les milieux naturels et la très grande stabilité chimique de certains d'entre eux en font une classe de polluants critiques dont le profil toxicologique reste largement à définir.

Géométrie des molécules : théorie RPEV (6.2)

→ Les propriétés des molécules sont directement reliées à leurs formes. Dans la théorie RPEV, les formes des molécules sont déterminées par la répulsion entre les groupes d'électrons sur l'atome central. Un groupe d'électron peut être une liaison simple, une liaison double, une liaison triple, un doublet libre ou même un électron non apparié.

→ Les cinq formes moléculaires de base sont les suivantes : linéaire (deux groupes d'électrons), triangulaire plane (trois groupes d'électrons), tétraédrique (quatre groupes d'électrons), bipyramidale à base triangulaire (cinq groupes d'électrons) et octaédrique (six groupes d'électrons).

→ Lorsque des doublets libres sont présents sur l'atome central, la géométrie électronique est encore une des cinq formes de base, mais des doublets libres occupent une ou plusieurs positions. La géométrie moléculaire est par conséquent différente de la géométrie électronique. Les doublets libres sont positionnés de façon à minimiser les répulsions avec les autres doublets libres et avec les doublets liants.

Polarité des molécules (6.3)

→ La polarité d'une molécule polyatomique comportant des liaisons polaires dépend de sa géométrie. Si les moments dipolaires des liaisons sont alignés de façon qu'ils s'annulent l'un l'autre, la molécule sera non polaire. S'ils sont alignés de façon à s'additionner, la molécule sera polaire.

→ Les molécules très symétriques ont tendance à être non polaires, alors que les molécules asymétriques comportant des liaisons polaires ont tendance à être polaires. La polarité d'une molécule influe de façon importante sur ses propriétés. Par exemple, l'eau (polaire) et l'huile (non polaire) ne se mélangent pas.

Théorie de la liaison de valence (6.4 et 6.5)

→ Contrairement au modèle de Lewis, dans lequel une liaison chimique covalente est le partage d'électrons représenté par des points, dans la théorie de la liaison de valence, une liaison chimique est représentée par le recouvrement d'orbitales atomiques à demi remplies (selon une seconde théorie, celle de la liaison de coordinence, le recouvrement peut aussi se produire entre une orbitale complètement remplie et une autre, vide).

→ Les orbitales qui se recouvrent peuvent être soit des orbitales atomiques standard, comme $1s$ ou $2p$, soit des orbitales atomiques hybrides. Celles-ci sont des combinaisons mathématiques de plusieurs orbitales standard localisées sur un seul atome. Les orbitales hybrides de base sont sp, sp^2, sp^3, sp^3d et sp^3d^2.

→ La géométrie des orbitales qui se recouvrent détermine la géométrie de la molécule.

→ Dans notre traitement de la théorie de la liaison de valence, c'est le nombre de groupes d'électrons présent sur l'atome qui détermine le schéma d'hybridation correct.

→ On distingue deux types de liaisons, σ (sigma) et π (pi). Dans une liaison σ, le recouvrement d'orbitales se produit dans la région qui se situe directement entre les deux atomes liants. Dans une liaison π, formée du recouvrement latéral d'orbitales p, le recouvrement s'étend au-dessus et au-dessous de la région qui se situe directement entre les deux atomes liants.

→ La rotation autour d'une liaison σ est relativement libre, alors que la rotation autour d'une liaison π est restreinte.

Forces intermoléculaires (6.6)

→ Les forces qui maintiennent les molécules et les atomes ensemble dans un liquide ou un solide s'appellent forces intermoléculaires. L'intensité des forces intermoléculaires dans une substance détermine son état.

→ Les forces de dispersion sont présentes dans tous les éléments et composés parce qu'elles résultent des fluctuations dans la distribution des électrons dans les atomes et les molécules. Elles sont habituellement les plus faibles, mais peuvent devenir importantes dans les molécules possédant un nombre élevé d'électrons.

→ Les forces dipôle-dipôle, qui s'ajoutent aux forces de dispersion, sont présentes entre toutes les molécules polaires.

→ Le pont hydrogène est une force dipôle-dipôle très intense qui s'établit parmi les molécules polaires qui contiennent des atomes d'hydrogène liés directement au fluor, à l'oxygène ou à l'azote.

→ Les forces dipôle-dipôle induit s'établissent entre les molécules non polaires possédant des atomes volumineux lorsqu'elles sont mélangées à des composés très polaires. Ces forces expliquent la solubilité partielle dans l'eau de ces molécules.

→ Les forces ion-dipôle s'établissent lorsque des composés ioniques sont mélangés à des composés moléculaires polaires et sont essentielles à la solubilisation des sels dans l'eau.

EXERCICES

 facile   *moyen*    *difficile*

Problèmes par sujet

Géométrie des molécules et théorie RPEV (6.2)

1. La géométrie d'une molécule de formule AB_3 est pyramidale à base triangulaire. Combien y a-t-il de groupes d'électrons autour de l'atome central (A) ?

2. La géométrie d'une molécule de formule AB_3 est triangulaire plane. Combien y a-t-il de groupes d'électrons autour de l'atome central ?

3. Pour chacune des géométries moléculaires, déterminez le nombre total de groupes d'électrons, le nombre de groupes liants et le nombre de doublets libres sur l'atome central.

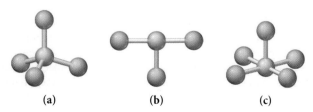

(a)   (b)   (c)

4. Pour chacune des géométries moléculaires, donnez le nombre total de groupes d'électrons, le nombre de groupes liants et le nombre de doublets libres sur l'atome central.

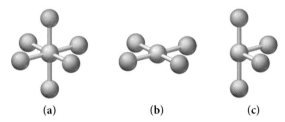

(a)   **(b)**   **(c)**

5. Déterminez la géométrie électronique, la géométrie moléculaire et les angles de liaison théoriques de chaque molécule. Dans quels cas doit-on s'attendre à des déviations par rapport à l'angle de liaison théorique?
(a) PF_3.   **(b)** SBr_2.   **(c)** $CHCl_3$.   **(d)** CS_2.

6. Déterminez la géométrie électronique, la géométrie moléculaire et les angles de liaison théoriques de chaque molécule. Dans quels cas doit-on s'attendre à des déviations par rapport à l'angle de liaison théorique?
(a) CF_4.   **(b)** NF_3.   **(c)** OF_2.   **(d)** H_2O.

7. Quelle espèce possède le plus petit angle de liaison, H_3O^+ ou H_2O? Expliquez votre réponse.

8. Quelle espèce possède le plus petit angle de liaison, ClO_4^- ou ClO_3^-? Expliquez votre réponse.

9. Déterminez la géométrie moléculaire et dessinez un schéma de chaque molécule ou ion à l'aide des conventions de liaisons illustrées dans l'encadré «Représentation des géométries moléculaires sur papier» à la page 243.
(a) SF_4.   **(b)** ClF_3.   **(c)** IF_2^-.   **(d)** IBr_4^-.

10. Déterminez la géométrie moléculaire et dessinez un schéma de chaque molécule ou ion à l'aide des conventions de liaisons illustrées dans l'encadré «Représentation des géométries moléculaires sur papier» à la page 243.
(a) BrF_5.   **(b)** SCl_6.   **(c)** PF_5.   **(d)** IF_4^+.

11. Déterminez la géométrie moléculaire de chaque atome interne et dessinez un schéma de chaque molécule.
(a) C_2H_2 (structure squelettique HCCH).
(b) C_2H_4 (structure squelettique H_2CCH_2).
(c) C_2H_6 (structure squelettique H_3CCH_3).

12. Déterminez la géométrie moléculaire de chaque atome d'azote et dessinez un schéma de chaque molécule.
(a) N_2.
(b) N_2H_2 (structure squelettique HNNH).
(c) N_2H_4 (structure squelettique H_2NNH_2).

13. Chaque modèle boules et bâtonnets montre les géométries électronique et moléculaire d'une molécule générale. Expliquez ce qui est incorrect dans chacune des géométries moléculaires et donnez la géométrie moléculaire correcte, compte tenu du nombre de doublets libres et de doublets liants sur l'atome central.

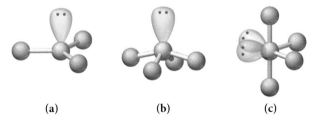

(a)   **(b)**   **(c)**

14. Chaque modèle boules et bâtonnets montre les géométries électronique et moléculaire d'une molécule générale. Expliquez ce qui est incorrect dans chacune des géométries moléculaires et donnez la géométrie moléculaire correcte, compte tenu du nombre de doublets libres et de doublets liants sur l'atome central.

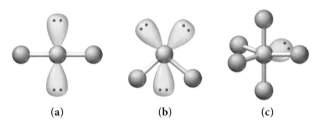

(a)   **(b)**   **(c)**

15. Déterminez la géométrie autour de chaque atome interne dans chacune des molécules et dessinez un schéma de la molécule. (La structure squelettique est parfois indiquée entre parenthèses.)
(a) CH_3OH.   **(b)** CH_3OCH_3.   **(c)** H_2O_2. (HOOH).

16. Déterminez la géométrie autour de chaque atome interne dans chacune des molécules et faites un schéma de la molécule. (La structure squelettique est parfois indiquée entre parenthèses.)
(a) CH_3NH_2.
(b) $CH_3CO_2CH_3$ ($H_3CCOOCH_3$, les deux atomes O liés au deuxième C).
(c) NH_2CO_2H (H_2NCOOH, les deux atomes O liés à C).

Polarité des molécules (6.3)

17. Expliquez la différence entre la polarité d'une liaison et la polarité d'une molécule.

18. Expliquez pourquoi les molécules CO_2 et CCl_4 sont toutes les deux non polaires même si elles comportent des liaisons polaires.

19. $SiHCl_3$ est une molécule polaire, même si la géométrie tétraédrique donne souvent naissance à des molécules non polaires. Expliquez pourquoi.

20. Déterminez si chaque molécule du problème 5 est polaire ou non polaire.

21. Déterminez si chaque molécule du problème 6 est polaire ou non polaire.

22. Déterminez si chaque molécule est polaire ou non polaire.
(a) SCl_2.   **(b)** SCl_4.   **(c)** $BrCl_5$.

23. Déterminez si chaque molécule est polaire ou non polaire.
(a) $SiCl_4$.   **(b)** CF_2Cl_2.   **(c)** SeF_6.   **(d)** IF_5.

24. Indiquez si l'eau est plus polaire, moins polaire ou également polaire par rapport à l'acide sulfhydrique (H_2S).

25. Indiquez si la phosphine (PH_3) est plus polaire, moins polaire ou également polaire par rapport à l'ammoniac (NH_3).

26. Déterminez si chacune des molécules suivantes est polaire ou non polaire. (*Indice*: une molécule dont les liens sont non polaires est nécessairement non polaire.)
(a) Soufre moléculaire (S_8).
(b) Glycine ($H_2N—CH_2—CO—OH$).
(c) Phosphore moléculaire (P_4).
(d) Propane ($CH_3—CH_2—CH_3$).
(e) Glucose (pour simplifier la structure, les liens O-H n'ont pas été ici représentés. N'oubliez pas d'en tenir compte lorsque vous évaluez la polarité globale de la molécule).

[structure chimique en haut de colonne gauche]

Théorie de la liaison de valence (6.4 et 6.5)

F 27. Les configurations des électrons de valence de quelques atomes sont illustrées ci-dessous. Combien de liaisons chaque atome peut-il effectuer sans hybridation ?
(a) Be : $2s^2$.   (b) P : $3s^23p^3$.   (c) F : $2s^22p^5$.

F 28. Les configurations des électrons de valence de quelques atomes sont illustrées ci-dessous. Combien de liaisons chaque atome peut-il effectuer sans hybridation ?
(a) B : $2s^22p^1$.   (b) N : $2s^22p^3$.   (c) O : $2s^22p^4$.

M 29. Dessinez les cases quantiques permettant de représenter les configurations électroniques – sans hybridation – de tous les atomes de PH_3. Encerclez les électrons participant à une liaison. Faites un schéma tridimensionnel de la molécule et montrez le recouvrement des orbitales. Quel angle de liaison les orbitales non hybridées devraient-elles faire ? La théorie de la liaison de valence est-elle en accord avec l'angle mesuré expérimentalement de 93,3° ?

M 30. Dessinez les cases quantiques permettant de représenter les configurations électroniques – sans hybridation – pour tous les atomes de SF_2. Encerclez les électrons participant à une liaison. Faites un schéma tridimensionnel de la molécule et montrez le recouvrement des orbitales. Quel angle de liaison les orbitales non hybridées devraient-elles faire ? La théorie de la liaison de valence est-elle en accord avec l'angle mesuré expérimentalement de 98,2° ?

D 31. Lorsqu'on vaporise un métal, ses atomes ont tendance à former de petites molécules diatomiques à l'état gazeux. C'est le cas du lithium, qui forme du $Li_2(g)$, dont l'énergie de liaison est de 106 kJ/mol. En vous servant des notions sur les orbitales atomiques du chapitre 3, de celles sur les propriétés de l'atome du chapitre 4 et de la théorie sur la liaison de valence, donnez deux explications possibles au fait que cette valeur est inférieure à celle de la molécule de $F_2(g)$, soit 159 kJ/mol.

D 32. Le chlore $Cl_2(g)$ a une énergie de liaison supérieure (243 kJ/mol) à celle de l'iode $I_2(g)$ (151 kJ/mol). En vous servant des notions sur les orbitales atomiques du chapitre 3, de celles sur les propriétés de l'atome du chapitre 4 et de la théorie sur la liaison de valence, donnez deux explications possibles de ce fait.

M 33. Dessinez les cases quantiques permettant de représenter la configuration électronique du carbone avant et après l'hybridation sp^3.

M 34. Dessinez les cases quantiques permettant de représenter la configuration électronique du carbone avant et après l'hybridation sp.

F 35. Quel schéma d'hybridation permet la formation d'au moins une liaison π ?
$$sp^3, sp^2 \text{ ou } sp^3d^2$$

F 36. Quel schéma d'hybridation permet à l'atome central de former plus de quatre liaisons ?
$$sp^3, sp^3d \text{ ou } sp^2$$

M 37. Dessinez un schéma d'hybridation et de liaison pour chaque molécule. Dessinez chaque molécule avec le recouvrement des orbitales et identifiez toutes les liaisons à l'aide de la notation illustrée dans les exemples 6.6 et 6.7.
(a) CCl_4.   (b) NH_3.   (c) OF_2.   (d) CO_2.

M 38. Dessinez un schéma d'hybridation et de liaison pour chaque molécule. Dessinez chaque molécule avec le recouvrement des orbitales et identifiez toutes les liaisons à l'aide de la notation illustrée dans les exemples 6.6 et 6.7.
(a) CH_2Br_2.   (b) CS_2.   (c) NF_3.   (d) BF_3.

D 39. Dessinez un schéma d'hybridation et de liaison pour chaque molécule ou ion. Dessinez la structure avec le recouvrement des orbitales et identifiez toutes les liaisons à l'aide de la notation illustrée dans les exemples 6.6 et 6.7.
(a) $COCl_2$ (le carbone est l'atome central).   (c) XeF_2.   (d) I_3^-.
(b) BrF_5.

M 40. Dessinez un schéma d'hybridation et de liaison pour chaque molécule ou ion. Dessinez la structure incluant le recouvrement des orbitales et identifiez toutes les liaisons à l'aide de la notation illustrée dans les exemples 6.6 et 6.7.
(a) IF_4^-.   (b) PF_6^-.   (c) $BrCl_3$.   (d) HCN.

D 41. Dessinez un schéma d'hybridation et de liaison pour chaque molécule comportant plus d'un atome interne. Indiquez l'hybridation autour de chaque atome interne. Dessinez la structure avec le recouvrement des orbitales et identifiez toutes les liaisons à l'aide de la notation illustrée dans les exemples 6.6 et 6.7.
(a) N_2H_2.   (b) N_2H_4.   (c) CH_3NH_2.

M 42. Dessinez un schéma d'hybridation et de liaison pour chaque molécule comportant plus d'un atome interne. Indiquez l'hybridation autour de chaque atome interne. Dessinez la structure avec le recouvrement des orbitales et identifiez toutes les liaisons à l'aide de la notation illustrée dans les exemples 6.6 et 6.7.
(a) C_2H_2.   (b) C_2H_4.   (c) C_2H_6.

F 43. Considérez la structure de l'alanine, un acide aminé. Indiquez l'hybridation autour de chaque atome interne.

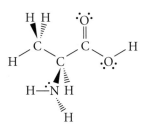

F 44. Considérez la structure de l'acide aspartique, un acide aminé. Indiquez l'hybridation autour de chaque atome interne.

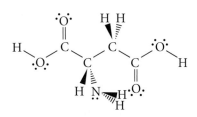

Forces intermoléculaires (6.6)

F **45.** Déterminez les types de forces intermoléculaires dans chaque élément ou composé.
   (a) N_2. (c) CO.
   (b) NH_3. (d) CCl_4.

F **46.** Déterminez les types de forces intermoléculaires dans chaque élément ou composé.
   (a) Kr. (c) SiH_4.
   (b) NCl_3. (d) HF.

F **47.** Déterminez les types de forces intermoléculaires dans chaque élément ou composé.
   (a) HCl. (c) Br_2.
   (b) H_2O. (d) He.

F **48.** Déterminez les types de forces intermoléculaires dans chaque élément ou composé.
   (a) PH_3. (c) CH_3OH.
   (b) HBr. (d) I_2.

M **49.** Classez ces composés en ordre croissant de point d'ébullition. Expliquez votre raisonnement.
   (a) CH_4. (c) CH_3CH_2Cl.
   (b) CH_3CH_3. (d) CH_3CH_2OH.

M **50.** Classez ces composés en ordre croissant de point d'ébullition. Expliquez votre raisonnement.
   (a) H_2S. (b) H_2Se. (c) H_2O.

M **51.** Dans chaque paire ci-dessous, choisissez le composé dont le point d'ébullition est le plus élevé. Expliquez votre raisonnement.
   (a) CH_3OH ou CH_3SH.
   (b) CH_3OCH_3 ou CH_3CH_2OH.
   (c) CH_4 ou CH_3CH_3.

M **52.** Dans chaque paire ci-dessous, choisissez le composé dont le point d'ébullition est le plus élevé. Expliquez votre raisonnement.
   (a) NH_3 ou CH_4.
   (b) CS_2 ou CO_2.
   (c) CO_2 ou NO_2.

M **53.** Dans chaque paire ci-dessous, choisissez le composé dont la pression de vapeur (tendance à s'évaporer) est la plus élevée à une température donnée. Expliquez votre raisonnement.
   (a) Br_2 ou I_2.
   (b) H_2S ou H_2O.
   (c) NH_3 ou PH_3.

M **54.** Dans chaque paire ci-dessous, choisissez le composé dont la pression de vapeur (tendance à s'évaporer) est la plus élevée à une température donnée. Expliquez votre raisonnement.
   (a) CH_4 ou CH_3Cl.
   (b) $CH_3CH_2CH_2OH$ ou CH_3OH.
   (c) CH_3OH ou CH_2O.

M **55.** Déterminez si chaque paire de substances forme une solution homogène quand on les combine (qui se ressemble, s'assemble!). Pour celles qui forment des solutions homogènes, indiquez le type de forces en jeu.
   (a) CCl_4 et H_2O.
   (b) KCl et H_2O.
   (c) Br_2 et CCl_4.
   (d) CH_3CH_2OH et H_2O.

M **56.** Déterminez si les composés de chacune des paires ci-dessous forment une solution homogène quand on les combine (qui se ressemble, s'assemble!). Pour ceux qui donnent des solutions homogènes, indiquez le type de forces en jeu.
   (a) $CH_3CH_2CH_2CH_2CH_3$ et $CH_3CH_2CH_2CH_2CH_2CH_3$.
   (b) CBr_4 et H_2O.
   (c) $LiNO_3$ et H_2O.
   (d) CH_3OH et $CH_3CH_2CH_2CH_2CH_3$.

Problèmes récapitulatifs

M **57.** Classez les molécules suivantes en ordre de moment dipolaire global. S'il y a des équivalences, notez-les.

$$CH_4, H_2O, CO_2, HCl.$$

M **58.** Classez les molécules suivantes en ordre de moment dipolaire global. S'il y a des équivalences, notez-les.

$$CH_3\text{-}OH, O_2, CH_3\text{-}SH, CH_3\text{-}CH_2\text{-}CH_2\text{-}CH_2\text{-}CH_3.$$

M **59.** Pour chaque composé, écrivez une structure de Lewis appropriée et déterminez la géométrie à l'aide de la théorie RPEV ; déterminez si la molécule est polaire, identifiez l'hybridation de tous les atomes internes et faites un schéma de la molécule, selon la théorie de la liaison de valence, en montrant le recouvrement des orbitales.
   (a) COF_2 (le carbone est l'atome central).
   (b) S_2Cl_2 (ClSSCl).
   (c) SF_4.

M **60.** Pour chaque composé, écrivez une structure de Lewis appropriée et déterminez la géométrie à l'aide de la théorie RPEV ; déterminez si la molécule est polaire, identifiez l'hybridation de tous les atomes internes et faites un schéma de la molécule, selon la théorie de la liaison de valence, en montrant le recouvrement des orbitales.
   (a) IF_5. (b) CH_2CHCH_3. (c) CH_3SH.

M **61.** Les acides aminés sont des composés biologiques qui se lient ensemble de manière à former les protéines, les molécules à tout faire des organismes vivants. La structure squelettique de quelques acides aminés simples est illustrée ci-dessous. Pour chaque structure squelettique, complétez la structure de Lewis, déterminez la géométrie et l'hybridation autour de chaque atome interne

(a) Sérine.

(b) Asparagine.

(c) Cystéine.

D 62. Soit les espèces chimiques suivantes:
- **(a)** N_2F_2.
- **(b)** NOCl (N est l'atome central).
- **(c)** XeF_2.
- **(d)** XeF_4.
- **(e)** $SeCl_4$.

Pour chacune des espèces chimiques énumérées ci-dessus:

1. Donnez la structure de Lewis en indiquant les charges formelles présentes sur la molécule.
2. Dessinez la géométrie de chaque molécule selon les conventions spécifiées à la section 6.2 (y compris les angles de liaison). Nommez chacune des géométries électroniques et moléculaires de chaque molécule (sauf pour les atomes terminaux).
3. Déterminez le moment dipolaire global de la molécule.
4. Déterminez l'hybridation de chacun des atomes de la molécule, identifiez les liaisons σ et les liaisons π et donnez-en le nombre.
5. Dessinez la molécule selon la théorie de la liaison de valence expliquée aux sections 6.4 et 6.5.

D 63. Soit les espèces chimiques suivantes:
- **(a)** CO_3^{2-}.
- **(d)** NO_3^-.
- **(b)** CH_3COCH_3.
- **(e)** HCOOH.
- **(c)** CH_2CNH.
- **(f)** CH_3NH_2.

Pour chacune des espèces chimiques énumérées ci-dessus:

1. Donnez la structure de Lewis en indiquant les charges formelles présentes sur la molécule ou sur l'ion.
2. Dessinez la géométrie de chaque molécule ou de chaque ion selon les conventions spécifiées à la section 6.2 (y compris les angles de liaison). Nommez chacune des géométries électroniques et moléculaires de chaque molécule ou de l'ion (sauf pour les atomes terminaux).
3. Déterminez le moment dipolaire global de la molécule (pas pour les ions).
4. Déterminez l'hybridation de chacun des atomes de la molécule ou de l'ion, identifiez les liaisons σ et les liaisons π et donnez-en le nombre.
5. Dessinez la molécule ou l'ion selon la théorie de la liaison de valence expliquée aux sections 6.4 et 6.5.

F 64. Le code génétique repose sur quatre bases différentes dont les structures sont présentées ci-dessous. Déterminez la géométrie et l'hybridation de chaque atome interne de ces quatre bases. *Notez que les hydrogènes ont été collés sur leur atome voisin afin de simplifier la représentation de la structure.*

(a) Cytosine.

(c) Thymine.

(b) Adénine.

(d) Guanine.

M 65. La structure de la caféine, contenue dans le café et dans de nombreuses boissons gazeuses, est illustrée ci-dessous. Combien de liaisons pi une molécule de caféine comporte-t-elle? Combien de liaisons sigma? Insérez les doublets libres dans la molécule. Quels types d'orbitales occupent les doublets libres? *Notez que les hydrogènes ont été collés sur leur atome voisin afin de simplifier la représentation de la structure.*

M 66. La structure de l'acide acétylsalicylique (aspirine) est illustrée ci-dessous. Combien de liaisons pi sont présentes dans l'acide acétylsalicylique? Combien de liaisons sigma? Quelles parties de la molécule sont libres d'effectuer des rotations? Quelles parties sont rigides? *Notez que les hydrogènes ont été collés sur leur atome voisin afin de simplifier la représentation de la structure.*

M 67. On classe généralement les vitamines en deux groupes: celui des vitamines liposolubles, qui ont tendance à s'accumuler dans l'organisme (de sorte qu'une surconsommation peut être nocive), ou celui des vitamines hydrosolubles, qui sont éliminées rapidement de l'organisme en passant dans l'urine. Examinez la formule structurale et le modèle compact de chaque vitamine et déterminez si elle est liposoluble (en majeure partie non polaire) ou hydrosoluble (en majeure partie polaire).

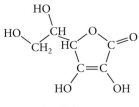

(a) Vitamine C.

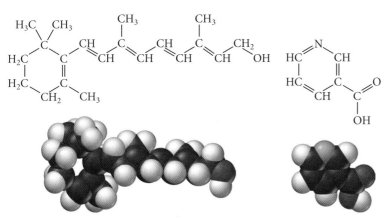

(b) Vitamine A.

(c) Niacine (vitamine B₃).

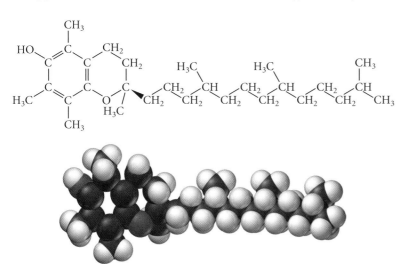

(d) Vitamine E.

68. L'eau enlève difficilement la graisse des assiettes ou des mains parce que les molécules de graisse sont non polaires et que les molécules d'eau sont polaires. L'ajout de savon à l'eau permet toutefois de dissoudre les graisses. Examinez la structure du stéarate de sodium (un savon) ci-dessous et expliquez son fonctionnement.

$$CH_3(CH_2)_{16}\overset{\displaystyle O}{\overset{\|}{C}}-O^-Na^+$$

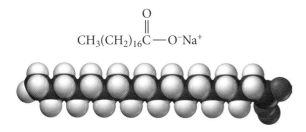

69. Le brome peut former des composés ou des ions avec un nombre d'atomes de fluor qui peut varier d'un à cinq. Écrivez les formules de ces cinq espèces, attribuez une hybridation et décrivez leurs géométries électronique et moléculaire.

70. Le composé C_3H_4 possède deux liaisons doubles. Décrivez ses liaisons et sa géométrie en vous servant de l'approche de la liaison de valence.

$$\overset{\displaystyle H}{\underset{}{|}}\qquad\overset{\displaystyle H}{\underset{}{|}}$$
$$H-C=C=C-H$$

71. Écrivez la structure de Lewis d'une molécule de formule $C_4H_6Cl_2$ dont le moment dipolaire est 0.

72. Indiquez quelles orbitales se recouvrent de manière à former des liaisons σ dans FCN.

73. Expliquez la variation des points de fusion des halogénures d'hydrogène.

HI	−50,8 °C
HBr	−88,5 °C
HCl	−114,8 °C
HF	−83,1 °C

74. Expliquez la variation des points d'ébullition des composés suivants :

H_2Te	−2 °C
H_2Se	−41,5 °C
H_2S	−60,7 °C
H_2O	+100 °C

Problèmes défis

75. Dans la théorie RPEV, qui fait appel au modèle de Lewis pour déterminer la géométrie moléculaire, l'angle de liaison dans CH_4, NH_3 et H_2O tend à diminuer ; une plus grande répulsion des doublets des électrons libres comparée à celle des électrons des doublets liants explique ce fait. Comment peut-on expliquer cette tendance dans la théorie de la liaison de valence ?

76. La molécule de *cis*-but-2-ène s'isomérise en *trans*-but-2-ène par l'intermédiaire de la réaction suivante :

(a) Si l'isomérisation (le changement d'une forme à l'autre) nécessite le bris de la liaison pi, quelle énergie minimale est requise pour l'isomérisation en joules par mole ? En joules par molécule ?

(b) Si l'énergie d'isomérisation provient de la lumière, quelle fréquence minimale de la lumière est-elle requise ? Dans quelle partie du spectre électromagnétique se situe cette fréquence ?

77. Les espèces NO_2, NO_2^+ et NO_2^-, dans lesquelles N est l'atome central, ont des angles de liaison très différents. Expliquez en quoi ces angles peuvent différer par rapport aux angles théoriques et justifiez votre estimation.

78. Les angles de liaisons augmentent de façon régulière dans la série PF_3, PCl_3 et PI_3. Après avoir consulté les données sur les rayons atomiques (section 4.5), proposez une explication à cette observation.

79. Écrivez les différentes structures de Lewis possibles de l'acétamide (CH_3CONH_2), un composé organique, et déterminez la géométrie autour de chaque atome interne. Des expériences démontrent que la géométrie autour de l'atome d'azote dans l'acétamide est presque plane. Quelle structure permet d'expliquer la géométrie plane autour de l'atome d'azote ?

80. Écrivez les structures de Lewis pour deux composés possibles de formule CH_3NO_2. Selon vous, lequel des deux composés doit avoir l'angle de liaison ONO le plus grand ?

81. Indiquez si l'acide sulfurique (H_2SO_4) est plus polaire, moins polaire ou également polaire à l'acide phosphorique (H_3PO_4).

82. On fait chauffer un bloc de glace ($H_2O(s)$) et un bloc de glace sèche ($CO_2(s)$) jusqu'à leur évaporation (*rappel* : à l'état gazeux, les molécules se déplacent librement). Expliquez la différence entre les deux processus sur le plan moléculaire.

83. Quelle est la caractéristique commune à toutes les forces intermoléculaires ?

84. Classez les substances suivantes en ordre théorique croissant de leur point d'ébullition : H_2O, NH_3 et HF.

Problèmes conceptuels

85. Parmi les énoncés ci-dessous, choisissez celui qui saisit le mieux l'idée fondamentale de la théorie RPEV. Expliquez ce qui est incorrect dans chacun des autres énoncés.

(a) L'angle entre deux ou plusieurs liaisons est déterminé surtout par les répulsions entre les électrons dans ces liaisons et les autres électrons (doublet libre) sur l'atome central d'une molécule. Chacun de ces groupes d'électrons (électrons liants ou électrons de doublets libres) abaisse son énergie potentielle en s'éloignant le plus possible des autres groupes d'électrons, déterminant ainsi la géométrie de la molécule.

(b) L'angle entre deux ou plusieurs liaisons est déterminé surtout par les répulsions entre les électrons dans ces liaisons. Chacun de ces électrons liants abaisse son énergie en s'éloignant le plus possible des autres groupes d'électrons, déterminant ainsi la géométrie de la molécule.

(c) La géométrie d'une molécule est déterminée par les formes des orbitales qui se recouvrent de manière à établir des liaisons chimiques. Par conséquent, pour déterminer la géométrie d'une molécule, il faut commencer par connaître les formes des orbitales qui interviennent dans les liaisons.

86. Supposons qu'une molécule renferme quatre groupes liants et un doublet libre sur l'atome central et que la molécule est confinée à deux dimensions (cette supposition est purement hypothétique afin de faciliter la compréhension des principes fondamentaux de la théorie RPEV). Dessinez un schéma de la molécule et estimez les angles de liaison.

87. Comment chacune des deux principales théories de la liaison (le modèle de Lewis et la théorie de la liaison de valence) définit-elle une liaison simple ? Une liaison double ? Une liaison triple ? En quoi ces définitions sont-elles similaires ? En quoi sont-elles différentes ?

88. Les formes les plus stables des non-métaux dans les groupes IV A, V A et VI A de la deuxième période sont des molécules avec des liaisons multiples. À partir de la troisième période, les formes les plus stables des non-métaux de ces groupes sont des molécules sans liaisons multiples. Proposez une explication basée sur la théorie de la liaison de valence à propos de cette observation.

Le réchauffement climatique entraîne non seulement la fonte des glaciers, mais aussi celle de l'eau contenue dans les sols des régions nordiques. Ce changement d'état provoque notamment l'affaissement des structures et la libération de gaz à effet de serre dans l'atmosphère.

Gaz, liquides et solides

À l'échelle moléculaire, c'est une piste de danse endiablée.

Roald Hoffmann
(NÉ EN 1937)

7.1 Dégel du pergélisol **290**

7.2 Solides, liquides et gaz : une comparaison à l'échelle moléculaire **292**

7.3 Gaz **295**

7.4 Liquides : tension superficielle, viscosité et capillarité **298**

7.5 Liquides : vaporisation et pression de vapeur **301**

7.6 Solides **307**

7.7 L'eau, une substance extraordinaire **313**

7.8 Changements d'état **315**

7.9 Diagrammes de phases **319**

Au chapitre 1, nous avons appris que la matière existe essentiellement dans trois états : solide, liquide et gaz. Les états solide et liquide ont plus de points communs entre eux qu'ils n'en ont avec l'état gazeux. En effet, dans l'état gazeux, les particules constituantes – atomes ou molécules – sont très distantes les unes des autres et n'interagissent pas beaucoup entre elles, car les forces de cohésion sont pratiquement inexistantes. Dans les états condensés, les particules constituantes sont proches les unes des autres et établissent entre elles des forces d'attraction modérées (forces intermoléculaires) à fortes (liaisons). Contrairement à l'état gazeux, pour lequel on dispose d'un bon modèle quantitatif simple (la théorie cinétique moléculaire) permettant de décrire et de prédire le comportement des gaz, il n'existe pas de tel modèle pour les phases condensées (liquides et solides). En fait, la modélisation des états condensés est un domaine de recherche actif aujourd'hui. Dans le présent chapitre, nous nous intéresserons à la description des états de la matière et de leurs propriétés, et nous présenterons quelques principes qualitatifs pour nous aider à comprendre ces propriétés.

7.1 Dégel du pergélisol

Comme nous le verrons à la section 7.7, l'eau est une substance particulière. Omniprésente sous différents états (vapeur, liquide et glace), elle exerce une influence considérable sur l'environnement. Dans les régions arctiques, le réchauffement climatique et son effet sur l'état des sols sont devenus un sujet d'intérêt pour les scientifiques. On distingue trois strates dans les sols arctiques (**figure 7.1**). La couche supérieure forme la partie active (où se trouve la végétation), qui gèle et dégèle au gré des saisons. Elle repose sur une seconde couche qui constitue une zone de transition. La couche inférieure, appelée pergélisol, dont l'épaisseur varie de quelques mètres à des centaines de mètres, voire à près d'un millier dans certains endroits, est gelée en permanence, et ce, parfois depuis des milliers d'années. L'eau emprisonnée dans les sédiments et dans la roche du pergélisol y demeure sous forme de glace ; elle le rend donc relativement imperméable et retient des substances chimiques et biologiques diverses. Plus de 80 % des régions nordiques du Canada, de l'Alaska, du Groenland et de Sibérie reposent sur un pergélisol qui représente près de 25 % des terres émergées de l'hémisphère Nord. On le trouve aussi dans certaines régions de haute montagne, dans le plancher océanique arctique et sous l'Antarctique. Les scientifiques estiment que près du 10 % du pergélisol présent au début du 20e siècle a maintenant disparu et que ce phénomène s'accélérera avec le réchauffement climatique.

FIGURE 7.1 Le pergélisol

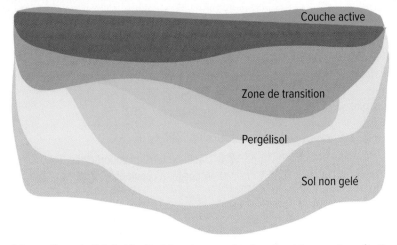

Couche active

Zone de transition

Pergélisol

Sol non gelé

Dans les régions arctiques de l'hémisphère Nord, il y a des zones dans les sols qui demeurent perpétuellement gelées. Nommé pergélisol, ce type de sol particulier est recouvert de deux couches. La première correspond à la couche de surface ; elle est en contact avec l'environnement et sa température varie au fil des saisons. Sous cette première couche se trouve une zone de transition, qui est essentielle à la stabilité du pergélisol, et qui fait le lien entre ce dernier, qui est toujours gelé, et l'environnement en surface.

La déstabilisation de la zone de transition et le dégel de l'eau contenue dans le pergélisol et son réchauffement ont de multiples effets. En passant de l'état solide à l'état liquide, l'eau rend les sols instables, ce qui entraîne l'affaissement de diverses infrastructures (routes, installations industrielles, immeubles, villes et villages) et occasionne des problèmes pour les trois millions de personnes et plus qui vivent sur des sols stabilisés par le pergélisol. Ainsi, au Canada, on observe notamment des fosses d'effondrement dans l'île de Hershel, située près des côtes du Yukon, et l'affaissement de certaines falaises qui bordent la mer de Beaufort.

Par ailleurs, sous l'effet du dégel, des zones du pergélisol deviennent perméables et relâchent dans l'environnement diverses substances chimiques. C'est le cas notamment du mercure, une substance neurotoxique captée anciennement par la matière organique et les sols et qui demeurait piégée dans le pergélisol arctique. La fonte du pergélisol entraîne aussi la libération de plus grandes quantités de radon 222, un gaz radioactif qui a des effets néfastes sur la santé. Enfin, le pergélisol contient beaucoup de matières organiques dont la décomposition microbienne a été très ralentie ou empêchée par la présence de la glace et par le froid. Le réchauffement du pergélisol et l'infiltration d'eau liquide dans la glace permettent la reprise du processus de dégradation, qui occasionne la libération dans l'atmosphère de gaz à effets de serre (CO_2 et CH_4). Or, ces gaz remis en circulation, en particulier le CH_4, contribuent au réchauffement climatique, lequel augmente à son tour la fonte du pergélisol, un cycle qu'on appelle *boucle de rétroaction positive* (**figure 7.2**).

FIGURE 7.2 Boucle de rétroaction positive

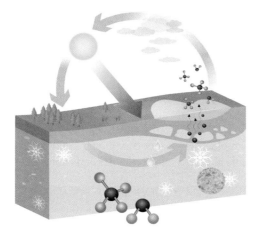

Le réchauffement climatique provoque un réchauffement global des terres émergées, plus particulièrement des sols situés dans les zones arctiques et reposant sur le pergélisol. Le réchauffement du sol rend possible la reprise des processus de dégradation des grandes quantités de matières organiques qui y sont emprisonnées. Les réactions de dégradation entraînent notamment la libération de CH_4 et de CO_2 dans l'atmosphère. Ces gaz participent à leur tour à l'effet de serre.

Les chercheurs en environnement portent un grand intérêt à cette boucle de rétroaction positive. Selon le rapport d'évaluation du Groupe d'expert intergouvernemental sur l'évolution du climat (GIEC) paru en 2014, le scénario le plus optimiste prévoit que le pergélisol pourrait perdre entre 8 % et 40 % de sa superficie d'ici 2100 (un scénario plus pessimiste estime que cette perte sera de l'ordre de 50 à 90 %). Au Québec, des chercheurs de l'Université Laval travaillent en collaboration avec le Conseil national de la recherche scientifique (CNRS) de France au projet APT (*Acceleration of permafrost thaw*) afin de surveiller et de mesurer l'évolution du pergélisol. À l'Université Paul Sabatier de Toulouse, en France, des chercheurs ont créé un simulateur qui permettra de modéliser l'évolution sur une centaine d'années du pergélisol de sites situés en Scandinavie et en Sibérie. L'étude du pergélisol est un domaine en pleine expansion.

De façon générale, l'état de la matière – solide, liquide ou gaz – dépend de la puissance des forces intermoléculaires ou des liaisons entre les particules constituantes par rapport à la quantité d'énergie thermique dans l'échantillon. Rappelez-vous que les molécules et les atomes qui composent la matière sont animés d'un mouvement aléatoire perpétuel et que celui-ci augmente avec l'élévation de la température. L'énergie associée à ce mouvement est appelée *énergie thermique*. Lorsque l'énergie thermique est faible par rapport aux forces intermoléculaires ou aux liaisons chimiques, la matière tend à être liquide ou solide. Lorsque l'énergie thermique est élevée, les forces intermoléculaires deviennent inefficaces, et la matière passe alors à l'état gazeux. C'est ce que nous étudierons dans les prochaines sections.

7.2 Solides, liquides et gaz : une comparaison à l'échelle moléculaire

Nous avons vu aux chapitres 5 et 6 que les forces de cohésion qui retiennent les atomes ou les molécules les unes aux autres peuvent être classées en deux catégories. Les forces de liaison (aussi appelées intramoléculaires dans le cas des molécules), importantes, rattachent les atomes les uns aux autres grâce à des forces électrostatiques (liaisons métalliques ou ioniques) ou par un recouvrement d'orbitales entre deux atomes (liaisons covalentes). Beaucoup plus faibles, les forces intermoléculaires (forces de dispersion, forces dipôle-dipôle, dont les ponts hydrogène, et forces dipôle-dipôle induit) expliquent la cohésion dans les substances moléculaires.

Afin d'amorcer notre compréhension des différences entre les trois états courants de la matière, examinons le **tableau 7.1**. Remarquez que les masses volumiques des états solide et liquide sont beaucoup plus élevées que celle de l'état gazeux. Notez également que les volumes molaires des états solide et liquide sont plus semblables entre eux qu'ils ne le sont par rapport à l'état gazeux. Les représentations moléculaires illustrent la raison de ces différences. Les molécules dans l'eau liquide et la glace sont en contact étroit les unes avec les autres, se touchant presque. Elles sont maintenues par les forces de dispersion et par les interactions dipôle-dipôle de type ponts hydrogène, alors que les molécules de l'eau gazeuse sont séparées par de grandes distances et que les forces intermoléculaires y sont pratiquement inexistantes. Notez que la représentation moléculaire de l'eau à l'état gazeux au tableau 7.1 n'est pas à l'échelle, car les molécules d'eau dans le dessin devraient être beaucoup plus éloignées les unes des autres par rapport à leur taille. (Si elle était dessinée à l'échelle, seul un fragment de molécule apparaîtrait dans le schéma.) Ainsi, la grande distance qui sépare les molécules permet d'expliquer la faible masse volumique de l'eau gazeuse (plus de 1000 fois plus faible que celles des états liquide et solide).

TABLEAU 7.1	**Les trois états de l'eau**			
Phase	**Température (°C)**	**Masse volumique (g/cm³, à 1 atm)**	**Volume molaire**	**Vue moléculaire**
Gazeuse (vapeur)	100	$5,90 \times 10^{-4}$	30,5 L	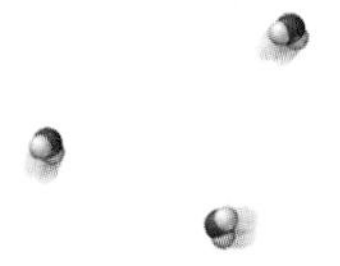
Liquide (eau)	20	0,998	18,0 mL	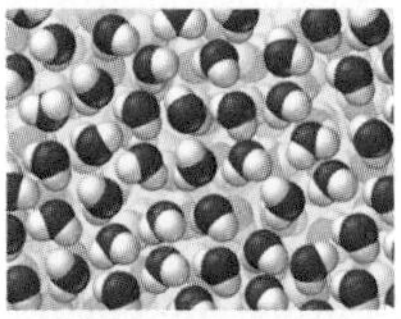
Solide (glace)	0	0,917	19,6 mL	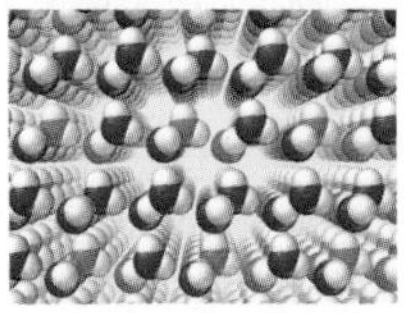

Remarquez également que, dans le cas de l'eau, le solide est légèrement moins dense que le liquide (sa masse volumique est légèrement plus faible). Il s'agit d'un comportement *atypique*. En effet, la plupart des solides sont légèrement plus denses que leurs liquides correspondants parce que les molécules se rapprochent lors de la congélation (création d'un maximum de forces intermoléculaires). Comme on le verra à la section 7.7, la glace est moins dense que l'eau liquide parce que la structure cristalline particulière de la glace impose une légère séparation des molécules d'eau au moment de la congélation.

Du point de vue moléculaire, la liberté de mouvement des molécules ou des atomes constituants illustre une différence importante entre les liquides et les solides. Même si les atomes ou les molécules dans un liquide sont en contact étroit, l'énergie thermique plus importante en phase liquide affaiblit les forces intermoléculaires ou les liaisons, ce qui permet aux molécules ou aux atomes de se déplacer et de tourner les uns autour des autres. Ce phénomène ne se produit pas dans les solides, car les atomes ou les molécules retenus par de puissantes forces intermoléculaires ou par des liaisons efficaces sont presque immobilisés dans leurs positions, ne pouvant que vibrer sans cesse autour d'un point fixe. Le **tableau 7.2** résume les propriétés des liquides et des solides, de même que les propriétés des gaz aux fins de comparaison.

TABLEAU 7.2	Propriétés des états de la matière			
État	**Masse volumique**	**Forme**	**Volume**	**Intensité des forces intermoléculaires ou des liaisons***
Gaz	Faible	Indéfinie	Indéfini	Faible
Liquide	Élevée	Indéfinie	Défini	Modérée
Solide	Élevée	Définie	Défini	Forte

* Par rapport à l'énergie thermique.

Les liquides tout comme les gaz adoptent la forme de leurs contenants parce que les atomes ou les molécules qui les composent sont libres de s'écouler (ou de se déplacer les uns par rapport aux autres) (**figure 7.3**). Contrairement aux gaz, les liquides se compriment difficilement parce que les molécules ou les atomes qui les composent sont en contact étroit ; on ne peut les rapprocher plus qu'ils le sont. Au contraire, dans un gaz, les molécules sont très distantes les unes des autres et il est facile de les forcer à occuper un volume plus petit en augmentant la pression externe (**figure 7.4**).

FIGURE 7.3 Les liquides adoptent la forme de leur contenant

Quand vous versez de l'eau dans un récipient, elle adopte la forme du récipient parce que les molécules d'eau sont libres de s'écouler.

FIGURE 7.4 Les gaz sont compressibles

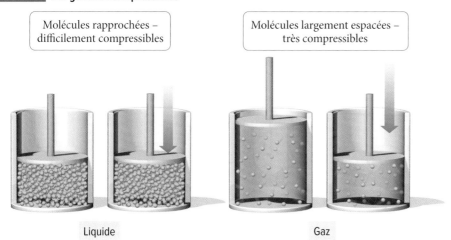

Molécules rapprochées – difficilement compressibles

Molécules largement espacées – très compressibles

Liquide

Gaz

Dans un liquide, les molécules sont proches les unes des autres et sont difficilement compressibles. Dans un gaz, les molécules sont très espacées, ce qui rend les gaz compressibles.

Les solides ont une forme définie parce que, contrairement aux liquides et aux gaz, les molécules ou les atomes composant les solides sont figés en place. Comme les liquides, les solides ont un volume défini et ne peuvent généralement pas être comprimés parce que les molécules ou les atomes qui les composent sont déjà en contact étroit. Les solides peuvent être **cristallins** quand les atomes ou les molécules qui les composent sont

Selon certaines définitions, un solide amorphe est considéré comme un état unique, différent de l'état solide normal (cristallin) parce qu'il manque d'ordre sur de longues distances. Selon d'autres modèles, le solide amorphe est considéré comme un liquide de très haute viscosité, tellement haute que les particules ne bougent qu'à une vitesse extrêmement lente.

disposés dans un réseau tridimensionnel bien ordonné (par exemple, le sel de table), ou ils peuvent être **amorphes** (par exemple, le verre), quand les atomes ou les molécules qui les composent ne sont pas disposés de façon régulière sur de longues distances.

Changements d'état : une introduction

Un état de la matière peut être transformé en un autre état sous l'effet d'un changement de température, de pression ou des deux. Par exemple, la glace solide peut être convertie en eau liquide par chauffage, et l'eau liquide peut être convertie en glace solide par refroidissement. Le diagramme suivant montre les trois états de la matière et les changements des conditions qui induisent habituellement les transitions entre eux.

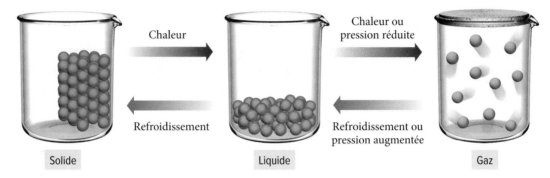

Notez qu'il est possible de réaliser des transitions entre l'état liquide et l'état gazeux non seulement en chauffant et en refroidissant, mais aussi en modifiant la pression. En général, des augmentations de pression favorisent un état plus dense, de sorte qu'élever la pression au-dessus d'un échantillon de gaz entraîne une transition vers l'état liquide. L'exemple le plus familier de ce phénomène est le propane liquide, un gaz utilisé comme combustible dans les barbecues. À température ambiante et à la pression atmosphérique, le propane se trouve à l'état gazeux. Cependant, il se liquéfie lorsqu'il est soumis à des pressions dépassant environ 275 kPa. Le propane acheté en bouteille est sous pression et, par conséquent, sous la forme liquide. Quand vous ouvrez la bonbonne, une partie du propane s'échappe sous forme de gaz, abaissant la pression dans le récipient pour un bref instant. Immédiatement, cependant, une partie du propane liquide s'évapore, remplaçant le gaz qui s'est échappé. Entreposer des gaz comme le propane sous forme liquide est économique parce que, dans leur forme liquide, ils occupent beaucoup moins d'espace.

Simulation interactive PhET

Changements d'état

codeqrcu.page.link/jq8t

Lien conceptuel 7.1 Changements d'état

Le diagramme moléculaire ci-dessous illustre un échantillon d'eau liquide.

Quel diagramme représente le mieux la vapeur qui s'échappe d'un pot d'eau bouillante ?

(a)   (b)   (c)

7.3 Gaz

Au chapitre 1, vous avez appris comment la méthode scientifique passe des observations aux lois et finalement aux théories. Une théorie du comportement des gaz explique, par exemple, *pourquoi* le volume d'un gaz augmente quand la température s'élève. Le modèle le plus simple pour expliquer le comportement des gaz est la **théorie cinétique des gaz.** Dans sa version la plus élémentaire, on néglige les forces qui peuvent s'exercer entre les atomes ou les molécules gazeux : ce sont ces gaz dits « parfaits ». Une mole d'un gaz parfait occupe un volume de 22,41 L à **température et pression normales (TPN).** La **figure 7.5** illustre le volume molaire de plusieurs gaz réels à TPN. Comme vous pouvez le constater, le volume de la plupart de ces gaz est très proche de 22,41 L, ce qui signifie qu'ils ont un comportement qui ressemble fortement à celui des gaz parfaits. Les gaz se comportent de façon idéale quand les deux hypothèses suivantes sont vraies : 1) le volume des particules du gaz est négligeable par rapport à la distance qui les sépare ; et 2) les forces d'attraction entre les particules de gaz sont négligeables. À TPN, ces hypothèses sont valides pour la plupart des gaz courants, d'où les volumes similaires observés à la figure 7.5. Toutefois, elles ne tiennent plus dans le cas de pressions plus élevées et de températures plus faibles.

TPN ou *température et pression normales* sont des conditions de pression et de température normalisées, soit celles au niveau de la mer (0 ˚C et 101,3 kPa). On parle de température de pression ambiante (TPA) lorsque la température est de 25 ˚C à une pression de 101,3 kPa.

FIGURE 7.5 Volume molaire des gaz réels

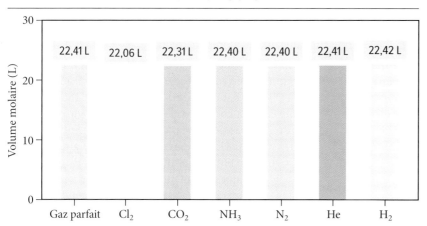

Les volumes molaires de plusieurs gaz à TPN sont tous près de 22,41 L, ce qui indique que la déviation au comportement idéal est petite.

FIGURE 7.6 Pression d'un gaz

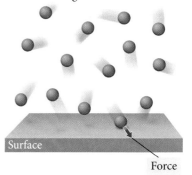

La pression est la force par unité de surface exercée par des particules de gaz qui entrent en collision avec les surfaces qui les entourent.

Rappelez-vous que la pression est le résultat des collisions constantes entre les atomes ou les molécules dans un gaz et les surfaces qui les entourent (**figure 7.6**). À cause de la pression, on peut boire avec des pailles, gonfler des ballons de basket-ball et respirer. Les variations de pression dans l'atmosphère terrestre créent le vent et les changements de pression nous aident à prévoir les conditions météorologiques. La pression est tout autour de nous et même à l'intérieur de notre corps ; par exemple, elle permet la circulation du sang dans les vaisseaux sanguins, les échanges gazeux dans les poumons ou la filtration de l'urine dans les reins. La pression exercée par un échantillon de gaz est la force par unité de surface qui résulte des collisions de particules de gaz avec les surfaces environnantes :

$$\text{Pression} = \frac{\text{force}}{\text{surface}} = \frac{F}{A}$$

Gaz parfaits et théorie cinétique moléculaire

Dans la théorie cinétique des gaz, un gaz est représenté comme un ensemble de particules (soit des molécules, soit des atomes, selon la nature du gaz) en mouvement

FIGURE 7.7 Modèle de comportement des gaz

Théorie cinétique moléculaire

Dans la théorie cinétique moléculaire des gaz, un échantillon de gaz est représenté comme un ensemble de particules en mouvement rectiligne constant. La taille de chaque particule est négligeable et leurs collisions sont élastiques (les particules rebondissent l'une sur l'autre sans perdre d'énergie).

constant (**figure 7.7**). Une particule se déplace en ligne droite jusqu'à ce qu'elle entre en collision avec une autre particule (ou avec la paroi du contenant). Les postulats de base (ou hypothèses) de la théorie cinétique moléculaire sont les suivants :

1. **La taille d'une particule est négligeable.** La théorie cinétique moléculaire suppose que les particules elles-mêmes n'occupent aucun volume, même si elles ont une masse. Ce postulat est justifié parce que, sous des pressions normales, l'espace entre les atomes ou les molécules dans un gaz est considérable par rapport à la taille des molécules ou des atomes eux-mêmes. Par exemple, dans un échantillon d'argon à TPN, les atomes occupent seulement environ 0,01 % du volume et la distance moyenne d'un atome d'argon à un autre est de 3,3 nm. En comparaison, le rayon atomique de l'argon est de 97 pm. Si un atome d'argon était de la taille d'une balle de golf, son plus proche voisin se trouverait, en moyenne, à un peu plus de 1,2 m de distance, à TPN.

2. **L'énergie cinétique moyenne d'une particule est proportionnelle à la température en kelvins.** Le mouvement des atomes ou des particules dans un gaz est dû à l'énergie thermique qui se distribue parmi les particules du gaz. À tout moment, certaines particules se déplacent plus vite que d'autres – il y a une distribution des vitesses –, mais plus la température est élevée, plus le mouvement de l'ensemble est rapide, et plus l'énergie cinétique moyenne est grande. Remarquez que l'*énergie cinétique* $\left(\frac{1}{2}mv^2\right)$ – et non la *vitesse* – est proportionnelle à la température. Les atomes d'un échantillon d'hélium et d'un échantillon d'argon à la même température possèdent la même énergie cinétique moyenne, mais ils n'ont pas la même vitesse moyenne. Étant donné que les atomes d'hélium sont plus légers, ils doivent se déplacer plus vite pour avoir la même énergie cinétique que les atomes d'argon.

3. **La collision d'une particule avec une autre (ou avec les parois) est complètement élastique.** Cela signifie que lorsque deux particules entrent en collision, elles peuvent *échanger de l'énergie*, mais il n'y a pas de *perte d'énergie* globale. Toute énergie cinétique perdue par une particule est complètement gagnée par l'autre. Il en est ainsi parce que les particules ne sont pas déformées par la collision. Autrement dit, une rencontre entre deux particules dans la théorie cinétique moléculaire ressemble plus à la collision entre deux boules de billard qu'entre deux mottes d'argile (**figure 7.8**). Pour que les collisions soient élastiques, il faut qu'il n'y ait aucune force d'interaction entre les particules. Toute force d'attraction vient rompre cette condition.

FIGURE 7.8 Collisions élastiques et inélastiques

Collision élastique   Collision inélastique

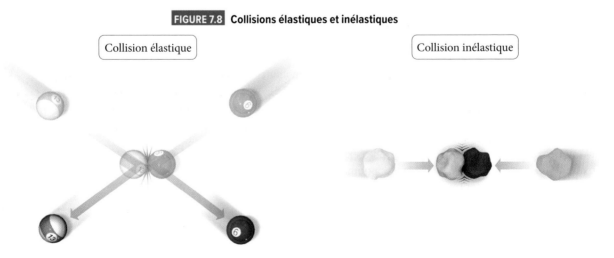

La collision entre deux boules de billard est élastique : l'énergie cinétique totale des corps en collision est la même avant et après la collision. Par contre, la collision entre deux mottes d'argile est inélastique : l'énergie cinétique des corps en collision est dissipée sous forme de chaleur durant la collision.

EXEMPLE 7.1 | **Modèle cinétique des gaz**

Un ballon à température ambiante contient des quantités parfaitement égales d'$O_2(g)$, de $H_2O(g)$ et de $H_2(g)$ (en moles).

(a) Quel gaz exerce la plus grande pression partielle ?

(b) Dans quel gaz les molécules ont-elles la plus grande énergie cinétique moyenne ?

(c) Dans lequel de ces trois gaz les molécules possèdent-elles la plus grande vitesse moyenne ?

(d) Si on perçait un petit trou dans le ballon, quel gaz effuserait (se disperserait) le plus rapidement ?

SOLUTION

(a) La pression d'un gaz est causée par les collisions des molécules sur les parois du ballon. La pression partielle est la pression exercée par un composant gazeux particulier à l'intérieur d'un mélange. Dans le ballon, il y a des quantités équimolaires (même nombre de moles) de chacun des gaz. Comme la pression ne dépend que du nombre de particules et non de la nature des particules dans un gaz aux conditions ambiantes, les trois gaz auront des pressions partielles identiques.

(b) L'énergie cinétique des particules (le mouvement des atomes ou des molécules dans un gaz) dépend de la température de l'échantillon. On parle d'énergie cinétique moyenne, car à tout moment certaines particules se déplacent plus vite que d'autres, mais, de façon générale, plus la température est élevée, plus le mouvement de l'ensemble est rapide. Ici, tous les gaz sont à la même température. Leurs énergies cinétiques moyennes sont donc identiques.

(c) La vitesse des particules dépend de leur énergie cinétique, mais aussi de leur masse. Comme tous les gaz sont à la même température, leurs énergies cinétiques moyennes sont identiques. Par contre, le gaz H_2 est plus léger (2,02 g/mol) que les gaz O_2 (32,00 g/mol) et H_2O (18,02 g/mol). Les molécules de $H_2(g)$ auront donc une vitesse moyenne plus grande que celles de $O_2(g)$ et de $H_2O(g)$.

(d) Comme le $H_2(g)$ est plus léger, ses molécules se déplacent plus rapidement (voir c). Elles auront donc un rythme d'effusion plus rapide que les molécules de $O_2(g)$ et de $H_2O(g)$.

EXERCICE PRATIQUE 7.1

Soit un échantillon de 1 mol $Cl_2(g)$ dans un ballon de 500 mL et un échantillon de 1 mol $F_2(g)$ dans un ballon de 1 L, tous les deux à température ambiante.

(a) Les atomes dans l'échantillon de chlore ont-ils la même *énergie cinétique moyenne* que les atomes dans l'échantillon de fluor ?

(b) Les atomes dans l'échantillon de chlore ont-ils la même *vitesse moyenne* que celle des atomes dans l'échantillon de fluor ?

(c) Les molécules de chlore exercent-elles une plus grande pression sur les parois du contenant étant donné qu'elles ont une masse plus grande ? Expliquez votre réponse.

À partir des postulats de la théorie cinétique des gaz, on peut déduire mathématiquement la **loi des gaz parfaits** : le volume d'un gaz est directement proportionnel à la quantité de molécules d'un gaz et à sa température, mais il est inversement proportionnel à la pression du gaz :

$$V \propto \frac{nT}{P}$$

On peut replacer le signe de proportionnalité par des signes d'égalité en incorporant R, une constante de proportionnalité appelée constante des gaz parfaits :

$$V = \frac{RnT}{P}$$

En réarrangeant, on obtient

$$PV = nRT$$

On considère comme un **gaz parfait** tout gaz dont les propriétés n, P, V et T permettent de vérifier l'équation des gaz parfaits, $PV = nRT$, soit que R égale l'une des valeurs ci-dessous. Cela correspond au fait que, dans les conditions où les mesures ont été faites, le comportement des particules de gaz correspondait parfaitement aux postulats de la théorie cinétique des gaz :

$$R = 0{,}082\,06\,\frac{L \bullet atm}{mol \bullet K} \quad ou \quad 8{,}314\,\frac{L \bullet kPa}{mol \bullet K}$$

Aux conditions ambiantes (TPA), le comportement des gaz se rapproche de celui d'un gaz parfait. Toutefois, à haute pression ou à basse température, les forces intermoléculaires et le volume occupé par les particules peuvent influer sur le comportement d'un gaz. Il faut alors ajuster la loi des gaz parfaits pour tenir compte de l'effet de ces facteurs :

Comportement non idéal $\left(P + a\left(\frac{n}{V}\right)^2 \right)(V - nb) = nRT$

Correction pour les forces intermoléculaires

Correction pour le volume des particules

TABLEAU 7.3 Constantes de Van der Waals des gaz courants		
Gaz	**a (L^2·atm/mol^2)**	**b (L/mol)**
He	0,0342	0,023 70
Ne	0,211	0,017 1
Ar	1,35	0,032 2
Kr	2,32	0,039 8
Xe	4,19	0,051 1
H_2	0,244	0,026 6
N_2	1,39	0,039 1
O_2	1,36	0,031 8
Cl_2	6,49	0,056 2
H_2O	5,46	0,030 5
CH_4	2,25	0,042 8
CO_2	3,59	0,042 7
CCl_4	20,4	0,138 3

La correction soustrait la quantité $a(n/V)^2$ de la pression, où n est le nombre de moles, V, le volume et a (**tableau 7.3**), la constante de Van der Waals qui dépend de la nature du gaz. La correction influe aussi sur le volume, où n est le nombre de moles et b (tableau 7.3), une constante qui dépend aussi de la nature du gaz.

Vous êtes maintenant en mesure de faire les exercices 1 à 4 et 49.

7.4 Liquides : tension superficielle, viscosité et capillarité

La manifestation la plus importante des forces de liaison et des forces intermoléculaires est l'existence même des liquides et des solides. Dans les liquides, on observe également plusieurs autres manifestations de ces forces, dont la tension superficielle, la viscosité et la capillarité. Comme les substances métalliques et ioniques sont généralement solides dans les conditions normales, nous traiterons surtout ici des liquides moléculaires.

Tension superficielle

Un pêcheur à la mouche lance délicatement une petite mouche artificielle (un hameçon camouflé avec quelques plumes et des fils attachés pour qu'il ressemble à une mouche) qui se pose à la surface de l'eau et attire les truites. Pourquoi l'hameçon flotte-t-il ? Il flotte même si le métal qui compose l'hameçon est plus dense que l'eau à cause de la *tension superficielle* qui résulte de la tendance des liquides à réduire au minimum leur surface.

On peut comprendre la tension superficielle en examinant attentivement la **figure 7.9**, qui décrit les forces intermoléculaires subies par une molécule à la surface du liquide comparées à celles auxquelles une molécule est exposée à l'intérieur du liquide.

Une mouche pour la pêche à la truite peut flotter sur l'eau à cause de la tension superficielle.

Remarquez qu'une molécule à la surface interagit avec relativement moins de molécules voisines. Elle est donc nécessairement moins stable parce qu'elle possède une énergie potentielle plus élevée que les molécules au sein du liquide (les interactions attractives avec d'autres molécules – forces de dispersion, forces dipôle-dipôle (dont les ponts H) ou encore forces dipôle-dipôle induit – *diminuent* l'énergie potentielle et stabilisent le système). Afin d'augmenter l'aire de la surface du liquide, des molécules dans le liquide doivent se déplacer vers la surface, et, étant donné que les molécules à la surface ont une énergie potentielle plus élevée que celles de l'intérieur, ce déplacement exige de l'énergie. Par conséquent, les liquides tendent à réduire leur aire de surface au minimum.

Rappelez-vous, nous avons vu à la section 6.6 que les interactions entre les molécules diminuent leur énergie potentielle à l'instar de l'interaction entre les protons et les électrons, en accord avec la loi de Coulomb.

FIGURE 7.9 **Origine de la tension superficielle**

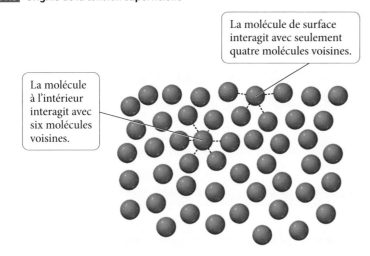

La molécule de surface interagit avec seulement quatre molécules voisines.

La molécule à l'intérieur interagit avec six molécules voisines.

Les molécules à la surface du liquide ont une énergie potentielle plus élevée que celles se trouvant à l'intérieur, car elles sont stabilisées par un nombre inférieur de molécules voisines. Par conséquent, les liquides tendent à réduire l'aire de leur surface au minimum et cette surface se comporte comme une membrane ou une « peau ».

La **tension superficielle** d'un liquide est l'énergie requise pour augmenter la surface d'une quantité unitaire. Par exemple, à température ambiante, l'eau a une tension superficielle de 72,8 mJ/m^2, ce qui signifie qu'il faut 72,8 mJ pour augmenter la surface de l'eau de 1 m^2.

Pourquoi la tension superficielle permet-elle à la mouche montée sur l'hameçon du pêcheur de flotter sur l'eau ? La tendance des liquides à rendre leur surface minimale crée une sorte de pellicule superficielle qui résiste à la pénétration. Pour que l'hameçon s'enfonce dans l'eau, la surface de l'eau doit augmenter légèrement, une augmentation à laquelle résiste la tension superficielle. La mouche du pêcheur, même si elle est plus dense que l'eau, flotte à la surface. Un coup léger sur la mouche vient à bout de la tension superficielle et la fait s'enfoncer.

La tension superficielle diminue lorsque les forces intermoléculaires diminuent. On ne pourrait pas faire flotter une mouche de pêcheur sur du benzène (C_6H_6), par exemple, parce que les forces de dispersion entre les molécules qui composent le benzène sont beaucoup plus faibles que les ponts hydrogène entre les molécules d'eau. La tension superficielle du benzène n'est que de 28 mJ/m^2 ; elle ne représente que 38 % de celle de l'eau.

La tension superficielle explique également pourquoi des gouttelettes d'eau (qui ne sont pas assez grosses pour être déformées par la gravité) forment des sphères presque parfaites. À bord de la *Station spatiale internationale*, l'absence complète de gravité permet à des échantillons d'eau même volumineux de former des sphères presque parfaites (**figure 7.10**). Pourquoi est-ce possible ? Tout comme la gravité attire la matière d'une planète ou d'une étoile vers l'intérieur pour former une sphère, les forces intermoléculaires dans des collections de molécules d'eau attirent l'eau qui forme une sphère. Une sphère est la forme géométrique ayant le plus petit rapport surface/volume ; par conséquent, la formation d'une sphère minimise le nombre de molécules à la surface, ce qui réduit l'énergie potentielle du système au minimum.

FIGURE 7.10 **Eau sphérique**

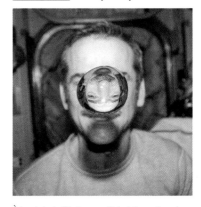

À bord de la *Station spatiale internationale* en orbite, dans des conditions d'apesanteur, l'eau forme des sphères parfaites réunies par les forces intermoléculaires entre les molécules d'eau.

Viscosité

La **viscosité**, la résistance d'un liquide à l'écoulement, est une autre manifestation des forces intermoléculaires. L'huile à moteur, par exemple, est plus visqueuse que l'essence et le sirop d'érable est plus visqueux que l'eau. La viscosité est mesurée dans une unité appelée la poise (P), qui équivaut à 1 g/cm·s. La viscosité de l'eau à température ambiante est d'environ 1 centipoise (cP). La viscosité est plus élevée dans les substances dont les forces intermoléculaires sont plus grandes parce que si les molécules sont plus fortement attirées les unes aux autres, elles ne s'écoulent pas entre elles aussi librement. La viscosité dépend également de la forme moléculaire ; elle augmente dans les molécules plus longues qui peuvent interagir sur une plus grande surface et possiblement s'entremêler. Le **tableau 7.4** donne la liste de la viscosité de plusieurs hydrocarbures dont la cohésion est assurée par les forces de dispersion. Rappelez-vous que, de façon générale, plus une molécule contient d'électrons au total, plus ses forces de dispersion sont importantes.

TABLEAU 7.4	**Viscosité de plusieurs hydrocarbures à 20 °C**		
Hydrocarbure	**Nombre d'électrons**	**Formule**	**Viscosité (cP)**
n-pentane	42	$CH_3CH_2CH_2CH_2CH_3$	0,240
n-hexane	50	$CH_3CH_2CH_2CH_2CH_2CH_3$	0,326
n-heptane	58	$CH_3CH_2CH_2CH_2CH_2CH_2CH_3$	0,409
n-octane	66	$CH_3CH_2CH_2CH_2CH_2CH_2CH_2CH_3$	0,542
n-nonane	74	$CH_3CH_2CH_2CH_2CH_2CH_2CH_2CH_2CH_3$	0,711

La viscosité dépend également de la température parce que l'énergie thermique affaiblit partiellement les forces intermoléculaires dans un liquide, ce qui permet aux molécules de s'écouler les unes le long des autres plus facilement. Le **tableau 7.5** indique la viscosité de l'eau en fonction de la température. Presque tous les liquides deviennent moins visqueux à mesure que la température augmente, car leurs forces intermoléculaires sont alors moins efficaces.

TABLEAU 7.5	**Viscosité de l'eau liquide à plusieurs températures**
Température (°C)	**Viscosité (cP)**
20	1,002
40	0,653
60	0,467
80	0,355
100	0,282

EXEMPLE 7.2 **Propriétés des liquides**

La tension superficielle et la viscosité sont des propriétés des liquides que nous expérimentons au quotidien. Un objet qui frappe la surface de l'eau ou encore le caractère plus ou moins visqueux d'un liquide dépendent directement des forces de cohésion.

(a) Les adeptes du plongeon connaissent bien les effets de la tension superficielle de l'eau. Une mauvaise manœuvre et le contact avec la surface est douloureux. En serait-il de même dans une piscine remplie de $C_6H_{14}(l)$? Expliquez votre réponse.

(b) Entre l'essence pour les voitures (considérez qu'il s'agit ici de $C_8H_{18}(l)$ uniquement, bien que ce soit en réalité un mélange) et l'essence à briquet [$C_4H_{10}(l)$], laquelle est le plus visqueuse ? Expliquez.

SOLUTION

(a) L'eau est une substance dont la cohésion est assurée par des ponts hydrogène (force dipôle-dipôle de forte intensité), alors que l'hexane [$C_6H_{14}(l)$] est une substance dans laquelle la cohésion est assurée par les forces de dispersion (force dipôle instantané-dipôle induit). La tension superficielle de l'eau est donc plus élevée que celle de l'hexane ; la surface de celui-ci serait donc plus facile à briser et le choc serait moins douloureux. Les vapeurs d'hexane étant cependant inflammables, ce n'est bien sûr pas une pratique envisageable !

(b) Les deux substances sont des hydrocarbures, c'est-à-dire des substances composées de molécules non polaires retenues les unes aux autres par des forces dipôle instantané-dipôle induit (forces de dispersion). L'essence pour les voitures est plus visqueuse car, comme les molécules qui la composent sont plus volumineuses (possèdent plus d'électrons), leurs forces de cohésion sont plus efficaces.

EXERCICE PRATIQUE 7.2

Classez les substances suivantes : $NH_3(l)$, $Br_2(l)$, $Hg(l)$ et $C_6H_6(l)$ par ordre

(a) de viscosité,

(b) de tension de surface.

Capillarité

La **capillarité** est la capacité d'un liquide de s'élever contre la gravité dans un tube mince. C'est cette propriété que les techniciens médicaux mettent souvent à profit lorsqu'ils prennent des échantillons de sang. En piquant le doigt d'un patient avec une aiguille, ils font sortir un peu de sang par pression et le recueillent au moyen d'un tube capillaire. Lorsque l'extrémité du tube vient en contact avec le sang, le sang monte dans le tube par capillarité. La même force joue un rôle lorsque les arbres et les plantes tirent l'eau du sol. Vous avez vous-même déjà observé cette force au laboratoire lorsque les liquides forment des ménisques dans la verrerie.

La capillarité est le résultat de la combinaison de deux forces issues des forces inter-moléculaires : l'attraction entre les molécules dans un liquide, appelée *forces de cohésion*, et l'attraction entre ces molécules et la surface du tube, appelée *forces d'adhésion*. Les forces d'adhésion incitent le liquide à s'étendre sur la surface interne du tube, alors que les forces de cohésion permettent aux constituants du liquide de rester ensemble. Si les forces d'adhésion sont plus fortes que les forces de cohésion (comme c'est le cas pour le sang dans un tube de verre), l'attraction exercée par la surface du tube capillaire attire le liquide vers le haut. Le sang monte dans le tube jusqu'à ce que la force de gravité équilibre la capillarité : plus le tube est mince, plus le sang monte haut. Si les forces d'adhésion sont plus petites que les forces de cohésion (comme c'est le cas pour le mercure liquide), le liquide ne monte pas du tout dans le tube. Notez que, dans le cas des thermomètres à mercure, ce n'est pas la capillarité qui fait monter le liquide dans le tube, mais bien le métal lui-même, par suite de sa dilatation sous l'effet de la chaleur.

On peut observer le résultat des différences entre les grandeurs relatives des forces de cohésion et d'adhésion en comparant le ménisque de l'eau à celui du mercure lorsqu'on verse ces liquides dans un tube de verre (**figure 7.11**). (Le ménisque est la forme arrondie que prend la surface d'un liquide dans un tube.) Le ménisque de l'eau est concave parce que les forces d'adhésion sont plus grandes que les forces de cohésion de sorte que l'eau grimpe un peu sur les parois du tube, déterminant la concavité familière. Par contre, le ménisque du mercure est convexe parce que les *forces de cohésion* – dues à la liaison métallique entre les atomes – sont plus grandes que les forces d'adhésion. Les atomes de mercure se regroupent vers l'intérieur du liquide afin de maximiser les liaisons entre eux, ce qui crée un renflement vers le haut au centre de la surface du liquide.

Vous êtes maintenant en mesure de faire les exercices 5 à 10.

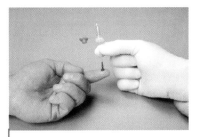

Le sang est aspiré dans un tube capillaire par capillarité.

FIGURE 7.11 **Ménisques de l'eau et du mercure**

Le ménisque de l'eau (colorée en rouge pour une meilleure visibilité, à gauche) est concave parce que les molécules d'eau sont plus fortement attirées par les parois de verre qu'elles ne le sont entre elles. Celui du mercure est convexe parce que les atomes de mercure sont plus fortement attirés l'un vers l'autre que par les parois de verre.

7.5 Liquides : vaporisation et pression de vapeur

Portons maintenant notre attention à la vaporisation (ou évaporation) des liquides, le processus par lequel l'énergie thermique peut vaincre les forces intermoléculaires et faire passer un liquide à l'état de gaz. Nous examinerons d'abord le processus de vaporisation lui-même, puis l'énergétique de la vaporisation et, enfin, les concepts de pression de vapeur et d'équilibre dynamique. La vaporisation est un phénomène que nous expérimentons chaque jour et dont nous dépendons entre autres pour maintenir une température idéale du corps.

FIGURE 7.12 **Vaporisation de l'eau**

$H_2O(g)$

$H_2O(l)$

Certaines molécules dans le bécher ouvert possèdent suffisamment d'énergie cinétique pour s'évaporer de la surface du liquide.

Processus de vaporisation

Imaginons les molécules d'eau dans un bécher d'eau placé sur une table à température ambiante et ouvert à l'atmosphère (**figure 7.12**). Les molécules sont en mouvement constant à cause de l'énergie thermique. Si on pouvait voir réellement les molécules à la surface, on assisterait à la « piste de danse endiablée » de Roald Hoffmann (voir la citation au début du chapitre) à cause des vibrations, des bousculades et du mouvement incessant des molécules. *Plus la température est élevée, plus l'énergie moyenne de l'ensemble des molécules est grande.* Cependant, en tout temps, certaines molécules auront plus d'énergie thermique que la moyenne et quelques-unes en auront moins.

La **figure 7.13** illustre les distributions des énergies thermiques des molécules dans un échantillon d'eau à deux températures différentes. Les molécules à droite de la courbe de distribution ont suffisamment d'énergie thermique pour s'échapper de la surface ; elles peuvent donc passer à l'état gazeux même si la substance n'a pas atteint sa température d'ébullition (dont nous discuterons à la section 7.8). Ce processus appelé **vaporisation**, ou **évaporation**, est le changement d'état de liquide à gaz.

Certaines des molécules d'eau à l'*état gazeux*, à l'extrémité gauche de la courbe de distribution pour les molécules gazeuses, peuvent retourner dans l'eau et être captées par des forces intermoléculaires. Ce processus – l'inverse de la vaporisation – est appelé **condensation**, la transition de gaz à liquide.

FIGURE 7.13 **Distribution de l'énergie thermique**

Distribution de l'énergie thermique

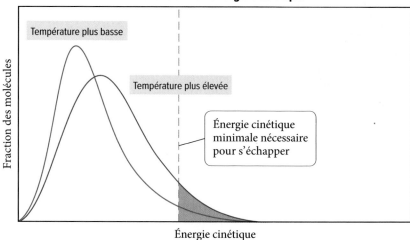

Température plus basse

Température plus élevée

Énergie cinétique minimale nécessaire pour s'échapper

Fraction des molécules

Énergie cinétique

Les énergies thermiques des molécules dans un liquide sont réparties sur une plage de valeurs. Quand la température augmente, la courbe de distribution de l'énergie cinétique s'étale et prend des valeurs plus élevées.

Bien que l'évaporation et la condensation puissent se produire simultanément dans un bécher ouvert à l'atmosphère, dans des conditions normales, l'évaporation se fait plus rapidement parce que la majeure partie des molécules nouvellement évaporées s'échappent dans l'atmosphère environnante et ne reviennent jamais. Il en résulte une diminution notable du niveau d'eau dans le bécher avec le temps (généralement plusieurs jours).

Que se passe-t-il si on augmente la température de l'eau dans le bécher ? À cause du déplacement de la distribution d'énergie vers les énergies plus élevées, un plus grand nombre de molécules ont maintenant assez d'énergie pour se libérer et s'évaporer, de sorte que la vaporisation se produit plus rapidement. Que se passe-t-il si on renverse de l'eau sur la table ou sur le plancher ? La même quantité d'eau est étalée sur une aire plus grande, de sorte qu'un plus grand nombre de molécules sont présentes à la surface du liquide. La vaporisation se produit plus rapidement, car les molécules à la surface ont plus tendance à s'évaporer étant donné qu'elles sont retenues moins fortement. Elles sont en effet soumises à des forces intermoléculaires plus faibles, comme l'illustre la figure 7.9.

Que se passe-t-il si le liquide dans le bécher n'est pas de l'eau, mais une autre substance dont les forces intermoléculaires sont plus faibles, comme l'acétone ? Comme les forces intermoléculaires sont plus faibles, elles se rompent plus facilement. De ce fait, un plus grand nombre de molécules peut s'échapper à l'état gazeux à une température donnée, ce qui augmente encore la vitesse de vaporisation. Les liquides qui se vaporisent aux conditions ambiantes sont dits **volatils**, alors que ceux qui ne se vaporisent pas sont dits **non volatils**. L'acétone est plus volatile que l'eau, alors que l'huile à moteur est presque non volatile à température ambiante.

Résumé : Le processus de vaporisation

→ La vitesse de la vaporisation s'accroît avec l'augmentation de la température.
→ La vitesse de la vaporisation s'accroît avec l'augmentation de l'aire de surface.
→ La vitesse de la vaporisation est inversement proportionnelle à l'intensité des forces moléculaires.

Énergétique de la vaporisation

Pour comprendre l'énergétique de la vaporisation, considérons encore un bécher d'eau d'un point de vue moléculaire, sauf que maintenant, le bécher est isolé thermiquement de sorte que la chaleur du milieu ne peut pas entrer dans le bécher. Qu'arrive-t-il à la température de l'eau qui reste dans le bécher à mesure que les molécules s'évaporent ? Pour répondre à cette question, reportez-vous de nouveau à la courbe de distribution (voir la figure 7.13). Les molécules qui quittent le bécher sont celles qui se trouvent à l'extrémité droite de la courbe d'énergie ; ce sont les plus énergétiques. Si on n'apporte aucune chaleur additionnelle au bécher, l'énergie moyenne de l'ensemble des molécules diminue – tout comme la moyenne d'une classe à un examen diminue si vous éliminez les étudiants qui ont obtenu les meilleures notes – et, par conséquent, la vaporisation ralentit. Ainsi, la vaporisation est un processus *endothermique* ; il faut de l'énergie pour vaporiser les molécules dans un liquide. Une autre façon de comprendre le caractère endothermique de la vaporisation consiste à se rappeler que la vaporisation exige de rompre les forces intermoléculaires qui retiennent les molécules à l'état liquide. Comme il doit y avoir absorption d'énergie pour séparer les molécules, le processus est donc endothermique.

Notre corps utilise la nature endothermique de la vaporisation pour se refroidir. Quand on a chaud, on transpire et de l'eau liquide se dépose à la surface de notre peau. Lorsque cette eau s'évapore, elle absorbe la chaleur de notre corps, refroidissant la peau à mesure que l'eau et la chaleur quittent notre corps. Un ventilateur nous donne l'impression de fraîcheur parce qu'il souffle l'eau nouvellement vaporisée et l'éloigne de notre corps, ce qui accélère la vaporisation de la sueur et génère encore plus de fraîcheur. Une humidité élevée, par contre, ralentit la vitesse nette d'évaporation, ce qui empêche le refroidissement. Lorsque l'air contient déjà de grandes quantités de vapeur d'eau, la sueur s'évapore plus lentement, ce qui rend le système de refroidissement de notre corps moins efficace.

La *condensation*, l'inverse de la vaporisation, est exothermique : de la chaleur est libérée quand un gaz se condense en liquide (lorsqu'il y a formation de liaisons ou d'interactions entre les atomes ou les molécules). Si par mégarde vous avez déjà placé votre main au-dessus d'une bouilloire ou ouvert trop rapidement un sac de maïs soufflé au four micro-ondes, vous avez peut-être subi une *brûlure de vapeur* occasionnée par la condensation de la vapeur en liquide sur la peau. Au cours de ce processus, une grande quantité de chaleur est libérée d'un coup, ce qui cause une brûlure. La condensation de la vapeur d'eau permet également de comprendre pourquoi, la nuit, la température chute plus fortement dans un désert que dans une région côtière. Quand la température d'une région côtière tombe, la vapeur d'eau présente dans l'air se condense en brouillard ou en rosée, libérant de la chaleur et empêchant la température de s'abaisser davantage. Par contre, dans les déserts, il y a dans l'air peu d'humidité susceptible de se condenser, de sorte que la chute de température est plus grande. Il serait souhaitable que les milieux de vie dans lesquels habitent les humains soient entourés de végétation, notamment des arbres, ou construits à proximité de plans d'eau (fleuve, rivière, lac), car ces environnements contribuent à régulariser la température. Le jour, lorsqu'il fait chaud, l'évaporation de l'eau présente à surface du sol et dans le feuillage des arbres atténue le réchauffement de l'air parce que le processus est endothermique. Le soir venu, l'humidité présente dans l'air, en l'absence de chaleur, devient sursaturée et commence à condenser, ce qui réchauffe l'environnement parce que le processus est exothermique.

EXEMPLE 7.3 | Processus d'évaporation

L'acétone [$CH_3COCH_3(l)$] et la térébenthine [$C_{10}H_{16}(l)$] sont des solvants couramment utilisés pour nettoyer les substances non polaires comme les laques et les peintures à base d'huile.

(a) Quel solvant devrait s'évaporer le plus fortement à température ambiante?

(b) Si on chauffe ces solvants, l'odeur dégagée sera-t-elle plus forte ou moins forte? Expliquez.

SOLUTION

(a) L'acétone et la térébenthine sont des substances dont la cohésion à l'état liquide est assurée principalement par les forces dipôle instantané-dipôle induit (forces de dispersion). La molécule d'acétone possède un nuage électronique moins dense ($32\ e^-$) que celui de la molécule de térébenthine ($76\ e^-$). L'acétone aura donc plus tendance à s'évaporer à température ambiante.

(b) La vaporisation est un processus *endothermique*; pour rompre les forces intermoléculaires qui retiennent les molécules à l'état liquide, on doit fournir de l'énergie. Si on augmente la température du système, une plus grande quantité de molécules posséderont l'énergie cinétique nécessaire pour échapper à l'état liquide. L'odeur des solvants sera donc plus importante, car la quantité de molécules qui passeront en phase gazeuse sera plus élevée.

EXERCICE PRATIQUE 7.3

En cuisine, les arômes des aliments sont essentiels. Pour être perçues, les molécules odorantes doivent parvenir à notre nez par l'air que l'on respire. À l'aide des notions vues à propos du processus de vaporisation, expliquez pourquoi un plat chaud a souvent plus d'arômes qu'un plat froid.

Pression de vapeur et équilibre dynamique

Nous avons déjà vu que dans un contenant d'eau ouvert à température ambiante, l'eau s'évapore graduellement jusqu'à l'assèchement, car les molécules peuvent s'échapper du système. Mais que se passe-t-il si le contenant est fermé hermétiquement? Imaginons un tel récipient contenant de l'eau liquide, dont on a évacué l'air et que l'on maintient à température constante, comme le montre la **figure 7.14**. Initialement, les molécules d'eau s'évaporent, comme elles le font dans un bécher ouvert. Cependant, à cause du bouchon étanche, les molécules évaporées ne peuvent pas s'échapper dans l'atmosphère. Lorsque des molécules d'eau entrent en phase gazeuse, certaines d'entre elles commencent à se condenser pour retourner dans le liquide. Lorsque la concentration (ou la pression) des molécules d'eau à l'état gazeux augmente, la vitesse de condensation augmente également jusqu'à ce que la vitesse de condensation et la vitesse de vaporisation finissent par devenir égales: il se produit un **équilibre dynamique** (**figure 7.15**). (Vous étudierez en détail les équilibres en chimie des solutions.) L'eau liquide s'évapore alors dans le contenant fermé à la même vitesse que la vapeur d'eau formée se condense. Comme la condensation et la vaporisation se poursuivent à vitesses égales, la concentration de la vapeur d'eau au-dessus du liquide demeure constante.

La pression d'un gaz en équilibre dynamique avec son liquide est appelée **pression de vapeur**. La pression de vapeur d'un liquide donné dépend des forces intermoléculaires présentes dans le liquide et de la température. Les forces intermoléculaires faibles (par exemple, les forces de dispersion chez de petites molécules) donnent naissance à des substances volatiles dont les pressions de vapeur sont élevées parce que les forces intermoléculaires sont facilement vaincues par l'énergie thermique. Les forces intermoléculaires intenses (par exemple, les ponts hydrogène) créent des substances moins volatiles dont les pressions de vapeur sont plus faibles. Les liaisons chimiques, beaucoup plus fortes, créent habituellement des substances non volatiles dont les pressions de vapeur sont à peu près nulles. C'est le cas notamment du mercure dont la cohésion à l'état liquide est assurée par des liaisons métalliques.

FIGURE 7.14 **Vaporisation dans un récipient scellé**

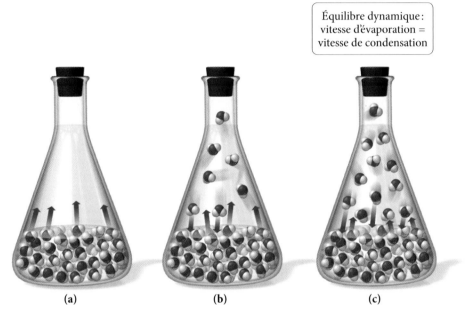

Équilibre dynamique :
vitesse d'évaporation =
vitesse de condensation

(a) (b) (c)

(a) Lorsque l'eau est placée dans un contenant scellé, les molécules d'eau commencent à se vaporiser. **(b)** Lorsque les molécules d'eau s'accumulent dans l'état gazeux, elles commencent à se recondenser en liquide. **(c)** Lorsque la vitesse d'évaporation égale la vitesse de condensation, un équilibre dynamique est atteint.

FIGURE 7.15 **Équilibre dynamique**

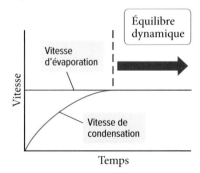

L'équilibre dynamique se produit lorsque la vitesse de condensation est égale à la vitesse d'évaporation.

Influence de la température sur la pression de vapeur

Lorsque la température d'un liquide augmente, sa pression de vapeur s'élève parce que l'énergie thermique plus élevée augmente le nombre de molécules qui possèdent suffisamment d'énergie pour se vaporiser (voir la figure 7.13). À cause de la forme de la courbe de distribution de l'énergie, cependant, un petit changement de température entraîne

| 1 mm Hg = 0,133 kPa = 0,001 31 atm

une grande différence quant au nombre de molécules qui ont suffisamment d'énergie pour se vaporiser. Il s'ensuit une forte augmentation de la pression de vapeur. Par exemple, la pression de vapeur de l'eau à 25 °C est de 23,3 mm Hg, alors qu'à 60 °C elle est de 149,4 mm Hg. La **figure 7.16** montre la pression de vapeur de l'eau et de quelques autres liquides en fonction de la température.

FIGURE 7.16 **Pression de vapeur de quelques liquides à différentes températures**

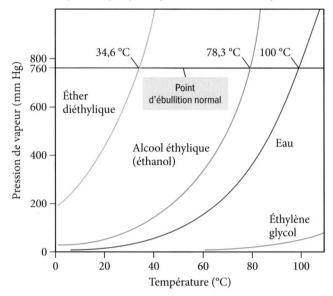

À mesure que les températures s'élèvent, plus de molécules possèdent suffisamment d'énergie thermique pour passer à l'état gazeux, de sorte que la pression de vapeur croît avec l'augmentation de la température.

EXEMPLE 7.4 **Pression de vapeur**

En été, après la pluie, les rues et les terrains sont couverts de flaques d'eau.

Bien que la température ambiante ne permette pas à cette eau de bouillir, les rues et les terrains finissent par s'assécher. Ce processus est plus rapide en été qu'au printemps et à l'automne. Expliquez.

SOLUTION

Comme l'eau possède une pression de vapeur aux conditions ambiantes, elle est donc volatile et une certaine partie des molécules se vaporise spontanément. Comme il s'agit d'un système ouvert, les molécules d'eau gazeuses peuvent s'échapper et, peu à peu, toutes les molécules à l'état liquide passent à l'état gazeux. Comme l'été il fait plus chaud, la pression de vapeur de l'eau augmente, car une plus grande proportion des molécules possède une énergie cinétique suffisante pour s'échapper à l'état gazeux. Le processus est alors plus rapide. Notez que même à l'état de glace, l'eau possède une certaine pression de vapeur (on l'appelle alors pression de sublimation du solide), bien que celle-ci soit beaucoup plus basse (3,01 mm Hg).

EXERCICE PRATIQUE 7.4

Considérez un bécher contenant 100 mL d'eau [$H_2O(l)$] ; un second, 100 mL d'acétone [CH_3COCH_3 (aq)] ; et un troisième, 100 mL d'alcool [$CH_3CH_2OH(l)$]. Si vous laissez ces trois contenants ouverts toute une nuit, les volumes de liquide demeureront-ils constants ? Dans quel(s) bécher(s) restera-t-il le moins de liquide ? Expliquez. (Les pressions de vapeur de l'eau, de l'acétone et de l'alcool sont respectivement de 23,3 mm Hg, de 184 mm Hg et de 44,6 mm Hg.)

Vous êtes maintenant en mesure de faire les exercices 11 à 14, 38, 39, 42, 43, 50, 53 et 57.

7.6 Solides

Les solides peuvent être cristallins (organisés selon un arrangement ordonné d'atomes ou de molécules) ou amorphes (sans aucune structure ordonnée importante). Les fibres naturelles (cellulose, collagène, kératine), les matières plastiques, les caoutchoucs, les colles, les peintures et les résines sont habituellement des solides amorphes. Toutefois, la grande majorité des solides se présentent sous forme de cristaux composés par la répétition périodique d'un motif atomique ou moléculaire tridimensionnel. On peut diviser les solides cristallins en trois catégories (moléculaires, ioniques et atomiques) en se basant sur les entités individuelles qui composent le solide. Dans le cas des solides atomiques, il est possible de les subdiviser eux-mêmes en trois catégories (du groupe des gaz nobles, métalliques et covalents) selon les types d'interactions qui s'établissent entre les atomes dans le solide. La **figure 7.17** illustre les différentes catégories de solides cristallins.

FIGURE 7.17 Types de solides cristallins

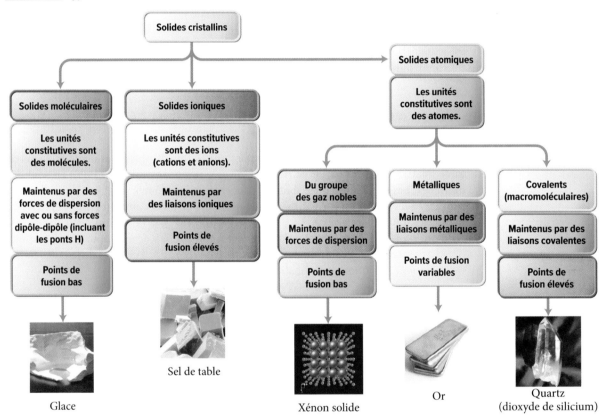

Les solides cristallins se divisent en trois grandes catégories selon le mode de liaison des atomes entre eux. Leur point de fusion dépend de la force des liaisons ou des interactions qui assurent leur cohésion à l'état solide.

Solides moléculaires

Les **solides moléculaires** sont des solides dont les unités constitutives sont des *molécules*. La glace (H_2O solide) (**figure 7.18(a)**) et la glace sèche (CO_2 solide) (**figure 7.18(b)**) en sont des exemples. Les solides moléculaires sont des solides dont les constituants sont réunis par les forces intermoléculaires (attractions électrostatiques mettant en jeu des charges partielles), soit les forces de dispersion et les forces dipôle-dipôle dont font partie les ponts hydrogène, que nous avons étudiés dans le chapitre précédent. D'une façon générale, les solides moléculaires tendent à avoir des points de fusion bas ou relativement bas comparés aux solides maintenus par des forces de liaison (covalentes, ioniques ou métalliques). Cependant des forces intermoléculaires intenses (comme les ponts hydrogène de l'eau ou encore les forces de dispersion de grosses molécules comme le diiode) peuvent élever les points de fusion de certains solides moléculaires.

FIGURE 7.18 Solides moléculaires

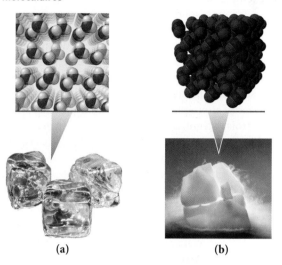

(a) Dans la glace, chaque molécule d'eau forme des ponts hydrogène avec quatre autres molécules d'eau selon une géométrie hexagonale. (b) Dans la glace sèche, les molécules de dioxyde de carbone sont retenues les unes aux autres principalement par des forces de dispersion et déterminent une géométrie cubique.

Solides ioniques

Les **solides ioniques** sont des solides dont les unités constitutives sont des ions. Le sel de table (NaCl) (**figure 7.19(a)**) et le fluorure de calcium (CaF_2) (**figure 7.19(b)**) en sont des exemples. Les solides ioniques sont des solides dont les atomes sont réunis par des liaisons ioniques (attractions électrostatiques entre des charges complètes) qui s'établissent entre les cations et les anions. La structure cristalline d'un composé ionique donné sera celle qui possède l'énergie potentielle la plus basse, tout en accommodant la neutralité des charges (chaque motif élémentaire doit être de charge nulle) et les différentes tailles des cations et des anions qui constituent le composé en question.

FIGURE 7.19 Solide ioniques

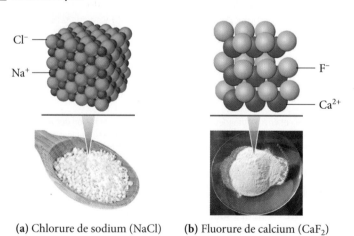

(a) Chlorure de sodium (NaCl)   (b) Fluorure de calcium (CaF_2)

Réseau ionique (a) du chlorure de sodium et (b) du fluorure de calcium à l'état solide.

Étant donné que les forces qui réunissent les atomes des solides ioniques sont des attractions électrostatiques intenses (ou liaisons ioniques) qui mettent en jeu des charges complètes et compte tenu que ces forces sont beaucoup plus grandes que les forces intermoléculaires décrites précédemment qui font intervenir des charges partielles, les solides ioniques tendent à avoir des points de fusion beaucoup plus élevés que les solides moléculaires. Par exemple, le chlorure de sodium (NaCl) fond à 801 °C, alors que le disulfure de carbone (CS_2), un solide moléculaire dont les interactions dominantes sont des forces de dispersion, fond à −110 °C.

Solides atomiques

Les solides dont les unités constitutives sont des atomes individuels sont appelés **solides atomiques**. Le xénon solide (Xe), le fer (Fe) et le dioxyde de silicium (SiO_2) sont des exemples de solides atomiques. Comme on l'a vu à la figure 7.17, les solides atomiques se classent en trois catégories : *les solides atomiques du groupe des gaz nobles, les solides atomiques métalliques et les solides atomiques covalents (aussi appelés solides macro-moléculaires)*, chacun mettant en jeu un type de forces ou de liaisons différentes.

Le groupe des **solides atomiques du groupe des gaz nobles** réunit essentiellement des gaz nobles dans leur forme solide. Les atomes de ces solides sont maintenus par des forces de dispersion relativement faibles ($86e^-$ au maximum (pour les éléments naturels) – souvenez-vous que l'intensité des forces de dispersion dépend du nombre d'électrons que contient l'atome au total). Afin de maximiser ces interactions, les atomes des solides atomiques du groupe des gaz nobles forment des empilements compacts, afin de réduire au minimum la distance entre eux. Les solides atomiques du groupe des gaz nobles ont donc des points de fusion très bas, qui augmentent uniformément avec l'importance de leurs nuages électroniques. L'argon, par exemple, a un point de fusion de −189 °C et le xénon, de −112 °C. Le plus volumineux des gaz nobles naturels, le radon, a un point de fusion de −71 °C.

Les **solides atomiques métalliques**, comme le fer ou l'or, sont des solides dont les atomes sont réunis par des *liaisons métalliques* qui, dans le modèle le plus simple, sont représentées par l'interaction des cations métalliques avec la mer d'électrons qui les entourent, comme nous l'avons décrit à la section 5.11 (**figure 7.20**).

Étant donné que les liaisons métalliques ne sont pas directionnelles, les métaux tendent également à former des structures cristallines compactes. Par exemple, le nickel cristallise en formant un réseau cubique compact, tandis que le zinc cristallise en formant un réseau hexagonal compact (**figure 7.21**). Les liaisons métalliques sont de forces d'intensité variables. Certains métaux, comme le mercure, ont des points de fusion sous la température ambiante, alors que d'autres métaux, comme le fer, ont des points de fusion relativement élevés (le fer fond à 1809 °C). Les points de fusion des métaux varient notamment en fonction de la densité de la mer d'électrons ; ils dépendent aussi de la grosseur des cations et de leur charge ainsi que de la structure cristalline. Il est possible aussi d'insérer des atomes d'éléments différents dans la mer d'électrons d'une substance métallique afin de créer des alliages dont les propriétés se distinguent de celles de l'élément initial.

FIGURE 7.20 Modèle de la mer d'électrons

Dans le modèle de la mer d'électrons utilisé pour représenter les métaux, les cations métalliques existent dans une « mer » d'électrons.

FIGURE 7.21 Solides métalliques

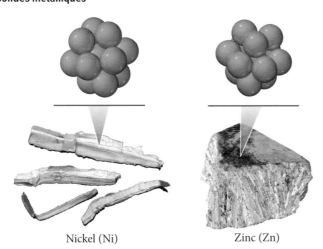

Nickel (Ni)   Zinc (Zn)

Le nickel cristallise en formant un réseau cubique compact. Le zinc cristallise en formant un réseau hexagonal compact.

Les **solides atomiques covalents** ou **solides macromoléculaires**, comme le diamant, le graphite et le quartz, sont des solides dont les atomes sont retenus par des liaisons covalentes. Les structures cristallines de ces solides sont limitées par les contraintes géométriques imposées par les liaisons covalentes (qui tendent à être plus directionnelles que les forces intermoléculaires, les liaisons ioniques ou les liaisons métalliques). Ce type de solides *ne* tend donc *pas* à former des structures compactes.

Dans le diamant illustré à la **figure 7.22(a)**, chaque atome de carbone établit quatre liaisons covalentes avec quatre autres atomes de carbone selon une géométrie tétraédrique (les carbones sont hybridés sp^3 – voir la section 6.5). Cette structure s'étend dans tout le cristal, de sorte qu'un cristal de diamant peut être considéré comme une molécule géante (comme il est possible de l'observer à l'échelle macroscopique, on lui donne aussi le nom de solide macromoléculaire). Les atomes étant réunis par des liaisons covalentes très fortes, les solides atomiques covalents ont des points de fusion élevés. On estime que le point de fusion du diamant se situe autour de 3550 °C. Les électrons dans le diamant sont confinés aux liaisons covalentes simples de type σ (voir la section 6.5) et ne sont pas libres de circuler. Par conséquent, le diamant ne conduit pas l'électricité.

Dans le graphite de la **figure 7.22(b)**, les atomes de carbone (hybridés sp^2) sont disposés en couches. Dans chaque couche, les atomes sont liés par covalence l'un à l'autre par un réseau de liaisons *sigma* (liaison simple et 1re liaison dans une liaison double) et *pi* (2e liaison dans une liaison double). En réalité, la structure covalente du graphite fait de la résonance (voir la section 5.8) et les électrons des liaisons *pi* sont délocalisés sur toute la couche, de sorte que le graphite est un bon conducteur électrique. La longueur de liaison entre les atomes de carbone *dans* un feuillet est de 142 pm. Cependant, la liaison *entre* les couches (feuillets) est très différente. Ces couches sont distantes l'une de l'autre de 341 pm. Il n'y a pas de liaisons covalentes entre les couches ; celles-ci ne sont maintenues que par des forces de dispersion relativement faibles. Par conséquent, les couches peuvent se mouvoir relativement facilement l'une par rapport à l'autre, ce qui explique que le graphite ait une texture onctueuse au toucher et qu'il soit un lubrifiant efficace. Lorsque vous écrivez avec vos crayons à mine, ce sont les feuillets de graphite qui s'étalent graduellement sur le papier. Toutefois, comme le point de fusion du graphite dépend ultimement des liaisons covalentes dans les feuillets, celui-ci est plus élevé que celui du diamant (3675 °C) à cause des liaisons doubles présentes dans la structure.

> Les liaisons sigma et pi sont expliquées à la section 6.5.

FIGURE 7.22 Solides atomiques covalents (ou macromoléculaires)

Liaisons covalentes   Forces de dispersion

(a) Diamant   **(b)** Graphite

(a) Dans le diamant, chaque atome de carbone forme quatre liaisons covalentes avec quatre autres atomes de carbone selon une géométrie tétraédrique. **(b)** Dans le graphite, les atomes de carbone sont disposés en couches. Dans chaque feuillet, les atomes sont liés par covalence l'un à l'autre par un réseau de liaisons sigma et pi. Les couches (feuillets) voisines sont maintenues par des forces de dispersion.

Les silicates (des réseaux étendus de silicium et d'oxygène) sont les solides atomiques covalents les plus communs. Les géologues estiment que 90 % de la croûte terrestre est composée de silicates, dont la forme cristalline la plus commune est appelée quartz. La structure du quartz est constituée d'un réseau de SiO_2 tétraédrique dans lequel des atomes d'oxygène sont partagés, comme le montre la **figure 7.23(a)**. À cause de la présence de liaisons covalentes fortes silicium-oxygène, le quartz a un point de fusion élevé, de l'ordre de 1600 °C, mais qui est tout de même bien inférieur à celui du diamant. En effet, ces liaisons sont plus polaires et plus longues (voir les sections 5.6 et 5.7), donc beaucoup plus fragiles que celles du diamant et du graphite. Le verre ordinaire est aussi composé de SiO_2, mais dans sa forme amorphe (**figure 7.23(b)**).

FIGURE 7.23 **Structure du quartz**

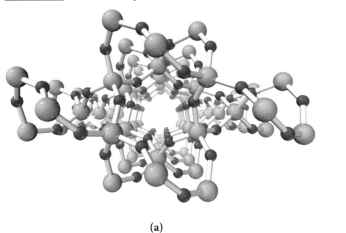

(a)

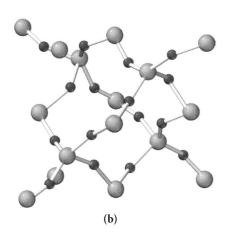

(b)

(a) Le quartz est constitué d'un réseau de SiO_2 tétraédrique avec des atomes d'oxygène partagés. **(b)** Le verre est du SiO_2 amorphe.

Le **tableau 7.6** (p. 312) récapitule les propriétés des différents types de solides.

EXEMPLE 7.5 **Propriétés des solides**

Classez les solides suivants en ordre décroissant de dureté : Fe(*s*), CO_2(*s*), diamant C(*s*), H_2O(*s*).

SOLUTION

Diamant C(*s*) > Fe(*s*) > H_2O(*s*) > CO_2(*s*)

CO_2(*s*) : solide moléculaire, cohésion assurée principalement par des forces intermoléculaires dipôle instantané-dipôle induit (forces de dispersion).

C(*s*) : solide atomique covalent, cohésion assurée principalement par des liaisons covalentes.

H_2O(*s*) : solide moléculaire, cohésion assurée principalement par des ponts hydrogène (forces intermoléculaires dipôle-dipôle de forte intensité).

Fe(*s*) : solide atomique métallique, cohésion assurée principalement par des liaisons métalliques.

Le C(*s*) est le plus dur des quatre, car la cohésion du solide est assurée par des liaisons covalentes non polaires qui sont des liens physiques très forts entre les atomes. La cohésion dans le fer dépend de la liaison métallique, une force électrostatique entre des charges complètes, alors que la cohésion dans le CO_2 et dans l'eau est assurée par des forces intermoléculaires, des forces électrostatiques faisant intervenir des charges partielles. À température donnée, le fer est plus solide que le CO_2 et le H_2O. Finalement, les ponts hydrogène de l'eau sont plus efficaces que les forces de dispersion du CO_2. La glace est donc plus dure que la glace sèche.

EXERCICE PRATIQUE 7.5

Pour chaque couple, indiquez le solide qui est le plus dur à rayer. Expliquez.

(a) SiO_2(*s*) ou CH_3OH(*s*).   **(b)** Ca(*s*) ou Al(*s*).   **(c)** NH_3(*s*) ou N_2(*s*).   **(d)** NaCl(*s*) ou CaO(*s*).

TABLEAU 7.6	Propriétés des solides cristallins				
Type de solide	Exemples	Particules constitutives	Forces de cohésion maintenant le solide	Point de fusion	Solubilité
Atomique du groupe des gaz nobles	Ar(s), Xe(s), Rn(s)	Atomes	Attractions électrostatiques entre des charges partielles : • Forces de dispersion	Très faible (−269 °C* à −71 °C chez les éléments naturels)	Solvants non polaires
Moléculaire		Molécules :	Attractions électrostatiques entre des charges partielles :	Variable :	Solvants :
a) Non polaire	CO₂(s), S₈(s)	**a)** Moment dipolaire nul	**a)** Forces de dispersion	**a)** Très faible à moyen (−260 °C à 200 °C environ)	**a)** Non polaires
b) Polaire	HCl(s), CO(s)	**b)** Moment dipolaire non nul	**b)** Forces de dispersion Forces dipôle-dipôle	**b)** Faible	**b)** Certains solvants polaires et certains solvants non polaires : solubilité variable selon le degré de polarité de la molécule
c) Avec ponts H	H₂O(s), NH₃(s)	**c)** Présence d'un O, d'un F ou d'un N et d'un H lié à ces atomes	**c)** Forces de dispersion Forces dipôle-dipôle de type pont H	**c)** Faible (−80 °C à 0 °C environ)	**c)** Très polaires, comme l'eau
Atomique métallique**	Ni(s), Zn(s)	Atomes	Attractions électrostatiques entre des charges complètes : • Liaisons métalliques	Moyen à très élevé (d'environ 30 °C à plus de 1500 °C) *Le point de fusion de certains métaux, comme le tantale, atteint 3000 °C.*	Insoluble en absence de réaction chimique. *La présence d'un acide peut, par exemple, transformer le métal en sel soluble. Exemple :* Fe(s) + 2HCl(aq) → H₂(g) + FeCl₂(aq).
Ionique	NaCl(s), CaF₂(s)	Atomes et/ou ions polyatomiques (cations et anions)	Attractions électrostatiques entre des charges complètes : • Liaisons ioniques	Moyen à élevé (d'environ 50 °C à 2000 °C)	De nombreux composés ioniques sont solubles dans l'eau.
Atomique covalent (macromoléculaire)	SiO₂(s), C(s)	Atomes	Recouvrement d'orbitales (forces électrostatiques entre les électrons et les noyaux) • Liaisons covalentes	Très élevé, 1500 °C et plus. *Le point de fusion de certains solides, comme le graphite, atteint plus de 3500 °C.*	Insoluble

* Cette température ne correspond pas à la température de fusion, mais bien à la température d'ébullition de l'hélium, car cet élément ne se solidifie qu'à 26 atm et non aux conditions normales.

** Les solides métalliques sont conducteurs d'électricité et de chaleur. Ce sont aussi des solides malléables et ductiles, contrairement aux solides moléculaires et ioniques, qui sont friables.

> *Vous êtes maintenant en mesure de faire les exercices 15 à 22, 44 à 46, 51 et 54.*

Les nanotubes de carbone

Imaginez des tissus plus résistants mais plus légers que le Kevlar utilisé pour les gilets pare-balles. Imaginez des vêtements autonettoyants, des vélos, des raquettes de tennis ou encore des kayaks incassables. Imaginez des canons fonctionnant à l'électricité ou encore des ascenseurs spatiaux remplaçant les navettes. Ce sont là quelques applications fantastiques que l'on s'est plu à imaginer en observant les propriétés étonnantes de certaines particules issues de la combustion du carbone. Sous l'effet de la chaleur, les molécules de carbone dont la combustion est partielle voient leurs atomes se recombiner d'innombrables façons. Dans cette suie, on trouve en infime quantité des structures macromoléculaires bien particulières : les fullerènes (illustrés à la page suivante).

Les premières observations de fullerènes, dont font partie les nanotubes, datent des années 1950, mais ce n'est que 40 ans plus tard qu'on a commencé réellement à s'intéresser à leurs propriétés et à tenter de les produire en grande quantité. Un peu comme le graphite, les fullerènes sont composés de carbones hybridés sp^2 créant des feuillets (voir la micrographie ci-contre). Dans le cas des fullerènes, ces feuillets forment des sphères et des tubes aux propriétés physiques et chimiques intéressantes. Les nanotubes en particulier sont de plus en plus utilisés dans les nanotechnologies en raison de leur conductivité électrique, de leur conductivité thermique et leur résistance mécanique remarquablement élevées.

Les nanotubes étant aussi rigides que l'acier, leurs propriétés électriques dépendent directement de la géométrie des feuillets, passant de supraconducteurs pour certaines structures placées à très basse température à semi-conducteurs pour la plupart des nanotubes aux conditions ambiantes. Les nanotubes sont plutôt inertes chimiquement, tout comme le graphite et le diamant. Ce sont toutefois des structures creuses qui peuvent servir de récipients à l'échelle nanométrique. Ces dernières années, une *chimie de greffage de nanotubes,* basée sur la capacité de ceux-ci à créer efficacement des forces de dispersion, s'est développée et donne des résultats prometteurs (enroulement de polymères, enroulement d'ADN, adsorption pour mieux contrôler certaines réactions chimiques, etc.).

Nanotube de carbone multifeuillets (microscopie électronique en transmission de haute résolution).

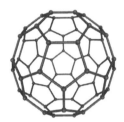 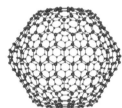  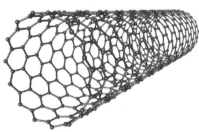

Les fullerènes prennent diverses formes géométriques rappelant des sphères, des ellipsoïdes, des cylindres ou des anneaux. Les plus étudiés sont les *buckyballs*, des sphères creuses, et les nanotubes de carbone.

Les nanotubes de carbone suscitent beaucoup d'espoirs industriels, mais leur utilisation demeure pour le moment limitée au domaine de la recherche fondamentale. Leur coût de production est élevé et leur utilisation à grande échelle, comme celle d'autres nanomolécules, présente des risques pour la santé et pour l'environnement. En effet, à cause de leur petite taille, les nanotubes peuvent facilement s'introduire dans les organismes. On s'interroge donc à propos de leurs effets possibles sur la structure de l'ADN et des risques élevés de cancer qu'ils pourraient entraîner.

7.7 L'eau, une substance extraordinaire

L'eau est le liquide le plus commun et le plus important sur Terre. Elle remplit les océans, les lacs et les rivières. Dans sa forme solide, elle coiffe les montagnes et, dans sa forme gazeuse, elle humidifie notre air. Nous buvons de l'eau, la sueur que nous rejetons contient de l'eau et bon nombre de déchets corporels que nous excrétons sont dissous dans l'eau. En effet, la majorité de notre masse corporelle *se compose* d'eau. La vie est impossible sans eau, et dans la plupart des endroits sur Terre où il y a de l'eau liquide, la vie existe. Des preuves récentes de la présence d'eau sur Mars dans le passé ont alimenté l'espoir de trouver de la vie ou des preuves que des formes vivantes ont déjà existé sur cette planète. Et bien que ce ne soit pas toujours évident pour nous (parce que nous tenons l'eau pour acquise), cette substance familière possède néanmoins de nombreuses propriétés remarquables.

Parmi les liquides, l'eau est unique. Sa molécule possède peu d'électrons (10 e⁻ en tout), ses forces de dispersion sont donc relativement faibles (voir la section 6.6) et pourtant, elle est liquide à température ambiante. Les autres hydrures moléculaires des groupes principaux possèdent de nuages électroniques plus denses, mais des points d'ébullition plus faibles, comme le montre la **figure 7.24**. Aucune autre substance de masse molaire similaire (excepté HF) ne s'approche de l'état liquide à température ambiante. La structure moléculaire de l'eau permet de comprendre pourquoi son point d'ébullition est élevé malgré sa faible masse molaire. La géométrie angulaire de la molécule

La *sonde spatiale Phoenix* (*Phoenix Mars Lander*) a recherché des preuves de l'existence de vie dans l'eau gelée sous la surface de la calotte polaire Nord de Mars.

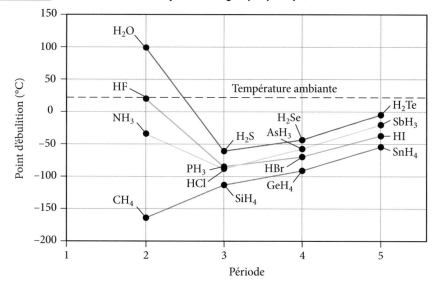

FIGURE 7.24 **Points d'ébullition des hydrures des groupes principaux**

L'eau est le seul hydrure moléculaire commun des groupes principaux liquide à température ambiante.

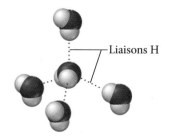

FIGURE 7.25 **Liaisons hydrogène dans l'eau**

Une molécule d'eau peut former quatre liaisons hydrogène fortes avec quatre autres molécules d'eau.

d'eau et la nature hautement polaire des liaisons O-H font en sorte que la molécule présente un moment dipolaire important. Les deux H fortement polaires de l'eau et les deux doublets libres portés par l'oxygène permettent à la molécule de former des liaisons hydrogène fortes avec quatre autres molécules d'eau (**figure 7.25**). C'est ce qui explique ce point d'ébullition relativement élevé. Par ailleurs, la forte polarité de l'eau lui permet également de dissoudre de nombreux autres composés polaires et ioniques, et même un certain nombre de gaz non polaires comme le dioxygène et le dioxyde de carbone (qui possèdent de petits atomes fortement électronégatifs pouvant s'associer aux hydrogènes fortement polaires de l'eau). C'est pourquoi l'eau est le principal solvant dans les organismes vivants et qu'elle peut assurer le transport des nutriments et d'autres composés importants dans tout l'organisme. L'eau est également le principal solvant de l'environnement; elle permet aux animaux aquatiques de survivre en absorbant l'oxygène dissous et elle donne la possibilité à certains organismes photosynthétiques (algues vertes et phytoplancton) d'assurer leur existence en utilisant le dioxyde de carbone dissous.

L'eau a une capacité calorifique massique exceptionnellement élevée. Elle peut absorber beaucoup de chaleur avant que sa température ne s'élève. Cette propriété de l'eau a un effet régulateur sur le climat des villes côtières (voir la section 7.5, p. 304). Dans certaines villes, comme San Francisco par exemple, la variation quotidienne de la température peut être inférieure à 10 °C. Sans eau, les fluctuations quotidiennes de température sur notre planète pourraient ressembler davantage à celles observées sur Mars, où l'on a enregistré des écarts de 63 °C entre la nuit et le milieu du jour. Imaginez que vous vous éveillez à des températures sous le point de congélation pour ensuite rôtir à des températures estivales du désert dans l'après-midi!

La façon dont l'eau gèle est également unique. Contrairement aux autres substances qui se contractent en gelant, l'eau prend de l'expansion. Par conséquent, la glace est moins dense que l'eau liquide et elle flotte à la surface. Cette propriété en apparence banale a pourtant d'énormes conséquences. En hiver, la couche de glace isole l'eau dans le lac et l'empêche de geler davantage. Si cette couche de glace s'enfonçait, elle détruirait les organismes aquatiques vivant au fond de l'eau et le lac risquerait de geler jusqu'au fond, éliminant ainsi presque toute vie du lac.

Par contre, à cause de l'expansion que l'eau gelée prend, la plupart des organismes ne survivent pas au gel. En effet, la glace provoque souvent la rupture des membranes cellulaires, tout comme l'eau qui gèle dans un tuyau le fait éclater. Beaucoup d'aliments, notamment ceux dont le contenu en eau est élevé, supportent mal le gel. Avez-vous déjà essayé, par exemple, de congeler vos propres légumes? Si vous placez de la laitue ou des épinards dans le congélateur, ils seront flasques et endommagés lors du dégel.

Vous êtes maintenant en mesure de faire les exercices 23 à 26 et 52.

7.8 Changements d'état

La matière existe principalement sous forme gazeuse, liquide ou solide. Des variations de pression et de température permettent aux atomes et aux molécules qui composent les substances de passer d'un état à l'autre. Le passage de l'état gazeux à l'état liquide et les transitions entre les états liquide et solide s'expliquent par les variations d'intensité des forces intermoléculaires ou de liaison qui assurent la cohésion des substances. Certains solides possèdent également une pression de vapeur, tout comme les liquides volatils, ce qui leur permet de passer à l'état gazeux sans passer par l'état liquide, un processus appelé sublimation. Nous verrons enfin qu'outre les états solide, liquide et gazeux, il existe des états particuliers comme l'état fluide supercritique où la matière acquiert des comportements insolites.

Ébullition et condensation

Nous avons vu à la section 7.5 que certains liquides dits volatils s'évaporent spontanément dans les conditions normales. Toutefois, le processus est relativement lent, car seule une partie des molécules ou des atomes de la substance dispose de l'énergie nécessaire pour se vaporiser. Plus la température de la substance s'élève, plus sa pression de vapeur augmente (c'est-à-dire qu'il y a plus de molécules ou d'atomes ayant l'énergie nécessaire pour s'échapper à l'état gazeux).

Le **point d'ébullition** d'un liquide est *la température à laquelle sa pression de vapeur est égale à la pression externe*. Au point d'ébullition, toutes les molécules d'une substance possèdent suffisamment d'énergie pour se vaporiser. L'énergie thermique est alors suffisante pour que les molécules contenues dans le liquide (pas seulement celles à la surface) se libèrent des forces de cohésion qui les retiennent à leurs voisines et passent à l'état gazeux (**figure 7.26**). Elles se déplacent alors librement les unes par rapport aux autres. Les bulles qu'on aperçoit dans l'eau bouillante sont des poches d'eau à l'état de gaz qui se sont formées dans l'eau liquide. Les bulles remontent à la surface et s'échappent sous forme de gaz ou de vapeur d'eau. Le contraire de l'ébullition est la condensation, durant laquelle un gaz se transforme en liquide. À l'inverse de l'ébullition, la **condensation** se produit lorsque l'énergie cinétique des molécules n'arrive plus à vaincre les forces de cohésion. Les molécules s'agglomèrent alors et passent à l'état liquide.

FIGURE 7.26 Ébullition

Un liquide bout quand l'énergie thermique est assez grande pour forcer les molécules à l'intérieur du liquide à passer à l'état gazeux, formant des bulles qui montent à la surface.

Le **point d'ébullition normal** d'un liquide est *la température à laquelle sa pression de vapeur est égale à 1 atm* (ou 101,3 kPa). Le point d'ébullition normal de l'eau pure est de 100 °C. Cependant, lorsque la pression est plus faible, l'eau bout à une température plus basse. Ainsi, à Denver, au Colorado, où l'altitude est de 1600 m au-dessus du niveau de la mer, la pression atmosphérique moyenne est environ 83 % de celle au niveau de la

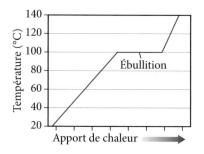

La température de l'eau demeure à 100 °C durant l'ébullition.

Le terme fusion est utilisé pour la fonte des solides parce que si on chauffe plusieurs cristaux d'un solide, ils *fusionnent* en un liquide continu en fondant.

FIGURE 7.28 **Température au cours de la fusion**

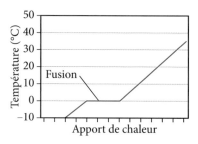

La température de l'eau au cours de la fusion demeure à 0,0 °C aussi longtemps qu'il reste de l'eau solide et liquide.

FIGURE 7.29 **Sublimation de la glace**

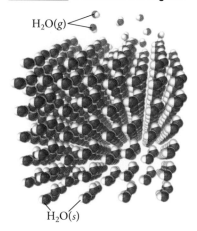

Les molécules d'eau à la surface d'un cube de glace peuvent se sublimer directement à l'état gazeux.

mer, et l'eau bout aux alentours de 94 °C. Pour cette raison, il est un peu plus long de faire cuire des aliments dans l'eau bouillante à Denver qu'à San Francisco (qui est au niveau de la mer). Une fois que le point d'ébullition d'un liquide est atteint, le fait de chauffer plus fort ne fait qu'accélérer l'ébullition ; cela n'élève pas la température du liquide au-dessus de son point d'ébullition, comme le montre la *courbe de chauffage* de la **figure 7.27**. Par conséquent, l'eau bouillante à pression normale aura toujours une température de 100 °C. *Tant que de l'eau liquide est présente, la chaleur sert à briser les forces de cohésion et sa température ne peut pas augmenter au-dessus de son point d'ébullition*. Cependant, une fois que toute l'eau a été convertie en vapeur, la température de celle-ci peut alors continuer à augmenter au-dessus de 100 °C.

Fusion et congélation

Prenons maintenant un bloc de glace et examinons ce qui se passe à l'échelle moléculaire quand on augmente sa température. Nous avons vu qu'à l'état solide, l'eau établit un maximum de ponts hydrogène : les molécules ne peuvent donc se déplacer et ne font que vibrer. Quand l'énergie thermique augmente, la vibration des molécules d'eau devient de plus en plus intense et se fait avec de plus en plus d'amplitude, ce qui éloigne les molécules légèrement les unes des autres. Au **point de fusion** (0 °C pour l'eau), les molécules ont suffisamment d'énergie thermique pour s'éloigner les unes des autres et affaiblir les forces intermoléculaires qui les maintiennent à leurs points stationnaires. Ces molécules peuvent alors se mettre à rouler et à glisser, et le solide se transforme en liquide. Ce processus est appelé **fusion**. Une fois le point de fusion atteint, un chauffage additionnel ne fait qu'augmenter la vitesse de fusion, car toute l'énergie fournie ne sert qu'à affaiblir les forces intermoléculaires tant que la structure cristalline du solide n'est pas complètement détruite ; la température du solide ne s'élève pas au-dessus de son point de fusion (**figure 7.28**). C'est seulement une fois que toute la glace a fondu que l'énergie du chauffage pourra faire monter la température de l'eau liquide au-dessus de 0 °C. Un mélange d'eau *et* de glace aura toujours une température de 0 °C (à une pression normale). Le contraire de la fusion est la **congélation**, au cours de laquelle un liquide se solidifie. Lorsqu'on refroidit une substance, l'énergie thermique diminue et les forces intermoléculaires deviennent de plus en plus grandes et finissent par immobiliser les atomes ou les molécules les uns par rapport aux autres.

Sublimation et déposition

Même si un bloc de glace est solide, les molécules d'eau possèdent de l'énergie thermique et cette énergie fait vibrer chacune de ces molécules autour d'un point fixe. Comme dans les liquides, il se trouve que certaines molécules d'un bloc de glace auront plus d'énergie thermique que la moyenne et d'autres en auront moins. Celles qui ont suffisamment d'énergie thermique peuvent s'échapper de la surface de la glace. En effet, ces molécules sont retenues moins solidement qu'à l'intérieur du bloc de glace en raison du moins grand nombre de molécules voisines, ce qui leur permet de passer directement dans la phase gazeuse (**figure 7.29**). Ce processus est appelé **sublimation**. Certaines des molécules d'eau à l'état gazeux (celles qui se trouvent à l'extrémité inférieure de la courbe de distribution d'énergie pour les molécules de gaz) peuvent entrer en collision avec la surface de la glace et être capturées par les forces intermoléculaires avec d'autres molécules. Ce processus inverse de la sublimation est appelé **déposition** ou **condensation solide** et définit la transition du gaz au solide. Comme dans le cas des liquides, la pression d'un gaz en équilibre dynamique avec son solide est la pression de vapeur du solide, aussi appelée pression de sublimation du solide.

Bien que la sublimation et la déposition se produisent à la surface d'un bloc de glace exposé à l'air à −10 °C, la sublimation se produit habituellement à une vitesse plus grande que la déposition parce que la majorité des molécules nouvellement sublimées s'échappent

---

* On se sert de cette propriété dans l'utilisation d'un bain-marie en cuisine. Ce procédé permet de faire fondre des aliments (beurre ou chocolat) sans altérer la nature des molécules dont les liaisons covalentes sont sensibles à des températures légèrement plus élevées qu'à la température que peut atteindre un bain-marie.

dans l'atmosphère environnante et ne reviennent jamais. Il en résulte une diminution notable de la taille du bloc de glace avec le temps (même si la température est inférieure au point de fusion).

Si vous vivez dans une région aux hivers rigoureux, vous avez peut-être remarqué qu'une partie de la glace et de la neige au sol disparaît même si la température demeure inférieure à 0 °C. De même, des cubes de glace qui séjournent longtemps au congélateur perdent lentement de leur volume, même si le congélateur est toujours réglé à une température bien inférieure à 0 °C. Dans les deux cas, la glace se sublime, passant directement à l'état de vapeur d'eau. La glace se sublime également dans les aliments congelés. Vous avez peut-être remarqué, par exemple, l'apparition et la croissance graduelle de cristaux de glace sur les aliments à *l'intérieur* des sacs de plastique refermables dans votre congélateur. Les cristaux de glace sont composés d'eau qui s'est sublimée des aliments et qui s'est redéposée à la surface interne du sac ou à la surface des aliments. C'est pour cette raison que les aliments qui restent trop longtemps dans un congélateur semblent secs et ratatinés. Il est toutefois possible d'éviter cette déshydratation jusqu'à un certain point en congelant les aliments à des températures plus froides. Durant cette opération, appelée surgélation, la température plus froide fait baisser la pression de vapeur de la glace, ce qui protège les aliments plus longtemps. La viande brûlée par le froid au congélateur est une autre manifestation courante de la sublimation. Lorsque la viande n'est pas conservée de façon appropriée (c'est-à-dire quand son contenant n'est pas fermé hermétiquement), la sublimation se poursuit au même rythme : la surface se décolore et la viande perd sa saveur et sa texture.

Le dioxyde de carbone solide, ou glace sèche, qui ne fond pas à pression atmosphérique, peu importe la température, est une substance normalement associée à la sublimation. En effet, à −78 °C, les molécules de CO_2 possèdent suffisamment d'énergie pour quitter la surface de la glace sèche et devenir gazeuses par sublimation.

Les cristaux de glace qui se forment sur les aliments congelés sont dus à la sublimation de l'eau des aliments et à la redéposition des cristaux à leur surface.

La glace sèche (CO_2 solide) se sublime, mais ne fond pas à pression atmosphérique.

EXEMPLE 7.6 | **Changements de phase**

Expliquez ce qui se passe au niveau moléculaire lorsque l'eau

(a) passe de l'état solide à l'état liquide ;   **(c)** passe de l'état liquide à l'état solide ;

(b) passe de l'état liquide à l'état gazeux ;   **(d)** passe de l'état gazeux à l'état liquide.

SOLUTION

(a) À l'état solide, les molécules d'eau forment un maximum de ponts hydrogène avec les molécules qui les entourent. Elles sont immobiles les unes par rapport aux autres et ne font que vibrer. Lorsque l'eau passe à l'état liquide, l'énergie cinétique des molécules d'eau (proportionnelle à la température de l'eau) devient suffisamment élevée pour affaiblir les ponts hydrogène de façon appréciable. Bien qu'ils soient toujours présents, ils sont moins efficaces et les molécules peuvent rouler et glisser les unes par rapport aux autres.

(b) À l'état liquide, bien que les ponts hydrogène soient présents, les molécules peuvent rouler et glisser les unes par rapport aux autres. Lorsque l'eau passe à l'état gazeux, l'énergie cinétique des molécules d'eau devient suffisante (la température est suffisamment élevée) pour que la molécule échappe aux forces de cohésion intermoléculaires. Les molécules peuvent alors se déplacer à grande vitesse dans toutes les directions indépendamment les unes des autres.

(c) À l'état liquide, bien que les ponts hydrogène soient présents, les molécules peuvent rouler et glisser les unes par rapport aux autres. Lorsqu'on refroidit l'eau, l'énergie cinétique des molécules diminue et les forces de cohésion intermoléculaires (ponts hydrogène) deviennent de plus en plus efficaces, jusqu'à immobiliser les molécules les unes par rapport aux autres.

(d) À l'état gazeux, les molécules se déplacent à grande vitesse dans toutes les directions indépendamment les unes des autres. Les forces intermoléculaires sont négligeables par rapport à l'énergie cinétique des molécules. Lorsqu'on refroidit la substance, l'énergie cinétique diminue et les forces de cohésion intermoléculaires (les ponts hydrogène dans le cas de l'eau) deviennent de plus en plus efficaces, jusqu'à créer une cohésion entre les molécules.

EXERCICE PRATIQUE 7.6

La glace sèche, $CO_2(s)$, se sublime spontanément à température ambiante. Expliquez ce qui se passe au niveau moléculaire lors de ce processus.

Point critique : transition vers un état inhabituel de la matière

Nous avons considéré la vaporisation d'un liquide dans un contenant ouvert, avec ou sans chauffage, et la vaporisation d'un liquide dans un contenant *scellé* sans chauffage (section 7.5). Observons maintenant ce qui se passe lorsque la vaporisation d'un liquide se passe dans un contenant *scellé en chauffant*. Prenons du *n*-pentane liquide en équilibre avec sa vapeur dans un contenant hermétiquement fermé et placé initialement à 25 °C. À cette température, la pression de vapeur du *n*-pentane est de 0,67 atm. Que se passe-t-il si on chauffe le liquide ? À mesure que la température s'élève, une plus grande quantité de *n*-pentane se vaporise et la pression dans le contenant augmente. À 100 °C, la pression est de 5,5 atm, et à 190 °C, elle est de 29 atm. À mesure qu'une plus grande quantité de *n*-pentane gazeux est forcée d'occuper le même espace, la masse volumique du *gaz* s'élève. En même temps, l'élévation de la température entraîne la diminution progressive de la masse volumique du *liquide*. À 197 °C, le ménisque entre le *n*-pentane liquide et gazeux disparaît, et les états gazeux et liquides se combinent pour former un *fluide supercritique* (**figure 7.30**). Pour toute substance, la *température* à laquelle cette transition se produit est appelée **température critique** (T_c) ; elle représente la température au-dessus de laquelle il ne peut y avoir de liquide (peu importe la pression). La *pression* à laquelle cette transition se produit est appelée **pression critique** (P_c) ; elle représente la pression requise pour entraîner une transition vers un liquide à la température critique.

FIGURE 7.30 **Transition des points critiques**

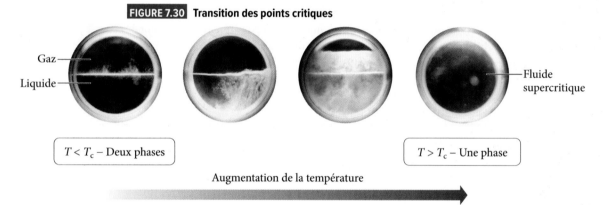

Gaz
Liquide
Fluide supercritique

$T < T_c$ – Deux phases

$T > T_c$ – Une phase

Augmentation de la température

Quand on chauffe du *n*-pentane dans un contenant scellé, il se transforme en fluide supercritique. Au point critique, le ménisque qui sépare le liquide et le gaz disparaît, et le liquide devient supercritique, c'est-à-dire ni liquide, ni gaz.

Courbe de chauffage de l'eau

On peut utiliser l'ensemble des notions que nous venons d'étudier dans cette section pour analyser la courbe de chauffage de 1,00 mol d'eau à une pression de 1,00 atm illustrée à la **figure 7.31**. L'axe des *y* de la courbe de chauffage représente la température d'un échantillon d'eau. L'axe des *x* représente la quantité de chaleur absorbée (en kilojoules) au cours du chauffage. Comme l'indique ce diagramme, on peut découper ce processus en cinq étapes : 1) réchauffement de la glace ; 2) fusion de la glace en eau liquide ; 3) réchauffement de l'eau liquide ; 4) vaporisation (ou ébullition) de l'eau liquide en vapeur ; et 5) réchauffement de la vapeur.

Durant deux de ces étapes (2 et 4), la température demeure constante alors que la chaleur est ajoutée, parce que cette chaleur sert à affaiblir ou à briser les liaisons ou les interactions entre les molécules, et non à élever la température. Les deux états (gaz-liquide ou liquide-solide) sont en équilibre au cours de la transition et la température demeure constante.

Au cours des trois autres étapes (1, 3 et 5), la température augmente de façon linéaire. Ces étapes représentent le réchauffement d'un seul état dans lequel la chaleur déposée augmente la température en accord avec la capacité calorifique massique de la substance ($q = mC_{substance}\Delta T$).

FIGURE 7.31 **Courbe de chauffage de l'eau**

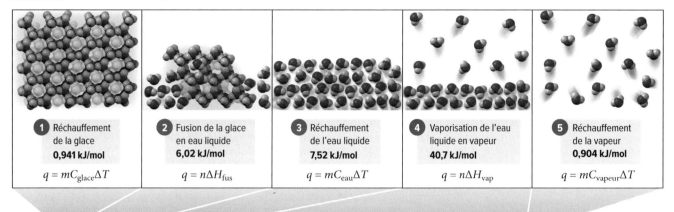

1. Réchauffement de la glace
0,941 kJ/mol
$q = mC_{\text{glace}}\Delta T$

2. Fusion de la glace en eau liquide
6,02 kJ/mol
$q = n\Delta H_{\text{fus}}$

3. Réchauffement de l'eau liquide
7,52 kJ/mol
$q = mC_{\text{eau}}\Delta T$

4. Vaporisation de l'eau liquide en vapeur
40,7 kJ/mol
$q = n\Delta H_{\text{vap}}$

5. Réchauffement de la vapeur
0,904 kJ/mol
$q = mC_{\text{vapeur}}\Delta T$

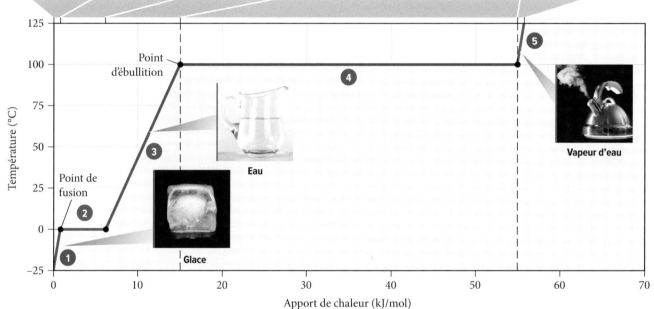

Le graphique présente la température en fonction de la chaleur ajoutée par le chauffage de 1 mol d'eau.

Lien conceptuel 7.2   Refroidir de l'eau avec la glace

La capacité calorifique massique de la glace est $C_{\text{H}_2\text{O, glace}} = 2{,}09$ J/g·°C et la chaleur de fusion de la glace est de 6,02 kJ/mol. Quand on place un petit cube de glace à −10 °C dans une tasse d'eau à température ambiante, qu'est-ce qui joue un plus grand rôle dans le refroidissement de l'eau liquide : le réchauffement de la glace de −10 °C à 0 °C ou la fonte de la glace ?

Vous êtes maintenant en mesure de faire les exercices 27 à 31, 47, 56 et 58.

7.9   Diagrammes de phases

Dans la majeure partie du présent chapitre, nous avons étudié comment l'état d'une substance se transforme. Nous allons voir maintenant qu'il est possible de considérer simultanément l'influence de la température et de la pression sur l'état d'une substance donnée dans un graphique appelé *diagramme de phases*. Un **diagramme de phases** est une représentation graphique de l'état d'une substance en fonction de la pression (sur l'axe des *y*) et de la température (sur l'axe des *x*). Nous examinerons d'abord les principales caractéristiques d'un diagramme de phases, puis nous aborderons son interprétation.

Principales caractéristiques d'un diagramme de phases

À titre d'exemple, considérons le diagramme de phases de l'eau (**figure 7.32**). L'axe des *y* présente la pression en atmosphères et l'axe des *x* montre la température en degrés Celsius. Les principales caractéristiques du diagramme de phases peuvent être catégorisées en aires, en courbes et en points. Examinons individuellement chacun de ces éléments.

FIGURE 7.32 Diagramme de phases de l'eau

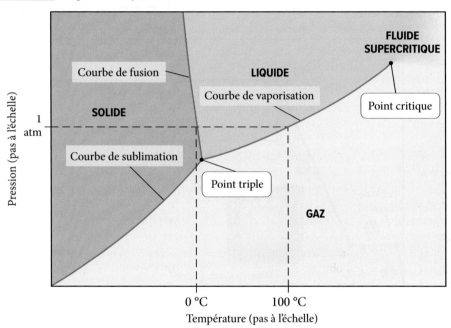

Aires

Chacune des trois aires – solide, liquide et gaz – dans le diagramme de phases représente les conditions dans lesquelles cet état particulier est stable. Par exemple, à toutes les températures et pressions dans l'aire du liquide de ce diagramme de phases, le liquide est l'état stable. Remarquez que le point à 25 °C et à 101,3 kPa pour l'eau se situe dans l'aire du liquide, comme on le sait d'après notre expérience quotidienne. En général, une faible température et une pression élevée favorisent l'état solide : une température élevée et une pression faible favorisent l'état gazeux ; et des conditions intermédiaires favorisent l'état liquide. Un échantillon de matière qui n'est pas dans l'état indiqué par son diagramme de phases pour un ensemble donné de conditions se transformera dans cet état lorsqu'on lui imposera ces conditions. Par exemple, la vapeur que l'on refroidit à température ambiante à 101,3 kPa se condensera en liquide.

Courbes

Chacune des courbes (lignes) dans le diagramme de phases représente un ensemble de températures et de pressions dans lesquelles la substance est en équilibre entre les deux états de part et d'autre de la courbe. Par exemple, dans le diagramme de phases de l'eau, considérons la courbe qui commence juste après 0 °C et sépare le liquide du gaz. Cette ligne correspond à la courbe de vaporisation de l'eau (aussi appelée courbe de pression de vapeur telle qu'illustrée à la figure 7.16). À toutes les températures et pressions qui se situent le long de cette courbe, les états liquide et gazeux de l'eau sont également stables et en équilibre. Par exemple, à 100 °C et à une pression de 1 atm, l'eau et sa vapeur sont en équilibre ; elles sont également stables et coexistent. Les deux autres courbes principales dans un diagramme de phases sont la courbe de sublimation (qui sépare le solide et le gaz) et la courbe de fusion (qui sépare le solide et le liquide).

Point triple

Dans un diagramme de phases, *le* **point triple** *représente l'unique ensemble de conditions dans lesquelles les trois états sont également stables et en équilibre.* Dans le diagramme de phases de l'eau, le point triple se situe à 0,0098 °C et à 0,006 03 atm. Dans ces conditions uniques (et seulement dans ces conditions), les états solide, liquide et gazeux de l'eau sont également stables et en équilibre.

On peut utiliser, par exemple, le point triple d'une substance comme l'eau pour calibrer un thermomètre ou un manomètre avec une température et une pression connues.

Point critique

Comme nous l'avons appris à la section 7.8, à la température et à la pression critiques, les états liquide et gazeux fusionnent en un *fluide supercritique*. Le **point critique** dans un diagramme de phases représente la température et la pression au-dessus desquelles un fluide supercritique existe.

Interprétation d'un diagramme de phases

Les changements de température ou de pression d'un échantillon peuvent être représentés par un déplacement dans un diagramme de phases. Considérons le diagramme de phases du dioxyde de carbone (glace sèche) illustré à la **figure 7.33**. Une augmentation de la température d'un bloc de dioxyde de carbone solide à pression normale peut être indiquée par un déplacement horizontal dans le diagramme de phases comme le montre le trait horizontal A, qui traverse la courbe de sublimation à −78,5 °C. À cette température, le solide se sublime en gaz, comme vous pouvez l'avoir déjà observé dans le cas de la glace sèche. Un changement de pression peut être indiqué par un déplacement vertical dans le diagramme de phases. Par exemple, on pourrait convertir en liquide un échantillon de dioxyde de carbone gazeux à 0 °C et à pression normale en augmentant la pression, comme le montre le trait B. Bien qu'aux conditions ambiantes la glace sèche se sublime spontanément, il est possible d'obtenir du dioxyde de carbone liquide à une température de 0 °C si la pression est supérieure à 49,4 atm. Remarquez que la courbe de fusion du dioxyde de carbone a une pente positive (à mesure que la température augmente, la pression augmente également), contrairement à la courbe de fusion de l'eau, dont la pente est négative. Le comportement du dioxyde de carbone est plus typique que celui de l'eau. Dans les diagrammes de phases de la plupart des substances, la courbe de fusion a une pente positive parce que l'augmentation de la pression favorise la phase la plus dense, qui pour la majorité des substances est l'état solide. Dans le cas de l'eau, nous avons vu à la section 7.7 que la structure solide formée par les ponts hydrogène est moins dense que l'état liquide.

FIGURE 7.33 **Diagramme de phases du dioxyde de carbone**

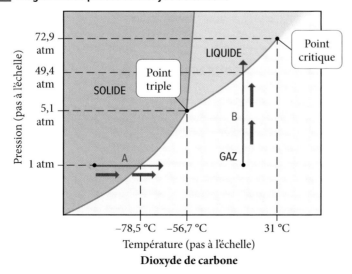

Dioxyde de carbone

EXEMPLE 7.7 Interprétation d'un diagramme de phases

L'hexafluorure d'uranium (UF$_6$), appelé «hex» dans l'industrie nucléaire, est un substrat de base dans la production de carburant pour les réacteurs. Observez le diagramme de phases suivant et répondez à chacune des questions.

(a) Quel est le point de sublimation solide à la pression normale de l'hexafluorure d'uranium?

(b) À partir de quelles conditions de pression l'hexafluorure d'uranium peut-il exister à l'état liquide?

(c) Dans quel état se trouve l'hexafluorure d'uranium à température ambiante et à pression atmosphérique normale?

(d) Dans quel état se trouve l'hexafluorure d'uranium à 135 °C et à 1,0 atm?

SOLUTION

(a) À une pression de 1,0 atm, l'UF$_6$ passe de l'état solide à l'état gazeux à une température d'environ 55 °C.

(b) L'UF$_6$ peut exister à l'état liquide lorsque la pression est supérieure à 1,5 atm environ.

(c) À 25 °C et à 1,0 atm, l'UF$_6$ est solide.

(d) À 135 °C et à 1,0 atm, l'UF$_6$ est gazeux.

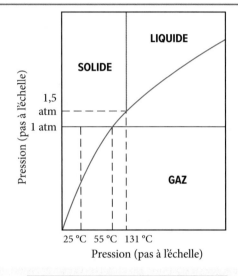

EXERCICE PRATIQUE 7.7

Le point d'ébullition normal de l'éthanol est de 78,0 °C et son point de fusion (à 1 atm) de −114 °C. Sa température critique est de 241 °C et sa pression critique, de 60,6 atm. Son point triple est à −123 °C pour une pression de 4,24 × 10^{-9} atm. Tracez le diagramme de phases de l'éthanol. L'éthanol a-t-il un état solide stable à 1 atm?

EXERCICE PRATIQUE SUPPLÉMENTAIRE 7.7

Le carbone existe sous deux formes à l'état solide: le graphite, plus commun, et le diamant. Observez le diagramme de phases suivant et expliquez pourquoi le diamant est si peu abondant dans la nature.

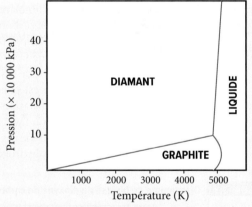

Lien conceptuel 7.3 Diagrammes de phases

Une substance a un point triple à −24,5 °C et à 0,295 atm. Quelle transformation est la plus susceptible d'arriver à un échantillon solide de cette substance lorsqu'il est chauffé de −35 °C à 0 °C à une pression de 0,290 atm?

(a) Le solide fond et devient liquide.

(b) Le solide se sublime en gaz.

(c) Rien (le solide demeure solide).

Vous êtes maintenant en mesure de faire les exercices 32 à 37, 40, 41, 48 et 55.

RÉSUMÉ DU CHAPITRE

Termes clés (voir le glossaire)

Amorphe (p. 294)
Capillarité (p. 301)
Condensation (p. 302 et 315)
Congélation (p. 316)
Cristallin (p. 293)
Déposition (condensation
   solide) (p. 316)
Diagramme de phases (p. 319)
Équilibre dynamique (p. 304)
Fusion (p. 316)
Gaz parfait (p. 298)

Loi des gaz parfaits (p. 297)
Non volatil (p. 303)
Point critique (p. 321)
Point d'ébullition (p. 315)
Point d'ébullition normal
   (p. 315)
Point de fusion (p. 316)
Point triple (p. 321)
Pression critique (P_c) (p. 318)
Pression de vapeur (p. 305)
Solide atomique (p. 309)

Solide atomique covalent
   (solide macromoléculaire)
   (p. 310)
Solide atomique du groupe
   des gaz nobles (p. 309)
Solide atomique métallique
   (p. 309)
Solide ionique (p. 308)
Solide moléculaire (p. 307)
Sublimation (p. 316)

Température critique (T_c)
   (p. 318)
Température et pression
   normales (TPN) (p. 295)
Tension superficielle (p. 299)
Théorie cinétique des gaz
   (p. 295)
Vaporisation ou évaporation
   (p. 302)
Viscosité (p. 300)
Volatil (p. 303)

Concepts clés

Dégel du pergélisol (7.1)

→ Les états de la matière influent sur l'environnement. Qu'elle soit à l'état solide ou à l'état liquide, l'eau contenue dans les sols influe sur leur stabilité.

→ Le pergélisol est un type de sol gelé en permanence présent surtout dans les couches inférieures du sol des régions arctiques. Le réchauffement climatique entraîne la fonte de ce pergélisol, ce qui déstabilise les infrastructures et les immeubles. Il libère également différentes substances chimiques et biologiques qui y avaient été emprisonnées au fil du temps.

États de la matière (7.2)

→ Les trois principaux états de la matière sont l'état gazeux, l'état liquide et l'état solide.

→ Les forces qui maintiennent les molécules et les atomes ensemble dans un liquide ou un solide sont les forces intermoléculaires ou les forces de liaison. L'intensité des forces dans une substance détermine son état.

Gaz (7.3)

→ La théorie cinétique moléculaire est un modèle quantitatif simple permettant de décrire et de prédire le comportement des gaz. Ce modèle prend en compte trois hypothèses : 1) la taille des particules de gaz est négligeable ; 2) l'énergie cinétique moyenne d'une particule de gaz est proportionnelle à la température en kelvins ; 3) la collision d'une particule de gaz avec une autre est complètement élastique (les particules ne collent pas ensemble).

→ La loi des gaz parfaits, $PV = nRT$, découle de la théorie cinétique des gaz et donne la relation entre la pression, la température, le volume et la quantité d'un gaz. Toutefois, cette loi n'est valable que pour les gaz à faible pression et à température relativement élevée dans lesquels les forces intermoléculaires sont pratiquement inexistantes et que le volume (la taille) des molécules est négligeable par rapport au volume du contenant.

Liquides (7.4 et 7.5)

→ La tension superficielle est le résultat de la tendance des liquides à réduire au minimum leur surface afin d'accroître autant que possible les interactions entre leurs particules constituantes, abaissant ainsi leur énergie potentielle. La tension superficielle permet aux gouttelettes d'eau de former des sphères et aux insectes et aux mouches artificielles des pêcheurs de se maintenir à la surface de l'eau.

→ La viscosité est la résistance d'un liquide à l'écoulement. La viscosité s'accroît avec l'augmentation de l'intensité des forces intermoléculaires ; elle diminue lorsque la température augmente.

→ La capillarité est la capacité d'un liquide à s'élever contre la gravité dans un tube mince. Elle est le résultat des forces d'adhésion (l'attraction entre les molécules et la surface du tube) et des forces de cohésion (l'attraction entre les molécules dans le liquide).

→ La vaporisation est le passage de l'état liquide à l'état gazeux. Elle se produit quand l'énergie thermique surmonte les forces présentes dans un liquide. La vaporisation est endothermique et la vitesse de vaporisation s'accroît sous l'effet de l'augmentation de la température, de l'augmentation de la surface et de la diminution de l'intensité des forces intermoléculaires.

→ Dans un contenant scellé, une solution et sa vapeur forment un équilibre dynamique lorsque la vitesse de vaporisation égale la vitesse de condensation. La pression d'un gaz en équilibre dynamique avec son liquide est appelée pression de vapeur.

→ La pression de vapeur d'une substance s'accroît avec l'augmentation de la température et avec la diminution de l'intensité des forces intermoléculaires.

Solides (7.6)

→ Les principaux types de solides sont les solides moléculaires, ioniques et atomiques. Les solides atomiques peuvent être subdivisés en trois catégories différentes : du groupe des gaz nobles, métalliques et covalents.

Caractère unique de l'eau (7.7)

→ L'eau est liquide à la température ambiante malgré son nombre d'électrons relativement faible. L'eau forme de fortes liaisons hydrogène, ce qui explique son point d'ébullition élevé.

→ La polarité élevée de l'eau lui permet de dissoudre de nombreux composés polaires et ioniques, et même des gaz non polaires.

→ L'eau prend de l'expansion en gelant, de sorte que la glace est moins dense que l'eau liquide.

Changements d'état (7.8)

→ Le point d'ébullition d'un liquide est la température à laquelle sa pression de vapeur égale la pression externe. L'inverse est la condensation.

→ La fusion est la transition de l'état solide à l'état liquide. L'inverse est la congélation.

→ L'énergie nécessaire à la fusion est généralement inférieure à celle de la vaporisation parce qu'il n'est pas nécessaire de surmonter toutes les forces intermoléculaires pour que la fusion se produise.

→ La sublimation est la transition de liquide à gaz. L'inverse est la déposition, ou condensation solide.

→ Lorsqu'on chauffe un liquide dans un contenant scellé, il finit par former un fluide supercritique qui a des propriétés intermédiaires entre un liquide et un gaz. Ce processus se produit à la température critique et à la pression critique.

Diagrammes de phases (7.9)

→ Un diagramme de phases est un diagramme représentant les états d'une substance en fonction de sa pression (axe des *y*) et de sa température (axe des *x*).

→ Les aires dans un diagramme de phases représentent les conditions dans lesquelles existe un seul état stable (solide, liquide, gazeux).

→ Les courbes représentent les conditions dans lesquelles deux états sont en équilibre.

→ Le point triple représente les conditions dans lesquelles les trois phases coexistent.

→ Le point critique est la température et la pression au-dessus desquelles un fluide supercritique existe.

Équations et relations clés

Relation entre la pression (*P*), la force (*F*) et la surface (*A*) (7.3)

$$P = \frac{F}{A}$$

Loi des gaz parfaits (7.3)

$$PV = nRT$$

EXERCICES

 facile   *moyen*   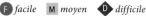 *difficile*

Problèmes par sujet

Gaz (7.3)

F 1. Soit un échantillon d'hélium gazeux de 1,0 L et un échantillon d'argon gazeux de 1,0 L, tous les deux à température ambiante et à pression atmosphérique.
(a) Les atomes dans l'échantillon d'hélium ont-ils la même *énergie cinétique moyenne* que les atomes dans l'échantillon d'argon?
(b) Les atomes dans l'échantillon d'hélium ont-ils la même *vitesse moyenne* que celle des atomes dans l'échantillon d'argon?
(c) Les atomes d'argon exercent-ils une plus grande pression sur les parois du contenant étant donné qu'ils ont une masse plus grande? Expliquez votre réponse.

F 2. Un ballon à température ambiante contient des quantités parfaitement égales d'azote et de xénon (en moles).
(a) Quel gaz exerce la plus grande pression partielle?
(b) Dans lequel de ces deux gaz les molécules ou les atomes possèdent-ils la plus grande vitesse moyenne?
(c) De quel gaz les molécules ont-elles la plus grande énergie cinétique moyenne?

F 3. Quel postulat de la théorie cinétique moléculaire n'est plus valide dans des conditions de pression élevée? Expliquez votre réponse.

F 4. Quel postulat de la théorie cinétique moléculaire n'est plus valide dans des conditions de basse température? Expliquez votre réponse.

Liquides (7.4 et 7.5)

F 5. Selon vous, quel composé a la plus grande tension superficielle, l'acétone [$(CH_3)_2CO$] ou l'eau (H_2O)? Expliquez votre réponse.

M 6. L'eau **(a)** «mouille» certaines surfaces et perle sur d'autres. Le mercure **(b)**, au contraire, perle sur presque toutes les surfaces. Expliquez cette différence.

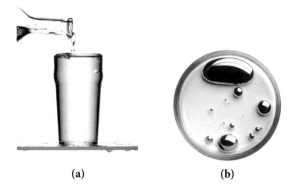

(a)   **(b)**

F 7. Les structures de deux formes de l'heptane sont illustrées ci-dessous. Selon vous, lequel de ces deux composés a la plus grande viscosité?

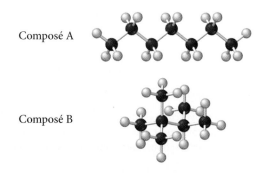

Composé A

Composé B

D 8. La viscosité de l'huile à moteur est une propriété importante pour le bon fonctionnement d'un moteur. Les huiles à moteur multigrades contiennent des polymères (longues molécules composées d'unités structurales répétitives) qui s'enroulent à basse température, mais se déroulent à températures élevées. Expliquez pourquoi ce phénomène contribue à ce que la viscosité de l'huile à moteur soit moins influencée par la température qu'elle ne le serait autrement.

M 9. L'eau dans un tube de verre qui contient de la graisse ou des résidus d'huile présente un ménisque plat (gauche), alors que l'eau dans un tube propre présente un ménisque concave (droite). Expliquez votre réponse.

M 10. Lorsqu'un mince tube de verre *tenu verticalement est mis en contact avec de l'eau*, l'eau monte de 1,4 cm. Lorsque le même tube est placé dans l'hexane, l'hexane s'élève de seulement 0,4 cm. Expliquez votre réponse.

F 11. Quel échantillon s'évaporera le plus rapidement : 55 mL d'eau dans un bécher dont l'ouverture mesure 4,5 cm de diamètre, ou 55 mL d'eau dans un plat mesurant 12 cm de diamètre ? La pression de vapeur de l'eau sera-t-elle différente dans les deux contenants ? Expliquez votre réponse.

F 12. Quel échantillon s'évaporera le plus rapidement : 55 mL d'eau (H_2O) dans un bécher ou 55 mL d'acétone [$(CH_3)_2CO$] dans un bécher identique et dans les mêmes conditions ? La pression de vapeur des deux substances est-elle différente ? Expliquez votre réponse.

M 13. Le fait de verser de l'eau à température ambiante sur votre peau par une journée chaude vous rafraîchit, mais ce n'est pas le cas lorsque vous y déposez de l'huile végétale (à la même température que l'eau). Expliquez cette différence.

D 14. Pourquoi l'énergie nécessaire pour vaporiser de l'eau est-elle plus grande à température ambiante qu'elle ne l'est au point d'ébullition ?

Solides (7.6)

F 15. Dites si chacun des solides suivants est moléculaire, ionique ou atomique.
(a) $Ar(s)$. (b) $H_2O(s)$. (c) $K_2O(s)$. (d) $Fe(s)$.

F 16. Dites si chacun des solides suivants est moléculaire, ionique ou atomique.
(a) $CaCl_2(s)$. (b) $CO_2(s)$. (c) $Ni(s)$. (d) $I_2(s)$.

M 17. Parmi les solides ci-dessous, lequel sera le plus dur ? Expliquez votre réponse.

$Ar(s)$, $CCl_4(s)$, $LiCl(s)$, $CH_3OH(s)$

M 18. Parmi les solides ci-dessous, lequel sera le plus difficile à rayer ? Expliquez votre réponse.

$C(s, \text{diamant})$, $Kr(s)$, $NaCl(s)$, $H_2O(s)$

M 19. Dans chacune des paires, quel solide sera le plus difficile à faire fondre ? Expliquez pourquoi.
(a) $TiO_2(s)$ ou $HOOH(s)$. (c) $Kr(s)$ ou $Xe(s)$.
(b) $CCl_4(s)$ ou $SiCl_4(s)$. (d) $NaCl(s)$ ou $CaO(s)$.

M 20. Dans chacune des paires, quel solide sera le plus difficile à fragmenter ? Expliquez pourquoi.
(a) $Fe(s)$ ou $CCl_4(s)$. (c) $Ti(s)$ ou $Ne(s)$.
(b) $KCl(s)$ ou $HCl(s)$. (d) $H_2O(s)$ ou $H_2S(s)$.

M 21. Bien qu'il s'agisse de deux solides ioniques, le sel de table ($NaCl$) est très soluble dans l'eau tandis que la craie ($CaCO_3$) reste en suspension dans le mélange. Expliquez.

M 22. Le sucre de table ($C_6H_{12}O_6$) et le sel de table ($NaCl$) sont deux substances pures fort utilisées dans l'alimentation. Quand on chauffe l'une et l'autre, on s'aperçoit que le sucre fond à une température beaucoup plus basse (160 °C) que le sel (804 °C). À quelqu'un qui lui demandait à quoi attribuer cette différence, une étudiante de sciences de la nature au cégep a répondu ceci : « C'est parce que dans le sucre les liaisons sont covalentes et que dans le sel les liaisons sont ioniques. Or, les liaisons ioniques sont plus fortes que les covalentes. » Il y a du vrai dans cette affirmation, mais elle n'est pas complètement correcte. Expliquez pourquoi et énoncez une explication plus conforme à la vérité.

Caractère unique de l'eau (7.7)

F 23. Dessinez un schéma à l'échelle moléculaire de l'eau (a) à l'état liquide ; (b) à l'état solide.

M 24. L'eau a un point d'ébullition élevé pour sa masse molaire relativement faible. Expliquez pourquoi.

M 25. Expliquez le rôle de l'eau dans la régulation du climat de la Terre.

M 26. En quoi la masse volumique de l'eau solide comparée à celle de l'eau liquide est-elle atypique parmi les autres substances ? Pourquoi est-ce important ?

Changements d'état et diagrammes de phases (7.8 et 7.9)

F 27. La glace sèche est couramment utilisée à la télévision, au cinéma et au théâtre afin de produire une « fumée » blanche. Lorsque le $CO_2(s)$ est exposé à l'air, il passe directement à l'état gazeux.
(a) Nommez le processus et décrivez ce qui se passe à l'échelle moléculaire.
(b) Le CO_2 gazeux est incolore en réalité. Son passage rapide à l'état gazeux est fortement endothermique, ce qui abaisse la température à proximité de la substance, faisant condenser en fines gouttelettes un autre gaz dont les molécules possèdent des forces de cohésion plus importantes. Lequel à votre avis ?

F 28. Pour chacune des substances ci-dessous, décrivez, en utilisant les divers modèles, ce qui se produit au niveau moléculaire lors de la fusion et lors de l'ébullition du composé.
(a) $H_2O(s)$.
(b) $NaCl(s)$.
(c) $C(s)$.
(d) $CCl_4(s)$.

F **29.** Corrigez chacune des affirmations suivantes.

(a) L'énergie absorbée quand l'ammoniac NH_3 liquide bout est utilisée pour vaincre les liaisons covalentes dans les molécules d'ammoniac.

(b) L'énergie absorbée quand l'iode solide fond est utilisée pour vaincre les liaisons ioniques entre les molécules d'iode.

(c) L'énergie absorbée quand le chlorure de sodium se dissout dans l'eau est utilisée pour former des ions.

(d) L'énergie absorbée quand le cuivre métallique bout est utilisée pour affaiblir les liaisons métalliques délocalisées entre les atomes de cuivre.

M **30.** L'aluminium est, après le fer, le métal le plus utilisé. Léger, il conduit facilement l'électricité et la chaleur et peut être combiné facilement à d'autres métaux pour obtenir des propriétés diverses. Il est utilisé notamment dans les transports (automobiles, avions, vélos, etc.), dans les biens de consommation (ustensiles de cuisine, miroirs, boîtes de conserve, papier d'aluminium, canettes, etc.) et dans la construction (fenêtres, portes, gouttières, etc.). Tracez la courbe de chauffage de l'aluminium si son point de fusion est de 660 °C et son point d'ébullition, de 2519 °C. Expliquez les variations observées.

M **31.** Le fructose est un sucre simple que l'on trouve naturellement dans certains végétaux. Comme son pouvoir sucrant est de 20 % à 40 % plus élevé que le sucre de table habituel (saccharose), il était préconisé autrefois dans les diètes diabétiques. Des études récentes démontrent toutefois qu'il pourrait avoir une certaine toxicité lorsque consommé en grande quantité, particulièrement pour le foie. Tracez la courbe de chauffage du fructose si son point de fusion est de 105 °C et son point d'ébullition, de 552 °C. Expliquez les variations observées.

F **32.** À partir du diagramme de phases ci-dessous, identifiez les états présents aux points *a* à *g*.

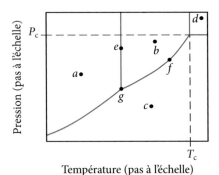

F **33.** Observez le diagramme de phases de l'iode et répondez à chacune des questions.

(a) Quel est le point d'ébullition normal de l'iode ?

(b) Quel est le point de fusion de l'iode à 1,0 atm ?

(c) Dans quel état se trouve l'iode à température ambiante et à pression atmosphérique normale ?

(d) Dans quel état se trouve l'iode à 186 °C et à 1,0 atm ?

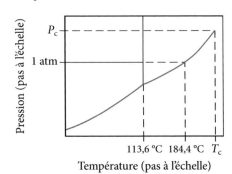

M **34.** Le point d'ébullition normal de l'azote est de 77,3 K et son point de fusion (à 1 atm) de 63,1 K. Sa température critique est de 126,2 K et sa pression critique, de 33,6 atm. Son point triple est à 63,1 K et à 0,124 atm. Tracez le diagramme de phases de l'azote. L'azote a-t-il un état liquide stable à 1 atm ?

M **35.** Le point d'ébullition normal de l'argon est de 87,2 K et son point de fusion (à 1 atm) de 84,1 K. Sa température critique est de 150,8 K et sa pression critique, de 48,3 atm. Son point triple est à 83,7 K et à 0,68 atm. Tracez le diagramme de phases de l'argon. De l'argon solide ou de l'argon liquide, lequel a la plus grande masse volumique ?

D **36.** Le diagramme de phases du soufre est illustré ci-dessous. Les phases rhombique et monoclinique sont deux états solides de structures différentes.

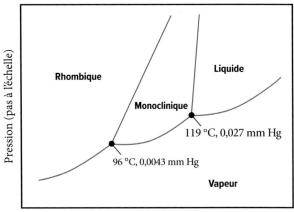

(a) En dessous de quelle pression le soufre solide se sublime-t-il ?

(b) Lequel des deux états solides du soufre est le plus dense ?

D **37.** Le diagramme à haute pression de la glace est illustré ci-dessous. Remarquez qu'à pression élevée, la glace peut exister dans différentes formes solides. Quelles sont les trois formes de glace présentes au point triple indiqué par *O* ? Quelle est la masse volumique de la glace II comparée à celle de la glace I (la forme habituelle de la glace) ? La glace III coule-t-elle ou flotte-t-elle dans l'eau liquide ?

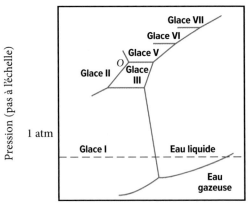

Problèmes récapitulatifs

D 38. La pression de vapeur de l'eau à 25 °C est de 3,17 kPa. Si on place 1,25 g d'eau dans un contenant scellé de 1,5 L, y aura-t-il présence d'un liquide à l'équilibre? Si oui, quelle sera la masse de ce liquide?

D 39. La pression de vapeur de CCl_3F à 300 K est de 1,13 atm. Si on place 11,5 g de CCl_3F dans un contenant scellé de 1,0 L, y aura-t-il présence d'un liquide à l'équilibre? Si oui, quelle sera la masse de ce liquide?

F 40. Examinez le diagramme de phases du dioxyde de carbone illustré à la figure 7.33. Quelles transitions s'effectuent lorsqu'on augmente uniformément la pression sur un échantillon gazeux de dioxyde de carbone de 5,0 atm à −56 °C jusqu'à 75 atm à −56 °C?

D 41. Le tétrachlorure de carbone présente un point triple à 249,0 K et un point de fusion (à 1 atm) de 250,3 K. Le tétrachlorure de carbone est-il plus dense à l'état solide ou à l'état liquide? Expliquez votre réponse.

D 42. Les climatiseurs ne refroidissent pas seulement l'air, mais l'assèchent également. Supposons qu'une pièce d'une maison mesure 6,0 m × 10,0 m × 2,2 m. Si la température extérieure est de 30 °C et la pression de vapeur de l'eau dans l'air est à 85 % de la pression de vapeur de l'eau à cette température, quelle masse d'eau faut-il retirer de l'air chaque fois que le volume d'air de la pièce circule dans le climatiseur? La pression de vapeur de l'eau à 30 °C est de 0,0418 atm.

D 43. Un récipient scellé contient 0,55 g d'eau à 28 °C. La pression de vapeur de l'eau à cette température est de 0,037 32 atm.

Quelle doit être le volume minimal du contenant pour qu'il n'y ait aucune eau liquide dans le récipient?

M 44. Les substances suivantes sont toutes solides aux conditions ambiantes: le chlorure de rubidium (RbCl), le naphtalène ($C_{10}H_8$), le scandium (Sc) et le quartz (SiO_2).
(a) À quelle classe de solides appartient chacune de ces substances? Quelles sont les forces assurant la cohésion du solide dans chaque cas?
(b) Laquelle de ces formules est une formule moléculaire?
(c) Laquelle de ces substances devrait avoir la plus haute température de fusion?
(d) Laquelle devrait avoir la plus basse température de fusion?
(e) Laquelle devrait conduire l'électricité à l'état solide?
(f) Laquelle devrait conduire l'électricité seulement en solution?
(g) Laquelle devrait être malléable?
(h) Laquelle devrait être la plus facile à rayer?
(i) Laquelle devrait être la plus volatile?

M 45. Placez les solides suivants en ordre croissant de points de fusion: C(s), H_2O(s), $C_6H_{12}O_6$(s), $CaCO_3$(s) et CO_2(s), Al(s).

D 46. La substance A fond à −210 °C et bout à −195 °C. La substance B fond à 0 °C et bout à 100 °C. La substance C fond à 1324 °C et bout à 2300 °C. La substance D fond à 3675 °C. Sans déterminer exactement la nature de chacune des substances, dites quelle pourrait être la force de cohésion dominante dans chacune. Justifiez votre raisonnement.

D 47. Associez chacune des courbes de chauffage ci-dessous aux substances suivantes: HF, H_2, SiO_2 et NaCl.

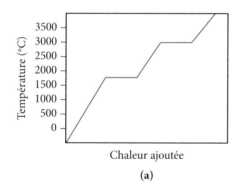

(a)

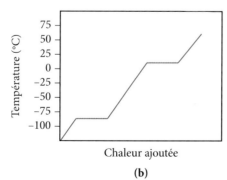

(b)

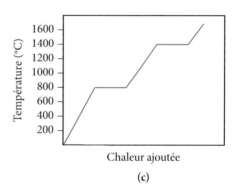

(c)

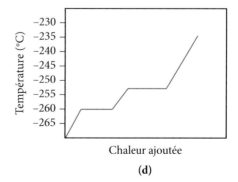

(d)

F 48. En vous reportant au diagramme de phases de CO_2 illustré à la figure 7.33, décrivez les transitions qui se produisent lorsque la température de CO_2 passe de 190 K à 350 K et quand la pression constante est de **(a)** 1 atm, **(b)** 5,1 atm, **(c)** 10 atm, **(d)** 100 atm.

Problèmes défis

49. Lorsqu'on ionise les particules d'un gaz à l'aide d'un fort courant électrique, on obtient un état de la matière appelé *état plasma*, que l'on considère comme le 4e état de la matière. En tenant compte des étoiles, on estime que 99 % de la matière visible est à l'état plasma dans l'Univers. Sur Terre, on l'observe peu. Il se manifeste par temps orageux lors de la formation des éclairs ou encore dans certains objets fabriqués par l'être humain, comme les torches à souder et certains téléviseurs. Bien que les plasmas aient certaines propriétés communes avec les gaz, ils ne répondent pas du tout à la loi des gaz parfaits. Expliquez ce phénomène.

50. Trois récipients de 1,0 L, maintenus à 308 K, sont reliés l'un à l'autre par des robinets. Initialement, les robinets sont fermés. Un des récipients contient 1,0 atm de N_2, le deuxième, 2,0 g de H_2O et le troisième, 0,50 g d'éthanol, C_2H_6O. La pression de vapeur de l'eau à 308 K est de 42 mm Hg et celle de l'éthanol est de 102 mm Hg. Les robinets sont alors ouverts et le contenu des récipients se mélange librement. Quelle est la pression ?

51. Le diamant et le graphite sont deux formes solides du carbone pur. Le diamant est la matière la plus dure existant sur Terre, alors que le graphite s'effrite facilement et est utilisé dans les crayons à mine. Toutefois, la température de fusion du diamant est de 3547 °C, alors que celle du graphite est de 3652 °C. Expliquez cette apparente contradiction.

Problèmes conceptuels

52. Une des prédictions du réchauffement climatique est la fonte des glaces à l'échelle planétaire, ce qui risque de causer des inondations côtières. Les détracteurs de cette prédiction affirment que la fonte des banquises (couche de glace qui se forme à la surface des étendues d'eau) n'augmentera pas le niveau des océans, pas plus que la fonte de la glace dans un verre d'eau n'augmente le niveau de liquide dans le verre. Est-ce une critique valable ? La fonte d'un cube de glace dans un verre d'eau augmente-t-elle le niveau de liquide dans le verre ? Dans l'affirmative ou la négative, expliquez pourquoi. En réponse à cette critique, les scientifiques ont affirmé qu'ils ne sont pas préoccupés par la fonte des banquises, mais plutôt par la fonte des glaciers (masses de glace qui se forment par le tassement de la neige accumulée sur les sols) situés sur le continent de l'Antarctique et sur le Groenland. La fonte de cette glace pourrait-elle faire monter le niveau des océans ? Dans l'affirmative ou la négative, expliquez pourquoi.

53. La vitesse de vaporisation dépend de la surface du liquide. Cependant, la pression de vapeur d'un liquide ne dépend pas de sa surface. Expliquez cette différence.

54. Sur la surface extérieure des navettes spatiales, on utilise des céramiques (principalement des solides ioniques) et des solides carbone-carbone covalents pour permettre à la navette de résister à la chaleur, plutôt que des matières plastiques comme le polyuréthane (voir la figure ci-dessous) couramment utilisées dans l'isolation résidentielle. Expliquez.

55. La masse volumique d'une substance est plus grande dans son état solide que dans son état liquide. Si le point triple dans le diagramme de phases de la substance est inférieur à 1 atm, lequel présentera la température la plus basse, le point triple ou le point de fusion normal ?

56. Examinez la courbe de chauffage de l'eau à la figure 7.31. Si on ajoute de la chaleur à l'eau à vitesse constante, lequel des trois segments dans lesquels la température augmente présentera la pente la moins abrupte ? Pourquoi ?

57. Un caveau est une chambre souterraine utilisé pour conserver les fruits, les légumes et même les viandes. Par froid extrême, les fermiers placent de grandes cuves d'eau dans les caveaux pour empêcher les fruits et les légumes de geler. Expliquez le principe.

58. Pourquoi l'énergie nécessaire à la fusion d'une substance est-elle toujours plus petite que l'énergie nécessaire à sa vaporisation ?

Monomère de polyuréthane

CHAPITRE

8

Dans la matière qui nous entoure, les atomes d'hydrogène et d'oxygène purs existent toujours sous forme de H_2 et de O_2, alors que, si on les combine au moyen de suffisamment d'énergie, ces deux éléments réagissent violemment pour former de l'eau, sans laquelle il ne pourrait y avoir de vie sur la Terre, du moins sous la forme que nous lui connaissons. Ce composé contient toujours deux fois plus d'hydrogène que d'oxygène: ces deux éléments se combinent donc selon des proportions définies, comme la majorité des éléments du tableau périodique.

Stœchiométrie I : les substances

Presque tous les aspects de la vie sont orchestrés au niveau moléculaire, et sans la compréhension des molécules, on ne peut avoir qu'une compréhension très sommaire de la vie elle-même.

Francis Harry Compton Crick
(1916-2004)

8.1 L'eau potable **330**

8.2 Masse atomique et concept de mole pour les éléments **332**

8.3 Masse formulaire et concept de mole pour les composés **338**

8.4 Rapports de masse et de quantité de substance **340**

8.5 Détermination d'une formule chimique à partir de données expérimentales **344**

8.6 Calculs en milieu gazeux **349**

Quelles sont les relations entre la masse d'un composé et le nombre d'atomes ou de molécules qui le composent ? Comment est-il possible de déterminer la formule chimique d'un composé inconnu ? Comment fait-on pour savoir que l'eau possède deux atomes d'hydrogène pour chaque atome d'oxygène ? Ce chapitre apporte des réponses à ces questions primordiales en chimie, d'abord en étudiant la notion de mole et la façon dont on représente les quantités dans une substance, puis en traitant des relations numériques entre les quantités d'éléments présents, autrement dit de la stœchiométrie dans les composés. Vous verrez comment passer de la masse d'un élément ou d'un composé à la quantité de particules qui le composent avant d'étudier comment il est possible de déterminer la composition d'une substance et sa formule chimique.

8.1 L'eau potable

L'eau est connue depuis des millénaires, mais c'est depuis peu que nous savons qu'elle est formée de deux atomes d'hydrogène liés à un atome d'oxygène. Comme vous le verrez en chimie des solutions, l'eau est un excellent solvant en raison de sa capacité à s'associer à un grand nombre de composés. De ce fait, elle constitue un milieu favorable au développement des organismes vivants. Ressource essentielle, la question de la qualité et de la disponibilité de l'eau constitue un enjeu majeur du 21e siècle. L'eau couvre près de 70 % de la surface terrestre et se trouve sous forme d'eau douce (2,8 % des réserves d'eau) ou d'eau salée (97,2 %). Une eau est considérée comme potable lorsque l'ensemble des composés solubles ou en suspension, de même que les microorganismes qu'elle contient, ne présentent aucune toxicité à court ou à long terme pour un être humain. Comme la pollution de l'eau provient de sources multiples, les méthodes d'épuration sont aussi très variées.

La majeure partie de l'eau sur Terre est impropre à la consommation : elle est non potable, car trop salée. Quant à l'eau douce, elle peut contenir différents agents chimiques et biologiques. Cette pollution de la ressource en eau peut être d'origine naturelle (présence de bactéries, d'autres microorganismes, de métaux lourds, etc.) ou provenir de l'activité humaine (**tableau 8.1**). Il est donc nécessaire de la purifier avant de pouvoir la consommer. Il s'agit d'un problème complexe. Les contaminants émergents comme les médicaments, les microplastiques et les substances perfluoro- ou polyfluoroalkylées (polluants éternels) préoccupent de plus en plus les scientifiques. La science, les techniques de purification et la réglementation doivent constamment évoluer pour tenir compte de substances présentes dans l'eau potable et pour lesquelles les connaissances

TABLEAU 8.1	**Sources de contamination de l'eau causée par l'activité humaine**
Pollution industrielle*	Rejets de produits chimiques liés aux procédés industriels (par exemple, le chlore utilisé pour produire les pâtes et papiers ou encore les hydrocarbures libérés lors de l'extraction des sables bitumineux).
	Eaux usées évacuées par les usines.
	Émissions de composés dans l'atmosphère, captés ensuite par les précipitations.
Pollution agricole	Déjections animales
	Pesticides, herbicides, insecticides
	Engrais
Pollution domestique	Eaux usées
	Déchets (dépotoirs)
	Produits d'entretien
	Produits cosmétiques
	Peintures et solvants
	Médicaments
Pollution accidentelle	Déversements accidentels de produits toxiques, par exemple lors du transport ou de l'entreposage des produits.

* Au cours des dernières décennies, des lois et des programmes gouvernementaux ont permis de réduire sensiblement la pollution des cours d'eau d'origine industrielle.

(cycle de vie, effets sur les écosystèmes, effets sur la santé humaine à court ou à long terme) restent encore incomplètes. Au Québec, une concertation s'organise entre les experts en gestion de l'eau et les experts en environnement, par l'entremise d'organismes comme le Centre québécois sur la gestion de l'eau (CentrEau) et le Groupe de recherche interuniversitaire en limnologie (GRIL), afin de faire face aux défis à venir.

L'eau peut devenir potable simplement grâce au milieu naturel. Ainsi, les algues, les bactéries, les plantes et les sols (capacité de filtration) peuvent réduire ou éliminer certaines sources de pollution. C'est pourquoi les puits qui pompent les eaux provenant de nappes souterraines peuvent fournir une eau qui n'a pas besoin d'être traitée. Ce n'est toutefois pas le cas des sources d'eau situées en surface et exposées à une pollution plus importante, ou de celles qui demeurent non potables même en profondeur. Il est donc nécessaire de les traiter avant de pouvoir les consommer. Plusieurs traitements ont été mis au point; c'est la provenance de l'eau et sa qualité initiale qui déterminent le processus d'épuration auquel il faut recourir. Les procédés d'épuration peuvent être physiques, physico-chimiques, chimiques ou biologiques.

Purification de l'eau

De façon générale (**figure 8.1**), l'eau captée en surface ou en profondeur est habituellement acheminée vers des usines d'épuration. Des processus physiques de filtration à l'aide de grilles et de tamis permettent de se débarrasser des corps flottants en suspension : déchets, sable, plantes, plancton. Le traitement se poursuit par une phase physico-chimique qui comporte un processus de floculation et de décantation. Pour ce faire, on ajoute à l'eau des produits chimiques qui provoquent la coagulation des particules fines ; celles-ci s'agglutinent alors en amas plus volumineux et se déposent au fond des bassins de sédimentation. Il ainsi possible d'éliminer jusqu'à 90 % des matières en suspension. Pour se débarrasser des matières résiduelles, on procède à une étape de filtration à l'aide de sable fin et de charbon activé. Certaines usines utilisent des membranes dont les pores sont minuscules (microfiltration, nanofiltration). L'eau subit ensuite une phase chimique de désinfection : elle est traitée souvent avec de l'ozone (processus d'ozonation) afin

FIGURE 8.1 Processus classique de purification de l'eau potable

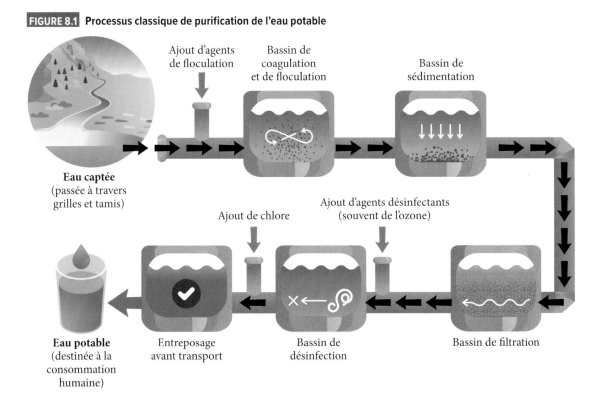

Pour être propres à la consommation, les eaux captées doivent être traitées la plupart du temps au moyen de processus de tamisage, de floculation, de sédimentation, de filtration et d'assainissement.

d'éliminer les virus et les bactéries, et s'assurer ainsi qu'aucun pathogène n'est présent dans l'eau de consommation. Dans certains cas, l'eau subit des étapes supplémentaires d'affinage afin d'en améliorer les propriétés organoleptiques (couleur, goût, odeur). Au Québec, pour des raisons de santé publique, l'eau subit un processus de fluoration (qui permet la prévention de la carie dentaire) dans certaines villes. Au terme de ces étapes, une petite quantité de chlore est ajoutée afin que l'eau reste saine durant tout le processus de transport.

Au Canada, chaque année, des milliers de cas de maladies et une centaine de décès sont liés à l'insalubrité de l'eau potable, et certaines régions nordiques n'ont pas encore accès à des sources d'eau de qualité. En 2010, les Nations Unies ont reconnu que l'accès l'eau est un droit humain : c'est un enjeu critique, particulièrement dans les pays émergents. Au-delà du traitement ponctuel de l'eau pour la rendre propre à la consommation, il faut continuer à mettre au point les technologies nécessaires afin de limiter les sources de pollution humaine grâce à une meilleure gestion des déchets industriels et domestiques, et à une agriculture misant moins sur les pesticides et les engrais chimiques. L'analyse de ces systèmes et des substances en cause fait appel à la chimie analytique, dont les procédés permettent aux scientifiques et aux techniciens de caractériser les substances sur lesquelles ils travaillent, de les quantifier avec précision et de déterminer quelles réactions peuvent se dérouler entre les différentes substances en présence. Ce chapitre et le suivant vous permettront de vous familiariser avec ce domaine de la chimie.

8.2 Masse atomique et concept de mole pour les éléments

Avez-vous déjà acheté des crevettes au *nombre* ? Les crevettes sont habituellement vendues selon leur calibre, ce qui nous renseigne sur le nombre de crevettes par livre. Par exemple, si vous lisez sur l'emballage *41 à 50*, cela signifie qu'il y a entre 41 et 50 crevettes par livre. Plus le nombre est petit, plus les crevettes sont grosses. Les sacs de crevettes géantes tigrées portent des nombres aussi petits que 10 à 15, donc chaque crevette peut peser jusqu'à 1/10 de livre. Un des avantages de classer les crevettes de cette façon est que vous pouvez compter les crevettes en les pesant. Par exemple, deux livres de crevettes de calibre 41 à 50 contiennent entre 82 et 100 crevettes.

Pour les atomes, il existe un concept similaire (mais plus précis). Certes, il est bien plus difficile de compter des atomes que des crevettes, mais il est souvent nécessaire de connaître le nombre d'atomes présents dans une masse donnée d'atomes. Par exemple, les solutés intraveineux – ces liquides que l'on injecte au goutte-à-goutte dans les veines des patients – sont des solutions salines (sel) qui doivent contenir un nombre très précis d'ions sodium et chlorure par litre afin d'agir efficacement. L'utilisation d'un soluté qui renfermerait un nombre incorrect d'ions sodium et chlorure pourrait être fatale.

Les atomes sont trop petits pour être dénombrés par des moyens ordinaires. Même si vous pouviez d'une manière ou d'une autre compter les atomes, et les compter 24 heures par jour pendant toute votre vie, vous arriveriez à peine à compter le nombre d'atomes dans un objet aussi petit qu'un grain de sable. Par conséquent, pour connaître rapidement le nombre d'atomes dans quoi que ce soit d'une dimension normale, il faut les compter en les pesant.

La mole : la « douzaine » du chimiste

Quand nous comptons un grand nombre d'objets, nous utilisons souvent des unités comme une douzaine (12 objets) ou une dizaine (10 objets) pour ordonner notre calcul et faciliter la manipulation des nombres. Pour dénombrer les atomes – il peut y en avoir des quadrillions dans un grain de poussière –, nous avons besoin d'une unité beaucoup plus grande pour y arriver. La **mole** (abréviation : **mol**) est la « douzaine » du chimiste. Elle est définie comme la *quantité* de matière qui contient $6{,}022\ 142\ 1 \times 10^{23}$ particules (tout comme la douzaine contient 12 particules) :

$$1\ \text{mol} = 6{,}022\ 142\ 1 \times 10^{23}\ \text{particules}$$

Ce nombre est le **nombre d'Avogadro** (N_A), ainsi nommé en hommage au physicien italien Amedeo Avogadro (1776-1856), et c'est un nombre très pratique quand on travaille avec des atomes, des molécules et des ions. Dans ce livre, nous arrondissons généralement le nombre d'Avogadro à quatre chiffres significatifs, soit $6,022 \times 10^{23}$. Remarquez que la définition d'une mole est la *quantité* (en nombre de particules) d'une substance. Nous allons donc faire référence au nombre de moles d'une substance comme étant la *quantité* de cette substance.

Ce qu'il faut comprendre en premier lieu au sujet de la mole, c'est qu'elle peut désigner le nombre d'Avogadro de n'importe quoi. Par exemple, 1 mol de billes correspond à $6,022 \times 10^{23}$ billes et 1 mol de grains de sable correspond à $6,022 \times 10^{23}$ grains de sable. *Une mole de quelque chose est $6,022 \times 10^{23}$ unités de cette chose.* Une mole d'atomes, d'ions ou de molécules forme des objets de dimensions ordinaires. Par exemple, quatorze pièces de cinq cents contiennent environ 1 mol d'atomes (mélange de fer, de carbone, de cuivre et de nickel) et une cuillère à soupe d'eau contient environ 1 mol de molécules d'eau.

En second lieu, et plus fondamentalement, il faut comprendre d'où vient la valeur particulière de la mole.

> **La valeur de la mole est égale au nombre d'atomes dans exactement 12 g de carbone 12 pur (12 g C = 1 mol d'atomes de C = $6,022 \times 10^{23}$ atomes de C).**

Cette définition de la mole fait apparaître une relation entre la masse (grammes de carbone) et le nombre d'atomes (nombre d'Avogadro). Comme nous allons le voir un peu plus loin, cette relation nous permet de dénombrer les atomes en les pesant.

Quatorze pièces de cinq cents (alliage de fer, de carbone, de cuivre et de nickel) contiennent environ 1 mol d'atomes.

Une cuillère à soupe contient environ 15 mL, une mole d'eau occupe 18 mL.

Conversion entre la quantité de substance (*n*) et le nombre d'atomes (*N*)

La conversion entre quantité de substance et nombre d'atomes est similaire à la conversion entre des douzaines de crevettes et un nombre de crevettes. Pour convertir des moles d'atomes en nombre d'atomes, nous utilisons les facteurs de conversion suivants :

$$\frac{1 \text{ mol d'atomes}}{6,022 \times 10^{23} \text{ atomes}} \quad \text{ou} \quad \frac{6,022 \times 10^{23} \text{ atomes}}{1 \text{ mol d'atomes}}$$

Ce dernier facteur de conversion correspond à la **constante d'Avogadro** :

$$N_A = 6,022 \times 10^{23} \text{ particules/mol de particules}$$

L'exemple 8.1 montre comment utiliser ces facteurs de conversion.

EXEMPLE 8.1	Conversion entre la quantité de substance et le nombre d'atomes
Calculez le nombre d'atomes de cuivre dans 2,45 mol de cuivre (Cu).	

TRIER On vous donne la quantité de cuivre en moles et on vous demande de trouver le nombre d'atomes de cuivre.	**DONNÉE** 2,45 mol de Cu **INFORMATION RECHERCHÉE** atomes de Cu
ÉTABLIR UNE STRATÉGIE Convertissez la quantité de substance en nombres d'atomes en utilisant la constante d'Avogadro comme facteur de conversion.	**PLAN CONCEPTUEL** $n_{Cu} \longrightarrow N_{Cu}$ $\dfrac{6,022 \times 10^{23} \text{ atomes Cu}}{1 \text{ mol Cu}}$ **RELATION UTILISÉE** N_A : $6,022 \times 10^{23}$ particules/mol de particules (constante d'Avogadro)

RÉSOUDRE Suivez le plan conceptuel pour résoudre le problème. Commencez par 2,45 mol de Cu et multipliez par le facteur de conversion approprié pour obtenir les atomes de Cu.	**SOLUTION** $$2,45 \ \text{mol Cu} \times \frac{6,022 \times 10^{23} \ \text{atomes Cu}}{1 \ \text{mol Cu}}$$ $$= 1,48 \times 10^{24} \ \text{atomes Cu}$$

VÉRIFIER Étant donné que les atomes sont très petits, il est logique que la réponse soit si grande. La quantité de substance de cuivre approche 2,5 mol, alors le nombre d'atomes est presque 2,5 fois le nombre d'Avogadro.

EXERCICE PRATIQUE 8.1

Une bague en argent pur contient $2,80 \times 10^{22}$ atomes d'argent. Combien de moles d'atomes d'argent renferme-t-elle ?

Conversion entre la masse et la quantité de substance en moles (*n*)

Pour dénombrer les atomes en les pesant, nous avons besoin d'un autre facteur de conversion, à savoir la masse de 1 mol d'atomes. Pour l'isotope de carbone 12, nous savons que cette masse est exactement de 12 g, ce qui est numériquement équivalent à la masse d'un atome de carbone 12 en unités de masse atomique. Comme les masses de tous les autres éléments sont définies par rapport au carbone 12, cette relation demeure la même pour tous les éléments :

La masse de 1 mol d'atomes d'un élément est la **masse molaire** (*M*).

La masse molaire (*M*) d'un élément en grammes par mole est numériquement égale à la masse atomique de l'élément en unités de masse atomique.

Par exemple, le cuivre possède une masse atomique de 63,55 u et une masse molaire de 63,55 g/mol. Par conséquent, 1 mol d'atomes de cuivre a une masse de 63,55 g. Tout comme le nombre de crevettes dans une livre dépend de la taille des crevettes, la masse de 1 mol d'atomes dépend de l'élément : 1 mol d'atomes d'aluminium (qui sont plus légers que les atomes de cuivre) a une masse de 26,98 g ; 1 mol d'atomes de carbone (qui sont encore plus légers que les atomes d'aluminium) a une masse de 12,01 g ; et 1 mol d'atomes d'hélium (plus légers encore) a une masse de 4,003 g :

26,98 g d'aluminium = 1 mol d'aluminium = $6,022 \times 10^{23}$ atomes Al Al

12,01 g de carbone = 1 mol de carbone = $6,022 \times 10^{23}$ atomes C ● C

4,003 g d'hélium = 1 mol d'hélium = $6,022 \times 10^{23}$ atomes He He

Plus l'atome est léger, moins la masse est grande pour former 1 mol.

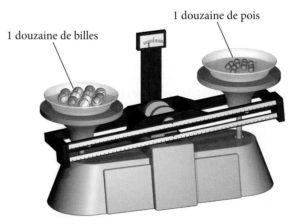

Les deux plats contiennent le même nombre d'objets (12), mais les masses sont différentes parce que les pois sont moins lourds que les billes. De même, 1 mol d'atomes légers aura une masse plus faible que 1 mol d'atomes plus lourds.

Par conséquent, la masse molaire de tout élément devient un facteur de conversion entre la masse (en grammes) de cet élément et la quantité de substance (en moles) de cet élément. Pour le carbone,

$$12,01 \text{ g C} = 1 \text{ mol C} \quad \text{ou} \quad \frac{12,01 \text{ g C}}{\text{mol C}} \quad \text{ou} \quad \frac{1 \text{ mol C}}{12,01 \text{ g C}}$$

L'exemple 8.2 explique comment utiliser ces facteurs de conversion.

EXEMPLE 8.2	Conversion entre la masse et la quantité de substance

Calculez la quantité de carbone (en moles) contenue dans 0,0265 g d'une mine de crayon. (Supposez que la mine du crayon est composée de graphite pur, une forme de carbone.)

TRIER On vous donne la masse de carbone et on vous demande de trouver la quantité de carbone en moles.	**DONNÉE** 0,0265 g de C **INFORMATION RECHERCHÉE** moles de C
ÉTABLIR UNE STRATÉGIE Effectuez la conversion de la masse en quantité (en moles) d'un élément en utilisant la masse molaire de l'élément.	**PLAN CONCEPTUEL** $\text{masse}_C \Longrightarrow n_C$ $\dfrac{1 \text{ mol C}}{12,01 \text{ g C}}$ **RELATION UTILISÉE** $M_C = 12,01 \text{ g C/mol C}$ (masse molaire du carbone)
RÉSOUDRE Suivez le plan conceptuel pour résoudre le problème.	**SOLUTION** $0,0265 \text{ g C} \times \dfrac{1 \text{ mol C}}{12,01 \text{ g C}} = 2,21 \times 10^{-3} \text{ mol C}$

VÉRIFIER La masse donnée de carbone est bien moindre que la masse molaire du carbone. Par conséquent, la réponse (la quantité de substance en moles) est de beaucoup inférieure à 1 mol de carbone.

EXERCICE PRATIQUE 8.2

Calculez la quantité de cuivre (en moles) dans une feuille de cuivre pur de 35,8 g.

EXERCICE PRATIQUE SUPPLÉMENTAIRE 8.2

Calculez la masse (en grammes) de 0,473 mol de titane.

Nous possédons maintenant tous les outils pour compter le nombre d'atomes dans un échantillon d'un élément en les pesant. Pour ce faire, il faut d'abord obtenir la masse de l'échantillon. Puis, on la convertit en quantité de substance exprimée en moles à l'aide de la masse molaire de l'élément. Enfin, on la transforme en nombre d'atomes à l'aide de la constante d'Avogadro. Le plan conceptuel pour ce genre de calculs prend la forme suivante :

$$\text{masse}_{\text{élément}} \Longrightarrow n_{\text{élément}} \Longrightarrow N$$
$$\text{masse molaire de l'élément} \qquad \text{constante d'Avogadro}$$

L'exemple qui suit illustre ces conversions.

EXEMPLE 8.3	Conversion entre la masse et le nombre d'atomes

Combien y avait-il d'atomes de cuivre dans une pièce d'un cent (elles ne sont plus en circulation aujourd'hui) ayant une masse de 3,10 g ? (Cette pièce d'un cent était composée de cuivre pur.)

TRIER On vous donne la masse de cuivre et on vous demande de trouver le nombre d'atomes de cuivre.	**DONNÉE** 3,10 g de Cu **INFORMATION RECHERCHÉE** atomes de Cu

ÉTABLIR UNE STRATÉGIE Effectuez la conversion de la masse d'un élément (en grammes) en nombre d'atomes de l'élément en convertissant d'abord en moles (à l'aide de la masse molaire de l'élément), puis en nombre d'atomes (à l'aide du nombre d'Avogadro).

PLAN CONCEPTUEL

$$\boxed{\textbf{masse}_{Cu}} \longrightarrow \boxed{n_{Cu}} \longrightarrow \boxed{N_{Cu}}$$

$$\underbrace{\frac{1 \text{ mol Cu}}{63,55 \text{ g Cu}}}_{} \qquad \underbrace{\frac{6,022 \times 10^{23} \text{ atomes Cu}}{1 \text{ mol Cu}}}_{}$$

RELATIONS UTILISÉES

$M_{Cu} = 63{,}55$ g Cu/mol Cu (masse molaire du cuivre)

$N_A = 6{,}022 \times 10^{23}$ atomes/mol d'atomes (constante d'Avogadro)

RÉSOUDRE Suivez le plan conceptuel pour résoudre le problème. Commencez par 3,10 g de Cu et multipliez par les facteurs de conversion appropriés pour arriver au nombre d'atomes de Cu.

SOLUTION

$$3{,}10 \text{ g Cu} \times \frac{1 \text{ mol Cu}}{63{,}55 \text{ g Cu}} \times \frac{6{,}022 \times 10^{23} \text{ atomes Cu}}{1 \text{ mol Cu}}$$

$$= 2{,}94 \times 10^{22} \text{ atomes Cu}$$

VÉRIFIER La réponse (le nombre d'atomes de cuivre) est inférieure à $6{,}022 \times 10^{23}$ (une mole). C'est cohérent avec la masse donnée de cuivre qui est inférieure à la masse molaire du cuivre.

EXERCICE PRATIQUE 8.3

Combien y a-t-il d'atomes de carbone dans un diamant de 1,3 carat ? Les diamants sont une forme de carbone pur (1 carat = 0,20 g).

EXERCICE PRATIQUE SUPPLÉMENTAIRE 8.3

Calculez la masse de $2{,}25 \times 10^{22}$ atomes de tungstène.

Remarquez que les nombres ayant de grands exposants, comme $6{,}022 \times 10^{23}$, sont trompeurs. Vingt-deux pièces d'un cent contiennent $6{,}022 \times 10^{23}$ ou 1 mol d'atomes de cuivre, mais $6{,}022 \times 10^{23}$ pièces d'un cent couvriraient la surface de la Terre entière d'une couche de 300 m d'épaisseur. Même des objets considérés comme petits selon les exigences du quotidien occupent un immense espace quand il y en a 1 mol. Par exemple, un grain de sable a une masse plus petite que 1 mg et un diamètre inférieur à 0,1 mm, et pourtant 1 mol de grains de sable couvrirait la province de Québec d'une couche de plusieurs mètres d'épaisseur. Pour chaque augmentation de 1 dans l'exposant d'un nombre, le nombre est multiplié par un facteur 10, de sorte que 10^{23} est un nombre incroyablement grand. Pour que sa valeur soit pratique, 1 mol doit être un grand nombre cependant, parce que les atomes sont extrêmement petits.

EXEMPLE 8.4	Conversion entre le nombre d'atomes et le volume

Une sphère d'aluminium contient $8{,}55 \times 10^{22}$ atomes d'aluminium. Quel est le rayon de la sphère en centimètres ? La masse volumique de l'aluminium est de 2,70 g/cm³.

TRIER On vous donne le nombre d'atomes d'aluminium dans une sphère et la masse volumique de l'aluminium. On vous demande de trouver le rayon de la sphère.	**DONNÉES** $8{,}55 \times 10^{22}$ atomes de Al $\rho = 2{,}70$ g/cm³ **INFORMATION RECHERCHÉE** rayon (r) de la sphère

ÉTABLIR UNE STRATÉGIE Le cœur de ce problème est la masse volumique, qui relie la masse au volume, et même si on ne vous donne pas la masse directement, on vous donne le nombre d'atomes que vous pouvez utiliser pour trouver la masse.

1. Convertissez le nombre d'atomes en quantité de substance à l'aide de la constante d'Avogadro comme facteur de conversion.

2. Convertissez la quantité de substance en masse à l'aide de la masse molaire comme facteur de conversion.

3. Convertissez la masse en volume (en centimètres cubes) à l'aide de la masse volumique comme facteur de conversion.

4. Une fois que vous aurez calculé le volume, trouvez le rayon à partir du volume à l'aide de la formule pour le volume d'une sphère.

PLAN CONCEPTUEL

$$N_{Al} \longrightarrow n_{Al} \longrightarrow masse_{Al} \longrightarrow V\ (cm^3)$$

$$\frac{1\ mol\ Al}{6{,}022 \times 10^{23}\ atomes\ Al} \qquad \frac{26{,}98\ g\ Al}{1\ mol\ Al} \qquad \frac{1\ cm^3}{2{,}70\ g\ Al}$$

$$V\ (cm^3) \longrightarrow r$$

$$V = \frac{4}{3}\pi r^3$$

RELATIONS UTILISÉES

$N_A = 6{,}022 \times 10^{23}$ atomes/mol (constante d'Avogadro)

$M_{Al} = 26{,}98$ g Al/mol Al (masse molaire de l'aluminium)

$\rho_{Al} = 2{,}70$ g Al/cm^3 (masse volumique de l'aluminium)

$V = \dfrac{4}{3}\pi r^3$ (volume d'une sphère)

RÉSOUDRE Suivez le plan conceptuel pour résoudre le problème. Commencez par $8{,}55 \times 10^{22}$ atomes Al et multipliez par les facteurs de conversion appropriés pour arriver au volume en centimètres cubes.

Puis résolvez l'équation du volume d'une sphère pour r et substituez le volume pour calculer r.

SOLUTION

$$8{,}55 \times 10^{22}\ \text{atomes Al} \times \frac{1\ \text{mol Al}}{6{,}022 \times 10^{23}\ \text{atomes Al}}$$

$$\times \frac{26{,}98\ \text{g Al}}{1\ \text{mol Al}} \times \frac{1\ cm^3}{2{,}70\ \text{g Al}} = 1{,}4187\ cm^3$$

$$r = \sqrt[3]{\frac{3V}{4\pi}} = \sqrt[3]{\frac{3(1{,}4187\ cm^3)}{4\pi}} = 0{,}697\ cm$$

VÉRIFIER Les unités de la réponse (centimètres) sont correctes. L'ordre de grandeur ne peut pas être estimé avec précision, mais un rayon d'environ un demi-centimètre est raisonnable pour juste un peu plus d'un dixième de mole d'atomes d'aluminium.

EXERCICE PRATIQUE 8.4

Un cube de titane contient $2{,}86 \times 10^{23}$ atomes. Quelle est la longueur d'un côté du cube ? La masse volumique du titane est de 4,50 g/cm^3.

EXERCICE PRATIQUE SUPPLÉMENTAIRE 8.4

Trouvez le nombre d'atomes dans une tige de cuivre d'une longueur de 9,85 cm et d'un rayon de 1,05 cm. La masse volumique du cuivre est de 8,96 g/cm^3.

Lien conceptuel 8.1 Nombre d'Avogadro

Pourquoi attribue-t-on au nombre d'Avogadro la valeur $6{,}022 \times 10^{23}$ et non pas celle d'un nombre rond plus simple comme $1{,}00 \times 10^{23}$?

Lien conceptuel 8.2 Mole

Sans effectuer aucun calcul, déterminez quel échantillon contient le plus d'atomes.

(a) Un échantillon de 1 g de cuivre.

(b) Un échantillon de 1 g de carbone.

(c) Un échantillon de 10 g d'uranium.

Vous êtes maintenant en mesure de faire les exercices 1 à 12, 72 à 77 et 108.

8.3 Masse formulaire et concept de mole pour les composés

À la section précédente, nous avons défini la masse moyenne d'un atome d'un élément comme la *masse atomique* de cet élément. De la même manière, nous définissons maintenant la masse moyenne d'une molécule (ou d'une entité formulaire) d'un composé comme la **masse formulaire** de ce composé. L'expression *masse moléculaire* possède la même signification que *masse formulaire*. Pour tout composé, la masse formulaire est la somme des masses atomiques de tous les atomes dans sa formule chimique :

$$\text{Masse formulaire} = \begin{pmatrix} \text{Nombre d'atomes} \\ \text{du 1}^{er}\text{ élément dans} \\ \text{la formule chimique} \end{pmatrix} \times \begin{pmatrix} \text{Masse atomique} \\ \text{du} \\ \text{1}^{er}\text{ élément} \end{pmatrix} + \begin{pmatrix} \text{Nombre d'atomes} \\ \text{du 2}^{e}\text{ élément dans} \\ \text{la formule chimique} \end{pmatrix} \times \begin{pmatrix} \text{Masse atomique} \\ \text{du} \\ \text{2}^{e}\text{ élément} \end{pmatrix} + \dots$$

Par exemple, la masse formulaire du dioxyde de carbone, CO_2, est

$$\text{Masse formulaire} = 12{,}01 \text{ u} + 2(16{,}00 \text{ u})$$
$$= 44{,}01 \text{ u}$$

et celle de l'oxyde de sodium, Na_2O, est

$$\text{Masse formulaire} = 2(22{,}99 \text{ u}) + 16{,}00 \text{ u}$$
$$= 61{,}98 \text{ u}$$

EXEMPLE 8.5 Calcul de la masse formulaire

Calculez la masse formulaire du glucose, $C_6H_{12}O_6$.

SOLUTION

Pour trouver la masse formulaire, on additionne les masses atomiques de chaque atome dans la formule chimique :

$$\text{Masse formulaire} = 6 \times (\text{masse atomique de C}) + 12 \times (\text{masse atomique de H}) + 6 \times (\text{masse atomique de O})$$
$$= 6(12{,}01 \text{ u}) \qquad\qquad + 12(1{,}01 \text{ u}) \qquad\qquad + 6(16{,}00 \text{ u})$$
$$= 180{,}18 \text{ u}$$

EXERCICE PRATIQUE 8.5

Calculez la masse formulaire du nitrate de calcium.

Masse molaire d'un composé

Rappelez-vous que les composés ioniques ne se composent pas de molécules individuelles. Dans le langage usuel, le plus petit ensemble d'ions électriquement neutres est parfois appelé de façon erronée une molécule, mais il est plus correct de parler d'une entité formulaire.

À la section 8.2, nous avons vu que la masse molaire d'un élément – la masse en grammes de 1 mol de ses atomes – est numériquement équivalente à sa masse atomique. Nous avons alors utilisé la masse molaire en combinaison avec la constante d'Avogadro pour déterminer le nombre d'atomes dans une masse donnée de l'élément. Le même concept s'applique aux composés. La *masse molaire d'un composé*, soit la masse en grammes de 1 mol de ses molécules ou de ses entités formulaires, est numériquement équivalente à sa masse formulaire. Par exemple, nous venons de calculer que la masse formulaire de CO_2 est de 44,01 u. La masse molaire est, par conséquent :

$$\text{Masse molaire de } CO_2 = 44{,}01 \text{ g/mol}$$

Utilisation de la masse molaire pour compter les molécules en les pesant

La masse molaire de CO_2 nous fournit un facteur de conversion entre la masse (en grammes) et la quantité (en moles) de CO_2. Supposons que nous voulions trouver le nombre de molécules de CO_2 dans un échantillon de glace sèche (CO_2 solide) de masse 10,8 g. Ce calcul est analogue à celui de l'exemple 8.3, où nous avons trouvé le nombre d'atomes dans un échantillon de cuivre d'une masse donnée. On prend la masse de 10,8 g et on utilise la masse molaire pour effectuer la conversion en quantité de substance exprimée en moles. Puis, on utilise la constante d'Avogadro pour la conversion en nombre de molécules. Le plan conceptuel est le suivant :

Plan conceptuel

$$\text{masse}_{CO_2} \longrightarrow n_{CO_2} \longrightarrow N_{CO_2}$$

$$\frac{1 \text{ mol } CO_2}{44,01 \text{ g } CO_2} \qquad \frac{6,022 \times 10^{23} \text{ molécules } CO_2}{1 \text{ mol } CO_2}$$

Pour résoudre le problème, on suit le plan conceptuel, en commençant par 10,8 g de CO_2, en effectuant la conversion en moles puis en convertissant en molécules.

Solution

$$10,8 \text{ g } CO_2 \times \frac{1 \text{ mol } CO_2}{44,01 \text{ g } CO_2} \times \frac{6,022 \times 10^{23} \text{ molécules } CO_2}{1 \text{ mol } CO_2}$$

$$= 1,48 \times 10^{23} \text{ molécules } CO_2$$

EXEMPLE 8.6 **Conversion entre la masse et le nombre de molécules**

Un comprimé d'aspirine contient 325 mg d'acide acétylsalicylique ($C_9H_8O_4$). Combien de molécules d'acide acétylsalicylique contient-il ?

TRIER On vous donne la masse d'acide acétylsalicylique et on vous demande de trouver le nombre de molécules.	**DONNÉE** 325 mg de $C_9H_8O_4$ **INFORMATION RECHERCHÉE** nombre de molécules de $C_9H_8O_4$

ÉTABLIR UNE STRATÉGIE Effectuez la conversion de la masse en nombre de molécules d'un composé en commençant par la conversion en moles (à l'aide de la masse molaire du composé) puis en nombre de molécules (à l'aide du nombre d'Avogadro). Vous avez besoin de la masse molaire de l'acide acétylsalicylique et du nombre d'Avogadro comme facteurs de conversion. Il vous faut également le facteur de conversion entre grammes et milligrammes.

PLAN CONCEPTUEL

$$\text{masse}_{C_9H_8O_4} \text{ (mg)} \longrightarrow \text{masse}_{C_9H_8O_4} \text{ (g)} \longrightarrow$$

$$\frac{10^{-3} \text{ g}}{1 \text{ mg}} \qquad \frac{1 \text{ mol } C_9H_8O_4}{180,15 \text{ g } C_9H_8O_4}$$

$$n_{C_9H_8O_4} \longrightarrow N_{C_9H_8O_4}$$

$$\frac{6,022 \times 10^{23} \text{ molécules } C_9H_8O_4}{1 \text{ mol } C_9H_8O_4}$$

RELATIONS UTILISÉES

$1 \text{ mg} = 10^{-3} \text{ g}$

$M_{C_9H_8O_4} = 9(12,01 \text{ g/mol}) + 8(1,01 \text{ g/mol}) + 4(16,00 \text{ g/mol})$

$\qquad = 180,17 \text{ g/mol}$

$N_A = 6,022 \times 10^{23} \text{ molécules/mol}$

RÉSOUDRE Suivez le plan conceptuel pour résoudre le problème.

SOLUTION

$$325 \text{ mg } C_9H_8O_4 \times \frac{10^{-3} \text{ g}}{1 \text{ mg}} \times \frac{1 \text{ mol } C_9H_8O_4}{180,17 \text{ g } C_9H_8O_4}$$

$$\times \frac{6,022 \times 10^{23} \text{ molécules } C_9H_8O_4}{1 \text{ mol } C_9H_8O_4} = 1,09 \times 10^{21} \text{ molécules } C_9H_8O_4$$

VÉRIFIER Les unités de la réponse, molécules $C_9H_8O_4$, sont correctes. La grandeur semble appropriée parce qu'elle est inférieure au nombre d'Avogadro, comme on s'y attendait, étant donné que nous avons moins de 1 mol d'acide acétylsalicylique.

EXERCICE PRATIQUE 8.6

Trouvez le nombre de molécules d'ibuprofène dans un comprimé contenant 200,0 mg d'ibuprofène ($C_{13}H_{18}O_2$).

EXERCICE PRATIQUE SUPPLÉMENTAIRE 8.6

Quelle est la masse d'une goutte d'eau contenant $3,35 \times 10^{22}$ molécules de H_2O ?

Lien conceptuel 8.3 Modèles moléculaires et taille des molécules

Dans ce manuel, nous utilisons des modèles moléculaires compacts pour représenter les molécules. Quel nombre correspond à une bonne estimation du facteur d'échelle utilisé dans ces modèles ? Par exemple, par quel nombre approximatif devriez-vous multiplier le rayon d'un atome d'oxygène réel pour obtenir le rayon de la sphère utilisé pour représenter l'atome d'oxygène dans la molécule d'eau illustrée dans la marge ?

(a) 10.   **(b)** 10^4.   **(c)** 10^8.   **(d)** 10^{16}.

Vous êtes maintenant en mesure de faire les exercices 13 à 21, 78 et 79.

8.4 Rapports de masse et de quantité de substance

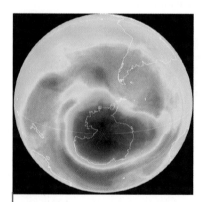

Le trou dans la couche d'ozone au-dessus de l'Antarctique est causé par le chlore des chlorofluorocarbones. La couleur bleu foncé indique la diminution des niveaux d'ozone.

Une formule chimique, en combinaison avec les masses molaires de ses éléments constituants, indique les masses relatives de chaque élément dans un composé, ce qui est une information extrêmement utile. Par exemple, il y a environ 30 ans, des scientifiques ont commencé à soupçonner que les composés appelés chlorofluorocarbones (ou CFC) détruisaient l'ozone (O_3) dans la haute atmosphère terrestre.

L'ozone de la haute atmosphère est important à la vie sur Terre, car il la protège des rayonnements ultraviolets nocifs émis par le Soleil. Les CFC sont des composés chimiquement inertes qui servaient surtout de liquides réfrigérants et de solvants industriels. Au fil du temps, cependant, les CFC ont commencé à s'accumuler dans l'atmosphère. Dans la haute atmosphère, la lumière solaire rompt les liaisons dans les CFC, ce qui libère des atomes de chlore. Ces atomes réagissent alors avec l'ozone et le convertissent en O_2. Par conséquent, ce sont les atomes de chlore qui constituent la partie néfaste des CFC. Comment peut-on déterminer la masse de chlore dans une masse donnée de CFC ?

Une des méthodes servant à exprimer l'importance d'un élément dans un composé donné consiste à utiliser la composition en pourcentage massique de l'élément dans ce composé. La **composition en pourcentage massique**, ou plus simplement le **pourcentage massique** est le pourcentage de cet élément par rapport à la masse totale du composé. On peut calculer le pourcentage massique de l'élément X dans un composé à partir de la formule chimique de la façon suivante :

Pourcentage massique de l'élément X =

$$\%_{m/m}(X) = \frac{\text{masse de l'élément X dans 1 mol du composé}}{\text{masse de 1 mol du composé}} \times 100\%$$

Supposons, par exemple, que nous voulions calculer la composition en pourcentage massique de Cl dans le chlorofluorocarbone CCl_2F_2 :

$$CCl_2F_2$$

$$\text{Pourcentage massique de Cl} = \frac{2 \times \text{masse molaire Cl}}{\text{masse molaire } CCl_2F_2} \times 100\,\%$$

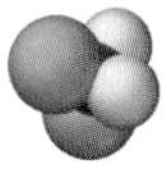

Il faut multiplier la masse molaire de Cl par 2 parce que la formule chimique a un indice de 2 pour Cl, ce qui indique que 1 mol de CCl_2F_2 contient 2 mol d'atomes de Cl. On calcule la masse molaire de CCl_2F_2 de la façon suivante :

$$\text{Masse molaire} = 12,01 \text{ g/mol} + 2(35,45 \text{ g/mol}) + 2(19,00 \text{ g/mol})$$
$$= 120,91 \text{ g/mol}$$

Le pourcentage massique de Cl dans CCl_2F_2 est donc

$$\%_{m/m}(Cl) = \frac{2 \times M_{Cl}}{M_{CCl_2F_2}} \times 100\,\%$$

$$= \frac{2 \times 33,45 \text{ g/mol}}{120,91 \text{ g/mol}} \times 100\,\%$$

$$= 58,64\,\%$$

EXEMPLE 8.7 **Composition en pourcentage massique**

Calculez le pourcentage massique de Cl dans le fréon-112 ($C_2Cl_4F_2$), un fluide frigorigène chlorofluorocarboné (CFC).

TRIER On vous donne la formule moléculaire du fréon-112 et on vous demande de trouver le pourcentage massique de Cl.	**DONNÉE** $C_2Cl_4F_2$ **INFORMATION RECHERCHÉE** pourcentage massique de Cl
ÉTABLIR UNE STRATÉGIE La formule moléculaire indique qu'il y a 4 mol de Cl dans chaque mole de fréon-112. Trouvez la composition en pourcentage massique à partir de la formule chimique en utilisant l'équation qui définit le pourcentage massique. Le plan conceptuel montre comment vous pouvez utiliser la masse de Cl dans 1 mol de $C_2Cl_4F_2$ et la masse molaire de $C_2Cl_4F_2$ pour déterminer le pourcentage massique de Cl.	**RELATION UTILISÉE** $\%_{m/m}(Cl) = \dfrac{4 \times M_{Cl}}{M_{C_2Cl_4F_2}} \times 100\,\%$ $\%_{m/m}(X) = \dfrac{\text{masse de l'élément X dans 1 mol du composé}}{\text{masse de 1 mol du composé}} \times 100\,\%$
RÉSOUDRE Calculez les parties nécessaires de l'équation et substituez les valeurs dans l'équation pour trouver le pourcentage massique de Cl.	**SOLUTION** $4 \times M_{Cl} = 4(35,45 \text{ g/mol}) = 141,8 \text{ g/mol}$ $M_{C_2Cl_4F_2} = 2(12,01 \text{ g/mol}) + 4(35,45 \text{ g/mol}) + 2(19,00 \text{ g/mol})$ $\qquad = 203,8 \text{ g/mol}$ $\%_{m/m}(Cl) = \dfrac{4 \times M_{Cl}}{M_{C_2Cl_4F_2}} \times 100\,\%$ $\qquad = \dfrac{141,8 \text{ g/mol}}{203,8 \text{ g/mol}} \times 100\,\%$ $\qquad = 69,58\,\%$

VÉRIFIER Les unités de la réponse (%) sont correctes et la grandeur est réaliste puisque que 1) elle se situe entre 0 et 100 % et 2) le chlore est l'atome le plus lourd dans la molécule qui en contient quatre.

EXERCICE PRATIQUE 8.7

L'acide acétique (CH_3COOH) est l'ingrédient actif du vinaigre. Calculez la composition en pourcentage massique de l'oxygène dans l'acide acétique.

EXERCICE PRATIQUE SUPPLÉMENTAIRE 8.7

Calculez la composition en pourcentage massique du sodium dans l'oxyde de sodium.

Lien conceptuel 8.4   Composition en pourcentage massique

Dans l'exercice pratique 8.7, vous avez calculé le pourcentage massique de l'oxygène dans l'acide acétique (CH_3COOH). Sans effectuer aucun calcul, prédisez si le pourcentage massique du *carbone* dans l'acide acétique est plus grand ou plus petit. Expliquez votre réponse.

Lien conceptuel 8.5   Formule chimique et composition en pourcentage massique

Sans effectuer aucun calcul, placez les éléments dans ce composé par ordre décroissant de composition en pourcentage massique :

$$C_6H_6O$$

Rapports stœchiométriques

La composition en pourcentage massique est une façon de comprendre combien il y a de chlore dans un chlorofluorocarbone particulier ou, plus généralement, quelle masse d'un élément constituant est présente dans la masse donnée d'un composé. On peut cependant aborder également cette question sous un autre angle. Les formules chimiques indiquent les relations inhérentes entre les atomes (ou les moles d'atomes) et les molécules (ou les moles de molécules). Par exemple, la formule du CCl_2F_2 nous indique que 1 mol de CCl_2F_2 contient 2 mol d'atomes de Cl. On écrit cette proportionnalité de la façon suivante :

$$1\ mol\ CCl_2F_2 : 2\ mol\ Cl$$

Cette proportionnalité peut donner naissance aux deux **rapports stœchiométriques** (*S*) suivants :

$$\frac{2\ mol\ Cl}{1\ mol\ CCl_2F_2} \quad et \quad \frac{1\ mol\ CCl_2F_2}{2\ mol\ Cl}$$

Avec ces rapports fournis par la formule chimique, on peut déterminer directement les quantités d'éléments constituants dans une quantité donnée d'un composé sans avoir à calculer la composition en pourcentage massique. Par exemple, on calcule la quantité de substance de Cl dans 38,5 mol de CCl_2F_2 de la façon suivante :

Plan conceptuel

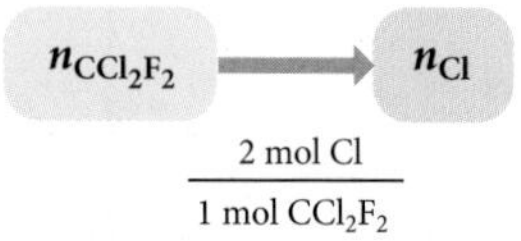

Solution

$$38,5 \text{ mol } CCl_2F_2 \times \frac{2 \text{ mol Cl}}{1 \text{ mol } CCl_2F_2} = 77,0 \text{ mol Cl}$$

Toutefois, la plupart du temps, on ne cherche pas à connaître la *quantité de substance en moles* d'un élément dans une certaine quantité de substance, mais plutôt la *masse en grammes* (ou en d'autres unités) d'un élément constituant dans une *masse* donnée du composé. Par exemple, supposons qu'on veuille déterminer la masse (en grammes) de Cl contenue dans 25,0 g de CCl_2F_2. *La relation inhérente dans la formule chimique (2 mol de Cl:1 mol de CCl_2F_2) s'applique à la quantité en moles, et non à la masse.* Par conséquent, on doit d'abord convertir la masse de CCl_2F_2 en moles de CCl_2F_2. Puis, on utilise le rapport stœchiométrique à partir de la formule chimique pour convertir en moles de Cl. Enfin, on utilise la masse molaire de Cl pour la conversion en grammes de Cl. Les calculs se déroulent de la façon suivante :

Plan conceptuel

$$\text{masse}_{CCl_2F_2} \longrightarrow n_{CCl_2F_2} \longrightarrow n_{Cl} \longrightarrow \text{masse}_{Cl}$$

$$\frac{1 \text{ mol } CCl_2F_2}{120,91 \text{ g } CCl_2F_2} \qquad \frac{2 \text{ mol Cl}}{1 \text{ mol } CCl_2F_2} \qquad \frac{35,45 \text{ g Cl}}{1 \text{ mol Cl}}$$

Solution

$$25,0 \text{ g } CCl_2F_2 \times \frac{1 \text{ mol } CCl_2F_2}{120,91 \text{ g } CCl_2F_2} \times \frac{2 \text{ mol Cl}}{1 \text{ mol } CCl_2F_2} \times \frac{35,45 \text{ g Cl}}{1 \text{ mol Cl}} = 14,7 \text{ g Cl}$$

Notez qu'il faut convertir les grammes de CCl_2F_2 en moles de CCl_2F_2 *avant* de pouvoir utiliser la formule chimique comme un facteur de conversion.

La démarche générale pour la résolution de problèmes dans lesquels on vous demande de trouver la masse d'un élément présent dans une masse donnée d'un composé est :

Masse du composé → moles du composé → moles de l'élément → masse de l'élément

On utilise la masse molaire pour convertir la masse en moles (et vice-versa), et on utilise les rapports stœchiométriques de la formule chimique pour convertir les moles en moles.

EXEMPLE 8.8 **Formules chimiques et facteurs de conversion**

À l'avenir, l'hydrogène pourrait servir de carburant en remplacement de l'essence. La plupart des principaux fabricants d'automobiles mettent au point des véhicules qui roulent à l'hydrogène. Ces autos sont plus écologiques, car les gaz d'échappement de leurs moteurs ne contiendront que de la vapeur d'eau. Pour obtenir l'hydrogène qui servira de carburant, on peut séparer l'hydrogène de l'eau à l'aide d'une source d'énergie non productrice d'émission de gaz à effet de serre comme l'énergie éolienne. Quelle masse d'hydrogène (en grammes) 1,00 gallon américain d'eau contient-il ? (La masse volumique de l'eau est de 1,00 g/mL et un gallon américain correspond à 3,785 L.)

TRIER On vous donne un volume d'eau et on vous demande de trouver la masse d'hydrogène qu'il contient. On vous donne également la masse volumique de l'eau.	**DONNÉES** 1 gal de H_2O $\rho_{H_2O} = 1,00 \text{ g/mL}$ **INFORMATION RECHERCHÉE** grammes de H

ÉTABLIR UNE STRATÉGIE La première partie du plan conceptuel montre comment vous pouvez convertir les unités de volume des gallons en litres et en millilitres. Elle montre également comment vous pouvez utiliser la masse volumique pour convertir les millilitres en grammes.	**PLAN CONCEPTUEL** $V_{H_2O} \text{ (gal)} \longrightarrow V_{H_2O} \text{ (L)} \longrightarrow V_{H_2O} \text{ (mL)} \longrightarrow \text{masse}_{H_2O}$ $\frac{3,785 \text{ L}}{1 \text{ gal}} \qquad \frac{1000 \text{ mL}}{1 \text{ L}} \qquad \frac{1,00 \text{ g } H_2O}{1 \text{ mL}}$ $\text{masse}_{H_2O} \longrightarrow n_{H_2O} \longrightarrow n_H \longrightarrow \text{masse}_H$ $\frac{1 \text{ mol } H_2O}{18,02 \text{ g } H_2O} \qquad \frac{2 \text{ mol H}}{1 \text{ mol } H_2O} \qquad \frac{1,01 \text{ g H}}{1 \text{ mol H}}$

La deuxième partie du plan conceptuel est la séquence de base de masse → moles → moles → masse. Effectuez la conversion entre moles et masse à l'aide des masses molaires appropriées et convertissez des moles de H_2O en moles de H à l'aide du facteur de conversion obtenu de la formule moléculaire.	**RELATIONS UTILISÉES** 3,785 L = 1 gal (tableau 1.3) 1000 mL = 1 L $\rho_{H_2O} = 1,00$ g H_2O/mL (masse volumique de H_2O) $M_{H_2O} = 2(1,008 \text{ g/mol}) + 16,00 \text{ g/mol} = 18,02$ g H_2O/mol H_2O (masse molaire de H_2O) $S(H/H_2O) = 2$ mol H/1 mol H_2O (rapport stœchiométrique) $M_H = 1,01$ g H/mol H (masse molaire de H)
RÉSOUDRE Suivez le plan conceptuel pour résoudre le problème.	**SOLUTION** $1,00 \text{ gal} \times \dfrac{3,785 \text{ L}}{1 \text{ gal}} \times \dfrac{1000 \text{ mL}}{1 \text{ L}} \times \dfrac{1,00 \text{ g } H_2O}{\text{mL}} = 3,785 \times 10^3$ g H_2O $3,785 \times 10^3 \text{ g } H_2O \times \dfrac{1 \text{ mol } H_2O}{18,02 \text{ g } H_2O} \times \dfrac{2 \text{ mol H}}{1 \text{ mol } H_2O} \times \dfrac{1,01 \text{ g H}}{1 \text{ mol H}} = 4,24 \times 10^2$ g H

VÉRIFIER Les unités de la réponse (grammes de H) sont correctes. Étant donné qu'un gallon d'eau équivaut à environ 3,8 L, sa masse est d'environ 3,8 kg. L'hydrogène est un atome léger, de sorte que sa masse doit être bien inférieure à 3,8 kg.

EXERCICE PRATIQUE 8.8

Déterminez la masse d'oxygène dans un échantillon de 7,2 g de $Al_2(SO_4)_3$.

EXERCICE PRATIQUE SUPPLÉMENTAIRE 8.8

Le butane (C_4H_{10}) est un combustible liquide utilisé dans les briquets. Combien de grammes de carbone y a-t-il dans un briquet contenant 7,25 mL de butane ? (La masse volumique du butane liquide est de 0,601 g/mL.)

Vous êtes maintenant en mesure de faire les exercices 22 à 35, 80, 81, 88, 89, 92, 99, 101 à 103 et 109 à 111.

8.5 Détermination d'une formule chimique à partir de données expérimentales

Au début de la section 8.4, nous avons calculé la composition en pourcentage massique à partir d'une formule chimique. Mais peut-on également faire l'inverse ? Peut-on établir une formule chimique à partir de la composition en pourcentage massique ? Cette question est importante, car il est rare que les analyses de laboratoire donnent directement la formule d'un composé ; elles fournissent seulement les masses relatives de chacun des éléments qu'il renferme. Par exemple, si on décompose l'eau en hydrogène et en oxygène en laboratoire, on peut déterminer les masses de l'hydrogène et de l'oxygène obtenus. Mais peut-on obtenir une formule chimique à partir de ce genre de données ? La réponse est oui, mais avec certaines réserves. On peut effectivement obtenir une formule chimique, mais celle-ci est empirique (et non moléculaire). Pour obtenir une formule moléculaire, nous avons besoin d'informations supplémentaires, comme la masse molaire du composé.

Supposons que la décomposition d'un échantillon d'eau en laboratoire produise 0,857 g d'hydrogène et 6,86 g d'oxygène. Comment peut-on déterminer une formule empirique à partir de ces données ? On sait qu'une formule empirique représente un rapport d'atomes ou de moles d'atomes, mais pas un rapport de masses. Il faut donc commencer par convertir les données de masses (en grammes) en quantité (en moles). Combien de moles de chaque élément l'échantillon contient-il ? Pour effectuer la conversion en moles, utilisez la masse molaire de chaque élément :

$$n_H = 0,857 \text{ g H} \times \frac{1 \text{ mol H}}{1,01 \text{ g H}} = 0,849 \text{ mol H}$$

$$n_{\text{O}} = 6,86 \text{ g O} \times \frac{1 \text{ mol O}}{16,00 \text{ g O}} = 0,429 \text{ mol O}$$

À partir de ces données, nous savons qu'il y a 0,849 mol de H pour 0,429 mol de O. On peut alors écrire une pseudoformule pour l'eau :

$$\text{H}_{0,849}\text{O}_{0,429}$$

Pour obtenir le plus petit nombre entier en indice dans notre formule, divisons tous les indices par le plus petit, soit 0,429 :

$$\text{H}_{\frac{0,849}{0,429}}\text{O}_{\frac{0,429}{0,429}} = \text{H}_{1,98}\text{O} = \text{H}_2\text{O}$$

La formule empirique pour l'eau, qui est également la formule moléculaire, est H_2O. Utilisez la méthode suivante pour déterminer la formule empirique de tout composé à partir de données expérimentales qui nous indiquent les masses relatives des éléments constituants. La colonne de gauche expose les grandes lignes de la méthode, et les exemples dans les colonnes du centre et de droite montrent comment appliquer cette méthode.

MÉTHODE POUR...	EXEMPLE 8.9	EXEMPLE 8.10
Obtenir une formule empirique à partir de données expérimentales	**Obtenir une formule empirique à partir de données expérimentales** Un composé contenant de l'azote et de l'oxygène est décomposé en laboratoire et produit 24,5 g d'azote et 70,0 g d'oxygène. Calculez la formule empirique de ce composé.	**Obtenir une formule empirique à partir de données expérimentales** Une analyse d'aspirine en laboratoire a permis de déterminer la composition en pourcentage massique suivante : C 60,00 %, H 4,48 %, O 35,52 % Trouvez la formule empirique.
1. Écrivez (ou calculez) selon les données les masses de chaque élément présent dans un échantillon du composé. Si on vous donne la composition en pourcentage massique, supposez un échantillon de 100 g et calculez les masses de chaque élément à partir des pourcentages donnés.	**DONNÉES** 24,5 g de N, 70,0 g de O **INFORMATION RECHERCHÉE** formule empirique	**DONNÉES** dans un échantillon de 100 g : 60,00 g de C, 4,48 g de H, 35,52 g de O **INFORMATION RECHERCHÉE** formule empirique
2. Convertissez chacune des masses de l'étape 1 en moles en utilisant la masse molaire appropriée de chaque élément comme facteur de conversion.	$24,5 \text{ g N} \times \dfrac{1 \text{ mol N}}{14,01 \text{ g N}} = 1,75 \text{ mol N}$ $70,0 \text{ g O} \times \dfrac{1 \text{ mol N}}{16,00 \text{ g O}} = 4,38 \text{ mol O}$	$60,00 \text{ g C} \times \dfrac{1 \text{ mol C}}{12,01 \text{ g C}} = 4,996 \text{ mol C}$ $4,48 \text{ g H} \times \dfrac{1 \text{ mol H}}{1,01 \text{ g H}} = 4,44 \text{ mol H}$ $35,52 \text{ g O} \times \dfrac{1 \text{ mol O}}{16,00 \text{ g O}} = 2,220 \text{ mol O}$
3. Écrivez une pseudoformule du composé en utilisant comme indices la quantité de substance de chaque élément (de l'étape 2).	$\text{N}_{1,75}\text{O}_{4,38}$	$\text{C}_{4,996}\text{H}_{4,44}\text{O}_{2,220}$
4. Divisez tous les indices dans la formule par l'indice le plus petit.	$\text{N}_{\frac{1,75}{1,75}}\text{O}_{\frac{4,38}{1,75}} = \text{N}_1\text{O}_{2,5}$	$\text{C}_{\frac{4,996}{2,220}}\text{H}_{\frac{4,44}{2,220}}\text{O}_{\frac{2,220}{2,220}} = \text{C}_{2,25}\text{H}_2\text{O}_1$

5. Si les indices ne sont pas des nombres entiers, multipliez tous les indices par un petit nombre entier (voir ci-dessous) pour obtenir des petits nombres entiers comme indices.	$N_1O_{2,5} \times 2 \rightarrow N_2O_5$ La formule empirique correcte est N_2O_5.	$C_{2,25}H_2O_1 \times 4 \rightarrow C_9H_8O_4$ La formule empirique correcte est $C_9H_8O_4$.

Indice fractionnaire	Multipliez l'indice par
0,20	5
0,25	4
0,33	3
0,40	5
0,50	2
0,66	3
0,75	4
0,80	5

EXERCICE PRATIQUE 8.9

Un échantillon d'un composé est décomposé dans un laboratoire et produit 165,0 g de carbone, 27,8 g d'hydrogène et 220,2 g d'oxygène. Calculez la formule empirique de ce composé.

EXERCICE PRATIQUE 8.10

L'ibuprofène, un substitut de l'aspirine, possède la composition en pourcentage massique suivante :

C 75,69 %, H 8,80 %, O 15,51 %

Quelle est la formule empirique de l'ibuprofène ?

Calcul des formules moléculaires des composés

Il est possible de déterminer expérimentalement la masse molaire d'un composé sans en connaître nécessairement la composition chimique, grâce notamment aux propriétés colligatives des solutions comme la température d'ébullition et la température de congélation. Vous verrez ces notions dans le cours de chimie des solutions.

Il est possible d'établir la formule moléculaire d'un composé à partir de la formule empirique si on connaît également la masse molaire du composé. Nous avons vu à la section 2.7 que la formule moléculaire est toujours un multiple de nombres entiers de la formule empirique :

> Formule moléculaire = formule empirique × n, où n = 1, 2, 3, ...

Supposons que nous voulions trouver la formule moléculaire du fructose (un sucre présent dans les fruits) à partir de sa formule empirique, CH_2O, et de sa masse molaire, 180,2 g/mol. On sait que la formule moléculaire est un multiple entier de CH_2O :

$$\text{Formule moléculaire} = (CH_2O) \times n$$
$$= C_nH_{2n}O_n$$

On sait également que la masse molaire est un multiple entier de la **masse molaire de la formule empirique**, la somme des masses de tous les atomes dans la formule empirique :

> Masse molaire = masse molaire de la formule empirique × n

Pour un composé particulier, la valeur de n dans les deux cas est la même. Par conséquent, on peut trouver n en calculant le rapport entre la masse molaire et la masse molaire de la formule empirique :

$$n = \frac{\text{massse molaire}}{\text{masse molaire de la formule empirique}}$$

Pour le fructose, la masse molaire de la formule empirique est

> Masse molaire de la formule empirique
> $= 12,01 \text{ g/mol} + 2(1,01 \text{ g/mol}) + 16,00 \text{ g/mol} = 30,03 \text{ g/mol}$

Par conséquent, n est

$$n = \frac{180,2 \text{ g/mol}}{30,03 \text{ g/mol}} = 6$$

On peut utiliser cette valeur de n pour trouver la formule moléculaire :

$$\text{Formule moléculaire} = (CH_2O) \times 6 = C_6H_{12}O_6$$

EXEMPLE 8.11	Calcul de la formule moléculaire à partir de la formule empirique et de la masse molaire

La butanedione est une des principales composantes de l'arôme du beurre et du fromage. Elle renferme les éléments carbone, hydrogène et oxygène; sa formule empirique est C_2H_3O et sa masse molaire est de 86,10 g/mol. Trouvez sa formule moléculaire.

TRIER On vous donne la formule empirique et la masse molaire de la butanedione et on vous demande de trouver sa formule moléculaire.	**DONNÉES** formule empirique = C_2H_3O masse molaire = 86,09 g/mol **INFORMATION RECHERCHÉE** formule moléculaire
ÉTABLIR UNE STRATÉGIE Une formule moléculaire est toujours un multiple entier de la formule empirique. Divisez la masse molaire par la masse molaire de la formule empirique pour obtenir un nombre entier.	Formule moléculaire = formule empirique $\times n$ $$n = \frac{\text{massse molaire}}{\text{masse molaire de la formule empirique}}$$
RÉSOUDRE Calculez la masse molaire de la formule empirique. Divisez la masse molaire par la masse molaire de la formule empirique pour trouver n. Multipliez la formule empirique par n pour obtenir la formule moléculaire.	Masse molaire de la formule empirique $= 2(12,01 \text{ g/mol}) + 3(1,01 \text{ g/mol}) + 16,00 \text{ g/mol}$ $= 43,05 \text{ g/mol}$ $$n = \frac{\text{massse molaire}}{\text{masse molaire de la formule empirique}}$$ $$= \frac{86,10 \text{ g/mol}}{43,05 \text{ g/mol}} = 2$$ Formule moléculaire = $C_2H_3O \times 2$ $= C_4H_6O_2$

VÉRIFIER Vérifiez la réponse en calculant la masse molaire de la formule de la façon suivante:

$$4(12,01 \text{ g/mol}) + 6(1,01 \text{ g/mol}) + 2(16,00 \text{ g/mol}) = 86,10 \text{ g/mol}$$

La masse molaire calculée correspond à la masse molaire donnée. La réponse est correcte.

EXERCICE PRATIQUE 8.11

Un composé dont la formule empirique est CH a une masse molaire de 78,11 g/mol. Trouvez sa formule moléculaire.

EXERCICE PRATIQUE SUPPLÉMENTAIRE 8.11

Un composé dont la composition en pourcentage est présentée ci-dessous a une masse molaire de 60,10 g/mol. Trouvez sa formule moléculaire.

C 39,97 %, H 13,41 %, N 46,62 %

Analyse par combustion

Jusqu'à présent, vous avez appris comment calculer la formule empirique d'un composé à partir des masses relatives de ses éléments constituants. Une autre méthode courante (et connexe) pour obtenir les formules empiriques de composés inconnus, notamment ceux qui contiennent du carbone et de l'hydrogène, est l'**analyse par combustion**. Dans cette méthode, le composé inconnu subit une combustion (est brûlé) en présence d'oxygène pur (**figure 8.2**). Tout le carbone dans l'échantillon est converti en CO_2, et tout l'hydrogène est converti en H_2O. On pèse le CO_2 et l'H_2O produits, puis on utilise les rapports stœchiométriques dans les formules de CO_2 et de H_2O (1 mol de CO_2:1 mol de C et 1 mol de H_2O:2 mol de H) pour déterminer les quantités de C et de H dans l'échantillon original. Tous les autres éléments constituants, comme O, Cl ou N, peuvent être déterminés en soustrayant de la masse originale de l'échantillon la somme des masses de C et de H. Les exemples qui suivent montrent comment effectuer ces calculs pour un échantillon ne comportant que C et H et pour un échantillon renfermant C, H et O.

La combustion est un type de *réaction chimique*. Nous abordons plus en détail les réactions chimiques et comment les représenter au chapitre 9.

FIGURE 8.2   Appareil d'analyse par combustion

Analyse par combustion

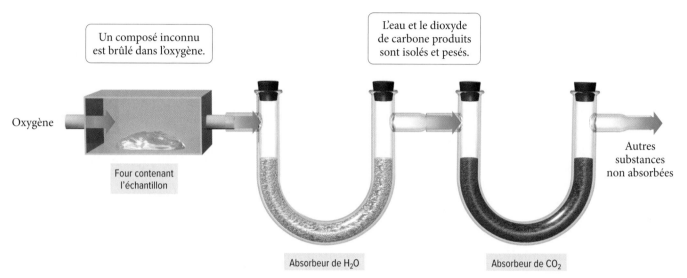

Un composé inconnu
est brûlé dans l'oxygène.

L'eau et le dioxyde
de carbone produits
sont isolés et pesés.

Oxygène

Four contenant
l'échantillon

Absorbeur de H_2O

Absorbeur de CO_2

Autres
substances
non absorbées

L'échantillon à analyser est placé dans un four et brûlé en présence l'oxygène. L'eau et le dioxyde de carbone
produits sont absorbés dans des contenants séparés et pesés.

MÉTHODE POUR...	EXEMPLE 8.12	EXEMPLE 8.13
Déterminer une formule empirique à partir d'une analyse par combustion	Déterminer une formule empirique à partir d'une analyse par combustion Par combustion, un composé contenant seulement du carbone et de l'hydrogène a produit 1,83 g de CO_2 et 0,901 g de H_2O. Trouvez la formule empirique du composé.	Déterminer une formule empirique à partir d'une analyse par combustion Par combustion, un échantillon pesant 0,8233 g d'un composé contenant seulement du carbone, de l'hydrogène et de l'oxygène a produit 2,445 g de CO_2 et 0,6003 g de H_2O. Trouvez la formule empirique du composé.
1. Écrivez selon les données les masses de chaque produit de combustion et la masse de l'échantillon si elle est donnée.	**DONNÉES** 1,83 g de CO_2, 0,901 g de H_2O **INFORMATION RECHERCHÉE** formule empirique	**DONNÉES** 0,8233 g d'échantillon, 2,445 g de CO_2, 0,6003 g de H_2O **INFORMATION RECHERCHÉE** formule empirique
2. Convertissez les masses de CO_2 et de H_2O de l'étape 1 en moles en utilisant la masse molaire appropriée pour chaque composé comme facteur de conversion.	$1,83 \text{ g CO}_2 \times \dfrac{1 \text{ mol CO}_2}{44,01 \text{ g CO}_2}$ $= 0,0416 \text{ mol CO}_2$ $0,901 \text{ g H}_2\text{O} \times \dfrac{1 \text{ mol H}_2\text{O}}{18,02 \text{ g H}_2\text{O}}$ $= 0,0500 \text{ mol H}_2\text{O}$	$2,445 \text{ g CO}_2 \times \dfrac{1 \text{ mol CO}_2}{44,01 \text{ g CO}_2}$ $= 0,055\,56 \text{ mol CO}_2$ $0,6003 \text{ g H}_2\text{O} \times \dfrac{1 \text{ mol H}_2\text{O}}{18,02 \text{ g H}_2\text{O}}$ $= 0,033\,31 \text{ mol H}_2\text{O}$
3. Convertissez les moles de CO_2 et de H_2O de l'étape 2 en moles de C et en moles de H en utilisant le facteur de conversion inhérent dans les formules chimiques de CO_2 et de H_2O.	$0,0416 \text{ mol CO}_2 \times \dfrac{1 \text{ mol C}}{1 \text{ mol CO}_2}$ $= 0,0416 \text{ mol C}$ $0,0500 \text{ mol H}_2\text{O} \times \dfrac{2 \text{ mol H}}{1 \text{ mol H}_2\text{O}}$ $= 0,100 \text{ mol H}$	$0,055\,56 \text{ mol CO}_2 \times \dfrac{1 \text{ mol C}}{1 \text{ mol CO}_2}$ $= 0,055\,56 \text{ mol C}$ $0,033\,31 \text{ mol H}_2\text{O} \times \dfrac{2 \text{ mol H}}{1 \text{ mol H}_2\text{O}}$ $= 0,066\,62 \text{ mol H}$

4. Si le composé contient un élément autre que C et H, trouvez la masse de l'autre élément en soustrayant la somme des masses de C et de H (obtenues à l'étape 3) de la masse de l'échantillon. Enfin, convertissez la masse de l'autre élément en moles.	Cet échantillon ne contient pas d'autres éléments que C et H ; passez à l'autre étape.	$$\text{masse}_C = 0{,}055\,56\ \text{mol C} \times \frac{12{,}01\ \text{g C}}{\text{mol C}}$$ $$= 0{,}6673\ \text{g C}$$ $$\text{masse}_H = 0{,}066\,62\ \text{mol H} \times \frac{1{,}01\ \text{g H}}{\text{mol H}}$$ $$= 0{,}067\,29\ \text{g H}$$ $$\text{masse}_O = 0{,}8233\ \text{g} -$$ $$(0{,}6673\ \text{g} + 0{,}067\,29\ \text{g}) = 0{,}0887\ \text{g}$$ $$n_O = 0{,}0887\ \text{g O} \times \frac{1\ \text{mol O}}{16{,}00\ \text{g O}}$$ $$= 0{,}005\,54\ \text{mol O}$$
5. Écrivez la pseudoformule du composé en mettant en indice la quantité de substance de chaque élément (des étapes 3 et 4).	$C_{0{,}0416}H_{0{,}100}$	$C_{0{,}055\,56}H_{0{,}066\,62}O_{0{,}005\,54}$
6. Divisez tous les indices de la formule par l'indice le plus petit. (Arrondissez tous les indices qui sont à 0,1 d'un nombre entier.)	$C_{\frac{0{,}0416}{0{,}0416}}H_{\frac{0{,}100}{0{,}0416}} \rightarrow C_1H_{2{,}4}$	$C_{\frac{0{,}055\,56}{0{,}005\,54}}H_{\frac{0{,}066\,62}{0{,}005\,54}}O_{\frac{0{,}005\,54}{0{,}005\,54}} \rightarrow C_{10}H_{12}O_1$
7. Si les indices ne sont pas des nombres entiers, multipliez tous les indices par un petit nombre entier pour obtenir des indices en nombres entiers.	$C_1H_{2{,}4} \times 5 \rightarrow C_5H_{12}$ La formule empirique correcte est C_5H_{12} **EXERCICE PRATIQUE 8.12** Par combustion, un composé contenant seulement du carbone et de l'hydrogène a produit 1,60 g de CO_2 et 0,819 g de H_2O. Trouvez la formule empirique du composé.	Les indices sont des nombres entiers ; aucune autre multiplication n'est nécessaire. La formule empirique correcte est $C_{10}H_{12}O$. **EXERCICE PRATIQUE 8.13** Par combustion, un échantillon pesant 0,8009 g d'un composé contenant seulement du carbone, de l'hydrogène et de l'oxygène a produit 1,6004 g de CO_2 et 0,6551 g de H_2O. Trouvez la formule empirique du composé.

Vous êtes maintenant en mesure de faire les exercices 36 à 47, 82 à 87, 90, 91, 93 à 96, 100 et 104 à 107.

8.6 Calculs en milieu gazeux

Un échantillon de gaz possède quatre propriétés physiques fondamentales : la pression (P), le volume (V), la température (T) et la quantité en moles (n). Ces propriétés sont interreliées. Tout changement de l'une de ces propriétés influe sur une ou plusieurs autres. Les lois simples des gaz décrivent les relations qui existent entre des paires de ces propriétés. Par exemple, une loi simple des gaz décrit comment le *volume* varie avec la *pression* à température et quantité de gaz constantes ; une autre loi décrit comment le volume varie avec la *température* à pression et à quantité de gaz constantes. Ces lois ont été déduites à partir d'observations dans lesquelles deux des quatre propriétés fondamentales demeurent constantes afin de mettre en évidence la relation entre les deux autres.

Loi de Boyle-Mariotte : volume et pression

Au début des années 1660, Robert Boyle (1627-1691), un scientifique anglais pionnier, et son assistant Robert Hooke (1635-1703) ont utilisé un tube en J pour mesurer le volume

L'abbé Edmée Mariotte (1620-1684) est un physicien et un botaniste français surtout connu pour ses recherches sur la loi du comportement élastique des gaz formulée par Robert Boyle, dont il traite dans le second volume de ses *Œuvres* (*De la nature de l'air*). Ses travaux ont permis de faire reconnaître la théorie de Boyle par la communauté scientifique de l'époque.

d'un échantillon de gaz à différentes pressions (**figure 8.3**). Après avoir enfermé un échantillon d'air dans le tube en J, ils ajoutèrent du mercure pour augmenter la pression sur le gaz. Ils trouvèrent une relation inverse entre le volume et la pression – l'augmentation de l'une provoque une diminution de l'autre – comme l'illustre la **figure 8.4**. Cette relation est appelée **loi de Boyle-Mariotte**.

$$\textbf{Loi de Boyle-Mariotte :} \qquad V \propto \frac{1}{P} \quad (T \text{ et } n \text{ constantes})$$

FIGURE 8.3   **Tube en J**

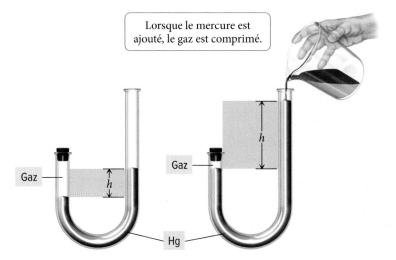

Lorsque le mercure est ajouté, le gaz est comprimé.

Dans un tube en J, un échantillon de gaz est emprisonné par une colonne de mercure. On peut accroître la pression sur le gaz en augmentant la hauteur (*h*) de mercure dans la colonne.

FIGURE 8.4   **Volume en fonction de la pression**

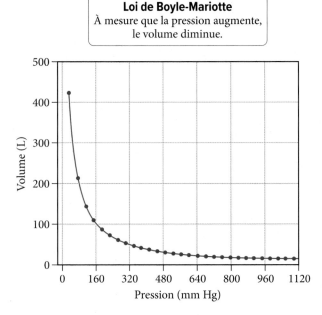

Loi de Boyle-Mariotte
À mesure que la pression augmente, le volume diminue.

Un graphique du volume d'un échantillon de gaz – tel que mesuré dans un tube en J – en fonction de la pression. La courbe montre que le volume et la pression sont en relation inverse.

La loi de Boyle-Mariotte découle du principe que la pression est causée par les collisions des particules de gaz avec les parois de leur contenant. Cette pression peut être exprimée en **atmosphères (atm)**, en **millimètres de mercure (mm Hg)** aussi appelés **torrs**, ou en **pascals (Pa)** (plus communément en kilopascals [kPa]) : 1 atm équivaut à 760 mm Hg (Torr) ou à 101,3 kPa. Si on réduit le volume d'un échantillon de gaz, le même nombre de particules de gaz est comprimé dans un volume plus petit, ce qui entraîne un plus grand nombre de collisions avec les parois et, par conséquent, une augmentation de la pression (**figure 8.5**).

> La loi de Boyle-Mariotte suppose une température constante et une quantité de gaz constante.

FIGURE 8.5 Interprétation moléculaire de la loi de Boyle-Mariotte

Volume et pression : une vision moléculaire

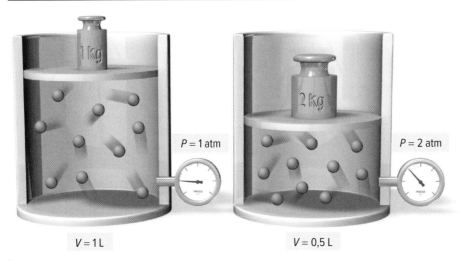

$P = 1$ atm

$P = 2$ atm

$V = 1$ L $V = 0,5$ L

À mesure que le volume d'un échantillon de gaz diminue, les particules de gaz entrent plus fréquemment en collision avec les surfaces environnantes, ce qui entraîne une pression plus élevée.

Les plongeurs apprennent la loi de Boyle-Mariotte au cours de leur certification parce qu'elle explique pourquoi ils ne devraient pas remonter à la surface sans respirer continuellement. Comme l'illustre la **figure 8.6**, chaque fois que la plongeuse descend de 10 m, elle subit une pression additionnelle de 1 atm exercée par le poids de l'eau au-dessus d'elle. Le régulateur de pression utilisé durant la plongée fournit de l'air à une pression qui compense la pression externe ; autrement, la plongeuse ne pourrait pas inhaler l'air parce que les muscles de la cavité thoracique ne sont pas assez puissants pour accroître le volume contre la pression externe beaucoup plus forte. Lorsque cette plongeuse se trouve à 20 m de profondeur, le régulateur débite de l'air à une pression de 3 atm pour contrebalancer la pression de 3 atm qui s'exerce autour de la plongeuse (1 atm due à la pression atmosphérique normale et 2 atm additionnelles dues au poids de l'eau à 20 m). Supposons que la plongeuse a respiré de l'air à une pression de 3 atm et qu'elle remonte rapidement à la surface (là où la pression n'est plus que de 1 atm) pendant qu'elle retient son souffle. Qu'arriverait-il au volume d'air contenu dans les alvéoles de ses poumons ? Étant donné que la pression diminue d'un facteur 3, le volume de l'air dans les alvéoles augmenterait d'un facteur 3, endommageant gravement ses poumons et entraînant probablement sa mort. On peut utiliser la loi de Boyle-Mariotte pour calculer le volume d'un gaz après un changement de pression ou la pression d'un gaz après un changement de volume, *pourvu que la température et la quantité de gaz demeurent constantes.*

> En plongée, on utilise souvent les psi (*pound-force per square inch* – « livre-force par pouce carré », lbf/po²) pour mesurer la pression des bouteilles. 1 atm = 101,3 kPa = 760 mm Hg (Torr) = 14,7 psi

Pour ces types de calculs, on écrit la loi de Boyle-Mariotte d'une manière légèrement différente :

$$\text{Étant donné que } V \propto \frac{1}{P}, \quad \text{alors } V = \text{constante} \times \frac{1}{P} \quad \text{ou} \quad V = \frac{(\text{constante})}{P}$$

Si on multiplie les deux côtés par P, on obtient

$$PV = \text{constante}$$

FIGURE 8.6 **Augmentation de la pression avec la profondeur**

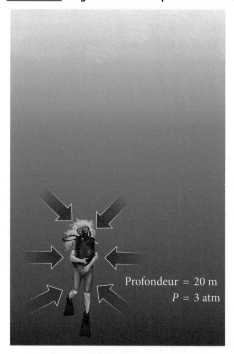

Profondeur = 0 m
P = 1 atm

Profondeur = 20 m
P = 3 atm

Chaque fois qu'elle descend de 10 m, cette plongeuse subit une pression supplémentaire de 1 atm en raison du poids de l'eau qui l'entoure. À 20 m, par exemple, elle subit une pression d'environ 3 atm (1 atm due à la pression atmosphérique normale plus 2 atm en raison du poids de l'eau).

Cette relation montre que si la pression augmente, le volume diminue, mais le produit PV est toujours égal à la même constante. Pour deux différents ensembles de conditions, on peut dire que

$$P_1V_1 = \text{constante} = P_2V_2$$

ou que

$$P_1V_1 = P_2V_2$$

où P_1 et V_1 sont la pression et le volume initiaux du gaz et P_2 et V_2 sont la pression et le volume finaux.

Si deux quantités sont proportionnelles, l'une est égale à l'autre multiplié par une constante.

EXEMPLE 8.14 **Loi de Boyle-Mariotte**

Vous inspirez en augmentant le volume de vos poumons. Une femme a un volume pulmonaire initial de 2,75 L, qui est rempli d'air à une pression atmosphérique de 1,02 atm. Si son volume pulmonaire augmente à 3,25 L sans inspirer d'air additionnel, quelle sera la pression dans ses poumons?

SOLUTION

Pour résoudre le problème, commencez par mettre en évidence P_2 dans la loi de Boyle-Mariotte, puis substituez les quantités données pour calculer P_2.	$P_1V_1 = P_2V_2$ $$P_2 = \frac{V_1}{V_2}P_1$$ $$= \frac{2,75 \text{ L}}{3,25 \text{ L}} \times 1,02 \text{ atm}$$ $$= 0,863 \text{ atm}$$

EXERCICE PRATIQUE 8.14

Un plongeur muni d'un tuba prend une seringue remplie de 16 mL d'air de la surface, où la pression est de 1,0 atm, et l'emporte vers une profondeur inconnue. Le volume de l'air dans la seringue à cette profondeur est de 7,5 mL. Quelle est la pression à cette profondeur ? Si la pression augmente de 1 atm tous les 10 m, à quelle profondeur se trouve le plongeur ?

Loi de Charles : volume et température

Supposons que l'on garde la pression d'un échantillon de gaz constante et que l'on mesure son volume à des températures différentes. La **figure 8.7** montre les résultats de plusieurs de ces mesures. D'après le graphique, on peut voir la relation entre le volume et la température : le volume d'un gaz augmente en même temps que la température. Un examen plus attentif du graphique, cependant, révèle davantage d'information : en fait, le volume et la température présentent une *relation linéaire*. Si deux variables sont en relation linéaire, représenter l'une en fonction de l'autre sur un graphique donne une ligne droite.

FIGURE 8.7 **Volume en fonction de la température**

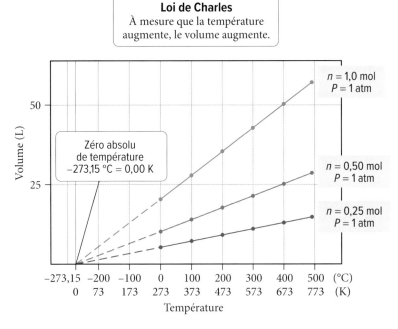

Le volume d'une quantité donnée de gaz à une pression constante augmente de façon linéaire avec l'augmentation de la température en kelvins. (On ne peut pas mesurer expérimentalement les droites extrapolées, parce que tous les gaz se condensent en liquides avant d'atteindre les valeurs à −273,15 °C.)

On peut faire apparaître une autre caractéristique importante en prolongeant ou *extrapolant* la droite à l'origine à partir de la plus basse température mesurée. La droite extrapolée montre que le gaz devrait avoir un volume nul à −273,15 °C. Nous avons vu au chapitre 1 que −273,15 °C correspond à 0 K (zéro sur l'échelle Kelvin), la température la plus froide possible. La droite extrapolée indique que sous −273,15 °C, le gaz aurait un volume négatif, ce qui est physiquement impossible. Pour cette raison, on désigne 0 K comme le *zéro absolu* ; des températures plus froides n'existent pas.

J. A. C. Charles (1746-1823), mathématicien et physicien français, a le premier quantifié précisément la relation entre le volume d'un gaz et sa température. Charles s'intéressait aux gaz et il a été parmi les premières personnes à faire l'ascension dans un ballon gonflé à l'hydrogène. La proportionnalité directe entre le volume et la température s'appelle **loi de Charles** en son honneur :

$$\text{Loi de Charles :} \quad V \propto T \quad (P \text{ et } n \text{ constantes, } T \text{ en kelvins})$$

Lorsqu'on élève la température d'un échantillon de gaz, les particules de gaz se déplacent plus rapidement, les collisions avec les parois sont plus fréquentes et la force exercée lors de chaque collision est plus grande. La seule façon pour que la pression (la force par unité de surface) demeure constante c'est que le gaz occupe un plus grand volume ; les collisions deviennent alors moins fréquentes et se produisent sur une plus grande surface (**figure 8.8**).

La loi de Charles permet de comprendre pourquoi le deuxième étage d'une maison est habituellement plus chaud que le rez-de-chaussée. D'après la loi de Charles, quand l'air est chauffé, son volume augmente, ce qui entraîne une masse volumique plus faible. L'air chaud, moins dense, a tendance à s'élever dans les pièces de l'étage, alors que l'air froid, plus dense, demeure dans les pièces du bas. De même, la loi de Charles explique pourquoi un ballon à air chaud peut s'élever. Le gaz qui remplit le ballon est réchauffé à l'aide d'un brûleur, ce qui augmente son volume et diminue sa masse volumique et le fait flotter dans l'air environnant plus froid et plus dense.

Un ballon à air chaud flotte parce que l'air chaud est moins dense que l'air froid environnant.

FIGURE 8.8 Interprétation moléculaire de la loi de Charles

Volume en fonction de la température : une vue à l'échelle moléculaire

Énergie cinétique faible

Énergie cinétique élevée

Eau glacée

Eau bouillante

Si on déplace un ballon gonflable d'un bain d'eau glacée à un bain d'eau bouillante, son volume prend de l'expansion lorsque les particules de gaz dans le ballon se déplacent plus rapidement (en raison de la température plus élevée) et occupent collectivement plus d'espace.

FIGURE 8.9 Influence de la température sur le volume

Si on place un ballon dans l'azote liquide (77 K), il se contracte à mesure que l'air qu'il contient refroidit et occupe un volume moindre à la même pression externe.

Vous pouvez expérimenter de façon simple la loi de Charles en tenant un ballon partiellement gonflé au-dessus d'un grille-pain chaud. À mesure que l'air dans le ballon se réchauffe, vous pouvez sentir qu'il prend de l'expansion. Ou encore, vous pouvez plonger un ballon gonflé dans l'azote liquide et constater qu'il devient plus petit à mesure qu'il se refroidit (**figure 8.9**).

La loi de Charles peut être utilisée pour calculer le volume d'un gaz à la suite d'un changement de température ou la température d'un gaz à la suite d'une variation de volume *à condition que la pression et la quantité de gaz soient constantes*. Pour ces types de calculs, on réarrange la loi de Charles de la manière suivante :

$$\text{Étant donné que } V \propto T, \text{ alors } V = \text{constante} \times T$$

Si on divise les deux côtés par T, on obtient

$$V/T = \text{constante}$$

Si la température augmente, le volume augmente en proportion directe, de sorte que le quotient, V/T, est toujours égal à la même constante. Donc, pour deux mesures différentes, on peut affirmer que

$$V_1/T_1 = \text{constante} = V_2/T_2$$

ou encore

$$\frac{V_1}{T_1} = \frac{V_2}{T_2}$$

où V_1 et T_1 représentent l'état initial du volume et de la température du gaz et V_2 et T_2, l'état final du volume et de la température. *Les températures doivent toujours être exprimées en kelvins (K)*, parce que, comme on l'a vu à la figure 8.7, le volume d'un gaz est directement proportionnel à sa température absolue, et non à sa température en degrés Celsius. Par exemple, en doublant de 1 °C à 2 °C la température d'un échantillon de gaz, on ne double pas son volume, mais si on double la température de 200 K à 400 K, le volume double.

EXEMPLE 8.15 | Loi de Charles

Un échantillon de gaz a un volume de 2,80 L à une température inconnue. Lorsque l'échantillon est immergé dans l'eau glacée à $t = 0,00$ °C, son volume diminue à 2,57 L. Quelle était la température initiale (en kelvins et en degrés Celsius)?

SOLUTION

Pour résoudre le problème, isolez d'abord T_1 dans la loi de Charles.	$\dfrac{V_1}{T_1} = \dfrac{V_2}{T_2}$ $T_1 = \dfrac{V_1}{V_2} T_2$
Avant de substituer les valeurs numériques pour calculer T_1, vous devez convertir la température en kelvins (K). *Rappelez-vous, les problèmes portant sur les lois des gaz doivent toujours être résolus en températures de l'échelle Kelvin.*	$T_K = t_C + 273,15$ $T_2 (K) = 0,00 + 273,15 = 273,15$ K
Substituez T_2 en kelvins et les autres quantités données pour calculer T_1.	$T_1 = \dfrac{V_1}{V_2} T_2$ $= \dfrac{2,80 \text{ L}}{2,57 \text{ L}} \times 273,15 \text{ K}$ $= 297,6 \text{ K} = 298 \text{ K}$
Calculez t_1 en degrés Celsius en soustrayant 273,15 de la valeur en kelvins.	$t_1(°C) = 297,6 - 273,15 = 24,5$ °C $= 25$ °C

EXERCICE PRATIQUE 8.15

Un gaz contenu dans un cylindre muni d'un piston possède un volume initial de 88,2 mL. Si on chauffe le gaz et que sa température passe de 35 °C à 155 °C, quel est son volume final (en millilitres)?

Lien conceptuel 8.6 Loi de Boyle-Mariotte et loi de Charles

On double la pression exercée sur un échantillon d'une quantité donnée de gaz; on double ensuite la température du gaz en kelvins. Quel est le volume final du gaz?

(a) Le volume final est le double du volume initial.

(b) Le volume final du gaz est quatre fois le volume initial.

(c) Le volume final du gaz est la moitié du volume initial.

(d) Le volume final du gaz est le quart du volume initial.

(e) Le volume final du gaz est le même que le volume initial.

Loi d'Avogadro : volume et quantité (en moles)

Jusqu'ici, nous avons expliqué la relation entre volume et pression et entre volume et température, mais nous n'avons considéré qu'une quantité constante de gaz. Mais qu'arrive-t-il lorsque la quantité de gaz change ? Le volume d'un échantillon de gaz (à température et à pression constantes) en fonction de la quantité de gaz (en moles) dans un échantillon est illustré à la **figure 8.10**. On peut voir que la relation entre volume et quantité est linéaire. Comme on peut s'y attendre, l'extrapolation à 0 mol montre un volume nul. Cette relation, énoncée la première fois par Amedeo Avogadro, s'appelle la **loi d'Avogadro** :

$$\text{Loi d'Avogadro : } \quad V \propto n \quad (T \text{ et } P \text{ constantes})$$

FIGURE 8.10 **Volume en fonction de la quantité de substance**

Animation

Loi d'Avogadro :
volume et quantité
(en moles)

codeqrcu.page.link/JEpT

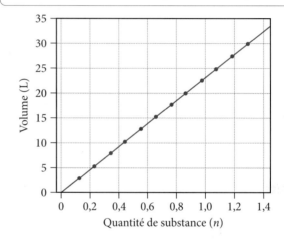

Loi d'Avogadro
Le volume augmente avec une augmentation de la quantité de gaz.

Le volume d'un échantillon de gaz augmente de façon linéaire avec la quantité de substance de gaz dans l'échantillon.

Lorsqu'on augmente la quantité d'un gaz dans un échantillon à température et à pression constantes, on augmente son volume de façon directement proportionnelle parce qu'un plus grand nombre de particules de gaz occupe un plus grand espace.

Quand vous soufflez dans un ballon pour le gonfler, vous faites l'expérience de la loi d'Avogadro. À chacune de vos expirations, vous faites entrer de nouvelles particules de gaz à l'intérieur du ballon, ce qui augmente son volume. La loi d'Avogadro peut être utilisée pour calculer le volume d'un gaz à la suite d'un changement dans la quantité de gaz *à condition que la pression et la température du gaz soient constantes*. Pour ces types de calculs, on exprime la loi d'Avogadro de la façon suivante :

$$\frac{V_1}{n_1} = \frac{V_2}{n_2}$$

où V_1 et n_1 représentent le volume et la quantité de substance dans les conditions initiales et V_2 et n_2 le volume et la quantité de substance dans les conditions finales. Dans les calculs, on utilise la loi d'Avogadro d'une manière similaire aux autres lois des gaz, comme le montre l'exemple 8.16. Dans le cas des gaz parfaits (voir la section 7.3), le **volume molaire** d'un gaz est toujours le même, soit 22,4 L à TPN (0 °C et 101,3 kPa).

EXEMPLE 8.16 Loi d'Avogadro

Dans le cadre d'une étude en kinésiologie, on mesure la capacité respiratoire d'un athlète masculin. Les mesures indiquent que durant une inspiration profonde, son volume pulmonaire est de 6,15 L. À ce volume, ses poumons contiennent 0,254 mol d'air. Au cours de l'expiration, son volume pulmonaire diminue à 2,55 L. Combien de moles de gaz l'athlète a-t-il expiré? Supposez une pression et une température constantes.

SOLUTION

Pour résoudre le problème, isolez d'abord n_2 dans la loi d'Avogadro. Puis substituez les quantités données pour calculer n_2.

$$\frac{V_1}{n_1} = \frac{V_2}{n_2}$$

$$n_2 = \frac{V_2}{V_1} n_1$$

$$= \frac{2,55 \text{ L}}{6,15 \text{ L}} \times 0,254 \text{ mol}$$

$$= 0,105 \text{ mol}$$

Étant donné que les poumons contiennent déjà 0,254 mol d'air, calculez la quantité d'air expirée en soustrayant le résultat de 0,254 mol.

Moles expirées = 0,254 mol – 0,105 mol
= 0,149 mol

EXERCICE PRATIQUE 8.16

Une réaction chimique qui se déroule dans un cylindre équipé d'un piston mobile produit 0,621 mol d'un produit gazeux. Si le cylindre contenait 0,120 mol de gaz avant la réaction et avait un volume initial de 2,18 L, quel serait son volume après la réaction? (Supposez que la pression et la température sont constantes et que tout le gaz initialement présent a réagi.)

Loi des gaz parfaits

Nous avons vu au chapitre 7 que dans certaines conditions, le volume des particules ainsi que les forces de cohésion présentes dans un gaz sont négligeables. Dans ces **gaz parfaits**, le volume et la pression du gaz ne dépendent alors que du nombre de particules et de la température de l'échantillon. La **loi des gaz parfaits** décrit le comportement de ces gaz qui ne sont pas à basse température ou à haute pression (voir la section 7.3):

$$PV = nRT$$
$$R = 0,082\,06 \frac{\text{L} \cdot \text{atm}}{\text{mol} \cdot \text{K}} \text{ ou } 8,314 \frac{\text{L} \cdot \text{kPa}}{\text{mol} \cdot \text{K}}$$

Cette loi englobe les lois simples des gaz que nous avons étudiées, comme le résume la **figure 8.11**. De plus, elle montre comment d'autres paires de variables sont interreliées. Par exemple, à partir de la loi de Charles, on sait que $V \propto T$ à pression et à quantité de substance constantes. Mais que se passe-t-il si on chauffe un échantillon de gaz à *volume* constant et à quantité de substance constante? Il y a un lien entre cette question et les messages d'avertissement apposés sur les étiquettes des contenants d'aérosol, comme la laque pour les cheveux ou les déodorants. Ces étiquettes précisent qu'il faut éviter de chauffer ou d'incinérer ces contenants, même une fois qu'ils sont vidés de leur contenu. Pourquoi? Parce qu'un contenant d'aérosol « vide » ne l'est pas réellement. Il contient encore une certaine quantité de gaz enfermée dans un certain volume. Qu'arriverait-il si vous chauffiez le contenant? On peut réarranger la loi des gaz parfaits en divisant les deux côtés par V pour voir clairement la relation entre la pression et la température à volume constant et à quantité de substance constante:

$$PV = nRT$$
$$P = \frac{nRT}{V} = \left(\frac{nR}{V}\right)T$$

Animation

Pression et température
codeqrcu.page.link/aqbx

Animation

Lois des gaz parfaits
codeqrcu.page.link/7RqU

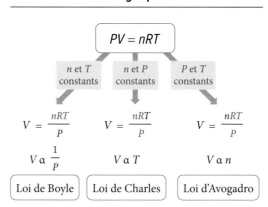

FIGURE 8.11 Loi des gaz parfaits et lois simples des gaz

La loi des gaz parfaits englobe les lois simples des gaz.

Les étiquettes sur la plupart des contenants d'aérosol mettent en garde contre l'incinération. Étant donné que le volume du contenant est constant, une augmentation de la température provoque une augmentation de la pression, ce qui peut faire exploser la cannette.

L = litres
atm = atmosphère
kPa = kilopascals
mol = moles
K = kelvins

Étant donné que n et V sont constants et que R est toujours une constante :

$$P = (\text{constante}) \times T$$

Cette relation entre la pression et la température est appelée *loi de Gay-Lussac*. Lorsque la température d'une certaine quantité de gaz dans un certain volume augmente, la pression augmente. Dans un contenant d'aérosol, cette augmentation de pression peut faire éclater le contenant, ce qui explique pourquoi les contenants d'aérosol ne doivent pas être chauffés ou incinérés. Ils pourraient exploser.

On peut utiliser la loi des gaz parfaits pour déterminer la valeur de l'une ou l'autre des quatre variables (P, V, n ou T) connaissant les trois autres. Cependant, chacune des quantités dans la loi des gaz parfaits doit être exprimée dans les unités de R :

- pression (P) en atm ou kPa
- volume (V) en L
- moles (n) en mol
- température (T) en K

EXEMPLE 8.17 **Loi des gaz parfaits I**

Calculez le volume occupé par 0,845 mol d'azote gazeux à une pression de 139 kPa et à une température de 315 K.

TRIER L'énoncé indique la quantité de substance, la pression et la température. Vous avez à trouver le volume.	**DONNÉES** $n = 0{,}845$ mol, $P = 139$ kPa, $T = 315$ K **INFORMATION RECHERCHÉE** V
ÉTABLIR UNE STRATÉGIE On vous donne trois des quatre variables (P, T et n) de la loi des gaz parfaits et on vous demande de trouver la quatrième (V). Le plan conceptuel montre comment la loi des gaz parfaits fournit la relation entre les quantités données et la quantité à trouver.	**PLAN CONCEPTUEL** $n, P, T \longrightarrow V$ $PV = nRT$ **RELATIONS UTILISÉES** $PV = nRT$ (loi des gaz parfaits) $R = 0{,}082\,06 \dfrac{\text{L} \cdot \text{atm}}{\text{mol} \cdot \text{K}}$ ou $8{,}314 \dfrac{\text{L} \cdot \text{kPa}}{\text{mol} \cdot \text{K}}$

| **RÉSOUDRE** Pour résoudre le problème, isolez d'abord V dans la loi des gaz parfaits. | **SOLUTION** $$PV = nRT$$ $$V = \frac{nRT}{P}$$ |
| Puis substituez les quantités données pour calculer V. La valeur de la pression étant en kilopascals (kPa), on utilise la valeur 8,314 L·kPa/mol·K dans le calcul. | $$V = \frac{0,845 \text{ mol} \times 8,314 \dfrac{\text{L} \cdot \text{kPa}}{\text{mol} \cdot \text{K}} \times 315 \text{ K}}{139 \text{ kPa}}$$ $$= 15,9 \text{ L}$$ |

VÉRIFIER Les unités de la réponse sont correctes. La grandeur de la réponse (15,9 L) a du sens parce que 1 mol d'un gaz parfait dans des conditions de température et de pression normales (273 K et 1 atm, ou 101,3 kPa) occupe 22,4 L. Bien que la température et la pression dans ce problème ne soient pas celles des conditions normales, elles en sont assez près pour obtenir une valeur approximative de la réponse. Étant donné que l'échantillon de gaz contient 0,845 mol, un volume de 15,9 L est réaliste.

EXERCICE PRATIQUE 8.17

Un pneu de 8,50 L est gonflé avec 0,552 mol de gaz à une température de 305 K. Quelle est la pression du gaz dans le pneu en kilopascals (kPa) et en *pound-force per square inch* (psi)?

1,00 psi (livres/po^2) = 6,89 kPa

| **EXEMPLE 8.18** | **Loi des gaz parfaits II** |

Calculez la quantité de gaz dans un ballon de basket de 3,24 L gonflé à une *pression totale* de 24,3 psi (ou livres/po^2) à 25 °C. (Note: La *pression totale* n'est pas la même que la pression lue sur les manomètres utilisés pour vérifier si les pneus d'automobiles ou de bicyclettes sont correctement gonflés. Cette pression, appelée *pression manométrique*, est la *différence* entre la pression totale et la pression atmosphérique. Dans le présent cas, si la pression atmosphérique est de 14,7 psi, la pression manométrique serait de 9,6 psi. Cependant, pour les calculs qui font intervenir la loi des gaz parfaits, vous pouvez utiliser la *pression totale* de 24,3 psi.)

TRIER L'énoncé indique la pression, le volume et la température. Vous avez à trouver la quantité de gaz.	**DONNÉS** $P = 24{,}3$ psi, $V = 3{,}24$ L, $t_C = 25\,°C$ **INFORMATION RECHERCHÉE** n
ÉTABLIR UNE STRATÉGIE Le plan conceptuel montre comment la loi des gaz parfaits fournit la relation entre les quantités données et la quantité à trouver.	**PLAN CONCEPTUEL** $$P, V, T \longrightarrow n$$ $$\text{\small }PV = nRT$$ **RELATIONS UTILISÉES** $PV = nRT$ (loi des gaz parfaits) $$R = 0{,}082\,06\,\frac{\text{L} \cdot \text{atm}}{\text{mol} \cdot \text{K}} \text{ ou } 8{,}314\,\frac{\text{L} \cdot \text{kPa}}{\text{mol} \cdot \text{K}}$$ $T_K = t_C + 273{,}15$ $1{,}00$ psi $= 0{,}0680$ atm ou $6{,}89$ kPa
RÉSOUDRE Pour résoudre le problème, isolez d'abord n dans la loi des gaz parfaits.	**SOLUTION** $$PV = nRT$$ $$n = \frac{PV}{RT}$$
Avant de substituer les valeurs dans l'équation, convertissez P et T dans les bonnes unités.	$$P = 24{,}3 \text{ psi} \times \frac{0{,}0680 \text{ atm}}{1 \text{ psi}} = 1{,}6524 \text{ atm}$$ $$T_K = 25\,°C + 273{,}15 = 298{,}15 \text{ K}$$

Enfin, substituez dans l'équation et calculez n.	$$n = \frac{1{,}6524 \text{ atm} \times 3{,}24 \text{ L}}{0{,}082\,06 \dfrac{\text{L} \cdot \text{atm}}{\text{mol} \cdot \text{K}} \times 298{,}15 \text{ K}}$$ $$= 0{,}219 \text{ mol}$$

VÉRIFIER Les unités de la réponse sont correctes. La grandeur de la réponse (0,219 mol) a du sens parce que 1 mol d'un gaz parfait dans des conditions de température et de pression normales (273 K et 1 atm) occupe 22,4 L. À une pression 65 % plus élevée, le volume de 1 mol de gaz serait proportionnellement plus petit. Étant donné que cet échantillon de gaz occupe 3,24 L, la réponse de 0,219 mol est réaliste.

EXERCICE PRATIQUE 8.18

Quel volume occupe 0,556 mol de gaz à une pression de 0,941 atm et à une température de 58 °C ?

EXERCICE PRATIQUE SUPPLÉMENTAIRE 8.18

Trouvez la pression en millimètres de mercure (mm Hg) d'un échantillon de 0,133 g d'hélium gazeux dans un contenant de 648 mL à une température de 32 °C. (Rappel : 760 mm Hg = 101,325 kPa = 1 atm.)

Loi de Dalton (loi des pressions partielles)

Comme les particules d'un gaz parfait n'interagissent pas les unes avec les autres, on peut affirmer que la pression totale dans un système contenant plusieurs gaz de ce type est égale à la somme des pressions de chacun des gaz du mélange. Cette règle est connue sous le nom de **loi de Dalton**, ou **loi des pressions partielles** :

$$P_{\text{totale}} = P_A + P_B + P_C + \ldots$$

dans laquelle P_{totale} est la pression totale du système et P_A, P_B, P_C, …, les pressions partielles des gaz constituants. En combinant cette équation avec celle des gaz parfaits, on obtient

$$P_{\text{totale}} = \frac{n_A RT}{V} + \frac{n_B RT}{V} + \frac{n_C RT}{V} + \ldots = (n_A + n_B + n_C + \ldots)\frac{RT}{V} = n_{\text{totale}}\frac{RT}{V}$$

De la même façon, on peut exprimer la pression partielle d'un gaz dans un mélange à partir de la pression totale du système :

$$P_A = \frac{n_A}{n_{\text{totale}}} P_{\text{totale}} = \chi_A P_{\text{totale}}$$

où χ_A est la fraction molaire du gaz A dans le mélange gazeux.

Vous êtes maintenant en mesure de faire les exercices 48 à 71, 97, 98 et 112 à 114.

RÉSUMÉ DU CHAPITRE

Termes clés (voir le glossaire)

Analyse par combustion (p. 347)

Atmosphère (atm) (p. 351)

Composition en pourcentage massique (pourcentage massique) (p. 340)

Constante d'Avogadro (p. 333)

Gaz parfait (p. 357)

Loi d'Avogadro (p. 356)

Loi de Boyle-Mariotte (p. 350)

Loi de Charles (p. 354)

Loi de Dalton (loi des pressions partielles) (p. 360)

Loi des gaz parfaits (p. 357)

Masse formulaire (p. 338)

Masse molaire (M) (p. 334)

Masse molaire de la formule empirique (p. 346)

Millimètre de mercure (mm Hg) (p. 351)

Mole (mol, symbole n) (p. 332)

Nombre d'Avogadro (N_A) (p. 333)

Pascal (Pa) (p. 351)

Rapport stœchiométrique (S) (p. 342)

Torr (p. 351)

Volume molaire (p. 356)

Concepts clés

L'eau potable (8.1)

→ L'eau, dont la composition n'est connue que depuis le début du 19ᵉ siècle, est une substance qui recouvre 70 % de la surface terrestre. Solvant efficace, elle est essentielle au développement du vivant.

→ Moins de 3 % de l'eau sur Terre est de l'eau douce, et l'eau propre à la consommation humaine représente une fraction de ce pourcentage. Pour rendre l'eau potable, on doit la traiter au moyen de divers processus chimiques et physiques (tamisage, floculation, décantation, filtration, assainissement chimique).

→ L'eau est un enjeu d'avenir. La science doit mettre à profit le développement des connaissances afin de protéger cette ressource et d'assurer un accès en eau de qualité au plus grand nombre possible de gens.

Masse atomique et concept de mole pour les éléments (8.2)

→ Une mole d'un élément est la quantité de cet élément qui contient le nombre d'Avogadro ($6,022 \times 10^{23}$ atomes).

→ Tout échantillon d'un élément dont la masse (en grammes) égale sa masse atomique contient 1 mol de l'élément, sa masse molaire. Par exemple, la masse atomique du carbone est de 12,01 u, par conséquent, 12,01 g de carbone contiennent 1 mol d'atomes de carbone.

Masse formulaire et concept de mole pour les composés (8.3)

→ La masse formulaire d'un composé est la somme des masses atomiques de tous les atomes dans sa formule chimique. Comme les masses atomiques des éléments, la masse formulaire caractérise la masse moyenne d'une molécule (ou d'une entité formulaire).

→ La masse de 1 mol d'un composé (en grammes) est la masse molaire et est numériquement égale à sa masse formulaire (en unités de masse atomique, u).

Composition et formule chimique des substances (8.4 et 8.5)

→ La composition en pourcentage massique d'un composé est le pourcentage par rapport à la masse totale du composé. La composition en pourcentage massique peut être déterminée à partir de la formule chimique d'un composé et des masses molaires de ses éléments.

→ La formule chimique d'un composé indique le nombre relatif d'atomes (ou moles) de chaque élément dans ce composé et on peut donc l'utiliser pour déterminer les rapports stœchiométriques entre les moles du composé et les moles de ses éléments constituants.

→ Si la composition en pourcentage massique et la masse molaire d'un composé sont connues, on peut déterminer ses formules empirique et moléculaire.

Calculs en milieu gazeux (8.6)

→ Les lois simples des gaz expriment les relations entre des paires de variables lorsque les autres variables sont constantes.

→ La loi de Boyle-Mariotte stipule que le volume d'un gaz est inversement proportionnel à sa pression.

→ La loi de Charles stipule que le volume d'un gaz est directement proportionnel à sa température.

→ La loi d'Avogadro stipule que le volume d'un gaz est directement proportionnel à la quantité (en moles).

→ La loi des gaz parfaits, $PV = nRT$, donne la relation entre les quatre variables des gaz et englobe les lois simples des gaz. La loi des gaz parfaits peut être utilisée pour trouver une des quatre variables connaissant les trois autres.

Équations et relations clés

Nombre d'Avogadro (8.2)

$$1 \text{ mol} = 6,022\ 142\ 1 \times 10^{23} \text{ particules}$$

Constante d'Avogadro (8.2)

$$N_A = 6,022 \times 10^{23} \text{ particules/mol de particules}$$

Masse formulaire (8.3)

$$\left(\begin{array}{c} \text{Nbre d'atomes du} \\ \text{1}^{\text{er}} \text{ élément dans} \\ \text{la formule chimique} \end{array} \times \begin{array}{c} \text{masse atomique} \\ \text{du 1}^{\text{er}} \text{ élément} \end{array} \right)$$
$$+ \left(\begin{array}{c} \text{Nbre d'atomes du} \\ \text{2}^{\text{e}} \text{ élément dans} \\ \text{la formule chimique} \end{array} \times \begin{array}{c} \text{masse atomique} \\ \text{du 2}^{\text{e}} \text{ élément} \end{array} \right) + \ldots$$

Composition en pourcentage massique (8.4)

$$\%_{\text{m/m}}(\text{X}) = \frac{\text{masse de X dans 1 mol de composé}}{\text{masse de 1 mol de composé}} \times 100\,\%$$

Formule empirique et formule moléculaire (8.5)

Formule moléculaire = formule empirique $\times\ n$, où $n = 1, 2, 3, \ldots$

$$n = \frac{\text{masse molaire}}{\text{masse molaire de la formule empirique}}$$

Loi de Boyle-Mariotte : relation entre la pression (*P*) et le volume (*V*) (8.6)

$$V \propto \frac{1}{P}\ (T \text{ et } n \text{ constantes})$$
$$P_1 V_1 = P_2 V_2$$

Loi de Charles : relation entre le volume (*V*) et la température (*T*) (8.6)

$$V \propto T\ (P \text{ et } n \text{ constantes}, T \text{ en kelvins})$$
$$\frac{V_1}{T_1} = \frac{V_2}{T_2}$$

Loi d'Avogadro : relation entre le volume (*V*) et la quantité (*n*) (8.6)

$$V \propto n\ (T \text{ et } P \text{ constantes})$$
$$\frac{V_1}{n_1} = \frac{V_2}{n_2}$$

Loi des gaz parfaits : relation entre le volume (*V*), la pression (*P*), la température (*T*) et la quantité (*n*) (8.6)

$$PV = nRT$$
$$R = 0,082\ 06\ \frac{\text{L} \cdot \text{atm}}{\text{mol} \cdot \text{K}} \text{ ou } 8,314\ \frac{\text{L} \cdot \text{kPa}}{\text{mol} \cdot \text{K}}$$

Loi de Dalton (loi des pressions partielles) (8.6)

$$P_{\text{totale}} = P_A + P_B + P_C + \ldots$$

EXERCICES

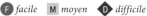 *facile* M *moyen* D *difficile*

Problèmes par sujet

Masse atomique et concept de mole pour les éléments (8.2)

F **1.** Déterminez le nombre d'atomes de soufre dans 2,7 mol de soufre.

F **2.** Combien de moles d'aluminium $1,42 \times 10^{24}$ atomes d'aluminium contiennent-ils?

F **3.** Quelle est la quantité, en moles, dans chaque échantillon d'éléments ci-dessous?
(a) 11,8 g d'Ar.   (c) 26,1 g de Ta.
(b) 3,55 g de Zn.   (d) 0,211 g de Li.

F **4.** Quelle est la masse, en grammes, de chaque échantillon d'éléments?
(a) $2,3 \times 10^{-3}$ mol de Sb.   (c) 43,9 mol de Xe.
(b) 0,0355 mol de Ba.   (d) 1,3 mol de W.

F **5.** Combien y a-t-il d'atomes d'argent dans 2,54 g d'argent?

F **6.** Quelle est la masse de $9,71 \times 10^{22}$ atomes de platine?

F **7.** Déterminez le nombre d'atomes dans chaque échantillon.
(a) 5,18 g de P.   (c) 1,87 g de Bi.
(b) 2,26 g de Hg.   (d) 0,082 g de Sr.

F **8.** Calculez la masse, en grammes, de chaque échantillon.
(a) $1,1 \times 10^{23}$ atomes d'or.
(b) $2,82 \times 10^{22}$ atomes d'hélium.
(c) $1,8 \times 10^{23}$ atomes de plomb.
(d) $7,9 \times 10^{21}$ atomes d'uranium.

F **9.** Combien y a-t-il d'atomes de carbone dans un diamant (carbone pur) dont la masse est de 83 mg?

F **10.** Combien y a-t-il d'atomes d'hélium dans un dirigeable à hélium contenant 427 kg d'hélium?

F **11.** Calculez la masse moyenne, en grammes, d'un atome de platine.

F **12.** Au moyen de la microscopie à effet tunnel, les scientifiques de IBM ont écrit les initiales de leur entreprise avec 35 atomes individuels de xénon (comme il est illustré ci-dessous). Calculez la masse totale de ces lettres en grammes.

Masse formulaire et concept de mole pour les composés (8.3)

F **13.** Calculez la masse formulaire de chacun des composés.
(a) NO_2.   (b) C_4H_{10}.   (c) $C_6H_{12}O_6$.   (d) $Cr(NO_3)_3$.

F **14.** Calculez la masse formulaire de chacun des composés.
(a) $MgBr_2$.   (c) CBr_4.   (b) HNO_2.   (d) $Ca(NO_3)_2$.

F **15.** Calculez la quantité de substance dans chaque échantillon.
(a) 72,5 g de CCl_4.
(b) 12,4 g de $C_{12}H_{22}O_{11}$.
(c) 25,2 g de C_2H_2.
(d) 12,3 g de monoxyde de diazote.

F **16.** Calculez la masse de chaque échantillon.
(a) 15,7 mol de HNO_3.
(b) $1,04 \times 10^{-3}$ mol de H_2O_2.
(c) 72,1 mmol de SO_2.
(d) 1,23 mol de difluorure de xénon.

F **17.** Combien y a-t-il de molécules dans chaque échantillon?
(a) 3,5 g de H_2O.   (c) 18,3 g de O_2.
(b) 254 g de CBr_4.   (d) 26,9 g de C_8H_{10}.

F **18.** Calculez la masse (en grammes) de chaque échantillon.
(a) $3,87 \times 10^{21}$ molécules de SO_3.
(b) $1,3 \times 10^{24}$ molécules de H_2O.
(c) $2,55 \times 10^{24}$ molécules de O_3.
(d) $1,54 \times 10^{21}$ molécules de CCl_2F_2.

F **19.** Calculez la masse (en grammes) d'une seule molécule d'eau.

F **20.** Calculez la masse (en grammes) d'une seule molécule de glucose ($C_6H_{12}O_6$).

F **21.** Un cristal de sucre contient approximativement $1,8 \times 10^{17}$ molécules de saccharose ($C_{12}H_{22}O_{11}$). Combien de moles ce cristal de sucre contient-il? Quelle est la masse du cristal?

Rapports de masse et de quantité de substance (8.4)

F **22.** Calculez la composition en pourcentage massique de carbone dans chaque composé du carbone.
(a) CH_4.   (b) C_2H_6.   (c) C_2H_2.   (d) C_2H_5Cl.

F **23.** Calculez la composition en pourcentage massique d'azote dans chaque composé d'azote.
(a) N_2O.   (b) NO.   (c) NO_2.   (d) HNO_3.

F **24.** La plupart des engrais sont constitués de composés contenant de l'azote. On y trouve notamment NH_3, $CO(NH_2)_2$, NH_4NO_3 et $(NH_4)_2SO_4$. Le contenu en azote dans ces composés est nécessaire pour la synthèse des protéines dans les végétaux. Calculez la composition en pourcentage massique de l'azote dans chacun des engrais nommés ci-dessus. Dans quel engrais le contenu en azote est-il le plus élevé?

F **25.** Dans les mines, le fer est extrait sous forme de minerai de fer. Les minerais les plus répandus sont Fe_2O_3 (l'hématite), Fe_3O_4 (la magnétite) et $FeCO_3$ (la sidérose). Calculez la composition en pourcentage massique du fer de chacun de ces minerais de fer. Dans quel minerai le contenu en fer est-il le plus élevé?

F **26.** Le fluorure de cuivre(II) contient 37,42 % de F en masse. Utilisez ce pourcentage pour calculer la masse du fluor (en grammes) contenu dans 72,4 g de fluorure de cuivre(II).

M **27.** Le chlorure d'argent, souvent utilisé dans le placage d'argent, contient 72,27 % d'Ag. Calculez la masse de chlorure d'argent requise pour plaquer 112 mg d'argent pur.

M **28.** L'ion iodure est un minéral alimentaire essentiel à une bonne alimentation. Dans les pays où l'iodure de potassium est ajouté au sel, la carence en iode, ou goitre, a été presque complètement éliminée. L'apport nutritionnel recommandé (ANR) en iode est de 150 µg/jour. Quelle masse (en microgrammes) d'iodure de potassium (76,45 % de I) une personne devrait-elle consommer pour satisfaire aux exigences de l'ANR?

M 29. L'Association dentaire américaine recommande qu'une femme adulte consomme 3,0 mg de fluorure (F^-) par jour pour prévenir la carie dentaire. Si le fluorure est consommé sous forme de fluorure de sodium (45,24 % de F), quelle masse de fluorure de sodium contient la quantité recommandée de fluorure ?

F 30. Écrivez un rapport stœchiométrique montrant la relation entre les quantités molaires de chaque élément pour chaque image de molécules.

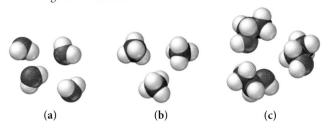

      (a)   **(b)**   **(c)**

F 31. Écrivez un rapport stœchiométrique montrant la relation entre les quantités molaires de chaque élément pour chaque image de molécules.

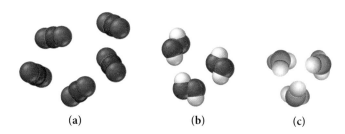

      (a)   **(b)**   **(c)**

F 32. Déterminez le nombre de moles d'atomes d'hydrogène dans chaque échantillon.
    (a) 0,0885 mol de C_4H_{10}.   **(c)** 2,4 mol de C_6H_{12}.
    (b) 1,3 mol de CH_4.   **(d)** 1,87 mol de C_8H_{18}.

F 33. Déterminez le nombre de moles d'atomes d'oxygène dans chaque échantillon.
    (a) 4,88 mol de H_2O_2.   **(c)** 0,0237 mol de H_2CO_3.
    (b) 2,15 mol de N_2O.   **(d)** 24,1 mol de CO_2.

M 34. Calculez la masse de sodium dans 8,5 g de chacun des additifs alimentaires suivants contenant du sodium.
    (a) NaCl (sel de table).
    (b) Na_3PO_4 (phosphate de sodium).
    (c) $NaC_7H_5O_2$ (benzoate de sodium).
    (d) $Na_2C_6H_6O_7$ (hydrogénocitrate de sodium).

M 35. Combien y a-t-il de kilogrammes de chlore dans 25 kg de chacun des chlorofluorocarbones (CFC) ?
    (a) CF_2Cl_2.   **(c)** $C_2F_3Cl_3$.
    (b) $CFCl_3$.   **(d)** CF_3Cl.

Formules chimiques à partir de données expérimentales (8.5)

F 36. Des échantillons de plusieurs composés sont décomposés et les masses de leurs éléments constituants sont présentées ci-dessous. Calculez la formule empirique de chacun des composés.
    (a) 1,651 g d'Ag, 0,1224 g de O.
    (b) 0,672 g de Co, 0,569 g de As, 0,486 g de O.
    (c) 1,443 g de Se, 5,841 g de Br.

F 37. Des échantillons de plusieurs composés sont décomposés et les masses de leurs éléments constituants sont présentées ci-dessous. Calculez la formule empirique de chacun des composés.
    (a) 1,245 g de Ni, 5,381 g de I.
    (b) 2,677 g de Ba, 3,115 g de Br.
    (c) 2,128 g de Be, 7,557 g de S, 15,107 g de O.

F 38. Calculez la formule empirique de chacun des stimulants à partir de sa composition en pourcentage massique.
    (a) Nicotine (présente dans les feuilles de tabac) : C 74,03 %, H 8,70 %, N 17,27 %.
    (b) Caféine (présente dans les grains de café) : C 49,48 %, H 5,19 %, N 28,85 %, O 16,48 %.

F 39. Calculez la formule empirique de chacun des arômes naturels à partir de sa composition en pourcentage massique.
    (a) Butyrate de méthyle (composante du goût et de l'odeur des pommes) : C 58,80 %, H 9,87 %, O 31,33 %.
    (b) Vanilline (goût et odeur de la vanille) : C 63,15 %, H 5,30 %, O 31,55 %.

M 40. Un échantillon d'azote (N_2 (g)) pesant 0,77 mg réagit avec le chlore (Cl_2 (g)) pour former 6,61 mg de chlorure. Les deux substances réagissent complètement l'une avec l'autre. Quelle est la formule empirique de ce chlorure d'azote ?

M 41. Un échantillon de phosphore pesant 45,2 mg réagit avec le sélénium pour former 131,6 mg de séléniure. Quelle est la formule empirique de ce séléniure de phosphore ?

F 42. La formule empirique et la masse molaire de plusieurs composés sont données ci-dessous. Trouvez la formule moléculaire de chaque composé.
    (a) C_6H_7N, 186,24 g/mol.
    (b) C_2HCl, 181,44 g/mol.
    (c) $C_5H_{10}NS_2$, 296,54 g/mol.

F 43. La formule empirique et la masse molaire de plusieurs composés sont données ci-dessous. Trouvez la formule moléculaire de chaque composé.
    (a) C_4H_9, 114,22 g/mol.
    (b) CCl, 284,77 g/mol.
    (c) C_3H_2N, 312,29 g/mol.

M 44. L'analyse par combustion d'un hydrocarbure (ne contient que du C et du H) a produit 33,01 g de CO_2 et 13,51 g de H_2O. Calculez la formule empirique de l'hydrocarbure.

M 45. L'analyse par combustion du naphtalène, un hydrocarbure (c'est-à-dire un composé fait de carbone et d'hydrogène) utilisé dans les boules de naphtaline, a produit 8,80 g de CO_2 et 1,44 g de H_2O. Calculez la formule empirique du naphtalène.

M 46. La mauvaise odeur du beurre rance est en grande partie due à l'acide butyrique, un composé contenant du carbone, de l'hydrogène et de l'oxygène. L'analyse par combustion de 4,30 g d'un échantillon d'acide butyrique a produit 8,59 g de CO_2 et 3,52 g de H_2O. Trouvez la formule empirique de l'acide butyrique.

M 47. L'acide tartrique est une substance poudreuse blanche qui recouvre les bonbons acidulés. L'analyse par combustion de 12,01 g d'un échantillon d'acide tartrique (qui ne contient que du carbone de l'hydrogène et de l'oxygène) a produit 14,08 g de CO_2 et 4,32 g de H_2O. Trouvez la formule empirique de l'acide tartrique.

Lois des gaz (8.6)

F 48. Un échantillon de gaz a un volume initial de 2,8 L à une pression de 101 kPa. Si le volume du gaz est augmenté à 3,7 L, quelle sera la pression ?

F 49. Un échantillon de gaz a un volume initial de 32,6 L à une pression de $1,3 \times 10^2$ kPa. Si l'échantillon est comprimé à un volume de 13,8 L, quelle sera la pression ?

F 50. Un échantillon de gaz de 37,2 mL dans un cylindre est chauffé de 22 °C à 81 °C. Quel est son volume à la température finale ?

F 51. Une seringue contenant 1,25 mL d'oxygène gazeux est refroidie de 91,3 °C à 0,0 °C. Quel est le volume final de l'oxygène gazeux ?

M **52.** Un ballon contient 0,128 mol de gaz et son volume est de 2,76 L. Si on ajoute au ballon 0,073 mol de gaz additionnelle (aux mêmes température et pression), quel sera son volume final?

F **53.** Un cylindre muni d'un piston mobile contient 0,87 mol de gaz et son volume est de 334 mL. Quel sera son volume si on ajoute au cylindre 0,22 mol supplémentaire de gaz? (Supposez que la température et la pression sont constantes.)

F **54.** Quel est le volume occupé par 0,128 mol d'hélium gazeux à une pression de 0,97 atm et une température de 325 K?

F **55.** Quelle est la pression dans un cylindre de 15,0 L contenant 0,448 mol d'azote gazeux à une température de 305 K?

F **56.** Un cylindre contient 28,5 L d'oxygène gazeux à une pression de $1,8 \times 10^2$ kPa et à une température de 298 K. Combien de gaz (en moles) y a-t-il dans le cylindre?

F **57.** Quelle est la température de 0,52 mol de gaz à une pression de $1,8 \times 10^2$ kPa et à un volume de 11,8 L?

M **58.** Un ballon météo est gonflé à un volume de 28,5 L à une pression de 99,7 kPa et à une température de 28,0 °C. Le ballon s'élève dans l'atmosphère à une altitude d'environ 7620 m, où la pression est de 51,3 kPa et la température de −15,0 °C. En supposant que le ballon peut librement prendre de l'expansion, calculez le volume du ballon à cette altitude.

M **59.** On laisse sublimer (convertir de solide à gaz) un morceau de glace sèche (dioxyde de carbone solide) ayant une masse de 28,8 g dans un grand ballon. En supposant que tout le dioxyde de carbone s'est sublimé dans le ballon, quel sera le volume de ce ballon à une température de 22 °C et à une pression de 98,9 kPa?

F **60.** Quel échantillon de gaz aura la pression la plus élevée? Expliquez votre réponse. (Supposez que la température de tous les échantillons est la même.)

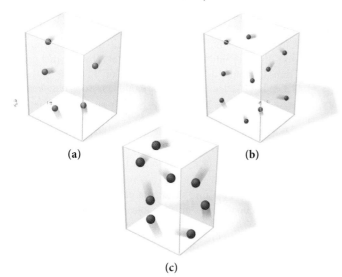

(a)   (b)

(c)

F **61.** Cette image représente un échantillon de gaz à une pression de 1 atm, à un volume de 1 L et à une température de 25 °C. Dessinez une image similaire montrant ce qui arrive si le volume est réduit à 0,5 L et la température augmentée à 250 °C. Qu'arrivera-t-il à la pression?

F **62.** Les contenants d'aérosol portent des avertissements clairs contre l'incinération en raison des hautes pressions qui peuvent se former par chauffage. Supposez qu'un récipient contienne une quantité résiduelle de gaz à une pression de 101 kPa et à une température de 25 °C. Que deviendra la pression si le contenant est chauffé à 1155 °C?

F **63.** Un échantillon d'azote gazeux placé dans un contenant de 1,75 L exerce une pression de 1,35 atm à 25 °C. Quelle serait la pression si le volume du contenant est maintenu constant et la température est portée à 355 °C?

M **64.** Calculez le volume molaire d'un gaz à TPN (0,00 °C et 101,325 kPa) et utilisez-le pour déterminer le volume (en litres) occupé par 15,0 g de néon à TPN.

M **65.** Utilisez le volume molaire d'un gaz à TPN calculé au numéro précédent pour calculer la masse volumique (en grammes par litre) du dioxyde de carbone gazeux à TPN.

M **66.** Quelle est la masse volumique (en grammes par litre) de l'hydrogène gazeux à 20,0 °C et à une pression de $1,141 \times 10^4$ kPa?

M **67.** Un échantillon de N_2O gazeux a une masse volumique de 2,85 g/L à 298 K. Quelle est la pression du gaz (en kilopascals)?

M **68.** Une expérience montre qu'un échantillon de gaz de 248 mL a une masse de 0,433 g à une pression de 99,3 kPa et à une température de 28 °C. Quelle est la masse molaire du gaz?

M **69.** Une expérience montre qu'un échantillon de gaz de 113 mL a une masse de 0,171 g à une pression de 96,1 kPa et à une température de 32 °C. Quelle est la masse molaire du gaz?

M **70.** Un échantillon de gaz a une masse de 38,8 mg. Son volume est de 224 mL à une température de 55 °C et à une pression de 118 kPa. Trouvez la masse molaire du gaz.

M **71.** Un échantillon de gaz a une masse de 0,555 g. Son volume est de 117 mL à une température de 85 °C et à une pression de 100 kPa. Trouvez la masse molaire du gaz.

Problèmes récapitulatifs

F **72.** Une pièce de 10 cents a une épaisseur d'environ 1,2 mm. Si vous empilez le nombre d'Avogadro de pièces de 10 cents une par-dessus l'autre sur la surface terrestre, jusqu'à quelle hauteur la pile s'élèverait-elle (en kilomètres)? (En guise de comparaison, le Soleil est situé à environ 150 millions de kilomètres de la Terre et l'étoile la plus proche [Proxima Centauri] est à environ $4,0 \times 10^{13}$ km de la Terre.)

M **73.** Considérez la pile de pièces de 10 cents du problème précédent. Quelle somme cela représente-t-il (en dollars)? Si cet argent était également distribué parmi la population mondiale de 6,8 milliards de personnes, combien chaque personne recevrait-elle? Chaque personne serait-elle millionnaire? Milliardaire? Billionnaire?

M **74.** La masse d'un bleuet (myrtille en Europe) moyen est de 0,75 g et la masse d'une automobile est de $2,0 \times 10^3$ kg. Trouvez le nombre d'automobiles dont la masse totale équivaut à celle de 1 mol de bleuets.

D **75.** Imaginons que les masses atomiques sont basées sur l'attribution d'une masse de 12,000 g à 1 mol de carbone, plutôt qu'à 1 mol de ^{12}C. Trouvez la masse atomique de l'oxygène.

M **76.** La longueur d'un côté d'un cube de titane pur est de 2,78 po. Combien d'atomes de titane ce cube contient-il? Le titane a une masse volumique de 4,50 g/cm³. (1 po = 2,54 cm.)

D **77.** Un échantillon d'un alliage d'or et de palladium pesant 67,2 g contient $2,49 \times 10^{23}$ atomes. Quelle est la composition (en masse) de l'alliage?

M **78.** Combien de molécules d'éthanol (C_2H_5OH) (l'alcool dans les boissons alcooliques) sont présentes dans 165 mL d'éthanol? La masse volumique de l'éthanol est de 0,789 g/cm³.

M **79.** Le volume d'une goutte d'eau est d'environ 0,05 mL. Combien de molécules d'eau contient-elle? La masse volumique de l'eau est de 1,0 g/cm³.

M **80.** Une fuite de fréon dans le système d'air conditionné d'une vieille voiture libère 32 g de CF_2Cl_2 par mois. Quelle masse de chlore cette voiture émet-elle dans l'atmosphère chaque année?

M **81.** Une fuite de fréon dans un système d'air conditionné d'un grand édifice libère 17 kg de CHF_2Cl par mois. Si la fuite persiste, combien de kilogrammes de Cl seront émis dans l'atmosphère chaque année?

M **82.** Un métal (M) forme un composé de formule MCl_3. Si le composé contient 65,57 % de Cl en masse, quelle est l'identité du métal?

M **83.** Un métal (M) forme un oxyde de formule M_2O. Si l'oxyde contient 16,99 % de O en masse, quelle est l'identité du métal?

M **84.** L'œstradiol est une hormone sexuelle femelle qui participe à la maturation et au maintien des fonctions de l'appareil génital féminin. L'analyse élémentaire de l'œstradiol donne la composition en pourcentage massique suivante: C 79,37 %, H 8,88 %, O 11,75 %. La masse molaire de l'œstradiol est de 272,37 g/mol. Trouvez la formule moléculaire de l'œstradiol.

M **85.** Le fructose est un sucre commun présent dans les fruits. L'analyse élémentaire du fructose donne la composition en pourcentage massique suivante: C 40,00 %, H 6,72 %, O 53,28 %. La masse molaire du fructose est de 180,16 g/mol. Trouvez la formule moléculaire du fructose.

M **86.** L'analyse par combustion d'un échantillon pesant 13,42 g d'équiline (qui ne contient que du carbone, de l'hydrogène et de l'oxygène) produit 39,61 g de CO_2 et 9,01 g de H_2O. La masse molaire de l'équiline est de 268,34 g/mol. Trouvez la formule moléculaire de ce composé présent dans l'urine des juments gravides.

M **87.** L'œstrone, qui ne contient que du carbone, de l'hydrogène et de l'oxygène, est une hormone sexuelle femelle présente dans l'urine des femmes enceintes. L'analyse par combustion d'un échantillon pesant 1,893 g d'œstrone produit 5,545 g de CO_2 et 1,388 g de H_2O. La masse molaire de l'œstrone est de 270,36 g/mol. Trouvez la formule moléculaire de l'œstrone.

M **88.** Le sel d'Epsom connaît de multiples usages pharmaceutiques, alimentaires et agricoles. On l'utilise notamment comme engrais (nécessaire à la photosynthèse des plantes), dans les bains thérapeutiques ou comme antidote à la suite de l'ingestion accidentelle de pesticides. Ce composé ionique hydraté a la formule suivante: $MgSO_4 \cdot xH_2O$. Un échantillon de sel d'Epsom dont la masse est de 4,93 g est chauffé pour éliminer l'eau d'hydratation. La masse de l'échantillon après déshydratation complète est de 2,41 g. Trouvez le nombre de molécules d'eau d'hydratation (x) dans le sel d'Epsom.

M **89.** Un hydrate du chlorure de cuivre(II) a la formule suivante: $CuCl_2 \cdot xH_2O$. On élimine l'eau d'un échantillon de l'hydrate pesant 3,41 g. L'échantillon qui reste a une masse de 2,69 g. Trouvez le nombre de molécules d'eau d'hydratation (x) dans l'hydrate.

D **90.** Un composé de masse molaire de 177 g/mol ne contient que du carbone, de l'hydrogène, du brome et de l'oxygène. L'analyse révèle que le composé contient huit fois plus de carbone que d'hydrogène en masse. Trouvez la formule moléculaire.

D **91.** Les données suivantes ont été obtenues à partir d'expériences visant à trouver la formule moléculaire de la benzocaïne, un anesthésique local, qui ne contient que du carbone, de l'hydrogène, de l'azote et de l'oxygène. La combustion complète en présence de O_2 d'un échantillon de benzocaïne pesant 3,54 g a produit 8,49 g de CO_2 et 2,14 g de H_2O. Un autre échantillon de masse 2,35 g s'est avéré contenir 0,199 g de N. La masse molaire de la benzocaïne est de 165 g/mol. Trouvez la formule moléculaire de la benzocaïne.

M **92.** Trouvez le nombre total d'atomes dans un échantillon de chlorhydrate de cocaïne, $C_{17}H_{22}ClNO_4$, dont la masse est 23,5 mg.

M **93.** Le vanadium forme quatre oxydes différents dans lesquels son pourcentage en masse est respectivement 76 %, 68 %, 61 % et 56 %. Donnez la formule et le nom de chacun de ces oxydes.

M **94.** On suppose que le chlorure d'un métal inconnu a la formule MCl_3. On trouve qu'un échantillon de 2,395 g du composé renferme $3,606 \times 10^{-2}$ mol de Cl. Trouvez la masse atomique de M.

D **95.** Un composé possède la formule $Fe_xCr_yO_4$ et contient 28,59 % d'oxygène. Trouvez x et y.

M **96.** Un composé de phosphore qui contient 34,00 % de phosphore en masse a la formule X_3P_2. Identifiez l'élément X.

D **97.** Un composé gazeux contenant de l'hydrogène et du carbone est décomposé et on constate qu'il contient 82,66 % de carbone et 17,34 % d'hydrogène en masse. De plus, la masse de 158 mL du gaz, mesurée à 74,1 kPa et à 25 °C, est de 0,275 g. Quelle est la formule moléculaire du composé?

D **98.** Un composé gazeux contenant de l'hydrogène et du carbone est décomposé et on trouve qu'il contient 85,63 % de C et 14,37 % de H en masse. La masse de 258 mL du gaz, mesurée à TPN, est de 0,646 g. Quelle est la formule moléculaire du composé?

Problèmes défis

D **99.** Un mélange de NaCl et de NaBr a une masse de 2,00 g et contient 0,75 g de Na. Quelle est la masse de NaBr dans le mélange?

D **100.** Il se forme trois composés purs lorsque des échantillons pesant 1,00 g de l'élément X se combinent avec, respectivement, 0,472 g, 0,630 g et 0,789 g de l'élément Z. Le premier composé a la formule X_2Z_3. Trouvez les formules empiriques des deux autres composés.

101. Un mélange de $CaCO_3$ et de $(NH_4)_2CO_3$ possède 61,9 % de CO_3 en masse. Trouvez le pourcentage massique de $CaCO_3$ dans le mélange.

102. En raison de preuves de plus en plus évidentes de dommages causés à la couche d'ozone, la production de chlorofluoro-carbones (CFC) a été bannie en 1996. Toutefois, il y a encore dans les automobiles près de 100 millions de climatiseurs d'air qui utilisent encore le CFC-12 (CF_2Cl_2). Ces climatiseurs sont rechargés à partir d'approvisionnements entreposés de CFC-12. Si chacune des 100 millions d'automobiles contient 1,1 kg de CFC-12 et en perd 25 % dans l'atmosphère par année, combien de chlore, en kilogrammes, entre dans l'atmosphère chaque année à cause des climatiseurs d'auto ? (Faites vos calculs avec deux chiffres significatifs.)

103. On trouve le plomb dans plusieurs minerais de plomb différents présents dans la croûte terrestre. Supposons qu'une certaine roche est composée de 38,0 % de PbS (galène), de 25,0 % de $PbCO_3$ (cérusite) et de 17,4 % de $PbSO_4$ (anglésite). Le reste de la roche est composé de matériaux exempts de plomb. Quelle quantité de cette roche (en kilogrammes) doit être traitée pour obtenir 5,0 tonnes métriques de plomb ? (Une tonne métrique équivaut à 1000 kg.)

104. Un échantillon pesant 2,52 g d'un composé ne contenant que du carbone, de l'hydrogène, de l'azote, de l'oxygène et du soufre a été brûlé en présence d'O_2 en excès pour donner 4,23 g de CO_2 et 1,01 g de H_2O. Un autre échantillon du même composé, de masse 4,14 g, a donné 2,11 g de SO_3. Une réaction pour déterminer le contenu en azote a été effectuée sur un troisième échantillon de masse 5,66 g et a donné 2,27 g de HNO_3 (supposez que tout l'azote dans HNO_3 provient de ce composé). Calculez la formule empirique du composé.

105. Un composé de masse molaire 229 g/mol ne contient que du carbone, de l'hydrogène, de l'iode et du soufre. L'analyse montre qu'un échantillon du composé contient six fois plus de carbone que d'hydrogène, en masse. Calculez la formule moléculaire du composé.

106. Les éléments X et Y forment un composé qui renferme 40 % de X et 60 % d'Y en masse. La masse atomique de X est deux fois celle d'Y. Quelle est la formule empirique du composé ?

107. Un composé formé des éléments X et Y renferme $\frac{1}{3}$ de X en masse. La masse atomique de l'élément X équivaut aux $\frac{3}{4}$ de la masse atomique de l'élément Y. Trouvez la formule empirique du composé.

Problèmes conceptuels

108. Sans effectuer aucun calcul, déterminez quel échantillon contient le plus grand nombre de moles. Lequel contient la plus grande masse ?
(a) 55,0 g de Cr. **(b)** 45,0 g de Ti. **(c)** 60,0 g de Zn.

109. Sans effectuer aucun calcul, déterminez quel élément dans chaque composé aura la composition en pourcentage massique la plus élevée.
(a) CO. **(b)** N_2O. **(c)** $C_6H_{12}O_6$. **(d)** NH_3.

110. Expliquez quel est le problème dans l'énoncé suivant et corrigez-le. « La formule chimique de l'ammoniac (NH_3) indique que l'ammoniac contient 3 g d'hydrogène pour chaque gramme d'azote. »

111. Sans effectuer aucun calcul, classez les éléments dans H_2SO_4 en ordre décroissant de composition en pourcentage massique.

112. On combine 1 mol d'azote et 1 mol de néon dans un récipient fermé à TPN. Quelle est la grosseur du contenant ?

113. Le volume d'un échantillon d'une quantité donnée de gaz a été réduit de 2,0 L à 1,0 L. La température du gaz en kelvins est alors doublée. Quelle est la pression finale du gaz par rapport à la pression initiale ?

114. Quel échantillon de gaz possède le plus grand volume à TPN (0 °C et 101,3 kPa) ?
(a) 10,0 g de Kr. **(b)** 10,0 g de Xe. **(c)** 10,0 g de He.

L'essence utilisée par les automobiles est un mélange d'hydrocarbures. À l'état gazeux, ces composés formés de carbone et d'hydrogène peuvent réagir en présence de dioxygène et libérer une grande quantité d'énergie. La combustion des hydrocarbures, appelés combustibles fossiles, est une réaction d'oxydoréduction dont l'un des produits, le dioxyde de carbone, est le principal gaz à effet de serre en cause dans les changements climatiques.

Stœchiométrie II : les réactions chimiques

J'éprouve de la sympathie pour les personnes qui ne comprennent rien à la chimie. Il leur manque une importante source de bonheur.

Linus Pauling
(1901-1994)

9.1 Changements climatiques et utilisation des combustibles fossiles **368**

9.2 Écrire et équilibrer des équations chimiques **370**

9.3 Stœchiométrie des réactions : quelle quantité de dioxyde de carbone ? **376**

9.4 Réactif limitant, rendement théorique et pourcentage de rendement **380**

9.5 Stœchiométrie des réactions qui mettent en jeu des gaz **386**

9.6 Stœchiométrie des réactions d'oxydoréduction **389**

9.7 Stœchiométrie d'autres réactions particulières **397**

Quelles sont les relations entre les quantités de réactifs dans une réaction chimique et les quantités de produits qui sont formés ? Comment mieux décrire et comprendre ces relations ? La première moitié de ce chapitre porte principalement sur la stœchiométrie des réactions chimiques, c'est-à-dire sur les relations numériques entre les quantités de réactifs et de produits. Nous verrons comment écrire les réactions chimiques sous forme d'équations chimiques équilibrées, puis nous examinerons en détail la signification de ces équations équilibrées. Dans la seconde partie du chapitre, en prélude à votre cours de chimie des solutions, nous nous pencherons sur la description de diverses réactions chimiques. Vous avez probablement été témoins d'un grand nombre de ces types de réactions dans la vie de tous les jours parce qu'elles sont très fréquentes. Avez-vous déjà mélangé du bicarbonate de soude avec du vinaigre et observé le bouillonnement produit, ou en avez-vous déjà mis dans de la sauce tomate pour en atténuer l'acidité ? Ou bien, avez-vous déjà remarqué les dépôts blancs qui se forment sur les accessoires de plomberie ? Ces réactions – et de nombreuses autres, dont celles qui se produisent au sein du milieu aqueux des cellules vivantes – sont des réactions chimiques particulières, le sujet de la seconde partie du présent chapitre.

9.1 Changements climatiques et utilisation des combustibles fossiles

La température à l'extérieur de mon bureau aujourd'hui est de 9 °C, inférieure à la normale pour ce temps de l'année. Cependant, la « fraîcheur » d'aujourd'hui est bien modeste en comparaison du froid qu'il ferait sans la présence des *gaz à effet de serre* dans l'atmosphère. Ces gaz agissent comme le vitrage d'une serre. Ils laissent la lumière solaire traverser l'atmosphère et réchauffer la surface terrestre, tout en empêchant une partie de la chaleur dégagée par la surface de s'échapper, comme l'illustre la **figure 9.1**. L'équilibre entre l'énergie solaire qui entre et celle qui sort détermine la température moyenne de la Terre.

Sans les gaz à effet de serre dans l'atmosphère, il s'échapperait une plus grande quantité d'énergie calorifique et la température moyenne de la Terre serait inférieure d'environ 33 °C par rapport à ce qu'elle est actuellement. La température à l'extérieur de mon bureau aujourd'hui devrait être inférieure à −24 °C et même les villes les plus ensoleillées seraient couvertes de neige. À l'inverse, une augmentation de la concentration des gaz à effet de serre entraîne un accroissement de la température moyenne de la Terre.

Au cours des dernières années, les scientifiques font preuve d'une préoccupation croissante à propos de l'augmentation du dioxyde de carbone (CO_2) atmosphérique, le gaz à effet de serre le plus influent sur les changements climatiques. (Le méthane provoque un effet de serre plus prononcé, mais il est beaucoup moins abondant que le CO_2.) En effet, une teneur plus élevée de CO_2 accroît la capacité de l'atmosphère à retenir la chaleur et risque, par conséquent, de causer un *réchauffement climatique*, c'est-à-dire une augmentation de la température moyenne de la Terre. Depuis 1860, les niveaux de CO_2 atmosphérique ont augmenté de 35 % (**figure 9.2**), et la température moyenne de notre planète s'est élevée de 0,6 °C, comme le montre la **figure 9.3**.

FIGURE 9.1 **Effet de serre**

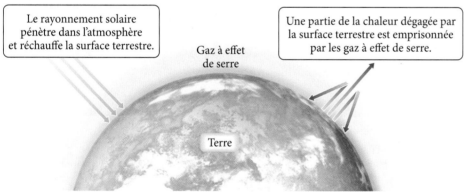

Le rayonnement solaire pénètre dans l'atmosphère et réchauffe la surface terrestre.

Une partie de la chaleur dégagée par la surface terrestre est emprisonnée par les gaz à effet de serre.

Gaz à effet de serre

Terre

Les gaz à effet de serre (dont les principaux sont le méthane, le dioxyde de carbone et la vapeur d'eau) agissent dans l'atmosphère comme un filtre à sens unique. Ils laissent passer l'énergie solaire qui réchauffe la surface terrestre, mais ils empêchent en grande partie la chaleur de retourner dans l'espace.

FIGURE 9.2 **Concentrations de dioxyde de carbone dans l'atmosphère**

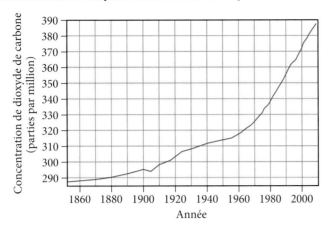

L'augmentation des niveaux de dioxyde de carbone illustrée dans ce graphique est en grande partie due à la combustion des combustibles fossiles.

FIGURE 9.3 **Température de la planète**

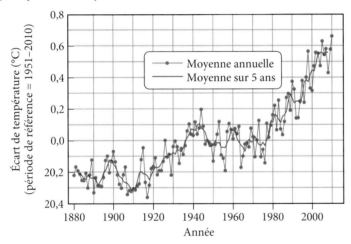

Les températures moyennes dans le monde se sont élevées d'environ 0,6 °C depuis 1880.

Toute combustion de matière organique est une source de CO_2. Celui-ci peut provenir d'un simple feu de camp, de n'importe quel moteur à combustion de toutes sortes de véhicules se déplaçant sur terre, sur mer ou dans les airs, mais aussi des centrales productrices d'électricité ou des centres d'incinération des déchets. La majorité des scientifiques croient aujourd'hui que la principale cause de l'augmentation du CO_2 atmosphérique est la combustion des combustibles fossiles (gaz naturel, pétrole et charbon), qui fournissent 90 % de l'énergie dans nos sociétés. D'autres scientifiques, cependant, prétendent que l'utilisation des combustibles fossiles ne contribue pas de façon déterminante au réchauffement de la planète et aux changements climatiques. Pour eux, les phénomènes naturels tels que les éruptions volcaniques et les feux de forêt (déclenchés naturellement par la foudre et nécessaires aux cycles de régénération) rejettent dans l'atmosphère bien plus de dioxyde de carbone que la combustion des combustibles fossiles. Quel groupe a raison ?

On pourrait juger de la validité de l'argument des tenants du deuxième groupe si on pouvait calculer la quantité de dioxyde de carbone émise par la combustion des combustibles fossiles et la comparer, par exemple, à celle émise par les éruptions volcaniques. Comme vous le verrez dans les sections suivantes de ce chapitre, à ce point de votre étude de la chimie, vous avez suffisamment de connaissances pour le faire.

9.2 Écrire et équilibrer des équations chimiques

La méthode d'analyse par combustion décrite à la section 8.5 fait intervenir une **réaction chimique**, un processus au cours duquel une ou plusieurs substances sont converties en une ou plusieurs substances différentes. Des composés se forment et se modifient au cours des réactions chimiques. Par exemple, l'eau peut être produite par la réaction de l'hydrogène avec l'oxygène. Une **réaction de combustion** est un type particulier de réaction chimique dans laquelle une substance se combine avec l'oxygène pour former un ou plusieurs composés contenant de l'oxygène. Les réactions de combustion émettent également de la chaleur, ce qui fournit l'énergie dont dépend notre société. La chaleur produite par la combustion de l'essence, par exemple, contribue à l'expansion des produits de combustion gazeux dans les cylindres d'un moteur automobile, ce qui pousse les pistons et met l'auto en mouvement. On utilise la chaleur libérée par la combustion du gaz naturel pour cuire les aliments et chauffer les maisons.

On représente une réaction chimique par une **équation chimique**. Par exemple, on représente la combustion du gaz naturel (il s'agit en réalité d'un mélange, mais le méthane est l'un de ses principaux constituants) par l'équation

$$CH_4 + O_2 \rightarrow CO_2 + H_2O$$
$$\underbrace{\qquad\qquad}_{\text{réactifs}} \quad \underbrace{\qquad\qquad}_{\text{produits}}$$

Les substances du côté gauche de l'équation sont les **réactifs** et les substances du côté droit sont les **produits**. On précise souvent l'état de chaque réactif ou produit entre des parenthèses accolées à la formule de la façon suivante :

$$CH_4(g) + O_2(g) \rightarrow CO_2(g) + H_2O(g)$$

Le (*g*) indique que ces substances sont des gaz dans la réaction. Les états courants des réactifs et des produits ainsi que leurs symboles utilisés dans les équations chimiques sont résumés au **tableau 9.1**.

Si vous examinez plus attentivement notre équation de la combustion du gaz naturel, vous devriez immédiatement remarquer un problème :

$$CH_4(g) + O_2(g) \rightarrow CO_2(g) + H_2O(g)$$

2 atomes de O	**2 atomes de O + 1 atome de O =**
	3 atomes de O

On ne peut pas changer les indices en équilibrant une équation chimique, car si on le faisait, cela reviendrait à modifier la nature de la substance. Par contre, changer les coefficients ne fait que modifier le nombre de molécules de la substance. Par exemple, 2 H₂O représentent deux molécules d'eau, mais H_2O_2 est le peroxyde d'hydrogène, un composé totalement différent.

Le côté gauche de l'équation contient deux atomes d'oxygène, alors que le côté droit en a trois. Écrite de cette façon, la réaction ne respecte pas la loi de la conservation de la masse parce qu'un atome d'oxygène s'est formé à partir de rien. Remarquez également qu'il y a quatre atomes d'hydrogène du côté gauche et seulement deux du côté droit :

$$CH_4(g) + O_2(g) \rightarrow CO_2(g) + H_2O(g)$$

4 atomes de H	**2 atomes de H**

TABLEAU 9.1	États des réactifs et des produits dans les équations chimiques
Abréviation	**État**
(*g*)	Gazeux
(*l*)	Liquide
(*s*)	Solide
(*aq*)	Aqueux (solution aqueuse)

Deux atomes d'hydrogène ont disparu, ce qui, encore une fois, ne respecte pas la loi de la conservation de la masse. Afin de corriger ces problèmes – c'est-à-dire, pour écrire une équation qui représente mieux *ce qui se passe réellement* –, on doit **équilibrer** l'équation. Il faut donc changer les coefficients stœchiométriques (les nombres placés *devant* les formules chimiques), et non les indices (les nombres à l'intérieur des formules chimiques), pour s'assurer que le nombre de chaque type d'atomes du côté gauche de l'équation est égal au nombre du côté droit. De nouveaux atomes ne se forment pas au cours d'une réaction, pas plus qu'ils ne disparaissent : la matière est toujours conservée.

Quand on ajoute des coefficients aux réactifs et aux produits pour équilibrer une équation, nous changeons le nombre de molécules dans l'équation, mais pas la nature de molécules. Ainsi, pour équilibrer l'équation de la combustion du méthane, on doit placer le coefficient 2 devant O₂ dans les réactifs, et le coefficient 2 devant H₂O dans les produits :

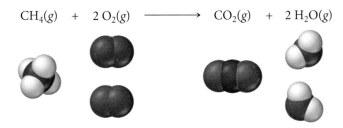

$$CH_4(g) \quad + \quad 2\,O_2(g) \longrightarrow CO_2(g) \quad + \quad 2\,H_2O(g)$$

L'équation est maintenant équilibrée ; les nombres de chaque type d'atome de chaque côté de l'équation sont égaux. L'**équation chimique équilibrée** nous apprend que 1 molécule de CH_4 réagit avec 2 molécules de O_2 pour former 1 molécule de CO_2 et 2 molécules de H_2O. On peut vérifier si l'équation est équilibrée en faisant la somme du nombre de chaque type d'atomes de chaque côté de l'équation :

$$CH_4(g) + 2\,O_2(g) \rightarrow CO_2(g) + 2\,H_2O(g)$$

Réactifs	Produits
1 atome de C ($1 \times CH_4$)	1 atome de C ($1 \times CO_2$)
4 atomes de H ($1 \times CH_4$)	4 atomes de H ($2 \times H_2O$)
4 atomes de O ($2 \times O_2$)	4 atomes de O ($1 \times CO_2 + 2 \times H_2O$)

Le nombre de chaque type d'atome des deux côtés de l'équation est maintenant égal ; l'équation est donc équilibrée.

Écriture des équations chimiques équilibrées

On équilibre de nombreuses équations chimiques simplement par tâtonnement. Cependant, certaines règles peuvent être utiles. Par exemple, il est plus rapide de procéder en équilibrant les atomes dans les substances plus complexes en premier et les atomes dans les substances plus simples (comme les éléments purs) en dernier. Les exemples suivants qui illustrent la façon d'équilibrer des équations chimiques sont présentés sur trois colonnes. Les règles générales sont présentées à gauche et sont accompagnées à droite de deux exemples montrant comment les appliquer. Cette méthode n'est qu'un guide flexible, et non un ensemble rigide d'étapes.

MÉTHODE POUR...	EXEMPLE 9.1	EXEMPLE 9.2
Équilibrer les équations chimiques	**Équilibrer les équations chimiques** Écrivez l'équation équilibrée de la réaction entre l'oxyde de cobalt(III) solide et le carbone solide pour produire du cobalt solide et du dioxyde de carbone gazeux.	**Équilibrer les équations chimiques** Écrivez l'équation équilibrée de la combustion du butane gazeux (C_4H_{10}), un combustible utilisé dans les réchauds portatifs et les grils, dans laquelle il se combine avec du dioxygène gazeux pour former du dioxyde de carbone gazeux et de l'eau à l'état gazeux.
1. Écrivez une équation non équilibrée en inscrivant les formules chimiques de chacun des réactifs et produits. Reportez-vous aux sections 2.8 et 2.9 pour les règles de nomenclature. (Si vous obtenez une réaction non équilibrée, passez à l'étape 2.)	$Co_2O_3(s) + C(s) \rightarrow Co(s) + CO_2(g)$	$C_4H_{10}(g) + O_2(g) \rightarrow CO_2(g) + H_2O(g)$

2. Équilibrez les atomes présents dans les substances plus complexes en premier. Toujours équilibrer les atomes dans les composés avant les atomes dans les éléments purs.	**Commencez par O:** $Co_2O_3(s) + C(s) \rightarrow Co(s) + CO_2(g)$ 3 atomes de O → 2 atomes de O Pour équilibrer O, mettre un 2 devant $Co_2O_3(s)$ et un 3 devant $CO_2(g)$. $2\,Co_2O_3(s) + C(s) \rightarrow Co(s) + 3\,CO_2(g)$ 6 atomes de O → 6 atomes de O	**Commencez par C:** $C_4H_{10}(g) + O_2(g) \rightarrow CO_2(g) + H_2O(g)$ 4 atomes de C → 1 atome de C Pour équilibrer C, mettre un 4 devant $CO_2(g)$. $C_4H_{10}(g) + O_2(g) \rightarrow 4\,CO_2(g) + H_2O(g)$ 4 atomes de C → 4 atomes de C **Équilibrez H:** $C_4H_{10}(g) + O_2(g) \rightarrow 4\,CO_2(g) + H_2O(g)$ 10 atomes de H → 2 atomes de H Pour équilibrer H, mettre un 5 devant $H_2O(g)$. $C_4H_{10}(g) + O_2(g) \rightarrow 4\,CO_2(g) + 5\,H_2O(g)$ 10 atomes de H → 10 atomes de H
3. Équilibrez les atomes présents comme éléments libres de chaque côté de l'équation en dernier. Toujours équilibrer les éléments libres en ajustant leurs coefficients.	**Équilibrez Co:** $2\,Co_2O_3(s) + C(s) \rightarrow Co(s) + 3\,CO_2(g)$ 4 atomes de Co → 1 atome de Co Pour équilibrer Co, mettre un 4 devant $Co(s)$. $2\,Co_2O_3(s) + C(s) \rightarrow 4\,Co(s) + 3\,CO_2(g)$ 4 atomes de Co → 4 atomes de Co **Équilibrez C:** $2\,Co_2O_3(s) + C(s) \rightarrow 4\,Co(s) + 3\,CO_2(g)$ 1 atome de C → 3 atomes de C Pour équilibrer C, mettre un 3 devant $C(s)$. $2\,Co_2O_3(s) + 3\,C(s) \rightarrow 4\,Co(s) + 3\,CO_2(g)$ 3 atomes de C → 3 atomes de C	**Équilibrez O:** $C_4H_{10}(g) + O_2(g) \rightarrow 4\,CO_2(g) + 5\,H_2O(g)$ 2 atomes de O → 8 O + 5 O = 13 atomes de O Pour équilibrer O, mettre un 13/2 devant $O_2(g)$. $C_4H_{10}(g) + 13/2\,O_2(g) \rightarrow 4\,CO_2(g) + 5\,H_2O(g)$ 13 atomes de O → 13 atomes de O
4. Si l'équation équilibrée contient des coefficients fractionnaires, éliminez-les en multipliant toute l'équation par le dénominateur de la fraction.	Cette étape n'est pas nécessaire dans cet exemple. Passez à l'étape 5.	$[C_4H_{10}(g) + 13/2\,O_2(g) \rightarrow$ $4\,CO_2(g) + 5\,H_2O(g)] \times 2$ $2\,C_4H_{10}(g) + 13\,O_2(g) \rightarrow 8\,CO_2(g) + 10\,H_2O(g)$
5. Pour vous assurer que l'équation est équilibrée, vérifiez en faisant la somme du nombre total de chaque type d'atomes des deux côtés de l'équation.	$2\,Co_2O_3(s) + 3\,C(s) \rightarrow$ $4\,Co(s) + 3\,CO_2(g)$ Gauche — Droite 4 atomes de Co — 4 atomes de Co 6 atomes de O — 6 atomes de O 3 atomes de C — 3 atomes de C L'équation est équilibrée. **EXERCICE PRATIQUE 9.1** Écrivez l'équation équilibrée de la réaction entre le dioxyde de silicium solide et le carbone solide qui produit le monocarbure de silicium solide et le monoxyde de carbone gazeux.	$2\,C_4H_{10}(g) + 13\,O_2(g) \rightarrow 8\,CO_2(g) + 10\,H_2O(g)$ Gauche — Droite 8 atomes de C — 8 atomes de C 20 atomes de H — 20 atomes de H 26 atomes de O — 26 atomes de O L'équation est équilibrée. **EXERCICE PRATIQUE 9.2** Écrivez l'équation équilibrée de la combustion de l'éthane gazeux (C_2H_6), une composante mineure du gaz naturel, dans laquelle il se combine avec l'oxygène gazeux pour former le dioxyde de carbone gazeux et l'eau à l'état gazeux.

Lien conceptuel 9.1 Équations chimiques équilibrées

Quelles quantités doivent toujours être les mêmes des deux côtés d'une équation chimique ?

(a) Le nombre d'atomes de chaque type.

(b) Le nombre de molécules de chaque type.

(c) Le nombre de moles de chaque type de molécules.

(d) La somme des masses de toutes les substances participantes.

MÉTHODE POUR...	EXEMPLE 9.3
Équilibrer les équations chimiques comportant des composés ioniques avec des ions polyatomiques	**Équilibrer les équations chimiques comportant des composés ioniques avec des ions polyatomiques** Écrivez l'équation équilibrée de la réaction entre le chlorure de strontium aqueux et le phosphate de lithium aqueux pour former le phosphate de strontium solide et le chlorure de lithium aqueux.
1. Écrivez l'équation non équilibrée en inscrivant les formules chimiques de chacun des réactifs et des produits. Reportez-vous aux sections 2.8 et 2.9 pour les règles de nomenclature. (Si vous obtenez une réaction non équilibrée, passez à l'étape 2.)	$SrCl_2(aq) + Li_3PO_4(aq) \rightarrow Sr_3(PO_4)_2(s) + LiCl(aq)$
2. Équilibrez les ions métalliques (cations) en premier. Si un cation polyatomique est présent des deux côtés de l'équation, équilibrez-le comme une unité.	**Commencez par Sr^{2+} :** $SrCl_2(aq) + Li_3PO_4(aq) \rightarrow Sr_3(PO_4)_2(s) + LiCl(aq)$ 1 ion Sr^{2+} → 3 ions Sr^{2+} Pour équilibrer Sr^{2+}, mettre un 3 devant $SrCl_2(aq)$. $3\,SrCl_2(aq) + Li_3PO_4(aq) \rightarrow Sr_3(PO_4)_2(s) + LiCl(aq)$ 3 ions Sr^{2+} → 3 ions Sr^{2+} **Équilibrez Li^+ :** $3\,SrCl_2(aq) + Li_3PO_4(aq) \rightarrow Sr_3(PO_4)_2(s) + LiCl(aq)$ 3 ions Li^+ → 1 ion Li^+ Pour équilibrer Li^+, mettre un 3 devant $LiCl(aq)$. $3\,SrCl_2(aq) + Li_3PO_4(aq) \rightarrow Sr_3(PO_4)_2(s) + 3\,LiCl(aq)$ 3 ions Li^+ → 3 ions Li^+
3. Équilibrez les ions non métalliques (anions). Si un anion polyatomique est présent des deux côtés de l'équation, équilibrez-le comme une unité.	**Équilibrez PO_4^{3-} :** $3\,SrCl_2(aq) + Li_3PO_4(aq) \rightarrow Sr_3(PO_4)_2(s) + 3\,LiCl(aq)$ 1 ion PO_4^{3-} → 2 ions PO_4^{3-} Pour équilibrer PO_4^{3-}, mettre un 2 devant $Li_3PO_4(aq)$. $3\,SrCl_2(aq) + 2\,Li_3PO_4(aq) \rightarrow Sr_3(PO_4)_2(s) + 3\,LiCl(aq)$ 2 ions PO_4^{3-} → 2 ions PO_4^{3-} **Équilibrez Cl^- :** $3\,SrCl_2(aq) + 2\,Li_3PO_4(aq) \rightarrow Sr_3(PO_4)_2(s) + 3\,LiCl(aq)$ 6 ions Cl^- → 3 ions Cl^- Pour équilibrer Cl^-, remplacer le 3 devant $LiCl(aq)$ par un 6. Cela corrige également l'équilibre pour Li^+, laissé de côté dans l'étape précédente. $3\,SrCl_2(aq) + 2\,Li_3PO_4(aq) \rightarrow Sr_3(PO_4)_2(s) + 6\,LiCl(aq)$ 6 ions Cl^- → 6 ions Cl^-

4. Pour vous assurer que l'équation est équilibrée, vérifiez en faisant la somme du nombre total de chaque type d'ions des deux côtés de l'équation.

$$3\,SrCl_2(aq) + 2\,Li_3PO_4(aq) \rightarrow Sr_3(PO_4)_2(s) + 6\,LiCl(aq)$$

Gauche

3 ions Sr^{2+}
6 ions Li^+
2 ions PO_4^{3-}
6 ions Cl^-

Droite

3 ions Sr^{2+}
6 ions Li^+
2 ions PO_4^{3-}
6 ions Cl^-

L'équation est équilibrée.

EXERCICE PRATIQUE 9.3

Écrivez l'équation équilibrée de la réaction entre le nitrate de plomb(II) aqueux et le chlorure de potassium aqueux pour former le chlorure de plomb(II) solide et le nitrate de potassium aqueux.

La méthode par tâtonnement s'utilise bien avec des équations simples. Pour équilibrer des systèmes plus complexes, on utilise une méthode qui fait appel à l'algèbre : on attribue les coefficients stœchiométriques des réactifs et des produits en utilisant un système d'équations. En voici les principales étapes.

1. Poser l'équation :

$$C_6H_{12}O_6 + O_2 \rightarrow CO_2 + H_2O$$

2. Attribuer une variable algébrique à chaque réactif ou produit :

$$aC_6H_{12}O_6 + bO_2 \rightarrow xCO_2 + yH_2O$$

3. Utiliser une équation algébrique pour exprimer le nombre d'atomes de chaque élément en comparant les variables de part et d'autre de l'équation chimique (loi de la conservation de la matière) :

pour C : $6a = x$
pour H : $12a = 2y$
pour O : $6a + 2b = 2x + y$

4. En utilisant une valeur arbitraire pour l'une des variables, par exemple $a = 1$, résoudre le système d'équations :

$$6a = x$$
$$6(1) = x$$
$$x = 6$$

$$12a = 2y$$
$$12(1) = 2y$$
$$y = 6$$

$$6a + 2b = 2x + y$$
$$6(1) + 2b = 2(6) + 6$$
$$2b = 12 + 6 - 6$$
$$b = 6$$

5. Donner l'équation avec les valeurs trouvées. S'il y a lieu, multiplier par un facteur commun afin que chaque coefficient soit le plus petit nombre entier possible :

$$C_6H_{12}O_6 + 6\,O_2 \rightarrow 6\,CO_2 + 6\,H_2O$$

6. Vérifier si l'équation est équilibrée :

Élément	Réactifs	Produits
C	6	6
H	12	12
O	18	18

| EXEMPLE 9.4 | Équilibrer une réaction chimique à l'aide de la méthode algébrique |

La réaction entre l'oxyde de fer (II, III), Fe_3O_4, aussi appelé magnétite, et le monoxyde de carbone, CO, donne du fer, Fe, et du dioxyde de carbone, CO_2. Utilisez la méthode algébrique pour équilibrer l'équation de la réaction.

1. Poser l'équation.	$Fe_3O_4 + CO \rightarrow Fe + CO_2$
2. Attribuer une variable algébrique à chaque réactif ou produit.	$aFe_3O_4 + bCO \rightarrow xFe + yCO_2$
3. Utiliser une équation algébrique pour exprimer le nombre d'atomes de chaque élément en comparant les variables de part et d'autre de l'équation chimique (loi de la conservation de la matière).	Pour Fe : $3a = x$ Pour O : $4a + b = 2y$ Pour C : $b = y$
4. En utilisant une valeur arbitraire pour l'une des variables, par exemple $a = 1$, résoudre le système d'équations.	$3a = x$ $3(1) = x$ $x = 3$ $4(1) + b = 2y$ On sait que b est égal à y (3ᵉ équation de l'étape 3). $4 + y = 2y$ $y = 4$ $y = b$ donc $b = 4$
5. Donner l'équation avec les valeurs trouvées.	$Fe_3O_4 + 4\,CO \rightarrow 3\,Fe + 4\,CO_2$
6. Vérifier si l'équation est équilibrée.	Élément	Réactifs	Produits
Fe	3	3
O	8	8
C	4	4

EXERCICE PRATIQUE 9.4

L'hydrogénocarbonate de sodium, communément appelé bicarbonate de soude ($NaHCO_3$), se décompose à la chaleur et libère du dioxyde de carbone (CO_2) gazeux (c'est pourquoi on l'ajoute aux gâteaux pour faire lever la pâte), du carbonate de sodium (Na_2CO_3) et de l'eau. Utilisez la méthode algébrique pour équilibrer l'équation de la réaction.

Finalement, il existe certaines méthodes spécifiques pour équilibrer des réactions particulières, notamment les réactions d'oxydoréduction. Nous verrons à la section 9.6 qu'il faut tenir compte des électrons cédés et acquis ainsi que des charges lorsqu'on équilibre ces réactions.

Vous êtes maintenant en mesure de faire les exercices 1 à 12 et 84.

9.3 Stœchiométrie des réactions : quelle quantité de dioxyde de carbone ?

Animation

Stœchiométrie des réactions

codeqrcu.page.link/UT3g

La quantité de dioxyde de carbone émise par la combustion des combustibles fossiles est reliée à la quantité de combustibles fossiles brûlée, et les équations chimiques équilibrées des réactions de combustion donnent les relations exactes entre ces quantités. Dans cet exposé, nous utilisons l'octane (une composante de l'essence) comme combustible fossile représentatif. L'équation équilibrée de la combustion de l'octane est

$$2\,C_8H_{18}(l) + 25\,O_2(g) \rightarrow 16\,CO_2(g) + 18\,H_2O\,(g)$$

L'équation chimique équilibrée montre que la combustion de 2 molécules d'octane produit 16 molécules de CO_2. Cette relation numérique entre molécules peut être étendue aux quantités en moles comme suit :

Les coefficients dans une réaction chimique déterminent les quantités relatives en moles de chacune des substances qui prennent part à la réaction.

Autrement dit, à partir de l'équation, on sait que la combustion de 2 moles d'octane produit 16 moles de CO_2. La relation numérique entre les quantités chimiques dans une équation équilibrée est appelée **stœchiométrie**. La stœchiométrie permet de prédire les quantités de produits qui se formeront dans une réaction chimique, en se basant sur les quantités de réactifs qui subissent la réaction. La stœchiométrie permet également de déterminer la quantité de réactifs nécessaire pour former une quantité donnée de produits. Ces calculs sont au cœur de la chimie ; ils permettent aux chimistes de planifier et d'exécuter des réactions chimiques pour obtenir des produits dans des quantités souhaitées.

Faire une pizza : relations entre les ingrédients

Les concepts de la stœchiométrie dans les réactions chimiques sont semblables à ceux d'une recette de cuisine. Calculer la quantité de dioxyde de carbone produite par la combustion d'une quantité donnée de combustible fossile est analogue au calcul du nombre de pizzas que l'on peut préparer à partir d'une quantité donnée de fromage. Par exemple, imaginons la recette de pizza suivante :

1 croûte + ½ tasse de sauce tomate + 2 tasses de fromage → 1 pizza

La recette montre les relations numériques entre les différents ingrédients de la pizza. Elle nous dit qu'avec deux tasses de fromage – et si les autres ingrédients sont en quantités suffisantes – on peut préparer une pizza. Écrivons cette relation sous forme d'un rapport entre le fromage et la pizza :

2 tasses de fromage : 1 pizza

Et qu'arrive-t-il si on a six tasses de fromage ? En supposant que tous les autres ingrédients se trouvent en quantités suffisantes, on peut se servir du rapport ci-dessus comme facteur de conversion pour calculer le nombre de pizzas :

$$6\text{ tasses de fromage} \times \frac{1\text{ pizza}}{2\text{ tasses de fromage}} = 3\text{ pizzas}$$

Avec six tasses de fromage, il est donc possible de préparer trois pizzas. La recette de pizza contient aussi les rapports numériques entre les autres ingrédients, dont les suivants :

1 croûte : 1 pizza

½ tasse de sauce tomate : 1 pizza

Faire des molécules : convertir des moles en moles

Dans une équation chimique équilibrée, on a une « recette » pour savoir comment les réactifs se combinent pour former les produits. À partir de l'équation équilibrée de la combustion de l'octane, par exemple, on peut écrire le rapport stœchiométrique suivant :

$$2\text{ mol }C_8H_{18}(l) : 16\text{ mol }CO_2(g)$$

On peut utiliser ce rapport pour déterminer le nombre de moles de CO_2 que produira la combustion d'un nombre donné de moles de C_8H_{18}. Supposons que l'on brûle 22,0 mol de C_8H_{18}; combien de moles de CO_2 cette combustion produira-t-elle ? On peut utiliser le rapport tiré de l'équation chimique équilibrée de la même manière qu'on a utilisé le rapport de la recette de pizza. Ce rapport joue le rôle de facteur de conversion qui nous permet de convertir la quantité de réactif (C_8H_{18}) en moles en quantité de produit (CO_2) en moles :

$$22{,}0 \text{ mol } C_8H_{18} \times \frac{16 \text{ mol } CO_2}{2 \text{ mol } C_8H_{18}} = 176 \text{ mol de } CO_2$$

La combustion de 22 mol de C_8H_{18} ajoute 176 mol de CO_2 dans l'atmosphère.

Faire des molécules : conversions des masses en masses

Selon le département de l'Énergie des États-Unis, il s'est brûlé dans le monde $3{,}1 \times 10^{10}$ barils de pétrole en 2010, l'équivalent d'environ $3{,}5 \times 10^{15}$ g d'essence. Estimons la masse de CO_2 émis dans l'atmosphère par la combustion de cette quantité d'essence en utilisant la combustion de $3{,}5 \times 10^{15}$ g d'octane comme équation représentative. Ce calcul est similaire à celui que nous venons de faire, sauf que l'on donne la *masse* de l'octane à la place de la *quantité* d'octane en moles. Par conséquent, on doit d'abord convertir la masse (en grammes) en quantité (en moles). Le plan conceptuel général pour les calculs dans lequel on vous fournit la masse d'un réactif ou d'un produit dans une réaction chimique et on vous demande de trouver la masse d'un réactif ou d'un produit différent est :

$$\boxed{\text{masse}_A} \longrightarrow \boxed{n_A \text{ (en moles)}} \longrightarrow \boxed{n_B \text{ (en moles)}} \longrightarrow \boxed{\text{masse}_B}$$

où A et B sont deux substances différentes intervenant dans la réaction. On utilise la masse molaire de A pour convertir la masse de A en quantité de A (en moles). On utilise le rapport stœchiométrique approprié tiré de l'équation chimique équilibrée pour convertir la quantité de A (en moles) en quantité de B (en moles). Et enfin, on utilise la masse molaire de B pour convertir la quantité de B (en moles) en masse de B. Pour calculer la masse de CO_2 émise par la combustion de $3{,}5 \times 10^{15}$ g d'octane, on utilise donc le plan conceptuel suivant :

Plan conceptuel

$$\boxed{\text{masse}_{C_8H_{18}}} \longrightarrow \boxed{n_{C_8H_{18}}} \longrightarrow \boxed{n_{CO_2}} \longrightarrow \boxed{\text{masse}_{CO_2}}$$

$$\frac{1 \text{ mol } C_8H_{18}}{114{,}26 \text{ g } C_8H_{18}} \qquad \frac{16 \text{ mol } CO_2}{2 \text{ mol } C_8H_{18}} \qquad \frac{44{,}01 \text{ g } CO_2}{1 \text{ mol } CO_2}$$

Relations utilisées

2 mol C_8H_{18} : 16 mol CO_2 (à partir de l'équation chimique)
Masse molaire de $C_8H_{18} = M_{C_8H_{18}} = 114{,}26$ g/mol
Masse molaire de $CO_2 = M_{CO_2} = 44{,}01$ g/mol

Solution

On suit alors le plan conceptuel pour résoudre le problème, en commençant par les grammes de C_8H_{18} et en annulant les unités pour arriver aux grammes de CO_2 :

$$3{,}5 \times 10^{15} \text{ g } C_8H_{18} \times \frac{1 \text{ mol } C_8H_{18}}{114{,}26 \text{ g } C_8H_{18}} \times \frac{16 \text{ mol } CO_2}{2 \text{ mol } C_8H_{18}} \times \frac{44{,}01 \text{ g } CO_2}{1 \text{ mol } CO_2} = 1{,}1 \times 10^{16} \text{ g } CO_2$$

La combustion mondiale de pétrole produit $1{,}1 \times 10^{16}$ g de CO_2 ($1{,}1 \times 10^{13}$ kg) annuellement. En comparaison, les volcans produisent environ $2{,}0 \times 10^{11}$ kg de CO_2 par année[*].

Le pourcentage de CO_2 émis par les volcans par rapport à celui de tous les combustibles fossiles est même inférieur à 2 % parce que la combustion du charbon et du gaz naturel émet également du CO_2.

___
[*] Gerlach, T. M., Present-day CO_2 emissions from volcanoes. *Eos, Transactions, American Geophysical Union*, vol. 72, n° 23, 4 juin 1991, p. 249 et p. 254-255.

Autrement dit, les volcans n'émettent pendant une année que $\dfrac{2,0 \times 10^{11} \text{ kg}}{1,1 \times 10^{13} \text{ kg}} \times 100\,\% = 1,8\,\%$ du CO_2 produit par la combustion du pétrole. L'argument selon lequel les volcans émettent plus de dioxyde de carbone que la combustion des combustibles fossiles est donc manifestement incorrect.

D'autres exemples de calculs stœchiométriques suivent.

EXEMPLE 9.5 **Stœchiométrie des réactions I**

Dans la photosynthèse, les plantes convertissent le dioxyde de carbone et l'eau en glucose ($C_6H_{12}O_6$) selon la réaction suivante :

$$6 \text{ CO}_2(g) + 6 \text{ H}_2\text{O}(l) \xrightarrow{\text{lumière solaire}} 6 \text{ O}_2(g) + \text{C}_6\text{H}_{12}\text{O}_6(aq)$$

Vous déterminez qu'une plante donnée consomme 37,8 g de CO_2 en une semaine. En présumant qu'il y a suffisamment d'eau pour réagir avec tout le CO_2, quelle masse de glucose (en grammes) la plante peut-elle synthétiser à partir du CO_2 ?

TRIER Le problème donne la masse de dioxyde de carbone et on vous demande de trouver la masse de glucose qui peut être produite.	**DONNÉE** 37,8 g de CO_2 **INFORMATION RECHERCHÉE** masse de $C_6H_{12}O_6$
ÉTABLIR UNE STRATÉGIE Ici, l'équation chimique donnée est déjà équilibrée. On peut donc passer directement au calcul. Le plan conceptuel suit le schéma général masse$_A \rightarrow n_A$ (en moles) $\rightarrow n_B$ (en moles) $\rightarrow$ masse$_B$. À partir de l'équation chimique, vous pouvez déduire la relation entre les moles de dioxyde de carbone et les moles de glucose. Utilisez les masses molaires pour convertir les grammes en moles.	**PLAN CONCEPTUEL** **RELATIONS UTILISÉES** $M_{CO_2} = 44,01 \text{ g/mol}$ 6 mol CO_2 : 1 mol $C_6H_{12}O_6$ $M_{C_6H_{12}O_6} = 180,18 \text{ g/mol}$
RÉSOUDRE Suivez le plan conceptuel pour résoudre le problème. Commencez par les grammes de CO_2 et utilisez les facteurs de conversion pour arriver aux grammes de $C_6H_{12}O_6$.	**SOLUTION** $37,8 \text{ g CO}_2 \times \dfrac{1 \text{ mol CO}_2}{44,01 \text{ g CO}_2} \times \dfrac{1 \text{ mol C}_6\text{H}_{12}\text{O}_6}{6 \text{ mol CO}_2} \times \dfrac{180,18 \text{ g C}_6\text{H}_{12}\text{O}_6}{1 \text{ mol C}_6\text{H}_{12}\text{O}_6} = 25,8 \text{ g C}_6\text{H}_{12}\text{O}_6$

VÉRIFIER Les unités de la réponse sont correctes. La grandeur de la réponse (25,8 g) est inférieure à la masse initiale de CO_2 (37,8 g). C'est une réponse réaliste parce que chaque carbone dans le CO_2 est associé à deux atomes d'oxygène, alors que, dans $C_6H_{12}O_6$, chaque carbone n'est associé qu'à un seul atome d'oxygène : une partie de l'oxygène présent dans le CO_2 est éliminée sous forme d'O_2 et remplacée dans le glucose par de l'hydrogène, beaucoup plus léger. Par conséquent, la masse de glucose produite doit être inférieure à la masse initiale de dioxyde carbone durant cette réaction. Le processus de la photosynthèse permet aux végétaux d'emmagasiner une partie de l'énergie solaire et de capter le CO_2 atmosphérique, et donc d'en réduire la concentration dans l'air. De ce fait, plantes, arbres, mousses, algues et phytoplancton sont des acteurs essentiels de la régulation climatique.

EXERCICE PRATIQUE 9.5

L'hydroxyde de magnésium, l'ingrédient actif dans le lait de magnésie, neutralise l'acidité gastrique, principalement le HCl, selon la réaction

$$\text{Mg(OH)}_2(aq) + 2 \text{ HCl}(aq) \rightarrow 2 \text{ H}_2\text{O}(l) + \text{MgCl}_2(aq)$$

Quelle masse de HCl, en grammes, est neutralisée par une dose de lait de magnésie contenant 3,26 g de $Mg(OH)_2$?

EXEMPLE 9.6	Stœchiométrie des réactions II

L'acide sulfurique (H_2SO_4) est une composante des pluies acides qui se forme lorsque SO_2, un polluant, réagit avec l'oxygène et l'eau selon la réaction simplifiée suivante :

$$SO_2(g) + O_2(g) + H_2O(l) \rightarrow H_2SO_4(aq)$$

Selon l'Environmental Protection Agency (EPA), la production d'électricité aux États-Unis a entraîné la production d'environ 850 000 tonnes de SO_2 en 2022. Au Canada, plus faible producteur que les États-Unis ou le Mexique, les sources d'émission de SO_2 liées à la production d'électricité sont très localisées. Les principales centrales au charbon ou au mazout à l'origine de ces émissions sont situées en Alberta, au Nouveau-Brunswick, en Nouvelle-Écosse, à l'île du Prince-Édouard et à Terre-Neuve-et-Labrador. En supposant qu'il y a un excès de O_2 et de H_2O, quelle masse de H_2SO_4, en kilogrammes, peut se former à partir d'une telle quantité de SO_2 (850 000 tonnes) ?

TRIER Le problème donne la masse de dioxyde de soufre et on vous demande de trouver la masse d'acide sulfurique en kilogrammes.	**DONNÉE** 850 000 tonnes de SO_2 **INFORMATION RECHERCHÉE** kilogrammes de H_2SO_4

ÉTABLIR UNE STRATÉGIE

Il faut d'abord équilibrer la réaction. Ensuite, le plan conceptuel suit le schéma général $masse_{A(tonnes)} \rightarrow masse_{A(g)} \rightarrow n_A$ (en moles) $\rightarrow n_B$ (en moles) $\rightarrow masse_B$. Étant donné que la quantité originale de SO_2 est donnée en tonnes, vous devez d'abord la convertir en grammes. Vous pourrez déduire la relation entre les moles de dioxyde de soufre et les moles d'acide sulfurique à partir de l'équation chimique. Étant donné que la quantité finale est requise en kilogrammes, convertissez en kilogrammes à la fin.

PLAN CONCEPTUEL

$SO_2(g) + O_2(g) + H_2O(l) \rightarrow H_2SO_4(aq)$ (réaction non équilibrée)

$masse_{SO_2} \xrightarrow{\dfrac{1\,000\,000\ g}{1\ tonne}} masse_{SO_2} \xrightarrow{\dfrac{1\ mol\ SO_2}{64,07\ g\ SO_2}} n_{SO_2} \xrightarrow{\dfrac{?\ mol\ H_2SO_4}{?\ mol\ SO_2}}$

$n_{H_2SO_4} \xrightarrow{\dfrac{98,09\ g\ H_2SO_4}{1\ mol\ H_2SO_4}} masse_{H_2SO_4} \xrightarrow{\dfrac{1\ kg}{1000\ g}} masse_{H_2SO_4}$

RELATIONS UTILISÉES

1 tonne = 1000 kg = 1 000 000 g
M_{SO_2} = 64,07 g/mol
? mol de SO_2 : ? mol de H_2SO_4
$M_{H_2SO_4}$ = 98,09 g/mol

RÉSOUDRE Équilibrez l'équation selon les règles vues à la section 9.2, puis suivez le plan conceptuel pour résoudre le problème. Commencez par la quantité donnée de SO_2 en kilogrammes et utilisez les facteurs de conversion pour arriver aux kilogrammes de H_2SO_4.	**SOLUTION** $2\ SO_2(g) + O_2(g) + 2\ H_2O(l) \rightarrow 2\ H_2SO_4(aq)$ $850\,000\ tonnes\ SO_2 \times \dfrac{1\,000\,000\ g\ SO_2}{1\ tonne\ SO_2} \times \dfrac{1\ mol\ SO_2}{64,07\ g\ SO_2} \times \dfrac{2\ mol\ H_2SO_4}{2\ mol\ SO_2}$ $\times \dfrac{98,09\ g\ H_2SO_4}{1\ mol\ H_2SO_4} \times \dfrac{1\ kg\ H_2SO_4}{1000\ g\ H_2SO_4} = 1,301 \times 10^9\ kg\ H_2SO_4$

VÉRIFIER Les unités de la réponse finale sont correctes. La grandeur de la réponse finale (1,301 × 10^9 kg de H_2SO_4, soit 1 301 000 tonnes) est supérieure à celle de SO_2 donnée (850 000 tonnes). C'est réaliste parce que dans la réaction chaque molécule de SO_2 « gagne du poids » en réagissant avec O_2 et H_2O.

EXERCICE PRATIQUE 9.6

L'acide nitrique est une autre composante des pluies acides, qui se forme lorsque NO_2, lui aussi un polluant, réagit avec l'oxygène et l'eau selon la réaction chimique simplifiée

$$NO_2(g) + O_2(g) + H_2O(l) \rightarrow HNO_3(aq)$$

La production d''électricité aux États-Unis a généré environ 750 000 tonnes de NO_2 en 2022 selon l'Environmental Protection Agency (EPA). C'est 87 % de moins qu'en 1995. En supposant que O_2 et H_2O sont en excès, quelle masse de HNO_3, en kilogrammes, peut se former à partir de cette quantité (750 000 tonnes) de NO_2 polluant ?

Lien conceptuel 9.2 Stœchiométrie I

Dans certaines conditions, le sodium peut réagir avec l'oxygène pour former l'oxyde de sodium selon la réaction suivante :

$$Na(s) + O_2(g) \rightarrow Na_2O(s)$$

Un ballon renferme la quantité de dioxygène représentée par le schéma de gauche.

Quelle image représente le mieux la quantité de sodium requise pour réagir complètement avec tout l'oxygène dans le ballon ?

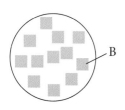

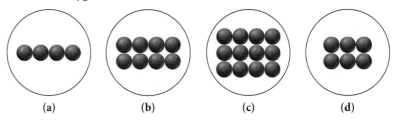

(a)   (b)   (c)   (d)

Lien conceptuel 9.3 Stœchiométrie II

Soit l'équation chimique générale A + 3B → 2C. Utilisez des cercles pour représenter les molécules A, des carrés pour les molécules B et des triangles pour les molécules C. Si le schéma de gauche représente la quantité de B disponible pour la réaction, dessinez des schémas semblables illustrant **(a)** la quantité de A nécessaire pour réagir complètement avec B, et **(b)** la quantité de C qui se forme si A réagit complètement.

Vous êtes maintenant en mesure de faire les exercices 13 à 21, 81 et 83.

9.4 Réactif limitant, rendement théorique et pourcentage de rendement

Revenons à notre analogie de la pizza pour comprendre trois autres concepts importants dans la stœchiométrie des réactions : le *réactif limitant*, le *rendement théorique* et le *pourcentage de rendement*. Rappelez-vous notre recette de pizza à la section 9.3 :

1 croûte + ½ tasse de sauce tomate + 2 tasses de fromage → 1 pizza

Supposons que nous ayons 4 croûtes, 10 tasses de fromage et 1½ tasse de sauce tomate. Combien de pizzas peut-on préparer ?

Nous avons assez de croûtes pour préparer

$$4 \text{ croûtes} \times \frac{1 \text{ pizza}}{1 \text{ croûte}} = 4 \text{ pizzas}$$

Nous avons assez de fromage pour préparer

$$10 \text{ tasses de fromage} \times \frac{1 \text{ pizza}}{2 \text{ tasses de fromage}} = 5 \text{ pizzas}$$

Nous avons assez de sauce tomate pour préparer

$$1½ \text{ tasse de sauce tomate} \times \frac{1 \text{ pizza}}{½ \text{ tasse de sauce tomate}} = 3 \text{ pizzas}$$

Réactif limitant   Plus petit nombre de pizzas

Animation

Calculs de stœchiométrie avec réactif limitant

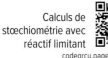

codeqrcu.page.link/t9UD

Nous avons assez de croûtes pour quatre pizzas, assez de fromage pour cinq pizzas, mais assez de sauce tomate pour seulement trois pizzas. La sauce tomate *limite* donc le nombre de pizzas qu'on peut préparer. Si la recette de pizza était une réaction chimique, la sauce tomate serait le **réactif limitant**, c'est-à-dire le réactif qui limite la quantité de produits formés dans une réaction chimique. Notez que le réactif limitant est simplement le réactif qui donne *la plus faible quantité de produits*. On dit que les réactifs qui *ne* limitent *pas* la quantité de produits – comme les croûtes et le fromage dans cet exemple – sont *en excès*. Si c'était une réaction chimique, le **rendement théorique** serait de trois pizzas, la quantité de produits qui peut être formée à partir du réactif limitant.

Poussons encore plus loin notre analogie. Supposons que nous mettions nos pizzas à cuire et qu'on en brûle une accidentellement. Ainsi, même si nous avions théoriquement suffisamment d'ingrédients pour trois pizzas, on n'en obtient que deux. Si c'était une réaction chimique, notre **rendement réel**, c'est-à-dire la quantité de produits réellement formée, serait de deux pizzas. (Le rendement réel est toujours égal ou inférieur au rendement théorique parce qu'au moins une petite quantité de produits est habituellement perdue dans d'autres réactions ou ne se forme pas au cours d'une réaction.) Enfin, notre **pourcentage de rendement**, le pourcentage du rendement théorique qui a réellement été atteint, est calculé de la façon suivante :

$$\% \text{ de rendement} = \frac{\text{rendement réel}}{\text{rendement théorique}} \times 100\,\%$$

$$\% \text{ de rendement} = \frac{2 \text{ pizzas}}{3 \text{ pizzas}} \times 100\,\% = 67\,\%$$

Rendement réel

Rendement théorique

Étant donné qu'une de nos pizzas a brûlé, nous avons obtenu seulement 67 % de notre rendement théorique.

Résumé : Réactif limitant et rendement

→ Le **réactif limitant** est le réactif complètement consommé dans une réaction chimique et qui limite la quantité de produits.

→ Le **réactif en excès** est tout réactif présent en quantité supérieure à ce qui est requis pour réagir complètement avec le réactif limitant.

→ Le **rendement théorique** est la quantité de produits formée dans une réaction chimique basée sur la quantité de réactif limitant.

→ Le **rendement réel** est la quantité de produits réellement formée lors d'une réaction chimique.

→ Le **pourcentage de rendement** est calculé comme étant $\dfrac{\text{rendement réel}}{\text{rendement théorique}} \times 100\,\%$.

Simulation interactive PhET

Réactifs, produits et restes

codeqrcu.page.link/NtP9

Appliquons maintenant ces concepts à une réaction chimique. Nous avons vu, à la section 9.2, l'équation équilibrée de la combustion du méthane :

$$CH_4(g) \ + \ 2\,O_2(g) \ \longrightarrow \ CO_2(g) \ + \ 2\,H_2O(l)$$

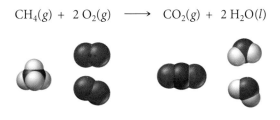

Si au départ on a cinq molécules de CH_4 et huit molécules de O_2, quel est le réactif limitant ? Quel est le rendement théorique des molécules de dioxyde de carbone ? On calcule d'abord le nombre de molécules de CO_2 qui peuvent être produites à partir de cinq molécules de CH_4 :

$$5\ CH_4\ \times\ \frac{1\ CO_2}{1\ CH_4}\ =\ 5\ CO_2$$

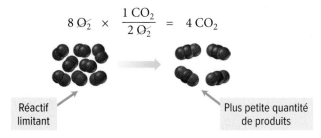

Puis on calcule le nombre de molécules de CO_2 qui peuvent être produites à partir de huit molécules de O_2 :

$$8\ O_2\ \times\ \frac{1\ CO_2}{2\ O_2}\ =\ 4\ CO_2$$

Réactif limitant

Plus petite quantité de produits

Nous avons suffisamment de CH_4 pour produire cinq molécules de CO_2 et assez de O_2 pour produire quatre molécules de CO_2 ; par conséquent, O_2 est le réactif limitant et le rendement théorique est de quatre molécules de CO_2. Le CH_4 est en excès.

Lien conceptuel 9.4 Réactif limitant et rendement théorique

L'azote et l'hydrogène gazeux réagissent pour former l'ammoniac selon la réaction suivante :

$$N_2(g) + 3\ H_2(g) \rightarrow 2\ NH_3(g)$$

Si une fiole contient un mélange de réactifs représenté par l'image à gauche, laquelle des images suivantes représente le mieux le mélange une fois que le réactif a réagi le plus complètement possible ? Quel est le réactif limitant ? Quel réactif est en excès ?

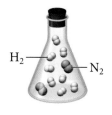

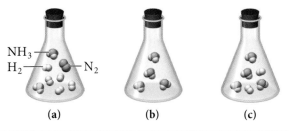

(a)   (b)   (c)

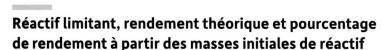

Réactif limitant, rendement théorique et pourcentage de rendement à partir des masses initiales de réactif

Au laboratoire, on mesure normalement les quantités initiales des réactifs en grammes, et non pas en nombre de molécules. Pour trouver le réactif limitant et le rendement théorique à partir des masses initiales, il faut d'abord convertir les masses en quantités exprimées en moles. Soit, par exemple, la réaction suivante :

$$2\ Mg(s) + O_2(g) \rightarrow 2\ MgO(s)$$

Si on a 42,5 g de Mg et 33,8 g de O_2, quel est le réactif limitant et le rendement théorique ?

Pour résoudre ce problème, déterminons lequel des réactifs produit la plus petite quantité de produits.

Plan conceptuel

On trouve le réactif limitant en calculant la quantité de produits qui peut être formée à partir de chacun des réactifs. Puisque les quantités initiales sont données en grammes et que les relations stœchiométriques sont exprimées en moles, il faut d'abord faire la conversion en moles. Ensuite, on convertit les moles de réactifs en moles de produits. Le réactif qui forme *la plus petite quantité de produits* est le réactif limitant. Le plan conceptuel est le suivant :

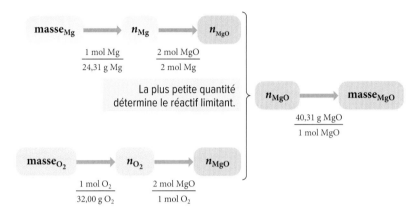

Dans ce plan conceptuel, on compare le nombre de moles de MgO produites par chacun des réactifs et on ne convertit que la plus petite quantité en grammes. (On peut également convertir les deux quantités en grammes et déterminer le réactif limitant en se basant sur la masse du produit.)

Relations utilisées

$M_{M_g} = 24{,}31$ g Mg/mol
$M_{O_2} = 32{,}00$ g O_2/mol
2 mol Mg : 2 mol MgO
1 mol O_2 : 2 mol MgO
$M_{M_gO} = 40{,}31$ g MgO/mol

Solution

En commençant par les masses de chaque réactif, on suit le plan conceptuel pour calculer quelle quantité de produits peut être formée à partir de chacun :

$$42{,}5 \text{ g Mg} \times \frac{1 \text{ mol Mg}}{24{,}31 \text{ g Mg}} \times \frac{2 \text{ mol MgO}}{2 \text{ mol Mg}} = \textbf{1,7483 mol MgO}$$

Réactif limitant

Plus petite quantité de produits

$$33{,}8 \text{ g } O_2 \times \frac{1 \text{ mol } O_2}{32{,}00 \text{ g } O_2} \times \frac{2 \text{ mol MgO}}{1 \text{ mol } O_2} = \textbf{2,1125 mol MgO}$$

$$1{,}7483 \text{ mol MgO} \times \frac{40{,}31 \text{ g MgO}}{1 \text{ mol MgO}} = \textbf{70,5 g MgO}$$

Étant donné que Mg produit la plus petite quantité de produits, c'est le réactif limitant, et O_2 est en excès. Remarquez que le réactif limitant n'est pas nécessairement celui dont la masse est la plus petite. Ici, la masse de O_2 est inférieure à celle de Mg, et pourtant, Mg est le réactif limitant parce qu'il produit la plus petite quantité de MgO. Le rendement théorique est donc de 70,5 g de MgO, la masse de produit possible basée sur le réactif limitant.

Supposons maintenant que lors d'une synthèse effectuée au laboratoire, on obtienne un rendement réel de MgO de 55,9 g. Quel est le pourcentage de rendement ? Ce pourcentage est calculé comme suit :

$$\% \text{ de rendement} = \frac{\text{rendement réel}}{\text{rendement théorique}} \times 100\,\% = \frac{55{,}9 \text{ g}}{70{,}5 \text{ g}} \times 100\,\% = 79{,}3\,\%$$

EXEMPLE 9.7 **Réactif limitant et rendement théorique I**

La synthèse de l'ammoniac, NH_3, peut s'effectuer selon la réaction équilibrée suivante :

$$2\ NO(g) + 5\ H_2(g) \rightarrow 2\ NH_3(g) + 2\ H_2O(g)$$

En partant avec 86,3 g de NO et 25,6 g de H_2, trouvez le rendement théorique de l'ammoniac en grammes.

TRIER On vous donne la masse de chaque réactif en grammes et on vous demande de trouver le rendement théorique d'un produit.	**DONNÉES** 86,3 g de NO, 25,6 g de H_2 **INFORMATION RECHERCHÉE** rendement théorique de NH_3

ÉTABLIR UNE STRATÉGIE
Déterminez quel réactif produit la plus petite quantité de produits en effectuant la conversion des grammes de chaque réactif en moles de réactif puis en moles de produit. Utilisez les masses molaires pour convertir les grammes en moles et utilisez les relations stœchiométriques (déduites de l'équation chimique) pour convertir les moles de réactif en moles de produit.

Le réactif qui produit *la plus petite quantité de produits* est le réactif limitant. Convertissez le nombre de moles de produit obtenu à l'aide du réactif limitant en grammes de produit.

PLAN CONCEPTUEL

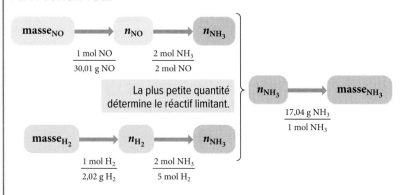

RELATIONS UTILISÉES

M_{NO} = 30,01 g NO/mol
M_{H_2} = 2,02 g H_2/mol
2 mol NO : 2 mol NH_3 (à partir de l'équation chimique)
5 mol H_2 : 2 mol NH_3 (à partir de l'équation chimique)
M_{NH_3} = 17,04 g NH_3/mol

RÉSOUDRE En commençant par la masse de chaque réactif, calculez la quantité de produits qui peut être formée en moles. Convertissez la quantité de produits formée par le réactif limitant en grammes : c'est le rendement théorique.

SOLUTION

$$86,3\ \text{g NO} \times \frac{1\ \text{mol NO}}{30,01\ \text{g NO}} \times \frac{2\ \text{mol NH}_3}{2\ \text{mol NO}} = \textbf{2,8757 mol NH}_3$$

Réactif limitant

Plus petite quantité de produits

$$2,8757\ \text{mol NH}_3 \times \frac{17,03\ \text{g NH}_3}{1\ \text{mol NH}_3} = \textbf{49,0 g NH}_3$$

$$25,6\ \text{g H}_2 \times \frac{1\ \text{mol H}_2}{2,02\ \text{g H}_2} \times \frac{2\ \text{mol NH}_3}{5\ \text{mol H}_2} = \textbf{5,0693 mol NH}_3$$

Étant donné que NO forme la plus petite quantité de produits, c'est le réactif limitant, et le rendement théorique est de 49,0 g d'ammoniac.

VÉRIFIER Les unités de la réponse (grammes NH_3) sont correctes. La grandeur (49,0 g) semble réaliste étant donné que 86,3 g de NO est le réactif limitant. NO contient un atome d'oxygène par atome d'azote et NH_3 contient trois atomes d'hydrogène par atome d'azote. Étant donné que trois atomes d'hydrogène ont une masse inférieure à celle d'un atome d'oxygène, il est vraisemblable que la masse de NH_3 obtenue soit inférieure à celle de NO.

EXERCICE PRATIQUE 9.7

On peut également synthétiser l'ammoniac selon la réaction suivante :

$$3\ H_2(g) + N_2(g) \rightarrow 2\ NH_3(g)$$

Quel est le rendement théorique de l'ammoniac, en kilogrammes, qu'il est possible de synthétiser à partir de 5,22 kg de H_2 et 31,5 kg de N_2 ?

| EXEMPLE 9.8 | Réactif limitant et rendement théorique II |

Le titane métallique peut être obtenu à partir de son oxyde selon la réaction non équilibrée suivante :

$$TiO_2(s) + C(s) \rightarrow Ti(s) + CO(g)$$

La réaction de 28,6 kg de C avec 88,2 kg de TiO_2 produit 42,8 kg de Ti. Trouvez le réactif limitant, le rendement théorique (en kilogrammes) et le pourcentage de rendement.

TRIER On vous donne la masse de chaque réactif et la masse de produit formé. On vous demande de trouver le réactif limitant, le rendement théorique et le pourcentage de rendement.

DONNÉES 28,6 kg de C, 88,2 kg de TiO_2, 42,8 kg de Ti produits

INFORMATIONS RECHERCHÉES réactif limitant, rendement théorique, % de rendement

ÉTABLIR UNE STRATÉGIE
Équilibrez la réaction puis déterminez lequel des réactifs forme la plus petite quantité de produit en effectuant la conversion des grammes de chaque réactif en moles de réactif, puis en moles de produit.

Utilisez les masses molaires pour convertir les grammes en moles et utilisez les relations stœchiométriques (déduites de l'équation chimique) pour convertir les moles de réactif en moles de produit. Le réactif qui produit *la plus petite quantité de produits* est le réactif limitant. Convertissez le nombre de moles de produit obtenu à l'aide du réactif limitant en grammes de produit.

PLAN CONCEPTUEL

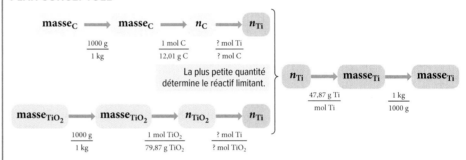

RELATIONS UTILISÉES

$1000 \text{ g} = 1 \text{ kg}$
$M_C = 12,01 \text{ g C/mol}$
$M_{TiO_2} = 79,87 \text{ g } TiO_2/\text{mol}$
? mol TiO_2 : ? mol Ti
? mol C : ? mol Ti
$M_{Ti} = 47,87 \text{ g Ti/mol}$

RÉSOUDRE Équilibrez la réaction selon les règles de la section 9.2. En commençant par la masse de chaque réactif, calculez la quantité de produits qui peut être formée en moles. Convertissez la quantité de produits formée par le réactif limitant en grammes : c'est le rendement théorique.

SOLUTION

$$TiO_2(s) + 2\,C(s) \rightarrow Ti(s) + 2\,CO(g)$$

$$\mathbf{28{,}6 \text{ kg C}} \times \frac{1000 \text{ g C}}{1 \text{ kg C}} \times \frac{1 \text{ mol C}}{12{,}01 \text{ g C}} \times \frac{1 \text{ mol Ti}}{2 \text{ mol C}} = \mathbf{1{,}1907 \times 10^3 \text{ mol Ti}}$$

Réactif limitant →

Plus petite quantité de produits →

$$\mathbf{88{,}2 \text{ kg } TiO_2} \times \frac{1000 \text{ g } TiO_2}{1 \text{ kg } TiO_2} \times \frac{1 \text{ mol } TiO_2}{79{,}87 \text{ g } TiO_2} \times \frac{1 \text{ mol Ti}}{1 \text{ mol } TiO_2} = \mathbf{1{,}1043 \times 10^3 \text{ mol Ti}}$$

$$\mathbf{1{,}1043 \times 10^3 \text{ mol Ti}} \times \frac{47{,}87 \text{ g Ti}}{1 \text{ mol Ti}} \times \frac{1 \text{ kg Ti}}{1000 \text{ g Ti}} = \mathbf{52{,}9 \text{ kg Ti}}$$

Étant donné que TiO_2 forme la plus petite quantité de produits, c'est le réactif limitant, et le rendement théorique est de 52,9 kg de Ti.

Calculez le pourcentage de rendement en divisant le rendement réel (42,8 kg de Ti) par le rendement théorique.

$$\% \text{ de rendement} = \frac{\text{rendement réel}}{\text{rendement théorique}} \times 100\,\% = \frac{42{,}8 \text{ g}}{52{,}9 \text{ g}} \times 100\,\% = 80{,}9\,\%$$

VÉRIFIER Le rendement théorique possède les bonnes unités (kilogrammes de Ti) et a une grandeur réaliste comparée à la masse de TiO_2. Étant donné que la masse molaire de Ti est plus faible que celle de TiO_2, la quantité de Ti produite par TiO_2 doit avoir une masse plus faible. Le pourcentage de rendement est réaliste (inférieur à 100 %, comme cela doit être le cas).

EXERCICE PRATIQUE 9.8

L'équation (non équilibrée) suivante est utilisée pour obtenir le fer à partir du minerai de fer :

$$Fe_2O_3(s) + CO(g) \rightarrow Fe(s) + CO_2(g)$$

La réaction de 167 g de Fe_2O_3 avec 85,8 g de CO produit 72,3 g de Fe. Trouvez le réactif limitant, le rendement théorique et le pourcentage de rendement.

Vous êtes maintenant en mesure de faire les exercices 22 à 29, 59, 61, 78, 82 et 85 à 87.

9.5 Stœchiométrie des réactions qui mettent en jeu des gaz

Dans les réactions mettant en jeu des réactifs et des produits *gazeux*, nous exprimons souvent la quantité d'un gaz par son volume à une température et à une pression données. Comme on l'a vu, les relations stœchiométriques s'établissent toujours entre des quantités en moles. Cependant, on peut utiliser la loi des gaz parfaits pour trouver les quantités en moles à partir des volumes, ou pour trouver les volumes à partir des quantités en moles :

$$PV = nRT; \quad n = \frac{PV}{RT}; \quad V = \frac{nRT}{P}$$

Le plan conceptuel général pour ce type de calcul est le suivant :

$$\boxed{P, V, T \text{ d'un gaz A}} \longrightarrow \boxed{n_A \text{ (en moles)}} \longrightarrow \boxed{n_B \text{ (en moles)}} \longrightarrow \boxed{P, V, T \text{ d'un gaz B}}$$

Les exemples suivants illustrent ce genre de calcul.

EXEMPLE 9.9 Gaz dans les réactions chimiques

On peut synthétiser le méthanol (CH_3OH) au moyen de la réaction

$$CO(g) + 2 H_2(g) \rightarrow CH_3OH(g)$$

Quel volume (en litres) de dihydrogène gazeux, mesuré à une température de 355 K et à une pression de 98,4 kPa, faut-il pour synthétiser 35,7 g de méthanol ?

TRIER On vous donne la masse de méthanol, le produit d'une réaction chimique. On vous demande de trouver le volume requis d'un des réactifs (hydrogène gazeux) à une température et à une pression données.	**DONNÉES** 35,7 g de CH_3OH, $T = 355$ K, $P = 98,4$ kPa **INFORMATION RECHERCHÉE** V_{H_2}
ÉTABLIR UNE STRATÉGIE On peut calculer le volume d'hydrogène gazeux requis à partir du nombre de moles de méthanol par l'intermédiaire de la stœchiométrie de la réaction. Premièrement, trouvez le nombre de moles de méthanol à partir de sa masse en utilisant la masse molaire.	**PLAN CONCEPTUEL** $\boxed{\text{masse}_{CH_3OH}} \longrightarrow \boxed{n_{CH_3OH}}$ $\dfrac{1 \text{ mol } CH_3OH}{32,05 \text{ g } CH_3OH}$

Puis, utilisez la relation stœchiométrique à partir de l'équation chimique équilibrée pour trouver le nombre de moles de dihydrogène nécessaire à la formation de cette quantité de méthanol.

$$n_{CH_3OH} \longrightarrow n_{H_2}$$
$$\frac{2 \text{ mol } H_2}{1 \text{ mol } CH_3OH}$$

Enfin, substituez le nombre de moles de dihydrogène ainsi que la pression et la température dans la loi des gaz parfaits pour calculer le volume de dihydrogène.

$$n_{H_2}, P, T \longrightarrow V_{H_2}$$
$$PV = nRT$$

RELATIONS UTILISÉES

$PV = nRT$ (loi des gaz parfaits)

2 mol H_2 : 1 mol CH_3OH (à partir de l'équation chimique équilibrée)

$M_{CH_3OH} = 32,05$ g CH_3OH/mol

RÉSOUDRE Suivez le plan conceptuel pour résoudre le problème. Commencez par l'utilisation de la masse de méthanol pour obtenir le nombre de moles de méthanol.

Ensuite, convertissez le nombre de moles de méthanol en moles d'hydrogène.

Enfin, utilisez la loi des gaz parfaits pour calculer le volume d'hydrogène.

SOLUTION

$$35,7 \text{ g } CH_3OH \times \frac{1 \text{ mol } CH_3OH}{32,05 \text{ g } CH_3OH}$$
$$= 1,1139 \text{ mol } CH_3OH$$

$$1,1139 \text{ mol } CH_3OH \times \frac{2 \text{ mol } H_2}{1 \text{ mol } CH_3OH}$$
$$= 2,2278 \text{ mol } H_2$$

$$V_{H_2} = \frac{n_{H_2} RT}{P}$$

$$V_{H_2} = \frac{(2,2278 \text{ mol})\left(8,314\dfrac{kPa \cdot L}{mol \cdot K}\right)(355 \text{ K})}{(98,4 \text{ kPa})}$$

$$= 66,8 \text{ L}$$

VÉRIFIER Les unités de la réponse sont correctes. La grandeur de la réponse (66,8 L) semble réaliste étant donné qu'on vous donne un peu plus que la masse molaire du méthanol, ce qui correspond par conséquent à un peu plus de 1 mol de méthanol. D'après l'équation, vous pouvez constater qu'il faut 2 mol d'hydrogène pour fabriquer 1 mol de méthanol. Par conséquent, la réponse doit être légèrement supérieure à 2 mol d'hydrogène. Dans des conditions normales de température et de pression, un peu plus de 2 mol d'hydrogène occupent un peu plus de $2 \times 22,4$ L $= 44,8$ L. À une température supérieure à la température normale, le volume devrait être encore plus grand ; donc, la grandeur de la réponse est réaliste.

EXERCICE PRATIQUE 9.9

Dans la réaction qui suit, 4,58 L de O_2 ont été formés à $P = 99,3$ kPa et $T = 308$ K. Combien de grammes de Ag_2O se sont décomposés ?

$$2 \, Ag_2O(s) \rightarrow 4 \, Ag(s) + O_2(g)$$

EXERCICE PRATIQUE SUPPLÉMENTAIRE 9.9

Dans la réaction ci-dessus, quelle masse de $Ag_2O(s)$ (en grammes) est nécessaire pour former 388 mL d'oxygène gazeux à $P = 97,9$ kPa et à 25,0 °C ?

Volume molaire et stœchiométrie

Dans des conditions de température et de pression normales ou TPN (0 °C et 101,3 kPa), 1 mol d'un gaz parfait occupe un volume de 22,4 L, quelle que soit la nature du gaz. Si une réaction se produit à température et à pression normales et que le gaz se comporte de façon similaire à un gaz parfait (voir la section 7.3), on peut donc utiliser le volume molaire des gaz, 1 mol = 22,4 L, comme facteur de conversion dans les calculs stœchiométriques, comme l'illustre l'exemple 9.10.

EXEMPLE 9.10	Utilisation du volume molaire dans les calculs stœchiométriques

Combien de grammes d'eau se forment quand 1,24 L de H_2 gazeux à TPN réagit complètement avec O_2 ?

$$2 H_2(g) + O_2(g) \rightarrow 2 H_2O(l)$$

TRIER On vous donne le volume de dihydrogène gazeux (un réactif) à TPN et on vous demande de déterminer la masse d'eau qui se forme lorsque la réaction est complète.	**DONNÉE** 1,24 L de H_2 **INFORMATION RECHERCHÉE** grammes de H_2O
ÉTABLIR UNE STRATÉGIE Étant donné que la réaction se produit dans des conditions de température et de pression normales, vous pouvez convertir directement le volume (en litres) de l'hydrogène gazeux en quantité en moles. Puis utilisez la relation stœchiométrique à partir de l'équation équilibrée pour trouver le nombre de moles d'eau qui se forme. Enfin, utilisez la masse molaire de l'eau pour obtenir la masse d'eau.	**PLAN CONCEPTUEL** $V_{H_2} \longrightarrow n_{H_2} \longrightarrow n_{H_2O} \longrightarrow$ masse$_{H_2O}$ $\dfrac{1 \text{ mol } H_2}{22,4 \text{ L } H_2}$ $\dfrac{2 \text{ mol } H_2O}{2 \text{ mol } H_2}$ $\dfrac{18,02 \text{ g } H_2O}{1 \text{ mol } H_2O}$ **RELATIONS UTILISÉES** 1 mol = 22,4 L (à TPN) 2 mol H_2 : 2 mol H_2O (d'après l'équation équilibrée) $M_{H_2O} = 18,02$ g H_2O/mol
RÉSOUDRE Suivez le plan conceptuel pour résoudre le problème.	**SOLUTION** $1,24 \text{ L } H_2 \times \dfrac{1 \text{ mol } H_2}{22,4 \text{ L } H_2} \times \dfrac{2 \text{ mol } H_2O}{2 \text{ mol } H_2} \times \dfrac{18,02 \text{ g } H_2O}{1 \text{ mol } H_2O}$ $= 0,998 \text{ g } H_2O$

VÉRIFIER Les unités de la réponse sont correctes. La grandeur de la réponse (0,998 g) correspond environ au 1/18 de la masse molaire de l'eau, l'équivalent d'environ 1/22 de mole d'hydrogène gazeux donnée, comme on s'y attend pour une relation stœchiométrique 1:1 entre le nombre de moles d'hydrogène et le nombre de moles d'eau.

EXERCICE PRATIQUE 9.10

Combien de litres d'oxygène à TPN faut-il pour former 10,5 g de H_2O ?

$$2 H_2(g) + O_2(g) \rightarrow 2 H_2O(g)$$

Lien conceptuel 9.5 Pression et nombre de moles

L'azote et l'hydrogène réagissent pour former l'ammoniac selon l'équation

$$N_2(g) + 3 H_2(g) \rightarrow 2 NH_3(g)$$

Supposez les représentations du mélange initial des réactifs et du mélange qui en résulte après que la réaction ait réagi pendant un certain temps :

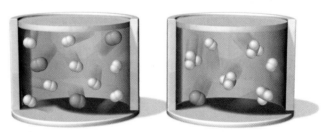

Si on garde le volume constant, et que rien n'est ajouté au mélange réactionnel, qu'arrive-t-il à la pression totale après un certain temps ?

(a) La pression augmente.

(b) La pression diminue.

(c) La pression ne change pas.

Vous êtes maintenant en mesure de faire les exercices 30 à 39, 62 à 65 et 88.

9.6 Stœchiométrie des réactions d'oxydoréduction

Les **réactions d'oxydoréduction** sont des réactions au cours desquelles des électrons sont transférés d'un réactif à un autre. La rouille du fer, la décoloration des cheveux, la production d'électricité dans les piles et les réactions de combustion dont nous traiterons dans la prochaine section font intervenir des réactions d'oxydoréduction. De nombreuses réactions d'oxydoréduction reposent sur la réaction d'une substance avec l'oxygène (**figure 9.4**):

Les réactions d'oxydoréduction sont aussi traitées au chapitre 6 de *Chimie des solutions*.

$$4\ Fe(s) + 3\ O_2(g) \rightarrow 2\ Fe_2O_3(s) \qquad \text{(rouille du fer)}$$

$$2\ C_8H_{18}(l) + 25\ O_2(g) \rightarrow 16\ CO_2(g) + 18\ H_2O(g) \qquad \text{(combustion de l'octane)}$$

$$2\ H_2(g) + O_2(g) \rightarrow 2\ H_2O(g) \qquad \text{(combustion de l'hydrogène)}$$

FIGURE 9.4 Réaction d'oxydoréduction en présence d'oxygène

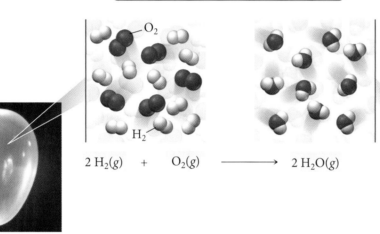

En présence d'une flamme, l'hydrogène dans le ballon réagit de façon explosive avec l'oxygène pour former de l'eau à l'état gazeux.

Cependant, les réactions d'oxydoréduction peuvent aussi se dérouler en l'absence d'oxygène. Considérons, par exemple, la réaction illustrée à la **figure 9.5**, entre le sodium et le chlore, et dans laquelle il se forme le chlorure de sodium (NaCl):

$$2\ Na(s) + Cl_2(g) \rightarrow 2\ NaCl(s)$$

Cette réaction est semblable à la réaction qui se produit entre le sodium et l'oxygène pour former l'oxyde de sodium:

$$4\ Na(s) + O_2(g) \rightarrow 2\ Na_2O(s)$$

La réaction entre le sodium et l'oxygène forme également d'autres oxydes.

Dans les deux cas, le métal (qui a tendance à perdre des électrons) réagit avec un non-métal (qui a tendance à gagner des électrons). Dans chacune de ces réactions, les atomes du métal perdent des électrons au profit des atomes du non-métal. Une définition fondamentale de l'**oxydation** est une perte d'électrons et une définition fondamentale de la **réduction** est un gain d'électrons.

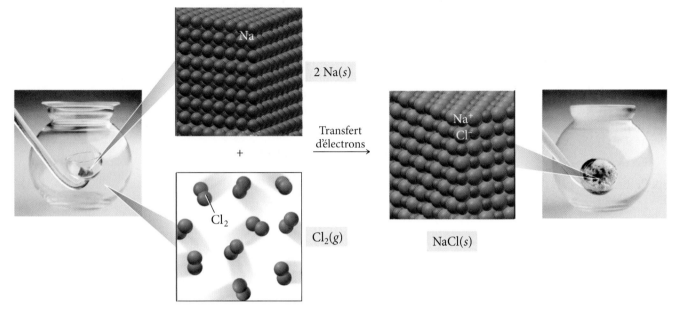

FIGURE 9.5 Réactions d'oxydoréduction sans oxygène

$$2\,Na(s) \;+\; Cl_2(g) \;\longrightarrow\; 2\,NaCl(s)$$

Na

$2\,Na(s)$

+

Cl₂

$Cl_2(g)$

Transfert d'électrons

Na⁺
Cl⁻

$NaCl(s)$

Lorsque le sodium réagit avec le chlore, les électrons sont transférés du sodium au chlore, ce qui entraîne la formation du chlorure de sodium. Dans cette réaction d'oxydoréduction, le sodium est oxydé et le chlore, réduit.

FIGURE 9.6 Réactions d'oxydoréduction avec transfert partiel d'électrons

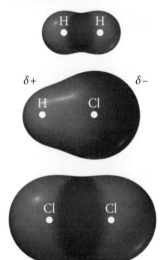

H   H

$\delta+$ H   Cl $\delta-$

Cl   Cl

Lorsque l'hydrogène se lie au chlore, les électrons sont partagés inégalement, ce qui provoque une augmentation de la densité électronique (réduction) du chlore et une diminution de la densité électronique (oxydation) de l'hydrogène.

Toutefois, il n'est pas nécessaire que le transfert d'électrons soit *complet* (comme cela se produit dans la formation d'un composé ionique) pour que l'on puisse qualifier la réaction d'oxydoréduction. Par exemple, considérons la réaction entre l'hydrogène gazeux et le chlore gazeux :

$$H_2(g) + Cl_2(g) \rightarrow 2\,HCl(g)$$

Même si le chlorure d'hydrogène est un composé moléculaire avec une liaison covalente, et même si l'hydrogène n'a pas transféré complètement son électron au chlore au cours de la réaction, vous pouvez constater à partir des diagrammes de densité électronique (**figure 9.6**) que l'hydrogène a perdu une partie de sa densité électronique, car il a transféré *partiellement* son électron au chlore. Par conséquent, dans la réaction ci-dessus, l'hydrogène est oxydé et le chlore est réduit et la réaction est une réaction d'oxydoréduction.

États d'oxydation

Il est relativement facile de reconnaître une réaction d'oxydoréduction entre un métal et un non-métal parce que le métal devient un cation et le non-métal devient un anion (le transfert d'électrons est évident). Cependant, comment reconnaître les réactions d'oxydoréduction qui se produisent entre des non-métaux ? Comme nous l'avons mentionné à la section 2.3, les chimistes ont conçu un procédé pour suivre les électrons avant et après une réaction chimique. Dans ce procédé – qui consiste à comptabiliser les électrons –, on attribue tous les électrons partagés à l'atome qui exerce la plus forte attraction (voir l'exemple 2.3, p. 60-61). Puis on assigne un nombre, appelé **état d'oxydation** ou **nombre d'oxydation**, à chaque atome à partir de la répartition que l'on a faite des électrons. En d'autres mots, le nombre d'oxydation d'un atome dans un composé correspond à la « charge » qu'il aurait si tous les électrons partagés étaient attribués à l'atome exerçant la plus grande attraction sur ces électrons.

Prenons l'exemple de HCl (figure 9.6). Étant donné que le chlore attire les électrons plus fortement que l'hydrogène, on attribue les deux électrons partagés dans la liaison au chlore ; ainsi, H (qui a perdu un électron dans cette opération) a un état d'oxydation de +1 et Cl (qui a gagné un électron dans cette opération) a un état d'oxydation de -1. Bien qu'il soit possible de déterminer l'état d'oxydation d'un atome dans un composé directement à partir de sa structure et de l'électronégativité des éléments, on utilise généralement une série de règles qui permettent de déterminer les états d'oxydation plus simplement :

Règles d'attribution des états d'oxydation

(Les règles sont énoncées par ordre décroissant de priorité. Si deux règles se contredisent, suivez celle qui est la plus haute dans la liste.)

Exemples

1. L'état d'oxydation d'un atome dans un élément pur est de 0.

$$\text{Cu} \qquad \text{Cl}_2$$
$$\text{État d'ox. 0} \qquad \text{État d'ox. 0}$$

2. L'état d'oxydation d'un ion monoatomique est égal à sa charge.

$$\text{Ca}^{2+} \qquad \text{Cl}^-$$
$$\text{État d'ox. } +2 \qquad \text{État d'ox. } -1$$

3. La somme des états d'oxydation pour tous les atomes :

- dans une molécule neutre ou une unité formulaire est de 0.

$$\text{H}_2\text{O}$$
$$2(\text{état d'ox. de H}) + 1(\text{état d'ox. de O}) = 0$$

- dans un ion est égale à la charge de l'ion.

$$\text{NO}_3^-$$
$$1(\text{état d'ox. de N}) + 3(\text{état d'ox. de O}) = -1$$

4. Dans leurs composés, les métaux ont des états d'oxydation positifs.

- Les métaux du groupe I A ont toujours un état d'oxydation de $+1$.

$$\text{NaCl}$$
$$\text{État d'ox. } +1$$

- Les métaux du groupe II A ont toujours un état d'oxydation de $+2$.

$$\text{CaF}_2$$
$$\text{État d'ox. } +2$$

5. Dans leurs composés, on attribue aux non-métaux des états d'oxydation selon le tableau à droite. Les entrées dans le haut du tableau ont préséance sur celles du bas.

Ne confondez pas état d'oxydation et charge ionique. Contrairement à la charge ionique – qui est une propriété réelle d'un ion – l'état d'oxydation d'un atome n'est que purement théorique (mais utile).

États d'oxydation des non-métaux

Non-métal	État d'oxydation	Exemple
Fluor	-1	MgF_2 État d'ox. -1
Hydrogène	$+1$	H_2O État d'ox. $+1$
Oxygène	-2	CO_2 État d'ox. -2
Groupe VII A	-1	CCl_4 État d'ox. -1
Groupe VI A	-2	H_2S État d'ox. -2
Groupe V A	-3	NH_3 État d'ox. -3

En attribuant les états d'oxydation, rappelez-vous ces points :

- L'état d'oxydation d'un élément donné dépend généralement de la nature des autres éléments présents dans le composé. (Les exceptions sont les métaux des groupes I A et II A, qui sont *toujours* $+1$ et $+2$ respectivement.)
- La règle 3 doit toujours être appliquée. Par conséquent, en suivant la hiérarchie indiquée à la règle 5, donnez la priorité à l'élément ou aux éléments les plus hauts dans la liste, puis attribuez l'état d'oxydation de l'élément le plus bas de la liste à l'aide de la règle 3.
- En attribuant les états d'oxydation aux éléments qui ne sont pas couverts par les règles 4 et 5 (comme le carbone), utilisez la règle 3 pour déduire leur état d'oxydation une fois que vous avez attribué tous les autres états d'oxydation.

Dans la plupart des cas, les états d'oxydation sont des nombres entiers positifs ou négatifs, mais il arrive qu'un atome dans un composé ait un état d'oxydation fractionnaire. Par exemple, considérons KO_2. L'état d'oxydation est attribué de la façon suivante :

$$\text{KO}_2$$
$$+1 \quad -\tfrac{1}{2}$$
$$\text{somme}: +1 + 2\left(-\tfrac{1}{2}\right) = 0$$

| EXEMPLE 9.11 | Attribuer des états d'oxydation |

Attribuez un état d'oxydation à chaque atome dans chaque espèce.

(a) Cl_2. **(b)** Na^+. **(c)** KF. **(d)** CO_2. **(e)** SO_4^{2-}. **(f)** K_2O_2.

SOLUTION

Étant donné que Cl_2 est un élément pur, l'état d'oxydation des deux atomes Cl est de 0 (règl 1).	**(a)** Cl_2 Cl Cl 0 0
Étant donné que Na^+ est un ion monoatomique, l'état d'oxydation de l'ion Na^+ est de +1 (règle 2).	**(b)** Na^+ Na^+ +1
L'état d'oxydation de K est de +1 (règle 4). L'état d'oxydation de F est de −1 (règle 5). Étant donné qu'il s'agit d'un composé neutre, la somme des états d'oxydation est de 0.	**(c)** KF KF +1 −1 somme: $+1 + (-1) = 0$
L'état d'oxydation de l'oxygène est de −2 (règle 5). On déduit l'état d'oxydation du carbone en utilisant la règle 3, qui stipule que la somme des états d'oxydation de tous les atomes doit être de 0.	**(d)** CO_2 (état d'ox. de C) + 2(état d'ox. de O) = 0 (état d'ox. de C) + 2(−2) = 0 état d'ox. de C = +4 CO_2 +4 −2 somme: $+4 + 2(-2) = 0$
L'état d'oxydation de l'oxygène est de −2 (règle 5). On s'attendrait normalement à ce que l'état d'oxydation de S soit de −2 (règle 5). Cependant, si c'était le cas, la somme des états d'oxydation ne serait pas égale à la charge de l'ion. Étant donné que O est plus haut que S dans la liste, il a la priorité. On déduit l'état d'oxydation du soufre en fixant la *somme* de tous les états d'oxydation égale à −2 (la charge de l'ion).	**(e)** SO_4^{2-} (état d'ox. de S) + 4(état d'ox. de O) = −2 (état d'ox. de S) + 4(−2) = −2 état d'ox. de S = +6 SO_4^{2-} +6 −2 somme: $+6 + 4(-2) = -2$
L'état d'oxydation du potassium est de +1 (règle 4). On s'attendrait normalement à ce que l'état d'oxydation de O soit de −2 (règle 5), mais la règle 4 est prioritaire. On déduit l'état d'oxydation de O en fixant la somme de tous les états d'oxydation égale à 0.	**(f)** K_2O_2 2(état d'ox. de K) + 2(état d'ox. de O) = 0 2(+1) + 2(état d'ox. de O) = 0 état d'ox. de O = −1 K_2O_2 +1 −1 somme: $2(+1) + 2(-1) = 0$

EXERCICE PRATIQUE 9.11

Attribuez un état d'oxydation à chaque atome dans chacune des espèces suivantes.

(a) Cr. **(b)** Cr^{3+}. **(c)** CCl_4. **(d)** $SrBr_2$. **(e)** SO_3. **(f)** NO_3^-.

Dans KO_2, l'oxygène a un état d'oxydation de −½. Bien que cette valeur semble inusitée, elle est admise parce que les états d'oxydation ne sont qu'une méthode imposée de comptabilité des électrons ; ce n'est pas une quantité physique réelle.

Reconnaître les réactions d'oxydoréduction

Les états d'oxydation peuvent servir à reconnaître les réactions d'oxydoréduction, qui ont lieu même entre des non-métaux. Par exemple la réaction suivante entre le carbone et le soufre est-elle une réaction d'oxydoréduction ?

$$C + 2\,S \rightarrow CS_2$$

Si oui, quel élément est oxydé ? Quel élément est réduit ? Utilisons les règles des états d'oxydation pour attribuer les états d'oxydation de tous les éléments des deux côtés de l'équation :

$$C + 2\,S \longrightarrow CS_2$$

États d'oxydation : $\quad 0 \qquad 0 \qquad\qquad +4\ -2$

Réduction

Oxydation

Le carbone est passé d'un état d'oxydation de 0 à un état d'oxydation de +4. Selon notre méthode de comptabilité des électrons (l'état d'oxydation attribué), le carbone a *perdu des électrons* et a été *oxydé*. Le soufre est passé d'un état d'oxydation de 0 à un état d'oxydation de −2. Selon notre méthode de comptabilité des électrons, le soufre a *gagné des électrons* et a donc été *réduit*. Dans la méthode de variation des états d'oxydation, l'oxydation et la réduction sont définies de la façon suivante :

Oxydation   **Une augmentation de l'état d'oxydation**

Réduction   **Une diminution de l'état d'oxydation**

EXEMPLE 9.12 **Reconnaître l'oxydation et la réduction à l'aide des états d'oxydation**

En vous aidant des états d'oxydation, identifiez l'élément qui est oxydé et l'élément qui est réduit dans la réaction d'oxydoréduction suivante :

$$Mg(s) + 2\,H_2O(l) \rightarrow Mg(OH)_2(aq) + H_2(g)$$

SOLUTION

Commencez par attribuer les états d'oxydation à chaque atome dans la réaction

$$Mg(s) + 2\,H_2O(l) \longrightarrow Mg(OH)_2(aq) + H_2(g)$$

États d'oxydation : $\quad 0 \qquad\quad +1\ -2 \qquad\qquad +2\ -2\ +1 \qquad\quad 0$

Réduction

Oxydation

Étant donné que l'état d'oxydation de Mg augmente, il est oxydé. Puisque l'état d'oxydation de H a diminué, il a été réduit.

EXERCICE PRATIQUE 9.12

En vous aidant des états d'oxydation, identifiez l'élément qui est oxydé et l'élément qui est réduit dans la réaction d'oxydoréduction suivante :

$$Sn(s) + 4\,HNO_3(aq) \rightarrow SnO_2(s) + 4\,NO_2(g) + 2\,H_2O(g)$$

EXERCICE PRATIQUE SUPPLÉMENTAIRE 9.12

Déterminez si chaque réaction est une réaction d'oxydoréduction. Si la réaction est une réaction d'oxydoréduction, identifiez quel élément est oxydé et lequel est réduit.

(a) $Hg_2(NO_3)_2(aq) + 2\,KBr(aq) \rightarrow Hg_2Br_2(s) + 2\,KNO_3(aq)$.

(b) $4\,Al(s) + 3\,O_2(g) \rightarrow 2\,Al_2O_3(s)$.

(c) $CaO(s) + CO_2(g) \rightarrow CaCO_3(s)$.

Remarquez que *l'oxydation et la réduction doivent se produire ensemble*. Si une substance perd des électrons (oxydation), alors une autre doit en gagner (réduction). Une substance qui cause l'oxydation d'une autre substance est un **agent oxydant**. L'oxygène par exemple, est un excellent agent oxydant parce qu'il oxyde de nombreuses autres substances. Dans une réaction d'oxydoréduction, *l'agent oxydant est toujours réduit*. Une substance qui cause la réduction d'une autre substance est un **agent réducteur**. L'hydrogène, par exemple, de même que les métaux du groupe I A et du groupe II A (à cause de leur tendance à perdre des électrons) sont d'excellents agents réducteurs. Dans une réaction d'oxydoréduction, *l'agent réducteur est toujours oxydé*.

Les réactions d'oxydoréduction comprennent :

- Toute réaction au cours de laquelle les états d'oxydation de certains ou de tous les atomes varient en passant des réactifs aux produits.

Dans une réaction d'oxydoréduction :

- L'agent oxydant oxyde une autre substance (et il est lui-même réduit).
- L'agent réducteur réduit une autre substance (et il est lui-même oxydé).

Équilibrer des réactions d'oxydoréduction

Pour équilibrer les réactions d'oxydoréduction qui ont lieu dans des solutions aqueuses, il est possible d'utiliser la *méthode des demi-réactions*. Cette méthode particulière consiste à scinder l'équation globale en deux demi-réactions : une pour l'oxydation et une pour la réduction. Les demi-réactions sont équilibrées séparément, puis additionnées. Les étapes sont légèrement différentes selon que la réaction s'effectue en solution acide ou basique. Les exemples 9.13 et 9.14 expliquent comment procéder dans le cas d'une solution acide, et l'exemple 9.15 illustre la méthode dans le cas d'une solution basique.

MÉTHODE POUR...	EXEMPLE 9.13	EXEMPLE 9.14
Équilibrer, au moyen de demi-réactions, des équations d'oxydoréduction dans le cas d'espèces aqueuses en solution acide	Équilibrer, au moyen de demi-réactions, des équations d'oxydoréduction dans le cas d'espèces aqueuses en solution acide	Équilibrer, au moyen de demi-réactions, des équations d'oxydoréduction dans le cas d'espèces aqueuses en solution acide
	Équilibrez l'équation d'oxydoréduction.	Équilibrez l'équation d'oxydoréduction.
	$Al(s) + Cu^{2+}(aq) \rightarrow$ $Al^{3+}(aq) + Cu(s)$	$Fe^{2+}(aq) + MnO_4^-(aq) \rightarrow$ $Fe^{3+}(aq) + Mn^{2+}(aq)$
MÉTHODE GÉNÉRALE		
Étape 1 *Assignez des états d'oxydation à tous les atomes et trouvez l'espèce oxydée ainsi que l'espèce réduite.*		
Étape 2 *Séparez la réaction globale en deux demi-réactions : une pour l'oxydation et une pour la réduction.*	**Oxydation :** $Al(s) \rightarrow Al^{3+}(aq)$ **Réduction :** $Cu^{2+}(aq) \rightarrow Cu(s)$	**Oxydation :** $Fe^{2+}(aq) \rightarrow Fe^{3+}(aq)$ **Réduction :** $MnO_4^-(aq) \rightarrow Mn^{2+}(aq)$
Étape 3 *Équilibrez le nombre d'atomes dans chaque demi-réaction en procédant dans l'ordre suivant :* • *Équilibrez tous les éléments autres que H et O.* • *Équilibrez le nombre de O en ajoutant des molécules de H_2O.* • *Équilibrez le nombre de H en ajoutant des H^+.*	Le nombre d'atomes est équilibré pour tous les éléments. Passez à l'étape 4.	Le nombre d'atomes est équilibré pour tous les éléments autres que H et O. Équilibrez le nombre d'atomes de H et de O. $Fe^{2+}(aq) \rightarrow Fe^{3+}(aq)$ $MnO_4^-(aq) \rightarrow Mn^{2+}(aq) + 4\,H_2O(l)$ $8\,H^+(aq) + MnO_4^-(aq) \rightarrow$ $Mn^{2+}(aq) + 4\,H_2O(l)$

Étape 4	*Équilibrez la charge de chaque demi-réaction en ajoutant des électrons. (La somme des charges doit être la même de chaque côté de l'équation. Pour ce faire, ajoutez autant d'électrons qu'il le faut.)*	$Al(s) \rightarrow Al^{3+}(aq) + 3\ e^-$ $2\ e^- + Cu^{2+}(aq) \rightarrow Cu(s)$	$Fe^{2+}(aq) \rightarrow Fe^{3+}(aq) + 1\ e^-$ $5\ e^- + 8\ H^+(aq) + MnO_4^-(aq) \rightarrow$ $Mn^{2+}(aq) + 4\ H_2O(l)$
Étape 5	*Rendez le nombre d'électrons égal dans les deux demi-réactions* en multipliant l'une ou les deux par un petit nombre entier.	$2[Al(s) \rightarrow Al^{3+}(aq) + 3\ e^-]$ $2\ Al(s) \rightarrow 2\ Al^{3+}(aq) + 6\ e^-$ $3[2\ e^- + Cu^{2+}(aq) \rightarrow Cu(s)]$ $6\ e^- + 3\ Cu^{2+}(aq) \rightarrow 3\ Cu(s)$	$5[Fe^{2+}(aq) \rightarrow Fe^{3+}(aq) + 1\ e^-]$ $5\ Fe^{2+}(aq) \rightarrow 5\ Fe^{3+}(aq) + 5\ e^-$ $5\ e^- + 8\ H^+(aq) + MnO_4^-(aq) \rightarrow$ $Mn^{2+}(aq) + 4\ H_2O(l)$
Étape 6	*Additionnez les deux demi-réactions*, en annulant des électrons et d'autres espèces au besoin.	$2\ Al(s) \rightarrow 2\ Al^{3+}(aq) + 6\ e^-$ $\underline{6\ e^- + 3\ Cu^{2+}(aq) \rightarrow 3\ Cu(s)}$ $2\ Al(s) + 3\ Cu^{2+}(aq) \rightarrow$ $2\ Al^{3+}(aq) + 3\ Cu(s)$	$5\ Fe^{2+}(aq) \rightarrow 5\ Fe^{3+}(aq) + 5\ e^-$ $5\ e^- + 8\ H^+(aq) + MnO_4^-(aq) \rightarrow$ $\underline{Mn^{2+}(aq) + 4\ H_2O(l)}$ $5\ Fe^{2+}(aq) + 8\ H^+(aq) + MnO_4^-(aq) \rightarrow$ $5\ Fe^{3+}(aq) + Mn^{2+}(aq) + 4\ H_2O(l)$
Étape 7	*Vérifiez si la réaction est équilibrée* tant du point de vue du nombre d'atomes que de la charge.	**Réactifs** — **Produits** 2 Al — 2 Al 3 Cu — 3 Cu charge : +6 — charge : +6	**Réactifs** — **Produits** 5 Fe — 5 Fe 8 H — 8 H 1 Mn — 1 Mn 4 O — 4 O charge : +17 — charge : +17
		EXERCICE PRATIQUE 9.13 Équilibrez la réaction d'oxydoréduction suivante en solution acide. $H^+(aq) + Cr(s) \rightarrow$ $H_2(g) + Cr^{2+}(aq)$	**EXERCICE PRATIQUE 9.14** Équilibrez la réaction d'oxydoréduction suivante en solution acide. $Cu(s) + NO_3^-(aq) \rightarrow$ $Cu^{2+}(aq) + NO_2(g)$

Lorsqu'une réaction d'oxydoréduction a lieu dans une solution basique, on procède de la même manière pour l'équilibrer, mais il faut y ajouter une étape pour neutraliser tous les H^+ avec des OH^-. Il s'agit ensuite de combiner les H^+ et les OH^- pour former de l'eau, comme le montre l'exemple 9.15.

EXEMPLE 9.15 Équilibrer des réactions d'oxydoréduction en solution basique

Équilibrez la réaction suivante qui s'effectue en solution basique :

$$I^-(aq) + MnO_4^-(aq) \rightarrow I_2(aq) + MnO_2(s)$$

SOLUTION

Pour équilibrer les réactions d'oxydoréduction qui ont lieu en solution basique, suivez la méthode des demi-réactions décrite dans les exemples 9.13 et 9.14, mais en y ajoutant une étape pour neutraliser l'acide avec OH^-, comme il est expliqué dans l'étape 7 ci-dessous.

1. Indiquez les états d'oxydation.	$I^-(aq) + MnO_4^-(aq) \longrightarrow I_2(aq) + MnO_2(s)$ $\quad -1 \qquad +7\ -2 \qquad\qquad 0 \qquad +4\ -2$ Réduction / Oxydation

---

---

2. Séparez la réaction globale en deux demi-réactions.	***Oxydation :*** $I^-(aq) \rightarrow I_2(aq)$ ***Réduction :*** $MnO_4^-(aq) \rightarrow MnO_2(s)$
3. Équilibrez le nombre d'atomes dans chaque demi-réaction. • Équilibrez tous les éléments autres que H et O. • Équilibrez le nombre de O en ajoutant des molécules de H_2O. • Équilibrez le nombre de H en ajoutant des H^+.	$\begin{cases} 2\,I^-(aq) \longrightarrow I_2(aq) \\ MnO_4^-(aq) \longrightarrow MnO_2(s) \end{cases}$ $\begin{cases} 2\,I^-(aq) \longrightarrow I_2(aq) \\ MnO_4^-(aq) \longrightarrow MnO_2(s) + 2\,H_2O(l) \end{cases}$ $\begin{cases} 2\,I^-(aq) \longrightarrow I_2(aq) \\ 4\,H^+(aq) + MnO_4^-(aq) \longrightarrow MnO_2(s) + 2\,H_2O(l) \end{cases}$
4. Équilibrez la charge dans chaque demi-réaction.	$2\,I^-(aq) \rightarrow I_2(aq) + 2\,e^-$ $4\,H^+(aq) + MnO_4^-(aq) + 3\,e^- \rightarrow MnO_2(s) + 2\,H_2O(l)$
5. Rendez le nombre d'électrons égal dans les deux demi-réactions.	$3[2\,I^-(aq) \rightarrow I_2(aq) + 2\,e^-]$ $6\,I^-(aq) \rightarrow 3\,I_2(aq) + 6\,e^-$ $2[4\,H^+(aq) + MnO_4^-(aq) + 3\,e^- \rightarrow MnO_2(s) + 2\,H_2O(l)]$ $8\,H^+(aq) + 2\,MnO_4^-(aq) + 6\,e^- \rightarrow 2\,MnO_2(s) + 4\,H_2O(l)$
6. Additionnez les demi-réactions.	$6\,I^-(aq) \rightarrow 3\,I_2(aq) + 6\,e^-$ $\underline{8\,H^+(aq) + 2\,MnO_4^-(aq) + 6\,e^- \rightarrow 2\,MnO_2(s) + 4\,H_2O(l)}$ $6\,I^-(aq) + 8\,H^+(aq) + 2\,MnO_4^-(aq) \rightarrow 3\,I_2(aq) + 2\,MnO_2(s) + 4\,H_2O(l)$
7. Ajoutez assez de OH^- pour neutraliser chaque H^+ et former H_2O. Ajoutez le même nombre d'ions OH^- de chaque côté de l'équation.	$6\,I^-(aq) + 8\,H^+(aq) + 8\,OH^-(aq) + 2\,MnO_4^-(aq) \rightarrow$ $\qquad 3\,I_2(aq) + 2\,MnO_2(s) + 4\,H_2O(l) + 8\,OH^-(aq)$ $6\,I^-(aq) + \cancel{4}\,8\,H_2O(l) + 2\,MnO_4^-(aq) \rightarrow$ $\qquad 3\,I_2(aq) + 2\,MnO_2(s) + \cancel{4}\,H_2O(l) + 8\,OH^-(aq)$ $6\,I^-(aq) + 4\,H_2O(l) + 2\,MnO_4^-(aq) \rightarrow 3\,I_2(aq) + 2\,MnO_2(s) + 8\,OH^-(aq)$
8. Vérifiez si la réaction est équilibrée.	<table><tr><th>Réactifs</th><th>Produits</th></tr><tr><td>6 I</td><td>6 I</td></tr><tr><td>8 H</td><td>8 H</td></tr><tr><td>2 Mn</td><td>2 Mn</td></tr><tr><td>12 O</td><td>12 O</td></tr><tr><td>charge : –8</td><td>charge : –8</td></tr></table>

EXERCICE PRATIQUE 9.15

Équilibrez la réaction d'oxydoréduction suivante qui se déroule en solution basique :

$$ClO^-(aq) + Cr(OH)_4^-(aq) \rightarrow CrO_4^{2-}(aq) + Cl^-(aq)$$

Lien conceptuel 9.6 Oxydation et réduction

Parmi les énoncés suivants au sujet des réactions d'oxydoréduction, lequel est vrai ?

(a) Une réaction d'oxydoréduction peut se produire sans aucune variation des états d'oxydation des éléments dans les réactifs et les produits d'une réaction.

(b) Si un des réactifs ou si un des produits dans une réaction contient de l'oxygène, la réaction est une réaction d'oxydoréduction.

(c) Dans une réaction, l'oxydation peut se produire indépendamment de la réduction.

(d) Dans une réaction d'oxydoréduction, toute augmentation de l'état d'oxydation d'un réactif doit s'accompagner d'une diminution de l'état d'oxydation d'un réactif.

Vous êtes maintenant en mesure de faire les exercices 40 à 45, 73, 74 et 82.

9.7 Stœchiométrie d'autres réactions particulières

Nous avons vu dans les sections précédentes comment décrire une réaction chimique à l'aide d'une équation et comment déterminer des quantités de réactifs et de produits à partir de cette même équation. Dans la section qui suit, nous étudierons différents types de réactions chimiques, principalement en milieu liquide. Il s'agit d'une introduction au tome 2 qui traitera plus particulièrement de la chimie des solutions.

Réactions de dissociation en milieu aqueux

Soit une solution aqueuse familière : l'eau salée, qui est un mélange homogène de NaCl et de H_2O. Vous avez peut-être déjà préparé cette solution en ajoutant du sel de table solide à de l'eau. Lorsque vous mélangez cette substance dans l'eau, elle semble disparaître. Vous savez cependant que la substance originale est toujours présente parce que, en goûtant l'eau, vous reconnaissez son goût salé. Comment des solides comme le sel se dissolvent-ils dans l'eau ?

Soit l'équation suivante d'une réaction en milieu aqueux :

$$Pb(NO_3)_2(aq) + 2\ KCl(aq) \rightarrow PbCl_2(s) + 2\ KNO_3(aq)$$

Cette équation est une **équation moléculaire**, qui montre les formules neutres complètes de chaque composé ionique dans une réaction comme s'ils existaient en tant que molécules. Cependant, dans les solutions réelles contenant des composés ioniques solubles, les substances dissociées se trouvent sous forme d'ions (**figure 9.7**). Les équations des réactions qui se produisent en solution aqueuse peuvent s'écrire de façon à mieux montrer la nature dissociée des composés ioniques dissous. Par exemple, on peut écrire de nouveau l'équation ci-dessus sous la forme

$$Pb^{2+}(aq) + 2\ NO_3^-(aq) + 2\ K^+(aq) + 2\ Cl^-(aq) \rightarrow$$
$$PbCl_2(s) + 2\ K^+(aq) + 2\ NO_3^-(aq)$$

FIGURE 9.7 **Dissolution du chlorure de sodium dans l'eau**

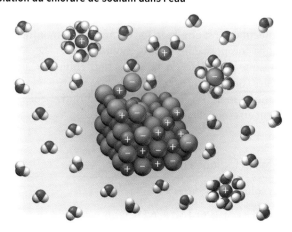

L'attraction électrostatique (force ion-dipôle – voir la section 6.6) entre les molécules d'eau et les ions du chlorure de sodium permettent au NaCl de se dissoudre dans l'eau.

Les équations comme celle-ci, qui décrivent individuellement tous les ions présents soit comme réactifs soit comme produits dans une réaction chimique, sont des **équations ioniques complètes**.

Remarquez que dans une équation ionique complète, certains ions en solution apparaissent inchangés des deux côtés de l'équation. Ces ions sont appelés **ions spectateurs** parce qu'ils ne participent pas à la réaction :

$$Pb^{2+}(aq) + 2\,NO_3^-(aq) + 2\,K^+(aq) + 2\,Cl^-(aq) \longrightarrow$$
$$PbCl_2(s) + 2\,K^+(aq) + 2\,NO_3^-(aq)$$

Ions spectateurs

Pour simplifier l'équation, et pour montrer plus clairement ce qui se produit, on peut omettre les ions spectateurs :

$$Pb^{2+}(aq) + 2\,Cl^-(aq) \rightarrow PbCl_2(s)$$

Les équations comme la précédente, qui ne montrent que les espèces qui changent réellement (chimiquement ou physiquement) au cours de la réaction, sont appelées **équations ioniques nettes**.

Comme autre exemple, examinons la réaction entre $HCl(aq)$ et $KOH(aq)$:

$$HCl(aq) + KOH(aq) \rightarrow H_2O(l) + KCl(aq)$$

Étant donné que HCl, KOH et KCl existent en solution surtout sous forme d'ions indépendants, l'équation ionique complète est

$$H^+(aq) + Cl^-(aq) + K^+(aq) + OH^-(aq) \rightarrow H_2O(l) + K^+(aq) + Cl^-(aq)$$

Pour écrire l'équation ionique nette, on enlève les ions spectateurs, ceux qui sont inchangés des deux côtés de l'équation :

$$H^+(aq) + Cl^-(aq) + K^+(aq) + OH^-(aq) \longrightarrow H2O(l) + K^+(aq) + Cl^-(aq)$$

Ions spectateurs

L'équation ionique nette est $H^+(aq) + OH^-(aq) \rightarrow H_2O(l)$.

Vous verrez en chimie des solutions que, en réalité, les H^+ n'existent pas dans l'eau. Ils sont spontanément captés par des molécules d'eau et forment plutôt des ions H_3O^+.

Résumé : Équations en solution aqueuse

→ Une **équation moléculaire** est une équation chimique qui montre les formules neutres complètes de chaque composé dans une réaction.

→ Une **équation ionique complète** est une équation chimique qui montre toutes les espèces telles qu'elles sont présentes en solution.

→ Une **équation ionique nette** est une équation qui montre seulement les espèces qui changent réellement au cours d'une réaction.

EXEMPLE 9.16 Écriture des équations ioniques complètes et ioniques nettes

Soit la réaction de précipitation suivante qui se produit en solution aqueuse :

$$3\,SrCl_2(aq) + 2\,Li_3PO_4(aq) \rightarrow Sr_3(PO_4)_2(s) + 6\,LiCl(aq)$$

Écrivez l'équation ionique complète et l'équation ionique nette de cette réaction.

SOLUTION

Écrivez l'équation ionique complète en séparant les composés ioniques en solution aqueuse en leurs ions constituants. Étant donné qu'il précipite sous forme de solide, $Sr_3(PO_4)_2(s)$ demeure comme une unité.	**Équation ionique complète :** $3\,Sr^{2+}(aq) + 6\,Cl^-(aq) + 6\,Li^+(aq) + 2\,PO_4^{3-}(aq) \rightarrow$ $Sr_3(PO_4)_2(s) + 6\,Li^+(aq) + 6\,Cl^-(aq)$

Écrivez l'équation ionique nette en éliminant les ions spectateurs, qui ne changent pas d'un côté de la réaction à l'autre.

Équation ionique nette :

$$3\,Sr^{2+}(aq) + 2\,PO_4^{3-}(aq) \rightarrow Sr_3(PO_4)_2(s)$$

EXERCICE PRATIQUE 9.16

Soit la réaction suivante, qui se produit en solution aqueuse :

$$2\,HI(aq) + Ba(OH)_2(aq) \rightarrow 2H_2O(l) + BaI_2(aq)$$

Écrivez l'équation ionique complète et l'équation ionique nette de cette réaction.

EXERCICE PRATIQUE SUPPLÉMENTAIRE 9.16

Écrivez les équations ionique complète et ionique nette de l'équation de précipitation suivante, qui se produit en solution aqueuse :

$$2\,AgNO_3(aq) + MgCl_2(aq) \rightarrow 2\,AgCl(s) + Mg(NO_3)_2(aq)$$

Vous avez certainement remarqué dans les équations précédentes que certains composés sont **solubles** dans l'eau (*aq*), tandis que d'autres sont **insolubles** (*s*). Déterminer si un composé donné est soluble ou non dans l'eau est un processus complexe. En chimie des solutions, vous verrez plus en détail les aspects énergétiques de la formation des solutions. Pour l'instant, nous pouvons suivre un ensemble de règles empiriques découlant des observations de nombreux composés ioniques. Ce sont les *règles de solubilité* que résume le **tableau 9.2**.

TABLEAU 9.2	**Règles de solubilité des composés ioniques dans l'eau**
Les composés comportant les ions suivants sont généralement solubles.	**Exceptions**
Li^+, Na^+, K^+ et NH_4^+	Aucune
NO_3^- et CH_3COO^-	Aucune
Cl^-, Br^- et I^-	Lorsque ces ions s'associent avec Ag^+, Hg_2^{2+} ou Pb^{2+}, les composés qui en résultent sont insolubles.
SO_4^{2-}	Lorsque SO_4^{2-} s'associe avec Sr^{2+}, Ba^{2+}, Pb^{2+}, Ag^+ ou Ca^{2+}, le composé qui en résulte est insoluble.
Les composés comportant les ions suivants sont généralement insolubles.	**Exceptions**
OH^- et S^{2-}	Lorsque ces ions s'associent avec Li^+, Na^+, K^+ ou NH_4^+, les composés qui en résultent sont solubles. Lorsque ces ions s'associent avec Ca^{2+}, Sr^{2+}, ou Ba^{2+}, le composé qui en résulte est soluble.
CO_3^{2-} et PO_4^{3-}	Lorsque ces ions s'associent avec Li^+, Na^+, K^+ ou NH_4^+, les composés qui en résultent sont solubles.

Le mercure est un métal de transition particulier qui peut exister sous diverses formes ioniques, dont le cation moléculaire mercureux Hg_2^{2+} : Hg^+—Hg^+.

Par exemple, les règles de solubilité stipulent que les composés comportant l'ion sodium sont solubles. Cela signifie que les composés comme $NaBr$, $NaNO_2$, Na_2SO_4, $NaOH$ et Na_2CO_3 se dissolvent tous dans l'eau pour former des solutions d'électrolytes forts (complètement dissociés en ions dans l'eau). De même, les règles de solubilité stipulent que les composés comportant les ions NO_3^- sont solubles. Cela signifie que les composés comme $AgNO_3$, $Pb(NO_3)_2$, $NaNO_3$, $Ca(NO_3)_2$ et $Sr(NO_3)_2$ se dissolvent tous dans l'eau pour former des solutions. Notez que lorsque des composés ioniques comportant des ions polyatomiques moléculaires comme NO_3^- se dissolvent, ces ions restent des unités entières.

AgCl ne se dissocie à peu près pas dans l'eau ; il reste sous forme d'une poudre blanche qui finit par se déposer au fond du bécher.

Les règles de solubilité stipulent également que, à quelques exceptions, les composés comportant l'ion CO_3^{2-} sont insolubles. Par conséquent, les composés comme $CuCO_3$, $CaCO_3$, $SrCO_3$ et $FeCO_3$ ne se dissolvent pas dans l'eau. Notez que les règles de solubilité présentent de nombreuses exceptions.

EXEMPLE 9.17 **Prédire si un composé ionique est soluble**

Prédisez si chaque composé est soluble ou insoluble.

(a) $PbCl_2$.   **(b)** $CuCl_2$.   **(c)** $Ca(NO_3)_2$.   **(d)** $BaSO_4$.

SOLUTION

(a) Insoluble. Les composés contenant du Cl^- sont normalement solubles, mais le Pb^{2+} est une exception.

(b) Soluble. Les composés contenant du Cl^- sont normalement solubles, et le Cu^{2+} n'est pas une exception.

(c) Soluble. Les composés contenant du NO_3^- sont toujours solubles.

(d) Insoluble. Les composés contenant du SO_4^{2-} sont normalement solubles, mais le Ba^{2+} est une exception.

EXERCICE PRATIQUE 9.17

Prédisez si chacun des composés suivants est soluble ou insoluble.

(a) NiS.   **(b)** $Mg_3(PO_4)_2$.   **(c)** Li_2CO_3.   **(d)** NH_4Cl.

Réactions de précipitation

Avez-vous déjà pris un bain dans de l'eau riche en calcaire ? L'eau *dure* contient des ions en solution comme Ca^{2+} et Mg^{2+}, qui diminuent l'efficacité du savon. En effet, ces ions réagissent avec le savon pour produire un dépôt gris qui peut former des « cernes autour du bain » une fois qu'il est vidé. L'eau dure est une source de complications, notamment quand on lave des vêtements. Imaginez l'air que peut avoir une chemise blanche si elle s'imprègne d'un tel dépôt grisâtre. C'est pourquoi la plupart des détergents à lessive renferment des substances permettant d'éliminer les ions Ca^{2+} et Mg^{2+} de l'eau de lavage. La substance la plus couramment utilisée à cette fin est le carbonate de sodium, qui se dissout dans l'eau pour former des cations sodium (Na^+) et des anions carbonate (CO_3^{2-}) :

$$Na_2CO_3(aq) \rightarrow 2\,Na^+(aq) + CO_3^{2-}(aq)$$

Le carbonate de sodium est soluble, mais le carbonate de calcium et le carbonate de magnésium ne le sont pas (voir les règles de solubilité au tableau 9.2). Par conséquent, les anions carbonate réagissent avec les ions Ca^{2+} et Mg^{2+} en solution dans l'eau dure pour former des solides qui *précipitent* hors de la solution (ou se déposent) :

$$Mg^{2+}(aq) + CO_3^{2-}(aq) \rightarrow MgCO_3(s)$$
$$Ca^{2+}(aq) + CO_3^{2-}(aq) \rightarrow CaCO_3(s)$$

En précipitant, ces ions ne peuvent réagir avec le savon, ce qui élimine le dépôt et rend les chemises blanches au lieu d'être grises.

Les réactions entre CO_3^{2-} et Ca^{2+} et Mg^{2+} sont des exemples de **réactions de précipitation**, réactions au cours desquelles un solide ou un **précipité** se forme quand on mélange deux solutions. Les réactions de précipitation sont fréquentes en chimie. Comme autre exemple, prenons celui de l'iodure de potassium et du nitrate de plomb(II), qui donnent tous deux des solutions incolores d'électrolytes forts quand on les dissout dans l'eau. Par contre, lorsque les deux solutions sont combinées, il se forme un précipité jaune brillant (**figure 9.8**) On peut décrire cette réaction de précipitation au moyen de l'équation chimique suivante :

$$2\,KI(aq) + Pb(NO_3)_2(aq) \rightarrow 2\,KNO_3(aq) + PbI_2(s)$$

Il ne se produit pas toujours de réactions de précipitation quand deux solutions aqueuses sont mélangées. Par exemple, si on combine des solutions de $KI(aq)$ et de $NaCl(aq)$, rien ne se passe :

$$KI(aq) + NaCl(aq) \rightarrow \text{AUCUNE RÉACTION}$$

La réaction des ions dans l'eau dure avec le savon produit un dépôt gris visible dans le lavabo.

Animation

Réaction
de précipitation

codeqrcu.page.link/1rh8

FIGURE 9.8 Précipitation de l'iodure de plomb(II)

$$2\,KI(aq) + Pb(NO_3)_2(aq) \longrightarrow 2\,KNO_3(aq) + PbI_2(s)$$
(soluble)   (soluble)   (soluble)   (insoluble)

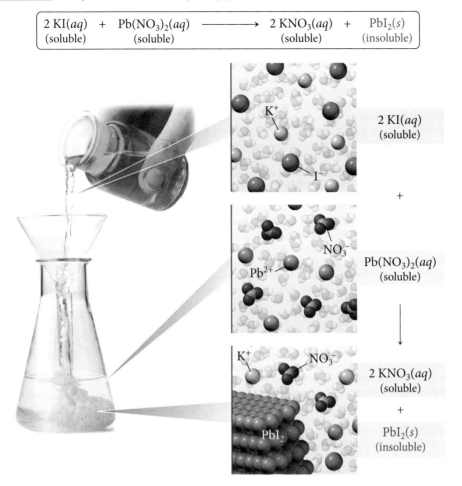

Lorsqu'on mélange une solution d'iodure de potassium avec une solution de nitrate de plomb(II), il se forme un précipité jaune d'iodure de plomb(II).

La clé pour prédire les réactions de précipitation consiste à comprendre que seuls les composés *insolubles* forment des précipités. Dans une réaction de précipitation, deux solutions contenant des composés solubles se combinent et forment un composé insoluble qui précipite. Reprenons l'exemple de la réaction de précipitation décrite précédemment :

$$2\,KI(aq) + Pb(NO_3)_2(aq) \rightarrow PbI_2(s) + 2\,KNO_3(aq)$$
(soluble)   (soluble)   (insoluble)   (soluble)

KI et $Pb(NO_3)_2$ sont tous les deux solubles, mais le précipité, PbI_2, est insoluble. Avant de se mélanger $KI(aq)$ et $Pb(NO_3)_2(aq)$ se dissocient tous les deux dans leurs solutions respectives :

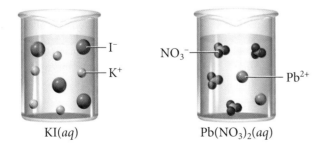

Aussitôt que les solutions sont mélangées, tous les quatre ions sont présents :

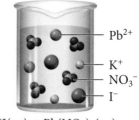

KI(aq) et Pb(NO$_3$)$_2$(aq)

Cependant, il peut se former deux nouveaux composés, dont un ou les deux peuvent être insolubles. Le cation de chaque composé peut s'apparier avec l'anion de l'autre composé pour donner des produits potentiellement insolubles (vous étudierez plus en détail en chimie des solutions les raisons de ce processus) :

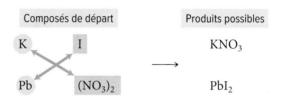

Si les produits possibles sont tous les deux solubles, alors il ne se produit aucune réaction. Par contre, si un ou deux des produits possibles sont insolubles, une réaction de précipitation a lieu. Dans le présent cas, KNO$_3$ est soluble, mais PbI$_2$ est insoluble. Par conséquent, PbI$_2$ précipite :

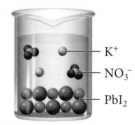

PbI$_2$(s) et KNO$_3$(aq)

Pour prédire si une réaction de précipitation peut se produire quand on mélange deux solutions et pour écrire une équation de la réaction, utilisez la méthode qui suit. La colonne de gauche décrit les étapes de la démarche et les colonnes du centre et de droite présentent deux exemples.

MÉTHODE POUR...	EXEMPLE 9.18	EXEMPLE 9.19
Écrire les équations des réactions de précipitation	**Écrire les équations des réactions de précipitation**	**Écrire les équations des réactions de précipitation**
	Écrivez l'équation de la réaction de précipitation qui a lieu (si elle se produit) quand on mélange des solutions de carbonate de potassium et de chlorure de nickel(II).	Écrivez l'équation de la réaction de précipitation qui a lieu (si elle se produit) quand on mélange des solutions de nitrate de sodium et de sulfate de lithium.
1. Écrivez les formules des deux composés qui sont mélangés comme les réactifs dans une équation chimique.	K$_2$CO$_3$(aq) + NiCl$_2$(aq) →	NaNO$_3$(aq) + Li$_2$SO$_4$(aq) →

2. Sous l'équation, écrivez les formules des produits qui pourraient se former à partir des réactifs. Obtenez-les en combinant le cation de chacun des réactifs avec l'anion de l'autre. Assurez-vous d'écrire les bonnes formules pour ces composés ioniques, comme le décrit la section 2.8.	$K_2CO_3(aq) + NiCl_2(aq) \longrightarrow$ Produits possibles $KCl \qquad NiCO_3$	$NaNO_3(aq) + Li_2SO_4(aq) \longrightarrow$ Produits possibles $LiNO_3 \qquad Na_2SO_4$
3. Consultez les règles de solubilité pour déterminer si un ou des produits possibles sont insolubles.	KCl est soluble. (Les composés contenant Cl^- sont généralement solubles et K^+ n'est pas une exception.) $NiCO_3$ est insoluble. (Les composés contenant CO_3^{2-} sont généralement insolubles et Ni^{2+} n'est pas une exception.)	$LiNO_3$ est soluble. (Les composés contenant NO_3^- sont solubles et Li^+ n'est pas une exception.) Na_2SO_4 est soluble. (Les composés contenant SO_4^{2-} sont généralement solubles et Na^+ n'est pas une exception.)
4. Si tous les produits possibles sont solubles, il n'y aura pas de précipité. Écrivez AUCUNE RÉACTION après la flèche.	Étant donné qu'il y a un composé insoluble dans le présent exemple, nous passons à l'étape suivante.	Étant donné que le présent exemple n'a pas de produit insoluble, il n'y a pas de réaction. $NaNO_3(aq) + Li_2SO_4(aq) \rightarrow$ $\qquad$ AUCUNE RÉACTION
5. Si un ou des produits possibles sont insolubles, écrivez leurs formules comme produits de la réaction en utilisant (s) pour indiquer solide. Écrivez tous les produits solubles avec (aq) pour indiquer qu'ils sont en solution aqueuse.	$K_2CO_3(aq) + NiCl_2(aq) \rightarrow$ $\qquad NiCO_3(s) + KCl(aq)$	
6. Équilibrez l'équation. Souvenez-vous de modifier seulement les coefficients, pas les indices.	$K_2CO_3(aq) + NiCl_2(aq) \rightarrow$ $\qquad NiCO_3(s) + 2\,KCl(aq)$ **EXERCICE PRATIQUE 9.18** Écrivez l'équation de la réaction de précipitation qui a lieu (si elle se produit) quand on mélange des solutions de chlorure d'ammonium et de nitrate de fer(III).	**EXERCICE PRATIQUE 9.19** Écrivez l'équation de la réaction de précipitation qui a lieu (si elle se produit) quand on mélange des solutions d'hydroxyde de sodium et de bromure de cuivre(II).

Lien conceptuel 9.7 **Réactions de précipitation**

Soit les composés ioniques de formules génériques AX et BY et les règles de solubilité suivantes :

AX soluble ; BY soluble ; AY soluble ; BX insoluble

Supposons qu'on symbolise les ions A^+ par des cercles, les ions B^+, par des carrés, les ions X^-, par des triangles et les ions Y^-, par des losanges. On peut représenter les solutions des deux composés (AX et BY) de la façon suivante :

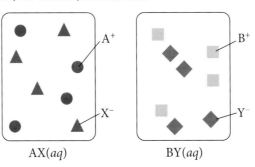

Faites un dessin à l'échelle moléculaire illustrant le résultat du mélange des deux solutions ci-dessus et écrivez l'équation représentant cette réaction.

Réactions acide-base

Une autre classe importante de réactions qui se produisent en solution aqueuse est celle des réactions acide-base. Dans une **réaction acide-base** (aussi appelée **réaction de neutralisation**), un acide réagit avec une base et les deux se neutralisent mutuellement, produisant de l'eau (ou dans certains cas un électrolyte faible, c'est-à-dire une substance pouvant se séparer en ions, tout en étant peu soluble dans l'eau).

Notre estomac sécrète de l'acide chlorhydrique, qui joue un rôle dans la digestion des aliments. Certains aliments ou le stress, toutefois, peuvent faire augmenter considérablement l'acidité gastrique, ce qui cause des reflux acides ou des brûlures d'estomac. Les antiacides sont des médicaments en vente libre qui fonctionnent en réagissant avec l'acidité gastrique et en la neutralisant. Les antiacides emploient différentes *bases* – des substances qui produisent des ions hydroxyde (OH^-) dans l'eau – comme agents de neutralisation. Par exemple, le lait de magnésie contient du $Mg(OH)_2$ et le Gaviscon (liquide) contient de l'$Al(OH)_3$. Toutefois, les antiacides exercent tous le même effet de soulagement des brûlures d'estomac en neutralisant l'acidité gastrique par l'intermédiaire de *réactions acide-base*.

On peut définir les acides et des bases comme étant des donneurs de H^+ et de OH^-, respectivement, selon la définition donnée par le chimiste suédois Svante Arrhenius (1859-1927). En chimie des solutions, vous apprendrez des définitions plus générales du comportement acide-base, mais celle d'Arrhénius est suffisante pour décrire ici les réactions de neutralisation :

Acide	**Substance qui produit des ions H^+ en solution aqueuse**
Base	**Substance qui produit des ions OH^- en solution aqueuse**

Le **tableau 9.3** présente des bases et des acides courants. Les acides et les bases font partie de nombreuses substances de tous les jours.

La théorie plus générale de Brønsted-Lowry définit les acides comme des substances qui cèdent des ions H^+ et les bases comme des substances qui captent des ions H^+.

Les acides sont présents dans les citrons, les limettes, les boissons gazeuses et le vinaigre. La vitamine C et l'ibuprofène sont également des acides.

TABLEAU 9.3	Quelques acides et bases communs		
Nom de l'acide	**Formule**	**Nom de la base**	**Formule**
Acide chlorhydrique	HCl	Hydroxyde de sodium	NaOH
Acide bromhydrique	HBr	Hydroxyde de lithium	LiOH
Acide iodhydrique	HI	Hydroxyde de potassium	KOH
Acide nitrique	HNO_3	Hydroxyde de calcium	$Ca(OH)_2$
Acide sulfurique	H_2SO_4	Hydroxyde de baryum	$Ba(OH)_2$
Acide perchlorique	$HClO_4$	Ammoniac*	NH_3 (base faible)
Acide acétique	CH_3COOH (acide faible)		
Acide fluorhydrique	HF (acide faible)		

* L'ammoniac ne contient pas de OH^-, mais il en produit dans une réaction avec l'eau :
$$NH_3(aq) + H_2O(l) \rightleftharpoons NH_4^+(aq) + OH^-(aq)$$

Quand on mélange un acide et une base, le $H^+(aq)$ de l'acide se combine avec le $OH^-(aq)$ de la base pour former $H_2O(l)$ (**figure 9.9**). Par exemple, considérons la réaction entre l'acide chlorhydrique et l'hydroxyde de sodium :

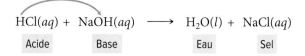

$$\underbrace{HCl(aq)}_{\text{Acide}} + \underbrace{NaOH(aq)}_{\text{Base}} \longrightarrow \underbrace{H_2O(l)}_{\text{Eau}} + \underbrace{NaCl(aq)}_{\text{Sel}}$$

De nombreux produits domestiques contiennent des bases.

Les réactions acide-base donnent généralement de l'eau et un composé ionique – appelé **sel** – qui reste généralement dissous dans la solution. L'équation ionique nette de nombreuses réactions acide-base est

$$H^+(aq) + OH^-(aq) \rightarrow H_2O(l)$$

FIGURE 9.9 **Réaction acide-base**

$$HCl(aq) + NaOH(aq) \longrightarrow H_2O(l) + NaCl(aq)$$

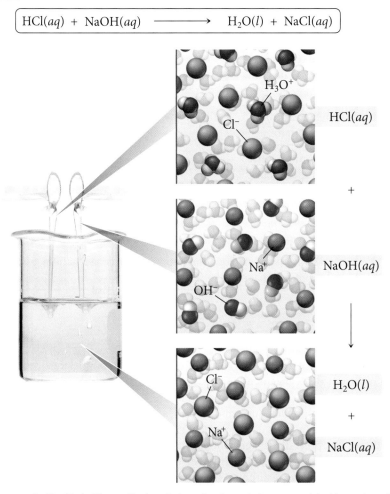

H_3O^+

$HCl(aq)$

Cl^-

+

Na^+

$NaOH(aq)$

OH^-

$H_2O(l)$

+

Cl^-

Na^+

$NaCl(aq)$

Rappel : Vous verrez en chimie des solutions que les ions H^+ libérés par l'acide se combinent spontanément avec des molécules d'eau et forment en réalité des ions H_3O^+ en solution.

La réaction entre l'acide chlorhydrique et l'hydroxyde de sodium forme de l'eau et un sel, le chlorure de sodium, qui reste dissous dans la solution.

La réaction entre l'acide sulfurique et l'hydroxyde de potassium est un autre exemple de réaction acide-base :

$$\underset{\text{acide}}{H_2SO_4(aq)} + \underset{\text{base}}{2\,KOH(aq)} \rightarrow \underset{\text{eau}}{2\,H_2O(l)} + \underset{\text{sel}}{K_2SO_4(aq)}$$

Le mot *sel* s'applique à tout composé ionique et son sens est beaucoup plus général que l'usage commun qui désigne uniquement le sel de table (NaCl).

Encore une fois, remarquez le schéma de la réaction entre un acide et une base qui forment de l'eau et un sel :

Acide + Base → Eau + Sel (réactions acide-base)

Quand vous formulez les équations des réactions acide-base, écrivez le sel en utilisant la méthode pour écrire les formules des composés ioniques de la section 2.8.

EXEMPLE 9.20	Écrire les équations des réactions acide-base

Écrivez l'équation moléculaire et l'équation ionique nette de la réaction entre HI aqueux et Ba(OH)$_2$ aqueux.

SOLUTION

Vous devez d'abord déterminer si ces substances sont un acide ou une base. Commencez par écrire l'équation non équilibrée dans laquelle l'acide et la base se combinent pour former de l'eau et un sel.	$HI(aq) + Ba(OH)_2(aq) \rightarrow H_2O(l) + BaI_2(aq)$ acide base eau sel
Équilibrez ensuite l'équation : c'est l'équation moléculaire.	$2\,HI(aq) + Ba(OH)_2(aq) \rightarrow 2\,H_2O(l) + BaI_2(aq)$
Écrivez l'équation ionique nette en enlevant les ions spectateurs.	$2\,H^+(aq) + I^-(aq) + Ba^{2+}(aq) + 2\,OH^-(aq) \rightarrow$ $\qquad\qquad 2\,H_2O(l) + Ba^{2+}(aq) + 2\,I^-(aq)$ $2\,H^+(aq) + 2\,OH^-(aq) \rightarrow 2\,H_2O(l)$ ou simplement $H^+(aq) + OH^-(aq) \rightarrow H_2O(l)$

EXERCICE PRATIQUE 9.20

Écrivez l'équation moléculaire et l'équation ionique nette de la réaction qui se produit entre H$_2$SO$_4$ aqueux et LiOH aqueux.

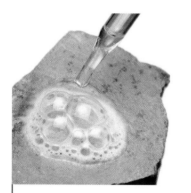

Dans une réaction de dégagement gazeux, le gaz libéré produit en général de l'effervescence, comme lors de la réaction de l'acide chlorhydrique avec le calcaire (CaCO$_3$) qui donne du CO$_2$.

De nombreuses réactions de dégagement gazeux comme celle ci-contre sont également des réactions acide-base.

Réactions de dégagement gazeux

Les réactions en milieu aqueux qui forment un gaz quand on mélange deux solutions sont des **réactions de dégagement gazeux**. Comme le gaz est libéré en milieu liquide, il se forme de l'effervescence. Dans ce cas, comme dans celui des réactions de précipitation, les réactions se produisent lorsque l'anion d'un réactif se combine au cation de l'autre. De plus, de nombreuses réactions de dégagement gazeux sont aussi des réactions acide-base.

Certaines réactions de dégagement gazeux forment directement un gaz lorsque le cation d'un réactif se combine avec l'anion de l'autre. Par exemple, lorsque l'acide sulfurique réagit avec le sulfure de lithium, il se forme du sulfure de dihydrogène gazeux :

$$H_2SO_4(aq) + Li_2S(aq) \rightarrow \underset{\text{gaz}}{H_2S(g)} + Li_2SO_4(aq)$$

D'autres réactions de dégagement gazeux forment souvent un produit intermédiaire qui se décompose alors en un gaz (il se brise en ses éléments constituants). Par exemple, lorsqu'on mélange de l'acide chlorhydrique aqueux avec du bicarbonate de sodium aqueux, la réaction suivante se produit (**figure 9.10**) :

$$HCl(aq) + NaHCO_3(aq) \rightarrow H_2CO_3(aq) + NaCl(aq) \rightarrow H_2O(l) + \underset{\text{gaz}}{CO_2(g)} + NaCl(aq)$$

Le produit intermédiaire, H$_2$CO$_3$, est instable et se décompose en H$_2$O et en CO$_2$ gazeux. D'autres réactions de dégagement gazeux importantes forment des produits intermédiaires sous forme de H$_2$SO$_3$ ou de NH$_4$OH :

$$HCl(aq) + NaHSO_3(aq) \rightarrow H_2SO_3(aq) + NaCl(aq) \rightarrow H_2O(l) + SO_2(g) + NaCl(aq)$$

$$NH_4Cl(aq) + NaOH(aq) \rightarrow NH_4OH(aq) + NaCl(aq) \rightarrow H_2O(l) + NH_3(g) + NaCl(aq)$$

Le produit intermédiaire, NH$_4$OH, fournit une façon commode de concevoir cette réaction, mais l'importance de sa formation est discutable.

Le **tableau 9.4** énumère les principaux types de composés responsables de la formation de gaz dans des réactions en solution aqueuse, ainsi que les gaz qui se forment ou se dégagent.

TABLEAU 9.4 **Types de composés qui subissent des réactions de dégagement gazeux**

Type de réactif	Produit intermédiaire	Gaz dégagé	Exemple
Sulfures	Aucun	H_2S	$2\ HCl(aq) + K_2S(aq) \rightarrow H_2S(g) + 2\ KCl(aq)$
Carbonates et bicarbonates	H_2CO_3	CO_2	$2\ HCl(aq) + K_2CO_3(aq) \rightarrow H_2O(l)_+ CO_2(g) + 2\ KCl(aq)$
Sulfites et bisulfites	H_2SO_3	SO_2	$2\ HCl(aq) + K_2SO_3(aq) \rightarrow H_2O(l)_+ SO_2(g) + 2\ KCl(aq)$
Ammonium	NH_4OH	NH_3	$NH_4Cl(aq) + KOH(aq) \rightarrow H_2O(l) + NH_3(g) + KCl(aq)$

FIGURE 9.10 **Réaction de dégagement gazeux**

$$NaHCO_3(aq)\ +\ HCl(aq)\ \longrightarrow\ H_2O(l)\ +\ NaCl(aq)\ +\ CO_2(g)$$

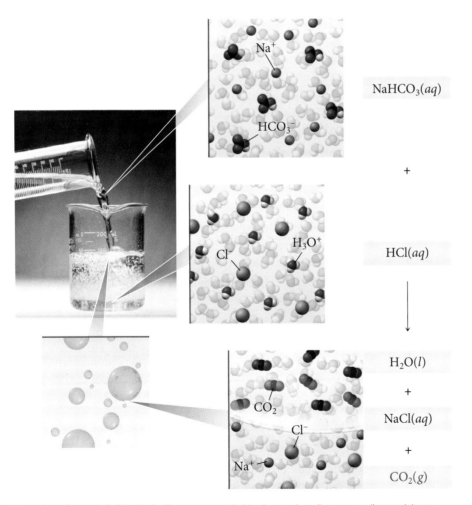

$NaHCO_3(aq)$

$+$

$HCl(aq)$

$H_2O(l)$

$+$

$NaCl(aq)$

$+$

$CO_2(g)$

Lorsqu'on mélange de l'acide chlorhydrique aqueux et du bicarbonate de sodium aqueux, il se produit une effervescence de CO_2 gazeux dans le mélange réactionnel.

Écrire les équations des réactions de dégagement gazeux

Écrivez l'équation moléculaire de la réaction de dégagement gazeux qui se produit lorsqu'on mélange de l'acide nitrique aqueux et du carbonate de sodium aqueux.

SOLUTION

Commencez par écrire l'équation non équilibrée dans laquelle le cation de chaque réactif se combine avec l'anion de l'autre.	$HNO_3(aq) + Na_2CO_3(aq) \longrightarrow$ $H_2CO_3(aq) + NaNO_3(aq)$
Vous devez reconnaître que $H_2CO_3(aq)$ se décompose en $H_2O(l)$ et $CO_2(g)$ et écrire ces produits dans l'équation.	$HNO_3(aq) + Na_2CO_3(aq) \rightarrow H_2O(l) + CO_2(g) + NaNO_3(aq)$
Enfin, équilibrez l'équation.	$2\ HNO_3(aq) + Na_2CO_3(aq) \rightarrow H_2O(l) + CO_2(g) + 2\ NaNO_3(aq)$

EXERCICE PRATIQUE 9.21

Écrivez l'équation moléculaire de la réaction de dégagement gazeux qui se produit lorsqu'on mélange de l'acide bromhydrique aqueux et du sulfite de potassium aqueux.

EXERCICE PRATIQUE SUPPLÉMENTAIRE 9.21

Écrivez l'équation ionique nette de la réaction qui se produit lorsqu'on mélange de l'acide iodhydrique et du sulfure de calcium.

Réactions de combustion

Au début de ce chapitre, dans l'introduction, nous avons vu des réactions de combustion, qui sont un type de réaction d'oxydoréduction. Ces réactions de combustion sont importantes parce qu'elles nous fournissent la majeure partie de l'énergie utilisée dans nos sociétés (**figure 9.11**).

FIGURE 9.11 **Consommation d'énergie aux États-Unis**

Combustion de combustibles fossiles
- ■ Charbon : 21 %
- ■ Gaz naturel : 25 %
- □ Pétrole : 37 %
- ■ Nucléaire : 9 %
- ■ Hydroélectrique : 3 %
- ■ Autre : 5 %

Environ 83 % de l'énergie utilisée aux États-Unis en 2009 provient de réactions de combustion.
Source : US Energy Information Administration, Annual Energy Review, 2009.

Comme mentionné précédemment, le gaz naturel est un mélange d'hydrocarbures. Cependant, le méthane (CH_4) en est un des constituants principaux.

Les *réactions de combustion* sont caractérisées par la réaction d'une substance avec de l'O_2 pour former un ou plusieurs composés contenant de l'oxygène, incluant souvent l'eau. Les réactions de combustion produisent également de la chaleur. Par exemple, le gaz naturel (CH_4) réagit avec l'oxygène pour former le dioxyde de carbone et l'eau :

$$CH_4(g) + 2\ O_2(g) \rightarrow CO_2(g) + 2\ H_2O(g)$$
États d'oxydation : $-4\ +1 \qquad 0 \qquad +4\ -2 \qquad +1\ -2$

Dans cette réaction, le carbone est oxydé et l'oxygène est réduit. L'éthanol, l'alcool contenu dans les boissons alcoolisées, réagit également avec l'oxygène dans une réaction de combustion pour former du dioxyde de carbone et de l'eau :

$$C_2H_5OH(l) + 3\ O_2(g) \rightarrow 2\ CO_2(g) + 3\ H_2O(g)$$

Les composés renfermant du carbone et de l'hydrogène – ou du carbone, de l'hydrogène et de l'oxygène – forment toujours du dioxyde de carbone et de l'eau lors d'une combustion complète. D'autres réactions de combustion reposent sur la réaction du carbone avec l'oxygène pour former du dioxyde de carbone :

$$C(s) + O_2(g) \rightarrow CO_2(g)$$

et sur la réaction de l'hydrogène avec l'oxygène pour former de l'eau :

$$2\,H_2(g) + O_2(g) \rightarrow 2\,H_2O(g)$$

EXEMPLE 9.22 Écrire les équations des réactions de combustion

Écrivez l'équation équilibrée de la combustion de l'alcool méthylique liquide (CH_3OH).

SOLUTION

Commencez par écrire l'équation non équilibrée montrant la réaction de CH_3OH avec O_2 pour former CO_2 et H_2O.	$CH_3OH(l) + O_2(g) \rightarrow CO_2(g) + H_2O(g)$
Équilibrez l'équation à l'aide des indications de la section 9.2.	$2\,CH_3OH(l) + 3\,O_2(g) \rightarrow 2\,CO_2(g) + 4\,H_2O(g)$

EXERCICE PRATIQUE 9.22

Écrivez l'équation équilibrée de la combustion complète de C_2H_5SH liquide.

Vous êtes maintenant en mesure de faire les exercices 46 à 58, 60, 66 à 72, 75 à 77, 79, 80 et 89.

RÉSUMÉ DU CHAPITRE

Termes clés (voir le glossaire)

Agent oxydant (p. 393)
Agent réducteur (p. 393)
Équation chimique (p. 370)
Équation chimique équilibrée (p. 371)
Équation ionique complète (p. 397)
Équation ionique nette (p. 398)
Équation moléculaire (p. 397)
Équilibrer (p. 370)

État d'oxydation (nombre d'oxydation) (p. 390)
Insoluble (p. 399)
Ion spectateur (p. 398)
Oxydation (p. 389)
Pourcentage de rendement (p. 381)
Précipité (p. 400)
Produit (p. 370)
Réactif (p. 370)

Réactif limitant (p. 381)
Réaction acide-base (réaction de neutralisation) (p. 404)
Réaction chimique (p. 370)
Réaction de combustion (p. 370)
Réaction de dégagement gazeux (p. 406)
Réaction de précipitation (p. 400)

Réaction d'oxydoréduction (p. 389)
Réduction (p. 389)
Rendement réel (p. 381)
Rendement théorique (p. 381)
Sel (p. 405)
Soluble (p. 399)
Stœchiométrie (p. 376)

Concepts clés

Changements climatiques et combustion des combustibles fossiles (9.1)

→ Les changements climatiques, causés notamment par l'augmentation des niveaux de dioxyde de carbone atmosphérique, sont potentiellement nocifs. La plus importante source de dioxyde de carbone est la combustion des combustibles fossiles, ce qui peut être vérifié par la stœchiométrie des réactions.

Écrire et équilibrer des équations chimiques (9.2)

→ En chimie, on représente les réactions chimiques par des équations chimiques. Les substances du côté gauche de l'équation chimique sont les réactifs et les substances du côté droit sont les produits.

→ Les équations chimiques sont équilibrées lorsque le nombre de chaque type d'atome du côté gauche de l'équation est égal au nombre du côté droit.

Stœchiométrie des réactions (9.3)

→ La stœchiométrie des réactions détermine les relations numériques entre les réactifs et les produits dans une équation chimique équilibrée.

→ La stœchiométrie des réactions permet de prédire, par exemple, la quantité de produits qui peut se former pour une quantité donnée de réactif, ou de savoir combien il faut de réactif pour réagir avec une quantité donnée d'un autre.

Réactif limitant, rendement théorique et pourcentage de rendement (9.4)

→ Dans une réaction chimique, le réactif limitant est celui qui est présent en plus petite quantité stœchiométrique ; il est complètement consommé dans la réaction et il limite la quantité de produits qui peut être formée.

→ Un réactif qui ne limite pas la quantité de produits est dit en excès.

→ Le rendement théorique rend compte de la quantité de produits qui peut être formée à partir du réactif limitant.

→ Le rendement réel – toujours égal ou inférieur au rendement théorique – indique la quantité de produits réellement formée lorsque la réaction s'effectue.

→ Le pourcentage de rendement est le rapport exprimé en pourcentage entre le rendement qui est réellement obtenu et le rendement théorique calculé.

Stœchiométrie des réactions qui mettent en jeu des gaz (9.5)

→ Dans les réactions qui mettent en jeu des réactifs et des produits gazeux, les quantités sont souvent exprimées en volumes à des températures et à des pressions données. Ces quantités peuvent être converties en quantités de matière (en moles) à l'aide de la loi des gaz parfaits. Les coefficients stœchiométriques obtenus de l'équation équilibrée peuvent ensuite servir à déterminer les quantités stœchiométriques des autres réactifs et produits.

→ Dans les cas où la réaction s'effectue à TPN (0 °C, 101,3 kP), on peut utiliser le volume molaire à TPN (22,4 L = 1 mol) pour convertir les volumes en nombres de moles.

Stœchiométrie des réactions d'oxydoréduction (9.6)

→ Dans les réactions d'oxydoréduction, une substance transfère des électrons à une autre substance. La substance qui perd des électrons est oxydée et celle qui en gagne est réduite.

→ L'état d'oxydation est une charge donnée à chaque atome dans une réaction d'oxydoréduction en attribuant tous les électrons partagés à l'atome qui exerce la plus grande attraction à l'égard de ces électrons. Les états d'oxydation sont une méthode théorique de comptabilité des électrons, et non un état physique réel. L'état d'oxydation d'un atome augmente lors d'une oxydation et diminue lors d'une réduction.

→ Pour équilibrer une réaction d'oxydoréduction, il faut tenir compte du nombre d'atomes du côté des réactifs et du côté des produits, mais aussi du nombre d'électrons transférés et des charges des différentes espèces. La méthode des demi-réactions consiste à scinder l'équation globale en deux demi-réactions : une pour l'oxydation et une pour la réduction. Les demi-réactions sont équilibrées séparément, puis additionnées.

Stœchiométrie d'autres réactions particulières (9.7)

→ On peut représenter une réaction en milieu aqueux au moyen d'une équation moléculaire qui montre la formule neutre complète de chaque composé dans la réaction. On peut également représenter une réaction aqueuse à l'aide d'une équation ionique complète qui montre la nature dissociée des composés ioniques aqueux. Une troisième représentation d'une réaction aqueuse est une équation ionique nette dans laquelle on omet d'écrire les ions spectateurs, qui ne changent pas au cours de la réaction.

→ Les règles de solubilité sont un ensemble de principes directeurs qui permettent de prédire les solubilités des composés ioniques ; ces règles sont utiles notamment pour déterminer si un précipité se forme ou non.

→ Dans une réaction de précipitation, la mise en présence de deux solutions aqueuses entraîne la formation d'un solide, ou précipité.

→ Dans une réaction de neutralisation acide-base, un acide, une substance qui produit des H^+, réagit avec une base, une substance qui produit des OH^-, et les deux se neutralisent mutuellement.

→ Dans les réactions de dégagement gazeux, on combine deux solutions aqueuses, ce qui provoque la formation d'un gaz.

→ Une réaction de combustion est un type particulier de réaction d'oxydation au cours de laquelle une substance réagit avec l'oxygène, entraînant la production de la chaleur et la formation d'un ou de plusieurs produits contenant de l'oxygène.

Équations et relations clés

Conversion de masse à masse : stœchiométrie (9.3)

$$\text{masse}_A \rightarrow n_A \text{ (en moles)} \rightarrow n_B \text{ (en moles)} \rightarrow \text{masse}_B$$

Pourcentage de rendement (9.4)

$$\% \text{ de rendement} = \frac{\text{rendement réel}}{\text{rendement théorique}} \times 100\%$$

Conversions pour les gaz : stœchiométrie (9.5)

$$P, V, T \text{ d'un gaz A} \rightarrow n_A \text{ (en moles)} \rightarrow$$
$$n_B \text{ (en moles)} \rightarrow P, V, T \text{ d'un gaz B}$$

EXERCICES

 facile **M** *moyen* **D** *difficile*

Problèmes par sujet

Écrire et équilibrer des équations chimiques (9.2)

F **1.** L'acide sulfurique est une composante des pluies acides. Il se forme lorsqu'un polluant, le dioxyde de soufre gazeux réagit avec le dioxygène gazeux et l'eau liquide. Écrivez l'équation chimique équilibrée de cette réaction. (Note: Il s'agit d'une représentation simplifiée de cette réaction.)

F **2.** L'acide nitrique est une composante des pluies acides. Il se forme lorsqu'un polluant, le dioxyde d'azote gazeux réagit avec le dioxygène gazeux et l'eau liquide pour former de l'acide nitrique aqueux. Écrivez l'équation chimique équilibrée de cette réaction. (Note: Il s'agit d'une représentation simplifiée de cette réaction.)

F **3.** Dans une populaire démonstration en classe, on ajoute à de l'eau liquide du sodium solide. Celui-ci réagit pour produire du dihydrogène gazeux et de l'hydroxyde de sodium aqueux. Écrivez l'équation chimique équilibrée de cette réaction.

F **4.** Lorsque le fer rouille, le fer solide réagit avec le dioxygène gazeux pour former l'oxyde de fer(III) solide. Écrivez l'équation chimique équilibrée de cette réaction.

M **5.** Écrivez l'équation chimique équilibrée de la fermentation du saccharose ($C_{12}H_{22}O_{11}$) par les levures au cours de laquelle le sucre aqueux réagit avec l'eau pour former de l'alcool éthylique aqueux (C_2H_5OH) et du dioxyde de carbone gazeux.

M **6.** Écrivez l'équation chimique équilibrée de la réaction de la photosynthèse au cours de laquelle le dioxyde de carbone gazeux et l'eau liquide réagissent en présence de chlorophylle pour produire du glucose aqueux ($C_6H_{12}O_6$) et du dioxygène gazeux.

F **7.** Écrivez l'équation équilibrée de chacune des réactions suivantes.
(a) Le sulfure de plomb(II) solide réagit avec l'acide bromhydrique aqueux pour former du bromure de plomb(II) solide et du sulfure de dihydrogène gazeux.
(b) Le monoxyde de carbone gazeux réagit avec le dihydrogène gazeux pour former du méthane gazeux (CH_4) et de l'eau liquide.
(c) L'acide chlorhydrique aqueux réagit avec l'oxyde de manganèse(IV) solide pour former du chlorure de manganèse(II) aqueux, de l'eau liquide et du dichlore gazeux.
(d) Le pentane liquide (C_5H_{12}) réagit avec le dioxygène gazeux pour former du dioxyde de carbone et de l'eau liquide.

F **8.** Écrivez l'équation équilibrée de chacune des réactions suivantes.
(a) Le cuivre solide réagit avec le soufre solide (S_8) pour former le sulfure de cuivre(I) solide.
(b) L'oxyde de fer(III) solide réagit avec le dihydrogène gazeux pour former du fer solide et de l'eau liquide.
(c) Le dioxyde de soufre gazeux réagit avec le dioxygène gazeux pour former du trioxyde de soufre gazeux.
(d) L'ammoniac gazeux (NH_3) réagit avec le dioxygène gazeux pour former du monoxyde d'azote gazeux et de l'eau à l'état de gaz.

F **9.** Écrivez l'équation chimique équilibrée de la réaction du carbonate de sodium aqueux avec le chlorure de cuivre(II) aqueux pour former du carbonate de cuivre(II) solide et du chlorure de sodium aqueux.

F **10.** Écrivez l'équation chimique équilibrée de la réaction de l'hydroxyde de potassium aqueux avec le chlorure de fer(III) aqueux pour former de l'hydroxyde de fer(III) solide et du chlorure de potassium aqueux.

M **11.** Écrivez l'équation équilibrée de chacune des réactions suivantes en utilisant la méthode algébrique.
(a) $KMnO_4 + FeSO_4 + H_2SO_4 \rightarrow K_2SO_4 + MnSO_4$
$+ Fe_2(SO_4)_3 + H_2O$.
(b) $HNO_2 + Sc(OH)_3 \rightarrow Sc(NO_2)_3 + H_2O$.
(c) $Mg_3N_2 + H_2O \rightarrow NH_3 + Mg(OH)_2$.
(d) $K_2Cr_2O_7 + HCl \rightarrow Cl_2 + CrCl_3 + KCl + H_2O$.
(e) $BF_3 + LiAlH_4 \rightarrow B_2H_6 + LiF + AlF_3$.

M **12.** Écrivez l'équation équilibrée de chacune des réactions suivantes en utilisant la méthode algébrique.
(a) $H_3PO_4 + Mg(OH)_2 \rightarrow Mg_3(PO_4)_2 + H_2O$.
(b) $KMnO_4 + SO_2 + H_2O \rightarrow MnSO_4 + KHSO_4 + H_2SO_4$.
(c) $NaBr + MnO_2 + H_2SO_4 \rightarrow Br_2 + NaHSO_4 + MnSO_4$
$+ H_2O$.
(d) $Pb(C_6H_5)_4 + O_2 \rightarrow PbO + H_2O + CO_2$.
(e) $Ca_3PO_4 + H_2SO_4 \rightarrow Ca(H_2PO_4)_2 + CaSO_4$.

Note: pour les problèmes suivants, certaines des réactions sont équilibrées, d'autres pas. N'oubliez pas de vérifier avant de faire vos calculs.

Stœchiométrie des réactions (9.3)

F **13.** Soit l'équation de la combustion de l'hexane
$$C_6H_{14}(g) + O_2(g) \rightarrow CO_2(g) + H_2O(g)$$
Déterminez combien de moles de O_2 sont requises pour réagir complètement avec 4,9 mol de C_6H_{14}.

F **14.** Soit l'équation de la neutralisation de l'acide acétique
$$CH_3COOH(aq) + Ba(OH)_2(aq) \rightarrow$$
$$Ba(CH_3COO)_2(aq) + H_2O(l)$$
Déterminez combien il faut de moles de $Ba(OH)_2$ pour neutraliser complètement 0,107 mol de CH_3COOH.

F **15.** Pour la réaction illustrée, calculez combien de moles de NO_2 se forment lorsque chaque quantité de réactif réagit complètement.
$$2\,N_2O_5(g) \rightarrow 4\,NO_2(g) + O_2(g)$$
(a) 1,3 mol de N_2O_5.
(b) 5,8 mol de N_2O_5.
(c) 10,5 g de N_2O_5.
(d) 1,55 kg de N_2O_5.

F **16.** Soit l'équation $SiO_2(s) + C(s) \rightarrow SiC(s) + CO(g)$.

Dans le tableau, écrivez le nombre approprié de moles de réactifs et de produits. Si le nombre de moles d'un *réactif* est fourni, indiquez la quantité requise de l'autre réactif, ainsi que les moles de chaque produit formé. Si le nombre de moles d'un *produit* est fourni, indiquez la quantité requise de chaque réactif pour former cette quantité de produit, ainsi que la quantité de l'autre produit qui est formé.

Mol de SiO_2	Mol de C	Mol de SiC	Mol de CO
3	———	———	———
———	6	———	———
———	———	———	10
2,8	———	———	———
———	1,55	———	———

M **17.** L'acide bromhydrique dissout le fer solide selon la réaction $Fe(s) + HBr(aq) \rightarrow FeBr_2(aq) + H_2(g)$.

Quelle masse de HBr (en grammes) pourrait dissoudre une plaque de fer pur de 4,8 g sur un cadenas ? Quelle masse de H_2 la réaction complète de la plaque de fer produirait-elle ?

M **18.** L'acide sulfurique dissout l'aluminium métallique selon la réaction $2\,Al(s) + 3\,H_2SO_4(aq) \rightarrow Al_2(SO_4)_3(s) + 3\,H_2(g)$.

Supposons que vous vouliez dissoudre un bloc d'aluminium d'une masse de 12,7 g. De quelle masse minimale de H_2SO_4 (en grammes) auriez-vous besoin ? Quelle masse de H_2 gazeux la réaction complète du bloc d'aluminium produirait-elle ?

M **19.** Le kérosène est un mélange complexe d'hydrocarbures dont les chaînes contiennent de 9 à 16 carbones. La consommation en kérosène d'un Boeing 737-800, un avion moyen-courrier, est de 6 000 litres à l'heure. Si la durée d'un vol Québec-Punta Cana (République dominicaine) est de 4 h 30, quelle est la masse (en tonnes) de CO_2 relâchée dans l'atmosphère lors de ce vol ? (Considérez pour ce problème que le kérosène est uniquement composé de dodécane ($C_{12}H_{26}$), dont la masse volumique est de 0,746 g/cm³.)

$$2\,C_{12}H_{26} + 37\,O_2 \rightarrow 24\,CO_2 + 26\,H_2O$$

M **20.** Pour chaque réaction, calculez la masse (en grammes) de produit formé lorsque 2,5 g du réactif souligné réagissent complètement. Supposez qu'il y a suffisamment de l'autre réactif.

(a) $\underline{Ba}(s) + Cl_2(g) \rightarrow BaCl_2(s)$.
(b) $\underline{CaO}(s) + CO_2(g) \rightarrow CaCO_3(s)$.
(c) $\underline{Mg}(s) + O_2(g) \rightarrow MgO(s)$.
(d) $\underline{Al}(s) + O_2(g) \rightarrow Al_2O_3(s)$.

M **21.** Pour chaque réaction de précipitation, calculez combien il faudrait de grammes du premier réactif pour réagir complètement avec 55,8 g du second réactif.

(a) $2\,KI(aq) + Pb(NO_3)_2(aq) \rightarrow PbI_2(s) + 2\,KNO_3(aq)$.
(b) $Na_2CO_3(aq) + CuCl_2(aq) \rightarrow CuCO_3(s) + 2\,NaCl(aq)$.
(c) $K_2SO_4(aq) + Sr(NO_3)_2(aq) \rightarrow SrSO_4(s) + 2\,KNO_3(aq)$.

Réactif limitant, rendement théorique et pourcentage de rendement (9.4)

F **22.** Soit la réaction $2\,Na(s) + Br_2(g) \rightarrow 2\,NaBr(s)$.

Trouvez le réactif limitant pour chacune des quantités initiales des réactifs.

(a) 2 mol de Na, 2 mol de Br_2.
(b) 1,8 mol de Na, 1,4 mol de Br_2.
(c) 2,5 mol de Na, 1 mol de Br_2.
(d) 12,6 mol de Na, 6,9 mol de Br_2.

F **23.** Soit la réaction $Al(s) + O_2(g) \rightarrow Al_2O_3(s)$.

Équilibrez la réaction, puis trouvez le réactif limitant pour chacune des quantités initiales des réactifs.

(a) 1 mol de Al, 1 mol de O_2.
(b) 4 mol de Al, 2,6 mol de O_2.
(c) 16 mol de Al, 13 mol de O_2.
(d) 7,4 mol de Al, 6,5 mol de O_2.

F **24.** Soit la réaction $4\,HCl(g) + O_2(g) \rightarrow 2\,H_2O(g) + 2\,Cl_2(g)$.

Chaque diagramme moléculaire représente un mélange initial de réactifs. Combien de molécules de Cl_2 sont formées à partir du mélange réactionnel qui génère la plus grande quantité de produits ?

(a)   (b)   (c)

F **25.** Soit la réaction $CH_3OH(g) + O_2(g) \rightarrow CO_2(g) + H_2O(g)$ (à équilibrer).

Chaque diagramme moléculaire représente un mélange initial de réactifs. Combien de molécules de CO_2 sont formées à partir du mélange réactionnel qui génère la plus grande quantité de produits ?

(a)   (b)   (c)

F **26.** Pour la réaction illustrée, calculez le rendement théorique du produit (en grammes) pour chaque série de quantités initiales de réactifs.

$$2\,Al(s) + 3\,Cl_2(g) \rightarrow 2\,AlCl_3(s)$$

(a) 2,0 g de Al, 2,0 g de Cl_2.
(b) 7,5 g de Al, 24,8 g de Cl_2.
(c) 0,235 g de Al, 1,15 g de Cl_2.

M **27.** Les ions plomb(II) peuvent précipiter dans une solution de KCl selon la réaction suivante (à équilibrer) :

$$Pb^{2+}(aq) + KCl(aq) \rightarrow PbCl_2(s) + K^+(aq)$$

Lorsqu'on ajoute 28,5 g de KCl à une solution contenant 25,7 g de Pb^{2+}, il se forme un précipité de $PbCl_2$. Après avoir filtré et séché le précipité, on obtient une masse de 29,4 g. Déterminez le réactif limitant, le rendement théorique de $PbCl_2$ et le pourcentage de rendement de la réaction.

M **28.** L'urée $[CO(NH_2)_2]$ est un engrais courant qui peut être synthétisé par la réaction de l'ammoniac (NH_3) avec le dioxyde de carbone comme suit (à équilibrer) :

$$NH_3(aq) + CO_2(aq) \rightarrow CO(NH_2)_2(aq) + H_2O(l)$$

Au cours d'une synthèse industrielle de l'urée, un chimiste mélange 136,4 kg d'ammoniac avec 211,4 kg de dioxyde de carbone et obtient 168,4 kg d'urée. Déterminez le réactif limitant, le rendement théorique de l'urée et le pourcentage de rendement de la réaction.

M **29.** Beaucoup de puces d'ordinateurs contiennent du silicium, que l'on trouve dans la nature sous forme de SiO_2. Lorsqu'on chauffe du SiO_2 jusqu'à son point de fusion, il réagit avec le carbone solide pour former du silicium liquide et du monoxyde de carbone gazeux. Au cours d'une production industrielle de silicium, on fait réagir 155,8 kg de SiO_2 avec 78,3 kg de carbone et on obtient 66,1 kg de silicium. Déterminez le réactif limitant, le rendement théorique et le pourcentage de rendement de la réaction.

Stœchiométrie des réactions qui mettent en jeu des gaz (9.5)

M 30. Soit la réaction chimique $C(s) + H_2O(g) \rightarrow CO(g) + H_2(g)$.

Combien de litres de dihydrogène gazeux la réaction complète de 15,7 g de C formera-t-elle ? Supposez que le dihydrogène gazeux est recueilli à une pression de 101 kPa et à une température de 355 K.

M 31. Soit la réaction chimique $2\,H_2O(l) \rightarrow 2\,H_2(g) + O_2(g)$.

Quelle masse de H_2O faut-il utiliser pour former 1,4 L de O_2 à une température de 315 K et à une pression de 96,9 kPa ?

M 32. On peut synthétiser CH_3OH par la réaction

$$CO(g) + 2\,H_2(g) \rightarrow CH_3OH(g)$$

Quel volume de H_2 gazeux (en litres), mesuré à 99,7 kPa et à 86 °C faut-il utiliser pour synthétiser 25,8 g de CH_3OH ? Combien faut-il de litres de CO gazeux, mesurés dans les mêmes conditions ?

M 33. Le dioxygène gazeux réagit avec l'aluminium en poudre selon la réaction

$$4\,Al(s) + 3\,O_2(g) \rightarrow 2\,Al_2O_3(s)$$

Quel serait le volume de O_2 gazeux nécessaire (en litres), mesuré à 104 kPa et à 25 °C pour réagir complètement avec 53,2 g de Al ?

M 34. Les coussins gonflables des automobiles se gonflent à la suite d'un impact sérieux. Le choc déclenche la réaction chimique

$$2\,NaN_3(s) \rightarrow 2\,Na(s) + 3\,N_2(g)$$

Si un coussin gonflable d'une automobile a un volume de 11,8 L, quelle masse de NaN_3 (en grammes) ce coussin doit-il contenir pour qu'il se gonfle complètement après l'impact ? Supposez des conditions de TPN.

M 35. Le lithium réagit avec le diazote gazeux selon la réaction

$$6\,Li(s) + N_2(g) \rightarrow 2\,Li_3N(s)$$

Quelle masse de lithium (en grammes) faut-il pour qu'il y ait réaction complète avec 58,5 mL de N_2 gazeux à TPN ?

D 36. Le dihydrogène gazeux (un futur carburant potentiel) peut être formé par la réaction du méthane avec l'eau selon l'équation

$$CH_4(g) + H_2O(g) \rightarrow CO(g) + 3\,H_2(g)$$

Dans une réaction donnée, on mélange 25,5 L de méthane gazeux (mesurés à une pression de 97,6 kPa et à une température de 25 °C) avec 22,8 L de vapeur d'eau (mesurés à une pression de 93,6 kPa et à une température de 125 °C). La réaction produit 26,2 L de dihydrogène gazeux mesurés à TPN. Quel est le pourcentage de rendement de la réaction ?

D 37. L'ozone est détruit dans l'atmosphère par le chlore provenant de CF_3Cl selon la série d'équations suivantes :

$$CF_3Cl + \text{lumière UV} \rightarrow CF_3 + Cl$$
$$Cl + O_3 \rightarrow ClO + O_2$$
$$O_3 + \text{lumière UV} \rightarrow O_2 + O$$
$$ClO + O \rightarrow Cl + O_2$$

Lorsque tout le chlore provenant de 15,0 g de CF_3Cl passe 10 cycles des réactions illustrées ci-dessus, quel volume total d'ozone mesuré à une pression de 3,33 kPa et à une température de 255 K peut-il être détruit ?

M 38. Le dichlore gazeux réagit avec le difluor gazeux pour former le trifluorure de chlore selon la réaction

$$Cl_2(g) + 3\,F_2(g) \rightarrow 2\,ClF_3(g)$$

Un récipient de réaction de 2,00 L, initialement à 298 K, contient du dichlore gazeux à une pression partielle de 44,9 kPa et du difluor gazeux à une pression partielle (voir la remarque dans la marge à la page 386) de 97,2 kPa. Nommez le réactif limitant et déterminez le rendement théorique de ClF_3 en grammes.

M 39. Le monoxyde de carbone gazeux réagit avec l'hydrogène gazeux pour former le méthanol selon la réaction

$$CO(g) + 2\,H_2(g) \rightarrow CH_3OH(g)$$

Un récipient de réaction de 1,50 L, initialement à 305 K, contient du monoxyde de carbone gazeux à une pression partielle de 30,9 kPa et du dihydrogène gazeux à une pression partielle (voir la note dans la marge à la page 386) de 52,9 kPa. Nommez le réactif limitant et déterminez le rendement théorique du méthanol en grammes.

Stœchiométrie des réactions d'oxydoréduction (9.6)

F 40. Attribuez les états d'oxydation de chaque atome dans chaque ion ou composé ci-dessous.
(a) Ag. **(d)** H_2S. **(g)** Cl_2. **(j)** CH_4.
(b) Ag^+. **(e)** CO_3^{2-}. **(h)** Fe^{3+}. **(k)** $Cr_2O_7^{2-}$.
(c) CaF_2. **(f)** CrO_4^{2-}. **(i)** $CuCl_2$. **(l)** HSO_4^-.

F 41. Indiquez l'état d'oxydation de Cr dans chacun des composés ci-dessous.
(a) CrO.
(b) CrO_3.
(c) Cr_2O_3.

F 42. Indiquez l'état d'oxydation de Cl dans chacun des ions ci-dessous.
(a) ClO^-.
(b) ClO_2^-.
(c) ClO_3^-.
(d) ClO_4^-.

M 43. Parmi les réactions ci-dessous, lesquelles sont des réactions d'oxydoréduction ? Pour chacune d'elles, identifiez l'agent oxydant et l'agent réducteur.
(a) $Li(s) + O_2(g) \rightarrow 2\,Li_2O(s)$.
(b) $Mg(s) + Fe^{2+}(aq) \rightarrow Mg^{2+} + Fe(s)$.
(c) $Pb(NO_3)_2(aq) + Na_2SO_4(aq) \rightarrow PbSO_4(s) + 2\,NaNO_3(aq)$.
(d) $HBr(aq) + KOH(aq) \rightarrow H_2O(l) + KBr(aq)$.
(e) $Al(s) + 3\,Ag^+(aq) \rightarrow Al^{3+}(aq) + 3\,Ag(s)$.
(f) $SO_3(g) + H_2O(l) \rightarrow H_2SO_4(aq)$.
(g) $Ba(s) + Cl_2(g) \rightarrow BaCl_2(s)$.
(h) $Mg(s) + Br_2(l) \rightarrow MgBr_2(s)$.

M 44. Équilibrez chaque réaction d'oxydoréduction, sachant qu'elles se déroulent dans une solution aqueuse acide.
(a) $K(s) + Cr^{3+}(aq) \rightarrow Cr(s) + K^+(aq)$.
(b) $Al(s) + Fe^{2+}(aq) \rightarrow Al^{3+}(aq) + Fe(s)$.
(c) $BrO_3^-(aq) + N_2H_4(g) \rightarrow Br^-(aq) + N_2(g)$.
(d) $Zn(s) + Sn^{2+}(aq) \rightarrow Zn^{2+}(aq) + Sn(s)$.
(e) $Mg(s) + Cr^{3+}(aq) \rightarrow Mg^{2+}(aq) + Cr(s)$.
(f) $MnO_4^-(aq) + Al(s) \rightarrow Mn^{2+}(aq) + Al^{3+}(aq)$.
(g) $PbO_2(s) + I^-(aq) \rightarrow Pb^{2+}(aq) + I_2(s)$.
(h) $SO_3^{2-}(aq) + MnO_4^-(aq) \rightarrow SO_4^{2-}(aq) + Mn^{2+}(aq)$.
(i) $S_2O_3^{2-}(aq) + Cl_2(g) \rightarrow SO_4^{2-}(aq) + Cl^-(aq)$.
(j) $I^-(aq) + NO_2^-(aq) \rightarrow I_2(s) + NO(g)$.
(k) $ClO_4^-(aq) + Cl^-(aq) \rightarrow ClO_3^-(aq) + Cl_2(g)$.
(l) $NO_3^-(aq) + Sn^{2+}(aq) \rightarrow Sn^{4+}(aq) + NO(g)$.

M **45.** Équilibrez chaque réaction d'oxydoréduction sachant qu'elles se déroulent dans une solution aqueuse basique.
(a) $H_2O_2(aq) + ClO_2(aq) \rightarrow ClO_2^-(aq) + O_2(g)$.
(b) $Al(s) + MnO_4^-(aq) \rightarrow MnO_2(s) + Al(OH)_4^-(aq)$.
(c) $Cl_2(g) \rightarrow Cl^-(aq) + ClO^-(aq)$.
(d) $MnO_4^-(aq) + Br^-(aq) \rightarrow MnO_2(s) + BrO_3^-(aq)$.
(e) $Ag(s) + CN^-(aq) + O_2(g) \rightarrow Ag(CN)_2^-(aq) + H_2O(l)$.
(f) $NO_2^-(aq) + Al(s) \rightarrow NH_3(g) + AlO_2^-(aq)$.

Stœchiométrie d'autres réactions particulières (9.7)

F **46.** Pour chacune des réactions, écrivez les équations ionique complète et ionique nette équilibrées.
(a) $HCl(aq) + LiOH(aq) \rightarrow H_2O(l) + LiCl(aq)$.
(b) $MgS(aq) + CuCl_2(aq) \rightarrow CuS(s) + MgCl_2(aq)$.
(c) $NaOH(aq) + HNO_3(aq) \rightarrow H_2O(l) + NaNO_3(aq)$.
(d) $Na_3PO_4(aq) + NiCl_2(aq) \rightarrow Ni_3(PO_4)_2(s) + NaCl(aq)$.

M **47.** On peut retirer les ions mercureux (Hg_2^{2+}) d'une solution en les précipitant avec Cl^-. Supposons qu'une solution contienne du $Hg_2(NO_3)_2$ aqueux. Écrivez les équations ionique complète et ionique nette pour montrer la réaction de $Hg_2(NO_3)_2$ aqueux avec le chlorure de sodium aqueux pour former du Hg_2Cl_2 solide et le nitrate de sodium aqueux.

M **48.** Écrivez les équations moléculaire et ionique nette équilibrées de la réaction entre l'acide bromhydrique et l'hydroxyde de potassium.

F **49.** Déterminez si chacun des composés suivants est soluble ou insoluble dans l'eau. Pour les composés solubles, écrivez les ions présents dans la solution.
(a) $AgNO_3$.
(b) $Pb(CH_3COO)_2$.
(c) KNO_3.
(d) $(NH_4)_2S$.

M **50.** Complétez et équilibrez chaque équation. Si aucune réaction ne se produit, écrivez AUCUNE RÉACTION.
(a) $LiI(aq) + BaS(aq) \rightarrow$
(b) $KCl(aq) + CaS(aq) \rightarrow$
(c) $CrBr_2(aq) + Na_2CO_3(aq) \rightarrow$
(d) $NaOH(aq) + FeCl_3(aq) \rightarrow$

M **51.** Écrivez une équation moléculaire pour la réaction de précipitation qui a lieu (si elle se produit) lorsqu'on mélange chaque paire de solutions. Si aucune réaction ne se produit, écrivez AUCUNE RÉACTION.
(a) Carbonate de potassium et nitrate de plomb(II).
(b) Sulfate de lithium et acétate de plomb(II).
(c) Nitrate de cuivre(II) et sulfure de magnésium.
(d) Nitrate de strontium et iodure de potassium.

M **52.** Complétez et équilibrez chaque équation de réactions acide-base.
(a) $H_2SO_4(aq) + Ca(OH)_2(aq) \rightarrow$
(b) $HClO_4(aq) + KOH(aq) \rightarrow$
(c) $H_2SO_4(aq) + NaOH(aq) \rightarrow$

M **53.** Complétez et équilibrez chaque équation de ces réactions produisant un dégagement gazeux.
(a) $HBr(aq) + NiS(s) \rightarrow$
(b) $NH_4I(aq) + NaOH(aq) \rightarrow$
(c) $HBr(aq) + Na_2S(aq) \rightarrow$
(d) $HClO_4(aq) + Li_2CO_3(aq) \rightarrow$

M **54.** Complétez et équilibrez chaque équation de ces réactions de combustion.
(a) $S(s) + O_2(g) \rightarrow$
(b) $C_3H_6(g) + O_2(g) \rightarrow$
(c) $Ca(s) + O_2(g) \rightarrow$
(d) $C_5H_{12}S(l) + O_2(g) \rightarrow$

Problèmes récapitulatifs

M **55.** Le bicarbonate de sodium est souvent utilisé comme antiacide pour neutraliser l'excès d'acide chlorhydrique dans un estomac irrité. Quelle masse d'acide chlorhydrique (en grammes) peut être neutralisée par 2,5 g de bicarbonate de sodium? (Indice: Commencez par écrire une équation équilibrée de la réaction entre le bicarbonate de sodium aqueux et l'acide chlorhydrique aqueux.)

M **56.** Les nettoyeurs pour les cuvettes des toilettes contiennent souvent de l'acide chlorhydrique pour dissoudre les dépôts de carbonate de calcium qui s'accumulent dans la cuvette. Quelle masse de carbonate de calcium (en grammes) peut être dissoute par 3,8 g de HCl? (Indice: Commencez par écrire une équation équilibrée de la réaction entre l'acide chlorhydrique et le carbonate de calcium.)

M **57.** La combustion de l'essence produit du dioxyde de carbone et de l'eau. Supposez que l'essence est de l'octane pur (C_8H_{18}) et calculez la masse (en kilogrammes) de dioxyde de carbone ajoutée à l'atmosphère par la combustion de 1,0 kg d'octane. (Indice: Commencez par écrire une équation équilibrée de la réaction de combustion.)

D **58.** De nombreux barbecues domestiques fonctionnent au propane gazeux (C_3H_8). Quelle masse de dioxyde de carbone (en kilogrammes) est produite par la combustion complète de 18,9 L de propane (le contenu approximatif d'un réservoir de 20 L (5 gal)? Supposez que la masse volumique du propane liquide dans le réservoir est de 0,621 g/mL. (Indice: Commencez par écrire une équation équilibrée de la réaction de combustion.)

D **59.** On peut fabriquer l'aspirine en laboratoire en faisant réagir l'anhydride acétique ($C_4H_6O_3$) avec l'acide salicylique ($C_7H_6O_3$) pour former l'aspirine ($C_9H_8O_4$) et l'acide acétique (CH_3COOH). L'équation équilibrée est

$$C_4H_6O_3 + C_7H_6O_3 \rightarrow C_9H_8O_4 + CH_3COOH$$

Au cours d'une synthèse de l'aspirine au laboratoire, un étudiant commence par 3,00 mL d'anhydride acétique (masse volumique = 1,08 g/mL) et 1,25 g d'acide salicylique. Une fois la réaction complétée, il recueille 1,22 g d'aspirine. Déterminez le réactif limitant, le rendement théorique de l'aspirine et le pourcentage de rendement de la réaction.

D **60.** La combustion de l'éthanol liquide (C_2H_5OH) produit du dioxyde de carbone et de l'eau. Après avoir laissé brûler 4,62 mL d'éthanol (masse volumique = 0,789 g/mL) en présence de 15,55 g d'oxygène gazeux, on recueille 3,72 mL d'eau (masse volumique = 1,00 g/mL). Déterminez le réactif limitant, le rendement théorique de H_2O et le pourcentage de rendement de la réaction. (Indice: Commencez par écrire une équation équilibrée de la combustion de l'éthanol.)

D **61.** Lors d'une démonstration en classe, on enflamme un ballon rempli de dihydrogène. Le dihydrogène dans le ballon réagit de façon explosive avec le dioxygène de l'air pour former de l'eau. Si on remplit le ballon avec un mélange de dihydrogène et de dioxygène, l'explosion est encore plus bruyante que si le ballon ne contient que du dihydrogène; l'intensité de l'explosion dépend des quantités relatives de dihydrogène et de dioxygène dans le ballon. Examinez les schémas à l'échelle moléculaire représentant différentes quantités de dihydrogène et de dioxygène dans quatre ballons différents. En vous basant sur l'équation chimique équilibrée, quel ballon devrait produire l'explosion la plus bruyante ?

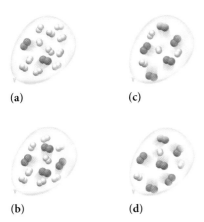

(a)   **(c)**

(b)   **(d)**

M 62. Quand on verse de l'acide chlorhydrique sur du sulfure de potassium, on obtient 42,9 mL de sulfure d'hydrogène gazeux à une pression de 100 kPa et à 25,8 °C. Écrivez l'équation de la réaction et déterminez combien de sulfure de potassium (en grammes) a réagi.

M 63. Soit la réaction $2\,SO_2(g) + O_2(g) \rightarrow 2\,SO_3(g)$.
   (a) Si on laisse réagir 285,5 mL de SO_2 avec 159,9 mL de O_2 (les deux gaz mesurés à 315 K et à 6,67 kPa), quel est le réactif limitant et le rendement théorique de SO_3 ?
   (b) Si on recueille 187,2 mL de SO_3 (mesuré à 315 K et à 6,67 kPa), quel est le pourcentage de rendement de la réaction ?

M 64. Le carbonate d'ammonium se décompose de façon explosive par chauffage selon l'équation équilibrée
$$(NH_4)_2CO_3(s) \rightarrow 2\,NH_3(g) + CO_2(g) + H_2O(g)$$
Calculez le volume total de gaz produit à 22 °C et à 103 kPa par la décomposition complète de 11,83 g de carbonate d'ammonium.

M 65. Le nitrate d'ammonium se décompose de façon explosive par chauffage selon l'équation équilibrée
$$2\,NH_4NO_3(s) \rightarrow 2\,N_2(g) + O_2(g) + 4\,H_2O(g)$$
Calculez le volume total de gaz (à 125 °C et à 99,7 kPa) produit par la décomposition complète de 1,55 kg de nitrate d'ammonium.

M 66. Prédisez les produits de chacune de ces réactions et écrivez leurs équations moléculaires équilibrées. S'il ne se produit pas de réaction, écrivez AUCUNE RÉACTION.
   (a) $HCl(aq) + Hg_2(NO_3)_2(aq) \rightarrow$
   (b) $KHSO_3(aq) + HNO_3(aq) \rightarrow$
   (c) Chlorure d'ammonium aqueux et nitrate de plomb(II) aqueux.
   (d) Chlorure d'ammonium aqueux et hydroxyde de calcium aqueux.

M 67. Prédisez les produits de chacune de ces réactions et écrivez leurs équations moléculaires équilibrées. S'il ne se produit pas de réaction, écrivez AUCUNE RÉACTION.
   (a) $H_2SO_4(aq) + HNO_3(aq) \rightarrow$
   (b) $Cr(NO_3)_3(aq) + LiOH(aq) \rightarrow$
   (c) Pentanol liquide ($C_5H_{11}OH$) et dioxygène gazeux.
   (d) Sulfure de strontium aqueux et sulfate de cuivre(II) aqueux.

D 68. L'eau dure contient souvent des ions Ca^{2+} et Mg^{2+} dissous. Une de façons d'adoucir l'eau consiste à ajouter des ions phosphate, qui forment des précipités insolubles avec les ions calcium et magnésium, et les éliminent de la solution. Supposons une solution de chlorure de calcium 0,050 mol/L et de nitrate de magnésium 0,085 mol/L. Quelle masse de phosphate de sodium doit-on ajouter à 1,5 L de cette solution pour éliminer complètement les ions de l'eau dure ? Supposez une réaction complète.

D 69. Une solution contient des ions Cr^{3+} et des ions Mg^{2+}. Il faut ajouter 1,0 L d'une solution de NaF 1,51 mol/L pour provoquer la précipitation complète de ces ions sous forme de $CrF_3(s)$ et de $MgF_2(s)$. La masse totale du précipité est de 49,6 g. Trouvez la masse de Cr^{3+} dans la solution originale.

M 70. Trouvez le volume d'acide chlorhydrique 0,110 mol/L nécessaire pour réagir complètement avec 1,52 g de $Al(OH)_3$.

M 71. On prépare une solution en mélangeant 0,10 L d'une solution de NaCl 0,12 mol/L avec 0,23 L d'une solution de $MgCl_2$ 0,18 mol/L. Quel volume d'une solution de nitrate d'argent 0,20 mol/L est nécessaire pour précipiter tous les ions Cl^- dans la solution sous forme de AgCl ?

M 72. L'oxyde de diazote (N_2O, aussi appelé protoxyde d'azote ou gaz hilarant, car il provoque des fous rires chez les personnes qui l'inhalent) a été découvert en 1793 par Joseph Priestley, chimiste célèbre pour avoir isolé plusieurs gaz dont l'oxygène, le dioxyde de carbone et l'ammoniac. Il est utilisé comme anesthésique dans certains pays. On peut produire le gaz hilarant en chauffant prudemment du nitrate d'ammonium en solution aqueuse :
$$NH_4NO_3(aq) \overset{\Delta}{\rightarrow} N_2O(g) + H_2O(l)$$
   (a) Équilibrez l'équation de la réaction. De quel type de réaction s'agit-il ?
   (b) Calculez la masse de N_2O formée par le chauffage de 800 g de nitrate, si le rendement de la réaction est de 100 %.
   (c) Quelle masse de NH_4NO_3 faut-il pour produire 20,00 g de N_2O lorsque le rendement de la réaction est de 70,00 % ?
   (d) Calculez le nombre de millilitres d'eau formée par la réaction en c) ($\rho^{25°C} = 0,994$ g/mL).

M 73. Les batteries d'automobile constituent aujourd'hui la principale utilisation du plomb. Bien qu'elles possèdent la plus faible énergie massique, 35 Wh/kg (c'est pourquoi elles sont si lourdes), elles sont capables de fournir le courant de grande intensité nécessaire au démarrage électrique des moteurs à combustion interne. Les électrons voyagent entre différentes formes du plomb selon l'équation :
$$Pb(s) + PbO_2(s) + 2H_2SO_4(aq) \rightarrow 2PbSO_4(aq) + 2H_2O(l)$$
   (a) De quel type de réaction s'agit-il ?
   (b) On prépare une pile au plomb en utilisant une anode de 15,0 g de plomb ($Pb(s)$) et une cathode de 15,0 g d'oxyde de plomb(IV) ($PbO_2(s)$) plongées dans 500 mL de H_2SO_4 1,0 mol/L. Identifiez le réactif limitant et les réactifs en excès.
   (c) Calculez la masse en excès de chacun des réactifs qui ne sont pas totalement consommés en b).
   (d) Si la réaction en b) produit 28 g de sulfate de plomb(II) ($PbSO_4$), quel est le rendement de la réaction ?
   (e) Si le rendement de la réaction en b) était de 100 %, quelle serait la concentration finale de sulfate de plomb(II) ($PbSO_4(aq)$) dans la solution (H_2O : $\rho^{25°C} = 0,994$ g/mL) ?

74. Le propergol solide est un agent propulseur utilisé en aéro-nautique. C'est un matériau composite constitué d'une matrice (squelette) macromoléculaire chargée de perchlorate d'ammonium ($NH_4ClO_4(s)$) et d'aluminium ($Al(s)$). La réaction entre le perchlorate d'ammonium et l'aluminium est extrêmement exothermique :

$$NH_4ClO_4(s) + Al(s) \rightarrow Al_2O_3(s) + AlCl_3(s) + NO(g) + H_2O(g)$$

Une fois la réaction commencée, il est impossible d'arrêter la réaction du propergol solide.

(a) Équilibrez l'équation de la réaction. De quel type de réaction s'agit-il ?

(b) Calculez le rapport masse/masse entre le perchlorate et l'aluminium (kg de perchlorate/kg d'aluminium) de cette réaction.

(c) Calculez la masse d'oxyde d'aluminium ($Al_2O_3(s)$) formée pour chaque kilogramme d'aluminium consommé si le perchlorate d'ammonium est présent en excès.

(d) On mélange 5,0 kg de chacun des réactifs et on obtient 1,2 kg d'oxyde d'aluminium. Calculez le rendement de la réaction.

(e) Calculez la pression de gaz générée (la pression qui propulsera la fusée) par la réaction en d) si la chambre de réaction fait 8,0 dm³ et si la réaction génère une température d'à peu près 700 °C.

75. Une solution contient un ou plusieurs des ions suivants : Ag^+, Ca^{2+} et Cu^{2+}. Quand on ajoute du chlorure de sodium à la solution, il ne se forme pas de précipité. Quand on ajoute du sulfate de sodium à la solution, il se forme un précipité blanc.

Après avoir filtré le précipité, on ajoute du carbonate de sodium à la solution restante, ce qui produit un nouveau précipité. Quels ions étaient présents dans la solution originale ? Écrivez les équations ioniques nettes décrivant la formation de chacun des précipités observés.

76. Une solution contient un ou plusieurs des ions suivants : Hg_2^{2+}, Ba^{2+} et Fe^{2+}. Quand on ajoute du chlorure de potas-sium à la solution, il se forme un précipité. Après avoir filtré le précipité, on ajoute du sulfate de potassium à la solution restante, ce qui ne produit aucun précipité. Quand on ajoute du carbonate de potassium à la solution restante, il se forme un précipité. Quels ions étaient présents dans la solution originale ? Écrivez les équations ioniques nettes décrivant la formation de chacun des précipités observés.

77. Un mélange contient 30,35 % d'hexane (C_6H_{14}), 15,85 % d'heptane (C_7H_{16}) et le reste est de l'octane (C_8H_{18}). Quelle masse maximale de dioxyde de carbone est produite par la combustion complète de 10,0 kg de ce mélange combustible ?

78. Un mélange d'ilménite ($FeTiO_3$) et de sable contient 22,8 % d'ilménite en masse et la première réaction est effectuée avec un rendement de 90,8 %. Si la seconde réaction est effectuée avec un rendement de 85,9 %, quelle masse de titane peut-on obtenir de 1,00 kg du mélange ilménite-sable ?

1) $2\ FeTiO_3 + 7\ Cl_2 + 6\ C \rightarrow 2\ TiCl_4 + 2\ FeCl_3 + 6\ CO$

(900 °C)

2) $TiCl_4 + 2\ Mg \rightarrow 2\ MgCl_2 + Ti$

(1100 °C)

Problèmes défis

79. L'acidité des lacs contaminés par des pluies acides (HNO_3 et H_2SO_4) peut être neutralisée grâce à un processus appelé chaulage, au cours duquel on déverse de la chaux ($CaCO_3$) dans l'eau. Quelle masse de chaux (en kilogrammes) faudrait-il pour neutraliser complètement l'eau d'un lac de 15,2 milliards de litres qui contient H_2SO_4 $1,8 \times 10^{-5}$ mol/L et HNO_3 $8,7 \times 10^{-6}$ mol/L ?

80. On ajoute souvent du carbonate de sodium aux détergents à lessive pour adoucir l'eau dure et améliorer l'efficacité du détergent. Supposons qu'un mélange de détergent donné est conçu pour adoucir l'eau dure qui contient Ca^{2+} $3,5 \times 10^{-3}$ mol/L et Mg^{2+} $1,1 \times 10^{-3}$ mol/L et que la capacité moyenne d'une machine à laver est de 72 L d'eau. S'il faut utiliser 0,65 kg de détergent par brassée, déterminez quel pourcen-tage (en masse) de carbonate de sodium le détergent doit renfermer pour précipiter complètement tous les ions calcium et magnésium dans l'eau d'une brassée moyenne.

81. L'empoisonnement au plomb est une affection grave résultant de l'ingestion de plomb apporté par les aliments et l'eau ou par d'autres sources environnementales. Il affecte le système nerveux central, causant divers symptômes neurologiques comme l'inattention, la léthargie et la perte de coordination motrice. L'empoisonnement au plomb est traité par des agents

chélatants, des substances qui se lient aux ions de métaux, ce qui permet d'éliminer le plomb, qui est rejeté dans l'urine. Le DMSA ou acide dimercaptosuccinique ($C_4H_6O_4S_2$) est un agent chélatant moderne utilisé à cette fin. Supposons que vous essayiez de déterminer la dose appropriée pour traiter un empoisonnement au plomb par le DMSA. Quelle masse minimale de DMSA (en milligrammes) faudrait-il pour fixer tout le plomb présent dans la circulation sanguine du patient ? Supposez que le taux de plomb dans le sang du patient est de 45 µg/dL, que le volume sanguin total est de 5,0 L et que 1 mol de DMSA se fixe à 1 mol de plomb.

82. L'aluminium métallique réagit avec MnO_2 à des températures élevées pour former le manganèse métallique et l'oxyde d'alu-minium. Un mélange des deux réactifs contient 67,2 % de Al. Trouvez le rendement théorique (en grammes) du manganèse dans la réaction de 250 g de ce mélange.

83. L'hydrolyse du composé B_5H_9 forme de l'acide borique, H_3BO_3. La fusion de l'acide borique avec l'oxyde de sodium forme un sel, le borate de sodium, $Na_2B_4O_7$. Sans écrire de réactions complètes, trouvez la masse (en grammes) de B_5H_9 requise pour former 151 g de borate de sodium à l'aide de cette séquence de réactions.

Problèmes conceptuels

84. Trouvez et expliquez l'erreur contenue dans l'énoncé suivant et corrigez-la. « Quand on équilibre une équation chimique, le nombre de molécules de chaque type est égal des deux côtés de l'équation. »

85. Soit la réaction

$$4\,K(s) + O_2(g) \rightarrow 2\,K_2O(s)$$

La masse molaire de K est de 39,09 g/mol et celle de O_2 de 32,00 g/mol. Sans effectuer aucun calcul, choisissez les conditions dans lesquelles le potassium est le réactif limitant et expliquez votre raisonnement.

(a) 179 g de K, 31 g de O_2.
(b) 16 g de K, 2,5 g de O_2.
(c) 165 kg de K, 28 kg de O_2.
(d) 1,5 g de K, 0,38 g de O_2.

86. Soit la réaction

$$2\,NO(g) + 5\,H_2(g) \rightarrow 2\,NH_3(g) + 2\,H_2O(g)$$

Un mélange réactionnel contient initialement 5 mol de NO et 10 mol de H_2. Sans effectuer aucun calcul, déterminez laquelle des réponses suivantes représente le mieux le mélange après réaction complète des réactifs. Expliquez votre raisonnement.

(a) 1 mol de NO, 0 mol de H_2, 4 mol de NH_3, 4 mol de H_2O.
(b) 0 mol de NO, 1 mol de H_2, 5 mol de NH_3, 5 mol de H_2O.
(c) 3 mol de NO, 5 mol de H_2, 2 mol de NH_3, 2 mol de H_2O.
(d) 0 mol de NO, 0 mol de H_2, 4 mol de NH_3, 4 mol de H_2O.

87. Soit la réaction

$$2\,N_2H_4(g) + N_2O_4(g) \rightarrow 3\,N_2(g) + 4\,H_2O(g)$$

Examinez la représentation suivante d'un mélange initial de N_2H_4 et de N_2O_4:

Lequel de ces cercles représente le mieux le mélange réactionnel après réaction complète des réactifs?

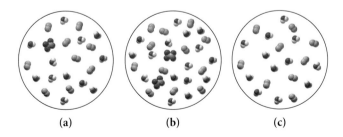

(a)   (b)   (c)

88. La réaction suivante se produit dans un récipient fermé:

$$A(g) + 2\,B(g) \rightarrow 2\,C(g)$$

Un mélange réactionnel contient au départ 1,5 L de A et 2,0 L de B. En supposant que le volume et la température du mélange réactionnel demeurent constants, quel est le pourcentage de changement de la pression si la réaction est complète?

89. Soit les composés ioniques génériques de formules A_2X et BY_2 et les règles de solubilité suivantes:

A_2X soluble; BY_2 soluble; AY insoluble; BX soluble

Représentons les ions A^+ par des cercles, les ions B^{2+} par des carrés, les ions X^{2-} par des triangles, et les ions Y^- par des losanges. On peut représenter les solutions des deux composés (A_2X et BY_2) de la façon suivante:

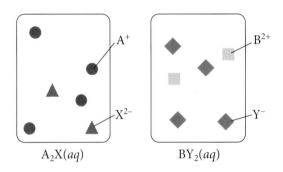

Dessinez une représentation à l'échelle moléculaire montrant le résultat du mélange des deux solutions ci-dessus et écrivez une équation pour représenter la réaction.

Opérations mathématiques courantes en chimie

A. Notation scientifique

Un nombre écrit en notation scientifique se compose d'une **partie décimale**, qui est généralement un chiffre entre 1 et 10, et d'une **partie exponentielle**, qui est le chiffre 10 élevé à un **exposant** n.

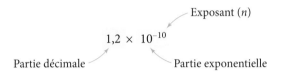

Les nombres ci-dessous sont tous écrits en notation scientifique et en notation décimale.

$1,0 \times 10^5 = 100\ 000$ $1,0 \times 10^{-5} = 0,000\ 010$

$6,7 \times 10^3 = 6700$ $6,7 \times 10^{-3} = 0,0067$

Un exposant positif (n) représente le chiffre 1 multiplié n fois par 10.

$10^0 = 1$

$10^1 = 1 \times 10$

$10^2 = 1 \times 10 \times 10 = 100$

$10^3 = 1 \times 10 \times 10 \times 10 = 1000$

Un exposant négatif ($-n$) représente le chiffre 1 divisé n fois par 10.

$10^{-1} = \dfrac{1}{10} = 0,1$

$10^{-2} = \dfrac{1}{10 \times 10} = 0,01$

$10^{-3} = \dfrac{1}{10 \times 10 \times 10} = 0,001$

Pour convertir un nombre en notation scientifique, il faut déplacer le signe décimal pour obtenir un nombre entre 1 et 10, puis multiplier par 10 élevé à la puissance appropriée. Par exemple, pour écrire 5983 en notation scientifique, il faut reculer le signe décimal de trois positions vers la gauche pour obtenir 5,983 (un nombre entre 1 et 10) puis multiplier par 1000 pour contrebalancer le déplacement du signe décimal.

$5983 = 5,983 \times 1000$

Puisque $1000 = 10^3$, le nombre s'écrit :

$5983 = 5,983 \times 10^3$

Il est possible de le faire en une étape en comptant de combien de positions il faut déplacer le signe décimal pour obtenir un chiffre entre 1 et 10, puis en écrivant la partie décimale multipliée par 10 élevé au nombre de positions dont le signe décimal a été déplacé.

$5983 = 5,983 \times 10^3$

Si le signe décimal est déplacé vers la gauche, comme dans l'exemple précédent, l'exposant est positif. Si le signe décimal est déplacé vers la droite, l'exposant est négatif.

$0,000\ 34 = 3,4 \times 10^{-4}$

Pour exprimer un nombre en notation scientifique :

1. **Déplacez le signe décimal de manière à obtenir un chiffre entre 1 et 10.**

2. **Écrivez le résultat de l'étape 1, multiplié par 10 élevé au nombre de positions dont vous avez déplacé le signe décimal.**

   - *L'exposant est positif si vous avez déplacé le signe décimal vers la gauche.*
   - *L'exposant est négatif si vous avez déplacé le signe décimal vers la droite.*

Voici d'autres exemples :

$290\ 809\ 000 \qquad = 2,908\ 090\ 00 \times 10^8$

$0,000\ 000\ 000\ 070\ \text{m} = 7,0 \times 10^{-11}\ \text{m}$

Multiplication et division

Pour multiplier des nombres exprimés en notation scientifique, multipliez les parties décimales et additionnez les exposants.

$(A \times 10^m)(B \times 10^n) = (A \times B) \times 10^{m+n}$

Pour diviser des nombres exprimés en notation scientifique, divisez les parties décimales et soustrayez l'exposant du dénominateur de l'exposant du numérateur.

$$\frac{(A \times 10^m)}{(B \times 10^n)} = \left(\frac{A}{B}\right) \times 10^{m-n}$$

Les exemples ci-dessous décrivent respectivement une multiplication et une division.

$$(3,5 \times 10^4)(1,8 \times 10^6) = (3,5 \times 1,8) \times 10^{4+6}$$
$$= 6,3 \times 10^{10}$$

$$\frac{(5,6 \times 10^7)}{(1,4 \times 10^3)} = \left(\frac{5,6}{1,4}\right) \times 10^{7-3}$$
$$= 4,0 \times 10^4$$

Addition et soustraction

Pour additionner ou soustraire des nombres exprimés en notation scientifique, réécrivez les nombres de manière à ce qu'ils aient tous le même exposant, puis additionnez ou soustrayez les parties décimales. Les exposants demeurent inchangés.

$$\begin{array}{r} A \times 10^n \\ \pm B \times 10^n \\ \hline (A \pm B) \times 10^n \end{array}$$

Notez que les nombres *doivent avoir* le même exposant. Étudiez l'exemple d'addition suivant :

$$\begin{array}{r} 4,82 \times 10^7 \\ +3,4\ \times 10^6 \end{array}$$

Il faut d'abord exprimer les deux nombres avec le même exposant. Dans ce cas, réécrivez le nombre du bas et effectuez l'addition comme suit :

$$\begin{array}{r} 4,82 \times 10^7 \\ +0,34 \times 10^7 \\ \hline 5,16 \times 10^7 \end{array}$$

Voici un exemple de soustraction :

$$\begin{array}{r} 7,33 \times 10^5 \\ -1,9\ \times 10^4 \end{array}$$

Il faut d'abord exprimer les deux nombres avec le même exposant. Dans ce cas, réécrivez le nombre du bas et effectuez la soustraction comme suit :

$$\begin{array}{r} 7,33 \times 10^5 \\ -0,19 \times 10^5 \\ \hline 7,14 \times 10^5 \end{array}$$

Puissances et racines

Pour élever à une puissance un nombre écrit en notation scientifique, élevez la partie décimale à la puissance et multipliez l'exposant par la puissance :

$$(4,0 \times 10^6)^2 = 4,0^2 \times 10^{6\times 2}$$
$$= 16 \times 10^{12}$$
$$= 1,6 \times 10^{13}$$

Pour prendre la n^e racine d'un nombre écrit en notation scientifique, prenez la n^e racine de la partie décimale et divisez l'exposant par la racine :

$$(4,0 \times 10^6)^{1/3} = 4,0^{1/3} \times 10^{6/3}$$
$$= 1,6 \times 10^2$$

B. Graphiques

Les graphiques sont souvent utilisés pour illustrer visuellement la relation entre deux variables. Par exemple, on peut visualiser la relation entre le volume et la pression d'un gaz :

Volume en fonction de la pression

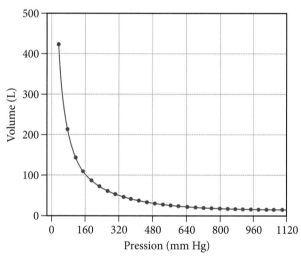

Graphique du volume d'un échantillon de gaz – mesuré dans un tube en forme de J – en fonction de la pression. Le graphique montre qu'il existe une relation inverse entre le volume et la pression.

L'axe horizontal, ou axe des x, sert normalement à représenter la variable indépendante. L'axe vertical, ou axe des y, sert normalement à représenter comment l'autre variable (dite dépendante) est modifiée par un changement de la variable indépendante. Dans ce cas, le graphique montre que lorsque la pression d'un échantillon de gaz augmente, son volume diminue.

En chimie, de nombreuses relations sont *linéaires*, de sorte que si une variable est modifiée d'un facteur n, l'autre variable change aussi d'un facteur n. Par exemple, le volume d'un gaz est lié de façon linéaire au nombre de moles de ce gaz. Lorsque deux quantités sont en relation linéaire, un graphique de l'une en fonction de l'autre donne une droite. Ainsi, le graphique qui suit montre en quoi le volume d'un échantillon de gaz parfait dépend du nombre de moles de gaz dans l'échantillon.

Volume en fonction du nombre de moles

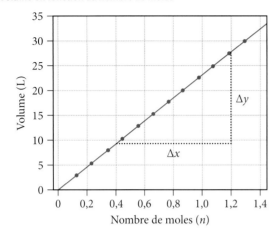

Le volume d'un échantillon de gaz augmente de façon linéaire avec le nombre de moles de gaz que contient l'échantillon.

Une relation linéaire entre n'importe quelle paire de variables x et y peut être exprimée par l'équation suivante :

$$y = mx + b \text{ (ou } y = ax + b)$$

où m (ou a) est la pente de la droite et b est le point d'intersection avec l'axe des y. La pente est la variation de y divisée par la variation de x.

$$m = \frac{\Delta y}{\Delta x}$$

Pour le graphique ci-dessus, il est possible d'estimer la pente simplement à partir des variations approximatives de y et de x pour un intervalle donné. Par exemple, entre $x = 0,40$ mol et $x = 1,20$ mol, $\Delta x = 0,80$ mol et $\Delta y \approx 18$ L. La pente est donc :

$$m = \frac{\Delta y}{\Delta x} = \frac{18 \text{ L}}{0,80 \text{ mol}} = 23 \text{ L/mol}$$

Réponses aux exercices de fin de chapitre

Chapitre 1

1.1 (a) Cet énoncé est une théorie parce qu'il propose une explication. Il est impossible d'observer des atomes individuels.

(b) Cet énoncé est une observation.

(c) Cet énoncé est une loi parce qu'il résume de nombreuses observations et peut expliquer un comportement futur.

(d) Cet énoncé est une observation.

(e) Cet énoncé est une loi parce qu'il résume de nombreuses observations et peut expliquer un comportement futur.

(f) Cet énoncé est une loi parce qu'il résume de nombreuses observations et peut expliquer un comportement futur.

(g) Cet énoncé est une loi parce qu'il résume de nombreuses observations et peut expliquer un comportement futur.

(h) Cet énoncé est une théorie parce qu'il propose une explication.

1.2 (a) Si on divise la masse de l'oxygène par la masse du carbone, le résultat est toujours 4/3.

(b) Si on divise la masse de l'oxygène par la masse de l'hydrogène, le résultat est toujours 16.

(c) Ces observations donnent à penser que les masses des éléments dans les molécules sont des rapports de nombres entiers (4:3 et 16:1, respectivement, pour les parties (a) et (b)).

(d) Les atomes se combinent dans des rapports de petits nombres entiers et non dans des rapports de poids aléatoires.

1.3 De nombreuses hypothèses peuvent être formulées. Une hypothèse avancerait qu'une grande explosion a généré les galaxies dont les fragments s'éloignent encore les uns des autres.

1.4 (a) Mélange homogène.

(b) Substance pure qui est un composé.

(c) Substance pure qui est un élément.

(d) Mélange hétérogène.

(e) Habituellement un mélange homogène. Dans certains cas, il peut y avoir présence d'un sédiment; c'est alors un mélange hétérogène.

(f) Mélange hétérogène.

(g) Substance pure qui est un élément.

(h) Substance pure qui est un composé.

1.5

Substances	Pur (élément ou composé)	Mélange (homogène ou hétérogène)
Aluminium	Élément	X
Jus de pomme	X	Homogène
Peroxyde d'hydrogène	Composé	X
Soupe au poulet	X	Hétérogène
Eau	Composé	X
Café	X	Homogène
Glace	Composé	X
Carbone	Élément	X

1.6 (a) Substance pure qui est un composé.

(b) Mélange hétérogène.

(c) Mélange homogène.

(d) Substance pure qui est un élément.

(e) Substance pure qui est un élément.

(f) Mélange homogène.

(g) Substance pure qui est un composé.

(h) Substance pure qui est un composé.

1.7 (a) Propriété physique.

(b) Propriété chimique.

(c) Propriété physique.

(d) Propriété physique.

(e) Propriété physique.

1.8 (a) Propriété physique.

(b) Propriété physique.

(c) Propriété chimique.

(d) Propriété chimique.

(e) Propriété physique.

1.9 (a) Propriété chimique.

(b) Propriété physique.

(c) Propriété physique.

(d) Propriété chimique.

(e) Propriété physique.

(f) Propriété physique.

(g) Propriété chimique.

(h) Propriété physique.

1.10 (a) Changement chimique.

(b) Changement physique.

(c) Changement chimique.

(d) Changement chimique.

(e) Changement chimique.

(f) Changement physique.

(g) Changement physique.

(h) Changement chimique.

1.11 **(a)** Changement physique.

(b) Changement chimique.

(c) Changement physique.

(d) Changement physique.

(e) Changement chimique.

(f) Changement physique.

1.12 **(a)** 0 °C.   **(d)** 310,2 K.

(b) −321 °F.   **(e)** −460 °F.

(c) −78,3 °F.

1.13 −62 °C ou 211 K.

1.14 56,7 °C ou 329,8 K.

1.15 **(a)** 38 nanosecondes = 38 ns.

(b) 5,7 picogrammes = 5,7 pg.

(c) 59 mégalitres = 59 ML.

(d) 930 mégamètres = 930 Mm.

1.16 **(a)** $3,8 \times 10^{-14}$ s.   **(c)** $1,53 \times 10^{-10}$ m.

(b) $1,32 \times 10^{-8}$ s.   **(d)** $2,22 \times 10^{-4}$ m.

1.17 **(b)** $5,15 \times 10^{6}$ dm ou $5,15 \times 10^{7}$ cm.

(c) $1,223\,55 \times 10^{5}$ ms ou 0,122 355 ks.

(d) $3,345 \times 10^{3}$ J ou $3,345 \times 10^{6}$ mJ.

1.18 **(a)** 254,998 km.   **(c)** $2,549\,98 \times 10^{8}$ mm.

(b) 0,254 998 Mm.   **(d)** $2,549\,98 \times 10^{7}$ cm.

1.19 1×10^{4} cm^{2}.

1.20 64 cubes de 1 cm de côté.

1.21 6,50 g/cm^{3}, ce n'est pas du nickel pur.

1.22 4,49 g/cm^{3}.

1.23 1,26 g/cm^{3}.

1.24 19,2 g/mL, pourrait être de l'or.

1.25 **(a)** $4,63 \times 10^{2}$ g.   **(b)** 3,7 L.

1.26 **(a)** 22,44 g.   **(b)** 8,32 mL.

1.27 **(a)** 1,5 mol/L   **(c)** 0,00504 mol/L

(b) 0,116 mol/L

1.28 **(a)** 1,3 mol   **(c)** 0,211 mol

(b) 1,5 mol

1.29 **(a)** 2,3 L   **(c)** 0,060 L

(b) 6,10 L

1.30 13,4 % par masse

1.31 4,59 % par masse

1.32 $1,6 \times 10^{2}$ g

1.33 2,1 g

1.34 $1,4 \times 10^{4}$ g

1.35 14 L

1.36 **(a)** 0,417 mol/L   **(c)** 7,41 % par masse

(b) 0,444 mol/kg   **(d)** $7,41 \times 10^{4}$ ppm

1.37 **(a)** 4,18 mol/L   **(c)** 13,4 % par volume

(b) 4,93 mol/kg   **(d)** $1,36 \times 10^{8}$ ppb

1.38 **(a)** 1,92 mol/L   **(c)** 8,81 % par masse

(b) 2,10 mol/kg   **(d)** $8,81 \times 10^{4}$ ppm

1.39 0,89 mol/L

1.40 0,623 mol/L

1.41 **(a)** 15 mol/kg   **(b)** 0,90 mol/kg

1.42 **(a)** 73,5 mL.   **(d)** 27,43 °C.

(b) 88,2 °C.   **(e)** 4,50 mL.

(c) 645 mL.   **(f)** 0,873 g.

1.43 **(a)** 1 0̲50 501 km.

(b) ∅,∅∅ 20 m.

(c) ∅,∅∅∅ ∅∅∅ ∅∅∅ ∅∅∅ ∅∅ 2 s.

(d) ∅,∅∅ 1 0̲90 cm.

(e) 18̲0 7̲01 mi.

(f) ∅,∅∅ 1 0̲40 m.

(g) ∅,∅∅ 5 71̲0 cm.

(h) 9̲0 2̲01 m.

1.44 **(a)** Trois chiffres significatifs.

(b) Ambigus. Le 3, le 1 et le 2 sont significatifs (règle 1). Les zéros placés à la fin du nombre sont avant une virgule décimale implicite et sont par conséquent ambigus (règle 4). En l'absence d'information additionnelle, on peut supposer six chiffres significatifs. Il vaut mieux exprimer ce nombre dans la notation scientifique sous la forme $3,12 \times 10^{5}$ pour indiquer trois chiffres significatifs ou sous la forme $3,120\,00 \times 10^{5}$ pour en indiquer six.

(c) Trois chiffres significatifs.

(d) Cinq chiffres significatifs.

(e) Ambigus. Le 2 est significatif (règle 1). Les zéros placés à la fin du nombre sont avant une virgule décimale implicite et sont par conséquent ambigus (règle 4). En l'absence d'information additionnelle, on peut supposer quatre chiffres significatifs. Il vaut mieux exprimer ce nombre dans la notation scientifique sous la forme 2×10^{3} pour indiquer un chiffre significatif ou sous la forme $2,000 \times 10^{3}$ pour en indiquer quatre (règle 4).

(f) Quatre chiffres significatifs.

(g) Un chiffre significatif.

(h) Ambigus. Le 1, le 8 et le 7 sont significatifs (règle 1). Le premier zéro est significatif parce que c'est un zéro interne (règle 2). Les zéros placés à la fin du nombre sont avant une virgule décimale implicite et sont par conséquent ambigus (règle 4). En l'absence d'information additionnelle, on peut supposer six chiffres significatifs. Il vaut mieux exprimer ce nombre dans la notation scientifique sous la forme $1,087 \times 10^{5}$ pour indiquer quatre chiffres significatifs ou sous la forme $1,087\,00 \times 10^{5}$ pour en indiquer six (règle 4).

(i) Sept chiffres significatifs.

(j) Ambigu. Le 3 et le 8 sont significatifs (règle 1). Le premier zéro est significatif parce que c'est un zéro interne. Les zéros placés à la fin du nombre sont avant une virgule décimale implicite et sont par conséquent ambigus (règle 4). En l'absence d'information additionnelle, on peut supposer cinq chiffres significatifs. Il vaut mieux exprimer ce nombre dans la notation scientifique sous la forme $3,08 \times 10^4$ pour indiquer trois chiffres significatifs ou sous la forme $3,0800 \times 10^4$ pour en indiquer cinq (règle 4).

1.45 **(a)** Non exacte.

(b) Exacte.

(c) Non exacte.

(d) Non exacte.

(e) Exacte.

(f) Non exacte.

(g) Exacte.

1.46 **(a)** 156,9. **(b)** 156,8. **(c)** 156,8. **(d)** 156,9.

1.47 **(a)** $7,98 \times 10^4$. **(c)** 2,35.

(b) $1,55 \times 10^7$. **(d)** $4,54 \times 10^{-5}$.

1.48 **(a)** 1,84. **(d)** 34. **(g)** 2.

(b) 0,033. **(e)** 6×10^2. **(h)** 223.

(c) 0,500. **(f)** $6,4 \times 10^2$.

1.49 **(a)** 41,4. **(d)** 0,42. **(g)** 0,6.

(b) 133,5. **(e)** 0,103. **(h)** 491.

(c) 73,0. **(f)** 1252,5.

1.50 **(a)** 391,3. **(d)** $5,93 \times 10^4$. **(g)** $7,7 \times 10^{10}$.

(b) $1,1 \times 10^4$. **(e)** 13,8. **(h)** 5,31.

(c) 5,96. **(f)** 64.

1.51 **(a)** $2,78 \times 10^4 \, cm^3$. **(d)** $0,0289 \, \mu m$.

(b) $1,898 \times 10^{-3} \, kg$. **(e)** 1,432 L.

(c) $1,98 \times 10^7 \, cm$. **(f)** $1,211 \times 10^6 \, Gm$.

1.52 **(a)** 89,8 po. **(e)** 68,8 mm.

(b) 5,62 lb. **(f)** $1,8 \times 10^3 \, cm$.

(c) 2,55 pt. **(g)** $4,782 \times 10^3 \, lb$.

(d) 6,18 po. **(h)** 0,663 km.

1.53 50 min.

1.54 5,0 h.

1.55 29 mi/gal US.

1.56 $1,9 \times 10^4 \, cm^3$.

1.57 **(a)** $1,95 \times 10^{-4} \, km^2$.

(b) $1,95 \times 10^4 \, dm^2$.

(c) $1,95 \times 10^6 \, cm^2$.

1.58 **(a)** $1,15 \times 10^{-7} \, km^3$.

(b) $1,15 \times 10^5 \, dm^3$.

(c) $1,15 \times 10^8 \, cm^3$.

1.59 **(a)** $0,436 \, mi^2$.

(b) $1,13 \times 10^6 \, m^2$.

1.60 0,95 mL.

1.61 4,1 mL.

1.62 410 km.

1.63 $3,1557 \times 10^7 \, s$.

1.64 $7,2 \times 10^{15} \, ps$.

1.65 **(a)** Extensive. **(d)** Intensive.

(b) Intensive. **(e)** Extensive.

(c) Intensive.

1.66 $-40 \, °C$.

1.67 73 °J.

1.68 **(a)** $2,2 \times 10^{-6}$. **(b)** 0,0159. **(c)** $6,9 \times 10^4$.

1.69 0,34 $ CAN.

1.70 **(a)** $m_{Au} = 1,9 \times 10^4 \, g$.

$m_{sable} = 3,0 \times 10^3 \, g$.

(b) La comparaison des deux valeurs $1,9 \times 10^4$ g par rapport à $3,0 \times 10^3$ g montre une différence de poids d'un facteur près de 10. Cette différence devrait suffire à déclencher l'alarme et à alerter les autorités de la présence d'un voleur.

1.71 $4,1 \times 10^{14} \, g/cm^3$.

1.72 $13 \, po^3$.

1.73 $0,284 \, lb/po^3$.

1.74 $7,6 \, g/cm^3$.

1.75 0,77 po.

1.76 $1,4 \times 10^4 \, L$

1.77 4,6 L

1.78 $3,11 \times 10^5 \, lb$.

1.79 $1,99 \times 10^5 \, kg$.

1.80 8,6 km.

1.81 $6,8 \times 10^{-13} \, \%$.

1.82 $3,7 \times 10^{-3} \, \%$.

1.83 $0,661 \, \Omega$.

1.84 84 m.

1.85 0,492.

1.86 Différence de hauteur : 1 cm.

1.87 $7,3 \times 10^{11} \, g/cm^3$.

1.88 $4 \times 10^1 \, mg \, CO$.

1.89 **(a)** $1,6 \times 10^{-20}$ L par NC.

(b) $1,3 \times 10^{-18} \, g \, O_2$ par NC.

(c) $1,7 \times 10^2 \, g \, O_2$.

(d) $1,3 \times 10^{20} \, NC$.

(e) 2,0 L.

1.90 13 %.

1.91 50 % des sphères sont en cuivre.

1.92 Non. Étant donné que le contenant est scellé, les atomes et les molécules peuvent se déplacer, mais ils ne peuvent pas s'échapper. Si aucun atome ou molécule ne s'échappe, la masse doit être constante.

1.93 (c) est la meilleure représentation. Lorsque du dioxyde de carbone solide (glace sèche) se sublime, il change d'état en passant de solide à gazeux. Les changements d'état sont des changements physiques, de sorte qu'aucune liaison moléculaire n'est rompue. Ce diagramme montre les molécules avec un atome de carbone et deux atomes d'oxygène liés ensemble dans chaque molécule. Les autres diagrammes n'ont pas de molécules de dioxyde de carbone.

1.94 La substance A avec une masse volumique de 1,7 g/cm^3 est plus dense que la substance B avec une masse volumique de 1,7 kg/m^3.

1.95 (a) Le bloc de couleur foncée a une masse plus grande, mais un volume plus petit; il est donc plus dense que le bloc de couleur pâle.

  (b) Le bloc de couleur pâle est plus lourd que le bloc de couleur foncée, et les deux blocs ont le même volume; le bloc de couleur pâle est donc plus dense.

  (c) Le bloc le plus gros est le bloc le plus lourd, de sorte qu'on ne peut pas déterminer quel bloc est le plus dense avec cette information.

1.96 (a) Cet énoncé correspond le mieux à une loi.

  (b) Cet énoncé est une théorie.

  (c) Cet énoncé correspond le mieux à une observation.

  (d) Cet énoncé correspond le mieux à une loi.

Chapitre 2

2.1 $1,836 \times 10^3$ électrons (on arrondit à l'unité, car on dénombre ici une quantité d'électrons).

2.2 (a) Vrai.   (b) Vrai.   (c) Vrai.   (d) Faux.

2.3 (a) Vrai.   (b) Vrai.   (c) Faux.   (d) Faux.

2.4 (a) $^{23}_{11}$Na.   (b) $^{16}_{8}$O.   (c) $^{27}_{13}$Al.   (d) $^{127}_{53}$I.

2.5 (a) Ar-40.   (b) Pu-239.   (c) P-31.   (d) F-19.

2.6 (a) Protons = 7; neutrons = 7.

  (b) Protons = 11; neutrons = 12.

  (c) Protons = 86; neutrons = 136.

  (d) Protons = 82; neutrons = 126.

  (e) Protons = 19; neutrons = 21.

  (f) Protons = 88; neutrons = 138.

  (g) Protons = 43; neutrons = 56.

  (h) Protons = 15; neutrons = 18.

2.7 $^{14}_{6}$C, protons = 6, neutrons = 8.

2.8 $^{235}_{92}$U, protons = 92, neutrons = 143.

2.9 (a) Ni^{2+}: 28 protons; 26 électrons.

  (b) S^{2-}: 16 protons; 18 électrons.

  (c) Br^-: 35 protons; 36 électrons.

  (d) Cr^{3+}: 24 protons; 21 électrons.

  (e) Al^{3+}: 13 protons; 10 électrons.

  (f) Se^{2-}: 34 protons; 36 électrons.

  (g) Ga^{3+}: 31 protons; 28 électrons.

  (h) Sr^{2+}: 38 protons; 36 électrons.

2.10 (a) O^{2-}.   (e) Mg^{2+}.

  (b) K^+.   (f) N^{3-}.

  (c) Al^{3+}.   (g) F^-.

  (d) Rb^+.   (h) Na^+.

2.11

Symbole	Ion formé	Nombre d'électrons	Nombres de protons
Ca	Ca^{2+}	**18**	**20**
Be	Be^{2+}	2	**4**
Se	**Se^{2-}**	**36**	34
In	**In^{3+}**	**46**	49

2.12

Symbole	Ion formé	Nombre d'électrons	Nombres de protons
Cl	**Cl$^-$**	**18**	17
Te	**Te^{2-}**	54	**52**
Br	Br$^-$	**36**	**35**
Sr	Sr^{2+}	**36**	38

2.13 (a) Na, métal.   (d) N, non-métal.

  (b) Mg, métal.   (e) As, métalloïde.

  (c) Br, non-métal.

2.14 (a) Pb, métal.   (d) Ag, métal.

  (b) I, non-métal.   (e) Xe, non-métal.

  (c) K, métal.

2.15 (a) Groupe VI A, élément d'un groupe principal.

  (b) Groupe I A, élément d'un groupe principal.

  (c) Groupe V B, élément de transition.

  (d) Groupe VII B, élément de transition.

2.16 (a) Groupe VI B, élément de transition.

  (b) Groupe VII A, élément d'un groupe principal.

  (c) Groupe VI B, élément de transition.

  (d) Groupe I A, élément d'un groupe principal.

2.17 (a) Groupe I A, métal alcalin.

  (b) Groupe VII A, halogène.

  (c) Groupe II A, métal alcalino-terreux.

  (d) Groupe II A, métal alcalino-terreux.

  (e) Groupe VIII A, gaz noble.

2.18 (a) Groupe VII A, halogène.

  (b) Groupe II A, métal alcalino-terreux.

  (c) Groupe I A, métal alcalin.

  (d) Groupe VIII A, gaz noble.

  (e) Groupe VII A, halogène.

2.19 (a) N et Ni ne sont pas semblables. L'azote est un non-métal; le nickel est un métal.

(b) Mo et Sn ne sont pas les plus semblables. Bien que les deux soient des métaux, le molybdène est un métal de transition et l'étain est un métal d'un groupe principal.

(c) Na et Mg ne sont pas semblables. Bien que les deux soient des métaux d'un groupe principal, le sodium fait partie du groupe I A et le magnésium, du groupe II A.

(d) Cl et F sont les plus semblables. Le chlore et le fluor font tous les deux partie du groupe VII A. Les éléments appartenant à un même groupe ont des propriétés chimiques semblables.

(e) Si et P ne sont pas les plus semblables. Le silicium est un métalloïde et le phosphore est un non-métal.

2.20 **(a)** L'azote et l'oxygène ne sont pas les plus semblables. Bien que les deux soient des non-métaux, N fait partie du groupe V A et O, du groupe VI A.

(b) Le titane et le gallium ne sont pas les plus semblables. Bien que les deux soient des métaux, Ti est un métal de transition et Ga est un métal d'un groupe principal.

(c) Le lithium et le sodium sont les plus semblables. Li et Na sont tous les deux dans le groupe I A. Les éléments appartenant à un même groupe ont des propriétés chimiques semblables.

(d) Le germanium et l'arsenic ne sont pas les plus semblables. Ge et As sont tous les deux des métalloïdes et partagent certaines propriétés, mais Ge fait partie du groupe IV A et As, du groupe V A.

(e) L'argon et le brome ne sont pas les plus semblables. Bien qu'ils soient tous les deux des non-métaux, Ar fait partie du groupe VIII A et Br, du groupe VII A.

2.21 **(a)** +1 **(c)** −1 **(e)** −2
(b) +2 **(d)** −3

2.22 **(a)** H : +1   C : −2   O : −2 **(b)** P : +3   F ; −1

2.23 N : +5   O : −2

2.24 **(a)** Mo^{6+} ; Mo^{5+} ; Mo^{4+} ; Mo^{3+} ; Mo^{2+}
(b) Fe^{3+} ; Fe^{2+}
(c) Ag^+
(d) V^{5+} ; V^{4+} ; V^{3+} ; V^{2+}
(e) Tc^{7+}

2.25 **(a)** Ti^{4+} ; Cl^-
(b) Cu^+ ; S^{2-}
(c) Mn^{7+} ; O^{2-}
(d) Cr^{6+} ; O^{2-}
(e) Sc^{3+} ; Br^-

2.26 85,47 u.

2.27 28,1 u.

2.28 121,8 u ; l'élément est l'antimoine.

2.29 Abondance naturelle : 50,69 %.
Masse : 78,92 u.

2.30 **(a)** Covalente. **(g)** Covalente.
(b) Ionique. **(h)** Métallique.
(c) Métallique. **(i)** Covalente.
(d) Ionique. **(j)** Ionique.
(e) Métallique. **(k)** Covalente.
(f) Covalente.

2.31 **(a)** Atomique. **(e)** Moléculaire.
(b) Moléculaire. **(f)** Moléculaire.
(c) Atomique. **(g)** Atomique.
(d) Moléculaire. **(h)** Moléculaire.

2.32 **(a)** Élément. **(c)** Composé.
(b) Composé. **(d)** Élément.

2.33 **(a)** NH_3. **(b)** C_2H_6. **(c)** SO_3.

2.34 **(a)** NO_2. **(b)** H_2S. **(c)** CH_4.

2.35 **(a)** Élément moléculaire.
(b) Composé moléculaire.
(c) Élément atomique.

2.36 **(a)** Composé ionique.
(b) Élément moléculaire.
(c) Composé moléculaire.

2.37 **(a)** 3 atomes de calcium, 2 atomes de phosphore et 8 atomes d'oxygène.
(b) 1 atome de strontium et 2 atomes de chlore.
(c) 1 atome de potassium, 1 atome d'azote et 3 atomes d'oxygène.
(d) 1 atome de magnésium, 2 atomes d'azote et 4 atomes d'oxygène.
(e) 1 atome de baryum, 2 atomes d'oxygène et 2 atomes d'hydrogène.
(f) 1 atome d'azote, 4 atomes d'hydrogène et 1 atome de chlore.
(g) 1 atome de sodium, 1 atome de carbone et 1 atome d'azote.
(h) 1 atome de baryum, 2 atomes d'hydrogène, 2 atomes de carbone et 6 atomes d'oxygène.

2.38 **(a)** MgS. **(c)** $SrBr_2$. **(e)** Al_2S_3. **(g)** Na_2O.
(b) BaO. **(d)** $BeCl_2$. **(f)** Al_2O_3. **(h)** SrI_2.

2.39 **(a)** $Ba(OH)_2$.
(b) $BaCrO_4$.
(c) $Ba_3(PO_4)_2$.
(d) $Ba(CN)_2$.

2.40 **(a)** Na_2CO_3.
(b) Na_3PO_4.
(c) Na_2HPO_4.
(d) CH_3COONa pouvant aussi être écrit $NaC_2H_3O_2$.

2.41 **(a)** Nitrure de magnésium.
(b) Fluorure de potassium.
(c) Oxyde de sodium.
(d) Sulfure de lithium.
(e) Fluorure de césium.
(f) Iodure de potassium.
(g) Chlorure de strontium.
(h) Chlorure de baryum.

2.42 **(a)** Chlorure d'étain(IV).
(b) Iodure de plomb(II).
(c) Oxyde de fer(III).
(d) Iodure de cuivre(II).

(e) Oxyde d'étain(IV).

(f) Bromure de mercure(II).

(g) Chlorure de chrome(II).

(h) Chlorure de chrome(III).

2.43 (a) Oxyde d'étain(II).

(b) Sulfure de chrome (III).

(c) Iodure de rubidium.

(d) Bromure de baryum.

(e) Sulfure de baryum.

(f) Chlorure de fer(III).

(g) Chlorure de plomb(IV).

(h) Bromure de strontium.

2.44 (a) Nitrite de cuivre(I).

(b) Acétate de magnésium.

(c) Nitrate de baryum.

(d) Acétate de plomb(II).

(e) Chlorate de potassium.

(f) Sulfate de plomb(II).

(g) Hydroxyde de baryum.

(h) Iodure d'ammonium.

(i) Perbromate de sodium.

(j) Hydroxyde de fer(III).

(k) Sulfate de cobalt(II).

(l) Hypochlorite de potassium.

2.45 (a) $NaHSO_3$.   (e) $RbHSO_4$.   (i) $PbCrO_4$.

(b) $LiMnO_4$.   (f) $KHCO_3$.   (j) CaF_2.

(c) $AgNO_3$.   (g) $CuCl_2$.   (k) KOH.

(d) K_2SO_4.   (h) $CuIO_3$.   (l) $Fe_3(PO_4)_2$.

2.46 (a) Sulfate de cobalt(II) heptahydraté.

(b) $IrBr_3 \cdot 4H_2O$.

(c) Bromate de magnésium hexahydraté.

(d) $K_2CO_3 \cdot 2H_2O$.

(e) $Co_3(PO_4)_2 \cdot 8H_2O$.

(f) Chlorure de béryllium dihydraté.

(g) $CrPO_4 \cdot 3H_2O$.

(h) Nitrite de lithium monohydraté.

2.47 (a) Monoxyde de carbone.

(b) Triiodure d'azote.

(c) Tétrachlorure de silicium.

(d) Tétraséléniure de tétraazote.

(e) Pentaoxyde de diazote.

(f) Trioxyde de soufre.

(g) Dioxyde de soufre.

(h) Pentafluorure de brome.

(i) Monoxyde d'azote.

(j) Trioxyde de xénon.

2.48 (a) Tétraoxyde de diazote.

(b) Nonabromure de triazote.

(c) Trioxyde de diarsenic.

(d) Hexafluorure de soufre.

(e) Ammoniac.

(f) Diazote.

(g) Monochlorure de brome.

(h) Décaoxyde de tétraphosphore.

(i) Monoxyde d'azote.

(j) Eau.

2.49 (a) PCl_3.   (d) PF_5.   (g) Cl_2O.

(b) ClO.   (e) P_2S_5.   (h) XeF_4.

(c) S_2F_4.   (f) BBr_3.   (i) CBr_4.

2.50 (a) Acide iodhydrique.

(b) Acide nitrique.

(c) Acide carbonique.

(d) Acide acétique.

(e) Acide chlorhydrique.

(f) Acide chloreux.

(g) Acide sulfurique.

(h) Acide nitreux.

2.51 (a) HF.   (c) H_2SO_3.   (e) HCN.

(b) HBr.   (d) H_3PO_4.   (f) $HClO_2$.

2.52 (a) Dioxyde de carbone.

(b) Oxyde de magnésium.

(c) S_2F_{10}.

(d) Pentaoxyde de diphosphore.

(e) $HClO$.

(f) Acide phosphorique.

(g) $Al(OH)_3$.

(h) Nitrite de cobalt(II).

(i) Chlorure de nickel(II) hexahydraté.

(j) Oxyde d'aluminium.

(k) SeF_6.

(l) Acide sulfhydrique.

2.53 (a) Oxyde de fer(II).

(b) Dioxyde de sélénium.

(c) H_2S_8.

(d) Oxyde de vanadium(V).

(e) $Al_2(SO_4)_3 \cdot 4H_2O$.

(f) Acide cyanhydrique.

(g) $CaCO_3$.

(h) Chlorite de nickel(II).

(i) $Cu(HCO_3)_2$.

(j) Sulfate de magnésium heptahydraté.

(k) MgH_2.

(l) Acide perchlorique.

(m) Chromate de sodium.

2.54 $4{,}822\ 45 \times 10^7$ C/kg.

2.55 $127{,}054$ u.

2.56 Tout noyau ayant 146 neutrons est un isotone de $^{236}_{90}\text{Th}$. Parmi ceux-ci, on peut mentionner: $^{238}_{92}\text{U}$, $^{239}_{93}\text{Np}$, $^{241}_{95}\text{Am}$, $^{237}_{91}\text{Pa}$, $^{235}_{89}\text{Ac}$ et $^{244}_{98}\text{Cf}$.

2.57

Symbole	Z	A	Nombre de protons	Nombre d'électrons	Nombre de neutrons	Charge
Si	14	**28**	**14**	14	14	**0**
S^{2-}	**16**	32	**16**	**18**	**16**	−2
Cu^{2+}	**29**	**63**	**29**	**27**	34	+2
P	15	**31**	**15**	15	16	**0**

2.58

Symbole	Z	A	Nombre de protons	Nombre d'électrons	Nombre de neutrons	Charge
O^{2-}	8	**16**	**8**	**10**	8	−2
Ca^{2+}	20	**40**	**20**	**18**	20	**+2**
Mg^{2+}	**12**	25	**12**	**10**	13	**+2**
N^{3-}	**7**	14	**7**	10	**7**	**−3**

2.59 $1,7 \times 10^6$ kg.

2.60 $V_{\text{noyau}} = 8,2 \times 10^{-8}$ pm^3.
$V_{\text{atome}} = 1,4 \times 10^6$ pm^3.
% volume $= 5,9 \times 10^{-12}$ %.

2.61 $4,76 \times 10^{24}$ atomes Cu.

2.62 $\%_{\text{B-10}} = 20$ % et $\%_{\text{B-11}} = 80$ %.

2.63 $\%_{\text{Li-6}} = 7,494$ % et $\%_{\text{Li-7}} = 92,506$ %.

2.64 $2,4 \times 10^{13}$ atomes Pb.

2.65 $1,7 \times 10^{22}$ atomes Au.

2.66 **(a)** 72 % Wt-296, 4 % Wt-297, 24 % Wt-298.
(b) 296,482 u.

2.67 0,0903 g ^{60}Co.

2.68 63,67 u.

2.69 25,06 u.

2.70 Noyau de Li-6   Noyau de Li-7

75 atomes de Li-6.

2.71 **(c)** 7,00 u.

2.72 Si l'unité de masse atomique et la mole ne sont pas basées sur le même isotope, les valeurs numériques des masses obtenues pour un atome de matière et 1 mol de matière ne seront pas les mêmes. Si, par exemple, la mole était basée sur le nombre de particules de C-12 mais que l'unité de la masse atomique était calculée en fraction de la masse d'un atome de Ne-20, le nombre de particules et le nombre d'unité de masse atomique qui composent 1 mol de matière ne seraient pas identiques. Nous n'aurions plus la relation où la masse atomique d'un atome est numériquement égale à la masse de 1 mol de ces atomes en grammes.

2.73 La sphère dans un modèle moléculaire représente le nuage d'électrons de l'atome. À cette échelle, le noyau serait trop petit pour qu'on le voie.

2.74 L'énoncé est incorrect parce qu'une formule chimique est basée sur le rapport des atomes combinés, et non sur le rapport des grammes combinés. Il faudrait lire l'énoncé comme suit: «La formule chimique de l'ammoniac (NH_3) indique que l'ammoniac contient trois atomes d'hydrogène pour chaque atome d'azote.»

Chapitre 3

3.1 13,5 g de vapeur d'eau.

3.2 105 kg.

3.3 Échantillon 1: 11,5 g Cl/g C; échantillon 2: 9,05 g Cl/g C. Les résultats ne sont pas conformes à la loi des proportions définies.

3.4 Échantillon 1: 1,53 g Cl/g C; échantillon 2: 1,54 g Cl/g C. Les résultats sont conformes à la loi des proportions définies.

3.5 23,8 g F.

3.6 $2,06 \times 10^3$ g F.

3.7 Rapport: 2; conformes à la loi des proportions multiples.

3.8 Rapport A/B: 2.
Rapport A/C: 4.
Rapport B/C: 2.
Conformes à la loi des proportions multiples.

3.9 Rapport 3:2; conforme à la loi des proportions multiples.

3.10 Rapport 3:2; conforme à la loi des proportions multiples.

3.11 **(a)** NON CONFORME; seuls les atomes d'un même élément ont la même masse.
(b) CONFORME; tous les atomes d'un élément donné ont la même masse et d'autres propriétés qui les distinguent des atomes d'autres éléments.
(c) CONFORME; les atomes se combinent dans des rapports simples de nombres entiers pour former des composés.
(d) NON CONFORME; les atomes d'un élément ne peuvent se transformer en atomes d'un autre élément.

3.12 **(a)** CONFORME; les atomes d'un élément donné ont la même masse et d'autres propriétés qui les distinguent des atomes d'autres éléments.
(b) NON CONFORME; les atomes se combinent dans des rapports simples de nombres entiers pour former des composés. Un atome d'oxygène se combine en fait avec deux atomes d'hydrogène pour former une molécule d'eau.
(c) CONFORME; les atomes se combinent dans des rapports simples de nombres entiers pour former des composés.
(d) NON CONFORME; les atomes changent la façon dont ils sont liés à d'autres atomes lorsqu'ils forment une nouvelle substance, mais ils ne sont ni créés, ni détruits.

3.13 **(a)** CONFORME; la majeure partie du volume d'un atome est constitué d'espace vide dans lequel sont dispersés de minuscules électrons de charge négative.
(b) CONFORME; la majeure partie de la masse de l'atome et de toutes ses charges positives sont contenues dans un centre minuscule appelé noyau.

(c) NON CONFORME ; la théorie nucléaire de Rutherford ne prend pas en compte la présence des neutrons dans la masse du noyau.

(d) NON CONFORME ; il y a autant de particules de charge négative à l'extérieur du noyau qu'il y a de particules chargées positivement dans le noyau.

3.14 (a) NON CONFORME ; la majeure partie du volume d'un atome est constitué d'espace vide dans lequel sont dispersés de minuscules électrons de charge négative.

(b) CONFORME ; il y a autant de particules de charge négative à l'extérieur du noyau qu'il y a de particules chargées positivement dans le noyau.

(c) NON CONFORME ; il y a autant de particules de charge négative à l'extérieur du noyau qu'il y a de particules chargées positivement dans le noyau.

(d) NON CONFORME ; la majeure partie de la masse de l'atome et toutes ses charges positives sont contenues dans un centre minuscule appelé noyau.

3.15 499 s.

3.16 $4,1 \times 10^{13}$ km.

3.17 (i) (d) < (c) < (b) < (a).

(ii) (a) < (b) < (c) < (d).

3.18 (a) $3,14 \times 10^{-19}$ J.

(b) $3,95 \times 10^{-19}$ J.

(c) $3,8 \times 10^{-15}$ J.

3.19 $1,31 \times 10^{16}$ photons.

3.20 $1,4 \times 10^{21}$ photons/s.

3.21 (a) 79,8 kJ/mol.

(b) 239 kJ/mol.

(c) 798 kJ/mol.

3.22 (a) $7,72 \times 10^{5}$ kJ/mol.

(b) $4,69 \times 10^{9}$ kJ/mol.

3.23 Selon Bohr, l'atome est constitué d'un noyau positif autour duquel gravitent des électrons sur des orbites (niveaux d'énergie) définies. Ces électrons peuvent absorber ou émettre des quantités discrètes d'énergie en se déplaçant entre les diverses orbites. Ces énergies (ΔE) sont habituellement émises sous forme de photons (particules de lumière décrites par Einstein), chaque transition (ΔE) possible dans un atome correspondant à un photon d'une *couleur* (longueur d'onde) précise.

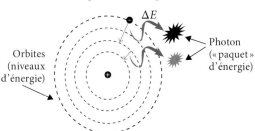

conséquemment, ne peut prendre que certaines positions par rapport à son noyau. On dit donc que l'énergie de l'électron est quantifiée, car elle ne peut prendre que certaines valeurs discrètes. Le modèle de Bohr ne permet pas d'expliquer la quantification de l'énergie ; il la décrit seulement à partir des observations expérimentales. C'est De Broglie, dans le modèle probabiliste de l'atome, qui parviendra à en donner une explication grâce à la nature ondulatoire de l'électron (voir le manuel, p. 113 à 115).

3.25 Dans le modèle de Bohr, l'électron tourne autour de son noyau sur des orbites d'énergie (niveaux d'énergie) précises. Lorsque l'atome est excité par de l'énergie électrique ou de la lumière, l'électron absorbe l'énergie et monte à un niveau supérieur. Instable, il redescendra spontanément vers un niveau inférieur en réémettant l'énergie sous forme de lumière.

3.26 $n = 1$.

3.27 (a) Émission d'énergie.

(b) Absorption d'énergie.

(c) Émission d'énergie.

3.28 $n = 2 \rightarrow n = 1$.

3.29 $n = 4 \rightarrow n = 3$.

3.30 (a) $1,22 \times 10^{-7}$ m, UV.

(b) $1,03 \times 10^{-7}$ m, UV.

(c) $4,86 \times 10^{-7}$ m, visible : vert-bleu.

(d) $4,34 \times 10^{-7}$ m, visible : violet.

3.31 $n = 2$.

3.32 Lorsqu'un laser est placé derrière les fentes pour déterminer quelle fente l'électron traverse, le laser produit un éclair lumineux quand un photon est diffracté au point de franchissement des fentes, indiquant la fente utilisée, et le patron d'interférence est alors absent. Avec le laser en fonction, les électrons frappent des positions directement derrière chaque fente, comme si c'étaient des particules ordinaires (voir la figure, p. 116).

3.33 4,69 nm.

3.34 $3,23 \times 10^{3}$ m/s.

3.35 $1,09 \times 10^{-34}$ m.

La valeur de la longueur d'onde ($1,09 \times 10^{-34}$ m) est tellement petite qu'elle n'aura aucun effet sur la trajectoire de la balle.

3.36 $3,2 \times 10^{-35}$ m.

La valeur de la longueur d'onde ($3,2 \times 10^{-35}$ m) est tellement petite qu'elle n'aura aucun effet sur la trajectoire de la balle. La nature ondulatoire de la matière n'est pas importante pour les balles de pistolet.

3.37 L'orbitale 2*s* a la même forme que l'orbitale 1*s*, mais sa taille est plus grande et les orbitales 3*p* ont la même forme que les orbitales 2*p*, mais sont de plus grande taille. De plus, les orbitales 2*s* et 3*p* comportent plus de nœuds.

3.24 Dans le modèle de Bohr, l'électron tourne autour de son noyau sur des orbites d'énergie (niveaux d'énergie) pré-cises. Toutefois, l'électron ne peut posséder que certaines valeurs bien précises d'énergie potentielle et,

Orbitale 1s

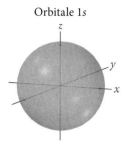

Orbitale 2p_x   Orbitale 2p_y   Orbitale 2p_z

3.38 L'orbitale 2s n'a pas la même forme que l'orbitale 3d. Elle est sphérique et sa taille est plus petite. Les orbitales 4d ont la même forme que les orbitales 3d, mais leur taille est plus grande et l'orbitale 4d comporte plus de nœuds.

Orbitale 3d_{yz}   Orbitale 3d_{xy}

Orbitale 3d_{xz}   Orbitale 3d_{x^2-y^2}   Orbitale 3d_{z^2}

3.39 Étant donné que la taille de l'orbitale est déterminée par le nombre quantique n, la taille augmentant avec n qui croît, un électron dans une orbitale 2s est plus près, en moyenne, du noyau qu'un électron dans une orbitale 3s.

3.40 Étant donné que la taille de l'orbitale est déterminée par le nombre quantique n, la taille augmentant avec n qui croît, un électron dans une orbitale 4p est plus éloigné, en moyenne, du noyau qu'un électron dans une orbitale 3p.

3.41 Lorsque l'on parle de la valence des atomes, on parle du nombre d'électrons qui peut réagir chimiquement lors de la formation ou du bris des liaisons chimiques. C'est ce nombre d'électrons qui détermine les propriétés chimiques d'un atome. Dans le cas des atomes des groupes principaux, il s'agit des électrons situés dans le dernier niveau électronique, aussi appelé couche de valence. Dans le cas des métaux de transition, certains des électrons d instables du niveau inférieur peuvent s'ajouter aux électrons pouvant réagir chimiquement.

3.42 Na : 2, 8, 1.
C : 2, 4.
He : 2.
S : 2, 8, 6.

3.43

	$n = 1$	$n = 2$		$n = 3$		
	s	s	p	s	p	d
Na	2	2	6	1		
C	2	2	2			
He	2					
S	2	2	6	2	4	

3.44

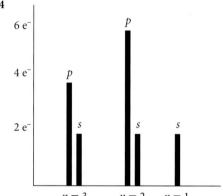

3.45 (a) $l = 0$.   (c) $l = 0$, 1 ou 2.
(b) $l = 0$ ou 1.   (d) $l = 0$, 1, 2 ou 3.

3.46 (a) $m_l = 0$.
(b) $m_l = -1$, 0 ou $+1$.
(c) $m_l = -2$, -1, 0, $+1$ ou $+2$.
(d) $m_l = -3$, -2, -1, 0, $+1$, $+2$ ou $+3$.

3.47 9 orbitales possibles.

3.48 16 orbitales possibles.

3.49 $m_s = +\frac{1}{2}$ et $m_s = -\frac{1}{2}$.

3.50 Définit l'orientation du spin de l'électron ; $m_s = +\frac{1}{2}$ est associé au sens antihoraire, alors que $m_s = -\frac{1}{2}$ correspond au sens horaire.

3.51 (d).

3.52 (c).

3.53 [5, 3, -3, $+\frac{1}{2}$].
[5, 3, -2, $+\frac{1}{2}$].
[5, 3, -1, $+\frac{1}{2}$].
[5, 3, 0, $+\frac{1}{2}$].
[5, 3, $+1$, $+\frac{1}{2}$].
[5, 3, $+2$, $+\frac{1}{2}$].
[5, 3, $+3$, $+\frac{1}{2}$].

3.54 (d) est erronée.

3.55 (a) 2.   (b) 2.   (c) 14.   (d) 32.   (e) 2.

3.56 344 nm.

3.57 730 nm.

3.58 $6{,}34 \times 10^{17}$ photons/s.

3.59 0,0547 nm.

3.60 $2,76 \times 10^4$ kJ/mol.

3.61 91,2 nm.

3.62 **(a)** 4.   **(b)** 9.   **(c)** 16.

3.63 **(a)** 3.   **(b)** 5.   **(c)** 7.

3.64 2×10^{-13} m.

3.65 9,01 %.

3.66 633 nm.

3.67 1,66 %.

3.68 **(a)** $E_1 = 2,51 \times 10^{-18}$ J.
$E_2 = 1,00 \times 10^{-17}$ J.
$E_3 = 2,26 \times 10^{-17}$ J.
(b) UV.

3.69 $8,80 \times 10^{-20}$ J et $2,26 \times 10^{-6}$ m.

3.70 $7,39 \times 10^5$ m/s.

3.71 $2,4 \times 10^{20}$ photons.

3.72 752 nm.

3.73 (c) : le rapport de O du peroxyde d'hydrogène à O de l'eau = 16:8 → 2:1, un rapport de petits nombres entiers.

3.74 Dans le modèle de Bohr pour l'atome d'hydrogène, l'électron se déplace sur une orbite circulaire (ligne) autour du noyau et peut se déplacer d'une orbite à une autre s'il absorbe ou émet des quantités discrètes d'énergie. De plus, l'électron est traité comme une particule qui se comporte selon les lois de la physique classique. Dans le modèle de la mécanique quantique, l'électron possède à la fois les propriétés d'une onde et celles d'une particule. Cette dualité le rend impossible à situer exactement dans l'atome. On le représente donc comme étant dans une orbitale, c'est-à-dire une probabilité de présence de l'électron à l'intérieur d'un volume de l'espace.

Étant donné que l'électron dans le modèle de Bohr demeure sur une orbite circulaire, il serait théoriquement possible de connaître à la fois la position et la vitesse de l'électron. Cela contredit le principe d'incertitude d'Heisenberg, qui stipule que la position et la vitesse sont des termes complémentaires qui ne peuvent pas être connus simultanément avec précision, en particulier pour une particule si petite.

3.75 La transition de $n = 3 \rightarrow n = 2$ cause l'effet photoélectrique, alors que la transition de $n = 4 \rightarrow n = 3$ ne le fait pas. La différence d'énergie entre les niveaux 4 et 3 est inférieure à celle entre les niveaux 3 et 2. Par conséquent, l'énergie du photon émis lorsque l'électron se déplace de 4 à 3 est inférieure à l'énergie de liaison (ϕ) du métal. L'énergie du photon émis lorsque l'électron effectue la transition de $n = 3$ à $n = 2$ est plus grande et excède l'énergie seuil, ce qui cause l'effet photoélectrique.

3.76 (a).

3.77 **(a)** Patron d'interférence absent.
(b) Patron d'interférence présent.
(c) Patron d'interférence absent.

Chapitre 4

4.1 **(a)** $1s^2\,2s^2\,2p^6\,3s^2\,3p^3$.   **(c)** $1s^2\,2s^2\,2p^6\,3s^1$.
(b) $1s^2\,2s^2\,2p^2$.   **(d)** $1s^2\,2s^2\,2p^6\,3s^2\,3p^6$.

4.2 **(a)** $[\text{He}]\,2s^2\,2p^4$.   **(e)** $[\text{Ne}]\,3s^2\,3p^3$.
(b) $[\text{Ne}]\,3s^2\,3p^2$.   **(f)** $[\text{Ar}]\,4s^2\,3d^{10}\,4p^2$.
(c) $[\text{He}]\,2s^2\,2p^6$.   **(g)** $[\text{Kr}]\,5s^2\,4d^2$.
(d) $[\text{Ar}]\,4s^1$.   **(h)** $[\text{Kr}]\,5s^2\,4d^{10}\,5p^5$.

4.3 **(a)** $[\text{He}]$ $2s$ [↑↓] $2p$ [↑][↑][↑]
(b) $[\text{He}]$ $2s$ [↑↓] $2p$ [↑↓][↑↓][↑]
(c) $[\text{Ne}]$ $3s$ [↑↓]
(d) $[\text{Ne}]$ $3s$ [↑↓] $3p$ [↑][ ][ ]
(e) $[\text{Ne}]$ $3s$ [↑↓] $3p$ [↑↓][↑][↑]
(f) $[\text{Ar}]$ $4s$ [↑↓]
(g) $[\text{He}]$ $2s$ [↑↓] $2p$ [↑↓][↑↓][↑↓]
(h) $1s$ [↑↓]

4.4 **(a)** Kr.   **(b)** Ti.   **(c)** Sn.   **(d)** Sr.

4.5 **(a)** 1.
(b) 9. (En réalité, c'est une des exceptions. Il se produit un réarrangement et l'un des électrons $4s$ est déplacé dans la $3d$ afin de la compléter, ce qui rend l'atome plus stable. Cu a donc 10 électrons $3d$.)
(c) 5.
(d) 2.

4.6 **(a)** 2.
(b) 4. (En réalité, c'est aussi l'une des exceptions. Il se produit un réarrangement et l'un des électrons $4s$ est déplacé dans la $3d$ afin de placer un électron dans chacune des orbitales d. La couche à demi remplie rend l'atome plus stable. Cr a donc 5 électrons $3d$.)
(c) 1.
(d) 2.

4.7 **(a)** V ou As.   **(b)** Se.   **(c)** V.   **(d)** Kr.

4.8 **(a)** Al.   **(b)** S.   **(c)** Ar.   **(d)** Mg.

4.9 **(a)** As : $[\text{Ar}]\,4s^2\,3d^{10}\,4p^3$
(b) Sr : $[\text{Kr}]\,5s^2$
(c) Tc : $[\text{Kr}]\,5s^2\,4d^5$

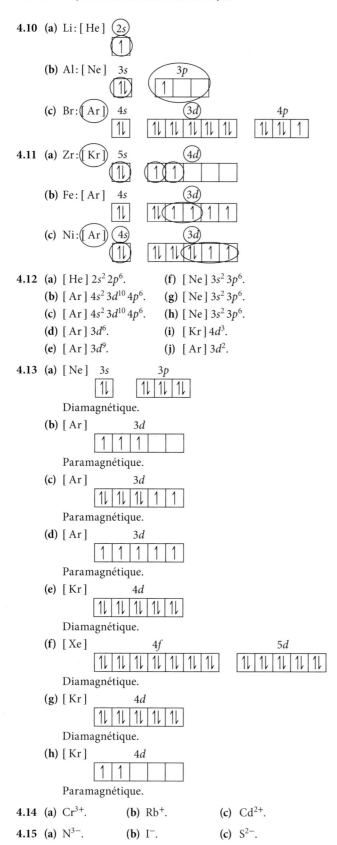

4.10 **(a)** Li : [He]   2s
(b) Al : [Ne]   3s   3p
(c) Br : [Ar]   4s   3d   4p

4.11 **(a)** Zr : [Kr]   5s   4d
(b) Fe : [Ar]   4s   3d
(c) Ni : [Ar]   4s   3d

4.12 **(a)** [He] $2s^2 2p^6$.   **(f)** [Ne] $3s^2 3p^6$.
(b) [Ar] $4s^2 3d^{10} 4p^6$.   **(g)** [Ne] $3s^2 3p^6$.
(c) [Ar] $4s^2 3d^{10} 4p^6$.   **(h)** [Ne] $3s^2 3p^6$.
(d) [Ar] $3d^6$.   **(i)** [Kr] $4d^3$.
(e) [Ar] $3d^9$.   **(j)** [Ar] $3d^2$.

4.13 **(a)** [Ne]   3s   3p
Diamagnétique.
(b) [Ar]   3d
Paramagnétique.
(c) [Ar]   3d
Paramagnétique.
(d) [Ar]   3d
Paramagnétique.
(e) [Kr]   4d
Diamagnétique.
(f) [Xe]   4f   5d
Diamagnétique.
(g) [Kr]   4d
Diamagnétique.
(h) [Kr]   4d
Paramagnétique.

4.14 **(a)** Cr^{3+}.   **(b)** Rb^+.   **(c)** Cd^{2+}.

4.15 **(a)** N^{3-}.   **(b)** I^-.   **(c)** S^{2-}.

4.16 (c).

4.17 (c) < (a) < (b).

4.18 Les électrons de valence de l'azote subissent une plus grande charge nucléaire effective parce que, pour un effet d'écran identique, l'azote possède plus de protons.

4.19 S > Si > Al > Mg.

4.20 Pour les électrons 2s, la charge nucléaire effective est +3. Pour l'électron 2p, le résultat devrait se situer entre +1 et +3, à une valeur inférieure à la charge nucléaire effective subie par les électrons 2s, car il faut tenir compte de l'effet d'écran partiel.

4.21 **(a)** 2.   **(b)** 1.   **(c)** 3.   **(d)** 6.

4.22 **(a)** 3, perd.
(b) 4, perd.
(c) 7, gagne.
(d) 6, gagne.

4.23 **(a)** Métal réactif de la famille des alcalino-terreux (sauf pour la configuration $1s^2$ qui est associée à un non-métal non réactif (gaz rare)).
(b) Métal très réactif dans la famille des alcalins (sauf pour la configuration $1s^1$ qui est associée à un non-métal réactif).
(c) Non-métal très réactif dans la famille des halogènes.
(d) Élément de la famille du carbone. Si $n = 2$, l'élément est un non-métal, si $n = 3$ ou 4, l'élément est un métalloïde et si $n = 5$ ou 6, l'élément est un métal. Ces éléments sont réactifs.

4.24 **(a)** Appartient à un gaz noble si la configuration électronique est $1s^2$.
(b) Appartient à un gaz noble.
(c) Est un métalloïde uniquement si $n = 5$.
(d) Est un métalloïde uniquement si $n = 2$.

4.25 **(a)** Sr.
(b) Bi.
(c) En s'appuyant sur les seules tendances périodiques, on ne peut pas dire quel élément sera le plus métallique, car en passant de O à Cl, on se déplace vers la droite dans une période (le caractère métallique diminue), puis de haut en bas dans une colonne (le caractère métallique augmente). Ces effets tendent à s'opposer l'un à l'autre et il n'est pas facile de déterminer lequel est prédominant.
(d) As.

4.26 **(a)** Pb.
(b) K.
(c) En s'appuyant sur les seules tendances périodiques, on ne peut pas dire quel élément sera le plus métallique, car en passant de Ge à Sb, on se déplace vers la droite dans une période (le caractère métallique diminue), puis de haut en bas dans une colonne (le caractère métallique augmente). Ces effets tendent à s'opposer l'un à l'autre et il n'est pas facile de déterminer lequel est prédominant.
(d) Sn.

4.27 **(a)** S < Se < Sb < In < Ba < Fr.
(b) N < P < Si < Al < Ga < Sr.

4.28 **(a)** In.   **(b)** Si.   **(c)** Sn.   **(d)** C.

4.29 **(a)** Si.
(b) Br.

(c) Quand on passe de Sn à Ga, le nombre de couches électroniques diminue, mais c'est également le cas de la force du noyau exercée sur ces couches. Ces effets tendent à s'opposer l'un l'autre, et il n'est pas facile de dire lequel prédominera.

(d) Se.

4.30 F < S < Si < Ge < Ca < Rb.

4.31 Cs > Pb > Sb > Se > S.

4.32 (a) Li.　(b) I^-.　(c) Cr.　(d) O^{2-}.

4.33 (a) Sr.　(b) N^{3-}.　(c) Ni.　(d) S^{2-}.

4.34 O^{2-} > F^- > Na^+ > Mg^{2+}.

4.35 Sr^{2+} < Rb^+ < Br^- < Se^{2-}.

4.36 (a) Br.

(b) Na.

(c) La charge effective augmente de As à Te, mais il en est de même de la distance entre le noyau et les électrons de valence. Ces effets tendent à s'opposer l'un l'autre, et il n'est pas facile de dire lequel prédominera.

(d) P.

4.37 (a) On ne peut affirmer quel atome possède la I_1 la plus faible entre P et I. La charge effective diminue de I à P, mais il en est de même de la distance entre le noyau et les électrons de valence. Ces effets tendent à s'opposer l'un l'autre, et il n'est pas facile de dire lequel prédominera.

(b) Si.

(c) Sb.

(d) In.

4.38 Pour des distances au noyau similaires, la charge effective qui s'exerce sur l'électron de valence de l'atome Se est plus grande que celle pour l'électron de valence de l'atome As. On s'attendrait donc à ce que la I_1 augmente de As à Se. Toutefois, celle-ci diminue. L'électron de valence arraché est situé dans le sous-niveau 4p autant pour l'atome As que pour l'atome Se. Ils subissent donc tous deux l'effet d'écran partiel qu'exercent les électrons du sous-niveau 4s sur les électrons du sous-niveau 4p. Il faut donc observer la façon dont les électrons sont arrangés dans les orbitales 4p à l'aide des cases quantiques.

On constate que l'électron arraché à l'atome Se fait partie d'un doublet, alors que celui arraché à l'atome As est célibataire. Or l'effet de répulsion entre les deux électrons du doublet chez Se facilite l'ionisation de l'un d'eux; il prédomine même sur celui de l'augmentation de la charge effective parce qu'il s'exerce à plus courte distance.

4.39 On observe que pour des distances au noyau similaires, la charge effective qui s'exerce sur l'électron de valence de l'atome Al est plus grande que celle pour l'atome Mg. On s'attendrait donc à ce que la I_1 augmente. Toutefois, celle-ci diminue. Cela s'explique ainsi: l'électron arraché à l'atome Al se trouvant sur la sous-couche 3p, il subit l'effet d'écran partiel de la sous-couche 3s, ce qui diminue la charge effective qui le retient à son noyau. La force qui retient l'électron 3p arraché à Al diminue donc suffisamment pour donner à Al une I_1 plus faible de celle de Mg.

4.40 In < Si < N < F.

4.41 Cl > S > Sn > Pb.

4.42 (a) Entre les deuxième et troisième énergies d'ionisation.

(b) Entre les cinquième et sixième énergies d'ionisation.

(c) Entre les sixième et septième énergies d'ionisation.

(d) Entre les première et deuxième énergies d'ionisation.

4.43 Al.

4.44 La χ qui s'exerce sur les électrons d'une liaison dépend de la force qu'exerce le noyau de l'atome sur ces électrons. Cette force est directement proportionnelle à la charge nucléaire effective qui s'exerce au niveau de la couche externe et inversement proportionnelle à la distance qui sépare cette couche de son noyau. Pour des charges effectives identiques, l'atome est de plus en plus gros lorsqu'on descend dans la famille des alcalins. La force qui s'exerce sur la couche externe diminue, donc la χ diminue.

4.45 La χ qui s'exerce sur les électrons d'une liaison dépend de la force qu'exerce le noyau de l'atome sur ces électrons. Cette force est directement proportionnelle à la charge nucléaire effective qui s'exerce au niveau de la couche externe et inversement proportionnelle à la distance qui sépare cette couche de son noyau. Pour des atomes dans une même période, la charge effective qui s'exerce sur la couche externe s'intensifie de gauche à droite. La force augmente, donc la χ augmente.

4.46 Le krypton a une couche de valence complètement remplie, ce qui lui confère sa stabilité chimique. Le brome a besoin d'un électron pour obtenir un sous-niveau p (donc sa couche de valence) complètement rempli et par conséquent il acquiert très facilement un électron, ce qui lui confère la stabilité supplémentaire due à un niveau de valence rempli. De plus, la charge nucléaire effective qui s'exerce sur l'électron à ajouter est très grande, ce qui rend le brome très réactif.

4.47 L'argon a une couche de valence complètement remplie, ce qui lui confère sa stabilité chimique. Le potassium a un seul électron dans le sous-niveau 4s et peut facilement perdre cet électron retenu par une charge nucléaire effective de +1 seulement. Par conséquent, il perd rapidement l'électron 4s pour obtenir une configuration électronique similaire à celle de l'argon, ce qui lui confère la stabilité supplémentaire d'une couche de valence complète.

4.48

Le vanadium et l'ion V^{3+} ont tous les deux des électrons non appariés et sont paramagnétiques.

4.49 *Rappel: dans la configuration du Cu, il y a une exception. L'un des électrons 4s se réarrange spontanément pour aller compléter la sous-couche 3d, ce qui donne une structure plus stable.*

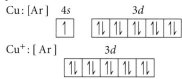

Cu contient un électron non apparié dans l'orbitale 4s et est paramagnétique; Cu$^+$ a des électrons qui sont tous appariés dans les orbitales 3d et il est diamagnétique.

4.50 (a) L'atome Ga est plus volumineux que l'atome Si, car il possède plus de couches électroniques et parce que l'attraction du noyau sur sa couche externe est plus faible.

(b) L'atome Ge est plus volumineux que l'atome Si, car, pour une même charge effective, le Ge possède plus de couches électroniques.

(c) En s'appuyant sur le nombre de couches électroniques et sur les charges effectives, on ne peut affirmer quel atome est le plus petit. En effet, quand on passe de Si à As, le nombre de couches électroniques augmente, mais c'est également le cas de la force du noyau exercée sur ces couches. Ces effets tendent à s'opposer l'un l'autre, et il n'est pas facile de dire lequel prédominera.

4.51 (a)

$_7$N	[He] $2s^2\,2p^3$	$Z_{eff} = +5$
$_{12}$Mg	[Ne] $3s^2$	$Z_{eff} = +2$
$_8$O	[He] $2s^2\,2p^4$	$Z_{eff} = +6$
$_9$F	[He] $2s^2\,2p^5$	$Z_{eff} = +7$
$_{13}$Al	[Ne] $3s^2\,3p^1$	$Z_{eff} = +3$

(b) Mg > Al > N > O > F.

(c) Al < Mg < O < N < F.

4.52 (a)

$_{15}$P	[Ne] $3s^2\,3p^3$	$Z_{eff} = +5$
$_{20}$Ca	[Ar] $4s^2$	$Z_{eff} = +2$
$_{14}$Si	[Ne] $3s^2\,3p^2$	$Z_{eff} = +4$
$_{16}$S	[Ne] $3s^2\,3p^4$	$Z_{eff} = +6$
$_{31}$Ga	[Ar] $4s^2\,3d^{10}\,4p^1$	$Z_{eff} = +3$

(b) S < P < Si < Ga < Ca.

(c) P > S > Si > Ca > Ga.

4.53 Quand on se déplace de gauche à droite dans une rangée (période) du tableau périodique regroupant les éléments des groupes principaux, la charge nucléaire effective (Z_{eff}) subie par les électrons de valence augmente, ce qui crée une attraction plus grande entre les électrons périphériques et le noyau et, par conséquent, des rayons atomiques de plus en plus petits. Le long d'une rangée regroupant les éléments de transition, le nombre d'électrons dans le niveau d'énergie principal le plus éloigné du noyau (valeur de n la plus élevée) est presque constant. Quand un autre proton s'ajoute au noyau avec chaque élément successif, un autre électron s'ajoute également, mais celui-ci s'en va dans l'orbitale $n_{plus\ élevé} - 1$ (un électron de cœur). Le nombre d'électrons périphériques demeure constant et ils

subissent une charge nucléaire effective à peu près constante, de sorte que le rayon reste plus ou moins constant après la première paire d'éléments dans la série.

4.54 Le long de la rangée regroupant les premiers éléments de transition (de $_{21}$Sc à $_{30}$Zn), le nombre d'électrons dans le niveau d'énergie principal externe (valeur de n la plus élevée = 4s) est presque constant. Quand un autre proton s'ajoute au noyau avec chaque élément successif, un autre électron s'ajoute également, mais celui-ci s'en va dans l'orbitale $n_{plus\ élevé} - 1$ (3d). Par conséquent, même si le numéro atomique de Cu est plus élevé que celui de V, leurs électrons périphériques les plus éloignés (4s) subissent à peu près la même charge nucléaire effective; donc, les rayons atomiques des deux éléments sont presque les mêmes. Comme les rayons des deux atomes sont presque identiques, leur volume est très semblable. Puisque la masse augmente avec l'augmentation du numéro atomique, la masse d'un atome de Cu est supérieure à la masse d'un atome de V; la masse volumique étant le rapport masse/volume, la masse volumique de Cu doit être supérieure à celle de V.

4.55 Reportons-nous aux figures 4.14 et 4.15 (p. 167-168) dans le manuel pour comprendre ce phénomène. Les deux premiers gaz rares, l'hélium et le néon, ont des énergies de première ionisation supérieures à 2000 kJ/mol, ce qui explique qu'ils résistent à tout effort visant à les forcer à partager leurs électrons avec d'autres éléments et qu'ils s'en tiennent à leur couche électronique externe complète ($1s^2$ ou $2s^2\,2p^6$). Cependant, les gaz rares les plus lourds, le krypton, le xénon et le radon, ont des énergies d'ionisation passablement plus faibles, inférieures même à celles de bien d'autres non-métaux comme F, O, N, Cl et Br. Même si leur couche électronique com-plète ne les porte pas à créer des liaisons par eux-mêmes, ces éléments, plus volumineux (dont les électrons de valence sont situés plus loin de leur noyau, donc plus faiblement retenus), ne peuvent empêcher qu'on les force à partager certains électrons avec les deux éléments les plus électronégatifs, le fluor et l'oxygène, pour former des composés covalents stables comme KrF_2, XeF_4, XeO_3, XeO_2F_2 ou RnF_6. Quant à l'argon, on ne lui connaît ac-tuellement qu'un seul composé assez instable, $HArF$, synthétisé en 2000 à l'Université d'Helsinki.

4.56 La réactivité d'un élément dépend de sa capacité à former des liaisons et varie en fonction de son électronégativité. Dans le cas des halogènes, leur forte électronégativité et le fait qu'ils n'ont besoin que d'un seul électron pour compléter leur couche de valence les rend très corrosifs. Cependant, la χ qui agit sur les électrons d'une liaison dépend de la force attractive du noyau de l'atome sur ces électrons. Cette force est directement proportionnelle à la charge nucléaire effective qui s'exerce au niveau de la couche externe et inversement proportionnelle à la distance qui sépare cette couche de son noyau. Lorsque l'on descend dans une même famille, la charge nucléaire effective est constante, mais le volume de l'atome augmente, ce qui diminue la force qui s'exerce sur les électrons périphériques et donc l'électronégativité de l'élément. Les halogènes plus petits sont donc plus réactifs chimiquement.

4.57 $Z = 120$ et $Z = 170$.

4.58 Il aurait des propriétés similaires aux éléments de la famille de l'azote, plus particulièrement au bismuth qui est lui aussi un métal.

4.59 $Z = 168$. Cet élément ferait partie de la famille des gaz nobles ($ns^2 \, np^6$) et il aurait des propriétés similaires : l'élément serait relativement inerte, et formerait difficilement des composés avec la plupart des éléments, mais serait capable de former des composés avec le fluor et l'oxygène, tout comme les gaz nobles volumineux tels Xe et Rn.

4.60 $1,39 \times 10^3$ kJ/mol.

86,1 nm.

4.61 Normalement, d'après la configuration électronique des ions, il serait impossible de prédire où se situerait exactement la I_2 de l'atome Li par rapport aux autres, car il exerce une charge effective inférieure à certains des atomes, mais son volume est aussi le plus petit des sept atomes. Ces effets tendent à s'opposer l'un l'autre, et il n'est généralement pas facile de dire lequel prédominera. Toutefois, le deuxième électron à arracher au lithium est situé sur le niveau 1, le plus près du noyau et le plus stable de façon significative par rapport à tous les autres (chapitre 3). Il est donc possible de conclure ici que la distance au noyau prédominera sur la charge effective plus faible et que cet électron sera particulièrement difficile à arracher ; la I_2 du lithium sera la plus élevée. La I_2 la plus faible doit être celle de Be$^+$ qui possède la charge nucléaire effective la plus faible pour des électrons de valence situés sur la couche la plus éloignée.

Dans le cas des atomes N et O, la I_2 du O sera plus élevée, car pour des électrons situés sur un même niveau électronique, la charge effective qui s'exerce sur le deuxième électron arraché à l'atome O est plus élevée. Dans le cas des atomes F et O, il faut se rappeler qu'il s'agit de la deuxième exception observée dans la tendance générale de l'énergie d'ionisation dans une période. Pour des noyaux de forces similaires, le deuxième électron arraché à l'atome F est sous forme doublet, alors que le deuxième électron arraché à l'atome O est célibataire. La I_2 du F sera donc un peu plus faible que la I_2 du O.

4.62 La I_1 associée à un électron de valence dépend de la force qui retient cet électron à son noyau. Cette force est directement proportionnelle à la charge nucléaire effective qui s'exerce sur cet électron et inversement proportionnelle à la distance qui sépare l'électron de son noyau. L'atome A exercera donc la charge nucléaire effective la plus élevée sur ses électrons de valence (force plus élevée, donc I_1 plus élevée), alors que l'atome B possédera le plus gros volume électronique (force plus faible, donc I_1 plus faible).

4.63 Les électrons $4s$ du calcium possèdent des énergies d'ionisation relativement faibles ($I_1 = 590$ kJ/mol ; $I_2 = 1145$ kJ/mol) parce que ce sont des électrons de valence. Le coût énergétique pour que le calcium perde un troisième électron (afin de former le CaF$_3$ – ions Ca^{3+} et F$^-$) est extraordinairement élevé parce que l'électron suivant à enlever est un électron de cœur ($I_3 = 4913$ kJ/mol). La formation d'un composé CaF contenant les ions Ca$^+$ et F$^-$ est aussi moins favorable, car le Ca$^+$ possède un seul électron de valence dont il veut se débarrasser ; ce cation

est de ce fait aussi instable et réactif que les métaux alcalins. Par conséquent, on s'attend à ce que le calcium et le fluor se combinent dans un rapport 1:2 (ions Ca^{2+} et F$^-$).

Chapitre 5

5.1 N : $1s^2 \, 2s^2 \, 2p^3$. $\cdot\ddot{\text{N}}:$
Les électrons représentés dans la structure de Lewis sont $2s^2 \, 2p^3$.

5.2 Ne : $1s^2 \, 2s^2 \, 2p^6$. $:\ddot{\text{Ne}}:$
Les électrons représentés dans la structure de Lewis sont $2s^2 \, 2p^6$.

5.3(a) $\cdot\dot{\text{Al}}\cdot$ **(b)** Na$^+$ **(c)** $:\ddot{\text{Cl}}\cdot$ **(d)** $\left[:\ddot{\text{Cl}}:\right]^-$

5.4(a) $\left[:\ddot{\text{S}}:\right]^{2-}$ **(b)** Mg: **(c)** Mg^{2+} **(d)** $\cdot\dot{\text{P}}\cdot$

5.5 (a) Na$^+$ $\left[:\ddot{\text{F}}:\right]^-$ **(c)** Sr^{2+} $2\left[:\ddot{\text{Br}}:\right]^-$

(b) Ca^{2+} $\left[:\ddot{\text{O}}:\right]^{2-}$ **(d)** 2K$^+$ $\left[:\ddot{\text{O}}:\right]^{2-}$

5.6 (a) Sr^{2+} $\left[:\ddot{\text{O}}:\right]^{2-}$ **(c)** Ca^{2+} $2\left[:\ddot{\text{I}}:\right]^-$

(b) 2 Li$^+$ $\left[:\ddot{\text{S}}:\right]^{2-}$ **(d)** Rb$^+$ $\left[:\ddot{\text{F}}:\right]^-$

5.7 (a) SrSe. **(b)** BaCl$_2$. **(c)** Na$_2$S. **(d)** Al$_2$O$_3$.

5.8 (a) Ca$_3$N$_2$. **(b)** MgI$_2$. **(c)** CaS. **(d)** CsF.

5.9 À mesure que la taille des ions des métaux alcalinoterreux augmente de haut en bas dans la colonne, la distance entre le cation du métal et l'anion oxyde en fait autant. Par conséquent, la grandeur de l'énergie de réseau des oxydes diminue, rendant la formation des oxydes moins exothermique et les composés moins stables. Étant donné que les ions ne peuvent pas s'approcher autant l'un de l'autre, ils ne libèrent pas autant d'énergie.

5.10 Dans le tableau périodique, le rubidium se situe sous le potassium et l'iode est sous le brome. Par conséquent, l'ion rubidium et l'ion iodure sont plus gros que l'ion potassium et l'ion bromure. Donc, l'ion rubidium et l'ion iodure ne peuvent pas s'approcher l'un de l'autre autant que l'ion potassium et l'ion bromure ; alors les ions rubidium et iodure ne libèrent pas autant d'énergie et l'énergie de réseau du bromure de potassium est plus exothermique.

5.11 Le césium est légèrement plus volumineux que le baryum, mais l'oxygène est légèrement plus gros que le fluor. Par conséquent, nous ne pouvons pas utiliser la taille pour expliquer la différence de l'énergie de réseau. Toutefois, la charge de l'ion césium est +1 et la charge de l'ion fluorure est −1, alors que la charge du baryum est +2 et celle de l'ion oxyde est −2. D'après la loi de Coulomb, la grandeur de la force électrostatique dépend également du produit des charges. Étant donné que le produit des charges pour CsF $= -1$ et le produit des charges de BaO $= -4$, la stabilisation de BaO par rapport à CsF doit être environ quatre fois plus grande ; c'est ce que nous observons dans son énergie de réseau beaucoup plus exothermique.

5.12 RbBr < KCl < SrO < CaO.

5.13 (a) Lorsque les deux atomes d'hydrogène partagent leurs électrons, ils obtiennent chacun un doublet, ce qui est une configuration stable pour l'hydrogène.

H — H

(b) Lorsque les deux halogènes s'associent, chacun peut obtenir un octet, ce qui est une configuration stable. Par conséquent, on prédit que les halogènes existent sous forme de molécules diatomiques.

$$:\ddot{X}—\ddot{X}:$$

(c) Pour obtenir un octet stable sur chaque oxygène, les atomes d'oxygène doivent partager deux paires d'électrons. Par conséquent, on prédit que l'oxygène existe sous forme de molécules diatomiques avec une liaison double.

$$:\ddot{O}=\ddot{O}:$$

(d) Pour obtenir un octet stable sur chaque azote, les atomes d'azote doivent partager trois paires d'électrons. Par conséquent, on prédit que l'azote existe sous forme de molécules diatomiques avec une liaison triple.

$$\ddot{N}\equiv\ddot{N}$$

5.14

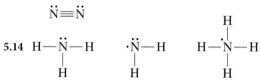

Lorsque l'azote se combine avec trois atomes d'hydrogène, l'azote obtient un octet stable et chaque hydrogène aura un doublet d'électrons. C'est une configuration stable. Lorsque l'azote se combine avec seulement deux atomes d'hydrogène, l'azote ne peut obtenir qu'une configuration de sept électrons, ce qui n'est pas stable. De plus, si l'azote se combinait avec quatre atomes d'hydrogène, l'azote aurait une configuration électronique de neuf électrons, ce qui n'est pas stable. Donc la théorie de Lewis prédit que l'azote se combine avec trois atomes d'hydrogène.

5.15 **(a)** H—P̈—H sous H
(c) H—Ï:

(b) :S̈—C̈l: sous :Cl:
(d) H—C—H avec H dessus et dessous

5.16 **(a)** :F̈—N̈—F̈: sous :F:
(c) :S̈—B̈r: sous :Br:

(b) H—B̈r:
(d) :C̈l—C—C̈l: avec :Cl: dessus et :Cl: dessous

5.17 **(a)** Covalente pure. **(c)** Covalente pure.
(b) Covalente polaire. **(d)** Ionique.

5.18 **(a)** Covalente polaire. **(c)** Ionique.
(b) Covalente polaire. **(d)** Covalente pure.

5.19 :C≡O:

Pourcentage de caractère ionique : 25 %.

5.20 :B̈r—F̈:

Pourcentage de caractère ionique : 30 %.

5.21 Force de liaison : $H_3CCH_3 < H_2CCH_2 < HCCH$.
Longueur de liaison : $H_3CCH_3 > H_2CCH_2 > HCCH$.

5.22 Liaison la plus forte : HNNH.
Liaison la plus courte : HNNH.

5.23 −128 kJ/mol.

5.24 −1245 kJ/mol.

5.25 N : +1.
O : −1.

5.26 S : +1.
O : −1.

5.27 I.

5.28 II.

5.29 Dans une structure de Lewis, les charges formelles négatives sont habituellement portées par les atomes les plus électronégatifs. S'il y a une charge formelle positive sur la structure, elle doit être associée à l'atome le moins électronégatif. Dans la molécule de N_2O, si on place l'oxygène comme atome central :

:N≡O⁽⁺²⁾—N̈:⁽⁻²⁾ ou ⁽⁻¹⁾N̈=O⁽⁺²⁾=N̈⁽⁻¹⁾

Il y a un grand nombre de charges formelles et l'une des plus élevées est portée par l'atome le plus électronégatif, soit l'oxygène. En plaçant l'azote au centre, on obtient une structure plus stable :

:N≡N⁽⁺⁾—Ö:⁽⁻⁾ ou ⁽⁻⁾N̈=N⁽⁺⁾=Ö

La structure de gauche est plus stable que la structure de droite, car la charge formelle négative se retrouve sur l'atome le plus électronégatif.

Dans le cas de la molécule de OF_2, c'est l'oxygène qui est le moins électronégatif. En plaçant l'oxygène au centre, on minimise toutes les charges formelles sur la structure :

:F̈—Ö—F̈: plutôt que :F̈—F̈⁽⁺⁾—Ö:⁽⁻⁾

5.30 **(a)** :Ï—C—Ï: avec :Ï: dessus et :Ï: dessous

(b) :N≡N⁽⁺⁾—Ö:⁽⁻⁾

(c) H—Si—H avec H dessus et H dessous

(d) :C̈l—C—C̈l: avec :O: (double liaison) dessus

(e) H—C—H avec :Ö—H dessus et H dessous

(f) $\left[{}^{(-)}\ddot{\text{O}}\!\!-\!\!\text{H} \right]^{-}$

(g) $\left[:\!\ddot{\text{B}}\text{r}\!\!-\!\!\ddot{\text{O}}\!:^{(-)} \right]^{-}$

5.31 **(a)** $\text{H}\!-\!\dot{\text{N}}\!=\!\dot{\text{N}}\!-\!\text{H}$

(b) Structure : $\text{H}_2\dot{\text{N}}\!-\!\dot{\text{N}}\text{H}_2$

(c) $\text{H}\!-\!\text{C}\!\equiv\!\text{C}\!-\!\text{H}$

(d) $\text{H}_2\text{C}\!=\!\text{C}\text{H}_2$

(e) $\text{H}\!-\!\overset{\text{H}}{\underset{\text{H}}{\text{C}}}\!-\!\ddot{\text{O}}\!-\!\overset{\text{H}}{\underset{\text{H}}{\text{C}}}\!-\!\text{H}$

(f) $\left[{}^{(-)}\!:\!\text{C}\!\equiv\!\text{N}\!: \right]^{-}$

(g) $\left[{}^{(-)}\!:\!\ddot{\text{O}}\!-\!\dot{\text{N}}\!=\!\ddot{\text{O}}\!: \right]^{-}$

5.32 **(a)** ${}^{(-)}\!:\!\ddot{\text{O}}\!-\!\dot{\text{S}}\text{e}^{(+)}\!=\!\ddot{\text{O}}\!: \longleftrightarrow :\!\ddot{\text{O}}\!=\!\dot{\text{S}}\text{e}^{(+)}\!-\!\ddot{\text{O}}\!:^{(-)}$

(b) $\left[{}^{(-)}\!:\!\ddot{\text{O}}\!-\!\text{C}\overset{\ddot{\text{O}}\!:^{(-)}}{=}\!\ddot{\text{O}}\!: \right]^{2-} \longleftrightarrow \left[:\!\ddot{\text{O}}\!=\!\text{C}\!-\!\ddot{\text{O}}\!:^{(-)} \right]^{2-} \longleftrightarrow \left[{}^{(-)}\!:\!\ddot{\text{O}}\!-\!\text{C}\!-\!\ddot{\text{O}}\!:^{(-)} \right]^{2-}$

(c) $\left[:\!\ddot{\text{C}}\text{l}\!-\!\ddot{\text{O}}\!:^{(-)} \right]^{-}$

(d) $\left[:\!\text{O}\!=\!\dot{\text{N}}\!-\!\ddot{\text{O}}\!:^{(-)} \right]^{-} \longleftrightarrow \left[{}^{(-)}\!:\!\ddot{\text{O}}\!-\!\dot{\text{N}}\!=\!\text{O}\!: \right]^{-}$

5.33 **(a)** $\left[{}^{(-)}\!:\!\ddot{\text{O}}\!-\!\text{Cl}^{(+2)}\!\ddot{\text{O}}\!:^{(-)} \right]^{-}$ (avec $\ddot{\text{O}}\!:^{(-)}$ en haut)

(b) $\left[{}^{(-)}\!:\!\ddot{\text{O}}\!-\!\text{Cl}^{(+3)}\!\ddot{\text{O}}\!:^{(-)} \right]^{-}$ (avec $\ddot{\text{O}}\!:^{(-)}$ en haut et en bas)

(c) $\left[{}^{(-)}\!:\!\ddot{\text{O}}\!-\!\text{N}\!=\!\ddot{\text{O}}\!: \right]^{-} \longleftrightarrow \left[:\!\ddot{\text{O}}\!=\!\text{N}\!-\!\ddot{\text{O}}\!:^{(-)} \right]^{-} \longleftrightarrow \left[{}^{(-)}\!:\!\ddot{\text{O}}\!-\!\text{N}\!-\!\ddot{\text{O}}\!:^{(-)} \right]^{-}$

(d) $\left[\text{H}\!-\!\overset{\text{H}}{\underset{\text{H}}{\text{N}^{(+)}}}\!-\!\text{H} \right]^{+}$

5.34 Cette structure de résonance ne fournit pas de contribution déterminante à la structure du dioxyde de carbone parce qu'il y a une charge formelle de +1 sur un atome d'oxygène qui est très électronégatif.

5.35 $\left[\text{H}\!-\!\overset{\text{H}}{\underset{\text{H}}{\text{C}}}\!-\!\text{C}\overset{:\text{O}:}{=}\!\ddot{\text{O}}\!:^{(-)} \right]^{-} \longleftrightarrow \left[\text{H}\!-\!\overset{\text{H}}{\underset{\text{H}}{\text{C}}}\!-\!\text{C}\overset{:\ddot{\text{O}}\!:^{(-)}}{=}\!\ddot{\text{O}} \right]^{-}$

5.36 $\text{H}\!-\!\overset{\text{H}}{\underset{\text{H}}{\text{C}}}\!-\!\ddot{\text{N}}^{(-)}\!-\!\text{N}^{(+)}\!\equiv\!\text{N}\!: \longleftrightarrow \text{H}\!-\!\overset{\text{H}}{\underset{\text{H}}{\text{C}}}\!-\!\ddot{\text{N}}\!=\!\text{N}^{(+)}\!=\!\ddot{\text{N}}\!:^{(-)}$

5.37 **(a)** $:\!\ddot{\text{C}}\text{l}\!-\!\overset{:\ddot{\text{C}}\text{l}:}{\text{B}}\!-\!\ddot{\text{C}}\text{l}:$

(b) $\ddot{\text{O}}\!=\!\text{N}^{(+)}\!-\!\ddot{\text{O}}\!:^{(-)}$

(c) $\text{H}\!-\!\overset{\text{H}}{\text{B}}\!-\!\text{H}$

5.38 **(a)** $:\!\ddot{\text{B}}\text{r}\!-\!\overset{:\ddot{\text{B}}\text{r}:}{\text{B}}\!-\!\ddot{\text{B}}\text{r}:$

(b) $\dot{\text{N}}\!=\!\ddot{\text{O}}\!:$

(c) $\ddot{\text{O}}\!=\!\ddot{\text{C}}\text{l}\!=\!\ddot{\text{O}}$

5.39 **(a)** $\ddot{\text{F}}\!-\!\overset{:\ddot{\text{F}}:}{\underset{:\ddot{\text{F}}:}{\text{P}}}\overset{\ddot{\text{F}}:}{<}$

(b) $\left[:\!\ddot{\text{I}}\!-\!\ddot{\text{I}}^{(-)}\!-\!\ddot{\text{I}}\!: \right]^{-}$

(c) $:\!\ddot{\text{F}}\!-\!\overset{:\ddot{\text{F}}:}{\underset{:\ddot{\text{F}}:}{\text{S}}}\!-\!\ddot{\text{F}}:$

(d) $:\!\ddot{\text{F}}\!-\!\overset{:\ddot{\text{F}}:}{\underset{:\ddot{\text{F}}:}{\text{Ge}}}\!-\!\ddot{\text{F}}:$

5.40 **(a)** $:\!\ddot{\text{F}}\!-\!\overset{:\ddot{\text{F}}:}{\underset{:\ddot{\text{F}}:}{\ddot{\text{C}}\text{l}}}\overset{\ddot{\text{F}}:}{<}$ **(c)** $:\!\ddot{\text{C}}\text{l}\!-\!\overset{:\text{O}:}{\underset{:\ddot{\text{C}}\text{l}:}{\text{P}}}\!-\!\ddot{\text{C}}\text{l}:$

(b) [Lewis structure: AsF_6^-] **(d)** [Lewis structure: IF_5]

5.41 (a) [Lewis structures: PO_4^{3-} resonance forms]

(b) $[:C{\equiv}N:]^-$

(c) [Lewis structures: SO_3^{2-} resonance forms]

(d) [Lewis structures: ClO_2^- resonance forms]

5.42 (a) [Lewis structures: SO_4^{2-} resonance forms]

(b) [Lewis structures: HSO_4^- resonance forms]

(c) [Lewis structure: SO_2] $\ddot{O}{=}S{=}\ddot{O}$

(d) [Lewis structures: BrO_2^- resonance forms]

5.43 (a) et **(c)**

Dans la molécule (a), le monomère $-CH_2-$ se répète 5 fois, bordé aux extrémités par des hydrogènes.

Dans la molécule (b), il n'y a aucune répétition.

Dans la molécule (c) le monomère

[Structure du monomère]

se répète 4 fois, bordé aux extrémités par un hydrogène et un groupement hydroxyde (OH).

Dans la molécule (d) il n'y a aucun motif qui se répète.

5.44 CF_3-CF_2-CF_2-CF_2-CF_2-CF_2-CF_2-CF_3

5.45 [Structure de la molécule avec groupes CH_3 et CH_2]

5.46 (a) [Structure du polymère]

(b) Les liens C–C, C=C et C–H sont des liens covalents peu ou non polaires.

Les liens O–H, C=O et C–O sont des liens covalents polaires.

5.47 $1,50 \times 10^5$ g/mol

5.48 (a) Mn(s).   **(b)** Ba(s).   **(c)** Ag(s).

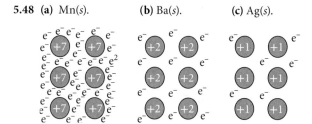

5.49 Le sodium cède 1 électron par atome à la mer d'électrons, alors que le fer délocalise 3 électrons (voir le tableau 4.1, p. 151) par atome. La mer d'électrons du sodium est donc moins dense que celle du fer et ses cations (+1) adhèrent moins fortement que ceux du fer (+3) à leur mer d'électrons. Il est donc plus facile de plier la substance.

5.50 Le titane cède 4 électrons par atome à la mer d'électrons, alors que l'argent ne délocalise que 1 électron par atome (voir le tableau 4.1, p. 151). La mer d'électrons du titane est donc plus dense et ses cations (+4) adhèrent plus fortement que ceux de l'argent (+1) à leur mer d'électrons. Le titane est donc moins facile à étirer que l'argent.

5.51 $V(s) > Fe(s) > Ca(s)$.

5.52 (a) Ca.   **(b)** Al.   **(c)** Ge.

5.53 Pour déterminer les valeurs de l'énergie de réseau, il faut les rechercher en ligne. L'énergie de réseau de Al_2O_3 est de $-15\ 916$ kJ/mol; la valeur pour Fe_2O_3 est de $-14\ 774$ kJ/mol. La réaction thermique est exothermique à cause de l'énergie libérée lorsque le réseau de Al_2O_3 se forme. L'énergie de réseau de Al_2O_3 est plus négative que l'énergie de réseau de Fe_2O_3.

5.54 -7083 kJ/mol.

5.55 $Na^+F^- < Na^+O^{2-} < Mg^{2+}F^- < Mg^{2+}O^{2-} < Al^{3+}O^{2-}$.

5.56

	kJ/mol	kJ/g
H_2	−243	−121
CH_4	−802	−50,0

Le méthane fournit le plus d'énergie par mole, mais l'hydrogène en fournit plus par gramme.

5.57 −5030 kJ/mol.

5.58 $\Delta H_{\text{réaction}} = -99$ kJ (pour la formation de 2 mol de HBr(g).

ΔH_f des tables = −36,3 kJ/mol.

On s'attend à ce que la valeur de ΔH_f soit ½ fois la valeur calculée à partir des énergies de liaison, mais ce n'est pas le cas. ΔH_f est la valeur pour la formation de 1 mol de HBr à partir de ses éléments à l'état standard. L'état standard de Br est Br_2(l), alors que nous avons utilisé l'énergie de liaison de Br_2(g). Si on inclut au calcul l'énergie requise pour la formation de Br_2(g) (30,9 kJ/mol), on obtient un ΔH_{Rn} de (−99 + 30,9) kJ = −68 kJ, soit −34 kJ pour la formation de 1 mol de HBr(g). La petite différence entre cette valeur et celle du ΔH_f de HBr peut s'expliquer par les types des liaisons rompues et formées. Celles de H_2 et de Br_2 sont des liaisons covalentes pures, alors que la liaison de HBr est covalente polaire, ce qui la rend légèrement plus stable à cause de l'attraction entre $H^{\delta+}$ et $Br^{\delta-}$.

5.59 (a) $2 Al^{3+}$ $3\left[:\ddot{O}:\right]^{2-}$

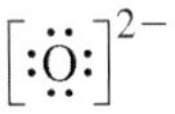

(b) :Ḟ—N̈—Ḟ: | :Ḟ:

(c) :C̈l—Ḟ:

(d) $2K^+$ $\left[:\ddot{S}:\right]^{2-}$

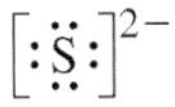

(e) Mg^{2+} $2\left[:\ddot{I}:\right]^-$

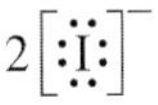

(f) Ga^{3+} $3\left[:\ddot{B}r:\right]^-$

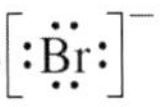

(g) 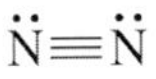 N̈≡N̈

5.60 (a) Ba^{2+}

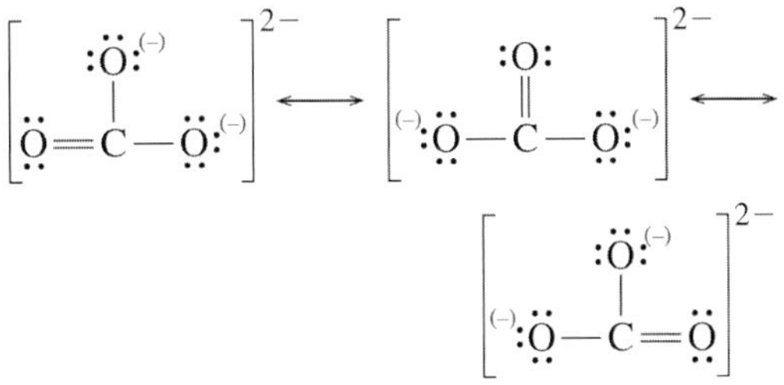

(b) Ca^{2+}

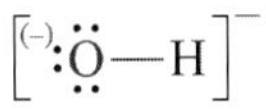

$\left[^{(-)}:\ddot{O}—H\right]^-$

(c) K^+

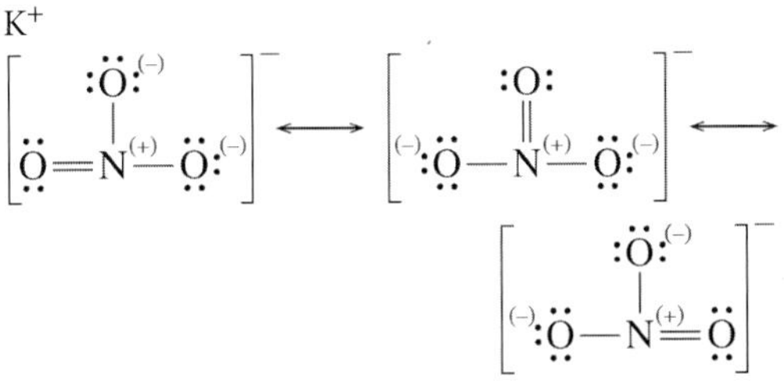

(d) Li^+

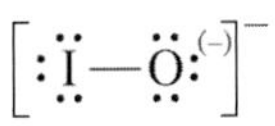

$\left[:\ddot{I}—\ddot{O}:^{(-)}\right]^-$

5.61 (a) Rb^+

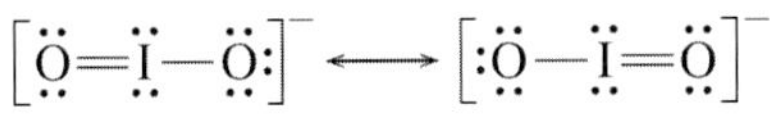

$\left[\ddot{O}=\ddot{I}—\ddot{O}:\right]^- \longleftrightarrow \left[:\ddot{O}—\ddot{I}=\ddot{O}\right]^-$

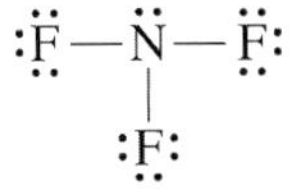

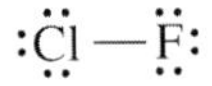

(b)

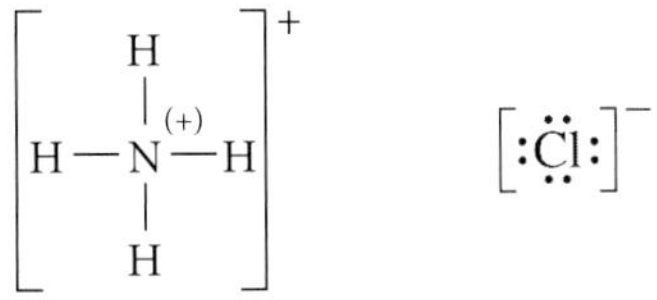

$\left[:\ddot{C}l:\right]^-$

(c) K^+

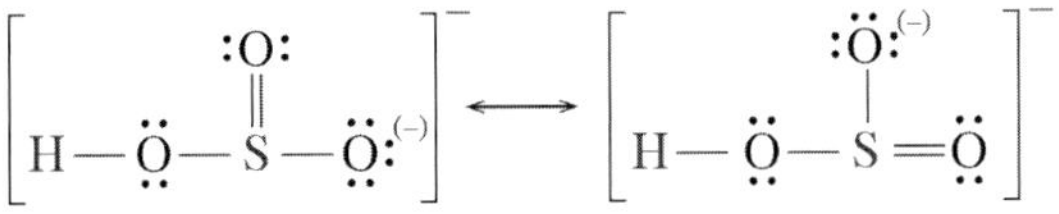

(d) Sr^{2+}

$\left[^{(-)}:C≡N:\right]^-$

5.62 (a)

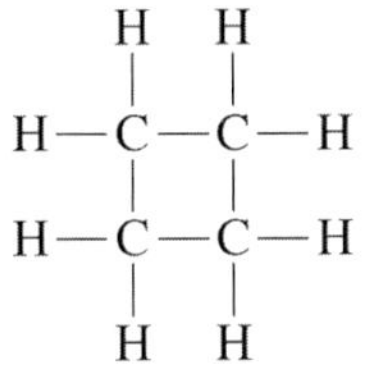

(b)

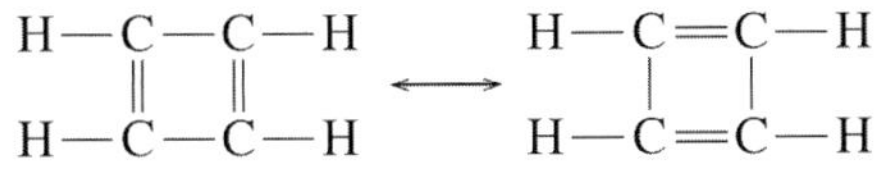

(c)

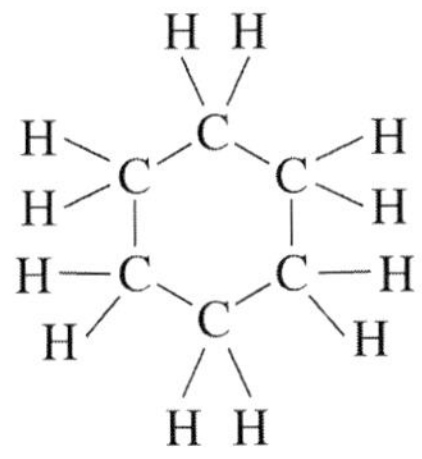

(d)

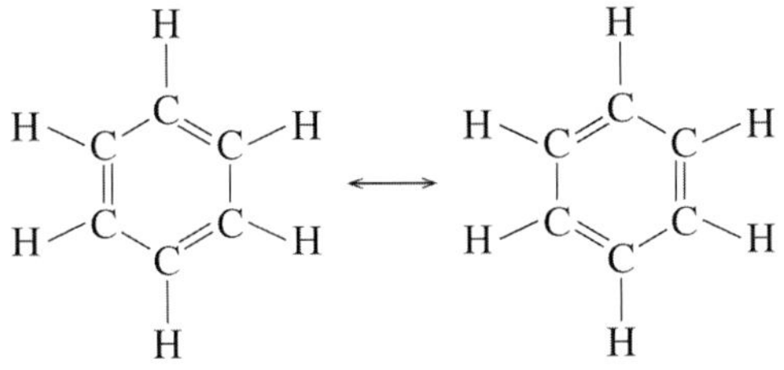

5.63

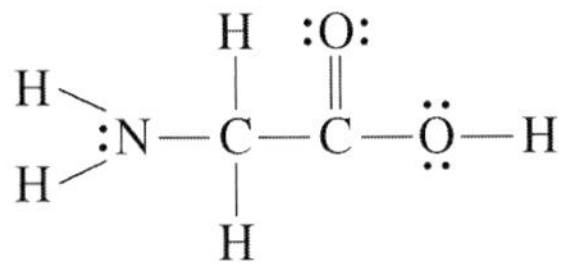

5.64 H—Ö—N$^{(+)}$—Ö:$^{(-)}$ ⟷ H—Ö—N$^{(+)}$=Ö:$^{(-)}$

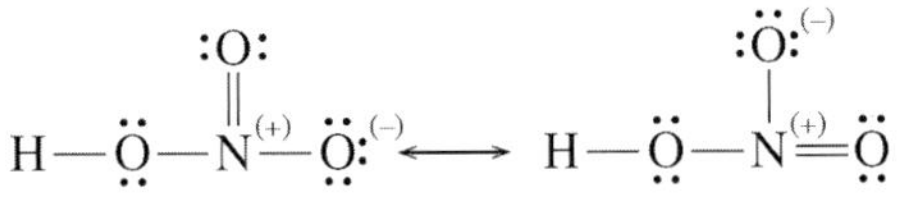

I   II

5.65 :C̈l—C—C̈l: ⟷ C̈l$^{(+)}$=C—C̈l: ⟷ (avec :O: au-dessus)

I   II

:C̈l—C=C̈l:$^{(+)}$

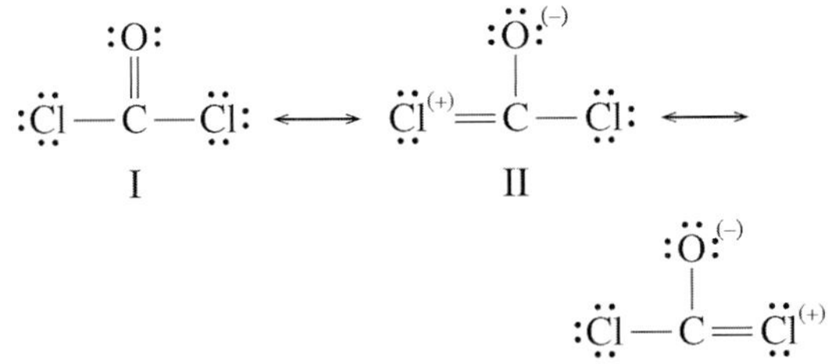

III

La somme des charges formelles est de 0 pour chaque structure, ce qui est la charge globale de la molécule. Cependant, dans la structure I, les charges formelles individuelles sont plus faibles et cette forme est plus importante pour Cl_2CO que la structure II et la structure III.

5.66

$$\left[\overset{(-2)}{\ddot{C}} = N \overset{(+)}{=} \ddot{O} \right]^{-} \longleftrightarrow \left[\overset{(-1)}{:}C \equiv N \overset{(+)}{=} \ddot{O}: \overset{(-)}{} \right]^{-} \longleftrightarrow$$
  I   II

$$\left[\overset{(-3)}{:}\ddot{C} - N \overset{(+)}{\equiv} O: \overset{(+)}{} \right]^{-}$$
III

Les structures I, II et III suivent toutes la règle de l'octet, mais elles ont des degrés variables de charge formelle négative sur le carbone, qui est l'atome le moins électronégatif. De plus, la quantité de charge formelle est très élevée dans les trois formes de résonance. Bien que la structure II soit la meilleure des formes de résonance, elle a une charge de −1 sur l'atome le moins électronégatif, C, et une charge de +1 sur un atome plus électronégatif, N ; par conséquent, aucune de ces formes de résonance ne contribue de façon importante à la stabilité de l'ion fulminate et l'ion n'est pas très stable.

5.67 Dans ces anions formés de trois halogènes, on doit distribuer en tout 22 électrons de valence :

$$:\ddot{Br} — \cdot\ddot{Br}\cdot — \ddot{Br}:$$
$$:\ddot{I} — \cdot\ddot{I}\cdot — \ddot{I}:$$
$$:\ddot{F} — \text{X} — \ddot{F}:$$

Pour pouvoir placer tous les électrons de valence, on doit créer un octet étendu sur l'atome central. Cela est possible dans le brome et dans l'iode, qui possèdent des orbitales d inutilisées dans leur couche de valence ($n=4$ et $n=5$ respectivement). Dans le cas du fluor, la couche de valence ($n=2$) ne contient que des orbitales s et p ; il est donc impossible de distribuer de façon stable tous les électrons de valence de la molécule.

5.68 (a)

```
    H   H   H
    |   |   |
H — C — C — C — H
    |   |   |
    H   H   H
```

(b)

```
    H       H
    |       |
H — C — Ö — C — H
    |       |
    H       H
```

(c)

```
    H  :O:  H
    |   ||  |
H — C — C — C — H
    |       |
    H       H
```

(d)

```
    H  :O:
    |   ||
H — C — C — Ö — H
    |
    H
```

(e)

```
    H  :O:
    |   ||
H — C — C — H
    |
    H
```

5.69 (a)

```
H — C = C — H
    |   |
    H   H
```

(b)

```
    H
    |
H — C — N̈ — H
    |   |
    H   H
```

(c)

```
   :O:
    ||
H — C — H
```

(d)

```
    H   H
    |   |
H — C — C — Ö — H
    |   |
    H   H
```

(e)

```
   :O:
    ||
H — C — Ö — H
```

5.70

```
              :S:
non polaire   ||   polaire  H
     H — C — N
non polaire   polaire  \  polaire  H
```

5.71

```
           :O:
H  polaire  || polaire  polaire  H
 \         ||         /
  N̈ — C — N̈
 /  polaire  polaire polaire  \  polaire
H                              H
   polaire                 polaire
```

La liaison C — O est la plus polaire parce qu'elle a la plus grande différence d'électronégativité.

5.72 (a) $\left[\cdot\ddot{O} — \ddot{O}: \overset{(-)}{} \right]^{-}$ **(c)** $H — \ddot{O}\cdot$

(b) $\left[\cdot\ddot{O}: \overset{(-)}{} \right]^{-}$ **(d)**

```
    H
    |
H — C — Ö — Ö·
    |
    H
```

5.73

$$\ddot{O} = N \overset{(+)}{—} \ddot{O}: \overset{(-)}{} \longrightarrow \dot{N} = \ddot{O}: + \cdot\ddot{O}:$$
$$\cdot\ddot{O}: + \ddot{O} = \ddot{O} \longrightarrow \ddot{O} = \ddot{O} \overset{(+)}{—} \ddot{O}: \overset{(-)}{}$$

NO_2, O et NO sont des radicaux libres.

5.74 (a)

```
        :O:         :O:
        ||          ||
  Ö = Cl — Ö — Cl = Ö
        ||          ||
        :O:         :O:
```

(b)

```
       :O:
        ||
H — P — Ö — H
        |
       :O:
        |
        H
```

(c)

$$\text{H}-\overset{..}{\underset{..}{\text{O}}}-\overset{\overset{\displaystyle :\text{O}:}{\|}}{\underset{\underset{\displaystyle \text{H}}{|}}{\overset{\displaystyle :\text{O}:}{\text{As}}}}-\overset{..}{\underset{..}{\text{O}}}-\text{H}$$

5.75
$$\left[\overset{(-)}{\overset{..}{\underset{..}{\text{N}}}}=\text{N}\overset{(+)}{=}\overset{(-)}{\overset{..}{\underset{..}{\text{N}}}}\right]^{-} \longleftrightarrow \left[:\text{N}\equiv\text{N}\overset{(+)}{-}\overset{(-2)}{\overset{..}{\underset{..}{\text{N}}}}:\right]^{-} \longleftrightarrow$$
$$\left[\overset{(-2)}{:}\overset{..}{\underset{..}{\text{N}}}-\text{N}\overset{(+)}{\equiv}\text{N}:\right]^{-}$$

5.76 Pour qu'un métal soit un excellent conducteur, sa mer d'électrons doit être assez libre pour permettre au courant (des électrons) de pouvoir circuler assez librement dans l'agencement cations et mer d'électrons. Le cuivre est ainsi un excellent conducteur parce que la petitesse de son noyau et de ses cations retient moins fortement sa mer d'électrons. Les électrons, étant moins retenus, sont plus délocalisés ou plus libres pour laisser passer d'autres électrons du courant électrique. De plus cette propriété du cuivre le rend facilement étirable en fils, souple et pas cassant quand on le tord.

5.77 Le but recherché lors de l'utilisation d'alliages à base d'aluminium ou de fer pour fabriquer des chaudrons et des poêles est d'obtenir un matériau bon conducteur de chaleur. L'aluminium et le fer sont des métaux qui ont leurs cations (Al^{3+}, Fe^{2+} ou Fe^{3+}) baignant dans une mer d'électrons. Leurs cations relativement petits attirent moins les électrons qui deviennent alors plus libres ou plus délocalisés pour favoriser des rapprochements entre eux et ainsi transporter la chaleur de l'un à l'autre. Un bon conducteur de chaleur est aussi un bon conducteur d'électricité.

5.78 HCl : 113 pm.

HF : 84 pm.

D'après le tableau 5.4 (p. 204), la longueur de liaison de HCl = 127 pm et celle de HF = 92 pm. Ces deux valeurs sont plus élevées que les valeurs calculées.

5.79 $\Delta H = 260$ kJ (par mole de $C_6H_6(g)$).

La différence entre la valeur calculée à partir des énergies de liaison (260 kJ/mol) et $\Delta H_f = 82,9$ kJ/mol pour le benzène nous amène à conclure que le benzène *réel* est beaucoup plus stable que celui représenté par la formule structurale ci-haut.

5.80 L'anion O^{2-} a huit électrons dans sa couche de valence et par conséquent est entouré d'un octet, ce qui en fait un anion stable dans un solide ionique.

L'anion O^- a sept électrons dans sa couche de valence. Comme il n'a pas un octet complet, il ne sera pas un anion stable dans un solide ionique : il voudra accaparer un huitième électron.

L'anion O^{3-} a neuf électrons. Comme O ne peut accommoder plus de huit électrons dans sa couche de valence, cet anion ne se formera pas.

5.81

$$\overset{..}{\underset{..}{\text{O}}}=\text{S}=\overset{..}{\underset{..}{\text{O}}} + :\overset{..}{\underset{..}{\text{O}}}-\text{H} \longrightarrow \text{H}-\overset{..}{\underset{..}{\text{O}}}-\overset{\overset{\displaystyle :\text{O}:}{\|}}{\text{S}}-\overset{..}{\underset{..}{\text{O}}}:$$

$$\text{H}-\overset{..}{\underset{..}{\text{O}}}-\overset{\overset{\displaystyle :\text{O}:}{\|}}{\text{S}}-\overset{..}{\underset{..}{\text{O}}}: + \overset{..}{\underset{..}{\text{O}}}=\overset{..}{\underset{..}{\text{O}}} \longrightarrow$$

$$:\overset{..}{\underset{..}{\text{O}}}-\overset{\overset{\displaystyle :\text{O}:}{\|}}{\text{S}}-\overset{..}{\underset{..}{\text{O}}}: + \text{H}-\overset{..}{\underset{..}{\text{O}}}-\overset{..}{\underset{..}{\text{O}}}\cdot$$

$$\overset{\overset{\displaystyle :\text{O}:}{\|}}{:\overset{..}{\text{O}}}-\text{S}-\overset{..}{\underset{..}{\text{O}}}: + \text{H}-\overset{..}{\underset{..}{\text{O}}}-\text{H} \longrightarrow \overset{\overset{\displaystyle \text{H}}{|}\,\overset{\displaystyle :\text{O}}{}}{:\overset{..}{\underset{..}{\text{O}}}-\underset{\underset{\displaystyle \text{H}-\overset{..}{\underset{..}{\text{O}}}:}{|}}{\text{S}}=\overset{..}{\underset{..}{\text{O}}}:}$$

$\Delta H_{\text{Rn}} = -174$ kJ

5.82

$$:\text{P}\overset{\overset{\displaystyle \overset{..}{\text{P}}}{\text{\tiny |}}}{\underset{\underset{\displaystyle \overset{..}{\text{P}}}{\text{\tiny |}}}{\blacktriangle}}\text{P}:$$

5.83

5.84 $\text{H}-\overset{..}{\underset{..}{\text{S}}}_A-\overset{..}{\underset{..}{\text{S}}}_B-\overset{..}{\underset{..}{\text{S}}}_C-\overset{..}{\underset{..}{\text{S}}}_D-\text{H}$

H = 1 − 0 = +1 pour chaque H.

$S_A = 6 − 7 = −1.$

$S_B = 6 − 6 = 0.$

$S_C = 6 − 6 = 0.$

$S_D = 6 − 7 = −1.$

5.85 (a).

5.86 Quand on dit qu'un composé est « riche en énergie », cela signifie qu'il libère une grande quantité d'énergie quand il réagit. Cela signifie que beaucoup d'énergie est emmagasinée dans le composé. Cette énergie est libérée quand les liaisons faibles dans le composé se rompent et que des liaisons beaucoup plus fortes se forment dans les produits, libérant ainsi de l'énergie.

5.87 Dans les composés covalents solides, les électrons dans les liaisons sont partagés directement entre les atomes impliqués dans la molécule. Chaque molécule est une unité distincte, maintenue dans l'état solide par des interactions plus ou moins fortes avec les molécules voisines. Les composés ioniques, par contre, ne sont pas des unités distinctes. Ils sont plutôt composés d'ions positifs et négatifs en alternance dans un réseau cristallin tridimensionnel de dimension indéfinie.

5.88 La théorie de Lewis est efficace parce qu'elle permet de comprendre et de prédire de nombreuses observations chimiques. Nous pouvons l'utiliser pour déterminer les formules des composés moléculaires et/ou ioniques et pour rendre compte des bas points de fusion et points de congélation des composés moléculaires comparés aux composés ioniques. La théorie de Lewis nous permet de prédire quels molécules ou ions seront stables, lesquels seront plus réactifs et lesquels n'existeront pas. La théorie de Lewis, par contre, ne nous dit rien sur la façon dont les liaisons se forment dans les molécules et les ions. Et, à elle seule, la théorie de Lewis ne nous dit rien au sujet de la forme de la molécule ou de l'ion.

Chapitre 6

6.1   4.

6.2   3.

6.3   **(a)** 4 groupes d'électrons, 4 groupes liants et 0 doublet libre.

(b) 5 groupes d'électrons, 3 groupes liants et 2 doublets libres.

(c) 6 groupes d'électrons, 5 groupes liants et 1 doublet libre.

6.4   **(a)** 6 groupes d'électrons, 6 groupes liants et 0 doublet libre.

(b) 6 groupes d'électrons, 4 groupes liants et 2 doublets libres.

(c) 5 groupes d'électrons, 4 groupes liants et 1 doublet libre.

6.5   **(a)** Géométrie électronique : tétraédrique.

Géométrie moléculaire : pyramidale à base triangulaire.

Angle de liaison = 109,5°.

À cause du doublet libre, l'angle de liaison est inférieur à 109,5°.

(b) Géométrie électronique : tétraédrique.

Géométrie moléculaire : angulaire.

Angle de liaison = 109,5°.

À cause des doublets libres, l'angle de liaison est inférieur à 109,5°.

(c) Géométrie électronique : tétraédrique.

Géométrie moléculaire : tétraédrique.

Angle de liaison = 109,5°.

Étant donné qu'il n'y a aucun doublet libre, l'angle de liaison est de 109,5°.

(d) Géométrie électronique : linéaire.

Géométrie moléculaire : linéaire.

Angle de liaison = 180°.

Étant donné qu'il n'y a aucun doublet libre, l'angle de liaison est de 180°.

6.6   **(a)** Géométrie électronique : tétraédrique.

Géométrie moléculaire : tétraédrique.

Angle de liaison = 109,5°.

(b) Géométrie électronique : tétraédrique.

Géométrie moléculaire : pyramidale à base triangulaire.

Angle de liaison = 109,5°.

À cause du doublet libre, l'angle de liaison est inférieur à 109,5°.

(c) Géométrie électronique : tétraédrique.

Géométrie moléculaire : angulaire.

Angle de liaison = 109,5°.

À cause du doublet libre, l'angle de liaison est inférieur à 109,5°.

(d) Géométrie électronique : tétraédrique.

Géométrie moléculaire : angulaire.

Angle de liaison = 109,5°.

À cause des doublets libres, l'angle de liaison est inférieur à 109,5°.

6.7   Les deux structures ont quatre groupes d'électrons, mais les deux doublets libres dans H_2O font diminuer plus fortement l'angle de liaison à cause des répulsions doublet libre-doublet libre.

6.8   Les deux structures ont quatre groupes d'électrons, mais le doublet libre dans ClO_3^- fait diminuer l'angle de liaison à cause des répulsions doublet libre-doublet liant.

6.9 **(a)** ... **(b)** ...

(c) ... **(d)** ...

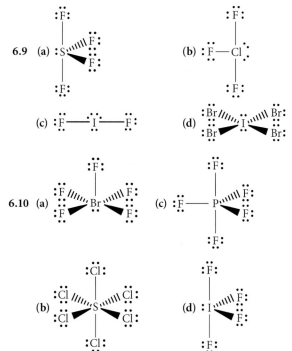

6.10 **(a)** ... **(c)** ...

(b) ... **(d)** ...

6.11 **(a)** $H-C\equiv C-H$ **(b)** ...

(c) ...

6.12 **(a)** $:N\equiv N:$

(b) ... ou ...

(c) ...

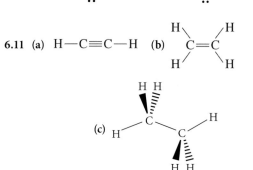

6.13 **(a)** Quatre doublets d'électrons entraînent une géométrie électronique tétraédrique. Le doublet libre cause des répulsions doublet libre-doublet liant et la géométrie moléculaire est pyramidale à base triangulaire.

(b) Cinq doublets d'électrons entraînent une géométrie électronique bipyramidale à base triangulaire. Le doublet libre occupe une position équatoriale afin de minimiser les répulsions doublet libre-doublet liant et la molécule a une géométrie moléculaire à bascule.

(c) Six doublets d'électrons entraînent une géométrie électronique octaédrique. Les deux doublets libres occupent des positions opposées afin de minimiser les répulsions doublet libre-doublet libre. La géométrie moléculaire est plane carrée.

6.14 (a) Quatre doublets d'électrons entraînent une géométrie électronique tétraédrique. Les deux doublets libres causent des répulsions qui entraînent une géométrie moléculaire angulaire.

(b) Cinq doublets d'électrons entraînent une géométrie électronique bipyramidale à base triangulaire. Les trois doublets libres occupent des positions équatoriales afin de minimiser les répulsions doublet libre-doublet libre, ce qui entraîne une géométrie moléculaire linéaire.

(c) Six doublets d'électrons entraînent une géométrie électronique octaédrique. Les doublets libres occupent une position afin de minimiser les répulsions doublet libre-doublet liant. La géométrie moléculaire est pyramidale à base carrée.

6.15 (a)

(b)

(c)

6.16 (a)

(b)

(c)

6.17 La polarité d'une liaison dépend seulement de la différence d'électronégativité entre les deux atomes formant la liaison. La polarité de la molécule dépend de la différence

d'électronégativité entre les atomes formant les liaisons qui la composent, mais dépend aussi de la somme vectorielle des polarités de ces liens. Cela signifie que la polarité globale de la molécule dépend aussi de la géométrie des liens eux-mêmes les uns par rapport aux autres.

6.18 Même si chaque molécule contient des liaisons polaires, la somme des dipôles des liaisons donne un dipôle net de zéro pour chaque molécule. La géométrie moléculaire linéaire de CO_2 a des vecteurs de liaisons égaux et opposés. La géométrie moléculaire tétraédrique de CCl_4 a des vecteurs de liaison égaux et un dipôle net de zéro.

6.19 La molécule est tétraédrique, mais elle est polaire parce que les dipôles des liaisons Si — H sont différents des dipôles Si — Cl en raison des électronégativités de Si = 1,8, H = 2,2 et Cl = 3,0. Étant donné que les dipôles des liaisons sont différents, la somme des dipôles de liaison ne donne pas zéro. Par conséquent, la molécule est polaire. La géométrie moléculaire tétraédrique de $SiHCl_3$ a des vecteurs de liaison inégaux, de sorte que la molécule a un dipôle net.

6.20 (a) Polaire.   (c) Polaire.
(b) Non polaire.   (d) Non polaire.

6.21 (a) Non polaire.   (c) Polaire.
(b) Polaire.   (d) Polaire.

6.22 (a) Polaire.   (b) Polaire.   (c) Non polaire.

6.23 (a) Non polaire.   (c) Non polaire.
(b) Polaire.   (d) Polaire.

6.24 Plus polaire.

6.25 Moins polaire.

6.26 (a) Non polaire.   (d) Non polaire.
(b) Polaire.   (e) Polaire.
(c) Non polaire.

6.27 (a) Aucune.   (b) 3.   (c) 1.

6.28 (a) 1.   (b) 3.   (c) 2.

6.29 PH_3

Les angles de liaisons non hybridées devraient être de 90°. Par conséquent, sans hybridation, il y a un bon accord entre la théorie de la liaison de valence et l'angle mesuré expérimentalement de 93,3°.

6.30 SF_2

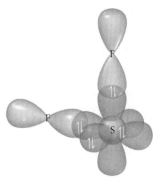

Les angles de liaisons non hybridées devraient être de 90°. Par conséquent, sans hybridation, il y a un bon accord entre la théorie de la liaison de valence et l'angle mesuré expérimentalement de 98,2°.

6.31 La théorie de la liaison de valence présente les liaisons dans une molécule comme étant des recouvrements d'orbitales atomiques. Que ce soit le lithium ou le fluor, les orbitales de valence permettant la liaison sont situées dans le 2e niveau de l'atome et possèdent donc des énergies similaires. Dans la molécule de F$_2$, les orbitales sp^3 (issues de la recombinaison des orbitales 2s et 2p du fluor) forment l'orbitale moléculaire σ. Dans le cas du lithium, il n'y a pas d'hybridation, les orbitales 2p étant totalement inoccupées; le recouvrement se fait entre les orbitales 2s à moitié remplies. Celles-ci étant moins volumineuses que les orbitales hybrides, le recouvrement σ est moins étendu (donc moins solide) que celui de la molécule de fluor. Une seconde explication vient des propriétés mêmes de l'atome. Les atomes de lithium font partie de la famille des alcalins, des éléments ayant une faible électronégativité (une faible capacité à attirer à soi les électrons à l'intérieur d'une liaison). À l'inverse, le fluor est l'élément le plus électronégatif connu. Les électrons de l'orbitale moléculaire σ sont ainsi stabilisés plus efficacement par les noyaux des atomes de fluor que par les noyaux des atomes de lithium, rendant la liaison de la molécule de fluor plus solide.

6.32 La théorie de la liaison de valence présente les liaisons dans une molécule comme étant des recouvrements d'orbitales atomiques. Dans la molécule de Cl$_2$, les orbitales sp^3 issues de la recombinaison des orbitales 3s et 3p forment l'orbitale moléculaire. Dans la molécule de I$_2$, les orbitales sp^3 issues de la recombinaison des orbitales 5s et 5p forment l'orbitale moléculaire. Dans les deux cas, il s'agit d'un recouvrement entre des orbitales hybrides sp^3. Par contre, les orbitales hybrides de l'iode ont une énergie potentielle plus élevée, donc une stabilité inférieure, que les orbitales hybrides du chlore. La liaison sera donc moins solide. Une seconde explication vient des propriétés même de l'atome. Le chlore et l'iode font tous deux partie de la famille des halogènes. Ces éléments possèdent des noyaux exerçant une charge effective similaire sur leur couche de valence; toutefois, l'atome d'iode étant plus volumineux, la force électrostatique réelle qui s'exerce entre le noyau et la couche de valence (donc entre le noyau et les électrons de la liaison σ) est plus faible. Les électrons de l'orbitale moléculaire σ sont ainsi stabilisés plus efficacement par les noyaux des atomes de chlore (atomes plus petits) que par les noyaux des atomes d'iode (atomes plus gros), rendant la liaison de la molécule de chlore plus solide.

6.33 C   2$s^2$2p^2

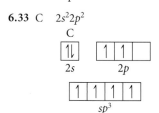

6.34 C   2$s^2$2p^2

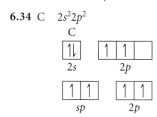

6.35 sp^2.

6.36 sp^3d.

6.37 **(a)**

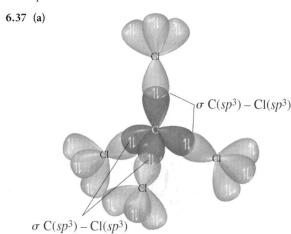

σ C(sp^3) – Cl(sp^3)

σ C(sp^3) – Cl(sp^3)

(b)

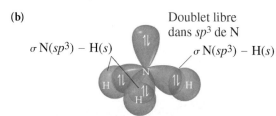

Doublet libre dans sp^3 de N

σ N(sp^3) – H(s)

σ N(sp^3) – H(s)

(c)

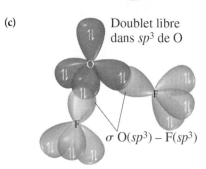

Doublet libre dans sp^3 de O

σ O(sp^3) – F(sp^3)

(d)

π C(p_y) – O(p_y) π C(p_z) – O(p_z)

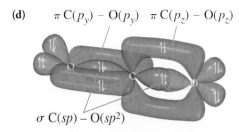

σ C(sp) – O(sp^2)

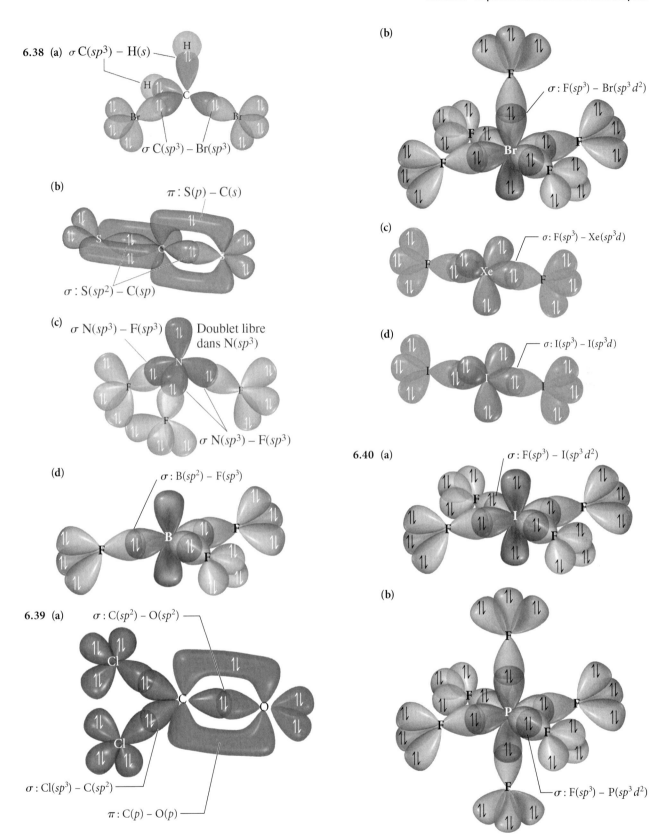

6.38 **(a)** $\sigma\,C(sp^3) - H(s)$

$\sigma\,C(sp^3) - Br(sp^3)$

(b) $\pi : S(p) - C(s)$

$\sigma : S(sp^2) - C(sp)$

(c) $\sigma\,N(sp^3) - F(sp^3)$ Doublet libre dans $N(sp^3)$

$\sigma\,N(sp^3) - F(sp^3)$

(d) $\sigma : B(sp^2) - F(sp^3)$

6.39 **(a)** $\sigma : C(sp^2) - O(sp^2)$

$\sigma : Cl(sp^3) - C(sp^2)$

$\pi : C(p) - O(p)$

(b) $\sigma : F(sp^3) - Br(sp^3d^2)$

(c) $\sigma : F(sp^3) - Xe(sp^3d)$

(d) $\sigma : I(sp^3) - I(sp^3d)$

6.40 **(a)** $\sigma : F(sp^3) - I(sp^3d^2)$

(b) $\sigma : F(sp^3) - P(sp^3d^2)$

(c)

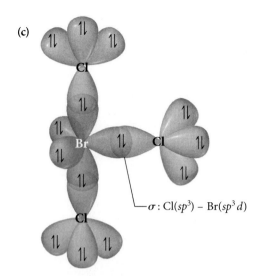

$\sigma : Cl(sp^3) - Br(sp^3 d)$

(d)

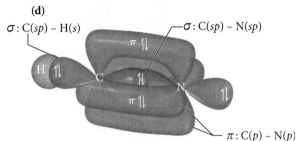

$\sigma : C(sp) - H(s)$ $\sigma : C(sp) - N(sp)$

$\pi : C(p) - N(p)$

6.41 (a)

$\pi\, N(p) - N(p)$

Doublet libre dans $N(sp^2)$ Doublet libre dans $N(sp^2)$

$\sigma\, N(sp^2) - H(s)$ $\sigma\, N(sp^2) - H(s)$

$\sigma\, N(sp^2) - N(sp^2)$

(b)

2 doublets libres

$N(sp^3)$

$\sigma\, N(sp^3) - H(s)$ $\sigma\, N(sp^3) - H(s)$

$\sigma\, N(sp^3) - N(sp^3)$

(c)

Doublet libre dans $N(sp^3)$

$\sigma\, C(sp^3) - H(s)$

$\sigma\, N(sp^3) - H(s)$

$\sigma\, C(sp^3) - N(sp^3)$

6.42 (a)

$\sigma : C(sp) - H(s)$

$\sigma : C(sp) - C(sp)$ $\pi : C(p) - C(p)$

(b)

$\pi\, C(p) - C(p)$ $\sigma\, C(sp^2) - H(s)$

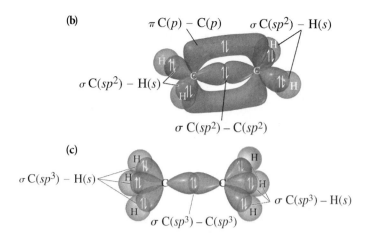

$\sigma\, C(sp^2) - H(s)$

$\sigma\, C(sp^2) - C(sp^2)$

(c)

$\sigma\, C(sp^3) - H(s)$

$\sigma\, C(sp^3) - H(s)$

$\sigma\, C(sp^3) - C(sp^3)$

6.43 Le C du groupement COOH a trois groupes d'électrons autour de l'atome, ce qui entraîne de l'hybridation sp^2.

Les deux autres C ont chacun quatre groupes d'électrons autour de l'atome, ce qui entraîne de l'hybridation sp^3.

O a quatre groupes d'électrons autour de l'atome, ce qui entraîne de l'hybridation sp^3.

N a quatre groupes d'électrons autour de l'atome, ce qui entraîne de l'hybridation sp^3.

6.44 Les C des groupements COOH ont chacun trois groupes d'électrons autour de l'atome, ce qui entraîne de l'hybridation sp^2.

Les deux autres C ont chacun quatre groupes d'électrons autour de l'atome, ce qui entraîne de l'hybridation sp^3.

Les O des groupements OH ont chacun quatre groupes d'électrons autour de l'atome, ce qui entraîne de l'hybridation sp^3.

N a quatre groupes d'électrons autour de l'atome, ce qui entraîne de l'hybridation sp^3.

6.45 (a) Forces de dispersion.

(b) Forces de dispersion et surtout ponts hydrogène.

(c) Forces de dispersion et forces dipôle-dipôle.

(d) Forces de dispersion.

6.46 (a) Forces de dispersion.

(b) Forces de dispersion.

(c) Forces de dispersion.

(d) Forces de dispersion et surtout ponts hydrogène.

6.47 (a) Forces de dispersion et forces dipôle-dipôle.

(b) Forces de dispersion et surtout ponts hydrogène.

(c) Forces de dispersion.

(d) Forces de dispersion.

6.48 (a) Forces de dispersion.

(b) Forces de dispersion et forces dipôle-dipôle.

(c) Forces de dispersion et surtout ponts hydrogène.

(d) Forces de dispersion.

6.49 (a) CH_4 < (b) CH_3CH_3 < (c) CH_3CH_2Cl < (d) CH_3CH_2OH. Le premier facteur qui permet de classer des substances selon leur point d'ébullition est l'intensité des forces de dispersion qui s'exercent entre leurs molécules. Or, l'intensité de ces forces est proportionnelle au nombre d'électrons de chaque sorte de molécules. Selon ce facteur, le classement se présenterait donc ainsi : CH_4 < CH_3CH_3 < CH_3CH_2OH < CH_3CH_2Cl. Si on compare maintenant les deux dernières substances,

CH₃CH₂Cl présente également des forces dipôle-dipôle en raison du lien C — Cl polaire ($\Delta\chi = 0{,}5$) et CH₃CH₂OH, des forces dipôle-dipôle (C — O, $\Delta\chi = 1{,}0$) et des ponts hydrogène grâce à la liaison O — H. Étant donné que les ponts hydrogène sont de loin les forces intermoléculaires les plus intenses dans ce groupe, c'est donc CH₃CH₂OH qui a le point d'ébullition le plus élevé.

6.50 (a) H₂S < (b) H₂Se < (c) H₂O. Les deux premières substances ne présentent que des forces de dispersion et des forces dipôle-dipôle assez faibles, de sorte que le point d'ébullition augmente avec le nombre d'électrons qui augmente. La troisième molécule présente en plus des liaisons hydrogène. Étant donné que celles-ci sont de loin les forces intermoléculaires les plus intenses dans ce groupe, la dernière substance a le point d'ébullition le plus élevé.

6.51 (a) CH₃OH a le point d'ébullition le plus élevé parce que ses molécules présentent des ponts hydrogène.

(b) CH₃CH₂OH a le point d'ébullition le plus élevé parce que ses molécules présentent des ponts hydrogène.

(c) CH₃CH₃ a le point d'ébullition le plus élevé parce que ses molécules ont le plus grand nombre d'électrons, donc les plus grandes forces de dispersion.

6.52 (a) NH₃ a le point d'ébullition le plus élevé parce que ses molécules présentent des ponts hydrogène.

(b) CS₂ a le point d'ébullition le plus élevé parce que ses molécules ont le plus grand nombre d'électrons, donc les plus grandes forces de dispersion.

(c) NO₂ a le point d'ébullition le plus élevé parce que ses molécules présentent des forces dipôle-dipôle.

6.53 (a) Br₂ a la pression de vapeur la plus élevée parce que ses molécules ont le plus faible nombre d'électrons, donc les plus faibles forces de dispersion.

(b) H₂S a la pression de vapeur la plus élevée parce que ses molécules ne présentent pas de ponts hydrogène.

(c) PH₃ a la pression de vapeur la plus élevée parce que ses molécules ne présentent pas de ponts hydrogène.

6.54 (a) CH₄ a la pression de vapeur la plus élevée parce que ses molécules ont le plus faible nombre d'électrons, donc les plus faibles forces de dispersion, et ne présentent pas de forces dipôle-dipôle comme CH₃Cl.

(b) Même si les deux substances peuvent former des ponts hydrogène, CH₃OH a la pression de vapeur la plus élevée parce que ses molécules ont le plus faible nombre d'électrons, donc les plus faibles forces de dispersion.

(c) CH₂O a la pression de vapeur la plus élevée parce que ses molécules ont le plus faible nombre d'électrons, donc les plus faibles forces de dispersion et ne présentent pas de ponts hydrogène comme CH₃OH.

6.55 (a) Ne forme pas une solution homogène.

(b) Forme une solution homogène, interactions très polaires de type ions-dipôle.

(c) Forme une solution homogène, forces de dispersion.

(d) Forme une solution homogène, ponts hydrogène.

6.56 (a) Forme une solution homogène, forces de dispersion présentes.

(b) Ne forme pas une solution homogène.

(c) Forme une solution homogène, interactions très polaires de type ions-dipôle et ponts hydrogène.

(d) Ne forme pas une solution homogène.

6.57 CH₄ = CO₂ < HCl < H₂O.

6.58 O₂ < C₅H₁₂ < CH₃SH < CH₃OH.

6.59 (a)

$$\begin{matrix} & \ddot{\text{O}} & \\ & \| & \\ :\ddot{\text{F}}\!-\!&\text{C}&\!-\!\ddot{\text{F}}: \end{matrix}$$

La géométrie moléculaire est triangulaire plane.

La molécule est polaire.

L'atome C et l'atome O sont hybridés sp^2.

Les atomes F sont hybridés sp^3.

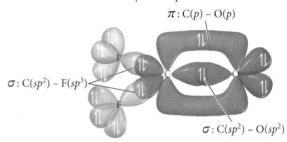

(b) $:\ddot{\text{C}}\text{l}\!-\!\ddot{\text{S}}\!-\!\ddot{\text{S}}\!-\!\ddot{\text{C}}\text{l}:$

La géométrie moléculaire est angulaire.

La molécule est polaire.

Tous les atomes sont hybridés sp^3.

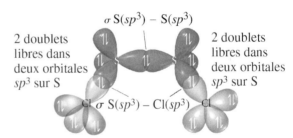

(c)

$$\begin{matrix} & :\ddot{\text{F}}: & \\ & | & \\ :\ddot{\text{F}}\!-\!&\text{S}&\!-\!\ddot{\text{F}}: \\ & | & \\ & :\ddot{\text{F}}: & \end{matrix}$$

La géométrie moléculaire est à bascule.

La molécule est polaire.

L'atome central est hybridé sp^3d.

Les atomes périphériques sont hybridés sp^3.

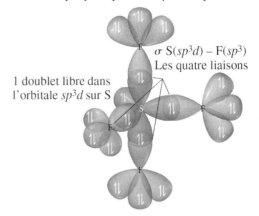

6.60 (a)

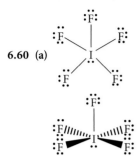

Géométrie moléculaire pyramidale à base carrée.

Molécule polaire ($\Delta\chi_{F-I} = 1,5$ (>0,4); la somme vectorielle des moments dipolaires est non nulle).

F: sp^3.
I: sp^3d^2.

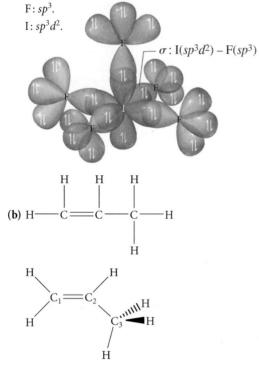

$\sigma: I(sp^3d^2) - F(sp^3)$

(b)

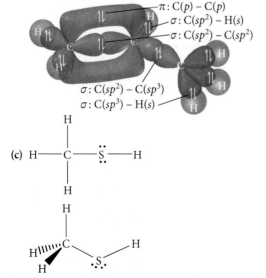

C1-C2: géométrie moléculaire triangulaire plane.

C3: géométrie moléculaire tétraédrique.

Molécule non polaire ($\Delta\chi_{C-H} = 0,3$ (<0,4); les liaisons sont peu polaires).

C – 1: sp^2.   C – 3: sp^3.
C – 2: sp^2.   H: non hybridé

$\pi: C(p) - C(p)$
$\sigma: C(sp^2) - H(s)$
$\sigma: C(sp^2) - C(sp^2)$
$\sigma: C(sp^2) - C(sp^3)$
$\sigma: C(sp^3) - H(s)$

(c)

C: géométrie moléculaire tétraédrique.

S: géométrie moléculaire angulaire.

Molécule peut être considérée comme non polaire car la polarité des liens est non significative ($\Delta\chi_{C-H} = 0,3$ (<0,4); $\Delta\chi_{C-S} = 0$ (<0,4); $\Delta\chi_{S-H} = 0,3$ (<0,4); les liaisons sont peu ou non polaires).

C: sp^3.
S: sp^3.
H: non hybridé

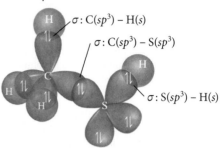

$\sigma: C(sp^3) - H(s)$
$\sigma: C(sp^3) - S(sp^3)$
$\sigma: S(sp^3) - H(s)$

6.61 (a)

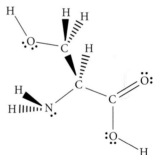

H (tous): non hybridés, pas de géométrie

N: hybridation sp^3, géométrie moléculaire pyramidale à base triangulaire

O (liaison double): hybridation sp^2, pas de géométrie

O – 1: hybridation sp^3, géométrie moléculaire angulaire

O – 2: hybridation sp^3, géométrie moléculaire angulaire

C – 1: hybridation sp^3, géométrie moléculaire tétraédrique

C – 2: hybridation sp^2, géométrie moléculaire triangulaire plane

C – 3: hybridation sp^3, géométrie moléculaire tétraédrique

(b)

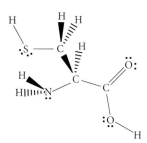

H (tous) : non hybridés, pas de géométrie

N – 1 : hybridation sp^3, géométrie moléculaire pyramidale à base triangulaire

N – 2 : hybridation sp^3, géométrie moléculaire pyramidale à base triangulaire

O (liaison double) : hybridation sp^2, pas de géométrie

O (liaison simple) : hybridation sp^3, géométrie moléculaire angulaire

C – 1 : hybridation sp^3, géométrie moléculaire tétraédrique

C – 2 : hybridation sp^2, géométrie moléculaire triangulaire plane

C – 3 : hybridation sp^3, géométrie moléculaire tétraédrique

C – 4 : hybridation sp^2, géométrie moléculaire triangulaire plane

(c)

H (tous) : non hybridés, pas de géométrie

N : hybridation sp^3, géométrie moléculaire pyramidale à base triangulaire

O (liaison double) : hybridation sp^2, pas de géométrie

O (liaison simple) : hybridation sp^3, géométrie moléculaire angulaire

C – 1 : hybridation sp^3, géométrie moléculaire tétraédrique

C – 2 : hybridation sp^2, géométrie moléculaire triangulaire plane

C – 3 : hybridation sp^3, géométrie moléculaire tétraédrique

S : hybridation sp^3, géométrie moléculaire angulaire

6.62 **(a)**

1. Aucune charge formelle.	**2.** **(a)**
	(b)

2. *Géométrie électronique*	*Géométrie moléculaire*
N : triangulaire plane	N : angulaire

3. Molécule : la forme (a) est non polaire (la somme vectorielle des moments dipolaires des liens N-F est nulle) et la forme (b) est polaire (la somme vectorielle des moments dipolaires des liens N-F est non nulle).

4. N : sp^2 F : sp^3 σ : 3 π : 1	**5.**

(b)

1. Aucune charge formelle.	**2.**

2. *Géométrie électronique*	*Géométrie moléculaire*
N : triangulaire plane	N : angulaire

3. Molécule polaire (la somme vectorielle des moments dipolaires des liens N-O et N-Cl est non nulle).

4. N : sp^2 O : sp^2 Cl : sp^3 σ : 2 π : 1	**5.**

(c)

1. Aucune charge formelle.	**2.**

2. *Géométrie électronique*	*Géométrie moléculaire*
Xe : bipyramidale à base triangulaire (hexaédrique)	Xe : linéaire

3. Molécule non polaire (la somme vectorielle des moments dipolaires des liens Xe-F est nulle).

4. Xe : sp^3d F : sp^3 σ : 2 π : 0	**5.**

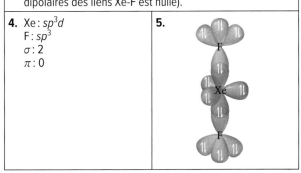

(d)

1. Aucune charge formelle.	**2.** 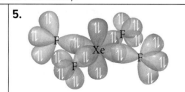

2. *Géométrie électronique* Xe : bipyramidale à base carrée (octaédrique)	*Géométrie moléculaire* Xe : plane carrée

3. Molécule non polaire (la somme vectorielle des moments dipolaires des liens Xe-F est nulle).

4. Xe : sp^3d^2 F : sp^3 σ : 4 π : 0	**5.** 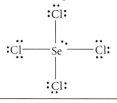

(e)

1. Aucune charge formelle.	**2.**

2. *Géométrie électronique* Se : bipyramidale à base triangulaire (hexaédrique)	*Géométrie moléculaire* Se : à bascule

3. Molécule polaire (la somme vectorielle des moments dipolaires des liens Se-Cl est non nulle).

4. Se : sp^3d Cl : sp^3 σ : 4 π : 0	**5.** 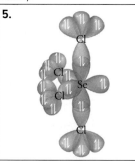

6.63 (a)

1. 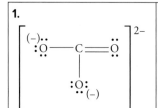	**2.** 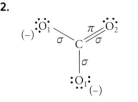

2. *Géométrie électronique* C : triangulaire plane	*Géométrie moléculaire* C : triangulaire plane

3. Ne s'applique pas.

4. C : sp^2 O_1 : sp^3 O_2 : sp^2 σ : 3 π : 1	**5.** 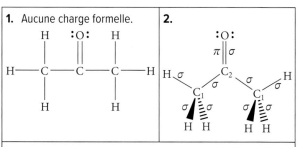

(b)

1. Aucune charge formelle.	**2.**

2. *Géométrie électronique* C_1 : tétraédrique C_2 : triangulaire plane	*Géométrie moléculaire* C_1 : tétraédrique C_2 : triangulaire plane

3. Molécule polaire (le moment dipolaire du lien C-O est non nul).

4. H : non hybridés. C_1 : sp^3 C_2 : sp^2 O : sp^2 σ : 9 π : 1	**5.** 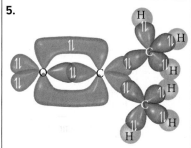

(c)

1. Aucune charge formelle.	**2.** 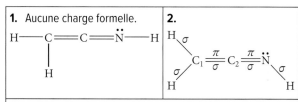

2. *Géométrie électronique* C_1 : triangulaire plane C_2 : linéaire N : triangulaire plane	*Géométrie moléculaire* C_1 : triangulaire plane C_2 : linéaire N : angulaire

3. Molécule polaire (la somme vectorielle des moments dipolaires des liens C-N et H-N est non nulle).

4. H : non hybridé. N : sp^2 C_1 : sp^2 C_2 : sp σ : 5 π : 2	**5.** 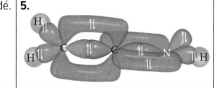

(d)

1. 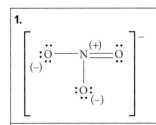	**2.** 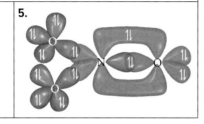
2. *Géométrie électronique* N : triangulaire plane	*Géométrie moléculaire* N : triangulaire plane
3. Ne s'applique pas.	
4. N : sp^2 O_1 : sp^3 O_2 : sp^2 σ : 3 π : 1	**5.** 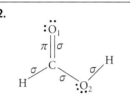

(e)

1. Aucune charge formelle. 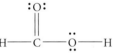	**2.** 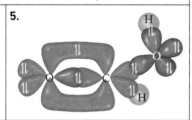
2. *Géométrie électronique* C : triangulaire plane O_2 : tétraédrique	*Géométrie moléculaire* C : triangulaire plane O_2 : angulaire
3. Molécule polaire (la somme vectorielle des moments dipolaires des liens H-O et C-O est non nulle).	
4. H : non hybridé. C : sp^2 O_1 : sp^2 O_2 : sp^3 σ : 4 π : 1	**5.** 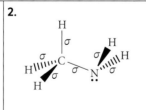

(f)

1. Aucune charge formelle. 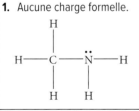	**2.**
2. *Géométrie électronique* C : tétraédrique N : tétraédrique	*Géométrie moléculaire* C : tétraédrique N : pyramidale à base triangulaire
3. Molécule polaire (la somme vectorielle des moments dipolaires des liens C-N et N-H est non nulle).	

4. H : non hybridé. C : sp^3 N : sp^3 σ : 6 π : 0	**5.** 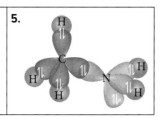

6.64 **(a)** N − 1 : géométrie moléculaire pyramidale à base triangulaire.

C − 2 : géométrie moléculaire triangulaire plane.

N − 3 : géométrie moléculaire angulaire.

C − 4 : géométrie moléculaire triangulaire plane.

C − 5 : géométrie moléculaire triangulaire plane.

C − 6 : géométrie moléculaire triangulaire plane.

N à l'extérieur du cycle : géométrie moléculaire pyramidale à base triangulaire.

(b) N − 1 : géométrie moléculaire angulaire.

C − 2 : géométrie moléculaire triangulaire plane.

N − 3 : géométrie moléculaire angulaire.

C − 4 : géométrie moléculaire triangulaire plane.

C − 5 : géométrie moléculaire triangulaire plane.

C − 6 : géométrie moléculaire triangulaire plane.

N − 7 : géométrie moléculaire angulaire.

C − 8 : géométrie moléculaire triangulaire plane.

N − 9 : géométrie moléculaire pyramidale à base triangulaire.

N à l'extérieur du cycle : géométrie moléculaire pyramidale à base triangulaire.

(c) N − 1 : géométrie moléculaire pyramidale à base triangulaire.

C − 2 : géométrie moléculaire triangulaire plane.

N − 3 : géométrie moléculaire pyramidale à base triangulaire.

C − 4 : géométrie moléculaire triangulaire plane.

C − 5 : géométrie moléculaire triangulaire plane.

C − 6 : géométrie moléculaire triangulaire plane.

C à l'extérieur du cycle : géométrie moléculaire tétraédrique.

(d) N − 1 : géométrie moléculaire pyramidale à base triangulaire.

C − 2 : géométrie moléculaire triangulaire plane.

N − 3 : géométrie moléculaire angulaire.

C − 4 : géométrie moléculaire triangulaire plane.

C − 5 : géométrie moléculaire triangulaire plane.

C − 6 : géométrie moléculaire triangulaire plane.

N − 7 : géométrie moléculaire angulaire.

C − 8 : géométrie moléculaire triangulaire plane.

N − 9 : géométrie moléculaire pyramidale à base triangulaire.

N à l'extérieur du cycle : géométrie moléculaire pyramidale à base triangulaire.

6.65 4 liaisons π, 25 liaisons σ; les doublets libres sur les atomes O et sur N − 2 occupent des orbitales sp^2; les doublets libres sur N − 1, N − 3 et N − 4 occupent des orbitales sp^3.

6.66 5 liaisons π, 21 liaisons σ.

La rotation est possible entre C − 1 et le cycle, et entre la liaison C − 1 et le groupement OH. Elle est aussi possible entre O − 2 et le cycle, et entre O − 2 et C − 2. La rotation est permise entre C − 2 et C − 3. La liaison entre C − 1 et O − 1 est restreinte, la structure du cycle est rigide et la liaison entre C − 2 et O − 3 est restreinte.

6.67 **(a)** Hydrosoluble.

(b) Liposoluble.

(c) Hydrosoluble.

(d) Liposoluble.

6.68 La molécule de savon possède une extrémité hydrocarbonée non polaire et une extrémité ionique –COO⁻ Na⁺. Quand le savon se dissout dans l'eau, les molécules de stéarate de sodium s'assemblent pour former des petites sphères (appelées micelles) avec les extrémités non polaires à l'intérieur et les extrémités ioniques sur la surface. L'extrémité ionique interagit avec les molécules d'eau par des forces ion-dipôle et des ponts hydrogène, alors que l'extrémité hydrocarbonée non polaire attire la graisse non polaire et interagit avec celle-ci par des forces de dispersion. Cela permet à l'eau savonneuse d'enlever la graisse en emprisonnant la graisse à l'intérieur de la micelle.

6.69 BrF : aucune géométrie électronique ou moléculaire.

BrF₂⁻ : la géométrie électronique est bipyramidale à base triangulaire et la géométrie moléculaire est linéaire.

BrF₃ : la géométrie électronique est bipyramidale à base triangulaire et la géométrie moléculaire est en forme de T.

BrF₄⁻ : la géométrie électronique est octaédrique et la géométrie moléculaire est plane carrée.

BrF₅ : la géométrie électronique est octaédrique et la géométrie moléculaire est pyramidale à base carrée.

6.70

C − 1 et C − 3 ont chacun trois groupes d'électrons autour de l'atome, ce qui entraîne une hybridation sp^2 sur C avec une orbitale p non hybridée pour former la liaison π.

C − 2 a deux groupes d'électrons et est linéaire, ce qui entraîne une hybridation sp avec des orbitales $2p$ non hybridées pour former les liaisons π. Selon la théorie de la liaison de valence, les liaisons π se forment par le recouvrement latéral des orbitales p. Étant donné que les orbitales p non hybridées sur C − 2 sont perpendiculaires l'une à l'autre, les liaisons π formées entre C − 1 et C − 2 et entre C − 2 et C − 3 doivent également être perpendiculaires entre elles. Par conséquent, les deux structures triangulaires planes à C − 1 et à C − 3 seront perpendiculaires entre elles.

6.71

6.72 Une liaison σ se forme entre une orbitale hybride sp de C et une orbitale hybride sp^3 de F; une liaison σ se forme entre une orbitale hybride sp de C et une orbitale hybride sp de N; deux liaisons π se forment entre les orbitales p de C et les orbitales p de N.

6.73 En général, le point de fusion augmente avec le nombre d'électrons d'une substance covalente. Plus une molécule compte d'électrons, plus elle est apte à former des dipôles instantanés et donc à interagir avec ses voisines par des forces de dispersion. C'est ce qui explique que les températures de fusion augmentent de HCl à HBr à HI. HF est l'exception à la règle. Même si cette substance exerce les plus faibles forces de dispersion, son point de fusion est relativement élevé en raison des forces intermoléculaires importantes dues aux ponts hydrogène.

6.74 En général, le point d'ébullition augmente avec le nombre d'électrons d'une substance covalente. Plus une molécule compte d'électrons, plus elle est apte à former des dipôles instantanés et donc à interagir avec ses voisines par des forces de dispersion. C'est ce qui explique que les températures d'ébullition augmentent de H₂S à H₂Se à H₂Te. H₂O est l'exception à la règle. Même si cette substance exerce les plus faibles forces de dispersion, son point d'ébullition est relativement élevé en raison des forces intermoléculaires importantes dues aux ponts hydrogène.

6.75 Selon la théorie de la liaison de valence, CH₄, NH₃ et H₂O sont tous hybridés sp^3. Cette hybridation donne naissance à une configuration du groupe électronique avec un angle de liaison de 109,5°. NH₃ et H₂O dévient de cet angle de liaison idéal parce que leurs doublets libres occupent une (NH₃) ou deux (H₂O) de ces orbitales sp^3. La présence de doublets libres abaisse la tendance des orbitales de l'atome central à s'hybrider. Par conséquent, la présence de doublets libres modifie l'angle de liaison de l'angle hybride de 109,5° pour l'amener plus près de l'angle non hybridé de 90°.

6.76 **(a)** 264 kJ/mol, donc $4,38 \times 10^{-19}$ J/molécule.

(b) $6,61 \times 10^{14}$ Hz (454 nm), donc région du visible (lumière bleue).

6.77 NO₂

$$^{(-)}\ddot{\ddot{O}}—\dot{N}\overset{(+)}{=}\ddot{O}$$

Les angles de liaison théoriques de la géométrie électronique triangulaire plane sont de 120°. On s'attend à ce que l'angle de liaison soit légèrement inférieur à 120° à cause de l'électron libre qui occupe la troisième orbitale sp^2.

NO_2^+

$$\left[\ddot{\ddot{O}}=N\overset{(+)}{=}\ddot{O}\right]^+$$

L'angle de liaison de la géométrie électronique linéaire est de 180°.

NO_2^-

$$\left[^{(-)}\ddot{\ddot{O}}—\ddot{N}=\ddot{O}\right]^-$$

Les angles de liaison théoriques de la géométrie électronique triangulaire plane sont de 120°. On s'attend à ce que l'angle de liaison soit légèrement inférieur à 120° à cause du doublet d'électrons libres qui occupent la troisième orbitale sp^2. De plus, l'angle de liaison doit être inférieur à l'angle de liaison dans NO_2 en raison de la présence de doublets libres qui diminue la tendance des orbitales de l'atome central à s'hybrider. Par conséquent, à mesure que des doublets libres sont ajoutés, l'angle de liaison s'écarte davantage de l'angle hybride de 120° vers l'angle non hybride de 90°, et les deux électrons augmentent cette tendance.

6.78 À mesure qu'on se déplace de haut en bas dans la colonne de F à Cl à Br à I, le rayon atomique des atomes augmente. Pour cette raison, les atomes plus volumineux ne peuvent pas être accommodés avec des angles de liaison plus petits. Les orbitales des atomes liés commenceraient à se chevaucher. Par conséquent, à mesure que la taille de l'atome lié augmente, l'angle de liaison devient plus grand, s'approchant de l'angle hybridé de 109,5°.

6.79

$$H—\underset{\underset{H}{|}}{\overset{\overset{H}{|}}{C_1}}—\underset{\underset{H}{|}}{\overset{\overset{:O:}{\|}}{C_2}}—\ddot{N}—H$$

Structure I

C_1 : géométrie moléculaire tétraédrique.

C_2 : géométrie moléculaire triangulaire plane.

N : géométrie moléculaire pyramidale à base triangulaire.

On peut écrire une deuxième forme de résonance.

$$H—\underset{\underset{H}{|}}{\overset{\overset{H}{|}}{C_1}}—\underset{\underset{H}{|}}{\overset{\overset{\ddot{\ddot{O}}:^{(-)}}{|}}{C_2}}\overset{(+)}{=}N—H$$

Structure II

C_1 : géométrie moléculaire tétraédrique.

C_2 : géométrie moléculaire triangulaire plane.

N : géométrie moléculaire triangulaire plane.

Cette forme de résonance permet d'expliquer la configuration plane autour de N.

6.80

$$H—\underset{\underset{H}{|}}{\overset{\overset{H}{|}}{C}}—\overset{(+)}{N}\overset{\nearrow \ddot{\ddot{O}}:^{(-)}}{\underset{\searrow \ddot{O}}{}}$$

Structure I

$$H—\underset{\underset{H}{|}}{\overset{\overset{H}{|}}{C}}—\ddot{\ddot{O}}—N\overset{\searrow}{\underset{\ddot{O}}{}}$$

Structure II

Dans la structure II, le doublet libre d'électrons sur N provoque la diminution de l'angle de liaison O — N — O à moins de 120°.

6.81 Moins polaire.

6.82 L'eau à l'état solide est maintenue grâce à des interactions dipôle-dipôle de type ponts hydrogène. Lorsque l'on chauffe la glace, les ponts hydrogène s'affaiblissent jusqu'à ce que les molécules d'eau puissent glisser les unes sur les autres. La substance devient alors liquide. Si on continue de chauffer, les ponts hydrogène finissent par se briser complètement et les molécules se déplacent librement (état gazeux). Dans le cas de la glace sèche, le $CO_2(s)$ est maintenu à l'état solide par des interactions dipôle induit-dipôle induit de faible intensité (les nuages électroniques ne possèdent que 22 électrons). Dès que le solide est chauffé, les forces de cohésion disparaissent et le solide sublime directement à l'état gazeux sans passer par l'état liquide.

6.83 Que ce soit des interactions dipôle induit-dipôle induit, dipôle-dipôle ou encore ion-dipôle, il s'agit d'attractions électrostatiques mettant en jeu des charges partielles accessibles à la surface des molécules.

6.84 $NH_3 < HF < H_2O$.

6.85 L'énoncé (a) saisit le mieux l'idée fondamentale de la théorie RPEV.

L'énoncé (b) néglige l'abaissement de l'énergie potentielle qui est produite par l'interaction des électrons de doublets libres avec les électrons liants.

L'énoncé (c) néglige l'interaction entre tous les électrons. Les géométries moléculaires sont déterminées par le nombre et le type de groupes d'électrons autour de l'atome central.

6.86

$$\begin{array}{c} X\!-\!\overset{\displaystyle\wedge}{A}\!-\!X \\ X\!-\!X \end{array}$$

Les angles de liaisons théoriques seraient de 72°; cependant, à cause du doublet libre qui occupe une des positions, les angles de liaison seraient inférieurs à 72°.

6.87 Dans la théorie de Lewis, une liaison covalente se forme par le partage d'électrons. Une liaison simple partage deux électrons (un doublet), une liaison double partage quatre électrons (deux doublets) et une liaison triple partage six électrons (trois doublets).

Dans la théorie de la liaison de valence, une liaison covalente se forme par recouvrement d'orbitales. Les orbitales peuvent être hybridées ou non hybridées. Une liaison simple se forme lorsqu'une orbitale σ se forme par recouvrement axial d'une orbitale s avec une orbitale s, d'une orbitale s avec une orbitale p ou d'une orbitale p avec une orbitale p. Une liaison σ peut également se former par le recouvrement d'une orbitale hybride avec une autre orbitale hybride, une orbitale s ou un recouvrement axial avec une orbitale p. Une liaison double résulte de la combinaison d'une liaison σ et d'une liaison π. La liaison π se forme par recouvrement latéral d'une orbitale p sur chacun des atomes qui participent à la liaison. Les orbitales p doivent avoir la même orientation. Une liaison triple est une combinaison d'une liaison σ et de deux liaisons π. Les liaisons π se forment par le recouvrement latéral d'une orbitale p sur chacun des atomes impliqués dans la liaison. Les orbitales p doivent avoir la même orientation, de sorte que chaque liaison π est formée d'un ensemble différent d'orbitales p.

Les deux modèles illustrent la formation du même nombre de liaisons entre les atomes en jeu. La théorie de Lewis ne nous renseigne que sur le nombre de liaisons formées. Toutefois, elle ne nous renseigne aucunement sur la façon dont les liaisons se forment. La théorie de la liaison de valence traite de la formation de différents types de liaisons, σ et π. Dans la théorie de la liaison de valence, les liaisons se forment par le recouvrement d'orbitales atomiques sur les atomes individuels qui participent aux liaisons et les électrons sont localisés entre les deux atomes qui participent à la liaison.

6.88 Dans la deuxième période, les atomes sont plus petits et n'ont pas d'orbitales d disponibles pour l'hybridation ; par conséquent, ils ne peuvent pas accommoder beaucoup d'atomes autour de l'atome central. Pour obtenir l'octet d'électrons, des liaisons multiples doivent se former. Dans la troisième période et les autres plus élevées, plus d'atomes peuvent entourer l'atome central qui est plus volumineux, et les orbitales d peuvent s'hybrider avec les orbitales s et p. Il y a alors plus d'orbitales disponibles pour un recouvrement et il y a de l'espace pour qu'elles le fassent. L'atome central, par conséquent, peut atteindre une configuration stable de huit électrons ou plus sans avoir de liaisons multiples.

Chapitre 7

7.1 (a) Oui.

(b) Non.

(c) Non, parce que les atomes Ar se déplacent plus lentement pour compenser leur plus grande masse, ils exercent la même pression sur les parois du contenant.

7.2 (a) Ils ont la même pression partielle.

(b) N_2.

(c) Ils ont la même énergie cinétique moyenne.

7.3 Le postulat selon lequel le volume occupé par les particules de gaz est petit comparé à l'espace entre elles n'est plus valide dans des conditions de pression élevée. À pression élevée, le nombre de particules par unité de volume augmente ; par conséquent, le volume relatif des particules de gaz devient plus important. Étant donné que l'espace entre les particules est réduit, les particules elles-mêmes occupent une portion importante du volume.

7.4 Le postulat selon lequel les forces d'attraction entre les particules de gaz ne sont pas importantes n'est plus valide dans des conditions de basse température. À basse température, les molécules ne se déplacent pas aussi vite qu'à température élevée ; par conséquent, lorsqu'elles entrent en collision, elles ont une plus grande chance d'interagir.

7.5 L'eau a la plus grande tension superficielle parce que ses molécules font entre elles des ponts hydrogène, une force intermoléculaire intense. Les molécules d'acétone ne peuvent pas former de ponts hydrogène entre elles (mais pourraient le faire avec des molécules d'eau si on les mélangeait).

7.6 (a) L'eau « mouille » les surfaces qui peuvent former des interactions dipôle-dipôle mais ne présente pas des forces intermoléculaires intenses avec l'huile et d'autres surfaces non polaires. Dans ces cas, l'eau perle, en maximisant les interactions de cohésion qui impliquent des ponts hydrogène forts entre ses molécules. Donc l'eau perle sur les surfaces qui interagissent seulement par des forces de dispersion.

(b) Le mercure perle sur la plupart des surfaces parce que les forces de cohésion entre ses atomes, dues à la liaison métallique, prédominent sur les forces d'adhésion à la surface.

7.7 Composé A.

7.8 À basse température, les polymères enroulés, de forme sphérique, interagissent faiblement avec les molécules voisines et contribuent très peu à la viscosité de l'huile. À mesure que la température s'élève, cependant, les molécules se déroulent et leur longue forme donne naissance à des forces intermoléculaires et à des enchevêtrements moléculaires qui empêchent la viscosité de diminuer autant qu'elle le ferait normalement.

7.9 Dans un tube de verre propre, l'eau crée de fortes interactions adhésives avec les dipôles à la surface du verre. Ces forces adhésives étant plus intenses que les forces de cohésion entre les molécules d'eau, l'eau grimpe donc sur la surface du tube de verre. Lorsque de la graisse ou des résidus d'huile couvrent la surface du verre et celle de l'eau, les molécules non polaires de l'huile empêchent l'interaction entre les dipôles du verre et ceux de l'eau. En conséquence, les forces de cohésion (dues aux ponts hydrogène) entre les molécules d'eau prédominent et l'eau ne « mouille » plus le tube.

7.10 L'eau peut créer de fortes interactions adhésives avec le verre (à cause des dipôles à la surface du verre), mais l'hexane est non polaire et ses molécules ne peuvent pas interagir fortement avec la surface de verre.

7.11 L'eau dans un plat ayant un diamètre de 12 cm s'évapore plus rapidement. La pression de vapeur est la même dans les deux contenants parce que la pression de vapeur ne dépend que de la nature de la substance et de la température.

7.12 L'acétone s'évapore plus rapidement. L'acétone manifeste une pression de vapeur plus grande que l'eau parce que ses molécules ne peuvent pas former de ponts hydrogène entre elles, de sorte que les forces intermoléculaires dans l'acétone (forces de dispersion et interactions dipôle-dipôle) sont plus faibles.

7.13 Le point d'ébullition et la chaleur de vaporisation de l'huile sont plus élevés que pour l'eau de sorte qu'elle ne s'évapore pas aussi rapidement que l'eau. L'évaporation de l'eau refroidit la peau parce que l'évaporation est un processus endothermique.

7.14 Les molécules d'eau ont une énergie cinétique plus faible à température ambiante qu'à 100 °C. La chaleur de vaporisation est la différence d'énergie entre les molécules dans la phase liquide et dans la phase vapeur. Étant donné que l'énergie du liquide est plus faible à température ambiante, la différence d'énergie qui doit être surmontée pour que le liquide devienne vapeur est plus grande, donc la chaleur de vaporisation est plus élevée.

7.15 (a) Atomique.   (c) Ionique.
(b) Moléculaire.   (d) Atomique.

7.16 (a) Ionique.   (c) Atomique.
(b) Moléculaire.   (d) Moléculaire.

7.17 LiCl est probablement le solide le plus dur parce que c'est le seul composé ionique du groupe. Les trois autres solides sont maintenus ensemble par des forces intermoléculaires, alors que LiCl est maintenu ensemble par des interactions de Coulomb, plus fortes, entre les cations et les anions du réseau cristallin.

7.18 C (diamant) est le solide le plus difficile à rayer. Dans le diamant (figure 7.22, p. 310), chaque atome de carbone forme quatre liaisons covalentes avec quatre autres atomes de carbone dans une géométrie tétraédrique. Cette structure s'étend dans tout le cristal ; par conséquent, un cristal de diamant peut être vu comme une molécule géante, maintenue ensemble par ces liaisons covalentes. Pour rayer ce solide, il faut briser des liaisons covalentes C — C très fortes, ce qui exige beaucoup d'énergie. Le chlorure de sodium devrait être le deuxième plus difficile à rayer, parce que sa cohésion est assurée par des interactions entre des cations +1 et des anions −1. Les deux autres substances étant des solides moléculaires, leur cohésion est assurée par des forces intermoléculaires beaucoup plus faibles et ils devraient donc être plus faciles à rayer.

7.19 (a) Le plus difficile à faire fondre est TiO_2 parce que c'est un solide ionique dont la cohésion est assurée par des attractions très fortes entre des cations +4 et des anions −2. Le peroxyde d'hydrogène est un solide moléculaire dont la cohésion est assurée par des ponts hydrogène, une attraction beaucoup moins forte.

(b) Les deux substances sont des solides moléculaires non polaires, dont la cohésion est assurée par des forces de dispersion. $SiCl_4$ sera le plus difficile à faire fondre parce que ses molécules comptent un plus grand nombre d'électrons et manifestent par conséquent les forces de dispersion les plus intenses.

(c) Xe sera le plus difficile à faire fondre parce que ses atomes comptent un plus grand nombre d'électrons et manifestent par conséquent les forces de dispersion les plus intenses.

(d) CaO sera le plus difficile à faire fondre parce que ses ions de charge +2 et −2 s'attirent par une force 4 fois plus grande que les ions +1 et −1 de NaCl.

7.20 (a) Fe parce que c'est un solide atomique maintenu ensemble par des liaisons métalliques, alors que CCl_4 est un solide moléculaire dont la cohésion est due à des forces de dispersion beaucoup plus faibles.

(b) KCl parce que c'est un solide ionique dont la cohésion est due à l'attraction entre des cations et des anions, alors que HCl est un solide moléculaire dont la cohésion est due à des forces dipôle-dipôle beaucoup plus faibles.

(c) Ti parce que c'est un solide atomique maintenu ensemble par des liaisons métalliques, alors que Ne est un solide atomique dont la cohésion est due à des forces de dispersion beaucoup plus faibles.

(d) H_2O parce que ses molécules sont retenues par des ponts hydrogène, alors que la cohésion des molécules H_2S est assurée par des forces de dispersion et dipôle-dipôle, plus faibles.

7.21 Le sel de table ($Na^+ Cl^-$) et la craie ($Ca^{2+} CO_3^{2-}$) sont tous deux des solides ioniques. Pour les solubiliser, il faut donc briser les liaisons ioniques qui maintiennent leurs réseaux respectifs. Les ions du NaCl sont moins chargés (+1 et −1) que ceux du $CaCO_3$ (+2 et −2). La force électrostatique qui assure la cohésion du réseau est donc environ quatre fois plus faible dans le cas du NaCl. Les molécules d'eau parviendront donc à séparer et à solubiliser les ions. Dans le cas du $CaCO_3$, l'attraction électrostatique entre les ions est trop élevée et les molécules d'eau ne peuvent séparer les cations des anions. La substance demeure insoluble.

7.22 Le sucre est un solide moléculaire. La cohésion dans la substance ne résulte pas des liaisons covalentes entre les atomes, mais des forces intermoléculaires qui permettent l'attraction entre les molécules de sucre. La réponse devrait plutôt se lire comme suit :

« C'est parce que le sucre est un solide moléculaire dont les molécules sont retenues par des ponts hydrogène, alors que le sel est une substance ionique. Or, les liaisons ioniques (attractions électrostatiques entre des charges complètes) sont beaucoup plus fortes que les ponts hydrogène (attractions électrostatiques entre des charges partielles). »

7.23 (a) À l'état liquide.

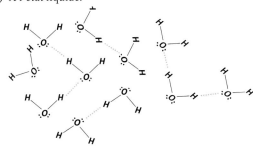

(b) À l'état solide.

7.24 On peut expliquer le point d'ébullition élevé de l'eau malgré sa petite masse molaire en examinant la structure d'une molécule d'eau. La géométrie angulaire de la molécule et la nature très polaire des liaisons O — H engendrent une molécule ayant un moment dipolaire important. Avec ses deux H partiellement positifs et ses deux doublets libres sur l'oxygène, une molécule d'eau peut former des ponts hydrogène assez forts avec quatre autres molécules d'eau, ce qui entraîne une cohésion intermoléculaire élevée et donc un point d'ébullition relativement élevé.

7.25 L'eau a une capacité calorifique massique exceptionnellement élevée pour une si faible masse molaire, ce qui a un effet de modération sur le climat des villes côtières. De plus, sa ΔH_{vap} élevée entraîne que l'évaporation et la condensation de l'eau ont un effet important sur la température ambiante. Une quantité extraordinaire de chaleur peut être emmagasinée dans de grands plans d'eau. La chaleur est absorbée ou libérée par les grands plans d'eau de préférence au-dessus des terres qui les entourent. Ce même effet de modulation se produit sur la planète entière, dont les deux tiers sont recouverts d'eau. Autrement dit, sans eau, les fluctuations quotidiennes de température sur la planète pourraient ressembler davantage à celles sur Mars, où des fluctuations de 63 °C ont été mesurées entre le milieu du jour et tôt le matin.

7.26 Chez la presque totalité des substances, la phase solide est plus dense que la phase liquide. Or, c'est le contraire pour l'eau ; en effet, sa phase solide, la glace, est moins dense que l'eau liquide, de sorte que la glace flotte sur l'eau. Pour la plupart des autres substances, les solides coulent au fond de la phase liquide. Au contraire, la couche de glace gelée à la surface d'un lac en hiver isole l'eau dans le lac et l'empêche de geler davantage. Si la couche de glace coulait, cela tuerait la vie aquatique au fond des cours d'eau et permettrait probablement au lac de geler complètement, éliminant presque toute vie animale.

7.27 **(a)** Le CO_2 subit une sublimation. Lorsque le CO_2 est exposé à l'air, il se réchauffe rapidement et l'énergie cinétique des molécules augmente brusquement. Celle-ci dépasse rapidement l'énergie des forces de cohésion dipôle induit-dipôle induit et la cohésion dans le solide disparaît. Les molécules de CO_2 s'échappent à l'état gazeux.

(b) Dans l'air, il y a des molécules d'eau qui peuvent former des ponts hydrogène, donc se condenser aisément en fines gouttelettes au contact de l'air refroidi par la sublimation du CO_2. La « fumée » produite est en fait un brouillard formé de fines gouttelettes d'eau.

7.28 **(a)** $H_2O(s)$.

Au point de fusion, les ponts hydrogène s'affaiblissent et certains disparaissent, ce qui permet aux molécules de glisser les unes sur les autres. Au point d'ébullition, l'énergie cinétique des molécules d'eau est suffisamment élevée pour vaincre les forces de cohésion dominantes (ponts hydrogène) et celles-ci disparaissent. Les molécules bougent librement les unes par rapport aux autres.

(b) $NaCl(s)$.

Au point de fusion, les liaisons ioniques s'affaiblissent, ce qui permet aux cations et aux anions de glisser et de rouler les uns sur les autres. Au point d'ébullition, l'énergie cinétique des ions est suffisamment élevée pour vaincre les forces de cohésion dominantes (liaison ionique) et celles-ci disparaissent. Les ions bougent librement les unes par rapport aux autres.

(c) $C(s)$.

Au point de fusion, les liaisons covalentes s'affaiblissent et certaines disparaissent, ce qui permet aux atomes de glisser les uns sur les autres. Au point d'ébullition, l'énergie cinétique des atomes de carbone est suffisamment élevée pour vaincre les liaisons covalentes et celles-ci disparaissent. Les atomes bougent librement les uns par rapport aux autres.

(d) $CCl_4(s)$

Au point de fusion, les interactions dipôle induit-dipôle induit s'affaiblissent et certaines disparaissent, ce qui permet aux molécules de glisser les unes sur les autres. Au point d'ébullition, l'énergie cinétique des molécules de tétrachlorure de carbone est suffisamment élevée pour vaincre les forces de cohésion dominantes (dipôle induit-dipôle induit) et celles-ci disparaissent. Les molécules bougent librement les unes par rapport aux autres.

7.29 **(a)** L'énergie absorbée quand l'ammoniac NH_3 liquide bout est utilisée pour vaincre les **forces intermoléculaires de type ponts hydrogène** entre les molécules d'ammoniac.

(b) L'énergie absorbée quand l'iode solide fond est utilisée pour vaincre les **forces intermoléculaires de type dipôle induit-dipôle induit** entre les molécules d'iode.

(c) L'énergie absorbée quand le chlorure de sodium se dissout dans l'eau est utilisé pour **séparer les cations sodium des anions chlorure**.

(d) L'énergie absorbée quand le cuivre métallique bout est utilisée pour **vaincre complètement** les liaisons métalliques délocalisées entre les atomes de cuivre.

7.30

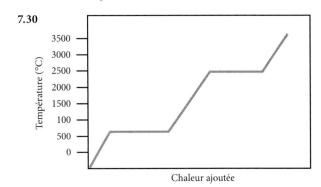

Au début de la courbe de chauffage, l'aluminium solide absorbe la chaleur et sa température augmente. Au point de fusion, la température se stabilise, car la chaleur est utilisée pour affaiblir et briser en partie la liaison métallique qui assure la cohésion du solide. Les cations Al^{3+} glissent alors librement dans la mer d'électrons et l'aluminium devient liquide. Si on continue à fournir de la chaleur au système, la température se met à augmenter de nouveau, car l'énergie cinétique des électrons et des cations augmente jusqu'à atteindre le point d'ébullition. Au point d'ébullition, la température se stabilise, car la chaleur est utilisée pour vaincre complètement la liaison métallique et libérer les cations de la mer d'électrons. La substance passe alors à l'état gazeux ; les cations et les électrons se déplacent librement les uns par rapport aux autres.

7.31

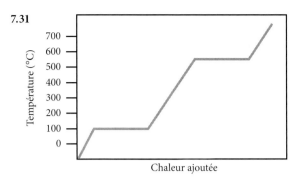

Au début de la courbe de chauffage, le fructose solide absorbe la chaleur et sa température augmente. Au point de fusion, la température se stabilise, car la chaleur est utilisée pour affaiblir et briser en partie les ponts hydrogène qui assurent la cohésion du solide. Les molécules glissent et roulent alors les unes par rapport aux autres et le fructose devient liquide. Si on continue à fournir de la chaleur au système, la température se met à augmenter de nouveau, car l'énergie cinétique des molécules augmente jusqu'à atteindre le point d'ébullition. Au point d'ébullition, la température se stabilise, car la chaleur est utilisée pour vaincre complètement les ponts hydrogène et libérer les molécules les unes des autres. La substance passe alors à l'état gazeux. Les molécules se déplacent alors indépendamment les unes des autres à grande vitesse.

7.32 **(a)** Solide.

(b) Liquide.

(c) Gaz.

(d) Fluide supercritique.

(e) Équilibre solide/liquide.

(f) Équilibre liquide/gaz.

(g) Équilibre solide/liquide/gaz.

7.33 **(a)** 184,4 °C. **(c)** Solide.

(b) 113,6 °C. **(d)** Gaz.

7.34

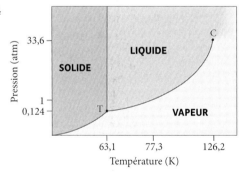

L'azote a un état liquide stable à 1 atm.
Note: Les axes ne sont pas à l'échelle.

7.35

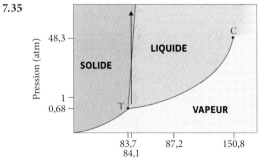

Note: Les axes ne sont pas à l'échelle.

Le solide a la masse volumique la plus grande parce que la pente de la droite d'équilibre solide/liquide est positive. Si on commence dans le liquide et qu'on augmente la pression, on traverse dans la phase solide, la phase plus dense.

7.36 **(a)** Le soufre rhombique sublime au-dessous de 0,0043 mm Hg et le soufre monoclinique, en dessous de 0,027 mm Hg.

(b) La phase rhombique est plus dense parce que si on commence dans la phase monoclinique à 100 °C et qu'on augmente la pression, on traverse dans la phase rhombique.

7.37 Le point triple marqué par «O» présente l'équilibre de la glace II, de la glace III et de la glace V. La glace II est plus dense que la glace I parce qu'on peut générer de la glace II à partir de la glace I en augmentant la pression (en poussant les molécules plus près les unes des autres). La glace III coule dans l'eau liquide, car la pente de la droite glace III/liquide est positive, ce qui indique que la glace III est plus dense que l'eau liquide.

7.38 Oui, il y a 1,22 g d'eau liquide après vaporisation.

7.39 Oui, il reste 5,2 g de liquide après la vaporisation.

7.40 $CO_2(g) \rightarrow CO_2(l) \rightarrow CO_2(s)$.

7.41 Le solide est plus dense que le liquide. Étant donné que la température du point triple est plus basse que celle du point de fusion normal, la pente de la courbe de fusion doit être positive. Cela signifie qu'en commençant dans la phase liquide et en augmentant la pression, on finit par traverser dans la phase solide. À mesure que la pression augmente, la phase devient plus dense et les molécules CCl_4 sont de plus en plus rapprochées les unes des autres.

7.42 3400 g.

7.43 20 L

7.44 **(a)** RbCl: solide ionique (liaison ionique).

$C_{10}H_8$: solide moléculaire (forces de dispersion).

Sc: solide métallique (liaison métallique).

SiO_2: solide macromoléculaire (liaisons covalentes).

(b) $C_{10}H_8$.

(c) SiO_2.

(d) $C_{10}H_8$.

(e) Sc.

(f) RbCl.

(g) Sc.

(h) $C_{10}H_8$.

(i) $C_{10}H_8$.

7.45 $CO_2(s) < H_2O(s) < C_6H_{12}O_6(s) < Al(s) < CaCO_3(s) < C(s)$.

7.46 A: cette substance possède les points de fusion et d'ébullition les plus faibles. Les forces de cohésion les plus faibles sont retrouvées dans les substances formées de molécules non polaires possédant des nuages électroniques peu volumineux. La cohésion est alors assurée par des interactions dipôle-induit-dipôle induit de faible intensité.

B : cette substance possède des points de fusion et d'ébullition plus élevés que la substance A, mais plus faibles que ceux des substances C et D. Les températures de fusion et d'ébullition proches de celles observées pour une substance connue, l'eau, permettent de penser qu'il s'agit d'une substance dont la cohésion est assurée par des ponts hydrogène.

C : cette substance possède des points de fusion et d'ébullition plus élevés que la substance de type ponts hydrogène, mais plus faibles que ceux de la substance D. Les forces de cohésion supérieures aux ponts hydrogène mais moins efficaces que les liaisons covalentes sont les liaisons métalliques et les liaisons ioniques. Les valeurs de température particulièrement élevées permettent de soupçonner qu'il s'agit d'une substance ionique.

D : la substance D fond à une température extrêmement élevée, ce qui permet de supposer que la cohésion est assurée par des liens physiques (liaisons covalentes) entre les atomes plutôt que par des forces électrostatiques. Cette substance est probablement un solide macromoléculaire.

7.47 (a) SiO_2.   (b) HF.   (c) NaCl.   (d) H_2.

7.48 (a) $CO_2(s) \rightarrow CO_2(g)$ à 194,7 K.

(b) $CO_2(s) \rightarrow$ point triple à 216,5 K (les trois phases coexistent) $\rightarrow CO_2(g)$ au-dessus de 216,5 K.

(c) $CO_2(s) \rightarrow CO_2(l)$ au-dessus de 216 K $\rightarrow CO_2(g)$ à environ 250 K.

(d) $CO_2(s) \rightarrow CO_2(l) \rightarrow CO_2$, fluide supercritique lorsque la température dépasse 304 K.

7.49 L'état plasma est créé par l'ionisation d'une substance. Les charges créées sont attirées les unes aux autres par des forces électrostatiques relativement élevées (charges complètes). Bien qu'aux températures requises pour créer l'*état plasma* l'énergie cinétique des particules soit très élevée, on ne peut négliger les forces d'attraction entre les ions. Ces « gaz » ne répondent donc pas à la loi des gaz parfaits où l'attraction entre les particules est considérée comme nulle.

7.50 360 mm Hg.

7.51 Le diamant est un solide macromoléculaire dont la cohésion est assurée uniquement par des liens covalents simples. Dans le cas du graphite, les atomes de carbone hybridés sp^2 sont organisés en feuillet planaires où chaque atome forme deux liaisons simples et une liaison double avec ses carbones voisins. Les feuillets eux-mêmes sont retenus les uns aux autres par des forces dipôle induit-dipôle induit. Le graphite s'effrite plus facilement, car il est relativement aisé de séparer les feuillets. Toutefois, pour le faire fondre, il faut briser des liaisons doubles plus solides que les liaisons simples du diamant.

7.52 La fonte d'un cube de glace dans un verre d'eau n'augmente ni ne diminue le niveau de liquide dans le verre pourvu que la glace flotte toujours dans le liquide. Il en est ainsi parce que la glace déplace un volume d'eau lié à sa masse. Selon la même logique, la fonte des icebergs n'augmente pas le niveau des océans (en supposant que le contenu en solides dissous, et par conséquent la densité, ne change pas lorsque les icebergs fondent). Cependant, la fonte des glaciers situés sur un continent ou une île augmente le niveau des océans, tout comme verser plus d'eau dans un verre augmente le niveau d'eau dans le verre.

7.53 L'eau, par exemple, s'évapore plus rapidement dans un contenant avec une grande surface parce que les molécules disposent d'une plus grande surface pour s'évaporer. La pression de vapeur est la pression d'un gaz en équilibre dynamique avec le liquide (vitesse de vaporisation = vitesse de condensation). La pression de vapeur dépend seulement de la nature de la substance et de la température.

7.54 La cohésion dans les matières plastiques est assurée par des forces intermoléculaires, donc par des forces électrostatiques entre des charges partielles. Ces substances ont donc une plus faible cohésion et une résistance moindre à la chaleur que les substances ioniques (forces électrostatiques entre des charges complètes permanentes) ou macromoléculaires (partage physique d'orbitales).

7.55 Le point triple sera à une température plus basse parce que la droite d'équilibre de fusion a une pente positive. Cela signifie que la température et la pression augmentent à mesure qu'on se déplace du point triple au point de fusion normal.

7.56 Le segment liquide aura la pente la moins abrupte parce que c'est l'eau liquide qui exige le plus d'énergie pour élever sa température.

7.57 L'eau possède une capacité calorifique massique exceptionnellement élevée, ce qui a un effet de modération sur la température du caveau. Une grande cuve d'eau peut emmagasiner une grande quantité de chaleur. À mesure que la température de l'air chute, l'eau libère de la chaleur, gardant la température plus constante. Si la température du caveau diminue assez pour que l'eau commence à geler, la chaleur libérée au cours de sa congélation protégera encore les aliments dans le caveau.

7.58 La chaleur de fusion d'une substance est toujours plus petite que sa chaleur de vaporisation parce qu'on rompt moins d'interactions entre les particules quand on la fait fondre que quand on la vaporise. Lors de la fusion, les particules acquièrent une plus grande mobilité, mais elles interagissent encore fortement avec leurs voisines. Lors de la vaporisation, toutes les interactions entre les particules doivent être rompues (les particules de gaz n'ont essentiellement aucune interaction intermoléculaire), ce qui exige un plus grand apport d'énergie.

Chapitre 8

8.1 $1,6 \times 10^{24}$ atomes S.

8.2 2,36 mol Al.

8.3 (a) 0,295 mol Ar.

(b) 0,0543 mol Zn.

(c) 0,144 mol Ta.

(d) 0,0304 mol Li.

8.4 (a) 0,28 g Sb.

(b) 4,88 g Ba.

(c) $5,76 \times 10^3$ g Xe.

(d) $2,4 \times 10^2$ g W.

8.5 $1,42 \times 10^{22}$ atomes Ag.

8.6 31,5 g Pt.

8.7 (a) $1,01 \times 10^{23}$ atomes P.

 (b) $6,78 \times 10^{21}$ atomes Hg.

 (c) $5,39 \times 10^{21}$ atomes Bi.

 (d) $5,6 \times 10^{20}$ atomes Sr.

8.8 (a) 36 g Au.

 (b) 0,187 g He.

 (c) 62 g Pb.

 (d) 3,1 g U.

8.9 $4,2 \times 10^{21}$ atomes C.

8.10 $6,42 \times 10^{28}$ atomes He.

8.11 $3,239 \times 10^{-22}$ g Pt.

8.12 $7,631 \times 10^{-21}$ g Xe.

8.13 (a) 46,01 u.

 (b) 58,12 u.

 (c) 180,16 u.

 (d) 238,03 u.

8.14 (a) 184,11 u.   (c) 331,61 u.

 (b) 47,02 u.   (d) 164,10 u.

8.15 (a) 0,471 mol CCl_4.

 (b) 0,0362 mol $C_{12}H_{22}O_{11}$.

 (c) 0,968 mol C_2H_2.

 (d) 0,279 mol N_2O.

8.16 (a) 989 g HNO_3.

 (b) 0,0354 g H_2O_2.

 (c) 4,62 g SO_2.

 (d) 208 g XeF_2.

8.17 (a) $1,2 \times 10^{23}$ molécules H_2O.

 (b) $4,61 \times 10^{23}$ molécules CBr_4.

 (c) $3,44 \times 10^{23}$ molécules O_2.

 (d) $1,53 \times 10^{23}$ molécules C_8H_{10}.

8.18 (a) 0,515 g SO_3.

 (b) 38,9 g H_2O.

 (c) 203 g O_3.

 (d) 0,309 g CCl_2F_2.

8.19 $2,992 \times 10^{-23}$ g H_2O.

8.20 $2,992 \times 10^{-22}$ g $C_6H_{12}O_6$.

8.21 0,10 mg $C_{12}H_{22}O_{11}$.

8.22 (a) 74,87 %.   (c) 92,24 %.

 (b) 79,88 %.   (d) 37,23 %.

8.23 (a) 63,65 %.   (c) 30,45 %.

 (b) 46,68 %.   (d) 22,23 %.

8.24 NH_3 : 82,27 %.

 $CO(NH_2)_2$: 46,65 %.

 NH_4NO_3 : 35,00 %.

 $(NH_4)_2SO_4$: 21,20 %.

 L'engrais avec le plus haut contenu en azote est NH_3 avec un pourcentage massique d'azote de 82,27 %.

8.25 Fe_2O_3 : 69,94 %.

 Fe_3O_4 : 72,37 %.

 $FeCO_3$: 48,20 %.

 Fe_3O_4 est le minerai qui a le contenu en fer le plus élevé avec 72,37 %.

8.26 27,1 g F.

8.27 155 mg AgCl.

8.28 196 µg KI.

8.29 6,6 mg NaF.

8.30 (a) 2H:O.   (b) 1C:4H.   (c) 2C:6H:1O.

8.31 (a) 2O:1C.   (b) 2H:2O.   (c) 3H:1N.

8.32 (a) 0,885 mol atomes H.   (c) 29 mol atomes H.

 (b) 5,2 mol atomes H.   (d) 33,7 mol atomes H.

8.33 (a) 9,76 mol atomes O.   (c) 0,0711 mol atomes O.

 (b) 2,15 mol atomes O.   (d) 48,2 mol atomes O.

8.34 (a) 3,3 g Na.   (c) 1,4 g Na.

 (b) 3,6 g Na.   (d) 1,7 g Na.

8.35 (a) 15 kg Cl.   (c) 14 kg Cl.

 (b) 19 kg Cl.   (d) 8,5 kg Cl.

8.36 (a) Ag_2O.   (b) $Co_3As_2O_8$.   (c) $SeBr_4$.

8.37 (a) NiI_2.   (b) $BaBr_2$.   (c) $BeSO_4$.

8.38 (a) C_5H_7N.   (b) $C_4H_5N_2O$.

8.39 (a) $C_5H_{10}O_2$.   (b) $C_8H_8O_3$.

8.40 NCl_3.

8.41 P_4Se_3.

8.42 (a) $C_{12}H_{14}N_2$.   (b) $C_6H_3Cl_3$.   (c) $C_{10}H_{20}N_2S_4$.

8.43 (a) C_8H_{18}.   (b) C_6Cl_6.   (c) $C_{18}H_{12}N_6$.

8.44 CH_2.

8.45 C_5H_4.

8.46 C_2H_4O.

8.47 $C_2H_3O_3$.

8.48 76 kPa.

8.49 $3,1 \times 10^2$ kPa.

8.50 44,6 mL.

8.51 0,927 mL.

8.52 4,33 L.

8.53 $4,2 \times 10^2$ mL.

8.54 3,5 L.

8.55 0,748 atm.

8.56 2,1 mol.

8.57 491 K.

8.58 47,5 L.

8.59 16,2 L.

8.60 $P_b > P_c > P_a$.

8.61

$P_2 = 4$ atm.

8.62 484 kPa.

8.63 2,84 atm.

8.64 $V_{molaire} = 22,414$ L.

$V_{Ne} = 16,7$ L.

8.65 1,964 g/L.

8.66 9,436 g/L.

8.67 $1,60 \times 10^2$ kPa.

8.68 44,0 g/mol.

8.69 39,9 g/mol.

8.70 4,00 g/mol.

8.71 141 g/mol.

8.72 $7,2 \times 10^{17}$ km.

8.73 $6,022 \times 10^{22}$ dollars.

$8,9 \times 10^{12}$ dollars/personne.

Multibillionnaire (un billion = 1000 milliards).

8.74 $2,3 \times 10^{17}$ automobiles.

8.75 15,985 u.

8.76 $1,99 \times 10^{25}$ atomes Ti.

8.77 75,0 % Au, 25,0 % Pd.

8.78 $1,70 \times 10^{24}$ molécules C_2H_5OH.

8.79 2×10^{21} molécules H_2O.

8.80 $2,3 \times 10^2$ g Cl/année.

8.81 84 kg Cl/année.

8.82 Fe.

8.83 K.

8.84 $C_{18}H_{24}O_2$.

8.85 $C_6H_{12}O_6$.

8.86 $C_{18}H_{20}O_2$.

8.87 $C_{18}H_{22}O_2$.

8.88 7.

8.89 2.

8.90 C_6H_9BrO.

8.91 $C_9H_{11}NO_2$.

8.92 $1,87 \times 10^{21}$ atomes.

8.93 VO : oxyde de vanadium(II).

V_2O_3 : oxyde de vanadium(III).

VO_2 : oxyde de vanadium(IV).

V_2O_5 : oxyde de vanadium(V).

8.94 92,93 g/mol.

8.95 $x = 1$ et $y = 2$.

8.96 Ca.

8.97 C_4H_{10}.

8.98 C_4H_8.

8.99 0,223 g.

8.100 XZ_2 et X_2Z_5.

8.101 26 %.

8.102 $1,6 \times 10^7$ kg Cl/année.

8.103 $7,8 \times 10^3$ kg roche.

8.104 $C_6H_7SNO_2$.

8.105 $C_5H_{10}SI$.

8.106 XY_3.

8.107 X_2Y_3.

8.108 L'échantillon de Cr contient le plus grand nombre de moles.

L'échantillon de Zn est celui qui a la plus grande masse.

8.109 **(a)** O. **(c)** O.

(b) N. **(d)** N.

8.110 L'énoncé est incorrect parce qu'une formule chimique exprime le rapport stœchiométrique et non le rapport massique des éléments. Il faudrait lire l'énoncé comme suit : « La formule chimique de l'ammoniac (NH_3) indique que l'ammoniac contient trois atomes d'hydrogène pour chaque atome d'azote. »

8.111 O > S > H.

8.112 44,8 L.

8.113 La pression augmente d'un facteur 4.

8.114 C.

Chapitre 9

9.1 $2 SO_2(g) + O_2(g) + 2 H_2O(l) \rightarrow 2 H_2SO_4(aq)$.

9.2 $4 NO_2(g) + O_2(g) + 2 H_2O(l) \rightarrow 4 HNO_3(aq)$.

9.3 $2 Na(s) + 2 H_2O(l) \rightarrow H_2(g) + 2 NaOH(aq)$.

9.4 $4 Fe(s) + 3 O_2(g) \rightarrow 2 Fe_2O_3(s)$.

9.5 $C_{12}H_{22}O_{11}(aq) + H_2O(l) \rightarrow 4 C_2H_5OH(aq) + 4 CO_2(g)$.

9.6 $6 CO_2(g) + 6 H_2O(l) \rightarrow C_6H_{12}O_6(aq) + 6 O_2(g)$.

9.7 **(a)** $PbS(s) + 2 HBr(aq) \rightarrow PbBr_2(s) + H_2S(g)$.

(b) $CO(g) + 3 H_2(g) \rightarrow CH_4(g) + H_2O(l)$.

(c) $4 HCl(aq) + MnO_2(s) \rightarrow MnCl_2(aq) + 2 H_2O(l) + Cl_2(g)$.

(d) $C_5H_{12}(l) + 8 O_2(g) \rightarrow 5 CO_2(g) + 6 H_2O(l)$.

9.8 **(a)** $2 Cu(s) + S(s) \rightarrow Cu_2S(s)$.

(b) $Fe_2O_3(s) + 3 H_2(g) \rightarrow 2 Fe(s) + 3 H_2O(l)$.

(c) $2 SO_2(g) + O_2(g) \rightarrow 2 SO_3(g)$.

(d) $4 NH_3(g) + 5 O_2(g) \rightarrow 4 NO(g) + 6 H_2O(g)$.

9.9 $Na_2CO_3(aq) + CuCl_2(aq) \rightarrow CuCO_3(s) + 2\,NaCl(aq)$.

9.10 $3\,KOH(aq) + FeCl_3(aq) \rightarrow Fe(OH)_3(s) + 3\,KCl(aq)$.

9.11 a) $2\,KMnO_4 + 10\,FeSO_4 + 8\,H_2SO_4 \rightarrow K_2SO_4 + 2\,MnSO_4 + 5\,Fe_2(SO_4)_3 + 8\,H_2O$.

b) $3\,HNO_2 + Sc(OH)_3 \rightarrow Sc(NO_2)_3 + 3\,H_2O$.

c) $Mg_3N_2 + 6\,H_2O \rightarrow 2\,NH_3 + 3\,Mg(OH)_2$.

d) $K_2Cr_2O_7 + 14\,HCl \rightarrow 3\,Cl_2 + 2\,CrCl_3 + 2\,KCl + 7\,H_2O$.

e) $4\,BF_3 + 3\,LiAlH_4 \rightarrow 2\,B_2H_6 + 3\,LiF + 3\,AlF_3$.

9.12 a) $2\,H_3PO_4 + 3\,Mg(OH)_2 \rightarrow Mg_3(PO_4)_2 + 6\,H_2O$.

b) $2\,KMnO_4 + 5\,SO_2 + 2\,H_2O \rightarrow 2\,MnSO_4 + 2\,KHSO_4 + H_2SO_4$.

c) $2\,NaBr + MnO_2 + 3\,H_2SO_4 \rightarrow Br_2 + 2\,NaHSO_4 + MnSO_4 + 2\,H_2O$.

d) $2\,Pb(C_6H_5)_4 + 59\,O_2 \rightarrow 2\,PbO + 20\,H_2O + 48\,CO_2$.

e) $Ca_3PO_4 + 2\,H_2SO_4 \rightarrow Ca(H_2PO_4)_2 + 2\,CaSO_4$.

9.13 47 mol O_2.

9.14 $0{,}0535$ mol $Ba(OH)_2$.

9.15 (a) $2{,}6$ mol NO_2. **(c)** $0{,}194$ mol NO_2.

(b) 12 mol NO_2. **(d)** $28{,}7$ mol NO_2.

9.16

SiO_2	C	SiC	CO
3	9	3	6
2	**6**	2	4
5,0	15	5,0	**10**
2,8	8,4	2,8	5,6
0,517	**1,55**	0,517	1,03

9.17 14 g HBr.

$0{,}17$ g H_2.

9.18 $69{,}3$ g H_2SO_4.

$1{,}42$ g H_2.

9.19 $4{,}42$ tonnes de CO_2.

9.20 (a) $3{,}8$ g $BaCl_2$. **(c)** $4{,}1$ g MgO.

(b) $4{,}5$ g $CaCO_3$. **(d)** $4{,}7$ g Al_2O_3.

9.21 (a) $55{,}9$ g KI.

(b) $44{,}0$ g Na_2CO_3.

(c) $45{,}9$ g K_2SO_4.

9.22 (a) Na. **(b)** Na. **(c)** Br_2. **(d)** Na.

9.23 (a) Al. **(b)** O_2. **(c)** Al. **(d)** Al.

9.24 3 molécules Cl_2.

9.25 2 molécules CO_2.

9.26 (a) $2{,}5$ g $AlCl_3$.

(b) $31{,}1$ g $AlCl_3$.

(c) $1{,}16$ g $AlCl_3$.

9.27 Pb^{2+} est le réactif limitant.

$34{,}5$ g $PbCl_2$.

$85{,}2\,\%$.

9.28 NH_3 est le réactif limitant.

$240{,}5$ kg $CO(NH_2)_2$.

$70{,}01\,\%$.

9.29 SiO_2 est le réactif limitant.

$72{,}83$ kg Si.

$90{,}8\,\%$.

9.30 $38{,}2$ L.

9.31 $1{,}9$ g H_2O.

9.32 $48{,}2$ L H_2.

$24{,}1$ L CO.

9.33 $35{,}2$ L O_2.

9.34 $22{,}8$ g NaN_3.

9.35 $0{,}109$ g Li.

9.36 $60{,}4\,\%$.

9.37 $1{,}61 \times 10^3$ L O_3.

9.38 F_2 est le réactif limitant.

$4{,}84$ g ClF_3.

9.39 H_2 est le réactif limitant; puis $0{,}501$ g CH_3OH.

9.40 (a) Ag : 0.

(b) Ag^+ : $+1$.

(c) Ca : $+2$

F : -1

(d) H : $+1$

S : -2

(e) C : $+4$

O : -2

(f) Cr : $+6$

O : -2

(g) Cl : 0

(h) Fe : $+3$.

(i) Cu : $+2$

Cl : -1.

(j) C : -4

H : $+1$

(k) Cr : $+6$

O : -2.

(l) H : $+1$

S : $+6$

O : -2

9.41 (a) $+2$ **(b)** $+6$ **(c)** $+3$

9.42 (a) $+1$ **(b)** $+3$ **(c)** $+5$ **(d)** $+7$

9.43 (a) C'est une réaction d'oxydoréduction. O_2 est l'agent oxydant et Li est l'agent réducteur.

(b) C'est une réaction d'oxydoréduction. Fe^{2+} est l'agent oxydant et Mg est l'agent réducteur.

(c) C'est n'est pas une réaction d'oxydoréduction.

(d) C'est n'est pas une réaction d'oxydoréduction

(e) C'est une réaction d'oxydoréduction. Ag^+ est l'agent oxydant et Al est l'agent réducteur.

(f) C'est n'est pas une réaction d'oxydoréduction.

(g) C'est une réaction d'oxydoréduction. Cl_2 est l'agent oxydant et Ba est l'agent réducteur.

(h) C'est une réaction d'oxydoréduction. Br_2 est l'agent oxydant et Mg est l'agent réducteur.

9.44 **(a)** $3 K(s) + Cr^{3+}(aq) \rightarrow 3 K^+(aq) + Cr(s)$

(b) $2 Al(s) + 3 Fe^{2+}(aq) \rightarrow 2 Al^{3+}(aq) + 3 Fe(s)$

(c) $2 BrO_3^-(aq) + 3 N_2H_4(g) \rightarrow 2 Br^-(aq) + 6 H_2O(l) + 3 N_2(g)$

(d) $Zn(s) + Sn^{2+}(aq) \rightarrow Zn^{2+}(aq) + Sn(s)$

(e) $3 Mg(s) + 2 Cr^{3+}(aq) \rightarrow 3 Mg^{2+}(aq) + 2 Cr(s)$

(f) $3 MnO_4^-(aq) + 24 H^+(aq) + 5 Al(s) \rightarrow 3 Mn^{2+}(aq) + 12 H_2O(l) + 5 Al^{3+}(aq)$

(g) $PbO_2(s) + 4 H^+(aq) + 2 I^-(aq) \rightarrow Pb^{2+}(aq) + 2 H_2O(l) + I_2(s)$

(h) $2 MnO_4^-(aq) + 6 H^+(aq) + 5 SO_3^{2-}(aq) \rightarrow 2 Mn^{2+}(aq) + 3 H_2O(l) + 5 SO_4^{2-}(aq)$

(i) $S_2O_3^{2-}(aq) + 5 H_2O(l) + 4 Cl_2(g) \rightarrow 2 SO_4^{2-}(aq) + 10 H^+(aq) + 8 Cl^-(aq)$

(j) $2 NO_2^-(aq) + 4 H^+(aq) + 2 I^-(aq) \rightarrow 2 NO(g) + 2 H_2O(l) + I_2(s)$

(k) $ClO_4^-(aq) + 2 H^+(aq) + 2 Cl^-(aq) \rightarrow ClO_3^-(aq) + H_2O(l) + Cl_2(g)$

(l) $2 NO_3^-(aq) + 8 H^+(aq) + 3 Sn^{2+}(aq) \rightarrow 2 NO(g) + 4 H_2O(l) + 3 Sn^{4+}(aq)$

9.45 **(a)** $2 ClO_2(aq) + H_2O_2(aq) + 2 OH^-(aq) \rightarrow 2 ClO_2^-(aq) + O_2(g) + 2 H_2O(l)$

(b) $MnO_4^-(aq) + 2 H_2O(l) + Al(s) \rightarrow MnO_2(s) + Al(OH)_4^-(aq)$

(c) $Cl_2(g) + 2 OH^-(aq) \rightarrow Cl^-(aq) + ClO^-(aq) + H_2O(l)$

(d) $2 MnO_4^-(aq) + Br^-(aq) + H_2O(l) \rightarrow 2 MnO_2(s) + BrO_3^-(aq) + 2 OH^-(aq)$

(e) $4 Ag(s) + 8 CN^-(aq) + O_2(g) + 2 H_2O(l) \rightarrow 4 Ag(CN)_2^-(aq) + 4 OH^-$

(f) $NO_2^-(aq) + 2 Al(s) + H_2O(l) + OH^-(aq) \rightarrow NH_3(g) + 2 AlO_2^-(aq)$

9.46 **(a)** $H^+(aq) + Cl^-(aq) + Li^+(aq) + OH^-(aq) \rightarrow H_2O(l) + Li^+(aq) + Cl^-(aq)$.
$H^+(aq) + OH^-(aq) \rightarrow H_2O(l)$.

(b) $Mg^{2+}(aq) + S^{2-}(aq) + Cu^{2+}(aq) + 2 Cl^-(aq) \rightarrow CuS(s) + Mg^{2+}(aq) + 2 Cl^-(aq)$.
$Cu^{2+}(aq) + S^{2-}(aq) \rightarrow CuS(s)$.

(c) $Na^+(aq) + OH^-(aq) + H^+(aq) + NO_3^-(aq) \rightarrow H_2O(l) + Na^+(aq) + NO_3^-(aq)$.
$H^+(aq) + OH^-(aq) \rightarrow H_2O(l)$.

(d) $6 Na^+(aq) + 2 PO_4^{3-}(aq) + 3 Ni^{2+}(aq) + 6 Cl^-(aq) \rightarrow Ni_3(PO_4)_2(s) + 6 Na^+(aq) + 6 Cl^-(aq)$.
$3 Ni^{2+}(aq) + 2 PO_4^{3-}(aq) \rightarrow Ni_3(PO_4)_2(s)$.

9.47 $Hg_2^{2+}(aq) + 2 NO_3^-(aq) + 2 Na^+(aq) + 2 Cl^-(aq) \rightarrow Hg_2Cl_2(s) + 2 Na^+(aq) + 2 NO_3^-(aq)$.
$Hg_2^{2+}(aq) + 2 Cl^-(aq) \rightarrow Hg_2Cl_2(s)$.

9.48 $HBr(aq) + KOH(aq) \rightarrow H_2O(l) + KBr(aq)$.
$H^+(aq) + OH^-(aq) \rightarrow H_2O(l)$.

9.49 **(a)** Soluble: $Ag^+(aq)$ et $NO_3^-(aq)$.

(b) Soluble: $Pb^{2+}(aq)$ et $CH_3COO^-(aq)$.

(c) Soluble: $K^+(aq)$ et $NO_3^-(aq)$.

(d) Soluble: $NH_4^+(aq)$ et $S^{2-}(aq)$.

9.50 **(a)** $LiI(aq) + BaS(aq) \rightarrow$ Aucune réaction.

(b) $KCl(aq) + CaS(aq) \rightarrow$ Aucune réaction.

(c) $CrBr_2(aq) + Na_2CO_3(aq) \rightarrow CrCO_3(s) + 2 NaBr(aq)$.

(d) $3 NaOH(aq) + FeCl_3(aq) \rightarrow 3 NaCl(aq) + Fe(OH)_3(s)$.

9.51 **(a)** $K_2CO_3(aq) + Pb(NO_3)_2(aq) \rightarrow 2 KNO_3(aq) + PbCO_3(s)$.

(b) $Li_2SO_4(aq) + Pb(CH_3CO_2)_2(aq) \rightarrow 2 LiCH_3CO_2(aq) + PbSO_4(s)$.

(c) $Cu(NO_3)_2(aq) + MgS(s) \rightarrow CuS(s) + Mg(NO_3)_2(aq)$.

(d) $Sr(NO_3)_2(aq) + KI(aq) \rightarrow$ Aucune réaction.

9.52 **(a)** $H_2SO_4(aq) + Ca(OH)_2(aq) \rightarrow 2 H_2O(l) + CaSO_4(s)$.

(b) $HClO_4(aq) + KOH(aq) \rightarrow H_2O(l) + KClO_4(aq)$.

(c) $H_2SO_4(aq) + 2 NaOH(aq) \rightarrow 2 H_2O(l) + Na_2SO_4(aq)$.

9.53 **(a)** $2 HBr(aq) + NiS(s) \rightarrow NiBr_2(aq) + H_2S(g)$.

(b) $NH_4I(aq) + NaOH(aq) \rightarrow H_2O(l) + NH_3(g) + NaI(aq)$.

(c) $2 HBr(aq) + Na_2S(aq) \rightarrow 2 NaBr(aq) + H_2S(g)$.

(d) $2 HClO_4(aq) + Li_2CO_3(aq) \rightarrow H_2O(l) + CO_2(g) + 2 LiClO_4(aq)$.

9.54 **(a)** $S(s) + O_2(g) \rightarrow SO_2(g)$.

(b) $2 C_3H_6(g) + 9 O_2(g) \rightarrow 6 CO_2(g) + 6 H_2O(g)$.

(c) $2 Ca(s) + O_2(g) \rightarrow 2 CaO(s)$.

(d) $C_5H_{12}S(l) + 9 O_2(g) \rightarrow 5 CO_2(g) + 6 H_2O(g) + SO_2(g)$.

9.55 1,1 g HCl.

9.56 5,2 g $CaCO_3$.

9.57 3,1 kg CO_2.

9.58 35,1 kg CO_2.

9.59 L'acide salicylique est le réactif limitant.
1,63 g $C_9H_8O_4$.
74,8 %.

9.60 C_2H_5OH est le réactif limitant.
4,28 g H_2O.
87,0 %.

9.61 B.

9.62 $2 HCl(aq) + K_2S(s) \rightarrow H_2S(g) + 2 KCl(aq)$.
0,190 g K_2S.

9.63 **(a)** SO_2 est le réactif limitant.
$7,27 \times 10^{-4}$ mol SO_3.

(b) 65,6 %.

9.64 11,7 L.

9.65 2250 L.

9.66 **(a)** $2 HCl(s) + Hg_2(NO_3)_2(aq) \rightarrow Hg_2Cl_2(s) + 2 HNO_3(aq)$.

(b) $KHSO_3(aq) + HNO_3(aq) \rightarrow H_2O(l) + SO_2(g) + KNO_3(aq)$.

(c) $2 NH_4Cl(aq) + Pb(NO_3)_2(aq) \rightarrow PbCl_2(s) + 2 NH_4NO_3(aq)$.

(d) $2 NH_4Cl(aq) + Ca(OH)_2(aq) \rightarrow 2 NH_3(g) + 2 H_2O(l) + CaCl_2(aq)$.

9.67 **(a)** $H_2SO_4(aq) + HNO_3(aq) \rightarrow$ Aucune réaction.

(b) $Cr(NO_3)_3(aq) + 3 LiOH(aq) \rightarrow Cr(OH)_3(s) + 3 LiNO_3(aq)$.

(c) $2 C_5H_{12}O(l) + 15 O_2(g) \rightarrow 10 CO_2(g) + 12 H_2O(g)$.

(d) $SrS(aq) + CuSO_4(aq) \rightarrow SrSO_4(s) + CuS(s)$.

9.68 22 g Na_3PO_4.

9.69 8,57 g Cr^{3+}.

9.70 0,531 L HCl.

9.71 0,47 L $AgNO_3$.

9.72 **(a)** $NH_4NO_3(aq) \xrightarrow{\Delta} N_2O(g) + 2 H_2O(l)$.

Réaction de dégagement gazeux (ou réaction d'oxydoréduction).

(b) 440 g_{N_2O}.

(c) 51,96 $g_{NH_4NO_3}$.

(d) 16,5 mL_{H_2O}.

9.73 **(a)** Réaction d'oxydoréduction.

(b) L'oxyde de plomb(IV) est le réactif limitant, le plomb et l'acide sont des réactifs en excès.

(c) 2,0 g_{Pb}.

37 $g_{H_2SO_4}$.

(d) 74 %

(e) $0,250 \dfrac{mol_{PbSo_4}}{L}$

9.74 $3 NH_4ClO_4(s) + 3 Al(s) \rightarrow Al_2O_3(s) + AlCl_3(s) + 3 NO(g) + 6 H_2O(g)$.

Réaction d'oxydoréduction.

(b) Rapport 4,355 : 1.

(c) 1,260 $kg_{Al_2O_3}$.

(d) 86 %.

(e) $1,1 \times 10^5$ kPa.

9.75 Ca^{2+} et Cu^{2+}.

$Ca^{2+}(aq) + SO_4^{2-}(aq) \rightarrow CaSO_4(s)$.

$Cu^{2+}(aq) + CO_3^{2-}(aq) \rightarrow CuCO_3(s)$.

9.76 Hg_2^{2+} et Fe^{2+}.

$Hg_2^{2+}(aq) + 2 Cl^-(aq) \rightarrow Hg_2Cl_2(s)$.

$Fe^{2+}(aq) + CO_3^{2-}(aq) \rightarrow FeCO_3(s)$.

9.77 30,7 kg CO_2.

9.78 56,1 g Ti.

9.79 $3,4 \times 10^4$ kg $CaCO_3$.

9.80 5,4 % de Na_2CO_3.

9.81 2,0 mg DMSA.

9.82 51,8 g Mn.

9.83 37,9 g B_5H_9.

9.84 L'énoncé est incorrect parce que les équations sont équilibrées sur la base du nombre et de la sorte d'atomes et non de ceux des molécules. L'énoncé devrait être formulé de la façon suivante : « Quand on équilibre une équation chimique, le nombre d'atomes de chaque type est égal des deux côtés de l'équation. »

9.85 La réponse (d) est correcte. Les masses molaires de K et de O_2 sont comparables. Étant donné que la stœchiométrie est dans un rapport de 4 mol de K à 1 mol de O_2, K est le réactif limitant lorsque la masse de K est plus petite que quatre fois la masse de O_2.

9.86 La réponse (a) est correcte. Étant donné que le rapport molaire de H_2 à NO est de 5:2, les 10 mol de H_2 nécessitent 4 mol de NO et H_2 est le réactif limitant. Les réponses (b) et (c) sont éliminées. Étant donné qu'il y a un excès de NO, (d) est éliminé, ce qui ne laisse que la réponse (a).

9.87 A.

9.88 −29 %.

9.89

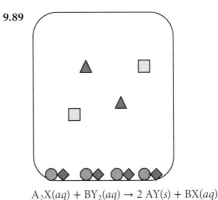

$A_2X(aq) + BY_2(aq) \rightarrow 2 AY(s) + BX(aq)$

ANNEXE 3

Réponses aux exercices pratiques des exemples

Chapitre 1

1.1 (a) La composition du cuivre ne change pas; par conséquent, aplatir le fil avec un marteau est une modification qui affecte l'apparence, mais non la composition chimique; il s'agit donc d'un changement de nature physique.

(b) Le changement de couleur du nickel indique qu'il subit un changement de nature chimique et que ce changement met en évidence une propriété chimique.

(c) La composition du dioxyde de carbone ne change pas. La vaporisation est un changement de nature physique qui manifeste une propriété physique.

(d) Lorsqu'une allumette s'enflamme, un changement chimique est amorcé quand l'allumette réagit avec l'oxygène pour former du dioxyde de carbone et de l'eau. L'inflammabilité est une propriété chimique.

1.2 (a) 29,8 °C.　**(b)** 302,9 K.

1.3 21,4 g/cm^3. Cette masse volumique est celle du platine.

1.3 Supplémentaire 4,50 g/cm^3. Le métal est du titane.

1.4 NaNO$_3$ 0,214 mol/L

1.4 Supplémentaire 44,6 g KBr.

1.5 42,5 g C$_{12}$H$_{22}$O$_{11}$.

1.5 Supplémentaire 3,3 × 10^4 L.

1.6 Le thermomètre à alcool illustré est gradué au 1 °F; par conséquent, le premier chiffre incertain est 0,1. Le haut de la colonne d'alcool dépasse très légèrement 103 °F. On estime donc que la réponse est 103,1 °F.

1.7 (a) D'après la règle 1, chaque chiffre dans ce nombre est significatif: trois chiffres significatifs.

(b) C'est une quantité définie qui a un nombre illimité de chiffres significatifs.

(c) Les deux chiffres 1 sont significatifs (règle 1) et le zéro interne est également significatif (règle 2): trois chiffres significatifs.

(d) Seuls les deux 9 sont significatifs, les zéros du début ne le sont pas (règle 3): deux chiffres significatifs.

(e) Il y a cinq chiffres significatifs parce que 1, 4 et 5 ne sont pas des zéros (règle 1) et que les zéros de la fin sont situés après une virgule décimale et sont donc significatifs aussi (règle 4).

(f) Le nombre de chiffres significatifs est ambigu parce que les zéros de la fin se situent avant une virgule décimale implicite (règle 4). Sans information supplémentaire, on peut attribuer cinq chiffres significatifs. Il aurait été préférable d'écrire 2,1000 × 10^4 (cinq chiffres significatifs hors de tout doute) ou 2,1 × 10^1 (deux chiffres significatifs).

1.8 (a) 0,381.
(b) 121,0.
(c) 1,174.
(d) 8.

1.9 3,15 vg.

1.10 2,445 gal.

1.11 1,61 × 10^6 cm^3.

1.12 Supplémentaire 3,23 × 10^3 kg.

1.12 0,360 kg.

1.12 Supplémentaire 2,9 × 10^{-2} cm^3.

1.13 0,855 cm.

1.14 2,70 g/cm^3.

Chapitre 2

2.1 (a) $Z = 6$, $A = 13$, $^{13}_6$C.
(b) 19 protons, 20 neutrons.

2.2 (a) N^{3-}.
(b) Rb$^+$.

2.4 (a) Ti^{3+}　N^{3-}
(b) Mn^{7+}　O^{2-}

2.5 24,31 u.

2.5 Supplémentaire 70,92 u.

2.6 Abondance de l'isotope de masse 23,98: 78,8 %.
Abondance de l'isotope de masse 24,99: 10,1 %.
Abondance de l'isotope de masse 25,98: 11,10 %.

2.7 (a) Élément moléculaire.
(b) Composé moléculaire.
(c) Élément atomique.
(d) Composé ionique.
(e) Composé ionique.

2.8 (a) C$_5$H$_{12}$.
(b) HgCl.
(c) CH$_2$O.

2.9 K$_2$S.

2.10 AlN.

2.11 Nitrure d'argent.

2.11 Supplémentaire Rb_2S.

2.12 Sulfure de fer (II).

2.12 Supplémentaire RuO_2.

2.13 IO^- *hypo*iod*ite*.

IO_2^- iod*ite*.

IO_3^- iod*ate*.

IO_4^- *per*iod*ate*.

2.14 Chlorate d'étain(II).

2.14 Supplémentaire $Co_3(PO_4)_2$.

2.15 Pentoxyde de diazote.

2.15 Supplémentaire PBr_3.

2.16 Acide fluorhydrique.

2.17 Acide nitreux.

2.17 Supplémentaire $HClO_4$.

Chapitre 3

3.1 $2,64 \times 10^{20}$ photons.

3.1 Supplémentaire   435 nm.

3.2   397 nm.

3.2 Supplémentaire $n = 1$.

3.3 $6,1 \times 10^6$ m/s.

3.4 $_7$N : 2, 5.

$_{15}$P : 2, 8, 5.

$_{10}$Ne : 2, 8.

$_{18}$Ar : 2, 8, 8.

3.5

Phospore :

sous-niveau	sous-niveau	nombre d'électrons
1	s	2
2	s	2
	p	6
3	s	2
	p	3

$1s^2\, 2s^2\, 2p^6\, 3s^2\, 3p^3$

Oxygène :

sous-niveau	sous-niveau	nombre d'électrons
1	s	2
2	s	2
	p	4

$1s^2\, 2s^2\, 2p^4$

3.6   Pour les orbitales $5d$:

$n = 5, l = 2, m_l = -2, -1, 0, 1, 2.$

Les 5 valeurs entières de m_l signifient qu'il y a cinq orbitales $5d$.

3.7 (a) l ne peut pas prendre la valeur 3 si $n = 3, l = 2$, car $m_l = +2$.

(b) m_l ne peut pas prendre la valeur -2 si $l = -1$. Les valeurs possibles pour m_l sont -1, 0 ou 1.

(c) l ne peut pas prendre la valeur 1 si $n = 1, l = 0$.

Chapitre 4

4.1 (a) $_{17}$Cl : $1s^2 2s^2 2p^6 3s^2 3p^5$ ou [Ne] $3s^2 3p^5$.

(b) $_{14}$Si : $1s^2 2s^2 2p^6 3s^2 3p^2$ ou [Ne] $3s^2 3p^2$.

(c) $_{38}$Sr : $1s^2 2s^2 2p^6 3s^2 3p^6 4s^2 3d^{10} 4p^6 5s^2$ ou [Kr] $5s^2$.

(d) $_8$O : $1s^2 2s^2 2p^4$ ou [Ne] $2s^2 2p^4$.

4.2   Il n'y a pas d'électrons non appariés.

$_{18}$Ar : [Ne]

$\boxed{\uparrow\downarrow}$ $\boxed{\uparrow\downarrow}\ \boxed{\uparrow\downarrow}\ \boxed{\uparrow\downarrow}$

3s 3p

4.3 (a) [Ar] $4s^0 3d^7$. Co^{2+} est paramagnétique.

$_{27}$Co^{2+} : [Ar]

$\boxed{\uparrow\downarrow}\ \boxed{\uparrow\downarrow}\ \boxed{\uparrow}\ \boxed{\uparrow}\ \boxed{\uparrow}$

3d

(b) [He] $2s^2 2p^6$. N^{3-} est diamagnétique.

$_7$N^{3-} : [He]

$\boxed{\uparrow\downarrow}$ $\boxed{\uparrow\downarrow}\ \boxed{\uparrow\downarrow}\ \boxed{\uparrow\downarrow}$

2s 2p

(c) [Ne] $3s^2 3p^6$. Ca^{2+} est diamagnétique.

$_{20}$Ca^{2+} : [Ne]

$\boxed{\uparrow\downarrow}$ $\boxed{\uparrow\downarrow}\ \boxed{\uparrow\downarrow}\ \boxed{\uparrow\downarrow}$

3s 3p

4.4 $_{53}$I : $1s^2 2s^2 2p^6 3s^2 3p^6 4s^2 3d^{10} 4p^6 \mathbf{5s^2} 4d^{10}\, \mathbf{5p^5}$

7 électrons de valence et 46 électrons de cœur.

$_{25}$Mn : $1s^2 2s^2 2p^6 3s^2 3p^6 \mathbf{4s^2 3d^5}$

7 électrons de valence et 18 électrons de cœur.

4.5 (a) Sn.   **(c)** Bi.

(b) Impossible de prédire.   **(d)** B.

4.5 Supplémentaire   Cl < Si < Na < Rb

4.6 (a) Sn.

(b) Impossible à prédire.

(c) W.

(d) Se.

4.6 Supplémentaire   Rb > Ca > Si > S > F.

4.7 (a) K.   **(b)** F$^-$.   **(c)** Cl$^-$.

4.7 Supplémentaire   S^{2-} > Cl$^-$ > Ca^{2+}.

4.8 (a) I.

(b) Ca.

(c) Impossible à prédire.

(d) F.

4.8 Supplémentaire   F > S > Si > Ca > Rb.

4.9 (a) L'énergie de première ionisation, I_1, diminue entre le Mg et le Al, bien que leurs électrons de valence soient situés à des distances similaires de leur noyau et que la charge nucléaire effective, Z_{eff}, (tenant compte de l'effet d'écran total) qui s'exerce sur l'électron de valence arraché au Al soit plus élevée. En effet, l'électron arraché au Al se trouve sur la sous-couche $3p$. En plus de l'effet d'écran total, il subit l'effet d'écran partiel de la sous-couche $3s$ sur la $3p$, ce qui affaiblit la force qui le retient à son noyau. Ce n'est pas le cas de l'électron arraché au Mg, qui est lui-même sur la sous-couche $3s$. La force qui retient le premier électron de valence arraché à son noyau diminue donc entre le Mg et le Al (même si le noyau de ce dernier possède un proton supplémentaire), ce qui explique la I_1 plus faible du Al. Précisons que dans le cas du Mg, les électrons de valence sont aussi situés dans une sous-couche s remplie, ce qui rend l'atome particulièrement stable. Dans le cas du Al, la présence d'un troisième électron dans la couche de valence cause la perte de cet effet de stabilité accrue. L'électron arraché à l'atome de Al est donc moins stable.

(b) L'énergie de première ionisation, I_1, diminue entre le N et le O, bien que leurs électrons de valence soient situés à des distances similaires de leur noyau et que la charge nucléaire effective, Z_{eff}, (tenant compte de l'effet d'écran total) qui s'exerce sur l'électron de valence arraché au O soit plus élevée. L'électron arraché au N et l'électron arraché au O sont tous deux sur la sous-couche $2p$. Ils subissent donc tous deux l'effet d'écran partiel de la $2s$ sur la $2p$. Cependant, l'électron arraché au O fait partie d'un doublet, alors que l'électron arraché au N est célibataire. La I_1 du O est donc plus faible, car, même si son noyau possède un proton supplémentaire, la présence d'un deuxième électron dans la même orbitale crée un effet de répulsion entre les deux charges négatives qui déstabilise légèrement l'électron arraché au O. Celui-ci sera donc plus facile à ioniser. Précisons que dans le cas de l'atome N, les électrons de valence sont aussi situés dans un niveau dont la sous-couche p est à moitié remplie avec trois électrons de même spin, ce qui rend l'atome particulièrement stable. Dans le cas de l'atome O, on perd cette stabilité accrue, de sorte que l'électron arraché au O est moins stable que l'électron arraché au N.

(c) L'énergie de première ionisation, I_1, diminue entre le Cl et le I. La I_1 des atomes de Cl est plus élevée que celle des atomes de I, car, pour des charges effectives similaires (+7) entre l'électron de valence arraché et son noyau, l'électron de valence du Cl (de niveau 3) est plus proche de son noyau que celui du I (de niveau 5). La force qui retient l'électron de valence du I est donc plus faible et cet électron sera plus facile à ioniser.

(d) L'énergie de première ionisation, I_1, augmente entre le I et le Xe. La I_1 des atomes de Xe est plus élevée que celle des atomes de I, car, pour des électrons de valence situés à des distances similaires du noyau (niveau 5), la charge effective qui s'exerce sur l'électron de valence arraché au noyau de l'atome de Xe est plus élevée (+8) que celle qui s'exerce sur l'électron arraché à l'atome I (+7). La force qui retient l'électron du Xe est donc plus grande et il sera plus difficile à ioniser.

4.10 (a) L'indice d'électronégativité augmente entre le Mg et le Al. La χ des atomes de Al est plus élevée que celle des atomes de Mg, car, pour des couches de valence situées à des distances similaires du noyau (niveau 3), la charge effective à laquelle sont soumis les électrons d'une liaison est plus élevée dans le cas du Al (+3) que dans celui du Mg (+2). La force qui s'exerce sur les électrons d'une liaison est alors plus élevée. Notez ici que l'effet d'écran partiel est négligeable lors de la formation des liaisons.

(b) L'indice d'électronégativité augmente entre le N et le O La χ des atomes de O est plus élevée que celle des atomes de N, car, pour des couches de valence situées à des distances similaires du noyau (niveau 2), la charge effective à laquelle sont soumis les électrons d'une liaison est plus élevée dans le cas du O (+6) que dans celui du N (+5). La force qui s'exerce sur les électrons d'une liaison est alors plus élevée. Notez ici que l'apparition d'un doublet dans le dernier niveau est négligeable lors de la formation des liaisons.

(c) L'indice d'électronégativité diminue entre le Cl et le I. La χ des atomes de Cl est plus élevée que celle des atomes de I, car, pour des charges effectives similaires (+7) qui s'exercent sur leur dernier niveau, la couche de valence du Cl (de niveau 3) est plus proche de son noyau que celui du I (de niveau 5). La force s'exerce sur les électrons d'une liaison est donc plus faible dans le cas des atomes de I.

(d) L'indice d'électronégativité diminue entre le I et le Xe, ce dernier ayant un indice d'électronégativité à peu près nul. La χ des atomes de Xe est nulle, car la couche de valence des gaz rares est complète. Pour créer des liaisons avec des atomes voisins, le gaz rare devrait donc théoriquement utiliser des orbitales du niveau supérieur, soit $6s$ dans le cas du Xe. La charge effective qui s'exercerait sur des électrons partagés à l'aide de ces orbitales est nulle, car la charge nucléaire subit alors l'effet d'écran total de tous les électrons de l'atome, de sorte que la force qui s'exercerait sur les électrons de la liaison serait nulle.

Chapitre 5

5.1 Mg_3N_2.

5.2 KI < LiBr < CaO

5.2 Supplémentaire $MgCl_2$.

5.3 (a) Covalente pure.

(b) Ionique.

(c) Covalente polaire.

5.4 $CH_3OH(g) + 3/2\ O_2(g) \rightarrow CO_2(g) + 2\ H_2O(g)$.

$\Delta H_{réaction} = -641$ kJ.

5.4 Supplémentaire $\Delta H_{réaction} = -80$ kJ.

5.5

Structure	A			B			C		
	:N̈=N=Ö:			:N≡N—Ö̤:			:N̤̈—N≡O:		
Nombre d'e⁻ de valence	5	5	6	5	5	6	5	5	6
nombre d'e⁻ de doublets libres	−4	−0	−4	−2	−0	−6	−6	−0	−2
½ (nombre d'e⁻ liants)	−2	−4	−2	−3	−4	−1	−1	−4	−3
Charge formelle	**−1**	**+1**	**0**	**0**	**+1**	**−1**	**−2**	**+1**	**+1**

La structure B contribue le plus à la structure globale correcte de N_2O. La structure C possède des charges formelles plus élevées et la structure A ne donne pas la charge formelle négative à l'atome le plus électronégatif.

5.5 Supplémentaire L'azote est +1, les atomes d'oxygène formant une liaison simple sont −1 et les atomes d'oxygène formant une liaison double n'ont pas de charge formelle.

5.6 :C≡O:

5.7
$$\text{H}—\overset{\displaystyle \overset{\text{:O:}}{\|}}{\text{C}}—\text{H}$$

5.8 $\left[\text{:C̈l—Ö:}^{(-)} \right]^-$

5.9 $\left[\text{Ö=N̈—Ö:}^{(-)} \right]^- \longleftrightarrow \left[{}^{(-)}\text{:Ö—N̈=Ö:} \right]^-$

5.10
$$\text{H}—\overset{\displaystyle \overset{\text{H}}{|}}{\text{C}}=\overset{(+)}{\text{N}}=\overset{(-)}{\text{N̤̈:}} \longleftrightarrow \text{H}—\overset{\displaystyle \overset{\text{H}}{|}}{\underset{(-)}{\text{C̈}}}—\overset{(+)}{\text{N}}≡\text{N:}$$

5.11
$$\text{:F̈—Ẍe—F̈:}$$
avec F en haut et en bas

5.11 Supplémentaire
$$\text{H—Ö—P—Ö—H}$$
avec O en haut et O—H en bas

5.12 H₂C = CH
structure cyclique: C—CH, HC, CH, HC=CH

5.13 $5,5 \times 10^2$

Chapitre 6

6.1 tétraédrique

6.2 Angulaire.

6.3 Linéaire.

6.4

Atome	Nombre de groupes d'électrons	Nombre de doublets libres	Géométrie moléculaire
Carbone (gauche)	4	0	Tétraédrique
Carbone (droite)	3	0	Triangulaire plane
Oxygène	4	2	Angulaire

6.5 La molécule est non polaire.

6.6 L'atome de xénon a six groupes d'électrons, quatre liaisons et deux doublets. L'hybridation de l'atome central est donc sp^3d^2 (reportez-vous au tableau 6.4).

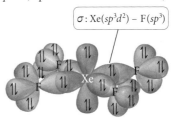

6.7 L'atome de carbone a deux groupes d'électrons, une liaison simple et une liaison triple. L'hybridation de l'atome central est donc sp (reportez-vous au tableau 6.4).

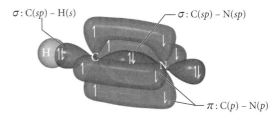

6.8 L'atome de carbone a deux groupes d'électrons et deux liaisons doubles. L'hybridation de l'atome central est donc sp (reportez-vous au tableau 6.4).

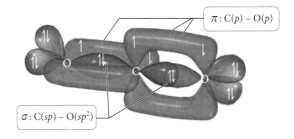

6.8 Supplémentaire : L'hybridation de l'atome central est sp^3d.

6.9 (b) et (c).

6.10 HF a un point d'ébullition plus élevé que HCl parce que, contrairement à HCl, HF est capable de former des ponts hydrogène. Le pont hydrogène est une force dipôle-dipôle particulièrement efficace. Cette force intermoléculaire requiert plus d'énergie pour être rompue.

Chapitre 7

7.1 **(a)** Oui, car tous deux sont à la même température.

(b) Non. Ils ont la même énergie cinétique moyenne, mais comme ils n'ont pas la même masse, les molécules de Cl_2, plus lourdes, se déplaceront plus lentement.

(c) Non. Les molécules de Cl_2, dont la concentration est la même que celle des molécules de F_2, sont plus lourdes, mais se déplacent aussi plus lentement. Les deux gaz exercent la même pression sur les parois du contenant.

7.2 **(a)** $Hg > NH_3 > Br_2 > C_6H_6$.

(b) $Hg > NH_3 > Br_2 > C_6H_6$.

7.3 Le processus de vaporisation est un processus endothermique. Afin de parvenir jusqu'à votre nez, les molécules aromatiques doivent briser les forces intermoléculaires qui les retiennent aux aliments afin de s'échapper à l'état gazeux. Dans un plat chaud, un plus grand nombre de molécules aromatiques posséderont l'énergie cinétique nécessaire pour passer sous forme de gaz; les plats chauds seront donc plus odorants.

7.4 Les volumes des liquides varieront, car les différentes substances ne s'évaporent pas toutes à la même vitesse. Le matin, l'acétone, dont la pression de vapeur est très élevée, devrait avoir pratiquement disparu. L'eau, dont la pression de vapeur est la plus basse, devrait être la substance la plus présente, bien qu'une petite partie se soit évaporée (l'eau possédant une pression de vapeur). Finalement, l'alcool aura un comportement entre ces deux extrêmes: il se sera plus évaporé que l'eau, mais moins que l'acétone. C'est donc dans le bécher d'acétone qu'il restera le moins de liquide.

7.5 **(a)** SiO_2. Le SiO_2 est un solide atomique covalent (ou macromoléculaire) dont la cohésion est assurée par des liaisons covalentes très solides. Le CH_3OH est un solide moléculaire (d'ailleurs liquide dans les conditions ambiantes) dont la cohésion ne dépend que des forces intermoléculaires de type ponts H, beaucoup plus faibles que les liaisons covalentes.

(b) Al. Le Ca et le Al sont tous deux des solides métalliques dont la cohésion est assurée par une mer d'électrons délocalisés. La force de la liaison métallique dépend notamment de la densité de cette mer d'électrons et de la charge des cations des métaux. L'aluminium délocalise un plus grand nombre d'électrons et les cations formés portent une charge plus élevée (+3) et sont plus petits que ceux du Ca (+2). L'aluminium serait donc théoriquement plus dur que le calcium. En réalité, la structure cristalline du métal influe aussi sur la dureté du métal et il n'est pas si simple de comparer avec certitude les solides métalliques. Il existe des théories plus complètes pour expliquer la liaison métallique, mais elles ne seront pas traitées dans ce volume.

(c) NH_3. Le NH_3 est un solide moléculaire dont la cohésion est assurée par des ponts hydrogène, une forme d'interaction dipôle-dipôle très efficace, alors que le N_2 est un solide de London (d'ailleurs gazeux aux conditions ambiantes) dont la cohésion ne dépend que de forces de dispersion relativement faibles ($14e^-$).

(d) CaO. Le CaO et le NaCl sont tous deux des solides ioniques dont la cohésion est assurée par des forces électrostatiques s'exerçant entre les ions et la force de la liaison ionique dépend de la charge des cations et des anions. Ici, la charge des cations et des anions de l'oxyde de calcium est deux fois plus grande que celles des ions du chlorure de sodium. L'énergie de réseau du CaO sera donc théoriquement environ quatre fois plus grande que celle du NaCl, et le CaO sera plus dur à rayer.

7.6 La glace sèche est un solide moléculaire dont la cohésion est assurée par des forces de dispersion. Lorsque l'on place de la glace sèche à température ambiante, le solide passe d'une température de 278°C à 25°C. L'énergie thermique des molécules augmente et prédomine rapidement sur les forces de dispersion. Les molécules immobiles les unes par rapport aux autres à l'état solide s'échappent spontanément à l'état gazeux et se déplacent alors rapidement dans toutes les directions, indépendantes les unes des autres.

7.7 Commencez par placer sur votre graphique les températures et les pressions correspondant aux différents repères donnés. Identifiez ensuite le point triple et le point critique. Tracez la courbe de sublimation entre l'origine et le point triple. Tracez ensuite la courbe de fusion en partant du point triple et en passant par le point de congélation normal. Tracez finalement la courbe de vaporisation en partant du point triple, en passant par le point d'ébullition normal jusqu'au point critique. Identifiez les différentes régions.

L'éthanol possède une phase solide stable à 1 atm à 114 °C.

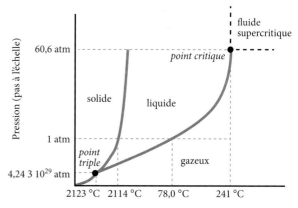

7.7 **Supplémentaire**   Le diamant est peu abondant dans la nature, car sa formation nécessite des conditions de température et de pression extrêmement élevées.

Chapitre 8

8.1 $4,65 \times 10^{-2}$ mol Ag.

8.2 0,563 mol Cu.

8.2 **Supplémentaire**   22,6 g Ti.

8.3 $1,3 \times 10^{22}$ atomes C.

8.3 **Supplémentaire**   6,87 g W.

8.4 $l = 1,72$ cm.

8.4 **Supplémentaire** $2,90 \times 10^{24}$ atomes Cu.

8.5 164,10 u.

8.6 $5,839 \times 10^{20}$ molécules $C_{13}H_{18}O_2$.

8.6 Supplémentaire 1,00 g H_2O.

8.7 53,29 %.

8.7 Supplémentaire 74,19 % Na.

8.8 4,0 g O.

8.8 Supplémentaire 3,60 g C.

8.9 CH_2O.

8.10 $C_{13}H_{18}O_2$.

8.11 C_6H_6.

8.11 Supplémentaire $C_2H_8N_2$.

8.12 C_2H_5.

8.13 C_2H_4O.

8.14 2,1 atm à une profondeur d'environ 11 m.

8.15 123 mL.

8.16 11,3 L.

8.17 165 kPa, 23,9 psi.

8.18 16,1 L.

8.18 Supplémentaire 976 mmHg.

Chapitre 9

9.1 $SiO_2(s) + 3\ C(s) \rightarrow SiC(s) + 2\ CO(g)$.

9.2 $2\ C_2H_6(g) + 7\ O_2(g) \rightarrow 4\ CO_2(g) + 6\ H_2O(g)$.

9.3 $Pb(NO_3)_2(aq) + 2\ KCl(aq) \rightarrow PbCl_2(s) + 2\ KNO_3(aq)$.

9.4 $2\ NaHCO_3 \rightarrow Na_2CO_3 + CO_2 + H_2O$

9.5 4,08 g HCl.

9.6 $1,027 \times 10^9$ kg HNO_3.

9.7 H_2 est le réactif limitant, étant donné qu'il produit la plus petite quantité de NH_3. Par conséquent, le rendement théorique est de 29,4 kg NH_3.

9.8 CO est le réactif limitant, étant donné qu'il ne produit que 114 g de Fe. Par conséquent, le rendement théorique est de 114 g Fe : le pourcentage de rendement est de 63,4 %.

9.9 82,3 g Ag_2O.

9.9 Supplémentaire 7,10 g Ag_2O.

9.10 6,53 L O_2.

9.11 (a) $Cr = 0$.
   (b) $Cr^{3+} = +3$.
   (c) $Cl = -1$, $C = +4$.
   (d) $Br = -1$, $Sr = +2$.
   (e) $O = -2$, $S = +6$.
   (f) $O = -2$, $N = +5$.

9.12 Sn est oxydé et N est réduit.

9.12 Supplémentaire La réaction b) est la seule réaction d'oxydoréduction. Al est oxydé et O est réduit.

9.13 $Cr(s) + 2\ H^+(aq) \rightarrow Cr^{2+}(aq) + H_2(g)$

9.14 $Cu(s) + 4\ H^+(aq) + 2\ NO_3^-(aq) \rightarrow Cu^{2+}(aq) + 2\ NO_2(g) + 2\ H_2O(l)$

9.15 $3\ ClO^-(aq) + 2\ Cr(OH)_4^-(aq) + 2\ OH^-(aq) \rightarrow 3\ Cl^-(aq) + 2\ CrO_4^{2-}(aq) + 5\ H_2O\ (l)$.

9.16 $2\ H^+(aq) + 2\ I^-(aq) + Ba^{2+}(aq) + 2\ OH^-(aq) \rightarrow 2\ H_2O(l) + Ba^{2+}(aq) + 2\ I^-(aq)$.
   $H^+(aq) + OH^-(aq) \rightarrow H_2O(l)$.

9.16 Supplémentaire
   $2\ Ag^+(aq) + 2\ NO_3^-(aq) + Mg^{2+}(aq) + 2\ Cl^-(aq) \rightarrow 2\ AgCl(s) + Mg^{2+}(aq) + 2NO_3^-(aq)$.
   $Ag^+(aq) + Cl^-(aq) \rightarrow AgCl(s)$.

9.17 (a) Insoluble.
   (b) Insoluble.
   (c) Soluble.
   (d) Soluble.

9.18 $NH_4Cl(aq) + Fe(NO_3)_3(aq) \rightarrow$ Aucune réaction.

9.19 $2\ NaOH(aq) + CuBr_2(aq) \rightarrow Cu(OH)_2(s) + 2\ NaBr(aq)$.

9.20 $H_2SO_4(aq) + 2\ LiOH(aq) \rightarrow 2\ H_2O(l) + Li_2SO_4(aq)$.
   $H^+(aq) + OH^-(aq) \rightarrow H_2O(aq)$.

9.21 $2HBr(aq) + K_2SO_3(aq) \rightarrow H_2O(l) + SO_2(g) + 2\ KBr(aq)$.

9.21 Supplémentaire $2H^+(aq) + S^{2-}(aq) \rightarrow H_2S(g)$.

9.22 $2\ C_2H_5SH(l) + 9\ O_2(g) \rightarrow 4\ CO_2(g) + 2\ SO_2(g) + 6\ H_2O(g)$.

Réponses aux liens conceptuels

CHAPITRE 1

1.1 Lois et théories

Réponse (b). Une loi résume simplement un ensemble d'observations similaires, alors qu'une théorie fournit les raisons sous-jacentes à celles-ci.

1.2 Substances pures et mélanges

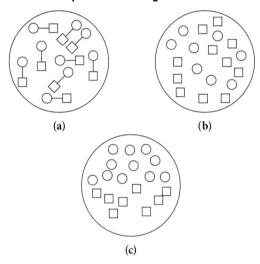

1.3 Changements chimiques et physiques

Le diagramme (a) représente le mieux l'eau après l'évaporation. L'évaporation est un changement physique, de sorte que les molécules doivent demeurer les mêmes avant et après le changement.

1.4 Masse d'un gaz

Non. L'eau s'évapore et passe à l'état gazeux, mais les molécules d'eau sont toujours présentes dans le récipient et ont la même masse.

1.5 Préfixes multiplicateurs

Le préfixe micro (10^{-6}) est approprié. La mesure exprimée serait de 55,7 µm.

1.6 Masse volumique

Réponse (c). L'échantillon prend de l'expansion. Cependant, comme sa masse demeure constante, sa masse volumique diminue.

CHAPITRE 2

2.1 Isotopes

Un échantillon de 10 000 atomes de carbone contient, en moyenne, 107 atomes de C-13.

2.2 Atome nucléaire et isotopes

Réponse (b). Le nombre de neutrons dans le noyau d'un atome n'influe pas sur la taille de l'atome parce que le noyau est minuscule en comparaison de la taille de l'atome lui-même.

2.3 Masse atomique

Réponse (a). Étant donné que 98,93 % des atomes sont du C-12, on s'attendrait à ce que la masse atomique soit très proche de la masse de l'isotope de C-12.

2.4 Représentation moléculaire des éléments et des composés

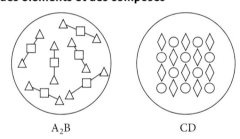

2.5 Composés ioniques et composés moléculaires

Le choix (a) décrit le mieux la différence entre les composés ioniques et moléculaires. La réponse (b) est incorrecte parce qu'il n'y a pas de «nouvelles» forces de liaisons (seulement un réarrangement qui entraîne une énergie potentielle plus faible), et parce que les ions ne se regroupent pas en paires dans la phase solide. La réponse (c) est incorrecte parce que la principale différence entre les composés ioniques et moléculaires est la façon dont les atomes se lient. La réponse (d) est incorrecte parce que les composés ioniques ne contiennent pas de molécules.

2.6 Formules structurales

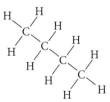

2.7 Représentation des molécules

Les sphères représentent le nuage d'électrons de l'atome. Il serait à peu près impossible de dessiner un noyau à l'échelle sur n'importe lequel des modèles moléculaires compacts – à cette échelle, le noyau serait trop petit pour être visible.

2.8 Nomenclature

Le NCl_3 est un composé moléculaire alors que le $AlCl_3$ est un composé ionique.

CHAPITRE 3

3.1 Spectres d'émission

Réponse (c). Plus le saut entre deux niveaux est grand, plus le photon émis possède de l'énergie et plus sa longueur d'onde est petite ($\Delta E = hc/\lambda$). Selon la figure 3.15, la transition entre les niveaux 3 et 2 présente la plus grande variation d'énergie.

3.2 Longueur d'onde de De Broglie des objets macroscopiques

À cause de la grande masse du ballon, sa longueur d'onde de De Broglie est minuscule. (Pour un ballon d'environ 425 g, λ est de l'ordre de 10^{-35} m lors d'un tir de pénalité ; le ballon se déplace alors à une vitesse moyenne de 120 km/h). Cette minuscule longueur d'onde est négligeable par rapport à la taille du ballon lui-même et, par conséquent, ses effets ne sont pas mesurables.

3.3 Relation entre *n* et *l*

Réponse (c). Étant donné que l peut prendre une valeur maximale de $n-1$ et puisque $n = 3$, alors l peut prendre une valeur maximale de 2.

3.4 Relation entre *l* et *m*$_l$

Réponse (d). Étant donné que m_l peut prendre des valeurs entières (incluant 0) comprises entre $-l$ et $+l$, et puisque $l = 2$, les valeurs possibles de m_l sont $-2, -1, 0, +1, +2$.

CHAPITRE 4

4.1 Configurations électroniques et nombres quantiques

$n = 4, l = 0, m_l = 0, m_s = +\frac{1}{2}$

$n = 4, l = 0, m_l = 0, m_s = -\frac{1}{2}$

4.2 Charge nucléaire effective

Réponse (c). Étant donné que Z_{eff} augmente de gauche à droite le long d'une rangée dans le tableau périodique (le nombre de protons augmente pour un effet d'écran total constant), les électrons de valence de S subissent une charge nucléaire effective plus grande que les électrons de valence de Al ou de Mg.

4.3 Loi de Coulomb

Réponse (a). Étant donné que les charges sont opposées, la force de l'interaction est négative et il s'agit d'une force d'attraction. Lorsque les charges s'approchent l'une de l'autre, la distance qui sépare les charges, *r*, devient plus petite et la force d'attraction augmente.

4.4 Ions, isotopes et volume atomique

Tous les isotopes d'un élément ont le même rayon pour deux raisons : 1) la taille d'un atome est créée par son nuage électronique (par le volume des différentes orbitales). Donc, le fait d'ajouter des particules (neutrons) dans le noyau ne peut affecter le volume d'un atome, à moins que ces particules n'établissent des interactions avec les électrons. Or, les neutrons n'ayant pas de charge, ils ne peuvent interagir avec les électrons périphériques pour modifier l'espace qu'ils occupent. 2) N'ayant pas de charge, les neutrons n'attirent pas les électrons comme le font les protons.

4.5 Énergies d'ionisation et liaison chimique

Comme on peut le constater à partir des énergies d'ionisation successives de tout élément, les électrons de valence sont retenus moins fermement et peuvent être transférés ou partagés plus facilement. Par contre, les électrons de cœur sont retenus fortement et ne sont pas facilement transférés ou partagés. Par conséquent, les électrons de valence sont plus importants pour la liaison chimique.

4.6 Variations périodiques de l'électronégativité

N, P, Al, Na.

CHAPITRE 5

5.1 Points de fusion des solides ioniques

On s'attend à ce que MgO possède le point de fusion le plus élevé parce que, dans notre modèle de la liaison, les ions magnésium et oxygène sont retenus dans un réseau cristallin par les charges +2 du magnésium et −2 de l'oxygène. Par contre, le réseau NaCl est maintenu sous l'effet des charges + 1 du sodium et −1 du chlore. Les points de fusion de ces composés mesurés expérimentalement sont de 801 °C pour NaCl et de 2852 °C pour MgO, en accord avec notre modèle.

5.2 Énergie et règle de l'octet

Les raisons pour lesquelles les atomes forment des liaisons sont complexes. Un des facteurs contributifs est l'abaissement de leur énergie potentielle. La règle de l'octet n'est qu'un moyen pratique de prédire les combinaisons des atomes qui auront une énergie potentielle plus faible lorsqu'ils se lient ensemble.

5.3 Énergies de liaison et ΔH_{Rn}

Réponse (b). Dans une réaction exothermique, l'énergie nécessaire pour rompre les liaisons est inférieure à l'énergie libérée quand les nouvelles liaisons se forment, ce qui entraîne une libération nette d'énergie.

5.4 Espèces à nombre impair d'électrons

Réponse (d). NO_2, parce que la somme des électrons de valence de ses atomes est un nombre impair.

5.5 Octets étendus

Réponse (b). La seule molécule dans ce groupe qui pourrait avoir un octet étendu est H_3PO_4, parce que le phosphore est un élément de la troisième période. Les octets étendus n'existent pas chez les éléments de la deuxième période (comme C et N).

```
            H
            |
           :O:
            |
    H—Ö—P—Ö—H
            ‖
           :O:
```

CHAPITRE 6

6.1 Groupes d'électrons et géométrie moléculaire

La géométrie d'une molécule est déterminée par la manière dont les atomes terminaux sont agencés autour de l'atome central, c'est-à-dire qu'elle est déterminée par la manière dont les groupes d'électrons sont agencés autour de l'atome central. Les groupes d'électrons autour des atomes terminaux n'influencent pas cet arrangement.

6.2 Géométrie moléculaire

Réponse (a), linéaire. HCN renferme deux groupes d'électrons (la liaison simple et la liaison triple), ce qui entraîne une géométrie linéaire.

6.3 Géométrie moléculaire et répulsions des groupes d'électrons

Réponse (d). Tous les groupes d'électrons autour de l'atome central déterminent la forme d'une molécule selon la théorie RPEV.

6.4 Qu'est-ce qu'une liaison chimique ?

(a) Dans le modèle de Lewis, une liaison chimique covalente est le partage d'électrons (représenté par des points). (b) Dans la théorie de la liaison de valence, une liaison chimique covalente est le recouvrement d'orbitales atomiques à demi remplies. (c) Les réponses sont différentes parce que le modèle de Lewis et la théorie de la liaison de valence sont des *modèles* différents de la liaison chimique. Les deux font des prédictions utiles et souvent similaires, mais les hypothèses de chaque modèle sont différentes et, par conséquent, leurs descriptions respectives de la liaison chimique le sont aussi.

6.5 Liaisons simples et liaisons doubles

En appliquant la théorie de la liaison de valence, on voit qu'une liaison double est en fait composée de deux sortes différentes de liaison, une σ et une π. Le recouvrement d'orbitales dans la liaison π est latéral entre deux orbitales p et, par conséquent, il n'est pas aussi efficace que le recouvrement axial dans une liaison σ. Étant donné que les liaisons sont de types différents, l'énergie de liaison d'une liaison double n'est pas simplement le double de l'énergie de liaison d'une liaison simple σ.

6.6 Forces de dispersion

Réponse (c). I_2 a le point d'ébullition le plus élevé parce qu'il a le plus gros nuage électronique (le nombre total d'électrons le plus élevé). Étant donné que les halogènes sont tous semblables sous d'autres aspects, on s'attend à ce que I_2 ait des forces de dispersion plus grandes et, par conséquent, le point d'ébullition le plus élevé (et c'est effectivement vrai).

6.7 Forces intermoléculaires et point d'ébullition

Réponse (a), CH_3OH. Les composés ont des nombres d'électrons similaires, de sorte que les forces de dispersion sont similaires dans les trois cas. CO est polaire, mais étant donné que CH_3OH contient un hydrogène lié directement à un oxygène, il est capable de faire des ponts H et possède donc un point d'ébullition plus élevé.

CHAPITRE 7

7.1 Changements d'états

Réponse (a). Lorsque l'eau bout, elle ne fait que passer de l'état liquide à l'état gazeux. Les molécules d'eau ne se décomposent pas durant l'ébullition.

7.2 Refroidir de l'eau avec de la glace

La fonte de la glace. Le réchauffement de la glace de –10 °C à 0 °C n'absorbe que 20,9 J/g de la glace. Par contre, la fonte de la glace absorbe environ 334 J/g de la glace. (On obtient cette valeur en divisant la chaleur de fusion par la masse molaire de l'eau.) Par conséquent, la fonte de la glace produit une diminution plus importante de la température dans l'eau que le réchauffement de la glace.

7.3 Diagrammes de phases

Réponse (b). Le solide se sublime en gaz. Étant donné que la pression est en dessous du point triple, l'état liquide ne sera pas stable.

CHAPITRE 8

8.1 Nombre d'Avogadro

Rappelez-vous que le nombre d'Avogadro est défini par rapport au C-12 : c'est le nombre égal au nombre d'atomes dans exactement 12 g de C-12. Si le nombre d'Avogadro valait $1,00 \times 10^{23}$ (un beau chiffre rond), il correspondrait à 1,99 g (un nombre peu pratique) d'atomes de carbone 12. Le nombre d'Avogadro est défini par rapport au carbone 12 parce que, comme on l'explique à la section 2.2, l'unité de masse atomique (u) (l'unité de base utilisée pour exprimer la masse de tous les atomes) est définie par rapport au carbone 12. Par conséquent, la masse en grammes de 1 mol d'un élément est égale à sa masse atomique. En combinant ces deux définitions, il est donc possible de déterminer le nombre d'atomes dans une masse connue d'un élément.

8.2 Mole

Réponse (b). L'échantillon de carbone contient plus d'atomes que l'échantillon de cuivre parce que le carbone a une masse molaire plus faible que celle du cuivre. Les atomes de carbone sont plus légers que les atomes de cuivre de sorte qu'un échantillon de 1 g de carbone contient plus d'atomes que celui de 1 g de cuivre. L'échantillon de carbone contient également plus d'atomes que l'échantillon d'uranium parce que, même si l'échantillon d'uranium a une masse 10 fois supérieure à celle du carbone, un atome d'uranium est au moins 10 fois plus lourd (238 g/mol pour l'uranium comparativement à 12 g/mol pour le carbone).

8.3 Modèles moléculaires et taille des molécules

Réponse (c). Les rayons atomiques sont de l'ordre du centième de picomètre, alors que les sphères dans ces modèles ont des rayons inférieurs à un centimètre. Le facteur d'échelle est donc environ 10^8 (100 millions).

8.4 Composition en pourcentage massique

Le pourcentage massique du carbone dans l'acide acétique sera inférieur au pourcentage massique de l'oxygène parce que, même si la formule (CH_3COOH) contient les mêmes quantités molaires des deux éléments, le carbone est plus léger (il possède une masse molaire plus faible) que l'oxygène.

8.5 Formules chimiques et composition en pourcentage massique

C > O > H. Comme le carbone et l'oxygène diffèrent de masse atomique par seulement 4 u, et comme il y a 6 atomes de carbone dans la formule, on peut conclure que le carbone constitue la plus grande fraction de la masse. L'oxygène vient ensuite parce que sa masse est 16 fois celle de l'hydrogène et qu'il n'y a que 6 atomes d'hydrogène pour chaque atome d'oxygène.

8.6 Loi de Boyle-Mariotte et loi de Charles

Réponse (c). Le volume final de gaz est le même que le volume initial parce que doubler la pression *diminue* le volume d'un facteur 2, mais le fait de doubler la température *augmente* le volume d'un facteur 2. Les deux changements de volume sont égaux en grandeur, mais de signes opposés, si bien que le volume final est égal au volume initial.

CHAPITRE 9

9.1 Équations chimiques équilibrées

Les réponses (a) et (d) sont correctes. Lorsque le nombre d'atomes de chaque type est équilibré, la somme des masses des substances en jeu sera la même des deux côtés de l'équation. Étant donné que les molécules changent au cours d'une réaction chimique, leur nombre n'est pas le même des deux côtés, et le nombre de moles pas nécessairement le même non plus.

9.2 Stœchiométrie I

Réponse (c). Étant donné que chaque molécule d'O_2 réagit avec 4 atomes de Na, il faut 12 atomes de Na pour réagir avec les 3 molécules O_2.

9.3 Stœchiométrie II

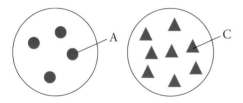

9.4 Réactif limitant et rendement théorique

Réponse (c). L'azote est le réactif limitant et il y a assez d'azote pour produire quatre molécules de NH_3. L'hydrogène est en excès et deux molécules d'hydrogène restent après réaction complète des réactifs.

9.5 Pression et nombre de moles

Réponse (b). Étant donné que le nombre total de molécules de gaz diminue, la pression totale – la somme de toutes les pressions partielles – doit aussi diminuer.

9.6 Oxydation et réduction

Réponse (d). Étant donné que l'oxydation et la réduction doivent se produire ensemble, une augmentation de l'état d'oxydation d'un réactif (perte d'électrons) sera toujours accompagnée d'une diminution de l'état d'oxydation (gain d'électrons) d'un autre réactif.

9.7 Réactions de précipitation

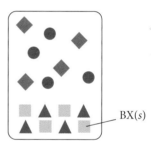

$$AX(aq) + BY(aq) \rightarrow BX(s) + AY(aq)$$

Abondance naturelle Pourcentage relatif d'un isotope donné dans un échantillon d'origine naturelle par rapport aux autres isotopes du même élément. (2.2)

Acide Composé moléculaire qui libère un ion hydrogène H^+ (proton) lorsqu'il est dissous dans l'eau. (2.9)

Agent oxydant Substance qui cause l'oxydation d'une autre substance ; un agent oxydant gagne des électrons, ce qui le réduit. (9.6)

Agent réducteur Substance qui cause la réduction d'une autre substance ; un agent réducteur perd des électrons, ce qui l'oxyde. (9.6)

Alcalin Métal très réactif appartenant au groupe I A du tableau périodique. (3.5)

Alcalino-terreux Métal assez réactif classé dans le groupe II A du tableau périodique. (3.5)

Amorphe Se dit d'un solide composé d'atomes ou de molécules qui ne sont pas réunis par un assemblage régulier étendu. (1.3, 7.2)

Amplitude Hauteur verticale d'un sommet (ou profondeur d'un creux) d'une onde ; mesure de l'intensité de l'onde. (3.2)

Analyse dimensionnelle Utilisation des unités comme guide pour résoudre les problèmes. (1.7)

Analyse par combustion Méthode utilisée pour déterminer les formules empiriques de composés inconnus, notamment ceux qui contiennent du carbone et de l'hydrogène, par la combustion d'un échantillon du composé dans l'oxygène pur et l'analyse des produits. (8.5)

Anion Ion chargé négativement. (2.2)

Atmosphère (atm) Unité de pression basée sur la pression de l'air au niveau de la mer ; 1 atm = 101,3 kPa ou 760 mm Hg. (8.6)

Atome Particule inframicroscopique qui forme l'élément constitutif fondamental de toute matière ; la plus petite unité identifiable d'un élément. (1.1)

Capillarité Capacité d'un liquide à s'élever contre la gravité dans un tube mince sous l'effet des forces d'adhésion et de cohésion. (7.4)

Cases quantiques Représentations schématiques de la configuration électronique dans laquelle les électrons sont illustrés par des demi-flèches placées dans des carrés représentant les orbitales ; la direction de la flèche indique l'orientation du spin de l'électron. (4.2)

Cation Ion chargé positivement. (2.2)

Changement chimique Transformation qui modifie la composition atomique d'une substance ; voir aussi *réaction chimique*. (1.4)

Changement physique Transformation qui modifie l'état ou l'apparence d'une substance, mais pas sa composition. (1.4)

Charge électrique Propriété fondamentale de certaines particules qui a pour effet de leur faire subir une force en présence de champs électriques. (2.2, 3.2)

Charge formelle Charge qu'aurait un atome dans une structure de Lewis si les atomes liés se partageaient tous les électrons liants. (5.8)

Charge nucléaire effective (Z_{eff}) Charge nucléaire réelle subie par un électron, définie comme étant la charge du noyau (attractive) moins les charges des autres électrons (répulsives) qui forment l'effet d'écran. (4.3)

Chiffres significatifs Dans toute mesure exprimée, les chiffres connus avec certitude ainsi que le dernier chiffre, qui, lui, est incertain. (1.6)

Chimie Science qui cherche à comprendre le comportement de la matière en étudiant celui des atomes et des molécules. (1.1)

Composé Substance constituée de deux ou plusieurs types d'atomes présents dans des proportions définies. (1.3)

Composé binaire Composé qui ne renferme que deux éléments différents. (2.8)

Composé ionique Composé constitué de cations et d'anions retenus par des forces électrostatiques. (2.6)

Composé moléculaire Composé constitué de deux ou plusieurs non-métaux liés par covalence qui forment une structure finie. (2.6)

Composition Types et quantités de substances qui composent la matière. (1.3)

Composition en pourcentage massique (ou pourcentage massique) Pourcentage d'un élément par rapport à la masse totale du composé contenant cet élément. (8.4)

Concentration molaire volumique (*C*) (ou molarité) Mode d'expression de la composition d'une solution en nombre de moles de soluté par litre de solution (1.5)

Condensation Phénomène physique au cours duquel la matière passe de l'état gazeux à l'état liquide. (7.5, 7.8)

Configuration électronique Notation qui révèle les orbitales particulières dans lesquelles se trouvent les électrons d'un atome. (4.2)

Congélation Transformation d'un liquide en solide. (7.8)

Constante d'Avogadro (N_A) Facteur de conversion qui correspond à

$$\frac{6,022 \times 10^{23} \text{ atomes}}{1 \text{ mol d'atomes}} \quad \text{ou} \quad \frac{1 \text{ mol d'atomes}}{6,022 \times 10^{23} \text{ atomes}} \quad (8.2)$$

Copolymère Assemblage d'au moins 2 types de molécules (monomères) différentes pour créer un polymère. (5.10)

Couche électronique (ou **niveau principal**) Groupe d'orbitales ayant la même valeur de n. (3.5)

Couple ionique Le plus petit ensemble électriquement neutre d'ions dans un composé ionique. (2.6)

Cristallin Se dit d'un solide dans lequel les atomes, les molécules ou les ions sont disposés selon une structure répétitive étendue. (1.3, 7.2)

Dégénérée (orbitale) Qualifie deux ou plusieurs états électroniques de même énergie. (4.2)

Degré de polymérisation (DP) Valeur calculée en comparant la masse molaire moyenne d'un polymère à la masse molaire de l'unité (ou des unités) monomère. Exprime le nombre d'unités monomères (unités répétitives) formant la chaîne du polymère. (5.10)

Densité de probabilité Probabilité (par unité de volume) de trouver l'électron à un point précis dans l'espace exprimée par un graphique tridimensionnel de la fonction d'onde au carré (ψ^2). (3.4)

Déposition (ou **condensation solide**) Transition de l'état gazeux à l'état solide. (7.8)

Déterministe Se dit des lois classiques du mouvement selon lesquelles le présent détermine le futur. (3.4)

Diagramme de phases Représentation graphique de l'état d'une substance en fonction de la pression (sur l'axe des y) et de la température (sur l'axe des x). (7.9)

Diamagnétique État d'un atome ou d'un ion qui ne contient que des électrons appariés et qui, par conséquent, est légèrement repoussé par un champ magnétique externe. (4.2)

Diffraction Phénomène par lequel une onde qui traverse une ouverture s'étend dans toutes les directions pour former une nouvelle source d'ondes. (3.3)

Dipôle permanent Dipôle résultant d'une séparation permanente de charges ; une molécule ayant un dipôle permanent possède toujours une charge légèrement négative à une extrémité et une charge légèrement positive à l'autre extrémité. (6.6)

Doublet Structure de Lewis à deux points, indiquant une orbitale électronique périphérique remplie. (5.3)

Doublet liant Paire d'électrons partagés entre deux atomes. (5.5)

Doublet libre (ou **doublet non liant**) Paire d'électrons qui n'appartient qu'à un atome. (5.5)

Échelle Celsius (°C) Échelle de température utilisée le plus fréquemment par les scientifiques (et par la majeure partie des pays, à l'exception des États-Unis). Sur cette échelle, l'eau pure gèle à 0 °C et bout à 100 °C (à pression atmosphérique). (1.5)

Échelle Fahrenheit (°F) Échelle de température la plus couramment utilisée aux États-Unis. Selon cette échelle, l'eau gèle à 32 °F et bout à 212 °F où °F = 1,8 (°C) + 32. (1.5)

Échelle Kelvin (K) Échelle de température qui assigne 0 K (−273 °C ou −459 °F) à la température la plus froide possible, soit le zéro absolu, la température à laquelle il n'y a pratiquement plus de mouvement moléculaire ; 1 K = 1 °C. (1.5)

Effet d'écran Effet de répulsion d'un électron par les autres électrons dans les orbitales internes (effet d'écran total) ou dans les orbitales périphérique d'un sous-niveau inférieur (effet d'écran partiel) qui affaiblissent la charge nucléaire totale qui s'exerce sur un électron périphérique. (4.3)

Effet photoélectrique Éjection d'électrons de nombreux métaux lorsqu'ils sont frappés par la lumière. (3.2)

Élastomère Polymère ayant des propriétés élastiques similaires au caoutchouc naturel. (5.10)

Électron Particule de faible masse chargée négativement présente à l'extérieur du noyau de tous les atomes ; l'électron occupe la majeure partie du volume d'un atome, mais il contribue de façon négligeable à la masse de cet atome. (2.2, 3.2)

Électron de cœur Électron qui occupe un niveau d'énergie principal complet ou un sous-niveau complet d ou f et qui ne réagissent pas lors de la formation d'une liaison chimique. (4.3)

Électron de valence Électron qui réagit quand une liaison chimique se forme. Chez les éléments des groupes principaux, les électrons de valence sont ceux du niveau d'énergie principal le plus élevé. (4.3)

Électronégativité (χ) Capacité d'un atome à attirer vers lui des électrons dans une liaison chimique. (4.5, 5.6)

Élément Substance qui ne contient qu'un seul type d'atomes. L'ensemble des atomes possédant un nombre identique de protons. (1.3, 2.2)

Élément atomique Élément présent dans la nature et dont l'unité fondamentale est formée d'un seul atome. (2.6)

Élément moléculaire Élément présent dans la nature sous forme de molécules constituées de deux ou plusieurs atomes comme unité fondamentale. (2.6)

Éléments des groupes principaux Éléments classés dans les blocs *s* ou *p* du tableau périodique et dont il est possible de prévoir les propriétés d'après leur position dans ce tableau. (2.3)

Énergie de liaison (ou **enthalpie de liaison** ou $\Delta H_{\text{liaison}}$) Énergie requise pour rompre 1 mol de liaisons en phase gazeuse. (5.7)

Énergie de réseau ($\Delta H_{\text{réseau}}$) Énergie associée à la formation d'un réseau cristallin à partir d'ions gazeux. (5.4)

Énergie d'ionisation (*I*) Énergie requise pour enlever un électron d'un atome ou d'un cation à l'état gazeux. (3.5, 4.5)

Équation chimique Équation modélisant la transformation de réactifs (molécules ou atomes) en produits. (9.2)

Équation chimique équilibrée Représentation symbolique d'une réaction chimique ; une équation équilibrée contient un nombre égal d'atomes de chaque élément des deux côtés de l'équation. (9.2)

Équation ionique complète Équation qui décrit individuellement tous les ions présents soit comme réactifs, soit comme produits dans une réaction chimique. (9.7)

Équation ionique nette Équation qui montre seulement les espèces qui changent réellement dans une réaction. (9.7)

Équation moléculaire Équation qui montre les formules neutres complètes de chaque composé dans une réaction. (9.7)

Équilibre dynamique Point auquel la vitesse d'une réaction ou d'un processus inverse devient égale à la réaction ou au processus direct. (7.5)

Équilibrer Changer les coefficients stœchiométriques dans une équation chimique pour s'assurer que le nombre de chaque type d'atomes du côté gauche de l'équation est égal au nombre du côté droit. (9.2)

Erreur aléatoire Erreur fortuite qui affecte la valeur soit vers le haut, soit vers le bas. (1.6)

Erreur systématique Erreur qui tend à être continuellement soit trop élevée, soit trop basse. (1.6)

État Classification de la matière selon sa forme solide, liquide, gaz ou plasma. (1.3)

État d'oxydation (ou **nombre d'oxydation**) Nombre entier positif ou négatif qui représente la « charge » qu'aurait un atome dans un composé si tous les électrons partagés étaient assignés à l'atome qui exerce la plus forte attraction pour ces électrons. (2.3, 9.6)

État fondamental État de plus basse énergie d'un atome, molécule ou ion. (4.2)

Exactitude Terme qui indique à quel point la valeur mesurée est proche de la valeur réelle. (1.6)

Expérience Procédure extrêmement précise et soigneusement conçue pour générer des observations susceptibles de confirmer ou d'infirmer une hypothèse. (1.2)

Facteur de conversion Quantité fractionnaire avec des unités utilisées pour transformer l'unité avec laquelle une quantité est exprimée. Les facteurs de conversion sont construits à partir de deux quantités équivalentes. (1.7)

Famille (ou **groupe d'éléments**) Colonnes dans la partie des groupes principaux du tableau périodique qui contiennent des éléments ayant des propriétés chimiques semblables. (2.3)

Fiabilité Une mesure est dite fiable si elle a été répétée plusieurs fois (reproductibilité) et que les valeurs obtenues sont dans les limites de l'incertitude. (1.6)

Fonction de distribution radiale Graphique représentant la probabilité totale de trouver l'électron dans une mince couche sphérique à une distance *r* du noyau. (3.4)

Fonction d'onde (ψ) Fonction mathématique qui décrit la nature ondulatoire de l'électron. (3.4)

Force de dispersion (ou **force de London** ou **force dipôle induit-dipôle induit**) Force électrostatique qui s'exerce entre toutes les molécules et les atomes d'une substance solide ou liquide et qui résulte des fluctuations dans la distribution électronique qui créent des charges partielles instantanées. (6.6)

Force dipôle-dipôle (ou **force de Keesom**) Force électrostatique qui s'exerce entre des molécules possédant un dipôle permanent qui résulte d'une distribution inégale des électrons à l'intérieur des liaisons et d'une géométrie tridimensionnelle asymétrique de la molécule. (6.6)

Force dipôle-dipôle induit (ou **force de Debye**) Force électrostatique qui s'exerce entre une molécule fortement polaire et une molécule non polaire de forte densité électronique. La molécule polaire induit un dipôle dans la molécule voisine polarisable. (6.6)

Force intermoléculaire Force électrostatique qui s'exerce entre les dipôles permanents, instantanés ou induits présents à la surface des molécules et qui permet la cohésion des substances moléculaires. (6.6)

Force ion-dipôle Force électrostatique qui s'exerce entre un ion et l'extrémité de charge opposée d'une molécule polaire. (6.6)

Formule chimique Représentation symbolique d'un composé qui indique les éléments présents dans le composé et le nombre relatif de chacun des atomes. (2.7)

Formule empirique Formule chimique qui n'indique que le plus petit rapport de nombres entiers d'atomes dans un composé. (2.7)

Formule moléculaire Formule chimique qui indique le nombre réel d'atomes de chaque élément dans une molécule. (2.7)

Formule structurale (développée) Formule moléculaire qui indique comment les atomes sont connectés ou liés l'un à l'autre dans une molécule. (2.7)

Fusion Transformation d'un solide en liquide. (7.8)

Gaz État de la matière dans lequel les atomes ou les molécules sont très espacés, et sont libres de se déplacer les uns par rapport aux autres ; n'ayant pas de forme ou de volume définis, un gaz prend la forme de son contenant. (1.3)

Gaz nobles (gaz inertes ou gaz rares) Éléments du groupe VIII A, qui sont pour la plupart non réactifs (inertes) en raison de leur niveau périphérique rempli. (2.3)

Gaz parfait Gaz dont le comportement suit la loi des gaz parfaits. (7.3, 8.6)

Géométrie à bascule Géométrie moléculaire d'une molécule ayant une géométrie électronique hexaédrique et un doublet libre en position axiale. (6.2)

Géométrie angulaire Géométrie moléculaire d'une molécule ayant une géométrie électronique tétraédrique et deux doublets libres ou une géométrie électronique triangulaire plane et un doublet libre. (6.2)

Géométrie bipyramidale à base carrée (octaédrique) Géométrie moléculaire de six groupes électroniques formés de doublets liants et adoptant des angles de 90°. (6.2)

Géométrie bipyramidale à base triangulaire (hexaédrique) Géométrie moléculaire de cinq groupes électroniques formés de doublets liants et adoptant un angle de 120° entre trois groupes d'électrons équatoriaux et des angles de 90° entre deux groupes d'électrons axiaux et le plan trigonal. (6.2)

Géométrie électronique Disposition géométrique des groupes d'électrons dans une molécule. (6.2)

Géométrie en forme de T Géométrie moléculaire d'une molécule ayant une géométrie électronique hexaédrique et deux doublets libres en position axiale. (6.2)

Géométrie linéaire Géométrie moléculaire de deux groupes électroniques formés de doublets liants et adoptant un angle de 180° à cause de la répulsion de deux groupes d'électrons. (6.2)

Géométrie moléculaire Disposition géométrique des atomes dans une molécule. (6.2)

Géométrie plane carrée Géométrie moléculaire d'une molécule avec une géométrie électronique octaédrique et deux doublets libres. (6.2)

Géométrie pyramidale à base carrée Géométrie moléculaire d'une molécule avec une géométrie électronique octaédrique et un doublet libre. (6.2)

Géométrie pyramidale à base triangulaire Géométrie moléculaire d'une molécule avec une géométrie électronique tétraédrique et un doublet libre. (6.2)

Géométrie tétraédrique Géométrie moléculaire de quatre groupes électroniques formés de doublets liants et adoptant des angles de 109,5°. (6.2)

Géométrie triangulaire plane Géométrie moléculaire de trois groupes électroniques formés de doublets liants et adoptant un angle de 120° dans un plan. (6.2)

Groupe d'électrons Densité électronique (électron célibataire dans le cas des espèces à nombre impair d'électrons, doublet non liant, liaison simple, liaison double ou liaison triple) qui détermine la géométrie d'une molécule selon la théorie de la répulsion des paires d'électrons de valence (RPEV). (6.2)

Halogène Non-métal hautement réactif classé dans le groupe VII A du tableau périodique. (2.3, 3.5)

Homopolymère Assemblage d'un seul type de molécules (monomères) pour créer un polymère. (5.10).

Hybridation Méthode mathématique permettant de combiner les orbitales atomiques standard de manière à former de nouvelles orbitales atomiques hybrides. (6.5)

Hybride de résonance Structure réelle d'une molécule qui est intermédiaire entre deux ou plusieurs structures de résonance. (5.8)

Hydracide Acide composé d'hydrogène et d'un non-métal ou d'un anion non oxygéné. (2.9)

Hydrate Composé ionique renfermant un nombre fixe de molécules d'eau associées avec chaque couple ionique. (2.8)

Hypothèse Tentative d'interprétation ou d'explication des observations qu'un scientifique est en train d'effectuer. Une bonne hypothèse peut être réfutée par l'expérimentation. (1.2)

Indétermination Principe selon lequel les circonstances présentes ne déterminent pas nécessairement les événements futurs dans le monde de la mécanique quantique. (3.4)

Insoluble Qui n'a pas la capacité de se dissoudre dans l'eau ou qui est extrêmement difficile à dissoudre. (9.7)

Interférence Superposition de deux ou plusieurs ondes qui s'alignent dans l'espace provoquant soit une augmentation de l'amplitude (interférence constructive), soit une diminution de l'amplitude (interférence destructive). (3.3)

Interférence constructive Interaction d'ondes émises par deux sources différentes qui s'alignent avec des sommets qui se superposent, l'amplitude résultante étant plus grande. (3.3)

Interférence destructive Interaction d'ondes émises par deux sources différentes qui s'alignent de façon que le sommet d'une source se superpose aux creux de l'autre, ce qui entraîne l'annulation des ondes. (3.3)

Ion Atome ou molécule possédant une charge nette causée par la perte ou le gain d'électrons. (2.2)

Ion polyatomique Ion composé de deux ou plusieurs atomes. (2.6)

Ion spectateur Dans une équation ionique complète, ion qui ne participe pas à la réaction et demeure par conséquent en solution. (9.7)

Isotopes Atomes d'un même élément possédant le même nombre de protons, mais un nombre différent de neutrons et dont les masses sont par conséquent légèrement différentes. (2.2)

Kelvin (K) Unité standard de température du SI; $1 K = 1°C$. (1.5)

Kilogramme (kg) Unité standard de masse du SI qui se définit comme la masse d'un cylindre de métal conservé au Bureau international des poids et mesures à Sèvres, en France. (1.5)

Liaison chimique Délocalisation, transfert ou partage d'électrons permettant aux atomes qui se lient d'atteindre des configurations électroniques stables. (5.2)

Liaison covalente Liaison chimique dans laquelle deux atomes partagent des électrons qui interagissent avec les noyaux des deux atomes, ce qui abaisse l'énergie potentielle de chacun grâce à des interactions électrostatiques. (2.5, 5.2)

Liaison covalente polaire Liaison covalente entre deux atomes d'électronégativités très différentes, ce qui entraîne une distribution inégale de la densité électronique dans la molécule. (5.6)

Liaison double Liaison qui se forme quand deux atomes partagent deux paires d'électrons. (5.5)

Liaison ionique Liaison chimique formée entre deux ions de charges opposées, généralement un cation d'un métal et un anion d'un non-métal, qui sont attirés l'un vers l'autre par des forces électrostatiques. (2.5, 5.2)

Liaison métallique Type de liaison qui s'établit dans les cristaux métalliques, dans lesquels des atomes de métaux cèdent leurs électrons dans une mer d'électrons délocalisés dans tout le métal. (2.5, 5.2)

Liaison pi (π) Liaison créée par recouvrement latéral de deux orbitales p et située de part et d'autre du plan formé par les noyaux. (6.5)

Liaison sigma (σ) Liaison créée par recouvrement axial de deux orbitales s, p, ou des orbitales hybrides et située entre les noyaux. (6.5)

Liaison triple Liaison qui se forme quand deux atomes partagent trois paires d'électrons. (5.5)

Linéaire (polymère) Polymère dans lequel les monomères sont reliés les uns aux autres dans une chaîne sans ramification. (5.10)

Liquide État de la matière dans lequel les atomes et les molécules sont aussi proches les uns des autres que dans un solide, tout en pouvant se déplacer librement les uns par rapport aux autres, ce qui lui confère un volume fixe, mais une forme indéfinie. (1.3)

Litre (L) Unité de volume égale à 1000 cm^3 ou 2,1134 pintes américaines liquides. (1.5)

Loi d'Avogadro Loi stipulant que le volume d'un gaz est directement proportionnel à sa quantité en moles: $\frac{V_1}{n_1} = \frac{V_2}{n_2}$. (8.6)

Loi de Boyle-Mariotte Loi qui stipule que le volume d'un gaz est inversement proportionnel à sa pression: $\left(V \propto \frac{1}{P} \right)$. (8.6)

Loi de Charles Loi stipulant que le volume d'un gaz est directement proportionnel à sa température ($V \propto T$). (8.6)

Loi de Coulomb Loi stipulant que l'énergie potentielle de deux particules chargées est directement proportionnelle au produit de leurs charges et inversement proportionnelle à la distance qui les sépare. (4.3)

Loi de Dalton (ou **loi des pressions partielles**) Loi stipulant que la pression totale d'un système est égale à la somme des pressions partielles de chacun des gaz présents ($P_{\text{totale}} = P_A + P_B + P_C + \ldots$). (8.6)

Loi de la conservation de la masse Loi stipulant que, au cours d'une réaction chimique, la matière ne peut être ni créée ni détruite. (1.2, 3.2)

Loi de la périodicité Loi fondée sur l'observation que certains groupes d'éléments présentaient des propriétés similaires lorsqu'ils sont disposés selon l'ordre croissant de leurs masses. (2.3)

Loi des gaz parfaits Loi qui combine les relations des lois de Boyle, de Charles et d'Avogadro en une équation d'état globale en incorporant la constante de proportionnalité R sous la forme $PV = nRT$. (7.3, 8.6)

Loi des proportions définies Loi stipulant que tous les échantillons d'un composé donné renferment leurs éléments constitutifs dans les mêmes proportions. (3.2)

Loi des proportions multiples Loi selon laquelle, lorsque deux éléments (A et B) forment deux composés différents, les masses de l'élément B qui se combinent avec 1 g de l'élément A peuvent être exprimées sous forme de rapport de petits nombres entiers. (3.2)

Loi scientifique Énoncé concis ou équation qui résume les observations passées et prédit les futures. (1.2)

Longueur de liaison Longueur moyenne d'une liaison entre deux atomes donnés dans un grand nombre de composés. (5.7)

Longueur d'onde (λ) Distance dans l'espace entre des sommets adjacents d'une onde. (3.2)

Lumière visible Fréquences du rayonnement électromagnétique que nos yeux peuvent percevoir. (3.2)

Masse (m) Mesure de quantité de matière que contient un objet. (1.5)

Masse atomique Masse moyenne en unités de masse atomique (u) des atomes d'un élément donné basée sur l'abondance relative des divers isotopes qui composent cet élément; elle est numériquement équivalente à la masse en grammes de 1 mol de l'élément. (2.4)

Masse formulaire Masse moyenne d'une molécule d'un composé en unités de masse atomique. (8.3)

Masse molaire (M) Masse en grammes de 1 mol d'atomes d'un élément; numériquement égal à la masse atomique de l'élément en unités de masse atomique. (8.2)

Masse molaire de la formule empirique Somme des masses de tous les atomes dans une formule empirique. (8.5)

Masse volumique (ρ) Rapport de la masse d'un objet à son volume (V). (1.5)

Matière Tout ce qui occupe un espace et possède une masse. (1.3)

Mélange Substance composée de deux ou plusieurs types différents d'atomes ou de molécules que l'on peut combiner dans des proportions variables à l'infini. (1.3)

Mélange hétérogène Mélange dans lequel la composition varie d'un point à l'autre. (1.3)

Mélange homogène Mélange dont la composition est constante en tout point. (1.3)

Mer d'électrons Modèle de la liaison permettant d'expliquer la cohésion dans les substances métalliques; formée par la délocalisation des électrons de valence d'atomes métalliques lorsque ceux-ci sont mis en présence. (5.11)

Métalloïdes Catégorie d'éléments situés à la frontière qui sépare les métaux des non-métaux dans le tableau périodique; ils présentent des propriétés intermédiaires entre celles de ces deux groupes; aussi appelés *semi-métaux*. (2.3)

Métaux Classe comprenant de nombreux éléments qui sont généralement de bons conducteurs de chaleur et d'électricité; ils sont malléables, ductiles, d'aspect lustré et tendent à céder des électrons quand ils subissent des changements chimiques. (2.3)

Métaux alcalino-terreux Métaux assez réactifs du groupe II A du tableau périodique. (2.3)

Métaux alcalins Métaux très réactifs du groupe I A du tableau périodique. (2.3)

Métaux de transition Éléments du bloc *d* du tableau périodique et dont les propriétés tendent à être moins prédictibles que celles des éléments des groupes principaux. (2.3)

Méthode scientifique Approche permettant d'acquérir des connaissances sur le monde naturel qui commence par des observations et conduit à la formation d'hypothèses vérifiables par l'expérimentation. (1.2)

Mètre (m) Unité standard de longueur du SI. Elle équivaut à 39,37 po et est définie comme étant la distance parcourue par la lumière dans le vide durant 1/299 792 458 s. (1.5)

Millilitre (mL) Unité de volume égale à 10^{-3} L ou 1 cm^3. (1.5)

Millimètre de mercure Unité de pression courante qui se rapporte à la pression atmosphérique requise pour élever une colonne de mercure à une hauteur de 1 mm dans un baromètre; 760 mm Hg = 1 atm. (8.6)

Miscibilité Capacité de se mélanger sans se séparer en deux phases. (6.6)

Modèle boules et bâtonnets Représentation de l'agencement des atomes dans une molécule à l'aide de boules et de bâtonnets qui indique la forme globale de la molécule et plus spécifiquement comment les atomes sont liés les uns aux autres. (2.7)

Modèle de Lewis (ou notation de Lewis) Modèle simple de la liaison chimique utilisant des diagrammes représentant les liaisons entre les atomes par des lignes ou des points. Dans cette théorie, les atomes se lient ensemble pour obtenir des octets stables (8 électrons de valence) à l'exception des atomes H et He qui ne peuvent contenir qu'un doublet. (5.3)

Modèle moléculaire compact Représentation d'une molécule qui indique comment les atomes occupent l'espace. (2.7)

Molalité (b ou m) Composition d'une solution exprimée en nombre de moles de soluté par kilogramme de solvant. (1.5)

Mole (mol) Unité définie comme la quantité de matière qui contient 6,022 142 1 × 10^{23} particules (nombre d'Avogadro). (8.2)

Molécule Deux ou plusieurs atomes liés ensemble chimiquement formant un arrangement géométrique déterminé. (1.1)

Moment dipolaire (μ) Mesure de la séparation des charges positive et négative dans une molécule. (5.6)

Monomère Unité constitutive qui se répète dans la chaîne d'un polymère. (5.10)

Neutron Particule subatomique électriquement neutre présente dans le noyau d'un atome, et dont la masse à peu près égale à celle du proton. (2.2, 3.2)

Niveau principal (couches électroniques) Groupe d'orbitales ayant la même valeur de n. (3.5)

Nœud Point où la fonction d'onde (ψ), et, par conséquent, la densité de probabilité (ψ^2) et la fonction de distribution radiale passent toutes par zéro. (3.4)

Nombre d'Avogadro (N_A) Nombre d'atomes de ^{12}C dans exactement 12 g de ^{12}C; égal à 6,022 142 1 × 10^{23}. (8.2)

Nombre de masse (A) La somme du nombre de protons et de neutrons dans un atome. (2.2)

Nombre exact Nombre qui n'a aucune incertitude et qui ne limite pas le nombre de chiffres significatifs dans un calcul. (1.6)

Nombre quantique Un des quatre nombres interreliés qui détermine l'énergie, la forme et l'orientation des orbitales ainsi que le moment de spin de l'électron, comme le spécifie une solution de l'équation de Schrödinger. (3.6)

Nombre quantique de moment angulaire (l) Nombre entier qui détermine la forme d'une orbitale. (3.6)

Nombre quantique de spin (m_s) Quatrième nombre quantique qui détermine l'orientation du spin de l'électron présent dans l'orbitale. (3.6)

Nombre quantique magnétique (m_l) Nombre entier qui détermine l'orientation d'une orbitale. (3.6)

Nombre quantique principal (n) Nombre entier qui détermine la taille et l'énergie d'une orbitale. Plus le nombre quantique n est élevé, plus la distance moyenne entre l'électron et le noyau est grande et plus son énergie est élevée. (3.6)

Nom commun Nom traditionnel d'un composé qui donne peu ou pas d'information à propos de sa structure chimique; par exemple, le nom commun de $NaHCO_3$ est bicarbonate de soude. (2.8)

Nom systématique Nom officiel d'un composé, basé sur des règles bien établies par l'Union internationale de chimie pure et appliquée (UICPA), qui peut être déterminé par l'examen de sa structure chimique. (2.8)

Non-métaux Classe d'éléments qui tendent à être de mauvais conducteurs de chaleur et d'électricité et qui gagnent généralement des électrons au cours des réactions chimiques. (2.3)

Non volatil Qui ne se vaporise pas facilement. (7.5)

Noyau Centre d'un atome, petit, dense, qui contient la majeure partie de la masse d'un atome et toute sa charge positive : il est composé de protons et de neutrons. (2.2, 3.2)

Numéro atomique (Z) Le nombre de protons dans un atome; le numéro atomique définit un élément. (2.2)

Octet Structure de Lewis à huit points, indiquant un niveau électronique périphérique rempli. (5.3)

Oligomère Polymère contenant un petit nombre de monomères. (5.10)

Orbitale Diagramme de distribution basé sur le modèle de l'atome de la mécanique quantique, utilisé pour décrire la probabilité de présence d'un électron dans un atome; également, niveau d'énergie permis pour un électron. (3.4, 4.2)

Orbitale hybride Orbitale formée par la combinaison d'orbitales atomiques standard qui reflète mieux la distribution réelle des électrons au sein des atomes liés chimiquement. (6.5)

Oxacide Acide qui renferme de l'hydrogène et un oxyanion. (2.9)

Oxyanion Anion polyatomique renfermant un non-métal lié par covalence à un ou plusieurs atomes d'oxygène. (2.8)

Oxydation Perte d'un ou de plusieurs électrons. (9.6)

Paramagnétique État d'un atome ou d'un ion qui contiennent des électrons non appariés et qui, par conséquent, sont attirés par un champ magnétique externe. (4.2)

Partie par milliard (ppb) Mode d'expression de la composition d'une solution sous forme d'un rapport par masse avec un facteur de multiplication de 10^9. (1.5)

Partie par million (ppm) Mode d'expression de la composition d'une solution sous forme d'un rapport par masse avec un facteur de multiplication de 10^6. (1.5)

Pascal (Pa) Unité de pression du SI définie comme étant 1 N/m^2. (8.6)

Pétrochimie Production de composés de base nécessaires à l'industrie chimique à partir de molécules présentes dans le pétrole et le gaz naturel. (5.10)

Perturbateur endocrinien (PE) Substance chimique naturelle, artificielle ou synthétique étrangère à un organisme ayant un effet sur son équilibre hormonal et pouvant causer des effets néfastes sur cet organisme ou sur ses descendants. (6.1)

Phase À propos des ondes et des orbitales, signe de l'amplitude de l'onde qui peut être positif ou négatif. (3.3)

Photon (ou quantum) Plus petit paquet de rayonnement électromagnétique et dont l'énergie est égale à $\dfrac{hc}{\lambda}$. (3.2)

Plastique thermodurcissable Matière plastique qui ne peut être remodelée grâce à la chaleur sans que ses propriétés mécaniques en soit altérées. Lors du processus de fabrication, ce plastique durcit sous l'effet de la chaleur de façon irréversible. (5.10)

Polyaddition Processus par lequel on forme un polymère en additionnant des monomères, dimères, trimères ou oligomères les uns aux autres sans perte de matière. (5.10)

Polycondensation Processus par lequel on forme un polymère en associant des monomères, dimères, trimères ou oligomères les uns aux autres en éliminant de la matière sous forme de petites molécules, par exemple de l'eau ou du méthanol. (5.10)

Polymère Macromolécule constituée par la répétition d'unités moléculaires appelées monomères. (5.10)

Polymère naturel Polymère présent à l'état naturel. Les polymères naturels les plus abondants sont les polysaccharides (amidon, cellulose, etc.) et les protéines. (5.10)

Polymère synthétique Polymère entièrement fabriqué en laboratoire ou en industrie, le plus souvent à partir de précurseurs issus de la pétrochimie. Ils sont à distinguer des polymères artificiels qui sont des polymères naturels modifiés chimiquement en laboratoire. Les polymères synthétiques les plus connus sont les matières plastiques. (5.10)

Polymérisation Réaction chimique permettant l'association d'unités répétitives (monomères, dimères, trimères ou oligomères) pour former des chaînes plus longues. (5.10)

Point critique Dans un diagramme de phases, température et pression au-dessus desquelles un fluide supercritique existe. (7.9)

Point d'ébullition Température à laquelle la pression de vapeur est égale à la pression externe. (7.8)

Point d'ébullition normal Température à laquelle la pression de vapeur d'un liquide est égale à 1 atm (ou 101,3 kPa). (7.8)

Point de fusion Température à laquelle un solide possède suffisamment d'énergie thermique pour affaiblir les forces de cohésion et se transformer en liquide. (7.8)

Point triple Dans un diagramme de phases, point représentant l'unique ensemble de conditions dans lesquelles les trois états sont également stables et en équilibre. (7.9)

Pont hydrogène (ou **liaison hydrogène**) Force d'attraction dipôle-dipôle particulièrement efficace entre un hydrogène lié à O, N ou F et un de ces atomes très électronégatifs sur une molécule voisine (ou à l'intérieur même d'une macromolécule). (6.6)

Pourcentage de caractère ionique Rapport, multiplié par 100 %, entre le moment dipolaire réel d'une liaison et le moment dipolaire qu'elle aurait si l'électron était complètement transféré d'un atome à un autre. (5.6)

Pourcentage de rendement Pourcentage du rendement théorique qui a réellement été atteint ; rapport du rendement réel au rendement théorique multiplié par 100 %. (9.4)

Pourcentage par masse ($\%_{m/m}$) (ou **pourcentage massique**) Composition d'une solution exprimée comme un rapport par masse avec un facteur de multiplication de 100 %. (1.5)

Précipité Composé ionique solide insoluble qui se forme dans une solution. (9.7)

Précision Une mesure est dite précise si l'incertitude sur cette mesure est faible par rapport à la valeur de la mesure elle-même. (1.6)

Préfixes multiplicateurs Multiplicateurs qui modifient la valeur de l'unité par des puissances de 10. (1.5)

Pression critique (P_c) Pression requise pour obtenir une transition d'un gaz vers un liquide à la température critique. (7.8)

Pression de vapeur Pression d'un gaz en équilibre avec son liquide. (7.5)

Principe d'Aufbau Ensemble des règles qui indiquent comment les électrons occupent les orbitales dans un atome. (4.2)

Principe d'exclusion de Pauli Principe selon lequel deux électrons dans une même orbitale atomique doivent être de spins opposés. (4.2)

Principe d'incertitude de Heisenberg Principe selon lequel il est fondamentalement impossible de déterminer avec précision simultanément la position et la vitesse d'une particule en raison de sa dualité onde-particule. (3.3)

Produit Substance produite dans une réaction chimique ; elle apparaît du côté droit de l'équation chimique. (9.2)

Propriété chimique Propriété que présente une substance seulement quand sa composition change, entraînant la formation d'une nouvelle substance. (1.4)

Propriété extensive Propriété qui dépend de la quantité d'une substance donnée, comme la masse, par exemple. (1.5)

Propriété intensive Propriété indépendante de la quantité de substance que renferme un objet ou de la dimension de celui-ci, par exemple, la masse volumique. (1.5)

Propriété périodique Propriété qui varie de façon cyclique lorsqu'on place les éléments en ordre de numéro atomique. Ces propriétés sont possibles à prédire en raison de la position de l'élément dans le tableau périodique. (4.5)

Propriété physique Propriété indépendante de tout changement de composition ; ne modifie que l'état et non la nature de la substance. (1.4)

Propriétés complémentaires Propriétés qui s'excluent l'une l'autre, c'est-à-dire, plus on connaît au sujet de l'une, moins on connaît sur l'autre. Par exemple, la nature ondulatoire et la nature corpusculaire de l'électron sont complémentaires. (3.3)

Proton Particule subatomique chargée positivement présente dans le noyau d'un atome. (2.2, 3.2)

Radical libre Molécule ou ion portant un nombre impair d'électrons dans leurs structures de Lewis. (5.9)

Radioactivité Émission de particules subatomiques ou de rayonnements électromagnétiques de haute énergie par les noyaux instables de certains atomes. (3.2)

Ramifié (ou **branché**) **(polymère)** Polymère dans lequel les monomères sont reliés les uns aux autres dans une chaîne avec ramifications, c'est-à-dire contenant une ou plusieurs chaînes latérales liées à la chaîne principale. (5.10)

Rapport par masse (*m/m*) Mode d'expression de la composition d'une solution sous forme d'un rapport de la masse du soluté et de la masse de la solution, auquel s'ajoute un facteur de multiplication. (1.5)

Rapport par volume (*v/v* ou *m/v*) Mode d'expression de la composition d'une solution sous forme d'un rapport du volume ou de la masse du soluté et du volume de la solution, auquel s'ajoute un facteur de multiplication. (1.5)

Rapport stœchiométrique (*S*) Relation numérique entre les quantités d'éléments à l'intérieur d'une substance. (8.4)

Rayon atomique Terme désignant un ensemble de rayons liants moyens déterminés à partir de mesures effectuées sur un grand nombre d'éléments et de composés. (4.5)

Rayon atomique liant (ou **rayon covalent**) Rayon déterminé dans les non-métaux à partir de la moitié de la distance entre deux atomes liés ensemble, et dans les métaux, à partir de la moitié de la distance entre deux atomes adjacents dans un cristal du métal. (4.5)

Rayon atomique non liant (ou **rayon de Van der Waals**) Rayon déterminé à partir de la moitié de la distance entre les centres d'atomes adjacents non liants dans un cristal. (4.5)

Rayonnement électromagnétique Type d'énergie associée aux champs électrique et magnétique oscillants. (3.2)

Rayons cathodiques Rayons produits quand un courant électrique à haute tension est appliqué entre deux électrodes placées à l'intérieur d'un tube de verre sous vide partiel. (3.2)

Réactif Substance de départ d'une réaction chimique; elle apparaît du côté gauche de l'équation chimique. (9.2)

Réactif limitant Le réactif qui a la plus petite quantité stœchiométrique dans un mélange réactionnel et qui, par conséquent, limite la quantité de produits formés dans une réaction chimique. (9.4)

Réaction acide-base (ou **réaction de neutralisation**) Réaction dans laquelle un acide réagit avec une base et les deux se neutralisent mutuellement. (9.7)

Réaction chimique Processus au cours duquel une ou plusieurs substances sont converties en une ou plusieurs substances différentes. (9.2)

Réaction de combustion Type particulier de réaction chimique dans laquelle une substance se combine avec l'oxygène pour former un ou plusieurs composés contenant de l'oxygène. (9.2)

Réaction de dégagement gazeux Réaction qui forme un gaz quand on mélange deux solutions et qui s'accompagne d'effervescence. (9.7)

Réaction de précipitation Réaction au cours de laquelle un produit solide insoluble se forme quand on mélange deux solutions. (9.7)

Réaction d'oxydoréduction Réaction au cours de laquelle des électrons sont transférés d'un réactif à l'autre et les états d'oxydation de certains atomes sont changés. (9.6)

Réduction Gain d'un ou de plusieurs électrons. (9.6)

Règle de Hund Principe qui stipule que lorsqu'on remplit les orbitales dégénérées d'un même sous-niveau, les électrons les occupent d'abord seuls, avec des spins parallèles. (4.2)

Règle de l'octet Tendance que possèdent la plupart des atomes liés à posséder ou à partager huit électrons dans leur couche périphérique afin d'obtenir des configurations électroniques stables et une énergie potentielle plus faible. (5.3)

Relation de De Broglie Affirmation que la longueur d'onde d'une particule est inversement proportionnelle à sa masse et à sa vitesse $\lambda = \dfrac{h}{mv}$. (3.3)

Rendement réel Quantité de produit réellement formée lors d'une réaction chimique. (9.4)

Rendement théorique La plus grande quantité de produits qui peut être formée dans une réaction chimique basée sur la quantité de réactif limitant. (9.4)

Réticulé (polymère) Polymère dans lequel les monomères sont reliés les uns aux autres dans des chaînes contenant un grand nombre de ramifications formant un réseau tridimensionnel. (5.10)

Seconde (s) Unité SI standard de temps définie comme la durée de 9 192 631 770 périodes de la radiation correspondant à une certaine transition entre deux niveaux d'énergie dans l'atome de césium-133. (1.5)

Sel Composé ionique formé d'un cation métallique et d'un anion contenant un ou plusieurs non-métaux. (9.7)

Semi-conducteur Substance de conductivité électrique intermédiaire qui peut être modifiée et contrôlée. (2.3)

Solide État de la matière dans lequel les atomes ou les molécules sont très proches les uns des autres et occupent des positions fixes dans un volume déterminé. (1.3)

Solides atomiques Solides dont les unités constitutives sont des atomes individuels ; ils sont divisés en trois catégories : les solides atomiques du groupe des gaz nobles, les solides atomiques métalliques et les solides atomiques covalents. (7.6)

Solides atomiques covalents (ou **macromoléculaires**) Solides atomiques maintenus par des liaisons covalentes. Leurs points de fusion sont très élevés. (7.6)

Solides atomiques du groupe des gaz nobles Groupe qui réunit essentiellement des gaz nobles dans leur forme solide, maintenus par des forces de dispersion relativement faibles ; ils ont des points de fusion bas. (7.6)

Solides atomiques métalliques Solides atomiques maintenus par des liens métalliques ; leurs points de fusion sont variables. (7.6)

Solides ioniques Solides dont les unités constitutives sont des ions ; ils ont généralement des points de fusion élevés. (7.6)

Solides moléculaires Solides dont les unités constitutives sont des molécules ; ils ont généralement des points de fusion bas. (7.6)

Soluble Qui a la capacité de se dissoudre jusqu'à un certain point, habituellement dans l'eau. (9.7)

Sous-niveaux (ou **sous-couches**) Groupes d'orbitales dégénérées situées dans le même niveau principal et possédant les mêmes valeurs de n et de l. (3.5)

Spectre d'absorption Ensemble des longueurs d'onde absorbées par un élément donné lorsqu'il est exposé à une source de lumière blanche (c'est-à-dire contenant toutes les longueurs d'onde de la lumière visible) ; constitue un moyen d'identification de l'élément. (3.2)

Spectre d'émission Ensemble des longueurs d'onde émises par un élément donné lorsqu'il est soumis à un fort courant électrique, à un rayonnement de haute énergie ou à la chaleur ; constitue un moyen d'identification de l'élément. (3.2)

Spectre électromagnétique Domaines des longueurs d'onde connues de rayonnement électromagnétique. (3.2)

Spin de l'électron Propriété fondamentale des électrons ; le spin peut avoir une valeur de $\pm 1/2$. (3.6)

Stœchiométrie Relation numérique entre les quantités de réactifs et de produits dans une équation équilibrée. (9.3)

Structure de Lewis (ou **notation de Lewis**) représentation des liaisons chimiques entre les atomes symbolisées par des électrons partagés ou transférés ; les électrons de valence des atomes sont représentés par des points (électrons non liants) ou par des traits (électrons liants). (5.3)

Structures limites de résonance Deux ou plusieurs structures de Lewis séparées par une flèche bidirectionnelle pour indiquer que la structure réelle de la molécule est un intermédiaire entre elles. (5.8)

Sublimation Transition de l'état solide à gazeux. (7.8)

Substance Type de matière. (1.3)

Substance pure Substance composée d'un seul type d'atomes ou de molécules. (1.3)

Symbole chimique Abréviation d'une ou deux lettres désignant un élément et inscrite directement sous son numéro atomique dans le tableau périodique. (2.2)

Système anglo-saxon Système de mesure utilisé aux États-Unis et dans quelques autres pays, dans lequel le pouce est l'unité de longueur, la livre est l'unité de force et l'once est l'unité de masse. (1.5)

Système international d'unités (SI) Système standard d'unités utilisé par les scientifiques qui repose sur le système métrique. (1.5)

Système métrique Système de mesure utilisé dans la plupart des pays dans lequel le mètre est l'unité de longueur, le kilogramme est l'unité de masse et la seconde est l'unité de temps. (1.5)

Température (T) Mesure de la quantité d'énergie cinétique moyenne des atomes et des molécules qui composent la matière. (1.5)

Température critique (T_c) Température au-dessus de laquelle le liquide ne peut pas exister (peu importe la pression). (7.8)

Température et pression normales (TPN) Conditions de pression et de température normalisées, soit celles observées au niveau de la mer (0 °C et 101,3 kPa). (7.3)

Tension superficielle Énergie requise pour augmenter la surface d'un liquide d'une quantité unitaire ; responsable de la tendance des liquides à rendre leur surface minimale, ce qui crée une sorte de pellicule à leur surface. (7.4)

Terres rares Ensemble de 17 éléments chimiques de la famille des métaux de transition, des lanthanides et des actinides, généralement réactifs chimiquement à des températures élevées ou lorsqu'ils sont finement divisés. Ces éléments sont essentiels dans le développement de plusieurs nouvelles technologies. (4.1)

Théorie Explication proposée pour les observations et les lois basée sur des hypothèses bien établies et vérifiées ; une théorie présente un modèle pour la compréhension de ce que fait la nature et de la façon dont elle le fait, et prédit un comportement qui dépasse largement les observations ou les lois à partir desquelles elle a été créée. (1.2)

Théorie atomique Théorie selon laquelle chaque élément est constitué de minuscules particules indestructibles appelées atomes, et voulant que tous les atomes d'un élément donné aient la même masse et d'autres propriétés qui les distinguent des atomes des autres éléments. Les atomes se combinent dans des rapports simples de nombres entiers pour former des composés. (1.2, 3.2)

Théorie cinétique des gaz Modèle qui représente un gaz parfait comme un ensemble de particules ponctuelles en mouvement constant qui subissent des collisions complètement élastiques et dont le volume est négligeable par rapport au volume occupé par le gaz. (7.3)

Théorie de la liaison de valence Théorie selon laquelle les atomes peuvent se lier par recouvrement d'orbitales de valence; ces orbitales peuvent être des orbitales de la mécanique quantique localisées sur des atomes individuels ou des combinaisons d'orbitales atomiques standard hybridées. (6.4)

Théorie de la mécanique quantique Modèle qui explique le comportement de particules essentiellement petites comme les électrons et les photons en fonction de leur double nature, ondulatoire et corpusculaire. (3.3)

Théorie de la répulsion des paires d'électrons de valence (RPEV) Théorie qui permet de prédire les formes des molécules en se basant sur l'idée que les électrons – des doublets libres ou des doublets liants – se repoussent mutuellement. (6.2)

Théorie nucléaire Théorie selon laquelle la majeure partie de la masse de l'atome et toute sa charge positive sont contenues dans un centre de petites dimensions appelé noyau. (3.2)

Thermoplastique Matière plastique qui peut être remodelée grâce à la chaleur sans que ses propriétés mécaniques en soient altérées. (5.10)

Torr Unité de pression égale à 1 mm Hg. (8.6)

Tube à rayons cathodiques Tube de verre sous vide partiel muni de deux électrodes et conçu pour créer des rayons cathodiques. (3.2)

Unité Quantité standard utilisée pour indiquer une mesure. (1.5)

Unité de masse atomique (u) Unité utilisée pour exprimer les masses des atomes et des particules subatomiques, définie comme le 1/12 de la masse d'un atome de carbone contenant six protons et six neutrons. (2.2)

Unité dérivée Unité de mesure formée par la combinaison (multiplication ou division) de plusieurs unités de base du SI. Par exemple, l'unité SI pour la vitesse est le mètre par seconde (m/s), une unité dérivée. (1.5)

Vaporisation (ou **évaporation**) Changement de l'état liquide à gazeux. (7.5)

Viscosité Mesure de la résistance d'un liquide à l'écoulement. (7.4)

Volatil Qui se vaporise facilement. (7.5)

Volume (V) Mesure de l'espace. Toute mesure de longueur portée au cube (élevée à la puissance trois) devient une unité de volume. (1.5)

Volume molaire Volume occupé par 1 mol d'un gaz; le volume molaire d'un gaz parfait à TPN est de 22,4 L. (8.6)

INDEX

Note : La lettre italique *f* ou *t* accolée à un numéro de page
signale un renvoi à une figure (*f*) ou à un tableau (*t*).

A

Abondance naturelle, *voir* Isotope
Accident nucléaire, 95
Acétaldéhyde, 269
Acétate, 79*t*
Acétone, 303, 304
Acétylène
    formules, 73*t*
    hybridation, 265
Acide
    acétique, 218, 404*t*
    acétylsalicylique, 339
    binaire, 83
    bromhydrique, 84, 404*t*
    carboxylique, 222
    chlorhydrique, 84, 404*t*, 406
    définition, 83
    désoxyribonucléique (ADN), 219, 220*f*
    fluorhydrique, 141, 404*t*
    iodhydrique, 84, 404*t*
    nitrique, 84, 219, 404*t*, 408
    nomenclature, 83
    oxalique, 141
    oxydoréduction, 394
    perchlorique, 404*t*
    perfluorooctanesulfonique (PFOS), 237*t*
    perfluorooctanoïque (PFOA), 238*t*
    phosphorique, 85
    réaction acide-base, 404-406
    sulfureux, 84
    sulfurique, 141, 379, 404*t*, 405, 406
Acidité, 11
    gastrique, 404
Acrylonitrile, 224*t*
Actinide, 142, 143*f*
Adénine, 219, 220*f*
Aérosol, 357
Agent
    de neutralisation, 404
    ignifuge bromé, 237
    oxydant, 393
    réducteur, 393
    reprotoxique, 236
Alcalin, 58, 127, 142, 143*f*, 155
    électronégativité, 176
    ions, 59
    propriétés, 226
Alcalino-terreux, 58, 127, 142, 143*f*, 155
    ions, 59
    propriétés, 226
    stabilité, 173
Alcool, 8
Alcool éthylique (pression de vapeur), 306*f*
Alcool méthylique, 409

Aliment
    acides, 83
    composés ioniques, 68
    congelé, 317
    digestion, 404
Alliage, 67
    classement, 74
Aluminium, 7, 19, 59, 173
    composition, 68
    configuration électronique, 146
    isotope, 53
    masse, 334
    masse volumique, 336
    niveaux électroniques, 129
Amide, 223*t*
Amidon, 218, 219, 220*f*
Amine, 222
Ammoniac, 82
    formules, 73
    orbitales de l'azote, 259
    réaction chimique, 384
    structure de Lewis, 243
Ammonium, 79*t*
    réaction de dégagement gazeux, 407*t*
Amorphe, 8, 294, 307
Ampère (A), 14*t*
Amplitude, 101, 102*f*
Ampoule électrique (spectre de la lumière blanche), 106, 107*f*
Amylopectine, 219, 220*f*
Amylose, 219, 220*f*
Analyse
    dimensionnelle, 30
    par combustion, 347-349
ANDERSON, Gary, 2
Anion, 55, *voir aussi* Cation, Ion
    carbonate, 400
    chlore, 59, 165
    chlorure, 165
    composé ionique, 68, 74, 189
    configuration électronique, 148
    couple ionique, 69
    formation, 59, 185
    taille, 165, 166*f*
Antiacide, 70, 404
Antimoine, 57
    isotopes, 63
Apparence, 11
Approche scientifique, 6
Aqueux, 83
Argon, 52, 296
    énergie cinétique, 296
    gaz noble, 58
    ions, *voir* Ion argon
    point de fusion, 309
    signaux photoélectroniques, 128*f*
ARRHENIUS, Svante, 2, 404

Arsenic, 57, 214, 266
ASIMOV, Isaac, 139
Aspirine, 339
Atmosphère, 351
    variations de pression, 295
Atome, 4-6, 47, 48, 50, 93
    charge formelle, 204
    combinaison, 64, *voir aussi* Liaison
    configuration électronique, 142, 146
    couche de valence, 126
    couche électronique, 125
    électronégativité, 155, 175
    énergie, 100, 125
    énergie d'ionisation, 127, 166
    hybridation, 258, 268*t*
    liaison, 65, 184
    masse, 332
    masse formulaire, 338
    modèle, 95
    modèle quantique, 111*f*
    multiélectronique, *v.* polyélectronique
    nombre, 332, *voir aussi* Mole
    non réactif ou inerte, 155
    noyau, 50, 51, 94, 99
    nucléaire, 99*f*
    polyélectronique, 124, 127, 142, 173
    propriétés, 139
    représentation sphérique, 124*f*
    spectre d'émission, 110
    stabilité, 173
    taille, *v.* volume
    visualisation, 48*f*
    volume, 50, 159, 161, 164*f*, 166*f*
Attraction gravitationnelle, 15
AVOGADRO, Amedeo, 333
Azote, 2, 8, 77*t*, 81, 358
    composé organique, 211
    composition, 68
    couleur, 73
    énergie d'ionisation, 170, 173
    liaison, 199, 276
    orbitales, 259
    structure de Lewis, 193

B

Balance, 25*f*
    calibration, 29
BARKLA, Charles G., 125
Baryum, 58
    spectre d'absorption, 106, 107*f*
    spectre d'émission, 106, 107*f*
Base
    oxydoréduction, 394
    réaction acide-base, 404-406
BECQUEREL, Henri, 98

Benzène
formules, 73*t*
tension superficielle, 299
Berkélium, 53
Béryllium
énergie d'ionisation, 170
isotope, 53
octets incomplets, 213
rayon atomique, 161
Bicarbonate
de sodium, 406
de soude, 75
réaction de dégagement gazeux, 407
Biodégradable, 182
Biomasse, 182
Bioremédiation, 182
Bisphénol A (BPA), 236*f*
Bisulfite (réaction de dégagement gazeux), 407*t*
Bitume, 219
BOHR, Niels, 93-95, 100, 106, 111, 113, 121, 126
spectre d'émission, 106, 108*f*
Borate, 79*t*
Bore
charge nucléaire effective, 153
énergie d'ionisation, 170
octets incomplets, 213
BORN, Max, 111
Boucle de retroaction positive, 291*f*
Bouteille en plastique, 182
BOYLE, Robert, 349
BRACONNOT, Henri, 219
Bromate, 80
Brome, 77*t*, 80
configuration électronique, 145
élément moléculaire, 70
halogène, 58
non-métal, 56
structure de Lewis, 246
Bromite, 80
Bromure de chrome, 78
Bronze, 74
Brûlure de vapeur, 303
Butane
formule structurale, 72
gazeux, 371
Butanedione (formule moléculaire), 347

C

C-14, 54, *voir aussi* Carbone
Cadmium, 141
Calcaire, 406
composé ionique, 68
Calcite, 68
Calcium, 68, 127
métal alcalino-terreux, 58
propriétés, 226
Cancer, 236
Candela (cd), 14*t*
Caoutchouc, 307
SBR, 216
synthétique, 219
Capillarité, 301
Caractère métallique, 156
variations, 157*f*

Carbonate, 79*t*
Carbonate
de calcium, 68, 70, 400
de magnésium, 400
de sodium, 400, 408
réaction de dégagement gazeux, 407*t*
Carbone, 2, 81, 182, 367, *voir aussi* Nanotube de carbone
cases quantiques, 147
composé organique, 211
configuration électronique, 147
couleur, 73
hybridation *sp*², 262
hybridation *sp*³, 259, 310
isotopes, 54
liaison de valence, 257
masse atomique, 63, 334
non-métal, 56
protons, 51
solide atomique covalent, 310
Carbone 12, 334
CAROTHERS, Wallace, 219
Case quantique, 146, 147
Cation, 8, 55, 156, *voir aussi* Anion, Ion
composé ionique, 68, 74, 189
configuration électronique, 148
couple ionique, 69
formation, 59, 185
hélium, 59
lithium, 59
métallique, 225
polymérisation, 221
sodium, 55, 164, 225, 400
taille, 164*f*
Cellulose, 307
Celsius (°C), 15-16*f*
Centimètre cube (cm³), 18
Centrale nucléaire, 94-95*f*
Centre québécois sur la gestion de l'eau, 331
Cercle de Möbius, 2
Césium 133, 15
CHADWICK, James, 100
Chaleur, 11
changement d'état, 294
liaison métallique, 225
réaction de combustion, 370, 408
Champ
électrique, 8, 101, 225
électromagnétique, 8
magnétique, 101, 149
Changement
chimique, 11*f*-13
climatique, 367, 368
nucléaire, 11
physique, 10-13
Charbon, 94
Charge électrique
forces intermoléculaires, 271
propriétés, 98
Charge formelle
règles, 205
structure de Lewis, 204
Charge nucléaire effective, 152
et électronégativité, 175
CHARLES, J.A.C., 353
Chauffage, *voir* Fusion

Chiffre significatif, 25, 27, *voir aussi* Mesure
Chimie, 3, 94
analytique, 3
définition, 5
des minéraux, 3
du plasma, 3
et environnement, 2-5
naissance, 2
organique, 3
résolution de problèmes, 30-36
Chlorate, 79*t*
Chlore, 52, 65, 77*t*, 96, 127, 389
composé ionique, 66*f*
composition, 68
configuration électronique, 144
couleur, 73
électronégativité, 196
électrons de valence, 144
énergie d'ionisation, 168
et méthane (réaction), 200
géométrie, 241
halogène, 58
ions, *voir* Ion chlore
isotopes, 53
liaison avec le potassium, 187
liaison covalente, 196
masse atomique, 62
molécules diatomiques, 67, 193
structure de Lewis, 192
symbole, 51
Chlorite, 79*t*, 80
Chlorofluorocarbone (CFC), 340
pourcentage massique, 341
rapports stœchiométriques, 342
Chloroprène, 224*t*
Chlorure
de baryum dihydraté, 81
de lithium, 373
de polyvinyle, 49
de potassium, 68, 75
de strontium, 373
de vinyle, 223*t*
d'hydrogène, 83, 390
Chlorure de métal (énergie de réseau), 190
Chlorure de sodium, 55, 65, 96, 389, *voir aussi* Sel de table
dissolution dans l'eau, 397*f*
force ion-dipôle, 280
formation, 188
formule chimique, 71, 72
point de fusion, 309
propriétés, 191
soluté intraveineux, 332
Chromate, 79*t*
Chrome, 78*t*
métal, 56
propriétés, 226
Classique, 102
Climatologie, 3
CO₂ atmosphérique, 2, *voir aussi* Dioxyde de carbone
Cobalt, 78*t*, 371
électrons de cœur, 151
électrons de valence, 151
Collagène, 307
Colle, 307

Collision (particules), 296*f*
Combustible fossile, 367
 combustion, 368, 369, 376
 et changement climatique, 368
Combustion, 5, 12*f*, 347, 370
 réaction, 408
Complémentarité, 117
Comportement chimique, 141
Composé, 9, 10, 47, 64, 67-71
 binaire, *voir* Composé ionique
 classement, 67, 68*f*
 éléments, 97
 énergie, 202
 énergie de réseau, 189
 fluoré, 237*f*
 formule chimique, 71, 218, 344
 formule empirique, 344, 347
 formule moléculaire, 346
 hydrogéné (point d'ébullition), 278*f*
 inorganique, 211
 masse formulaire, 338
 masse molaire, 338
 nom systématique, 75
 non polaire, 276*f*
 organique, *voir* Composé organique
 polaire, 276*f*
 réaction chimique, 370
 réaction de dégagement gazeux, 407*t*
 représentation, 71-74
Composé inorganique, *voir* Polymère
Composé ionique, 67-70, *voir aussi* Liaison
  ionique
 charges des ions de métaux
  de transition, 61
 classement, 75
 contenant des ions polyatomiques, 79*t*
 énergie de réseau, 189*f*
 équation chimique, 373
 formation, 65, 66*f*, 188
 formule empirique, 71, 75, 218
 formules, 74
 hydraté, 81
 modèle de Lewis, 187
 nom commun, 75
 nom systématique, 75
 nomenclature, 75-81
 points de fusion/d'ébullition, 194
 réaction exothermique, 188
 solubilité, 399*t*
 unité de base, 69
Composé ionique binaire
 contenant un métal formant plus d'une
  sorte de cation, 77
 contenant un métal qui ne forme qu'un
  seul type de cation, 76
Composé métallique, 67, 74, *voir aussi*
  Liaison métallique
 formule empirique, 71
Composé moléculaire, 67-70, *voir aussi*
  Acide
 binaire, 82
 forces intermoléculaires, 194*f*
 forces intramoléculaires, 194*f*
 formules, 81
 nom commun, 82
 nomenclature, 82
 préfixes, 82

structure de Lewis, 204, 206
Composé organique, 211, 236, *voir aussi*
  Polymère
 structures de résonance, 212
Composition, 5, 9, 20, 23
 en pourcentage massique, 340
Compost, 182
Compostable, 182
Concentration molaire volumique (*C*),
  20-21
Condensation, 302, 303, 315
 caractère exothermique, 303
 solide, 316
Configuration électronique, 141-150
 abrégée, 144
 interne, 144
 périphérique, 144, 150
 propriétés magnétiques des ions, 149
 tableau périodique, 142-144, 150
Congélation, 293, 316, 317
Connaissance scientifique, 5-7
Constante
 d'Avogadro, 333, 335, 339
 de Planck (*h*), 15, 104, 115, 117, 120
 de Van der Waals, 298*t*
 R_H, 108
Copolymère, 216, 217*f*
Corps noir, 111
Corrosivité, 11
Couche
 de valence, 126
 électronique, 125
Couleur, 11
 lumière, 102, 106
Couple ionique, 69
Courant électrique, 7
 liaison métallique, 225
 unité de mesure, 14*t*
Courbe de chauffage, 316*f*
 de l'eau, 318, 319*f*
Courbe de Keeling, 2
Courbe de pression de vapeur, 320
Courbe de vaporisation de l'eau, 320
CRICK, Francis H.C., 329
Cristal, 8*f*
Cristallin, 8*f*, 293, 307*f*, 312*t*
Cuivre, 78*t*
 masse atomique, 62, 334
 masse molaire, 334
 métal, 56
 nombre d'atomes, 333
CURIE, Marie, 53, 98
Curium, 53
Cyanure, 79*t*
 d'hydrogène (charge formelle), 205
Cytosine, 219, 220*f*

D

DALTON, John, 5, 47, 48, 53, 62, 95-97
Daltonisme, 97
DAVY, Humphry, 2
DE BROGLIE, Louis, 94, 111
 longueur d'onde, 115
 onde, 113, 114*f*
Debye (D), 198
Décasulfure de tétraphosphore, 83

Déchets, 3*f*, *voir aussi* Matériau
 compostables, 182
 radioactifs, 141
 recyclage, 182
 terres rares, 141
 traitement, 182
Dégagement gazeux (réaction), 406-408
Degré de polymérisation, 220, *voir aussi*
  Polymérisation
DÉMOCRITE, 96
Densité de probabilité, 120-124*f*
Déposition, 316
DE SAUSSURE, Horace Bénédict, 2
Détergent à lessive, 400
Déterministe(s) (lois du mouvement
  de Newton), 118
Deutérium, 94
Diagramme de distribution
  des probabilités, 118, 119
Diagramme de phases, 319-322
 aires, 320
 caractéristiques, 320*f*
 courbes, 320
 interprétation, 321
 point critique, 321
 point triple, 321
Diamagnétique, 149
Diamant, 8*f*, 310*f*
 non-conductivité, 310
 point de fusion, 310
Diborane, 207
Dichromate, 79*t*
 de lithium, 80
Diffraction, 112*f*
 de l'électron, 113, 114*f*, 116
Dihydrogène gazeux, 386, 388
Dihydrogénophosphate, 79*t*, 80
Dihydrogénophosphite, 79*t*
Diiode, 307
Dilatation thermique, 22
Dioxine, 238*t*
Dioxyde
 d'azote, 82
 de silicium, 309
 de soufre, 141, 379
Dioxyde de carbone, 2, 3, 8, 97, 182, 367,
  voir aussi Glace sèche
 concentration dans l'atmosphère, 369*f*
 diagramme de phases, 321*f*
 dissolution, 314
 effet de serre, 368
 formule chimique, 71
 formule structurale, 72
 géométrie, 251
 masse formulaire, 338
 propriétés, 3
 quantité, 376-380
 réaction chimique, 371, 375
 réaction de combustion, 408
 source, 369
 sublimation, 317
 toxicité, 4
Dioxygène, 314, 367
Dipôle
 instantané, 272
 temporaire, 272
DIRAC, Paul, 94, 116

Dissolution, 12*f*
Distillation fractionnée, 219
Disulfure de carbone (point de fusion), 309
Doublet
    liant, 192, 244
    libre (non liant), 192, 243-247, 260
    modèle de Lewis, 186
Dysprosium, 141

E

Eau, 8, 82, 182, 290, 292*t*, 298, 313
    capacité calorifique, 314
    changement d'état, 294
    composé, 64, 65, 66*f*, 68
    congélation, 15-16*f*, 314
    contamination, 330
    courbe de chauffage, 318, 319*f*
    diagramme de phases, 320
    énergie cinétique, 15
    état à température normale, 64
    états, 292*t*
    forces intermoléculaires, 271, 275
    formule chimique, 71
    formule empirique, 71
    formule moléculaire, 71
    géométrie, 252
    inflammabilité, 64
    liaisons hydrogène, 314*f*
    ménisque, 301*f*
    point d'ébullition, 10-11*f*, 16*f*, 64, 278, 313-315
    point de fusion, 316
    polarité, 254, 275, 276*f*, 314
    pont hydrogène, 278*f*, 307
    pression de vapeur, 306*f*
    propriétés, 64, 314
    réaction chimique, 370
    solvant, 314, 330
    sphère, 299*f*
    structure de Lewis, 193
    structure moléculaire, 313
    substance pure, 9, 97
    tension superficielle, 298, 299
    vaporisation, 302*f*, 320
    viscosité, 300*t*
Eau de Javel, 70
Eau d'hydratation, 81
Eau douce, 330
Eau dure, 400
Eau lourde, 94
Eau potable, 330-332
    purification, 330, 331*f*
Eau salée, 397
Eaux usées, 238
Ébullition, 10-11*f*, 315, *voir aussi* Point d'ébullition
Échelle
    Celsius (°C), 15-16*f*
    de température (conversion), 17
    de température absolue, 15
    Fahrenheit (°F), 16*f*
    Kelvin (K), 15-16*f*
Éclair, 8-9
Écologie, 2-3
Écosystème, 3

Écotoxicologie, 3
Effet
    d'écran, 142, 152*f*, 153*f*, 170, 171
    de serre, 368*f*
    photoélectrique, 102-105, 111
    Zeeman, 111
Einstein, Albert, 1, 53, 94, 100, 103-105, 111, 117
Einsteinium, 53
Éka-aluminium, 125*f*
Éka-silicium, 56, 125*f*
Élastomère, 223, 224*t*
Électricité, 94, 225
Électron, 48, 50, 94, 184, *voir aussi* Configuration électronique, Orbitale
    charge électrique, 50*f*, 98
    charge nucléaire effective, 153
    comportement, 116, 141
    configuration électronique, 141
    de cœur, 151
    densité de probabilité, 120
    de valence, *voir* Électron de valence
    diagramme de distribution des probabilités, 118*f*
    diffraction, 113, 114*f*, 116
    effet photoélectrique, 102-105
    énergie, 120, 126, 127, 155
    excitation, 106, 108*f*
    fonction de distribution radiale, 121
    forces de dispersion, 272
    géométrie des molécules, 239
    ion, 54, *voir aussi* Ion
    liaison covalente, 65, 66, 185, 192
    liaison ionique, 65, 185
    liaison métallique, 65, 67, 186, 225
    libre, 8
    longueur d'onde, 115
    masse, 50
    moment cinétique, 173
    nature corpusculaire, 117
    nature ondulatoire, 111, 113, 116, 117
    niveaux électroniques, 126*t*, 129*t*
    non liant, 192
    orbitale, 120-124*f*, 141-148
    oxydoréduction, 389
    position, 117, 120
    propriétés, 51*t*
    propriétés complémentaires, 117, 120
    rayonnement, 125
    spin, 131*f*, 142, 146, 173
    transition, 110
    vitesse, 117, 120
Électron de valence, 144, 151, 155, 160, 186, 192, 225
    théorie RPEV, 239*f*-251
Électronégativité, 155, 175, 196, 276
    effet de la différence sur le type de liaison, 196*t*
    liaison covalente, 196, 251
    pourcentage de caractère ionique, 199*f*
    variations, 175*f*
Élément, 9, 10, 47, 50
    atomique, 67, 68*f*
    caractère métallique, 156-158
    classement, 55-58, 67, 68*f*, *voir aussi* Tableau périodique

    couleur, 106
    de transition, *voir* Élément de transition
    des groupes principaux, 57, 58*f*
    et composés, 64, 67-71
    excitation, 106
    famille, 57
    groupe, 57, 58*f*
    masse atomique, 62
    moléculaire, 67-69*f*
    nombre de protons, 51, 52*f*
    numéro atomique, 51, 52*f*
    propriétés chimiques, 155-158
    propriétés périodiques, 56*f*, 159
    propriétés physiques, 159-176
    rayon atomique, *voir* Rayon atomique
    symbole chimique, 51, 52*f*
    tableau périodique, 52*f*, 57*f*, 58*f*
Élément de transition, 57, 58*f*, 142, 143*f*
    configuration électronique, 144
    électrons de valence, 151
    rayon atomique, 163
Énergie
    consommation (États-Unis), 408*f*
    couche électronique, 125
    de deuxième ionisation, 167
    dégagée par la réception d'un électron, 189
    de première ionisation, 167*f*, 170-173
    de troisième ionisation, 167
    des interactions, 255
    d'ionisation, 127, 166, 168*f*, 169, 173, 189
    électrostatique, 190
    fournie par une force, 190
    hybridation, 258
    liaison métallique, 225
    niveau principal, *v.* couche électronique
    orbitale, 124
    quantification, 103
    réaction de combustion, 370
    vaporisation, 303
Énergie atomique, *voir* Énergie nucléaire
Énergie cinétique, 15, 296
Énergie de dissociation des liaisons, 199
Énergie de liaison, 199-204
    liaison chimique, 199, 255
    longueur de liaison, 203, 204*t*
    molécule polyatomique, 199
    moyenne, 200*t*, 203, 204*t*
    variations d'enthalpie des réactions, 200
Énergie de réseau, 189*f*
    composé ionique, 188
    relative (prédiction), 191
    variation, 189, 190
Énergie éolienne, 94
Énergie fossile, 94
Énergie nucléaire, 94, 95
    déchets, 95
Énergie potentielle, 141, 190, *voir aussi* Principe de minimisation de l'énergie potentielle
    électrique (système), 190
Énergie renouvelable, 94
Énergie solaire, 94

Énergie thermique, 225, 291, 292, 296
    congélation, 316
    fusion, 316
    vaporisation, 302f
Enseigne lumineuse, 9, 106
Enthalpie de liaison, 199
Environnement
    et chimie, 2-5
    et nanoparticules, 48
Époxyde, 224t, 236
Équation, 35
    de Heisenberg, 117, 120
    de Rydberg, 130
    de Schrödinger, 117-124, 129, 142, 173
    résolution de problèmes, 36
Équation chimique, 370
    écriture, 371
    équilibre, 370, 371-375
    état des réactifs et des produits, 370t
Équation ionique
    complète, 397, 398
    nette, 398
Équation moléculaire, 397, 398
Équilibre
    d'une équation chimique, *voir*
        Équation chimique
    dynamique, 304, 305f
Erreur
    aléatoire, 29
    systématique, 29
Espèce à nombre impair d'électrons, 213
Essence, 8, 219, 367
    combustion, 370, 377
    inflammabilité, 11
    odeur, 11
Estrogène, 236
Étain, 75, 78t
    symbole, 51
État, 7
    de plus basse énergie, *v.* fondamental
    d'oxydation, 60t, 151t, 389, 390
    fondamental, 142
Éthanal, 269
Éthane (forces de dispersion), 275
Éthanol
    point d'ébullition, 278
    pont hydrogène, 277, 278f
    réaction de combustion, 408
Éthène, 270
Éther
    diéthylique (pression de vapeur), 306f
    diméthylique (pont hydrogène), 277,
        278
Éthylène, 221, 223t
Éthylène glycol (pression de vapeur), 306f
Éthyne, 265
Étoile, 8
Europium, 53
Évaporation, *voir* Vaporisation
Exactitude (mesure), 29
Excitation, 106, 108f
    et rayonnement, 108f
Expérience, 5-6
Expérimentation, 5

F

Facteur de conversion, 30
    masse volumique, 34
    unité élevée à une puissance, 33
Fahrenheit (°F), 16f
Famille d'éléments, *voir* Élément
Fer, 11f, 75, 77, 78t, 375
    composition, 68
    point de fusion, 309
    solide atomique métallique, 309
Fertilisant, 182
Fiabilité (mesure), 23-29
Fibre naturelle, 307
Fluide supercritique, 318, 321
Fluor, 77t, 80, 127, 276
    charge formelle, 205
    configuration électronique, 148
    couleur, 73
    électronégativité, 175
    état d'oxydation, 391
    halogène, 58
    ion, 55
    octets incomplets, 214
Fluorométhane (pont hydrogène), 278
Fluorure de calcium, 308
Fluorure d'hydrogène
    densité électronique, 175f, 196f
    moment dipolaire, 204
    orientation dans un champ électrique,
        195f
    structure, 195
Fonction
    de distribution radiale, 121
    d'onde, 120
Force(s)
    d'adhésion, 301
    de cohésion, 301
    de Coulomb, *voir* Loi de Coulomb
    de Debye, 279
    de dispersion, 272-274, 280t, 307, 309
    de Keesom, 274
    de liaison, 271, 292
    de London, 272
    dipôle-dipôle, 274-276, 279, 280t, 307
    dipôle instantané-dipôle induit, 272
    électrostatique, 292
    intermoléculaires, 194f, 220, 236, 254,
        271-281, 291, 292, 298, 305, 307
    intramoléculaires, 194f, 236, 292
    ion-dipôle, 280, 281t
Formaldéhyde
    forces de dispersion, 275
    orbitales, 261
    pont hydrogène, 278
    structure de Lewis, 239
Formule
    empirique, 71, 72, 218, 344, 348
    moléculaire, 71, 72, 218, 346
    semi-développée, 218
    structurale (développée), 72, 218
    stylisée, 218
Formule chimique
    à partir de données expérimentales,
        344
    catégories, 71
    composé, 71, 218

    et facteurs de conversion, 343
    rapport de masse, 340
    rapport stœchiométrique, 342
Fraction, 219
Francium (électronégativité), 175
FRAUNHOFER, Joseph von, 100
Fréon-112 (pourcentage massique), 341
Fructose (formule moléculaire), 346
Fruit, 83
Fukushima, 95
Fullerène, 312, 313f
    hybridation sp^2, 313
Fusion, 11, 316, *voir aussi* Point de fusion

G

Gadolinium (configuration électronique),
    145
Gallium, 125f
    masse atomique, 63
Gallon américain (gal US), 18
Gaviscon, 404
Gaz, 7-8, 96, 292t, 295-298, 315
    calculs, 349-360
    comportement, 295
    comportement aux conditions
        ambiantes (TPA), 298
    compressibilité, 8f, 293f
    condensation, 302, 303
    constante de Van der Waals, 298t
    diagramme de phases, 320
    énergie thermique, 296
    forme, 293
    inerte, 57
    ionisation, 106
    loi de Boyle-Mariotte, 349
    loi de Charles, 351
    lumière, 106
    pression, 295f, 297
    propriétés, 293t, 349
    réaction de dégagement gazeux,
        406-408
    réactions chimiques, 386
    théorie cinétique moléculaire, 296f
    vaporisation, 302
    volume, 295f, 297
Gaz à effet de serre, 4, 94, 291, 367, 368
Gaz carbonique (structure de Lewis), 239
Gaz hilarant, 82
Gaz naturel, 73, 219
    combustion, 370, 408
Gaz noble, 57, 59, 142, 143f, 155, 307f, 309
    forces de dispersion, 309
    point d'ébullition, 273t
    point de fusion, 309
    propriétés, 312t
Gaz parfait, 295, 297, 298
    loi des, 357-360
    volume molaire, 356
Gaz propane, 12f, *voir aussi* Propane
Gaz rare, 57, 155
    électronégativité, 176
Géométrie des molécules, 236, 239
    à bascule, 243, 248t
    angulaire, 243, 244, 248t
    bidimensionnelle, 240

bipyramidale à base carrée
    (octaédrique), 242, 243
bipyramidale à base triangulaire
    (hexaédrique), 241, 243, 245,
    246, 248t, 268t
doublets libres, 243-247
électronique, 243, 244, 248t
en forme de T, 245, 246, 248t
linéaire, 239f, 243, 246, 248t, 268t
moléculaire, 243, 244, 248t
molécule plus volumineuse, 250
notation, 243
octaédrique, 242, 243, 246, 248t, 267,
    268t
plane carrée, 243, 248t
prédiction, 247
pyramidale à base carrée, 246, 248t
pyramidale à base triangulaire, 243,
    248t
représentation de ballons, 240f
représentation sur papier, 243
tétraédrique, 240, 241, 243, 244, 248t,
    259, 268t
triangulaire plane, 239f, 243, 248t, 268t
tridimensionnelle, 240
Germanium, 56, 125f
    électrons de cœur, 151
    électrons de valence, 151
Gibbsite, 68
GILLESPIE, Ronald J., 239
Glace, 7, 292t
    augmentation de la température, 316
    changement d'état, 294
    densité, 314
    liaison covalente, 185f
    solide moléculaire, 307, 308f
    structure, 293
    sublimation, 316f, 317
Glace sèche, 12f, 68, 307, 317, 338, voir
    aussi Dioxyde de carbone
Glucose, 219, 220f
    formules, 73t, 218
Glycine, 250
Glycogène, 218
Goût, 11
Gramme (g), 15
    par centimètre cube (g/cm³), 19
    par millilitre (g/mL), 19
Graphite, 310f
    conductivité, 310
    lubrifiant, 310
    point de fusion, 310
    structure, 310
Gravité, 15
Groupe
    d'électrons (théorie RPEV), 239
    d'éléments, voir Élément
    des gaz nobles, voir Gaz noble
    électroattracteur, 221
Groupe de recherche interuniversitaire en
    limnologie (GRIL), 331
Groupe d'experts intergouvernemental sur
    l'évolution du climat (GIEC), 291
Guanine, 219, 220f

H

HAECKEL, Ernst, 2
Halogène, 58, 80, 127, 142, 143f, 155, 156
    ions, 59
    molécule diatomique, 192
Halogénure, 80
HEISENBERG, Werner, 94, 111, 117
Hélium, 8, 9, 100
    cases quantiques, 147
    composition, 68
    configuration électronique, 144, 147
    doublet, 186
    électrons de valence, 155
    énergie cinétique, 296
    forces de dispersion, 272
    gaz noble, 57
    ions, 59
    lumière violette, 106f
    masse atomique, 334
    protons, 51, 52f
    représentation statistique, 111f
    spectre d'absorption, 106, 107f
    spectre d'émission, 106, 107f
    spin des électrons, 146
    structure de Lewis, 186
Hème, 4f
Hémoglobine, 4f
    liaison de coordinence, 256
Hertz, 102
Hétéroatome, 218
Hexafluorure de soufre
    hybridation, 267
    structure de Lewis, 214
HOFFMAN, Fritz, 219
HOFFMAN, Roald, 289, 302
Homopolymère, 216, 217f
HOOKE, Robert, 349
Hormone, 237
Huile (non-polarité), 254, 275
Huile à moteur, 300
Humidité, 303, 304
Hybridation
    des orbitales atomiques, 258
    schéma, 268t
    sp et liaisons triples, 264
    sp², 260, 261f
    sp³, 259, 260f
    sp³d et sp³d², 266
Hybride, 210f, 258
    de résonance, 210
Hydracide (nomenclature), 84
Hydrate, 81f
    préfixes, 81
Hydrocarbure, 367
    chloré, 263
    viscosité, 300t
Hydrogène, 9, 17, 64, 77t, 81, 100, 367
    acides, 83
    agent réducteur, 393
    charge formelle, 205
    composé organique, 211
    composition, 68
    configuration électronique, 142
    couleur, 73
    électronégativité, 175
    énergie des interactions, 255f

équation de Schrödinger, 120
état d'oxydation, 391
gazeux, 202
hydracides, 84
liaison covalente, 67f, 192
liaison de valence, 257
lumière rouge, 106f
masse, 343
orbitales, 120, 124, 127, 130
oxacides, 84
pont hydrogène, 276-279
propriétés, 64
réaction de combustion, 409
spin de l'électron, 146
structure de Lewis, 192, 194
transition d'énergie et rayonnement,
    109f
Hydrogénocarbonate, 79t
    de sodium, 70
Hydrogénophosphate, 79t, 80
Hydrogénophosphite, 79t
Hydrogénosulfate, 79t
Hydrogénosulfite, 79t
Hydroxyde, 79t
    de potassium, 405
    de sodium, 404
Hydrure (point d'ébullition), 314f
Hypobromite, 80
Hypochlorite, 70, 79t, 80
    de sodium, 70
Hypothèse, 5

I

Incertitude, 116, 117
Indétermination, 119
Inflammabilité, 11
Infrarouge, 101f
Intensité lumineuse (unité de mesure), 14t
Interférence, 105, 111
    constructive, 111
    destructive, 112
    produite par deux fentes, 112, 113f
Iodate, 80
Iode, 77t
    halogène, 58
    non-métal, 56
Iodure
    de potassium, 400
    de plomb(II) (précipitation), 401f
Ion, 54, 55, voir aussi Anion, Cation,
    Composé ionique
    argon, 59
    charge, 55, 58, 59f, 189
    configuration électronique, 148
    diamagnétique, 149
    énergie d'ionisation, 127, 148
    fluorure, 148
    formation avec des charges prévisibles,
        156f
    gazeux, 189
    hélium, 59
    hydronium, 194
    hydroxyde, 404
    isoélectronique, 165
    lithium, 55, 59, 148, 152
    paramagnétique, 149

rayon atomique, 164
sodium, 163, 332
solide ionique, 308
taille, 190
vanadium, 148
volume, 165
zinc, 149
Ion polyatomique, 70, 79, 399
   équation chimique, 373
   structure de Lewis, 204, 206
Ion spectateur, 398
Ionisation, *voir* Énergie d'ionisation
Ionosphère, 8
Isoflavone, 238
Isomère, 264, 277
Isoprène, 219, 224*t*
Isotope, 53, 62
   abondance naturelle, 53, 62, 63
   masse atomique, 62
   symbole, 53

K

Kanna, 96
Keeling, Charles D., 2
Kelvin (K), 14*t*-16*f*, 296
Kératine, 307
Kevlar, 312
Kilogramme (kg), 14*t*-15, 18*t*
   par mètre cube (kg/m³), 18, 19
Kilomètre, 17-18*t*
   par heure (km/h), 18
Krypton, 159
   gaz noble, 58
Kuhn, Thomas, 235

L

Lait de Magnésie, 404
Lanthane, 141
Lanthanide, 140, 142, 143*f*
Lavoisier, Antoine, 2, 5, 96
Leucippe, 96
Lewis, Gilbert, 126
Liaison chimique, 64-67, 94, 124, 151, 182,
      291
   énergie de liaison, 199-204
   et pont hydrogène, 277
   formation, 184-186, 202
   liaison de valence (théorie), 255, 258
   polarité, 196
   rupture, 201*f*, 202
   structure de Lewis, 186, 187
Liaison covalente, 65, 66, 72, 160, 184,
      185*f*, 187, 292
   directionnelle, 194
   électronégativité, 196*t*
   forces intermoléculaires, 194, 220
   forces intramoléculaires, 194
   modèle de Lewis, 192-195
   molécule 237
   moment dipolaire, 197
   non polaire, 196*t*, 197*f*
   partage d'électrons, 192
   polaire, 196*t*, 197*f*, 251
   polarité, 195-199, 220, 251
   pure, 196*t*, 197*f*

solide atomique covalent, 310
Liaison de coordination, 214
Liaison de coordinence, 256
Liaison de valence, 126, 236, 254-271
   énergie de la molécule, 267
   et modèle de Lewis, 263, 268
   hybridation des orbitales atomiques,
      257-271
   liaison chimique par recouvrement
      d'orbitales, 254-257
   liaison double, 263
Liaison hydrogène, 276-279
Liaison ionique, 65, 184, 185*f*, 292,
      voir aussi Composé ionique
   électronégativité, 196*t*, 197*f*
   modèle, 191
   modèle de Lewis, 187
   moment dipolaire, 198
   non directionnelle, 194
   polarité, 195
   pourcentage de caractère ionique, 198
   solution ionique, 308
Liaison métallique, 65, 67, 184, 185*f*, 186,
      225, 292, *voir aussi* Composé
      métallique
   solide atomique métallique, 309
Ligand, 140
Liquide, 7-8, 292*t*, 298-301, 315, *voir aussi*
      Eau
   capillarité, 301
   condensation, 302, 303, 315
   diagramme de phases, 320
   énergie thermique, 293
   forme, 293
   masse volumique, 19
   non volatil, 303
   point d'ébullition, 315*f*
   propriétés, 293*t*, 300
   tension superficielle, 298, 299*f*
   vaporisation, 301-306, 318
   viscosité, 300
   volatil, 303, 315
Lithium, 125, 126
   charge nucléaire effective, 153*f*
   configuration électronique, 148
   effet d'écran, 153*f*
   électronégativité, 176
   ions, 55, 59
   métal alcalin, 58
   propriétés, 226
   rayon atomique, 161
Litre (L), 18
Livre (lb), 18*t*
Loi(s)
   d'Avogadro, 356
   de Boyle-Mariotte, 349-353
   de Charles, 353-355
   de composition constante, 97
   de Coulomb, 152, 154, 161, 167, 184,
      185, 189, 190, 225, 239, 271
   de Dalton, 360
   de Gay-Lussac, 358
   de la conservation de la masse, 5, 96
   de la périodicité, 56*f*, 125, 140
   des gaz parfaits, 297, 357-360, 386
   des pressions partielles, 360
   des proportions définies, 97

des proportions multiples, 97
du mouvement (Newton), 117, 118
scientifique, 5
London, Fritz W., 272
Longueur, 14*t*
   et volume, 18*f*
   unité de mesure, 18*t*
Longueur d'onde (λ), 101*f*, 102*f*, 106, 107*f*
Lumière, 100*f*
   bleue, 106
   couleur, 102, 106
   diffraction, 102, 112
   dualité onde-particule, 100, 106
   effet photoélectrique, 102-105
   fréquence, 102
   fréquence seuil, 103, 104*f*
   intensité, 101
   longueur d'onde, 106, 107*f*
   paquets, 103, 104
   rouge, 102, 106
   théorie ondulatoire, 101
   violette, 102, 106
   visible, 102

M

Magnésium, 127
   configuration électronique, 145
   énergie d'ionisation, 173
   isotopes, 64
   masse atomique, 63
   métal alcalino-terreux, 58
   modèle de la mer d'électrons, 67*f*, 225*f*
   point de fusion, 226
Magnétite, 375
Manganèse, 226
Mariotte, Edmée, 349
Mars Climate Orbiter, 14
Masse (*m*), 19
   définition, 15
   et nombre d'atomes, 336
   et nombre de molécules, 339
   et quantité de substance en moles, 334,
      335
   rapport de, 340
   réaction chimique, 377, 382
   unité de mesure, 14*t*, 15, 18*t*
Masse atomique, 62-64, 334
   calcul, 62
Masse formulaire, 338
Masse molaire, 334
   d'un composé, 338
   utilisation, 338
Masse volumique (ρ), 11
   calcul, 19
   et température, 22
   facteur de conversion, 34
   unité de mesure, 18, 19*t*
Matériau, *voir aussi* Déchets
   biodégradable, 182
   composite, 183*f*
   recyclable, 2, 182
Matière, 10, 48
   changement d'état, 294, 315-322
   charge, 51
   classification, 7-10
   comportement, 94

composition, 5, 9
états, 7, 291, 293*t*, 315
gazeuse, 7, 8, 291, 293*t*, 315
liquide, 7, 8, 291, 293*t*, 315
organique, 182, 369
plasma, 7, 8
plastique, *voir* Plastique
propriétés, 10-13
recyclage, 182
réaction chimique, 5, 11, 58, 96
solide, 7, 8, 291, 293*t*, 315
Mécanique quantique, 94, 111-117, 140, 141, 254
pouvoir de prédiction, 150-154
propriétés chimiques des éléments, 155
Mélange, 9, 10, 65
hétérogène, 9, 10
homogène, 9, 10
hydrogène-oxygène, 65
MELVILL, Thomas, 100
MENDELEÏEV, Dimitri, 55, 125, 140
Ménisque, 301*f*, 318
Mercure, 53, 78*t*, 141, 291, 399
liaisons, 305
lumière bleue, 106*f*
ménisque, 301*f*
point de fusion, 309
Mer d'électrons (modèle), 67, 186, 225, 309*f*
Mesure, *voir aussi* Unité de mesure
calculs, 27
chiffre significatif, 25-28
estimation, 25*f*
exactitude, 29
fiabilité, 23-29
graduation, 25
nombre de chiffres, 25
nombre exact, 26
précision, 29
Métabolisation aérobie, 182
Métal, 56, 57*f*, 140, 156, *voir aussi*
Composé ionique, Liaison métallique
agent réducteur, 393
alcalino-terreux, 58, 59, 127, 142, 155
alcalins, 58, 59, 127, 142, 155, 176
alliage, 309
apparence, 56
cation, 59, 225
changement chimique, 56, 58
composé, 67
conductivité, 56, 67, 156, 225
ductilité, 56, 67, 156, 225
électrons de valence, 225
élément, 67
indice d'électronégativité, 65, 185, 196
liaison ionique, 65, 196
liaison métallique, 65, 67
malléabilité, 56, 67, 156, 225
point de fusion, 225, 309
propriétés, 56, 67, 156, 225
rayon atomique, 159
Métal de transition, 57, 58*f*, 60, 75
charges des ions, 60*t*
configuration électronique, 149
état d'oxydation, 60*t*, 151*t*
propriétés catalytiques, 60

Métalloïde, 57*f*
conductivité, 57
propriétés, 57
Méthacrylate de méthyle, 224*t*
Méthane, 73, 182
effet de serre, 368
équation chimique, 370, 381
et chlore (réaction), 200
formation, 258
formule moléculaire, 74
formule structurale, 74
géométrie, 241
modèle compact, 74
modèle de type boules et bâtonnets, 74
Méthanol, 250
réaction chimique, 386
Méthode
des demi-réactions, 394
scientifique, 6*f*
Mètre (m), 14*t*, 18*t*, 101
cube (m³), 18
par seconde (m/s), 18
MEYER, Julius L., 125
Microbiologie, 3
Micromètre, 101
Micro-ondes, 101*f*
Microorganisme, 182
Microplastique, 49, 184
MILLIKAN, Robert, 50
Millilitre (mL), 18
Millimètre (mm), 17-18*t*
cube (mm3), 18
de mercure (mm Hg), 351
Modèle
atomique, 95-111, *voir aussi* Atome
boules et bâtonnets, 73*t*
de Bohr, 106, 111, 113, 121, 130
de la boule de billard, 97*f*
de la mécanique quantique, *voir* Mécanique quantique
de la mer d'électrons, 67, 186, 225, 309*f*
de Lewis, *voir* Modèle de Lewis
du pain aux raisins, 98
moléculaire, 73
moléculaire compact, 73*t*
quantique, 111
Modèle de Lewis, 186, 236
charge formelle, 204
composés moléculaires, 204, 206
écriture, 206-209
électrons de valence, 186
et liaison de valence, 263, 268
hybride de résonance, 210
ions polyatomiques, 204, 206
liaison covalente, 192
liaison double, 193, 200, 263
liaison ionique, 187
liaison triple, 193, 200
limites, 195
partage d'électrons, 193
règle de l'octet, 213
représentation des électrons dans l'atome, 254
structures limites de résonance, 209, 210
utilité, 195
Molalité, 22

Molarité, 21
Mole (mol), 14*t*, 295
conversion entre la masse et la quantité de substance, 334
conversion entre la quantité de substance et le nombre d'atomes, 333
définition, 332
et masse molaire, 338
et pression, 388
réaction chimique, 376, 383, 387
valeur, 333
Molécule, 3-4, 68
diatomique, 68, 251
forces de dispersion, 275
formes de base, 239
géométrie, *voir* Géométrie des molécules
liaison covalente, 237
non polaire, 251, 252*t*, 253*t*, 254
polaire, 251, 252*t*, 253*t*, 254, 275
polarité, 251-254
polyatomique, 68, 251
propriétés, 74
réaction chimique, 376
solide moléculaire, 307
Moment dipolaire, 197, 251, 252*t*, 253*t*
pourcentage de caractère ionique, 198
Monde quantique, 93
Monisme, 96
Monomère, 216, 217*f*, 219
degré de polymérisation, 220
Monoxyde d'azote (structure de Lewis), 213
Monoxyde de carbone, 3, 97, 375
concentration, 23
liaison à l'hémoglobine, 4*f*
propriétés, 3-4
toxicité, 4
Monoxyde de diazote, 82
MOSELEY, Henry, 125
Myco-estrogène, 238

N

n-alcane, 274*f*
Nanomatériau, 48
Nanomètre, 17-18*t*, 48, 101
Nanoparticule
et environnement, 48
propriétés, 49
Nanoplastique, 49, 184
Nanosciences, 48
Nanostructure, 48
effets toxiques, 49
Nanotechnologie, 313
Nanotoxicologie, 49
Nanotube de carbone, 312
chimie de greffage, 313
conductivité, 313
fullerènes, 312, 313*f*
propriétés, 313
risques, 313
utilisation, 313
Naphta, 219
Nature, 2
Néodyme, 141

Néon, 106
    gaz noble, 58
    isotopes, 53, 54
Néopentane, 273f
Néoprène, 219
Neutron, 48, 50, 94, 100
    isotope, 53
    masse, 50
    nombre de masse, 53
    propriétés, 51t
NEWTON, Isaac, 117
n-heptane, 300t
n-hexane, 300t
Nickel (structure cristalline), 309
Nitrate, 79t, 80
    d'ammonium, 79
    de plomb, 400
Nitrite, 79t, 80
    de sodium, 70, 79
Nitrocellulose, 219
Niveau
    d'énergie, 124-129
    principal d'énergie, 125, *voir aussi*
        Couche électronique
n-nonane, 300t
n-octane, 300t
Nœud, 122
Nombre
    d'Avogadro, 333
    de masse, 53
    d'oxydation, 60
    exact, 26
Nombre d'atomes, 332, *voir aussi* Mole
    et quantité de substance (conversion),
        333
    et volume, 336
Nombre d'oxydation, 390
Nombre quantique, 129-133, 147
    azimutal, 129
    de moment angulaire, 129, 130
    de spin, 130, 131
    magnétique, 129, 131
    principal, 129, 130
Nomenclature, 74
Non-métal, 56, 57f, 77t, 140, 156
    anion, 59
    changement chimique, 56, 58
    composé moléculaire, 68
    indice d'électronégativité, 65, 185, 196
    ions, 59
    liaison covalente, 65, 66, 68
    liaison ionique, 65, 196
    oxydation (état), 391
    oxydoréduction, 390
    propriétés, 56, 156
    rayon atomique, 159
Non volatil, 303
Notation
    K, 125
    scientifique, 17
Noyau, 50, 51, 94, 99, *voir aussi* Atome
n-pentane, 273f, 300t, 318
Nucléaire, *voir* Énergie nucléaire
Nucléoside, 219, 220f
Numéro atomique, 51, 52f
    et rayon atomique, 160f

NYHOLM, Ronald, 239
Nylon, 219, 222f, 223t

O

Observation, 5-6
Océanographie, 3
Octaèdre, 242
Octane, 376
Octet, *voir aussi* Règle de l'octet
    étendu, 214, 266
    incomplet, 213
Odeur, 11
Oligomère, 216
Once (oz), 18t
Onde, 101
    de De Broglie, 113, 114f
    déphasée (hors phase), 112
    diffraction, 112
    énergie, 102
    en phase, 111
    interférence, 111
Onde électromagnétique
    amplitude, 101, 102, 111
    longueur d'onde, 101, 102
Or, 19
    solide atomique métallique, 309
Orbitale, 120-124f, 141, 292, *voir aussi*
        Liaison de valence, Nombre
        quantique
    configuration électronique, 142
    couche électronique, 125
    dans un atome, 258
    dans une molécule, 258
    dégénérée, 142, 259
    élément de transition, 144
    énergie, 124, 125
    énergie potentielle, 142, 143f
    forme antiliante, 226
    hybride, 255, 258, 259-261f, 265f, 266
    liaison de valence, 255, 257
    non dégénérée, 142
    remplissage, 147, 148
    spin de l'électron, 146
Oxacide, 83
    nomenclature, 84
Oxalate, 79t
Oxyanion, 79, 84
Oxydation (état), 60t, 151t, 389, 390, 393
    règles d'attribution, 391
Oxyde
    de calcium, 75
    de cobalt(III), 371
    de cuivre, 78
    de fer, 375
Oxyde de sodium, 389
    masse formulaire, 338
Oxydoréduction, 367, 375, 392
    agent oxydant, 393
    avec transfert partiel d'électrons, 390f
    en présence d'oxygène, 389f
    équilibre des réactions, 394
    sans oxygène, 390f
Oxygène, 9, 64, 77t, 81, 276
    agent oxydant, 393
    composé organique, 211
    couleur, 73

énergie d'ionisation, 170, 173
état d'oxydation, 391
hybridation sp^2, 262
ions, 59
liaison covalente, 192
non-métal, 56
propriétés, 64
réaction de combustion, 370, 408
réaction d'oxydoréduction, 389f
structure de Lewis, 192, 194
symbole, 51
Ozone, 340

P

Palladium (métal de transition), 60
Paradoxe du chat de Schrödinger, 119
Paramagnétique, 149
Particule
    alpha (α), 99
    bêta (β), 99
    collision, 296
    déplacement, 117
    magnétique, 254
    taille, 296
Particule subatomique, 50, 94, *voir aussi*
        Électron, Neutron, Proton
    propriétés, 51t
Partie
    par milliard (ppb), 22
    par million (ppm), 22
Pascal(s) (Pa), 351
Patron d'interférence, 112, 116
PAULI, Wolfgang, 146
PAULING, Linus, 126, 175, 367
Peinture, 307
Pentachlorure de phosphore, 83
Pentafluorure d'arsenic
    hybridation, 266
    structure de Lewis, 214
Perbromate, 80
Perchlorate, 79t, 80, 237f, 238t
Pergélisol (dégel), 290-292
Périodicité (et niveau principal d'énergie),
    125
Périodique, 55, 56, *voir aussi* Tableau
        périodique
Peroxyde, 79t
Peroxyde d'hydrogène
    formule empirique, 71
    formule moléculaire, 71
    formule structurale, 72
    modèle de Lewis, 194
Permanganate, 79t
Peroxyde d'hydrogène (pont hydrogène),
    278
Perturbateur endocrinien, 237-239
    et système hormonal, 237f
    naturel, 238
    synthétique, 237t, 238
Pétrochimie, 219
Pétrole, 94, 219
Phase, 111, *voir aussi* Onde
Phénol, 237t
Philosophie, 96
Phosphate, 79t, 80
    de lithium, 373

de strontium, 373
Phosphite, 79*t*
Phosphore, 77*t*
    composition, 68
    configuration électronique, 145
    couleur, 73
Photon, 104
    énergie, 105, 110
Photosynthèse, 4, 378
Phtalate, 237*f*, 238*t*
Physique nucléaire, 94
Phyto-estrogène, 238
Pickering (centrale nucléaire), 95*f*
Picomètre, 17-18*t*
Pied (pi), 18*t*
Plan conceptuel (résolution de problème), 31
Plan nodal, 123
PLANCK, Max, 94, 100, 103, 104, 111
Plante (photosynthèse), 4, 378
Plasma, 7-8
Plastique, 8, 48, 222-224, 307
    catégories, 222
    fragmentation, 49
    oxybiodégradable, 183
    propriétés, 222
    recyclage, 183*f*, 223
    thermodurcissable, 223, 224*t*
Platine, 19
Plomb, 78*t*, 141
    métal, 56, 75
Plongée (loi de Boyle-Mariotte), 351
Pluie acide, 379
Poids (définition), 15
Point critique, 318*f*, 321
Point d'ébullition, 11, 194, 273, 275
    bulles, 315
    définition, 315
    et moment dipolaire, 276*f*
    normal, 315
Point de fusion, 11, 191, 194, 225, 275, 307-311
    température, 316*f*
Point triple, 321
Poise (P), 300
Polarité, *voir aussi* Liaison covalente
    des molécules, 251-254
Polluant éternel, 182, 184
Pollution de l'eau
    accidentelle, 330*f*
    agricole, 330*f*
    domestique, 330*f*
    industrielle, 330*f*
Pollution radioactive (terres rares), 141
Polonium, 53
Polyacrylonitrile, 224*t*
Polyaddition, 221, 222*f*
Polyamide, 223*t*
Polybutadiène, 224*t*
Polychloroprène, 224*t*
Polychlorure de vinyle (PVC), 183*f*, 220, 223*t*
Polycondensation, 221, 222*f*
Polyépoxyde, 224*t*
Polyester, 220
Polyéthylène, 49, 183*f*, 216, 217*f*, 223*t*
    basse densité, 183*f*

formation, 222
    haute densité, 183*f*
    linéaire et ramifiée (masse molaire), 221
Poly(éthylène-acétate de vinyle) (EVA), 216, 217*f*
Polyéthylène glycol (PEG), 220
Polyisoprène, 224*t*
Polymère, 183, 216-224, *voir aussi* Plastique
    chaînes homopolymères, 216, 217*f*
    chaînes linéaires, 216
    chaînes ramifiées (branchées), 216
    chaînes réticulées, 216
    combustion, 220
    définition, 216
    fluoré, 184*f*
    formules chimiques, 218
    hydrophile, 220
    hydrophobe, 220
    hydrosoluble, 220
    naturel, 219, 220*f*
    non polaire, 220
    polaire, 220
    propriétés, 220
    stabilité, 220
    synthétique, 217*f*, 219, 221, 222
Polymérisation, 216, 217*f*
    cationique, 221
    degré, 220
    radicalaire, 221
    réactions, 221
Poly(méthacrylate de méthyle), 224*t*
Polypropylène, 49, 183*f*, 223*t*
Polysaccharide, 219
Polystyrène, 49, 183*f*, 220, 223*t*
    formation, 222
Poly(téréphtalate d'éthylène), 183*f*, 223*t*
Polytétrafluoroéthylène, 184*f*
Polyuréthane, 221, 222*f*
Pont hydrogène, 276-279, 281*t*, 305, 307
POPPER, Karl, 181, 182
Potassium, 68, 125
    liaison avec le chlore, 187
    métal alcalin, 58
    propriétés, 225
Pouce (po), 18*t*
Pourcentage
    de rendement, 380, 381, 382
    massique, 340
    par masse, 22
Précipitation (réaction), 400
Précipité, 400
Précision (mesure), 25, 29
Préfixe multiplicateur, 17-18*t*
Pression
    atmosphérique, 315, 359
    changement d'état, 294
    critique, 318
    de sublimation, 316
    de vapeur, 304, 305, 315, 316, 320
    diagramme de phases, 319
    et nombre de moles, 388
    et volume, 350*f*, 351*f*
    gaz, 295*f*
    manométrique, 359
    partielle, 360

totale, 359
PRIESTLEY, Joseph, 2
Principe
    d'Aufbau, 142
    de minimisation de l'énergie potentielle, 142
    d'exclusion de Pauli, 146
    d'incertitude de Heisenberg, 117
Problème, *voir* Résolution de problème
Produit, 370
    réactif limitant, 381, 383
Propane
    composition, 68, 69*f*
    liquide, 294
Propriété(s)
    chimique, 11
    complémentaires, *voir* Complémentarité
    extensive, 19
    intensive, 19
    périodique, 56*f*, 159
    physique, 11
Propylène, 223*t*
Proton, 48, 50, 94, 100, 184
    charge électrique, 50
    élément, 51, 52*f*
    masse, 50
    nombre de masse, 53
    propriétés, 51*t*
PROUST, Joseph, 97

Q

Quanta (théorie), 100, 104
Quantité de substance
    et masse (conversion en moles), 334
    et nombre d'atomes (conversion), 333
    et rapport de masse, 340
    et volume, 356
    unité de mesure, 14*t*
Quantité vectorielle, 252
Quantum de lumière, 104
Quark, 48
Quartz, 310
    point de fusion, 311
    structure, 311*f*

R

Radicaux, 213
    polymérisation, 221
Radio, 101*f*
Radioactivité, 96, 98-99
Radium-226, 95
Radon 222, 291
    point de fusion, 309
Rapport
    par masse (*m/m*), 22
    par volume (*v/v* ou *m/v*), 22
Rapport de masse(et quantité de substance), 340
Rapport stœchiométrique, 342-344
Rayon
    cathodique, 98, 131
    gamma (γ), 99, 101*f*
    ionique, 190
    X, 101*f*, 125

Rayon atomique
    comparaison, 161
    covalent, 159
    définition, 159
    de Van der Waals, 159
    électrons de valence, 160
    éléments de transition, 163
    éléments des groupes principaux, 159
    et électronégativité, 175
    et numéro atomique, 160*f*
    ions, 163
    liant, 159
    non liant, 159
    variations, 160, 161*f*
Rayonnement, 125
    électromagnétique, 101
Réacteur CANDU, 94
Réactif, 370
    en excès, 381
    limitant, 380, 381, 382
Réaction
    acide-base, 404-406
    de combustion, 370, 408
    de dégagement gazeux, 406-408
    de dissociation en milieu aqueux, 397
    de neutralisation, 404
    de précipitation, 400-403
    d'oxydoréduction, 375, 389, 392, 393,
        394
    endothermique, 201, 303
    exothermique, 201, 303
Réaction chimique, 5, 11, 58, 96, 367, 370,
        voir aussi Produit, Réactif
    coefficients, 376
    équilibre, 371, 375
Réchauffement climatique, 290, 368
Recyclable, 182
Réduction, 389, 393
Refroidissement
    changement d'état, 294
    vaporisation, 303
Règle de Hund, 142, 147, 259
Règle de l'octet, 187
    exceptions, 213-216
    liaison covalente, 192
    liaison ionique, 187
Relation de De Broglie, 115
Rendement
    réel, 381
    théorique, 380, 381, 382
Résine, 183*f*, 307
Résolution de problème, 30-36
    équation, 35
    information fournie, 31, 32
    information recherchée, 31, 32
    plan conceptuel, 31, 32
    stratégie générale, 31
Résonance (structure de Lewis), 209
Rouille, 11*f*
Rubidium, 58, 125
RUTHERFORD, Ernest, 53, 95, 98-100, 106
    expérience de la feuille d'or, 99*f*
    théorie nucléaire de l'atome, 99
Rutherfordium, 53

S

Sable mouillé, 9
Saccharose, 23
Samarium, 141
Sang, 301
Savon (et eau dure), 400
Scandium, 140
Schéma
    d'hybridation, 268*t*
    statistique, 119
SCHRÖDINGER, Erwin, 94, 119, 120, 124
Science, 5-6
Seconde (s), 14*t*, 15
Sel, 405
Sel d'Epsom, 81
Sel de table, 8, 55, 75, *voir aussi* Chlorure
        de sodium
    composé ionique, 64, 68, 69*f*, 185*f*, 308
    formation, 188
Sélénium, 52
    composition, 68
Semi-conducteur, 57
Semi-métal, *voir* Métalloïde
Silicate, 79*t*
    solide atomique covalent, 311
Silicium, 56
    électrons de cœur, 151
    électrons de valence, 151
    métalloïde, 57
Sodium, 65, 96, 125, 127, 389
    composé ionique, 66*f*, 75
    électronégativité, 176, 196
    énergie d'ionisation, 168, 173
    ions, 55
    liaison avec le soufre, 188
    métal alcalin, 58
    métallique, 185*f*, 225*f*
    rayon atomique, 163
    symbole, 51
Sol arctique (strates), 290*f*
Solide, 7, 292*t*, 307-313, 315
    amorphe, 8, 294, 307
    cristallin, 8*f*, 293, 307*f*, 312*t*
    diagramme de phases, 320
    forme, 293
    masse volumique, 19
    pression de sublimation, 316
    pression de vapeur, 316
    propriétés, 293*t*, 311
Solide atomique, 307*f*, 309
Solide atomique covalent, 307*f*, 309, 310*f*
    point de fusion, 310
    propriétés, 312*t*
    structure, 310
Solide atomique du groupe des gaz nobles,
        307*f*, 309, 312*t*
Solide atomique macromoléculaire,
        v. Solide atomique covalent
Solide atomique métallique, 307*f*, 309*f*,
        312*t*
Solide ionique, 307*f*, 308*f*
    ion, 308
    non-conductivité, 192
    point de fusion, 191, 308
    propriétés, 312*t*
Solide moléculaire, 307*f*, 308*f*

    forces intermoléculaires, 307
    molécule, 307
    point de fusion, 307
    propriétés, 312*t*
Soluté, 20-21
    intraveineux, 332
Solution
    composition, 20
    concentration molaire volumique,
        20-21
    molalité, 22
    partie par milliard (ppb), 22
    partie par million (ppm), 22
    pourcentage par masse, 22
    rapport par masse, 22
    rapport par volume, 22
Solution aqueuse (conductivité), 192
Solvant, 20-21
SOMMERFELD, Arnold, 111, 125
Sommet de la Terre (Rio de Janeiro), 3
Soude (composé ionique), 68
Soufre, 77*t*, 214, 258, 267
    charge des ions, 59
    composé organique, 211
    composition, 68
    couleur, 73
    liaison avec le sodium, 188
    non-métal, 56
    structure de Lewis, 245
    symbole, 51
Sous-niveau d'énergie, 124, 127-129
Soya, 238
Spectre, 100
    d'absorption, 106, 107*f*
    d'émission, 106-108*f*, 110
    électromagnétique, 101*f*
Spectroscopie, 145
    photoélectronique, 127, 128*f*
Sphère, 299
Spin de l'électron, 130, 131*f*, 173
    case quantique, 146
    effets, 142
Station spatiale internationale, 299
Stœchiométrie
    définition, 376
    réactions chimiques, 367, 368, 376
    réactions d'oxydoréduction, 389
    réactions qui mettent en jeu des gaz,
        386
Strontium
    métal, 56
    métal alcalino-terreux, 58
Structure
    de Lewis, *voir* Modèle de Lewis
    limite de résonance, 209
Styrène, 223*t*
Sublimation, 12*f*, 316
Substance, 5
    perfluoroalkylée, 184
    polyfluoroalkylée, 184
    pure, 9, 10, 67, 68*f*
Sucre, 12*f*
Sulfate, 79*t*
    d'ammonium, 141
    de calcium hémihydraté, 81
    de cuivre, 81*f*
    de fer, 79

de magnésium heptahydraté, 81
Sulfite, 79*t*
    réaction de dégagement gazeux, 407*t*
Sulfure
    de dihydrogène gazeux, 406
    de lithium, 406
    d'hydrogène (liaison de valence), 256
    réaction de dégagement gazeux, 407*t*
Surgélation, 317
Symbole chimique, 51, 52*f*
Système de mesure, *voir* Unité de mesure
Système international d'unités (SI), 14*t*
    préfixe multiplicateur, 17-18*t*

T

Tableau périodique, 52*f*, 55-62, 94, 140,
        190
    caractère métallique, 156
    conception, 56*f*, 150, 155, 156
    configuration électronique, 142-144,
        150
    divisions, 57*f*, 58*f*
    éléments non découverts, 56
    et principe de minimisation de
        l'énergie potentielle, 142
    niveaux d'énergie, 125, 142, 143*f*
    propriétés chimiques des éléments, 155
Tchernobyl, 95
Téflon, 184*f*
Téléviseur à écran plasma, 8
Température, 7, 14*t*, 368
    capacité calorifique de l'eau, 314
    changement d'état, 294
    condensation, 303
    critique, 318
    définition, 15
    de la planète, 369*f*
    diagramme de phases, 319
    durant l'ébullition, 316*f*
    échelles, 15-17
    et masse volumique, 22
    et pression de vapeur, 305
    et volume, 353*f*
    matière liquide, 8
    unité de mesure, 14*t*-16*f*
    vaporisation, 302
Température et pression normales (TPN),
        295
Temps (unité de mesure), 14*t*, 15
Tension superficielle (liquide), 298, 299*f*
Térébenthine, 304
Téréphtalate d'éthylène, 223*t*
Téréphtalate de polyéthylène, 49
Terres rares, 139, 140*f*
    déchets, 141
    exploitation minière, 140
    purification, 141
    recyclage, 141
    utilisation, 141
Tétrachlorure de carbone, 71
Tétraèdre, 240*f*
Thé sucré, 9

Théorie
    atomique, 5-6, 48, 62, 97*f*
    cinétique des gaz, 295, 296*f*
    de la liaison, 182
    de la liaison de valence, *voir* Liaison
        de valence
    de la mécanique classique, 103, 104
    de la mécanique quantique, *voir*
        Mécanique quantique
    de la mer d'électrons, *voir* Modèle
        de la mer d'électrons
    de la perturbation, 255
    des bandes, 67, 226
    des orbitales moléculaires, 255
    du comportement des gaz, 295
    électromagnétique classique, 102
    nucléaire de l'atome, 99
    scientifique, 5-6
Théorie de la répulsion des paires
        d'électrons de valence (RPEV), 236,
        239*f*-251, 268, *voir aussi* Géométrie
        des molécules
    doublets libres, 243-247
    formes de base des molécules, 239-243
    groupe d'électrons, 239
    principe, 239
Thermoplastique, 183, 222, 223*t*
Thiocyanate, 79*t*
Thiosulfate, 79*t*
THOMSON, Joseph J., 95, 98
Thorium, 95, 141
Three Mile Island, 95
Thymine, 219, 220*f*
Titane métallique, 385
Torr(s), 351
Toxicité, 11
Traitement de surface, 48
Trajectoire, 117, 118*f*
    et probabilité, 118*f*
    objet macroscopique, 119*f*
Transpiration, 303
Triclosan, 238*t*
Triiodure d'azote, 82
Tube
    à rayons cathodiques, 98*f*
    fluorescent, 8

U

Ultraviolet, 101*f*
Union internationale de chimie pure
        et appliquée (UICPA), 50, 57
Unité de masse atomique (u), 50
Unité de mesure, 14-23, *voir aussi* Mesure
    analyse dimensionnelle, 30
    conversion, 30, 33*e*
    élevée à une puissance (conversion), 34
    système anglo-saxon, 14
    système métrique, 14
Unité dérivée, 18
    composition d'une solution, 20
Uranium, 94-95, 141
    isotopes, 94
    protons, 51

V

Valeur propre, 120
Vanadium (configuration électronique),
        148
Vapeur, 292*t*, 303, *voir aussi* Pression
        de vapeur
    condensation, 320
Vaporisation, 301-306
    caractère endothermique, 303
    dans un récipient scellé, 305*f*
    énergétique, 303
    processus, 302
    vitesse, 303
Végéplastique, 182
Verge, 14
Verre, 8, 294, 311
Viscosité, 300
Vitesse (unité de mesure), 18
Volatil, 303, 315
Volcan, 377
Volume (*V*)
    et longueur, 18*f*
    et pression, 350*f*, 351*f*
    et quantité de substance, 356
    et température, 353*f*
    ionique, *voir* Ion
    unité de mesure, 18*t*
Volume molaire
    et stœchiométrie, 387
    gaz parfait, 356

W

WINKLER, Clemens, 56
WOLLASTON, William H., 100

X

Xénon
    électrons de valence, 155
    élément atomique, 70
    gaz noble, 58, 309
    point de fusion, 309
    solide atomique, 309
    structure de Lewis, 215

Y

Yttrium, 140

Z

Zéro (précision d'une mesure), 25
Zéro absolu, 15-16*f*
Zinc
    atome diamagnétique, 149
    propriétés, 226
    structure cristalline, 309

SOURCES DES PHOTOS ET DES ILLUSTRATIONS

Page couverture : AdobeStock/#571050123

CHAPITRE 1

Pages 1 et 2 (en haut) : Shutterstock/Vichy Deal ; **page 2** : **(au milieu)** Shutterstock/pshava ; **(en bas)** Dr. Pieter Tans, NOAA/ESRL and Dr. Ralph Keeling/Scripps Institution of Oceanography ; **page 3** : Shutterstock/cozyta ; **page 4** : Shutterstock/petarg ; **page 5** : Tomas Abab/Alamy ; **page 8** : Adobe stock/ Fotolia LLC ; **page 9** : Sytilin Pavel/Shutterstock ; **page 10** : Karl R. Martin/Shutterstock ; Fotolia LLC ; YinYang/iStockphoto ; DenisLarkin/iStockphoto ; **page 11** : zoom-zoom/iStockphoto ; Siede Preis/Getty Images ; **page 12 (a)** Charles D. Winters/Science Source ; **(b)** Renn Sminkey/Pearson Education ; **(c)** Lon C. Diehl/PhotoEdit ; **page 14** : Orbiter/NASA ; Siede Preis/Getty Images ; Icon Sports Media 465/Newscom ; **page 15** : Richard Megna/Fundamental Photographs ; Wayne Glowacki/Winnipeg Free Press, CP Images ; **page 16** : Marty Honig/Getty Images ; teekaygee/ iStockphoto ; AndrazG/iStockphoto ; Byron W. Moore/Shutterstock ; **page 25** : Richard Megna/ Fundamental Photographs ; **(en bas)** Stacey Stambaugh/Pearson Education ; **page 40** : **(d et e)** Richard Megna/Fundamental Photographs ; **(f)** zoom-zoom/iStockphoto ; **pages 41-42** : **(a, b, c et e)** maxwellartandphoto.com/Pearson Education ; **(d et f)** Warren Rosenberg/Fundamental Photographs ; **page 44** : NASA.

CHAPITRE 2

Pages 47 et 48 (en haut) : Juan Gaertner/Shutterstock ; **page 48 (en bas)** : **(a)** Veeco Instruments Inc. ; **(b)** IBM Research Division ; **page 49** : Shutterstock/Chaiyapruek Youprasert ; **page 51** : Jeremy Woodhouse/Getty Images ; **page 52** : Steve Cole/Getty Images ; Modern Curriculum Press/Pearson Education ; **page 53** : A2/Library of Congress ; **page 55** : nadi555/Shutterstock ; **page 57** : Matthias Zepper/Wikimedia Commons ; Charles D. Winters/Science Photo Library ; Steffen Foerster Photography/Shutterstock ; Clive Streeter/DK Images ; Pearson Education ; Wikipedia ; Harry Taylor/DK Images ; Mark A. Schneider/Science Photo Library ; iStockphoto ; Charles D. Winters/ Science Photo Library ; Claude Nuridsany et Marie Perennou/Science Photo Library ; **page 60** : Ulianenko Dmitrii\Shutterstock ; **page 65** : malerapaso/iStockphoto ; **page 66** : PH College/Pearson Education ; Charles Falco/Science Photo Library ; Charles D. Winters/Science Photo Library ; **page 67** : Science Photo Library ; Charles D. Winters/Science Photo Library ; **page 68** : Sydney Moulds/Science Photo Library ; Basement Stock/Alamy ; **page 69** : **(b)** Charles Falco/Science Photo Library ; **page 70** : jfmdesign/iStockphoto ; **page 74** : Pearson ERPI ; **page 81** : Richard Megna/ Fundamental Photographs ; **page 83** : LightPhotos\Shutterstock.

CHAPITRE 3

Pages 93 et 94 (en haut) : Adison Pangchai/Shutterstock ; **page 94 (en bas)** : RHJPhtotos/ Shutterstock ; **page 95** : Ken Felepchuk/Shutterstock ; **page 96** : PH College/Pearson Education ; Charles D. Winters/Science Photo Library ; Joseph Calev/Shutterstock ; **page 97** : Andrzej WÃ³jcicki/ Thinkstock ; **page 98** : Richard Megna/Fundamental Photographs ; **page 100 (au milieu)** : Thinkstock Images/Getty Images ; **(en bas) (a)** Sheila Terry/Science Photo Library ; **(b)** © RGB Ventures, SuperStock/Alamy ; **page 106** : Tom Bochsler/Pearson Education ; **page 107** : **(a)** Richard Megna/Fundamental Photographs ; **(b)** Panacea Doll/Shutterstock ; **page 111** : Pieter Zeeman/ Wikimedia Commons ; Yzmo/Wikimedia Commons ; **page 112** : Bonita R. Cheshier/Shutterstock ; **page 117** : **(en haut)** AIP Emilio Segre Visual Archives ; **(au milieu)** : Edward Elrick/Wikimedia Commons ; **page 119** : John Sommers/Newscom ; Bill Greenblatt/Newscom ; Designua/ Shutterstock ; **page 125** : **(au milieu)** University of Pennsylvania, Van Pelt Library ; **(en bas)** Charles D. Winters/Science Photo Library ; Richard Megna/Fundamental Photographs.

CHAPITRE 4

Pages 139 et 140 (en haut) : Shutterstock/Mykhailo Pavlenko ; **page 140 (en bas) :** EnemyPTBAE/ Shutterstock ; **page 157 : (rangée)** Wikipedia Foundation ; Richard Megna/Fundamental Photographs ; Charles D. Winters/Science Photo Library ; Wikipedia Foundation ; Charles D. Winters/Science Photo Library ; Steve Gorton/DK Images ; Charles D. Winters/Science Photo Library ; **(colonne)** DK Images ; Charles D. Winters/Science Photo Library ; DK Images ; Manamana/Shutterstock ; Charles D. Winters/Science Photo Library.

CHAPITRE 5

Pages 181 et 182 (en haut) : Shutterstock ; **Page 182 (au milieu) :** Recyc-Quebec ; **page 184 :** Shutterstock ; **page 185 :** Madlen/Shutterstock ; John A. Rizzo/Getty Images ; DK Images ; **page 191 :** Richard Megna/Fundamental Photographs ; **page 217 : (en haut)** Shutterstock ; **(au milieu)** Shutterstock ; **(au milieu, à droite)** JasminkaM/Shuttertock ; **(en bas, à gauche)** Wikipedia ; **(en bas, à droite)** mujijoa79/Shutterstock ; **(en bas, au milieu)** Shutterstock ; **page 220 (a et b)** Shutterstock ; **page 223 :** TaniaKitura/Shutterstock ; teh_z1b/Shutterstock ; pic888/Shutterstock ; Anisa Kusuma/Shutterstock ; pics five/Shutterstock ; Anton Starikov/Shutterstock ; **page 224 :** STILLFX/Shutterstock ; Marco Lazzarini/Shutterstock ; moviephoto/Shutterstock ; GVLR/ Shutterstock ; Felipegsb/Shutterstock ; FocusStocker/Shutterstock.

CHAPITRE 6

Pages 235 et 236 (en haut) : jirapong/Shutterstock ; vipman/Shutterstock ; pikepicture/ Shutterstock ; AlexLMX/Shutterstock ; **page 236 (en bas) :** (bisphénol) StudioMolekuul/ Shutterstock ; (estrogène) ibreakstock/Shutterstock ; **page 237 :** Pikovit44/Istock ; **page 254 :** Stacey Stambaugh/Pearson Education ; **page 256 :** Wikipedia.

CHAPITRE 7

Pages 289 et 290 (en haut) : James_Roberts/Shutterstock ; **page 290 : (en bas)** emucomics/ Shutterstock ; **page 291 :** ReedONEZ/Shutterstock ; **page 298 :** Douglas Allen/iStockphoto ; **page 299 :** NASA ; **page 301 :** Iris Sample Processing ; Sinclair Stammers/Science Photo Library ; **page 307 :** Jupiterimages/Photos.com ; Andrew Syred/Science Photo Library ; Mark J. Winter ; Shutterstock ; Shutterstock ; **page 308 : (a)** John A. Rizzo/Getty Images ; **(b)** Digital Light Source/ Photolibrary ; Madlen/Shutterstock ; Walkerma/Wikipedia Foundation ; **page 309 :** Charles D. Winters/Science Photo Library ; bagi1998/iStockphoto ; **page 310 : (a)** Harry Taylor/DK Images ; **(b)** Wikipedia Foundation ; **page 313 :** Michael Ströck/Wikipedia ; Oxirane/Wikipedia ; Phoenix Mars Lander, Jet Propulsion Laboratory/NASA ; **page 315 :** Michael Dalton/Fundamental Photographs ; **page 317 :** Elizabeth Coelfen/Alamy ; Digital Light Source/Photolibrary ; **page 318 :** Dr. P.A. Hamley ; **page 319 :** Pearson Education ; Tim Ridley/DK Images ; CAN BALCIOGLU/ Shutterstock ; **page 324 : (a)** Image Source/Photolibrary ; **(b)** Harry Taylor/DK Images ; **page 325 :** Nivaldo Jose Tro.

CHAPITRE 8

Pages 329 et 330 : emerald_media/Shutterstock ; **page 331 :** VectorMine/Shutterstock ; **page 333 :** Pearson ERPI ; Stacey Stambaugh/Pearson Education ; **page 340 :** NASA ; **page 354 :** Carlos Caetano/Shutterstock ; DK Images ; **page 358 :** Pearson ERPI ; **page 362 :** IBM Corporation.

CHAPITRE 9

Pages 367 et 368 : Jarhe Photography/Shutterstock ; **page 389 :** Tom Bochsler/Pearson Education ; Charles D. Winters/Science Photo Library ; **page 390 :** Richard Megna/Fundamental Photographs ; **page 399 :** Richard Megna/Fundamental Photographs ; **page 400 :** Martyn F. Chillmaid/Science Photo Library ; **page 401 :** DK Images ; **page 404 :** Pearson ERPI ; Eric Schrader/Pearson Education ; **page 406 :** Chip Clark ; **page 407 :** Richard Megna/Fundamental Photographs.

FACTEURS DE CONVERSION ET RELATIONS

Longueur

Unité SI : mètre (m)
$1\ m = 1,0936\ vg$
$1\ cm = 0,393\ 70\ po$
$1\ pi = 30,48\ cm$
$1\ po = 2,54\ cm$ (exact)
$1\ km = 0,621\ 37\ mi$
$1\ mi = 5280\ pi$
$= 1,6093\ km$
$1\ Å = 10^{-10}\ m$

Température

Unité SI : kelvin (K)
$0\ K = -273,15\ °C$
$= -459,67\ °F$
$T_K = t_C + 273,15$
$t_C = \dfrac{(t_F - 32\ °F)}{1,8\ °F/°C}$

Énergie (dérivées)

Unité SI : joule (J)
$1\ J = 1\ kg \cdot m^2/s^2$
$= 0,239\ 01\ cal$

Pression (dérivées)

Unité SI : pascal (Pa)
$1\ Pa = 1\ N/m^2$
$= 1\ kg/(m \cdot s^2)$
$1\ atm = 101,325\ kPa$
$= 760\ torr$ (ou mm Hg)
$= 14,70\ lb/po^2$
$1\ bar = 10^5\ Pa$
$1\ mm\ Hg = 1\ torr$

Volume (dérivées)

Unité SI : mètre cube (m^3)
$1\ L = 10^{-3}\ m^3$
$= 1\ dm^3$
$= 10^3\ cm^3$
$= 1,056\ 7\ pt$
$1\ gal = 4\ pt$
$= 3,7854\ L$
$1\ cm^3 = 1\ mL$
$1\ po^3 = 16,39\ cm^3$
1 pinte américaine liquide
$= 32\ oz$ liquides

Masse

Unité SI : kilogramme (kg)
$1\ kg = 2,204\ 6\ lb$
$1\ oz = 28,35\ g$
$1\ lb = 453,59\ g$
$= 16\ oz$
$1\ u = 1,660\ 538\ 73 \times 10^{-27}\ kg$
$1\ tonne = 2000\ lb$
$= 907,185\ kg$
$1\ tonne\ métrique = 1000\ kg$
$= 2204,6\ lb$

Relations géométriques

$\pi = 3,141\ 59\ ...$
Circonférence d'un cercle $= 2\pi r$
Aire d'un cercle $= \pi r^2$
Aire d'une sphère $= 4\pi r^2$
Volume d'une sphère $= \dfrac{4}{3}\pi r^3$
Volume d'un cylindre $= \pi r^2 h$

Constantes de base

Unité de masse atomique	$1\ u$	$= 1,660\ 538\ 73 \times 10^{-27}\ kg$
	$1\ g$	$= 6,022\ 141\ 99 \times 10^{23}\ u$
Constante d'Avogadro	N_A	$= 6,022\ 142\ 1 \times 10^{23}/mol$
Rayon de Bohr	a_0	$= 5,291\ 772\ 11 \times 10^{-11}\ m$
Constante de Boltzmann	k	$= 1,380\ 650\ 52 \times 10^{-23}\ J/K$
Charge de l'électron	e	$= 1,602\ 176\ 53 \times 10^{-19}\ C$
Constante de Faraday	F	$= 9,648\ 533\ 83 \times 10^4\ C/mol$
Constante des gaz	R	$= 0,082\ 058\ 21\ (L \cdot atm/mol \cdot K)$
		$= 8,314\ 472\ 15\ (L \cdot kPa/mol \cdot K)$
		$= 8,314\ 472\ 15\ J/mol \cdot K$
Masse d'un électron	m_e	$= 5,485\ 799\ 09 \times 10^{-4}\ u$
		$= 9,109\ 382\ 62 \times 10^{-31}\ kg$
Masse d'un neutron	m_n	$= 1,008\ 664\ 92\ u$
		$= 1,674\ 927\ 28 \times 10^{-27}\ kg$
Masse d'un proton	m_p	$= 1,007\ 276\ 47\ u$
		$= 1,672\ 621\ 71 \times 10^{-27}\ kg$
Constante de Planck	h	$= 6,626\ 069\ 31 \times 10^{-34}\ J \cdot s$
Vitesse de la lumière dans le vide	c	$= 2,997\ 924\ 58 \times 10^8\ m/s$ (exact)

Préfixes des unités SI

a	f	p	n	μ	m	c	d	k	M	G	T	P	E
atto	femto	pico	nano	micro	milli	centi	déci	kilo	méga	giga	téra	péta	exa
10^{-18}	10^{-15}	10^{-12}	10^{-9}	10^{-6}	10^{-3}	10^{-2}	10^{-1}	10^{3}	10^{6}	10^{9}	10^{12}	10^{15}	10^{18}

ÉQUATIONS CLÉS

Masse volumique (1.5)

$$\rho = \frac{m}{V}$$

Masse atomique (2.4)

$$\text{masse atomique} = \sum_n (\text{fraction de l'isotope } n) \\ \times (\text{masse de l'isotope } n)$$

Énergie d'un photon (3.2)

$$E = \frac{hc}{\lambda}$$

Énergie des niveaux de l'atome d'hydrogène (3.2)

$$E_n = -2,18 \times 10^{-18} \text{ J}\left(\frac{1}{n^2}\right) \quad (n = 1, 2, 3, \ldots)$$

Variations d'énergie entre les niveaux de l'atome d'hydrogène (3.2)

$$\Delta E = 2,18 \times 10^{-18} \text{ J}\left(\frac{1}{n_i^2} - \frac{1}{n_f^2}\right) \quad (n = 1, 2, 3, \ldots)$$

Équation de De Broglie (3.3)

$$\lambda = \frac{h}{mv}$$

Principe d'incertitude de Heisenberg (3.3)

$$\Delta x \, m \Delta v \geq \frac{h}{4\pi}$$

Charge nucléaire effective (4.3)

$$Z_{\text{eff}} = Z - \sigma$$

Loi de Coulomb (4.3)

$$F = \frac{1}{4\pi\varepsilon_0} \frac{q_1 q_2}{r^2}$$

Moment dipolaire (5.6)

$$\mu = qr$$

Enthalpie d'une réaction (5.7)

$$\Delta H_{\text{Rn}} = \Sigma(\Delta H \text{ des liaisons rompues}) \\ + \Sigma(\Delta H \text{ des liaisons formées})$$

Pression (7.3)

$$P = \frac{F}{A}$$

Loi des gaz parfaits (7.3, 8.6)

$$PV = nRT$$

Pourcentage de rendement (9.4)

$$\% \text{ de rendement} = \frac{\text{rendement réel}}{\text{rendement théorique}} \times 100\,\%$$

Tableau périodique des éléments

Période	1 IA	2 IIA	3 IIIB	4 IVB	5 VB	6 VIB	7 VIIB	8	9 VIIIB	10	11 IB	12 IIB	13 IIIA	14 IVA	15 VA	16 VIA	17 VIIA	18 VIIIA
1	1 H 1,00794																	2 He 4,00260
2	3 Li 6,941	4 Be 9,01218											5 B 10,811	6 C 12,011	7 N 14,0067	8 O 15,9994	9 F 18,9984	10 Ne 20,1797
3	11 Na 22,9898	12 Mg 24,3050											13 Al 26,9815	14 Si 28,0855	15 P 30,9738	16 S 32,066	17 Cl 35,4527	18 Ar 39,948
4	19 K 39,0983	20 Ca 40,078	21 Sc 44,9559	22 Ti 47,88	23 V 50,9415	24 Cr 51,9961	25 Mn 54,9381	26 Fe 55,847	27 Co 58,9332	28 Ni 58,693	29 Cu 63,546	30 Zn 65,39	31 Ga 69,723	32 Ge 72,61	33 As 74,9216	34 Se 78,96	35 Br 79,904	36 Kr 83,80
5	37 Rb 85,4678	38 Sr 87,62	39 Y 88,9059	40 Zr 91,224	41 Nb 92,9064	42 Mo 95,94	43 Tc (98)	44 Ru 101,07	45 Rh 102,906	46 Pd 106,42	47 Ag 107,868	48 Cd 112,411	49 In 114,818	50 Sn 118,710	51 Sb 121,76	52 Te 127,60	53 I 126,904	54 Xe 131,29
6	55 Cs 132,905	56 Ba 137,327	57 *La 138,906	72 Hf 178,49	73 Ta 180,948	74 W 183,84	75 Re 186,207	76 Os 190,23	77 Ir 192,22	78 Pt 195,08	79 Au 196,967	80 Hg 200,59	81 Tl 204,383	82 Pb 207,2	83 Bi 208,980	84 Po (208,98)	85 At (209,99)	86 Rn (222,02)
7	87 Fr (223,02)	88 Ra 226,025	89 †Ac 227,028	104 Rf (261,11)	105 Db (262,11)	106 Sg (266,12)	107 Bh (264,11)	108 Hs (269,13)	109 Mt (266,14)	110 Ds (271)	111 Rg (272)	112 Cn (285)	113 Nh (284)	114 Fl (289)	115 Mc (288)	116 Lv (292)	117 Ts (294)	118 Og (294)

Éléments des groupes principaux

Éléments de transition

Légende : Métaux · Semi-métaux · Non-métaux · Gaz nobles

*Lanthanides	58 Ce 140,115	59 Pr 140,908	60 Nd 144,24	61 Pm (145)	62 Sm 150,36	63 Eu 151,965	64 Gd 157,25	65 Tb 158,925	66 Dy 162,50	67 Ho 164,930	68 Er 167,26	69 Tm 168,934	70 Yb 173,04	71 Lu 174,967
† Actinides	90 Th 232,038	91 Pa 231,036	92 U 238,029	93 Np 237,048	94 Pu (244,06)	95 Am (243,06)	96 Cm (247,07)	97 Bk (247,07)	98 Cf (251,08)	99 Es (252,08)	100 Fm (257,10)	101 Md (258,10)	102 No (259,10)	103 Lr (262,11)

Les chiffres arabes (1, 2, etc.) placés au-dessus des colonnes sont ceux recommandés par l'IUPAC (International Union of Pure and Applied Chemistry). Les chiffres romains avec lettre qui figurent en-dessous (I A, II A, etc.) sont ceux d'usage courant.

Les masses atomiques entre parenthèses sont les masses de l'isotope majoritaire (ou de l'isotope ayant la plus longue demie-vie) de l'élément radioactif en question.